国家科学技术学术著作出版基金资助出版

林产化学工业全书

第2卷

贺近恪　李启基　主编

中国林业出版社

《林产化学工业全书》编辑委员会

《林产化学工业全书》编著者名单

主　　编　贺近恪　李启基

副 主 编　沈守恩　程　芝　王定选　李忠正　李义沣　张宗和　沈兆邦

编 著 者（按姓氏笔画为序）

马自超　马鹏程　尤　新　毛祖舜　王子明　王书翰
王传槐　王体科　王定选　王清泉　王静霞　冯辉明
叶文才　毕松林　刘　启　刘汉超　刘光良　孙成志
孙达旺　汤洪良　许成文　严文瑛　吴在嵩　宋湛谦
张　矢　张飞龙　张长海　张宗和　张晋康　张继明
张梦琴　李　萍　李于熙　李义沣　李丙菊　李民栋
李齐贤　李启基　李忠正　杨殿隆　沈守恩　沈兆邦
肖尊琰　郃飏生　邱　兵　佘允怡　陆夕娟　陈友地
陈笳鸿　陈焙章　周维纯　房桂干　范思伟　金　琦
侯开卫　姚文章　姚光裕　洪传贞　贺近恪　赵守训
赵群华　唐朝才　夏其武　徐纬英　殷　宁　袁子成
郭幼庭　郭明高　高传壁　高尚愚　曹光锐　曹朴芳
黄嘉玲　彭淑静　程　芝　粟子安　覃铭焕　谢国恩
赖永祺　蔡之权　蔡祖善　蔡德文　谭红梅　潘定如
潘锡五　魏朔南

责任编辑

第 1 卷　徐小英　杨长峰

第 2 卷　杨长峰　吴金友

第 3 卷　徐小英　张　敏

技术设计　沈　江　黄　悦

责任校对　苏　梅　杨　静　沈会英

封面设计　聂崇文

前　言

林产化学工业，是以森林资源为原料进行化学或生物化学加工，制取人类生产和生活所需要的多种产品的工业群体，是林业产业的重要组成部分，也是充分合理地利用森林资源、提高林业科技含量和经济效益的有效手段。森林资源具有多样性并可以再生，在科学管理的前提下能实现永续利用并在质量上得到改进和提高。许多林产化学工业产品具有独特性能，目前还难以被其他产品所取代。因此，以森林资源为基础的林产化学工业具有长久的生命力。

我国国土面积辽阔，气候跨度大，有广阔的地域适于植物生长，是世界上的植物大国之一，森林类型多，林化原料品种丰富，有发展林产化学工业的优越先天条件。另外，我国山地比重大，农田面积相对不足，劳动力充裕，开发利用山地森林资源进行化学加工利用，不但能帮助山区人民脱贫致富，并使有限的粮田得到更好的利用，还可以为社会提供工业品、食品、饲料、药物等多种产品，满足人民日益增长的需要。

我国人民在长期的历史进程中积累了许多关于林产品化学利用的知识和经验。植物纤维造纸技术的发明推动了世界文明的进步，生漆、桐油、松脂、樟脑、五倍子、木炭、天然药物等林产品的采制和利用早已付诸实践。但是，现代化的林产化学工业研究和生产，主要是在近几十年间发展成长起来的，已初步形成体系，生产领域和技术水平都有较快地发展。当前，我国松香、天然橡胶、木质活性炭、树叶饲料、林产药物、栲胶、林产油脂和精油、木材制浆造纸和木材水解等都有一定的生产基础，我国林产化学工业领域的有些产品的产量和出口贸易额已跃居世界前列。

随着我国经济发展的需要，林产化学工业应继续加强传统产业满足国内外需要；大力发展木材造纸生产，争取自给自足；重视林产特效药物、活性物质、营养成分、杀虫剂等新品种的挖掘和推广；结合国际经验和我国实际，力争林产化学工业与林业其他领域的协调发展。为了作好这些工作必须认真总结过去，学习提高。在此情况下，编著一套综合面宽且较有深度的林产化工科技新著，是时代的需要。

《林产化学工业全书》是由中国林业出版社和中国林产工业公司提出倡议组织编写，由国内86位各方面具有代表性和权威性的专家、教授在《林产化学工业全书》编辑委员会的统一协调下参加撰稿，按原料类型和科技体系编排，是一套综合性的林产化学工业领域的大型科技专著，基本涵盖了当前我国林产化学工业领域的全部内容。在各专业领域的论述中，系统阐述了有关的原料性质、反应机理、加工工艺和设备、产品及其利用等，并论述了我国林产化学工业的发展实绩和国外的科技进展。为了保证《林产化学工业全书》的编著质量，在编审过程中还充分吸收了各方面专家、教授的建议，进行了多次修改和补充。因此，我们相信这部著作较好地反映了林产化学加工在学术上的完整性、系统性和我国林产化学工业的特点，展现了当前的林产化学工业的全貌和发展水平。

《林产化学工业全书》内含18篇65章约420万字，由于篇幅较大，分为3卷出版。第1卷综合论述了林产化学工业的涵义和领域、森林植物的生物量及其化学利用、国内外林产化学利用的历史概况和展望；系统介绍了木（竹）材和树皮原料的基本性质，包括宏观及微观构造、物理性质、纤维形态比较、主要成分的化学结构和反应、分析方法和分析数据等；详细介绍了纸浆、纸和纸板的生产技术及设备。第2卷重点论述了木材及其他植物原料水解、木材热解机理及工艺技术，各种水解和热解产品如酒精、糠醛、木糖醇、木质活性炭的生产等；各种树木分泌物（如松香、松节油、天然橡胶、生漆等）的原料采集及加工利用、各种产品的性质和用途等。第3卷专题论述了关于树木提取物如栲胶、林产油脂、林产精油及香料、林产药物、林产食品、林产饲料和生物活性物质等的原料采集、生产加工原理和技术、产品种类和用途等，并对有利用价值的树木寄生昆虫的放养和产品加工作了介绍；此外，还列有专篇讨论木材造纸工业和其他林产化学工业的污染防治问题。本著作的出版，可为林产化学工业领域从事科研、教育、生产、设计、规划、管理等方面工作的科技人员提供业务参考，还可作为高等院校有关专业师生的学习材料。

我们衷心感谢中国科学院院士、南京化工大学时钧教授，中国工程院院士、南京林业大学王明庥教授，中国科学院院士、中国科学院化工冶金研究所陈家福研究员，中国科学院院士、南京大学胡宏纹教授等对本著作的审阅、指教和帮助。特别感谢国家科学技术学术著作出版基金对本著作出版的资助。

《林产化学工业全书》的编著出版，是全体编著者和参与审稿、编辑、出版等有关工作的同志们紧密合作和辛勤劳动的结果，也是发起者、编著者和出版者对我国林化事业作出的重要奉献。在本著作出版之际，我们谨对所有为本著作作出贡献的同志们表示诚挚的感谢！

在本著作的编辑出版过程中，严文瑛、蔡之权两位高级工程师在编辑方面作出了重要贡献，姚文章、谭红梅、肖映榴等同志也付出了大量劳动，谨此致谢。

在本著作的筹划过程中，曾得到下述单位的大力资助，使工作得以顺利地进行。谨向广西梧州松脂厂、广东德庆林化厂、广西林业造纸厂、广东信宜松香厂、广东封开林化厂、广西岑溪松香厂、福建武平林化厂、福建省林业厅等单位致以诚挚的谢意！

由于参加本著作编著的人数较多，涉及的学科范围很广，加上我们知识的局限，难免还存在文字风格、论述深度、取材范围和学术见解等方面的某些差异，甚至于错误之处。对此，我们敬请读者批评指正。

贺近恪　李启基
1997年1月28日

总目录

第1卷

第 2 卷

第3卷

目　录

第6篇　木材及其他植物原料水解

第7篇 木材热解

第8篇 松香、松节油

第9篇 天然橡胶

第10篇 生 漆

第6篇

木材及其他植物原料水解

第18章 水解机理及工艺技术

张 夭

1 水解工业的原料

1.1 水解工业原料的种类

森林采伐、木材加工、农作物加工的剩余物，野生植物以及纤维性生活垃圾等都可以进行水解生产。然而作为水解工业的原料，必须考虑原料的密集程度，可供数量和其工艺性质等因素。产地原料的密集程度决定着原料的运输费，可供数量决定着水解生产的规模，原料的工艺性质，如原料的化学组成、水解性能、过滤性能和容积重等都能影响水解规程的确定、产品得率、设备生产能力和物料消耗。这些都关系到水解生产的经济效益。

森林采伐时可得到占采伐木材15%～25%的树枝、伐根、树皮及其他剩余物。采伐的木材送到制材厂加工时，又有进锯原木10%～20%的软材剩余物（锯末）和20%硬剩余物（树皮、板条和刨花）。这些剩余物特别是锯末和板条、刨花，最适宜于作为水解工业的原料。

浸提松香生产和栲胶生产的废渣、阔叶薪材同样可以作为水解生产的原料。

农作物加工的剩余物，如棉籽壳、玉米芯、油茶壳、葵花籽壳、稻壳、黍壳、麻屑、稻秆、麦秆、高粱秆、甘蔗渣、甘蔗髓等都可以作为水解生产的原料。特别是玉米芯在我国糠醛生产中应用较多。此外，芦苇、泥炭也可加以利用。

1.2 各种原料化学组成的特点

水解生产所用的原料，按需要取得的主产品的不同，大体分为两类：一类是含纤维素较多的，另一类是含半纤维素较多的。前者以针叶材为代表，后者以阔叶材和农产品加工的植物剩余物为代表。

植物原料的基本化学组成如图18-1。其组分和含量因原料品种不同而有差异。纤维素是均一的、由β-D-吡喃葡萄糖单元以苷键连接而成的高聚糖。半纤维素是非均一的、大部分是戊糖和己糖聚合的高聚糖。针叶材中的半纤维素基本上是由半乳糖、葡萄糖、甘露聚糖和阿拉伯糖、葡萄糖醛酸、木聚糖组成的；而阔叶材中的半纤维素则基本上是由葡萄糖醛酸木聚糖组成的。阔叶材半纤维素中的阿拉伯半乳聚糖的含量也与针叶材的不同（见表18-1）。

不同去皮木材原料及其水解液的化学组成见表18-1。以糖类的总含量计，针叶材与阔叶材的含量几乎是相等的，其水解单糖的理论得率为绝干原料量的66%～72%。

在水解生产中，各种产品的得率取决于水解液中单糖的组成。

水解-酵母厂可以选用任何种类的原料，因为酵母菌既能利用水解液中的己糖，又能利用其中的戊糖。而在水解酒精厂，要优先选用针叶材，这样才能保证酵母酒精发酵取得高产率的酒精。糠醛和木糖醇是由戊聚糖得到的，所以对生产这些产品的工厂要选用含戊聚糖多的原料。

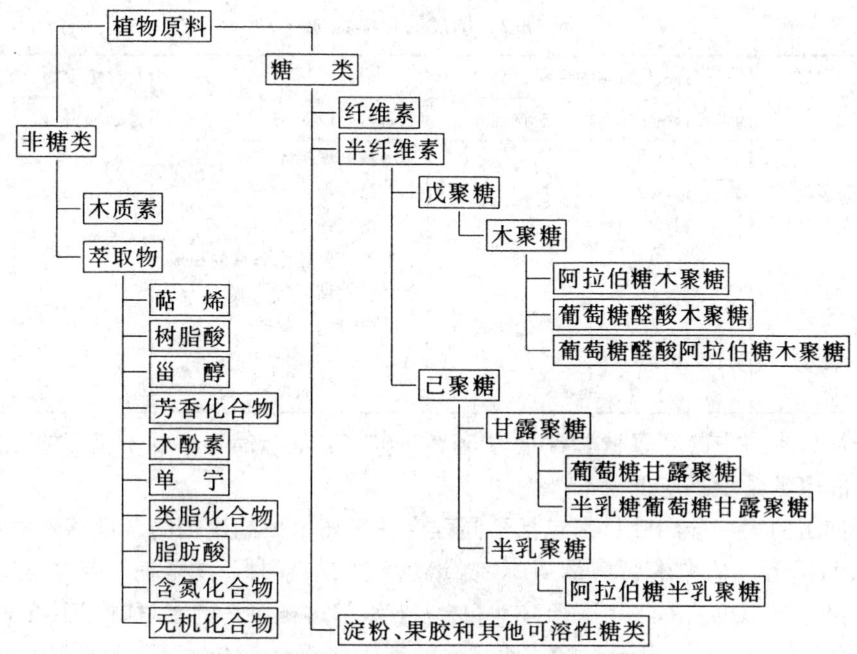

图 18-1 植物原料基本化学组成

表 18-1 不同木材原料及其水解液的化学组成[2]

组 成	对绝干物质含量（%）					
	云 杉	松 树	冷 杉	落叶松	白 桦	山 杨
高聚糖						
易水解	17.3	17.8	14.9	27.2	26.5	20.3
难水解	48.0	47.7	44.2	39.0	39.4	44.0
总 计	65.3	65.5	59.1	66.2	65.9	64.3
戊聚糖（不包括糖醛酸）	5.1	6.0	5.2	7.8	22.1	16.3
纤维素	46.1	44.1	41.2	34.5	35.4	41.8
木质素（无灰分）	28.1	24.7	29.9	26.1	19.7	21.8
糖醛酸	4.1	4.0	3.6	3.9	5.7	8.0
乙酰基	1.3	2.2	0.8	1.4	5.8	5.6
灰 分	0.3	0.2	0.5	0.1	0.1	0.3
树脂（乙醚萃取）	0.9	1.8	0.7	1.1	0.9	2.8
易水解高聚糖水解液中的单糖						
D-半乳糖	1.2	2.0	0.8	16.7	1.3	0.8
D-葡萄糖	2.0	2.8	2.9	1.0	1.9	1.7
D-甘露糖	9.6	9.6	6.9	4.5	1.2	0.8
D-木糖	4.1	3.9	3.1	4.2	20.7	16.7
L-阿拉伯糖	0.8	1.5	1.5	3.6	0.9	0.7
难水解高聚糖水解液中的单糖						
D-葡萄糖	51.2	49.0	45.8	36.3	39.3	46.4
D-木 糖	0.9	1.4	1.3	1.0	3.5	1.1
D-甘露糖	1.3	2.5	2.0	2.3	1.0	0.7

在实际生产中，木材水解原料中常含有大量的树皮，由于树皮中糖含量低，使原料中总糖量降低（见表18-2），且使原料过滤性能变差，导致单糖得率降低，水解液的质量下降。为此，对原料中树皮的含量要加以限制。

表 18-2 树皮的化学组成[1]

组 分	对绝干物质的含量（%）		组 分	对绝干物质的含量（%）	
	云杉树皮	松树树皮		云杉树皮	松树树皮
多糖			易水解高聚糖水解液的组成		
易水解高聚糖	19.4	24.3	己 糖	19.3	9.7
难水解高聚糖	21.4	21.6	戊 糖	7.6	16.4
总 计	40.8	45.9	难水解高聚糖水解液的组成		
糖醛酸	10.4	14.5	己 糖	19.8	18.1
乙酰基	1.0	3.8	戊 糖	0.5	2.0
树脂（乙醇萃取）	10.7	7.5	总 计	47.2	46.2
灰 分	2.1	4.6			

工业木片和木屑中的高聚糖总含量为55%～65%，其产品得率低于相应的去皮木材，经过处理后其高聚糖含量不应低于60%。

水解厂加工的大部分阔叶材都包括不同程度的腐朽木。高聚糖的含量随着木材腐朽降解程度的增加而降低。如桦木腐朽量从4.2%增加到22.4%时，戊聚糖含量从22.4%下降到19%，而高聚糖含量也从64%下降到58.9%。当水解这样腐朽的木材时，不仅RS（可还原物，Reducing Substance）得率下降，而且水解液中非碳水化合物还原性物质的含量也会增加。

用于生产木糖醇和糠醛的含戊聚糖原料最多的是玉米芯、棉籽壳、燕麦壳（见表18-3）和甘蔗渣。

表 18-3 农作物加工剩余物的化学组成（对绝干原料%）[1]

组 成	玉米芯	棉籽壳	葵花籽壳	燕麦壳	稻 壳	棉 秆	麦 秆
纤维素	31.5	31.4	22.6	28.9	27.9	40.8	38.2
戊聚糖	34.8	21.4	18.4	33.6	17.1	13.6	23.6
聚糖醛酸	7.4	7.7	10.1	5.4	4.4	9.7	4.6
易水解高聚糖单糖得率	37.9	24.9	19.7	34.7	18.1	20.6	20.5
D-半乳糖	2.1	0.8	0.9	1.3	1.0	2.0	0.8
D-葡萄糖	3.4	1.6	0.8	1.1	3.5	3.1	1.1
D-甘露糖	—	微量	0.5	—	—	0.1	0.5
L-阿拉伯糖	3.8	0.8	4.2	3.2	2.0	1.2	1.6
D-木 糖	31.2	20.6	13.2	32.8	13.7	11.3	13.3
L-鼠李糖	—	0.4	0.5	—	—	—	—
难水解高聚糖单糖得率	33.4	34.2	25.1	28.6	29.1	38.3	37.4
D-葡萄糖	34.9	34.9	25.1	32.2	31.0	40.0	35.0
D-木 糖	2.6	1.8	2.4	微量	1.9	2.5	3.1
D-甘露糖	—	0.9	0.4	—	—	—	—
完全水解时RS得率	79.3	65.8	49.8	70.4	52.4	60.2	64.6
木质素	15.2	30.6	29.1	17.2	19.0	25.6	25.1
灰 分	1.1	2.5	2.1	7.7	18.0	3.5	5.2

农作物加工剩余物长期贮存时，往往由于腐朽而降低碳水化合物组分的含量。其中，玉米芯戊聚糖的损失量可达25%，会使木糖醇生产的戊糖水解液的质量下降。为得到高质量的水解液，就必须选用高聚糖含量在65%～68%的原料。

对于水解生产，也要考虑原料的灰分含量，特别是其中的活性灰分的含量。活性灰分通常用与无机组分相作用而消耗的硫酸量来表示。葵花籽壳的总灰分含量为3.7%，活性灰分为2.7%；玉米芯分别为3%和1.3%；木材的灰分通常为0.2%～0.5%。因此水解木材时，硫酸的附加消耗量比水解农作物加工剩余物少1/2～2/3。水解木材时，中和灰分附加硫酸耗量对每吨绝干原料为5～12kg；水解玉米芯时为24kg；而水解葵花籽壳则为44kg。

1.3　水解用化学品的主要性质

植物原料水解生产常用的化学品是硫酸、生石灰和碳酸钠，为了保证生产的正常进行和良好的生产效果，化学品必须达到一定的质量指标。

水解厂一般应用一级或二级接触法生产的工业硫酸。如果应用杂质含量高的酸，对酵母生产会影响其商品的质量。精制品级和工业品级硫酸质量见表18-4。

表18-4　精制品级和工业品级硫酸质量指标（%）

指　　标	精制品		工业品	
	高　级	一　级	一　级	二　级
一水硫酸（$H_2SO_4 \cdot H_2O$）含量	92.5～94.0	92.5～94.0	≥92.5	≥92.5
铁含量　≯	0.007	0.015	0.02	0.1
氧化氮（N_2O_3）　≯	5×10^{-5}	1×10^{-4}	未规定	未规定
砷（As）　≯	8×10^{-5}	1×10^{-4}	未规定	未规定
氯化物（Cl）　≯	1×10^{-4}	5×10^{-4}	未规定	未规定
铅（Pb）　≯	0.001	0.01	未规定	未规定
锻烧后残渣　≯	0.02	0.03	0.05	未规定

酒精、酵母水解生产都是以石灰乳为中和剂。要求生石灰中氧化钙含量不少于85%，氧化镁含量应少于7%。糠醛生产一般以碳酸钠为中和剂。

2　高聚糖及非糖物质在水解条件下的反应机理

植物原料中高聚糖的水解是个很复杂的过程，它同时存在着各种化学的、物理-化学的和物理的变化，主要有高聚糖苷键的断裂成为单糖，单糖的分解和非糖组分的变化。

2.1　高聚糖苷键断裂的机理

高聚糖是由单糖通过O-苷键连接而成的。因此，水解过程就是破坏苷键使之成为单糖。纤维素稀硫酸水解反应是说明高聚糖苷键酸催化断裂机理的一个实例。

线形纤维素大分子（1）具有有规律的化学结构，是由1，5无水β-D-吡喃葡萄糖单元环，以1→4苷键连接而成的。吡喃葡萄糖基处于能量最低的椅式结构。

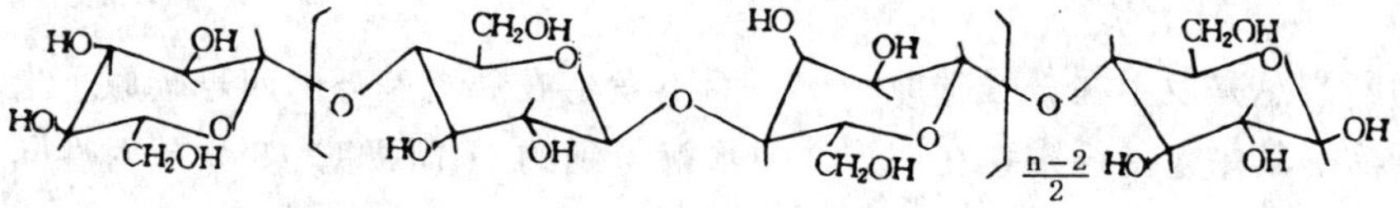

(1)

式中：n——高聚糖聚合度。

构象结构能改变高聚糖羟基的空间定向和反应能力。水解反应可能改变单元环的构象结构。

稀酸作用到纤维素（1）上，水合氢离子同时引起苷键和单元环环形结构中2个氧原子部分质子化。

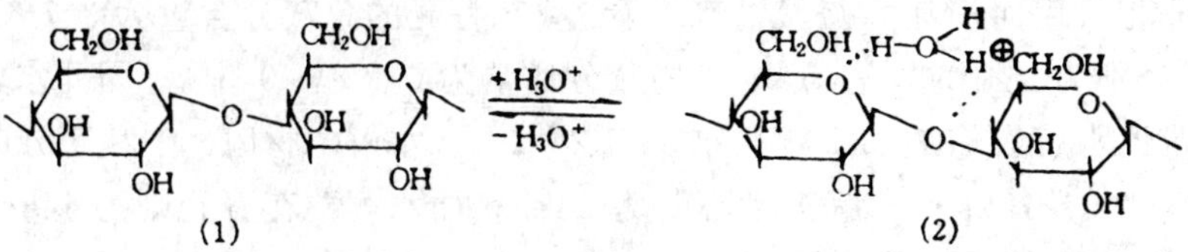

(1) (2)

苷键首先被质子化，并断裂：

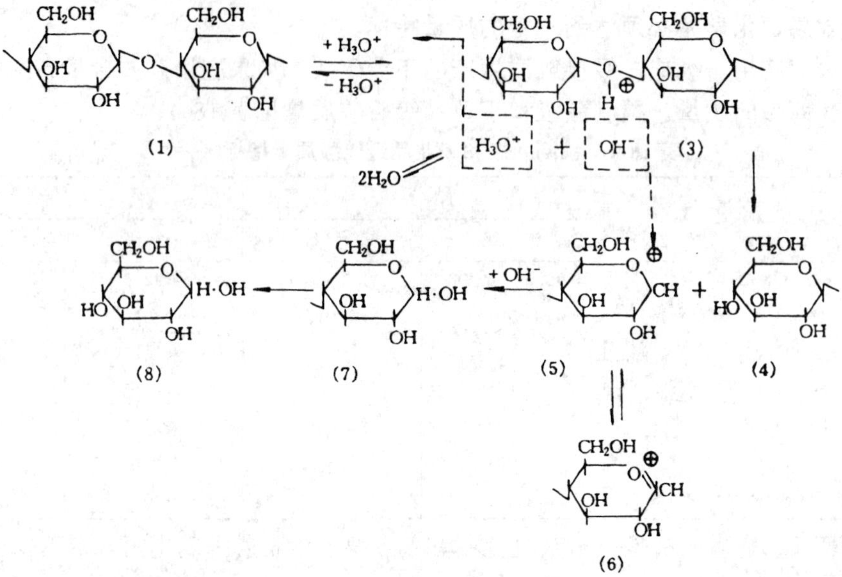

(1) (3) (8) (7) (5) (4) (6)

水解反应第一阶段，含有自由电子云的苷键氧原子首先质子化，形成鎓离子（3），使苷键活化。苷键在质子化反应中表现出亲核特性。这个过程的活化与不活化形式处于热动力平衡状态。

由于质子的离解，形成部分纤维素大分子（4）和正碳离子（5），它与鎓离子（6）处于平衡状态。碳和氧原子间分布有正电荷，称离子（5）和（6）的平衡系统为正碳离子。当正碳离子（5）与水相互作用时，形成第二个纤维素碎片（7），中间产品完全水解的产物是D-葡萄糖（8）。在反应的最后阶段，离解的氢离子参与反应，重新得到水合氢离子。酸在整个反应中，起了催化剂的作用。

由于定位作用的解除，共轭碳鎓离子比较稳定，且反应能力也比原来的或质子化苷键高得多。由此，鎓离子离解是反应的缓慢阶段，而正碳离子（5）与水的相互作用是反应的快速阶段。

苷键的断裂总是发生在一号碳原子上，而不发生在邻近基环的四号碳原子上，这已被许多实验所证实。其中包括纤维素在$H_2{}^{18}O$中水解得到的D-葡萄糖（8′）放射性同位素的分析结果。

在水解反应中，形成的中间产物有纤维二糖（9），纤维三糖（10），纤维四糖，纤维五糖，纤维六糖等低聚糖。

由于低聚糖的水解速度远远高于纤维素的水解速度，在反应介质中低聚糖的含量很低。低聚糖水解的基本产物是D-葡萄糖。在水溶液中，尤其是在水解液中，D-葡萄糖以变异的形式存在于平衡系统之中。其变异的形成是与单糖基环的异构化（吡喃和呋喃形式的转变）和异头碳的存在（具有α-和β-基环结构）有关。

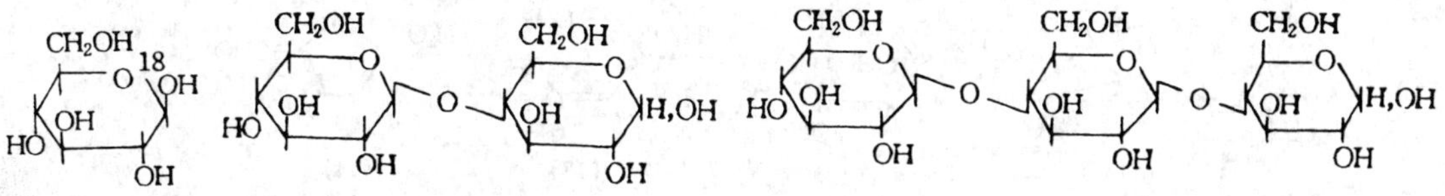

(8′) (9) (10)

2.2 半纤维素的酸水解特性

半纤维素分子中有各种不同糖基，既有呋喃型的，又有吡喃型的；彼此之间既有α-连接的，又有β-连接的。

若干吡喃式己糖甲基苷与吡喃式戊糖甲基苷酸性水解的相对水解速度见表18-5。

表18-5 若干吡喃式己糖甲基苷与吡喃式戊糖甲基苷的相对水解速度[3]（用0.5mol盐酸，75℃）

糖苷	水解速度 K/K'（相对值）	糖苷	水解速度 K/K'（相对值）
α-D-葡萄糖甲基苷	1.0	β-D-半乳糖甲基苷	9.3
β-D-葡萄糖甲基苷	1.9	α-D-木糖甲基苷	4.5
α-D-甘露糖甲基苷	2.4	β-D-木糖甲基苷	9.0
β-D-甘露糖甲基苷	5.7	α-D-阿拉伯糖甲基苷	13.1
α-D-半乳糖甲基苷	5.2	β-L-阿拉伯糖甲基苷	9.0

注：各种吡喃糖甲基苷的速度常数（K）与α-D-葡萄糖吡喃糖甲基苷速度常数K'的比例，$K'=1.98\times10^{-4}\text{min}^{-1}$。

由表18-5可知，己糖苷比戊糖苷难于水解（半乳糖甲基苷例外）；多数情况下，α-型糖苷要比相应的β-型糖苷难以水解。此外，从有关试验可知，吡喃型糖苷比相应呋喃型糖苷难以水解；酸性糖苷要比相应的非酸糖苷难以水解。

在酸水解条件下半纤维素的各种成分相继发生一系列的化学反应：阿拉伯糖基-半乳聚糖完全水解成单糖；乙酰基-4-O-甲基-O-葡糖醛酸-木聚糖则首先脱落乙酰基，然后进行木糖基之间的苷键水解，聚合度下降；阿拉伯糖基-4-O-甲基-D-葡糖醛酸基-木聚糖，由于阿拉伯糖的苷键水解，因而迅速脱落，接着木糖基之间的苷键水解。葡萄糖-甘露聚糖类要比木聚糖类难以水解。在半乳糖基-葡萄糖-甘露糖中，由于半乳糖苷键对酸的不稳定性，在酸水解条件下转变为葡萄糖-甘露聚糖。

2.3 水解条件下单糖的分解反应机理

植物原料中的高聚糖具有多种多样的组成和结构，其化学反应性能差异甚大。而高聚糖的化学活性与其水解产物单糖的化学活性又不相同。单糖，因其活性官能团密度较高，碳架上没有对称中心，异构物多，活性较大。因此，实际生产中在高聚糖水解的同时，也引起单糖的复杂转换，一般称这种转换为单糖分解。这些转换反应有的可利用来为生产服务，有的则导致单糖得率的下降，形成呋喃衍生物及其他对生物化学过程起到抑制作用的物质，对酒精、酵母生产不利。而糠醛则是利用戊糖和糖醛酸的转换而进行生产的。

戊糖分子形成糠醛（2-糠醛）时，脱掉3个分子的水，一般称其为脱水反应。

下面的反应过程：β-D-吡喃式木糖的构象异构体（11）转变成糠醛（14）：

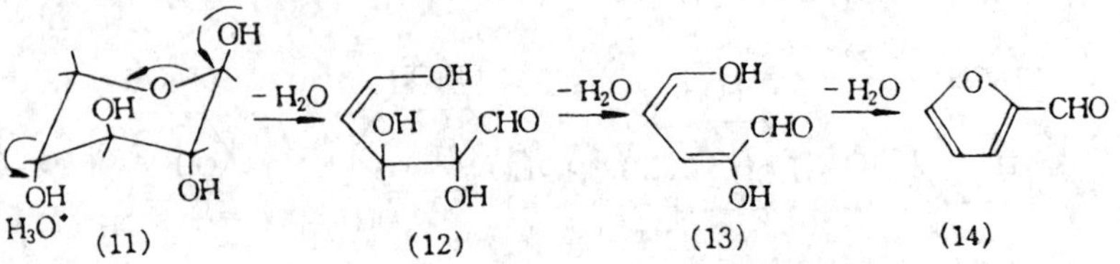

$\xrightarrow{-H_2O}$ $\xrightarrow{-H_2O}$ $\xrightarrow{-H_2O}$

(11) (12) (13) (14)

木糖开环的同时脱去一分子水。在这种情况下，吡喃环开环反应是起到限制作用的反应阶段。

在酸性介质中戊糖的α-，β-异头糖比例的变化会影响到形成糠醛的化学反应动力学。

D-葡萄糖依着相类似的转换机理进行反应：吡喃环开裂，连续脱去三分子水和具有C_2-C_3键式异构的二烯二醇化合物环化。从这个反应过程获得5-羟甲基糠醛（5-羟甲基-2-糠醛或甲氧基糠醛）（15）：

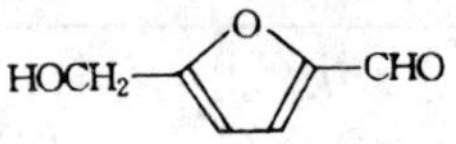

(15)

在酸催化剂存在下，制取糠醛时，糖醛酸被脱羧而形成戊糖。其中，D-葡萄糖醛酸（16）在这样的条件下转变成D-木糖（18）：

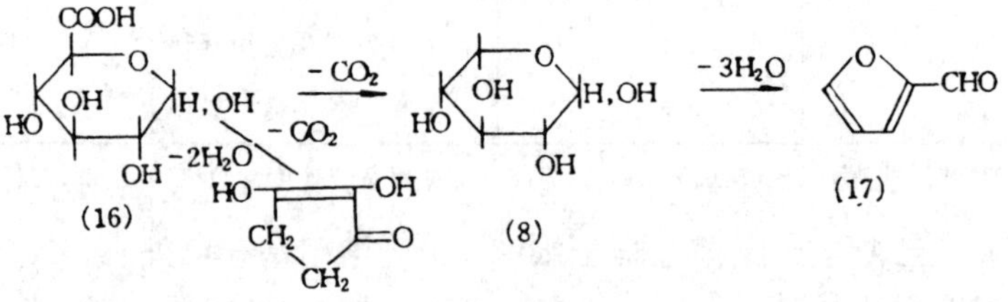

$\xrightarrow{-CO_2}$ $\xrightarrow{-3H_2O}$ $-2H_2O$ $-CO_2$

(16) (8) (17) (18)

由于脱羧反应速度很低，从糖醛酸制取糠醛的得率低于从戊糖制取。同样，由于产生副产品还原酸（18），使糠醛得率下降。

植物原料水解时，形成一定量的甲基戊糖，其中有L-鼠李糖（6-脱羟基-L-甘露糖）（19），它部分地转变成5-甲基糠醛（5-甲基-2-糠醛）（20）：

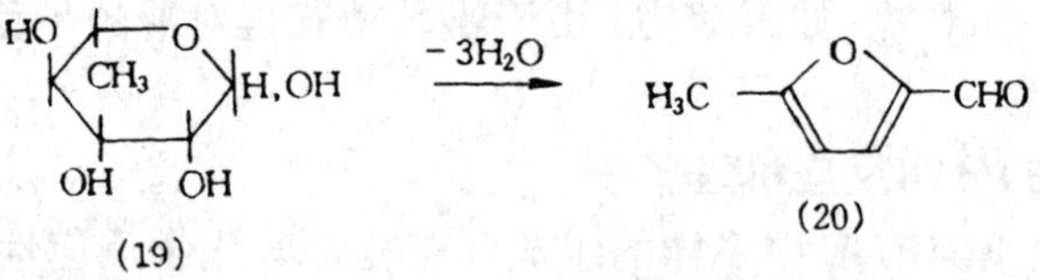

$\xrightarrow{-3H_2O}$

(19) (20)

在研究单糖的酸催化转换机理时，进行色层分离和确认反应中间产物具有重要意义。其中，单糖转变为中间产物，大多数都借助气液和液相色谱法分离与鉴定。

2.4 非糖组分在水解反应时的变化

2.4.1 水解条件下木质素的转换[1,4]

木质化植物组织中含18%～30%的木质素。木质素使木质化植物组织产生刚性，得以挺立。并作为胞间层胶粘物保持对压缩、弯曲和径向冲击负荷的坚固性。木质素化使木质传导组织细胞壁的渗透性减少。植物组织的生物稳定性和对各种化学试剂的抗性提高。

木质素是苯丙烷结构单元以各种化学键相连接的高聚物，且这些键的连接多认为是没有一定的顺序，形成三度空间的网状结构。

木质素结构的不均一性直接影响到其化学性质，尤其是在稀酸水解过程中。木质素大分子和碳水化合物之间的化学键与氢键增加了木质素与高聚糖的亲和力。

木质素结构式（21）是云杉木质素结构模型。表明木质素与植物组织高聚糖形成化学键的可能性。

用稀无机酸水溶液进行植物原料水解时，木质素的基本转换过程如下：

（1）木质素低分子组分的溶解：木质素低分子组分系原料中存在和由于水解而破坏的苯丙烷结构单元最不牢固的键形成的。木质素结构式(21)表明水解时结构单元间键的分类：

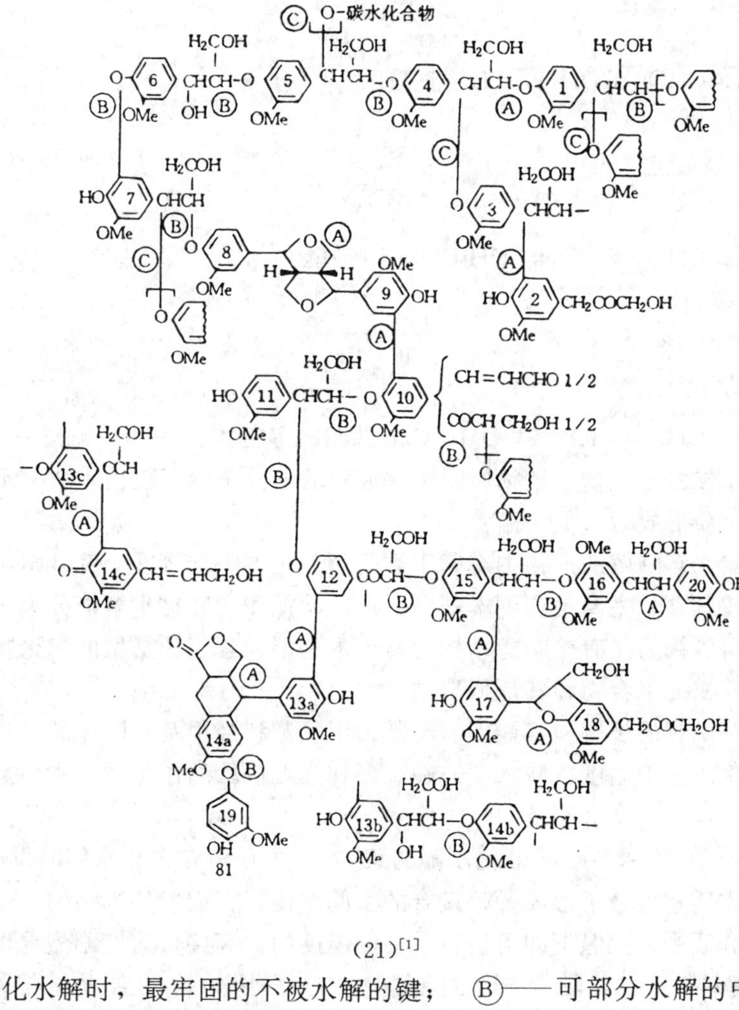

(21)[1]

Ⓐ——在酸催化水解时，最牢固的不被水解的键；　Ⓑ——可部分水解的中等牢固的键；Ⓒ——容易水解而破坏的键。大部分结构单元间连接的芳-芳基型（二芳基，9 和 10，12 和 13a 单元之间），和烷基芳基型（2 和 3，15 和 17，16 和 20 单元之间）的碳-碳连接水解时都是很牢固的。除 α-芳基醚键外，大部分醚键对水解反应同样都是足够稳定的。

（2）木质素的酸缩合：木质素降解物与高聚糖水解产品的分解物缩合形成某些网状结构物质，这也导致木质素反应性能的大大降低，降低其溶解度和改变了木质素的性质。在酸性介质中的自缩合反应首先发生在脂肪链的双键(14C 环)和 α 位上的羟基(α-苯醇基环 6,13b)。

木质素的解聚和缩合过程是相伴反应，是同时进行的。随介质酸度的提高，缩合反应变为主导反应，形成不溶聚合物；随温度的提高，缩合反应速度也提高，同时也增加了转入水解液中的木质素量。工业酸水解条件下转入溶液中的木质素量，对针叶材可达10%，对阔叶材可达20%，对玉米芯可达40%。

酸催化作用下木质素中键的破坏：当用水或酸水溶液水解木材时，木质素的低分子单体和木质素低聚组分转入水解液中，其定性定量组成借助色谱仪进行了充分的研究。在白桦木水解液组分中发现大量紫丁香基型、愈创木基型和对-羟基苯基型等结构。

紫丁香基型：

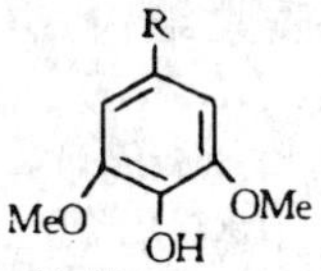

R
MeO OMe
OH

式中：R=H，CHO，COOH，CH_3 等基团。

愈创木基型：

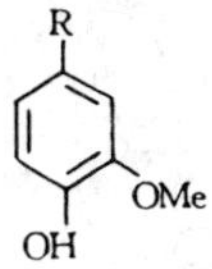

R
OMe
OH

式中：R=H，CHO，COOH，CH_2COOH 等基团

对-羟基苯基型：

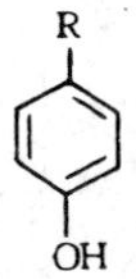

R
OH

式中：R=H，CH_3，CHO，COOH，CH_2COOH 等基团。

还发现有邻苯二酚衍生物。植物原料水解液中的低分子酚不仅由木质素形成，也可由树木提取物和树皮物质形成。

阔叶材木质素水解降解的产物中有紫丁香基型、对-羟基苯基型。针叶材木质素水解降解产物种类较多，按其含量主要是愈创木基型。从针叶材和阔叶材水解液分离出来的木质素降解产物二聚体都可以视为具有松脂醇结构的愈创木基型和紫丁香基型的二聚物。

研究中还分离出三聚合物和其他低聚物。

木质素结构环间键的裂解和官能团（羟基、甲氧基和羟甲基）脱掉的过程，总是伴随着缩合反应，其程度决定于温度、酸浓度。在高温和强无机酸的作用下，木质素发生很强的缩合反应。

木质素的缩合。植物原料在酸催化水解的条件下，木质素在多相水解时发生下列转换：木质素降解产物同木质素大分子形成稀疏接合的空间结构，合成聚环苯结构。木质素大分子的稀疏接合在酸性介质中、室温下即可进行。并随温度的提高接合速度剧烈地增加，当温度高于100℃时该过程转入第二阶段——形成空间网。在这样情况下，在脂肪链与芳香环的参与下形成苯丙烷基之间的新键。在植物原料的水解过程中，木质素处于同水解液中碳水化合物、木质素降解产物和某些萃取物二次转换产物之中，因此这些物质中活性较高的化合物（首先是羰基化合物）同木质素会产生相互作用。

在植物水解条件下，碳水化合物和呋喃化合物的二次转换形成的黑色类腐殖质物质，被吸附在工业木质素上，与溶解木质素一起形成被称之为木质素腐殖质复合物质。

存在于水解液中的低分子酚类和木质素腐殖质造成了水解液生物加工的困难。

木质素低分子碎片的溶解主要是发生在水解的初期。木质素降解产物大多要发生缩合反应，所以原料中的木质素大多变成水解生产的副产品——工业木质素。

植物原料浓酸水解，木质素同样发生缩合反应，由于反应温度低，因而缩合程度不高，木质素在很大程度上仍保持其反应性能。

2.4.2　酸水解条件下提取物的转化

提取物基本上是由低分子化合物组成。它与植物细胞壁的高分子组成不同。按提取物分离方法的不同可以分成3组：

香精油：它是水蒸气蒸馏的提取物，其组成包括萜烯、含氧萜烯化合物（醇类、酸类）、某些酚类、醚类、醛类、酮类和内酯等。

树脂：是用有机溶剂（醚、酮、醇等）提取的物质，包括树脂酸、萜烯醇和脂肪醇以及中性物：醇、蜡和脂肪。

水溶物：包括碳水化合物（树胶、果胶和植物淀粉的单糖、低聚糖和高聚糖）、单宁物质（鞣料）、酚化合物、木聚糖、氨基酸和多肽。植物原料的无机物（灰分）一般也属于提取物。

植物原料中提取物含量不大，一般为5%～10%，针叶材要高些。提取物无论对水解过程，还是水解液的后续加工与产品质量都有直接影响。

针叶材含有萜烯，它包含在树脂中。存在于水解液和水解液自蒸发蒸汽冷凝液中。在以这种冷凝液生产糠醛时，萜烯作为松节油馏份分离出去。用气液色谱分析该组分可知：水解松节油自身组分是不同于木材生理树脂的萜烯组分。特别是α-蒎烯是木材提取物的组分，而对-异丙基苯甲烷（对伞花烃）、二戊烯、二氢萜烯醇是水解松节油的基本组分。

针叶材水解时，萜烯组分产生异构化转换，α-蒎烯形成多环萜烯产物。此外，还会形成异构化平衡反应：

$$\alpha\text{-蒎烯} \rightleftharpoons \beta\text{-蒎烯}$$

总之，在酸性介质中萜烯产生异构化和脱氢作用，还会发生萜烯的聚合转化，形成二聚物和其他低聚物。这些低聚物不能转入针叶材水解液中，而是同固体残渣——木质素一起从水解液分离出来，同时被分离的还有不溶于稀酸的树脂酸。

植物原料水解液中还含有低分子酚。它是由木质素和提取物形成的。树皮中含有较高的酚化合物和单宁化合物，随原料中树皮含量的增加而增加，它不仅使单糖得率降低，而且还使水解液生物纯度下降。

3　高聚糖水解反应动力学

动力学是从反应速度的角度研究高聚糖水解反应和单糖分解反应，也就是研究这些反应速度与压力、温度、酸的种类与浓度、参与反应的高聚糖性质和单糖性质等因素之间的定量关系。

3.1　水解反应的基本动力学特性

植物原料纤维素和其他高聚糖的酸催化水解反应，按纤维素（1）完全水解为葡萄糖（2）的化学过程：

$$\underset{(1)}{[C_6H_{10}O_5]_n} + nH_2O \longrightarrow \underset{(2)}{nC_6H_{12}O_6}$$

在形式上应属于双分子反应，应用二级反应方程去描述。但在实际生产上，用稀酸水解高聚糖时水的浓度可以认为是恒定的(亦即反应物之一的组分是恒定的)，因此可以视为一级反应，用一级反应方程式描述。

如前所述，高聚糖苷键的水解机理包括一系列的单元反应阶段：

$$-[C_6H_{10}O_5]-O-[C_6H_{10}O_5]- \underset{-H^+}{\overset{+H^+}{\rightleftharpoons}} -[C_6H_{10}O_5]-\overset{\overset{H}{|}\oplus}{O}-[C_6H_{10}O_5]-$$

(1) (3)

$$\xrightarrow{慢} -[\overset{\oplus}{C}_6H_{10}O_5] + [HO-C_6H_{10}O_5]-$$

(4) (5)

$$\downarrow +OH^- \ 快$$

$$-[C_6H_{10}O_5-OH]$$

(6)

纤维素（1）苷键质子化，形成鲜离子（3），正碳离子（4）同OH^-进行相互作用，鲜离子（3）裂断。高聚糖苷键质子化的程度取决于介质中酸的活性。鲜离子（3）分解的速度与其稳定性有关。而所带电子和其空间排列情况等因素都会影响到它的稳定性。这一阶段的反应速度随其反应温度的提高而加快。

鲜离子解聚是水解反应中的起限制作用的（最慢的）阶段，当原高聚糖质子化达到平衡状态时，正碳离子同水分子作用，这个过程是多段过程中最快速阶段。

在酸催化作用下，高聚糖转换的连续性可以用下面的通式表示[1]：

$$P_n \underset{\substack{Ad,\ t\\ K'_1}}{\xrightarrow{+mH_2O}} (m+1)\ D_{n/m+1} \underset{\substack{Ad,\ t\\ K''_1}}{\xrightarrow{+\ (n-m)\ H_2O}} nG \underset{\substack{Ad,\ t\\ K_2}}{\xrightarrow{-3H_2O}} F \underset{\substack{Ad,\ t\\ K_3}}{\xrightarrow{-H_2O}} R$$

式中：P——高聚糖量；

D——中间产物量；

Ad——酸；

t——反应温度；

K'_1，K''_1，K_2，K_3——高聚糖 P 相应的水解速度常数，中间产物（低聚糖，糊精）D 的水解速度常数，单糖 G 的分解反应速度常数，呋喃衍生物 F 形成其转换产物 R 的反应速度常数；

n，n/（m+1）——高聚糖和低聚糖相应的聚合度；

m，n－m——参与反应的水分子数。

高聚糖水解过程，如果经过形成水解中间产物（低聚糖）的阶段，那么低聚糖的均相水解速度比难水解高聚糖的复相水解速度高得多，过程总的速度常数 K'_1 用比较慢的阶段的速度常数 K''_1 确定。由此，$K''_1 \gg K'_1$。纤维素水解时，在反应混合物中实际上不存在低聚糖。

在封闭系统（固定条件下的一段水解），和敞开系统（多段水解、渗滤水解和连续水解过程）都是用动力学方程式描述各系统中水解反应的特性。单一原料在封闭系统中，等温水解动力学用一级单向催化反应方程式描述：

$$dP_x/dt = K_1 C_{Ad}\ (P_0 - P_x) \tag{18-1}$$

式中：P_0-P_x——在 t 时内未水解高聚糖量；

P_0 和 P_x——相应的原始原料量和被水解的高聚糖量；

C_{Ad}——催化剂浓度。

在研究水解机理时，通常 C_{Ad}是一常数，当上式中 C_{Ad}等于 1 时，便成为一般的一级反应方程式，其实用性被 lg（P_0-P_x）＝f（t）动力曲线在半对数坐标上的直线关系所证实。

$$dP_x/dt=K_1\ (P_0-P_x) \tag{18-2}$$

为了比较在各种催化剂浓度下得到的 K_1 值，利用 1mol/L［K_1（N）］或 1%［K_1（%）］酸浓度是很方便的。

$$K_{1(mol)}=K_1/C_{mol} \tag{18-3}$$

$$K_{1(\%)}=K_1/C \tag{18-4}$$

式中：C_{mol}，C——相应的以摩尔或重量%表示的催化剂浓度。

从前面的方程式不难求出 K_1 值：

$$K_1=\frac{2.303}{t}\lg\frac{P_0}{P}=\frac{2.303}{t}\lg\frac{P_0}{P_0-P_x}=\frac{1}{t}\ln\frac{P_0}{P_0-P_x} \tag{18-5}$$

水解的高聚糖量 P_x：

积分　　$dP_x/dt=K_1\ (P_0-P_x)$

当初始条件 $P_x=0$ 和 $t=0$，可得

$$P_x=P_0\ (1-e^{-K_1t}) \tag{18-6}$$

葡萄糖的理论得率（不考虑其分解），在 t 瞬时内，按下式计算：

$$G_x=\mu P_0\ (1-e^{-K_1t}) \tag{18-7}$$

$$\mu=\frac{M_{C_6H_{12}O_6}}{M_{C_6H_{10}O_5}}=1.11 \tag{18-8}$$

式中：$M_{C_6H_{12}O_6}$和 $M_{C_6H_{10}O_5}$——相应的 D-葡萄糖和纤维素 β-D-吡喃基环的分子量。

当戊聚糖水解时

$$\mu=\frac{M_{C_5H_{10}O_5}}{M_{C_5H_8O_4}}=1.14 \tag{18-9}$$

3.2　影响高聚糖水解速度的因素[5,6]

除上述的动力学方程式之外，对于实验应用应能确定各种工艺参数与反应速度相联系的方程式，以便定量地估计各种参数对高聚糖水解速度的影响。前苏联学者沙尔柯夫提出以下实验方程式：

$$K_1=\alpha_1 C_{Ad}\lambda_1\delta_1 \tag{18-10}$$

式中：α_1——酸催化活性系数；

C_{Ad}——溶液中酸浓度；

λ_1——温度系数；

δ_1——高聚糖反应性能系数。

下面阐述每种参数对水解速度的影响。

（1）催化剂活性和浓度的影响。纤维素 β（1→4）苷键的水解速度取决于 H_3O^+离子浓度，这首先与酸浓度和酸离解程度有关。反应介质中的酸性通常以 α_1C_{Ad}之积表示。酸催化活性系数（α_1）（见表 18-6）按下式表示：

$$\alpha_1=K_1/K_{1(HCl)} \tag{18-11}$$

式中：K_1 和 $K_{1(HCl)}$——在所研究的酸中纤维素水解速度常数和盐酸中的水解速度常数。

表 18-6 各种酸的催化活性系数[1,5]

酸种类	离解常数（K'）	纤维素水解时，酸催化活性系数（α_1）	
		100℃	180℃
	强电解液		
HCl	—	1.00（2mol/L）	1.00（0.1mol/L）
$HNO_3$①	—	0.95（2mol/L）	0.26（0.1mol/L）
H_2SO_4	$K_2=1\times10^{-2}$	0.57（1mol/L）	0.51（0.05mol/L）
	弱电解液		
H_3PO_4	$K'_1=7.1\times10^{-3}$		
	$K'_2=6.3\times10^{-8}$	0.19	0.08
	$K'_3=5.0\times10^{-13}$		
HCOOH	$K'=1.8\times10^{-4}$	—	0.025
CH_3COOH	$K'=1.75\times10^{-5}$	—	0.015

① 在180℃ HNO_3 部分地分解成氧化氮。

由表 18-6 可见，硫酸比盐酸的催化活性低，这是由于硫酸第二级离解进行的不完全（盐酸按一级离解），在溶液中氢离子活性系数较低的缘故：

$$H_2SO_4+H_2O\longrightarrow HSO_4^-+H_3O^+$$

$$HSO_4^-+H_2O\rightleftharpoons SO_4^{2-}+H_3O^+$$

在25℃时，浓度为0.5%的硫酸溶液离解程度按一级离解可达100%，而按二级离解仅为16.7%，其 pH 值为1.23。随温度的提高，从25～200℃硫酸的离解常数按二级计算 K_2 值以下式的规律减少：

$$\lg K_2=-509.56/T+5.162-0.01826T$$

式中：T——绝对温度（K）。

因此温度高于130℃时，实际上，硫酸溶液中氢离子浓度只能按一级离解确定。

植物原料水解形成的有机酸，对半纤维素的水解，其活性是足够的，而对纤维素的水解几乎不可能起到加速的作用。

高聚糖水解速度随酸浓度的增加按比例提高：$V=f(C_{Kt})$ 和 $\ln K_1=f(pH)$。

在浓酸作用条件下，纤维素水解速度与其溶解速度相比较，在硫酸浓度为55%～62%的范围内，纤维素的水解速度高于其溶解速度；当浓度增加到62%～72%时，高聚糖的溶解速度会大大加快；例如用75%浓度硫酸处理白桦木材的高聚糖时（体积酸比为1∶10），在50℃下，3min 就水解。纤维素在浓磷酸中的水解速度比在同样浓度的硫酸中低将近200%。由于形成反应产物而稀释了介质中的酸，并对水解反应产生抑制作用。

在水解生产中，除了采用酸催化之外，还可采用盐催化，因为一些强酸弱碱盐［如 $(NH_4)_2SO_4$］和酸式盐［如 $NaHSO_4$，$Ca(H_2PO_4)_2$］在水溶液中也可形成酸性介质。

（2）温度的影响。提高温度可以加快水解反应的进程。

反应速度常数和反应温度的关系是以 Arrhenius 方程式确定：

$$K_1=Ae^{-E/RT} \tag{18-12}$$

式中：A——指数因子；

R——气体常数，等于8.314J/(mol·℃)；

E——活化能（kJ/mol）；

T——绝对温度（K）。

水解反应温度对高聚糖水解速度的影响，利用反应温度系数 γ 计算，它表明反应温度提高 10℃时反应速度变化的特性：

$$\gamma=\frac{K_{1(T+10)}}{K_{1(T)}}=\frac{\lambda_{(T+10)}}{\lambda_{(T)}} \tag{18-13}$$

对温度 T 的系数 λ 的确定：

$$\lambda_T=\lambda_{T_0}\gamma^n \tag{18-14}$$

式中：λ_{T_0}——T_0 温度下的已知系数；

n——T_0 和 T 之间 10℃范围的数目。

为了降低活化能，催化剂应能保证在低于不加催化剂的反应温度下，能使水解反应进行。活化能 E 应能使所有反应物分子都转变为活化状态。E 值按下式计算：

$$E=\frac{RT_1T_2}{T_2-T_1}\ln\frac{K_1\ (T_2)}{K_1\ (T_1)} \tag{18-15}$$

式中：T_1 和 T_2——相应温度范围（一般为 10K）内的开始和终了温度；

K_1（T_2）和 K_1（T_1）——相应温度下的水解速度常数（min^{-1}）。

见表 18-7，K_1 为 0.5mol/L 硫酸溶液时的值。K_1 值随温度的提高而增加，同时 γ 值在 130～240℃从 3 降到 2。

表 18-7　木材纤维素水解过程的动力学特性[1,5]

反应温度（℃）	水解速度常数 K_1（0.5mol）（min^{-1}）	反应温度系数 γ	活化能（kJ/mol）	反应温度（℃）	水解速度常数 K_1（0.5mol）（min^{-1}）	反应温度系数 γ	活化能（kJ/mol）
130	0.000 1	—	—	190	0.37	2.5	159
140	0.003	3.0	140	200	0.88	2.4	159
150	0.008	2.7	147	210	2.0	2.3	155
160	0.022	2.8	155	220	4.2	2.1	147
170	0.058	2.6	155	230	8.6	2.1	147
180	0.15	2.6	155	240	17.2	2.0	133

（3）高聚糖反应性能对水解速度的影响

植物原料中的各种高聚糖，在水解反应中的反应性能是不同的，可分成易水解高聚糖和难水解高聚糖。高聚糖反应性能以系数 δ_1 确定，把均一的棉纤维素（K_1c）作为比较的标准。

$$\delta_1=K_1/K_1c$$

木纤维素 $\delta_1=1.5\sim2$，就是它的反应性能比棉纤维素高 1.5～2 倍。半纤维素 $\delta_1=50\sim700$，这与其高聚糖的非均一性和不整齐的大分子结构有关。高聚糖的溶解性与其水解性能之间存在正比的关系。水溶性低聚糖的特点是反应能力很高，尤其是蔗糖 $\delta_1=1.3\times10^5$。

纤维素在复相条件下用稀酸进行水解，反应很明显地分成两个动力学阶段，即很快和很慢阶段，使高聚糖中易水解和难水解的组分得以分离。对纤维素难水解组分 K_1^{I} 是个常数，而易水解组分 K_1^{l} 是个变化值。在 t 时间内，未水解的纤维素量 P，按下式计算：

$$P=P_{0(\mathrm{l})}e^{-K_1^{\mathrm{l}}t}+P_{0(\mathrm{I})}e^{-K_1^{\mathrm{I}}t} \tag{18-16}$$

式中：$P_{0(\mathrm{l})}$和 $P_{0(\mathrm{I})}$——纤维素中相应的易水解组分原始含量和难水解组分含量；

K_1^{l} 和 K_1^{I}——纤维素相应组分的水解速度常数。

这个方程式是个近似式，因为 $K_1^1 \neq$ 常数。

当加工植物原料时，天然纤维素被水解。云杉木材天然纤维素基本组分的聚合度为 5 000～8 000，少量聚合度接近 1 000；阔叶材纤维素聚合度约为 3 600。木材纤维素的特点是在稀酸水解过程能保持高度的多分散性。

用化学方法从木材分离纤维素时，会发生纤维素的部分解聚，因而木材纤维素试样一般聚合度只有 800～1 500。

纤维素反应性能低和水解速度的差异是由其高聚糖结构的特点所决定的。即纤维素大分子结构有不均一性，其中有高整齐和不整齐区，链分子间存在氢键，以及纤维素单元环结构的特性等因素决定的。

3.3 半纤维素水解动力学

植物原料半纤维素属于易水解高聚糖。它不同于纤维素，其特点是化学构造和大分子结构都是不均一的。半纤维素成分中含有水溶性高聚糖，其溶解速度取决于扩散因素，不取决于苷键的断裂速度。而某些半纤维素成分中包括高定向高聚糖成分。半纤维素的这种组分的水解速度等于纤维素的水解速度。

此外，在同一种不均一的高聚糖半纤维素大分子中，苷键的牢固程度是不同的。其中，基环间苷键的水解速度受到 C_5 各种不同取代基的影响[1]，如：

C_5 上官能基	K_1
H（无水戊糖）	3.0
CH_2OH（无水己糖）	1.0
COOH（糖醛酸残渣）	0.035
$COOC_2H_6$（糖醛酸酯）	0.005

对葡糖醛酸木聚糖苷键牢固度很不一样（脂肪直链较牢固）：

```
—Xyl(p)—Xly(p)—Xyl(p)—Xyl(p)—Xyl(p)
         |
       GlcA(p)
```

式中：Xyl（p）——木吡喃基环；

GlcA（p）——葡糖醛酸残渣。

糖苷的立体化学结构很明显地影响到半纤维素酸水解的速度。呋喃糖苷（五环）水解速度比具有六环的吡喃糖苷大约快 2 个数量级。半纤维素各种组分的水解动力学特性就是表现在苷键的牢固程度有明显的差别。

聚合物链上单元环的空间障碍同样也影响到多糖苷键的水解速度。例如：高聚糖链内苷键比终端苷键牢固得多。这是因为主链上的基环具有阻碍作用。支链上的高聚糖进行不完全的酸水解时，从高聚糖大分子分支点得到的多是低聚糖。

所以植物原料是多组分系统，其组成中包括具有各种反应能力的高聚糖。

半纤维素水解时，同时进行着下列的过程：水溶性组分的溶出；不溶解高聚糖复相水解成溶解的低聚糖；低聚糖的溶解；低聚糖在均相条件下水解成单糖。

开始三个连续平行的反应过程统称半纤维素的水解溶解。按高聚糖水解时，不溶（不水解）高聚糖量的变化研究水解溶解动力学。在复相条件下高聚糖的水解是比较慢的（有限的）阶段，所以常常用半纤维素水解速度的术语代替水解溶解速度的术语。

可以按着单糖的形成速度研究半纤维素水解动力学，但在水解条件下，单糖的分解也会影响单糖的形成量，所以通常要研究半纤维素水解溶解速度。研究半纤维素水解过程的特性，也应研究低聚糖的均相水解（转化）。

对多组分高聚糖化学转换动力学的描述，比较简单的方法是按两平行的一级反应描述：

$$P_{\mathrm{I}} \xrightarrow{K_1^{\mathrm{I}}} G \xleftarrow{K_1^{\mathrm{II}}} P_{\mathrm{II}}$$

式中：P_{I} 和 P_{II}——水解高聚糖的两种组分；

K_1^{I} 和 K_1^{II}——水解速度常数；

G——单糖。

半纤维素溶解速度 v_s，水解速度 v_h 和低聚糖转化速度 v_i，其间有下列关系：

$$v_s \geqslant v_i \geqslant v_h$$

半纤维素水解时，其原料中含有两个在动力学上为同样的组分 $P_{0(\mathrm{I})}$ 和 $P_{0(\mathrm{II})}$，这时其溶解量 P_x 为：

$$P_x = P_{0(\mathrm{I})}\ (1-e^{-K_1^{\mathrm{I}}t})\ +P_{0(\mathrm{II})}\ (1-e^{-K_1^{\mathrm{II}}t}) \tag{18-17}$$

糊精的水解是均相条件下以很高的速度进行，相当于纤维素在相同条件下水解速度的 340～660 倍。

当增加半纤维素的水解深度时，其相应的反应性能逐渐下降，就是 $\sigma_1 = \mathrm{f}\ (P_x)$。$K_1$ 值可表示为：

$$K_1 = \alpha_1 C_{Ad} \lambda_1 \mathrm{f}\ (P_x) \tag{18-18}$$

由于植物原料碳水化合物组分中所含的高聚糖反应性能差异很大，在制订水解工艺规程时必须选择对高聚糖中每一种组分，在化学动力学上都合适的水解参数。

3.4　水解条件下单糖分解动力学

水解过程形成单糖的分解反应是在单相条件下进行的，分解反应动力学以一级化学反应方程式表示：

$$\mathrm{d}Gy/\mathrm{d}t = K_2\ (G_x - G_y) \tag{18-19}$$

式中：K_2——单糖分解速度常数；

G_x——在经 t 时间水解形成的单糖量；

G_y——单糖分解量；

$G_x - G_y$——在反应系统中未分解的单糖量。

$\lg\ (G_x - G_y) = \mathrm{f}\ (t)$ 函数的线性关系，证明了单糖分解反应应用一级反应方程式的可能性[1]。

图 18-2 绘出了在 200℃温度下，各种浓度的硫酸溶液中 D-葡萄糖分解动力学曲线的半对数坐标。

$\lg K_2 = \mathrm{f}$ (pH)（如图 18-3）同样有线性关系（K_2 计量单位为 min^{-1}，硫酸溶液的 pH 值是在 20℃测定的）。催化剂浓度与 K_2 值的关系，对葡萄糖有下述数据：

硫酸浓度（mol/L）	0.006 25	0.012 5	0.05	0.10
K_2 (min^{-1})	0.022 6	0.035 3	0.142	0.223

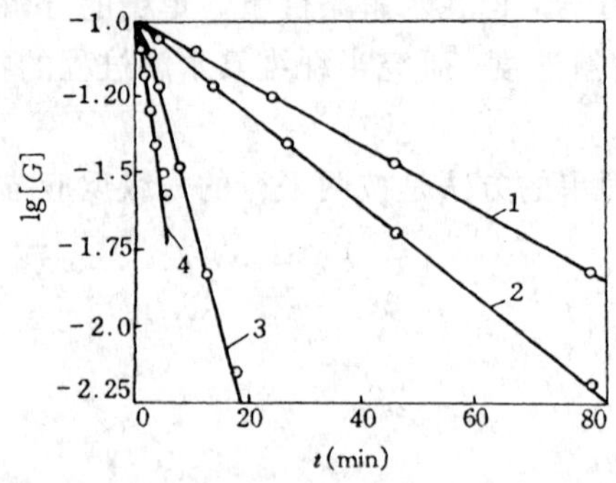

图 18-2 D-葡萄糖解聚动力曲线的半对数变形线

1. 硫酸浓度为 0.006 25 mol；2. 硫酸浓度为 0.012 5 mol；3. 硫酸浓度为 0.05 mol；4. 硫酸浓度为 0.10 mol

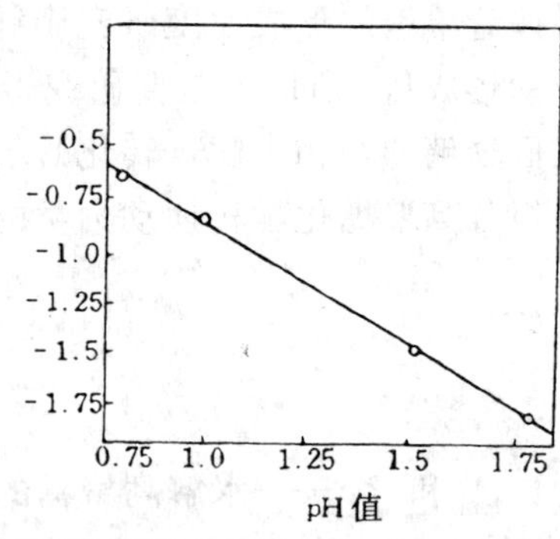

图 18-3 介质酸活性（pH 值）对 D-葡萄糖分解速度的影响

单糖起始的浓度对单糖的分解反应速度无影响，这是一级反应的特点。

与水解反应相类似，K_2 值可以表示为因子乘积的形式：

$$K_2=\alpha_2 C_{Ad}\lambda_2\delta_2 \tag{18-20}$$

式中：α_2——单糖分解时酸的催化活性；

λ_2——温度系数；

δ_2——单糖反应性能。

不论是高聚糖水解速度，还是单糖分解速度介质酸性的测定都是按其自身活性 α_1 和 α_2 进行的，从而形成了很相似的系列（α_2 对 HCl—1.0；H_2SO_4—0.5；HNO_3—0.23；H_3PO_4—0.11；HCOOH—0.07；CH_3COOH—0.06）。

不仅 H^+ 离子浓度，而且 OH^- 同样影响到单糖的分解速度，这在稀酸溶液中，pH 值>4 时是很明显的，特别是在碱性溶液中，单糖很快转化成糖醛酸和糖酸。在这个过程中，OH^- 催化活性在同样浓度情况下，约为 H^+ 离子的 1.3×10^4 倍。因此，在弱酸中，单糖的稳定性最大。其中 pH 值为 4 时，D-葡萄糖分解反应速度最低，pH 值为 3 时，L-阿拉伯糖分解反应速度最低。

当加热纯 D-木糖水溶液时，首先是在 OH^- 作用下单糖分解而形成酸，溶液的 pH 值下降到 3.1～3.2，在 H^+ 作用下高聚糖进一步分解。这些反应是在自动催化反应条件下进行的。

温度对 K_2 值有更大的影响。温度对 K_2 值的影响见表 18-8，换算成 0.5 mol/L 硫酸溶液中，温度系数 γ 和活化能 E。把所列数据同纤维素水解过程相应的数据进行比较，在选择的温

表 18-8 D-葡萄糖分解反应动力学特性[1,5]

反应温度 T (℃)	单糖分解速度常数 K_2 0.5 mol/L (min^{-1})	K_1/K_2	反应速度温度系数 γ	活化能 E (kJ/mol)	反应温度 T (℃)	单糖分解速度常数 K_2 0.5 mol/L (min^{-1})	K_1/K_2	反应速度温度系数 γ	活化能 E (kJ/mol)
130	0.001 2	0.83	—	—	190	0.34	1.09	2.2	138
140	0.003 7	0.81	2.9	137	200	0.76	1.33	2.0	126
150	0.010	0.80	2.7	142	210	1.20①	1.67	1.8	113
160	0.026	0.85	2.6	137	220	2.05	2.05	1.7	109
170	0.064	0.91	2.4	142	230	3.40	2.53	1.7	109
180	0.15	1.0	2.3	142	240	5.50	3.12	1.6	104

① K_2 值当温度高于 200℃时，需要修正。

度 130～190℃内，比较这些反应的速度发现：随着温度的提高，纤维素水解速度增加得比 D-葡萄糖分解速度为大。

由于木材纤维素水解速度常数和葡萄糖分解速度常数相近似，从而得到确定 K_1 和 K_2 与反应温度 T_1 的关系式：

$$K_1=0.001\exp\left(44.93-\frac{18\ 807.34}{273+T}\right) \tag{18-21}$$

$$K_2=0.001\exp\left(44.64-\frac{17\ 321.93}{273+T}\right) \tag{18-22}$$

这些方程式表示在 130～190℃的实验数据。

当确定在分解反应中单糖反应性能时，一般取比较稳定的 D-葡萄糖作为标准

$$\delta_2=K_2/K_{2(G)} \tag{18-23}$$

各种单糖进行酸催化转换时，其反应性能有下面顺序：

葡萄糖（1.0）＜半乳糖（1.1）＜甘露糖（1.5）＜阿拉伯糖（1.7）＜木糖（3.0）。

常数的比值取决于分解反应的条件。K_2（木糖）/K_2（阿拉伯糖）比值与温度和酸浓度有一定的关系，当用硫酸溶液处理时，比值变化为 1.7～2.5；当用盐酸溶液处理时，比值变化为 2.2～4.5。在酸性介质中，单糖异构形式的比例对单糖的分解反应速度有一定的影响。改变反应过程的条件不仅能改变 δ_2 的数值，还能导致对其他单糖在上述排列中的位置。

在酸性介质中存在某些金属盐（Ti^{4+}，Cr^{3+}，Fe^{3+}等）时，单糖分解反应速度增加。除单糖的解聚反应，还会进行氧化转换，并伴随形成有机酸（蚁酸，甘油酸，琥珀酸，糠酸，羟基乙酸等）。这些酸中有些是由于呋喃衍生物氧化形成的，它同时也部分地被皂化。当向系统加入溶解的磷酸盐时，这些盐类大多数带有多价金属不溶解盐使催化作用急剧下降。植物原料中的灰分物质引起酸催化剂的部分中和，这会引起高聚糖的水解，或单糖分解反应速度的下降。

4 稀硫酸水解法糖得率

4.1 固定法水解条件下单糖得率

固定法水解时，形成的单糖不能随时从反应区排出，因而会产生单糖的分解。

高聚糖（P）⟶单糖（G）⟶单糖分解产物（F）

因此，在封闭系统中经过连续反应，单糖的实际得率 G 可用下述方程式表示：

$$G_z=\frac{\mu P_0K_1}{K_2-K_1}\ (e^{-K_1t}-e^{-K_2t}) \tag{18-24}$$

式中：G_z——单糖实际得率；

μ——高聚糖转变成单糖的转换系数；

P_0——高聚糖原始量；

K_1——高聚糖水解速度常数；

K_2——单糖分解速度常数；

t——水解时间。

G_Z=f（t）曲线的最大值（如图 18-4），按下式计算：

$$G_{Z\max}=\mu P_0\left(\frac{K_1}{K_2}\right)^{\frac{1}{1-\frac{K_1}{K_2}}} \tag{18-25}$$

水解过程的理想时间是获得 $G_{Z\max}$ 所需的最佳时间 t_{opt}：

$$t_{opt}=\frac{\ln K_1-\ln K_2}{K_1-K_2} \tag{18-26}$$

从方程式（18-25）可知，一段法水解单糖的最大得率取决于比例：

$$\frac{K_1}{K_2}=\frac{\alpha_1 C_{Kt}\lambda_1\delta_1}{\alpha_2 C_{Kt}\lambda_2\delta_2}$$

随着 K_1/K_2 的增加，$G_{Z\max}$ 值增大。而提高反应温度或高聚糖的反应性能则可提高 K_1/K_2 的比值。

如图 18-5，随着温度的增高，无论是高聚糖的水解还是葡萄糖的分解，反应速度常数（换算成 0.5 mol/L H_2SO_4）都会增加，而水解速度的增加要比分解速度快，即 K_1/K_2 值增加。因而对各个温度和 K_1/K_2 值，都能达到一个相应的 $G_{Z\max}$ 值。

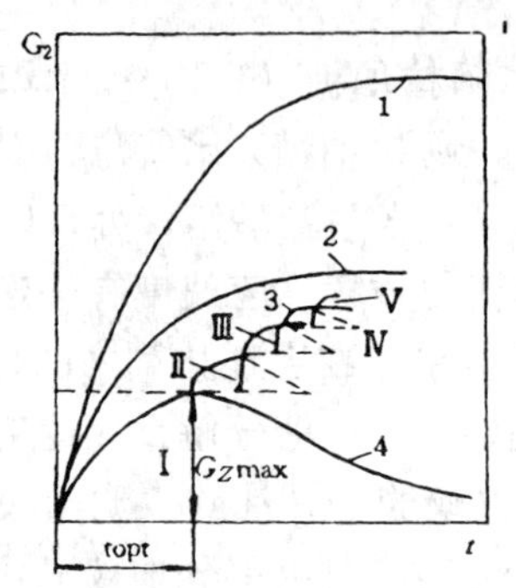

图 18-4 高聚糖水解时单糖实际得率[1]

1. 理想得率；2. 渗滤法水解；3. 多段法水解（Ⅰ～Ⅴ段数）；4. 一段法水解

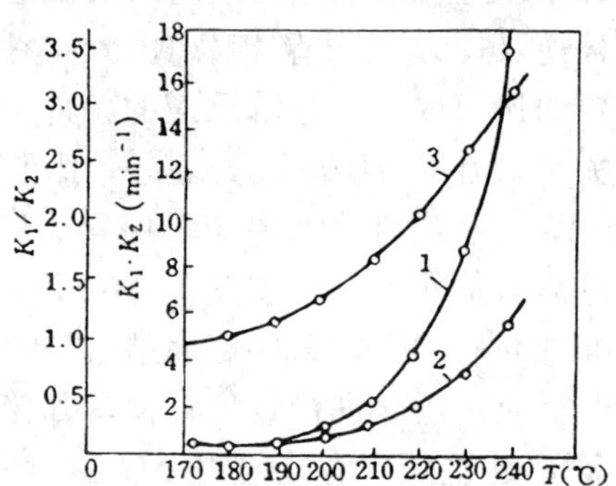

图 18-5 温度对木材纤维素的影响[1]

1. 水解常数 K_1；2. 葡萄糖分解常数 K_2；3. 常数比 K_1/K_2

由此可知，一段水解时最高糖得率比理论值低很多，其中 $G_{Z\max}$ 在 170℃（$K_1/K_2=0.9$）为 33%左右，当温度提高到 200℃（$K_1/K_2=1.33$）时，可增加到理论值的 42%。由于在温度低于 200℃时，一段水解法的单糖得率不高，因而该法对难以水解的高聚糖的水解实际意义不大。

4.2 渗滤法水解的单糖得率[2]

渗滤法水解的基本特点是水解物料预热后，从水解釜上部酸水混合器不断地供给高温蒸煮酸，在其通过水解物料使高聚糖水解成单糖，所得单糖当即随液流经料层，从水解釜下部过滤管排出。由于单糖随时从反应区排出，使得单糖在反应区停留的时间 t_2 要少于水解时间 t_1。原则上，当 $t_2\longrightarrow 0$ 时，$G_Z\longrightarrow G_x$，也就是当单糖形成后瞬间便从反应区排出，其得率接近理论值：$G_x=\mu P_0\ (1-e^{-K_1 t})$。而要达到这样的得率，就需采用很大的液比，以降低糖液的浓度，甚至使接近于 0，同时要求有很高的渗滤速度。而实际上这是难以做到的，因为水解液的渗滤速度受到多种因素的限制。水解液也应有足够高的单糖浓度（高于 3%）以保证原料加工的经济性。因此，在实际上 $t_2>0$ 和 $G_Z<G_x$，渗滤水解的实际单糖得率，总是低于理论得率（65%～70%），而为绝干原料的 42%～46%。

等温条件下高聚糖水解时，单糖得率用下式表示：

$$G_Z=\mu P_0\ (1-e^{-k_1 t_1})\ e^{-K_2 t_2} \tag{18-27}$$

而含有半纤维素高聚糖 $P_{0(H)}$ 和纤维素 $P_{0(C)}$ 的原料水解时，则

$$G_Z=[\mu_H P_{0(H)}+\mu_c P_{0(C)}(1-e^{-K_1t_1})]e^{-K_2t_2} \tag{18-28}$$

式中：$\mu_H P_{0(H)}$——半纤维素完全水解时单糖理论得率；

$\mu_c P_{0(C)}$——纤维素完全水解时葡萄糖理论得率；

$1-e^{-K_1t_1}$——考虑在 t_1 瞬时纤维素不完全水解的因子；

$e^{-K_2t_2}$——形成单糖的分解程度。

半纤维素在动力学上存在两个同种组分，当完全被水解并考虑单糖的分解时，其单糖的实际得率，以下式确定：

$$G_{Z(H)}=\mu_P P_{0(p)}e^{-\frac{\delta_{2p}}{\delta_{2g}}K_2t_2}+\mu_g P_{0(g)}e^{-K_2t_2} \tag{18-29}$$

式中：μ_P 和 μ_g——戊糖分子量与戊聚糖单元环分子量之比和己糖分子量与戊聚糖单元环分子量之比；

$P_{0(p)}$ 和 $P_{0(g)}$——半纤维素中聚戊糖和己聚糖的含量；

δ_{2p} 和 δ_{2g}——在水解反应条件下，戊糖和己糖的稳定系数。

在水解反应条件中，戊糖和己糖的平均反应性能之比为 3.0～3.6。

纤维素水解时，单糖得率：

$$G_{Z(C)}=\mu P_{0(C)}(1-e^{-K_1t_1})e^{-K_2t_2} \tag{18-30}$$

植物原料水解时总糖得率：

$$G_Z=G_{Z(H)}+G_{Z(C)} \tag{18-31}$$

导出的方程式并不能足够精确地反映实际过程，因为在植物原料水解时，温度是变化的，催化剂浓度、水解高聚糖的反应性能和其他因素也都是变化的，K_1 和 K_2 都不等于常数。

为了能比较接近实际条件，把整个水解过程分成若干个很短的时间间隔 Δt，并且在每个时间间隔内，温度、K_1 和 K_2 都看作是恒定的：

	预热	Ⅰ	Ⅱ	渗滤阶段	$n-1$	n	
原料 P_0 →	P_{he} →	$P_{Ⅰ}$ →	$P_{Ⅱ}$ →	P_{n-2} →	P_{n-1} →	P_n →	$t_{工业木质素}$

在这个时间里排出作为工作贮液的水解液（当水解釜中料位与液位相适应时，静止的和移动的液体总量），Δt 值要与渗滤周期相对应。在渗滤的每个周期，单糖的实际得率按下式求得：

$$G_Z(he)=\mu P_0(1-e^{-(K_1t_1)_{he}})e^{-(K_2t_2)_{he}} \tag{18-32}$$

$$P_{he}=P_0e^{-(K_1t_1)_{he}} \tag{18-33}$$

$$G_Z(Ⅰ)=\mu P_{he}(1-e^{-(K_1t_1)_{Ⅰ}})e^{-(K_2t_2)_{Ⅰ}} \tag{18-34}$$

$$P_{Ⅰ}=P_{he}e^{-(K_1t_1)_{Ⅰ}} \tag{18-35}$$

$$G_Z(Ⅱ)=\mu P_{Ⅰ}(1-e^{-(K_1t_1)_{Ⅱ}})e^{-(K_2t_2)_{Ⅱ}} \tag{18-36}$$

$$P_{n-1}=P_{n-2}e^{-(K_1t_1)_{n-1}} \tag{18-37}$$

$$G_Z(n)=\mu P_{n-1}(1-e^{-(K_1t_1)_n})e^{-(K_2t_2)_n} \tag{18-38}$$

$$t_2=0.5Q/V_P \tag{18-39}$$

式中：Q——水解釜中贮液量；

V_P——渗滤体积速度。

渗滤水解过程，单糖总得率 $G_{Z(p)}$：

$$G_{Z(p)}=G_{Z(he)}+G_{Z(\text{I})}+G_{Z(\text{II})}+\cdots+G_{Z(n)}$$
$$=G_{Z(he)}+\sum_{1}^{n}G_{Z(n)} \tag{18-40}$$

这里所研究的方程组是在变温条件下进行的多段渗滤数字模型方案之一。植物原料水解时，扩散作用和流体动力学等宏观动力学因素同样影响到 G_Z（p）值。这些因素对单糖得率的影响主要表现在单糖在反应区停留时间 t_2 的增多。

4.3 宏观动力学因素对单糖得率的影响

植物组织结构和其组成的化学结构，以及原料的颗粒组成，不仅会影响到水解化学反应动力学，同时也决定着催化剂溶液浸透扩散过程的速度和从水解原料颗粒中引出形成单糖的速度，从而影响单糖的得率。

形成的单糖在反应区停留的时间 t_2，是由单糖从水解原料颗粒厚度方向扩散到颗粒外面的催化剂溶液中的时间 t_{d_1}，和单糖从水解釜渗滤排出的时间 t_p 组成的：

$$t_2=t_d+0.5t_p \tag{18-41}$$

由于水解釜上层形成的单糖与下层形成的单糖从釜的下锥底排出所需时间不同，上层需要时间 t_p，下层靠近过滤设备的 t_p 则接近零，所以单糖的平均排出时间为 $0.5t_p$。

4.3.1 扩散过程

该过程影响到酸液对原料的浸透，和所形成单糖从水解原料颗粒中的移出。

水解酸液对原料的浸透靠植物组织的毛细管作用和溶液的扩散作用。原料中形成的单糖的排出亦靠扩散作用。毛细管作用与原料的湿度有关，干原料浸透快，湿原料浸透慢。扩散作用则取决于水解酸液的浓度梯度（对酸液的浸透）和单糖的浓度差（对单糖从原料中排出），以及原料颗粒的表面积的大小。水解原料颗粒的表面积：碎料约为 $1m^2/kg$、木片约为 $1\sim4m^2/kg$、木屑约为 $4\sim8m^2/kg$。不均匀的浸透会使单糖得率下降。

单糖的扩散可用裴卡定律确定，在此对流扩散作用不大。

$$dG_d/dt_d = D'f\frac{\Delta c}{l} \tag{18-42}$$

式中：G_d——扩散单糖量；

D'——扩散系数；

f——水解原料颗粒的表面积；

Δc——水解颗粒内部和外部单糖浓度差；

l——扩散距离。

由此扩散时间为：

$$t_d = \frac{G_d l}{D'f\Delta c} \tag{18-43}$$

令
$$g=D'f/l \tag{18-44}$$

则
$$G_d=g\Delta ct_d \tag{18-45}$$

或
$$g=\frac{G_d}{\Delta ct_d} \tag{18-46}$$

称 g 为单位传质系数，它表示在 1h 内 1kg 原料，在单糖浓度差为 $\Delta c=1\%$时，扩散出的单糖量，g 的单位为 h^{-1}。

扩散速度也决定于扩散的方向(沿植物纤维纵向扩散为其横向扩散的 2～2.5 倍)和原料的空隙度。随温度的增加,水解温度系数和扩散的温度系数都增加,水解速度增加得比单糖扩散速度快。而单糖的排出除分子扩散外,还可依靠挤压原料颗粒的方法,使单糖随水解液排出。

计算 t_d 值是有一定困难的，因为用实验的方法确定出可靠的 Δc 是很复杂的。因此为了计算出由于不完全扩散造成的单糖分解，从而引入系数 φ_d：

$$G_{z(p)} = \varphi_d(G_{z(he)} + \sum_{1}^{n} G_{zn}) \tag{18-47}$$

该系数值的计算：标准尺寸的木片水解时 φ_d 等于 0.88～0.92；木屑水解时 φ_d 为 0.98。

由于单糖从大块水解原料扩散出来比较慢，单糖的损失量达到单糖量的 10%。超过允许尺寸的大块原料水解时，为预防不完全扩散而造成的单糖损失，应合理地降低水解平均温度和增加渗滤水解时间。计算出水解单糖得率和单位产品原料消耗时所用合格和不合格的原料数量。

4.3.2 流体动力学因素

该因素能影响渗滤速度并进一步影响到单糖在反应条件下的停留时间。渗滤时间按公式 $t_p = Q/v_p$ 计算。渗滤水解时，液体的液位应严格地适应于水解釜中的料位。液体贮量低于料位时，会使从水解原料颗粒扩散引出单糖的条件变坏，这样就增加了单糖在反应区停留的时间和单糖的分解深度。由于原料组分的水解溶解，原料的体积在水解的过程中会缩小，相应地在水解釜中贮液量也要缩小。所以在每个水解周期中要严格固定 Q 值，用改变渗滤速度 v_p 调节 t_p 值。

渗滤体积速度 v_p (m^3/s)，它取决于流体动力学条件和水解釜的几何特性。对层流流动的液体，以过滤方程式确定其 v_p：

$$v_p = \frac{\Delta p F}{\rho \eta H} \tag{18-48}$$

式中：Δp——滤层的压力差（Pa）；

ρ——水解原料单位流体阻力（m^{-2}）；

η——渗滤液体粘度（Pa・s）；

F——过滤面积（m^2）；

H——过滤层高度（m）。

令

$$g_F = F/H$$

则

$$v_p = \frac{\Delta p}{\rho \eta} g_F \tag{18-49}$$

式中：g_F——水解釜的几何因素（m）；

当垂直渗滤时，几何因素：

$$g_F = F/(H_c + h) \tag{18-50}$$

式中：F——水解釜横截面积（m^2）；

H_c——水解釜圆柱体部分过滤层的高度（m）；

h——水解釜锥体部分过滤层的高度（m）。

在水平或结合渗滤水解时能有效地提高 g_F 值。

Δp 和 η 值取决于水解规程，p 值取决于原料性质及其水解深度。

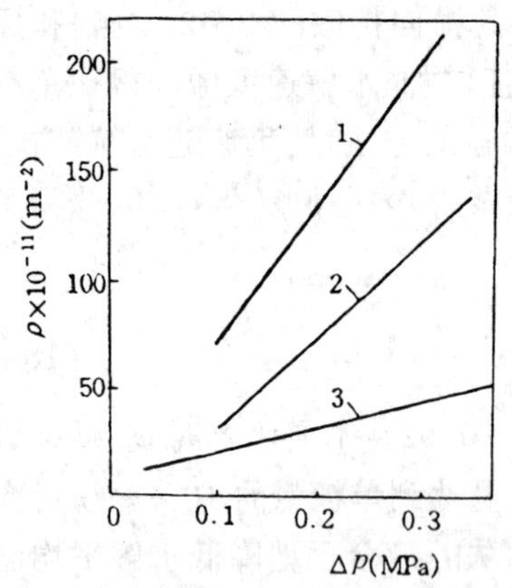

图 18-6 木质素层单位阻力与滤层中压力差及水解深度的关系

1. 木质素中难水解高聚糖含量为7.4%；
2. 木质素中难水解高聚糖含量为16.7%；
3. 木质素中难水解高聚糖含量为35%

从式(18-48)可以看出，为了增快渗滤速度v_p，必须提高Δp。这对不可压缩原料层过滤是完全成立的。然而，植物原料属于可压缩材料，并且随Δp的增加，过滤层被压实，原料单位阻力ρ升高，还由于靠近过滤装置的木质素被压实，其滤孔的自由截面积缩小了。为此，提高Δp遇到了困难。

木质素层单位阻力（换算成1m滤层）与滤层中压力差Δp及水解深度的关系如图18-6。水解深度是按木质素中难水解高聚糖的含量表示的。对于稳定的水解液过滤过程，当过滤区的工作压力Δp在0.05～0.2MPa时，单位流体阻力值介于$1\times10^{11}\sim20\times10^{11}m^{-2}$。阔叶材水解时，在木质素中残留难水解高聚糖含量不少于20%～30%时，可以达到上述流体阻力值。针叶材具有比较牢固的结构。当压力Δp在0.1～0.2MPa时，木质素的ρ值大约介于同样的范围$4\times10^{11}\sim20\times10^{11}m^{-2}$。

水解原料层的流体阻力随木屑含量的增加而提高，特别是细粉组分的含量。造成的流体阻力更大，这对水解反应是不利的。所以需要预先筛选除去。

渗滤速度同样会由于水解原料过滤层中液体的沸腾（自沸）而降低。在水解釜的下部，当压力低于饱和蒸汽压力时，随着送到过滤装置的汽液混合物体积的增加，液体开始沸腾。这种情况的产生是由于高的压力差Δp形成的。

流体动力学因素对渗滤水解时单糖损失的定量估计，可按体积均匀分布反应物，通过理想位移的反应器模型进行估计：

$$G_y = 1 - \frac{1 - e^{-K_2L/v}}{K_2L/v} \tag{18-51}$$

式中：G_y——单糖的分解程度；

K_2——单糖分解速度常数；

L——液流移动方向设备的直线距离；

v——反应物移动的有效速度。

由于多种因素同时影响到渗滤过程，数学模型只能给出一种近似的说明，与其实际过程总不完全吻合的。

单糖在反应区停留的时间，同样受到水解原料层的紧密度对洗出单糖不均匀性的影响。这可用系数β说明：

$$\beta = G'_x/G_x \tag{18-52}$$

式中：G'_x和G_x——相应洗出单糖量和滤层中单糖量。

而洗出单糖的不均匀性与液流流体动力学结构特点有关。在优选渗滤速度时，需考虑流体的雷诺准数，当$R_e\geqslant80$时（水解釜圆筒部分的高度H与其直径D之比：$1\leqslant H/D\leqslant5$），因流体动力学因素造成的单糖分解量最小。

木屑水解时$R_e=19\sim22$。为了使通过木屑层液体速度在水解釜横断面上均匀化，必须按原料的整个体积均匀地混加木片。

为了计算由于流体动力学因素造成的额外单糖分解，引入系数 φ_h：

$$G_{z(p)} = \varphi_d \varphi_h (G_{z(he)} + \sum_{1}^{n} G_{zn}) \tag{18-53}$$

当 β 为 0.75～0.9 时，φ_h 值为 0.92～0.97。即由于流体动力学因素使水解形成的单糖多分解 3%～8%。

4.3.3　水解液比（液相与固相之比）

液比在实际应用中有不同的概念：水解液引出液比，即引出水解液（m^3）与装釜绝干原料量（t）之比；中和液比，即水解中和液体积与绝干原料量之比；内液比即水解釜中工作贮液量与其水解原料量之比。

工作贮液是由水解原料颗粒本身空隙中的静止液体和颗粒与颗粒之间的移动液体组成。移动液体在渗滤过程中起搅拌作用。如果液位适应于料位或低于料位，则总贮液量等于工作贮液；如果液位超过料位，那么总贮液量等于工作贮液和超过料位部分液体量之和。

在动力学方面，液比不影响一级反应速度。然而在生产实践中，原料的灰分要影响到介质的酸性。木材原料的灰分含量不高（低于 1%）；某些农作物加工剩余物的灰分含量达到 5%～10%；其中活性灰分（即与酸相作用的）约为总灰分的 30%～60%（换算成摩尔硫酸）。灰分的阳离子是 K^+，Ca^{2+}，Mg^{2+} 和 Na^+；阴离子是 SO_4^{2-}、PO_4^{3-}、Cl^-、CO_3^{2-} 及 SiO_3^{2-}。大部分阳离子与无机的和有机的阴离子相结合，尤其是与木聚糖大分子中 4-O-甲基葡糖醛酸基的羧基相结合。

当与酸相作用时，按下列简式发生离子交换：

$$X_yl—COO^-M^+ + H^+ \rightleftharpoons X_yl—COO^-H^+ + M^+$$

式中：X_yl——吡喃聚木糖单元环；

M^+——无机阳离子。

同样地，硫酸与金属的碳酸盐、硅酸盐和磷酸盐相作用，会降低其氢离子浓度（准确讲应是水合氢离子 H_3O^+）。

当有大量过剩酸时（高液比的情况下），灰分实际上不影响介质的酸性。当液比低于 10～12 时，其中和作用会降低溶液中的酸浓度，结果是降低水解速度和单糖得率。

为了定量估计液比对水解速度的影响，引入相对系数 m：

$$m = K_1 / K_1 \quad (液比 > 15) \tag{18-54}$$

式中：K_1 和 K_1（液比>15）——所研究情况下的和液比大于 15 时的水解速度常数。

钝化了的酸浓度：

$$C_x = C_{Ad}(1 - m) \tag{18-55}$$

式中：C_{Ad}——液体中初始酸度。

原料中的灰分在很大程度上降低了在汽相或液相条件下进行无酸水解时形成的醋酸活性。

而当以大尺寸原料（木片）水解时，甚至在大液比水解条件下也会降低水解速度。因为在这种颗粒中按吸收（毛细管保留的）液体，液比为 2～3。酸被灰分部分地中和，从而水解颗粒内部的酸浓度低于移动液体的酸浓度。

小液比水解时，除了受灰分中和而降低溶液中的酸浓度外还由于水解产物的稀释作用而相对降低酸的浓度。例如水解 100kg 植物原料（绝干）300kg 0.5%浓度的硫酸溶液（液比为 3），转入溶液中 25kg 单糖。水解液中酸浓度为（300×0.5）/（300+25）=0.46%。所以小液比水解，通常采用比大液比过程更高的催化剂浓度。

5 植物原料水解工艺

植物原料水解工艺，以其催化剂的种类、浓度、水解液比以及工艺的连续与间歇等不同而有多种。以催化剂的不同有：硫酸法、盐酸法、磷酸法、无机盐催化水解法、有机酸（又称无酸或自动水解，是以半纤维素水解时脱下来的乙酰基形成醋酸为催化剂）催化水解法以及酶水解法。采用硫酸、盐酸法的又依所用状态或浓度不同分为：氯化氢气体水解法，如日本野口研究所法，利用氯化氢气体进行木材糖化制备结晶葡萄糖；浓盐酸法，如雷诺法利用浓盐酸进行木材糖化制备结晶葡萄糖；前苏联的堪斯克试验生产车间浓盐酸木材水解法；还有稀盐酸水解法、浓硫酸水解法与稀硫酸水解法。浓硫酸水解法又依所用酸比（绝干原料量与所用硫酸量之比）的不同而分为：大酸比法，如大酸比里加法；小酸比法，如小酸比里加法。我国过去在北京光华木材厂水解车间采用的也为浓硫酸小酸比木材水解法。稀硫酸水解法，依其催化剂水溶液的加入和反应产物的排出方法还可以分成：固定（一段）水解法和渗滤水解法；依所用的水解设备是否是连续作用而分成连续水解法和间歇水解法。

目前世界上工业生产中应用最多的水解方法是稀硫酸间歇水解法，其中固定法仍有一定的应用，渗滤法及其改良方法是应用最多最广的水解方法。

5.1 渗滤法水解工艺[1,7]

固定法水解时，由于高聚糖的水解时间与所形成单糖在反应区内停留的时间是相同的，所以使得单糖大量分解，糖得率的提高受到一定的限制。

为了提高水解单糖的得率，就得减少单糖在反应区内停留的时间。为此，把固定法水解，即一次加入蒸煮酸液，水解终了时一次排出水解液的一段法水解，改为阶段水解法。就是当第一批加入蒸煮酸后，水解一定时间，单糖得率仍处于上升阶段时，便放出水解液，之后再加入第二批、第三批蒸煮酸。如此重复进行，一般采用3～5次（段）。多段水解可以增加单糖的得率。一段、二段水解时，糖得率为绝干原料的27%～28%；三段水解时为30%～31%；四段水解时为33%～34%。

渗滤法水解就是在阶段水解法的基础上改良而成的，并成为现代工业上应用最广泛的基本水解方法。

渗滤法水解与固定法水解的不同在于水解过程中蒸煮酸的加入和水解液的排出是连续地进行。因此其糖产率没有极大值，而是随着水解时间的延长而逐渐上升。

5.1.1 渗滤水解工艺流程[2]

植物原料渗滤水解工艺流程如图18-7。制备好的原料由皮带传送机1，经装釜漏斗2装入水解釜3。为提高装釜密度可同时加入80～90℃的0.5%～0.8%硫酸溶液，浸渍原料，热水来自水解液的三效自蒸发换热器，或糠醛蒸馏塔的塔底废水。浓硫酸从酸计量槽4用柱塞泵5经逆向阀送入酸水混合器6，与热水混合成需要的酸浓度。这里用的热水先是在水解液自蒸发系统的换热器加热到130～140℃，然后在喷射式水加热器加热到190℃左右。170～180℃的水解液从水解釜排出后直接送入三效自蒸发系统冷却到90～102℃。自蒸发系统的压力分配为：Ⅰ效0.5MPa，温度151℃；Ⅱ效0.28MPa，温度130℃；Ⅲ效0.12MPa，温度104℃，其各效蒸发器的容积为5m^3、10m^{3}和20m^3。水解液自蒸发时，有50%的糠醛和其他挥发杂质转入汽相，因此提高了水解液的纯度。糠醛蒸汽经冷凝液蒸发器19，冷凝器21送到收集槽20

中，收集含糠醛的冷凝液，其得率为水解液量的10%～12%，其中糠醛浓度可达 0.30%～0.35%。水解后的残渣——木质素排放到木质素分离器 9 中分离出水分，经皮带传送机 10、刮板式运输机 11 运出。以比较合理的工艺条件进行植物原料渗滤水解时，从 1t 绝干原料可得 450～460kg 糖，或为绝干原料量的 45%～46%；这个得率相当于高聚糖原料的 60%～70%；或理论得率的 57%～67%。某些企业的得率仅达原料的 44%～45%。然而按酒精-酵母 T 的平均 RS 得率计，仅为绝干原料量的 40%。单位原料消耗，1t RS 需要 2.2～2.5t 或 5～6m^3 实积木材。木质素的得率为绝干料的 35%～37%。硫酸消耗为绝干木材量的 6%～7%，当加工农作物加工剩余物时，由于原料灰分含量大，使酸耗增至 10%。

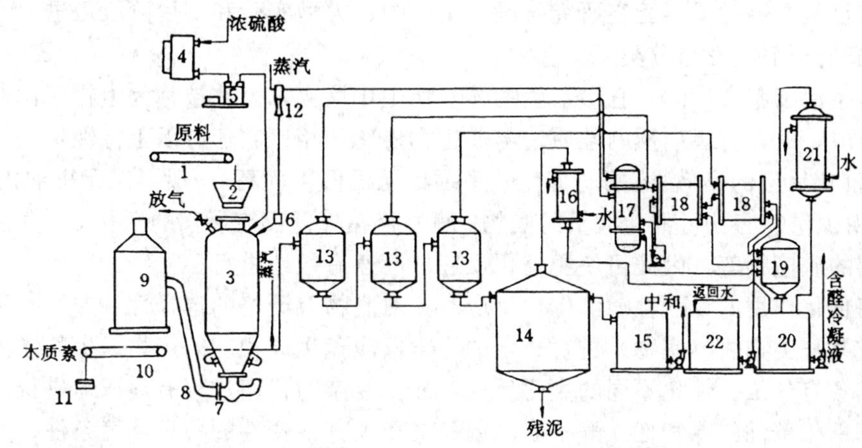

图 18-7　渗滤水解工艺流程

1. 皮带传送机；2. 加料料斗；3. 水解釜；4. 酸计量槽；5. 柱塞泵；6. 酸水混合器；7. 快开阀；8. 排木质素管；9. 木质素分离器；10. 皮带传送机；11. 刮板式运输机；12. 喷射式水加热器；13. 蒸发器；14. 转化器；15. 水解液贮槽；16、21. 冷凝器；17. 管式换热器；18. 板式换热器；19. 冷凝液蒸发器；20. 糠醛冷凝液贮槽；22. 返回水贮槽

5.1.2　渗滤水解工艺规程

渗滤水解工艺规程根据原料材种、最终产品种类、季节对工艺参数的影响等而确定。

酵母生产和酒精生产的工艺规程见表 18-9。由于酵母生产需要较高纯度和杂质含量最低的水解液，因此采用了较为缓和的升压工艺参数，液比也较大，可达 16～18；而在酒精生产中则要求有较高的糖浓度，以提高酒精浓度，降低酒精蒸馏的汽耗，所以其液比为 12～14。

表 18-9　酵母生产和酒精生产工艺规程

操　作	酵母生产					酒精生产				
	时间(min)	供酸浓度 H_2SO_4(%)	压力(MPa)	温度(℃)	排液液比	时间(min)	供酸浓度 H_2SO_4(%)	压力(MPa)	温度(℃)	排液液比
装　锅	40	0.8～1.0	—	—	—	40	0.8～1.0	—	—	—
升　压	50	—	0.6～0.7	160～165	—	30	—	0.9	175	—
渗　滤	100	0.5～0.6	0.9	180	11.5	80	0.7～0.85	1.2	187	8.5
洗　涤	10	—	1.1	185	2.5	10	—	1.25	190	2.0
压　干	30	—	1.25	190	2.0	30	—	1.3	195	1.5
排木质素	10	—	0.6～0.7	160	—	10	—	0.6～0.7	160	—
总　计	240	—	—	—	16.0	200	—	—	—	12.0

5.2 其他水解工艺

5.2.1 纤维素的酶水解[8]

纤维素的酶水解就是利用微生物产生的纤维素酶作催化剂，使纤维素加水分解的过程。

纤维素酶水解的研究历史较短，直至1961年才用木霉制出纤维素酶制剂。由于纤维素酶水解比酸水解有诸多的优越性，如水解设备简单，无需耐酸、耐压、耐热，在45～50℃下即可水解；所生成的糖不会进一步分解，不产生对发酵有害的副产物，从而简化了糖液净化工艺；纤维素酶的生产原料与酶水解原料可同为纤维原料，自然界中纤维原料资源丰富、价格低廉。所以纤维素酶水解倍受各国学者的重视。尽管纤维素酶水解还有些问题尚待进一步解决，但目前已基本通过了实验室研究阶段，正向中、大型实验和实用阶段迈进。

5.2.1.1 酶的一般特性与分类

酶是由生活细胞产生的，它参与生物体一切生化反应，因此被称为生物催化剂。它主要由蛋白质组成，故具有蛋白质的性质。与非生物催化剂相比它还有以下特性：

(1)酶催化反应的高效性。酶的催化效率远比无机催化剂高，一般可比无机催化剂高10^5～10^{13}倍，即用少量的酶就可催化大量的底物。酶的存在降低反应所需的活化能，并能增加底物与酶分子间的碰撞频率，因此可使酶催化反应能高速有效地进行。

(2) 酶催化作用的专一性。酶催化反应时，对底物有严格的选择性，即某一种酶只能催化某一种或某一类物质（底物）进行一定的化学反应，生成相应的产物。生物体内含有多种酶类，它们各有分工、催化不同的生化反应，才使复杂的代谢过程有规律地进行。

(3) 酶催化条件的温和性。酶不耐高温、高压及其他变性的各种环境条件，并能引起蛋白质凝固。一般在常温、常压、近于中性的环境下进行。

酶的种类繁多，其分类方法大体有以下几种：

按酶的组成可分为单酶（单成分酶）和复合酶（双成分酶）。单酶即是仅由蛋白质组成的酶，催化水解反应的酶大多数为单酶。复合酶即是其组成除蛋白质（酶蛋白）外，还有非蛋白质部分（辅酶或辅基）。在复合酶催化反应时，其组成的两部分必须同时存在才具有催化活性，缺少任何一部分都使酶失去催化能力。

按酶存在的部位可分为细胞内酶和细胞外酶。细胞内酶是由细胞产生后，不渗透到细胞外部，它们只能在细胞内一定的部位催化某种生化反应。如提取此类酶时，则需采取各种方法打破细胞方可。细胞外酶则可通过细胞膜分泌到细胞外部，并在细胞外起催化作用。细胞外酶几乎都是催化水解反应的酶类。如纤维素酶、淀粉酶、蛋白酶和脂肪酶等。提取这类酶时，就不必打破细胞，从发酵液中就可得到。

按产生酶的方式又可分为诱导酶和固有酶。诱导酶的产生必须经诱导物的诱导才可，如微生物所产生的纤维素酶就属于诱导酶。绿色木霉在含葡萄糖而不含纤维素的培养基上培养时，它不产生纤维素酶，而在含纤维素的培养基上培养时，它就能产生纤维素酶，可见纤维素即是绿色木霉产生纤维素酶的诱导物。大多数情况下，诱导酶的底物就是其最有效的诱导物。固有酶是不经诱导即可产生的酶，也叫组成酶。固有酶和诱导酶的划分并不是绝对的，即同一种酶在一些微生物中是诱导酶，而在另一些微生物中则可能是固有酶。诱导酶经诱导物的诱导产生，但又常受到酶催化反应的最终产物或代谢产物的阻遏。如绿色木霉在含葡萄糖的培养基上不能产生纤维素酶，就是因为葡萄糖是纤维素酶催化反应的最终产物，即酶受到最终产物的阻遏而未能合成。在生产中，为了获得高得率的酶，在培养基中必须添加所需酶的作用底物（诱导物）或其他诱导物，以利于所需酶的合成。

按酶催化反应的类型，国际生化委员会将酶分为 6 大类：氧化还原酶类、转移酶类、水解酶类、裂合酶类、异构酶类和连接酶类。以上各类酶即可催化相应的各类化学反应。纤维素酶即属于水解酶类。

5.2.1.2　纤维素酶

纤维素酶是一类纤维素水解酶类的总称，来源于能分解纤维素的微生物。纤维素酶能催化纤维素的水解反应，从而打开纤维素的苷键，得到最终产物——β-1,4-葡萄糖。

Reese 等人从保护纤维织物出发，曾就真菌对纤维素的作用方式及其分泌的纤维素酶进行了多年的研究，并提出了有名的 C_1-C_x 酶学说，即纤维素酶由 C_1 酶、C_x 酶和 β-葡萄糖苷酶（纤维二糖酶）组成。C_1 酶主要是破坏结晶纤维素，使其活化，C_x 酶则将经 C_1 酶活化的纤维素分解成纤维二糖，最后由 β-葡萄糖苷酶水解纤维二糖成葡萄糖。天然纤维素在以上 3 种酶的协同作用下，最终被分解成葡萄糖，酶解顺序如下：

天然纤维素 $\xrightarrow{C_1 酶}$ 直链纤维素

↓ C_x 酶

处理过的纤维素 $\xrightarrow{C_x 酶}$ 纤维二糖

↓ β-葡萄糖苷酶

葡萄糖

随着人们对纤维素酶的深入研究和科研手段的提高，分离测试的结果已证实纤维素酶至少由以下 3 种酶组成：

（1）内切型葡萄糖聚糖酶。该酶又称为 β-1，4-葡萄糖聚糖水解酶，其系统命名编号为 EC3.2.1.4。该酶可随机地作用于纤维素内部的结合键，使不溶性甚至结晶纤维素解聚生成无定形纤维素和可溶性纤维素降解物。

（2）外切型葡萄糖聚糖酶。该酶主要作用于上述酶的水解产物。从纤维素聚合物的非还原性末端起，顺次切下纤维二糖或单个地依次切下葡萄糖。该酶又称为 β-1，4-葡萄糖聚糖纤维二糖水解酶，系统命名编号为 EC3.2.1.91。

（3）β-葡萄糖苷酶。该酶也称为纤维二糖酶，其系统命名编号为 EC3.2.1.21。它能水解纤维二糖为葡萄糖。对纤维三糖、纤维四糖等短链纤维低聚糖都有水解能力，随着葡萄糖聚合度的增加，其水解速度下降。该酶的催化作用受反应最终产物葡萄糖的抑制。

纤维素酶对天然纤维素的水解，是几种酶协同作用的结果。只有内切型葡萄糖聚糖酶和外切型葡萄糖聚糖酶共同存在时，才有较强的破坏结晶纤维素的能力。

纤维素酶水解模式如图 18-8。

纤维素酶水解的研究，尽管各国学者都做了大量工作，但目前对其高聚糖苷键断裂的机理研究还很不够，对此尚需深入研究。

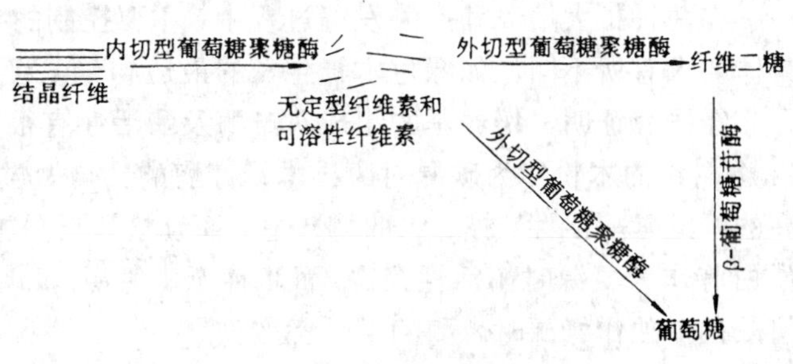

图 18-8　纤维素酶水解模式

5.2.1.3　纤维素酶水解工艺过程

纤维素酶水解尚未实现工业化生产，其试验研究的基本工艺过程如图 18-9。

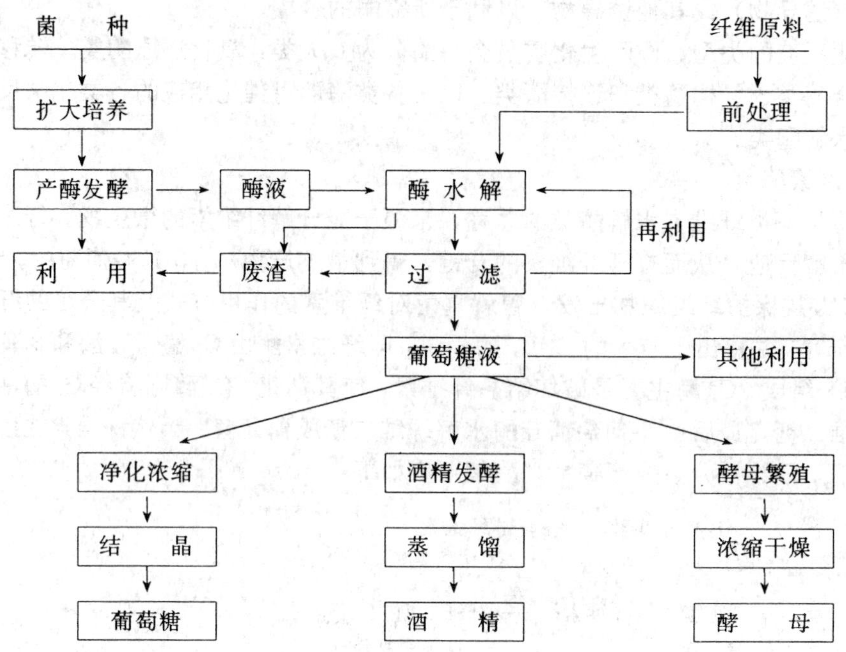

图 18-9 纤维素酶水解基本工艺过程图

由图 18-9 可见，纤维素酶水解主要包括纤维素酶的制取、原料的前处理、酶水解和糖液利用等几个部分。

(1) 纤维素酶的制取。自然界中能产生纤维素酶的微生物很多，因真菌类菌种较易分离纯化，且所产生的纤维素酶是胞外酶，容易提取，故真菌的纤维素酶研究较多。目前应用最多的是绿色木霉 *Trichoderma viride* 和康氏木霉 *Trichoderma koningii*。为了提高菌种的产酶能力和酶的活性，各国学者都在人工育种方面做了大量工作，现在纤维素酶活性最高的是美国陆军 Natiek 研究所和 Rutgers 大学以瑞斯木霉 *T. reesei* 的 QM6a 为亲株，经紫外线或亚硝基胍等诱变剂诱变的变异株 QM9414、MCG77 和 MG14、C-30 等。

纤维素酶的制取过程是菌种经扩大培养，达到足够的菌种数量后进行产酶发酵。扩大培养过程和产酶发酵过程所采用的培养液可按下述组成配制：KH_2PO_4 2g/L，$(NH_4)_2HPO_4$ 1g/L，蛋白胨 2g/L，尿素 0.1g/L，$MgSO_4 \cdot 7H_2O$ 0.3g/L，$CoCl_2$ 2mg/L，$FeSO_4 \cdot 7H_2O$ 5mg/L，$MnSO_4 \cdot H_2O$ 1.6mg/L，$ZnCl_2$ 1.7mg/L，木屑粉（水曲柳）15g/L，用醋酸调 pH 值为5.0～6.0。

在菌种扩大培养和产酶发酵过程中，主要控制的条件是温度、pH 值、通风和时间等。但具体要求有所不同，如绿色木霉生长的最适 pH 值为 5.5，而产酶时的最适 pH 值为 3.5。

经研究证明，培养基的组成对产酶及酶活性有很大影响。中国科学院微生物研究所曾对 11 个树种的木粉作为碳源对康氏木霉产酶的影响做过试验。发现楸、杨、黄波罗等可得到较高的纤维素酶活性，桦、水曲柳次之，而红松和雪松不能产酶。并发现氮源对产酶也有影响，蛋白胨作为氮源时酶活性最高，而 4 种无机氮源[$NaNO_3$、$(NH_4)_2SO_4$、NH_4Cl、NH_4NO_3]中任何一种单独作氮源时，酶的活性都较低。

产酶发酵结束后，即可经过滤得到酶液（木霉的纤维素酶是胞外酶）。如需制取酶制剂则需进一步净化提纯，若随即进行纤维素酶水解则可直接用酶液，不必提纯。

纤维素酶的生产也可采用固体制曲法（类似酒曲制法）。固体制曲法设备简单、投资少、易上马，且酶活性一般也较高。但机械化、自动化程度低、劳动强度大、占地面积大而生产能力小。

（2）纤维原料的前处理。天然纤维素结晶度高，不易为纤维素酶水解。且纤维素又被木质素所包围，使酶与底物难以接触，更影响纤维素的酶水解。因此为使纤维素能更容易被酶水解，必需对天然纤维素原料在酶解前进行适当处理，即降低其结晶度，使之成无定形纤维素或脱去木质素等。常用的方法有物理法、化学法和生物法（见表 18-10）。

①物理法：主要是利用球磨机等机械的破坏或用 γ-射线照射，使高结晶度的纤维素微粉化，以降低纤维素的结晶程度和增加纤维素的比表面积。常用的方法有：机械粉碎（球磨、压榨球磨）、爆破粉碎（在高压下，以饱和水蒸气处理，瞬间减压以破坏纤维素结构）、冷冻粉碎（在－100℃左右粉碎）、γ-射线照射等。物理法前处理能耗高，且木质素仍保留在原料中。

②化学法：是利用化学药剂使天然纤维素结晶度下降或使原料部分的脱除木质素。常用的化学药剂有硫酸、磷酸、氢氧化钠、丁胺、Cadoxen 混合液（是一种由一定浓度的乙二胺和氧化镉组成的无色、无味的溶剂）等。化学法处理效果显著，但药剂的分离、回收较困难。

表 18-10　纤维素原料的前处理法

处理方法		作用及木质素变化	纤维素的结晶度	纤维素的比表面积	纤维素的分子量
物理处理	球　磨	粉碎，木质素层破坏	降低	微降低	降低
	压缩球磨	压缩和切断，木质素层破坏	降低	微降低	降低
	爆破粉碎	木质素低分子化，纤维多孔化	不变	—	微降低
	冷冻粉碎	低温粉碎，木质素层破坏	降低	—	—
	γ-照射	氧化分解，木质素低分子化	稍降低	增加	显著降低
化学处理	苛 性 钠	膨润和木质素的溶解	微降低	增加	微降低
	n-丁胺	膨润和木质素的溶解	微降低	增加	微降低
	过 醋 酸	木质素、纤维素氧化，脱木质素	不变	—	—
	亚氯酸钠	木质素氯化，纤维素氧化、脱木质素	不变	—	—
	臭　氧	木质素氧化分解，纤维素氧化	—	—	—
	氧 化 氮	木质素分解，纤维素氧化	—	—	—
	硫酸（60%）	纤维素溶解和水解，无定形化，木质素分解	显著降低	显著增加	降低
	磷酸（76%）	纤维素溶解，无定形化	显著降低	显著增加	变化小（低温）
	Cadoxen 混合液	纤维素溶解，无定形化	显著降低	显著增加	变化小

③生物法：是利用微生物（如白腐菌类）分解木质素，以疏松木材组织结构。

上述几种前处理方法，各有优缺点，在选用时应根据具体条件考虑酶解效果和处理成本，全面衡量确定。

5.2.1.4　纤维素酶水解工艺[1]

纤维素酶水解目前尚未实现工业化生产，但近年来发展较快，已趋成熟，美国加利福尼亚大学的植物原料酶水解工艺流程如图 18-10。此工艺是以稻草、玉米芯及其他含纤维废料为原料。生产菌种为瑞斯木霉 QM9414。工艺过程包括：原料前处理（粉碎、酸预水解）、酶液制取、纤维素酶水解和单糖的酒精发酵等。

原料粉碎至 2mm 粒度，加 0.9%的硫酸溶液混合，干物质浓度为 7.5%。该悬浮液在预水解器中搅拌、水解 5.5h，温度保持在 110℃，单糖得率为半纤维素的 75%。

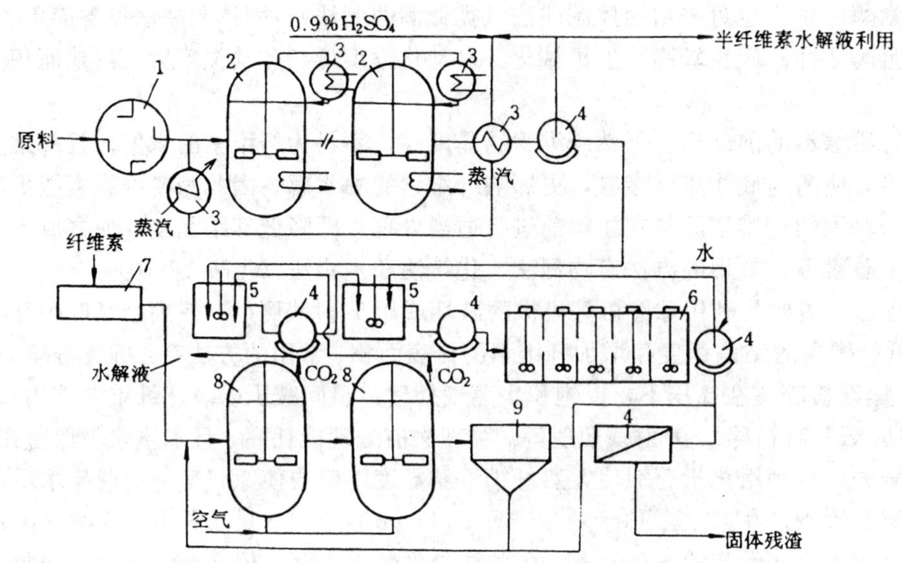

图 18-10 植物原料酶水解工艺流程图

1. 粉碎机；2. 预水解器；3. 热交换器；4. 过滤器；5. 回收酶贮槽

6. 酶水解器；7. 灭菌器；8. 产酶发酵槽；9. 离心机

瑞斯木霉 QM9414 菌种经扩大培养后，加入纤维素浓度为 6.5g/L 的培养液中，在发酵槽中进行产酶发酵。温度为 30℃，pH 值为 4.8，成熟醪液经分离过滤得到酶液。

经预水解后的纤维木质素制成浓度为5%的悬浮液，作为酶水解的培养液。纤维素酶水解在酶水解器中进行，温度控制在 45℃，时间为 40h。酶解后，水解液中含葡萄糖 2.6%，糖得率为纤维素的 40%左右。酶的二次回用率为 58%，水解液经蒸发浓缩，糖浓度达 11.2%。RS 送酒精车间进行发酵、蒸馏，最后得到 95%的酒精。酒精得率为原料量的 10%左右，即 1t 稻草得酒精 96L。

该工艺所需的蒸汽和电能是靠燃烧固体残渣和废水发酵产生的甲烷。因此酒精生产成本主要取决于原材料的消耗，糖得率和酶的回用率。

5.2.2 植物原料浓酸水解工艺[1,5]

浓酸水解的特点是植物原料中的高聚糖可以先形成易水解状态，在较低温度下（125℃左右）转变成单糖，且得率较高；水解液的糖浓度和纯度亦较高；水解过程不需高温，能耗不大；在大气压下操作，并便于在连续设备中进行。

5.2.2.1 浓硫酸水解

（1）大酸比水解。将含水率为 5%～7%的木屑用 75%硫酸在酸比为 1.5，温度 50～55℃下进行水解。把预先加热到反应温度的酸与原料在专门的混合器中混合，然后送到连续辗压水解器，经机械辗压使酸浸透到原料颗粒中，由此得到膏状水解物。水解物经加水在 120℃下转化成单糖，再进一步加工成产品。

酸比为 1.5 时，因酸耗较大，需加以回收利用。具体利用途径是：用水解液中的硫酸去分解天然磷矿粉，再用石灰乳中和所形成的磷酸，得到沉淀的磷酸钙或磷酸氢钙（$CaHPO_4$），用来作为肥料或饲料的无机填加剂。尽管这种方法的 RS 得率可达绝干材的 65%，水解液中糖浓可达 18%。但由于酸的再利用导致工艺流程复杂化使其难于实施，尚未能实现工业化。

(2) 小酸比水解。浓硫酸小酸比木材水解工艺流程如图 18-11。先将木片或木屑干燥到含水率 2%～3%，将 75%硫酸预热到 50℃，酸比 0.3，在混酸机中混合，然后送辊压水解机，把难于水解的高聚糖变成易水解状态。为提高水解物料的水解深度，在 90℃下进行热处理，再用水稀释到酸浓度为 10%，在 120℃下进行转化。转化后的水解液用石灰乳中和，经过滤分离出木质素和石膏等，所得中和液再进一步加工利用。

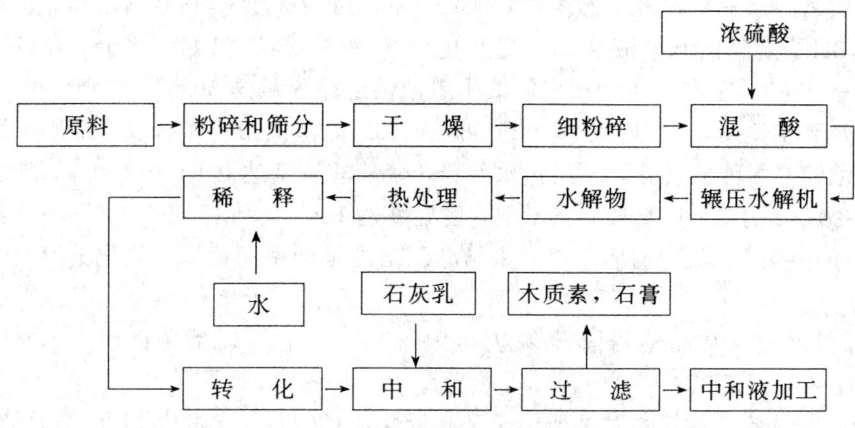

图 18-11　浓硫酸小酸比木材水解示意流程

5.2.2.2　盐酸和盐酸气体水解

浓盐酸木材水解制取葡萄糖工艺流程如图 18-12。

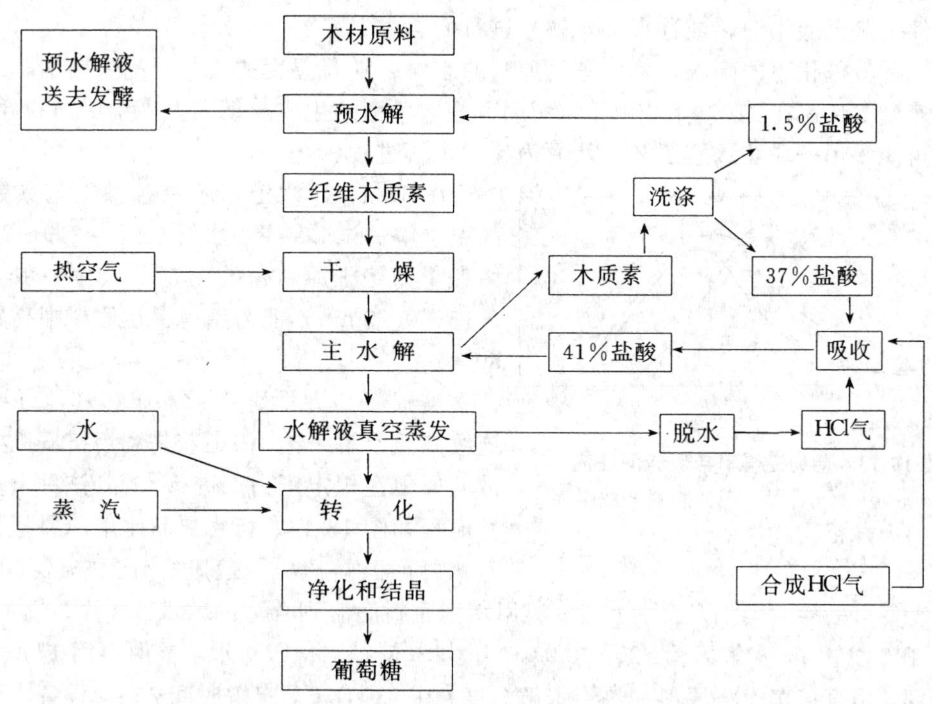

图 18-12　浓盐酸木材水解制取葡萄糖工艺流程

原料先经预水解除去其中的半纤维素，以保证纤维木素中的高聚糖基本上都是葡萄糖，便于结晶。木片的预水解用1.5%盐酸，在120～125℃下进行30～60min，液比为5.5。预水解液中约含有绝干木材量20%的RS，它可用于饲料酵母生产。纤维木素约为绝干木材量的70%，其中将近60%为纤维素，40%为木质素。洗涤后的纤维木质素用热空气进行干燥，使含水率从75%～80%下降到8%。

纤维木质素的水解是在浸提器组中，用41%浓盐酸进行连续地水解浸提，在室温下使原料与酸接触32h。获得的水解液含23%碳水化合物，30%盐酸和47%水分。在该阶段糖得率达绝干原料量的40%左右，包括预水解液中单糖接近原料量的60%。

水解液经真空蒸发，干物质浓度可达65%～70%，蒸馏出的盐酸气体经脱水后用以制备41%盐酸。浓缩水解液的转化，宜用热水稀释，使盐酸浓度达0.5%～1.0%，碳水化合物浓度为15%～20%。为此，用直接蒸汽加热，使温度达125℃，维持60min，以便低聚糖水解成葡萄糖。经净化的浓缩葡萄糖溶液再送去结晶。结晶是利用葡萄糖与氯化钠形成的复盐完成的。

加工1t针叶材，结晶葡萄糖得率为200～250kg，生产1t葡萄糖消耗木材实积13m³、1.7～2t盐酸和0.7t石灰。

由于盐酸对设备、建筑物腐蚀严重，又有毒性，且回收工艺复杂，消耗指标大，致使葡萄糖生产成本过高，因此该工艺在生产中未能推广。

5.2.3 高温水解[1]

一般的植物原料稀酸水解的水解温度不超过200℃，水解时间为数十分钟；高温水解则是指水解温度高于200℃的水解工艺。高温水解可在稀无机酸催化下进行，也可在不外加酸催化剂的条件下（无酸水解，或称自动水解）进行的。

(1) 稀酸催化下的高温水解：植物原料的水解，随着温度的增加，高聚糖水解速度比单糖分解速度更快。在210℃下，由于水解时间短，单糖的生成速度大大高于单糖的分解速度，因此有可能采用一段法水解工艺，从而简化了水解过程。

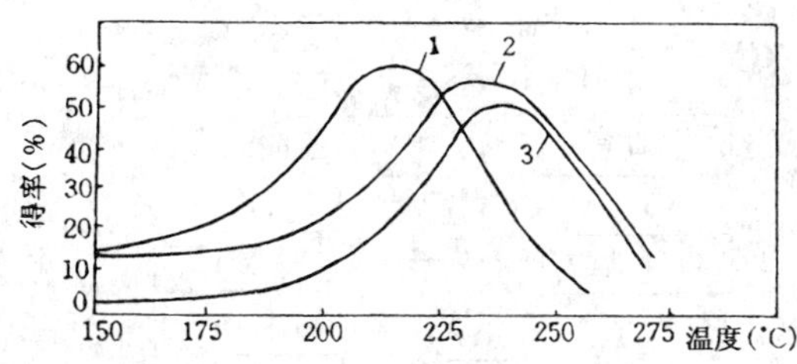

图 18-13 葡萄糖得率与硫酸消耗量（%对绝干原料量）的关系

1.3%；2.1.5%；3.1%

图18-13介绍玉米芯在各种工艺参数下进行高温水解的试验结果：水解温度为210～230℃，硫酸耗量为绝干原料量的1.5%～3%，水解时间为0.15～0.22min，葡萄糖得率达原料中高聚糖量的60%。

美国纽约大学研究了木屑和其他纤维原料的连续高温水解工艺。该工艺是利用挤压机把细小分散的原料在规定压力下进行水解。该种设备的原则性流程如图18-14。当木屑状水解原料从料斗送入双蜗杆耐酸挤压机，挤压机分预热区和基本水解区。该设备可去除原料中多余的水分，或用水把原料润湿到合适的含水率（约30%），预热区温度在100℃左右，水解区为220～250℃，压力2.5～5.0MPa。水解前原料用1%～3%硫酸溶液浸渍。用直接蒸汽将原料加热到水解温度。在230℃下，水解时间25 s，设备内压力保持在过程相应温度的饱和蒸汽压力之上。在设备的入口和出口处靠压实的原料块形成封闭区，以保持反应区内压力和温度恒定。从设备排出反应物的体积速度取决于排放孔（喷孔）的尺寸，或借助阀体的稳定以保证设备的密封。

在酸耗3%、温度237℃、压力2.8MPa条件下进行木屑水解，得到的反应混合物含干物质33%，水解液中单糖浓度为10%左右。对绝干材的产品得率：葡萄糖30%，未水解纤维素11.3%，木糖11.3%，木质素21.2%，羟甲基糠醛9.7%，糠醛5.3%，酸3%，其他物质8.2%。最后结果表明：纤维素转变成葡萄糖的转换率为50%～55%。预计建一年产1.02亿L无水酒精企业需耗木屑66.6万t，葡萄糖对纤维素的得率为60%，酒精对葡萄糖的得率为45%。这套实验装置的试验表明，用选定的工艺参数能使50%～55%的纤维素转变为葡萄糖。

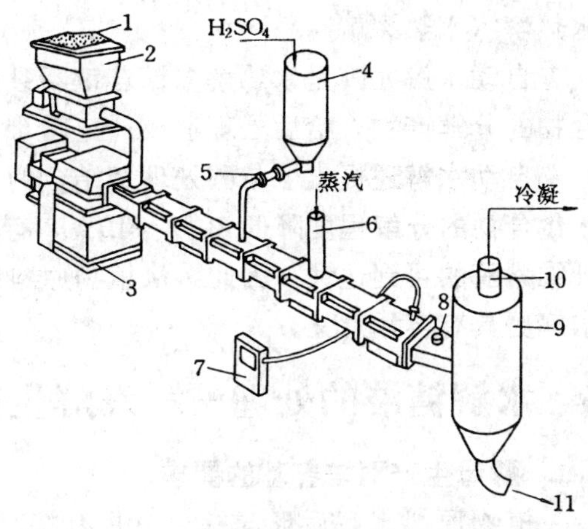

图18-14　植物原料水解挤压设备流程

1.料斗；2.供料器；3.挤压机；4.硫酸液贮槽；5.泵；6.供汽管；7.压力表；8.阀；9.蒸发器；10.二次蒸汽管；11.水解物

实现高温水解的另一种方法被称为“爆炸水解方法”。用这种方法进行高聚糖的高温水解只需要几秒钟。这是因为压力瞬间急降时，原料内部的水分沸腾，物料被炸成细小纤维（蒸汽爆炸）。加拿大罗蒂公司（Iotech Corp）工艺：反应温度240～250℃，压力3.5MPa，昼夜加工能力为250t木材。小液比水解，除去木质素后得到滤液，其单糖浓度在10%～12%；发酵后醪液中酒精浓度可达5%。经过加工可作为燃料酒精。

高温水解过程要严格控制反应参数。因为原料在反应区停留时间在几秒至几分钟，若反应时间不足，会降低原料的水解深度和利用程度。而稍稍超过规定时间，又会导致单糖大量分解，减少产品得率。

植物原料高温水解的缺点是水解过程不可避免地形成糠醛，5-羟甲基糠醛，戊隔酮酸和其他单糖降解产物。降低了水解液的生物加工需要的纯度。

（2）不外加酸催化剂的高温水解（自动水解或称无酸水解）：在高温（200～240℃）和有水存在条件下，（在液体或汽化状态）下进行。半纤维素脱下的乙酰基，形成了该过程的催化剂——醋酸。原料在这样条件下放置0.5～5min后，瞬间骤然降低压力，由于水降压沸腾，发生原料颗粒爆炸成细纤维（纤维分离），半纤维素、纤维素和木质素被部分分离。在这样情况下，半纤维素几乎完全变成溶解的单糖、低聚糖和其分解产物，木质素转变为溶解组分（基本上是单酚和二酚）和不溶低分子组分。碳水化合物深度解聚产物（其中有呋喃衍生物）部分与木质素聚合，纤维素同样也会发生某些变化（纤维素端头水解）。纤维素经上述处理后，其酶水解速度可大大增加。爆炸无酸水解法现正作为酶水解前原料预处理的最佳方法之一加以研究。

自动水解可以用于各种原料的预处理。阔叶材木片（尤其是山杨）用蒸汽进行自动水解，温度为235℃，压力为4.34MPa，水解时间为0.5～2min。酶水解后，纤维素转化率达85%。葵花籽壳爆炸自动水解后（200℃，2.6MPa，5min），经酶水解24h，纤维素转化成葡萄糖的转化率达68%，当增至72h其转化率可达80%。

自动水解可以分成两段和三段，连续地溶解植物原料中的高聚糖组分。如将自动水解最后阶段的温度提高到265℃，能使木材的转化程度提高到90%～100%。这样的处理过程称为水热解（水热裂解）。

自动水解尤其是水热解多糖苷键断裂的专一性不高。因此在反应混合物中含大量碳水化合物的分解产物，给后处理造成一定困难。

自动水解还提出了与酸处理相结合的工艺，在蒸汽处理前用硫酸溶液浸渍原料，能使碳水化合物的分解程度降低30%～40%，有时接近50%。这样处理后，在进行酶水解时，增加纤维素酶的可到达性。因此，从植物原料制取生物化学加工的糖液时，采用酸催化剂的高温水解更具有实际意义。

6 水解糖液的处理——发酵生产用糖液的预处理[1]

6.1 酵母生产对培养基的要求

植物原料水解后形成棕色、具有特殊气味的液体混合物，称为水解液。该混合物含水95%，含干物质5%。由于这种水解液的温度高，酸度大，毒性组分的浓度高，而微生物所需要的无机营养盐的含量却很低，不适合直接用微生物加工。因此，对这种水解液要进行预处理。

用于微生物处理与生产酒精和饲料酵母培养液的预处理工艺流程十分相似。都包括水解液自蒸发、冷却、低聚糖转化、酸中和、残渣分离、无机营养物的添加、补充冷却和中和液的净化、培养液的稀释（饲料酵母生产）等过程。

6.2 水解液的转化

植物原料半纤维素高聚糖水解的中间产品——水溶性低聚糖，是在加热原料和渗滤开始阶段形成的。它含在排放初始的水解液中。低聚糖虽然不是生化过程的抑制剂，但它不能被酵母吸收而被转入废水中。水解液的转化就是将低聚糖进行补充水解，使之转化为单糖。转化的目的就是提高可吸收糖的得率，从而提高产品得率。

在水解-酵母及木糖醇生产中采用较缓和的水解条件，这种水解液的特点是低聚糖含量高。转化过程可使RS的得率明显增加。在水解酒精生产中采用较激烈的水解条件，水解液中低聚糖含量较低，转化的效果也较小。

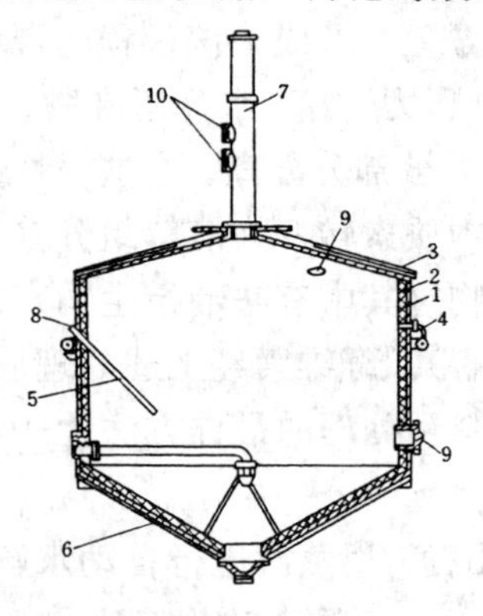

图 18-15 转化器[9]

1. 筒体；2. 衬里；3. 桁架结构；4. 环形集管；5. 温度计插管；6. 钢筋混凝土底；7. 混合冷凝器；8. 压力式温度计插孔；9，10. 人孔

水解液的转化是在一定温度、常压或加压条件下进行的，水解液中的硫酸作为转化催化剂。转化时间以低聚糖充分水解为准。

水解车间工艺流程中设有常压操作的转化器。从三效自蒸发器中排出的水解液温度为100～105℃，直接送到转化器的下部。在转化器中水解液因自蒸发和器壁的冷却作用，温度有所下降（95～98℃）。典型的转化器一般在常压下操作，原则上其容积应能容纳6～8h，生产出的水解液量。为避免温度下降过快，转化器外壁需保温。转化器的容积分500m^3、750m^{3}和1 000m^{3}三种，结构基本相同。由于其体积较大，多放置室外。转化器是用钢板焊接成一带有上盖和锥底的直立圆筒形钢容器其结构如图18-15。为防止水解液腐蚀设备，圆筒部分及底部内表面用聚异丁烯或混凝土层加衬耐酸砖保护。上面锥形顶中心有直径为600mm接管，与混合冷凝器相接，混合冷凝器又与和大气相通的管路相连接。冷凝蒸汽的喷淋水由冷凝器上部接管供给，从其下部排出。在转化器圆筒部分 3/4 高度处按等距离在筒体周边焊接有 6～8 根接管，所有接管从外面连到环形集流管上，经它排出转化液。沉集在转化器底部的残泥，每隔 1～2 个月清除一次。

转化器容积的确定：

$$V = mt \tag{18-56}$$

式中：V——转化器的容积（m^3）；

m——水解液加入量（m^3/h）；

t——转化时间（一般取 6～8h）。

相应的径高比一般取 2.5。

转化后的水解液称为转化液，连续经转化器上部与总集流管相连的接管排出，送到转化液贮槽，这样可以保持转化器内的液位恒定，保证转化规程的稳定进行。有些企业转化操作是在水解液贮槽中完成的，但一般水解液贮槽的容积只能容纳 2～2.5h 生产出的水解液量，因此效果不如在转化器中进行的好。

为了防止转化器中形成的蒸汽污染大气，必须经表面式冷凝器冷凝，形成含糠醛 0.2%～0.4%的冷凝液，并送到冷凝液贮槽，以便回收糠醛。

水解液的中和器也要排出蒸汽。转化器和中和器的排出物占水解生产汽-气排出物总量的 80%，其量为 2～8kg/t 绝干原料。为了有效地分离排出物中的有害杂质，最好是利用循环水喷淋洗涤塔，而不用表面冷凝器，这样可以回收汽-气排出物中糠醛的 95%～99%。

水解液预处理工艺流程如图 18-16。转化过程与两段自蒸发联合进行，低聚糖转化温度 130℃，压力 0.27MPa，转化时间 30min 左右，转化器充满系数 0.8，转化器容积 50～200m^3（以保证转化时间为准）。水解液在这样的温度下在转化器中停留的时间不能过长，否则就会发生设备的焦糖化，使设备和管道的内表面出现树脂沉积物，这些树脂沉积物是由呋喃类化合物、单糖分解产物和木质素缩合而形成的。若提高转化温度、沉积物量将急剧增加。

在转化过程中，约有 80%的低聚糖水解，这样水解液中单糖浓度可提高约 0.2%，也就

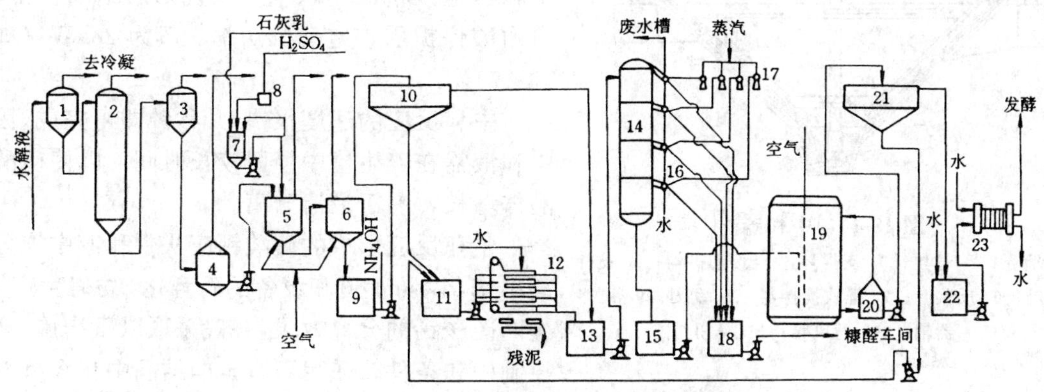

图 18-16　生物加工水解液预处理工艺流程[1]

1. Ⅰ级蒸发器；2. 蒸发-转化器；3. Ⅱ级蒸发器；4. 水解液贮槽；5. 中和器；6. 养生槽；7. 石灰乳搅拌贮槽；8. 硫酸计量槽；9. 中和液贮槽；10. 澄清槽；11. 残泥搅拌贮槽；12. 压滤机；13. 澄清液贮槽；14. 真空冷却器；15. 贮槽；16. 冷凝器；17. 蒸汽喷射真空泵；18. 中和液真空冷却蒸汽冷凝液贮槽；19. 充气器；20. 空气分离器；21. 澄清器；22. 澄清糖液贮槽；23. 冷却器

是使水解液中原有RS含量提高5%～10%。同时，还降低了酵母的抑制物浓度，使酵母得率增加到水解液中RS的3%～5%。显然，水解液经过转化，可提高酒精-酵母生产的得率。

另外，利用糖化酶，尤其是糊精酶转化低聚糖的发酵法有着广阔的前景，发酵法转化的优点是可以避免糖液的树脂化。若能生产出廉价的酶制剂，实现这种转化方法是完全可能的。

6.3 水解液的中和

中和的主要任务是降低水解液的酸度，以利生物化学加工。一般以石灰乳为中和剂，也可用白垩乳和氨水中和。中和过程pH值约从1.3增加到5。

水解液中和过程是在连续设备或间歇设备中，在温度80～85℃下进行。为防止连续操作设备的石膏化，采用两套设备交替使用。设备的容积应能满足每小时的水解液量。

从图18-16可见，水解液从贮槽4进入中和器5，石灰乳从带搅拌的贮槽7定量地加入中和器5中，在进入养生槽6时，用氨水进行补充中和。

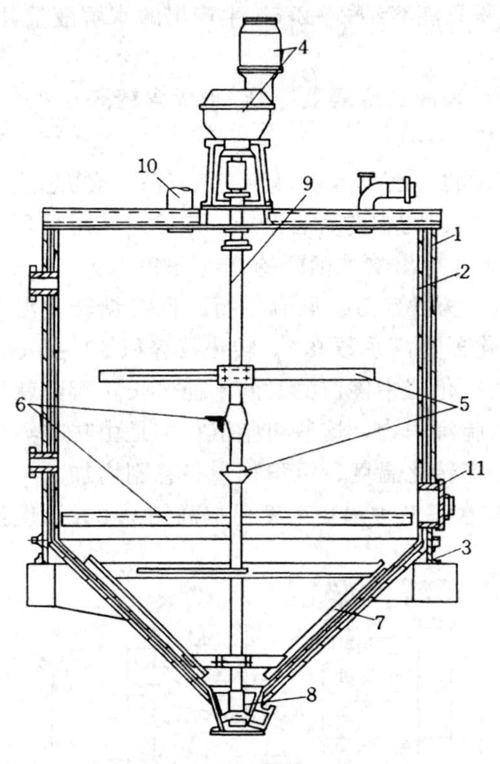

图18-17 中和器[9]

1. 筒壳；2. 衬里；3. 支撑环；4. 传动机构；5. 搅拌桨叶；6. 反桨叶；7. 框式搅拌器；8. 刮刀；9. 搅拌器轴；10. 通风管；11. 人孔

石灰乳加入量应能充分中和硫酸。当硫酸浓度为0.4%～0.6%时，实际中和硫酸pH值在3.0～3.2时便完成。有机酸主要是醋酸，用氨水中和到pH值4.0～4.5，此时中和液中残存的游离有机酸量约为0.15%。水解液在中和槽和养生槽的总停留时间30～60min。

为了防止局部过碱而造成单糖分解，水解液与中和剂要进行充分搅拌。可用机械搅拌器或用空气进行搅拌，用空气搅拌能凝聚出部分木质素腐殖质，提高水解液质量。但这必须净化排出空气所带出的糠醛及其他易挥发物。用离心泵吸入氨水时也能对中和达到有效的搅拌作用。

水解液的中和是在中和器中进行的。连续式中和器是锥底、平顶、直立圆筒形的钢制容器，内衬耐酸保护层，电动机功率一般为28kW（如图18-17）。

中和反应的速度很快，几秒钟即可完成。因此中和液需在养生槽中停留较长时间，以使硫酸钙晶体增长，易于澄清分离。

中和反应形成的硫酸钙应从中和液中充分分离出来，以防管道和设备的石膏化，妨碍生产。为提高硫酸钙的分离效果，一般采取以下措施，严格控制中和条件，采用石膏定向结晶中和水解液的并流中和。

(1) 严格控制中和温度。中和温度不同，形成的硫酸钙有三种结晶体：无水硫酸钙($CaSO_4$)，半水硫酸钙($CaSO_4 \cdot \frac{1}{2}H_2O$)和二水硫酸钙($CaSO_4 \cdot 2H_2O$)。中和过程主要形成半水硫酸钙和二水硫酸钙两种晶体，它们的溶解度不同与温度有关（见表18-11）。

表 18-11　半水硫酸钙、二水硫酸钙溶解度与温度的关系

温度（℃）	20	30	40	50	60	70	80	90	100
$CaSO_4 \cdot \frac{1}{2}H_2O$	0.880	0.757	0.590	0.500	0.420	0.330	0.270	0.215	0.180
$CaSO_4 \cdot 2H_2O$	0.205	0.210	0.211	0.207	0.200	0.195	0.185	0.175	0.168

从表 18-11 中可以看出，在任何温度下二水硫酸钙的溶解度都低于半水硫酸钙。因此，在水解液中和时，首先要严格控制中和温度，使生成的石膏尽可能是二水硫酸钙。

中和温度不同，形成的硫酸钙晶体种类不同，其情况是：<80℃ 主要是 $CaSO_4 \cdot 2H_2O$；80～90℃ 主要是 $CaSO_4 \cdot 2H_2O + CaSO_4 \cdot \frac{1}{2}H_2O$；90～120℃ 主要是 $CaSO_4 \cdot \frac{1}{2}H_2O$；>120℃主要是 $CaSO_4 \cdot \frac{1}{2}H_2O + CaSO_4$。

因此为了能够结晶出二水硫酸钙，中和必须在低于 80℃温度下进行。

(2) 采用石膏定向结晶中和。二水硫酸钙的析出条件之一是饱和溶液。硫酸钙饱和溶液是稳定的，不会引起工艺设备的石膏化。为了获得硫酸钙饱和溶液，就要有足够的结晶，而结晶取决于结晶速度，结晶速度又受溶液的过饱和程度和存在的结晶中心（晶种）的影响。为了提高形成二水硫酸钙的结晶速度，可往中和液中引入二水硫酸钙晶种。晶种的制备方法是：从计量槽往石灰乳中加入硫酸。产生二水硫酸钙晶种，使中和时能按同样的结晶变体继续增长。这个过程就称为石膏的定向结晶。

定向结晶法硫酸的平均消耗量为绝干原料的 0.3%，或由水解液引出液比而定，每立方米水解液消耗 0.16～0.25kg 硫酸。晶种的形成，除往石灰乳中加入硫酸的方法外，还可以以营养盐的形式加入硫酸铵，每立方米水解液中加入量为 0.25kg。利用密闭的石灰乳搅拌贮槽，可降低氨的蒸发损耗量。石灰中的氧化镁与硫酸作用会产生可溶性硫酸镁。这样，既耗费硫酸用量，减少石膏晶种生成，又增加形成过饱和溶液的可能性，不利于硫酸钙的结晶，因此硫酸镁的含量在石灰中越低越好。

木质素腐殖质的胶体溶液，可提高硫酸钙过饱和溶液的稳定性，它能够吸附在晶核的表面，使其活性降低，延缓结晶速度。采用定向石膏结晶法，能使中和过程中硫酸钙溶液近于饱和浓度，并在很大程度上消除了后续操作设备的石膏化问题。按生产中的实际数据，中和液中硫酸钙浓度为 0.22%～0.24%，相应的过饱和度为 20%。

为了降低中和液中硫酸钙的浓度，工业生产上利用两个平行的水解液液流进行水解液的并流中和，第一股水解液流，按两段流程（石灰乳和氨水）进行中和；第二股液流只用氨水中和。中和液澄清分离沉淀后，两液流合并，继续净化。两液流的比例：前者占总量的70%～80%，后者占总量的 20%～30%。

在酵母生产中，石灰乳和氨水（NH_3 含量不低于 25%）的两段定向石膏结晶中和工艺得以广泛应用。

对比实验表明：两段定向石膏结晶中和，溶解硫酸钙的平均浓度为 0.32%，中和液中可溶性硫酸钙的过饱和度为 0.064%，而并流时，相应的指标分别为 0.366%和 0.084%。

6.4　无机营养盐的添加

无机营养盐对于培养酵母具有重大意义。植物原料水解液的元素含量，除 N、P、K 外还

含：Ca、Si、Mg、Fe、Na、Al、Mn、Sr、Zn、Cu、Ti、Cr、Ni、I、V、La、Pb、Ag、Mo、Co、Er、Cd、Rb（按含量多少顺序排列）。对酵母的营养，必要的微量元素应当具备，而 N、P、K 含量不足，则需以营养盐形式加以补充。

营养盐的添加需先制成溶液，从中和液中加入。数量为每吨酵母需氮 90kg、磷 48kg、（以 P_2O_5 计）和钾 35kg。

营养源的氮源常采用硫酸铵。钾源一般用氯化钾，但为防止废水中氯的积累，也有提出用钾的硫酸盐作为钾源。磷源一般采用过磷酸钙，可采用磷酸二氢铵、磷酸二氢钙、磷酸钠和磷酸二氢钠。只有用饲料添加剂的无氟过磷酸作为磷源，但这对循环用水的酵母厂不适宜，因为在循环水中积聚有毒物质，会降低产品质量。

磷的盐类一般在水中的溶解度不大，需要用 50～70℃水浸提 6～8h。当液固比为 1～2 时，为了得到浸提度大于 90%（以 P_2O_5 计），约需进行 10 次循环；当液固比提高到 10～20 时，一次循环即可达到 95%的浸提度。

6.5 中和液的净化

水解液进行中和后，悬浮物含量可增加 10 倍。针叶材水解中和液悬浮物含量为 0.5%～0.7%（5～7g/L），阔叶材水解中和液悬浮物含量为 0.9%～1.1%。悬浮物的 80%是由二水硫酸钙组成，其余为细分散的木质素和木质素腐殖质。用氨水中和水解液时，悬浮物基本上由有机物组成，含量达 0.1%～0.2%。悬浮物采用澄清器分离。

澄清器的直径有 5.5m、7m、9m、12m 和 18m 等几种（如图 18-18）。澄清器是平顶锥底圆筒形直立钢制容器，在顶部的中心装有进液管，并插入澄清器的下部。筒体上部内壁周边装有水平溢流槽，与溢流管相接，澄清液从该管中连续流出。锥部装有转动除渣耙，将残渣由卸料口排出。

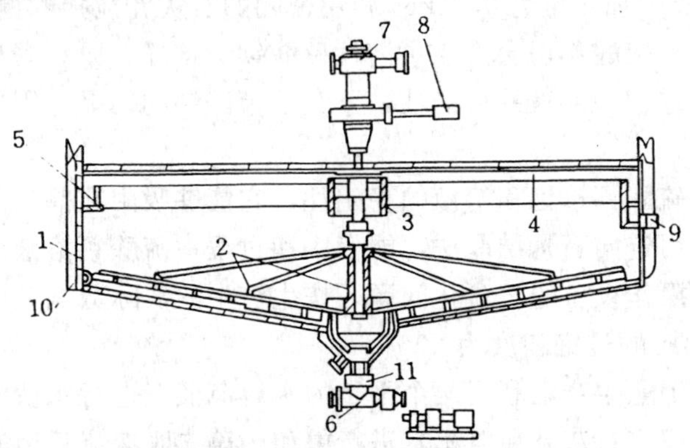

图 18-18 澄清器[9]

1. 筒体；2. 除渣耙；3. 分配环；4. 轮辐；5. 溢流槽；6. 残泥卸料器；7. 耙传动结构；8. 耙起升结构；9. 澄清中和液排出口；10. 放空接管；11. 支撑结构

沉淀颗粒的沉降速度介于 0.025～2.5mm/s。工业条件下颗粒沉降速度大于 0.3mm/s，这种颗粒约占悬浮物质量的 90%。在澄清器中平均净化程度可达 90%。

为减少 RS 随残渣排出的损耗，沉降出的残渣要在容积为 100～280m^3 的搅拌槽中用水洗涤。洗液可并入中和液，使 RS 的损耗减少到中和液总含量的 3%。残渣可采用自动压滤机或带式真空过滤机过滤，这样可以减少洗涤水对糖液的稀释，降低残渣的湿度，提高分离效果，减轻运渣负荷。

6.6 中和液真空冷却

如果不向中和液通气吹，则需要将澄清的中和液冷却至 45℃或者冷却到发酵温度。

澄清的中和液在四效真空蒸发器中冷却。压力逐渐降低：第一效 0.03MPa，第二效 0.015MPa，第三效 0.01MPa 和第四效 0.006～0.008MPa。中和液的温度从一效的 76℃降到四效的 45℃。中和液从蒸发器的第四效沿着气压管送到贮槽，每效蒸发所需的真空度由蒸汽喷射泵来维持，每效形成的蒸汽在冷凝器中冷凝，含有糠醛的冷凝液收集到贮槽中，而后送至糠醛车间生产商品糠醛。

中和液真空冷却器是用四节钢板焊接成直立圆筒状的塔式设备，其顶端和底部呈弧形，四节圆筒之间用法兰连接。塔体内表面涂有防腐保护层。每个圆筒相当于一个真空蒸发器。其间按液相进程从上到下直接相连，按气相进程是隔离的。中和液的溢流管从高压力部分到低压力部分，形成阻止汽和气通过的液封，每个液封上部装有防止中和液液滴随自蒸发汽带走的罩，档板和液封由耐酸钢板制成。每节圆筒的侧面装有人孔和一个排自蒸发蒸汽的接管。最底部的圆筒焊接一个空心筒作为支撑，设备的每节圆筒都连接冷凝器，因而实质上每节都是独立的冷却器。所有的冷凝器都具有相同的结构，从塔的高位到低位冷凝器溢流管用 U 型液封直接连接。冷凝器为套管式水平换热器，蒸汽走壳程，中和液走管程。冷凝器壳程空间的真空由蒸汽喷射造成（如图 18-19）。

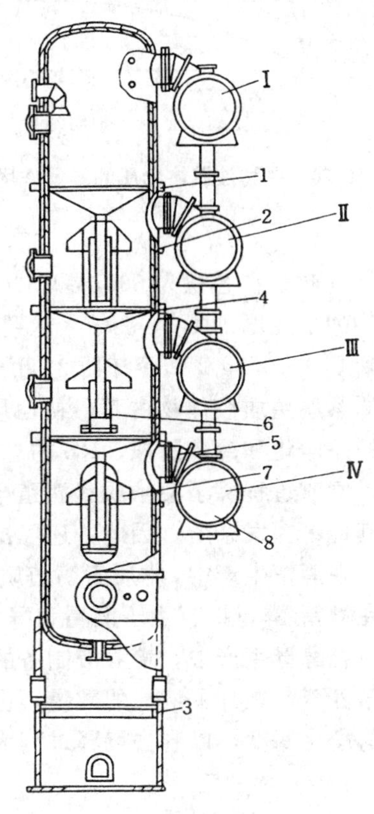

图 18-19　中和液真空冷却器[9]

1. 带法兰的钢制圆筒；2. 刚性环；3. 支撑；4. 锥形挡板；5. 套管；6. 液封；7. 液滴分离器；8. 管式冷凝器

Ⅰ，Ⅱ，Ⅲ，Ⅳ. 冷却效数

中和液从真空蒸发器上部的漏斗形接管进入第一蒸发室。中和液自蒸发，形成的蒸汽经侧接管进入冷凝器，形成的冷凝液沿 U 型液封流入下一冷凝器的壳程，不凝气被蒸汽喷射泵抽走。中和液部分冷却，在圆锥形分离挡板表面上收集，流向中间开孔，再沿液封管下流，而后上升到环形空间。随着中和液的流动，在第一和第二蒸发室不同真空度的作用下，环形空间的部分水和易挥发物质被自蒸发。从环形空间出去的汽流遇到罩板，改变运动方向，上到排放接管。中和液的液滴被蒸汽带到罩板表面，随后下流。连续经过四部分蒸发后，中和液被部分蒸发和冷却，从最后一效蒸发室出来，其温度约为 30℃。冷凝液同样连续地从上向下由第四效冷凝器排出。冷却水逆流流动，连续地由下到上从第四效冷凝器到第一效冷凝器。

中和液经真空冷却，不仅降低温度，而且由于其中所含的糠醛、甲基糠醛、萜烯和其他易挥发杂质的蒸发（蒸发量：糠醛为 33%～40%；甲基糠醛为 20%～30%；萜烯为 10%～20%），使中和液纯度提高。冷凝液得率为原中和液的 7%～8%。

冷却水经过换热，温度约 60℃，可用于配制水解用的蒸煮酸。

6.7　中和液的通气净化

中和液经过澄清净化后，进行酵母生产时，还需通入空气净化，因为中和液中含有可溶性的木质素腐殖质的胶体，会吸附在酵母表面，破坏其代谢过程，污染商品。在中和过程中，水解液 pH 值的提高，促进了胶体物质的凝聚。当进一步冷却时，这种凝聚作用会持续进行。

中和液从 80～85℃冷却到 35～45℃，悬浮物的含量约增长到 0.03%。

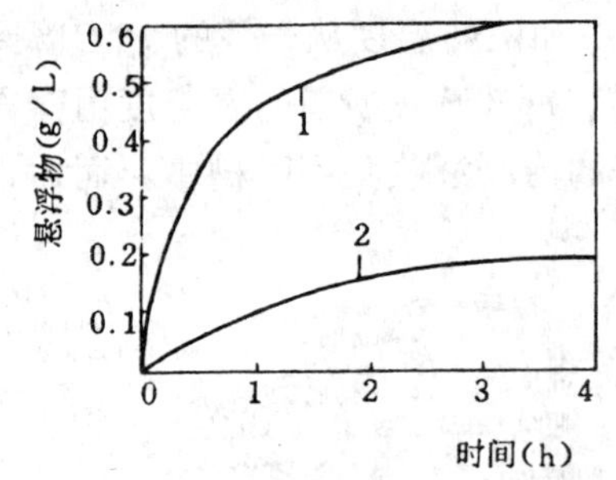

图 18-20 中和液胶体物质的凝聚作用

1. 充气时贮存；2. 不充气时贮存

往中和液中通入空气(气吹)是使胶体物质失去稳定性的有效方法。

预先经过过滤的中和液气吹时木质素腐殖质胶体凝聚形成悬浮液的动力学曲线如图 18-20。曲线表明，气吹时悬浮物的产生量超过控制数值的 3 倍。

空气净化的工艺如图 18-16，将冷却的中和液送入充气器 19，充分通入空气，空气消耗量 40～50m^3/m^3，通气时间 4h，中和液 pH 值≤4，若 pH 值>4 将增加培养液的发泡能力和受外界杂菌感染的可能性。提高中和液的温度(45℃）可阻止杂菌的生长。

气吹是在容积为 600 或 1 300m^3 的空气充气器 19 中进行的。通入空气，可使培养液中悬浮物的浓度增加 1.5～2 倍（达到 1～1.2g/L）于澄清器 21 中沉降 3.5h，残存的悬浮物含量降到 0.3～0.5g/L。冷却器 23 用于将培养液温度降到发酵温度。这样，可从水解液中除去的木质素腐殖质胶体物占其最初含量的 30%～35%；中和液热沉淀可除去 20%～25%。在中和液的总净化和冷却阶段、RS 的总损耗量为 3%～6%。

气吹过程除了使木质素腐殖质复合体凝聚，还由于蒸发作用部分分离出糠醛（约 10%）以及其他易挥发杂质。因此，还可提高酵母的得率，占可吸收糖的 1%～3%。

在酒精生产中，木质素腐殖质对酵母形成酒精的影响不大，一般不进行通气净化过程。然而在酒精-酵母厂，由于酒精和酵母是以同一液流进行生产的，因此，要进行通气净化操作。

在酵母生产中，培养液制备的最后工序是用水进行稀释，以降低有害物质的浓度。但稀释培养液，增加了液流的数量，也加大了能耗，在经济上是不合算的。应从工艺上强化培养液的净化深度，以省去稀释过程为宜。

第19章 水解酵母生产

王传槐

酵母是一类单细胞微生物，在自然界分布广、种类多。水解酵母是指用林业或农业生产的废料作原料生产的酵母，通常都作饲料用，故又称水解饲料酵母。

1 水解酵母菌及其特征

水解酵母是一类不产孢子的无孢子酵母，多属球拟酵母属 *Torulopsis* sp.、假丝酵母属 *Candida* sp. 及丝孢酵母属 *Trichosporon* sp.。几种常用于水解酵母生产的菌种及其特征如下：

1.1 产朊假丝酵母

产朊假丝酵母 *Candida utilis*，细胞卵圆形（3～5.5μm×5～9μm），多为单个生长或两个相连。在麦芽汁培养液中常产生沉淀细胞和皮膜，在麦芽汁琼脂斜面上培养，菌落呈灰黄色，质软，有光泽，大多平坦，周缘亦平滑。此菌能利用单糖中的葡萄糖和木糖，亦可利用某些双糖如麦芽糖、蔗糖，但不能利用阿拉伯糖。在氮源方面能利用硝酸钾、硫酸铵、尿素等。菌体细胞内富含维生素B族和蛋白质。

1.2 热带假丝酵母

热带假丝酵母 *Candida tropiealis*，细胞椭圆形，大小约为7～15μm×3.5～6μm，如图19-1。除正常出芽繁殖外，有时还能产生假菌丝。在麸皮琼脂培养基上，于28℃培养1～2天后就会形成乳白色具有粘液状的菌落，生长速度较快。此菌适于在较高的温度下繁殖。能利用葡萄糖、果糖、蔗糖、半乳糖、木糖和少量阿拉伯糖，故此菌对还原物的产率较高。由于此菌不能合成生长所需的生物素，最好与 *Candida arborea* 或 *Torula utilis* 混合培养，或加入上述酵母的自溶液至培养液中，以利其顺利繁殖。

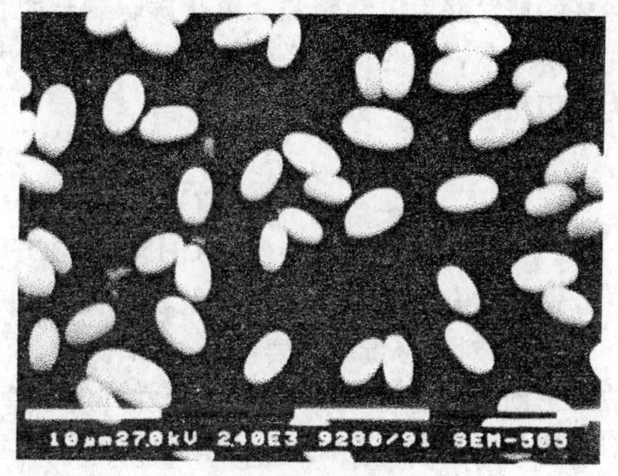

图 19-1 热带假丝酵母电镜照片（×2400）

1.3 树枝状假丝酵母

树枝状假丝酵母 *Candida arborea*，此菌的细胞形状和生化特性与前述的产朊假丝酵母相似。在麦芽汁琼脂培养基上生成灰色有褶皱的菌落，边缘弯曲呈分枝状。其假菌丝常呈树枝状，故称为树枝状假丝酵母。能利用葡萄糖、果糖、木糖、麦芽糖，不能同化阿拉伯糖。原轻工业部发酵研究所做过用稻壳水解液培养酵母菌的研究，对11种常用菌种进行试验，筛选结果认为此菌效果最好，对还原物的平均产率可达48.94%，蛋白质含量高达45.63%。

1.4 皮状丝孢酵母

皮状丝孢酵母 *Trichosporon Cutaneum*，丝孢酵母又称裂丝酵母。它和假丝酵母同属假丝酵母亚科。其繁殖方式有芽生和裂生，此菌与假丝酵母的区别就在于能产生裂生子，即在菌丝的一端分裂成许多断裂子，呈单个存在，亦能生成真菌丝和假菌丝。此菌能利用葡萄糖、木糖、半乳糖、阿拉伯糖、蔗糖和麦芽糖为碳源。近些年来，山东大学微生物研究所选育出一株皮状丝孢酵母851S，适宜于半纤维素蒸汽爆碎糖化液的发酵和培养饲料酵母、菌体得率高，粗蛋白含量可达47%以上，且其蛋氨酸含量高出一般饲料酵母3倍以上。

2 酵母增殖的生化基础

2.1 酵母增殖原理

酵母细胞在良好的培养条件下，其细胞经常是繁殖的。这是因为在好的培养环境里，营养物质会从外面及周围含水的培养基中进入到细胞内，并继续进行各种变化，导致酵母细胞的生长，数量的增加。与此同时，细胞内部也发生细胞物质的分解作用，并将分解产物分泌到细胞体外，这种分解作用会放出物质的化学潜能，使酵母细胞有实现原生质的一切复杂变化的可能。

营养物质渗入酵母细胞内，是通过它们表面膜的扩散作用而进行，这符合于一般的渗透定律。酵母的营养物质中碳素源是十分重要的，它包括各种碳水化合物：单糖、双糖及酒精、醛类和有机酸。在不通气的条件下，酵母只能利用糖，而在通气条件下，培养液中富含氧，加强了酵母的呼吸作用，并提高了酵母构成本身质量的能力。此时，可利用的碳素源不仅是糖类，还有醇、醛及有机酸如乳酸、醋酸、柠檬酸、琥珀酸和有机酸盐等。在连续通气的条件下，氨基酸完全被酵母细胞用来构成原生质的蛋白质。除碳素源外，氮源及矿物盐也是酵母增殖所不可缺少的营养物。氮源是构成酵母蛋白质的重要物质，而在培养基中缺乏矿物盐时会延缓酵母的正常生长，如磷对酵母生长及生命活动有特别重要的意义，它约占酵母灰分总量的50%，钾在酵母灰分中也占有相当大的比例。

据研究[10]，酵母细胞内的蛋白质合成是按两种不同方式进行的：在嫌气条件下，98%～99%的糖发酵生成酒精和二氧化碳，剩余的1%～2%的糖消耗在构成酵母细胞的物质方面。在此情况下，糖经过一系列生化反应分解成丙酮醛；丙酮醛与氨化合，按照下列反应式转变为β-丙氨酸。

$$C_6H_{12}O_6 \longrightarrow 2CH_3COCHO$$

$$CH_3COCHO + NH_3 \longrightarrow CH_3CHNH_2COOH$$

$$2CH_3CHNH_2COOH \longrightarrow C_6H_{12}O_3N_2 + H_2O$$

通过缩合作用，从丙氨酸生成多肽——β-蛋白质。

所以，对1份蛋白质要消耗1.27份糖，而对含有48%蛋白质及43.8%无机氮物质的100g酵母干物质，需要104.7g糖。而在好气条件下，酵母蛋白质的构成则是按另一种方式进行，即在培养过程中连续通气，酵母细胞的蛋白质合成按下列方程式进行：

$$3C_6H_{12}O_6 + 3O_2 \longrightarrow 6CH_3CHO + 6CO_2 + 6H_2O$$

$$6CH_3CHO + 3NH_3 + 4.5O \longrightarrow C_{12}H_{20}N_3O_2 + 6.5H_2O$$

在此情况下，对1份蛋白质要消耗2份糖。应该指出的是酵母生产过程都是在好气条件下进行的。

理论上，从 100kg 糖能得到含 55%蛋白质，37%无氮物质及 8%灰分的酵母干物质 52.4kg，但在实际生产中往往能达到理论值的 40%～42%。这是因为有部分糖消耗于不能被酵母所利用的酒精等。

前苏联学者曾建议，测定生产每 100kg 干酵母糖的消耗量，可用下式计算：

$$\text{每 100kg 干酵母糖消耗量} = 2 \times A(1 + 0.07) + 2.22 \times B + 2 \times C \tag{19-1}$$

式中：A——干酵母中蛋白质量（%）；

B——干酵母中无氮物质量（%）；

C——不能被酵母利用的酒精量（%）；

0.07——为被酵母消化的蛋白质总量的 7%；

2.22——构成 1g 酵母细胞的无氮物质所要消耗的葡萄糖量（单位 g）。

如 A 为 55%，B 为 37.5%，C 为 5%，则每培养 100kg 干酵母糖的消耗量如下：

$$2 \times (55 + 3.85) + (2.22 \times 37.5) + (2 \times 5.0) = 210.9\text{kg}$$

从上例中可见，对于整个加工的糖，产生干酵母的实际产率为：

$$\frac{100}{210.9} \times 100\% = 47.5\%$$

用水解糖液生产酵母时，大多采用连续法增殖酵母。在此过程中，培养液中的培养供给、通气、pH 值、温度等都较稳定，酵母菌处在较适宜的生长环境中，保持其旺盛生长的对数生长期[11]。为使营养料的加入与代谢产物、过剩酵母的排出达到动态平衡状态，需要控制生长系数 r 和稀释比 D，使两者相适应，并始终保持常数，即可获得满意结果。生长系数 r 是指单位重量的酵母菌在 1h 内能增殖的酵母重量，稀释比 D 是指单位时间内流加的新鲜培养液体积 F 与原始培养液体积 V 之比值，即 $D=F/V$，通常以时间倒数（h^{-1}）表示。在连续法生产时，如酵母的生长系数小于相应的稀释比，则酵母数量偏少，易感染杂菌，产率下降；反之，则营养不足，代谢产物积累，又会加速酵母衰老，产量也会下降。

通常，在稳定平衡的情况下，酵母的增殖量与醪液中酵母量成比例，并可用下式计算：

$$\text{酵母增殖量 } A = A_0 e^{rt} \tag{19-2}$$

式中：A_0——酵母种子量；

r——生长系数；

e——自然对数底；

t——酵母增殖时间。

酵母增殖率可依下式求出：

$$\frac{\mathrm{d}A}{\mathrm{d}t} = rA_0 e^{rt} = rA \tag{19-3}$$

2.2　影响酵母增殖的因素

(1) 温度。繁殖酵母菌的最适宜温度是 30～32℃（有的菌可在较高温度下繁殖）。温度过低，繁殖速度减慢；温度过高，虽可加快繁殖速度、缩短发酵周期，但营养条件必需相应补足，否则会引起酵母生理状态恶化，还易引起杂菌感染。

酵母繁殖过程是不断进行有氧呼吸和糖分的氧化分解等复杂的生化过程，同时放出热量。为了控制适宜温度，通常需用冷水进行冷却。

(2) pH值。一般酵母只能在弱酸性介质中生长，在酸性很强的培养液中，酵母很少繁殖，甚至死亡。因此，控制pH值很重要。但酸性太弱，会使胶体物质沉淀在酵母菌体上，影响酵母质量，如色泽变深、味苦等；醪液易生泡沫，增加消泡剂用量；同时容易感染杂菌。故一般生产多采用pH值为4.5～5.5。

饲料酵母生产上常选用能利用有机酸的菌种，发酵后期醪液酸度下降，因此，应注意调整酸度。据糖蜜原料生产酵母的经验，氮素营养最好采用2/3硫酸铵和1/3尿素混合使用。这样，在酵母增殖过程中基本上不需要用酸或碱调节pH值，就能始终保持适宜的pH值。

(3) 接种量。最适接种量是采用占加工糖量10%～20%的绝干酵母量。接种量太少，繁殖速度降低，有导致酵母退化和菌种变异的危险；接种量过多，酵母过量存在，糖液消耗在酵母呼吸和其他生理作用较多，使酵母得率下降。研究指出：最适宜的酵母接种量以每毫升约含1亿个细胞的最初酵母浓度最为相宜[12]。实验数据还表明，酵母浓度每毫升内远超过1亿个细胞时，其糖耗率并不增多（见表19-1）。

表19-1 接种量的效应

温度(℃)	最初浓度(百万个细胞/ml)	时间(h)	酵母增加量(百万个细胞/ml)	还原糖含量(%)	酸碱度
28	26	24	76	0.65	7.1
28	26	39	130	0.47	7.7
28	51	24	139	0.61	7.4
28	51	39	198	0.38	7.5
28	106	24	184	0.39	7.0
28	106	39	299	0.21	7.6
28	124	24	205	0.40	7.8
28	124	39	212	0.20	7.6
28	174	24	207	0.49	7.4
28	217	24	291	0.49	7.5
28	364	24	160	0.47	7.6
28	242	24	230	0.47	7.9
28	331	24	200	0.49	7.9
32	100	22	219	0.20	7.9
32	186	22	179	0.24	7.5
32	211	22	191	0.32	7.2

(4) 养分供应除营养盐外，主要是糖的供给。生产中糖液浓度一般采用0.8%～1.2%。浓度过低，设备利用率低，当浓度低于0.2%的情况下，酵母停止增殖并发生自溶；糖的浓度越高，要求通气越强烈，当糖的浓度高于2%，要向通入的空气中加入氧气。

表19-2 通气的效应

通气器	时间(h)	最后的还原糖(%)
粗糙的多孔玻璃管	16	0.30
粗糙的多孔玻璃管	19	0.20
布或特别粗糙的多孔玻璃盘	24	0.20～0.22
4mm玻璃管	24	0.40～0.49
摇瓶	72	0.30

(5) 通空气量。通空气是供给酵母所需氧气。氧的供给越充足，糖的氧化分解越充分，酵母增殖就越快。通空气量大小与酵母增殖槽结构有关，一般20～25m^3/(m^3·h)醪液。空气扩散的细度看来要比空气的体积更为重要（见表19-2）。在摇瓶中，糖的消

耗可能经过 72h 尚未殆尽。利用 4mm 的玻璃管通气，可能需要 36～48h。在 30～34℃的温度下，用布袋或特别粗糙的多孔玻璃制成的气体扩散盘扩散空气，糖在 24h 之内就降到 0.2%的最低含量；如果利用粗糙的多孔玻璃气体扩散管，所需时间就缩减到 18h 左右。为防止杂菌感染，通空气系统应有空气过滤和消毒措施。

3　水解酵母生产工艺

水解酵母生产是采用一类可利用己糖戊糖及部分有机酸的酵母菌。这类微生物能在有氧条件下，有效地利用介质中的碳、氮、磷及其他微量元素，并将其转变为新的细胞物质，实现细胞增殖，得到最终产品。现将利用水解液及水解酒糟生产水解酵母的生产工艺分别作一简介。

3.1　水解液生产酵母工艺

木材水解液生产饲料酵母的工艺流程如图 19-2。

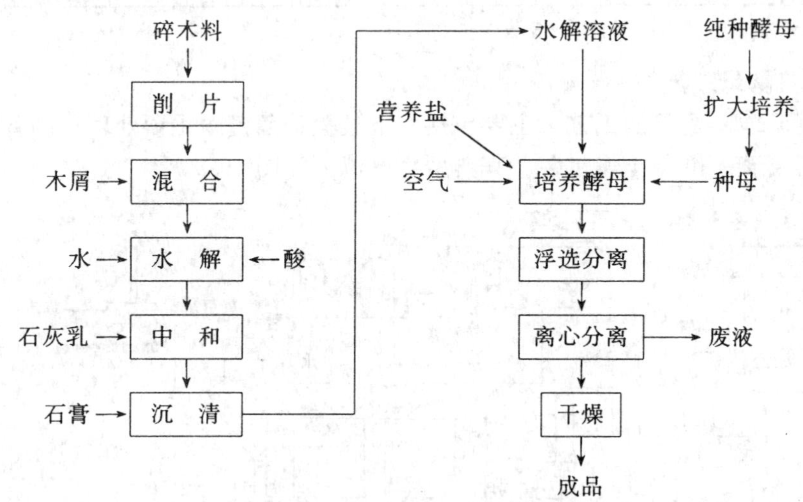

图 19-2　木材水解液生产饲料酵母工艺流程

（1）水解：采用多段连续水解工艺，以东欧年产 1.2 万 t 饲料酵母的水解工艺为例。其水解条件见表 19-3。当工序Ⅶ结束后，加水 9m³ 洗木质素中的残糖，水洗时间 20min，压力 122.58×10^4Pa，洗完后挤干 20min，压力降到 68.65×10^4Pa，最后迅速减压至零，排出木质素，得到的水解液 pH 值为 1.2，还原糖 2%～2.5%，中和冷却加入营养盐后，送入酵母繁殖槽培养酵母。

（2）酵母繁殖：600m³ 发酵罐装料 150～170m³。水解液用水稀释到含糖 1%～1.2%进入发酵罐，加氮源 0.09%～0.12%，磷（P_2O_5）0.05%～0.08%。种子采用三级培养。发酵温度控制在 38～40℃，每小时通入空气 8 000m³。采用连续发酵工艺，菌体在罐内停留时间 3～3.5h。每年除检修停产 1 个月外，其余时间连续运转。

（3）酵母分离和干燥：发酵后的成熟发酵醪，由后熟贮罐进浮选机脱去部分水分，再进入酵母分离工段，水洗分离 2 次，而后进入喷雾干燥塔干燥，干燥温度 300～350℃。干粉包装后入库。

表 19-3 水解条件[13]

工序	水解时间（min）	加水量（m³）	硫 酸（L）	压力（10kPa）	备 注
装料	30	10～13	50	—	
升温	30	—	—	49.03～58.84	
Ⅰ	20	8～9	含酸 0.5%（相当于 30L）	58.84～68.55	不断加水加酸
Ⅱ	20	8～9	30	68.65～78.45	
Ⅲ	20	8～9	30	68.65～78.45	
Ⅳ	20	8～9	30	68.65～78.45	
Ⅴ	20	8～9	30	68.65～78.45	
Ⅵ	20	8～9	30	68.65～78.45	
Ⅶ	20	8～9	30	122.58	

资料来源：王定昌等，饲料酵母技术考察报告（1985）。

3.2 水解酒糟生产酵母工艺

以水解酒糟生产饲料酵母的工艺，主要包括如下过程：酒糟净化预处理；制备种母；培养酵母；酵母浓缩分离；酵母干燥包装。其典型生产流程如图 19-3。

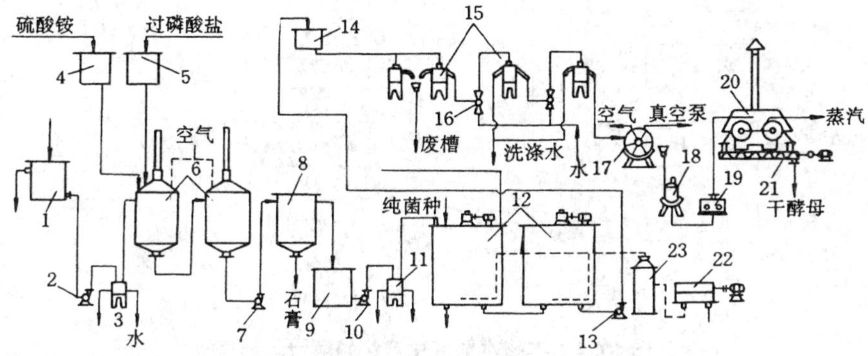

图 19-3 水解酒糟生产饲料酵母工艺流程（引自 В. И. Шаркова）[5]

1. 酒糟贮槽；2. 泵；3. 换热器；4. 硫酸铵液配制槽；5. 过磷酸盐水浸槽；6. 空气氧化槽；7. 泵；8. 澄清槽；9. 净化酒糟贮槽；10. 泵；11. 换热器；12. 酵母增殖槽；13. 泵；14. 过滤器；15. 酵母离心分离机；16. 水力喷射泵；17. 真空过滤器；18. 质壁分离器；19. 泵；20. 滚筒干燥器；21. 螺旋输送器；22. 鼓风机；23. 空气水洗塔

3.2.1 酒糟净化预处理

酒糟净化预处理包括以下 3 个方面：即去除酒糟中的有害杂质，特别是腐殖质；补充必要的营养物质，如氮、磷、钾等；将热的酒糟冷却到 30℃。

在酒糟废液中含有较多的腐殖质，易与酵母共同沉淀，使酵母色黑，且口味不佳，影响牲畜适口性。因此，用酒糟为原料繁殖酵母时，清除腐殖质是十分重要的。

从酒糟中除去腐殖质采用的方法[5]，主要是将酒糟的温度从 30℃升至 80℃，通入空气氧化腐殖质为不稳定物使其下沉。通空气时，由于气泡上升搅动液中腐殖质，增加相互间的接触，从而逐渐结成大粒下沉，待澄清后除去。另一种加速腐殖质沉淀的方法是加入硫酸高铁，使之与腐殖质结合为中性胶体物质，促其迅即沉淀。此外，也可用活性炭或离心分离法处理。

水解酒糟中氮和磷的含量均不足，需补充加入硫酸铵和过磷酸钙，其加入量以酒糟中含还原物 1%计，每立方米酒糟加硫酸铵 2.2kg，过磷酸钙 1.8kg。

3.2.2　种母制备与酵母培养

酵母生产的接种量比较大，一般占糖量 10%～12%的绝干种母。制备种母包括培菌室阶段和车间扩大培养阶段。在培菌室扩大培养后，再通过三级培养，从 0.5m^3 罐⟶4.5m^3 种母槽⟶12m^3 种母槽⟶酵母增殖槽。

培养酵母的方法有间歇法和连续法。

间歇法又可分流加法和分割法等。流加法是向酵母增殖槽中送入部分稀糖液，接入种母后，再将较浓的糖液由流加桶逐渐加入。如此不断地补充酵母用的碳源，使槽中糖液浓度维持一定数值。

流加方案很多。控制情况也有差异，不同流加方案其流加量的控制情况，见表 19-4。

表 19-4　流加作业方案

时间(h)	10h 流加		8h 流加		6h 流加	
	流加速度占总流加液(%)	通空气量[$m^3/(m^3\cdot h)$]	流加速度占总流加液(%)	通空气量[$m^3/(m^3\cdot h)$]	流加速度占总流加液(%)	通空气量[$m^3/(m^3\cdot h)$]
1	5	25	10	30	12.5	35
2	5	25	10	30	12.5	35
3	5	25	10	30	15	38
4	10	28	12.5	33	15	38
5	10	28	12.5	33	20	40
6	10	28	12.5	35	25	40
7	12.5	28	15	35	—	—
8	12.5	30	15	35	—	—
9	15	30	15	—	—	—
10	15	30	—	—	—	—

分割法是当酵母增殖过程中培养的酵母已成熟时，自槽中取出 1/2 或 1/3 醪液到另一增殖槽内，然后再向两个槽中送足糖液，继续繁殖酵母。待成熟后再进行分离或按上法继续分割和循环操作。

生产上大多采用连续法培养酵母。酵母增殖是在不断加入新营养液和取出成熟醪液的情况下进行的，优点是：培养条件稳定、节省种母、培养周期短，可提高设备利用率，降低水、电消耗量和减少厂房面积等。

3.2.3　酵母分离和干燥工艺

成熟酵母容易自溶，所以酵母增殖成熟后应立即进行分离、浓缩、干燥制得含水率为 8%的商品酵母。

(1) 酵母的分离：酵母一般用离心机分离。分离机有敞口式、半密闭式和密闭式 3 种。自酵母增殖槽中出来的物料为泡沫状，采用半密闭式或密闭式分离机较为适宜。在分离前，应使醪液先通过过滤器，以防较大的固体颗粒损坏分离机。

有些酵母分离机具有消泡装置和排液能力，带泡沫的成熟醪液可直接用其进行分离。

用离心机分离酵母时，一般是采用 3 组式：第一组离心机主要是将酵母与大部分醪液分离。并将酵母浓度从原来的 13g/L 左右提高到 80g/L（均以压榨酵母含量计，下同）；第二组和第三组离心机主要是将酵母与洗涤水分离，并将酵母浓度先后提高至150～200g/L和300～400g/L。相应乳液浓度为2.5～4°Be′和5～6°Be′。经第三组离心后，酵母干物质浓度达8%～10%。

各组分离机的酵母流失，镜检每视野不得超过3个。

(2) 酵母的干燥：酵母分离后，如果立即送去干燥，消耗蒸汽较多。因此，酵母分离后还要进一步浓缩，常用的有压滤法和真空吸滤法。压滤法是将离心分离所得的酵母液，用泵送至压滤机压滤，可得含水70%的压榨酵母，再加热液化后送去干燥。真空吸滤法是用真空吸滤机将酵母滤出，从吸滤机刮下的酵母为半固体状，酵母浓度达900g/L，可在收集器底用水蒸气加热液化后再送去干燥。

4 水解酵母生产的主要设备

4.1 酵母增殖槽

酵母增殖槽即发酵罐是培养酵母的主要设备。根据产品品种性质、原料、培养液成分和所用菌种等采用相适应的发酵罐型。至今，已用于酵母生产的罐型有机械搅拌的通用式、管式、鼓泡式、气升式、勒夫朗苏式、瓦尔德哥费式、涡轮式、自吸式及半自吸式和喷射（自吸）式等。其中使用历史长久的是鼓泡式。较为先进，且适于木材水解液生产饲料酵母的是勒夫朗苏式，在前苏联、东欧被广为使用。国内有些工厂采用涡轮式酵母增殖槽以水解酒糟生产饲料酵母。

鼓泡式发酵罐结构简单、造价低、易清洗、常压开口、借低压风机供气，罐底有空气分配管形成栅状鼓泡器（如图19-4）。缺点是供氧效率及溶氧值均较低，填料系数小。

勒夫朗苏式发酵罐为法国专利[14]。罐体圆柱型，罐中装有大直径内循环筒，净化空气在罐底多方向通入罐与循环筒之间。当空气喷出时，培养液自圆筒内上升，从上端向四周溢出再回流而下进行循环，其结果在供氧的同时，发酵液被充分乳化。此罐动力消耗小，通风电耗仅400kW·h/t，结构简单，设备费用低，传氧效率高达3.7kg/(m^3·h)氧。东欧一些年产1.2万t的水解饲料酵母工厂，就是采用此种类型容积为600m^3的发酵罐。

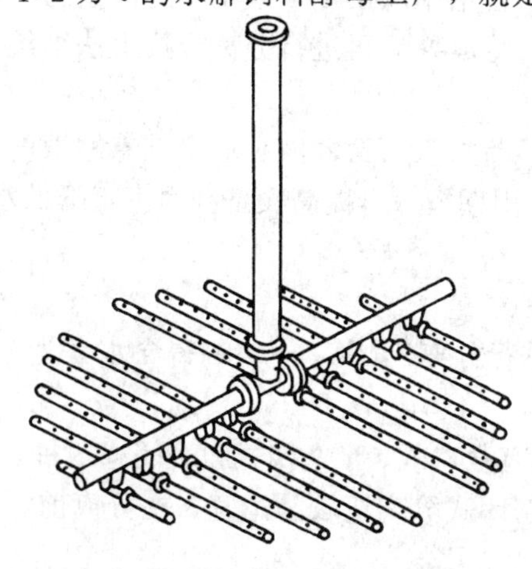

图19-4 管式空气分配装置

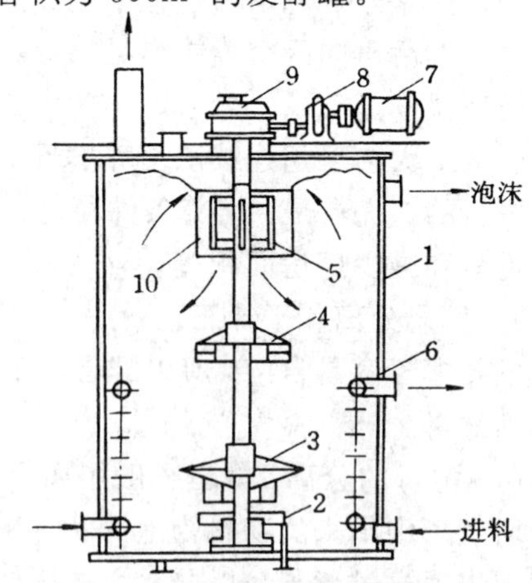

图19-5 涡轮式机械搅拌增殖槽

1.槽体；2.空气分配环管；3、4.涡轮；5.消泡轮；6.冷却管；7.电动机；8.齿轮箱；9.减速箱；10.圆筒罩

涡轮式酵母增殖槽具有机械搅拌式空气分配器，它由装在竖轴上涡轮和固定的球状空气导管所组成（如图 19-5）。空气进入环式空气导管后，被其上方的转动涡轮吸入前甩到上侧，再由上面的辅助涡轮使空气再分散。该设备电耗较低，填料系数 0.6。国外有 200～400m³ 罐，国内已建有 200m³ 罐，用于水解酒糟生产饲料酵母。

4.2　酵母离心分离机

成熟的酵母醪分离浓缩时，多采用碟式离心机。该机有一组高速旋转的倒锥形金属盘相互重叠，各盘有孔若干，各孔位置相同，故叠起时可形成一通道。酵母醪由中心管加入到离心机下部，经孔道在倒锥体盘上分成薄液层。由于离心力的作用，相对密度大的酵母菌体流向盘的外沿，在机壳下端固形物出口处成浆状而流出。相对密度小的废液则沿盘向上流向中央，由环形出口流出。这种分离机的转速一般为 4 800～6 500r/min，生产能力为 2～20m³/h。

德国、瑞典大多使用效率高、质量好的酵母离心机，如较早的有 D-laval 型，新型的为 α-Laval型，著名的产品是威斯伐里亚。这类设备不仅具有高水平的分离效率，并对进料、固液分离、排料、排液、液位情况等均能作自动化工程程序储存与控制。我国试制成功 D_{424}型、D_{500}型碟片式高速酵母离心机，已用于生产[15]。

4.3　酵母浓缩、干燥设备

酵母醪液经离心分离后，酵母含量为 12%～15%，为了节能，在干燥前需进一步浓缩，如通过蒸发、真空吸滤或压滤，使酵母浓度提高到 22%～25%。为此，大型工厂常用三效真空蒸发。较先进的蒸发设备有降膜式真空蒸发器。该设备传热系数高达 8 340～16 680 kJ/(m²·h)，系统蒸发强度可达 30～40kg/(m²·h)，目前小规模生产厂，仍多用真空吸滤机浓缩。

浓缩后的酵母乳液，经干燥后即可得到产品。年产量为数千吨的工厂，多采用喷雾干燥器或新型的气流干燥器；较小规模的生产；以采用滚筒干燥器为宜。滚筒干燥器处理量虽小，但投资少、能耗低。其缺点是，干燥条件差，对生产环境有一定影响，需要采取相应措施，以减少粉尘，降低室温。

5　饲料酵母的成分与用途

5.1　饲料酵母的化学成分

酵母菌体的化学组成因菌种及培养基的不同而异，但变化不大。两种有代表性的酵母菌的化学组成见表 19-5。

以上各组成成分对酵母菌的成品质量关系很大，现分别说明如下。

(1)蛋白质:酵母菌的干物质中含有50%左右的粗蛋白质(主要是蛋白质,此外还包括核酸及其他含氮有机物。其量与鱼粉相当,但比其他原料所含蛋白质为高,具体数据见表 19-6。

表 19-5　酵母菌的化学组成（干物质%）

酵母菌的组成	啤酒酵母	假丝酵母
粗蛋白质	51～58	51～55
粗脂肪	2～3	1.7～2.7
粗纤维	9.0～11.5	13.7～16.5
灰分	8.1～9.1	8.1～11.1
无氮浸出物	25～30	22～23

(2) 脂类：酵母脂肪含量视菌体的特性和营养条件而异。脂肪的化学成分主要是由软脂酸、油酸和亚麻油酸，以及少量月桂酸等组成。酵母还含有少量

的甾醇和卵磷脂。酵母脂肪可供食用和工业用。红酵母属 *Rhodo torula* sp. 的一些种脂肪含量可达干物质的50%。白地霉的某些菌株脂肪含量，也可达干物质的20%。利用微生物生产脂肪正在积极研究中。

表 19-6 饲料酵母与其他原料的粗蛋白质及氨基酸含量的比较

品 名	粗蛋白质（%）	最重要的氨基酸类		
		赖氨酸（%）	蛋氨酸（%）	色氨酸（%）
饲料酵母	50.0	4.00	0.75	0.30
鱼 粉	54.0	3.60	1.50	0.26
面 粉	46.0	3.70	0.70	0.40
玉 米	9.9	0.30	0.20	0.04
小 麦	13.2	0.42	0.18	0.10
燕 麦	10.6	0.41	0.18	0.17
葵花子饼	38.5	1.71	0.40	0.40
豌 豆	26.5	1.60	0.28	0.16
大豆饼	44.0	2.90	0.65	0.55

（3）无氮浸出物：是指除去粗脂肪、粗纤维以外的不含氮的有机化合物。酵母体内的主要无氮浸出物是糖元，也含有少量的单糖及二糖。糖元是酵母在繁育过程中所积聚的贮藏性物质。酵母在缺乏营养的情况下贮存时，这些糖类便逐渐被消耗，并且变成水和二氧化碳等。

(4)灰分：磷是酵母灰分中最主要的元素，核酸、磷脂及很多辅酶（如NAD、NADP、FMN、FAD、CoASH、焦磷酸硫胺素等）中均含磷，所以磷对酵母的繁育和发酵起着非常重要的作用。酵母的灰分主要由下列化合物组成：

P_2O_5%	44.8～59.4	K_2O %	23.33～39.5
MgO %	3.77～6.34	CaO %	0.1～7.58
Na_2O %	0.5～2.26	Fe_2O_3%	0.06～0.7
SO_3%	0.57～6.38	SiO_2%	0.92～1.88

（5）维生素：酵母细胞中含有丰富的维生素B族及维生素 D_2 元（麦角甾醇），红酵母还含有维生素A元（胡萝卜素）。其组成和含量与鱼粉等相比，见表19-7。

表 19-7 饲料酵母与鱼粉等中的维生素含量比较（以干酵母计，mg/g）

维生素种类	木材水解糖液酵母	糖蜜酒糟酵母	鱼粉	骨粉	大豆饼
硫氨素（B_1）	2.0～5.0	5.6～6.3	0.4	0.3～1.1	5.8
核黄素（B_2）	40～127	42～68	9.1	3.7～4.6	0.2～4.1
泛酸（B_3）	60～100	85～110	11.4	3.8～4.3	—
胆碱（B_4）	2 500～4 500	3 800～7 500	4 000	1 980～2 025	922～3 912
烟碱酸（B_5）	400～500	357～450	90	47.6～51.4	39
吡哆醇（B_6）	10～20	7.0～12.1	4.8	4.8	—
生物素	0.6～2.3	0.3～1.6	1.3	4.8	—
环已六醇	1 200～4 800	445～3 460	—	—	—

5.2 饲料酵母的质量指标

商品酵母的质量指标依其用途而定，各个国家的规定也不完全一样，但大多对酵母的蛋白质，灰分和重要的氨基酸含量有明确要求。前苏联、美国、法国等的饲料酵母质量指标见

表19-8。

我国轻工业部于1982年颁布饲料酵母标准。产品分为3级。各级产品标准见表19-9。

表19-8 前苏联、美国、法国饲料酵母质量指标

指 标（%）	前苏联	美 国	法 国
蛋白质 >	43	50	51
脂 肪 >	—	0.5	—
水 分 <	10	8	—
灰 分 <	10	9	7.2
维生素（μg/g）			
硫胺素 >	—	120	—
核黄素 >	—	40	48
菸 酸 >	—	300	300
金属混杂物（μg/g）	20～30	—	—

表19-9 中华人民共和国轻工业部标准

（QB596—82）（1982年7月1日实施）

指 标	饲料酵母（%）		
	优 级	一 级	二 级
水 分 ≤	9.0	9.0	9.0
蛋白质 ≥	45.0	40.0	35.0
灰 分 ≤	10.0	10.0	10.0
色 泽	淡黄至褐色	淡黄至褐色	淡黄至褐色
气 味	具有酵母特殊气味，不应有异臭	具有酵母特殊气味，不应有异臭	具有酵母特殊气味，不应有异臭
杂 质	无异物	无异物	无异物
粒 度	颗粒或粉末	颗粒或粉末	颗粒或粉末

5.3 饲料酵母的主要用途

从酵母的化学组成来看其营养价值是很高的，不仅蛋白质含量高，而且质量也好，具备了人体营养所必需的氨基酸，并易消化吸收；维生素含量丰富，还含有猪肉中尚未检出的B_{12}，是良好的营养补品，也是一种优质饲料，还是重要的药品原料。

据有关资料介绍[15]，用1kg酵母喂猪，可增长0.7～0.8kg肉；用1kg酵母饲养家禽，可增加2.2～2.9kg肉，或增产30个左右的蛋；用1kg酵母饲喂奶牛，可增加6L奶量，或增加1.1kg左右的牛肉。在饲养狐狸等毛皮兽时，喂1kg酵母可以代替2kg肉类，且能改进毛皮质量。1961年我国轻工业部发酵研究所用自己试制的饲料酵母，进行产蛋鸡的饲养试验。用1kg酵母代替1kg混合饲料，可增产鸡蛋24个，效果非常显著。1984年，江苏某油米厂，用自己生产的饲料酵母与鱼粉作养鸡（鸡种“星布罗”）对比试验，结果表明，喂饲料酵母的鸡成活率与喂进口鱼粉的基本相近，但喂酵母的鸡羽毛光亮、肉质鲜嫩；每只鸡平均多增重75g。喂猪试验也证明：用饲料酵母要优于鱼粉，饲料酵母组每头盈利为23.37元，鱼粉组每头盈利19.77元（1984年估计价）。

6 酵母生产的技术经济指标和发展趋势

6.1 水解酵母生产的技术经济指标

水解饲料酵母生产的技术经济指标，依所用水解原料、规模及工艺而有差异，现分别介绍如下：

（1）木材水解液为原料的技术经济指标。我国至今仍没有兴建以木材水解液为原料的饲料酵母工厂，现以20世纪80年代中期东欧国家年产1.2万t水解饲料酵母的生产厂为例，其主要技术经济指标见表19-10。

（2）木材水解酒糟为原料的主要技术经济指标。我国以水解酒精酒糟为原料的生产饲料酵母车间的主要技术经济指标见表19-11。

表 19-10 木材水解饲料酵母的技术经济指标

指标名称	耗 量	指标名称	耗 量
木材（t/t干酵母）	7～8	电耗（kW·h/t）	1 500～1 800
硫酸（kg/t）	100～130	水解液糖浓（%）	2～2.6
氨水（kg/t）	600	发酵液糖浓（%）	0.7～1.2
氯化钾（kg/t）	30～35	放罐残糖（%）	0.1～0.2
油酸（kg/t）	5	停留时间（h）	3～3.5
水（m^3/t）	300	酵母浓度（g/L）	10～14
蒸汽（t/t）	7～10		

表 19-11 水解酒糟饲料酵母生产的技术经济指标

指标名称	耗 量	指标名称	耗 量
酒糟（t/t干酵母）	464	消泡剂（kg/t）	15
硫酸铵（t/t）	0.550	酒糟含还原物（%）	1.0
过磷酸钙（t/t）	0.445	残糖（%）	0.1～0.2
漂白粉（kg/t）	0.27	酵母浓度（g/L）	12～14

6.2 水解酵母生产技术的发展趋势

近30年来，酵母工业发展很快。其中尤以前苏联的饲料酵母工业最为发达，规模、产量均占世界首位。1960年前后，该国的饲料酵母年产量仅有1万t的水平，到1981年，年产量已超过100万t，其中以林业废弃物为原料生产的水解酵母占有相当大的比重。此外，保加利亚、捷克和斯洛伐克等一些东欧国家酵母工业也较发达。如保加利亚万吨以上的饲料酵母工厂就有两个，其中包括一个以木材水解液为原料的水解酵母工厂，年产量达1.2万t。水解酵母工业能有较大规模的发展，其重要原因之一是因为其成本较低，一般用木材或农业废料水解液与原料的水解酵母，其成本仅为用糖蜜为原料的1/6～1/4。

水解酵母生产发展的一个显著趋势是规模越来越大，以求得更大的经济效益。这就要求在工厂所在地附近要有大量原材料和水源。同时随着人们对环境的关注，对水解酵母生产所排放的废水治理的要求也有日益严格的趋势。

在生产上，为提高水解糖利用率和生产能力，菌种的筛选与驯化已成为有关生产部门最关心的技术措施之一。除常温酵母外，国外亦有选用耐热酵母菌，如克柔氏假丝酵母 *Candida Krnsei*、光滑球丝酵母 *Torulopsis Gladrata* 等。这类菌能在45℃温度下培养繁殖，可节约大量冷却用水。

据介绍[16]，近几年来，酵母生产技术又有不少新的突破，德国慕尼黑的Linde公司研究出的酵母生产新装置具有如下一些特点：①所选育的酵母可在pH值3～3.5培养，容易染菌；②发酵槽用纯度为95%的氧气通气，每立方米发酵槽可产生50kg/h的酵母，得率为一般装置的10倍；③发酵系统由几个小罐组成，小罐的体积根据通气气体的扩散状态、热量的发生和消除，营养源的分散等多种因素来决定，以达到提高得率的目的；④生成的酵母可以连续地从罐中分离出来，用过滤器和分离机分离后浓缩。

第20章 水解酒精生产

王书翰

水解酒精生产是以中和澄清后的水解液（以下均称水解糖液）中的可发酵糖（按当前使用的菌种主要是指葡萄糖、甘露糖等六碳糖）为原料，通过发酵和蒸馏得到酒精、甲醇、杂醇油和二氧化碳等产品。

1　水解酒精生产基本工艺流程及产品

1.1　水解酒精生产基本工艺流程

水解酒精生产工艺流程示意如图20-1。

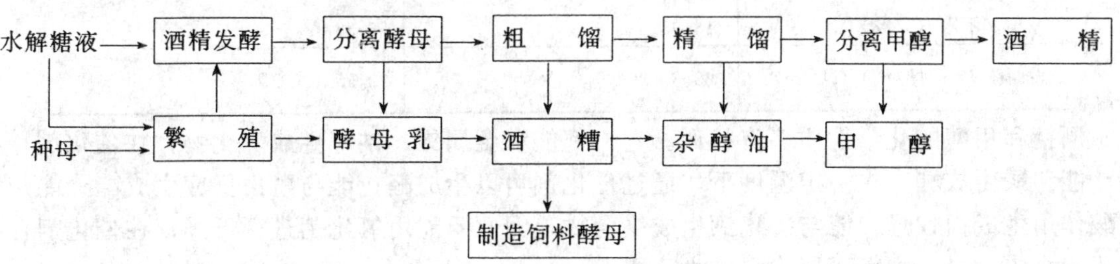

图20-1　水解酒精生产工艺流程

1.2　主要产品的性质

（1）酒精和甲醇的性质：酒精又名乙醇，分子式为CH_3CH_2OH，分子量46.07。甲醇又名木精，分子式CH_3OH，分子量32.04。

酒精、甲醇的物理性质见表20-1。

表20-1　酒精和甲醇的物理性质

项　目	性质	
	酒　精	甲　醇
外　观	无色，有愉快气味的液体	无色，有强烈刺激气味的液体
沸　点（℃）	78.4	64.5～64.7
冰　点（℃）	－114.4	－97.8～－97
相对密度	d_{20}^{20}＝0.790 4	d_{4}^{15}＝0.796 09
燃烧热（J/mol）（液体）	1.37×10^{6}	7.27×10^{5}
气化潜热（J/kg）	8.54×10^{5}	1.13×10^{6}
熔解热（J/kg）	1.04×10^{5}	6.87×10^{4}～9.21×10^{4}

（续）

项 目	性 质	
	酒 精	甲 醇
粘度（Pa·s）（气体）	$0.011\,13\times10^{-3}$（110℃）	$0.011\,14\times10^{-3}$（65℃）
（Pa·s）（液体）	1.22×10^{-3}（20℃）	$0.594\,5\times10^{-3}$（20℃）
比热容［J/（kg·K）］（气体）	1.70×10^{3}（90℃）	1.63×10^{3}（77℃）
［J/（kg·K）］（液体）	2.59×10^{3}（23℃）	$2.49\times10^{3}\sim2.53\times10^{3}$（20～25℃）
蒸汽压（Pa）	5.74×10^{3}（20℃） 1.03×10^{4}（30℃） 1.57×10^{5}（90℃）	1.27×10^{2}（−44.4℃） 3.89×10^{3}（0℃） 1.26×10^{4}（20℃） 3.90×10^{5}（100℃）
溶解度	水中互溶 乙醚中互溶	水中互溶 乙醚中互溶 乙醇中互溶
折射率	$n_D^{15}=1.363\,3$	$n_D^{16}=1.330\,6$
闪点（℃）	18.5	12～16
空气中燃烧极限		
上限（▽%）	3.28	6.0
下限（▽%）	18.95	36.5
表面张力（对空气）（N/cm）	22.3（20℃）	22.55（20℃）

酒精和甲醇的化学性质多有相似。它们都能和金属钾、钠等生成醇化物；在催化剂存在下，能和酸生成酯；在一定温度下，通过催化剂可以生成醛；能与酰卤反应生成酯；能与氢卤酸作用生成卤代烃；能与氯化钙生成络合物，因此不能用氯化钙进行干燥；在催化剂存在下能失水成为醚。酒精还能失水成为乙烯。

酒精在人体内无积累毒性，经常接触会刺激粘膜，引起头痛、颤抖、倦睡、呕吐、食欲不振等反应。工作环境空气中酒精最大允许浓度为 1 500mg/m³。

甲醇毒性较强，成人误服 5ml 可致恶心、呕吐、呼吸困难、头痛；25ml 可致死。吸入蒸汽也可中毒，产生头痛、头昏、恶心、耳鸣、手抖等反应，特别对视神经损害最为明显，重者可致失明。工作环境空气中甲醇最大允许浓度为 50mg/m³。

（2）杂醇油的性质：杂醇油是黄色至棕色的油状液体，是以戊醇为主要组成的多种醇类、酸类等的混合物。杂醇油的得率和成分与酒精发酵所用的原料有关，不同原料得到的杂醇油组成见表 20-2。

表 20-2 不同原料得到的杂醇油的组成

组 成	含 量 （%）		
	从水解液制得	从谷物制得	从马铃薯制得
乙 醇	0.2	—	—
正丙醇	2.0	3.69	6.85
异丙醇	微量	—	—
异丁醇	15	15.76	24.35
戊 醇	65	79.85	68.76
己 醇	—	0.133	—
糠 醇	微量	—	—
甲 酸	0.2	—	—
醋 酸	0.5～5.0	0.160	0.011
多碳酸（3个碳以上）	0.01	—	—
α-环戊酮	0.3	—	—
萜烯、萜烯醇	10.0	0.081	—
酯类	—	0.305	0.021

1.3　酒精、甲醇、杂醇油的主要用途

酒精是许多化工产品不可缺少的基本原料。利用酒精可以制造合成橡胶、聚氯乙烯、聚苯乙烯、乙二醇、冰醋酸、苯胺、乙醚、酯类、环氧乙烷、氯乙醇、二氯乙烷和乙基苯等。酒精也是很好的溶剂、洗涤剂、浸出剂，还可用做消毒剂和燃料。高纯度酒精可用来配制各种饮料酒。

甲醇主要用于制造甲醛，并进一步合成各种树脂。也常直接用作溶剂、防冻剂和燃料。

杂醇油可以用来制造香料、油漆及增塑剂，也可做为有机溶剂使用。

2　酒精发酵生物化学基础及水解酒精生产常用菌种

目前生产中所指的酒精发酵，是利用酵母菌体所分泌的各种酶，使糖液内的己糖生成酒精和二氧化碳，同时放出热量。

2.1　酒精发酵的基本理论

发酵过程中，可发酵糖经过细胞内酒化酶的作用，生成酒精和二氧化碳并渗透到细胞体外。酒精发酵生产是在水溶液中进行，且酒精能以任何比例与水混合，所以由酵母体内渗出的酒精能溶于周围的发酵液（又称醪液）中。发酵过程产生的二氧化碳，溶解度较小，发酵液会很快被其饱和。二氧化碳饱和后，便附着在酵母细胞表面，当其超过细胞吸附能力时，二氧化碳即游离出来形成细小气泡不断上升。小气泡上升过程中，相互碰撞，变成较大气泡而逸出液面。二氧化碳气泡的上升，也带动了醪液中的酵母细胞上下游动，从而使酵母细胞能更加充分地与醪液中糖分接触，使得发酵作用趋于完全。随着二氧化碳气泡的上升，有时能使底层的物料浮于醪液表面。在生产上如果醪液较为粘稠，则气泡到达液面后并不破碎，所形成的泡沫可持久不散，甚至溢出罐顶，造成损失。

2.2　酒精发酵中酵母菌的酶

酵母菌体中可以分离出 20～30 种酶，但直接参加酒精发酵的只有 10 多种。与酒精发酵关系密切的酶主要有两类：一类为水解酶；另一类为酒化酶。

（1）水解酶类：水解酶是一类可以将简单的碳水化合物、蛋白质等类物质加水分解，生成更简单的物质的酶。酒精酵母主要含有以下几种水解酶：

蔗糖酶：能将蔗糖水解成 1 分子葡萄糖和 1 分子果糖，是一种胞外酶。

麦芽糖酶：可将麦芽糖水解成 2 分子葡萄糖，也是一种胞外酶。

肝糖酶：可将酵母体内贮存的肝糖水解成葡萄糖，是一种胞内酶。

（2）酒化酶：酒化酶是参与酒精发酵的各种酶及辅酶的总称。主要有己糖磷酸化酶、氧化还原酶、烯醇化酶、脱羧酶及磷酸酶等。在这些酶的作用下，糖被发酵成酒精和二氧化碳。由于这一类酶只存在酵母细胞内，而不被酵母分泌到细胞外，所以在酒精发酵中要求有强壮的酵母活细胞参与活动。

2.3　葡萄糖酒精发酵反应途径

葡萄糖酒精发酵反应途径如图 20-2。

首先 d-葡萄糖通过己糖激酶借助于三磷酸腺苷在第六位磷酸化成为 d-葡萄糖-6-磷酸酯，紧接着借助于己糖异构酶异构成为 d-果糖-6-磷酸酯，再通过磷酸己糖激酶，借助于三磷酸腺苷在第一位进一步的磷酸化成为 d-果糖-1，6-二磷酸酯。

d-果糖-1，6-二磷酸酯通过缩醛酶分解成为磷酸二羟基丙酮和 3-磷酸-d-甘油醛、后者通

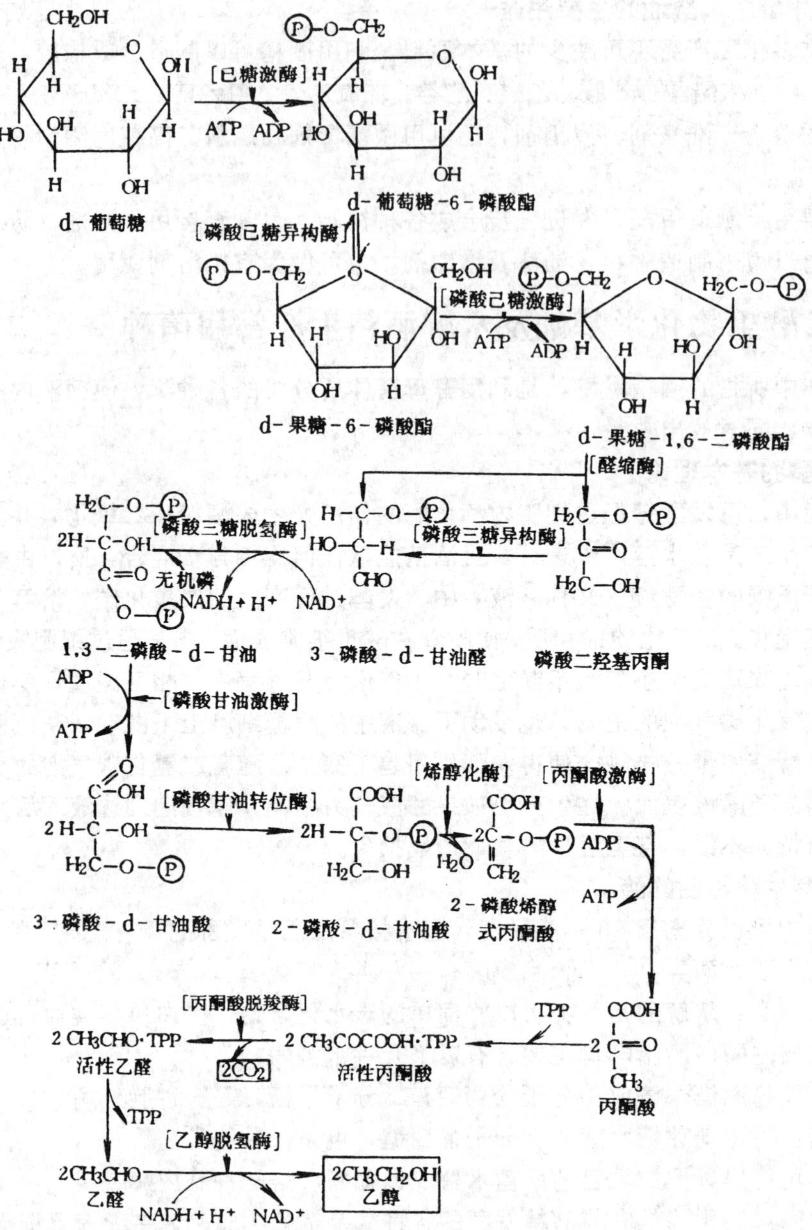

图 20-2 葡萄糖酒精发酵反应途径

1. ATP——三磷酸腺苷；2. ADP——二磷酸腺苷；3. NAD^+——烟酰胺——腺嘌呤——二核苷酸（氧化型）；4. $NADH+H^+$——烟酰胺——腺嘌呤——二核苷酸（还原型）；5. TPP——焦磷酸硫胺素

过磷酸三糖脱氢酶脱氢并磷酸化成1,3-二磷酸-d-甘油，再通过磷酸甘油激酶使磷酸传递到二磷酸腺苷上成为3-磷酸-d-甘油酸，再通过磷酸甘油转位酶成为2-磷酸-d-甘油酸，紧接着通过烯醇化酶生成2-磷酸烯醇式丙酮酸。

2-磷酸烯醇式丙酮酸借助丙酮酸激酶把磷酸传递到二磷酸腺苷上得到丙酮酸。

丙酮酸由丙酮酸脱羧酶作用形成乙醛。焦磷酸硫胺素是做为丙酮酸脱羧酶的辅助因子。

乙醛通过乙醇脱氢酶形成酒精。

由葡萄糖发酵生成乙醇的总反应式为：

$$C_6H_{12}O_6+2ADP+2H_3PO_4 \longrightarrow 2CH_3CH_2OH+2CO_2+2ATP$$

2.4　水解酒精生产中常用的菌种

（1）水解酒精生产中对酵母菌的要求：由于水解糖液中含糖少、氮、磷等营养物质比较缺乏；并存有某些有害杂质（如糠醛、甲醛、甲酸、腐殖质等）；在中和冷却时，为节省化学药品用量和降低损耗，希望水解糖液保持较低的pH值、较高的温度。因此，水解酒精生产中对酵母菌的要求比用粮食做原料更为严格。除要求酵母菌含有较强的酒化酶，发酵能力强而且迅速；繁殖速度快；耐酒精能力好；能在较高温度下进行繁殖和发酵；抵抗杂菌能力强；耐酸；生产性能稳定，变异性小以外。还应对上述有害杂质有较强的抵抗力；酒精转化率高；酵母体积大，便于回收循环使用。

（2）水解酒精生产常用菌种及特性：水解糖液发酵时常用的菌种有如下几种：

①列宁格勒33号啤酒酵母 *Saccharomyces cerevisiae* Rasse L.33：菌体细胞呈圆柱形或卵圆形，多为单生。菌苔呈黄白色，有光泽，适宜温度为30～32℃，适合于在水解糖液中发酵制酒精。糖发酵率高达93%，酒精产率可达供给糖量的47%。

②拉斯33号啤酒酵母 *Saccharomyces cerevisiae* Rasse 33：此菌来自波兰，又称波兰33号。菌体细胞呈球形、椭圆形或卵圆形，大小2.4μm×6μm～3.6μm×7.2μm。菌落表面光滑呈乳灰黄色，中央隆起。液体培养24h，稍微混浊。对二氧化硫抵抗力强，适用于亚硫酸盐制浆废液酒精发酵。经过驯化，在木材水解糖液中发酵良好。

③2.535号啤酒酵母 *Saccharomyces cerevisiae* 2.535：此菌系阿拉尔汉格尔斯基树枝状1号啤酒酵母，中国科学院微生物研究所保藏编号为2.535。菌体呈丝状分枝，易于缠结下沉，故又称为沉淀酵母，可不用离心机分离而回收使用。糖发酵率87.5%，酒精产量为供糖量的44.7%。

2.5　菌种的驯化和选育

水解糖液中杂质较多，一般酵母不能适应，只有通过驯化培养才能正常地生长、发酵产生酒精，驯化过程就是在逐渐改变培养基组成的情况下，让酵母逐渐适应并生长若干代，以改变该菌种的生理特性和代谢机能。改变培养基组成就是逐渐减少麦芽汁的比例，增加水解糖液的数量，直至最后用纯水解糖液培养。每改变一次培养基组成，要进行一次发酵试验，比较其发酵率，通过发酵试验选出酒精得率高的菌株。菌种驯化选育步骤如图20-3。

3　酒精发酵工艺和主要设备

3.1　种母的制备

供糖液发酵酒精用的纯粹酵母液叫做种母。在连续发酵生产中，只在开始生产或需要更换酵母时，才制备种母。种母的培养过程见表20-3。

生产中，种母培养器以前属中心试验室负责，小种母以后属车间发酵工段。其中所用麦芽汁浓度为5～6°Be′。固体试管到三角瓶的培养基均用麦芽汁，种母培养器、小种母槽的培养基用麦芽汁和水解液，大种母槽用纯水解液。培养温度28～30℃。种母槽要求菌种量20g/L，其余各阶段是15g/L。

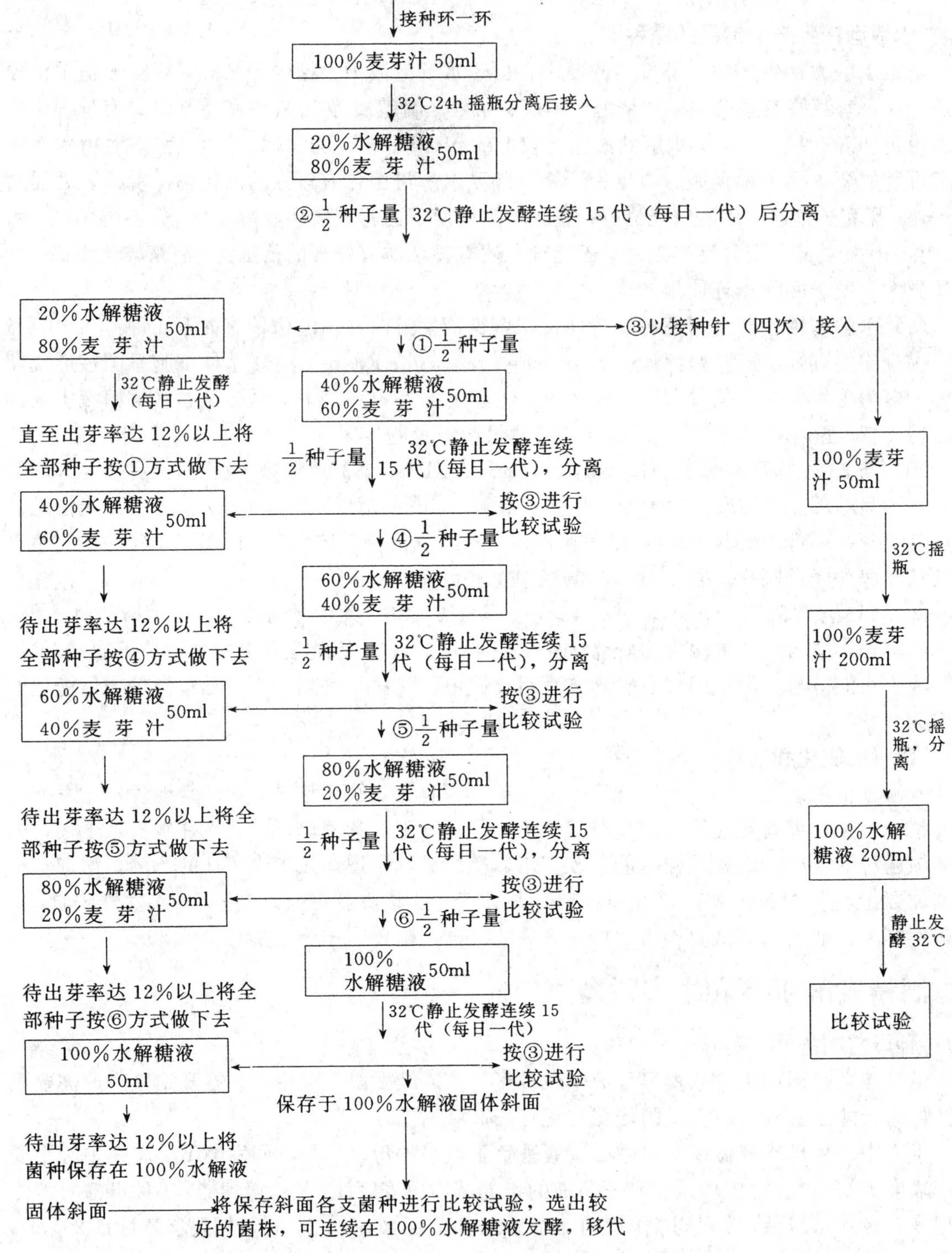

图 20-3 菌种驯化选育步骤

表 20-3　种母的培养过程

序号	设备名称	顺序日程（天）	培养时间（h）	累计时间（h）	麦芽汁量（L）	水解糖液量（m^3）	总液量（m^3）	通风时间（min/h）
1	试　管	1	24	24	—	—	—	—
		2	24	48	—	—	—	—
2	三　角　瓶	3	24	72	0.1×4	—	—	—
		4	24	96	0.5×4	—	—	—
		5	24	120	5×4	—	0.02	—
3	种母培养器	6	4	124	20	—	0.04	—
		6	4	128	18	0.002	0.06	—
		6	4	132	18	0.002	0.08	25
		6	4	136	26	0.004	0.11	—
		6	4	140	30	0.02	0.16	—
4	小种母槽	6	4	144	—	0.24	0.4	—
		7	4	148	—	0.4	0.8	25
5	大种母槽	7	8	156	—	3.2	4	25
6	生长槽	7	8	164	—	10	14	25
7	发酵槽	7	4	168	—	30	40	—
		8	6	174	—	36	80	—
		8	6	180	—	36	120	—
		8	6	186	—	36	160	—

3.2　发酵工艺

（1）工艺流程：水解酒精发酵工艺流程如图 20-4。

开车时，扩大培养好的酵母液从大种母槽 2 流入酵母生长槽 3，同时流入水解糖液。当酵母增殖达到一定浓度后，即依次进入串联的 3 台发酵槽 4 进行连续发酵，3 台发酵槽中醪液的残糖依次降低。成熟醪用泵 6 送到过滤器 7，过滤后的醪液进入酵母离心分离机 8，分离出来的酵母乳返回酵母生长槽 3 循环使用，清液则流入成熟醪贮槽 5，然后用泵送入蒸馏工段。

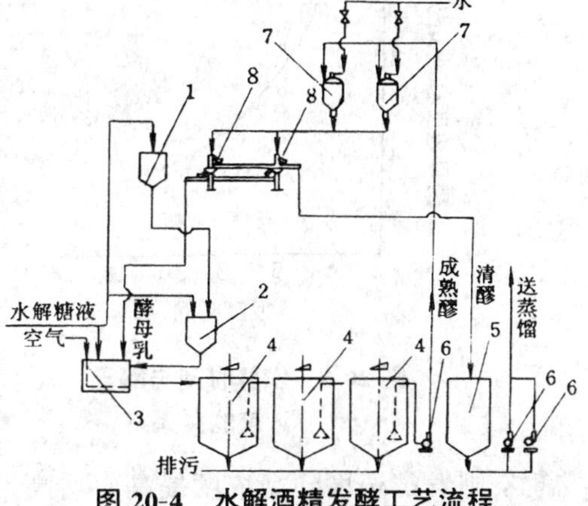

图 20-4　水解酒精发酵工艺流程

1. 小种母槽；2. 大种母槽；3. 酵母生长槽；4. 发酵槽；5. 成熟醪贮槽；6. 泵；7. 过滤器；8. 酵母离心分离机

（2）工艺条件：发酵工艺条件因不同生产厂、不同原料、不同菌种而有所变化。国内某厂的发酵工艺条件见表 20-4。

表 20-4　发酵工艺条件

发酵工艺条件	工艺要求	发酵工艺条件	工艺要求
中和液冷却后温度（℃）	30±2	2 号发酵槽残糖（%）	1.0～1.2
发酵周期（h）	10	成熟醪液含残糖（%）	0.7～1.0
可发酵糖利用率（%）	85	分离比（酵母乳：清醪）	1∶5
成熟醪液含酒精（%）	1.0～1.2	清醪液跑酵母数（个）	每个视野小于 5
1 号发酵槽残糖（%）	1.3～1.5		

3.3 影响发酵的因素

（1）酵母的种类和数量：经过驯化的酒精产率高的酵母品种是酒精发酵的关键。为了提高酒精得率，生产上需要经常注意分离选育更优良的菌种。

酒精发酵过程靠酵母生命过程中产生的酶来进行，所以在一定酵母量范围内发酵时间与酵母的数量成反比。水解糖液在不同浓度酵母作用下，其发酵时间如图 20-5。

连续发酵时，水解糖液中酵母的浓度以 5～12g/L 为宜。

（2）pH 值：发酵过程中 pH 值的控制，应考虑生物学和工艺学两方面的要求。从生物学角度考虑，pH 值 6.5 最为适宜，但是在工艺上不易实行，因为在此 pH 值下，冷却器、发酵槽、离心机等处会形成大量泡沫影响操作；而糖液越接近中性，越易感染杂菌。生产上一般控制 pH 值在 4.8～5.2。夏季，为了避免被杂菌感染，pH 值可降低到 4.5 甚至 4.0。

（3）温度：一般酵母最适宜的发酵温度为 28～32℃。但经过人工驯养的酵母，发酵温度可以提高到 33～35℃，甚至 40℃。在比较高的温度下发酵，冷却时可减少冷却水量，蒸馏时可减少蒸汽用量。但温度过高会增加从发酵罐中被二氧化碳带走的酒精量，并且在酵母的繁殖上也要消耗较多的糖。发酵的控制温度要权衡上述两方面的得失而定。

（4）糖液浓度和性质：如图 20-6，当醪液中糖浓度低于 1%时，发酵速度缓慢；在 1%～4%时，则发酵速度随糖浓度提高而增高，超过 4%则逐渐下降（4%～10%内，下降并不多）。

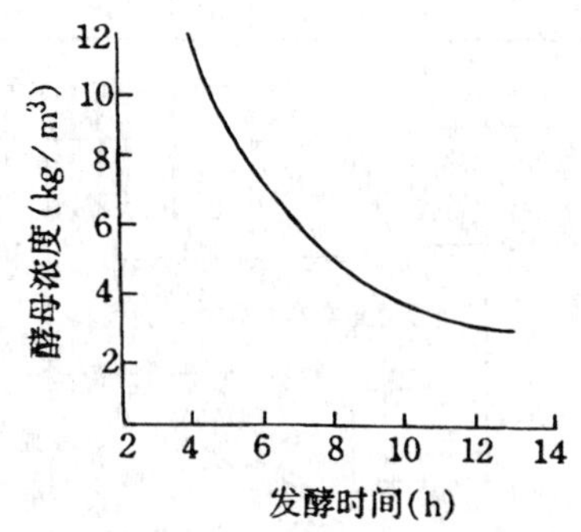

图 20-5 发酵时间与酵母浓度的关系

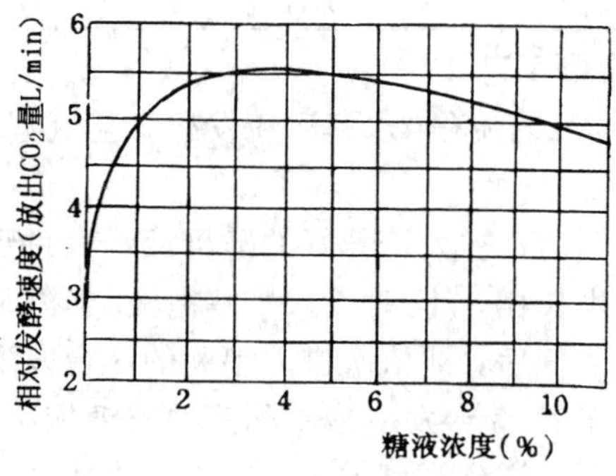

图 20-6 30℃时，糖液浓度与相对发酵速度的关系

不同种类的糖发酵速度不同。葡萄糖最快，甘露糖较慢，半乳糖最慢。

（5）营养盐和生长素：在水解糖液进行酒精发酵时，由于营养物质贫乏，需要加入氮、磷等成分。添加氮源常用硫酸铵，用量占糖量的 1.2%～5%。磷源常用过磷酸钙，用量以五氧化二磷计，占糖量的 0.5%～2%。水解糖液中的钾、钠、钙、镁等元素已够需要，不必另加。

生长素可以促进酵母更快地适应于水解糖液，并可使衰弱了的酵母恢复生理机能，增加酒精得率，为此可添加酵母的自溶液 3%～4%。

（6）有害杂质：水解过程中产生的某些副产物，留在水解糖液中往往形成有害杂质。一些有害杂质对酵母的影响见表 20-5。

不同的酵母菌种对各种有害杂质的耐受力是不一样的，经过驯化培养后对有害杂质的耐受力有所提高。另一方面有害杂质的存在也使杂菌不易污染水解糖液，从而可以采用连续发酵法，用酵母离心机回收酵母循环使用。

表 20-5　有害杂质对酵母的影响

有害杂质名称	对酵母的影响
甲　　酸	降低糖液的 pH 值，使酸度不适于酵母的生长和发酵
糠　　醛	糖液中含量在 0.4%以下时，对糖的发酵速度影响不大，但达到 1%以上时，则发酵停止
腐 殖 质	它可吸附在酵母细胞表面，使生命活动的表面积减少
重金属盐类	铜盐（以硫酸铜计）的浓度在 0.004%时，能加速发酵速度，但过高则抑制发酵。酵母对铁盐的耐受力较强

3.4　发酵工段主要设备

（1）发酵槽：也称发酵罐。一般用钢板焊接而成，内涂防腐层，也有用钢筋混凝土结构内衬瓷砖的立式圆筒形容器，内装搅拌刮渣板，转速为 0.15r/min。发酵槽结构如图 20-7。

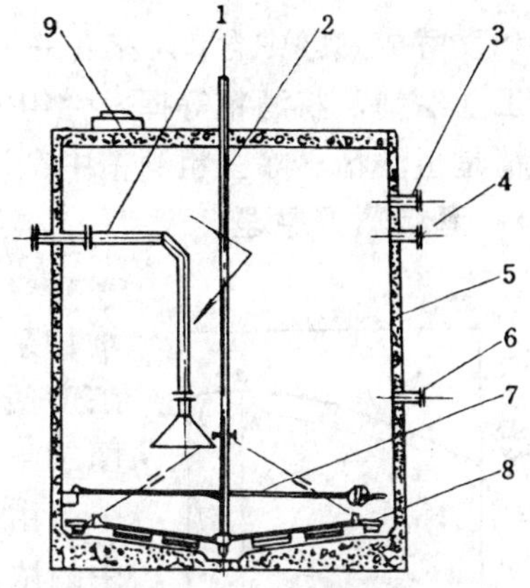

图 20-7　酒精发酵槽

1. 发酵液出口；2. 转动轴；3. 二氧化碳出口；4，6. 发酵液入口；5. 发酵槽外壁；7. 通气管；8. 刮板；9. 人孔

发酵槽容积 V 为 100～500m^3，具体大小应根据生产要求，按下式计算：

$$V=\frac{(Q_1+Q_2)\ t}{24n\eta} \qquad (20\text{-}1)$$

式中：V——发酵槽容积（m^3）；

Q_1——需发酵的糖液数量（m^3/h）；

Q_2——经分离后返回的酵母悬浮液量（m^3/h）；

t——发酵时间（h）；

n——发酵槽数量（连续发酵一般采用 3 台）；

η——充满系数（一般取 0.9）。

发酵槽的高径比为 1～2，常用的是 1.2～1.8。

钢板壁厚按常压薄壁容器计算，但应考虑液体的静压力和腐蚀裕量。

（2）酵母离心分离机：酵母离心分离机的关键部件是转鼓。转鼓高速旋转时，在碟片空间内，由于离心力场的作用，酵母悬浮液分成轻、重两相，相对密度小的轻相是清醪送去蒸馏；而相对密度大的重相是酵母醪液，返回发酵槽使用。酵母离心分离机转鼓的结构，如图 20-8。

酵母离心分离机的型号很多。DP-400J 型酵母分离机主要技术性能，见表 20-6。

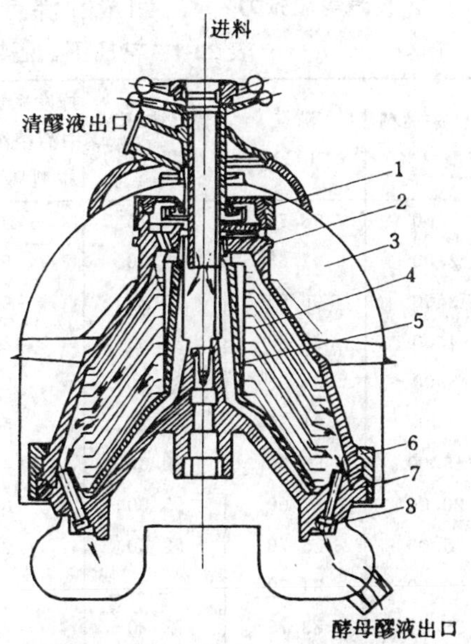

图 20-8　酵母离心分离机转鼓

1. 小紧环；2. 转鼓盖；3. 转鼓外壳；4. 锥形碟片；5. 碟片支架；6. 大螺母；7. 基座；8. 喷嘴

表 20-6　DP-400J 型酵母分离机主要技术参数

项　　目	规　格	项　　目	规　格
转鼓直径（mm）	400	电动机型号	$JO_261\text{-}4T_2$
转鼓转速（r/min）	6 500	功率（kW）	13
碟片数（片）	75～79	转速（r/min）	1 460
碟片间隙（mm）	0.6	生产能力（m^3/h）	12
每组喷嘴数（个）	12	（以喷嘴口直径 1.2mm 计）	

4　酒精蒸馏

发酵成熟醪中含 1%左右的酒精和多种挥发性杂质，需要进行蒸馏和精馏才能得到合格的工业酒精。将酒精等挥发性组分，从发酵醪中分离出来的操作过程称为蒸馏。蒸馏得到的酒精是粗酒精。除去粗酒精中杂质的过程叫精馏。精馏得到工业酒精或高纯度的精馏酒精。

4.1　酒精蒸馏原理

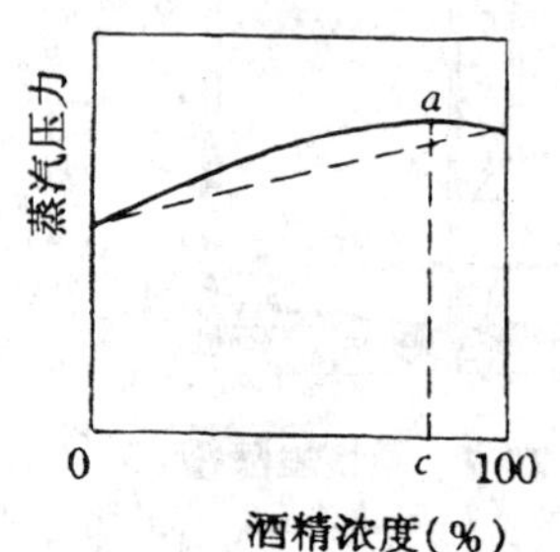

图 20-9　酒精-水溶液的蒸汽等温张力

（1）液相和汽相组成的平衡关系：蒸馏时，如果液体混合物中增加某一组分能提高混合物的蒸汽张力的话，则该组分在蒸汽中的浓度便会增加。酒精-水溶液在某一固定温度下的蒸汽张力曲线，如图 20-9。

由图 20-9 可见，在某一固定温度下，蒸汽张力随着酒精在液相中的浓度增加而增加，一直达到某一最高点 a 为止。因此酒精在0～c（与 a 点对应的浓度）的浓度下，在蒸汽中的含量将大于在液相中的含量。a 点也说明，酒精-水溶液有一共沸组成。其浓度为 c%。

（2）酒精-水溶液的汽液平衡：常压下，沸腾的酒精-水溶液的组成和沸点以及由此液体产生的蒸汽的组成见表 20-7。

表 20-7　常压下，酒精-水溶液沸腾时蒸汽与溶液中的酒精浓度

液体中酒精浓度（%）	沸点（℃）	蒸汽中酒精浓度（%）	挥发系数 k（蒸汽中酒精浓度与液体中酒精含量之比）	液体中酒精浓度（%）	沸点（℃）	蒸汽中酒精浓度（%）	挥发系数 k（蒸汽中酒精浓度与液体中酒精含量之比）
1.00	98.75	10.75	10.75	45.00	82.45	75.90	1.69
2.00	97.65	19.70	9.85	50.00	81.90	77.00	1.54
3.00	96.65	27.20	9.07	55.00	81.50	78.20	1.42
4.00	95.80	33.30	8.33	60.00	81.00	79.50	1.33
5.00	94.95	37.00	7.40	65.00	80.60	80.80	1.24
10.00	91.30	52.20	5.22	70.00	80.20	82.10	1.17
15.00	89.00	60.00	4.00	75.00	79.75	83.80	1.12
20.00	87.00	65.00	3.25	80.00	79.50	85.80	1.07
25.00	85.70	68.60	2.74	85.00	78.95	88.30	1.04
30.00	84.70	71.30	2.38	90.00	78.50	91.30	1.01
35.00	83.75	73.20	2.09	95.00	78.18	95.05	1.001
40.00	83.10	74.60	1.87	97.60	78.15	95.57	1.00

从表 20-7 中所列数据看出，酒精与水的混合液加热沸腾时所产生的蒸汽中，酒精浓度都是高于混合液。故可以经反复多次汽化与冷凝，将混合液分成分别以酒精和水为主要成分的两组馏分。混合溶液中酒精浓度越低，则蒸汽中的酒精浓度增加越大。若以 A 表示蒸汽中酒精的浓度，以 Q 表示在溶液中酒精的浓度，则 $\frac{A}{Q}=K$。K 称为挥发系数，表示酒精在溶液中挥发性能的大小。溶液中酒精浓度越低，K 值越大；反之，K 值越小。直至溶液中酒精浓度为 95.57%，K 值等于 1。即蒸汽中酒精浓度也是 95.57%。这时的沸点为 78.15℃，较酒精沸点 78.3℃和水沸点 100℃都低。这个沸点称为最低恒沸点，该混合物称恒沸混合物。蒸馏设备无论如何完善，在常压下也得不到无水酒精。

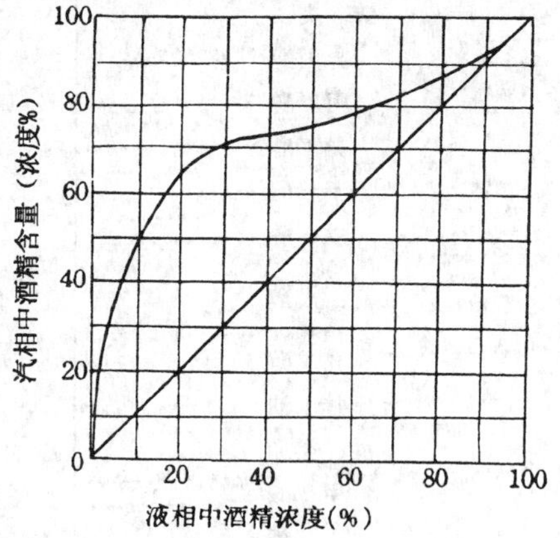

图 20-10 常压下酒精-水系统的平衡曲线

根据表 20-7 的数据可制出的曲线如图 20-10。

从图 20-10 中可以看到，在酒精浓度为 95.57%，即共沸点以下时，汽相中酒精浓度总是大于相应的液相中的酒精浓度。

4.2 酒精精馏原理

通过蒸馏，可以从含酒精低的醪液中分离得到 95%的高浓度酒精。但其中还含有其他被蒸馏出来的挥发性杂质。通过精馏，除去这些杂质可得到合格的工业酒精或精馏酒精。

（1）粗酒精中杂质种类及特性：由水解糖液发酵醪蒸馏得到的粗酒精中杂质含量见表 20-8。

这些杂质的沸点及分子式见表 20-9。

表 20-8 水解粗酒精中的杂质

杂质组成	含 量（%）	杂质组成	含 量（%）
干 渣	0.006	酯（以乙酸乙酯计）	0.050
有机酸（以醋酸计）	0.015	甲 醇	1.500
糠 醛	0.005	硫	0.000 5
醛和酮（以乙醛计）	0.100	杂醇油	0.400

表 20-9 粗酒精中杂质的沸点及分子式

杂 质 名 称	沸 点（℃）	分 子 式
醛 类		
乙 醛	20.8	CH_3CHO
糠 醛	161.7	C_4H_3OCHO
酯 类		
甲酸乙酯	54.15	$HCOOC_2H_5$
乙酸甲酯	56.0	CH_3COOCH_3
乙酸乙酯	77.15	$CH_3COOC_2H_5$
异丁酸乙酯	110.1	$(CH_3)_2CHCOOC_2H_5$
丁酸乙酯	121.0	$CH_3CH_2CH_2COOC_2H_5$
乙酸异戊酯	137.6	$CH_3COO(CH_2)_2CH(CH_3)_2$
异戊酸乙酯	134.3	$(CH_3)_2CHCH_2COOC_2H_5$
异戊酸异戊酯	196.0	$(CH_3)_2CHCH_2COO(CH_2)_2CH(CH_3)_2$

（续）

杂质名称	沸点（℃）	分子式
醇类		
异丙醇	82.0	$CH_3CH(OH)CH_3$
丙醇	87.2	$CH_3CH_2CH_2OH$
异丁醇	107.0	$(CH_3)_2CHCH_2OH$
丁醇	117.0	$CH_3CH_2CH_2CH_2OH$
戊醇	137.0	$CH_3(CH_2)_3CH_2OH$
L-戊醇	128.0	$\begin{matrix}CH_3\\C_2H_5\end{matrix}>CHCH_2OH$
异戊醇	132.0	$(CH_3)_2CHCH_2CH_2OH$
甘油	290.0	$CH_2OHCHOHCH_2OH$
酸类		
甲酸	101	$HCOOH$
乙酸	118	CH_3COOH
丁酸	162	$CH_3CH_2CH_2COOH$
其他		
水	100	H_2O
萜烯	167～170	$C_{10}H_{16}$
松油醇	206～210	$C_{10}H_{18}O$

从精馏酒精除去杂质过程的动态来看，这些杂质又可分为3类：即头级杂质、中间杂质及尾级杂质。

比酒精更易挥发的杂质称为头级杂质，这类杂质多数沸点比酒精低，亦称低沸点杂质，如乙醛、乙酸乙酯、甲酸乙酯等。中间杂质的挥发性和酒精非常接近，如异丁酸乙酯、异戊酸乙酯、乙酸异戊酯等。尾级杂质的挥发性比酒精低，其沸点多数比酒精高，亦称高沸点杂质，如高级醇、脂肪酸及其酯类。

（2）粗酒精中酒精和杂质的挥发系数和精馏系数：酒精的挥发系数已如前述。杂质的挥发系数同样是汽相中杂质的百分含量α和液相中杂质百分含量β之比，以$K_{杂质}$表示：

$$K_{杂质}=\frac{\alpha}{\beta} \tag{20-2}$$

酒精及某些杂质的挥发系数见表20-10。

从表20-10可见，当酒精浓度增大时，一切杂质的挥发系数毫无例外地都要变小。而且，当酒精浓度低于55%时，一切杂质的挥发系数都大于1。

乙酸乙酯、乙酸甲酯、乙醛等几种杂质在任何酒精浓度下，挥发系数都大于1。所以是典型的头级杂质，在精馏塔的顶部把它们引出。

戊醇则不同，酒精浓度高时，挥发系数小于1；当酒精浓度为55%（体积）时，挥发系数则等于1。酒精浓度再低时，挥发系数大于1。因此，戊醇会积聚在精馏塔内酒精浓度超过55%（体积）附近的那个区域，可在这一部位把它取出。由于它呈油状漂浮在水面，故称之为杂醇油。

头级杂质和尾级杂质都比较容易与酒精分离，而除净中间杂质则比较困难。当酒精浓度高时，它们的挥发系数接近1，均匀分布在蒸汽和液体中，各层塔板都有。这类杂质的含量，比头级和尾级杂质少。

表 20-10　酒精及杂质的挥发系数 K

酒精含量（体积%）	醇类		酯类							乙醛
	酒精	戊醇	异戊醇异戊酯	乙酸异戊酯	异戊酸乙酯	异丁酸乙酯	乙酸乙酯	乙酸甲酯	甲酸乙酯	
10	5.10	—	—	—	—	—	29.0	—	—	—
15	4.10	—	—	—	—	—	21.5	—	—	—
20	3.31	—	—	—	—	—	18.0	—	—	—
25	2.68	5.55	—	—	—	—	15.2	—	—	—
30	2.31	3.00	—	—	—	—	12.6	—	—	—
35	2.02	2.45	—	—	—	—	10.5	12.5	—	—
40	1.80	1.92	—	—	—	—	8.6	10.5	—	—
45	1.63	1.50	—	3.5	—	—	7.1	9.0	—	4.5
50	1.50	1.20	—	2.8	—	—	5.8	7.9	—	4.3
55	1.39	0.98	—	2.2	—	—	4.9	7.0	12.0	4.15
60	1.30	0.80	1.30	1.7	2.3	4.2	4.3	6.4	10.4	4.0
65	1.23	0.65	1.05	1.4	1.9	2.9	3.9	5.9	9.4	3.9
70	1.17	0.54	0.82	1.1	1.7	2.3	3.6	5.4	8.5	3.8
75	1.12	0.44	0.65	0.9	1.5	1.8	3.2	5.0	7.8	3.7
80	1.08	0.34	0.50	0.8	1.3	1.4	2.9	4.6	7.2	3.6
85	1.05	0.32	0.40	0.7	1.1	1.2	2.7	4.3	6.5	3.5
90	1.02	0.30	0.35	0.6	0.9	1.1	2.4	4.1	5.8	3.4
95	1.004	0.23	0.30	0.55	0.8	0.95	2.1	3.8	5.1	3.3

杂质的挥发系数与酒精的挥发系数之比，称为精馏系数，以 K' 表示：

$$K'=\frac{K_{杂质}}{K_{酒精}} \qquad (20\text{-}3)$$

几种杂质的精馏系数，见表 20-11。

表 20-11　些杂质的精馏系数 K' 值

酒精含量（体积%）	戊醇	异戊酸异戊酯	乙酸异戊酯	异戊酸乙酯	异丁酸乙酯	乙酸乙酯	乙酸甲酯	甲酸乙酯	乙醛
1	3.26	—	—	—	—	—	—	—	—
10	—	—	—	—	—	5.69	—	—	—
25	2.02	—	—	—	—	5.67	—	—	—
30	1.30	—	—	—	—	5.43	—	—	—
40	1.05	—	—	—	—	4.77	5.83	—	—
50	0.80	—	1.866	—	—	3.86	5.26	—	2.86
60	0.615	1.0	1.307	1.76	3.23	3.3	4.92	8.0	3.06
70	0.44	0.7	0.94	1.45	1.96	3.07	4.61	7.26	3.25
80	0.36	0.463	0.74	1.20	1.30	2.77	4.25	6.6	3.34
90	0.26	0.343	0.688	0.882	1.07	2.37	4.01	5.68	3.34
95	0.22	0.299	0.548	0.797	0.897	2.09	3.78	5.08	3.29

精馏系数说明了杂质含量对酒精含量之比，究竟是在增加还是在减少。如果精馏系数大于 1，说明杂质比酒精更易挥发，在蒸汽中的杂质含量较溶液中增加较多，它们将在汽相中聚

集。生产上它们聚集在精馏设备的最上层，从这里把它们分离出来。精馏系数等于1，表示杂质和酒精的挥发性在该条件下相等，分离困难。精馏系数小于1，说明杂质比酒精难挥发，杂质在液体中聚集，生产上它们随回流液流至塔的下部，在 $K=1$ 相应的塔板处引出。

(3) 甲醇的分离：甲醇在酒精-水溶液中的挥发性较为特殊。低浓度甲醇（浓度1%以下）的挥发系数，随酒精的浓度不同而变化。甲醇的挥发系数由12.4降到2，而精馏系数则相应由0.7增到2。这说明当酒精浓度低时，甲醇是尾级杂质，酒精浓度高时，甲醇是头级杂质。所以，在精馏塔的上部引出高浓度酒精时，甲醇的含量也高。甲醇对酒精的质量影响很大。若对酒精的质量要求高时，为除去甲醇需增添甲醇塔设备，把含有甲醇的95%的高浓度酒精在甲醇塔中精馏，从塔的顶部引出甲醇。

(4) 酒精中杂质的化学处理：对于那些难于借精馏分离的中间杂质以及某些有机酸，可以用化学方法将它们除去。所用化学药品既要能除去杂质，又要不影响酒精质量，可供使用的化学药品有氢氧化钠和高锰酸钾。

氢氧化钠作用主要在于：

中和挥发酸变成不挥发的盐：

$$\underset{\text{醋酸}}{CH_3COOH} + \underset{\text{氢氧化钠}}{NaOH} \longrightarrow \underset{\text{醋酸钠}}{CH_3COONa} + \underset{\text{水}}{H_2O}$$

皂化酯类生成相应的有机酸盐和醇：

$$\underset{\text{乙酸乙酯}}{CH_3COOC_2H_5} + \underset{\text{氢氧化钠}}{NaOH} \longrightarrow \underset{\text{醋酸钠}}{CH_3COONa} + \underset{\text{酒精}}{C_2H_5OH}$$

高锰酸钾主要作用在于醛类和不饱和物质，但是为了防止酒精被氧化，反应要在弱碱性下进行。例如：

$$\underset{\text{高锰酸钾}}{4KMnO_4} + \underset{\text{乙醛}}{6CH_3CHO} + \underset{\text{氢氧化钠}}{2NaOH} \longrightarrow \underset{\text{醋酸钾}}{4CH_3COOK} + \underset{\text{醋酸钠}}{2CH_3COONa} + \underset{\text{二氧化锰}}{4MnO_2} + \underset{\text{水}}{4H_2O}$$

过量的氢氧化钠和高锰酸钾会使酒精氧化造成损失。其用量要预先化验确定。生产中一般在精馏塔由上向下数第7层塔板上适量注入氢氧化钠的酒精水溶液。高锰酸钾已多不采用。化学处理也可在塔外进行，即将粗酒精经化学处理后，再送进精馏塔。

4.3 蒸馏工艺

(1) 水解糖液发酵醪的特点及对蒸馏的要求：木材水解糖液发酵醪有其自身的特点，与其他原料比较见表20-12。

表20-12 不同发酵醪组成的比较

组　　成	木材水解糖液发酵醪	亚硫酸盐废液发酵醪	粮食发酵醪
酒　　精(%)	1.0～2.0	0.5～1.0	6～10
甲醇占酒精量(%)	0.8～1.0	2.0～8.0	—
杂醇油占酒精量(%)	0.3	—	0.6
石　　膏(g/L)	中和好时1.7～2.0 中和不好时2.5～3.0	—	—
其　　他	戊糖、有机酸、木质素、糠醛、纤维素、腐殖质等	木质素磺酸盐、戊糖、溶解多糖、糖类分解物、有机酸等	非发酵糖、皮壳、未溶解淀粉等

表 20-12 表明，和粮食原料发酵醪比，水解糖液发酵醪杂质含量多，酒精浓度低，因此要增加精馏设备（如甲醇塔）和需要较大的设备能力。如粮食酒精生产中年产 5 000t 酒精的醪塔塔径仅 1 120mm，精馏塔塔径 950mm，而水解酒精中年产 4 000t 酒精时，同样结构的醪塔塔径需 2 000mm，精馏塔塔径 1 100mm。

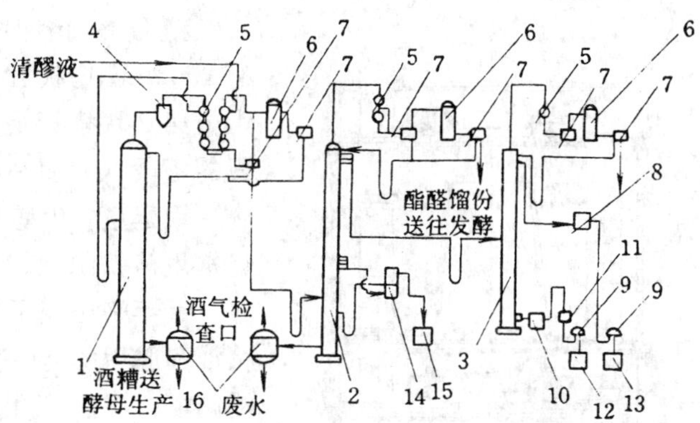

图 20-11 水解酒精蒸馏工艺流程

1. 醪塔；2. 精馏塔；3. 甲醇塔；4. 液滴回收器；5. 冷凝器；6. 冷却器；7. 分离罐；8. 甲醇冷却器；9. 观察罩；10. 酒精冷却器；11. 酒精过滤器；12. 酒精计量槽；13. 甲醇计量槽；14. 杂醇油冷却分离槽；15. 杂醇油计量槽；16. 自动排渣器

水解糖液发酵醪中含有游离有机酸和相当量的石膏，因而需要注意设备的防腐蚀和防止石膏的沉积。塔的材料最好用含有 0.75%锰、0.4%～0.5%铜的特殊铸铁。为防止石膏沉淀，蒸馏塔多用大泡罩，加大板间距、设置手孔等。

由于醪液中酒精含量低，生产中耗热较多，要特别重视热量的回收利用。如用蒸馏塔塔底排出的废醪和塔顶的粗酒精蒸汽预热即将进入醪塔的发酵醪等。

（2）蒸馏工艺流程：水解酒精蒸馏工艺流程如图 20-11。

（3）蒸馏工艺条件：蒸馏工段醪塔、精馏塔、甲醇塔的工艺条件见表 20-13。

表 20-13 醪塔、精馏塔、甲醇塔的工艺条件

控制项目	工 艺 要 求		
	醪 塔	精馏塔	甲醇塔
入塔温度（℃）	65～75	—	—
塔顶温度（℃）	95～98	78～80	65～66
塔底温度（℃）	104±1	104±1	80～83
塔底压力（Pa）	2.45×10^4～3.43×10^4	2.45×10^4～3.43×10^4	1.96×10^4～2.94×10^4
塔底酒精浓度（V%）	<0.03	<0.03	95
各塔进料量（m³/h）	55～60	2.2	0.71
各塔冷却器排水温度（℃）	20～25	45～50	30～35
入塔酒精浓度（%）	1.0～1.1	25	95

注：年产 4 000t 酒精。

（4）主要设备：以年产 4 000t 酒精厂为例，介绍醪塔、精馏塔、甲醇塔如下：

醪塔：常用泡罩塔，板间距 600mm，由 27～29 块塔板连接而成，结构如图 20-12。为了防止有机酸腐蚀，应用耐酸材料或在塔内覆以搪瓷，这既能防腐，又可减少石膏沉积和便于清除。塔段上设两个对应的矩形人孔。

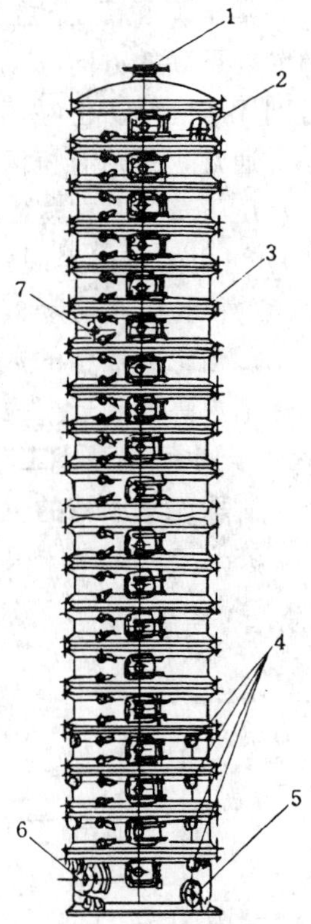

图 20-12 醪 塔

1. 酒精蒸汽出口；2. 回流液入口；3. 分离板；4. 取汽相样品口；5. 酒精出口；6. 蒸汽入口；7. 发酵醪入口

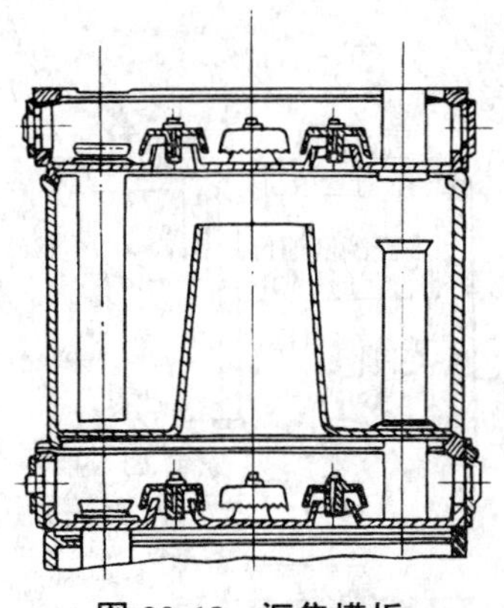

图 20-13 汇集塔板

精馏塔：精馏塔的结构与醪塔相似，但板间距较小，只有250mm；塔板数较多，一般为60块。精馏塔的加料塔板上方第2块塔板上面，装有一节高为750mm带有汇集塔板的塔段（如图20-13），供汇集、抽出杂醇油馏份用。

甲醇塔：甲醇塔外形和精馏塔相似，水解酒精生产中也常用铸铁制造。

近年来出现了很多新式的塔器。水解酒精生产中，在精馏和脱甲醇时，可以考虑选用其他形式的塔，如填料塔、浮阀塔、浮阀-筛孔复合塔等。

5 无水酒精的生产工艺

由于酒精-水溶液常压下有共沸点，所以普通蒸馏仅能得到95%～96%（体积百分比）浓度的酒精。一些特殊场合需要无水酒精，则要用特殊的方法进行蒸馏。

5.1 无水酒精生产原理

常压下酒精-水恒沸混合液中酒精重量浓度为95.57%，如降低压力可使恒沸混合液向酒精浓度更高的方向移动，当压力降到0.0525Pa，便没有恒沸混合液。在此压力下蒸馏，即可得到无水酒精。但在工业生产中进行这种极度高真空蒸馏，是难以实现的。

通常，是用有机溶剂和水、酒精形成三组分恒沸物的现象，在工业酒精中加入有机溶剂在常压下蒸馏，在蒸出恒沸混合物后，即可得到浓度为99.3%～99.8%的酒精（即称无水酒精）。可用的有机溶剂如环己烷、苯、三氯乙烷等。工业上是用苯进行共沸蒸馏的。在常压下，苯-酒精-水共沸点为64.8℃，比酒精的沸点低。共沸物的组成为酒精18.5%、水7.4%、苯74%。当工业酒精的数量过多，应适当控制苯的用量、蒸馏时沿塔上升之蒸汽中水和苯的浓度逐渐提高而趋近于三元恒沸物的组成，水分便随蒸汽带出塔外。塔底排出无水酒精。

5.2 无水酒精蒸馏工艺

制取无水酒精的生产工艺流程，如图20-14。

95%～96%（体积百分比）的工业酒精（或精馏酒精），在脱水塔上部1进入塔内，苯从倾析器3加入。脱水塔顶部蒸出酒精-苯-水恒沸混合物蒸汽，进入冷凝冷却器2被冷凝冷却成液态，进入倾析器3分层。上层液含有85%的苯、13.3%的酒精和1.7%的水（15℃时），下层含有49.7%的酒精，41.3%的水和9%的苯。上层液回脱水塔1，下层液送浓缩塔4。经浓缩的以苯、醇为主的混合物冷凝冷却后，部分回流到浓缩塔4，部分送回脱水塔1。无水酒精从脱水塔1底部排出，而水则从浓缩塔底部排出。

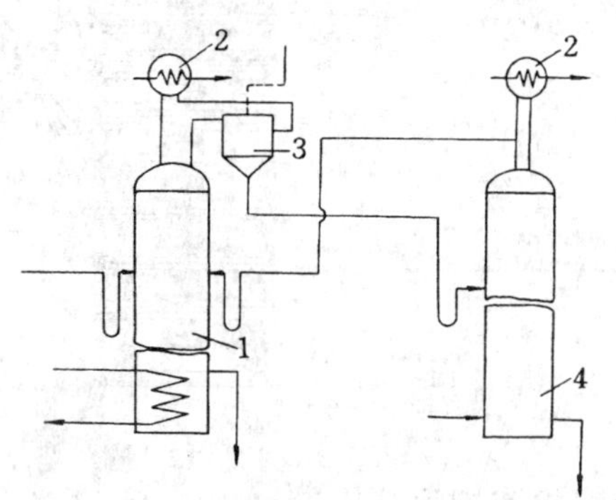

图 20-14 无水酒精生产工艺流程

1. 脱水塔；2. 冷凝冷却器；3. 倾析器；4. 浓缩塔

两塔均用间接蒸汽加热。使用多泡罩塔时，脱水塔塔板60～65块，其中精馏段10块。浓缩塔塔板也是60～65块，但精馏段为40～43块。使用的苯如有损耗，通过倾析器3加入。每生产1t无水酒精，消耗苯约10kg，蒸汽15～20kg，酒精损耗约1%（占原重量的）。

6　水解酒精的技术经济指标及技术发展趋势

6.1　水解酒精的技术经济指标

各生产厂的设计、设备、工艺、管理水平不同，其技术经济指标有相当大的差别。国外某厂与国内某厂的水解酒精技术经济指标比较见表20-14。

表20-14　水解酒精技术经济指标比较

指标项目	国外某厂	国内某厂	
		技术改造前	技术改造后
水解糖得率（%）	42～44	38～40	45
100kg可发酵糖产酒精（kg）	44	39.9	45
每吨商品酒精消耗蒸汽（t）	40	45	35
电（kW·h）	1 250	900	700
水（t）	375	604	500
硫酸（kg）	625	1 000	700
石灰（kg）	375	1 000	900

6.2　水解酒精技术发展趋势

水解酒精的生产，主要是单糖的获得和单糖的酒精发酵两个主要过程，其技术发展趋势，也表现在这两个方面。这里仅介绍酒精发酵部分。

（1）固定化酵母酒精连续发酵：水解酒精生产中使用高速离心机回收部分酵母。为节省这部分投资和能耗，可采用一定的方法，将活酵母固定在适当的载体上，装入发酵槽，反复使用。固定酵母活细胞的方法有吸附法、包埋法、共价结合法和交联法。目前应用最多的是前两种。

吸附法是靠酵母活细胞与载体之间的静电化学键等作用而吸附在一起，常用的载体有陶瓷、多孔玻璃、多孔塑料、硅藻土等。

包埋法是用线性或网状结构的高分子聚合物的夹裹作用将酵母细胞截留在形成的高分子材料内。所用的载体有琼脂、明胶、角叉菜胶、海藻酸钙、聚丙烯酰胺等。

使用固定化活酵母细胞，可以提高糖液中酵母浓度，从而加快发酵速度，保持良好的厌氧条件。减少了培养酒母或离心回收酵母时的消耗，也减少了感染杂菌的机会，生产能力可大幅度提高。已进行的试验表明，酒精转化率达理论值的90%～99%。

（2）戊糖发酵生产酒精：木材水解液中含有部分戊糖，这些戊糖以往未能被生产中使用的酵母菌发酵生成酒精。利用戊糖生产酒精有以下几种可能。

戊糖二步发酵法：木糖先经D-木糖异构酶处理，使之转化为D-木酮糖。D-木酮糖再经啤酒酵母转化为酒精。

戊糖直接发酵法：由假丝酵母 *Candida* XF217 或管囊酵母 *Pachysolens tannophilus* NRRLY-2460等直接发酵D-木糖为酒精。

据有关研究报道，两种方法的酒精得率都达到理论得率的90%以上。

木糖、己糖混合同步发酵：据报道用休哈塔 *Candida Shehatoe* 假丝酵母的改良菌种R，能同时将戊糖和己糖发酵成酒精。当酵母细胞浓度高于8g/L和木糖含量高于总糖的20%时，可以消除己糖对木糖的抑制作用。在pH值为5，30～40℃和限制供氧的条件下，90%以上的单糖可被利用。每消耗1g糖可转化为0.43～0.48g酒精。

(3) 纤维素直接酒精发酵：嗜热纤梭菌 *Clostridium thermocellum* 能在高温（60℃）厌氧条件下直接发酵纤维素成酒精。另外，从堆肥中分离的梭酸菌属 *Clostridium* sp. AH-1 (FERM-P6093)，也能在高温厌氧条件下分解纤维素生产酒精。据报道该菌以结晶纤维素粉末为碳源，pH值为5～8，在50～65℃下发酵150h后，酒精产量为21g/L，正丁醇为1.5g/L，醋酸为1.4g/L，正丁酸为2.2g/L。

第21章 糠醛生产

张 矢 蔡祖善

1 糠醛生产的工艺流程

糠醛生产工艺流程如图21-1。

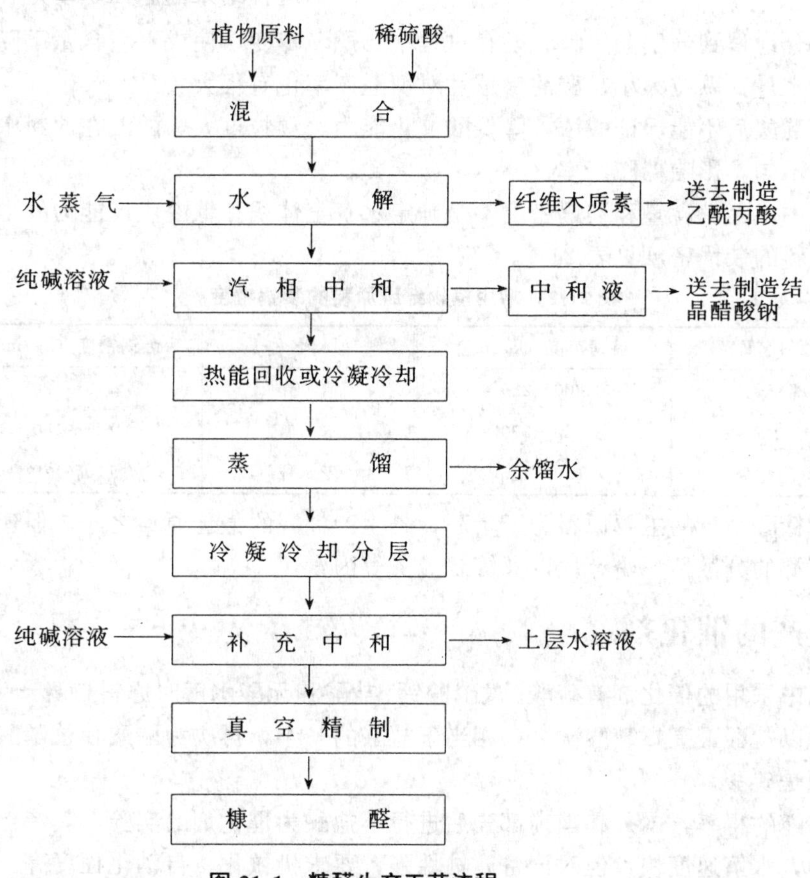

图21-1 糠醛生产工艺流程

2 原料种类和特征[1]

糠醛生产主要是利用植物原料中的戊聚糖，只有戊聚糖含量高的植物才是糠醛生产的最

注：本章第8、11节由蔡祖善编著，其余各节由张矢编著。

表 21-1 各种含戊聚糖原料的糠醛得率

原 料	戊聚糖含量（%）	糠醛对绝干原料的平均得率（%）	
		理论得率	实际得率
玉米芯	30～35	24	11
燕麦壳	32～35	25	11
棉籽壳	21～27	18	9
葵花籽壳	18～25	16	9
稻 壳	17～20	15	8
甘蔗渣	23～25	18	9
白桦木材	22～25	17	8
白杨木材	16～20	13	7
栲胶渣	19～20	14	6

好原料。主要有：玉米芯、葵花籽壳、棉籽壳、甘蔗渣、稻壳、阔叶材等。其戊聚糖含量为16%～35%。不同种类的原料戊聚糖含量不同；同种原料因产地气候的不同，其戊聚糖含量也有差异。

各种含戊聚糖原料的糠醛得率见表21-1。

从表21-1中可以看出，各种含戊聚糖的植物原料用于糠醛生产，其实际得率都低于理论得率的50%。造成这种结果的原因主要是在水解过程中形成的糠醛部分地遭到分解和原料在贮存过程中自燃、霉变，使戊聚糖含量下降所致。

原料的含水量、颗粒大小、酸的渗透性对糠醛产率也有很大关系。

水分过多混酸后不能保证酸浓，降低酸催化能力，颗粒过大，酸液在原料中不能充分渗透，造成混酸不匀，影响糠醛产率。

植物原料中戊聚糖含量和装锅密度，是确定水解釜体积和糠醛生产能力的主要因素。常用植物纤维原料的装锅密度见表21-2。

表 21-2 常用植物纤维原料的装锅密度

原料名称	装锅密度（kg/m³）	原料名称	装锅密度（kg/m³）
棉籽壳	200～220	稻 壳	115～120
玉米芯	180～220	木 屑	120～150
葵花籽壳	150～180	麦 秆	110～120

目前我国糠醛生产的主要原料为玉米芯，是生产糠醛的最佳原料之一。但建厂时须充分考虑到原料来源的分散性、季节性以及综合经济等因素。

3 糠醛生产的催化剂

糠醛生产中采用的催化剂有硫酸、过磷酸钙、盐酸和无酸水解时原料自身产生的醋酸。它们的催化活性以盐酸最高，硫酸次之，相当于盐酸的一半，再次为醋酸和过磷酸钙。生产中常用的催化剂是硫酸。

为了提高醛的得率，国外和国内都先后进行了盐酸为催化剂的实验，其特点是醛得率高(12%～18%)，水解速度快，但对设备腐蚀性强，要求机械化、自动化程度高。此外，还进行了重过磷酸钙为催化剂的试验和生产。这种工艺对设备腐蚀性小，副产品木质素腐殖酸可作磷肥，法国曾有生产。不加酸的工艺是靠原料在水解过程形成的醋酸起催化作用，芬兰等国有应用。

4 糠醛生成的反应动力学[1]

戊聚糖经酸水解转换成糠醛的反应过程可以概括地描述如下：

$$戊聚糖\xrightarrow{K_1}戊糖\xrightarrow[中间产物]{K_2}糠醛\xrightarrow{K_3}分解产物$$

许多实验数据表明：在稀酸溶液中，D-木糖催化转变为糠醛的动力学是可应用一级化学反应动力学方程式来描述的。

图 21-2 表明单糖分解速度常数 K_2 与反应温度、催化剂硫酸浓度的关系，D-木糖的初始含量 G_0 为 0.666mol（据 Pyta 等材料）。按其直线斜率计算，过程活化能 $E=140$kJ/mol。按不同学者的实验数据其平均值 $E=110\sim140$kJ/mol。

温度与氢离子浓度对于每分钟木糖分解速度常数的影响，用经验公式表示如下：

$$K_2=\frac{[H^+]}{0.05}\times10^{-\frac{700}{T+14.17}} \tag{21-1}$$

式中：$[H^+]$ ——氢离子摩尔浓度；

T ——绝对温度（K）。

图 21-3 绘出了在较缓和的温度条件下，催化剂浓度为 10%～15%时，木糖脱水动力学研究的结果（据 H. A. Ведерников 等），动力学曲线在半对数坐标上的直线表明，在所研究的情况下应用一级方程式以及高浓度的催化剂的作用是可行的。

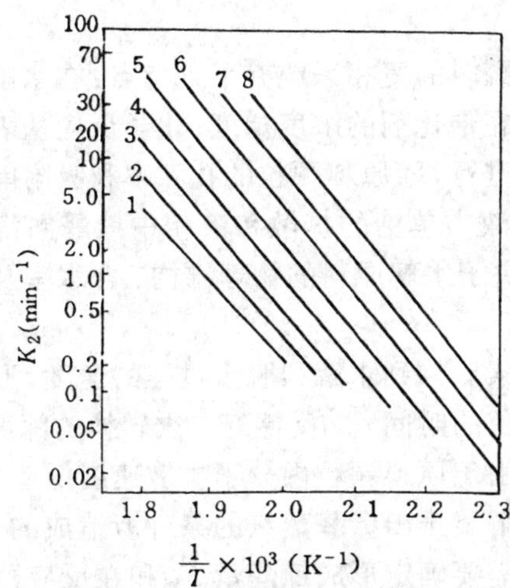

图 21-2　反应温度及硫酸浓度对 D-木糖脱水反应速度常数的影响

1. 0.003125mol；2. 0.00625mol；3. 0.0125 mol；4. 0.025mol；5. 0.05mol；6. 0.1mol；7. 0.2mol；8. 0.4mol

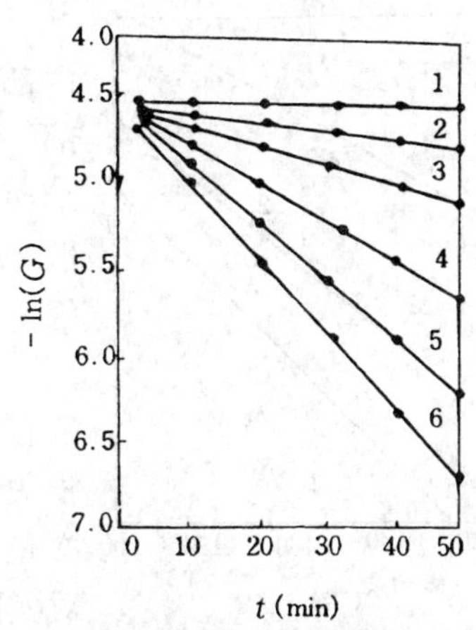

图 21-3　D-木糖分解动力曲线的半对数坐标

温度 373K 硫酸浓度：1. 1.1mol；2. 3.75 mol；3. 4.5mol；4. 5.35mol；5. 6.2 mol；6. 7.15mol

在瞬时 t，糠醛理论得率按下式计算：

$$F_x=\mu G_0\left(1-e^{-K_2^t}\right) \tag{21-2}$$

式中：$\mu=M_{C_5H_4O_2}/M_{C_5H_{10}O_5}=0.64$；

$M_{C_5H_4O_2}$，$M_{C_5H_{10}O_5}$——糠醛戊糖的分子量；

G_0——戊糖初始量。

式（21-2）只有在生成的糠醛立即从反应区排出的条件下才成立，实际上在反应区形成糠醛，总是要产生糠醛分解反应的，为此要以下式计算其实际得率：

$$F_z=\frac{\mu G_0 K_2}{K_3-K_2}\ (e^{-K_2 t}-e^{K_3 t}) \tag{21-3}$$

式中：K_3——糠醛分解速度常数。

糠醛实际得率取决于单糖反应能力，各种单糖反应能力有下面的顺序：

木糖＞阿拉伯糖＞糖醛酸

考虑到高聚糖的水解速度常数 K_1，原料中戊聚糖（P）的糠醛得率以下式计算：

$$F_z=K_1K_2P\left[\frac{e^{-K_1 t}}{(K_2-K_1)\ (K_3-K_1)}-\frac{e^{-K_2 t}}{(K_2-K_1)\ (K_3-K_2)}+\frac{e^{-K_3 t}}{(K_3-K_1)\ (K_3-K_2)}\right] \tag{21-4}$$

戊糖脱水形成糠醛的速度低于戊聚糖水解速度，所以脱水反应是该过程中许多反应阶段里起到限制作用的阶段。

戊聚糖水解时，在120～180℃K_1、K_2 和 K_3 变化的对比如图21-4，利用该值，按式（21-4）可以近似计算醛得率。当以含戊聚糖原料制备糠醛时，糠醛同戊糖的相互作用会明显地影响到 K_2 和 K_3。

在最优化的工艺参数下制备糠醛时，除了化学动力学因素外，还要考虑流体力学，传热和传质等宏观动力学因素的影响。

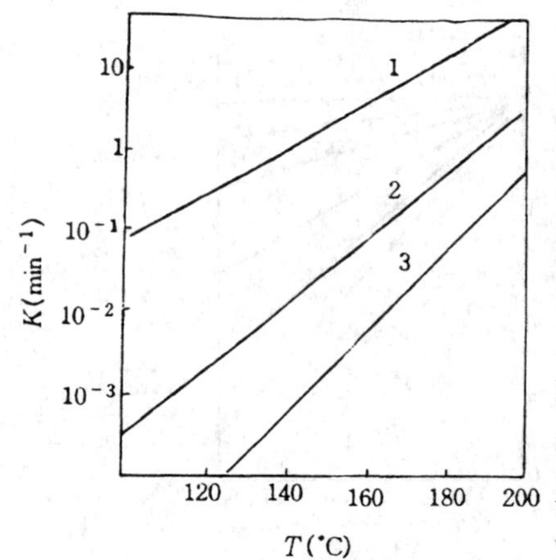

图21-4 戊聚糖水解

1. 木糖分解；2. 和糠醛树脂化；3. 速度常数与温度的关系

对制备糠醛时的复相系统有下列特点：在水解原料的内部和表面存在催化剂的浓度梯度；化学反应从表面到内部一层一层地进行，随原料颗粒的孔隙率和吸附能力的增加而增加；溶液中单糖的扩散和液相中糠醛向汽相中扩散，这些都取决于水解原料的物理结构、含水率及工艺规程。

动力学因素影响到水解和脱水过程的速度，形成的糠醛在反应区滞留的时间 t_3，反糠醛二次转换的深度。糠醛损失量主要是由于原料颗粒内分子扩散速度低造成的，其次是由于从水解釜排出糠醛蒸汽的条件所造成的。因此，对实际应用不需要确定形成糠醛量 F_x 和在反应器中存在的量 F_z，而是要确定从反应器排出的和输送到冷凝器的量 F'_z。为了计算 F'_z，И. И. Корольков 考虑了宏观动力学因素对糠醛得率的影响，提出了下面的计算式：

$$F'_z=F_z\ (1-e^{-vfD_F S\frac{1}{Q}t}) \tag{21-5}$$

式中：v——蒸汽冷凝液排出速度（液比/h）；

f——糠醛挥发系数；

D_F——原料颗粒大小对糠醛扩散速度的影响系数；

S——蒸汽流动的流体力学对从反应器排出糠醛的影响系数；

Q——水解原料中贮液量对初始原料量之比；

t——水解时间（h）。

图21-5绘出了水解釜中贮液量对糠醛得率的影响，反应条件：170℃，酸浓0.8%硫酸，

阔叶木片，各种不同贮液量对从水解釜排出的糠醛得率的影响、糠醛得率以原料中理论含醛量的百分数表示。

从图 21-5 可见，水解时间为 90～120min，戊糖几乎完全脱水而形成糠醛，糠醛在反应压贮量很小。随着水解釜中贮液的增加，糠醛得率大大降低。釜中水量越多，糠醛分子向水解物料表面扩散的速度越慢。到达物料表面之后被转移到汽相。原料颗粒的大小也影响糠醛分子扩散的时间：当增大木片尺寸，从反应釜排出糠醛的得率下降。流体力学因素和排出含醛冷凝液的速度都影响到糠醛得率。

实际上，用含戊聚糖原料水解制备糠醛时，必须采用一定颗粒度的原料和水解釜中贮液最少，并尽快地从反应区排出糠醛，以确保其最高的得率。

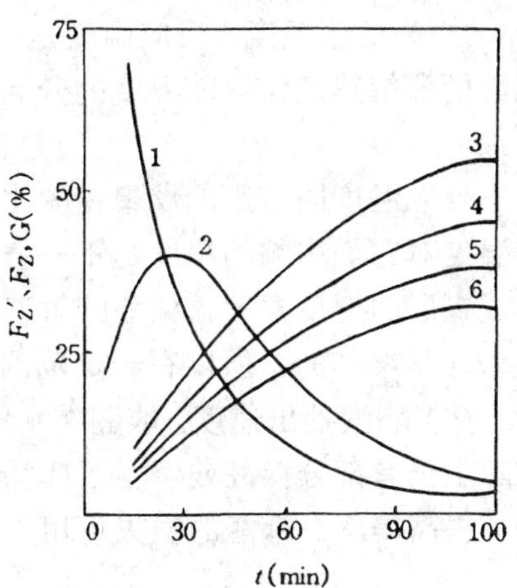

图 21-5　反应介质中贮液对糠醛得率的影响

1. 未反应木糖量对原含量的百分比 G；
2. 糠醛在反应区的平均含量 F_Z 不同贮液下，从反应器排出糠醛的得率 F'_Z，
液比：3. 1.0；4. 1.5；5. 2.0；6. 2.5

5　影响糠醛得率的因素[20]

从式（21-4）和式（21-5），可归纳出以下影响糠醛实际得率 F'_z 的主要因素有以下几方面：

（1）原料的种类和质量。原料的种类不同其戊聚糖含量不同，因此糠醛得率也不同（见表 21-1）。而原料的贮存状况和杂质含量，也会影响糠醛的得率，因为贮存中的霉烂变质会降低戊聚糖含量，泥沙等无机杂质会增加原料的实际消耗，所以必须妥善保存，力求通风良好，防止霉烂变质。同时需要通过原料的预加工除去杂质，并使其达到规定的颗粒度。

（2）催化剂的种类和浓度。不同种类的催化剂有不同的催化活性，同一种催化剂因浓度不同其反应速度常数 K_1、K_2 和 K_3 也各异，酸浓度低，反应速度下降，甚至高聚糖水解不完全；酸浓度过高，反应剧烈，原料焦化，形成的糠醛易被分解，这些最终都影响糠醛得率。

糠醛生产多以硫酸为催化剂，常用液比为 1∶0.3～0.5（即 100kg 风干植物原料加酸30～50kg），浓度为 5%～8%。

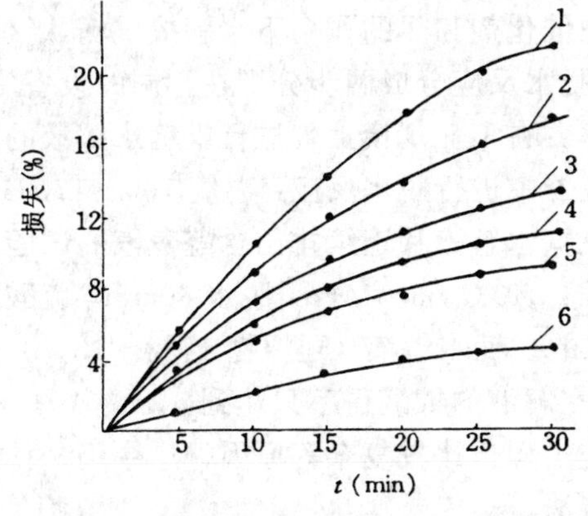

图 21-6　在不同温度下糠醛分解动力曲线

1. 180℃；2. 170℃；3. 160℃；4. 150℃；5. 140℃；6. 130℃

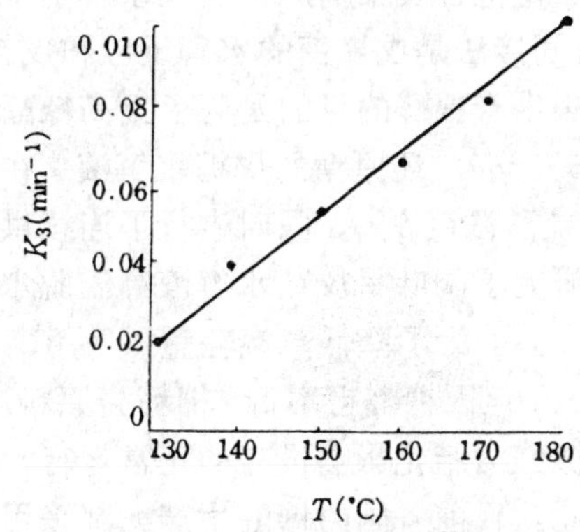

图 21-7　温度与糠醛分解速度常数（K_3）的关系

(3) 反应温度。反应温度是影响糠醛得率的主要因素。这从图21-6、图21-7可以看出：糠醛的分解速度常数随温度的升高而增加；糠醛的损失量随温度的升高和反应时间的增长而增加。

反应温度同时影响戊聚糖的水解速度常数 K_1 和戊糖脱水形成糠醛的速度常数 K_2，但反应温度对它们影响的程度是不一样的，在同一温度下，戊聚糖的水解速度常数高于戊糖脱水形成糠醛的速度常数，糠醛分解速度常数低于形成糠醛的速度常数；并随着温度的增加比值 K_2/K_3 是增加的，所以在一定范围内提高温度能够增加糠醛得率即设备生产能力。

(4) 醛汽抽出速度。糠醛在水解釜中形成以后，应尽快使它离开反应区，以减少分解。但实际上仍有部分糠醛残留在固体物料中被分解。如能加快醛汽抽出的速度，就可减少糠醛损失，提高得率。糠醛的损失可用下式计算：

$$l_{tr}=e^{-143}H^{5.7}u^{-1.8}T^{29.6} \tag{21-6}$$

式中：l_{tr}——糠醛损失（%）；

H——料层高度（m）；

u——蒸汽在料层中的运动速度（m/s）；

T——反应温度（℃）。

为了加快醛汽抽出速度，可采取适当增加蒸汽通入量和减少醛汽排出阻力等措施。

(5) 氧化反应。糠醛与氧气接触，在室温下也会被氧化，这是一种自动氧化反应。如果有酸等杂质存在，温度又较高，这种自动氧化反应更加剧烈，最终生成酸性聚合物。

在间歇水解釜装料中，必然会带进空气，形成的糠醛在气相被氧化，木糖也同时被氧化，而且木糖的氧化速度是糠醛的1.5倍。糠醛因氧化而分解的损失约占糠醛形成量的30%～35%。如果用惰性气体取代空气可以提高醛得率。生产上可用先抽空气，然后吹水蒸气的办法驱除原料颗粒间和毛细管里的空气，也可达到同样的结果。

6 糠醛生产的水解工艺[1,11,21]

按高聚糖水解和形成糠醛的过程可把制取糠醛的方法分为直接法（一步法）和间接法（两步法）。

直接法是把含戊聚糖原料装入水解釜中，在催化剂和热的作用下水解成戊糖，接着脱水形成糠醛；间接法是戊聚糖的水解反应和戊糖的脱水反应分成两步分别在不同的设备中完成。

间接法生产糠醛的目的是为了提高糠醛得率。在工业规模上曾进行戊糖水解液的脱水试验，将含5%～6%还原糖的戊糖水解液，在反应器中进行脱水反应：温度160～170℃，反应时间4h，硫酸浓度1%。同时进行了连续供给戊糖水解液和连续排出含醛蒸汽的试验。而前苏联还曾研究了阔叶材戊糖水解液高温脱水规程：240℃，3.4MPa，脱水60min，硫酸浓度为0.7%～0.8%。为了降低蒸汽耗量，采用高糖浓的戊糖水解液（还原糖10%～13%）进行了脱水的尝试。但因糠醛得率低（棉籽壳原料戊糖水解液的糠醛得率只达到5%～6%），蒸汽耗量大，且糠醛树脂化影响设备的正常运行，工艺过程也比较复杂等原因，迄今仍未得到实际应用。因此，目前各国的糠醛生产大都采用直接法。

除了上述分类法之外，还可依据对水解原料利用的程度分类，分为一段法水解和二段法水解。

一段法水解：只对原料中的半纤维素进行一段水解，水解的残渣（纤维木质素）作为燃料。这种水解方法是以硫酸或盐类作为催化剂，也有的不加无机酸，进行无酸水解。

二段法水解：在同一水解釜内先对原料中的半纤维素进行第一段水解，之后再升温进行第二段水解——纤维素水解，这样便提高了植物原料的利用率。

6.1　一段法水解

6.1.1　我国糠醛生产水解工艺

6.1.1.1　基本工艺流程

水解工段是生产糠醛过程中最重要的部分。我国当前普遍采用的水解工艺流程是间歇式中压串联水解工艺如图 21-8。

植物原料玉米芯等从备料工段经粉碎到一定颗粒度后，用斗式提升机送到混酸机，浓硫酸由酸库送至浓酸计量槽，计量后在配酸槽中配成 6%～8%的稀酸，在混酸机中以固液比1：0.4 与玉米芯进行均匀混合，送入水解釜，达到装料量后，关闭上盖进行升压。升压之初先放空排除釜内空气，釜内升到预定压力后，保压进行水解反应，并放出醛汽。在水解过程排出的蒸汽中糠醛的浓度经历增浓、高峰、低峰三个不同阶段，这三个阶段曲线的形状代表了各阶段所占时间的长短和可能达到的糠醛浓度等，它们是随原料的种类和水解条件而改变的。提高反应温度和硫酸浓度，都可使高峰阶段提前，但温度的影响更明显（如图 21-9）。

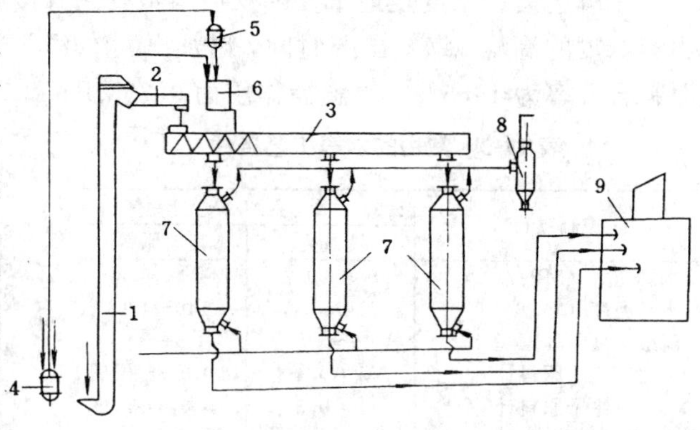

图 21-8　我国典型糠醛生产工艺流程

1. 斗式提升机；2. 螺旋输送机；3. 混酸机；4. 酸槽；5. 酸计量槽；6. 配酸槽；7. 水解釜；8. 分离器；9. 木质素喷放器

对于一种原料和水解工艺条件都能得出一条曲线，用于选择适宜的水解时间，以求得到糠醛高得率和水蒸气低耗量的最适宜的工艺条件。

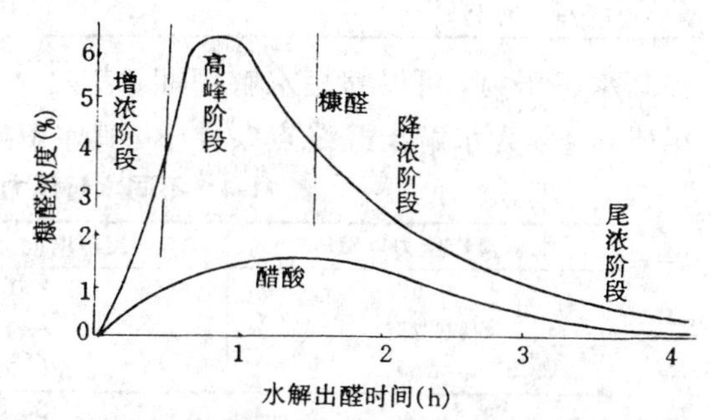

图 21-9　植物原料水解单釜生产糠醛浓度变化曲线

单釜操作时，糠醛平均浓度低，水解和蒸馏汽耗都大，而且蒸汽用量不平稳，高峰阶段出醛多，要加大用汽量，低峰阶段则要减少水蒸气用量。这样就影响整个操作的稳定性。

生产上通常采用双釜串联，即将前一台水解釜后半期（低峰阶段）抽出的含醛较少的蒸汽，通到第二台水解釜，作为此水解釜出醛时的加热蒸汽。这是我国糠醛生产工艺不同于国外的特点，它是在我国现有条件下，从生产实践中总结出来的经验。采用双釜串联，可以提高并稳定糠醛浓度，一般可由平均 4%提高到 5%～6%。而水解工段生产每吨糠醛蒸汽用量可由 25t 降到 17t，同时也可节省蒸馏工段的加热蒸汽。此外，还可提高并稳定有机酸（以醋酸为主）浓度，发挥有机酸的催化作用，为汽相中和提供稳定的条件，并有利于锅炉车间保持稳定的用汽负荷。但是，串联釜数多了，糠醛分解量会增多，而且串联操作醛汽每通过一釜，压力降约为0.05～0.1MPa，串联釜数越多，压力降也越大，反应温度随压力降的增大而下降，影响到正常的水解操作所要求的温度条件。因此，一般采用双釜串联，最多不宜超过三釜串联。

6.1.1.2 常用的水解工艺条件

水解时间随原料种类、水解条件和水解釜的容积而变化。

水解一般采用饱和蒸汽。为了减少釜底积水，也可用温度较低的过热蒸汽，以防蒸汽温度过高而使原料焦化。

常用的水解工艺条件见表21-3。

水解压力、温度是最重要的反应参数，它直接影响全部操作。提高水解压力可提前出现出醛浓度的高峰，缩短出醛时间，增加出醛浓度。图21-10是棉籽壳在含水率13.49%，绝干原料含醛率为15.5%，水解操作压力0.75MPa和1.0MPa下，醛浓和醋酸浓度的变化曲线。

表21-3 常用的水解工艺条件

控制项目	工艺要求	
	油茶壳	其他原料
水解压力（MPa）	0.5～0.7	0.4～0.8
水解温度（℃）	150～160	140～170
硫酸浓度（%）	9～10	5～8
液比（气干原料计）	1∶0.4	1∶0.3～0.5
（绝干原料计）	1∶0.5	1∶0.4～0.6
水解周期（min）	240	240～480
其中：装料	30	—
升温	40	—
出醛	160	—
排渣和检查	10	—
排渣时釜内压力（MPa）	0.3	—
快开阀开启压力（MPa）	0.4	—

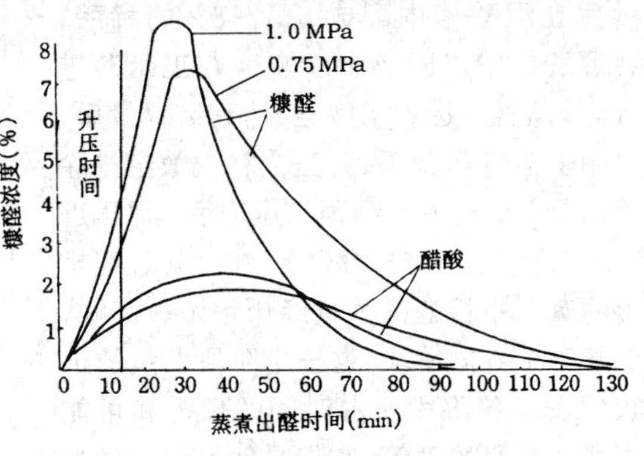

图21-10 不同压力下，糠醛浓度和醋酸浓度变化曲线

提高水解压力，可以缩短水解周期。表21-4为棉籽壳水解在硫酸浓度6.6%，液比0.45，醛汽尾浓0.4%为水解出醛终点条件下，其水解操作压力对出醛时间和糠醛生产周期的影响。

表21-4 不同水解压力下糠醛的生产周期

水解操作压力（MPa）	出醛时间（min）	糠醛生产操作周期（min）
0.50	240	280
0.75	105～110	140～150
1.00	60～75	100～115

提高水解压力，在一定范围内也可提高糠醛的得率，降低糠醛的汽耗。表21-5和表21-6为棉籽壳在不同水解操作压力下，糠醛的产量、产率和汽耗情况。

表21-5 不同水解操作压力下糠醛产率

釜次	水解操作压力（MPa）	绝干原料含醛率（%）	绝干原料精醛产率（%）	产率（%）
1	0.50	18.54	9.25	49.9
2	0.50	18.54	9.66	52.1
3	0.75	15.50	8.51	54.9
4	0.75	15.50	9.05	58.4
5	1.00	15.50	8.38	54.1
6	1.00	15.50	8.90	57.4

表 21-6　各种不同水解压力下糠醛汽耗情况

釜次	水解操作压力(MPa)	出醛阀开度(圈)	出醛时间(min)	醛液流量(kg/min)	蒸汽用量(kg)	粗糠醛产量(kg)	糠醛单位汽耗(t/t)
1	0.50	1	240	17.65	4 230	101.5	36.6
2	0.50	1	240	17.60	4 224	107.0	39.0
3	0.75	1	105	22.35	2 347	79.4	32.0
4	0.75	1	110	21.21	2 333	84.6	30.0
5	1.00	1	75	25.91	2 013	78.8	27.0
6	1.00	1	60	31.69	1 901	83.6	26.0

6.1.1.3　水解工段的主要设备

(1)混酸机：由于植物原料相对密度小、体积大、酸液量少，需要充分混合，使酸液均匀分布在植物原料表面，并能渗透到原料内部。混酸机设有酸液分配装置（一般用喷淋方式）和搅拌器（全长约 2m）。

(2)水解釜：根据工艺操作特点，要求水解釜能承受操作压力，在高温、高压和浓度为 5%～10%硫酸的条件下能耐腐蚀。结构上有利于水解残渣的顺利排放。立式水解釜结构如图 21-11。

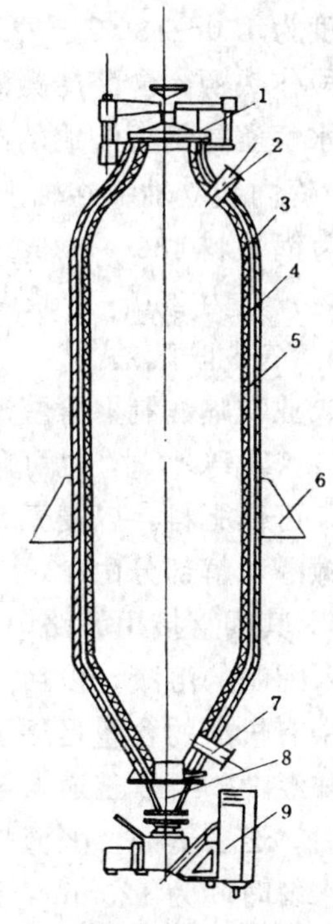

图 21-11　水解釜

1. 釜盖；2. 醛汽出口管；3. 釜壳；4. 耐酸衬里层；5. 灰缝；6. 支座；7. 蒸汽进口管；8. 下接口；9. 自动排渣器

糠醛生产的水解釜有蒸球、立式水解釜和带搅拌的立式水解釜，蒸球和带搅拌的立式水解釜都具有搅拌原料的作用，可以强化水解反应过程。常用的立式水解釜，就其操作过程而言，又可分为间歇和连续两种。

6.1.2　桂格法[7,22]

桂格法属一段直接水解法，以硫酸为催化剂，以间歇操作的回转式蒸球为水解釜，原料为玉米芯、燕麦壳或蔗渣等。

水解条件：硫酸浓度 21%；以醛渣中 pH 值等于 2 左右控制酸比；水解压力为 0.6MPa；水解时间为 6h。

这里使用的蒸球与制浆的蒸球不完全一样，这种蒸球直径 4m，外壳为碳钢，内衬树脂制成的石墨砖，用呋喃树脂胶粘而成。蒸球用电动机带动旋转。每台蒸球年生产糠醛 1 500t。

工艺流程：原料玉米芯经粉碎，装入蒸球，同时加入配制好的酸液，不设专门的混酸设备。利用蒸球的回转使酸液与原料混合。装料量 13t，装料时间 20min。装料后，通汽加热和排醛汽，含醛蒸汽在蒸汽发生器中冷凝，同时产生二次蒸汽，可送去作为蒸馏糠醛原液的加热蒸汽。冷凝下来的糠醛原液送去蒸馏与精制成商品糠醛。水解结束，蒸球内压力降到常压，并打开料口盖，把装料口转到向下位置，放料到皮带传送机上，经气流干燥后送往锅炉房作燃料。

糠醛得率为原料量的 7%～11%，为理论得率的 40%～50%；硫酸耗量为糠醛量的 30%；每吨糠醛的耗汽量为 20t。

这种方法应用在美国桂格燕麦公司所属的孟菲斯（Menphis）糠醛厂。

多米尼加的一座糠醛厂，也采用这种方法，但具体情况有所不同：原料为蔗渣，要先用烟道气干燥使其含水率降至30%左右。原料拌酸量为原料量的0.7%，其他情况与上述相同。

糠醛得率为绝干原料的9.1%。

6.1.3 罗西法[22]

该法制取含醛冷凝液的工艺特点是采用高浓硫酸；小酸比；分批拌酸以提高其均匀性；应用小容积水解釜。

将含水率为10%的橄榄壳粉碎到10～20mm以下，送到拌酸机，大颗粒从一端进入，小颗粒从中间进入，使大颗粒拌酸距离长，以提高拌酸的均匀性，拌酸后的原料送入水解釜中，从釜底通入蒸汽加热，当釜内压力达0.9～0.95MPa（表压）时开动搅拌器，并开始出醛，釜内温度为170～180℃。醛汽经分离器送入二次蒸汽发生器，产生的二次蒸汽送糠醛蒸馏和精制工段作热源；含醛冷凝液送去蒸馏。

水解釜是钢板制成的圆柱体容器，直径0.8m，高4～4.5m，壁厚12～15mm，总容积约2m^3，锅内装立轴；在轴上隔500～600mm设一搅拌器，立轴通过联轴节与主驱动轴相接。

每锅装料480～500kg；醛得率为9.5%；为理论得率的60%，水解周期40～45min。吨醛消耗：电力250～270kW·h；软水30～32m^3，工业用水1 000m^3。

6.1.4 农业呋喃法[22]

农业呋喃法制取含醛冷凝液的特点是以磷酸盐为催化剂，如，含P_2O_5约45%的重过磷酸钙［$Ca(H_2PO_4)_2$］，也可用过磷酸钙。水解残渣——纤维木质素含$P_2O_5$1%～1.2%，有机物36%，可作肥料。以麦壳、葵花籽壳等为原料。

糠醛水解部分由12个水解釜组成，分排2列，一列6个水解釜为一组（五个工作，一个备用），其间直接用管路串联。用蒸馏塔塔底废水调制重过磷酸钙溶液，如向第1釜装料，同时加入配制的溶液，以后4个水解釜装料时加入的重过磷酸钙溶液量要逐渐减少，因为含醛蒸汽中有机酸的含量是逐渐增加的，它能起辅助催化作用，从第2釜下部加入，1MPa过热蒸汽，并经3，4，5釜通入第1釜，含醛蒸汽从上部排出，经分离器、二次蒸汽发生器及冷凝器之后，送去蒸馏，醛渣排放压力为0.2MPa。

水解时间为120min，酸液比为5，冷凝液的糠醛浓度为60g/L。

由于采用磷酸盐为催化剂，它对钢板的腐蚀性很小，水解釜是用钢板制成，无衬里。水解釜的容积为9m^3，每次装料1.3t。

每吨商品糠醛经济指标：玉米芯（绝干）8.4t；蒸汽（1.2MPa）18t；重过磷酸钙（含$P_2O_5$45%）0.55t。

副产品——肥料的组成：木质素38.23%（绝干物），氮0.44%（绝干物），纤维素残渣36.22%（绝干物），磷3.05%（绝干物），单糖8.10%（绝干物），钾1.68%（绝干物），酸5.11%（绝干物），其他7.17%（绝干物）。

农业呋喃法除在法国应用外，前苏联也引进了这项技术。

6.1.5 罗森柳（赛佛）法[22]

不加催化剂，以原料水解过程产生的有机酸为催化剂。采用立式连续水解釜。一段直接法生产糠醛，醛渣作锅炉燃料。

混有15%木屑的桦木或橡木木片送去进行预水解，以后通过螺旋加料器送入立式连续水解釜的上部，在水解釜底部通入1.2～1.3MPa的过热蒸汽，釜内维持220～240℃，原料自上而下与蒸汽对流接触。釜底部装有螺旋式和S形阀排渣器。釜内料位是用γ射线器控制并自动调节残渣排放装置。正常操作情况下，原料在釜内停留 1～2h。排料时由于压力的急剧下降，原料被粉碎成细粉。含醛蒸汽从釜顶排出，经二次蒸汽发生器冷凝后送去蒸馏。

水解釜是用耐酸钢板制成，板厚 12mm，釜高 7.5m，直径下部 1.6m，上部 1.4m，总体积 $12m^3$。

用罗森柳法生产糠醛的得率分别为：桦木 10%，稻草 6%～8%，松木 6，蔗渣 12%，栗木 8%，稻壳 8%，玉米芯 12%。

近年来国外新建的糠醛厂大多采用此法，如芬兰、西班牙、波兰、菲律宾等，而且其年生产能力均为 5 000～7 000t 规模。

6.1.6　糠醛水解方法的比较

糠醛水解方法的比较见表 21-7。

表 21-7　糠醛水解方法的比较

	国内典型工艺	桂格法	罗西法	农业呋喃法	罗森柳（赛佛）法
催化剂	硫酸	硫酸	硫酸	磷酸盐	无酸水解
水解釜形式	$5m^3$、$10m^3$ 左右、$18m^3$ 立釜 2～3 台串联	直径 4m 蒸球	$2m^3$ 立釜	$9m^3$ 立釜五釜串联	$12m^3$ 连续式立釜
吨醛汽耗(t)	35～40	21～26	12	16～22.5	13.6～22
吨醛电耗(kW·h)	240～400	385	200	200～250	249
吨醛水耗(m^3)	约 250(循环水)	820	640	150	272
吨醛催化剂	约 300 硫酸	200～400 硫酸	100 硫酸	550～600 重过磷酸钙	—
糠醛得率(%)(对理论值)	40～48	40～50	60	65	40～50

6.2　二段法水解[1]

6.2.1　二段水解工艺流程

图 21-12 是制备糠醛冷凝液的工艺流程。经过预处理的棉籽壳，在混酸机 3 用 8%～10% 浓度的硫酸酸液经雾化后喷到原料上，酸比 0.3～0.5 进行混酸。

混酸后的原料装入水解釜 4（$37m^3$），从水解釜底部供给直接蒸汽，加热 3～5min，预热开始时排出不凝性气体，水解釜内压力从 0.3MPa 降到 0.12MPa。排出的气体对每吨原料来说有糠醛 1～2kg，醋酸 2～3kg 和甲醇近 0.5kg。将此混合气体冷凝后送到含醛冷凝液贮槽 14。

糠醛生产中使用饱和蒸汽会提高冷凝液量。因此，在预热原料和水解时一般采用 240℃的过热蒸汽，其热焓为 2 900kJ/kg，压力为 1.4～1.5MPa。

进行水解时，在供给直接过热蒸汽的同时，并从水解釜上部排出含醛蒸汽，醛汽经分离器 8 和过滤器 10 除去原料中的碎屑和纤维木质素后，收集在料斗 9 中。分离出的蒸汽进入蒸汽发生器 11，产生具有 0.3～0.4MPa 的二次蒸汽，用于加热糠醛蒸馏塔，剩余的蒸汽送到酵母车间。含醛冷凝液从贮槽 14 送到蒸馏浓缩和净化工段。有的流程要进行中和，除去冷凝液中的有机酸，以减少对设备的腐蚀和糠醛的树脂化。

水解反应在 150～160℃进行 90min，从过滤器通入蒸汽，吹出糠醛蒸汽，排出醛汽的速度取决于原料粒度：对 $1m^2$ 水解釜的自由断面为 1.45kg/h。

一段水解反应完成之后，纤维木质素难水解高聚糖的二段渗滤水解，按操作规程在 185℃

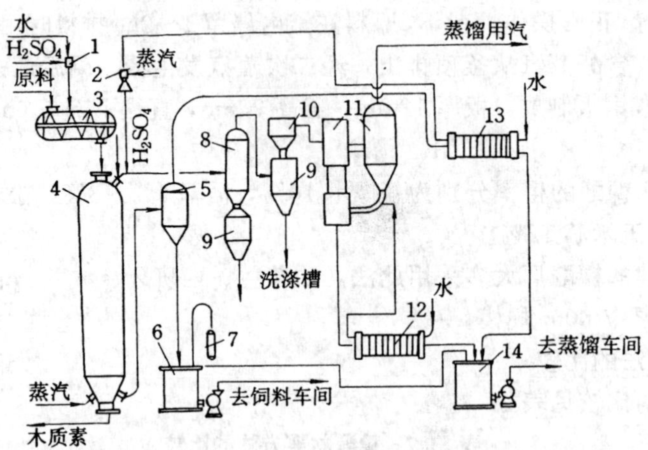

图 21-12 糠醛-己糖水解制备含醛冷凝液工艺流程

1. 酸水混合器；2. 喷射式水加热器；3. 混酸机；4. 水解釜；5. 蒸发器；6. 己糖水解液贮槽；7. 冷凝器；8. 分离器；9. 料斗；10. 过滤器；11. 蒸汽发生器；12. 换热器；13. 预热器；14. 含醛冷凝液贮槽

(1.15MPa) 进行，水解釜的操作周期为 8h。

纤维木质素的渗滤水解可以采用垂直渗滤或垂直一水平渗滤进行。所得水解液用于酵母生产，但这种水解液中含有较高的糠醛和其他具有抑制生物活动的杂质。渗滤水解后得到绝干原料量 30%～40%的工业木质素，其含水率为 70%左右，木质素中含硫酸 6%～8%。

6.2.2 二段水解的工艺规程[23]

(1) 酸催化二段水解规程。1967 年我国成功地进行了棉籽壳二段水解生产性试验，主要操作规程见表 21-8。

表 21-8 糠醛-己糖水解的主要参数

操作名称	时间 (min)	压力 (MPa)	温度 (℃)	硫酸浓度 (%)	排液量 (m^3)
装料	20	—	—	—	—
升压	15	0.5	158	—	—
出醛	220	0.5	158	—	—
固定水解加酸加水	20	0.6	164	0.6～0.7	—
升压	30	1.1	187	—	—
保压	30	1.1	187	—	—
渗滤水解	60	1.1	187	0.6～0.7	3.5
洗涤	20	1.1	187	—	1.0
压干	45	0.7	—	—	2.0～3.0
排气降压	10	0.4	—	—	—
排渣检查	5	0.4	—	—	—
辅助	5	—	—	—	—

在 $5m^3$ 水解釜内进行二段水解操作，装料量为 1t 绝干棉籽壳，生产性试验达到的指标为：糠醛得率 7.58%（占绝干原料），还原糖得率 21%～25%（占绝干纤维木质素）。

前苏联棉籽壳二段硫酸水解的主要参数见表 21-9。

表 21-9　戊糖-己糖水解的主要参数

操作名称	时间（min）	压力（MPa）	温度（℃）	硫酸浓度（%）	排出液比（t/t）
酸料混合	—	—	—	10.0	—
装　料	45	—	—	—	—
加热排放不凝气体	45	0.1～0.15	100～110	—	—
戊糖水解与脱水	150	0.15～0.75	110～170	—	1.5～2.0
排　醛	15	0.75～0.3	170～135	—	0.2～0.3
升　压	15	0.3～0.8	135～170	—	—
供　酸	40	0.8～0.9	170～175	0.6～0.7	—
渗滤排水解液	120	0.9～1.1	175～185	0.6～0.7	6.0
洗涤与压液	50	1.1～1.2	185～190	—	2.0
排放木质素	10	0.2～0.3	120～135	—	—

棉籽壳的糠醛-己糖水解规程的糠醛得率为 7%～8%，RS 得率为绝干原料的 23%。

同样也可用葵花籽壳为原料，进行糠醛-己糖酸催化二段水解，其第一段水解的参数：混酸比为 $0.33m^3/t$，硫酸浓度为 10.5%，酸液雾化喷洒在原料上。水解釜预热 30min，压力达 0.7MPa，排醛结束时压力达 0.8MPa。排醛时间为 60min，而后压力降至 0.2MPa，含醛冷凝液的排出液比为 2.2。糠醛得率为绝干原料的 6.5%。

(2) 盐催化制备糠醛。第一段糠醛蒸煮除了无机酸催化剂之外还可以用酸式盐，强酸弱碱盐，在水解过程中起氢离子的催化作用。实际应用的有磷酸盐，含 $Ca(H_2PO_4)_2$（过磷酸钙，重过磷酸钙）以及硝酸盐和氯化铵。

固体磷酸二氢钙经粉碎，计量后与含水率为 30%～50%的阔叶材混合，送去水解。

表 21-10　阔叶材糠醛-己糖水解规程

操　作	时间（min）	压力（MPa）	温度（℃）	酸浓（%）	冷凝液/水解液	
					排量（m^3）	液比
盐催化的装料	40	—	—	—	—	—
预热（放大气 4min）	50	0.9	175	—	—	—
醛汽馏出	180	0.9～1.0	175～180	—	33.5	3.35
排　醛	10	1.0～0.4	180～145	—	1.0	0.1
供酸和升压	30	0.4～0.9	145～175	1.0	—	—
渗　滤	120	0.9～1.3	175～190	0.6	62.0	6.2
洗　涤	30	1.3	190	—	16.0	1.6
压　干	40	1.3～0.9	190～165	—	19.0	1.9
排木质素	10	0.7～0.1	165～100	—	—	—

阔叶材在 80m³ 水解釜中进行糠醛-己糖水解规程，见表 21-10。磷酸二氢钙的耗量为原料量的 40%。

采用盐-磷酸二氢钙催化，其耗量为绝干原料量的 40%。水解釜的容积为 80m³。

7 醛汽的汽相中和工艺[11]

植物原料水解过程中，半纤维素脱乙酰基形成醋酸，木质素脱甲氧基形成甲酸，有机酸得率随原料种类和水解条件而变化，对于玉米芯和棉籽壳约为 2%，油茶壳约为 4%。这些有机酸转入醛汽中，使醛汽变为酸性，腐蚀设备，因此要用纯碱溶液进行中和，以醋酸为例其反应如下：

$$2CH_3COOH + Na_2CO_3 \longrightarrow 2CH_3COONa + H_2O + CO_2\uparrow$$

反应过程中产生二氧化碳，为了提高中和效率，减少糠醛损失，采用管道汽相中和，其流程如图21-13。

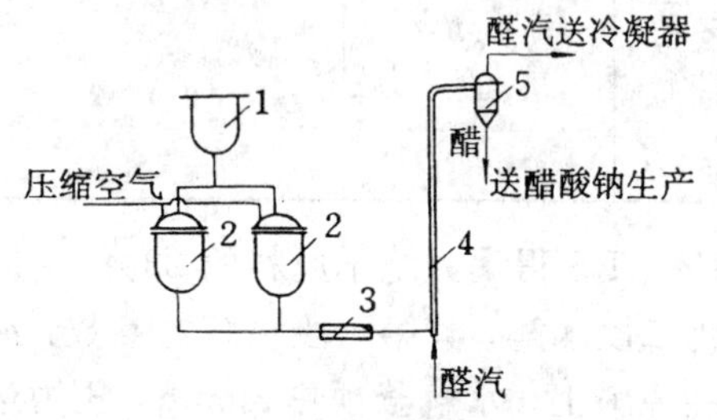

图 21-13 醛汽汽相中和工艺流程

1. 化碱锅；2. 压碱罐；3. 预热器；4. 汽相中和管；5. 旋风分离器

在化碱锅 1 内配好的 10%～12%碳酸钠溶液，过滤后流入压碱罐 2，两台压碱罐交替使用。压碱罐依靠压缩空气将碱液送到汽相中和管 4。中和后的醛汽和中和液在旋风分离器 5 中分离，醛汽送入蒸馏工段，中和液送去制造结晶醋酸钠。中和效率可达 97.1%。

由于热醛汽遇到冷碱液使部分糠醛冷凝，糠醛在碱性介质中会分解，既影响糠醛得率，又影响醋酸钠生产。因此碱液先经预热器 3 预热至 90℃左右才送入中和管。中和管和旋风分离器都需加保温层。

碱液用量较少，一般用针形阀调节。如碱液中杂质较多，易于堵塞，应设置备用管路，以便拆洗修理。

8 糠醛的蒸馏与净化[24]

8.1 糠醛蒸馏的基本原理、工艺流程和条件

8.1.1 糠醛蒸馏的基本原理

在糠醛生产中，中和后的含醛冷凝液称为原液。按一段水解或二段水解规程加工含戊聚糖植物原料时，得到含 4%～6%糠醛的冷凝液，其中含水 90%以上，低沸点杂质的含量为糠醛含量的 5%～15%，其中主要是甲醇，还有丙酮、乙醛及残留的有机酸醋酸和甲酸等。由于它们的性质差异较大，需采用不同的工艺流程、设备和操作参数，达到糠醛的增浓和提纯，最后得到商品糠醛。

(1) 糠醛及其杂质的主要特性。从表 21-11 可见，甲基糠醛的沸点高于糠醛，在蒸馏过程中成为尾馏份，其他杂质的沸点都低于糠醛，将成为头馏份。实际上，有机酸的蒸馏特性是随着糠醛浓度变化的，醋酸在稀糠醛溶液中蒸馏时成为尾馏份，在浓糠醛溶液蒸馏时成为头馏份。

(2) 糠醛-水溶液蒸馏平衡组成见表 21-12。

表 21-11　糠醛及其伴生物的主要性质

组　成	分子量	沸　点 (℃/101.3kPa)	冰　点 (℃)	闪　点 (℃)	相对密度 (d_4^{20})	折射率 (n_D^{20})	比　热 [J/(g·℃)]	汽化潜热 (kJ/kg)
甲　醇	32.04	64.7	−97.8	−1	0.793	1.331 2	2.52	1133
甲　酸	46.03	100.8	8.6	66	1.220	1.371 4	2.14	495.6
醋　酸	60.05	118.1	16.7	38	1.046	1.371 5	2.05	406.35
乙　醛	44.05	20.2	−123.5	−38	0.783	1.339 2	—	572.04
丙　酮	58.08	56.5	−94.6	−18	0.791	1.359 1	—	525
糠　醛	98.06	161.7	−36.5	60	1.159 8	1.526 1	2.16	451.5
甲基糠醛	110.05	187.0	—	—	1.109 0	1.530 0	1.75	—

表 21-12　101.3kPa 下糠醛-水溶液汽液相平衡组成（重量%）

沸　点 (℃)	糠醛浓度（重量%）		沸　点 (℃)	糠醛浓度（重量%）		沸　点 (℃)	糠醛浓度（重量%）	
	液　相	汽　相		液　相	汽　相		液　相	汽　相
99.90	0.2	1.5	98.50	5.5	24.8	97.92	15.0	34.7
99.82	0.4	3.0	98.43	6.0	25.8	97.91	16.0	34.8
99.74	0.6	4.4	98.37	6.5	26.8	97.90	18.0	35.0
99.67	0.8	5.8	98.31	7.0	27.7	97.80	18.4	35.2①
99.60	1.0	7.0	98.26	7.5	28.5	97.80	18.4～84.2	35.2②
99.42	1.5	10.0	98.21	8.0	29.2	98.70	92.5	35.8
99.25	2.0	12.7	98.17	8.5	29.9	100.60	95.5	39.7
99.11	2.5	15.0	98.13	9.0	30.5	109.50	97.7	55.6
98.99	3.0	17.1	98.07	10.0	31.7	122.50	98.4	71.7
98.87	3.5	19.0	98.02	11.0	32.6	146.00	98.8	90.5
98.76	4.0	20.7	97.98	12.0	33.3	154.80	99.2	95.7
98.66	4.5	22.2	97.95	13.0	33.9	158.80	99.6	97.7
98.58	5.0	23.6	97.93	14.0	34.4	161.70	100.0	100.0

①、②　有的文献报道，其沸点是 97.90℃，汽相中糠醛浓度为 35.0%。

糠醛-水溶液的沸点，随着混合液中两组成浓度的变化而改变。混合液的沸点低于该两组分中任一纯组分的沸点。当糠醛重量浓度达到 35.2%（相当于摩尔浓度 9.2%）时，混合物即形成共沸物，其沸点为 97.8℃或 97.9℃，而当糠醛摩尔浓度超过 9.2%（或重量浓度超过 35.2%）的溶液进行蒸馏时，汽相中糠醛浓度低于液相中糠醛浓度，糠醛比水难于挥发。因此，糠醛蒸馏必须分两步进行，先得到粗糠醛，再得到精糠醛。

实际上，糠醛原液是含有水、糠醛、甲醇、醋酸等的多元混合物。多元混合物的蒸馏问题是非常复杂的，一般拆成若干组三元混合物来剖析其蒸馏规律。

(3) 糠醛在水中的溶解度。糠醛和水是部分互溶，其间的相互溶解度是随温度的不同而变化的（见表 21-13）。

从表 21-13 可以看出：糠醛在水中的溶解度随温度的上升而增加，其临界温度为 120.9℃，在这个温度下糠醛不再分层，糠醛的浓度为 50.7%（重量）。

表 21-13 不同温度下糠醛和水的互溶情况

温度(℃)	水层中糠醛浓度(重量%)	糠醛层中糠醛浓度(重量%)	温度(℃)	水层中糠醛浓度(重量%)	糠醛层中糠醛浓度(重量%)
10	7.9	96.1	70	13.2	90.3
20	8.3	95.2	80	14.8	88.7
30	8.8	94.2	90	16.6	86.5
40	9.5	93.3	97.9	18.4	84.1
50	10.4	92.4	120.9	50.7	50.7
60	11.7	91.4			

蒸馏得到的恒沸物，冷却后即分成两层，上层为糠醛的水溶液，下层为水的糠醛溶液。

(4) 稀糠醛水溶液的组成与相对密度的关系见表 21-14。

表 21-14 稀糠醛水溶液的组成和相对密度的关系

糠醛浓度(重量%)	相对密度		糠醛浓度(重量%)	相对密度	
	20℃	25℃		20℃	25℃
0	0.998 2	0.997 1	4.6	1.006 8	1.005 4
0.2	0.998 6	0.997 4	4.8	1.007 2	1.005 8
0.4	0.999 0	0.997 8	5.0	1.007 5	1.006 2
0.6	0.999 3	0.998 2	5.2	1.007 9	1.006 5
0.8	0.999 7	0.998 5	5.4	1.008 3	1.006 9
1.0	1.000 1	0.998 9	5.6	1.008 6	1.007 3
1.2	1.000 5	0.999 3	5.8	1.009 0	1.007 6
1.4	1.000 8	0.999 6	6.0	1.009 4	1.008 0
1.6	1.001 2	1.000 0	6.2	1.009 8	1.008 4
1.8	1.001 6	1.000 3	6.4	1.010 1	1.008 7
2.0	1.002 0	1.000 7	6.6	1.010 5	1.009 1
2.2	1.002 3	1.001 1	6.8	1.010 9	1.009 4
2.4	1.002 7	1.001 4	7.0	1.011 3	1.009 8
2.6	1.003 1	1.001 8	7.2	1.011 6	1.010 2
2.8	1.003 4	1.002 2	7.4	1.012 0	1.010 5
3.0	1.003 8	1.002 5	7.6	1.012 4	1.010 9
3.2	1.004 2	1.002 9	7.8	1.012 7	1.011 3
3.4	1.004 6	1.003 3	8.0	1.013 1	1.011 6
3.6	1.004 9	1.003 6	8.2	1.013 5	1.012 0
3.8	1.005 3	1.004 0	8.3①	1.013 7	1.012 2
4.0	1.005 7	1.004 4	8.4	—	1.012 4
4.2	1.006 0	1.004 7	8.6②	—	1.012 7
4.4	1.006 4	1.005 1			

① 20℃时糠醛在水中的饱和溶液；② 25℃时糠醛在水中的饱和溶液。

浓糠醛水溶液的组成与相对密度和折射率的关系见表 21-15。

(5) 糠醛-水恒沸组分、蒸汽压和沸点关系见表 21-16。

表 21-15　浓糠醛水溶液的组成与相对密度和折射率的关系

糠醛浓度（%）	相对密度（d_4^{20}）	折射率（n_D^{20}）	糠醛浓度（%）	相对密度（d_4^{20}）	折射率（n_D^{20}）
100	1.160 0	1.526 0	96.8	1.156 3	1.520 4
99.8	1.159 8	1.525 6	96.6	1.156 0	1.520 1
99.6	1.159 5	1.525 2	96.4	1.155 8	1.519 8
99.4	1.159 3	1.525 0	96.2	1.155 6	1.519 4
99.2	1.159 0	1.524 6	96.0	1.155 4	1.519 1
99.0	1.158 8	1.524 4	95.8	1.155 2	1.518 8
98.8	1.158 5	1.523 8	95.6	1.155 0	1.518 4
98.6	1.158 3	1.523 4	95.4	1.154 9	1.518 1
98.4	1.158 0	1.523 0	95.2	1.154 8	1.517 6
98.2	1.157 8	1.522 7	95.0	1.154 7	1.517 1
98.0	1.157 6	1.522 4	94.8	1.154 6	1.516 7
97.8	1.157 4	1.522 0	94.6	1.154 5	1.516 3
97.6	1.157 2	1.521 7	94.4	1.154 4	1.516 0
97.4	1.156 9	1.521 3	94.2	1.154 3	1.515 7
97.2	1.156 7	1.521 0	94.0	1.154 2	1.515 4
97.0	1.156 5	1.520 7			

表 21-16　糠醛-水恒沸组成、蒸汽压和沸点的关系

沸点（℃）	蒸汽压（kPa）	糠醛含量（重量%）	沸点（℃）	蒸汽压（kPa）	糠醛含量（重量%）
30	3.76	29.45	70	34.15	34.30
35	5.09	30.50	75	42.23	34.60
40	7.07	31.30	80	52.15	34.80
45	9.29	31.95	85	63.31	35.00
50	12.43	32.55	90	76.11	35.10
55	16.37	33.10	95	90.69	35.17
60	21.24	33.55	97.8	101.3	35.20
65	27.12	33.95	100.0	107.44	35.22

8.1.2　糠醛蒸馏工艺流程和工艺条件[5]

糠醛的蒸馏是在初馏塔（或称糠醛塔）中完成，其任务就是除去原液中的大量水分和少量醋酸。应尽可能减少随塔底废水带走糠醛。

糠醛蒸馏操作可以在一个塔或二个塔中完成。在设计糠醛原液的蒸馏时，应注意以下几个问题：

（1）设计蒸馏塔的提馏段时，以糠醛作为易沸组分，用一般方法计算。其他易沸杂质如甲醇、丙酮等等都具有不小于糠醛的扩散系数，显然对能提馏糠醛的塔板数，对其他易沸杂质也是足够的。

（2）蒸馏塔的精馏段，可按甲醇计算，把它精馏到一定程度。用这种方法确定的塔板数，对把糠醛浓缩到最大浓度是足够了；也可只考虑把糠醛蒸馏到共沸物的最高浓度，用一般方

法计算精馏段的塔板数，采用其他措施排除原液中的低沸点物。

在具体确定蒸馏工艺流程时，势必还要考虑到生产规模和对产品的质量要求。糠醛生产中，一般采用较完善的多塔流程，但也还有小厂是采用较简易的一塔一釜工艺流程，一塔用于原液的蒸馏，一釜用于粗糠醛的精制，如图21-14。

正常操作时，初馏塔的操作条件见表21-17。

上述糠醛蒸馏工艺是国内应用最多的流程，其特点是：设有糠醛原液高位槽，以易于控制进料量，使塔工作稳定；塔顶馏出含轻组分（甲醇、丙酮等）的糠醛蒸汽，经过冷凝冷却后，在分醛罐中一部分轻组分排空，另一部分随水层回流入塔。

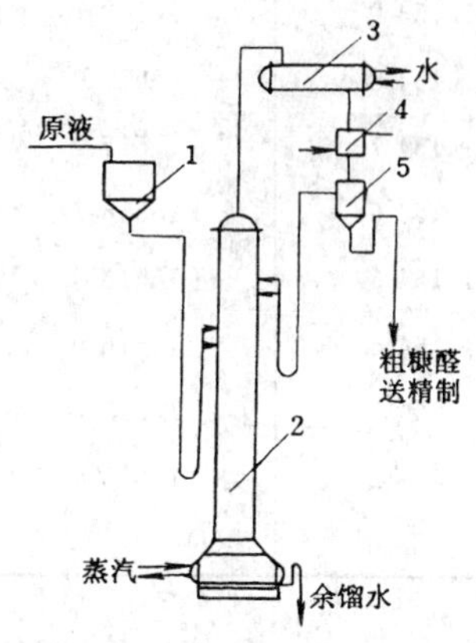

图21-14　糠醛蒸馏工艺流程

1. 糠醛原液高位槽；2. 蒸馏塔；3. 冷凝器；4. 冷却器；5. 分醛罐

表21-17　蒸馏塔正常操作条件

指标名称	工艺要求	备　　注
糠醛原液入塔温度（℃）	＞60	
塔顶温度（℃）	98	保证糠醛浓度接近恒沸组成
塔釜温度（℃）	104	保证塔底废水中糠醛含量小于0.05％
塔釜压力(MPa)	0.02	
塔釜液位高度	标志线范围	保证传热面浸没在余馏水中以及控制水封
分层温度（℃）	＜60	

可以单独分离轻组分的一塔流程，如图21-15[24]。

在糠醛原液蒸馏过程中，最后浓缩糠醛不是靠增加塔板数达到的，而是利用倾析的方法(把含醛蒸汽（恒沸物）冷凝冷却到一定温度后，在分醛罐（倾析器）中分层，使醛层含醛达90％以上)，达到浓缩糠醛的目的。而为了提高醛层的含醛量和减少水层的含醛量，在一般工艺流程中都是在含醛冷凝液进入分醛罐之前，尽量把轻组分分离出去。图21-15所示流程，既能浓缩糠醛，又能分离轻组分的简单蒸馏工艺流程。轻组分从塔顶汽相中引出，经冷凝后部分回流入塔，部分送去进一步加工，得到甲醇产品和回收带走的糠醛。含有恒沸物组分的糠醛液从精馏段相应的塔板上引出。在这块塔板的上面塔段中，易挥发组分浓度增加，在其汽液相中糠醛含量都减少。塔顶可馏出易沸杂质（轻组分)。

糠醛原液的二塔蒸馏流程，如图21-16。

糠醛原液中含0.5％～0.8％低沸点物质，其中主要是甲醇。甲醇沸点和真空度的关系见表21-18。

采用二塔流程，糠醛蒸馏时可以回收甲醇等低沸物。

糠醛原液送入初馏塔，在其塔顶馏出物经冷凝冷却后，分流部分回塔，部分进入分醛罐分层，下层为粗糠醛，送去精制；上层为醛水，内含低沸点馏份，被送入低沸点馏份蒸馏塔，从其塔顶提取低沸点馏份，塔底余馏水送回初馏塔。

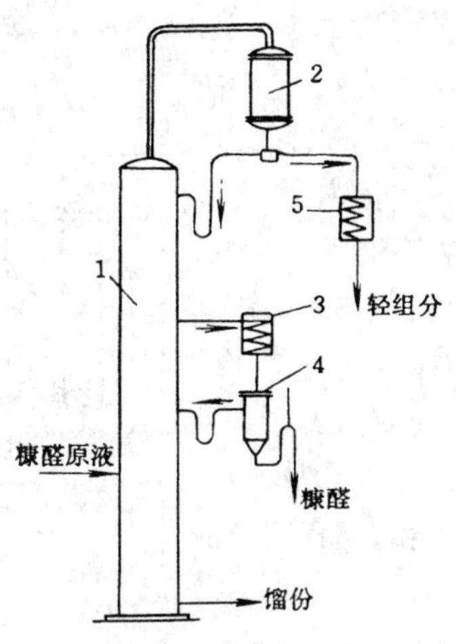

图 21-15 糠醛的一塔蒸馏流程

1. 蒸馏塔；2. 分凝器；3. 冷却器；
4. 分醛罐；5. 轻组分冷却器

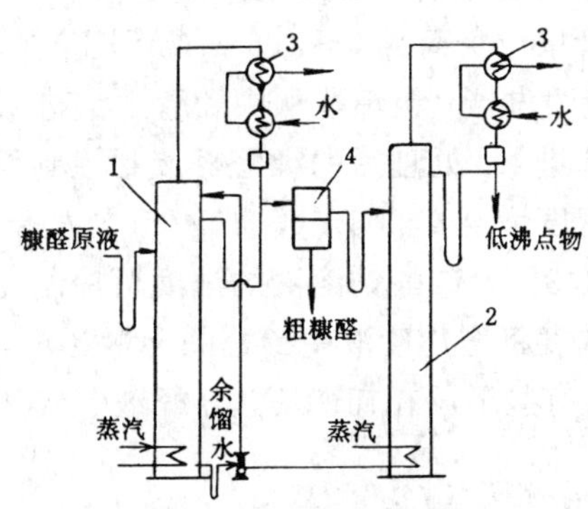

图 21-16 糠醛的二塔蒸馏流程

1. 主蒸馏塔；2. 低沸点馏份蒸馏塔；
3. 冷凝器；4. 分醛罐

表 21-18 甲醇的沸点和真空度的关系

沸点（℃）	压 力（kPa）		沸点（℃）	压 力（kPa）	
	绝对压力	真空度		绝对压力	真空度
−20	0.84	100.48	40	32.46	68.79
−10	1.80	99.52	50	50.89	50.40
0	3.57	97.75	60	77.31	17.33
10	6.68	94.65	80	165.12	—
20	11.83	89.50	100	320.65	—
30	20.00	81.33			

表 21-19 塔板形式比较[25]

项 目	泡罩塔板	浮阀塔板	筛板塔板
生产能力	1	1.1～1.5	1.1～1.5
板效率	1	1.15	1.15
板压降	1	比泡罩塔板低	0.7
操作范围	中	大	较小
构 造	复杂	中等	最简单
制造费	1	0.5～0.8	0.4～0.5

我国糠醛生产中，初馏塔多采用泡罩塔，塔内有 20～30 块塔板，板间距为 280mm 左右。而这种塔板结构复杂、造价高，板上容易积累污垢。有些厂家转向使用浮阀塔，其结构较简单，操作范围大。在大型塔板情况下还有的选用导向筛板塔。

相比之下，筛板塔为上述几种塔板中最简单的一种。它不仅省材料、造价低，且易于加工制造，见表 21-19。

8.2 粗糠醛的精制

粗糠醛含醛量约 90%，其余是水和少量杂质，如甲基糠醛、有机酸等，需要进一步精制才能达到商品糠醛的质量标准。

8.2.1 粗糠醛中有机酸的处理方法和工艺条件

（1）中和法：粗糠醛中仍含有机酸 0.2%～0.4%（以醋酸计），为了使成品糠醛中含酸量低于 0.03%～0.04%，采用 10%浓度的碳酸钠溶液在粗糠醛贮槽中间歇中和，同时进行搅拌使糠醛层的pH值为7左右，静置20min，使中和反应产物上浮，利用真空将粗糠醛抽入精制釜。

一种连续管式中和流程如图21-17。

中和管单位负荷4.0～4.5t/（m^2·h）。管长约3m，管内上、下装有喷淋器，粗糠醛从中和管上部进入，碳酸钠溶液从中和管下部进入。处理后的糠醛靠液封控制澄清液高度。中和后糠醛液密度增至0.003～0.015g/cm^3。如果粗糠醛中最初酸含量超过0.3%，碳酸钠溶液的浓度可控制在1.0%～1.5%，提高碱液浓度将增加废液中糠醛的含量。

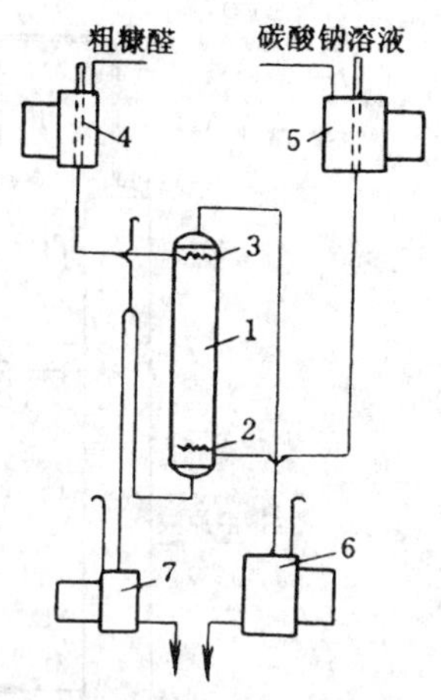

图21-17 粗糠醛连续中和流程

1. 管式中和塔；2，3. 喷淋器；4，5. 高位槽；6. 碳酸钠废液贮槽；7. 已中和的粗糠醛贮槽

此外，有些工厂在初馏塔、分醛罐中或其后加碱中和，如图21-18。

图21-18（a）是在分醛罐中加碱中和。当醛层呈中性时，水层则呈碱性，水层回流至塔顶，在塔内还能起中和酸的作用。如果在前面工序中已经进行了气相中和，那么，这里仅是补充中和，起调节pH值的作用。

图21-18（b）是将分醛罐流出的粗糠醛进行连续中和。这样中和能使碱液和粗糠醛中的酸充分混合，这是由于管道内流体产生湍流流动造成的。流体本身的动力代替了搅拌动力，采用连续中和以后，使粗糠醛的质量比较稳定。

（2）水洗法[11,26]：中和法因碱对糠醛有一定的破坏作用，于是产生了水洗脱酸的工艺。其原理是依据酸在水与糠醛中分配率的不同，从而把糠醛中的酸分洗去。水洗后的粗糠醛，不仅酸分含量很低，而且沸点与杂质的含量也降低。水洗后的含醛饱和水溶液，最后须回到初馏塔，以回收其中的糠醛。国内现行的水洗工艺如图21-19，两股液流（粗糠醛与水）在塔内多次逆流接触与分离，其粗醛与水的重量流速比约为1：1.0～1.5，依设备的效率高低而别。

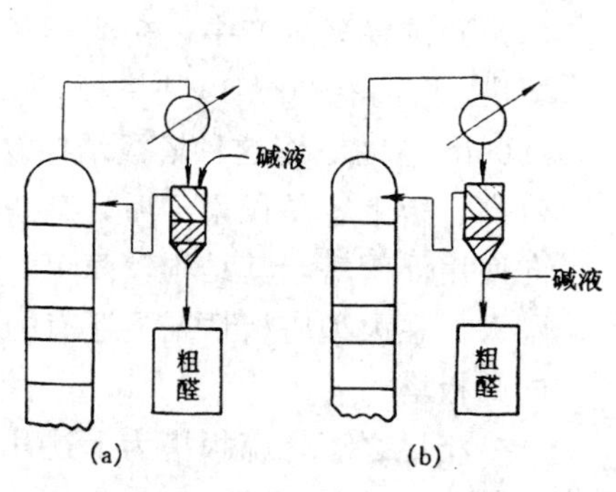

图21-18 粗醛中酸分的中和方法

（a）分醛罐加碱中和；（b）分醛罐流出粗醛连续中和

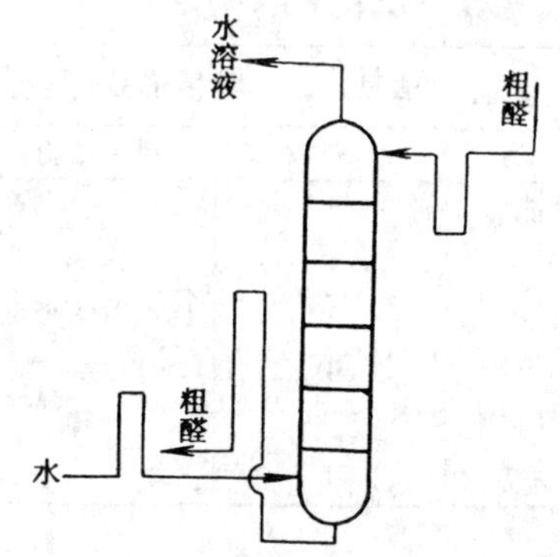

图21-19 水洗脱酸工艺

8.2.2 粗糠醛精制工艺

糠醛在常压下沸点为161.7℃，在此温度下，加热糠醛会产生树脂化反应，从而影响糠醛的纯度和得率。为此糠醛的精制要在真空下进行。纯糠醛沸点与绝对压力和真空度的关系，见表21-20。

表 21-20　纯糠醛的沸点与绝对压力和真空度的关系

沸点（℃）	绝对压力（kPa）	真空度（kPa）	沸点（℃）	绝对压力（kPa）	真空度（kPa）
39.9	1.07	100.26	116.24	24.73	76.59
55.86	1.77	99.53	126.34	36.13	65.19
67.69	3.32	98.00	135.94	48.94	52.38
75.04	4.68	96.65	146.84	69.03	32.29
86.2	7.47	93.86	153.94	82.47	18.85
96.1	11.07	90.26	159	94.26	7.07
105.08	17.01	84.31	161.70	101.33	0

生产上常采用 83.8～85.12kPa，其相应的沸点为 99～100℃。

在精馏过程中，甲醇、醋酸和水都是头馏份，糠醛是主馏份，在间歇精馏时，待头馏分取出之后，方能得到纯糠醛，而甲基糠醛是尾馏份，到精馏末尾才能除去。

糠醛精馏的工艺，可以采取间歇式或连续式工艺。

8.2.2.1　粗糠醛间歇精馏工艺流程

其工艺流程如图 21-20。该工艺流程简单，投资少，易操作但产品质量不稳定，粗糠醛含水量高，馏程范围不好控制，重复蒸馏较多。

糠醛间歇真空精馏时，要求真空度在 79.99kPa 以上，此时操作温度在 90～100℃。

粗糠醛开始蒸馏时，头馏份中有低沸点物溶液容易沸腾，真空度 66.5kPa 逐步升到 83.79kPa，温度由 60℃逐步上升到 100℃左右。此时，真空度和温度没有稳定的关系。待两者都达到规定的指标时，窥视镜中流动的液体是澄清透明，一般是再过 10min 后才改罐取成品。改罐前，将管道用符合要求的商品糠醛洗 2～3 次，管道内残留的头馏份靠压力差压到头馏份贮槽 5，然后，收入成品贮槽 6。收集成品的过程中，当真空度逐渐升到 95.97kPa，温度下降后又开始回升，即行停止。

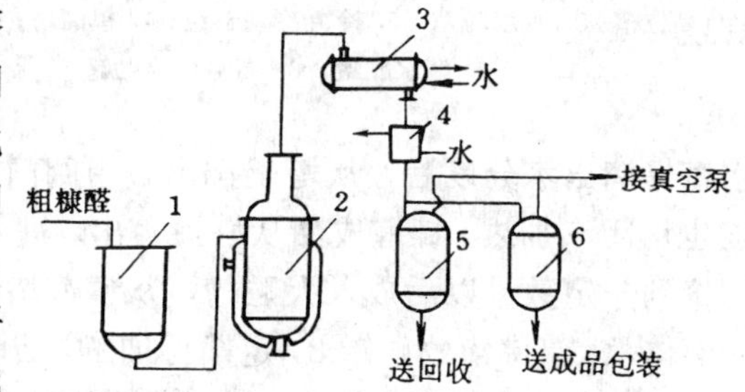

图 21-20　粗糠醛间歇精馏工艺流程

1. 补充中和槽；2. 真空精制锅；3. 冷凝器；4. 冷却器；5. 头馏份贮槽；6. 成品贮槽

精制釜是普通钢板焊接而成，中间为圆筒形，上、下为椭圆形，上盖用法兰螺栓固定在釜体上，盖上开有人孔和精制糠醛汽体出口管，在管上接分馏柱，其内装瓷环。分馏柱顶接冷凝冷却器。釜体外装有加热夹套。一般釜容为 1.5～2.5m^3，釜体高径比为 1.1～1.2。夹套内蒸汽压力为 0.4MPa。釜内真空度为 101.3kPa，釜底装排污管口，以便在糠醛精制结束后，排污清洗用。

8.2.2.2　粗糠醛连续精制工艺流程

连续精制工艺对于降低能耗，保证糠醛产品的纯度和提高收率方面均有显著的优点。见表 21-21，所列数据及指标的对比可以看出，粗糠醛经过连续精制，可以达到国家标准工业糠醛 GB1926－80 优级品的各项指标，产品水分含量可以稳定在 0.05%以下，馏程指标都显著地较间歇精馏产品为优。

表 21-21 连续精制产品与间歇精制产品质量对比

产品种类	相对密度 d_{20}^{20}	折光率 n_D^{20}	水分 (%)	酸度 (mol/L)	糠醛含量 (%)	馏程 初馏点 (℃)	158℃前 (ml)	158～164℃ (ml)	总馏出量 (%)	沸点 (℃)	残渣 (%)
连续精馏	1.1608	1.5256	0.017	0.005	99.17	157.5	0.68	99.2	99.3	163.9	0.46
间歇精馏	1.161	1.525	0.15	0.003	98.7	153.6	3.2	95.2	99.5	174.8	0.43
国标（优级品）	1.160～1.161	1.524～1.527	≤0.05	≤0.008	≥99.0	155	3	94.0	99	170	≤1.0

(1) 我国在研制粗糠醛连续精制方面发展了两种不同的流程：

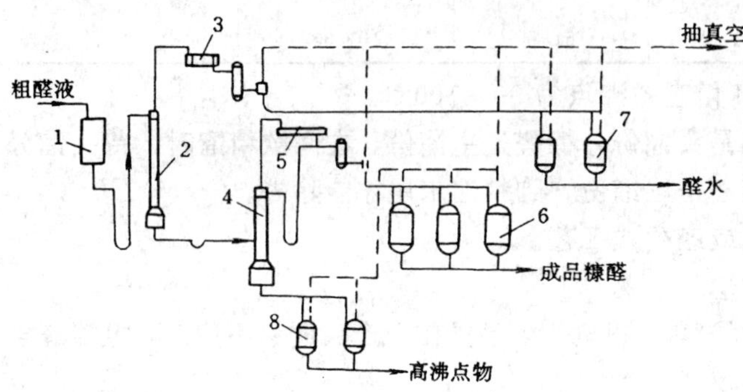

图 21-21 粗糠醛连续精制工艺流程

1. 高位槽；2. 脱水塔；3、5. 冷凝冷却器组；4. 精馏塔；6. 成品贮罐；7. 醛水贮罐；8. 高沸点物贮罐

①在原有间歇精馏设备的基础上对真空精制釜进行了技术改造，在其下侧增添一台外循环加热釜，在其顶部增加旋流浮动式塔板，保留其他剩余的设备，实现了连续精制操作。

②研制成功一种双塔连续精制流程，如图 21-21。达到中和终点的粗糠醛溶液经高位槽 1 按一定的流量进入脱水塔 2。塔釜闭汽加热，塔顶蒸出含有微量糠醛的水蒸气，经冷凝冷却器组 3 以后，入醛水贮罐 7，待收集到一定数量以后返回初馏塔。粗糠醛经脱水塔提馏出水分以后，从塔釜排出，用阀门控制其流量，直接进入精馏塔 4 的中部塔板，塔釜也用闭汽加热，糠醛成品从塔顶蒸出，进入冷凝冷却器组 5，然后贮存在成品贮罐 6 内，待积聚到一定数量以后放入大贮槽，从精馏塔的底部间歇地排出含有甲基糠醛等高沸点物的粘稠液体，入高沸点物贮罐 8，定期再加工，回收其中的糠醛。两个塔都是在真空条件下操作的，要求设备具有较好的气密性。塔底高沸点物量约占糠醛成品量的 5%。脱水塔和精馏塔均采用浮阀塔的结构型式，塔板数分别为 20 块板和 10 块板。

(2) 芬兰 Rosenlew 公司回收醋酸的糠醛精制流程：在糠醛生产过程中产生几种副产品，其中最有经济价值的是醋酸。芬兰的 Rosenlew 公司的回收醋酸的糠醛连续精制流程已在南非的糠醛厂中得到应用，如图 21-22，其工艺流程简述如下：蔗渣经闸板加料器 1 进入水解釜 2 内；缓慢下降，与釜底通入的 1.5MPa 的蒸汽互相作用，甘蔗渣中的半纤维素产生水解和脱水反应，生成糠醛及副产品醋酸等，从水解釜顶部逸出，进入分离器 3，被循环的糠醛水溶液洗涤掉杂质和高聚物。近于恒沸浓度的蒸汽离开分离器进入吸收塔 4，从塔顶流出的是除酸的醛水溶液，塔底产物的一半循环入分离器 3 作洗涤液，其余的一半进入脱水塔 5，闭汽加热蒸出水分，塔釜流出浓糠醛和有机酸的混合液，进入脱酸塔 6，用闭汽加热塔顶得到粗醋酸，再送到精制塔 8 进行精馏，从塔顶得到甲酸，在塔底得到冰醋酸。

从吸收塔 4 塔顶流出的恒沸浓度的蒸汽。冷凝冷却以后流入稀糠醛贮罐 9，在此处分离成两层，水层回流入吸收塔 4，醛层进入恒沸蒸馏塔 10，该塔用 20kPa 的二次蒸汽加热，在此进行糠醛的分馏，从塔顶取出轻馏分与恒沸糠醛水溶液的混合物，并在甲醇塔 11 中进一步蒸馏除去轻馏份，塔底恒沸混合物在分醛罐 12 中分成两层，糠醛层用工业无水碳酸钠中和，并进一步在脱水塔 13 内蒸馏，在作为最终产品贮存销售以前，还要在精馏塔 14 内进行精馏[27]。

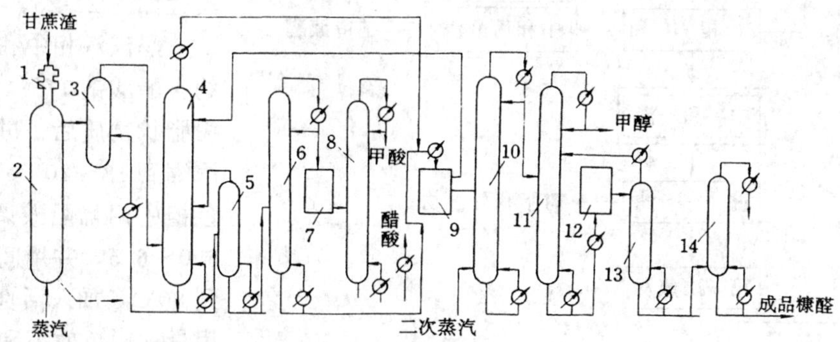

图 21-22 回收醋酸的糠醛精制流程

1. 闸板加料器；2. 水解釜；3. 分离器；4. 吸收塔；5. 脱水塔；6. 脱酸塔；7. 粗醋酸贮罐；8. 精制塔；9. 稀糠醛贮罐；10. 恒沸蒸馏塔；11. 甲醇塔；12. 分醛罐；13. 脱水塔；14. 精馏塔

9 糠醛生产中热能和副产物的回收

9.1 热能的回收和利用[11]

生产 1t 糠醛大约需要 30～40t 水蒸气，其中一半用于水解，压力要求 0.8～1MPa，另一半用于蒸馏、精制，压力 0.3MPa。从水解釜引出的醛汽带有大量热能，过去曾试用汽相入塔蒸馏，以利用其热能，但因糠醛浓度波动大，操作不稳定等原因，现仍用液相入塔。在这种情况下，其热能的回收利用可有以下途径：

(1) 利用醛汽废热生产二次蒸汽：当采用中压水解工艺时，水解釜中排出的醛汽压力在 0.8～1MPa，可在废热锅炉内产生压力 0.3MPa 的二次蒸汽，供糠醛蒸馏和精制时使用。废热锅炉由换热器和汽包两部分组成，亦可用外加热式蒸发器结构。换热部分因醋酸关系，应采用耐酸材料，一般是管内走醛汽，管间走软水。

(2) 利用醛汽废热作为蒸馏塔的热源：当采用 0.4～0.6MPa 水解时，所得醛汽可直接送往蒸馏塔底作为加热用蒸汽，同样可以达到节约蒸汽的目的。由于醛汽含酸及固体杂质，易堵塞管道，因此用醛汽加热时，往往采用外加热釜。

9.2 副产物的回收

9.2.1 结晶醋酸钠生产[11]

醋酸钠是一种化工原料，应用于印染、医药等工业部门。以玉米芯和棉籽壳为原料，每生产 1t 糠醛，约可得醋酸钠 0.5t。醋酸钠有三结晶水醋酸钠（$CH_3COONa \cdot 3H_2O$）和无水醋酸钠（CH_3COONa），在不同温度下其溶解度见表 21-22。

表 21-22 不同温度下醋酸钠的溶解度

醋酸钠种类	醋酸钠溶解度（g/100g 水）										
	0℃	10℃	20℃	30℃	40℃	50℃	60℃	70℃	80℃	90℃	100℃
三水醋酸钠	36.3	40.8	46.5	54.5	65.5	83	139	—	—	—	—
无水醋酸钠	119	121	123.5	126	129.5	134	139.5	146	153	161	170

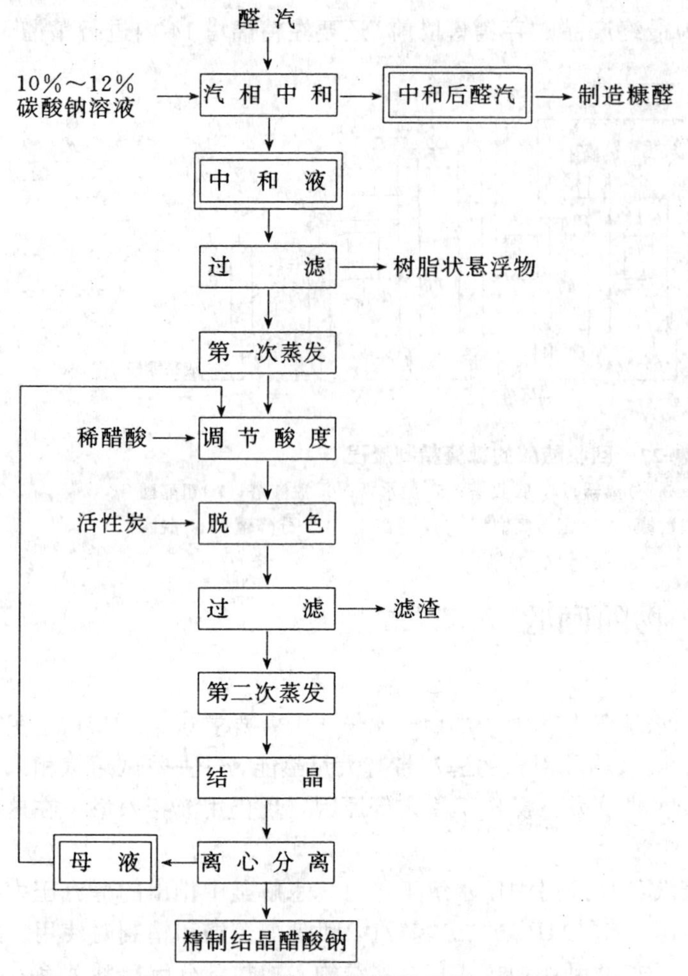

图21-23 精制结晶醋酸钠生产工艺流程

精制结晶醋酸钠生产工艺流程如图21-23。

醛汽汽相中和后的中和液约含醋酸钠17%，经过滤除去树脂状物质后，进行真空蒸发浓缩到18～20°Be′。然后，在脱色槽中用稀醋酸调节pH值到6.0～6.5，并用间接蒸汽加热到80℃，加入活性炭脱色，其用量视脱色效率和溶液质量而定，一般为浓缩液量的2%～3%，可以一次或分批加入。加毕，用压缩空气搅拌20min，取样比色合格后，进行过滤（真空吸滤或板框压滤）除去杂质。清液再经第二次蒸发，浓度达到28～30°Be′（约含醋酸钠45%）时，即可放入结晶罐。结晶罐应有搅拌和冷却装置，边搅拌边冷却，精制结晶醋酸钠即渐渐析出，结晶大约需时一昼夜（随气温高低变化，气温低，结晶则快）。结晶取出后进行离心分离。如果因夹带母液造成颜色较深，在离心分离机上用清水洗涤，即得成品，其中含醋酸钠59%左右。母液一般是返回脱色罐重新加工，循环若干次后，颜色较深的废母液用浓硫酸处理，使其分解成醋酸，通过蒸馏可得稀醋酸，供调节酸度用。

9.2.2 糠醛渣利用

9.2.2.1 纤维木质素的二次水解利用

植物原料经过糠醛生产水解后，残渣的化学组成产生了变化。如玉米芯糠醛渣的化学组成见表21-23。其中纤维木质素仍含高聚糖达35%以上，可以进行二次水解利用，其方法可按糠醛-己糖二段水解方法进行。所得糖液可用于生产饲料酵母、酒精和乙酰丙酸等。

表21-23 玉米芯糠醛渣化学组成（%）

外观	化学组成					
	戊聚糖	纤维素	木质素	灰分	酸含量	水分（湿基）
棕褐色松散颗粒	4.59	31.08	28.29	6.74	7.70	66.75

(1) 乙酰丙酸的生产[21]：乙酰丙酸又名左旋糖酸，或称戊隔酮酸。分子式为 $CH_3COCH_2CH_2COOH$。生产乙酰丙酸的原料较多，六碳糖类大部分均可作为制取乙酰丙酸的原料，如淀粉、废糖蜜、葡萄糖母液、废纸浆粕和糠醛渣等。

乙酰丙酸主要用于制造果糖酸钙、消炎痛甲基吡咯烷酮，γ-戊内酯，特别是合成双酚酸后，可进一步制造水溶性滤油树脂、罐头内壁涂料、军工涂料、粘合剂等。

乙酰丙酸形成的原理：醛渣用 2%～5%的稀硫酸溶液，在 180℃以上进行水解，使其纤维素水解成葡萄糖。葡萄糖再经脱水生成羟甲基糠醛后，最终分解成乙酰丙酸和甲酸。这些反应是在一台水解釜中进行，其反应式：

$$(C_6H_{10}O_5)_n + nH_2O \xrightarrow[\triangle]{H^+} nC_6H_{12}O_6$$

纤维素　　葡萄糖

$$C_6H_{12}O_6 \xrightarrow[\triangle]{H^+} HOH_2C\text{-}C_4H_2O\text{-}CHO + 3H_2O$$

葡萄糖　　5-羟甲基糠醛

$$HOH_2C\text{-}C_4H_2O\text{-}CHO \xrightarrow{H^+} CH_3COCH_2CH_2COOH + HCOOH$$

5-羟甲基糠醛　　乙酰丙酸　　甲酸

乙酰丙酸化学性质比较活泼，它有一同分异构物——假乙酰丙酸，二者同时共存。

$$CH_3COCH_2CH_2COOH \rightleftharpoons H_3C\text{-}C(OH)\text{-}O\text{-}C(=O)\text{-}CH_2\text{-}CH_2 \text{(环)}$$

乙酰丙酸　　假乙酰丙酸

乙酰丙酸生产工艺流程如图 21-24。

用 2%硫酸，在 1.1MPa 蒸汽压力下，将甘蔗渣生产糠醛后的纤维木质素水解成乙酰丙酸。然后用石灰乳中和水解液中的硫酸，控制中和终点的 pH 值在 2.5～3.0，以保留乙酰丙酸不受中和。木质素和石膏一起过滤，滤液真空蒸发浓缩后，再经两次真空蒸馏，即得含乙酰丙酸 90%以上的成品。

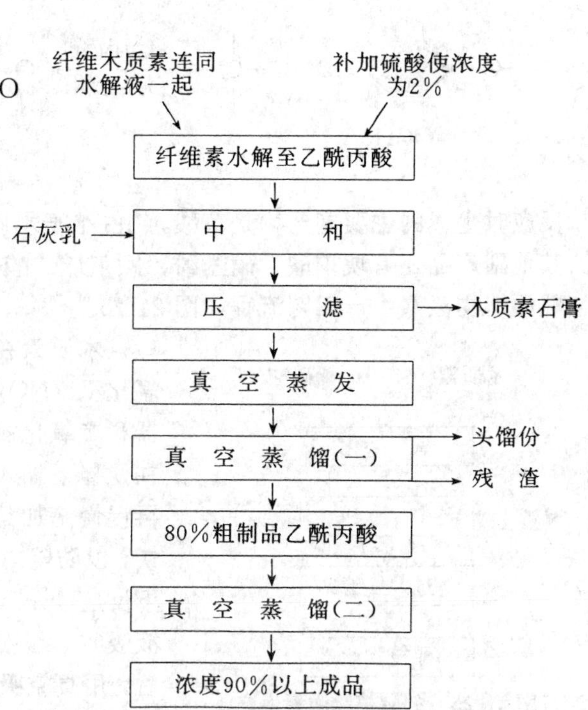

图 21-24　乙酰丙酸生产工艺流程示意图

(2) 邻醌植物激素的制备[21]：植物原料经过二次水解制备乙酰丙酸后，得到稀酸缩合木质素，用稀硝酸氧化降解，生成红棕色溶液，再用氨水中和稀释后，可得一种邻醌植物激素-硝基醌羧酸，一般商品为液体，浓度为 7%～9%，其有效成分具有下列分子结构：

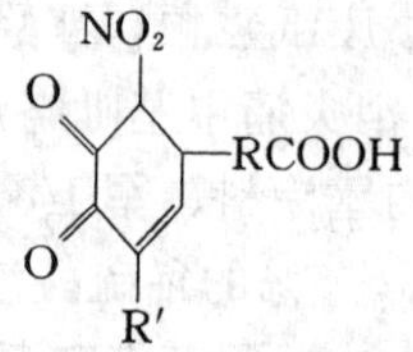

式中 R 为 CH_2 或 $CH_2—CH_2$ ，R′为 OCH_3，OH 或 COOH。

据植物生理试验指出，该激素且有良好的保绿作用，并可促进植物根系的生长。广泛应用于水稻、三麦、棉花、茶叶、白芨等作物，均有一定的增产效果。

制备邻醌植物激素的原料，以植物原料经二次水解制乙酰丙酸后的木质素为最好。这种木质素在酸水解的高温高压下，木质素结构单元——苯丙基结构的某些碳氢链被碳碳键所代替，形成“稀酸缩合木质素”，其化学反应活性低于一般天然木质素。但可用稀硝酸逐步氧化降解，最后能完全溶解，生成具有邻醌结构的物质，激素有效成分在苯环中含有五个取代基，除邻位醌外，还有一个硝基和一至二个羧基，非缩合木质素不能形成这种结构。

其他工业木质素，如经二次水解制酒精过程得到的木质素，因水解条件不如制乙酰丙酸的水解条件剧烈，木质素中残留纤维素较高，纯度低，制成的邻醌植物激素中含有纤维素残渣，有效成分低。

稀酸缩合木质素降解形成邻醌植物激素的反应如下：

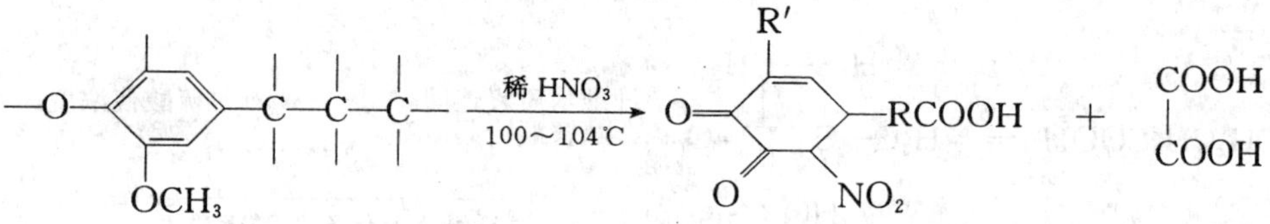

反应时生成的主要副产物是草酸，约占绝干木质素重量的 7%左右，可用石灰乳沉淀后回收。其他副产品还有琥珀酸、硝基酚、顺丁烯二酸等，数量少，一般不予回收。

邻醌植物激素生产工艺流程如图 21-25。

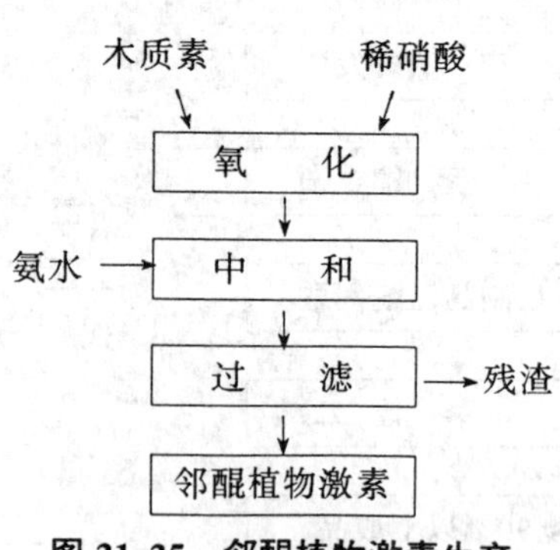

图 21-25 邻醌植物激素生产工艺流程

木质素在搪瓷反应釜中用稀硝酸氧化。为了防止二氧化氮（NO_2）外逸，在搪瓷反应釜出口接上回流冷凝器和二氧化氮吸收装置。木质素装入反应釜后加水，并在搅拌下加入硝酸量的一半，升温到 70℃，反应 1h 后，再慢慢滴加其余的硝酸，并继续升温。注意升温不能太快，以防釜内物料冲出。酸加完后，在温度 104～106℃ 下反应 4～6h。反应过程逸出的二氧化氮，用氨水或碱液吸收。反应完毕，冷却到 40℃，用氨水中和，搅拌 0.5h 后，用真空吸滤。所得滤液即为成品，得率约 84%（干渣重量计），冲稀后即可直接使用。

纤维木质素生产邻醌植物生长激素的工艺条件见表 21-24。

表 21-24　用纤维木质素生产邻醌植物生长激素的工艺条件

控制项目	工艺要求	控制项目	工艺要求
氧化条件		中和条件	
稀硝酸浓度（%）	8～9	中和温度（℃）　＜	40
固液比	1∶4～5	中和终点（pH 值）	7～8
反应温度（℃）	104～106	搅拌时间（min）	30
反应时间（h）	4～6	真空吸滤条件	
		温度（℃）	80～90

9.2.2.2　水稻增肥调酸剂的生产

水稻增肥调酸剂是一种以糠醛生产的醛渣为主要原料而生产的产品，作为种植水稻时土壤的调酸和增肥剂。

水稻增肥调酸剂的生产过程：将醛渣过筛（5mm×5mm）后送生产车间，经贮料斗进入传送机送到螺旋搅拌器，同时把硫酸和铵、钾、锌等硫酸盐和补加肥料调制的溶液，用喷头喷到搅拌器中的醛渣上，搅拌均匀后，即为成品，包装后出售。

水稻增肥调酸剂能调整秧苗生理功能，刺激秧苗生长，育出的秧苗根系发达，分蘖多、苗壮、抗病能力强，在育苗过程中无须追肥。0.5kg 这种调酸剂可使 35～37.5kg 土壤降低一个 pH 值。

9.2.2.3　活性炭生产

活性炭是孔隙多，比表面积大，吸附活性很强的炭。因有很大的吸附能力，所以广泛地应用在食品加工、制药、化学、冶金、国防等工业部门以及环保等方面。活性炭能从溶液中吸附色素和杂质，从空气和其他蒸汽、气体的混合物中吸附气体和蒸汽，还可用作催化剂和催化剂载体，甚至直接用作治疗疾病的药物等。

利用糠醛渣生产活性炭，早已引起人们的注意。从玉米芯为原料的糠醛渣的化学组成看，主要是含碳量较高的纤维素、木质素等有机物，因此是生产活性炭的较好原料。

工艺流程是糠醛渣的精选、干燥、混合、成型、炭化、活化。

糠醛渣经过筛除去砂石等机械杂质以降低灰分。采用自然干燥，或干燥设备干燥，使其水分降至 35%～45%。经过预处理好的糠醛渣与适量的粘合剂，如羧甲基纤维素、纸浆废液等混合，其混合配比为，糠醛渣（干基）∶粘合剂∶水＝100∶2～3∶35～45。

混合好的醛渣，在单螺杆挤压机中直接挤压成型；加料温度 200℃，以 10℃/min 的速度升温至 400℃，在此温度下保温 30min 后出料；活化温度为 850℃，加水量为 0.3ml/（min·g 炭）。

目前，国内已有以糠醛渣生产活性炭的工厂，并取得很好的经济效益。

9.2.2.4　醛渣作燃料[29,30]

把醛渣作为供汽锅炉的燃料，是醛渣综合利用的途径之一，目前在我国糠醛生产中，已经使用醛渣作燃料，使工厂热能自给。

以玉米芯为原料的醛渣的组成为：全水分（风干水分＋烘干水分）28.57（%），灰分 2.97（%），挥发分 49.53（%），含硫 1.08（%），含碳 38.98（%），含氢 2.54（%），发热量（低位发热量）13.890（kJ/kg）。

从醛渣的组成可见：有利条件是挥发分高，灰分低、发热量（13.890kJ/kg）接近低质煤。

由于含水率太高，因此，以醛渣作为燃料要注意：

(1) 新排出的醛渣含水率高达45%～50%，不能直接燃烧，一般利用锅炉烟道气进行干燥，使其降至20%～30%。

(2) 醛渣含有泥沙等杂质，在高温下熔融，遇冷结焦，影响锅炉正常运行，需要在原料加工前尽量清除。

(3) 糠醛渣作燃料有两种燃烧方式：一种是用适量的煤和醛渣混合后进行燃烧，一般混合比例是煤∶渣为2∶1。该法适用于快装锅炉；另一种方法是全烧渣炉，这是广泛采用的方法。

糠醛厂采用的烧渣锅炉形式较多，有的是小型（4t/h或6t/h蒸汽量）的链条炉，有的是热电联产较大型的锅炉。针对醛渣燃料有别于煤炭的特点，在炉体结构的设计上，都作了一些必要的修改，避免了酸性醛渣对锅炉的腐蚀，使锅炉运行正常可靠，能向糠醛生产线提供所需压力的饱和蒸汽。

10 糠醛的主要性质和用途[1,31,32]

10.1 糠醛的物理化学性质

(1) 糠醛的物理性质：纯糠醛的一般物理常数见表21-25。

表21-25 糠醛一般物理性质

指标名称	性能	指标名称	性能
分子量	96.08	临界温度（℃）	397
外观：新品	无色透明油状液体	蒸汽密度（空气为1.00）	3.31
陈品	黄色至琥珀色油状液体	蒸汽扩散系数（cm^2/s）	
沸点（℃/101.3kPa）	161.7	17℃	0.076
冰点（℃）	−36.5	25℃	0.087
折射率（钠-D线，58.926nm）		50℃	0.107
n_D^{20}	1.526 1	闪点：闭口杯	60.0
n_D^{25}	1.523 5	开口杯	68.3
相对密度：d_4^{20}	1.159 8	着火点（自燃点）（℃）	393
d_4^{25}	1.154 5	空气中爆炸极限（体积%）	
d_4^t	1.181 1 (1−0.000 895t)		
比重温度系数	0.001 057	下限（125℃/98.6kPa）	2.1
临界压力（MPa）	5.62		

(2) 糠醛的化学性质：糠醛有类似杏仁油的刺激性气味，是一种无色至琥珀色的透明油状液体，与空气接触，特别是在糠醛中含有酸时，会自动氧化变成深棕色，甚至变成黑褐色树脂状物质。

糠醛能溶于很多有机溶剂，如酒精、丙酮、乙醚、醋酸、苯和四氯化碳等。

糠醛就其化学结构而言，是呋喃型杂环醛。

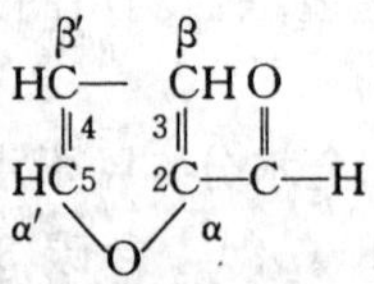

```
 β'      β
 HC—   CH O
 ‖4    3‖  ‖
 HC5   2C—C—H
 α' \ / α
     O
```

由于在呋喃环电子结构中包含杂原子氧的二个电子，使呋喃具有苯固有的芳香族特性。而呋喃环的反应能力高于苯，呋喃的大多数化学反应像二烯烃，因此呋喃可以看作环二烯醚，在

呋喃分子中引入 α-取代基—CHO，—CH_2OH，—CH=CH_2，—CH=CH—CO—CH_3 和其他导致形成反应能力很强的呋喃化物，糠醛反应能力强首先就是因为它有醛基，由此而能进行以糠醛为基础的大量工业合成。

10.2　糠醛的一般用途

糠醛及其衍生物广泛用作有机溶剂，合成呋喃型聚合物。世界上目前生产糠醛总量的50%以上用于合成糠醇，并进一步合成铸造用树脂，生产其他用途的呋喃树脂只占糠醛产量的 15%，用作净化润滑油的选择性溶剂的糠醛量约占 15%。其余糠醛用于合成衍生物，各种农药、医药等等。

10.2.1　作为选择性溶剂

糠醛是选择性溶剂。它对于芳香烃、烯烃、极性物质和某些高分子物质的溶解能力大，而对于脂肪烃等饱和物质以及高级脂肪酸等溶解能力小。石油工业上精制润滑油，就是利用这种性质，将润滑油中芳香族和不饱和物质提炼出去，以提高润滑油的粘度和抗氧化性能，同时还可以降低硫和碳渣的含量。此外，糠醛还可以改进柴油机燃料的质量。这种性质同样也应用于动植物油脂的精炼和从鳕鱼肝油中提炼维生素 A 等方面。

糠醛也应用在沸点相近化合物的萃取蒸馏，如四个碳（C_4）的碳氢化合物中加入糠醛后，可以改变组分间的相对挥发度，而将 1，3-丁二烯提取和精制出来。同样，还可以从石油中取得芳香族化合物。

糠醛的良好选择性和耐热性以及易于回收等优点，促进它在木松香和浮油松香等动植物油脂的精制方面的广泛应用。

此外，糠醛还可以作为树脂和蜡的溶剂，如可直接用作聚乙烯铜线（电器漆包线）树脂漆的溶剂。

10.2.2　糠醛的再加工产品[1]

（1）糠醛氢化产品。糠醛氢化反应按其催化剂、反应压力，反应温度等条件的不同，可以在羰基或呋喃环上进行，分别得到糠醇、四氢糠醇、甲基呋喃等重要化工产品。

① 糠醇生产：糠醇是以糠醛为原料，催化加氢而得。其主要用途：经酸性催化可缩合成树脂，用作汽车、拖拉机等内燃机铸造工业的砂芯粘合剂，还可作耐酸、耐碱和耐热的防腐蚀涂料。

② 四氢糠醇生产：一般是用糠醇制造的。用作树脂和染料的溶剂、除莠剂及增塑剂等。

③甲基呋喃生产：以糠醛为原料，通过催化加氢而得。是很好的溶剂，常用于溶液的聚合过程。

④ 呋喃和四氢呋喃生产：亦为糠醛催化加氢而得。四氢呋喃是良好的溶剂。

（2）糠醛树脂生产。糠醛可以直接用作合成树脂的原料，例如与丙酮和甲醛相作用合成糠醛丙酮甲醛树脂。用作玻璃钢等粘合剂和防腐涂料；还可与苯酚、甲醛相作用而得到糠醛苯酚甲醛树脂，用于木制品生产。

（3）其他方面。糠醛进行催化氧化制顺丁烯二酸（马来酸）用作农药，不饱和聚酯树脂、水溶性漆、医药等生产的重要原料。

糠醛还用于生产医药和兽药，如硝基呋喃类药物，可用于某些细菌性感染的治疗和痢特灵。

同样，还可以用作防腐剂、消毒剂、杀虫剂和除莠剂。

11 糠醛加氢产品及其用途

糠醛在实际应用上最主要的衍生物是通过加氢和脱羰基而形成的产品，见下式：

(4) ← $+H_2$ — (3) ← $+H_2$ — (2)

(2) ← $+H_2$, $-CH_2OH$ — (1) 糠醛 CHO

(5) CH_2OH ← $+2H_2$ — (1)

(1) — $+2H_2$, $-H_2O$ → (9) CH_3

(5) ← $+H_2$ — (7); $CH_3COCH_2CH_2COOH$ (8) ← $[H^+]$ — (6)

(7) CH_2OH ← $+H_2$ — (6) CH_2OH

(6) — $+H_2$, $-H_2O$ → (9); (9) — $+2H_2$ → (10) CH_3

(6) — $+3H_2$ → $HOCH_2-(CH_2)_2-CH_2OH$ (11)

(5) — $+H_2$ → $HOCH_2-(CH_2)_2-CH_2OH$ (11) — $-2H_2O$ → (12) — $+H_2$ → (13) — $+H_2$ → (14)

(11) — $+H_2$, $-H_2O$ → (15); (5) — $+H_2$, $-H_2O$ → $H_3C-(CH_2)_3-CH_2OH$ (15) — $+H_2$, $-H_2O$ → $CH_3-(CH_2)_3-CH_3$ (16)

(5) — $+H_2$ → $H_3C-(CH_2)_2-CHOH-CH_2OH$ (17) — $+H_2$, $-H_2O$ → (15)

式中：(1) 糠醛；(2) 呋喃；(3) 二氢呋喃；(4) 四氢呋喃；(5) 四氢糠醇；(6) 糠醇；(7) 二氢糠醇；(8) 乙酰丙酸；(9) 2-甲基呋喃（糠烷）；(10) 2-甲基四氢呋喃（四氢糠烷）；(11) 1，5 戊二醇；(12) 吡喃；(13) 二氢吡喃；(14) 四氢吡喃；(15) 戊醇；(16) 正戊烷；(17) 1，2-戊二醇。

糠醛转化的程度和衍生物的得率取决于所用的催化剂和过程的工艺参数。

11.1 糠醇生产和用途

11.1.1 糠醇的主要性质

糠醇又称呋喃甲醇，分子式为 $C_5H_6O_2$ 或 $C_4H_3OCH_2OH$，结构式为：（呋喃环）$-CH_2OH$，分子量 98.10，无色透明油状，具有微弱芳香气味和苦辣味；在日光或空气中可发生自动氧化，颜色逐渐变为黄至棕黄或深红色；常温下可以与水互溶，但在水中不稳定；溶于乙醇、乙醚、苯和氯仿等多种有机溶剂，不溶于石油烃类物质，与亚麻油可局部混合；糠醇遇酸可发生放热爆炸性反应，生产不易熔化的黄褐色或黑色树脂；糠醇蒸汽与空气能形成爆炸性混合物；在盐酸、磷酸和顺丁烯二酸酐等酸性物质催化下能缩合成树脂。

糠醇的主要物理性质见表 21-26。

表 21-26 糠醇的主要物理性质

项目	数值	项目	数值
沸点（℃/101.3kPa）	170	粘度（25℃）（Pa·s）	4.62×10^{-3}
相对密度（d_{20}^{20}）	1.135	液体比热（0℃）〔J/（g·℃）〕	1.976
折射率（n_D^{20}）	1.486 8	自燃点（℃）	400
闪点（开口杯）（℃）	75	着火温度范围（℃）	61～117
表面张力（20℃）（N/cm）	3.82×10^{-4}	空气中蒸汽燃烧体积浓度（%）	1.8～16.3

11.1.2　糠醇生产工艺

由于糠醛分子结构中具侧链醛基，呋喃环中有两个双键和环状醚型氧原子，因而具有很强的氢化性，即可在不同条件下被氢化还原为糠醇、甲基呋喃或四氢糠醇等产品。

据研究指出，在镍催化剂存在下，呋喃型分子中各种键氢化所需的活化能，见表21-27。

表21-27　不同键型氢化的活化能所需量

键的类型	活化能（kJ）	键的类型	活化能（kJ）
侧键上的烯烃型键	9.17	从糠醛形成螺环	49.20
羰基型键	31.69	碳和氧之间的键，伴有水解反应	52.54
呋喃环上的双键	34.19	碳和氧之间的键	151.79
呋喃环上的醚键	37.11		

由此可见，要进行糠醛侧链上羰基型键的氢化制取糠醇，需要活化能很低、在比较缓和的条件下，即在比较低的温度和压力下采用适当的选择性催化剂进行。其一般反应式如下：

$$\text{(糠醛)} + H_2 \xrightarrow[\triangle]{\text{催化剂}} \text{(糠醇, } C_4H_3O\text{—}CH_2OH\text{)} + Q\ (18.16kJ)$$

如在不同的催化剂或反应温度和压力条件下，则可得到四氢糠醇或甲基呋喃等氢化物。

根据原料进行催化氢化时物态的不同，可分为液相催化加氢和气相催化加氢两种工艺。

根据加氢反应压力的不同，又可分为：常压、低压、中压和高压加氢法。

11.1.2.1　催化剂的选择和制备

催化剂能改变化学反应的历程，降低反应物质活化能，增加活化分子百分数，加速反应速度。

催化剂有专一性和选择性，而其选择性又与催化剂本身组分和含量以及选择反应的条件有关。

可以作为糠醛氢化的催化剂很多，但工业上常采用镍或铜铬固体催化剂，而且其组成和制备方法又各不相同。

镍催化剂反应条件温和，但有副反应，形成四氢糠醛，给后续加工增加困难。

铜-铬催化剂对糠醛氢化为糠醇的选择性比镍高，对羧基化合物的氢化有极好的催化能力，糠醛-糠醇的定向反应良好，但反应条件比较苛刻，设备复杂，动力消耗大，如在铜铬催化剂中加少量的钠、钙、镁或沸石、氧化铝等作载体，情况就会好得多。

催化剂可在固定床或悬浮床状态下使用，铜铬催化剂的制备：铜铬催化剂通常自行制备。它是由硫酸铜和重铬酸钠等制取的，其反应式：

$$2CuSO_4 + Na_2Cr_2O_7 + 4NH_4OH \longrightarrow$$

硫酸铜　重铬酸钠　氢氧化铵

$$2Cu(OH)NH_4CrO_4 + Na_2SO_4 + (NH_4)_2SO_4 + H_2O$$

碱式铬酸铜铵　芒硝　硫酸铵　水

$$2Cu(OH)NH_4CrO_4 \xrightarrow{360℃} CrO_3 \cdot 2CuO + N_2\uparrow + 5H_2O$$

碱式铬酸铜铵　铜铬氧化物　氮　水

制备时，先将硫酸铜和重铬酸钠分别溶于蒸馏水，混合搅匀，慢慢加入浓氨水，直到不再继续生成沉淀为止。冷却到室温后过滤。滤饼是碱式铬酸铜铵，用蒸馏水洗至无色，在110℃烘箱中烘干，得率接近理论值，然后在茂福炉中加热至360℃，使其分解成铜铬氧化物。催化剂是片状颗粒，压片时要加10%左右氧化钙（CaO）作稳定剂，另加3%～5%石墨粉，压成直径6mm、高6mm的片状物。

11.1.2.2 原材料特性

工业糠醛：糠醛含量不少于99.3%，水含量不大于0.15%，折算成醋酸后的酸含量不大于0.04%。

工业氢气：氢气体积含量不少于99.5%，氧和氮的体积总含量不超过0.05%；

工业氮气：氧气体积含量不超过0.001%，氮气体积含量不少于99.99%；

催化剂：催化剂片的尺寸6～10mm×6～6.5mm

碳酸钠：含量不少于99.2%；

工业苛性钠：氢氧化钠含量不少于42%；

工业氢氧化钾：苛性碱含量不少于95%，换算成氯化物含量不超过0.7%。

11.1.2.3 糠醇生产工艺

(1) 我国中压液相加氢糠醇生产工艺（如图21-26)。工艺流程：糠醛用打料泵经预热器5（蒸汽压力0.3～0.4MPa）和单向阀4送到混合器3，同时经空气压缩机口缓冲器1和单向阀2送来氢气，混合后，从氢化反应器6底部进入反应器，并将那里的催化剂吹起使之处于悬浮状态，边供料，边升温，待温度稳定在190～200℃时，每隔半小时放料一次。放出料经冷凝器7冷凝后，在第一分离器8和第二分离器9分离出粗糠醇放入贮槽11，分离的氢气经流量计10送回氢气供给系统。

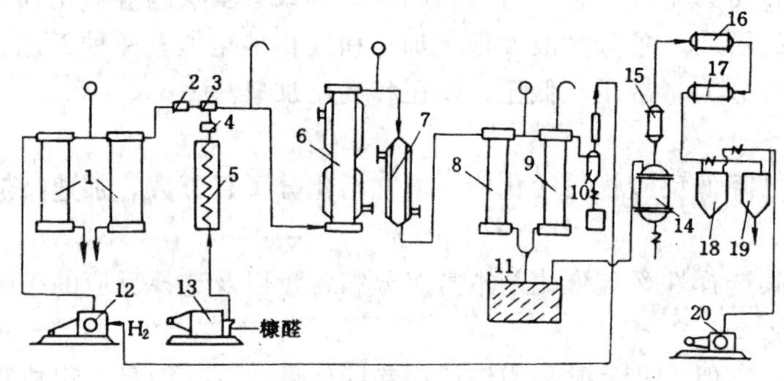

图21-26 我国糠醇生产工艺流程

1. 缓冲器；2、4. 单向阀；3. 混合器；5. 预热器；6. 反应器；7. 冷凝器；8. 第一分离器；9. 第二分离器；10. 流量计；11. 粗糠醇贮槽；12. 真空泵；13. 打料泵；14. 糠醇精制釜；15. 填充塔；16. 冷凝器；17. 冷却器；18. 头馏液罐；19. 精糠醇罐；20. 真空泵

粗糠醇常混有部分催化剂，应进行过滤除去，也可沉淀除去。粗糠醇送入真空精制釜，先蒸出头馏份，待温度到90～95℃时，视镜中流体清晰，可开始收集商品糠醇。当馏出物逐渐减少，塔顶温度下降，即可停车。

工艺条件：反应温度200～210℃，压力5～7MPa，反应时间30～45min（反应釜70L)，Cu-Cr催化剂为悬浮床。

主要工艺设备：

氢化反应釜：低合金钢制造两台串联使用∅180mm×20mm×500mm（两段)，70L；

缓冲器：∅180mm×20mm×250mm，350L；

分离器：∅180mm×20mm×250mm，350L；

真空精制釜：1.2m^3。

(2) 美国高压液相加氢糠醇生产工艺（如图21-27)。在高压氢化反应器内，糠醛在175℃，

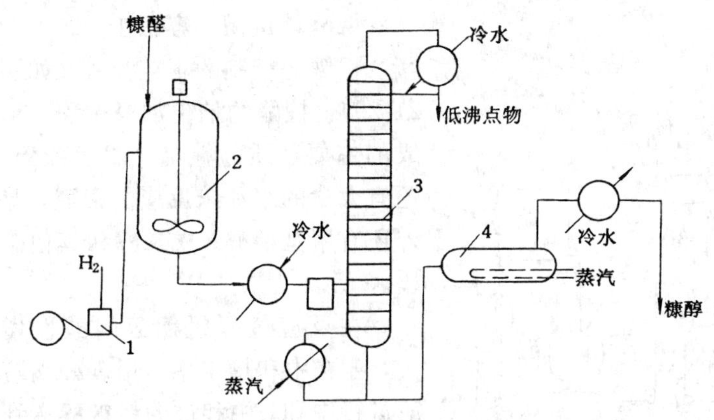

图21-27 美国糠醇生产流程

1. 氢压机；2. 氢化反应器；3. 精馏塔；4. 成品蒸馏器

7～10MPa压力下，使用1%～2%亚铬酸铜，作催化剂进行加氢反应，氢化产率大于95%。然后在精馏塔内分馏出粗糠醇，经过蒸馏得到纯糠醇产品。

主要设备及特性：

氢化反应器：316不锈钢衬里，碳钢壳体，耐压20MPa，耐温200℃，容积为8 000L。

直径1.7m，高3.6m，装有电机功率为30kW的涡轮搅拌器。

成品冷却器：碳钢壳，316不锈钢衬里，冷却面积为140m²。

贮槽：316不锈钢制品，直径1.9m，高3.6m。

精馏塔：筛板塔，316不锈钢制品，加工能力为8 000kg/h，附设列管式塔釜加热器和塔顶冷凝器。

成品蒸馏器：加工能力为产品1 000kg/h，材质为316不锈钢，加热面积为60m²，使用0.6MPa压力的饱和蒸汽。

成品冷凝器：碳钢壳，316不锈钢管，冷却面积为60m²。

在美国糠醇生产中原材料的单耗为1.02t糠醛/t糠醇，224标准m³氢气/t糠醇。每吨糠醇辅助材料的消耗为75kW·h，150m³冷却水，2t蒸汽[33]。

(3) 前苏联中压气液相加氢糠醇生产工艺。所用催化剂为铜-镍粒状催化剂，含氧化铜和氧化铬不少于39%，此外，还含有氧化钡和亚铬酸铜等。由于催化剂以氧化物形式制得，所以在使用前要用氮和氢的混合物（9∶1）还原，缓慢升温到250℃，随后用氢逐渐取代氮，有水排出时，终止催化剂的还原。

糠醛催化加氢的工艺流程（如图21-28）：糠醛从贮槽1，经泵送到糠醛计量槽2，又通过高压泵3送到混合器，同时将经预热器4预热的氢气，一起送入氢化反应塔5，氢气可进行循环，保证形成气液相。氢化物从氢化反应塔送入氢化物冷却器6，之后经高压分离器7和低压分离器8，排入氢化物贮槽9，再送真空精制工段。

工艺条件：反应温度为55～140℃，压力为6.5MPa。糠醇得率为糠醛量的96%～98%。

主要设备及特性：

氢化反应塔：容积3m³；

氢气预热器：换热面积59.4m²；

氢化物冷却器：换热面积145.2m²；

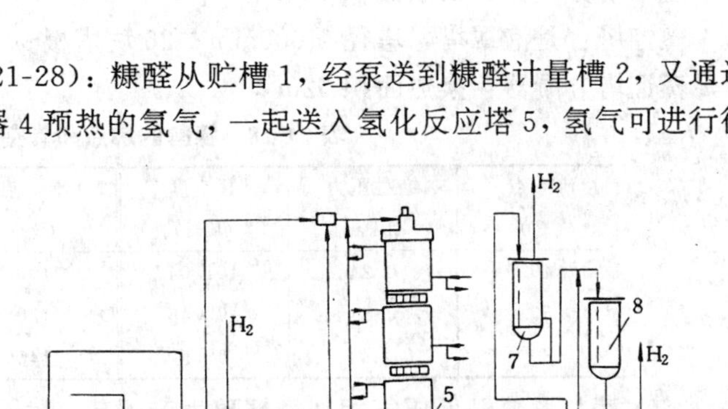

图21-28 前苏联糠醇生产工艺流程

1. 糠醛贮槽；2. 糠醛计量槽；3. 高压泵；4. 氢气预热器；5. 反应塔；6. 氢化物冷却器；7. 高压分离器；8. 低压分离器；9. 氢化物贮槽

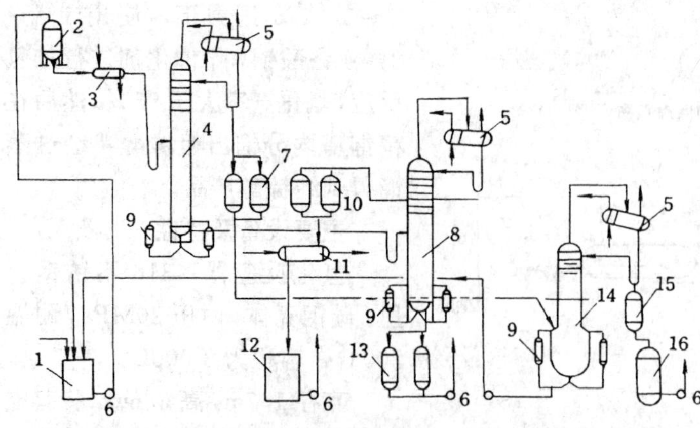

图 21-29 前苏联粗糠醇精制工艺流程

1. 中和槽；2. 计量槽；3. 预热器；4. 脱水塔；5. 分凝器；6. 泵；7. 头馏份真空贮槽；8. 蒸馏塔；9. 沸腾加热器；10. 糠醇真空贮槽；11. 糠醇冷却器；12. 商品糠醇贮槽；13. 锅残真空贮槽；14. 头馏份分馏塔；15. 糠烷真空贮槽；16. 糠烷贮槽

糠醛计量槽：容积 $1m^3$。

粗糠醇精制的工艺流程（如图21-29)：糠醛的催化加氢过程，形成的主要杂质为糠烷、四氢糠醇，还有大量的水和未反应的糠醛，此外还有甲基糠醇、戊二醇和其他杂质。

在反应过程粗糠醇的酸性增大，要在中和槽1中，用碳酸钠溶液进行中和。中和过的粗糠醇送到计量槽2，再经预热器3送入脱水塔4，馏出物为含40%糠醇的低沸杂质——头馏份，冷凝后部分回流，部分入头馏份真空贮槽7，待送去分馏回收糠醇。脱水的糠醇从脱水塔塔底排出，并送入蒸馏塔8，商品糠醇以低沸组分在塔顶排出，经分凝器5冷凝后部分回流，部分进入糠醇真空贮槽10，又经冷却器11冷却后排入商品糠醇贮槽12。脱水塔的头馏份送到头馏份分馏塔14，蒸出的低沸物经分凝器5部分回流，部分取出，送糠烷真空贮槽15，再送糠烷贮槽16，一般送去燃烧；含95%糠醇的锅残返回脱水塔再蒸馏。糠醇的沸点与真空度的关系见表21-28。

主要设备及特点：

糠醇预热器：换热面积 $2m^2$；

脱水塔：是泡罩塔，塔径600mm，32块塔板；

脱水塔分凝器：换热面积 $26m^2$；

蒸馏塔：是泡罩塔，塔径1 000mm；26块塔板；

蒸馏塔分凝器：换热面积 $62m^2$。

表 21-28 糠醇的沸点和真空度的关系

沸 点（℃）	绝对压力（kPa）	真空度（kPa）	沸 点（℃）	绝对压力（kPa）	真空度（kPa）
40	0.24	101.04	100	7.12	94.18
60	0.84	100.46	120	16.91	84.39
80	2.7	98.6	140	36.04	65.26

(4) 芬兰罗森柳低压气相加氢糠醇生产工艺。我国已从芬兰引进三套低压气相加氢糠醇生产设备。生产情况正常，达到了预定的技术指标。其工艺流程如图21-30。

糠醛原料泵入气化塔1，该塔附设外循环加热器，对糠醛进行外循环加热。与此同时，控制加入一定量的氢气，在塔内与形成的糠醛蒸汽混合。为了保证一定的加氢反应温度，混合气体在过热器内加热到一定温度以后再进入加氢反应釜2，该反应釜具有列管加热器一样的结构，列管内均匀充填一定粒度的催化剂，使之在截面各处催化剂的阻力相等，以便混合气相能够均匀穿过。反应器的壳层空间有循环状态的导热油，以便催化剂活化时和加氢反应时

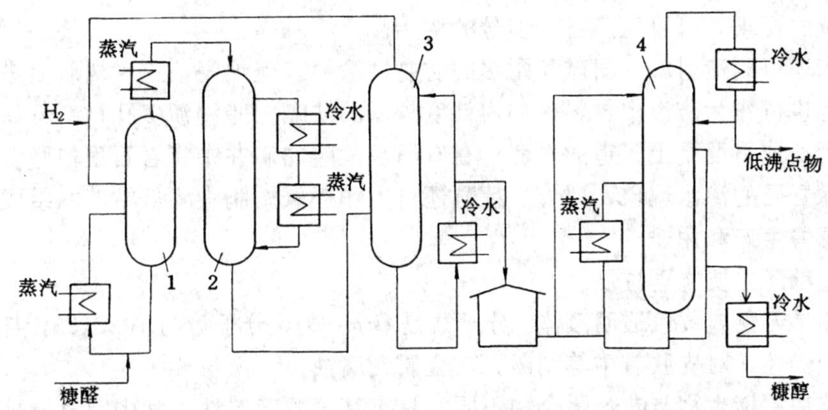

图 21-30　芬兰 Rosenlew 公司低压气相加氢糠醇生产工艺流程

1. 糠醛气化塔；2. 加氢反应釜；3. 喷淋吸收塔；4. 糠醇精馏塔

能调节温度。反应以后的糠醇气体入喷淋吸收塔 3，用自冷凝的液体喷淋冷却吸收糠醇，部分粗糠醇溶液分流入贮槽。定期将粗糠醇溶液泵入糠醇精馏塔 4 的塔釜，进行间歇真空精馏，采用不锈钢填料塔。外循环加热，从塔釜上部提取糠醇产品。

视操作状况定期活化催化剂，需用氮气置换系统里的氢气。该系统有一氢气鼓风循环装置。此装置糠醛的转化率可达 99%[34]。

11.1.2.4　影响糠醇得率的因素

糠醛加氢制取糠醇，必须综合各种因素去优选工艺条件。

(1) 催化剂的选择：选择具有高度专一性的催化剂，并不产生或少产生副反应的产品。如：Cu-Cr 催化剂，当氢化温度高于 220℃时，反应的选择性下降，副反应速度加快，产生四氢糠醇或甲基呋喃等。

(2) 氢气的压力：按糠醛加氢反应方程式可知，增大氢气浓度可使反应速度加快，向生成糠醇方向进行。在液相反应中，就是要使溶解氢的浓度增大。压力在 0～30MPa，氢的溶解度与压力成正比。使用压力的大小又与催化剂的选择性有关，如在选用 Cu-Cr 催化剂固定床液相反应情况下，氢气压力不能太高，也不可过低，一般选在 5MPa 以上。如过低，催化转换率就下降，并会延长反应时间。

(3) 糠醛浓度：增加糠醛浓度，可使反应向着生成糠醇的方向进行，加快反应速度，同时还可缩短反应的时间。

(4) 反应温度：糠醛氢化反应需要一定的温度。当液相氢化时，氢气在液体糠醛中的扩散速度是随反应温度的增高而加快。提高反应温度可加快反应速度，缩短反应时间。当温度因反应放热而高于预定的反应温度时，要通过反应器内的冷却装置调节反应温度，使其控制反应温度在 20～50℃。

(5) 减少生成物糠醇的浓度：增加放料速度可减少生成物浓度，提高产量，并降低反应温度，起到防止糠醇树脂化的作用。

11.1.3　糠醇的用途

糠醇用酸性催化剂可以缩合成树脂。这种糠醇树脂又称呋喃树脂，主要用作汽车、拖拉机等内燃机铸造工业的砂芯粘合剂。它不仅可以节约亚麻仁油等植物油，而且还可以提高铸件的质量和促进铸造过程的机械化和自动化。使用时，直接和砂子掺合，用量只占砂子的 2%。

根据使用单位的要求，可以生产各种型号的树脂。

糠醇树脂还可制造耐酸、耐碱和耐热的防腐蚀涂料。就地浸渍这种树脂后进行固化是另一重要用途。也可作为防渗水材料，如用粘度较低的呋喃树脂浸渍多孔材料（如岩石、混凝土等）可以延长地下混凝土管道的寿命，在有涌水危险的矿井中将岩石用树脂浸渍后就地固化，可以消除岩层的渗水现象。此外，糠醇还可用作环氧树脂中降低粘度的组成物等。

11.2 四氢糠醇生产和用途

11.2.1 四氢糠醇主要物理性质

四氢糠醇是无色或黄色透明液体，分子式是$C_5H_{10}O_2$，分子量为102.135，与水可以任意比例混合，低毒性，对皮肤有中等刺激，对金属无腐蚀。

四氢呋喃物系衍生物与呋喃化合物不同，具有高度的稳定性。其中四氢糠醇的保存期为5年。从制备之日起两年内，允许其含水率提高到0.2%；酸含量提高到0.03%。

11.2.2 四氢糠醇的生产工艺

(1) 催化剂的制备：以糠醛为原料催化加氢制四氢糠醇时，前苏联采用骨架镍催化剂。这种催化剂的制备过程：熔融Ni、Al和Ti（或Cr）制成合金，其比例为45.5∶52∶2.5，制成约5～15mm的不定形颗粒。之后将其进行活化，把制成的合金颗粒装入反应器，在90～95℃下，通入10%浓度的氢氧化钠溶液，溶出部分铝（Al）（合金量的40%）。

$$Ni_2Al_3+3NaOH+3H_2O \longrightarrow 2Ni+3NaAlO_2+4.5H_2\uparrow$$

溶出铝后剩下的镍具有很高的活性表面。钛提高了催化剂的强度。活化后的催化剂用蒸馏水洗出碱液，至洗涤水残碱量达0.025%为止。活性催化剂在空气中能自燃，要把它贮存在水中。使用之前，要先用氮气把水排出，而后通入氢气。

(2) 四氢糠醇的生产工艺流程：把糠醛和粗四氢糠醇按1∶1配成的混合物，从装有催化剂的反应塔下部加入，氢化温度为150℃（当温度达到160℃时其活性要下降），氢气压力为15MPa。催化剂的工作时间为2 000h，以后要进行再生。催化剂耗量8～10kg/t商品。

粗四氢糠醇的精制工艺　采用双塔真空蒸馏精制粗四氢糠醇，在脱水塔塔顶分离出低沸物，塔底取出四氢糠醇送入蒸馏塔，从塔顶排出商品四氢糠醇，从塔底取出高沸混合物，其颜色为深褐色，基本上是由多元醇组成：戊醇、戊二醇和戊三醇及其衍生物，还含有糠醛、糠醇，以及含有40%以上的四氢糠醇。这种釜残可用作油漆颜料和油熔性干燥剂的溶剂。

11.2.3 四氢糠醇的用途

四氢糠醇具有广泛的实际应用，作树脂和染料的溶剂，塑料工业的增塑剂，发动机燃料的填充剂、阻冻剂、印染工业的润湿剂和分散剂等。

11.3 其他产品

(1) 四氢呋喃生产和用途：用二段法制备四氢呋喃：先把糠醛脱羰基成为呋喃，再把呋喃氢化成四氢呋喃。

糠醛汽相脱羰基是以钯作催化剂，在氢气存在之下进行。糠醛转化率达99%。糠醛中的有机酸对呋喃得率和催化剂的活性都有不良的影响。中和糠醛中的酸，和利用碱性助催化剂能提高中和效果。呋喃氢化成四氢呋喃是在镍催化下进行。

美国四氢呋喃生产工艺流程如图21-31，糠醛经汽化，与蒸汽一起进入一台立式呋喃反应器，借助于锌-铬-钼催化剂的作用，糠醛脱去羧基形成呋喃。然后，呋喃蒸汽从反应器中流出，通过一台冷凝器，冷却介质是水，接着再通过一台冷却介质为冷冻水的冷凝器，出口温度保持在零度。这样，呋喃全被冷凝下来，未冷凝的二氧化碳和氢气排出。冷凝液入呋喃蒸发器进行蒸馏，并在一定压力和催化剂存在的条件下向反应釜内通入一定量的氢气，进行加氢反应。在搅拌的情况下呋喃几乎全部转化为四氢呋喃，然后在蒸馏釜的底部进行闭汽加热，将其溶液进行精馏，从釜顶即可得到高纯度的四氢呋喃。

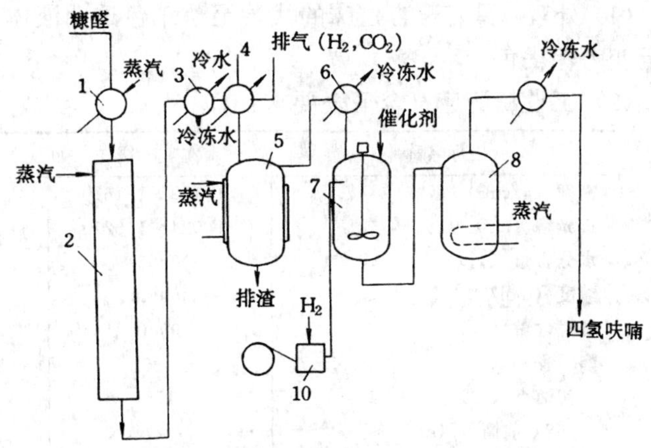

图 21-31　美国四氢呋喃生产工艺流程

1. 糠醛汽化器；2. 呋喃反应器；3. 冷凝器；4. 气体冷凝器；5. 呋喃蒸发器；6. 呋喃冷凝器；7. 加氢反应釜；8. 四氢呋喃蒸馏釜；9. 四氢呋喃冷凝器；10. 氢压缩机

该工艺流程由以下主要设备组成：糠醛汽化器：碳钢壳体、铜管，热交换面积为 80m²，热负荷 4.184 ×10⁶J/h，呋喃反应器：碳钢壳体，直径 400mm，长 10m，并装有直径 25mm，316 不锈钢管 80 根。冷凝器：碳钢壳体，316 不锈钢管，热交换面积 30m²。

气体冷凝器：碳钢壳体，316 不锈钢管，热交换面积 20m²。

呋喃蒸发器：单效，连续操作，带有 30m² 的加热器，内附设直径 30mm，长 2m 的管子 220 根。加热器直径 1.2m，蒸发室壳体直径 2m，长 5m，所有与物料接触部分，都采用 304 不锈钢制成。

呋喃冷凝器：碳钢壳体，304 不锈钢管，冷凝面积为 35m²。

加氢反应釜：304 不锈钢制成，工作压力 0.6MPa，容积 5 000L，直径 1.5m，高 3m，装有一台电机功率为 60kW 的桨式搅拌器。

四氢呋喃蒸馏釜：304 不锈钢制成，容积 4 000L，直径 1.4m，高 3.1m，装有 25m² 的加热盘管，管材为 304 不锈钢。

四氢呋喃冷凝器：碳钢壳体，304 不锈钢管，冷凝面积为 30m²。

每生产 1t 四氢呋喃，消耗糠醛 1.6t，氢气 335 标准 m³，电 75kW · h，水 200m³，蒸汽 2t，制冷 41.86kJ/s。

四氢呋喃广泛应用在国民经济的许多方面：作合成树脂、纤维、有机玻璃的原料；合成咳必清、黄体酮等医药，作为合成树脂、高分子聚合材料的溶剂及生物化学试剂等。

（2）糠烷（2-甲基呋喃）生产和用途：糠醛进行汽相氢化，在铜-铬催化剂作用下，反应温度为 250℃；或者采用铜-铬催化剂，反应温度为 210～220℃；还有用含铜量更高的催化剂，其反应温度为 220～240℃。氢气与糠醛的比例为 10∶1～30∶1，糠醛转化率可达 99.7%。

糠烷是合成 γ-2-酰基丙醇 $CH_3COCH_2CH_2CH_2OH$ 的原料，它是用于合成维生素 B_1 和其他药剂的原料，还用于合成甲基环丙酮，进一步生产环丙基化合物。

12　糠醛和糠醇等产品的质量指标

12.1　工业糠醛质量指标

国家标准 GB1926.1—88 规定的技术要求为：

(1) 外观：具有苦杏仁味的浅黄至琥珀色透明液体，无机械杂质，贮存中色泽逐渐加深，直至变为棕褐色。

(2) 工业糠醛应符合下表要求：

指标名称		优级	一级	二级
密度 (g/cm³)		1.159～1.161	1.158～1.161	1.158～1.161
折光率 (n_D^{20})		1.524～1.527	1.524～1.527	1.524～1.527
水分含量 (%)	≤	0.05	0.10	0.20
酸度 (mol/L)	≤	0.008	0.016	0.016
糠醛含量 (%)	≥	99.0	98.5	98.5
馏程				
初馏点 (℃)	≥	155	150	—
158℃前馏份 (ml)	≤	2	—	—
总馏出量 (%)	≥	99.0	98.5	—
终馏点 (℃)	≤	170	170	—
残留物 (%)	≤	1.0	—	—

注：① 水分指标以出厂检验为准。

② 酸度 0.008mol/L 相当于 0.04% (以乙酸计)，0.016mol/L 相当于 0.08% (以乙酸计)。

12.2 糠醇质量指标（企业标准）

外观：浅黄色透明液体，暴露于空气中和日光下色泽逐渐加深，直至变成棕色或深红色。

指标名称	一级品	二级品	指标名称	一级品	二级品
糠醇含量 (%) ≥	98	96	酸分 (%) <	0.05	—
残醛 (%) <	0.7	1	相对密度 (d_4^{20})	1.132～1.136	—
水分 (%) <	0.3	—	折光率 (n_D^{20})	1.485～1.488	—

注：一级品为出厂的工业糠醇商品，二级品为厂内自用。

12.3 其他产品质量指标

(1) 四氢糠醇质量指标（企业标准）：

项目	指标
外观	透明
折射率 (n_D^{20})	1.449～1.453
密度 (g/cm³)	1.054～1.056
残醛 (%) ≤	1
馏出物 (175～179℃) (%) ≥	95

(2) 四氢呋喃质量指标（企业标准）：

项目	指标
密度 (g/cm³)	0.884～0.888
沸点 (℃)	45～67
折射率 (n_n^{20})	1.404 5～1.408 8
不挥发物 (%) ≤	0.05
酸度 (%) ≤	0.05

13 糠醛等产品的技术经济指标

(1) 糠醛行业国家级企业标准：

指标项目			国家一级	国家二级
产品质量	糠醛含量 (%)	≥	98.5	98.5
	水分 (%)	≤	0.1	0.1
物质消耗	耗玉米芯 (t/t)	≤	12	12.5
	耗硫酸 (kg/t)	≤	300	330
	综合能耗标煤 (t/t)	≤	5	6.6

产品质量指标按工业糠醛国家标准GB1926.1—88执行；玉米芯含水量以15%计；硫酸纯度以98%计；综合能耗为耗煤和耗电之和，按标准煤29 190kJ折算，1kW·h折算标准煤0.404t。

(2) 糠醇技术经济指标（t糠醇消耗）：

糠醛（t）	1.12
氢气（常压，m^3）	301
催化剂（kg）	14.48 Cu-Cr
汽（t）	12
电（kW·h）	190

第22章

木糖醇生产[34,35]

尤　新

1　木糖醇生产沿革和发展

早在1891年，费舍尔和贝伦特借助于钠汞齐还原木糖获得了木糖醇；但得到的是浆状物，而非结晶体。直至1942年华夫罗用木糖高压催化氢化才制出了结晶木糖醇。20世纪50年代末，苏联在中亚细亚的费尔干建成了世界上第一个木糖醇生产企业。该厂以棉籽壳为原料，用水解氢化方法生产出木糖醇，产品形态为浆状，主要用以代替甘油。年产500多t。60年代人们发现木糖醇对糖尿病有辅助治疗作用，作为一种食品添加剂，相继在日本、芬兰、意大利等国投入生产。

我国在20世纪60年代初，由于甘油供不应求，开始以玉米芯为原料研制结晶木糖醇。并于1965～1967年在吉林省吉林市第一化工厂完成了中间试验。1975年河北保定化工二厂建成年产300t结晶木糖醇的生产车间。1979年在福建漳州糖厂建成一年产200t结晶木糖醇车间。1985年和1986年先后又在浙江开化和陕西铜川建起以玉米芯为原料，年产300t的结晶木糖醇生产车间（工厂）。现在，我国木糖醇年生产能力已超过3 000t，木糖产量在2 000t以上。产品绝大部分供出口创汇。国内结晶木糖醇多用作糖尿病人的辅助治疗剂，液体木糖醇代替甘油主要用于牙膏、卷烟和油漆。

2　原料及其预处理

2.1　原料的种类

木糖醇是用植物中所含戊聚糖经水解、氢化制得。所有植物废料如各种禾秆、种子皮壳均含有丰富的戊聚糖，但作为一种工业原料，它宜选取：

（1）戊聚糖含量高，其他非糖有机杂质少。特别是色素、单宁、胶体等杂质含量多的植物原料，不宜选作木糖醇生产原料。

（2）产量大，易集中，和其他工业原料矛盾少。如禾秆中的稻、麦草主要用于造纸；玉米芯在农村基本充当燃料；甘蔗渣虽能用于造纸，但需脱髓，目前也只用做燃料。因此玉米芯和蔗渣是制木糖醇的理想原料。

玉米是我国主要的粮食作物之一。1990年全国产量达8 000多万t，按玉米粒和玉米芯的比例4∶1计，全国有玉米芯资源2 000万t。产量较大的省（区）有吉林、黑龙江、辽宁、山东、河北、河南、山西、陕西等，云南、贵州、四川也有一定产量。其中吉林玉米产量位居全国之首，全省玉米亩产平均为400kg。目前玉米芯用于工业原料最多的是糠醛工业，年收购量在40万～50万t。木糖醇生产年用玉米芯仅2万多t。

甘蔗渣是南方各省甘蔗制糖工业的副产物。目前我国年产甘蔗糖 400 多万 t，相应地有 400 多万 t 的甘蔗渣（以绝干计）。一般甘蔗制糖厂均把蔗渣作为自身生产用燃料。用于造纸的蔗渣，每年约 80 万～100 万 t，生产蔗渣纸浆 25 万～30 万 t。在造纸的同时，可从蔗渣中分离出约 30%的蔗髓。一个年产万吨的蔗渣纸浆厂，年用脱髓蔗渣 2.5 万 t，相应脱出蔗髓近 1 万 t，可供作年产 700t 木糖的原料。

此外，人造纤维浆粕厂的酸法预处理液，也是制取木糖和木糖醇的好原料。

所有木糖醇原料中玉米芯含戊聚糖最多，含量为 35%～40%；甘蔗渣含量为 22%～25%。其他种子皮壳如棉籽壳为 25%，稻壳为 18%～21%。

2.2　预处理的目的和要求

以植物纤维原料制取木糖醇，其化学过程是水解和氢化，而氢化必须是用纯净的木糖液在有催化剂存在的条件下进行，所以原料在水解前，要尽可能地除去各种非糖杂质，这就是原料净化预处理的目的。根据试验，玉米芯等原料，均含有大量的热水抽出物，且随着处理的温度、介质的不同，其可溶性物质有很大差别。如玉米芯在室温下浸泡 12h，溶出物为玉米芯的 1.07%，当温度上升到 60℃时，溶出物达 1.5%。当水溶液里含有 0.1%的硫酸或纯碱，溶出物可达 3%。

为使预处理达到比较理想的效果，最大限度地除去原料中夹带和含有的杂质，在进入分离可溶性杂质前，必须对原料进行筛选。玉米芯不论是露天堆放或在仓库贮存，除收购时带来杂质外，存放过程中也会增加灰分。尤其在北方，气候干燥、风沙较大，玉米芯灰分可增至 5%。所以在进入车间预处理前，要进行筛分或风选，以去除杂质和灰土。由于灰土往往嵌入玉米芯的蜂窝格中，难以清除，即便进入预处理罐用水处理也无法洗出，最终导致水解过程被硫酸中和，并污染了水解液。为此在可能情况下，应该进行流动或翻动的预洗后再行预处理。

2.3　预处理的方法

预处理基本上采用经济、有效的热水浸洗法。为了提高溶出率，有时在预处理的热水中加入酸或碱，称酸预处理和碱预处理。现分述如下：

(1) 水预处理：该法简便，成本低廉。水温 120～130℃，预处理的时间为 2～3h，使玉米芯中的水溶物能充分溶出。根据试验，洗出的干物质约为 2%～3%，随着温度的升高和时间的延长，洗出物也将增多。

(2) 酸预处理：玉米芯夹杂有大量灰分，难以除净，单纯用水处理达不到预期效果。在热水中加入一定量的硫酸，使系统硫酸浓度达到 0.1%，即使在常温常压下，也能顺利地溶解玉米芯所含的灰分。例如水温 100℃，系统浓硫酸浓度 0.1%，处理 1h，灰分可溶出 0.8%。

(3) 碱预处理：主要适合于含色素较深的原料，如棉籽壳。一般采用碱液浓度为 0.1%，水温 100℃进行处理，可使色素大量溶入碱预处理液，从而大大浅化水解液的色泽，降低水解液脱色过程中活性炭的用量。但此法在工业上较难实施，主要在于物料中的残碱会增加水解过程硫酸的消耗，加大水解液中可溶性盐类，导致离子交换负荷的增高。

3　木糖醇生产的水解工艺

3.1　水解工艺特征

木糖醇生产是利用半纤维素，而半纤维素是除淀粉和果胶以外，区别于纤维素的复杂多糖。其聚合度比纤维素要低得多，属无定型纤维，易吸水膨胀，能溶于氢氧化钠溶液，在有酸存在的条件下，不需加压，常温煮沸即能使半纤维素溶解和降解，因此木糖生产的水解工艺应是：

(1) 选择活性高的酸催化剂，如硫酸和盐酸。催化剂不参与反应，水解完毕，尚需将其除去。故用量要尽量地少。溶液浓度一般为0.2%～0.8%。

(2) 采用适当温度。半纤维素在水溶液中水解时，要使戊聚糖充分水解，但又不使其产生木糖分解，温度宜采用105～130℃。

(3) 掌握好水解终点，即半纤维素的溶解至水解成单糖为止的全过程。当多糖水解成低聚糖尚未全部水解成单糖时不可停止反应，因木糖水解时间为2～4h，否则将会减少收率，对净化过程带来困难。

3.2 各种水解方法和工艺条件

按水解时酸的浓度和温度的不同，基本上可分成两类水解方法：即硫酸浓度为1.5%～2.0%，温度100～105℃的稀酸常压法；硫酸浓度为0.5%～0.7%，温度为120～125℃的低酸低压法。如以盐酸为催化剂，因其催化活性比硫酸高1倍，故盐酸的浓度可比硫酸降低一半。

(1) 玉米芯稀酸常压单批水解：水解罐中玉米芯经预处理后，加进稀酸，通入蒸汽，在罐内物料达到沸腾后，保温2～3h，使玉米芯水解完全。排出水解液量为原料重的5～6倍。水解液含还原物5%～6%，产率为玉米芯重量的33%～35%。

(2) 玉米芯低酸低压单批水解：为了减少催化剂硫酸的损耗，以降低生产成本，需将稀酸浓度降至1%以下，一般掌握在0.6%～0.8%。水解过程中水解罐的蒸汽压控制在0.2MPa以内，温度不超过125℃，水解时间根据投料多少，保持在3～4h。水解液排出量为原料重的5～6倍，其还原物浓度大于5%，产率为玉米芯重量的33%以上。为了回收残渣中的还原物，可在排完水解液后，加入适量的清水，进行洗涤，将洗液用于制取稀酸，这样可使下一次水解液的还原物浓度提高到6%，产率增至36%。

(3) 玉米芯稀酸常压渗滤水解：和单批水解不同的是在稳定的水解温度下，连续地自水解罐顶部加入稀酸液，而从罐底排出水解液，稀酸液在罐内停留时间不超过2h，从加稀酸开始到水解液全部排完总共需要4h，排液量为原料重量的6倍。水解液还原物浓度初始达到9%，最终为3%，平均为6%，产率为32%～33%。采用渗滤法水解的优点在于水解产物能及早排出罐外，可减少水解产物在罐内停留时间，从而减轻各种分解产物对水解液的污染。

(4) 棉籽壳稀酸常压渗滤水解：和玉米芯稀酸常压渗滤水解法基本相同。但应指出，棉籽壳的戊聚糖在稀酸中具有溶解速度比水解速度快2.3倍的特点。如果在水解罐中也停留2h，则水解液中尚含有未完全转化成单糖的低聚糖，所以在水解液排出后，还须增加一道常压煮沸2h的转化工序，使低聚糖完全转化成单糖。

(5) 蔗渣低酸低压单批水解：蔗渣仅含戊聚糖25%左右。为了提高蔗渣水解液的还原物浓度，必须采用上一罐水解残渣的洗液作为下一罐水解用的稀酸配水。在采用硫酸浓度0.6%，蒸汽压力0.15MPa，保温2h的条件下，水解液含还原物达3.5%～3.6%，产率为15%～18%。如果不采取洗液回收重用，则水解液含还原物只有2.6%。

3.3 水解液的化学组成

水解液的化学组成除了加入的催化剂硫酸和戊聚糖水解产生的还原糖以外，还有半纤维素在水解过程中分解产生的醋酸等有机酸；原料中含有的灰分及木糖在水解过程中进一步脱水生成的糠醛等等，水解液的组成是比较复杂的。非糖有机杂质的多少和原料质量有关；但与原料的预处理效果更是紧密相联。为了节约硫酸耗量，降低生产成本，目前木糖醇生产企业普遍采用低酸低压水解法。其水解液的化学组成见表 22-1。

表 22-1　玉米芯和蔗渣水解液的化学组成

化　学　组　成	玉米芯	蔗渣
还原物浓度（%）	5.5～6.0	3.5～3.6
总　　酸（%）	1.2～1.1	1.2～1.0
无　机　酸（%）	0.6～0.8	0.6～0.8
有　机　酸（%）	0.4～0.6	0.4～0.6
灰　　分（%）	0.2～0.3	0.15～0.2

4　水解液加氢前的准备

4.1　中　和

水解液中约含 0.6%的硫酸和 0.5%的有机酸（主要是醋酸），还有胶体、腐殖质、色素等物质。

通过中和除去水解液中的硫酸，同时在中和过滤过程，还可清除一部分胶体及悬浮物质。水解液中的有机酸主要是带挥发性的醋酸，有待蒸发过程蒸去，所以无机酸中和终点应控制在 0.03%～0.08%，以防止中和过量，生成醋酸钙。醋酸钙溶解度很大，不会在中和过程沉淀出来，到蒸发过程又分离不掉，这不仅污染了糖浆，还会导致离子交换过程的质量下降，酸碱消耗增加。若中和不完全，无机酸残余在 0.1%以上，在蒸发过程中会严重腐蚀设备。

除正确掌握中和终点，去除水解液中的硫酸外，在操作中还应做到把中和液中的溶解石膏降低到最小量，以免造成蒸发器迅速结垢。

玉米芯水解液用碳酸钙中和生成如下反应：

$$\underset{\text{硫酸}}{H_2SO_4} + \underset{\text{碳酸钙}}{CaCO_3} \longrightarrow \underset{\substack{\text{硫酸钙}\\\text{（石膏）}}}{CaSO_4}\downarrow + \underset{\text{碳酸}}{H_2CO_3}$$

$$H_2CO_3 \longrightarrow \underset{\text{水}}{H_2O} + \underset{\text{二氧化碳}}{CO_2}\uparrow$$

在不同温度下，将生成含有不同结晶水的石膏。最经常形成的石膏结晶有二种形式：即带二个结晶水的二水石膏 $CaSO_4 \cdot 2H_2O$ 和带半个结晶水的半水石膏 $CaSO_4 \cdot \frac{1}{2}H_2O$。在高于 100℃中和时，还生成无水石膏 $CaSO_4$。

在实际生产中，中和液中的溶解石膏量超过 0.185%这一数值；一般稳定在 0.23%左右。操作不当将会大大超过，即产生石膏的过饱和溶液，这是因为水解液中不仅含硫酸，且有糖和其他有机杂质，这些成分会阻碍石膏的结晶，增加石膏的溶解度。在水溶液中，硫酸被中和后，石膏结晶的速度取决于温度。例如二水石膏的过饱和溶液转变成饱和溶液的时间在 25℃为 24h；85℃为 30min；100℃为 10min。因而在中和过程中当碳酸钙全部加完后，温度须保持在 70～80℃，继续搅拌 40～60min，让石膏结晶充分成长，使二水石膏的过饱和溶液有一个养晶过程以转变为饱和溶液。

研究指出，在纯净的水溶液中，半水石膏在低温时能转变成二水石膏。这样，当硫酸水溶液在 80℃中和生成的半水石膏和二水石膏混合液，在冷却后由于半水石膏变成二水石膏，又能析出部分沉淀。但在生产上，若水解液中含有胶体物质时，则半水石膏很难转变成二水石膏。随着温度的下降，溶解在中和液中的石膏反会增多。所以，中和操作应注意：

(1) 中和温度应控制在70～80℃注意蛇管加热，防止局部过热，均匀地加入碳酸钙。

(2) 中和终点控制无机酸在0.03%～0.08%，以防止醋酸钙的生成。

(3) 碳酸钙加毕，要不断搅拌，使刚生成的石膏晶种悬浮在液体中，并继续保温，让过饱和度尽快下降，石膏结晶充分成长。这需视水解液的质量而定，一般约需40～60min。

通过实践，分析测定中和液中的石膏含量，检查蒸发器的结垢情况，而后改进操作，进一步提高中和液的质量。

4.2 脱 色

水解液含有多种色素，呈黄褐色，半透明状。在中和过程只是除去水解液中的无机酸，而色素仍残留在中和液内。这些色素来自几个方面，首先是玉米芯和蔗渣均含天然的花青素(Cyanidin)和含氮物质，在水解过程会进入水解液。这种色素的色度随pH值而变化，当碱性升高时，色泽加深；酸性增大时，色泽变浅。其次是水解过程的几种成色反应，如糖类受热焦糖化反应；糖类和氨基酸的美拉德反应以及水解液和铁等金属产生的反应，均会使水解液色泽加深。这些色素若不除去，将会对氢化过程的催化剂产生严重污染并使其中毒。所以脱色过程是木糖醇生产的重要净化过程。

木糖醇生产的脱色工艺和其他制糖工业相同，也是采用脱色剂固相吸附色素脱色的方法。常用的脱色剂有活性白土、骨炭和活性炭。选择脱色剂需考虑脱色效果好、来源易得、价格适当等因素。一般多选用活性炭。活性炭具有发达的孔隙结构、很大的比表面积和巨大吸附力，对吸附色素有广谱性。脱色过程还应重视溶液的粘度。因为粘度决定于溶液的浓度和温度，色素分子是通过扩散逐步吸附到脱色剂上，溶液适当加热，能降低粘度和加剧分子运动，有利于吸附过程。但增温不当，也会破坏溶液成分并会使已被吸附色素解吸。活性炭用量在对糖消耗10%以下时，水解液的透光度随着活性炭用量的加多而增大。当活性炭用量大于对糖15%以上时，因水解液中有些色素不被活性炭吸附，脱色效果不再增加。

常用的脱色工艺有两种，即水解液脱色和糖浆脱色。水解液脱色又分先中和后脱色和先脱色后中和两种工艺。前者是将已经中和的水解液先过滤一次，而后加入活性炭脱色，用炭量对糖10%～15%，温度75℃，搅拌1h，过滤后滤液透光度达到85%。滤饼是废炭，可供下一中和液预脱色用，藉以减少活性炭消耗。后者是水解液加入活性炭脱色后，不予过滤，即施加碳酸钙中和至pH值3，减少一道过滤工序，但废炭滤饼不能重用，滤液透光度达到80%。此外，由于中和脱色液浓缩时还会生成新的色素。还有一种浓糖浆脱色工艺，即水解液经中和、过滤、浓缩得到含糖35%左右的糖浆，而后以同样对糖数量10%～15%的活性炭，在温度75～80℃，搅拌2h，再行过滤。这样得到的糖浆透光度比中和脱色液浓缩的糖浆要好，质量相对提高。但糖浆脱色、过滤过程糖损失大，一般糖收率只有85%，而中和液脱色、过滤糖收率达95%以上。为此，采用浓糖浆脱色工艺时，必须先将中和液洗出糖浆脱色滤饼内的糖分，使中和液糖分从5%增至6%以上。这样可使糖浆脱色过程糖分收率达到90%以上。

水解液通过脱色，外观由黄褐色不透明变成浅黄透明，透光度由5%提高到80%，取得显著的净化效果。脱色过程采用的脱色剂活性炭价格较贵，必须做好回收利用，以降低生产成本，前述的废炭回用，可使活性炭用量对糖从10%降至7.5%，并保持透光度在80%左右。但该法在实施中有一定限度，过多的回用会导致废炭的解吸，污染溶液。同时随着过滤总量的增加，还会增加过滤的损失。一种改进的脱色过滤方法是将活性炭预先放入压滤板框中，将中和液从左到右通过压滤机，即以固定床进行脱色。中和液通过20个板框，最先经过第1个板框，它承受着最大的色素负荷。随后依次进入各个板框，直至第20个。这样能较大地提高脱色效果，降低活性炭消耗。该法已在葡萄糖生产中普遍采用。

4.3　蒸　发

水解液需经蒸发浓缩。蒸发不只是去除水分，提高水解液的浓度，且起着净化半成品的作用。一是随着蒸发过程，挥发性有机酸被蒸出。因中和过程只除去无机酸；醋酸等挥发性酸还残存溶液中。二是中和过程产生的溶解性硫酸钙，随着蒸发浓缩程度的提高，相应地析出。这些析出的硫酸钙不完全悬浮在糖浆中，有部分沉积在加热管表面，造成蒸发器的结垢。蒸发过程也伴随着一些副作用，主要是糖类在蒸发过程受热，进一步和非糖有机杂质反应，致使糖浆产生新的色泽。所以蒸发工艺的确定，不仅是决定于糖浆浓度，更重要的是其质量和纯度。

据试验，中和脱色液样品的折光为6.7%，纯度为78.5%，当浓缩到折光25.2%时，灰分降为原有的73.4%，有机酸为原有的61.8%，当浓缩到30.8%时，灰分降至65%，有机酸降为51.2%；当浓缩到36%时，灰分降至56%，有机酸降为41.7%；而当浓缩至42%时，灰分下降很少，为原有的53.4%，有机酸相反上升为原有的45.2%。因此，从蒸发过程中有机酸和灰分的去除效果来看，浓缩至36%以上是没有必要的。

常用的蒸发器有中央循环管蒸发器、升膜或降膜蒸发器、刮板薄膜蒸发器等。根据实践，中和脱色液的蒸发以升膜或降膜蒸发效果较好。升降膜蒸发采用较长的列管，以便取得较薄的液膜、较快的线速和更好的传热效果。但往往由于中和脱色液中残留的可溶性硫酸钙的干扰及其在加热管表面的沉积，使薄膜蒸发失效。蒸发有时亦采用外循环短管升膜蒸发，以便于经常清洗结垢的列管，如果水解液采用离子交换脱酸，那么这种中和脱色液比较适合采用降膜蒸发。至于刮板薄膜蒸发，则适用于高浓度高粘度溶液的蒸发，例如木糖醇膏的蒸发。

目前采用的中和脱色液蒸发工艺规程，按双效蒸发时为：第一效真空度16～20kPa，分离室液温95～98℃，溶液浓度10%～12%；第二效真空度80～93.3kPa，分离室液温65～70℃，蒸发浓缩终点控制溶液浓度35%左右。所得糖浆质量是：

还原物	33%～35%	总酸	0.8%～1.0%
纯度	83%以上	无机酸	0%～0.1%
灰分	2.5%以下	有机酸	0.5%～0.9%

蒸发过程的控制，主要在于节约蒸汽和尽可能地提高糖浆的纯度。但这往往被蒸发过程产生的结垢所影响。中和脱色液的蒸发结垢主要来自硫酸钙，但亦夹杂其他有机物如焦糖等，所以较难清除。结垢会降低蒸发效率，因金属传热系数大，如铜是350、合金钢是15～30，而石膏（硫酸钙）仅是0.4。当加热管表面结垢厚度有0.2mm时，传热效果就差，水分蒸发减少2/3。为此做好蒸发防垢十分重要，采取的措施主要有以下几个方面：

(1) 控制中和液中硫酸钙含量，理论上硫酸钙溶解度是0.21%，但操作不当，硫酸钙含量过饱和可至0.24%～0.26%，这样就更易结垢。

(2) 控制加热管的蒸汽温度，特别是刚刚经过清洗的加热管，其蒸发效果较好，不宜施以强热。一般清垢周期如是7天，夹套蒸汽温度从100℃升到120℃应每48h升高10℃。

(3) 控制蒸发液的回流速度和液面。当采用外加热蒸发时，回流速度决定于加热温度和真空度以及回流管直径的大小和洁净程度。正常操作时，回流速度快，产生一定的冲刷作用，保持着正常的进液量，使加热管中有一定的液面，可防止管中干结生成焦糖，避免结垢的快速生成。

蒸发器加热管结垢的清除，一般采用机械法，常用工具是相同于锅炉清垢的旋转清管器。利用清管器头部高速旋转以刮出管壁的结垢，正常情况下，每周清垢一次。机械清垢缺点是易使加热管壁磨损。为提高清垢效果，也可用氢氧化钠溶液对结垢进行预煮。木糖结垢主要是钙盐及含焦糖等有机物，这些物质能溶于碱性溶液，如用2%～3%的氢氧化钠溶液，加热10～20h，可使管内结垢部分溶解和软化，便于清除。

4.4 离子交换净化

水解液经过中和、脱色、过滤、蒸发后成为糖浆，纯度在85%左右，外观呈棕色、不透明，含有原料中带来的灰分，中和产生的可溶性盐类，有机酸及残存的无机酸，以及脱色过程未除去的色素、胶体等物质。在氢化前这些杂质需进一步净化，不然会使催化剂钝化和中毒。为此要进行离子交换净化，使溶液纯度达到95%，以符合氢化要求。净化也可采用结晶方法，使木糖从糖浆中结晶出来，而后溶解于蒸馏水中，以纯木糖溶液进行氢化。但这种方法木糖结晶品的收率只有总糖的50%，将近一半损失掉，远不及用离子交换净化糖浆的方法，该法糖收率可达90%。

木糖醇离子交换净化常用的离子交换树脂有：强酸性阳离子交换树脂如苯乙烯-二乙烯苯磺酸树脂及酚醛磺酸树脂；弱碱性三聚腈胺树脂；强碱性苯乙烯季胺基多孔阴离子选用适当树脂处理糖浆，可去除90%的有机酸，100%的无机酸，80%以上的灰分和80%以上的含氮物质和色素。

4.5 离子交换净化工艺

根据糖浆的纯度和阳离子阴离子交换树脂的性质，可按阳-阴-阴、阳-阴、阴-阳不同组合离子对糖浆进行净化。糖浆经离子交换净化后，其净化液纯度务必达到95%以上，以符合氢化要求。现将几种木糖浆净化工艺流程列举如下：

(1) 酚醛磺酸强酸树脂-三聚腈胺弱碱树脂-三聚腈胺弱碱树脂流程（体积比1∶1∶1）：所用木糖浆总固形物35%～37%，有机酸对还原物为3%，灰分对固形物为2.5%，每立方米阳树脂投入350～400kg固形物。在加入糖浆前，应先从底部对树脂进行用净化水反冲洗，即反洗。特别是放置过久的树脂，更要充分反洗，直至洗出液无色透明才能使用。投入糖浆前，应先放去树脂上层水，然后加入糖液，流经阳-阴-阴三个离子交换树脂柱，流出的净化液浓度在2%以下，才放入下水道。头部流出在2%～5%、尾部流出在2%～5%浓度的净化液，单独收集，送入洗液罐。所有5%浓度以上的净化液，全部收集作氢化用。当糖浆加毕，先加入上次洗液，顶出树脂层中的糖浆，而后用无盐水（蒸汽冷凝水或经阳离子交换树脂处理过的水）进行顶替，洗出树脂层中的糖分，直到排出液经折光计检验读数为零时止。树脂经交换后要再生，再生操作时阴树脂由下而上注入上次回收的废碱液，使顶部排出液呈碱性，然后静置一段时间，再通入5%浓度的新碱液，使上部排出碱液浓度亦达5%，而后再静置30min，最后用无盐水从上而下洗至洗液中残碱为0.025%为止。阴离子树脂的再生用2%的硫酸，流向从上而下，使排出液硫酸浓度达到2%时，静置30min，然后用无盐水自上而下洗涤树脂，直至洗液中硫酸含量降至0.025%为止。采用阳离子-阴离子-阴离子交换流程，所得净化液的质量分析结果为：还原物12%～15%，总酸0.03%～0.05%，无机酸0，灰分0.03%～0.05%（对还原物），透光度90%，纯度95%～97%。

(2) 苯乙烯强酸树脂-三聚腈胺弱碱树脂（体积比 1∶1.3）流程：交换所用糖浆还原物浓度 35%～40%，总酸 0.6%～1%，无机酸 0%～0.16%，灰分 1.66%～2%，每立方米树脂投入 1t 糖浆。操作方法与阳离子-阴离子-阴离子交换流程同，所得净化液质量为：还原物 12.3%，总酸 0.029%，无机酸为 0，灰分 0.085%，钙 14.9μg/g，透光度 86%以上，纯度 95%以上。

(3) 苯乙烯强酸树脂-多孔强碱苯乙烯季胺基树脂（体积比 1∶1.3）流程：交换所用糖浆还原物浓度 28%～31%，总酸 1.15%～1.2%，无机酸 0.2%～0.3%，透光度 10%～15%。操作方法同前。其所得净化液平均还原糖浓度为 13%～15%，总酸 0，无机酸 0，钙 20μg/g，透光度 90%以上，纯度在 95%以上。

不论采用何种工艺流程，树脂使用一段时间后，因受污染物影响，往往净化液化学成分指标合格而透光度不合格，或者按同样的糖浆负荷，已不能达到原定的质量指标，这时；离子交换树脂要进行反再生，即和正常再生过程所用再生剂相反。一般阳离子树脂用碱液进行反再生。初始反再生洗出液呈棕黄色，应按正常再生那样继续处理，直至阳离子树脂层不再洗出色泽为止。最后用无盐水将洗液中残碱洗至 0.025%。阴离子树脂用酸液进行反再生。一般情况，离子交换树脂在投料几十批后就应进行反再生。阳离子树脂比阴离子树脂需要更多地反再生。

4.6　离子交换净化液的化学组成

符合氢化使用的离子交换液组成应是：

还原糖	12%～14%（不低于 10%）	钙	20μg/g 以下
pH 值	7（不低于 6）	镁	10μg/g 以下
无机酸	无	总纯度	95%以上
透光度	90%以上		

5　木糖加氢成木糖醇工艺

5.1　木糖加氢用催化剂

木糖加氢催化剂常用镍催化剂。是用镍铝合金经碱溶去铝后得到的活性镍，亦叫骨架镍。主要取其制备简便，活性高、选择性好、强度高等优点；缺点是耗费金属镍。由于催化剂的活性决定木糖氢化的效果，提高催化剂活性，对进一步降低每吨木糖醇成品金属镍的消耗，将起决定性作用。

镍催化剂可以采用块状的也可是粉状的。块状的是固定地装在反应设备中，由木糖液通过催化剂区域时完成催化加氢；粉状催化剂则和木糖混合在一起，用高压进料泵将悬浮有粉状催化剂的木糖液打入反应器中。所以块状催化剂催化加氢亦叫固定式加氢，粉状催化剂加氢亦叫悬浮式加氢。此外，用载体的镍催化剂，亦有粉状和颗粒两种。

上述两种方法各有利弊：流动悬浮式催化加氢优点在于催化剂不论什么细度，均能充分应用；催化剂悬浮在溶液中，不增加反应器容积，这大大地提高反应器的有效容积。缺点在于金属粉状催化剂，在管线中特别在用进料泵打入氢化系统时，有很大的磨蚀作用，如对进料泵的拉杆和垫圈之间磨蚀较严重，所以不易在较大规模生产中采用。由于大型的金属粉悬浮液的进料泵加工及运转中存有不少问题，即使是在小规模试验中，悬浮式催化剂有了初步结果时，如扩大到生产中，其系数也不宜放得过大，因其会产生悬浮不良，在反应器中大量沉积。固定式催化剂优点在于催化剂固定地装于反应器中，可连续使用数月；操作方便；没有磨蚀弊病；小型试验数据用于扩大生产时的系数较大。缺点在于催化剂装于反应器内，相对地增加了反应器的容积。与悬浮式催化加氢比较，同样生产能力，需要较大的氢化反应器。

不论是块状还是粉状的合金，均需用氢氧化钠处理，将合金中的铝溶去部分或大部分，使其具有活性。活化反应式如下：

$$\underset{\text{铝}}{2Al} + \underset{\text{氢氧化钠}}{6NaOH} \longrightarrow \underset{\text{铝酸钠}}{2Al(ONa)_3} + \underset{\text{氢}}{3H_2}$$

经过活化好的催化剂，可暂存于水中，或酒精内，经短期存储其活性变化不大，若长期存放，则活性下降。应注意地是，存放期超过半年的催化剂不宜使用。

5.2 木糖加氢过程的氢化反应和副反应

木糖是含有4个羟基和1个醛基的五碳糖。木糖氢化实际上是木糖的羰基（C=O）在有催化剂存在下，加温加压，氢化还原成羟基的反应。如下式所示：

$$\underset{\substack{\text{木糖}\\150}}{\begin{array}{c}\text{O}\\ \| \\ \text{C—H}\\ | \\ \text{H—C—OH}\\ | \\ \text{HO—C—H}\\ | \\ \text{H—C—OH}\\ | \\ \text{H—C—OH}\\ | \\ \text{H}\end{array}} + \underset{\substack{\text{氢}\\2}}{H_2} \xrightarrow[\substack{120\sim130℃\\6.5MPa}]{\text{Ni 催化剂}} \underset{\substack{\text{木糖醇}\\152}}{\begin{array}{c}\text{H}\\ | \\ \text{H—C—OH}\\ | \\ \text{H—C—OH}\\ | \\ \text{HO—C—H}\\ | \\ \text{H—C—OH}\\ | \\ \text{H—C—OH}\\ | \\ \text{H}\end{array}}$$

理论上每150g木糖，只要2g氢。在标准状况下，每升氢重0.09g，故150g木糖需要22.2L的氢气。亦即每吨木糖转化成木糖醇理论上需要氢134.6m^3。

木糖氢化是植物纤维原料制取木糖醇的一个关键步骤。氢化反应效果的好坏，决定木糖醇的质量和产量。当氢化转化率（氢化前木糖减去氢化后残余木糖与氢化前木糖之比）高，则浓缩结晶过程的氢化液、结晶快、纯度高、木糖醇的得率也高。

由于糖类加氢需要在碱性溶液中进行，在加氢过程也会产生副反应：一是糖类的同分异构化，如葡萄糖会转化成部分的甘露糖和果糖。二是糖类在碱性介质中，由于加热尚未进入催化剂区间，或催化剂活性下降，会使糖类焦化。从生成的氢化液呈黄棕或棕红色，可以判断糖类在反应过程中焦糖化。所以仅仅从氢化液的残糖测定，来判定其转化率，并非是最理想的方法，主要取其简便易行。

氢化过程最经常的副反应，是木糖的氧化还原反应（康尼查罗反应）。当木糖液在氢化前用氢氧化钠调节pH值至7～8以后，经过氢化反应，氢化液的pH值降至5。这从氢化液中分析有微量溶解的镍，也足以说明木糖液氢化过程有酸产生。一般康尼查罗反应是指在有碱存在情况下，醛基转化为相应的醇和酸的反应。例如糠醛用氢氧化钠使生成糠醇和糠酸。木糖溶液呈碱性时，在氢化过程由于有骨架催化剂的存在，亦产生康尼查罗反应。其反应机理如下：

$$RCHO + NaOH \longrightarrow RCH(ONa)OH$$

$$RCH(ONa)OH \longrightarrow RCOONa + H_2$$

$$RCH(ONa)OH \longrightarrow RCH_2OH + NaOH$$

5.3　木糖氢化工艺流程和效果

（1）木糖液（净化液）氢化流程示意如图 22-1。

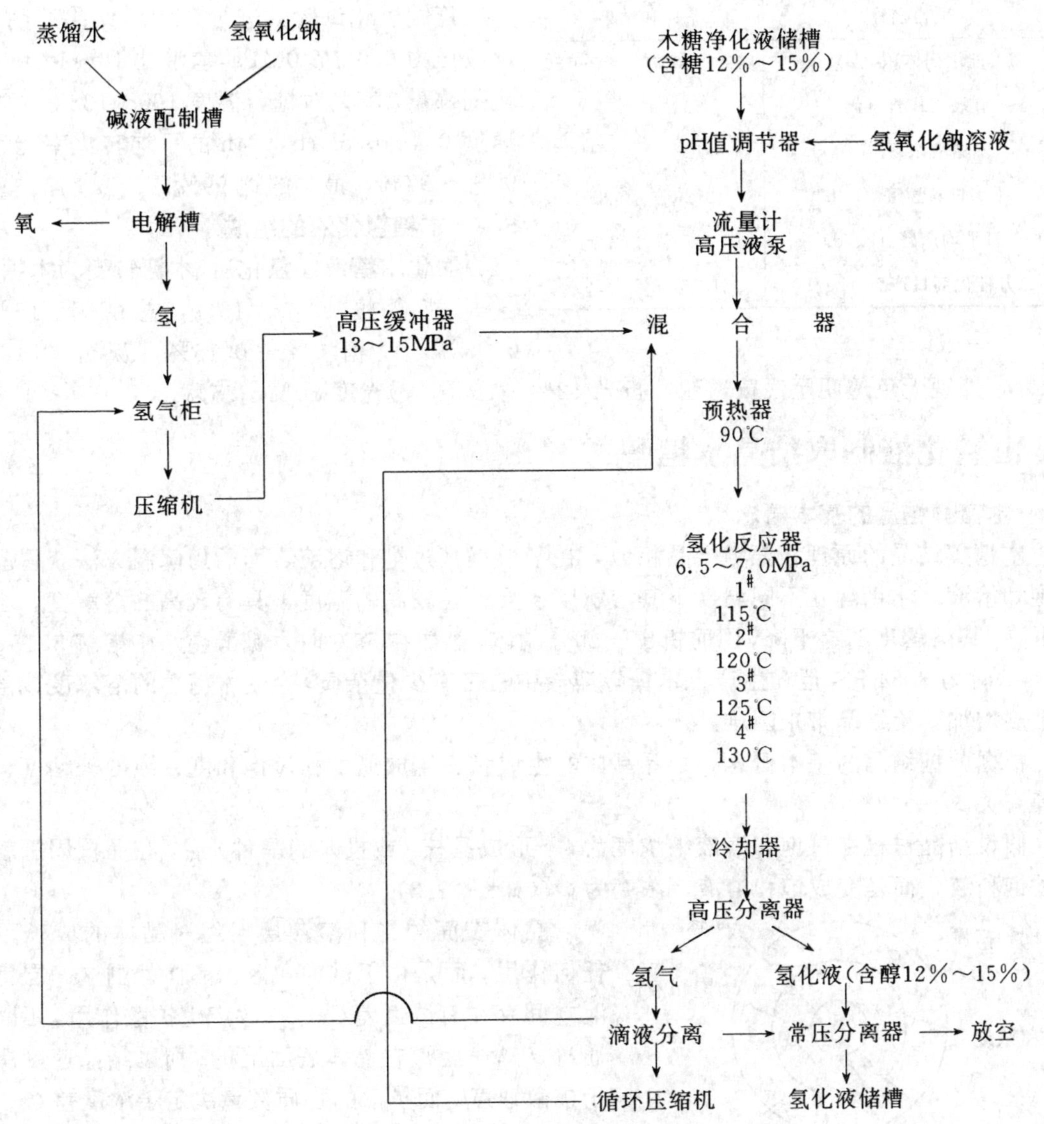

图 22-1　木糖液氢化流程示意

（2）骨架镍催化剂对木糖液连续氢化的效果见表 22-2。

（3）硅藻土载体镍催化剂连续氢化效果。

条件反应压力（MPa）：6.5～7.0

压缩氢液比：10～12：1

催化剂用量（镍对糖）（%）：1，1.2，1.5

反应温度（℃）：120～125，125～130，130～135，137～138

进料速度（L/h）：0.8～1，0.6～0.8，0.4～0.5

净化液糖浓（%）：12～14

表 22-2　骨架镍催化剂对木糖液连续氢化的效果

项目名称	条件和结果	
催化剂体积（L）	140～150	140～150
有效工作日（天）	58	73
木糖液浓度（%）	12	10
平均进料速度（L/h）	0.80	0.85
日平均产醇（kg/d）	225	277
每升催化剂日产醇（kg/L）	1.55	1.9

连续氢化试验共进行22天，结果表明：在反应压力6.0～7.0MPa，氢液比10～12：1，催化剂镍量1.5%对糖，温度130～138℃，进料速度0.4～0.5L/h，24h的平均转化率能达到96%～97%，最高的达99%。

5.4　木糖氢化液的组成

净化木糖液经氢化后，木糖转变为木糖醇。氢化液含醇12%～15%，总酸0.015%～0.05%，残糖0%～0.15%，灰分0.1%～0.2%，外观无色透明至浅黄透明，折光12%～15%，透光度80%～85%。

6　由氢化液制取结晶木糖醇

6.1　木糖醇结晶的基本概念

木糖醇结晶的原理和蔗糖结晶相似，在于取得其过饱和溶液，而后用降温方法获得晶体和饱和溶液。木糖醇在不同温度下其溶解度各异；在较高的温度下具有较高的溶解度，当温度下降，其溶解度随之下降，因而析出一部分晶体。例如在55℃时木糖醇在水中溶解5.13倍，而45℃时为3.54倍，但在生产上木糖醇溶液中常带有少量杂质，会使木糖醇的溶解度或溶液的粘度增加，给结晶带来困难。

根据蔗糖结晶的基本概念，结晶晶体的生成量、生成速度和过饱和度、纯度、粘度、温度等有关。

假设结晶过程在过饱和溶液中浓度为C，形成晶核（或投入的晶种）后，在晶核周围就没有过饱和液，而是变成饱和溶液，浓度为O（如图22-2）。

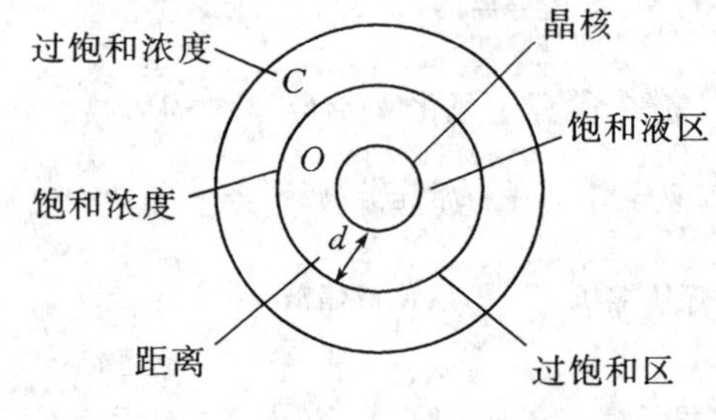

图22-2　木糖醇结晶过程模式

晶体表面的饱和溶液层已经对晶体的成长不起任何作用，而是由于过饱和区和晶体外围这一层饱和液之间存在有浓度差$C-O$，故产生扩散作用，不断地通过d这一距离在晶体表面沉析。所以结晶速度决定于扩散速度，而扩散的物质数量决定于浓度差$C-O$，并和其成正比，而和距离d成反比。另外晶体生成量当然也和过饱和液中的晶核总表面积及时间成正比。

而扩散速度是和温度成正比，与粘度成反比，即温度高，粘度也小，扩散速度就快。但温度高时，其溶解度大，亦即其过饱和度也小。从上所述可列为下式：

$$结晶速度=\frac{常数\times温度\times浓度差}{粘度\times距离}\times时间\times表面积 \tag{22-1}$$

例如饱和溶液的过饱和度为 1，过饱和区为 1.1，则浓度差为 1.1－1＝0.1，如过饱和区为 1.2，则浓度差是 1.2－1＝0.2，则其结晶速度能比前者快 1 倍，但当过饱和度增加，粘度也增加，所以在结晶过程提高过饱和度，有时增加结晶速度，有时因粘度相对增加，而降低了结晶速度，一般生产上过饱和度采用不超过 1.2。至于结晶中搅拌的作用，亦很重要，在于防止浓缩物在结晶过程长久静止，晶体沉降到下部，同时木糖醇浓缩物比较浓厚粘稠，在晶体形成后，尽量使晶体通过搅拌由饱和区的包围中转入过饱和区。

到结晶后期，晶种长大，物料已相当稠厚，此时搅拌作用并不明显。

6.2　木糖醇结晶工艺流程

木糖醇结晶工艺流程如图 22-3。

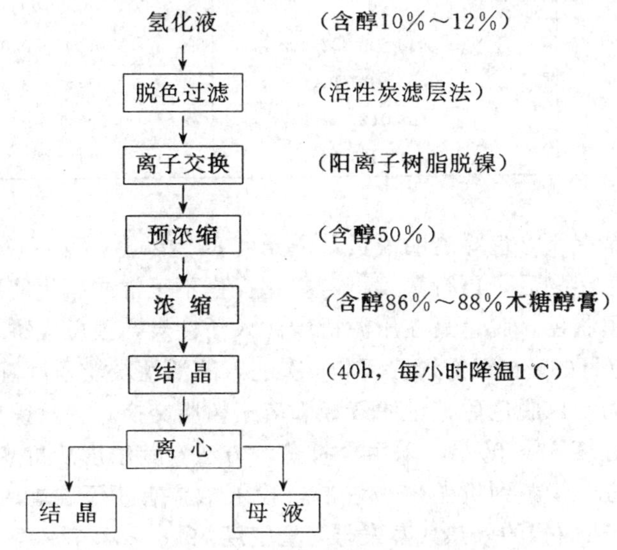

图 22-3　木糖醇结晶工艺流程

6.3　氢化液净化条件的选择

氢化液是由木糖净化液加氢得到。一般情况下，其质量决定于净化液的质量。净化液纯度皆在 95%以上，以氢化液制取结晶木糖醇理应比较容易，但由于加氢过程中有多种原因造成氢化液纯度下降。例如：反应温度偏高，pH 值过碱等均会使氢化液的旋光度即纯度下降，因此氢化液在结晶前必须净化，然后才能浓缩成木糖醇膏，进行结晶。

据国外经验，氢化液必须经过离子交换，以增进纯度，降低粘度，提高结晶木糖醇的收率。但离子交换工序手续繁杂，成本较高，耗酸碱多。为此作者在实验室进行了氢化液离子交换和不交换的对照试验。采用阳-阴流程，阳树脂为 732，阴树脂为 AH-1，进行离子交换。其结果见表 22-3、表 22-4。

上述氢化液离子交换净化结果表明，只要氢化前糖浆离子交换净化质量好，氢化过程稳定，氢化液质量优异，可以不经离子交换，只需脱色即可浓缩、结晶。但在实际生产中，由于多种因素影响，难以保证氢化液的纯净和产品含镍指标的合格。在氢化液脱色后，进行一次阳离子树脂交换是十分必要的。

表 22-3 氢化液离子交换前后

	木糖醇（%）	残糖（%）	重金属（%）	灰分（%）
交换前①	11.95	0.16	0.000 8	0.052
交换前②	11.98	0.14	0.001 6	0.035
交换后①	11.95	0.16	0.000 4	0.01
交换后②	11.98	0.13	0.000 4	0.01

表 22-4 不同氢化液结晶情况

	氢化液不经离子交换结晶	氢化液经离子交换结晶
木糖醇（%）	98.24～97.14	97.92～96.38
多　糖（%）	0.82～0.91	0.65～1.09
重金属（%）	0.000 3	0.000 125
灰　分（%）	0.019～0.022	0.041～0.061
水　分（%）	0.57～0.71	1.37～2.33
氯化物（%）	0.012	0.000 8～0.000 25
硫酸盐（%）	0.001 5	0.000 13

6.4 氢化液制木糖醇膏

在氢化液质量较好情况下，色泽透明浅黄，透光度80%以上，可不脱色，直接过滤，去除氢化液中的催化剂等悬浮物后，再行蒸发。若氢化操作不正常或净化液质量差，氢化液带有黄色和浅棕色，则必须脱色。脱色是在压滤机中注入活性炭，预压成饼，然后将氢化液从压滤机中通过，即达脱色目的。在正常情况下，一次注入的活性炭能通过氢化液40t左右。具体加量应视氢化液质量而定，脱色后，过滤液经阳离子树脂交换，去除镍离子后，在升降膜式蒸发器中蒸发。夹套温度85～90℃，采用分批蒸浓方法，其浓度从折光10%蒸到50%～60%，称为预蒸发。再进一步蒸到折光80%左右，投入结晶槽进行结晶。

若预蒸发用14m^2加热面积的外热式蒸发器，真空度79.8～82.5kPa，每小时进料（13%含醇）360L，蒸出水量266L/h，得到预蒸发液中醇含量在50%左右，进一步浓缩到折光80%（含醇86%～88%），采用升降膜式蒸发器加热面积12m^2，夹套温度110℃，真空度82.5～84.0kPa，每小时进料（含醇50%）600L，蒸出水量270L左右，得到含醇86%～88%的木糖醇膏340kg左右。

6.5 木糖醇膏的结晶和离心

木糖醇必须采用助晶槽降温结晶方法制取结晶木糖醇，故结晶前木糖醇膏的浓度，应尽可能高一些，这样结晶收率也能相应提高。实验室研究结果表明：含醇83%的木糖醇膏，结晶收率只有31%；而90%的木糖醇膏其结晶收率可达76%，但亦不能将浓度提得过高，因木糖醇溶液的粘度随着浓度提高而增大。55℃时72%的浓度，粘度15.8×10^{-3}Pa·s，而浓度89.2%时，为220×10^{-3}Pa·s。粘度太大结晶困难，生成的晶粒小，分离也困难，所得结晶纯度也差。所以，木糖醇浓度应视氢化液纯度选择86%～88%为宜。最高不超过90%。

为使结晶过程中得到较大晶体，在离心时易于分离，应采用较高的温度，较小的粘度和较低的过饱和度中进行结晶。

采用逐步降温方法，能保持较低的过饱和度和较高的温度，其结晶收率得以提高。例如在实验室以母液进行结晶试验，在不同降温速度下其离心结晶收率（对醇）见表22-5。

木糖醇膏通过40h结晶，物料从透明变成不透明糊状物，在温度降至25～30℃，即可投入离心机分离。

采用三足式离心机对不同含醇量的木糖醇膏进行分离，转速为1 000r/min，离心30min即可。以工业生产投料1 000kg为平均测算单位，不同木糖醇膏含醇量，其结晶木糖醇收率见表22-6。

表22-5　降温速度与结晶收率的关系

降温速度	浓度（%）	收率（%）
每3h降1℃	91.8	50
每2h降1℃	91.3	48
每1.5h降1℃	92.5	43
迅速冷却	90.1	42.5

表22-6　木糖醇膏含醇量与木糖醇收率的关系

含醇量（%）	结晶收率（对醇膏%）
82.0	49.3
82.4	50.6
84.5	54.8
86.2	54.0
86.5	54.5

7　木糖醇的质量指标和分析方法

木糖醇是一种营养性甜味剂。木糖醇使用卫生标准，我国规定可以根据加工食品的需要添加，不予限制。1990年全国食品添加剂标准技术委员会通过了木糖醇国家标准GB13509-92。规定的技术要求为：

（1）外观和感观为白色结晶或晶状粉末，味甜，无异味，易溶于水，微溶于酒精和甲醇。

（2）项目指标见表22-7。

表22-7　项目指标

项　　目	指　　标	项　　目	指　　标
总醇（%）	＞98	灼伤残渣（%）	＜0.5
其中木糖醇（%）	＞92	还原糖（以葡萄糖计）（%）	＜0.5
砷（以As计）（%）	＜0.000 3	熔点（℃）	88～90
重金属（以Pb计）（%）	＜0.001	其他多元醇（%）	＜5
干燥失重（%）	＜1.5		

木糖醇和多元醇用气相色谱法分析；砷按GB—8450、重金属按GB—8451测定；干燥失重按五氧化二磷真空干燥法测定；灼烧残渣按硫酸湿润、炭化、灰化法测定。

8　木糖醇的主要性质和用途

在自然界，木糖醇广泛存在于各种水果、蔬菜中，如草莓含有362mg/100ml，莴苣含有131mg/100ml，人体血液中也含有0.03～0.06mg/100ml木糖醇。木糖醇和蔗糖具有相同甜度和热量，具有广泛用途。

8.1　木糖醇的主要性质

(1)木糖醇的甜度：木糖醇与其他糖和糖醇的10%浓度的水溶液，其甜度若按蔗糖为100，在20℃时，经实测结果是：木糖醇100，山梨醇48，甘露醇55，果糖130，葡萄糖69，木糖

67，麦芽糖40，乳糖30。

(2) 木糖醇的物理性质：木糖醇和蔗糖的物理性质比较见表22-8。

表22-8 木糖醇与蔗糖的物理性质

项目	木糖醇	蔗糖	项目	木糖醇	蔗糖
分子式	$C_5H_{12}O_5$	$C_{12}H_{22}O_{11}$	20%	1.67×10^{-3}	2.03×10^{-3}
分子量	152.15	342	40%	4.18×10^{-3}	6.17×10^{-3}
熔点（℃）	93～94.5	179～186	50%	8.04×10^{-3}	16.42×10^{-3}
相对密度	1.5	1.59	60%	20.63×10^{-3}	58.5×10^{-3}
溶液相对密度：10%	1.03	1.04	溶解热（J）	145.1	18.1
20%	1.07	1.08	比旋光度 $(\alpha)_D^{20}$	无	+66.5
40%	1.15	1.18	热量（kJ/kg）	16.93	16.93
60%	1.23	1.29	可发酵性	—	+
溶液粘度（Pa·s）：10%	1.23×10^{-3}	1.31×10^{-3}			

(3) 木糖醇的主要化学性质：木糖醇受热，分子内部脱水，成为环状失水木糖醇，和各种有机酸反应生成酯类，但与氨基酸不产生美拉德反应（褐变反应）；和硝酸成硝酸酯，和糖类成糖苷，与阳离子金属和硼砂能形成络合物。

(4) 木糖醇的生物化学特性：木糖醇参与人的机体组织交换和对酶活动过程产生影响。当人体服用木糖醇后，通过磷酸-木酮糖侧路和糖醛酸侧路代谢。大约有50%～60%经正常代谢为二氧化碳，排泄出体外为4%～20%，有20%～30%被转化成糖元储存在细胞中。木糖醇进入血液不需胰岛素就能透过细胞膜成为组织营养。当人体对糖代谢异常时，木糖醇能正常代谢。木糖醇有特殊的抗酮体作用，不被酵母和链球菌利用，不产生成醇发酵。

8.2 木糖醇的主要用途

(1) 食品工业：木糖醇可作为甜味剂加工成多种食品，如糖果、巧克力、饮料、果酱、糕点、饼干等。主要作为糖尿病人专用食品。此外，木糖醇有防龋特性，是防龋食品的重要原料之一。国外最近流行的无糖口香糖，即是以木糖醇、山梨醇等糖醇为甜味剂生产的。木糖醇和脂肪酸生成的酯类，是食品工业的一种油水乳化剂，已被国家批准作为食品添加剂。

(2) 医药工业：木糖醇能降低糖尿病人的血糖值，减轻"三多"症状，是糖尿病人的辅助治疗剂。在日本、德国、前苏联等国，均批准木糖醇作为药物出售。有针剂、片剂、粉剂等各种剂型。日本还将其列入营养药物目录，作代谢调节剂。由于木糖醇有润肠作用，前苏联还批准作缓泻剂使用。

(3) 轻工业：木糖醇可代替甘油作保湿剂，如在牙膏生产中和甘油混用，能增加赋型效果。在纸张中可作增韧剂、卷烟中作保湿加香剂。

9 木糖醇的生产技术发展趋势

9.1 木糖醇生产的主要技术经济问题

木糖醇是以农林植物废料所含的戊聚糖为原料、经水解、净化、氢化等工序而制成。其工艺流程较长，耗费化工材料和水、电、汽均比一般食品加工要多。因此木糖醇生产成本高，其销售价要高出白糖10倍以上，成为进一步开拓木糖醇市场的障碍。据了解，木糖醇生产中存在的主要技术经济问题是：

（1）水解液浓度低，一般只有 3%～5%。木糖醇生产从水解液中所含的木糖经过繁杂工艺，最后得到固体结晶木糖醇，这其间耗费大量的蒸汽。

（2）工艺流程长，过程损失多。从原料中所含戊聚糖计算，理论上只需 3～5t 原料就能得到 1t 木糖醇，但实际生产中，氢化后溶液中所含木糖醇约需 6～10t 的原料；而通过浓缩结晶，最终得到结晶商品木糖醇，每吨产品需消耗原料（按不同戊聚糖而定）10～15t。

（3）水解液净化效果差，消耗化工材料多。现行工艺包括中和、脱色、交换、蒸发等工序，其中仅净化溶液即需大量消耗化工材料，占木糖醇生产成本的主要部分。如每吨木糖醇仅脱色就耗用活性炭 200～250kg。

针对上述问题，如何在保证质量前提下，提高得率，减少消耗，降低成本就成为木糖醇生产和科研工作的努力方向。

9.2　主要技术发展趋势

我国木糖醇生产经过 20 多年的实践，技术相对成熟，生产趋于稳定。为了使木糖醇生产提高到一个崭新水平，根据国内外相关行业的技术发展状况，今后我国木糖醇生产应该也可能在技术上有更大的进展。

（1）连续水解。水解过程实现连续化，可使物料在反应区停留时间缩短，减少糖类分解和破坏，提高水解液的纯度。连续水解还能以小液比进行，水解终了，在罐外浸提水解液，进行逆流萃取，从而大大提高水解液的浓度。瑞士一公司中试结果表明，玉米芯水解液的还原物浓度能达到 10%。采用连续水解可将间歇水解中的装料、升温、水解、排液、排渣的全部过程串连一起，使操作周期从十几小时缩短到两小时，且水解器容积相应减小约 90%。也就是说：间歇水解需要 $100m^3$ 的水解器总容积，连续水解仅需 1 台 $10m^3$ 水解器即可。

（2）蒸汽的节约利用：为减少木糖醇生产的蒸汽消耗，除提高水解液浓度是根本措施外，国外已有成功的蒸汽再压缩经验；即将蒸发过程产生的二次蒸汽，用蒸汽压缩机，使二次蒸汽压力做进一步提高，再次成为可利用的热源。蒸汽再压缩机又称热泵，在大量消耗蒸汽的企业均能采用。据经验，在一效蒸发过程产生的二次蒸汽温度为 90℃时，经蒸汽再压缩机压缩后，二次蒸汽的温度可升高到 125～130℃，再返回到蒸发器的加热管使用。蒸汽的回收率达 94%，每吨回收蒸汽耗电 35～40kW·h。这种节能技术，在水力发电地区，具有很大的经济效益。

（3）柱上吸附分离技术：水解液所含糖分不仅是木糖，尚有阿拉伯糖、葡萄糖、甘露糖等其他糖类。在氢化后，氢化液中就相应地含有木糖醇、阿拉伯醇、山梨醇、甘露醇等各种糖醇。为了获得高纯度的木糖或木糖醇溶液，芬兰糖业公司推出了一种柱上吸附分离法。该法主要原理是利用离子交换树脂对各种糖类的不同的吸附力给以分离。当糖溶液进入树脂层后，在洗脱时，不同的糖类就依次地从树脂层洗脱下来，从而达到分离纯化的目的。但是不同糖类的洗脱不可能绝然分开，往往是交叉着的，即前一个的尾部和后一个的头部交叉，真正纯净的部分只有一半，甚至不到一半，这些交叉混合的糖液，还需反复吸附分离，操作比较麻烦；再则溶液脱色后进入分离柱，其洗脱液表观没有什么变化，如何把不交叉的纯净部分及时切割回收，全赖仪器自动控制，一旦仪器失灵或稍有误差，就会造成分离效果下降，甚或分离不出。因此该技术虽能达到分离纯化目的，但操作控制极难，并不十分理想。

参 考 文 献

1. Холькин Ю И. Технология гидролизных производств. Москва：Изд. Лесная промышленность，1989
2. Корольков И И. Перколяционный гидролиз растительного сырья. Москва：Изд. Лесная промышленность，1978
3. 南京林业大学．木材化学．北京：中国林业出版社，1990
4. Sarkanen K V. Lignins. New York：Wiley interscience，1971
5. Шарков В И. Техлогия гцдролизного и сульфитноспиртового производства. Гослесбумиздат. 1959
6. 南京林学院．植物水解工艺学．北京：农业出版社，1961
7. Ржаников Н Н. Интенсмфикация процисса гидрошза Гилп，1988，16：20～22
8. 黄镇亚．木材微生物及其利用．北京：中国林业出版社，1985
9. Мартыненко. К Д. Технологицеское обрудование гидролизного производство. Москва：изд. Лесная промышленность. 1987
10. 勃列瓦柯 E A 等著．酵母生产工艺学．冼学源等译．北京：轻工业出版社，1959
11. 南京林产工业学院．林产化学工业手册．北京：中国林业出版社，1980
12. 上海市科学技术编译馆等译．食用酵母的生产和研究．上海：上海科学技术出版社，1962
13. 王定昌等．饲料酵母技术考察报告，1985
14. 常尚智．江苏食品与发酵，1986，4：24
15. 王传槐．南京林学院学报，1986，1：125
16. 王宜庆．江苏食品与发酵，1986，4：6
17. 南京林业大学．林产工业微生物学．北京：中国林业出版社，1991
18. 余世袁，罗廉，李杰等．休哈塔假丝酵母对半纤维戊糖和己糖的同步发酵．林产化学与工业，1991，11（1）：17～24
19. 华南工学院等．酒精与白酒工艺学．北京：轻工业出版社，1981
20. Морзов Е Ф. Производство фурфурола. Москва：Изд. Лесная промышленность. 1979
21. 江苏省轻化工业厅纤维水解研究所．植物纤维水解生产．北京：化学工业出版社，1974
22. 刘正添，沈兆邦．国外糠醛资料．中国林业科学研究院林产化学工业研究所，1978，20～28
23. 南京林产化学工业研究所．稀酸加压水解棉籽壳糠醛残渣制酒精中试点总结报告．
24. Цирлин Ю А. Ректификация фурфурола. Москва：Изд. Лесная промышленность，1971
25. 董玉荣．糠醛初馏塔的塔板选型与塔板数计算．糠醛工业，1983，(1)
26. 杨会同，武剑英．糠醛水洗与精制的探讨，糠醛工业，1985，(1)：9～10
27. Paturan J M. By-products of The Cane Sugar Industry，120～128
28. 姜贵林．我国糠醛生产原料及其醛渣的化学成分分析与利用．林化科技通讯，1987，(3)
29. 任鸿钧．糠醛废渣的有效利用．水解工业，1983，(1)
30. 袁文政等．关于全烧糠醛渣锅炉改造措施的探讨．糠醛工业，1987，(4)
31. Dunlop A P，Peters F N. The Furan，1953
32. Пономарев А А. Синтезы и реакций фурановых вещесть. изд. Саратовского университета，1960
33. Biomass handbook
34. 尤新．木糖醇的生产和应用．北京：轻工业出版社，1984
35. ИЗДАТЕЛЬСТВО АКАДЕМИЙ НАУК ЛАТВИИСКОЙ ССР，ВОПРОСЫ ИСПОЛЬЗОВАНИЯ ПЕНТОЗАНСОДЕРЖАЩЕГО СЫРЬЯ РИГА 1958

第7篇

木材热解

第23章 木材热解过程及其机理

高尚愚

1 木材热解的原料

1.1 原料的种类

最早用于烧炭的原料是薪炭材，随着木材热解工业的发展，目前已能使用多种原料，如森林抚育过程中的间伐材、倒地木，森林采伐时的枝丫、梢头、伐根，木材加工过程中的树皮、截头、板皮、木片、木屑，以及各种果核、果壳（如杏核、桃核、椰子壳、核桃壳、油茶壳等）。近来，浸提松香后的明子木片、水解木质素、糠醛渣、栲胶渣、纸浆废液等有机类工业废渣，也逐渐作为木材热解工业的原料使用。可以说，几乎所有的木质性有机物，都可以用作木材热解的原料。

1.2 对原料的基本要求

木材热解工业对原料的要求随工艺路线、产品结构不同而不尽一样。以木炭为例，由于原料树种、炭化方法不同，所生产出的木炭性质也不一样。用麻栎、水青冈、榆木等硬阔叶材为原料生产的木炭，质地坚硬，适于冶金工业等部门使用；用松木、杉木等针叶材为原料生产的木炭，质地疏松、易于活化，则适于生产粉状活性炭。然而，无论是木材炭化、木材干馏、木材气化或是活性炭生产，都存在着原料体积大、重量轻的特点，为此工厂应建在原料产地，以降低运输费用，减少生产成本。

1.3 原料的干燥

1.3.1 干燥的目的和方法

刚砍伐的木材，含水率为40%～45%。木材加工剩余物板皮、木屑等，常由于原木的湿法贮存而含有较多的水分，一般为木材自重的30%～200%。含水率大的原料，热解时不但增加燃料消耗，降低设备生产能力，且影响产品质量，因此，干燥是木材热解的重要工序之一。

干燥是利用空气、热空气、烟道气或过热水蒸气等干燥介质，使木材中水分蒸发除去，以降低其含水率的操作。干燥方法有自然干燥和人工干燥两种。

自然干燥是利用太阳能，以空气为干燥介质，让木质原料在露天或通风棚舍中进行干燥的方法。该法设备简易、操作简单、容易实施、成本低廉，在生产上广泛使用。其缺点是占地面积大、干燥时间长、受气候影响大，且只能干燥到一定程度。

人工干燥是利用热空气、烟道气或过热水蒸气之类干燥介质，在干燥设备中进行干燥的方法。该法干燥速度快、干燥条件可以人为地控制，可干燥到所需含水率；但需专门的干燥设备，要消耗燃料，成本较高。随原料性质的不同，木材热解工业中，常用隧道式干燥窑干燥木段；用立式干燥器干燥木块；用回转式或气流式干燥器干燥木屑等。

1.3.2 水分在木材中的存在状态

木材由无数细胞构成，细胞由细胞壁和细胞腔两部分组成。湿度大的木材，细胞壁和细胞腔中都充满水分。

细胞腔内的水分称自由水，又称游离水。木材中的细胞，通过细胞壁上的纹孔，使细胞腔互相贯通，在木材中形成了一个巨大的毛细管系统。因此，存在于细胞腔内的水分，就像存在于毛细管中一样，故这部分水分又称毛细管水。自由水与木材组织之间结合不紧密，在干燥过程中较易除去。

细胞壁内的水分称结合水。结合水由 3 部分构成，即与纤维素大分子上的游离羟基以氢键形式结合着的水分；依靠分子间的引力吸着在形成氢键的水分子周围的水分；以及在构成细胞壁的微细纤维、微细胶粒之间的微毛细管中吸附着的水分，有时，结合水又称吸着水或胶体水。这部分水分与木材组织之间结合紧密，在干燥过程中较难除去。

自然状态下，木材中自由水蒸发殆尽，而结合水还全部保存、未开始蒸发时的木材含水率，称作纤维饱和点。纤维饱和点的数值随树种而异，常波动于 23%～33%。

1.3.3 木材干燥规律

木材含水率，与周围环境条件密切相关。当周围介质性质固定不变，木材在该介质中存放一定时间后，含水率不再变化成为定值，此定值称作在该种介质条件（温度、湿度）下的木材平衡含水率，木材平衡含水率随介质温度的升高、湿度的降低而减少，因此，提高介质的温度、降低介质的湿度，都有助于木材的干燥。在高温、干燥地区存放的木材，其含水率比低温、潮湿地区小就是这个缘故。

干燥过程中，在干燥介质作用下，湿木材表层的自由水不停地向介质中蒸发，随后，蒸发层逐渐趋向木材内部，同时蒸发出表层的部分结合水。当木材表层含水率低于内部时，便形成内高外低的含水率梯度，更加促进水分由内部向外部的移动。

木材干燥速度表示在单位时间内从木材中干燥除去的水分的数量。干燥速度的快慢与木材的性质（树种、含水率等）和干燥介质的性质（温度、湿度及流速）有关。根据干燥速度变化的特点，木材干燥过程可分为如下两个阶段：

（1）等速干燥阶段。湿度大的木材干燥时，初期处于等速干燥阶段，该阶段蒸发的是自由水。只要干燥介质的温度、湿度和流速不变，干燥速度也保持不变，即单位时间内蒸发的水分量或木材含水率降低的速度不变。干燥介质的温度越高、湿度越低，流速越快，木材的干燥速度也就越迅速。当木材表层的自由水蒸发完毕，尽管内部还含有部分自由水，该阶段即告终止，并转入减速干燥阶段。

（2）减速干燥阶段。减速干燥阶段是干燥速度逐渐减慢的阶段。该阶段是蒸发结合水和部分残留在木材内部的自由水。为了破坏结合水与羟基形成的氢键，克服水分子之间以及水分子与微毛细管间的吸着力，需要消耗更多的能量。在该阶段中，随着木材含水率的下降，干燥变得越来越困难，干燥速度也越来越慢，最终降低到零。此时，木材的含水率保持不变，达到了该条件下的平衡含水率。

木材在干燥过程中会发生体积收缩，使木材内部生成残余应力，严重时甚至导致木材变形或开裂。这种现象在减速干燥过程中更为明显。因此，合理地制定干燥工艺条件，可以防止或减少开裂，有助于提高产品质量。

2 木材热解过程

木材是由纤维素、半纤维素和木质素等天然高分子有机化合物组成。高温下有氧气存在时，木材燃烧生成二氧化碳和水蒸气，残渣为灰分；高温下隔绝空气或有限制地供给空气加热时，木材热分解并生成相应的产物。

温度在150℃以下长时间地加热木材，能引起木材物理性质（如强度）的某些变化，但其化学组成基本不变。隔绝空气加热木材，从160℃左右即发生比较明显的分解作用。

木材在外热式间歇干馏釜中隔绝空气进行缓慢加热时，热解过程如图23-1。Klason 等人曾对此进行研究，并根据温度变化情况和产物特征，将木材干馏过程分为下述四个阶段：

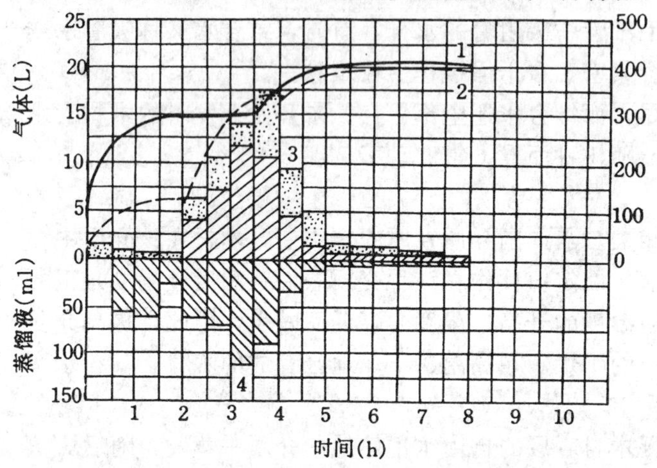

图23-1 木材热解温度、时间与产物的关系[1]

1. 釜外温度曲线；2. 釜内温度曲线；3. 气体产物量（斜线部分表示CO_2量；黑点部分表示可燃性气体量）；4. 液体产物量

2.1 干燥阶段（室温至150℃）

从开始加热升温到干馏釜内物料温度达到150℃为干燥阶段。本阶段木材主要是吸收热量、蒸发水分，化学组成几乎未发生变化，如图23-1，热解初期尽管釜外温度迅速上升到290℃左右，但釜内温度却较长时期地稳定在150℃以下。

2.2 预炭化阶段（150～275℃）

干燥阶段结束后，随着温度的升高，木材的热解反应逐渐明显。木材中不稳定的部分开始热分解，分解产物有二氧化碳、一氧化碳、反应水及少量的有机物质。据资料介绍，木材明显地发生热分解的温度为162℃。本阶段结束时，木材呈棕褐色，仍具有较高的强度，尚未转变成木炭。

预炭化阶段是由干燥到炭化的过渡阶段，与干燥阶段一样，本阶段也要外界供给热量才能保证温度不断升高，以维持木材热解的正常进行，这两个阶段都属吸热阶段。

2.3 炭化阶段（275～450℃）

釜内温度达到275℃后，木材热分解反应急剧进行，生成大量的气态和液态产物，并放出热量。液态产物中含有醋酸、甲醇、木焦油等多种有机物；气态产物中可燃性成分如一氧化碳、甲烷等含量增加。在本阶段后期，原料木材已经转变成木炭。

炭化阶段放出大量的反应热，属放热反应阶段。从图23-1可看到，在300～350℃温度范围内，一度出现釜内温度高于釜外温度的现象，就可说明。关于木材热解时出现放热反应的原因目前尚未搞清。有人根据木材在高度真空状态（1.3Pa）下热解时完全不放热，在高压（3.15MPa）下热解时放热反应非常激烈的现象推测，放热反应是木材热解生成的初级产物相互间进行二次或三次反应所致[3]。

2.4 煅烧阶段（450℃以上）

炭化阶段完成后，放热反应停止，木材热解过程基本结束。本阶段需通过外部加热进一步提高温度，藉以降低木炭中挥发物，提高固定碳含量，增进木炭质量。在煅烧阶段，有少量的液态和气态产物放出，煅烧的最终温度依据对木炭的质量要求而定，一般在 500℃左右。

工业生产上，木材热解的几个阶段只能大致显示出来，很难明确划分。由于木材本身导热性能差，干馏釜中不同部位的木材受热又不一样，甚至同一块木材的外部和内部温度也各不相同，因此，所处的热解阶段就不一样。

3　木材热解的方法和产物

木材热解的主要方法有木材干馏、木材炭化、木材气化和液化等。随着热解方法的不同，热解产物也不一样。

3.1　木材干馏

在隔绝空气条件下，将木材放在干馏釜中加热分解，以制取木炭并回收液态和气态产物的热解方法，称作木材干馏。

木材进行干馏的设备称为干馏釜。随着外观形态、加热方法及操作方式的不同，干馏釜可分成立式与卧式，外热式与内热式，间歇式与连续式等多种形式。

木材干馏时，生成的低分子产物以蒸汽气体混合物的形态从干馏釜中导出。在冷凝冷却的过程中，可凝性液体产物冷凝冷却后以粗木醋液形式回收，供进一步加工利用；不凝性气体具有可燃性，称作木煤气，通常返回干馏釜燃烧，作为木材干馏自身的热源使用。残留在干馏釜中的固体物质为木炭。因此，木材干馏的产物可分为固态、液态及气态 3 种。在实验室条件下，桦木、松木和云杉干馏时，以绝干原料木材重量计算，各种产物得率见表 23-1。试验在间歇式小型干馏釜中进行，每次装料量为 1～1.5kg，干馏的最终温度为 400℃，周期为 8h。

由表 23-1 可见，木材干馏产物有木炭、木醋液及木煤气 3 种。固体产物木炭得率为 33.66%～37.43%，约占绝干原料木材重量的 1/3；液体产物木醋液得率为 45.40%～48.34%，约占 1/2；气体产物木煤气得率为 16.79%～17.06%，约占 1/6。在同样的热解条件下，产物的得率和组成随树种的不同而异。

表 23-1　桦木、松木及云杉干馏产物的得率[1]（占绝干木材重量%）

树　种	桦　木	松　木	云　杉
木　炭	33.66	36.40	37.43
木醋液	48.34	45.58	45.40
其中：沉淀木焦油	3.75	10.81	10.19
溶解木焦油	10.42	5.90	5.13
挥发酸（以醋酸计算）	7.66	3.70	3.95
醇类（以甲醇计算）	1.83	0.89	0.88
醛类（以甲醛计算）	0.50	0.19	0.22
酯类（以醋酸甲酯计算）	1.63	1.22	1.30
酮类（以丙酮计算）	1.13	0.26	0.29
水（反应水）	21.42	22.61	23.44
木煤气	17.06	16.93	16.79
其中：二氧化碳	11.19	11.17	10.95
一氧化碳	4.12	4.10	4.07
甲烷	1.51	1.49	1.58
乙烯	0.21	0.14	0.15
氢	0.03	0.03	0.04
损　耗	0.94	1.09	0.38
总　计	100.00	100.00	100.00

3.2　木材炭化

在有限制地供给少量空气的条件下，让木材在炭窑或炭化炉中受热炭化，以制取木炭的方法称作木材炭化，俗称烧炭。

木材炭化装置有炭窑、移动式炭化炉及果壳炭化炉等多种形式。

木材炭化的产物是木炭。

木材炭化时，热解过程中生成的液态产物及木煤气，大部分在炭化装置中与供给的少量空气发生燃烧反应，转变成燃烧产物二氧化碳和水，并放出热量以维持炭化过程的正常进行；剩余的液态产物及木煤气，随烟气排出，大多未回收利用。木炭得率视炭化装置的种类和操作状况而不同。但都比干馏时低，通常占绝干木材重量的15%～25%。

3.3 木材气化与液化

在高温下，用氧化性气体，使木材转化为气体燃料木煤气的热化工过程，称作木材气化。木材气化使用的装置是煤气发生炉。木材气化时，在热解过程中生成的固态产物木炭，由于进一步与氧化性气体作用，最终也转变成可燃性气体。因此，木材气化的产物是木煤气一种。

在高温、加压并有催化剂存在条件下，使木材转变成液态燃料油的热化工过程，称作木材液化。目前，木材液化还处于研究开发阶段，尚未实现工业化。

木材气化与液化，都是把固态的木材，转化为便于使用的气态或液态燃料的热化工过程。它关系到利用生物质能源，代替或补充煤和石油等矿物质能源的方向性问题，因而受到各国研究者的极大关注。

4 影响木材热解过程的因素

影响木材热解过程的因素很多，以木材干馏过程为例，主要有以下几个方面：

4.1 原料木材性质的影响

(1) 木材的种类。树种不同，干馏产物的得率也不同。在干馏的最终温度皆为400℃时，阔叶材桦木与针叶材松木和云杉相比，其固体产物木炭的得率稍低；液体产物中，沉淀木焦油的得率也较低，而溶解木焦油、挥发酸、醇类、醛类、酯类及酮类等有机物的得率则较高，但气体产物木煤气的得率及组成则无明显差异。

此外，随着树种的不同，干馏的主要产物木炭的性质也有很大差异。硬阔叶材生产的木炭质地坚硬，针叶材松木的木炭比较松软，而软阔叶材杨木木炭性质则介于两者之间。木炭性质上的差异，对其用途有着很大影响。

(2) 木材的含水率。原料木材含水率的大小，对干馏过程的时间、燃料消耗量、木炭质量和木醋液浓度都有一定影响。

干馏含水率高的木材，干燥阶段时间需增长，蒸发水分的热量耗费加大，并对产品质量产生不利影响。如木醋液浓度降低，导致进一步加工困难；水分大量蒸发，会使木炭开裂，机械强度降低。但木材含水率太低，热解反应进行过于激烈，同样会降低木炭的机械强度。因此，原料木材的含水率应控制在一定范围内。通常，外热式干馏用木材的含水率以15%～25%为宜；内热式干馏用的木材以10%～20%为宜。

(3) 木块的大小。木材导热系数小，热量由木块表面传到内部需要一定时间，随着木块体积的增大，传热时间也加长。木块的热解过程亦是由表面逐渐向内部推移，即热解过程最先发生在表面，而后扩展到内部。木块内部热解生成的蒸汽气体混合物，要通过外部炽热的木炭层扩散出去，木块体积大时，扩散距离也大，在炽热木炭的催化作用下，热解生成的初级产物发生二次反应的几率也就增加，致使挥发性有机物得率下降。木块大小对木醋液及酸类产量的影响见表23-2。数据表明：当干馏原料木材种类相同，长度减小时，$1m^3$ 原料木材所得木醋液中酸类产量增加。

表 23-2　木块大小对木醋液及酸类产量的影响[1]

木块的种类及长 (m)	$1m^3$ 原料材木醋液产量（L）	木醋液中酸类含量（%）	$1m^3$ 原料材所得木醋液中酸类产量（kg）
硬材，薪材，长 1	264	6.92	18.65
硬材，木块，长 0.3	246	8.50	21.30
软材，木块，长 0.3	141	8.10	15.80
白桦，薪材，长 1	258	7.73	20.35
白桦，木块，长 0.3	259	8.90	23.50

热解用原料木材的块度大小随热解装置的种类而异。用同一种装置进行热解，木材块度大小应力求均一。用木屑、果壳等木质碎料为原料时，因其导热性能差，为了保证热解均匀地进行，应采用专门的热解装置。

(4) 腐朽材。腐朽材不宜作为干馏的原料。腐朽材干馏得到的木炭。质地疏松、易破碎，会自燃。与正常木材比较，腐朽材干馏时，木焦油、醋酸等液态有机物产量较低，而木煤气的产量较高。

木材的腐朽是由于各种杂菌侵蚀造成的，高温、潮湿的环境有利于杂菌繁殖。木材抵抗杂菌侵蚀的能力随树种而异，但含水率小于 10%的木材都不易感染杂菌，因此木材应干燥保存，注意防腐。

4.2　操作条件的影响

4.2.1　炭化的最高温度

木材炭化的最高温度，对热解产物的产量和性质具有决定性影响，是除原料以外影响木材热解最重要的因素。

木材干馏产物的得率与温度的关系如图 23-2。图 23-2 表明，固态产物木炭的得率随着炭化温度的升高而减少，液态产物木醋液和气态产物木煤气的得率，则随着炭化温度的升高而增加。并且，在 275～400℃，木炭、木醋液及木煤气的得率变化都很显著，400℃以后则趋于平缓。

随着炭化温度的升高，炭化物料的元素组成不断变化（如图 23-3），即碳含量不断增加，

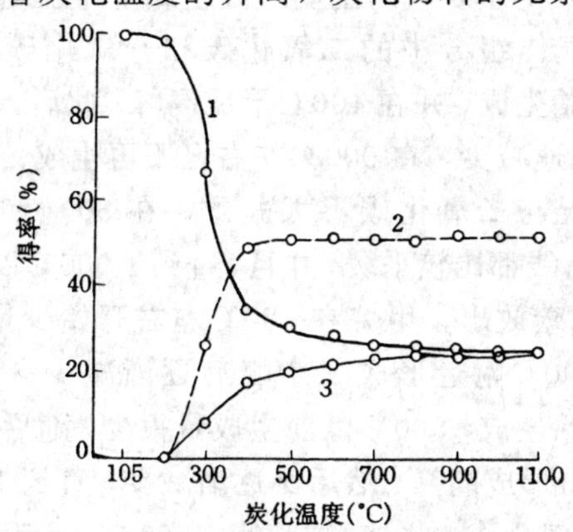

图 23-2　不同炭化温度下木炭、木醋液及气体的得率[4]

1. 木炭；2. 木醋液；3. 木煤气

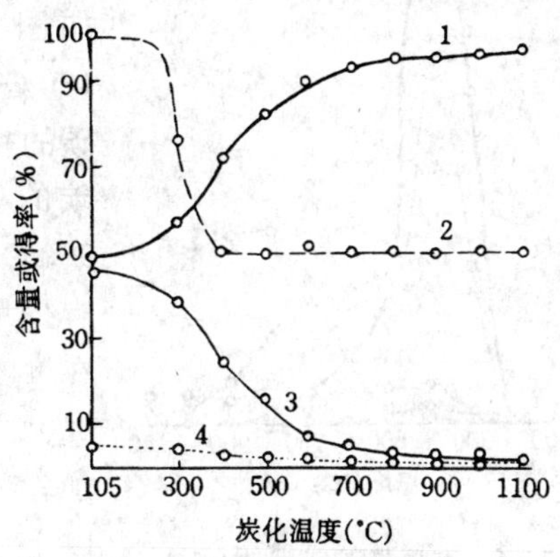

图 23-3　木材炭化过程中碳、氢、氧含量的变化[4]

1. 碳含量；2. 碳得率；3. 氧含量；4. 氢含量

氧、氢含量逐趋减少，这种变化进行到400℃左右，原料木材便转变成木炭。当温度进一步升高，上述变化继续进行，即固定碳含量增加，挥发分含量减少。待温度升至700℃以后，这种变化减慢，但即使到1 000℃以上，木炭中仍含有少量的氧和氢。木炭的强度与炭化温度也有密切的关系。通常，炭化最高温度为350℃时制得的木炭强度最低，此后，随着炭化温度的升高，木炭的强度增加。

在不同炭化温度下干馏木材，得到的木醋液组成见表23-3。数据表明，炭化温度升高到200℃左右，开始生成反应水和少量的酸类物质；在280℃左右开始有其他有机物和焦油生成。从表列数据还可看出：温度在400℃以前木醋液中各种成分的含量变化较大，400℃以后变化趋于稳定。

表23-3 不同炭化温度下得到的木醋液组成[1]

炭化最高温度（℃）	酸类（%）		其他有机物（%）		焦油（%）		水分（%）	
	松木	白桦	松木	白桦	松木	白桦	松木	白桦
200	3.57	5.77	—	—	—	—	96.43	94.23
280	12.24	19.88	6.0	4.87	10.30	5.60	71.46	69.66
300	9.41	16.02	7.92	9.56	21.28	12.07	61.39	62.35
350	8.49	9.01	15.92	18.49	20.89	12.59	54.70	59.91
400	7.70	13.51	20.29	19.23	20.60	13.08	51.41	54.18
450	7.64	13.68	20.38	18.57	21.57	13.15	50.41	54.60
500	7.54	13.54	21.03	18.89	21.95	13.16	49.28	54.40
550	6.98	12.60	21.84	21.40	23.13	13.90	48.39	52.26
600	7.18	13.06	20.96	20.54	23.03	13.95	48.83	53.45
650	7.07	12.98	21.35	19.61	23.33	14.28	48.24	53.20
700	6.96	13.17	21.47	20.31	23.23	14.64	48.34	51.88

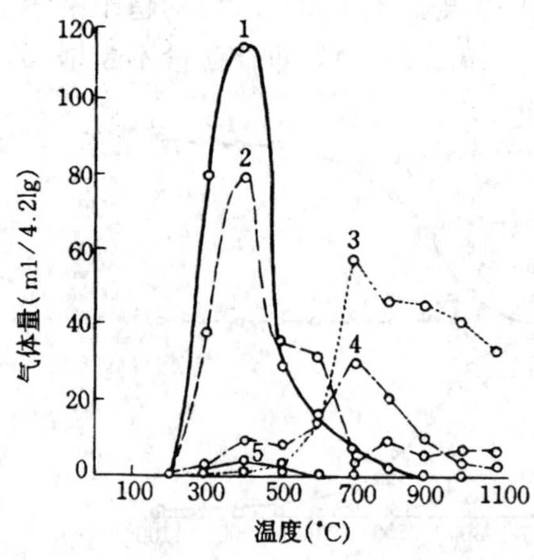

图23-4 木煤气的主要组分生成状况与炭化温度的关系[4]

1. 二氧化碳；2. 一氧化碳；3. 氢气；4. 甲烷；5. 其他烷烃

气体物质在180℃左右开始生成。二氧化碳、一氧化碳、甲烷、氢气等木煤气的主要组分生成量与温度的关系如图23-4。气体组分中的二氧化碳和一氧化碳，都在180℃左右开始生成，并在400℃形成高峰；此后，二氧化碳的生成量迅速减少，在900℃左右已不再生成；一氧化碳的变化状况与二氧化碳不太一致，在500～600℃及900℃以后，曲线都比较平缓，并且，直到1 000℃以上，仍有少量一氧化碳放出。甲烷在180℃左右开始少量生成，在400℃及700℃附近形成二个峰后逐渐减少。氢气在200℃附近开始生成，500℃以前生成量很少，随后迅速增加，700℃左右形成高峰，然后又逐渐减少，直到1 000℃以上，仍有氢气生成。此外，在300～500℃，还观察到其他烃类物质生成。

4.2.2 炭化速度

炭化速度影响炭化装置的生产能力。提高炭化速度，减少炭化时间，缩短运转周期，可以增加装置的生产能力。

炭化速度对热解产品的产量和质量有一定影响。试验表明，常压下干馏木材时，随着炭化速度的提高，木炭的得率降低，木焦油的得率增加（见表 23-4）。特别是在放热反应阶段，加热速度（即炭化速度）对产物的产量和组成的影响更大。据认为，在炭化速度快的情况下热解时，生成的挥发性有机物很快地从热解装置中逸出，缩短了在装置中停留时间，因而减少了发生二次反应的几率。但炭化速度也不宜太快，否则，木材热解反应过于激烈，木块内部生成的气态分解产物不能及时地从木材原有孔隙向外部扩散，容易造成木炭开裂，降低机械强度。

表 23-4　炭化时间对桦木干馏产物得率的影响[1]

炭化时间（h）	木炭（%）	酸类（%）	甲醇（%）	丙酮（%）	甲醛（%）	木焦油（%）
3	25.51	7.81	1.49	0.16	1.00	18.00
8	30.85	7.88	1.47	0.20	0.90	16.94
16	33.18	7.13	1.50	0.22	—	10.10
336	39.14	6.81	1.41	0.35	0.80	1.80

合理的炭化速度应依据炭化装置的形式和原料性质来决定。

4.2.3　压　力

炭化装置内的压力大小，对木材热解过程有着一定的影响。桦木在不同压力下干馏，热解产物的得率见表 23-5。

表 23-5　在实验设备中压力对全干桦木干馏产物的影响[1]

压力（Pa）	木炭（%）	木醋液（%）					木煤气（%）
		酸类	甲醇	甲醛	木焦油	反应水	
6.7×10^{2}	19.54	9.35	1.20	1.20	37.18	21.00	9.00
1.0×10^{5}	36.61	6.32	1.42	—	16.96	22.64	16.03
8.5×10^{5}	40.48	5.44	1.53	—	9.08	22.26	21.21
9.1×10^{6}	44.00	4.23	2.57	—	—	—	—
2.0×10^{7}	33.60	5.67	3.11	—	—	—	—

由表 23-5 可见，随着热解装置内压力的增加，在一定范围内，木炭和木煤气的得率增加；液体产物中木焦油及酸类的得率减少，而甲醇的得率增加。这是由于随着装置内压力的增加，热解时生成的有机物质在炭化装置中停留的时间增加，焦油等有机物质发生二次反应，分解的数量增加所致。

木材干馏装置通常在常压下操作，而减压或加压操作对设备的气密性都有着严格的要求。特别应该注意的是，木材干馏时生成的可燃性气体木煤气，当其和空气按一定比例混合时，易发生爆炸的危险。

4.3　化学药品的影响

4.3.1　无机化合物对木材热解的影响

氯化锌、磷酸等无机化合物常用作木材防火剂。用这类物质处理后，木材热解时木炭的得率增加，木煤气以及木醋液中焦油等主要有机物的得率减少。据认为，这是由于氯化锌等促进了热解时的脱水作用，使木材中的氢元素和氧元素更多地以反应水的形态脱除出去，减少了生成低分子有机物的几率，从而使碳原子更多地保存在固体残留物木炭中。

用磷酸处理对槭木干馏产物得率的影响见表23-6。数据表明，槭木用磷酸处理后，木炭得率提高；溶解焦油得率大大减少沉淀焦油接近消失。用氯化锌处理木材时，结果与磷酸类似。

表23-6 磷酸处理对槭木干馏产物得率的影响[1]

磷酸量(%)	干馏最终温度(℃)	釜内压力(Pa)	得率(%)					
			木炭	气体	溶解焦油	沉淀焦油	总酸	甲醇
0	312	1×10^5	39.15	22.66	5.36	3.14	5.81	1.37
7.59	332	1×10^5	44.90	13.85	1.85	0.0	5.05	2.18
7.92	323	5.2×10^5	46.20	13.40	1.17	—	4.65	1.29
2.73	324	7.3×10^5	45.95	14.03	0.45	—	4.55	1.46

其他无机化合物对木材热解过程有着不同的影响。如用稀硫酸处理过的木材热解时，糠醛的产量大大增加；用碳酸钠处理可以提高沉淀焦油的产量，合理地利用化学药品，可以影响木材热解的进程，从而提高某些产物的得率。

4.3.2 气体介质对木材热解的影响

试验表明：木材热解时，周围介质的性质对热解过程有很大影响。

在氧气或空气介质中，当有碱类物质存在时，木材受热氧化生成大量挥发酸。例如，在空气介质中，1.8MPa压力下加压氧化用碳酸钠处理过的木片，8h后可得到占绝干原料木材重50%～60%的挥发酸，其中醋酸占70%～87%（见表23-7）。

表23-7 在空气介质中加热氧化木材的试验结果[1]

加料量(g)		氧化温度(℃)	挥发酸得率(%)	挥发酸组成(%)	
木片	碳酸钠			蚁酸	醋酸
白桦 95.1	21.3	160	50.2	17.8	82.2
白杨 180.0	18.4	160	55.4	12.8	87.2
云杉 250.0	16.9	190	47.9	15.0	85.0
云杉 176.0	16.8	160	59.1	30.7	69.3

在过热水蒸气介质中，常压下热解桦木木片时，挥发酸的产量也可提高。并且，在过热水蒸气介质中，低压（3.3～4.0kPa）下热解纤维木质素时，可以得到占绝干原料重量15%～16%的左旋葡萄糖酐及17%的木焦油等产物。

此外，在氢气介质中，在加压并有催化剂存在的条件下热解木材时，木材几乎全部由固体状态转变成液体状态，即发生了木材的液化现象。

目前，气体介质对木材热解过程的影响，虽尚未在工业生产中得到实际应用，但这些研究成果为木材热解工业展示了新的方向。

4.3.3 木材在有机溶剂中的热溶

木材在高温、高压下与有机溶剂作用，液态产物得率大大增加，而固态产物得率显著减少。若选择的有机溶剂恰当，木材庶几全部转化为液体产物，即木材在有机溶剂中受热溶解，简称热溶。木材的热溶是当有机溶剂存在时，木材的热解条件变得缓和，减少了木材热解生成的初级产物发生进一步聚合或缩合反应的几率；加之有机溶剂能直接参与木材的热溶过程，促进可溶性有机物的形成。例如，将松木和混合有机溶剂（由 35%苯、35%乙醇、10%木焦油杂酚油馏份和 20%的木材热溶产物组成）装入高压釜中，在 30h 内缓慢升温至 300℃时，釜内压力便自动地上升到 1.4×10^{7}Pa 左右。在 300℃下保温 30～40min，所得结果见表 23-8。热溶时固体产物即不溶性残渣的得率接近于零，木材绝大部分转变成液态有机物。上述热溶过程中，反应水得率大大下降，占绝干木材量的 10%左右；挥发酸得率达 8%，为通常干馏得率的 2.5 倍；焦油得率高达 67.6%～68.3%，其中酚类物质占 40%～43%，也比通常的干馏高得多。

表 23-8　松木在有机溶剂中的热溶产物[1]

产物名称	得　率（%）
气体	8.4～8.5
低沸点有机物	22.0～23.9
焦油	67.6～68.3
不溶性残渣	0.0～1.3

5　木材的热分解及其主要产物的形成

5.1　木材的热分解[1,5,6]

木材是以纤维素、半纤维素、木质素为主要成分的多种天然高分子有机化合物的复合体，在高温下将发生分解并转变成对热比较稳定的物质，加热时，木材的主要组分都发生热分解。

5.1.1　纤维素的热分解

研究表明，纤维素的热解过程可分为吸着水蒸发、葡萄糖基脱水、苷键断裂和聚合芳构化等阶段。

纤维素受热时，在 150℃前主要发生纤维素吸着水分的蒸发作用。此时，水分子与纤维素大分子间的氢键结合断裂，引起纤维素的热容量增加和相变等一些物理性质的变化，但纤维素的化学性质未发生变化。

温度升高到 150～240℃时，在该温度范围内发生了纤维素大分子中葡萄糖基的脱水作用，放出反应水。在此阶段，纤维素的化学性质发生了变化，纤维素大分子上有羰基和双键生成。据认为，纤维素的化学性质开始发生变化的温度为 162℃。此阶段结束时，纤维素的链状大分子结构保存完好，尚未遭受破坏。

加热到 240℃以上时，纤维素大分子发生苷键断裂反应而分解。在 275～375℃内这种热分解反应尤为激烈并放出反应热。此阶段从 240℃开始，持续到 400℃结束。初期主要发生苷键断裂反应，生成的初级分解产物主要有低聚糖、左旋葡萄糖酐（即 1，6-脱水-β-D-吡喃葡萄糖）及左旋葡烯酮糖等。若在减压下热解，左旋葡萄糖酐的得率增加，可达原料纤维素重量的 45%左右。后期反应比较复杂，同时发生裂解、歧化、脱水及芳构化等多种反应。初级分解产物在后期继续热解的过程中，部分逐渐转变成焦油，部分或通过碳-碳键断裂转变成多种低分子产物，或经过脱水、脱二氧化碳等开环聚合芳构化，最终转变成木炭。R. Bacon 提出的纤维素热解过程如图 23-5。

纤维素在用各种化学药品处理前后、在最终温度为 600℃热解试验的结果见表 23-9，纤维素用磷酸、氯化锌等无机化学药品处理后，炭和反应水的得率大大地提高，而焦油的得率下降，这表明磷酸和氯化锌等对纤维素的脱水和炭化过程有促进作用。

5.1.2　半纤维素的热分解

木材化学中已经叙及，半纤维素由多聚糖组成，性质比纤维素活泼，在加热过程中明显

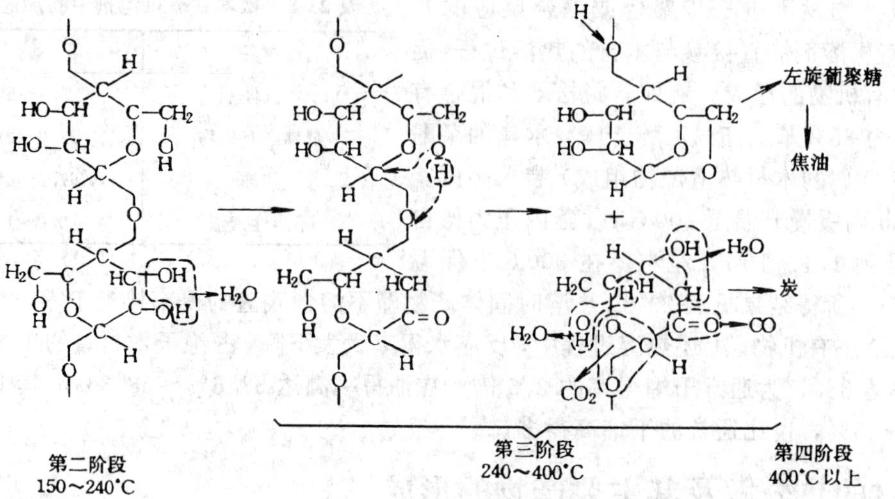

图 23-5 R. Bacon 提出的纤维素热解过程[5]

表 23-9 纤维素用化学药品处理前后在 600 ℃下热解的产物[1]（对试样重量的%）

热解产物	纯纤维素	添加 5% H_3PO_4	添加 5% $(NH_4)_2HPO_4$	添加 5% $ZnCl_2$
乙 醛	1.5	0.9	0.4	1.0
呋 喃	0.7	0.7	0.5	3.2
丙烯醛	0.8	0.4	0.2	痕量
甲 醇	1.1	0.7	0.9	0.5
2-甲基呋喃	痕量	0.5	0.5	2.1
2，3-丁二酮	2.0	2.0	1.6	1.2
1-羟基-2-丙酮	2.8	0.2	痕量	0.4
乙 二 醛	2.8	0.2	痕量	0.4
醋 酸	1.0	1.0	0.9	0.8
2-糠醛	1.3	1.3	1.3	2.1
5-甲基-2-糠醛	0.5	1.1	1.0	0.3
二氧化碳	6	5	6	3
反应水	11	21	26	23
炭	5	24	35	31
焦油及损失	66	41	26	31

发生热分解的温度，随多聚糖的性质而异。研究表明，明显地发生热分解的温度，半乳糖基葡甘露聚糖为200℃，阿拉伯糖基半乳聚糖为194℃，葡糖醛酸基木聚糖为200℃。一般认为，半纤维素在225～325℃内发生激烈的热分解并放出热量。因此，半纤维素发生激烈热分解的温度比纤维素要低。据认为，这与半纤维素的聚合度较低、分子中具有分枝结构，以及在木材细胞中存在的位置及状态和纤维素不同等因素有关。

半纤维素的热解过程和纤维素相似，由脱水、苷键断裂、裂解及聚合等阶段构成。木聚糖用氯化锌处理前后，在500℃下的热解产物见表 23-10。数据表明，添加10%的氯化锌后，木聚糖和邻乙酰基木聚糖一样，热解产物中炭和反应水的得率明显增加，而焦油得率显著减少，这种现象与纤维素相似，是由于氯化锌促进了半纤维素热解时的脱水作用所致。

表 23-10　用氯化锌处理前后木聚糖在 500 ℃下热解产物[1]（对试样重量的%）

热解产物	木聚糖		邻乙酰基木聚糖	
	未处理	加入 10%$ZnCl_2$	未处理	加入 10%$ZnCl_2$
乙　醛	2.4	0.1	1.0	1.9
呋　喃	痕量	2.0	2.2	3.5
丙　酮	0.3	痕量	1.4	痕量
丙　醛	0.3	痕量	1.4	痕量
甲　醇	1.3	1.0	1.0	1.0
2，3-丁二酮	痕量	痕量	痕量	痕量
1-羟基-2-丙酮	0.4	痕量	0.5	痕量
1-羟基-2-丁酮	0.6	痕量	0.6	痕量
醋　酸	1.5	痕量	10.3	9.3
2-糠醛	4.5	10.4	2.2	5.0
二氧化碳	8	7	8	6
反应水	7	21	14	15
炭	10	26	10	23
焦油及损失	64	32	49	35

5.1.3　木质素的热分解

木质素的结构复杂，性质也较活泼，对其热解过程的研究还不充分。

木质素受热时，于 250℃左右放出二氧化碳和一氧化碳等含氧气体，开始发生分解。随着温度的升高，木质素热分解逐渐显著，在 310～420℃分解最为激烈，生成大量的液态和气态产物，伴有热量放出，到 500℃左右热解过程基本结束。

对用盐酸法分离的松木、云杉、山杨木质素和水解木质素，进行热解试验的结果见表 23-11。所列数据表明，上述几种木质素热解产物的最大特点是木炭的产量较高，占原料量的 44.3%～55.8%，比通常的纤维素、半纤维素或木材热解时要高得多。此外，木质素热解得到的木焦油与纤维素热解焦油，在组成上也有明显差异，前者主要是含酚量较高的沉淀焦油。

表 23-11　木质素热解的产物（%）[1]

热解产物	松木木质素	云杉木质素	山杨木质素	水解木质素
木　炭	50.64	45.66	44.30	55.80
木焦油	13.00	13.83	14.25	7.15
酸　类	1.29	1.28	1.28	0.48
甲　醇	0.90	0.83	0.87	1.92
丙　酮	0.29	0.18	0.27	—
反应水	15.75	29.15	30.50	—
气　体	14.0	8.04	7.05	24.70
损　耗	4.13	1.03	1.48	—

5.1.4　木材的热分解

木材的热分解与其主要组分的热分解过程基本一致。杨树木材及其主要组分的热重量分析结果如图 23-6。不难看出，在加热过程中，木材试样的重量变化曲线，可以看作是纤维素、半纤维素和木质素等组分，在单独存在时的重量变化曲线的综合体现。

有人在实验室条件下进行了青㭎木木片的慢速热解试验。试验中严格控制加热条件，使试样木片外侧温度的上升速度保持定值，这样试样木片中心温度的变化可以反映热解时的放热状况，含水率为35.3%的500g青栲木木片的试验结果如图23-7，试样木片中心温度在500℃以前出现3个峰，与此相应地热解产物馏出液和木煤气的生成量也出现3个峰。据资料介绍，在250℃、300℃及400℃附近所形成的3个峰，分别是半纤维素、纤维素和木质素先后发生激烈的热分解并放出热量所致。据此推测，在木材热解过程中，木材中的主要组分半纤维素、纤维素和木质素都保持其各自独立存在时的热解规律，相互间的影响不太显著。

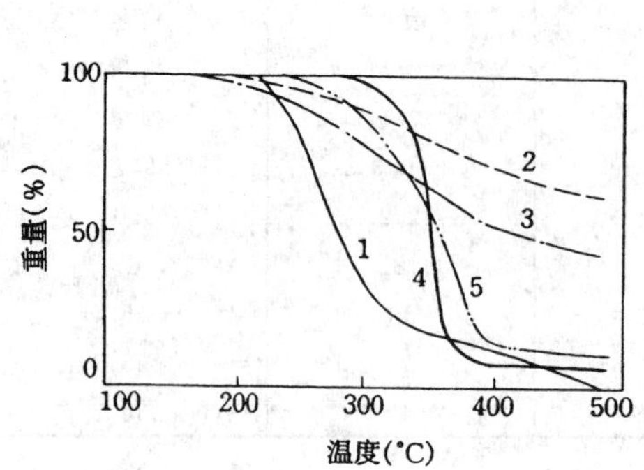

图23-6 杨树木材及其组分的热重量分析[1]

1. 木聚糖；2. 酸法木质素；3. 磨木木质素；4. 纤维素；5. 木材

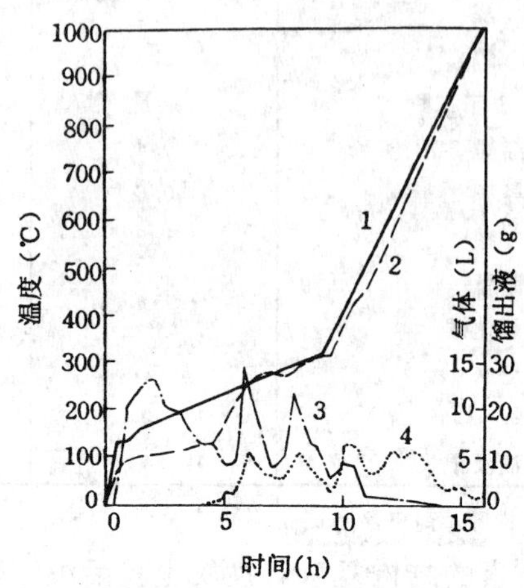

图23-7 青栲木木片的热分解[1]

1. 试样木片外侧温度；2. 试样木片中心温度；3. 液体产物量；4. 气体产物量

工业生产上，木材热解过程比较复杂。原料木材热分解的初级反应与初级反应产物在高温下发生的歧化、聚合、分解等二次反应同时存在；并且，由于原料在热解装置中的部位不同，甚至同一原料木块的表层和内层受热状况的差别，造成所处的热解阶段也不同等原因；致使原料中的纤维素、半纤维素和木质素的热解反应交错重叠、相互影响，很难区分。

5.2 木材热解主要产物的来源

前已叙及，木材热解产物有木炭、木煤气和粗木醋液3种。木炭是木材干馏的固态残留物，主要成分是碳。木材中的纤维素、半纤维素和木质素热解时都有木炭生成，但以木质素的得炭率最高，木煤气的主要成分是二氧化碳、一氧化碳、氢气、甲烷及其他烃类等气体。这些气体成分既有木材热解的初级产物，也有二次反应的产物，它们的形成过程比较复杂。

粗木醋液是含有数百种性质不同的有机化合物水溶液，其组成极其复杂，并随原料树种、热解工艺条件的不同而变化。粗木醋液中绝大部分是水，各种有机化合物的总含量通常只占10%～20%，主要有木焦油，以及在沉清木醋液中的酸类、醇类、醛类、酮类、酯类和酚类等，它们的主要来源有以下几个方面：

5.2.1 醋酸及其同系物

木材干馏时，醋酸及其同系物产率占绝干原料木材重的4%～8%，并随树种及热解条件不同而变化。阔叶材干馏时，醋酸产率比针叶材高。

木材的主要成分纤维素、半纤维素和木质素在热解过程中都有醋酸生成。有人根据从木材中分离出来的纤维素、半纤维素和木质素分别进行热解时，得到的醋酸总量比木材直接热解时低的现象，联系到在分离纤维素、半纤维素和木质素过程中，乙酰基不同程度地遭到破坏的事实，认为醋酸主要来自木材中的乙酰基，这种观点被木材的脱乙酰基热解试验进一步证实。该试验先用4%的碳酸钠溶液，在60℃下对木材进行脱乙酰基处理，而后进行热解，结果见表23-12。表23-12中数据说明：由于阔叶材中乙酰基含量比针叶材高，在未经脱乙酰基处理前，阔叶材山杨和白桦的醋酸产率，比针叶材云杉和松木的高1倍以上。经过脱乙酰基处理，针叶材云杉及松木的醋酸产率减少60%左右；阔叶材白桦减少约80%，针叶材与阔叶材醋酸产率的差距大大缩小，阔叶材的醋酸产率仅比针叶材高50%左右。由此可见木材中乙酰基的含量，对热解产物醋酸产率有着直接的影响，它是醋酸的主要来源之一。从表23-12还可看出，在脱乙酰基处理前后，其他挥发酸的产率，变化不太显著。

表23-12　脱乙酰基处理对木材热解酸类产率的影响[1]

木材种类	未处理时酸类产率（%）		处理后酸类产率（%）	
	醋　酸	其他挥发酸	醋　酸	其他挥发酸
云　杉	2.10	1.14	0.81	1.0
松　木	2.36	1.13	0.97	1.06
山　杨	5.21	1.11	—	—
白　桦	6.30	1.30	1.39	1.16

低聚糖热解时，也可按下列反应生成醋酸及其同系物：

$$[C_6H_{10}O_5]_n + nH_2O \xrightarrow[\text{加热}]{[H^+]} nC_6H_{12}O_6$$

$$C_6H_{12}O_6 \longrightarrow 3CH_3COOH$$

$$C_6H_{12}O_6 \longrightarrow CH_3COOH + HCOOH + CH_3CH_2COOH$$

除了木材中的乙酰基和低聚糖在热解时能生成醋酸外，醋酸还可在热解过程中通过二次反应生成。如甲醇可按下述反应转变成醋酸：

$$CH_3OH + CO \rightleftharpoons CH_3COOH$$

5.2.2　甲　醇

甲醇的产率约占绝干原料木材重的1%～2%。阔叶材干馏时，甲醇的产率比针叶材高。

甲醇主要来自木材中的甲氧基。虽然木材的主要组分木质素、综纤维素及果胶中都含有甲氧基，但木材中的甲氧基主要集中在木质素。木质素中甲氧基的含量高达14.5%以上，阔叶材木质素的甲氧基含量比针叶材木质素要高，这由于阔叶材木质素与针叶材木质素的结构不同。针叶材木质素主要由愈创木基丙烷构成，而阔叶材木质素除含愈创木基丙烷结构单元外，还含有甲氧基含量较高的紫丁香基丙烷结构。当木材热解时，甲氧基不仅能转化成甲醇，还能转化为其他物质，如木煤气中的甲烷、木醋液中的酯类物质，以及呈酚甲醚的形态存在于木焦油中等。几种木材的甲氧基含量及其在热解产物中的分布情况见表23-13。数据表明，木材中的甲氧基，在热解过程中主要转入木醋液、木煤气、木焦油及木炭之类炭化产物中，其转入量约占原料木材中甲氧基含量的60%～70%，甲氧基的其余部分在热解过程中由于分解而转变成其他物质。

木材热解的气体产物中含有一氧化碳和氢气，理论上它们可按下列反应生成甲醇并放出热量：

$$CO + 2H_2 \rightleftharpoons CH_3OH + 105kJ$$

但该反应要在18MPa的压力、300～400℃并有催化剂存在下才能进行，因此在常压下热

表 23-13 几种木材中甲氧基含量及其在炭化产物中的分布状况[1]

甲氧基的分布	甲氧基含量（占绝干木材重量%）			甲氧基的分布	甲氧基含量（占绝干木材重量%）		
	槭木	栎 木	红 松		槭木	栎 木	红 松
原料木材中	6.09	5.12	5.40	沉淀木焦油	0.52	0.46	1.04
炭化产物中	4.07	3.88	4.16	木 炭	0.28	0.70	0.45
脱焦木醋液	1.62	1.16	0.97	木煤气	1.31	1.34	1.60
溶解木焦油	0.34	0.22	0.10	热解过程中损失	2.02	1.24	1.24

解木材时难以发生。

5.2.3 醛、酮、酯类

木材热解得到的醛类产物数量约占绝干原料木材重量的 0.15%～0.5%。以阔叶材为原料，醛类产率比针叶材高。木材热解生成的醛类主要有甲醛、乙醛、糠醛及羟甲基糠醛等。研究表明，纤维素、半纤维素和木质素热解时都有醛类物质生成，如纤维木质素热解时得到的D-葡萄糖，经脱水后转变成羟甲基糠醛，再分解生成糠醛和甲醛；半纤维素中的木聚糖，热解时生成D-木糖，失水后也转变成糠醛等。醛类除由木材组分热解直接生成外，还可在木材热解的二次反应中得到，如挥发酸相互作用时，以及酯类物质热裂解时都可生成醛类物质。

木材热解产物中还含有少量的酮类和酯类物质，如丙酮和醋酸甲酯等。据认为，它们都不是木材热解的初级产物，而是二次反应中生成的，如醋酸分解时生成丙酮；醋酸与甲醇作用生成醋酸甲酯等。

5.2.4 木焦油

木焦油是木材热解的重要产物之一，它是酚类、烃类、酸类、醇类等180多种有机化合物的混合物，组成极其复杂，目前尚未全部搞清。木焦油分沉淀木焦油和溶解木焦油两种。木材干馏得到的液体产物粗木醋液静置后分为两层：上层是澄清木醋液，下层为沉淀木焦油。溶解木焦油是溶解在澄清木醋液中的焦油部分，占木醋液量的4%～10%，由低聚糖、酚类及其衍生物、酯类、醇类等物质组成；蒸馏加工木醋液时，溶解木焦油以釜残的形态获得，相对密度为1.02～1.04。沉淀木焦油是粘稠的黑色油状液体，相对密度为1.03～1.06，主要含酚类化合物（占20%～30%），还含有酸类、各种中性有机物以及高分子有机化合物沥青等。

研究表明，纤维素、半纤维素和木质素热解时都有焦油生成，其中木质素的沉淀焦油的得率较高，纤维素和半纤维素的溶解焦油得率较高。

木焦油中的酚类物质主要来源于木质素。木质素的基本结构单元苯丙烷，在热解时可部分地转变成酚类物质。有些研究者认为，纤维素热解时也可通过中间产物左旋葡萄糖酐转变成酚类物质。

木焦油的得率随原料树种、热解的最终温度和升温速度等条件而异。松木和桦木干馏时，沉淀焦油得率和最终温度的关系见表23-14。数据表明，沉淀焦油得率随干馏最终温度的升高而增加，这种趋势在550℃以前比较明显，当温度进一步升高，得率则趋向稳定；从表23-14还可看出，在相同的最终温度下，针叶材松木比阔叶材白桦的沉淀焦油得率高。

减少干馏的压力，缩短干馏时间都可提高焦油的产率。干馏设备内的压力和干馏时间对木焦油得率的影响见表23-15。由表23-15可见，在真空下干馏，木焦油得率为常压干馏的1～1.5倍，且焦油的性质也有很大变化，为透明的红褐色粘稠液体，其元素组成比通常的焦油更接近木材。在大气压力下干馏木材，焦油的得率随着干馏时间的延长而降低。

表 23-14　焦油得率与热解最终温度的关系[1]

热解最终温度（℃）	焦油得率（%）		热解最终温度（℃）	焦油得率（%）	
	松　木	白　桦		松　木	白　桦
200	—	—	500	10.50	7.07
280	1.90	1.28	550	11.80	7.94
300	7.80	5.25	600	11.70	7.87
350	8.85	5.96	650	11.95	8.04
400	9.50	6.93	700	11.85	7.97
450	10.10	6.94			

表 23-15　木焦油的得率与压力及干馏时间的关系[1]

压力（Pa）	干馏时间（h）	木炭得率（%）	木焦油得率（%）	木炭及木焦油总得率（%）
1.33	—	19.38	43.66	63.04
665	—	19.54	37.18	56.72
10^5	3	25.51	18.00	43.51
10^5	8	30.85	16.94	47.79
10^5	16	33.18	10.1	43.28
10^5	384	39.44	1.8	41.24

5.2.5　水　分

木材干馏得到的水分有两种：一种是原料木材中所含有的水分，它们在干馏过程初期的干燥阶段蒸发后被冷凝回收；另一种是木材组分热解生成的反应水。前者的数量随原料木材含水率的增加而增加；后者的数量和热解条件有关，通常反应水占绝干木材量的 24%～28%。

纤维素、半纤维素和木质素结构中的羟基，在木材热解过程初期的脱水阶段，生成大量的反应水，它们是反应水的主要来源。反应水不仅是木材热解初级反应的产物，在二次反应中也能生成反应水。例如，木材热解生成的初级产物醋酸和甲醇，在高温下发生二次反应，结果转化为醋酸甲酯并放出反应水。

水分的存在降低了木醋液的浓度，它给木醋液的加工利用带来困难。

第24章 热解产品

郭幼庭　刘汉超　高尚愚

1 木　炭

1.1 木炭的性质

1.1.1 木炭的组成与结构

(1) 木炭的元素组成：木炭所含元素除碳以外，还有氢、氧等元素。含量的多少，常因热解方法和温度不同而有所不同，见表24-1。

表24-1 木炭的组成对全干物质的百分率[1]

木炭名称	水　分	C	H	O+N	灰分	总计
白　炭	—	90～96	0.1～2.4	2.00～6.57	1.04～3.66	100.00
黑　炭	—	79～94	1～3	3.03～9.44	0.91～3.8	100.00
堆积法木炭	—	90.00	2.50	6.25	1.25	100.00
间歇式炭化窑木炭	2.5	80.00	3.50	15.50	1.00	100.00
连续式炭化窑木炭	4.0	85.00	3.20	11.00	0.80	100.00
车辆式干馏釜木炭	3.0	85.00	3.50	10.20	1.30	100.00
小型固定干馏釜木炭	3.0	82.45	3.46	13.22	0.87	100.00

木炭的元素组成和产量随炭化最终温度而定，与材种无关。这可以性质不同的桦木与松木为原料制取的木炭为例，见表24-2，可以得出如下结论：在相同的热解最终温度条件下，桦木炭和松木炭的元素组成相差不大；随着木材炭化最终温度的升高，木炭中碳元素的含量增加，氢和氧的含量降低；木炭的得率降低。

表24-2 不同温度下木炭的元素组成与得率[7,8]

温　度 (℃)	炭的得率(%)		木炭的元素组成(%)					
			桦木炭			松木炭		
	桦木炭	松木炭	C	H	O+N	C	H	O+N
350	39.5	40.0	73.3	5.2	21.5	73.2	5.2	21.5
400	35.3	36.0	77.2	4.9	17.9	77.5	4.7	17.8
450	31.5	32.5	80.9	4.8	14.3	80.4	4.2	14.4
500	29.3	30.0	85.4	4.3	10.4	86.3	3.9	9.8
600	26.8	27.3	90.3	3.3	6.4	90.2	3.4	6.4
700	24.5	24.9	92.3	2.8	4.0	92.9	2.9	4.2
800	23.1	23.8	94.9	1.8	3.3	94.7	1.8	3.5
900	23.5	22.6	96.4	1.3	2.3	96.2	1.2	2.6

注：本章第1节、第2节中2.4、第3节由郭幼庭编著；第2节中2.5～2.7由刘汉超编著；第2节中2.1～2.3、第4节由高尚愚编著。

(2) 木炭的固定碳：固定碳是一个假定的概念，它是在 900℃温度下，不通入空气煅烧下的无灰分的木炭。进行技术分析时，通常是将木炭放入白金坩锅内，置喷灯火焰中，在 900℃下燃烧 5min，或在电炉上在 2.5h 内将温度升高到 900℃来测定。当木炭煅烧到 900℃后剩余物中还不是纯碳素，里面还含有少量的氢和氧。

如果已知木炭的灰分和挥发分含量，则固定碳的含量（%）可由下式计算：

$$C=100-(A+V)^{①} \tag{24-1}$$

式中：A——挥发分含量（%）；

V——木炭的灰分（%）。

由于炭化的最终温度和木材热解的方法不同，木炭可能含 70%～86%的固定碳。随煅烧温度升高，木炭中固定碳的相对含量增加。其含量范围如下：

最终煅烧温度（℃）	400	450	500	550	600	700	800	900
碳的相对含量 C（%）	69.3	73.0	78.8	87.2	88.7	94.4	97.1	97.7

(3) 木炭的挥发分：木炭在高温下煅烧时放出一氧化碳、二氧化碳、氢、甲烷和其他碳氢化合物等气态产物称为挥发分。挥发分的测定方法是将干木炭试样放在坩锅内，在 850℃的马福炉中隔绝空气加热 7min。挥发分的数量与组成见表 24-3，数据表明：烧制木炭的温度在 300～700℃时，随着温度的升高，木炭煅烧放出的挥发分的组成发生下列变化：二氧化碳、一氧化碳和甲烷的含量逐渐降低，而氢的含量逐渐增加；只有当烧制温度低于 450℃时才有乙烯分出。

烧炭的温度升高时木炭的发热量增高，而气体的发热量降低，木醋液的发热量没有显著的变化规律。

表 24-3　不同温度下烧制的木炭在煅烧时，蒸汽气体产物和固体产物的产量、组成和发热量[1]

烧制温度（℃）			280	330	375	400	425	475	500	600	700
不凝缩性气体量	对 100kg 木炭（m^3）		35.20	35.51	34.90	32.79	31.66	29.31	28.32	20.22	12.21
	重量（%）		28.09	26.66	25.87	23.93	22.46	18.72	16.79	10.24	6.42
不凝缩性气体的组成（容积%）	CO_2		10.09	8.60	8.89	8.91	8.47	7.69	7.01	4.71	6.51
	CO		24.58	24.89	25.22	24.24	26.72	20.32	18.34	16.75	17.76
	CH_4		33.77	33.42	31.27	32.66	23.99	27.16	25.83	22.24	17.79
	C_2H_4		0.57	0.25	0.31	0.25	0.26	—	—	—	—
	H_2		29.95	32.72	34.18	33.77	40.52	44.59	48.68	56.15	57.78
发热量（kJ）	原料炭		29 565	29 816	30 274	31 025	30 983	33 777	33 944	34 778	35 070
	气体	每立方米	7 339	7 631	7 214	6 922	6 047	5 796	5 463	3 895	2 106
		对每千克木炭	6 589	6 672	6 380	6 088	5 213	5 004	4 754	3 253	1 814
	液体	每千克	8 799	12 176	13 970	9 383	12 593	—	—	—	—
		对每千克木炭	1 485	1 747	1 751	709	984	—	—	—	—
	固体	每千克	33 485	33 485	33 485	33 485	33 485	33 485	33 485	33 485	33 485
		对每千克木炭	19 265	20 808	21 684	23 811	24 353	28 273	28 648	31 025	32 443
	全部产物		27 355	29 232	29 816	30 608	30 566	33 277	33 402	34 277	34 277
木炭和煅烧产物间发热量的差数（kJ）			2 210	584	459	417	417	500	542	500	792

① 原林业部颁布的木炭标准检验方法规定，固定碳不作分析，按此式计算，式中挥发分与灰分用绝干试样测定，并按绝干试样重量作为计算标准。

在任何情况下，每千克木炭的发热量都比在煅烧木炭时得到的全部产物的发热量大，这说明木炭在煅烧过程中是以放热反应为主。

在制取木炭的最后阶段——煅烧和冷却过程中能否保持设备的严密性，这对木炭的挥发分含量有很大的影响。因为木炭在受热状态下会大量吸收氧气，同时生成大量的表面氧化物，并在这过程中木炭无需在炽热状态下进行，温度为200～300℃即已足够。因此，严密性不好会使挥发分的总含量增加到40%以上。

不同树种的木炭在相同条件下煅烧时得到的挥发分分别是：桦木0.254m^3/kg；杨木0.282m^3/kg；松木0.320m^3/kg。桦木炭与松木炭煅烧所得气体的组成几乎相同，而杨木炭的气体含较多的二氧化碳和饱和碳氢化物；氢的含量较少。

（4）木炭的灰分：木炭中的灰分是木炭的无机组成部分，在木炭烧尽后成为白色或淡红色的物质。

木炭中灰分的含量及其组成随烧制温度、树种、被炭化木块和树皮的比例，树木的立地条件、砍伐季节、运输方法和烧制方法而不同。

烧制温度愈高，灰分含量愈大；阔叶材（特别是山杨）烧制的木炭灰分含量比针叶材高；树皮含灰量比木材为高。不同部位木材烧制的木炭灰分含量见表24-4。

表 24-4 不同部位木材烧制的木炭灰分含量[7,8]

树种	木炭的灰分含量（%）					
	树桩	树干	树梢	枝丫	小树枝	树皮
松	0.53	0.55	1.03	1.05	1.70	1.88
山杨	0.98	1.27	2.08	5.54	10.06	10.14
桦	0.57	0.56	1.21	1.00	2.79	4.07

各种木材烧制木炭的灰分组成见表24-5。

6种木材、树皮和带皮木材烧制木炭中磷的含量见表24-6。

表 24-5 木炭的灰分组成[7,8]

树种	灰分（%）	木炭灰分中某些元素的含量（占总灰分的%）									
		Si	Fe	Al	Ca	Mg	Mn	P	Ti	B	As
桦	2.78	4.37	1.240	0.56	31.48	4.71	1.36	0.84	1.141	0.030	0.000 7
山毛榉	2.42	2.73	0.283	0.17	30.15	5.25	1.37	1.53	0.048	0.017	0.000 8
千金榆	2.18	1.41	0.231	0.06	41.92	6.34	3.10	2.54	0.034	0.034	0.001 4
硬阔	2.71	2.72	0.715	0.55	23.39	5.34	1.14	1.71	0.056	0.028	0.001 2
混合阔	2.45	2.61	0.500	0.31	22.38	5.71	1.18	1.61	0.049	0.030	0.000 9
松	0.75	11.50	1.290	2.03	26.84	2.29	2.20	0.96	0.158	0.046	0.000 2

表 24-6 不同树种木炭中磷的含量[7,8]

树种	木炭中磷的含量（%）		
	木材炭	树皮炭	带皮木材炭
桦	0.022 1～0.049 1	0.044 4～0.191	0.025 6～0.057 7
山杨	0.001 8～0.067 5	0.068 5～0.205 9	0.026 8～0.072 0
椴	0.043 5～0.070 9	0.081 2～0.094 2	0.051 4～0.071 9
松	0.000 4～0.015 6	—	0.005 5～0.022 8
云杉	0.001 7～0.018 1	0.033 0～0.117 0	0.008 4～0.031 2
冷杉	0.001 2～0.019 3	0.064 2～0.105 0	0.008 4～0.031 2

由表 24-6 可看出，针叶材木炭含磷最少，而且剥皮能减少木炭中磷的含量。

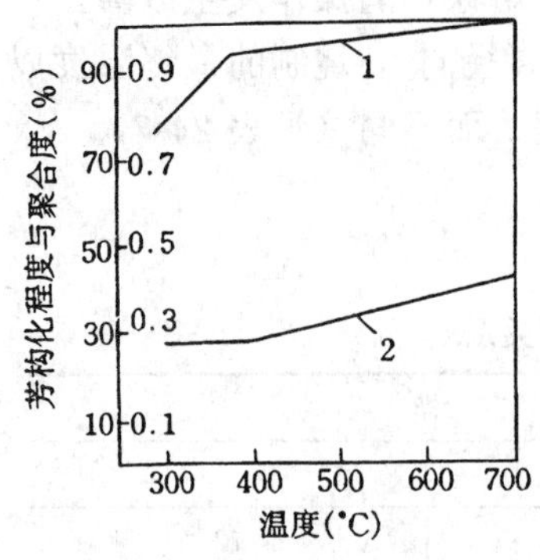

图 24-1　木炭结构随热解最终温度的变化曲线[7,9]

1. 芳构化程度；2. 聚合度

(5)木炭的晶体结构：木材热解过程同时伴随着一系列复杂的化学变化，包括木材中有机分子的分解与脂肪族碳水化合物的环化并缩合成多环化合物，最后生成木炭。木炭的结构性质受许多因素的影响，但以炭化最终温度与升温速度的影响最大。

木炭结构的变化与木炭生成的最终温度的关系如图 24-1。

最终温度由 300℃增到 400℃时，木炭的聚合度未变，等于 0.29，而芳构化程度由 0.77 增到 0.95，即脂肪族化合物很快变为芳香族化合物，温度从 500℃加热到 700℃时，很少生成新的芳香化合物，而聚合度继续增大。

就其结构而言，木炭也属于碳类，它们的单元结构是一种平面六角形环状聚合碳的原子格。原子碳格在聚合碳中互相连结，由几层平行碳格组成的碳束形成微晶，微晶之间的相互排列是无规则的，微晶的周边联结着碳氢综合体与官能团，在加热过程中碳原子有序排列程度逐渐增加，同时发生了碳原子相互定位。

与其他碳素材料不同，木炭是难石墨化碳素材料。不同煅烧温度的桦木炭的 x 射线图（如图 24-2）表明，M、a、H 3 个炭样都有一条微弱的石墨干涉线 100；而高温煅烧的炭样还有一条 004 线，x 射线图的数据还表明，随煅烧温度的增高，干涉峰 100 的强度增大，这证明随着煅烧温度的增高，木炭中石墨化在增加。与 x 射线图中微弱峰相应的 Брыгга 角度为26°2′，石墨层之间的距离等于 2.03×10^{-8}cm。

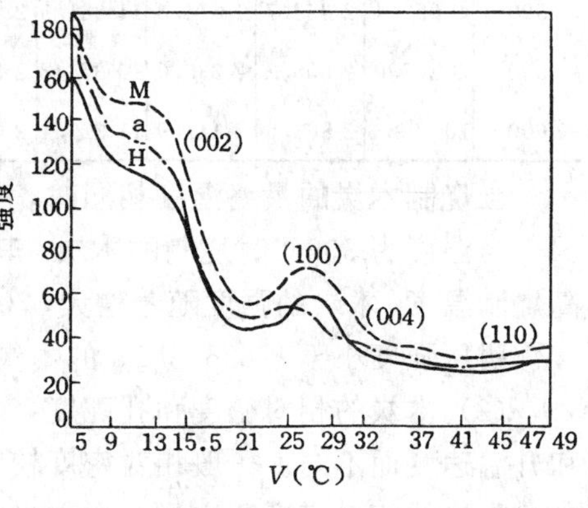

图 24-2　木炭的 x 射线图[2,4]

(6)木炭的官能团：利用红外光谱对木炭的官能团研究表明，当热解最终温度低于 200℃以前，炭样谱图与原料相似，当热解最终温度在 300～500℃时，试样的红外光谱表明，随温度的升高，羟基振动带(3 800～3 200cm^{-1})、亚甲基峰—CH_2 和甲基峰—CH_3（2 900～2 700cm^{-1}）醚基和酚羟基（1 200～1 000cm^{-1})等峰的强度均下降。

当热解最终温度为 600～700℃时，炭样的红外光谱图几乎没有吸收峰，说明在 600～700℃已形成由碳的大分子组成的炭骨架。

500℃以前的炭样具有 1 600cm^{-1}苯环振动峰，其强度随热解温度升高而增强，到 600℃时消失，说明 600℃烧成的炭已完成环聚合炭的网结构形成过程。

对不同温度烧成的木炭的红外光谱研究表明，随着热解温度的提高，炭中含氧官能团的含量逐步下降，如在 400～500℃得到的炭的氧基含量由原来的 6.4%下降到 0.65%～0.66%。

1.1.2　木炭的物理化学性质

(1) 木炭的机械强度：木炭的机械强度表示它对压碎和磨损的抵抗能力，这对木炭的转装、运输，以及在冶金工业应用上都有很大的意义。如在熔铁炉的炉胸中，木炭受到上部炉料（即木炭、助熔剂石灰石、铁矿石）的强大压力，当由上向下移动时，受到炉料块和炉胸强烈的摩擦。如果木炭变成碎屑，则气体难于通过炉料，就会使熔铁炉的操作发生故障。

木炭的机械强度随原料树种，压力方向（沿纤维方向、弦向、径向），烧制的最终温度以及在干燥和炭化时加热木材的速度（特别是在放热反应时的速度）而不同（见表24-7）。

白桦炭的机械强度（耐压强度）比松木炭大。

木炭的强度沿纤维方向较高，径向较低，而弦向最低。

表24-7 木炭耐压强度与最终温度和加热速度的关系[1]

炭化的最终温度（℃）	松炭						白桦炭					
	炭化时间（h）											
	3			12			3			12		
	耐压强度（kPa）											
	沿纤维方向	径向	弦向	沿纤维方向	径向	弦向	沿纤维方向	径向	弦向	沿纤维方向	径向	弦向
300	10 022.7	1 892.8	1 490.7	13 062.9	2 187.0	1 628.0	18 672.5	1 932.0	1 343.6	19 417.9	2 598.9	2 157.5
400	7 796.6	1 421.0	1 108.2	9 748.2	1 735.8	1 284.7	15 102.8	1 784.9	1 343.6	14 857.6	2 402.7	1 814.3
500	9 022.4	2 353.7	1 814.3	11 081.9	2 432.1	1 923.4	15 740.2	1 990.8	1 457.4	17 309.4	2 647.9	2 265.4
550	9 807.0	2 608.7	2 236.0	10 375.8	2 363.5	2 285.0	16 573.8	2 275.2	1 618.2	17 623.2	2 657.7	2 275.2
600	10 199.3	2 863.6	2 441.9	11 327.1	2 618.5	2 343.9	18 849.1	2 732.3	1 922.2	19 810.1	3 599.2	2 657.7

当烧制木炭的最终温度相同时，木炭的强度随烧制木炭时间的增加而提高。

当温度为300℃时烧制的木炭，其机械强度最大，而在400℃时烧制的最小。当进一步提高烧制温度，木炭的强度随着增大，700℃时烧制的木炭的强度和在300℃时烧制的木炭一样。

耐压强度小于8 826.3kPa的木炭不适于炼铁。

（2）木炭的相对密度和孔隙度：木炭的相对密度因树种、木材的质量、炭化的最终温度和升温速度而不同。一般相对密度较大的木材烧成的木炭相对密度也大。

木炭的相对密度和木材一样，也分为真密度和容积重两种。

各种树种木材烧制木炭的容积重见表24-8。

表24-8 各种树种木材制得木炭的容积重[7,9]

树种	每实积立方米木材重（kg）	每实积立方米木炭重（kg）	
		隧道式循环炭窑	室式炭窑
桦	610	185～206	160～170
松	570	141～147	130～132
云杉	480	118～125	110～120

对大多数工业木炭来说，无孔木炭的相对密度是一个定值，等于1.35～1.40g/cm^3。

根据木炭的容积重和真密度，可以确定木炭的孔隙度。木炭的孔隙度决定木炭的许多性质，如反应能力、导热性、吸附能力等。

木炭的孔隙度随树种、木材解剖构造、木材炭化速度和木材煅烧的最终温度不同而异，高温煅烧时，桦木炭的相对密度与孔容积的变化见表24-9。

表 24-9 木炭的相对密度与孔隙度因煅烧温度不同的变化[7,9]

最终煅烧温度（℃）	木炭的相对密度（g/cm³）		木炭的孔隙度（%）		
			总孔隙度	其中	
	包括孔隙	不包括孔隙		微孔	过渡孔
400	0.365	1.398	73.9	1.16	1.38
450	0.363	1.428	74.6	1.36	2.21
500	0.362	1.435	74.8	2.57	2.53
600	0.348	1.447	76.0	4.13	1.38
700	0.354	1.491	76.3	4.42	1.27
800	0.382	1.666	77.1	5.31	1.14
900	0.400	1.746	77.1	5.36	1.04

(3) 木炭的发热量、导热性和热容：木炭的发热量因碳素含量的多少而不同，碳素含量高的发热量大（见表 24-10）。

普通无定形碳的发热量为 33 694kJ/kg，木炭因含杂质，发热量常较小，白炭约为 32 526 kJ/kg，黑炭约为 27 105kJ/kg。

表 24-10 木炭的发热量[1]

烧制木炭的温度（℃）	全干木炭产量对全干木材重量的（%）	全干除灰分木炭的组成（%）			最高发热量（kJ/kg）	1kg 木材烧制成的木炭的发热量（kJ）
		C	H	O		
100	100.00	47.41	6.54	46.05	19 807.5	19 807.5
200	92.60	59.40	6.12	34.48	20 787.5	19 248.7
300	53.60	72.36	5.38	22.26	26 646.3	13 399.8
350	46.80	73.90	5.11	20.09	31 066.5	14 540.8
400	39.20	76.10	4.90	19.00	32 609.4	12 781.1
450	35.00	82.25	4.15	13.60	32 984.7	11 742.7
500	33.20	87.70	3.90	8.40	34 077.2	11 313.2
550	29.50	90.10	3.20	6.70	34 277.4	10 112.3
600	28.60	93.80	2.65	3.55	34 360.8	9 828.7
650	28.10	94.90	2.30	2.80	34 569.3	9 711.9
700	27.20	95.15	2.15	2.70	34 736.1	9 449.2

木炭的发热量和炭化温度有关，炭化温度高，所得木炭的碳素含量高，发热量也较大。

木炭的最高发热量 Q 可以用热量计测定或按木炭的元素组成用下式计算：

$$Q=81.51C+273.4H \tag{24-2}$$

式中：81.51 和 273.4——经验数值；

C 和 H——分别是在全干木炭中碳和氢的含量百分率。

木炭的导热性在不同的截面方向是不同的，同一树种的木炭，沿纤维方向的导热性较垂直于纤维的方向为大，如沿纤维方向的导热系数为 0.88～1.00kJ/（m·h·℃），垂直方向的导热系数为 0.38～0.46kJ/（m·h·℃）。

木炭的热容随着温度的升高而增加，见表 24-11。

表 24-11 木炭的热容与温度的关系[7,10]

温度（℃）	24	425	561	925
真实热容（kJ/kg）	0.689 3	1.038 3	1.205 1	1.484 5

绝干木炭和湿木炭的热容有很大区别，1kg 绝干木炭的平均热容为 0.834kJ/kg，而湿木炭的热容等于 1kg 湿木炭中全干木炭的热容和水分的热容之和。

（4）木炭的吸湿性：根据木炭在平衡条件下吸收水分的数量，木炭属于憎水性物质。存放在防雨雪的仓库中，木炭含水率一般为 3%～6%，但在环境较差的条件下木炭含水率可达 7%～15%。这主要是空气中相对含水率的变化引起的。吸湿性的大小取决于木炭表面性质。木炭表面氧化物越多，其吸水能力就越大。在空气中长期存放或受热氧化后的木炭比新烧制木炭更容易吸湿。桦木炭的吸湿受热解温度与木炭氧化程度的影响见表 24-12。

表 24-12 木炭煅烧温度对吸湿性的影响[7,10]

木炭最终煅烧温度（℃）	炭吸收的水蒸气（%）			木炭最终煅烧温度（℃）	炭吸收的水蒸气（%）		
	新烧制木炭	存放 1 年后的木炭	氧化木炭		新烧制木炭	存放 1 年后的木炭	氧化木炭
400	0.75	2.65	3.05	600	0.69	1.45	3.25
450	1.01	2.70	3.71	700	0.29	1.11	1.59
500	1.16	2.76	4.34	800	0.34	0.81	1.05
550	0.87	1.74	4.13				

（5）木炭的反应能力：用于冶金工业的木炭应具有较好的反应能力，即木炭的碳元素容易和二氧化碳起反应生成一氧化碳的能力。目前，把反应能力视为一个假定值，它表示二氧化碳与碳之间的反应速度。

$$C+CO_2 \rightleftharpoons 2CO$$

反应速度可根据单位时间、单位面积木炭反应所消耗的气体进行定量，然而，精确测定木炭这种多孔物质的反应表面积是相当困难的。因此，实际上计算单位重量的反应速度常数比计算单位面积的反应速度常数更方便。此常数称为反应速度的重量常数或反应速度的表观常数。

反应速度的表观常数 K_G 可由下式确定：

$$K_G=\frac{V}{g}\frac{T}{T_1}R \quad [\mathrm{cm^3/(g\cdot s)}] \tag{24-3}$$

式中：V——CO_2 的进料速度（cm^3/s）；

g——试样中碳含量（g）；

T——反应温度（K）；

T_1——室温（K）；

R——气体反应剂的转换率。

$$R=2\ln\frac{1}{1-\tau}-\tau \tag{24-4}$$

式中：τ——反应产物中 CO 的相对含量。

二氧化碳与各种木炭的反应速度的表观常数见表 24-13。

表 24-13　木炭的反应性质[7,11]

材　种	干馏釜类型	在下列温度下的表观反应速度常数	
		800℃	900℃
千金榆	卧式干馏釜	1.239	2.957
水青冈	卧式干馏釜	3.620	4.331
桦	立式干馏釜	2.312	4.169
桦	柯兹洛夫炭窑	2.015	4.331
杨	柯兹洛夫炭窑	5.425	7.507

反应能力还可以用单位外表面积的反应速度的总有效常数 $\overline{K}'$ 来表示。外形表面积 S_K 可由下式确定：

$$S_K=6/\rho d_K \tag{24-5}$$

式中：ρ——木炭的真密度（g/cm^3）；

d_K——粒子的平均有效表面直径（cm）。

因而

$$\overline{K}'=K_G/S_K=K_G\rho d_K/6 \tag{24-6}$$

由此可见，固体碳素材料同活性气体的反应速度，实际上取决于炭的大孔和微孔结构，即取决于炭的裂缝和孔隙的大小、形状及数量。

木炭的灰分也在一定程度上对增加木炭反应能力起良好的影响。众所周知，炭中的无机杂质，尤其是钠盐与钾盐的存在增加了炭中晶格的不均匀性，形成额外的活性中心使炭原子之间的联结变弱，从而提高炭的活性。灰分含量对桦木炭反应能力的影响见表 24-14。

表 24-14　桦木炭的灰分含量对反应能力的影响[7,11]

指　标	对照炭	含低灰分炭	含高灰分炭
灰分（%）	2.03	0.80	2.53
烧失（%）	2.50	2.39	4.80
反应速度重量常数			
当温度为 700℃	0.160	0.49	1.38
800℃	5.655	1.63	10.42
900℃	39.701	10.88	54.45
反应速度的总常数			
当温度为 700℃	0.884 1	0.39	0.93
800℃	4.797 7	1.31	7.03
900℃	35.581 3	8.71	37.02

（6）木炭的其他化学性质：木炭在高温条件下与许多金属反应，生成的碳化物有广泛用途，如木炭将许多金属的硫酸盐还原成硫化物或氧化物，直至还原成金属。其中硫酸钙或硫酸钠与炭混合在 700～860℃煅烧生成钙与钠的硫化物，而在 1 100～1 150℃硫酸钙可还原成氧化钙与硫。这些反应对有大量硫酸钙产生而无工业应用的工厂具有现实意义。木炭在 700～900℃还原硫酸镁，得到氧化硫气体和氧化镁，在较高温度下氧化镁进一步还原成金属镁。

$$2MgSO_4+C\longrightarrow 2MgO+2SO_2+CO_2$$

$$2MgO+C\longrightarrow CO_2+2Mg$$

木炭与无水钾镁钒矿煅烧，使镁部分还原并分离出硫酸钾，其反应如下：

$$K_2SO_4\cdot 2MgSO_4+C=\!=\!=K_2SO_4+2MgO+CO_2+2SO_2$$

该反应是制取硫酸钾的工业方法之一，硫酸钾用于生产石英等其他盐类的原料。

木炭在2 000～3 000℃高温条件下能与氮气相互作用生成氰$(CN)_2$。在氢气存在下生成氢氰酸（HCN）。在微波作用下碳与氮在700℃就相互作用。

在空气中氮的存在下，炭与无水碳酸钠混合加热可制得氰酸钠。

$$Na_2CO_3+4C+N_2 \longrightarrow 2NaCN+3CO$$

另一个制取氰酸钠的方法是木炭在氨气中与金属钠加热反应如下：

$$2NH_3+2Na \xrightarrow{300℃} 2NaNH_2+H_2$$

$$2NaNH_2+C \xrightarrow{400\sim600℃} Na_2NCN+2H_2$$

$$Na_2NCN+C \xrightarrow{800℃} 2NaCN$$

(7) 木炭的电性质：木炭的比电阻很大，大约等于$10^{10}\sim10^{12}\Omega\cdot cm$，木炭的电阻也有方向各异性，顺纤维方向的电阻只有垂直纤维方向电阻的1/5～1/3。

木炭的导电性随炭化温度升高而增大，但温度高于800℃后，导电性的增长速度减慢，这是由于木炭中挥发分几乎被完全分出的缘故。

不同煅烧温度条件下，块状桦木炭的比电阻变化与元素组成的比较见表24-15。

表24-15 木炭的比电阻在煅烧时的变化[7,10]

煅烧温度（℃）	顺纤维方向的比电阻（Ω·cm）	木炭的元素组成		
		C	H	O+N
400	1×10^9	77.2	4.9	17.9
450	0.8×10^8	80.9	4.8	14.3
500	0.5×10^2	85.0	4.3	10.7
600	0.7×10	91.3	3.3	5.4
700	0.4×10	93.3	2.8	3.9
800	0.6	94.8	1.8	3.4
900	0.4	96.5	1.3	2.2
1 000	0.3	97.6	0.6	1.8
1 200	0.2	98.8	0.2	1.0

炭层的比电阻比炭块的比电阻要大得多，由于炭层的厚度与炭块的大小不同，比电阻的差别在2～3个数量级。

(8) 木炭的自燃及其预防[12,13]：木炭自动氧化并伴随着木炭温度的升高常常是造成木炭自燃的原因，木炭自燃经常是木炭最初接触空气中的氧（即卸炭后）很快发生的。

促使木炭自燃的因素很多，弄清这些因素对预防木炭自燃现象是必要的。比如腐朽木的木炭比一般木炭更易自燃，其原因是腐朽木木炭孔隙度较大，为更多的氧在单位时间内进入木炭表面创造了条件，使单位重量木炭放出的热量增加；腐朽木木炭的机械强度低，容易磨碎，生成许多碎块和炭粉，很易堆实而难以散热；腐朽木木炭含有较高的灰分并具有更大的着火倾向。如果木炭在制备过程中发生过燃烧，由于炭块表面有更多的灰分而具有更大同氧作用的活性。因此这种木炭易发生自燃。

实验确定，木炭在大气中进行自燃连锁反应的诱发剂是新木炭中所含的顺磁中心。木炭只有在一定临界条件下才会自燃，这些条件包括木炭的体积、温度、顺磁中心浓度与氧的浓度。如果上述条件没有达到临界值，即使木炭与氧接触也不会着火。这就有可能在工业条件下用空气冷却热木炭，在这样的条件下，不仅能达到木炭性能稳定，而且由于熄炭室的体积减少，炭化室的能力相应增加，从而使内热立式干馏釜的生产能力增加。

为了预防木炭自燃，在木材热解、木材煅烧与冷却过程中必需遵守以下规定：①在木炭生产中使用腐朽木的量不许超过一定的程度；②要避免有大块的，不均匀木段，应按工艺规程使木材均匀干燥，热解完全；③从各种可能的煅烧温度中采用最高煅烧温度，以减少木炭挥发分与顺磁中心的含量；④木炭进库前筛去粉末炭，木炭堆放不要超过规定高度；⑤含水较高的木炭不要放进木炭仓库，因为木炭中吸附的水分会加快氧化过程的进行。

1.2　木炭的生产方法

1.2.1　原　料

（1）原料的种类。生产木炭的原料有薪材、森林采伐剩余物（枝丫和伐根）、森林抚育时清除的杂木（弯曲木、病木）、木材加工厂的剩余物（锯屑、树皮、板皮）以及木质废渣（木质素、生产糠醛、栲胶、浸提松香等的废渣）等。按原料形状，有粒状、片状、块状和木段。按原料的树种可以分为 3 类：即硬阔叶材，如水青冈、桦、麻栎、苦槠、榆、槭等；软阔叶材，如杨、椴、柳等；针叶材，如马尾松、红松、云杉等。

不同材种干馏时，林化产品的得率相差甚大，如硬阔叶材干馏的醋酸、甲醇得率比针叶材高 1 倍；阔叶材的木炭得率比针叶材要低；干馏硬阔叶材（栎木、山毛榉、槭、桦）时，醋酸得率最高，软阔叶材居中，而针叶材的醋酸得率最小。所以，以生产醋酸为主的木材干馏原料主要使用桦木和水青冈等，也可部分使用山杨和其他阔叶材。针叶材生产的木炭，常用于制造活性炭。

（2）原料材的层积、实积和重量的关系见表 24-16、表 24-17、表 24-18。

表 24-16　1 层积 m^3 原料材的实积度和重量[14]

树　种		柞　木		麻　栎	
平均水分（%）		35		34	
项　　目		实积（m^3）	重量（kg）	实积（m^3）	重量（kg）
直径（cm）	15	0.74	858	0.66	759
	12	0.61	665	0.66	784
	9	0.65	705	0.64	762
	6	0.58	623	0.54	589
	3	0.49	506	0.47	504
	混合	0.58	622	0.61	619

表 24-17　1 实积 m^3 新鲜原料材的重量[15]

树　种	重量（kg）	树　种	重量（kg）	树　种	重量（kg）
槠	1 263	山毛榉	1 047	金缕梅	879
槐	1 210	光叶榉	1 040	柳　树	869
山　柳	1 203	青　杨	1 005	山茱萸	869
红　楠	1 178	米　槠	983	厚　朴	848
樽　栎	1 144	红叶槭	974	樱	840
栎	1 130	栗	970	水胡桃	819
柞	1 095	花曲柳	955	五角槭	788
日本朴	1 090	鹅耳枥	950	黄波罗	697

表 24-18 原料材的容积重[16]

树种	容积重	树种	容积重	树种	容积重
落叶松	0.49	五角槭	0.66	山核桃	0.46
沙松	0.38	白桦	0.65	赤杨	0.45
云杉	0.36	山茱萸	0.57	米茱萸	0.44
针叶树2种平均	0.42	怀槐	0.54	厚朴	0.42
水柞	0.69	黄波罗	0.49	水胡桃	0.37
山毛榉	0.69	栗树	0.47	椴	0.35
水曲柳	0.69	七叶树	0.47	阔叶树59种平均	0.35

(3) 原料材的水分见表 24-19。

表 24-19 新鲜原料材的水分[14]

树种	水分（%）	树种	水分（%）	树种	水分（%）
赤樫	43.35	白樫	38.34	山桑	44.70
明樫	42.09	栗	46.81	黄杨	46.54
黑色樫	41.65	尖叶榉	38.67	红楠	42.73
槲	47.24	杨桐	45.51	椿	43.18
大叶槭	41.66	水胡桃	47.76	小柞	48.81
槭	49.20	木佛	46.99	山茱萸	44.40
山柿	46.85	白蜡	37.29	红叶槭	40.40
槐	42.68	瓜肌槭	43.68	山踯躅	44.36
樱	49.44	野茉莉	47.73	四照花	40.78
杉	61.20	日本朴	45.42	45种平均	44.94

(4) 原料材的灰分见表 24-20。

表 24-20 原料材的灰分[17]

树种	心材（%）	边材（%）	树皮（%）	树种	心材（%）	边材（%）	树皮（%）	树种	心材（%）	边材（%）	树皮（%）
赤松	0.8	0.6	2.5	水胡桃	0.8	0.7	5.8	蚊母树	0.5	0.5	9.9
黑松	0.4	0.4	2.8	栗	0.2	0.3	7.4	山樱	0.3	0.5	3.4
冷杉	0.7	0.3	2.6	山毛榉	0.8	0.5	8.7	合欢	0.4	1.0	8.2
梅	0.4	0.2	4.3	尖叶榉	1.0	1.1	10.2	桦属	0.5	0.5	4.0
杉	0.5	0.4	—	朴树	2.0	1.7	17.5	槠	0.4	0.7	7.5
柏	0.3	0.4	—	桑	0.5	0.5	12.2	椎	0.5	0.5	8.4
花柏	0.4	0.3	—	槭	0.9	0.6	10.8	山柿	0.7	0.7	7.3
赤樫	0.9	0.8	5.6	连香树	0.6	0.5	8.0	花曲柳	1.1	0.6	5.4
白樫	0.9	0.7	7.2	厚朴	0.4	0.2	4.1	白蜡	0.8	0.6	4.3
明樫	1.3	1.1	8.3	红楠	0.7	0.6	4.1	55种平均	0.74	0.65	6.55
小柞	0.3	0.3	8.5								

（5）原料材的发热量见表 24-21。

表 24-21 原料材的发热量[18]

树种	发热量（kJ/kg）	树种	发热量（kJ/kg）	树种	发热量（kJ/kg）
落叶松	20 516	五角槭	19 474	杨桐	19 236
沙松	20 725	朝日槭	18 594	芒草（鼠莽）	20 091
云杉	20 183	枫树	18 569	白蜡	19 120
针叶树 12 种平均	20 683	山毛榉	19 599	山茱萸	19 724
明桤	18 957	栲	18 507	椵	19 808
黑桤	18 698	槐	19 570	水曲柳	19 641
赤桤	18 361	山樱	19 161	怀槐	19 574
柞	19 557	山樱	19 687	赤杨	18 711
小柞	19 024	榉	18 315	阔叶树 59 种平均	19 724

（6）树皮。树皮率见表 24-22、表 24-23、表 24-24。

表 24-22 树皮率（重量）[19]

树种	树皮率（%）	树种	树皮率（%）	树种	树皮率（%）
红松	10.5	小柞	23.9	鹅耳枥	6.9
落叶松	16.4	尖叶榉	9.4	山核桃	23.5
冷杉	14.9	山樱	10.3	厚朴	11.4
明桤	10.3	山枫	7.4	椎	11.4

表 24-23 树皮的厚度、灰分、发热量[20]

树种	厚度（mm）	灰分（%）	发热量（kJ/kg）	树种	厚度（mm）	灰分（%）	发热量（kJ/kg）
榧属	1.5	8.04	21 592	槭	4.5	2.23	19 749
榧	2.5	7.19	21 305	山毛榉	2.0	8.95	19 157
冷杉	7.5	2.55	20 708	水柞	3.0	5.22	20 667
水胡桃	6.5	8.38	19 407	栗	7.5	5.93	21 096
椅柞	10.0	10.01	18 456	栎	10.0	8.26	20 158
君迁子	1.5	7.41	21 371	厚皮栎	11.0	1.60	17 597
山茱萸	7.0	6.98	19 720	青栲	7.2	11.40	19 069
野茉莉	2.5	10.05	18 527	厚朴	6.0	4.73	20 329
栲	5.5	4.88	21 742	蚊母树	5.5	18.34	16 638

表 24-24 树皮的工业分析[15]

树种	水分（%）	灰分（%）	挥发分（%）	固定碳（%）	树种	水分（%）	灰分（%）	挥发分（%）	固定碳（%）
柏	7.33	0.46	76.31	15.90	栗	8.73	4.38	75.02	11.87
赤松	9.20	2.32	68.15	20.33	樱	7.59	6.63	73.44	12.34
冷杉	10.07	1.94	74.24	13.75	槠	6.53	6.48	76.81	10.18
杉	8.07	0.76	70.52	20.65	栎	5.33	4.71	77.71	12.25
柞	8.73	5.28	72.34	13.65					

（7）锯屑。锯屑的粒度分布见表24-25、表24-26。

表 24-25 锯屑的粒度分布[15]

树种	水分（%）	粒度（目）			
		5%～10%	10%～30%	30%～50%	50%
赤松	13.6	0.4	18.0	36.4	45.2
柏	18.4	0.2	24.0	52.3	23.5
北洋材	—	2.4	29.6	36.1	31.9
柳桉	20.6	0.2	10.0	44.8	45.0

表 24-26 锯屑的密度和工业分析值[15]

树种	密度（g/cm^2）	水分（%）	灰分（%）	挥发分（%）	固定碳（%）
赤松	0.214	11.99	0.40	81.38	6.23
柏	—	6.00	0.41	81.31	12.27
柳桉	0.186	6.89	0.96	82.50	9.65

1.2.2 木材干馏工业生产方法

1.2.2.1 原料的干燥

一般干馏用木材人工干燥设备有隧道式及立式干燥器两种。

（1）隧道式干燥器：又称洞道式干燥器。隧道一般用红砖建成狭长形，如图24-3。隧道内铺设钢轨，湿木材装在运输小车上，借助轨道移至洞中，这种干燥器是间歇的，洞内安放4～8个小车，在车的出口处装有送风机，以便送入干燥介质。干燥介质是利用废烟气，温度180～220℃，氧含量12%～14%。而干燥的废烟气温度降至70～90℃，由干燥器出口处的烟囱排出。

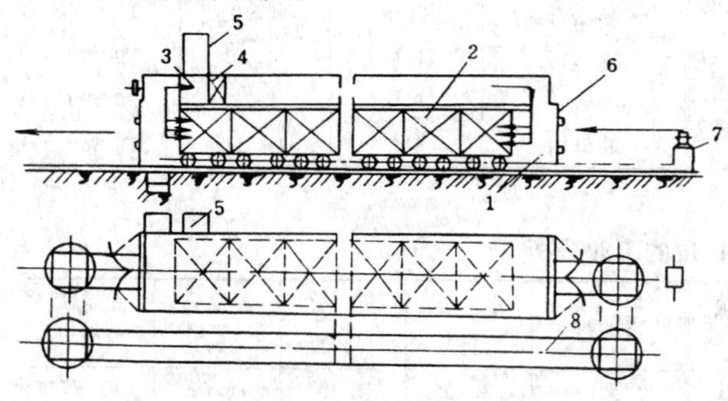

图 24-3 隧道式干燥器[1,21]

1. 隧道；2. 运输车；3. 送风机；4. 空气预热器；5. 废气出口；6. 封闭口；7. 推送运输车的绞车；8. 铁轨

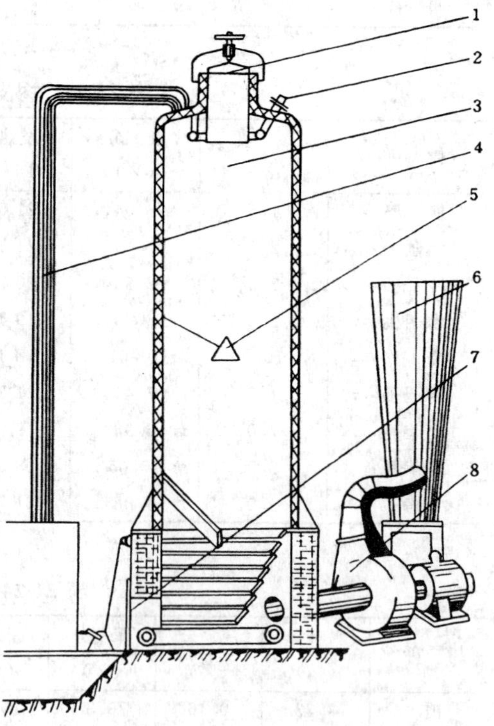

图 24-4 立式干燥器[21,22]

1. 加料口；2. 蒸汽管；3. 干燥器筒体；4. 干燥介质进口管；5. 锥体；6. 烟囱；7. 卸料口；8. 排烟风机

这种干燥器的主要缺点：干燥器与小车之间有很大空间，使干燥介质不能同木材很好接触；干燥器内木材的装载密度不超过55%～60%，使干燥介质易在干燥器的自由空间通过，而不能均匀地渗透到木材内部，在很大程度上只干燥了木材表面；干燥介质在整个隧道中分配不均匀。这种干燥器要使含水率40%～45%的湿木材干燥到含水率20%～25%，需要两昼夜。在这样情况下，每立方米干燥器的工作容积每小时蒸发水分0.9～1.5kg。这种干燥器一般都与车辆式干馏釜配套使用。

（2）立式干燥器：立式干燥器为一圆柱形立式金属容器，如图24-4。径高比 $d:H=1:2.5\sim3.0$，器壁有绝缘层以防止热损失，干燥器外壁的温度不应高于32～36℃。这种干燥器主要是适应内热立式干馏釜的要求设计的。装入木材的长度为15～20cm，木材由干燥器顶部加入，使整个干燥器内充满木段，干燥器底部装有专门的机械卸料器，采用200～300℃的废烟气做干燥介质，介质由干燥器上部送入，通过整个木材层后由底部排出。几何容积为26m³的干燥器装载容积为20m³，每1～2h进行一次装卸料，湿木材的相对含水率为40%～45%，每昼夜可生产相对含水率10%～15%的干木材50m³，木材在干燥器内的停留时间为9～11h。

立式干燥器的优点：由于采用顺流干燥，载热体首先接触湿木材，所以可通入温度较高的载热体而木材也不致燃烧；由于干燥器内充满了被干燥的木段，载热体同木材的接触比较均匀；强制通风使木材在载热体运动速度较高的条件下进行干燥，因而提高了给热系数和干燥器单位有效容积的水分蒸发量，加快了干燥速度和干燥程度。缺点是干燥器的阻力较大；载热体和电力消耗量较多，木块下沉不均匀，靠器壁处的木材受阻力影响，下降较慢，而干燥器中心的木材下沉较快，为防止木块下降速度的不均，在干燥器中部设有两个圆锥体。

立式干燥器与隧道式干燥器工作指标的比较见表24-27。

表 24-27 立式干燥器与隧道式干燥器工作指标的比较[1,13]

干燥器	干燥器生产能力 (m³/h)	木材最初含水率 (%)	木材最终含水率 (%)	每立方米有效容积1h蒸发的水分 [kg/(h·m³)]	载热体进口温度 (℃)	载热体出口温度 (℃)	干燥时间 (h)	每小时载热体的消耗 (m³/h)
立式干燥器	1.7	45.5	15.1	14.3	240～230	90～95	10.4	15 000
	2.0	38.8	14.1	9.7	220～200	100～110	8.7	16 000～18 000
隧道式干燥器	2.1	40.08	20.80	1.8	191	74.5	32.5	7 500～8 000
	2.1	37.70	17.26	1.6	185	91.2	32.5	10 000

1.2.2.2 木材干馏

木材干馏工艺包括木材干燥、木材干馏、蒸汽气体混合物的冷凝冷却、木炭冷却和供热系统几部分。

木材一般采用天然干燥，大型干馏厂采用人工干燥，使原料的含水率保持在20%以下。

木材干馏产生的蒸汽气体混合物在焦油分离器或列管冷凝器中冷凝冷却，使其中可凝缩性蒸汽变成木醋液、焦油，而不凝缩性气体称为木煤气，木炭在干馏釜中或专门的冷却器中进行冷却。

干馏车间都设有专门的燃烧炉为木材干馏提供热量，燃烧炉的燃料除干馏产生的木煤气外，可补充适当的燃料（煤气或煤）。

木材进行干馏的设备称为干馏釜，目前我国使用的主要是车辆式干馏釜和内热立式干馏釜两种形式。

(1) 车辆式干馏釜：车辆式干馏釜是一种外热卧式干馏釜，它是用厚钢板焊成的圆筒，釜的一端密封，另一端有用法兰连接的釜门，供装料与卸炭用。釜卧放，其上部有导气管，与冷凝系统相连，与干馏釜相对处有木炭冷却器，其大小与釜体相同，只是所用钢板较薄。安装时干馏釜与木炭冷却器的纵轴应在同一直线上，其内部均设轨距相同的钢轨，以供炭车出入，干馏釜与木炭冷却器之间设有一沟，沟的方向垂直于釜的轴线，沟中铺有轨距较宽的钢轨，其上有横行车，横行车的台面上有与干馏釜内宽度相同的钢轨，当横行车推至干馏釜与木炭冷却器之间时，台面上的钢轨即可接通干馏釜和冷却器，使釜中炭车能沿轨道直接进入木炭冷却器中，其设备流程如图 24-5。

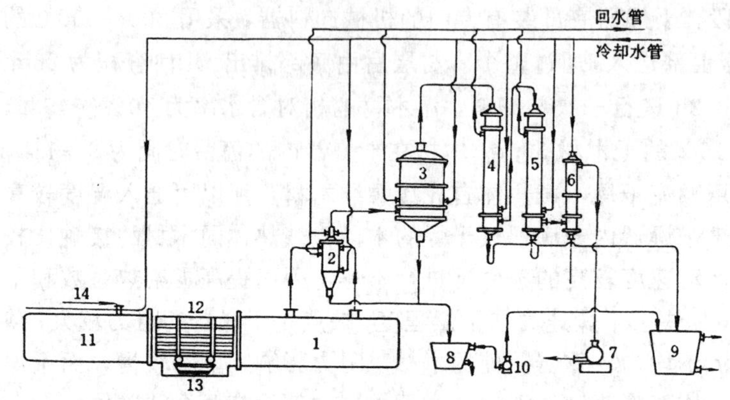

图 24-5 车辆式干馏釜干馏流程[23]

1. 干馏釜；2. 旋风分离器；3. 塔板式焦油分离器；4、5. 列管冷凝器；6. 木煤气洗涤器；7. 排风机；8. 焦油贮槽；9. 木醋液贮槽；10. 耐酸泵；11. 木炭冷却器；12. 料车；13. 横行车；14. 喷水管

装料时，首先将已装好干馏材的炭车推到横行车上，再将横行车推到干馏釜前，接通轨道后，将料车推入釜中，并将两个炭车联结好，密封釜门，开始干馏。

炭化终了时，先使横行车接通干馏釜和木炭冷却器，同时将一条带钩的钢丝绳通过木炭冷却器后壁上的小孔拉到干馏釜前面，然后打开釜盖，迅速钩住料车，开动绞盘机，将料车拉入木炭冷却器中，关闭冷却器及后壁小孔，并在其上部洒水冷却。

当干馏釜卸出料车后，即可将装好干馏材的另一炭车推入釜中，这样可以减少热损失，缩短生产周期，提高生产能力。

干馏所生成的蒸汽气体混合物通过干馏釜上面的导管进入旋风分离器，分离一部分高沸点焦油雾滴，然后进入塔板式焦油分离器。

塔板式焦油分离器有 3、4 层塔板，最下层塔板有一大型泡罩，泡罩装有 4～6 根呈放射形排列的管子，管子一半沉在焦油液面以下，在液面下的管子上有一排小孔，当蒸汽气体从小孔喷射出来时，由于反作用力使泡罩旋转，从而对焦油起着搅拌作用。塔板焦油分离器的下部装有蛇管，通入蒸汽或冷水，以调节温度。为使大部分焦油都能分离出来，又不使木醋液冷凝，必须使分离器顶部和底部温度分别保持 102℃和 120℃左右。由于车辆式干馏釜是间歇操作，蒸汽气体混合物的温度和数量随干馏阶段的不同，波动较大，难于保证塔板式焦油分离器稳定操作，因此，一般两三个干馏釜为 1 组共用 1 个塔板式焦油分离器、冷凝器和洗涤器。假如每个干馏釜的干馏时间约为 24h，则每隔 8h 装 1 个干馏釜，使各个干馏釜的放热反应时间错开，进入焦油分离器的蒸汽气体混合物的流量与温度变动不大，以便于控制焦油分离器的温度。

这种焦油分离器的阻力较大，为了避免釜内压力过高，产生二次分解，可利用罗茨鼓风机来克服阻力，并把不凝缩性气体送入炉内燃烧。为了保护风机不受腐蚀，可加设洗涤器，用冷水进行洗涤。

为使干馏釜能比较均匀的加热，采用如图24-6的炉体结构。燃烧炉置放在干馏釜的后端，燃料燃烧产生的烟气进入干馏釜下部烟道，通过烟道顶部的许多小孔进入干馏釜外的环形烟道，沿干馏釜的两侧上升，再通过上部小孔进入釜上纵向烟道。为使干馏釜前、后端的温度一致，环形烟道分为前、中、后三部分，进入前部、中部和后部环形烟道的烟气，分别进入3条平行的纵向烟道中，这3条纵向烟道的后端与横向烟道相连接处，均设有铁制插板，用来控制环形烟道前、中、后三部分的烟气量，以使三部分的干馏釜壁均匀加热。

这种干馏釜，由于采用了料车和单独的木炭冷却器，干馏釜和炉子一直保持较高的温度，提高了热量的利用，但由于木材与釜壁间有一定的间隙（10～20cm），木材主要依靠炽热釜壁的辐射热，因而燃料消耗仍然较高；其次，采用料车细致地装车后，虽增加了木材的堆积密度，但整个干馏釜的容积利用率仍不高，只能达到70%左右。

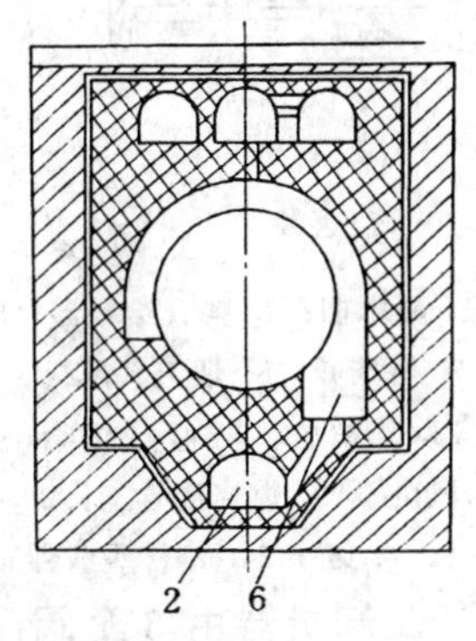

图24-6　车辆式干馏釜炉灶[1]

1. 火室；2. 釜下纵向烟道；3. 侧烟孔；4. 隔墙；5. 支座；6. 环形烟道；7. 横向烟道；8. 插板；9. 釜上纵向烟道；10. 气体蒸汽出口；11. 干馏釜

该干馏釜在操作上可分为3个时期。当木材含水率为15%～12%时，第一时期约8～9h，初始2～3h，主要是蒸发水分，气体可通过排空管排入大气，至木醋液由淡黄变成浅褐色并混有焦油液滴时，将蒸汽气体与冷凝系统接通，并开动罗茨鼓风机，至蒸汽气体出口温度达到200～230℃，即转入第二时期，此时，可减少加热用燃料，或不加燃料，主要燃烧干馏气体。第二时期约7～8h，产生出大量的蒸汽和气体。当木醋液呈黑色，里面混有更多的焦油时，即转入第三时期，此时蒸汽气体的发生量逐渐减少，出口蒸汽气体温度在300℃左右，最高不超过350℃，只要保持温度不急剧下降就可。

（2）内热立式干馏釜：内热立式干馏釜，随所用载热体不同，而有多种形式。用燃烧炉烟气作为载热体的内热立式干馏釜是其中应用最广泛的一种，该釜干馏过程是连续的，而加料和卸炭是间歇的。干馏过程采用的循环载热体是燃烧干馏木煤气或重柴油得到的烟气。

内热立式干馏釜的工艺流程如图24-7。

内热立式干馏釜是一个钢板制成的圆筒，如图24-8，内径2.6～2.9m，壁厚14mm，釜顶有加料装置，底部有卸炭器，总高24m，工作高度15m，年处理木材量为7.5万层积m^3。

干馏釜是半连续式的，每隔15～30min卸炭和加料各1次。卸炭器和加料器的结构，要求在卸炭和加料中保证釜内蒸汽气体不外逸，同时又便于操作。

在干馏釜顶的加料口外，有一环形的水封，其上用一个三角罩扣住，以保证加料口完全密闭。三角罩外面是一圆筒，另有一个加料斗，其底管与圆筒相连，底管上装有闸板阀，预先用斗式提升机把木材装入加料斗，打开底管上的闸板阀，使木材落入底管中，再关闭阀门。由于三角罩堵住管口，木材不能落入釜中。若三角罩沿轨道向上移动，木材便落入釜中，然后再放下三角罩。此外还应采取一些措施，防止细小木片落入水封中，妨碍三角罩的移动。

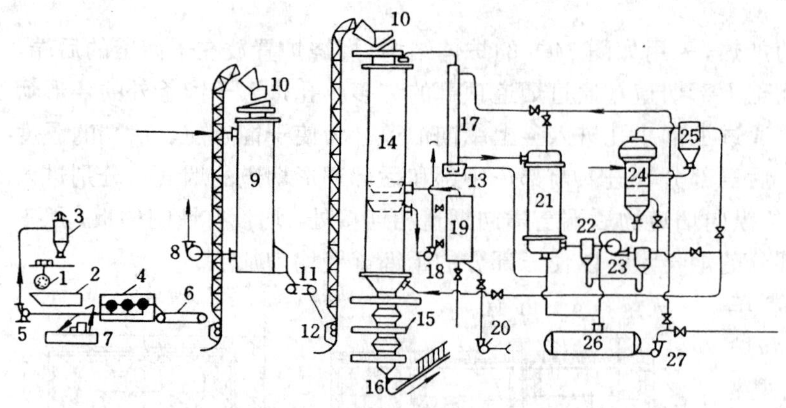

图 24-7 连续立式干馏釜工艺流程[24]

1. 原木捆；2. 料仓给料器；3. 锯屑旋风分离器；4. 断材机；5. 风机；6. 传送带；7. 劈柴斧；8. 烟道气风机；9. 干燥器；10. 水封；11. 传送带；12. 斗式提升机；13. 焦油水封；14. 干馏釜；15. 闸板阀；16. 木炭提升机；17. 前冷凝器；18. 吸风机；19. 燃烧混合室；20. 鼓风机；21. 冷凝冷却器；22. 雾滴捕集器；23. 风机；24. 泡沫吸收器；25. 旋风分离器；26. 木醋液收集器；27. 泵

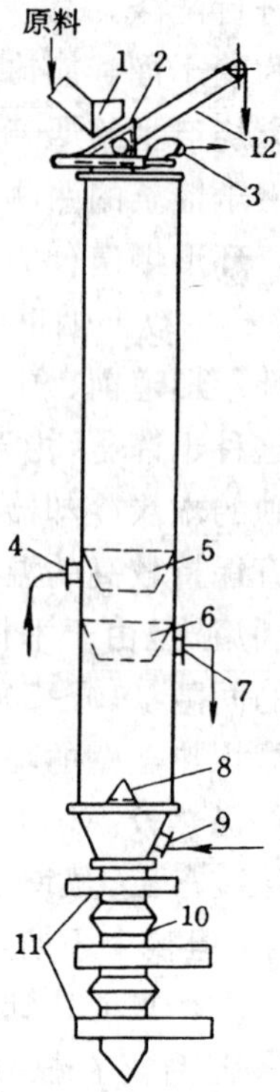

图 24-8 立式连续干馏釜[21]

1. 加料器；2. 水封罩；3. 蒸汽气体出口；4. 载热体出口；5、6. 锥形漏斗；7. 热气体引出口；8. 锥体；9. 冷气体进口；10. 卸炭仓；11. 卸炭阀口；12. 导轨

卸炭器由 3 个阀门组成，第一个阀门与第二个阀门之间的容积，可容纳每次卸出的木炭量，第二个阀门与第三个阀门之间的容积稍大一些。第一个阀门采用针形阀，是由许多平行钢条构成的两把钢叉。用压缩空气或其他动力关闭阀门时，两把钢叉相向移动，钢叉插入炭层中，隔断炭层。第二个和第三个阀门均采用闸板阀，卸炭时，由上而下的开关阀门。

干馏釜有 4 个气体进出口，最上面是蒸汽气体混合物出口，第二个是载热体进口，第三个是冷却木炭后的热气体引出口，第四个是冷却木炭用的冷气体入口。

为了保证载热体能沿整个截面均匀分布和木炭的良好冷却；釜内装有两个钢板制成的锥形漏斗，一个装在载热体的进口处，一个装在热气体出口处。

为了保证木材和木炭均匀下降，干馏釜下部中央悬挂一个不动的锥体。它可减缓釜中木材与木炭的下降速度，还能减轻物料对卸料装置的压力。

干馏釜要严加保温。干馏车间工艺过程包括备料、木材热解和木炭冷却、蒸汽气体混合物的冷凝冷却以及载热体的制取。

工艺材由贮木场成捆装入车内，经窄轨送往截材车间截成 200mm 长的木段，由传送带和提升机送立式干燥器（80～200m^3）干燥。干燥介质用锅炉车间的废烟气，由干燥器上部送入，温度达 180～240℃，废气由下部抽出，温度为 110℃。当烟气中氧气含量很低时，烟气温度可提高到 300℃。干燥了的木段由传送带和提升机送干馏釜。木段在干馏釜内进行干燥、炭化、煅烧和木炭冷却。

用不凝缩性气体燃烧产生的热烟气体作为载热体，在开工初期或干馏釜内产生的不凝缩气体量不足时，可燃烧煤气或添加重油。煤气燃烧炉由燃烧室和混合室组成，两者均呈圆筒形，燃烧室直径略小，外壳由钢板卷成，内衬耐火砖与绝热石棉层。煤气由中央导入燃烧室，空气则是通过环形管和径向的喷射管导入燃烧室，均匀混合后，通过点火口点火，便进行无焰燃烧，温度可达 1 000℃。为了降低烟气温度，并使其不含或少含游离氧，在混合室中与通过环形管道和径向喷射管导入的冷煤气混合。在载热体出口处设热电偶测定温度，载热体进入干馏釜的温度为 500～600℃。

随着炭化进程木材不断下移，来自干馏釜下部冷的不凝缩性气体，用以冷却木炭，且可回收部分热量。木炭经卸料阀门卸入提升机的料斗中，送往木炭库。冷却木炭后的热气体经风机引出送往燃烧炉，多余的气体送锅炉车间。

干馏产生的蒸汽气体混合物与载热体一起，从上部出口管引出，在通过木材干燥区时，由于蒸发水分消耗许多热量，出口处蒸汽气体混合物的温度降到 125℃左右，它先后进入前冷凝器和串联的列管式冷凝器。分离出的木醋液收集在木醋液贮槽中，不凝缩性气体由风机送入泡沫吸收器，用水吸收甲醇等低沸点组分，而气体冷却到 20～30℃，经鼓风机送去冷却木炭，使其冷却到 40～60℃。

泡沫吸收器呈方形，有 3 层塔板，下层吸收塔板筛孔直径 5～6mm，自由面积为塔板总面积的 20%～22%，上层塔板筛孔直径 3mm，自由面积为塔板总面积的 15%～17%。在吸收器的上层塔板上有雾滴吸收室，内装挡板，以回收气体中夹带的液滴。塔板上保持泡沫层高为 100～150mm，泡沫层是气体作高速运动（速度为 1.5～2.5m/s）时产生的，泡沫吸收器的操作条件可以保证气、液之间起强烈的传质交换作用，吸收器有长方形截面的溢流装置，每立方米气体的喷淋度为 0.1～0.4L 水，每立方米干馏材，可通过泡沫吸收器多回收 2kg 以上的酸。

有些工厂采用木醋液喷淋法冷凝冷却蒸汽气体混合物。

为了防止干馏釜吸入空气，要使干馏釜保持不大的正压，干馏系统的压力分布如图 24-9。

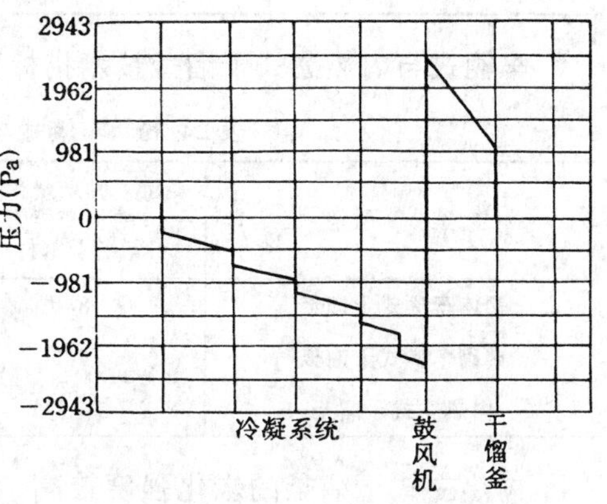

图 24-9 内热立式干馏釜的压力分布

干馏釜的温度规程：底部 20～50℃，第二锥形漏斗处 130～230℃，木炭煅烧区 500～550℃，炭化区 280～450℃，木材干燥区 200～280℃，蒸汽气体混合物从干馏釜排出时 110～170℃。

干馏釜每昼夜的平均生产能力约为 250m³ 木材。

每实积立方米炭化木材的平均得率为：木炭（碎木炭除外）137kg，木醋液中含总酸 37kg（含 33kg 挥发酸或 26.5kg 商品醋酸），焦油 65kg。当提高操作温度时，干馏釜炭化的木材量增加，而每立方米材的醋酸产量则下降，木醋液的酸度为 10%～13%。

影响立式干馏釜操作的因素有木材含水率，木块大小，加料速度，载热体温度和数量以及蒸汽气体混合物的出口温度与压力等，其中木材含水率与载热体温度的影响最大。

木材含水率高，带进干馏釜中的水分就增大，蒸发水分需要的热量也增大。如果载热体的温度保持不变，就必须增加载热体的数量或减少加料量，以维持干馏釜的正常运转。对于每立方米木材来说，载热体数量实际上是在增加。这就使循环气体中可凝缩性蒸汽（即水分、有机物）的含量减少。露点降低，蒸汽冷凝就比较困难。此外木材含水率越高，循环气体中木煤气所占的比例越低，其发热量也越低，以至循环气体燃烧时达不到要求的操作温度。在这种情况下，必须补充一定数量的发生炉煤气。为了保证热量自身循环，木材含水率最好保持在15%以下。

提高载热体的温度，相应地提高木炭的煅烧温度，且可提高循环气体的发热量，见表24-28，虽然木材的含水率较高，采用高温载热体也可使干馏正常进行。但木炭的产量较少，强度下降，碎炭较多（见表24-29）。因此，载热体的温度一般控制在450～550℃。

表24-28 循环气体的发热量与木材含水率和载热体温度的关系[25]

载热体的温度（℃）	木材的绝对含水率（%）	每立方米木材消耗木炭数量（kg）	循环气体的发热量（kJ/m³）	循环气体的组成（容积%）						
				CO_2	C_nH_m	O_2	CO	H_2	CH_4	N_2
450	16.4	8.1	4 428.54	29.1	0.5	0.6	12.7	7.2	5.1	44.8
550	17.8	4.2	5 266.71	29.4	0.9	0.5	13.5	14.4	4.1	37.2
650	25.2	3.7	6 417.63	26.6	0.3	0.3	16.4	15.7	6.9	33.8

表24-29 载热体的温度与木炭的产量和组成的关系[25]

载热体的温度（℃）	木炭的产量（kg/m³）	12mm以下的含量（%）	12～25mm碎炭的含量（%）	木炭的组成（%）			
				碳	氢	灰分	挥发分
450	107.5	11.9	13.5	84.06	4.33	2.10	18.39
550	103.5	13.2	15.6	89.49	4.11	1.13	13.70
650	99.5	14.6	17.6	90.50	3.23	1.16	8.80

车辆式与内热立式干馏釜技术指标比较见表24-30。

表24-30 车辆式与内热立式干馏釜技术指标比较[25]

釜型	每立方米炭化室的生产能力（kg绝干木材/h）	炭化每立方米木材的消耗		
		钢材（kg）	耗电量（kW/h）	标准燃料（kg）
钢体车辆式干馏釜	8.0	9.7	10.1	61.9
砖砌车辆式干馏釜	4.6	10.9	9.8	35.3
内热立式干馏釜	51～71	6.5	15.1	0

内热立式干馏釜的炭化强度较高，每立方米炭化室每小时炭化木材量为车辆式的6～9倍，而钢材耗用量低30%，正常生产时不需燃料，工作条件好，可实现机械化和自动化，但由于导入大量载热体，蒸汽气体混合物中有机物的浓度很低，降低了传热系数，因而冷凝系统的冷却面积增大，尽管如此，仍有一部分易挥发物（丙酮、甲醇）不能冷凝下来。

1.2.3 明子干馏法

明子干馏的主要目的是制取松木炭、松焦油，同时还可得到松节油、松油和木醋液。

松林采伐后的伐根或风倒木埋在土壤中，经过腐烂，剩下树脂含量较高的部分称为明子。明子因树脂含量不同分为肥明子（含树脂21%以上），中等明子（16%～20%）和瘦明子（13%～15%）；根据含水率不同，明子又可分为干明子、半干明子和湿明子，不同含水率的明子，其容积重见表24-31。

明子干馏的出油率取决于原料中树脂的含量，而明子中树脂含量与树种、伐根年限、生长土质有关。生产中应尽量选用含水率低、树脂含量高的明子。

明子干馏过程如图 24-10。

表 24-31　不同含水率的明子容积重

松　根	含水率（%）	每层积 m^3 重（kg）
干明子	＜20	320～360
半干明子	20～25	380～390
湿明子	＞25	400～450

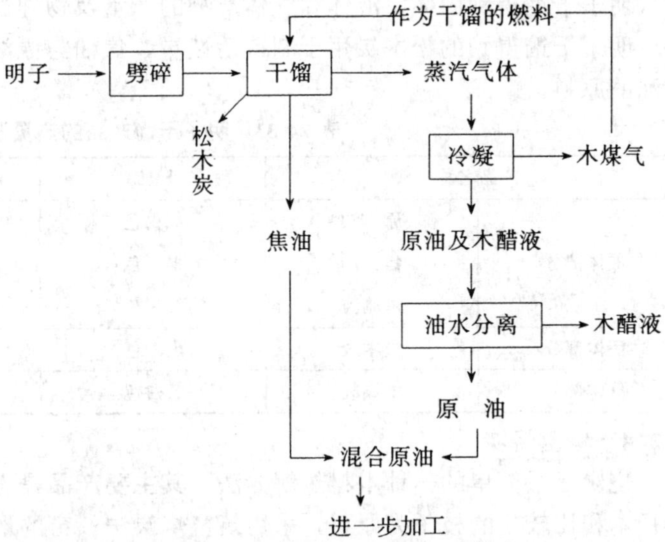

明子 → 劈碎 → 干馏 → 蒸汽气体
作为干馏的燃料
松木炭
冷凝 → 木煤气
焦油
原油及木醋液
油水分离 → 木醋液
原　油
混合原油
进一步加工

图 24-10　明子干馏工艺流程[23]

明子干馏设备在结构上和一般木材干馏设备稍有不同，它的蒸汽气体导出管装设在干馏釜的下部或在底部和顶部各有一个导出管，以提高焦油和松节油的产量和质量，避免焦油发生二次分解。明子干馏设备流程如图 24-11。

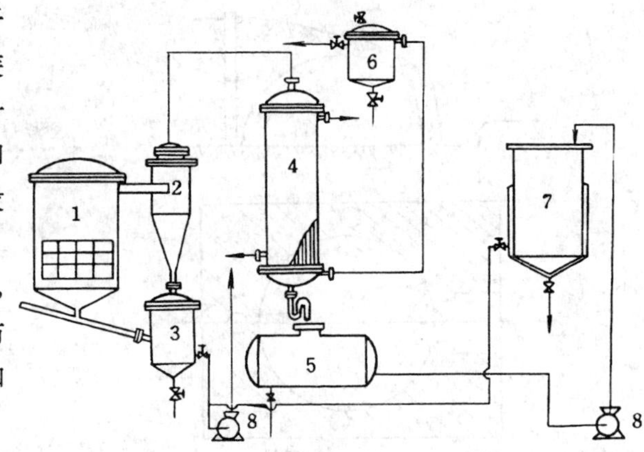

图 24-11　明子干馏设备流程[23]

1. 干馏釜；2. 焦油分离器；3. 焦油贮槽；4. 冷凝器；5. 原油贮槽；6. 缓冲罐；7. 油水分离器；8. 齿轮泵

干馏釜为圆筒形，用 9mm 钢板焊成，釜的上下各有一个导管，分别和冷凝器与焦油分离器相连，釜内有炭笼，以便装料和取炭，干馏釜安装在砖砌的加热炉中。

操作时，将已去掉泥土和杂质的松根，用锯截成小段，再劈成碎块，装入炭笼，用吊车装入干馏釜，封盖后加热 1.5～2h 后，上部导出管开始有蒸汽气体蒸出，当干馏釜内温度达到 270℃时，木材进行分解，下部导管中开始有焦油馏出，在冷凝器有黑色油馏出或有黄烟时，即可停止加热，冷却 6h 后取出木炭。容积为 $4m^3$（装 1t 明子）的干馏釜，其干馏过程的操作条件见表 24-32。

表 24-32　明子干馏过程的操作条件[23]

过程名称	温度范围（℃）	馏出物（油水）	持续时间（h）	过程名称	温度范围（℃）	馏出物（油水）	持续时间（h）
预　热	～100	2：8	1.5～2.0	煅　烧	400～450	—	1.5～2.0
干　燥	100～200	7：8	2.0～2.5	保　温	400 左右	—	1.5～2.0
预炭化	200～270	7：3	2.5～3.0	冷　却	100 以下	—	6～8
炭　化	280～380	3：2	2.0～3.0				

明子干馏得到固体、液体和气体产物的产量及物理性质见表24-33。

明子干馏得到的松木炭用于制造活性炭，焦油与原油混合在一起即为混合原油是制取松焦油的原料。

表24-33 明子干馏产品的产量及性质[3]

产品名称		外 观	相对密度（20℃）	占原料重（%）
液体部分	原 油	红褐色	0.95～1.02	22
	焦 油	褐 色	1.06～1.07	13
	木醋液	红 色	1.03～1.04	25
固体部分	松木炭	黑 色	—	25
气体部分	木煤气	黄白色	—	14

1.2.4 炭窑烧炭

烧炭是最简单的一种木材热解方法，其主要产品是木炭。我国主要利用薪炭材烧炭，以小径木和比较粗的枝丫为原料，采用筑窑烧炭法。窑的形式，构造很多，如湖南木炭窑、四川木炭窑、浙江猪头窑等，其结构分别如图24-12、图24-13、图24-14。

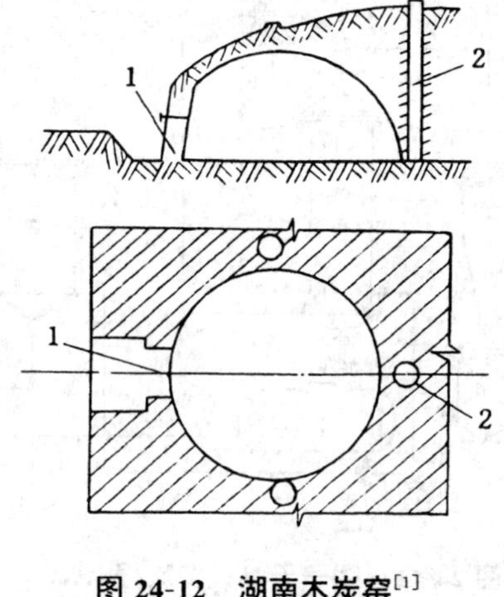

图24-12 湖南木炭窑[1]

1. 火门；2. 烟囱

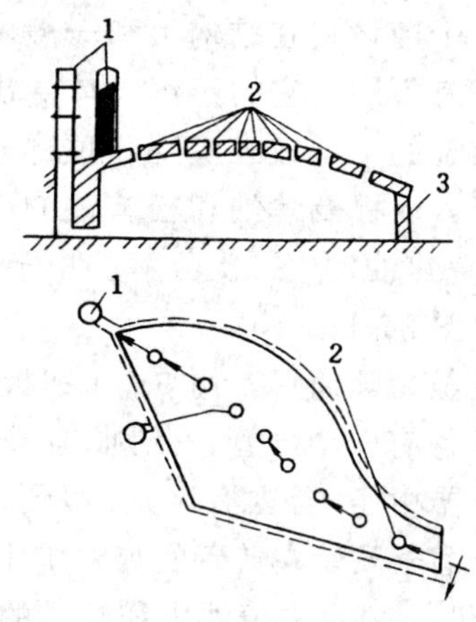

图24-13 四川木炭窑[1]

1. 烟囱；2. 烟孔；3. 火门

现以浙江猪头窑图24-14为例，说明炭窑的筑造过程。

修筑炭窑前，应做好窑址的选择，要求窑址附近林木丰富，原料和产品运输方便；靠近水源，而又不会被水冲毁；坡度较小，有比较宽阔的平地可供堆放木柴和木炭；土壤坚实，最好是耐火烧的粘土。在选好的窑址上，先画一等边三角形，每边长约2.1m，在线内下挖1m左右，作为炭化室。炭化室前端略高于后端，在炭化室后面正中处挖烟道腔和排烟孔，孔高14cm，宽18cm。在炭化室前端三角形顶部打一排横向木楔后即行装柴，薪材直立装入炭化室中，质量好的装在Ⅰ区，中等的装在Ⅱ区，质量差的装在最前面Ⅲ区，细端向下，粗端向上，材堆中心略高于四周，使薪材堆成拱形。上面覆盖一层稻草，并在4个烟孔位置上放上4个藤圈。然后沿四周铺泥土，筑窑盖，边铺土，边打紧，锤打得越紧越好，窑盖筑好后，将烟孔中的泥土挖去，铺上松土。

在炭化室前面筑燃烧室，燃烧室前端低于后端。

窑筑好后开始烘窑。烘窑时，在燃烧室点火，火力不要太猛。烘窑速度太快，炭窑将不

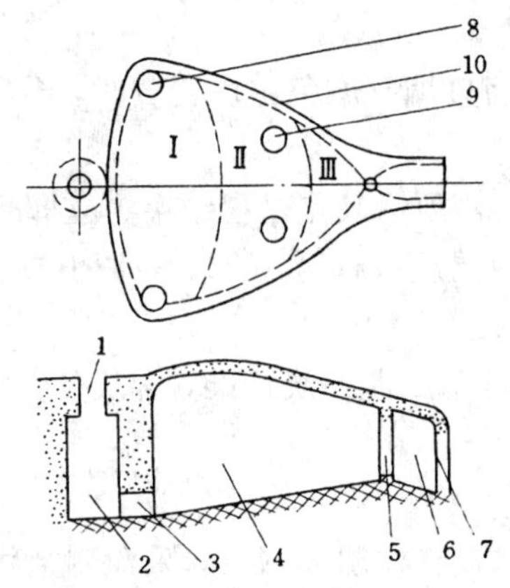

图 24-14 浙江猪头窑结构[1]

1. 烟道口；2. 烟道腔；3. 排烟孔；4. 炭化室；5. 进火口；6. 燃烧室；7. 引火口；8. 后烟孔；9. 前烟孔；10. 出炭门

坚实。火逐渐烧入炭化室，待烟孔松土发白时，把松土挖去，白烟从烟孔冒出，当烟色转青时，将烟孔盖上，打开烟道口，使烟气从烟道口冒出，这时，即可闷窑，将所有孔口堵塞，经冷却 2 天后，在窑的侧面开一出炭门出炭。以后可继续装柴烧炭，其过程和前面烘窑相同，只是烧炭时间较短，正常烧炭周期约 3～4 天。

上述闷窑熄火的方法叫做窑内熄火法，得到的炭称为“黑炭”。当木材在窑内炭化完毕时，趁热从窑内扒出，然后用湿沙土熄火的方法，称为窑外熄火法；在熄火过程中，木炭与空气接触而进行煅烧，炭的外部被氧化，生成的白色灰附在木炭上，称为“白炭”。由炭窑生产的木质炭质地较硬，黑炭的得率为原料的 15%～20%，白炭得率为 10%～15%。黑炭的炭化最高温度为 500～700℃，白炭则为 1 000℃左右。

1.2.5 移动式炭化炉

为了避免筑窑烧炭劳动强度大、受季节影响、得率低等缺点，可采用移动式炭化炉（如图 24-15）。该炉用 2mm 厚的薄钢板焊接，由炉下体、炉上体、顶盖叠接而成。炉下体为空心圆台体，距离下端 20mm 高的弧面上，等距离相间地开设通风口和烟道口各 4 个，通风口和烟道口上分别装有通风管和烟囱，炉下体的内部设有 4 块扇形炉栅，中央竖立 1 个点火通风架。炉上体直径比下体略小但形状相同。炉顶盖中央设 1 个点火口，用点火口盖封闭。炉体全高 1 525mm，有效容积 2.75m^3，一次处理原料量 2.2 层积 m^3。

将抚育采伐后直径 3～8cm 的枝丫，梢头木截成长 1m 的木棒制炭材；燃料材长 50cm，径级 5cm，含水率不得大于 25%。炭化炉宜安装在林内地势较高，地面干燥的空旷处，先将地面表土铲去，树根挖掉，整平夯实，然后将炉下体放在平地中心，装入 4 块扇形炉栅，炉上体放在炉下体的凹槽上，把点火通风架竖立在炉栅中央，烟囱和通风管分别插在烟道口和通风口上。

点火材呈井字形平放在点火通风架上；制炭材直立地装在炉内，大头向上，大径级的和含水率较高的装在炉体中央；制炭材的顶端横铺一层燃料材。

炉顶盖放在炉上体的凹槽上，凹槽内填满干沙土。

用明子或桦树皮点火，从炉顶盖上的点火口投入炉内，将顶端的燃料材点着，并要不断地添加；当烟囱口温度达到 60℃，盖上点火口，并用干沙土填

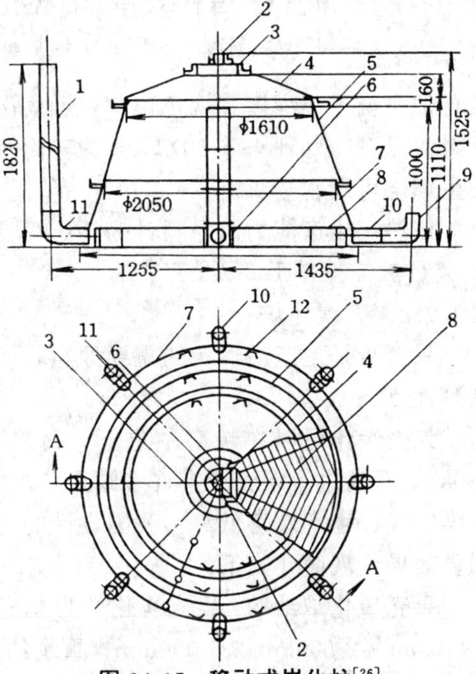

图 24-15 移动式炭化炉[26]

1. 烟囱；2. 点火口盖；3. 点火口；4. 炉顶盖；5. 炉上体；6. 点火通风架；7. 炉下体；8. 炉栅；9. 通风管；10. 通风口；11. 烟道口；12. 手柄

入凹槽封闭。

当炭化进行4～5h，炉内制炭材的干燥阶段结束。当烟囱口烟气颜色由白变黄时，逐步关闭通风口插板。

当通风口出现火焰，烟囱口冒出青烟，烟囱内嗡嗡作响，预示炭化过程结束。立即用泥土封闭通风口，再过30min，将烟囱除去，封闭烟道口。炉内温度冷却至40℃，开炉出炭。木炭得率25%左右，木炭含水率6%。

炭化周期为一昼夜，炭化最终温度为450℃，所得木炭符合工业用炭标准，含灰分2%左右，挥发分17%，固定碳80%。

1.2.6 车辆移动式炭化炉

车辆移动式炭化炉的主体为一个直径2m，长3.1m的转筒（如图24-16）。采伐剩余物预先用油锯截成长0.5～0.6m，厚15cm的木段，经装卸口4装入转筒2中，装实约7.5层积m^3。装料后封严装卸口，点燃燃烧炉3，进行不完全燃烧。烟气首先通过上层木材，再经转筒底部的木材由烟囱1排出。1.5～2h后转筒中的空气完全排出，而木材被烟气加热。此后燃烧炉内大火燃烧，但不允许烟气中有剩余氧，为此要在高层燃料中进行不完全燃烧。抽力由送风机和烟囱盖调节，当炭化炉下部受热不好时，经通风口往炭化炉内通1～2h空气使瓦斯部分燃烧。根据炭化炉完全受热程度和烟色由黄变蓝，最后转为透明确定为炭化过程的终点。炭化完成后，在密封情况下冷却到40～50℃。转动转筒使装、卸料口朝下卸炭，木炭在空气中冷却一昼夜，如发生燃烧可用水熄灭。

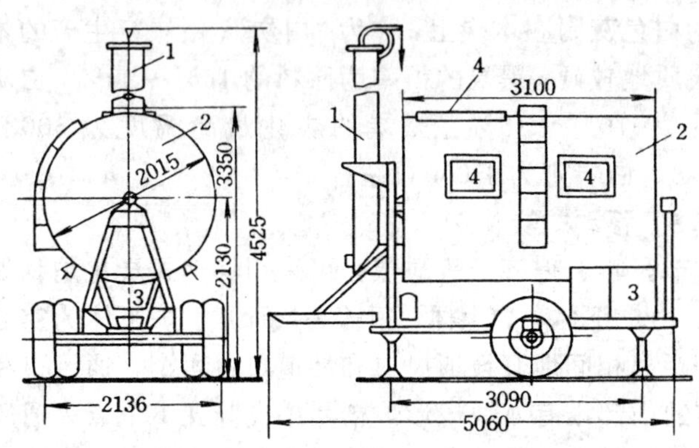

图24-16 车辆移动式炭化炉[27]

1. 烟囱；2. 转筒；3. 燃烧炉；5. 装卸口

该炉年生产能力以原料计为1 000层积m^3原木或采伐剩余物，生产木炭100～120t。每2～4台炉需操作工3人。

1.2.7 果壳炭化炉

果壳炭是生产活性炭的重要原料，用其生产的活性炭具有强度高，吸附力强，杂质含量低等优点。

果壳炭化可以在炭窑中进行，每次装料1.3～1.4t，生产周期为6天左右，每窑得炭400kg。炭窑生产果壳炭有许多缺点，如果壳炭的质量不均匀，劳动强度大，排出的干馏气体污染空气、生产效率低等。我国设计的一种果壳炭化炉克服了上述缺点，经多年实践，取得明显效果，现简介如下：

果壳炭化炉结构：果壳炭化炉为立式炭化炉，结构如图24-17。外型尺寸：长×宽×高＝4 410mm×2 500mm×5 090mm。重量约66t，每台炉由两个立式炭化槽组成。果壳从加料到出料分3个阶段，第一阶段为预热段，高1 250mm；第二阶段为炭化段，用耐热混凝土预制块砌筑成槽，槽的大小为：长×宽×高＝2 400mm×180mm×1 350mm，炭化槽外为烟道，烟道内用隔板分为3层。空气由4根进风管均匀进入炭化炉的旁烟道，再经耐热混凝土预制块上的栅孔进入炭化槽，炭化后的混合气体亦通过栅孔进入主烟道，最后排入烟囱；第三阶段为冷却段，高800mm，炭在此处自然冷却后通过出料器排入炭贮槽。为防止炭在贮槽内自燃和保证炉子底部密封，可向炭贮槽内通进少量蒸汽。

炭化工艺：果壳（椰壳、杏核、桃核）经风选，除去沙石、土块后，用提升机送至炉顶的加料槽，果壳借重力进入炭化槽，分别通过预热段、炭化段、冷却段从卸料器出料。每小时出料1次，加料1次，果壳在槽内停留时间约4～5h。炭化是在适量的空气条件下进行的，空气通过进风管自然吸入，进风量视炭化温度而定，炭化温度高可适当关闭进风口的插板，反之，可适当开大。炭化温度控制在450～460℃左右。炭得率可达25%～30%，灰分小于2%，挥发分为8%～15%。由于炭化时产生的蒸汽气体混合物及时通过炭化槽的栅孔进入烟道，被空气完全烧掉，不仅有效地避免了蒸汽气体污染大气；还保证了果壳炭化时必需的热量。

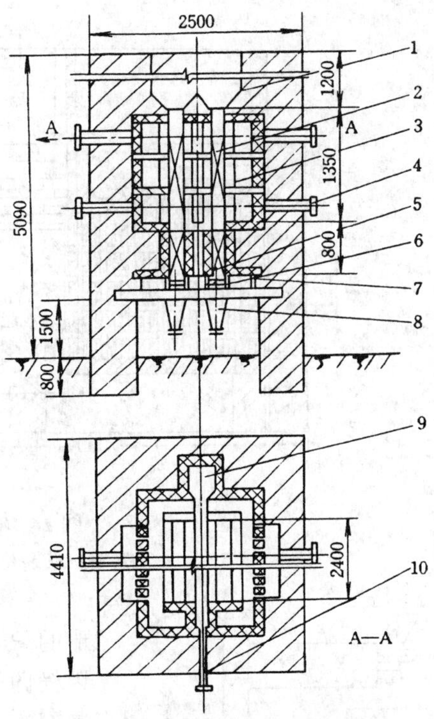

图24-17 果壳炭化炉结构[28]

1. 预热段；2. 炭化段；3. 耐热混凝土预制块；4. 进风管；5. 冷却段；6. 出料器；7. 钢支架；8. 卸料斗；9. 烟道；10. 测温口

1.2.8 废材烧炭及其质量

(1) 立式多槽炭化炉：立式多槽炭化炉的结构如图24-18。每台炉有14个立式炭化槽，每个炭化槽的两侧为烟道，1台炉内共有15个烟道，炉内部用耐火砖，外部用青砖砌成，炉长7m，宽4.5m，每炉设5个燃烧室，每一燃烧室与炉内的3个烟道相通，燃烧烟气在炉内烟道中分5层曲折上升至顶部，与烟囱连通，烟囱高10m，高温烟气在运动中将热量通过隔墙间接地传给炭化物料。炭化产生的蒸汽气体通过房顶排气罩排空，炉顶设加料室，原料由此加入炭化槽，每个炭化槽均有一个卸炭口，缺炭口设在与燃烧室相反的一面。

操作时首先在燃烧室点火，加热炭化槽，待温度升至300℃时开始投料，进行木屑炭化。最初炭化槽冒出白烟，表明废气中有大量水分，是干燥阶段，而后转冒黄烟，表明大量木屑进行热分解，最后冒青烟以至无烟，并观察到炭化槽内物料呈暗红色，不冒火星，表明炭化结束，即可出料。

每炉投料2～2.5t木屑，炉温约700～800℃，炭化时间4～8h（炭化时间随原料含水率而异），一炉可得木屑炭300～400kg，耗煤1.5～1.7t。

这种炭化炉结构简单，容易砌造，操作简单；但耗煤量高，炭得率低、质量不够均匀，高温操作，劳动强度大。

(2) 螺旋炉：螺旋炉是圆筒形，中间有螺旋输送器，送入含水率在20%以下的细粒状废料，外部连续加料，热源是炭化炉排出的木煤气的燃烧热，燃烧加热室排出的废烟气用来干燥原料，炉内温度400～500℃，原料在炉内停留时间为15～30min，废材在炉中的装料率为30%，日本北海道林产试验场的螺旋炉如图24-19。

这种炉的炭得率为绝干原料重的25%，炭的质量好。

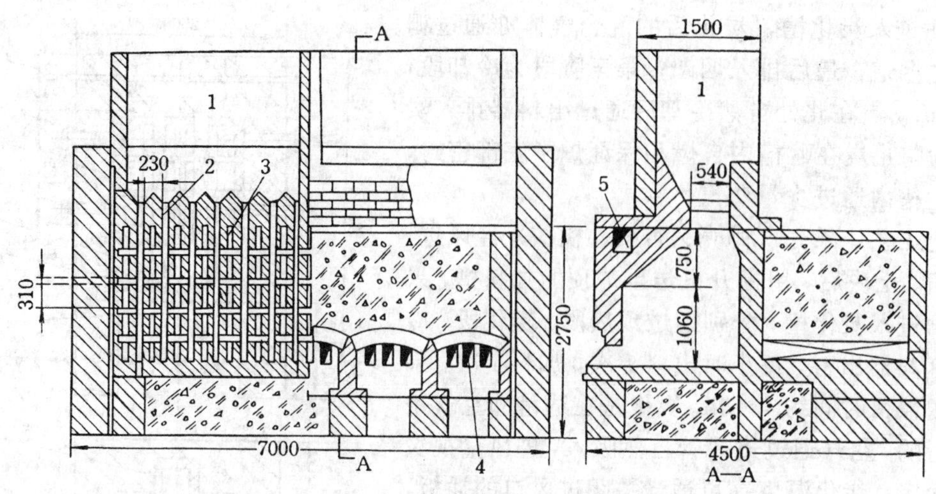

图 24-18 立式多槽炭化炉结构[1]

1. 加料室；2. 炭化槽；3. 烟道；4. 出炭口；5. 水平烟道

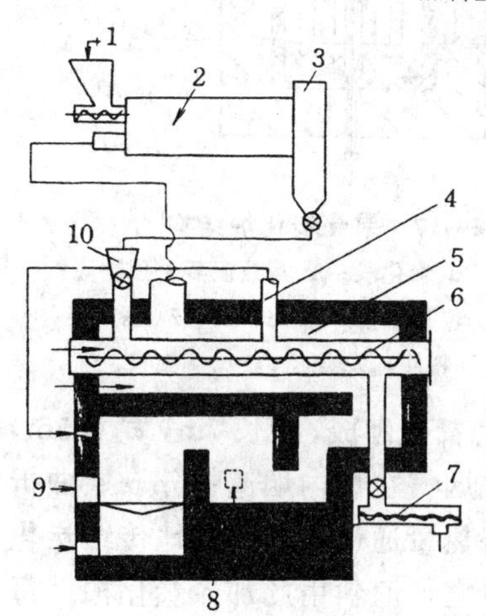

图 24-19 螺旋炉[29]

1. 加料斗；2. 滚筒干燥器；3. 排烟管；4. 干馏气体排出口；5. 加热室；6. 螺旋炭化器；7. 卸炭器；8. 二次空气进口；9. 炉门；10. 干原料进口

(3) 流态化炉：流态化炉如图 24-20 是立式圆筒形或圆锥形的炉子，内部用耐火水泥，耐火砖砌筑，外面再用铁板焊成。用横向螺旋加料器从炉子下部连续送入粉状或粒状原料，从底部吹入空气作为流态化气体，使原料进行流态化炭化。开炉前，炉子用重油加热到 500～600℃（在炭化过程中停止用重油），炭化温度由原料热分解所得的部分气体燃烧产生的热来维持，从流态化炉出来的炭化物用两个旋风分离器捕集，分离的废气可用作干燥原料的热源。

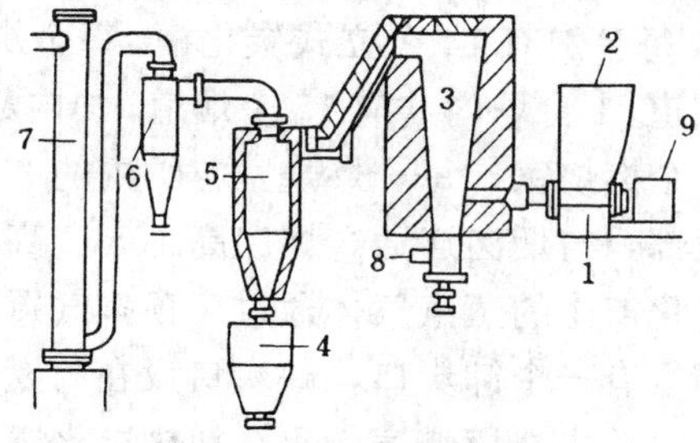

图 24-20 流态化炉[29]

1. 螺旋进料器；2. 料仓；3. 流态化炉；4. 木炭受器；5. 第一旋风分离器；6. 第二旋风分离器；7. 气体洗涤器；8. 空气入口；9. 减速箱

流态化炉不会局部过热，炭化温度保持一定，炭化时间短，可根据原料粒度的差异，由几秒到几分钟，连续得到质量均匀的炭化物。早在 20 世纪 60 年代初，我国就试验成功用流态化炉干馏锯屑，炭化温度为 600℃，炭得率 20%。日本东京都江都区已有日处理 60t 锯屑的流态化炉投产。

(4) 流动搅拌炭化炉：流动搅拌炭化炉是立式圆筒形或圆锥形的炉子，内部用耐火水泥、耐火砖砌筑，外面用铁板焊成。炉下面装有不锈钢制成的搅拌器，物料经螺旋输送器由炉下部送入，从底部吸入空气作为流态化气体，一边吹起原料锯屑，一边进行流态化炭化。开炉前，炉子用重油加热到 500～600℃，当炉子正常生产时，炭化温度由原料热分解所得部分气体燃料产生的热来维持。从流动搅拌炭化炉出来的炭化物用旋风分离器捕集，分离的可燃气作为干燥原料的热源。

这是一种连续操作的炭化炉，当运行一周后，要清炉 1 次。清查 1 次约 2h，炉渣主要包括灰分、焦油、沥青等杂质。

原料锯屑以针叶材锯屑为最好，树皮、木片也可使用。木屑应在木屑库保存，防止雨淋，木屑原料炭化前要进行过筛与干燥。

炭化炉炭化温度可以任意调节，一般以 380～390℃为宜，排出的废气经燃烧可达1 000～1 200℃，混入部分空气使温度下降到 700℃，用于木屑干燥。

某流动炭化炉进行木屑炭化实例如下：

炉本体：流动炉内径	1 000 mm
充填层高	500mm
炭化条件：炭化温度	400℃
流速	50cm/s
炉内停留时间	25min
生产能力：	90～115kg/h
得率：	25%～30%

炭化品的质量与粒度组成：

挥发分：	30%
灰分：	1.2%
充填密度：	0.17g/L
粒度分布：20 目以下	14.7%
20～42 目	59.6%
42～80 目	23.0%
80 目以上	2.7%

(5) 多层耙式炉：圆形多层耙式炉可用于炭化木屑、木片、树皮等，还可用于颗粒炭的活化和废活性炭的再生。

圆形多层耙式炉是由耐火材料与不锈钢构成。设计的原则是用空气使中心旋转轴与耙齿臂快速冷却。

中心旋转轴是由垂直的圆柱分段组成。圆柱内有内管与外管借以流通空气。

在每一炉层的轴上都接有 2 个或 2 个以上的耙齿臂，齿臂中具有足够的空气通道，空气由中心轴的内管通到耙齿端，然后回到中心轴的外管。

原料由多层炉顶部的进料口进入顶层。木屑原料的运动是借助耙臂上耙齿的作用使之通过每一炉层、木屑由每一炉层上的落料孔掉至下一炉层，最后达到位于炉底部的卸料口（1～2 个），卸出木屑炭。

多层炉的外壳是用耐热不锈铬钢板或镍铬不锈钢板制成，用焊接或用高弹性钢螺栓装配。外壳按炉层用带钢加固。炉底用结构钢板（A36-70a）制成，且用刚性元件支撑。炉体用结构架固定在基础上，结构架要能承受全部架子、烟道、输送器和附属于炉子的辅助设备的全部负载。

炉子的中心轴及其零件均按要求由高温镍铬铁合金铸成。耙臂用含有25%铬，12%镍的耐高温的铬-镍-铁合金铸成。炉子每个层床都装有一套完整的耙齿装置，所有耙齿的材料与耙臂相同。为防止物料沿轴短路从一层流到另一层，迫使气体与物料逆流，轴与层床之间装有垫圈、垫圈是耐高温合金钢制的。

每层炉床都装有两个用耐火材料衬里的安装孔。在安装孔门上装有快开锁和一个带盖的观察孔，通过安装孔可以拆装耙臂。

炉床和炉顶采用专门的耐火材料，具有高温负载下耐热冲击的能力。所有的耐火砂浆都是空气凝固型，在4℃时能干燥。中心轴用铅-硅耐火材料浇铸成型砖包捆，并用304型不锈钢丝网加固。炉子及其附属设备都用保温材料保温，保温层厚度要以设备的外表温度不超过60℃为准。在保温材料外面需加有12.7cm厚的石棉泥涂层和一层帆布；帆布上胶并涂上耐热漆。

为了通入冷却空气，在中心轴的底端周围设有一个用铸铁或结构钢制成的空气罩。空气罩与中心轴之间装有填料以确保两者之间紧密连接。离心鼓风机为中心轴和耙臂提供冷却空气。鼓风机与全封闭式电机、皮带传动和皮带护挡连成一体。空气罩的空气进口处有一个过滤器和消音器，消音器将噪音减低到90dB以下。热空气由中心轴管顶出来，通过保温管路用作燃烧空气或排入大气中。

炉床顶部装有进料用的装料管，管内有一个可调的平衡闸门用来调节进料量。此闸门在无润滑、无连接轴承条件下可正常运行。

从炉底排出的产品输送到贮存器，再排至槽车中，此系统包括卸料管、滑动门、斗式提升机、螺旋输送器和装料仓。

中心轴的驱动依靠一个大型的、完全封闭的变速器，它装有一个伞形齿轮与在底层下面中心轴的大型铸铁伞形齿轮相连。伞形齿轮设有保护装置、机械运转是通过一个与变速电机滑轮相连的皮带传动装置。皮带传动装置有保护设施，装有安全锁，防止超负荷。

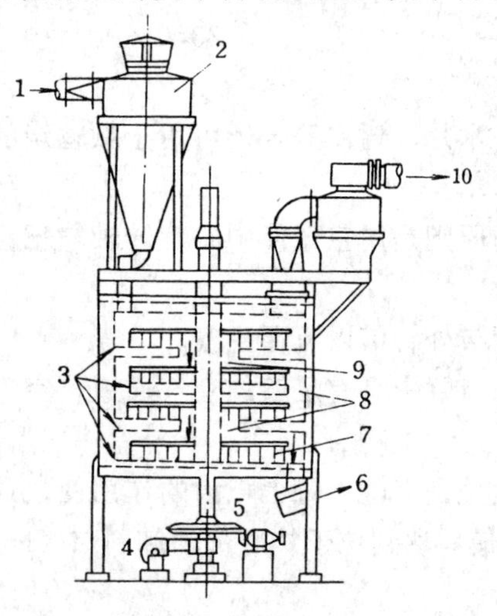

图24-21 多层耙式炉[29]

1. 废材原料进口；2. 旋风分离器；3. 炉床；4. 风机；5. 扇形齿轮；7. 搅拌耙；8. 料孔；9. 中心转轴；10. 干馏气体出口

炉子每层炉床的温度由专门的多点温度记录器控制。每点都配有可调节信号开关，在高温或低温时开动报警系统、报警开关由电线连接用来调节信号装置上的信号点。

每层炉的燃烧室都装有一个间歇的天然气调节装置和气体调节器。此外，每个燃烧室还备有遥控点火装置，紫外扫描器和安全防火系统。燃烧室所需空气由常压多段涡轮式鼓风机供给，每台涡轮式鼓风机在防振器上装有空气进气过滤器和消音器。

炉的尺寸是外径1.5～7.5m，高3～15m，炭化室层数4～12。美国现在运行的炉子，多数是外径6.5～7.5m，4～6层，1台炉子年产炭化物1万～3万t，炭化温度500～600℃，炭得率为绝干原料的25%～30%，挥发分为15%～20%，炉结构如图24-21。

(6) 废材炭化物的质量见表24-34、表24-35、表24-36。

表 24-34 炭窑木炭的工业分析[29]

来源	炭窑名称	最高炭化温度（℃）	木炭种类	木炭的组成（%）			
				水分	灰分	挥发分	固定碳
日本	白炭窑	1 000	白炭	8～10	3	5	80～85
日本	黑炭窑	700	黑炭	6～8	3	10～20	70～80
欧洲	组合窑	550	黑炭	6～8	3	10～30	60～80
美国	方窑	500	黑炭	6	3	10～30	60～80

表 24-35 沸腾炉炭化物的工业分析[29]

原料种类	炭化温度（℃）	木炭的组成（%）			
		水分	灰分	挥发分	固定碳
红松锯屑	600	6.6	15.1	13.4	64.9
锯屑	500	7.1	8.2	21.5	63.2
	600	5.0	8.6	18.6	67.6
80%阔叶树木片和25%木屑的混合物	500	1.2	8.5	15.9	74.4
	600	1.6	8.6	12.7	76.8

表 24-36 螺旋炉炭化物的工业分析[29]

原料种类	木炭的组成（%）			
	水分	灰分	挥发分	固定碳
锯屑	2.5	1.7	26.4	69.4
锯屑	4.6	2.3	25.6	67.4

1.3 木炭的用途[7,13]

木炭的工业用途主要基于利用木炭化学性质与结构性质。比如木炭作为还原剂和有机合成用炭就是基于木炭的反应能力，而木炭的结构特性（存在四通八达的孔隙）可以用来制成各种牌号的活性炭。

1.3.1 冶金工业

很早以前，木炭就用来冶炼铁矿石；木炭与焦炭熔炼的生铁，其化学组成相同（硅、锰、磷、硫），但其结构与机械性质仍有不同。木炭冶炼的生铁一般具有结构细、无裂纹、铸件紧密等特点，这是因为木炭对氧化铁的还原过程可在较低的温度下进行，而用焦炭作还原剂，高炉中的温度与鼓风压力往往较高。因此，用木炭生产的铁含氢、氧气体和杂质少，适于生产优质钢。

在有色金属生产中，木炭常用作表面助熔剂，当有色金属熔融时，表面助熔剂在熔融金属表面形成保护层，使金属与气体介质分开，既可减少熔融金属的飞溅损失，又可降低熔融物中气体的饱和度。木炭在有色金属铜及铜合金（铜-磷，铜-硅）、锡合金、铝合金、锰合金、硅合金、铍青铜合金等生产中广泛用作表面助熔剂。

木炭还用于结晶硅的生产。工业结晶硅的杂质含量应不超过1%～4.5%，为了保证产品的纯度，对还原剂提出许多特殊的要求。木炭就其纯度、孔隙度、反应能力与介电性能都比其他碳素材料能更好地满足以上要求，因此木炭被广泛用于结晶硅生产。生产结晶硅用的木炭不应含有生炭头和较高的灰分。

生产结晶硅时，炉料中木炭块的大小应为10至60～80mm，石英岩为10～15mm至50～80mm，石油焦炭不大于15mm。这样大小的炭块能保证炭层有较好的电阻，而使热损失最小。炭块中应除去碎炭，以免影响炉料的透气性。炉料在电炉中反应，反应区的温度达2 000℃，生成的二氧化硅和一氧化硅蒸汽同炽热的木炭表面接触，反应生成硅。

$$SiO_2+C \rightleftharpoons SiO+CO;$$
$$SiO+C \rightleftharpoons Si+CO$$

生产1t结晶硅的消耗指标大致如下：石英岩2.9t，木炭1.4t，石油焦炭0.3t。

现代冶金工业需要大量含有各种元素的铁合金。在生产铁合金中木炭耗用量很大，每生产1t90%的硅铁合金约需木炭540kg，97%的硅铁合金则增至1 200kg。木炭还广泛用于生产硅钙合金、锆铁合金、钼铁合金等。

1.3.2 渗碳剂的制造

凡要求表面具有较高的硬度和耐磨性，而中心具有良好韧性的钢制品都要进行渗碳。用来对钢制品进行渗碳作用的含碳混合物称为渗碳剂。渗碳过程的实质是，渗碳剂和钢制品一起在密闭的容器中加热时，其中所含的碳和氧化合产生一氧化碳：

$$2C+O_2 \longrightarrow 2CO$$

一氧化碳和钢制品表面接触后，会分解成二氧化碳和原子态的碳。

$$2CO \rightleftharpoons CO_2+C$$

原子态的碳和钢制品表面的铁化合成为Fe_3C溶解到奥氏体中，并逐渐扩散到制品内部，这样就增加了制品表面层的含碳量。

单纯木炭的渗碳效率较差，且在渗碳过程中，所产生的一氧化碳会逐渐减少，因此需要加入一定数量的接触剂如碳酸钡、碳酸钠或碳酸钾等。其中以碳酸钡为最好。它在渗碳时的反应为：

$$BaCO_3+C \longrightarrow BaO+2CO$$

当一氧化碳生成二氧化碳时，氧化钡还进行下列反应：

$$BaO+CO_2 \longrightarrow BaCO_3$$

所以碳酸钡实际上是不会消耗的。

桦木炭渗碳剂的物理-化学指标见表24-37。其工艺过程包括以下各个步骤：原料炭的输送和破碎，用含碳酸钡的浆液涂抹炭上，湿渗碳剂的干燥和装入铁桶。

表24-37 桦木炭渗碳剂的物理-化学指标[1]

指 标	规 格		指 标	规 格	
	一级品	二级品		一级品	二级品
碳酸钡含量（%）	20±2	20±2	水 分（%） <	4.0	4.0
碳酸钙含量（%）	2.0	2.0	粒度小于3.5mm（%）<	2	2
总硫含量（%） <	0.04	0.06	粒度为3.5～10mm（%）>	92	92
二氧化硅（%） <	0.2	0.3	粒度为10～14mm（%）<	6	6
挥发分含量（%）<	8	9			

选出的炭粒送入混凝土搅拌机内用碳酸钡的悬浮液涂制。每 72kg 炭粒加入 31.5kg 碳酸钡浆液。碳酸钡的悬浮液的制备方法如下：在 15L 冷水中，边搅拌边投入 9kg 淀粉，接着加入 600L 水，用直接蒸汽加热到沸腾。然后在有螺旋桨搅拌器的混合机内将淀粉糊和碳酸钡混合，每 200L 淀粉浆液加 97.6kg 碳酸钡，混合均匀后即得碳酸钡浆液。

涂制后的炭粒送入圆筒形的回转筒内，用温度为 350～400℃的烟气干燥，再经冷却 10～15min 后即可用牛皮纸袋包装。

1.3.3　二硫化碳生产

木炭是制造二硫化碳的最好原料。生产二硫化碳的木炭应当是质地坚硬、容积重大、灰分和水分含量小，固定碳含量高，因此一般采用硬木炭。

工业上制造二硫化碳的方法是将硫磺蒸汽通过高温木炭层，反应温度约 800℃。硫磺内应不含有机物，最好采用棒状硫磺，木炭宜用阔叶材烧制的硬木炭。木炭需破碎成大小为 2～5cm 的小块，预先在 500～600℃温度下进行干燥与煅烧。因为水分与挥发分含量较高时会与二硫化碳发生副反应，生成硫化氢、硫氧化碳、硫醇等副产品。

生产 1t 二硫化碳需消耗硫磺 1.17t，木炭 0.5t。

二硫化碳是无色、有毒，具有强折光性的挥发性液体，易着火，沸点 46℃，凝固点－109℃。是良好的溶剂，能溶解碘、溴、硫、生橡胶和各种油脂、树脂物质。它广泛应用于人造丝、粘胶轮胎帘线、玻璃纸的生产；还用来生产四氯化碳、粘胶纤维等。

1.3.4　木炭砖的压制

碎木炭运输困难且用途也受到限制，用压制木炭砖的方法能使价值很小的碎木炭成为优质燃料。木炭砖具有吸湿性与吸水性小、相对密度大、热值高的优点，不论在室温还是在燃烧温度条件下都有很高的机械强度。高强度和煅烧过的木炭砖在燃烧时还不产生炭尘和烟雾。木炭砖可用于冶金、移动式气化炉、车厢取暖以及茶叶、烟叶干燥等。

木炭砖的制法一般是用碎木炭、木焦油混合压制，该工艺分为以下几个步骤：木炭粉碎；木焦油蒸馏，截取需要的馏份；木炭与木焦油馏份混合，并压制成炭砖；炭砖的干燥和锻烧。此法制成的炭砖具有很高的机械强度，在运输过程中不碎裂，甚至加热到 1 000～2 000℃后冷却也不开裂与散开。

前苏联中央林化所生产木炭砖的工艺过程：一般为碎木炭送碾磨机粉碎，将粉炭泵入粘结剂并加一定量的水，在碾磨机的槽中混合、研匀、有塑性的混合料由碾磨机送去压制。成型的碳砖由带式输送器送去干燥，然后送煅烧炉煅烧。干燥与煅烧均用热烟气作载热体、热烟气是由混合燃烧室燃烧不凝性气体并添加一些热油所得。煅烧后的炭砖冷却到 30℃后送往仓库。

炭砖在煅烧过程中产生的蒸汽气体，经冷却后送冷凝器冷凝，当用木焦油做粘结剂时，得到的冷凝液送澄清槽澄清，澄清槽中上层水送碾磨机配制炭砖混合物，下层油送去燃烧，当用木素磺酸盐或石油沥青作粘结剂时，冷凝液返回碾磨机配制混合料或送炉中燃烧。

上述制造木炭砖工艺的最佳条件是：粘结剂用量 15%～20%，水用量为绝干原料重的 40%，混合物在碾磨机中混合时间为 60～90min，成型压力 245.10^5Pa，煅烧温度 500～550℃，用木素磺酸盐与石油沥青做粘结剂制造的木炭砖的特性见表 24-38。

表 24-38 木炭砖的技术特性

质量指标	粘结剂	
	木质素磺酸盐	石油沥青
抗压强度（kPa）	6 865～9 807	9 807～15 005
研磨强度（%）	93	96
灰　分（%）	4.6～6.2	2.9～5.2
水　分（%）	2.5～3.6	1.7～2.4
挥发分含量（%）	3.3～4.5	2.3～5.2
耐水性（%）	100	100
孔隙度（%）	54	52
反应能力（%）	91.5	88
电　阻（Ω/cm）	1.2×10^5～6.1×10^6	9.7×10^5～8.2×10^6
煅烧木炭砖放出气体的热值（kJ/Nm³）	18 723	9 958

2 活性炭

2.1 活性炭生产的历史与现状

2.1.1 概 述

活性炭是由含碳物质制造的，外观黑色，内部孔隙结构发达，比表面积大，吸附能力强的一类微晶质碳。

活性炭的原料来源比较广，多种含碳物质都可以用来生产活性炭。工业上选择原料除应考虑用该种原料制成的产品活性炭的性能应可满足使用要求外，还应考虑原料来源充足，价格低廉，便于运输和贮存等生产性因素。

工业上生产活性炭常用的原料有木屑、木片、坚果壳、果核等林农副产物；泥煤、褐煤、烟煤、无烟煤等矿物性原料；煤沥青、石油沥青、纸浆废液、水解木素、废塑料、废橡胶、动物血液等工业性有机废弃物等。为了研究的需要，实验室有时用砂糖、合成树脂等原料，研制灰分含量很少的活性炭。

活性炭以它的外观形状可分为粉状活性炭和颗粒活性炭两类。颗粒活性炭中，又可分为成型颗粒炭和不定型（破碎状）颗粒炭两种。

中华人民共和国国家标准GB12495—90规定，粉状活性炭是指小于0.18mm的颗粒占多数的活性炭。同一种活性炭，粉碎得越细（即颗粒越小），脱色能力也越好。但也不宜粉碎得太细，因为颗粒大小与过滤速度有关。通常，粉状活性炭的粒度越细，过滤速度越慢。

不定型破碎状颗粒活性炭通常由质地坚硬的原料制造，经过破碎、筛分等处理，调制成需要的粒度范围。但也有先生产出成型颗粒活性炭后，再破碎、筛分成所需粒度范围破碎状活性炭的生产工艺。这种活性炭的颗粒度大小，随用途而异。例如，合成维尼纶生产中催化剂载体，常用28～42目的不定型破碎状颗粒活性炭。

成型颗粒活性炭的形状有圆柱状、球状、纤维状、织物状、毡状及蜂巢状等多种。它们适用于不同的场合，但最常用的是圆柱状。圆柱状活性炭的颗粒大小，通常是直径1.5～4mm，长度2～8mm。

粉状活性炭广泛用于各种液体的脱色、精制操作中。使用时不需要专门的设备、操作简单，特别适用于多品种、小批量的液相脱色精制操作。颗粒活性炭主要用于各种气相及液相吸附领域，一般是将它充填在吸附装置中，连续地进行吸附操作。它使用方便，可以再生，因而对颗粒活性炭的需要量有不断增加的趋势。

活性炭的生产方法有气体活化法、化学药品活化法和混合活化法3类。气体活化法是用水蒸气、烟道（二氧化碳）气、空（氧）气或它们的混合气体作为活化剂生产活性炭的方法，又叫物理法。该法生产过程中对环境污染因素少呈发展趋势。化学药品活化法是用氯化锌、磷酸等无机药品为活化剂生产活性炭的方法，简称化学法。该法生产的活性炭，具有一些其他方法难以达到的性质，对原料的利用率也比其他方法高，尽管生产过程中还未很好地解决环境保护和设备腐蚀等问题，目前在活性炭生产中仍占有相当重要的地位。混合活化法常用于生产特种活性炭，是把气体活化剂和化学药品活化剂配合使用的活化方法。混合活化法有将化学药品活化后的物料再用气体活化剂活化的两步活化法，以及把原料用化学药品处理后再用气体活化剂活化的一步法两种方式。此法在生产上用得不太普遍。

活性炭自20世纪初开始工业化生产以来，作为一种性能卓越的吸附剂，已经在食品、医药、化学化工、军工及矿产等近代工业的许多领域中获得了广泛的应用。近年来，为了防治大气污染、水质污染和恶臭等公害，活性炭在环境保护方面也得到了越来越广泛的应用。目前，活性炭作为分子筛、催化剂载体，以及在精密电子工业中的新用途正在不断开发，并已取得了可喜的成果。可以说，活性炭工业必将随着现代工业的发展和人类生活水平的提高而不断前进，成为国民经济中不可缺少的一个分枝。

2.1.2 国外活性炭生产、使用及发展概况[30]

木炭用作吸附剂已有很久的历史。但工业化生产活性炭却是本世纪初才实现的。1900年，Rapheal von Ostrejko在英国申请的14224和18040号专利奠定了工业化生产活性炭的基础。此专利发明了用二氧化碳气或水蒸气与炭化物反应制造活性炭，或用金属氯化物炭化植物性原料制造活性炭的方法。1911年，奥地利的Fanto公司和荷兰的Norit公司首先用气体活化法生产糖液脱色用粉状活性炭。随后，Wunsch发明了用氯化锌处理木质原料制造活性炭的方法，并于1913年获得澳大利亚专利。同年，Aussig/Elbe化学冶金生产公司用该法生产粉状脱色活性炭。第一次世界大战期间，开始用氯化锌活化木屑生产防毒面具用颗粒活性炭。战后，以椰壳和杏核壳为原料，用氯化锌法生产出强度高、对气态物质吸附能力大的颗粒活性炭并畅销于全世界。30年代后期，氯化锌法活性炭开始用于回收挥发性溶剂和煤气中的苯。活性炭用于上水处理始于1927年。

现在，活性炭的应用范围已由食品、化学化工、医药等工业部门的脱色精制，国防工业使用的防毒面具等传统领域，发展到供水及废水的处理、排烟脱硫、脱除有害气体等环境保护方面，并已开始用于从香烟过滤嘴、冰箱除臭剂，到防臭鞋垫之类与日常生活密切相关的一些新领域中。今后，随着生产的发展和科技进步，活性炭的重要性将得到进一步扩展，其用量将不断增长。

目前，世界活性炭的年产量约70万t，其中一半以上是由美国、日本及西欧经济共同体等工业国生产，并且，绝大部分供各生产国自己使用，出口数量很少。生产方法以气体活化法，特别是水蒸气活化法为主。美国曾用磷酸法，日本及西欧仍用氯化锌法生产部分粉状活性炭。但近年来，化学法发展缓慢，而物理法及颗粒炭发展较快。

2.1.3 国内活性炭生产、使用及发展概况

我国从20世纪40年代开始生产活性炭，到50年代初期，年产量仅百吨左右。以后逐步

发展，各地相继建立活性炭厂。1976年产量开始超过万吨。80年代，我国活性炭工业取得了长足的发展。1982年产量达到3万t，1998年上升到10万t以上。目前，国内除少数几个省、区外，都建有活性炭生产厂。已经基本上形成能够使用多种原料、采用多种工艺、生产出多种规格品种，满足国内外使用要求的独立工业体系。

目前，我国以木屑、木炭、果壳、果核等木质原料生产的活性炭约占总产量的一半左右。以林农副产物为原料生产活性炭，是综合利用资源的一个重要途径。不但对发展林区经济、开发山区有促进作用，而且木质活性炭具有质量好、纯度高、灰分少、可以满足对杂质含量要求很严的液相脱色精制部门的需要，这是其他活性炭难以代替的，因此，今后它将不断取得发展。

国内现在使用的活化方法中，气体活化法和化学药品活化法所占的比重大体相当。以木炭、坚果壳（核）及煤为原料的活性炭厂，使用以水蒸气、烟道气为主的气体活化法生产；以木屑等为原料的工厂，大多采用化学药品活化法生产粉状炭，并且主要用氯化锌作活化剂，近年来，部分工厂开始使用磷酸作活化剂。

我国生产的活性炭主要供国内使用，近来，出口量增加较快。国内活性炭的应用以葡萄糖、医药制品以及味精、酒类等食品的脱色精制为主，也用作催化剂载体、回收有机溶剂、排烟脱硫、开采黄金等方面。在石油化工废水、印染废水等方面使用的活性炭数量日见增加，部分大城市已开始用活性炭处理自来水。今后，在供水、废水处理、废气处理等方面使用的活性炭数量将有较大增长，出口的活性炭以氯化锌法粉状炭为主，近来颗粒炭出口量亦有增加。出口地区主要是东南亚、日本、澳大利亚、西欧和美国。

2.2 活性炭的结构

2.2.1 活性炭的微观结构[5,31]

2.2.1.1 碳的三种存在状态

碳类物质的物理性质，受其结构的影响很大。这种影响，包括宏观的原子或分子集团的影响，以及微观的单个原子或分子配列状态的影响两个方面。现代仪器分析在研究碳类物质的微观结构中起了重大作用，使人们对碳类物质的结构有了更加深刻的认识。例如，用偏光显微镜或扫描电子显微镜，可以研究碳类物质宏观的原子或分子集团的配列状态；用高分解能电子显微镜或X射线衍射仪，可以考察各种碳类物质中微观的、单个原子或分子的配列状态等。此外，红外光谱（IR）、紫外光谱（UV）、核磁共振（NMR）等，也是研究炭化初期过程的有效手段。

近期研究发现，以前一直被认为是无定形碳的一些物质，如炭黑、木炭及活性炭等，在它们的结构中存在着类似于石墨结晶的基本微晶，即石墨状微晶，从而改变了人们的观念，并把该类物质更加确切地称作微晶质碳。根据这一新的认识，目前通常把自然界中以游离状态存在的碳类物质，分成如下3类[5]：

（1）结晶态碳。在结晶态碳中，碳原子排列得非常有规律。随着结晶方式（即碳原子排列方式）的不同，构成不同的物质。如金刚石就是碳原子按立方晶系（即等轴晶系）排列构成的一种结晶态碳，而石墨是碳原子按六方晶系（即菱面晶系）排列构成的另一种结晶态碳，这两种物质具有不同的性质。

（2）微晶态碳。微晶态碳又称微晶质碳。属于微晶态碳的物质有活性炭、木炭、炭黑、焦炭及无烟煤等。该类物质具有类似的性质，如化学组成中碳含量都在80%～95%；其密度为

1.3～1.9g/cm^3；它们的结构中都具有石墨状微晶等。

(3) 无定形碳。属于无定形碳的物质有沥青。沥青中碳含量为 86%～90%，其密度为0.9～1.1g/cm^3。

2.2.1.2 微晶质碳的结构特征

(1) 微晶质碳的构成。活性炭、炭黑等碳类物质结构中含有石墨状微晶。但是 Warren 等人首先指出，这类物质不是石墨状微晶的集合体[32]。随后的研究证实，微晶质碳是由石墨状微晶、单一网平面状碳及非组织碳三部分构成[31]。

①非组织碳：非组织碳是尚未形成芳香族结构的碳。它包括具有脂肪族链状结构的碳，附着在芳香族结构边缘上的碳，以及参与石墨状微晶相互之间架桥结构的碳等部分，有时又称无序碳。

②单一网平面状碳：单一网平面状碳是已经形成了平面状的芳香族结构，但尚未相互重叠成立体的石墨状微晶的碳。它可以看作是下述石墨状微晶中，相互重叠的、由碳原子排列而成的、数层六角形网状层平面中的一层，或石墨状微晶的前躯体。

③石墨状微晶：石墨状微晶是微晶质碳的结构骨架。它的结构特征和石墨结晶基本相似，但也有明显的区别。

石墨结构中的碳原子，按六方晶系排列成立体结构，如图 24-22 中 (a)、(b)。即由许多相互平行的、由碳原子排列成的六角形网状层平面构成。在同一个层平面中，所有碳原子都很有规则地按正六角形排列成巨大的网状结构，碳原子位于正六角形的各个角上，相互间以共价键连接，键长为 0.143nm。各个层平面之间，排列得非常规则，每一个层平面上的任何一个碳原子，都正好位于相邻两层碳原子排列成的正六角形平面中心点的垂直线上。层与层之间的距离为 0.335nm，靠分子间的引力相联系，较易剥离。

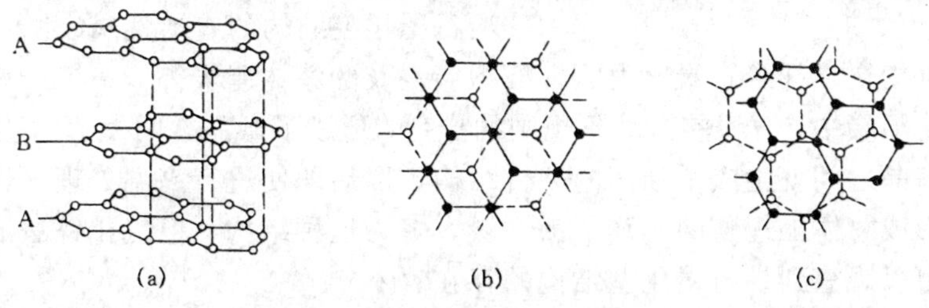

图 24-22 石墨结晶和乱层结构[31]

(a)、(b) 石墨结晶；(c) 乱层结构

石墨状微晶由数层相互平行的由碳原子排列成的六角形网状层平面构成。在每一个层平面中碳原子的排列状况，与石墨完全相同，形成正六角形的网状结构。但是，各个层平面的重叠状况不像石墨结晶那样整齐、规则，相互之间有一定程度的角位移，如图 24-22 中 (c)。Franklin 首先指出了这种差别，并把石墨状微晶中的碳原子配列方式称作乱层结构以区别于石墨结晶[9]。此外，在石墨状微晶中，相邻两层网平面之间的距离，也比石墨中的稍大，通常在 0.34～0.37nm。

(2) 石墨状微晶的大小。石墨状微晶比石墨结晶小得多，其体积大小，和微晶的生成条件密切相关。通常，随着生成微晶（即炭化）温度的升高，微晶逐渐长大。即构成微晶的网状层平面的层数增加，层间的距离缩小，每一层中由碳原子排列而成的正六角形的数目增多(如图 24-23)。活性炭结构中石墨状微晶的大小，通常宽为 2～2.3nm，厚 0.9～1.2nm。可以认为，它是由3～4层网状层平面构成，每一个层平面中，在宽度方向和长度方向上均排列着9～10个由碳原子规则排列所构成的正六角形。

(3) 石墨状微晶的排列。在加热处理过程中，随着温度的升高，微晶质碳中的非组织碳及单一网平面状碳两部分所占的比例减少，微晶逐渐长大。并且，一部分微晶质碳在高温下最终能转变成石墨而形成石墨结构；另一部分微晶质碳在加热处理的石墨化过程中，很难转变成石墨。Franklin最先发现了这种区别，认为这是由于石墨状微晶在两者中的排列方式不同所致，并提出了如图24-24的结构模型，把微晶质碳分为易石墨化型和难石墨化型两种[33]。

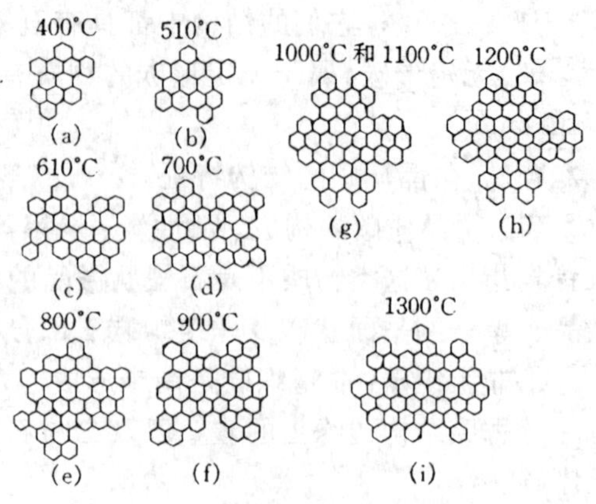

图24-23 石墨状微晶网状层平面大小与温度的关系[1]

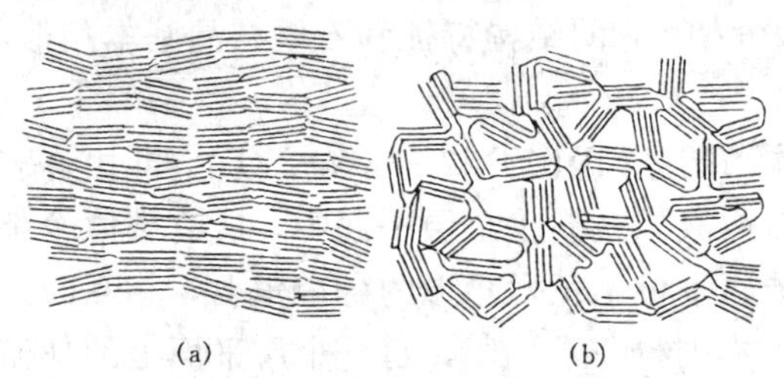

图24-24 Franklin的结构模型[31]

(a) 易石墨化型炭；(b) 难石墨化型炭

在易石墨化型（又称石墨型或软质炭）结构中，石墨状微晶相互之间排列得比较有规律，因此，在高温下进行石墨化处理时，能够转变成石墨；而在难石墨化型结构中，石墨状微晶排列得非常不规则，这就使它即使在高温处理时，也难于转变成石墨结构。属于易石墨化型结构的微晶质碳有石油焦炭、煤沥青焦炭、粘接性煤的焦炭、氯乙烯树脂炭及3，5-二甲基苯酚甲醛树脂炭等；属于难石墨化型结构的有活性炭、木炭、炭黑、偏聚氯乙烯树脂炭、蔗糖炭、纤维素炭、丙酮糠醛树脂炭及酚醛树脂炭等。

在难石墨化型炭中，石墨状微晶不规则的排列，形成了微晶之间发达的孔隙结构。并且，在炭化初期，微晶之间就生成了强固的架桥结构，以后即使进行高温处理，也妨碍了微晶间取向的一致及形成总体上规整的排列。活性炭大多为这种结构，但氯化锌法活性炭结构中的某些区域，也可以观察到易石墨化型结构的存在[34]。

(4) Riley结构模型。为了解释活性炭的多孔结构，在Franklin提出的结构模型之前，还提出过所谓Riley结构模型[35]。它是一种把邻四苯撑的立体结构（如图24-25)，三维地反复交联而形成的、仅由苯环构成的立体结构，如图24-26。

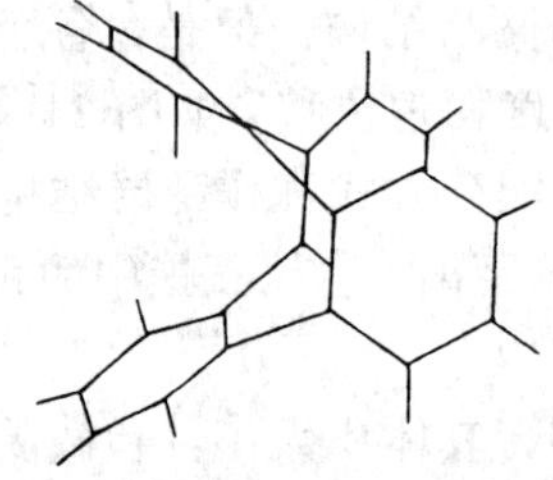

图24-25 邻四苯撑的立体结构[35]

（芳香族桥键）

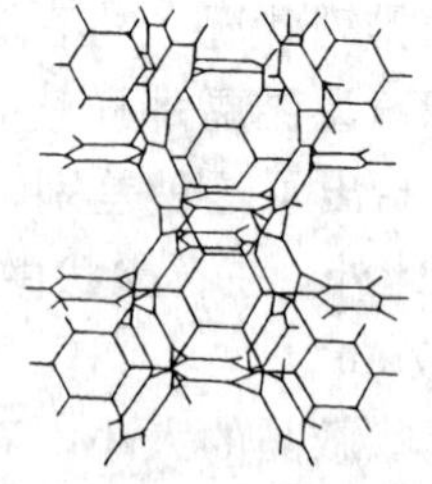

图24-26 Riley结构模型[35]

Riley 及 Smith 认为，以六氯化苯为原料的炭是这种结构[35,36]；并且，樋口泉等人推测，萨冉树脂炭中也存在该种结构[37]。图 24-26 的结构模型乍看起来能看出多孔性结构，但若考虑到苯环 π 电子云的厚度时，这种结构是充填得相当紧密的，不能期望它具有活性炭中常见的那么大的比表面积。

总之，活性炭的微观结构，无疑是属于以石墨状微晶为基本骨架的一种微晶质碳。但是，为了说明活性炭显示出的巨大比表面积和比孔容积，以及通过活化而导致其数值变化等因素，认为活性炭的结构是上述结构模型的综合体，或者是由它们的中间性结构综合而成的观点，也许是比较稳妥的[31]。

2.2.2　活性炭的孔隙结构

2.2.2.1　孔隙的分类和作用

（1）活性炭孔隙的含义：构成微晶质碳结构骨架的石墨状微晶不规则排列的结果，在微晶之间形成了很多空间，就是通常所说的孔隙。在各种微晶质碳中，活性炭的孔隙特别发达。这是因为在活化处理阶段，活化剂和原料炭在高温下进行活化作用，使原料炭中一部分非组织碳、单一网平面状碳，甚至石墨状微晶的某些部分，受活化剂的侵蚀，进行活化反应，并转化为气态的活化产物而除去，生成了一些新的孔隙，使孔隙结构得到进一步发展。

（2）孔隙的形状：对活性炭中孔隙的形状，了解得还不够详细。根据电子显微镜观察和其他方法进行研究的结果，一般认为，孔隙的形状有圆筒形、圆锥形、裂口形、沟槽形、扁平的狭缝形，以及墨水瓶形等多种形状。并且，这些孔隙中，有一端向外开口的，也有两端都向外开口的；有单独存在的，也有许多相互交织、贯通在一起的。对于大孔与小孔之间的关系也不太清楚。从常识上可以想像，它们相互之间很可能形成树枝状结构，即从少数向外开口的大孔上，向内分枝形成许多较小的孔隙，并再由这些较小的孔隙进一步向内分枝形成更小的孔隙。但是这种结构不一定适用于所有的场合。在实际使用或计算孔隙大小时，通常都把孔隙作为圆筒状或墨水瓶状的毛细管处理，而不考虑其他形状的孔隙。

（3）孔隙的分类和作用：活性炭孔隙的大小范围很广。根据大小进行分类的方法很多，比较常用的是 Dubinin 的分类方法。该法按孔隙半径大小的不同，将孔隙分为如下 3 类：

大孔（nm）	＞100
过渡孔（nm）	2～100
微孔（nm）	＜2

Dubinin 指出，活性炭的孔径分布，在这三种孔径范围内往往分别呈现出极大值。并且假定，在考虑吸附的时候，大孔可以应用 BET 理论之类的多层吸附理论；过渡孔可以应用毛细管凝聚理论；微孔可以应用容积充填理论，即可以应用吸附量不仅由比表面积决定，而且也由细孔容积决定的理论。

大孔是半径大于 100nm 的孔隙，其上限没有明确的界限，一般规定到 7 500nm 为止。这是由于用压汞法测定活性炭的孔径分布时，通常是在常压下用汞充满活性炭试样颗粒之间间隙的方法，求出活性炭试样的颗粒体积。根据毛细管凝聚理论，此时，活性炭颗粒中直径 7 500nm以上的孔隙也同时被汞充满，因而这部分孔隙的体积与间隙的体积混在一起无法区分，使直径大于 7 500nm 的孔隙部分无法测量。大孔直径的下限通常取 100～200nm。这个下限值意味着，只有当吸附质蒸汽的相对压力接近于 1 时，才会发生毛细管凝聚现象。换句话说，在实际的吸附过程中，毛细管凝聚现象不会在大孔中发生。活性炭的大孔部分比孔容积通常为 0.2～0.8cm^3/g；比表面积为 0.5～2m^2/g。其比表面积数值很小，在总比表面积中所占的比例也很小，导致大孔能够直接吸附的物质数量不大。但是，大孔在吸附过程中仍有其重要作用，它是吸附质进入处于活性炭颗粒内部的过渡孔及微孔的通道，因而对整个吸附过程的影响不容忽视。此外，当活性炭用作催化剂载体时，大孔作为催化剂沉积的场所可能是比较重要的。

过渡孔是发生吸附质液化，即毛细管凝聚作用的孔隙。这部分孔隙进行吸附和脱附时，通常在吸附等温线上产生滞后回线。过渡孔的比孔容积通常为 0.02～0.10cm^3/g，比表面积不超过总表面积的 5%。但用特殊方法能制造出过渡孔发达的活性炭，其比孔容积可达 0.3～0.9cm^3/g，比表面积可达 200m^2/g 以上。一般认为，过渡孔的作用有 3 种。第一，在较高蒸汽压下，过渡孔通过毛细管凝聚作用捕集吸附质蒸汽，因此，当活性炭用于从废气中回收有机溶剂之类气相吸附场合，需要有一定程度的过渡孔存在。第二，过渡孔是吸附质由大孔进入微孔的通路。Dubinin 认为，微孔直接开口在活性炭颗粒表面上的几率很少，通常是大孔处于颗粒的外表面，并向内分枝形成过渡孔，过渡孔再向内分枝形成微孔。因此，过渡孔对吸附质向孔隙内部的扩散速度，即吸附速度，有很大影响。第三，液相吸附中，过渡孔具有吸附分子径较大吸附质的作用。例如，活性炭吸附水溶液中有色成分时，有时有色成分的分子大小在 3nm 以上，此时，微孔在吸附中几乎发挥不了作用，吸附由过渡孔完成。

微孔的孔径很小，在吸附等温线上开始产生滞后回线的相对压下，就已经被吸附质所充满，因此，微孔中不发生毛细管凝聚作用。微孔的半径在 2nm 以下，其数值和吸附质分子直径相当。吸附在微孔中的吸附质分子，受微孔直径的限制，无法像在较大的过渡孔中那样，相互之间紧密地聚集在一起形成液体状态，而是比较杂乱地充填在微孔之中，密度小于液体状态，这种吸附现象，称作容积充填。微孔直径的下限，还不很清楚，因为直径小到 1nm 以下时，测定逐渐变得困难。有人认为，活性炭中也确实存在半径为 0.4～0.5nm 或更小的孔隙[31]。活性炭中微孔部分的比孔容积约为 0.20～0.90cm^3/g；比表面积有时高达总表面积的 95%以上。微孔是吸附的主要场所，特别在气相吸附中则更加重要。与其他种类吸附剂相比，活性炭的微孔特别发达。

2.2.2.2 孔隙性能的表示方法

活性炭的孔隙性能，通常用密度、比孔容积、孔隙率、比表面积、平均孔径及孔径分布等指标表示。

（1）密度。单位体积的质量称为密度。液态及固态物质的密度，在数值上等于其相对密度。对于一定质量的活性炭而言，由于计算体积的方法不同，表示密度的方法也不一样。

①堆积密度：堆积密度又称充填密度、松密度，通常用 ρ_B 表示。活性炭的堆积密度代表规定条件下，以试样堆积体积表示的单位体积的质量。因此，在计算试样体积时，除计算试样的真体积外，还把颗粒内部所有孔隙的体积，和颗粒之间空隙体积也计算在内。即

$$\rho_B = \frac{m}{V_{堆}} = \frac{m}{V_{真} + V_{孔} + V_{隙}} \quad (g/cm^3) \tag{24-7}$$

式中：m——活性炭的质量（g）；

$V_{堆}$——活性炭的堆积体积（cm^3）；

$V_{真}$——活性炭的真体积（cm^3）；

$V_{孔}$——活性炭颗粒内部孔隙的总体积（cm^3）；

$V_{隙}$——活性炭颗粒之间空隙的体积（cm^3）。

活性炭的堆积密度常用量筒法测定。其数值除受活性炭的孔隙结构影响外，与试样的颗粒大小也有密切关系。活性炭的堆积密度一般为 0.38～0.50g/cm^3。

②颗粒密度：颗粒密度又称块密度、表观密度或汞置换密度，通常用 ρ_p 表示。活性炭的颗粒密度代表以试样的颗粒体积表示单位体积的质量。即计算试样体积时，除了计算活性炭的真体积外，还计算了颗粒内部孔隙的总体积，但已扣除颗粒之间的空隙体积。即

$$\rho_P = \frac{m}{V_{颗}} = \frac{m}{V_{真} + V_{孔}} \quad (g/cm^3) \tag{24-8}$$

式中：$V_{颗}$——活性炭的颗粒体积（cm^3）。

活性炭的颗粒密度常用汞置换法测定。常压下，汞只能充满活性炭颗粒之间的空隙，并进入其颗粒内直径大于 7 500nm 的孔隙之中。因此，可以用汞的体积作为试样颗粒之间空隙的体积，并由它和堆积体积换算出颗粒体积。活性炭的颗粒密度与试样的颗粒大小无关，能够更直观地表示活性炭的孔隙性能，其数值一般为 0.55～0.90g/cm^3。

③真密度：真密度又称绝对密度，通常用 ρ_t 表示。它代表以活性炭试样真体积表示的单位体积的质量。即计算试样体积时，仅按活性炭的真体积计算，而不包括颗粒内部的孔隙体积和颗粒间空隙的体积。即

$$\rho_t = \frac{m}{V_{真}} \quad (g/cm^3) \tag{24-9}$$

活性炭的真密度一般用氦气吸附法测定。因为在低温下，氦气分子能比较充分地渗透到活性炭的微孔之中。但在室温下，活性炭对氦气的吸附能力极小，可以忽略不计。此外，x 射线衍射法也可用来测定活性炭的真密度。活性炭真密度的数值为 1.9～2.2g/cm^3，接近于石墨的密度 2.26g/cm^3。活性炭真密度数值大小与其孔隙结构无直接联系，但从它和颗粒密度的差值，可以判断孔隙的发达状况。差值越大，表明活性炭的孔隙结构越发达。

有时也用比较容易渗透到活性炭孔隙内部的液体来测定活性炭的密度。此时测得的密度称作溶剂置换密度，又称实际密度或有效密度。溶剂置换密度数值随所使用液体种类的不同而异（见表 24-39）。这是由于各种液体分子的大小不同，渗透到活性炭孔隙中的能力不同所致。生产上常用水来测定活性炭的密度，以衡量活化反应进行的深度，其所得数值称作活性炭的水容量。

表 24-39　用不同液体测得的活性炭密度数值[38]

测定液体名称	溶剂置换密度（g/cm^3）	测定液体名称	溶剂置换密度（g/cm^3）
水	1.821	四氯化碳	1.860
苯	1.994	石油醚	2.083

(2) 比孔容积和孔隙率。单位质量的活性炭颗粒内部所有孔隙的总体积称作比孔容积，简称比孔容。通常，随着活化的深入进行，活性炭的比孔容积逐渐增大。可以认为，比孔容积的增加，就表示孔隙结构的发达。活性炭的比孔容积 v_g 可以由颗粒密度 ρ_p 和真密度 ρ_t 按下式计算求得：

$$v_g = \frac{1}{\rho_p} - \frac{1}{\rho_t} \tag{24-10}$$

式中：v_g——活性炭的比孔容积（cm^3/g）。

活性炭颗粒内部所有孔隙的总体积占颗粒本身体积的比率，称作孔隙率。孔隙率θ由下式计算求得：

$$\theta = \frac{v_g}{\frac{1}{\rho_p}} = \rho_p v_g = 1 - \frac{\rho_p}{\rho_t} \tag{24-11}$$

式中：θ——活性炭的孔隙率。

此外，孔隙度也是表示多孔质固体孔隙性能的一种指标。在某些场合它代表比孔容积，有时它又代表孔隙率。

活性炭的比孔容积和孔隙率，都是宏观上表示活性炭孔隙发达程度的指标。堆积密度、颗粒密度越小的活性炭，比孔容积及孔隙率就越大，孔隙结构也越发达。它们虽然不能直接表示孔隙的数量多少及大小分布状况，但对采用同种工艺、加工同一原料制得的活性炭，却是衡量活化程度的重要指标之一。

(3) 比表面积。1g 活性炭所含活性炭颗粒的外表面积，和颗粒内部孔隙的内表面积之总和，称作比表面积。吸附是在界面上发生的现象，因此，比表面积是表示固体吸附剂吸附能力的重要指标。活性炭比表面积越大，吸附能力也越大。活性炭的比表面积随原料和活化时的工艺条件而异，约为 500～1 700m^2/g。用特殊方法制得的活性炭，比表面积可高达2 000 m^2/g以上。活性炭的比表面积常用 BET 法测定。

(4) 平均孔径。平均孔径是一个假定的概念，它是由比孔容积和比表面积按下式算出：

$$\bar{\gamma} = \frac{n\ v_g}{S} \times 10^4 \tag{24-12}$$

式中：$\bar{\gamma}$——平均孔隙半径 (nm)；

v_g——比孔容积 (cm^3/g)；

S——比表面积 (m^2/g)；

10^4——单位换算系数；

n——孔隙的形状系数。当孔隙形状为球形、圆筒形及平行的平板形时，n 的数值分别取 3、2 和 1。

几种颗粒活性炭的比表面积、比孔容积及平均孔径见表 24-40。当制造条件相同时，平均孔径大的活性炭，孔径分布偏向孔径大的一方，适用于液相吸附及大分子物质的吸附；平均孔径小的活性炭，孔径分布偏向孔径小的一方，适用于气相吸附及小分子物质的吸附。因此，选用活性炭时，可以根据平均孔径的大小，对其吸附性能作定性的判断。

表 24-40 颗粒活性炭的比表面积、比孔容积和平均孔径[39]

活性炭		比表面积 (m^2/g)	比孔容积 (cm^3/g)	平均孔径 (nm)
气相用	A	1 130	0.77	27
	B	1 140	0.71	25
	C	1 290	0.64	20
液相用	D	970	1.07	44
	E	850	0.88	41
	F	1 000	1.50	50

由于活性炭的孔隙结构非常复杂，平均孔径难以确切地反映孔隙的实际状况，有时几乎不存在大小为平均孔径的孔隙。能比较确切地反映孔隙实际状况的是孔径分布。

(5) 孔径分布。孔径分布是指按照孔隙的有效半径而变化的孔容积分布。它直接表示具有各种半径的孔隙容积状况，能够比较确切地反映孔隙的结构。可以说，孔径分布是表示孔隙结构的最好方法。有人甚至认为，活性炭性能的一半，可以用孔径分布来表示[31]。

①孔径分布的测定：孔径分布的测定方案很多，但至今仍无一种完善的测定方法。目前通常使用的是压汞法和气体吸附法（即毛细管凝聚法）。此外，x 射线小角散射法、电子显微镜法及分子筛法也用于测定孔径分布。活性炭的孔径分布范围很广，一般用压汞法测定孔径较大的孔隙，用气体吸附等方法测定孔径较小的孔隙。

a. 压汞法：压汞法是 H. L. Ritter 和 L. C. Drake 发明的方法[7]。该法利用汞不润湿活性炭的孔壁，而使汞进入孔隙中需要外加压力这一原理。在一定压力下把汞压入活性炭试样时，设孔隙为圆筒形，半径 r 以上的孔隙均已被汞所充满。此时，由汞的表面张力 γ 把在孔隙中形成的弯月面向下拉的力，与加在孔隙中汞柱上外加压力 P 相平衡，即下列关系式成立：

$$-2\pi r\gamma\cos\theta=\pi r^{2}P$$

即

$$rP=-2\gamma\cos\theta \tag{24-13}$$

式中：r——孔隙半径（nm）；

P——外加压力（MPa）；

γ——汞的表面张力（N/cm）；

θ——汞与活性炭的接触角。

汞与活性炭的接触角通常取 $\theta=140°$；汞的表面张力 $\gamma=4.8\times10^{-3}$N/cm。把这些数值代入上式，则变为：

$$rP=7.5\times10^{3} \tag{24-14}$$

由上可知，从常压下开始测定时，可以测定的孔隙最小孔隙半径为 7 500nm。压汞法可以测定的最小孔径，由测定装置所能达到的最小压力而定。通常的测定装置可以测定到 100MPa，因此，可以测定的最小孔隙半径为 7.5nm。目前，国外已有能够加压到 200MPa 的压汞仪出售。但在高压下，会出现汞自身体积被压缩，以及试样的变形、破坏等问题，因而测定压力不宜太大。一般认为，压汞法适用于测定半径为 10nm 以上的孔隙。

该法假定活性炭的孔隙为圆筒状，并取汞对活性炭的接触角为 140°，这些条件都与实际状况有些出入。此外，当试样为粉状时，由于要破坏试样的凝聚，因此在测定结果中，孔径大的部分有呈现出较大数值的倾向。

b. 气体吸附法：气体吸附法又称毛细管凝聚法。该法是根据孔隙内发生多分子层吸附和毛细管凝聚的设想，从吸附等温线求孔径分布的方法。即在半径为 r 的孔隙内，发生毛细管凝聚的气体的蒸汽压力 P，与平面上的液体的饱和蒸汽压 P_0 之间的关系，可以用 Kelvin 公式表示：

$$\ln\frac{P_0}{P}=\frac{2V\gamma\cos\theta}{rRT} \tag{24-15}$$

式中：V——液体的分子容；

γ——液体的表面张力；

θ——接触角；

R——气体常数；

T——绝对温度。

在压力P下，半径比r小的孔隙内发生了毛细管凝聚，从吸附等温线上求出与该压力相对应的吸附量，将其换算成吸附温度时的体积，便可求出半径为r以下孔隙的容积。该法中常用的吸附气体是氮气。实验时，测定出试样活性炭对氮气的吸附等温线，利用其低压部分，求BET法比表面积；利用其中压以上部分，求试样活性炭的孔径分布。为了能计算出孔径分布，所取的测定点数目，要比测定比表面积时多得多。此外，苯、乙醇及水蒸气也可作为吸附气体。上式中的接触角θ值一般取零，这是因为毛细管凝聚现象只有在孔隙内表面被吸附层覆盖之后才会发生。

气体吸附法测定孔隙半径的范围，用氮气作吸附气体时为2～30nm。这是由于半径小于2nm的孔隙，用该法测定时有许多理论性问题尚未解决；而半径大于30nm的孔隙，是处于饱和蒸汽压附近测定吸附量，致使测定困难，精确度变差。

c. x射线小角散射法：该法可以测定到半径不足0.5nm的微孔，但难于测定半径达数十纳米以上的较大孔隙，并且，该法不能直接测定出孔容积的绝对量，仅能测定出各种孔隙容积的相对值。

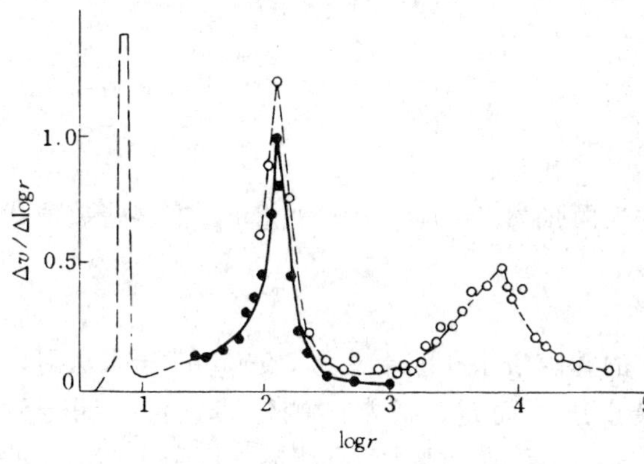

图 24-27 活性炭的孔径分布曲线[31]

----○--- 压汞法； —●— 毛细管凝聚法（苯）；

----从平均孔径和孔隙容积推测

上述3种方法各有特点，但用任何一种方法都不能独立地测定出活性炭所有孔隙的孔径分布状况。为此，需要将3种方法配合使用，分段进行测定，而后再行综合、整理，才能得出整个孔径分布状况，这也是目前最恰当的方法。用上述3种方法测定并整理出来的某种活性炭的孔径分布曲线如图24-27，其中在1nm以下的极大值分布，不是实际求得的孔径分布，而是从微孔容积和用x射线小角散射法求出的微孔平均半径推测出来的值。

②孔径分布曲线：实验测得的孔径分布通常用孔径分布曲线图表示。常用的孔径分布曲线图有下述两种：

a. 累积曲线：活性炭孔径分布累积曲线如图24-28 (a)。它表示从某一半径开始的孔隙容积的累积量，因此又称孔隙容积累积曲线。通常，用纵轴表示累积的孔隙容积，横轴表示孔隙半径，并常常采用对数坐标。当半径范围窄时，也可用等分坐标。计算累积孔隙容积时，由于半径小的微孔的半径下限尚不明确，因此，通常都从大孔一侧作为起点进行孔隙容积累积。在累积曲线中，斜率大的地方表示该半径范围的孔隙多；在某一点的累积孔隙容积多少，与具有该点所对应孔隙半径大小的孔隙多少无关。

b. 分布曲线：活性炭孔径分布曲线如图24-28 (b)。它能直接表示某一半径孔隙的多少。若把孔容积累积曲线由孔隙半径r进行微分，便可得到分布曲线。分布曲线比累积曲线更直观地表示出孔径的分布状况，但累积曲线比分布曲线准确、误差小，因为它直接表示了测定结果，避免微分过程中带来误差。

值得注意的是，无论是累积曲线还是分布曲线，坐标的表示方法对曲线形状影响很大。同

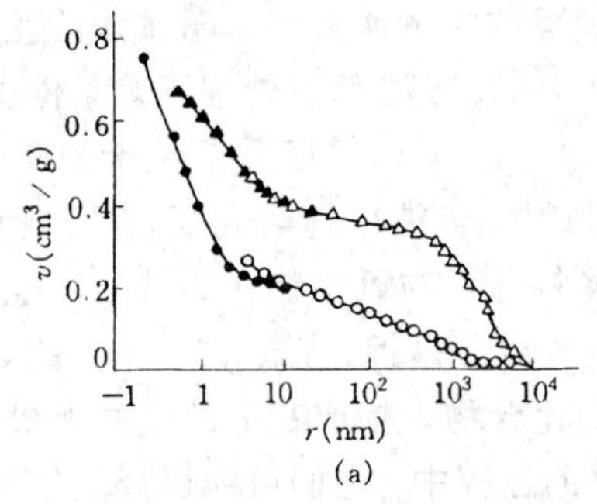

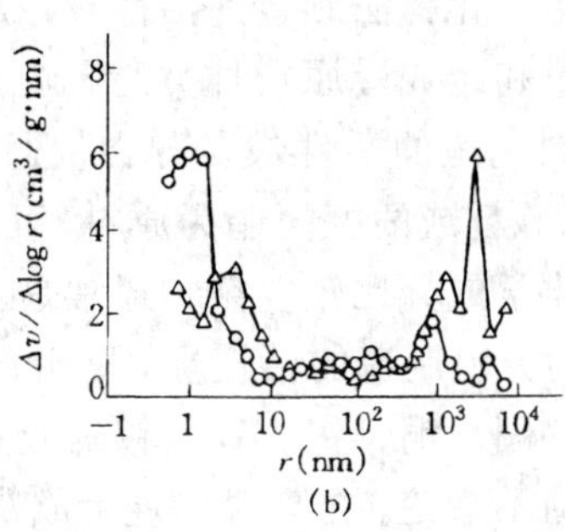

图 24-28　市售活性炭的孔径分布[31]

(a)累积曲线；(b)容积孔径分布曲线

—▲—Gc……xSc，—△—Gc……Hg Poros，—●—Yc……xSc，—○—Yc……Hg Poros；

Gc. 水处理用成型颗粒炭；Yc. 破碎状椰壳颗粒炭；x Sc. x 射线小角散射法；Hg Poros. 压汞法

一条曲线用对数坐标表示，与用等分坐标表示的形状有很大差别。

2.2.3　活性炭的化学结构

(1) 活性炭的元素组成：前已叙及，活性炭、木炭等微晶质碳，是由石墨状微晶、单一网平面状碳及非组织碳等构成的。石墨状微晶比石墨结晶小得多，因此处于微晶边缘上的碳原子也多。这部分碳原子与处于微晶内部及微晶基底面上的碳原子不同，由于结晶的有规则性排列的中断，形成了非常具有反应性的自由原子价。通常，这部分碳原子大多一刻也不游离存在，而是与周围任何适当的元素形成化合物。另一方面，原料中保留下来或活化过程中混入的一些非碳元素，有的结合在微晶的端部形成表面化合物，有的则进入微晶结构内部，形成杂环化合物。结果，与石墨结晶相比，石墨状微晶含杂原子的数量较多。不难理解，单一网平面状碳及非组织碳两部分中的杂原子含量，显然比石墨状微晶还高。

活性炭中除碳以外，还含有氧、氢及其他元素。活性炭中的氧和氢，大多与碳原子形成化学结合，构成表面化合物；其他元素则主要构成灰分。活性炭中各种元素的含量，与原料种类及制造活性炭时使用的工艺条件有关，一些活性炭的元素分析结果见表 24-41。

表 24-41　活性炭的元素组成[39]

活性炭名称	C	H	S	O	灰 分
水蒸气法活性炭　B	93.31	0.93	0	3.25	2.51
水蒸气法活性炭　D	91.12	0.68	0.02	4.48	3.70
氯化锌法活性炭　E	90.88	1.55	0	6.27	1.30
氯化锌法活性炭　F	93.88	1.71	0	4.37	0.05
氯化锌法活性炭　M	92.20	1.66	1.21	5.61	0.04

注：数值皆以百分率表示；氮含量极少未列入；M 炭为试制的含硫炭。

碳是活性炭中的主要元素。木质活性炭中含碳量一般在 90%以上，随着活化程度的提高，含碳量通常增大。

氧和氢是活性炭中除碳以外的主要元素。活性炭中都有这两种元素存在。原料中所含的氧和氢，在炭、活化过程中未能全部除去而保存下来，是这两种元素的直接来源。此外，活化过程中不可避免地会有水蒸气及空气存在，也是氧和氢的可能来源之一。随着炭、活化温度的提高，氧和氢的含量减少。然而，即使温度提高到1000℃以上，也不能将它们从活性炭中完全除去。用氯化锌法制造的活性炭，氧和氢的含量通常比水蒸气法活性炭高。

灰分的含量和组成受原料种类的影响很大，活化方法和后处理工艺条件也有一定影响。例如，用木质原料制造的活性炭灰分含量通常为1%～5%；煤质活性炭的灰分含量有时高达20%以上；若以砂糖或酚醛树脂为原料，可以制得非常纯净的活性炭，灰分含量可低至0.01%以下。灰分的化学成分比较复杂，通常是由多种元素的氧化物、碳酸盐、硅酸盐等组成。例如，由椰子壳为原料制造的活性炭，灰分的主要成分是钾、铝、硅、钠、铁等元素的化合物，其次是镁、钙、硼、铜、银、锌、锡等元素的化合物。构成灰分的这些无机物质，在活性炭中的存在形态尚不清楚。在高温灼烧生成灰分的过程中，它们可能已经发生了变化，因此，在灰分中的状态，不一定是它们的原始形态。

(2) 活性炭的表面化学结构：对微晶质碳的表面化学结构，曾以各种观点进行过研究，现已发现它们有许多共同的结构。其中研究得最多的是炭黑，一般认为，对炭黑的研究结果，也适用于活性炭之类的其他微晶质碳。

微晶质碳的表面存在着酸性、中性和碱性的三类含氧官能团。酸性官能团中有羧基与酚羟基；中性官能团中有羰基和醌基；碱性官能团的存在虽然早已证实，但至今尚未搞清其详细结构[31]。Boehm 等人认为，碱性官能团与γ-吡喃酮式碱性氧化物的存在有关[40]。

微晶质碳的表面，不但可以和氧结合，而且也可和其他元素结合。因此，除含氧官能团外，还存在着含硫、氢、氯的官能团，但与含氧官能团相比，它们的数量少得多。

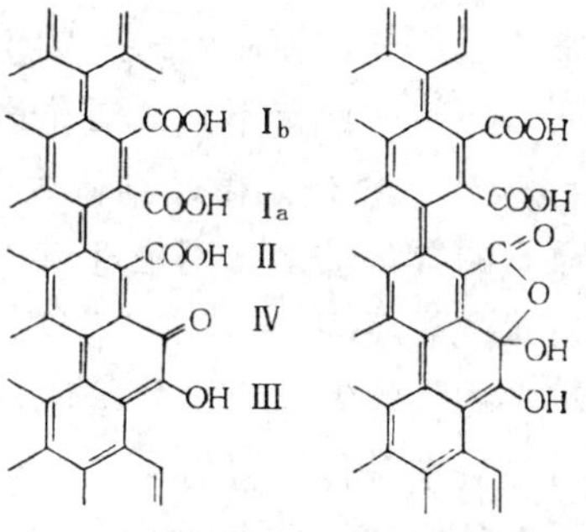

图 24-29 在微晶质碳表面已鉴定出的所有官能团的结构模型[31]

$\mathrm{I_a}$：在大约200℃下能除去的羧基（仅存在于150～200℃以内经氧化处理的试样中）

$\mathrm{I_b}$：在325℃以上能除去的羧基

Ⅱ：以内酯形态存在的羧基

Ⅲ：酚羟基

Ⅳ：能与羧基反应生成内酯（或邻位羟基内醚）的羰基

在400℃左右温度下，氧与微晶质碳表面作用所生成的官能团中，已经鉴定出的有4种。即羧基、酚羟基、羰基（或醌基），以及由羧基与羰基结合而形成的内酯（如图24-29）。在充分氧化的试样中，这4种官能团能够当量性地得到。室温下用强氧化剂的水溶液处理炭时，平均每生成一个另一种官能团就能生成两个羧基，其中的一个羧基在加热到约200℃时即分解并放出二氧化碳，图24-29表示微晶质碳的表面，包括现已确认的所有官能团在内的表面化学结构模型。这些官能团能用强度不同的碱类物质中和。其主要区别如下：

碳酸氢钠：能中和Ⅰ型官能团；

碳酸钠：能中和Ⅰ、Ⅱ型官能团；

氢氧化钠：能中和Ⅰ、Ⅱ、Ⅲ型官能团；

乙醇钠：能中和Ⅰ、Ⅱ、Ⅲ、Ⅳ型官能团；

可以认为，这4种官能团最初以内酯的形态存在，Ⅱ型和Ⅳ型官能团最初呈一种邻位羟基内醚的结构，在碱的作用下才转变成敞开型。

微晶质碳的表面官能团能参与有机化学中已知的那些常规化学反应，并据此进行鉴定。例如，利用它们与氢化锂铝、重氮甲烷、有机镁等的反应能力及产物不同，以判断羧基、酚羟基、羰基及内酯基的存在。用羧基能与氯乙酰、亚硫酰二氯反应及羧基本身的脱羧反应；用羟基能与对硝基氯化苯甲酰及2,4-二硝基氟代苯反应；目前，紫外光谱（UV）、红外光谱

(IR) 及核磁共振 (NMR) 等现代仪器分析手段，在微晶质碳的表面化学结构研究中也获得了广泛的应用[41]。

活性炭表面存在的有机官能团，对其表面性质有一定的影响，例如，活性炭的表面，总体上呈非极性、疏水性，但羧基、酚羟基等极性表面官能团的存在，改变了表面的性质，使表面的局部地区呈现出极性、亲水性，并对活性炭的吸附性能带来一定的影响。不过，在一般的活性炭中，有表面官能团的表面部分，在活性炭的总表面中所占的比例不大，通常在5%以内。用表面改性处理的方法，可以人为地增加活性炭表面官能团的数量，在一定程度上改变表面的性质，从而达到赋于活性炭具有某些特殊吸附性能的目的[42]。

2.3　活性炭的吸附性质

2.3.1　吸附的基本概念

孔隙结构发达、比表面积大的活性炭，与气态或液态物质接触时，往往能把气相或液相中的某些组分集聚到其表面，结果使该组分在气相或液相中的浓度降低，这种现象称作吸附。物理化学中，把两相接触时界面上出现的一个组成不同于原来任何一相区域的现象，广义地称作吸附，并将界面上物质浓度增加的现象称作正吸附，浓度减少的现象称作负吸附。广义的吸附可以在固相与气相，固相与液相，以及液相与气相之间发生。活性炭是固体，其吸附现象发生在与气相或液相形成的体系中。并且，通常都属于正吸附。

在吸附过程中，能将其他物质聚集在自己表面上的物质称作吸附剂；聚集在吸附剂表面上的物质称作吸附质。吸附剂表面上吸附着的吸附质从表面上脱离的过程称脱附，又称作解吸。在许多吸附过程中，吸附和脱附是同时存在的。在吸附的开始阶段，吸附占主导地位，随着吸附的进行，脱附逐渐增强。当吸附速度和脱附速度相等，即单位时间内吸附到吸附剂表面的吸附质分子数量，等于从吸附剂表面脱附的吸附质分子数量时，吸附剂表面上的吸附质总量（即吸附量）维持不变，达到了吸附的饱和状态。处于饱和状态时的吸附量，受吸附剂和吸附质的性质，吸附时的温度，以及吸附质浓度的影响。

活性炭进行吸附的部位，是孔隙的表面或孔隙内的空间。在孔隙表面或孔隙内空间吸附质的浓度（即吸附量），用单位孔隙内表面积或单位孔隙容积中的任一种表示都不恰当，通常都用单位质量的活性炭为单位来表示吸附量。

固体物质上的吸附，可以在吸附质和吸附剂都处于静止的状态下（即静态条件下）发生，也可在吸附质和吸附剂处于相对移动的条件下（即动态条件下）发生。在静态条件下，达到吸附的饱和状态（即平衡状态）时，吸附质在气相（或液相）和吸附相（即吸附剂）之间的分布，在整个吸附剂层内是一样的，并仅由给定温度下的吸附等温线，即具体物质的可吸附性决定。在动态条件下则不然，此时，吸附质在两相之间的分布不仅取决于吸附等温线，而且还与其他一些因素有关。如吸附的动力学性质（包括吸附质向吸附剂表面上的扩散速度及吸附剂表面对吸附质分子的捕集速度等），放热及放热速度，在吸附剂层不同位置上的流体相中吸附质浓度，以及混合物通过吸附剂层的速度分布等。本节中叙述静态吸附的有关性质，动态吸附的性质请参阅其他书刊。

活性炭之类吸附剂之所以具有吸附性质，与其表面的状态有着密切的关系。

2.3.2　吸附的作用力

固体中的原子或分子，相互之间由化学键力或分子间引力之类凝聚力而结合在一起。处于固体内部的原子或分子，被周围的其他原子或分子包围着，这种引力在各个方向都处于平衡状态。而固体表面上的原子或分子，却处于一种特殊的状态中。由于表面的外侧没有构成该固体物质的原子或分子存在，使它们处于力的不平衡状态，产生了剩余价键力或分子间的引力，在表面上形成了力场，所以能捕集其外侧流体中的其他分子，这就是产生吸附作用的原因所在。吸附不仅受固体表面引力的作用，流体中分子之间的相互引力也起作用，这两种力共同构成了吸附的亲和力。

吸附剂与吸附质之间的作用力有分子间的引力和化学键力两种。由分子间引力形成的吸附是物理吸附，靠化学键力完成的吸附称作化学吸附。物理吸附与化学吸附之间有不少区别，这些区别都是由于吸附作用力的性质不同而造成的。

活性炭对气相中许多物质的吸附都属于物理吸附，对液相中某些物质的吸附也属于物理吸附。在物理吸附中，吸附剂表面与吸附质之间未生成化学键，吸附质靠分子间的引力（即范德华力）而暂时地被捕集在吸附剂表面上。当吸附质获得必要的能量时，就从吸附剂表面脱离，即发生脱附。这种吸附是可逆的。在一定温度和压力下达到吸附平衡状态的体系，当周围环境的状态发生改变，如温度升高或压力降低时，吸附质就会从吸附剂表面脱附下来。在物理吸附中，活性炭的表面在吸附和脱附的过程中都不和吸附质发生化学反应；脱附后，活性炭的表面和吸附质都能恢复到吸附前的状态，即不发生任何变化。活性炭在低温下吸附氮气，以及从空气中回收有机溶剂蒸汽都属于这种情况。

活性炭在高温下吸附某些气体，或在大多数液相吸附中，往往发生化学吸附。在化学吸附中，吸附质和活性炭表面发生了化学反应，靠化学键力牢固地结合在活性炭上。化学吸附是不可逆吸附，吸附质分子难于用通常的方法从活性炭表面脱附。并且，脱附后的吸附质的化学性质已发生变化，不再是吸附前的物质；脱附后的吸附剂活性炭的表面，也不再是吸附前的状态，即两者都发生了变化。例如，低温下最初吸附在活性炭上的氧气是化学吸附，当温度升高从活性炭表面脱附时，脱附下来的物质已不再是氧气，而是一氧化碳气或二氧化碳气，它们是吸附质氧气和吸附剂活性炭发生化学反应的产物。

物理吸附与化学吸附作用力性质不同，最直观的表现是两者的吸附热有显著差异。气态物质发生物理吸附的吸附热，通常与其凝聚热处于同一数量级，一般不大于 40kJ/mol。如活性炭对氮气的吸附是物理吸附，其吸附热为 20kJ/mol，略大于氮气的液化热。化学吸附的吸附热则较高，数值与化学键的键能相当，一般为 40～400kJ/mol。如在 0℃时，活性炭对氧气的最初吸附是化学吸附，此时的吸附热达 400kJ/mol 以上，比二氧化碳的生成热数值还大。但在少数场合下，也存在化学吸附热与物理吸附热没有明显差异的情况。

物理吸附在温度升高时吸附量通常下降，当温度比吸附质沸点高得多时不发生吸附。化学吸附往往要在一定温度下才能进行，就像化学反应需要一定的活化能，只有在外界供给能量以后才能开始一样。例如，在－190℃时，活性炭对氧气发生物理吸附，而化学吸附则要在较高的温度下才能发生。

物理吸附的速度很快，并且吸附速度几乎与温度无关。化学吸附的速度在很大范围内随温度而变化，并常随温度的升高而增加。

化学吸附具有很强的选择性，只有当吸附剂与吸附质两者之间的化学性质可以发生反应时才能进行吸附。物理吸附虽也存在一定程度的选择性，但选择性较小，吸附作用通常纯粹是基于吸附剂和吸附质两者之间物理性质而发生的。

在物理吸附中，吸附在吸附剂表面的吸附质分子能形成多层，即发生多分子层吸附现象。

这是由于物理吸附依靠分子间的引力进行，当吸附剂表面被一层吸附质分子占满之后，依靠吸附剂的残余力场或占据在吸附剂表面吸附质分子所形成的新力场，可以继续进行吸附的缘故。而化学吸附则仅能发生单分子层吸附。这是因为在化学吸附中，吸附质和吸附剂之间必须直接接触，才能通过两者之间的电子转移或共有而形成化学吸附键。因此，在吸附剂表面吸附了一层吸附质分子后，吸附剂表面的剩余价键力便消失，不能继续发生化学吸附而形成多分子层。

以上从吸附作用力的角度简述了物理吸附与化学吸附的主要区别。但许多吸附过程却难以用物理吸附或化学吸附给以明确地区分，它们处于两种吸附的交界领域。例如，不少化学吸附的吸附热远比活性炭化学吸附氧气时的吸附热数值小，而接近于通常的物理吸附热范围；有时，发生化学吸附的吸附质从吸附剂上脱附以后，也能保持其原来的状态等。在某些场合，物理吸附和化学吸附还会同时存在。如活性炭在 0℃时对氧气的吸附，最初发生的是化学吸附，而后又发生物理吸附等。

2.3.3　吸附热

通常，吸附是放热过程，脱附是吸热过程，吸附过程的热效应叫做吸附热。对于一定的吸附体系而言，吸附热是一个特有的数值，表示吸附的强弱程度。

物质由汽态转变为液态时，其分子转入相对静止状态，失去动能和潜热，这部分能量以液化热或凝结热的形态放出。蒸汽在固体上凝结时也放出热量，这种凝结能够在通常的液化不能进行的条件下发生，因其与更大的凝结力有关，因此不难想像，这种场合所产生的热量比通常的液化要大。

（1）积分吸附热。吸附剂吸附一定数量气体时所产生的总热量叫做积分吸附热。积分吸附热通常用吸附了 1 mol（或 1ml）气体所放出的平均热量表示。对各种气体的积分吸附热进行比较时，应该在对应的条件下进行测定。活性炭吸附各种气体的积分吸附热见表 24-42。气体在吸附时，并非所有部分放出的热量数值都相等，积分吸附热是用实验测定的全部气体的平均吸附热，是区别物理吸附与化学吸附的重要指标之一。

（2）微分吸附热。微分吸附热是吸附剂吸附少量气体的瞬间所放出的热量。微分吸附热也用吸附 1mol 气体所放出的热量表示。随着吸附量的增加，通常初期吸附的气体放出的微分吸附热数值比后期要大。最典型的例子是炭类物质对氧气的吸附。当吸附在 0℃进行时，吸附热数值虽然受炭的种类和实验条件影响，但最初吸附氧时微分吸附热数值高达 300～540kJ/mol，到吸附后期降低到 17kJ/mol 左右。但也有一些场合这种差异并不太显著，特别是吸附沸点比较高的化合物蒸汽时更是如此。

表 24-42　活性炭的积分吸附热[31]

气体或蒸汽	积分吸附热 (kJ/mol)	温　度	气体或蒸汽	积分吸附热 (kJ/mol)	温　度	气体或蒸汽	积分吸附热 (kJ/mol)	温　度
CH_4	19.06	20℃	CS_2	53.5	25℃	C_2H_4	29.0	25℃
C_2H_6	31.22	20℃	CH_3OH	57.3	25℃	C_3H_7OH	68.6	—
C_3H_8	40.88	20℃	$CHCl_3$	62.7	25℃	C_2H_5Br	58.1	—
C_4H_{10}	48.49	20℃	CCl_4	70.6	25℃	C_2H_5I	58.5	—
C_2H_4	29.01	20℃	$(C_2H_5)_2O$	61.4	25℃	CH_4	18.8	—
CO_2	30.93	20℃	C_6H_6	67.3	25℃			

微分吸附热的这种变化曾提出不少理论来解释。有人认为吸附初期形成的第一吸附层中

的吸附质分子，与吸附剂的结合力比其他吸附层要大；有的研究者从吸附剂表面不均匀性上找原因，认为初期吸附发生在吸附剂表面的活性原子上，并以与一般的吸附状态不同的力结合着。在0℃或更高温度下，炭类物质对氧气的吸附很符合后一种状况。后期吸附在炭类物质上的氧气中，有一部分能用真空之类方法除去；但初期吸附在炭上的氧气，只有在提高温度的情况下才能除去，并且释放出来的物质已不再是氧气，而是二氧化碳及一氧化碳。

通常用热量计法测定吸附热。方法是把一定量的气体通过热量计中的活性炭试样，测量所放出的热量。测定得到的吸附过程中的总热量是积分吸附热。若将极少量的气体一点一点地通过热量计中的活性炭试样，并测定各个瞬间的吸附热，此时得到的各个瞬间的吸附热数值，近似地等于微分吸附热。

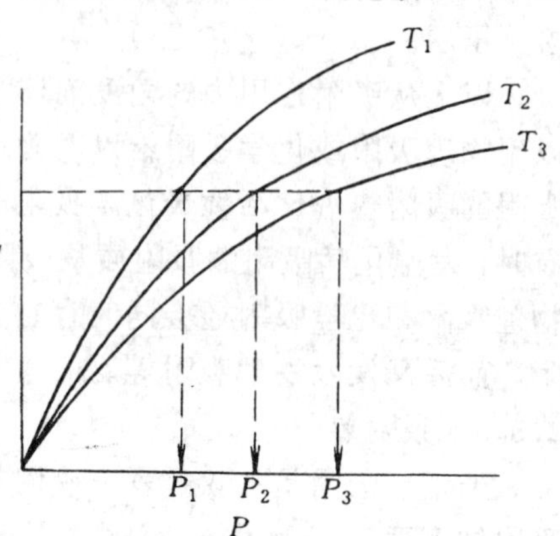

图 24-30 从吸附等温线计算吸附热[31]

微分吸附热还可以用 Clapeyron-Clausius 方程式，从相近温度下的吸附等温线（如图 24-30）进行计算：

$$\ln\left(\frac{P_2}{P_1}\right)=\frac{Q_d}{R}\left(\frac{1}{T_1}-\frac{1}{T_2}\right) \tag{24-16}$$

此时的 Q_d 叫做等量吸附热，是在吸附量 q 时的值。在活性炭中，Q_d 随吸附量的增加而减少，并且其数值逐渐趋向比冷凝热稍大的一个数值。R 是气体常数。T_1、T_2 是吸附平衡时的温度。P_1、P_2 是在温度 T_1、T_2 时处于吸附平衡状态下吸附气体的压力。

2.3.4 吸附等温线及吸附等温线方程

活性炭之类吸附剂吸附气相（或液相）中某种物质时，达到吸附平衡状态的饱和吸附量，与吸附时的温度和该物质在气相中的分压（或液相中的浓度）有着密切的关系。用来表示吸附量与温度、压力之间关系的曲线称为吸附曲线。吸附曲线有吸附等温线，吸附等压线和吸附等量线三种形式，最常用的是吸附等温线。

2.3.4.1 吸附等温线

吸附等温线表示一定温度下吸附量与平衡压力（或浓度）之间的关系，通常用纵坐标表示吸附量，横坐标表示气态吸附质的分压或液态吸附质的浓度。典型的吸附等温线如图 24-31 的几种类型。

A 为 Henry 型吸附等温线。室温下活性炭吸附压力不大于 0.1MPa 的氮气、氧气、氩气、二氧化碳及低级烃类物质，当活性炭表面被吸附质覆盖的部分在 10%以内时属于此种类型。

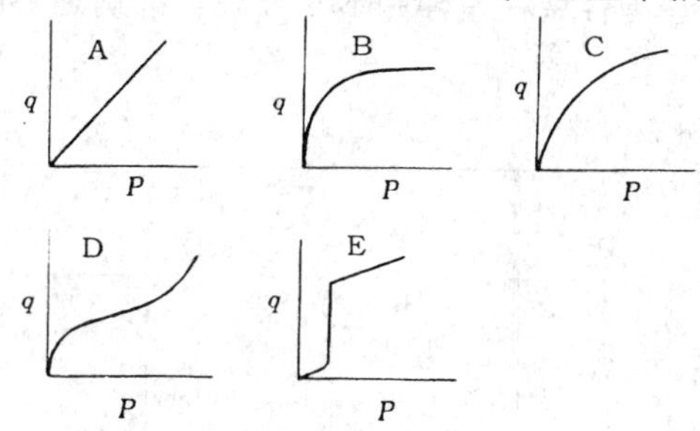

图 24-31 吸附等温线的类型[43]

A：Henry 型；B：Langmuir 型；C：Freundlich 型；D：BET 型；E：阶梯型

B 为 Langmuir 型吸附等温线。在沸点温度附近的温度下，一氧化碳、二氧化碳、氮气、氩气、氧气在活性炭上的吸附，以及一氧化氮在活性炭上的吸附属于此种类型。

C 为 Freundlich 型吸附等温线。二氧化硫、氯气、三氯化磷及水蒸气在活性炭上的吸附属于此种类型。

D 为 BET (Brunauer-Emmett-Teller) 型吸附

等温线。活性炭及其他多种吸附剂吸附气体物质时常呈现此种类型。属于物理吸附即多分子层吸附型等温线。

E 为阶梯型吸附等温线。温度较高时水蒸气在活性炭上的吸附，以及苯、甲烷和乙烷在氯化钠上的吸附属于此种类型。

吸附过程中，随着气态吸附质相对压力的增加，吸附量也相应地增加，对吸附剂而言，在某一较低的相对压力下，其表面将被吸附质的一层分子所覆盖，即形成单分子层吸附。此后，随着压力的增加，表面上又形成第二层以至其他各层，即形成多分子层吸附。如果吸附剂含有一些直径大小为吸附质分子直径大小几倍的孔隙（即过渡孔），同时发生毛细管凝聚作用。因为随着气相压力的增加，过渡孔内多分子层的厚度也增加，直至增加到它们在孔隙的最小截面上连成一片而形成凝聚吸附质的弯液面。在吸附质润湿吸附剂表面而形成的凹形弯液面上，吸附质分子在低于气相的饱和蒸汽压力下发生凝聚。Kelvin 方程式可以定量地表示出毛细管内弯液面上的平衡压力和饱和蒸汽压之间的关系，即

$$\ln\frac{P}{P_0}=-\frac{2\sigma V}{rRT}\cos\varphi \tag{24-17}$$

式中：P 和 P_0——毛细管内弯液面上的平衡压力和在温度 T 时吸附质的饱和蒸汽压；

σ——吸附质的表面张力；

V——吸附质在温度 T 时的摩尔体积；

r——毛细管半径；

R——气体常数；

T——吸附温度；

φ——吸附质和吸附剂表面之间的接触角。

由此可见，随着气相内压力的增加，吸附剂的过渡孔由小到大逐渐被吸附质凝聚充满。

在绝大多数情况下，毛细凝聚会在吸附等温线上形成滞后回线，如图 24-32。图中 EABCF 为吸附等温线，FCDAE 为脱附等温线，ABC 称吸附支，CDA 称脱附支，ABCDA 称为滞后回线或滞后环。在滞后回线区域内，与同一个压力所对应的吸附量，吸附时的数值要小于脱附时的数值，如图中的 $V_{吸}<V_{脱}$。这是由于在该区域内的吸附和脱附的不可逆性而造成的。

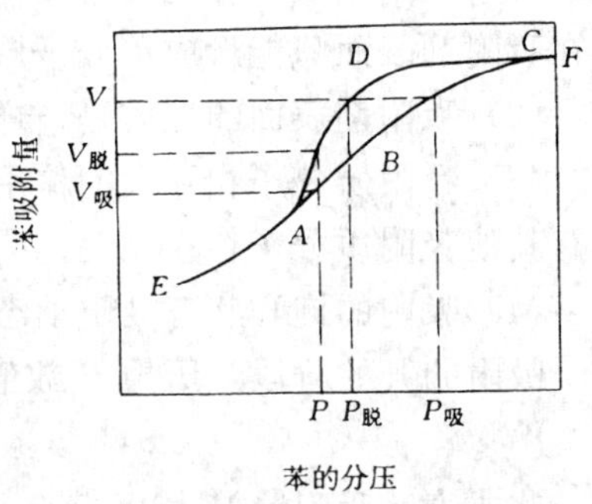

图 24-32　吸附等温线上的滞后回线[1]

目前比较通用的解释滞后现象的两种理论是开口孔理论和墨水瓶形孔隙理论。开口孔理论假设孔隙是两端开口、互不交叉的规则毛细管孔，吸附过程中，毛细凝聚仅仅发生在这样的孔隙中。即在这些孔隙内，多分子层是沿孔隙的周围（而不是整个孔上）形成圆筒形弯月面而互相连接起来的。发生这种现象后，半径等于或小于 Kelvin 方程式计算值的所有孔隙即被其充填，结果在毛细管孔两端沿整个孔口形成球面弯液面。当相对压力降低时，凝聚物即从这些球面弯月面上蒸发出去。因为这些球面弯月面半径只是圆筒形周边弯月面半径的一半，因此，凝聚物将在比孔隙凝聚充填时所需要的压力低的相对压力下，才会从孔隙中蒸发出去。墨水瓶形孔隙理论则认为孔隙具有一个或一个以上的细小颈部。在与孔隙粗大部分弯月面的曲率相对应的压力下，孔隙即被凝聚蒸汽充填；只有

在压力下降到按Kelvin方程式等于细小颈部的弯月面的曲率相对应的平衡值时，孔隙内部的凝聚物才蒸发出去。

吸附等温线是表示吸附系统平衡状态的最好方法，从它可以获得吸附质、吸附剂及吸附过程的许多重要参数，如计算吸附剂的比表面积、孔隙容积、孔径分布；计算吸附热以及吸附质与吸附剂的相对吸附亲合系数等。许多学者研究过吸附等温线的数学解析方法，寻求与各种吸附等温线相对应的方程式。但仅仅根据吸附剂和吸附质的物理性质，很难进行吸附等温线的纯理论计算，即使对最简单的吸附体系，这种计算也只能是近似的，因此至今尚未取得理想的结果。目前，半经验性的、根据经验总结或基于一定的假设而理论推导出来的吸附等温线方程，常见的有如下几种。

2.3.4.2 Langmuir 方程

Langmuir 吸附等温线方程为：

$$V = V_m \frac{KP}{1 + KP} \tag{24-18}$$

式中：V——所吸附的气态吸附质体积；

V_m——吸附剂表面被一层吸附质分子完全覆盖时的气体吸附质体积；

K——与吸附剂及吸咐质性质有关的常数；

P——气态吸附质的平衡压力。

该方程是1981年Langmuir为了解释B型吸附等温线而提出的方程式，它是从吸附理论发展起来的第一个吸附等温线方程。推导出该方程式是基于吸附和脱附速率相等的动态吸附平衡概念，并使用了如下一些假设：

(1) 吸附剂表面存在吸附点，当吸附点上吸满了吸附质以后，吸附作用不再进行，吸附质在吸附剂表面只能形成单分子层；

(2) 吸附剂表面的性质是一样的，各部分吸附质的几率相等；

(3) 吸附质分子相互间的作用力可以忽略，其从吸附剂表面脱离的几率，与附近表面是否有其他吸附质分子存在无关；

(4) 吸附的饱和状态处于动态平衡状态，此时吸附速度与脱附速度相等。

吸附的开始阶段，压力 P 数值很小，$KP \ll 1$，此时，Langmuir 方程可简化为下式：

$$V = V_m KP$$

此式表示吸附量 V 与压力 P 呈正比例关系。

吸附的后期，压力 P 的数值很大，$KP \gg 1$，此时，Langmuir 方程则可简化为下式：

$$V = V_m$$

此式表示吸附量 V 达到最大值 V_m 以后，不再随压力 P 的增加而增大，为一常数。

Langmuir 方程适用于化学吸附，以及极微细的微孔占绝对优势的吸附剂（如由萨冉树脂经过炭化和轻度活化处理制成的活性炭）对气态物质的物理吸附。

Langmuir 方程可以改写为下式：

$$\frac{P}{V} = \frac{1}{V_m K} + \frac{P}{V_m} \tag{24-19}$$

如该方程对某一吸附体系是适用的话，那么，实验结果在 $P/V-P$ 坐标图上应为一直线，该直线斜率为 $1/V_m$ 值，直线在 P/V 轴上的截矩为 $1/V_m K$ 值，据此可以计算吸附剂的比表面积。

2.3.4.3 Freundlich 方程

Freundlich 吸附等温线方程式为：

$$V = KP^{\frac{1}{n}} \tag{24-20}$$

式中：V——所吸附的气态吸附质体积；

K——与温度、吸附剂的比表面积及其他因素有关的常数；

P——气态吸附质的平衡压力；

n——与温度有关的常数，通常 $1<n<10$。

该方程式为经验式，1814 年 De Sausser 在整理实验结果时首先采用此式，后来 Freundlich 等人经常使用而得名。该式对化学吸附具有比较重要的意义，与 Langmuir 方程式相比，它更符合实验结果，并可应用在更加广泛的范围内。如活性炭对二氧化硫、氯气、三氯化磷及水蒸气等气态物质的吸附，以及对水溶液中醋酸的吸附，都可用该式表示。但是在压力大（即浓度高）时，该方程式不适用。因为在实际场合，吸附量不可能像该式所示的那样随着压力的增大而无限制地增加，而是达到饱和吸附量以后就不再增加。

Freundlich 方程式的对数形式为：

$$\log V = \log K + \frac{1}{n}\log P \tag{24-21}$$

某吸附体系若可用该吸附等温式表示时，实验结果在 $\log V \sim \log P$ 坐标图上应为一条直线，由直线的斜率和截矩可以求得常数 n 和 K 的数值。

2.3.4.4 BET 方程

BET 吸附等温线方程式为[44]：

$$V = V_m \frac{CP}{(P_0 - P)\left[1 + (C-1)\dfrac{P}{P_0}\right]} \tag{24-22}$$

式中：V——表示所吸附的气体吸附质体积；

V_m——表示吸附剂表面被一层吸附质分子完全覆盖时的气体吸附质体积；

P_0——实验温度下气体吸附质的饱和蒸汽压；

P——处于吸附平衡状态时的气体吸附质压力；

C——与吸附有关的常数。

该方程式是将 Langmuir 观点应用于多分子层吸附而发展起来的。1938 年 Brunauer、Emmett 和 Teller 提出了多分子层吸附理论[20]，简称 BET 理论，并推导出上述称作吸附层数可以无限制增加的 BET 方程式。该式在推导过程中，对 Langmuir 式的假设进行了如下补充：即在吸附剂表面依靠吸附剂和吸附质之间的吸附力形成第一层吸附层以后，还可以依靠吸附质分子之间的 Van der Waals 力继续进行吸附而形成第二层、第三层等多层吸附；第一层的吸附热与以后各层的吸附热不同，第二层以后的吸附热都相同，其数值接近于气态吸附质分子的凝聚热；吸附达到平衡时的吸附量，等于各层吸附量的总和。该方程式适用于物理吸附。计算吸附剂的比表面积时常用下述形式的 BET 方程：

$$\frac{P}{V(P_0 - P)} = \frac{1}{V_m C} + \frac{C-1}{V_m C}\cdot\frac{P}{P_0} \tag{24-23}$$

当相对压力 P/P_0 在 0.05～0.35 范围内，吸附等温线经常是线性的，上述无限层 BET 方程适用。当压力较低时，由于吸附剂表面能量不均匀，与假设条件不符合，导致方程式不适用。在较高压力下，由于物理吸附作用和毛细凝聚作用同时存在，使BET理论关于除第一层以外其余各层的吸附热假设不能实现，使上述方程式失去了正确性。但当相对压力$P/P_0 \leqslant 0.7$时，可使用下述对吸附层有一定限制的BET方程式，即

$$V = V_m \frac{CP}{P-P_0}\left[\frac{1-(n+1)\left(\frac{P}{P_0}\right)^n + n\left(\frac{P}{P_0}\right)^{n+1}}{1+(C-1)\left(\frac{P}{P_0}\right) - C\left(\frac{P}{P_0}\right)^{n+1}}\right] \tag{24-24}$$

此式可以概括几种类型的吸附等温线方程，例如，当$n=1$时，可以简化为Langmuir吸附等温线方程；$n>1$时，可以代表Freundlich吸附等温线方程；$n\rightarrow\infty$时，即吸附层数可以无限制地增加，又可简化为无限层数的BET方程。

2.3.4.5 比表面积的测定

比表面积的测定方法，通常是测定吸附剂对气体物质的吸附等温线后进行计算。该法是假设有可能在吸附等温线上，确定相当于吸附剂的表面被吸附质分子以单分子层状态完全覆盖的一点。处于该点时的吸附量，即为吸附质以单分子层状态完全覆盖吸附剂表面时的重量（或体积）。由该量相当的吸附质体积V_m，求出吸附质分子的数量，再乘以单个吸附质分子在吸附状态下所占据的有效表面积，即可计算出吸附剂的总表面积，即比表面积。

根据吸附等温线确定V_m的数值有两种方法，即直接测定法和计算法。

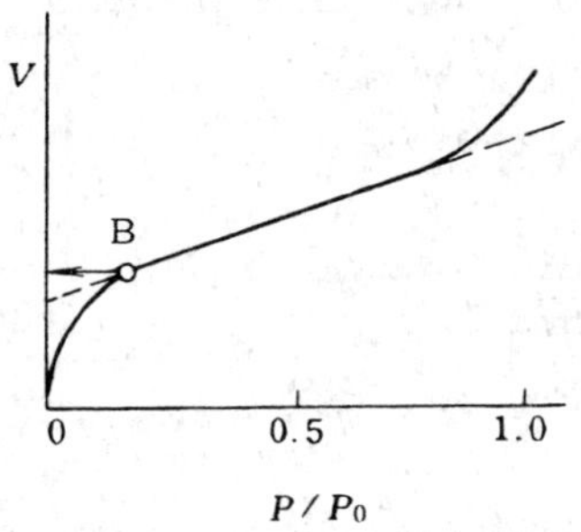

图24-33 吸附等温线上B点的确定[30]

直接测定法又叫B点法。在BET法出现之前，Brunaur和Emmett分析了许多实验结果[45,46]，认为BET型吸附等温线中间的接近直线部分的下端（如图24-33），是与吸附质的统计单分子层相对应的，并称之为B点。将处于B点时的吸附量，看作是吸附质以单分子层状态完全覆盖吸附剂表面时的重量，即可求得V_m值。该法的优点是迅速、简便；缺点是很难在吸附等温线上准确地确定B点，而只能近似地求出。

常用的比较精确地计算V_m值的方法是用BET方程。为此，在一定温度下测定吸附剂活性炭对气体吸附质的吸附等温线，并在BET坐标系，即$P/P_0 \sim P/V\ (P_0-P)$坐标系上作图，在相对压力0.05～0.35范围内，可得到一条直线，该直线的斜率等于$(C-1)/V_mC$，直线在纵坐标上的截距等于$1/V_mC$。根据两者的关系可以按下式求出V_m的数值：

$$V_m = \frac{1}{\text{截距}+\text{斜率}} \tag{24-25}$$

在粗略地估计比表面积，或在相同样品系列分析中观察比表面积的变化状况时，可用下述更加简便的方法求V_m值。例如，对BET型等温线，常常根据相对压力在0.1～0.3时测得的氮气吸附等温线上的单独一点来求$1/V_m$值。当常数C值大时（$C\geqslant 100$），这样作是可行的。因为在这种情况下，BET坐标图上的截距在该相对压力范围内很小，以致按该坐标绘出的等温线上任意一点，与该坐标系原点连成直线的斜率，都可看作是$1/V_m$值。用该法求得的比表面积数值，误差在百分之几的范围之内[6]。

V_m值除用上述由吸附等温线测定的方法以外，还可用其他方法测定。如根据吸附层可压

缩性与压力的关系测量[47]，以及根据吸附热的变化状况测量[48]等。

求出 V_m 值以后，按下式计算总表面积：

$$S = \frac{V_m}{22\ 400} N A_m \tag{24-26}$$

式中：S——吸附剂的总表面积（m^2）；

V_m——吸附剂表面被一层吸附质分子完全覆盖时的气体吸附质体积（ml）；

N——气体常数（$N=6.023\times10^{23}$）；

A_m——吸附状态下吸附质分子的有效横截面积（nm^2）；

22400——标准状态下 1mol 气体的体积（ml）。

吸附状态下吸附质分子的有效横断面积 A_m 的测定是很困难的，Emmett 和 Brunauer 根据吸附状态下分子有效横断面积 A_m，等于由固态或液态吸附质密度计算出来的分子投影面积的假设，推导出下述计算 A_m 值的关系式[49]：

$$A_m = 4 \times 0.866 \left(\frac{M}{4\sqrt{2} N d} \right)^{\frac{2}{3}} \tag{24-27}$$

式中：M——吸附质的分子量；

N——气体常数；

d——吸附质在液态或固态时的密度。

一些常用气体的 A_m 值及其相应的饱和蒸汽压 P_0 见表 24-43。

表 24-43　某些气体的 A_m 值及饱和蒸汽压 P_0 值[30]

气体名称	温度（℃）	A_m 值（nm^2）	P_0 的近似值（Pa）	气体名称	温度（℃）	A_m 值（nm^2）	P_0 的近似值（Pa）
N_2	−195	0.16	1.01×10^5	NH_3	−36	0.15	8.78×10^4
N_2	−183	—	3.59×10^5	CH_4	−183	0.16	1.09×10^4
Ar	−195	0.15	$3.33\times10^4$①	C_2H_2	78	0.21	1.46×10^5
Ar	−183	0.16	1.33×10^5	C_2H_6	−183	0.23	1.33
Kr	−195	0.19	$3.99\times10^2$①	n-C_4H_{10}	0	0.23	1.08×10^5
Kr	−183	—	$3.59\times10^3$①	n-C_4H_{10}	25	—	2.53×10^5
CO_2	−78	0.20	$1.33\times10^5$①	C_6H_6	25	0.40	1.26×10^4
H_2O	25	0.11	3.19×10^3	C_2H_5Cl	0	0.25	5.99×10^4

① 过冷液体的饱和压力。

2.4　活性炭的生产方法之一：气体活化法

人们最初总以为活性炭的“活性”是由化学反应和热处理而来的，而它能脱色就是有了活性的缘故，所以取名为“活性炭”。以后通过研究活性炭的结构得知，活性炭之所以有很强的吸附能力，主要是它具有特殊的微晶结构，极为发达的微孔和巨大的比表面积。制造活性炭的过程，就是使炭形成多孔的微晶结构，使它具有极为发达的比表面积，并称此过程为活化过程。

将炭化物加热到某一温度并通入气体活化剂如二氧化碳、氧（空气）、水蒸气等进行活化，此法称为气体活化法。

2.4.1　活化原理

各国的科学家都以极大的兴趣对气体活化法的原理进行多方面的研究，由于大部分研究是建立在分析活性炭吸附值的结果上，还没有发展成一种定量的活化理论，所以未能对活化过程作出令人满意的和有根据的解释。

研究表明，木材炭化期间，大部分非碳元素如氢和氧在高温下以气体形式脱除，而不含氢、氧元素的碳则形成类似石墨的基本微晶结构，基本微晶的相互排列是不规则的，微晶之间留有空隙，显然，由于焦油物质的析出和分解，这些空隙被占据或非组织碳所堵塞，结果炭化产品的吸附量很小，当进行气体活化时，空隙中的焦油等物质和非组织碳首先被除去，这时基本微晶的表面就暴露出来，并与活化剂作用，微晶的烧失是以不同的速率在表面的不同部分进行。据认为，微晶烧失的速度在同碳层平面平行的方向比垂直的方向大。有人认为，在基本微晶边角上的和有缺陷的位置上的那些碳原子更为活泼，因为它们的化合价没有被相邻的碳原子所饱和，这些地方就是所谓的活性点，同活化剂的反应往往发生在活性点上，在气体活化剂同炭反应过程中，在活性点上暂时生成了表面络合物，当它们分解时，以一氧化碳或二氧化碳从表面逸出，结果新的不完全饱和的碳原子则暴露微晶表面，于是活性点又能同活化剂的另外的分子进行反应，微晶的这种不均匀的烧失就导致新的孔隙的出现，在随后的活化过程中，孔隙不断加宽，相邻微孔之间孔壁完全被烧毁而形成较大的孔隙，导致过渡孔容积的增加。因此，常用三种过程来解释活化过程中产生孔隙的活化机理。即原来闭塞孔的开放；原有孔隙的扩大，孔壁被烧失；某些结构经选择性活化而产生新孔。

孔隙的生成与炭的氧化程度有密切的关系，而炭的氧化必然要消耗炭，因此，常使用烧失率（活化期间炭重量减少的百分率）这词来度量炭的活化程度。根据Dubinin的观点，烧失率小于50%时，得到的是微孔活性炭；烧失率大于75%时，得到的是大孔活性炭；烧失率在50%～75%时，活性炭具有混合结构。烧失率与孔容积的关系见表24-44。

表24-44 树脂炭的活化与孔结构的变化关系①[31]

烧失率	得率（%）	孔容积（cm^3/L）			孔半径（nm）	
		N_2等温线	C_2H_5Cl等温线	密度法 $\frac{1}{\rho_{Hg}}-\frac{1}{\rho_{He}}$	N_2等温线	C_2H_5Cl等温线
0	100	0.464	0.445	0.473	73	82
33	67	0.603	0.582	0.612	74	83
70	30	0.866	0.856	0.873	81	83
85	15	—	1.407	1.452	80	84
93	7	—	1.360	1.351	87	86

① 树脂在600℃下炭化，在950℃下用水蒸气活化而得。

2.4.2 气体活化剂的种类与作用

气体活化法采用的活化剂有水蒸气、烟道气、空气等含氧气体，在高温下与炭接触作用如下：

（1）水蒸气活化：碳同水蒸气的基本反应是吸热反应，反应如下：

$$C+H_2O \longrightarrow H_2+CO-129.3kJ$$

由于氢的存在，水蒸气同碳的反应受到抑制，许多作者用下式表示碳被水蒸气和氢的混合物气化时的气化速率：

$$V=\frac{K_1P_{H_2O}}{1+K_2P_{H_2O}+K_3P_{H_2}} \tag{24-28}$$

式中 P_{H_2O} 和 P_{H_2} 分别为水蒸气和氢的分压，而 K_1、K_2、K_3 是实验测定的速率常数。

水蒸气与碳的反应是按下式进行的：

$$C+H_2O \rightleftharpoons C(H_2O)$$

$$C(H_2O) \longrightarrow H_2+C(O)$$

$$C(O) \longrightarrow CO$$

括号表示该物质与碳表面相结合，氢的抑制作用可以用活性中心被生成的氢占据来解释。

$$C+H_2 \rightleftharpoons C(H_2)$$

另外也有人认为碳和水蒸气反应的第一步，是水分子按下式发生离解吸附：

$$2C+H_2O \rightleftharpoons C(H)+C(OH)$$

$$C(H)+C(OH) \longrightarrow C(H_2)+C(O)$$

氢和氧被吸附在邻近的约占2%表面积的活性中心上。

水蒸气活化是在隔绝氧和在750～950℃的条件下完成的，氧在这个温度下会侵蚀炭，使炭表面烧失，从而降低活性炭的产量。

(2)氧气(或空气)活化：氧气活化时，与碳的反应如下：

$$C+O_2 \longrightarrow CO_2+385.3\text{kJ}$$

$$2C+O_2 \longrightarrow 2CO+255.0\text{kJ}$$

两个反应都是放热反应，碳与氧的反应机理至今还不完全了解，争议最多的是究竟二氧化碳是碳氧化的初生产物，还是一氧化碳是初生产物。根据目前的了解，可以认为这两种氧化物都是初生产物，一氧化碳与二氧化碳的比值随温度的增高而增大。

由于碳和氧的反应放出大量的热，不易控制炉内的正常温度，尤其难于避免局部过热而造成不均匀活化，因氧具有很大的侵蚀作用，烧失不限于孔隙，而且也发生在炭粒的表面上，结果引起巨大的损失。为了避免局部过热，常在空气活化剂中掺入适量的水蒸气，利用水蒸气和炭的吸热反应，控制料层温度，空气活化的温度一般控制在600℃左右，用氧气活化的炭具有大量的表面氧化物。

用碱处理木质素或木屑制得的炭做原料，用空气在600℃下活化制得的活性炭，其脱色力接近于用水蒸气在800～900℃活化时得到的炭，而在840℃下用空气活化时，其吸附力反而下降（见表24-45）。

表24-45 木质素炭活化制得的活性炭的吸附能力[50]

活化条件		吸附的物质（g/g）			
活化气体	活化温度（℃）	柯衣定R	丽春红R	亚甲基蓝	糖蜜色①
空气	600	0.34	0.23	0.23	1.6
空气	840	0.21	0.10	0.14	0.5
水蒸气	840	0.36	0.24	0.29	1.4

① 糖蜜吸附以色度单位表示；染料吸附以溶液平衡浓度为0.1g/L时，每克炭吸附的克数来表示。

(3) 二氧化碳活化：二氧化碳与碳反应如下：

$$C+CO_2 \longrightarrow 2CO-166.8\text{kJ}$$

为求出炭被二氧化碳气化的速率（v），已经导出一个同水蒸气反应式相似的方程：

$$v=\frac{K_1P_{CO_2}}{1+K_2P_{CO}+K_3P_{CO_2}} \tag{24-29}$$

式中 P_{CO_2} 和 P_{CO} 是二氧化碳和一氧化碳相应的分压，K_1、K_2、K_3 是经验确定的速率常数。此方程式是研究二氧化碳同炭反应机理的基础，对于碳和二氧化碳反应的历程，有两个方案：

方案Ⅰ

$$C+CO_2 \longrightarrow C(O)+CO \tag{1}$$

$$C(O) \longrightarrow CO \tag{2}$$

$$CO+C \rightleftharpoons C(CO) \tag{3}$$

方案Ⅱ

$$2C+CO_2 \rightleftharpoons C(CO)+CO \tag{4}$$

$$C(O) \longrightarrow CO \tag{5}$$

这两个方案之间的根本区别在于对一氧化碳抑制作用的解释不同，反应的速率取决于自由活性点的数量。方案Ⅰ认为：反应（1）的逆反应可忽略不计，一氧化碳的抑制作用是由于一氧化碳即反应（3）被碳吸附而覆盖或堵塞了活性点，因而对进一步的反应有阻碍作用；方案Ⅱ则认为反应（4）的逆反应是重要的，一氧化碳的抑制作用是由于按反应（4）进行，而影响反应平衡的位移所致，并认为反应（2）的进行很缓慢。

（4）混合气体活化：气体活化法经常采用空气与水蒸气；烟道气与水蒸气；烟道气和氧气等混合气体进行活化或两种活化介质交替进行活化。

如前所述，用水蒸气和空气的混合气体活化时，可以利用水蒸气和碳的吸热反应，防止空气活化时活化温度急剧上升和产生局部过热现象。同时，也可利用碳与氧的放热反应产生的热量维持活化温度，以减少外部补充的热量。所以，蒸气和空气混合比例适当，可使活化温度稳定，活化均匀。另外，有人认为原料炭有各种各样的活性点，有的活性点易于同水蒸气反应，而其他的活性点易于同二氧化碳反应，所以在烟气活化剂中加入一定量的水蒸气对提高炭的吸附能力是有好处的。

也有采用分段活化法，即先用水蒸气在800℃下进行短时间活化，然后用空气在500～600℃下进一步活化；或先用水蒸气在800℃活化，再用烟道气活化，制得的活性炭脱色力显著增大（见表24-46）。

表24-46 两段活化法制得的活性炭的吸附能力（以木炭为原料）

活化条件		吸附物质			
第一阶段（℃）	第二阶段（℃）	苯胺蓝（g/g）	糖蜜色[①]	0.15%亚甲基蓝（mL/0.1g）	味精实物脱色
水蒸气800	水蒸气800	0.12	1.50	8	1∶6
水蒸气800	空气550	0.22	1.75	—	—
水蒸气800	水蒸气+CO_2 800	—	—	14	1∶6

① 糖蜜色以比色单位为基准。

2.4.3 影响气体活化的主要因素

（1）活化剂种类对活化过程的影响：各种活化剂和碳的反应速度是不同的，碳与不同活化剂气化、燃烧反应的相对速度见表24-47。从表24-47可以看出，碳和氧的反应能力特别大。

表 24-47 碳的气化、燃烧反应的相对速度（在 800℃和 10.1kPa）

反 应	相对速度	反 应	相对速度
$C+CO_2$	1	$C+H_2O$	3
$C+O_2$	1×10^5	$C+H_2$	3×10^{-3}

用不同的活化剂制得的活性炭的吸附力见表 24-48。由表 24-48 中可看出，用空气、水蒸气或二氧化碳活化，得到的活性炭的吸附力各不相同，即使在同样的活化温度下，用水蒸气和二氧化碳活化，吸附力也不相同，总的看来，用水蒸气活化的效果要好一些。

一氧化碳的阻滞作用：实验证明，在气流速度和烧失率都不高的条件下，用二氧化碳活化时，有一氧化碳的存在会对活化过程起阻滞作用，这是由于一氧化碳在炭颗粒的外部阻止颗粒的表面烧失，其结果是活化速率下降，而微孔容积增加，一氧化碳的阻滞作用能使炭粒达到均匀活化的目的。

表 24-48 松木炭活化时制得活性炭的吸附能力[30]

活化条件		吸附的物质（g/g）			
活化条件	温度（℃）	2，4 二氨基偶氮苯 R	丽春红 R	苯胺蓝	碘
空 气	600	0.34	0.10	0.05	0.36
空 气	740	0.16	0.08	0.05	0.40
空 气	790	0.15	0.08	0.06	0.42
空 气	860	0.14	0.08	0.06	0.42
空 气	910	0.13	0.10	0.06	0.40
水蒸气	770	0.37	0.19	0.16	0.60
水蒸气	825	0.37	0.17	0.17	0.60
水蒸气	880	0.36	0.16	0.21	0.62
CO_2	880	0.32	0.12	—	—

(2) 活化剂流速对活化的影响：活化剂流速增快，活化速率也增快，但达到一定速度后，活化速率就是一个常数。

以二氧化碳做活化剂，对纯聚糠醛炭在 800℃进行稳定活化（活化速率每小时的烧失率等于 3%），活化剂流速与活化速率的关系如图 24-34。

当流速较低时，活性炭的微孔容积大，而流速高时，微孔容积反而减少，这是由于高流速使颗粒外表面烧失，产生不均匀活化而导致微孔容积减少。

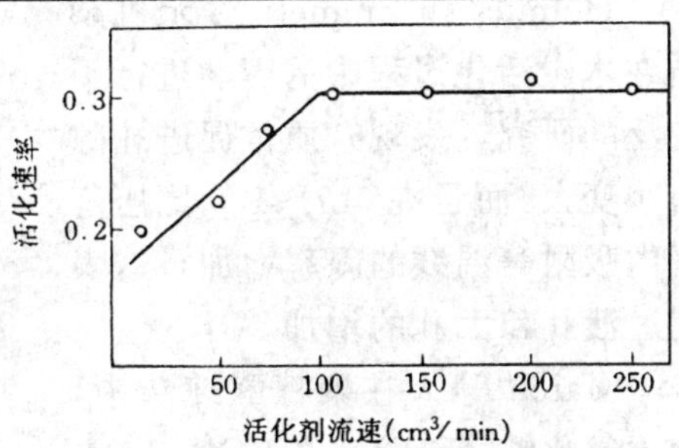

图 24-34 活化剂流速与活化速率的关系[51]

(3) 活化温度的影响：通常碳和气体的反应速度随着温度的升高而增大。因此气体活化需在高温下进行，但活化温度不能任意提高，温度太高，炭的孔结构会发生变化，微孔减少，反而使吸附力下降，而且温度太高，炭的烧失率增大，得率下降。因此，一般蒸气活化法的活化温度控制在 850～950℃，烟道气活化法控制在 900～950℃，空气活化法的控制在 600℃左右。由表 24-48 也可看出，在较高的温度下，用空气活化时，对提高炭的吸附能力并无显著效果，有些指标反而有下降趋势，各种气体活化剂适宜的活化温度通常依据炭的性质、用途以及所采用的活化方法来确定。

(4) 原料炭化温度的影响：木屑炭化时，不同干馏温度与孔分布的变化如图 24-35。

柳井弘认为，原料的挥发物含量对活性炭性质，特别是孔结构以及强度有决定性的影响，各种干馏温度的木屑炭在 900℃用二氧化碳活化时，活化时间、得率及比表面积之间的变化关系如图 24-36。

(5) 炭中无机成分的影响：碱金属、铁、铜等的氧化物和碳酸盐对碳与水蒸气的反应有催化作用，因此，在活化物料中加入少量这种物质可以提高反应速度，加快活化过程，钴、铁、镍、钒的氧化物对碳和水蒸气反应速度的影响见表 24-49。这里碳是石墨，反应温度为1 000℃，水蒸气流量为 0.52×10^{-5}mol/s。

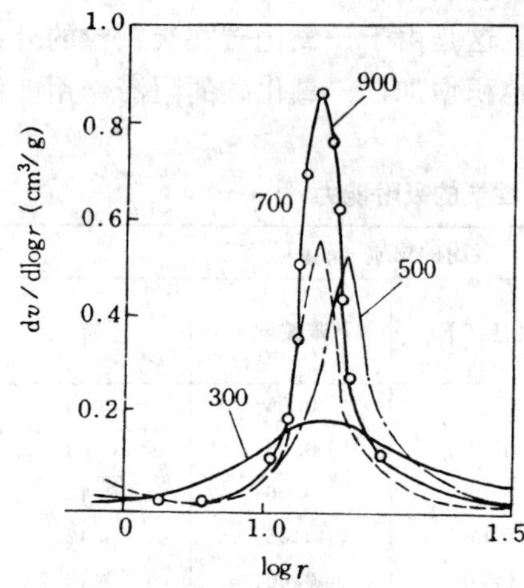

图 24-35 干馏温度与孔分布的变化[31]

(图中数字表示干馏温度（℃）)

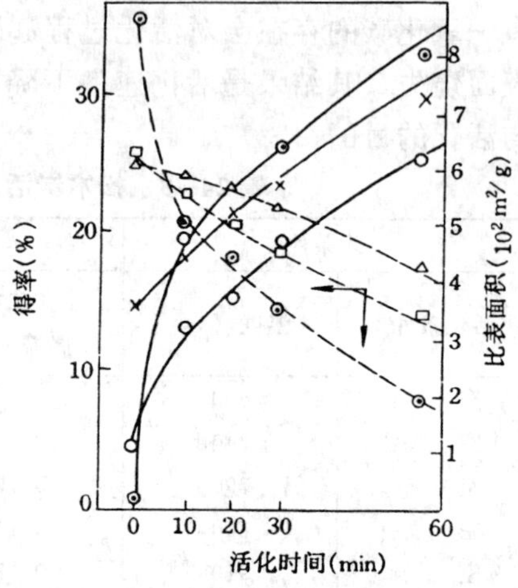

图 24-36 在二段气体活化过程中（活化温度 900℃）各种干馏温度（挥发物）的影响[31]

干馏温度（℃）

得率-◎-300℃；-□-700℃；-△-900℃；

比表面积-⊙-300℃；-×-700℃；-○-900℃

Holmus 和 Emmett 对无机杂质在木炭活化过程中的影响进行了广泛的研究，发现杂质常促进孔隙由小变大，而且在 0.7～1.0 比压范围内吸附等温线的斜率增加，这表明过渡孔和大孔的增加。

表 24-49 金属氧化物对碳和水蒸气反应的影响[31]

处理条件	灰 分	相对气化速度
未处理	0.000 5	1
0.1MCo $(NO_3)_3$	0.14	27
0.1MFe $(NO_3)_2$	0.14	32
0.1MNi $(NO_3)_2$	0.14	19
0.02MNH_4VO_3	0.03	22

March 等人在聚糠醛纯炭中，加入氯化铁 ($FeCl_3\cdot6H_2O$) (Fe：C＝1：1 000；Ni：C＝1：1 000) 活化后，用电子显微镜观察，发现炭粒表面有相当发达的大孔和过渡孔；在游离催化剂粒子附近发现有沟槽，浸铁炭经高度烧却产生特有的锥形过渡孔。

对浸铁炭来说，微孔的发展不受生成过渡孔和大孔的影响，而对含镍炭来说，催化反应降低了微孔的发展，浸铁炭的过渡孔容积比含镍炭大，这是由于铁在活化的最初阶段集聚成团，并生成具有活性的颗粒，铁的颗粒尺寸比镍大，并且铁在炭内对孔隙的形成有促进作用。

(6) 炭的粒度：炭的粒度与活化速度、活化的均匀程度密切相关。粒度小，活化速度快，活化均匀。因为粒度大时，活化反应还要受活化剂在炭内扩散速度的控制。因此，大颗粒炭的活化速度会减慢。

炭粒的活化过程是由颗粒外表向颗粒内部逐步进行，当炭颗粒较大时，常会发生炭粒外表已经烧却而内部尚未达到完全活化，因而影响产品质量。而炭粒过小会使炭层的阻力增大，活化剂不易均匀通过，也达不到均匀活化的目的。

作为工业生产的原料，除要求合适的粒度外，颗粒大小也应均匀，以避免发生不均匀活化现象。

小颗粒原料炭可采用沸腾床活化，或用固定床闷烧法活化，而颗粒较大的原料炭可采用移动床活化。炭粒度对活化质量影响见表 24-50。

表 24-50　炭粒度与活化质量的关系[23]

活化条件	颗粒度（mm）	吸附能力（0.15 亚甲基蓝，ml/0.1g）	活化条件	颗粒度（mm）	吸附能力（0.15 亚甲基蓝，ml/0.1g）
多管活化炉①	15～45	8.76	沸腾炉活化②	1～3	10
	15～25	11.0		3～6	8
	25～35	8		6～10	5
	35～45	6			

① 火道温度：1 000～1 200℃；活化剂：水蒸气；活化时间：2h。② 原料：木炭；活化剂：空气；活化温度 620～650℃。

活性炭块表、里吸附的差别见表 24-51。

表 24-51　活性炭块表、里吸附能力的差别[23]

树　种	吸附能力（0.15 亚甲基蓝，ml/0.1g）		活化条件
	表　面	内　核	
桦木炭	10.5	9.5	多管活化炉
榆木炭	6.5	4	

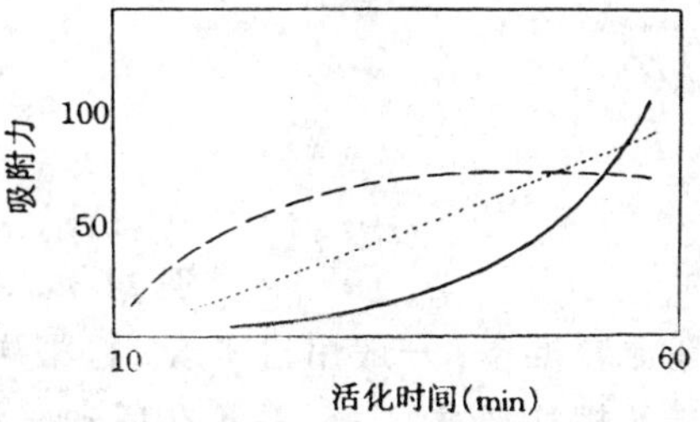

图 24-37　化学处理的木屑在水蒸气活化时吸附能力的增加速率[50]

----孔雀绿；……亚甲基蓝；——苯胺蓝

应该指出，上面只是单个说明各种因素对活化过程的影响；实际上活化过程是比较复杂的。例如在活化过程中，炭对不同吸附质的吸附力并不是同时增加的，而且增加的速度也不一致。如图 24-37，化学处理的木屑用水蒸气活化时，对孔雀绿的吸附力在活化初期增加很快，然后停止增加，而对苯胺蓝的吸附力只在活化的后期才迅速增长，但对亚甲基蓝的吸附力，在整个活化过程中都是以一定速度增加。

2.4.4　气体活化法生产工艺

2.4.4.1　粉状活性炭生产工艺

（1）多管炉水蒸气活化法：多管炉属移动床活化炉，它适用于有一定粒度，能在活化管内借助自重逐渐移动的原料。此法用来生产粉状炭。制造粉状活性炭的原料最好采用松木炭、松根炭和桦木炭。

多管炉生产粉状炭的工艺流程如图 24-38。

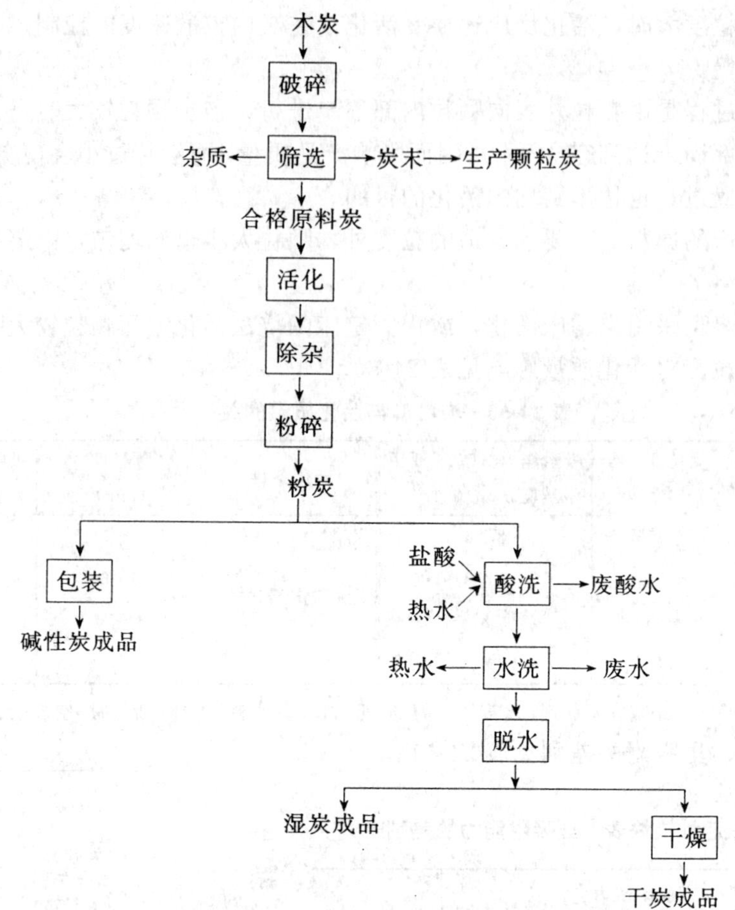

图 24-38 多管炉生产粉状炭示意流程

①原料准备：一般用松木炭、松根炭或桦木炭作为原料，木炭在450～600℃炭化制得。对原料炭的规格要求：沙、石等杂质和炭粉不超过5%，未炭化物和腐朽材炭不超过5%，水分不超过15%。首先用人工除去木炭中的炭头和大块杂质，再在双辊轧炭机中破碎，而后在振动筛中进行筛选，选出合格粒度的破碎炭送往活化炉的贮料仓库贮存备用。矩形管式炉要求原料炭的粒度为18～45mm，圆形管式炉为3～30mm。碎炭粉可用作定型颗粒炭的原料，粗粒炭经再碎机粉碎后重新进行筛选。

②活化：活化在多管炉内进行，国内采用的多管炉有矩形管式炉和圆形管式炉两种。

粒度合格的木炭由活化管的加料口加入，由上而下经过干燥段（～400℃）补充炭化段（400～700℃），活化段（700～900℃），冷却段（900～400℃）后，每隔一定时间卸炭一次，卸炭时间要根据炭的脱色力而定。每卸炭一次就加一次料。活化好的炭装入熄炭桶，盖好后存放冷却，再送后处理工段处理。

③活化料的后处理：活化好的炭称为活化料。管式炉生产的活化料要进行以下处理，方可成为产品出售。

除杂与粉碎：活化料经冷却后用皮带输送机送往粉碎机，粉碎一般采用球磨机，万能粉碎机等，利用排风机的吸力将输送带上的活化料吸入粉碎机，重度较大的沙石等杂质留在输送带上被除去，粉碎后的细炭由风力吸入分离器，粗粒炭由分离器返回粉碎机中再粉碎，合格炭随风力送往旋风分离器中分离，旋风分离器排出的气体再经袋滤器捕集细炭粉之后排空，由旋风分离器与袋滤器收集的合格炭，其粒度要求大于120目的不超过5%～8%，这样得到的粉炭再进行下一步处理，或根据用户要求直接作为成品出售。

洗炭：原料炭中含有一定的灰分，在活化过程中灰分都转入活性炭中，如不进行洗涤，活性炭作为液相吸附操作的吸附剂，其灰分中的某些成分会转入液相，严重影响产品的纯度，洗炭的目的就是除去炭中的杂质，提高炭的纯度。

洗炭包括酸洗、水洗和脱水。酸洗就是除去活性炭中的盐酸可溶物，加酸量视活化料中灰分的含量而定，一般加干炭重量10%～20%左右的工业盐酸（含氯化氢约30%）和水以后，通蒸气煮沸，使铁等杂质生成水溶性氯化物除去，生产中习惯地把酸洗称为煮铁，酸洗可在酸洗桶或酸洗池中进行。

酸洗桶为一圆柱形铁桶，外型尺寸为∅1 800mm×2 500mm，内衬耐酸石墨砖，外涂耐酸环氧树脂，有效容积4.3m^3，内径∅1 700mm，桶内装有木质搅拌器，搅拌器悬吊在桶盖上，桶盖还装有加料口、排气孔，桶壁装有进水管，桶底装有放料口。

操作时由加水管注入60℃以下的温水达搅拌器高度2/3处，从加料口加粉炭400～500kg。开动搅拌器，待炭与水搅拌成悬浮液后，根据炭量加盐酸、并搅拌，待充分反应后，打开放料口阀门，将悬浮液放入木质漂洗桶内漂洗，漂洗时先用沸水漂洗1h，再用60～80℃热水漂洗数次，待pH值、Fe^{+2}、Cl^{-1}等合格后，送离心机脱水，普遍采用WG-800型刮刀式离心机，转鼓尺寸为∅800mm×400mm，每次加料100～120kg，离心脱水时可喷淋热水洗涤。

有的工厂采用木质酸洗桶，用人工进行搅拌，操作比较繁重。

酸洗池为长方形，长1 650mm，宽1 150mm，深约3 000mm，用耐酸水泥制成，再涂环氧树脂，洗炭时，先在池内放入少量热水，倒入磨碎炭，再加热水使炭全部润湿后，加20%左右的盐酸，用压缩空气进行充分搅拌，然后利用真空将炭料吸入高位槽贮存，稍冷后放入另一酸洗池，用吸滤器抽滤，吸滤器是由许多耐酸微孔塑料管组成。抽滤时，将吸滤器放入酸洗池的溶液中，并接通真空管路，废酸液通过微孔塑料管吸出，而活性炭则吸附在塑料管壁上。然后将吸滤器转入净水池中继续吸滤，这时净水通过炭层，洗出盐酸及水溶性杂质，吸滤器靠吊车作上下左右移动。

干燥：通过离心机或吸滤器得到的湿炭在隧道式干燥室中干燥。干燥室的内部尺寸为：长25m，宽1.8m，高2.3m。室的两端有进出口，室内装有1/100坡度的窄铁轨，可容纳12辆小车，每辆车中放36个铝盘，每盘可装湿炭30kg左右，用70℃左右的热空气作为干燥介质，热空气由送风机抽室内空气经加热器加热至70℃左右，由干燥室一侧的6个进风口送入干燥室内，潮湿的废空气由干燥室另一侧的5个排风口经排风机抽出，部分排空，部分循环使用。湿炭由50%的含水率干燥至10%约需36h，即每隔3h有一辆干炭车由干燥室推出，并将一车湿炭从另一端推入干燥室。加热器用0.2MPa饱和蒸汽加热，蒸汽冷凝水达60℃以上，可供洗炭用。干炭冷却后即为成品。为了保证产品质量的均匀性，一定批量的干炭送入混合器中混合均匀再进行包装。

此外，湿炭也可采用回转干燥器、气流干燥器进行干燥。

原材料消耗定额：每吨活性炭的原材料消耗指标及产品质量，见表24-52。

多管炉的优缺点：多管炉的操作比较简便，产品质量稳定。炉子正常操作时，不需外部供热，燃烧活化产生的气体就能满足活化需要的热量。

表 24-52 原材料消耗指标及产品质量

炉 型	原料炭（t）		燃料煤（t）	活化蒸汽用量（t）	盐 酸（t）	产品质量（0.15%亚甲基蓝，ml/g）
	松木炭	杂木炭				
圆型管式炉	4	—	0.61	6～8	0.1	10～12
矩型管式炉	—	3～4	—	4～5	0.4	7～8

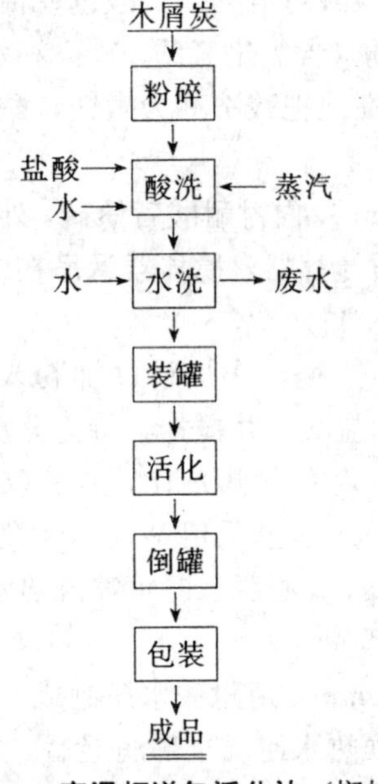

图 24-39 高温烟道气活化法（焖烧法）生产粉状炭工艺流程

多管炉活化松木炭质量较好，而活化杂木炭质量较差；水蒸气过热的温度低（300℃左右），会影响炭的质量；由于原料炭是通过管壁间接受热，因此活化管内温度分布不均，使原料炭活化程度也不一致，这些都是其不足之处。此外，圆形活化管由耐火材料制成，因受热不均，常易损坏。

（2）高温烟道气活化法：该法是将木炭经粉碎、酸洗、水洗、滤干后的湿炭粉，装在活化罐里，用高温烟道气进行活化。与其他方法的区别在于活化剂是通过罐壁上的孔隙与罐内木炭接触进行活化，习惯上称为闷烧法。

该法是一种较老的方法，生产环境恶劣，但设备简单，产品质量好，活化后即为成品，不需对活化料进行复杂的后处理。因此，目前仍有一些工厂采用。

用木屑炭作为原料生产粉状炭的流程如图 24-39。

①原料：原料为木屑炭和木炭。若用木炭作原料时，要先破碎，再行粉碎。

②粉碎：通常采用间歇操作的转筒式球磨机进行粉碎。炭粉的粒度要求为 100 目。球磨时，为了防止增加炭粉中的铁含量，并减少球磨时的噪音，转筒内壁多采用硬木衬里。

③酸洗、水洗：酸洗在酸洗池中进行。

④活化：将除去杂质的湿炭粉，装入活化罐内，每 10 个罐一叠，最上面加盖，用小车送入闷烧炉活化室，装满后关好炉门，用耐热水泥封闭，打开烟道闸门点火升温到 850～900℃，而后，保温活化，待脱色力达到要求，就可出炉。活化罐放置空地上，冷却后倒出活性炭，经混合器混匀，包装出厂。

在活化过程中，活化温度、活化时间、由烟气中带入的空气量以及活化罐的质量是影响活性炭产量与质量的主要因素。

活化罐材料不仅要求有一定的孔隙度，而且要有较好的强度，能经受骤冷骤热。活化室升温和保温时间，在正常情况下，要求 12～24h 将温度升到 850℃，在 850～900℃下保温20～48h，但常因气温不同而有所变化。温度要稳定，不能忽高忽低。

活化炉操作一段时间，烟灰会堵塞烟孔、烟道，需要停炉检修。每炉装湿炭粉（含水率 60%）600～700kg，平均得活性炭 80～90kg，得率为 30%左右。

主要原材料消耗见表 24-53。

表 24-53　每吨活性炭的主要原材料消耗

原材料	消耗定额	备　注
木屑炭（t）	3.5	
工业盐酸（t）	0.5～0.7	浓度约 37%
水（t）	90～100	
煤（t）	8～10	包括蒸汽用煤
电（kW·h）	900～1 000	

此炉具有结构简单，容易砌造，投资省、上马快、活性炭的质量较好等优点。但原材料消耗较大，劳动强度高，操作条件差，产品质量不够稳定，生产效率较低，是该炉的不足。

(3) 沸腾炉空气水蒸气活化法：沸腾炉是一种流化床反应器，是固体流态化技术在活性炭工业的应用。用锯屑炭作原料，空气与水蒸气作活化剂，利用空气与炭燃烧产生的热进行活化。

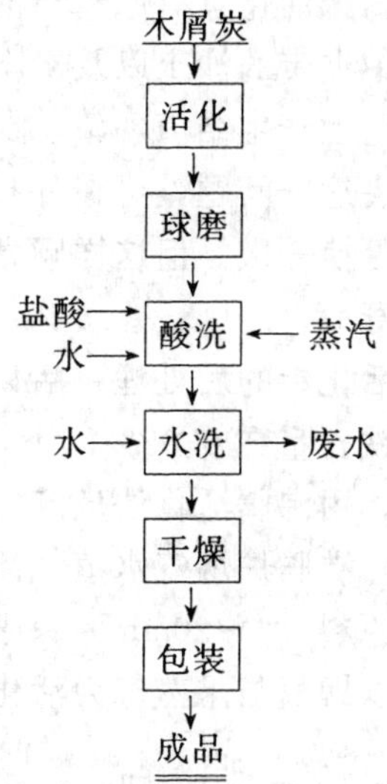

图 24-40　沸腾活化法生产活性炭的工艺流程

沸腾炉生产活性炭的工艺流程如图 24-40。

①原料：采用木屑炭、木素炭为原料。

②活化：沸腾活化系应用固体流态化原理，使木炭颗粒在一定速度的气流带动下，像流体一样剧烈的相对运动。这样，有利于传热、传质，加快反应速度、缩短活化时间，提高活化效果，并且炭颗粒活化也比较均匀。

新炉开炉时，按规定的升温曲线进行烘炉，一般烘炉时间 7～10 天。首先利用床层的外烟道使炉内升温，当床内温度达到 320℃以上时，炭由提升机送入料斗，开动螺旋进料器投料，每炉加 300kg 锯屑炭（约需 20～30min）。同时开动空压机，把空气送入炉内。开始气量少些，待料加完，逐渐加大气量。由于部分炭与炽热炉壁接触产生氧化反应，放出大量热量，使温度逐渐上升。约 1～2h 后，炉温升高到 760～800℃时，送入水蒸气。水蒸气由燃烧室安装的小锅炉产生，与空压风机送来的空气混合后，进入沸腾炉作为活化介质。水蒸气的给量，按空气温度 85℃时的湿含量为度，空气-水蒸气的混合气体经分布板的风帽均匀分布床层，使炭颗粒流态化，并在高温下与炭进行沸腾活化。根据炭末飞扬情况，调节空气和水蒸气流量，使炉床层的温度保持在 800～850℃。废气从炉顶排出，经旋风分离器回收部分细炭粒后放空，或送加热室、燃烧炉燃烧。活化一定时间后取样化验，脱色力达到要求立即打开卸料闸门，把活性炭放入铁桶。为防止表面灰化，用湿炭覆盖或浇水灭火。

沸腾炉生产性试验数据见表 24-54。

表 24-54　沸腾活化炉生产性试验数据

项　目	指　标	项　目	指　标
工艺条件：汽化速度（m/s）	0.13（850℃）	技术指标：加料量（kg/炉）	336
活化温度（℃）	800～900	炉产量（kg/炉）	125.5
活化气体组成		亚甲基蓝脱色力（ml）	13
CO_2（%）	4.5～12	得率（%）	37.4
O_2（%）	4～13	每炉生产周期（h）	7.8
原料：松木屑炭，挥发分（%）	5	燃煤消耗（t/t）	约 3
		炉月产能力（t）	9

沸腾床活化具有原料与活化剂接触均匀，活化时间短，产品得率高，质量好等优点。但锯屑炭中夹带的沙土以及炭本身含有灰分，在活化过程中沉积炉底，在高温下熔融，使分布板及炉壁上产生结渣现象，影响活化剂的均匀分布和活性炭的卸料，这给炉的生产带来不利。为了解决这一问题，可在分布板上预先铺上一层大块炉渣，使熔融物附着在炉渣上，每隔半月清理更换一次。但这样频繁的停炉、启炉，不仅影响产品的产量和质量，而且也缩短了炉的使用寿命。

③活化料的后处理：活化料冷却后，经球磨机粉碎至100目左右，进行酸洗、水洗，直至炭中铁含量在0.05%以下，pH值为5～7，再行真空抽滤。含水量为60%～65%的湿炭即可出售。用沸腾活化法生产的木素活性炭，对味精等的脱色具有良好效果，已被广泛使用。

(4) 沸腾炉烟气水蒸气活化法：一般的沸腾炉活化法适于粉状或细颗粒状原料；使用粗颗粒状原料（2～20mm）只限于表面活化，且产品的吸附率较低。现将一种新的沸腾炉活化法，即以烟气与水蒸气为活化剂，用耐热固体做载热体的活化方法，简介如下：

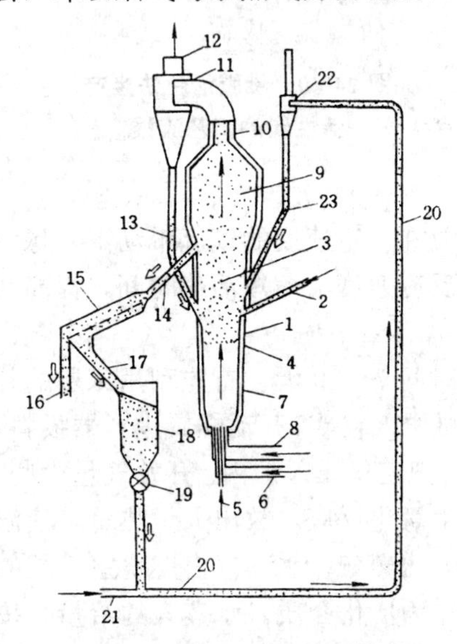

图 24-41 用耐热固体为热载体的沸腾床活化装置流程[1]

1. 反应器；2. 原料入口；3. 流化床；4. 分布器；5. 气体燃料入口；6. 空气入口；7. 燃烧室；8. 高温气体入口；9. 流化空间；10. 上部出口；11，22. 高效旋风分离器；12. 废气出口（或送下道工序）；13，23. 回流管；14. 排料管；15. 分离装置；16. 排炭口；17. 固体载热体导管；18. 料斗；19. 回转阀；20. 输送管；21. 气体入口

在粗颗粒原料中加入惰性细粉，如氧化铝、硅石、硅石-氧化铝混合物以及耐热金属氧化物等。细粉平均直径约0.08～0.3mm。原料与惰性细粉的体积比为1∶0.4～2，送入沸腾炉中的气体温度约800～1 400℃，其中约含30%～60%（体积比）的水蒸气。

活化气体可以燃烧重油、天然气、煤、焦油、木粉等载热气体及工业废物燃烧炉的废气。加热气体在炉中的最适宜的速度为0.2～0.6m/s，其流程如图24-41。

颗粒直径2～20mm的原料（椰壳炭、锯屑炭、木炭、焦炭、无烟煤等）由原料入口2送入反应器1内，从气体分布器下方送入800～2 000℃活化用的气体，床内用温度750～1 000℃对粗颗粒原料进行活化反应。原料入口2同时送入占原料体积的40%～200%的惰性细粉，和原料一起保持流化状态。

从气体燃料入口5送入常温或预热的气体燃料，和从空气入口6送入常温或预热的空气，在燃烧室7燃烧，必要时，由高温气体入口8送入高温气体，体积比20%～80%的饱和蒸汽或过热蒸汽，调节混合气体温度在800～1 200℃下通过分布器进入流化床3。

由流化床3上部流化空间9排出夹带惰性细粉的高温气体，经高效旋风分离器11分离惰性细粉后，由废气出口12输向下一个工序，分离器的惰性细粉，经回流管13返回流化床3，流化床3内粗颗粒活性炭和惰性细粉混合物，经排料管14连续排入粗粒和细粒的分离装置，粗颗粒活性炭由排炭口16排出，惰性细粉经固体载热体导管17入料斗18，经回转阀19连续送入输送管20，由气体入口21进入的输送用的气体，将细粉送入高效旋风分离器22，分离的惰性细粉，经回流管23返回流化床3。

根据需要，可将 2～4 个尺寸相同的反应器串联使用，或直接使用锯屑、木片、煤或未炭化的成型颗粒原料，在第一个流化床进行干馏，而后面的流化床进行活化。

原料木炭粒度为 5mm；含有气体体积比 58%的水蒸气；温度 1 360℃的高温气体，器内空截面速度为 0.2m/s；炭化物与 0.12mm 细粒氧化铝体积比 1∶1.2；流化床温度 805℃。

每小时加入木炭 272g，可生产活性炭 158g。

活性炭性质：堆积重 448g/L；吸苯率 38.2%；碘值 1 230mg/mg；强度 99.3%。

这种方法尚未用于生产，但从试验结果来看，具有产品得率高，吸附力大，强度好等优点。

2.4.4.2　不定型颗粒炭生产工艺

（1）果壳类不定型颗粒炭生产工艺。用椰壳炭和杏核炭为原料生产不定型颗粒炭，主要采用斯列普炉（鞍式炉）活化法，也可采用管式炉活化法，现将斯列普炉活化法做一介绍。该法是一种以水蒸气和烟道气为活化剂，交替进行活化的炉型，过热水蒸气温度高，而且原料炭在炉内向下运动过程中能相互位移混合，因此活化效果好。

用椰壳炭或杏核炭为原料生产不定型颗粒炭工艺流程如图 24-42。

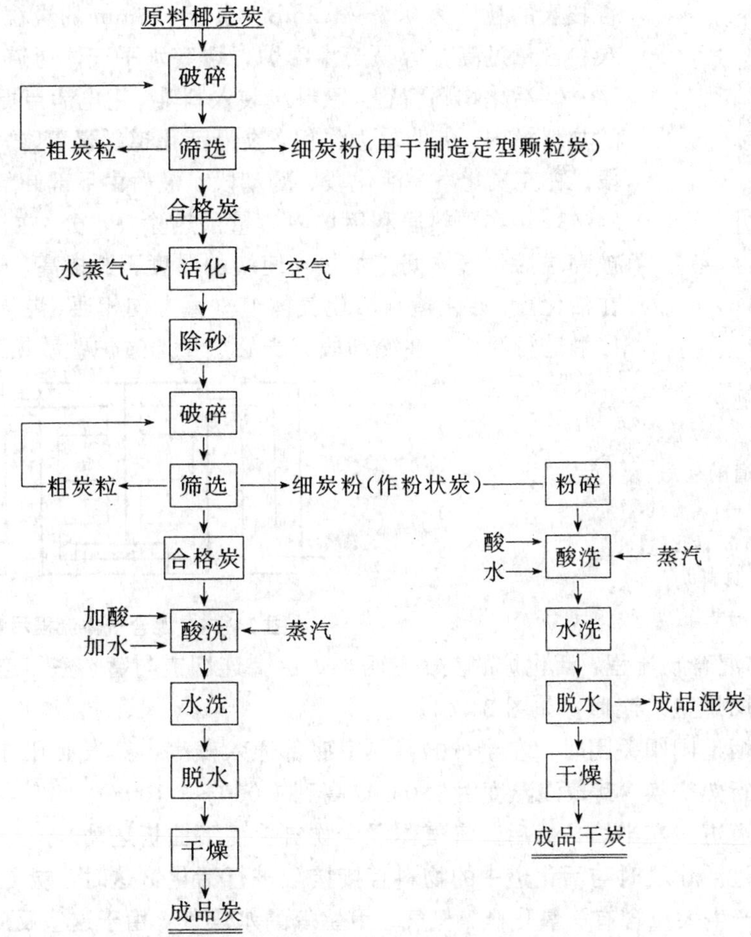

图 24-42　不定型颗粒炭生产工艺流程

①原料准备：鞍式炉所用的原料炭，需具有一定的强度和重度，以便原料在活化道中能

借助重力顺利向下运动，不致发生“棚料”。适于鞍式炉生产活性炭的原料，除定型颗粒外，还有椰壳炭、桃核炭、杏核炭以及硬木炭等。对于生产不定型颗粒炭的原料炭，灰分含量应该低，熔点应该高，以免炭灰化后，在活化道上产生结瘤现象，阻碍物料向下移动。

对原料炭的要求见表24-55。

表24-55 原料炭的质量指标

等级	挥发物(%)	强度(%)	容积重(g/cm^3)	灰分(%)	水容量(%)	水分(%)
一级	≤8	≥68	≥0.58	≤2.2	≤40	≤8
二级	≤8	≥65	≥0.58	≤3.0	≤40	≤10
三级	≤12	≥62	≥0.58	≤4.0	≤40	≤12

料仓中的原料炭经星形给料器送双辊破碎机（MFG18-20）破碎。破碎炭落入1-FN209型振动筛筛选。粗粒炭返回料仓重新破碎，炭粉用来制造定型颗粒炭，合格炭送活化车间活化。合格椰壳炭的粒度应为0.7～4.5mm，小于0.5mm的炭粒不多于1%；合格杏核炭的粒度为0.5～3.2mm，小于0.5mm的炭粒不多于1%。若炭粉含量过高，容易产生膨炉，堵塞水平气体通道。

②活化物料流程：原料炭装入料斗，用电葫芦提到活化炉顶部的加料槽内，借助重力作用，炭沿活化道缓慢下降，先后经过预热段、补充炭化段、活化段、冷却段，最后由下部卸料口卸出，如图24-43。炭在预热段利用炉内热量预热除去水分。在补充炭化段，炭被高温活化气体间接加热，使炭的温度不断提高，进行补充炭化。在活化段，活化道与活化气体道垂直方向相通，炭与活化气体直接接触进行活化。在冷却段，产品热量通过炉壁散热进行自然冷却。

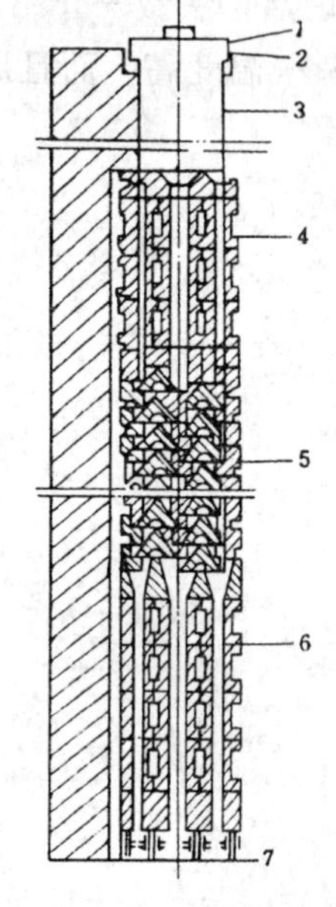

图24-43 活化道剖视图

1. 加料盖；2. 水封槽；3. 预热段；4. 补充炭化段；5. 活化段；6. 冷却段；7. 卸料口

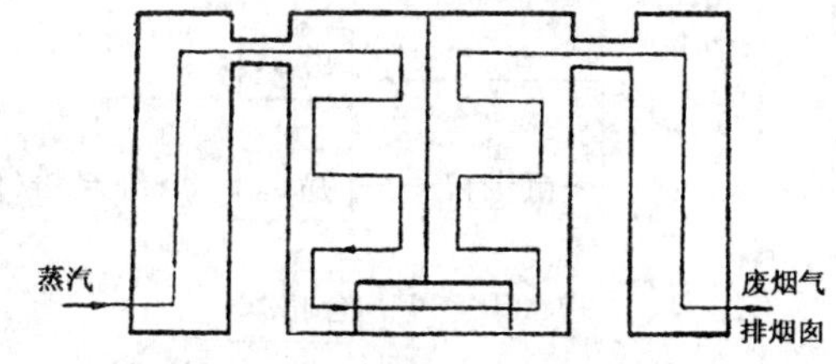

图24-44 混合气体流程示意图

③蒸汽-气体混合物流程：活化炉的左、右两半炉由上连烟道与蓄热室相连通，左右半炉间由下连烟道（燃烧室）连通，如图24-44。

当左半炉的烟道闸阀关闭时，左半炉的蓄热室底部通入蒸汽，蒸汽上升与上部被加热的炽热的格子砖进行热交换，其蒸汽温度由120℃提高到1 000～1 100℃。此时，蒸汽从左蓄热室顶部的上连烟道进入左半炉，然后蒸汽气体混合物自上而下曲折运动。

当水蒸气流过活化段时与活化道中的物料直接接触进行活化，这时，炭与水蒸气发生一系列化学反应，产生大量含有一氧化碳、氢气、甲烷等的水煤气，由于这些反应是吸热反应，致使炉内温度逐渐下降。因此，这时左半炉称为冷却半炉，左半炉中剩余的水蒸气和反应生成的水煤气经下连烟道进入右半炉，混合气体在右半炉中自下而上曲折运动，同时在右半炉的不同位置上和上连烟道中通入二次空气，使混合气体中的可燃气体燃烧放出大量的热量，维持活化需要的温度。这时，右半炉称为加热半炉。燃烧生成的高温烟道气由上连烟道进入右半炉蓄热室，由上向下流动，把被水蒸气冷却的格子砖重新加热，烟气的温度从1 000～1 100℃降至300～400℃，最后从右蓄热室底部排入烟囱。完成一次操作周期的时间为30min。

交换操作时，烟道气、空气、水蒸气闸阀进行切换，水蒸气混合气体按图24-44中的相反方向进行，即从右蓄热室底部通入水蒸气，而从左蓄热室底部排出烟道气。在这种情况下，右半炉、左半炉均为加热半炉。

在切换时，依次完成下列操作：

打开左半炉的空气闸阀，关闭右半炉的空气闸阀；

打开右半炉的蒸汽闸阀，关闭左半炉的蒸汽闸阀；

打开左半炉的烟道闸阀，关闭右半炉的烟道闸阀；

在冷却半炉中，也需要通入少量空气，一方面防止炉内混合气体压入空气管道，另一方面使炉内产生的煤气部分燃烧放出的热量以补偿热量损失。所以活化段的温度能够保持在850～950℃。为了防止空气从其他部位进入炉内，产生局部过热，炉内应保持正压，一般控制在9.8Pa以上。

为了防止炭的烧失，在加热半炉内，混合气体中过量氧含量不得超过0.6%。

④正常操作：

a. 活化炉加料：炭从炉顶加入炭槽，原料炭加量为1 500kg。通常每班加料一次。卸炭后，炭借助重力，自动由炭槽进入活化道，每次炭下降的高度一般不超过80cm；生产某些活性炭的下料高度可大一些，但不得超过1m，为了避免原料炭直接进入高温区，在预热段必须保持一定高度的炭层。

b. 活化炉卸料：活化炉卸料系采用双层下料器，定体积下料。下料时先打开上层活动板，炭料从冷却段进入下料器的中间炭仓。放满后关闭上层活动板，打开下层活动板，这时炭料由下料器卸出，每小时卸炭1次，每次卸炭70kg。

c. 活化温度：根据原料和产品决定，如椰壳炭的活化温度为850～950℃。操作时，炉内活化温度要均匀，一般温度差不大于50℃，这可通过二次空气量加以调节，空气量大，炉温上升；反之，温度下降。空气调节要缓慢，以防止炉温急剧波动。

d. 水蒸气流量和压力：水蒸气是活化过程的活化剂。为保证炭与水蒸气充分接触，提高活化效率，水蒸气的实际用量要比理论用量大。

水蒸气流量决定生产能力，水蒸气流量过低，活化缓慢，影响产品产量和质量。水蒸气流量过高，使炉压上升，炭耗量增大，一般每小时通入炉内的水蒸气量控制在750～900kg为宜。

为了保证水蒸气流量和炉压稳定，应控制水蒸气压力为196.14±19.6kPa。

e. 炉内压力：活化炉必须保证正压操作，若造成负压，炉内容易吸入空气，使炉内温度急剧上升，严重时，空气与炉内煤气混合，当达到爆炸极限时，发生爆炸。炉内压力过高，易从炉内逸出活化气体，引起炉外燃烧。这样，既影响炉体寿命又不安全。活化炉内压力应不低于9.81Pa。炉压用调节烟道闸阀进行控制。若炉压过大，开大烟道闸阀，增加抽力，降低炉压，若要求增加炉压时则可进行相反的操作。

f. 转换周期：根据炉温、炉压等确定，周期过长，加热半炉和冷却半炉温度差过大，炉内温度不够均匀，周期过短，转换频繁，会给操作带来不便。

空气、蒸汽和烟道闸阀的转换均通过气动装置来实现，压缩空气压力294.2kPa以上。

⑤活化炉的工艺操作条件：在正常情况下，活化炉的工艺操作条件见表24-56。

表24-56 活化炉的工艺条件

项目	指标	项目	指标
活化温度（℃）	850～900	每次加料量（kg）	1 500
蓄热室上部温度（℃）	1 000～1 100	出料周期（h）	1
蒸汽压力（kPa）	196.14±19.6	每次出料量（kg）	70
蒸汽流量（kg/h）	750～900	炭在炉内停留时间（h）	50～72
空气压力（Pa）	294.3～372.8	烟道、空气、蒸汽闸阀转换周期（min）	30
炉内压力（Pa）	9.81～49.05	压缩空气压力（kPa）	294.2以上
加热半炉过量氧含量（%）	≤0.6	加料周期（h）	8（或另作规定）
燃烧室温度（℃）	900～950℃		

⑥活化料的后处理：

a. 除砂、破碎、筛选：活化料首先进行机械除砂。细砂与炭粉可经振动筛除去，颗粒较大的砂石、铁钉等通过有鱼鳞孔的除砂机除去。合格炭顺着鱼鳞板的坡度借振动作用落入料仓，而砂石、铁钉等重度较大的杂质沿与炭相反的方向运动，落入盛砂器中，这样的除砂效果可达98%。

除砂炭送双辊破碎机破碎。经振动筛选取28～42目的合格炭，粗炭返回破碎机，小于42目的粉炭，经轴承磨粉碎生产粉炭，其工艺过程如多管炉生产粉状流程。

b. 酸洗、水洗、脱水：将28～42目炭装入酸洗桶，加酸和水浸泡，工业盐酸用量为8%～10%。然后通入196.1kPa蒸汽煮沸1.5～2h，且要不断地搅拌，最后用水反复冲洗到洗液的pH值为5～6。

酸洗排出的废酸水排入沉清池，回收部分粉炭，其废水在中和后排入下水道。水洗时的废水流入另一沉清池，回收部分粉炭，废水直接排入下水道。

酸水桶是直径为1.3m，容积为1.1m^{3}的木桶，桶内装有假底，假底上铺有带孔的耐酸橡胶板，尼龙滤布等。酸洗、水洗后的半成品，送真空脱水。

c. 干燥、包装：经真空脱水后的湿炭，送间歇式沸腾干燥器中进行干燥，使含水率由60%干至3%。

沸腾干燥器为圆筒形，直径800mm，沸腾床高2 500mm，底部装有分布板，板上开孔，孔径1.5mm，其开孔率为3%。湿炭由干燥器顶部加入，130℃的高压空气由干燥器底部送入干燥器，经分布板均匀分布，使湿炭进行沸腾干燥，废气由干燥器顶部送入旋风分离器回收部分碎炭后排空。干燥器设有一组蒸汽列管换热器进行补充加热，加热面积2.5m^2。干炭由分布板上部的卸料口卸出，经化验合格后即行包装。

间歇式沸腾干燥器的工艺条件：空气风量20m^3/s；空气风压34.3kPa；散热器散热面积162m^2。热风温度120～130℃；生产能力150kg/2h。

生产不定型颗粒炭的原材料和产品质量。

各工序炭的得率：

椰壳炭破碎筛选得率（%）	95
杏核炭（%）	95
椰壳炭的活化得率（%）	28～30
杏核炭（%）	30～35
酸处理工段总得率（%）	90
破碎后颗粒炭得率（%）	55～60

生产 1t 混合成品炭的主要原料消耗：

原料炭（t）	3.8～4.5	水（t）	20～30
工业盐酸（kg）	120	电（kW·h）	500～600
烧碱（kg）	2	蒸汽（t）	30～40
塑料薄膜（kg）	7		

以椰壳炭、杏核炭等硬质炭为原料生产的不定型颗粒炭，主要用于气相吸附、催化剂和催化剂载体，如维尼纶载体炭、黄金炭、味精炭等。

不定型颗粒炭的质量指标见表 24-57。

表 24-57 不定型颗粒活性炭的质量指标

炭代号	吸着力		粒 度			强度（%）	干燥失重（%）	pH 值
	醋酸锌吸附（g/100ml）	醋酸吸附（mg/g）	>24 目（%）	28～42 目（%）	<48 目（%）			
GH-11 GH-1	>7	≥500	<0.5	≥82	<3	>70	<3	5～7
GH-16	苯吸附（mg/g） >400	碘值（mg/g） ≥1 000	粒度（%） 10～28 目≥90			>90	<10	—

注：GH-1 维尼龙流化床触煤炭（椰壳炭）；GH-11 维尼龙流化床触媒炭（杏核炭）；GH-16 液相吸附态。

（2）煤质破碎活性炭生产工艺。煤质破碎炭的生产采用洗选过的烟煤为原料，磨碎后高压压块成型，然后炭化、活化，其工艺流程如图 24-45。

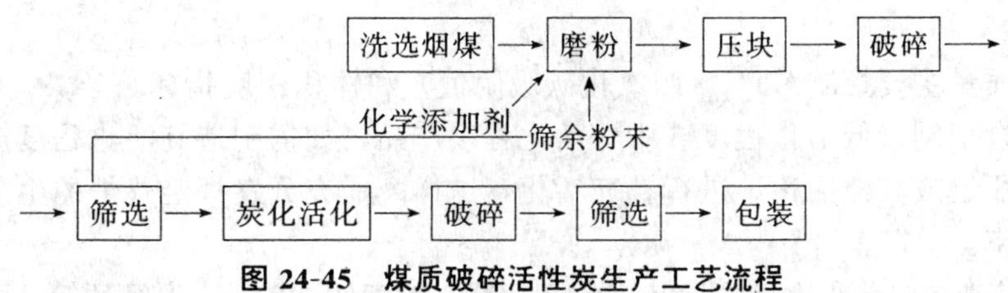

图 24-45 煤质破碎活性炭生产工艺流程

①原料：用精选烟煤为原料，粒度约 50～100mm，灰分<3.5%，挥发分 30%～35%。煤的膨胀系数（或焦渣指数）至 3。煤的膨胀系数反映煤的粘结性或结焦性。煤粉压块成型时，一般不加粘结剂，主要利用原料煤本身所具有的粘结性赋于产品足够的机械强度。但煤的粘结性不宜太高，否则压块炭在炭化过程中可能产生结块、焦化现象。煤的粘结性太高（膨胀系数>5）可以采用加化学添加剂的方法抑制煤的结焦性，也可将强粘结性煤和弱粘结性煤配合使用。

②磨粉：不加焦油或其他粘结剂直接压块成型，要求原料煤粉碎很细。细度要求煤粉 90%以上能通过 25 目筛网。

③压块：煤粉在进入压块机前需经预密处理，即用80kPa的负压脱除煤粉中的空气，以免压型煤分层而影响强度。压块机的工作压强为1 520×10^5Pa，工作温度为常温，压块尺寸分直径50mm，高25mm与直径280mm，高90mm两种，压块时间分别为2.5s与5s。压块炭的质量用检查压块料密度的方法控制。炭块的密度直接受压制压块压力大小的影响。

④破碎：大的压块料在炭活化前需用狼牙破碎机破碎，粒度为6.4～40mm的压块料作为炭活化料，小于6.4mm的颗粒应重新磨粉、压块。

⑤炭化、活化：在竖式窑炉内同时进行炭化、活化，一炉两用，节省蒸汽和能源。其操作原理类似目前我国普遍使用的斯列普炉，结构类似炼焦炉。炭化带高度5.5m，靠炭化炉两边的燃烧室燃烧活化尾气，间接加热炭化炉。温度分布是从加料口到底部活化带逐渐升高，从室温到900℃左右。随着活化带底部卸料器均匀卸料，上部炭化料均匀向下移动，由于物料粒度尺寸较大，颗粒间缝隙较宽便于炭化挥发物排出。整个炭化过程约4～5h。

活化带位于炭化带下部，高度约0.5m，物料在这里呈自然堆积角度直接与水蒸气和燃气接触，在900℃温度条件下活化1～1.5h。由于压块料经过炭化阶段后产生很多裂缝，使得水蒸气得以渗透到炭块内部，达到内外均匀活化的效果。

竖式炉的左右两个半炉经过活化带互相联通，每隔20min彼此转换工作状态。如果左半炉加入水蒸气，通过左半炉内的格子砖过热后，从左向右穿过炭层，进行活化反应。

$$C+H_2O \longrightarrow H_2+CO$$

$$C+CO_2 \longrightarrow 2CO$$

$$C+2H_2 \longrightarrow CH_4 \cdots\cdots$$

这样在左半炉内由于加热蒸汽形成“冷却状态”，在活化带产生了大量的一氧化碳，氢气，甲烷等可燃气体进入右半炉，同时从空气加入口通入适量空气，使其燃烧，以加热右半炉（蓄热室）内的格子砖，这时右半炉即处于“加热状态”。和斯列普炉一样，这种冷却和加热状态可以切换，切换周期为20min。水蒸气入口温度为130℃，每台炉的蒸汽消耗量为35kg/h，每台炉的生产能力视活化程度不同在12.5～45kg/h活化料左右。每4台炉子连在一起成为1组，在相同的工艺条件下操作。在正常操作时，炉内是正压，不会发生危险，停炉时需注意防止空气渗入。

活化成品质量主要控制CTC（四氯化碳吸附值）和体积密度指标。

竖式炉适合于制造低活化程度或中等活化程度产品，如需制造高活化程度产品，应将破碎活化料在多段炉或其他活化炉进行补充活化，这样既能充分发挥竖式炉的生产能力，又能提高产品的得率。

⑥破碎、筛选、包装：从竖式炉卸出的活化料，粒度约30mm，先经预筛，再通过双辊破碎机和振动筛选，分出不同粒度范围，以生产各种粒状活性炭，若要生产细粉还需用高速粉碎机磨粉。

2.4.4.3 成型颗粒炭生产工艺

(1) 斯列普炉生产煤质成型颗粒炭。以无烟煤作原料，生产成型颗粒炭的工艺流程如图24-46。

①原料：生产颗粒活性炭的原料为优质无烟煤。原料中不得混有泥土、木柴、石块等杂质。原煤进厂后，经检验合格后方能供生产使用，原料煤质量指标如下：

水分（%）　≤5

灰分（%）　≤12

含硫量（%）　≤0.5

挥发分（%）　≤10

生产成型颗粒炭的粘合剂为煤焦油，其质量指标如下：

相对密度（d_4^{20}）　1.12～1.20

水分（%）　≤4.0

灰分（%）　≤0.15

游离炭（%）　≤6.0

粘度（E_{80}）　≤50

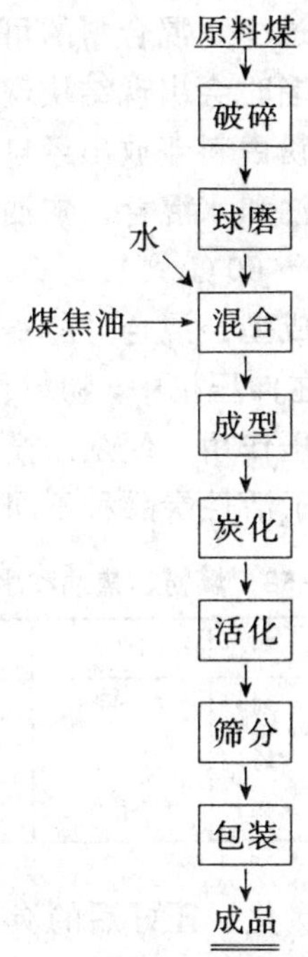

图 24-46　煤作原料生产成型颗粒炭工艺流程

②破碎：用刮板运输机将原煤刮入贮料斗中，经给料筛加入粉碎机，将原煤粉碎成小于 50mm 的小块，经皮带运输机送往锤式破碎机进行细破，块径为 10～15mm 以下。为了降低原煤灰分，煤块破碎前应拣出石块、木材和铁质杂物。破碎后的物料由皮带运输机送往贮料斗，供磨制煤粉用。

③球磨：破碎煤由料斗卸出，经自动秤、螺旋运输机，送入球磨机的滚筒内，破碎煤借助钢球的撞击，被粉碎成煤粉，由鼓风机产生的抽力，随空气流进入分离器，较大的颗粒沉降在分离器底部，返回机内重新粉碎，细煤粉随空气流进入旋风除尘器和旋风除尘器组，使大部分（约 95%左右）煤粉与空气流分离，沉降的煤粉，通过螺旋输送器，送往煤粉贮料斗。

来自旋风除尘器的煤粉-空气流，被高压鼓风机吸入后，一部分送往球磨机，一部分送入电滤器内，沿电极板由下而上借静电力场的作用，使煤粉与空气流分离，空气流排入大气，沉降在电极板上的煤粉，借抖动机构的振动，落入底部接受料斗，经提升机，螺旋送料机，送入煤粉贮料斗。

球磨后的煤粉细度为 180 目，筛后残留物不大于 3%，灰分不大于 13%。为了达到预定的效果，操作时必须加料均匀，正确调整制粉系统的真空度，正常操作的工艺条件如下：

球磨机加料量（t/h）　5～6

球磨机进口真空度（Pa）　49～58.9

球磨机出口真空度（kPa）　0.785～1.079

分离器出口真空度（kPa）　1.57～1.864

鼓风机前真空度（kPa）　2.943～4.415

煤粉-空气流温度（℃）　≤80

煤粉受热后易自燃，为防止煤粉燃烧，在分离器、除尘器等设备内装有气体管道，必要时通入惰性气体或蒸汽。为防止煤粉燃烧爆炸，在制粉系统装有安全阀。

④混合：混合过程中需加粘结剂，粘结剂要具有良好的浸润性、渗透性和粘结力，与炭捏和后，具有良好的可塑性。一般采用煤焦油、木焦油作粘结剂。实践证明，焦油中的沥青含量对产品的机械强度和吸附能力影响极大，焦油中沥青含量以 55%～65%为宜。沥青含量低，需添加沥青，沥青含量高，可适量加入重油和低沸点馏分。此外粘结剂的用量也很重要，

粘结剂过少，混合料的可塑性差，成型困难，炭条易断，表面粗糙；粘结剂过多，炭条易变形，干馏时会出现结块现象，不同品种的配比见表24-58。

煤粉由料斗放出经自动称和螺旋加料器加入封闭式双辊螺旋混合器，与同时加入一定比例的焦油和水混合。焦油温度：60～90℃，在混合时，需用蒸汽加热保温，使混合料温度保持在30～60℃。

⑤成型：混合好的物料在间歇立式液压机中进行压伸成型，压伸机由预压和高压两部分组成。在伸压机中，物料首先在980.7kPa压力下预压4min，然后到高压部分压条。物料由于受到高压作用，便从压模的小孔中挤压出表面光滑，不粘团，具有韧性的炭条。

由于活性炭品种不同，成型时所用压力和压模小孔的孔径亦不同，见表24-59。

表24-58 煤粉、焦油和水的混合比

	回收炭	吸附炭
煤粉（%）	64～66	65～67
焦油（%）	22～26	29～32
水＜（%）	8	8

表24-59 不同活性炭的压模孔径和成型压力

品　种	孔径（mm）	压力（10^5Pa）	备　注
回收炭（5#）	3.5～4.0	117.7～225.6	压力指中间压力
吸附炭（1#）	1.73～1.85	137.3～225.6	压力指中间压力

⑥炭化：压好后的炭条由链板输送机送入内热式回转炉进行炭化，在正常情况下，加料量为1.5～2.0t/h。在炭化过程中，燃烧混合室温度为600～800℃。中部温度为380～550℃，尾部抽力为39～98.1Pa。物料在炉内停留时间约30min，出料量为1～1.5t/h。炭化料要求：挥发分小于11%，机械强度大于85%～90%，无结块现象。

回转炉的直径1 600mm，炉长11 000mm，炉倾斜度3°，转速2～3r/min，炉内设有物料抄板，使物料与烟道气更好地接触。

由转炉尾部出来的废气，温度约200℃，含有一定的轻油，要进行回收。废气首先用水进行喷淋洗涤，洗去炭尘，降低温度，然后进电滤器净化，回收净油。由电滤器回收的轻油送往炭化工段作为燃料。

⑦活化：炭化料在斯列普炉中用高温水蒸气进行活化。斯列普炉的结构与操作同前。

⑧筛选、包装：活化料经过筛选，选取合格粒度作为成品，进行包装。

定型颗粒炭的质量指标及主要原材料消耗颗粒炭的质量指标及生产过程中半成品得率和原材料的消耗分别见表24-60、表24-61、表24-62。

表24-60 颗粒活性炭的质量指标

项　目	回收炭	吸附炭
机械强度（%）＞	90	70
水容量（%）＞	67	60
对苯的动活性（min）	不规定	＞40
对氯乙烷动活性（min）	不规定	＞25
水　分（%）＜	10	10
灰　分	不规定，要测定	不规定，要测定
总孔隙度（cm^3/g）＞	—	0.6
堆积密度（g/L）＜	600	600

表 24-61　各生产工序半成品得率和合格率（%）

工　序	得　率	合格率
破碎炭	99	100
球磨炭	95	100
混合成型炭	96	96
炭化合的炭	57	97
活化炭	33	90
筛选炭	29.2	100

表 24-62　生产 1t 活性炭原材料的消耗定额

原料名称	回收炭	吸附炭
原料煤（t）	4	4.2
煤焦油（t）	2	2.3
防腐油（t）	—	0.11
燃料油（t）	0.3	0.3
蒸汽耗量（t）	10	10
塑料袋（条）	20	20
麻袋（条）	20	20

斯列普炉的优缺点：

斯列普炉适用于各种颗粒炭的生产，用高温水蒸气与高温烟道气交替活化，活化温度稳定，产品质量均匀，吸附能力高，能生产各种高级活性炭，生产能力大，可实现机械化自动化操作，不需外加燃料，炉子使用寿命长。其缺点是对原料要求高，需要多种异型砖，且筑炉技术要求较严格，投资费用高。

(2) 回转炉生产木质定型颗粒炭。回转炉活化法用混有水蒸气的烟道气作活化剂进行活化。此法可以活化各种颗粒炭。下面以木炭作原料为例，介绍定型颗粒炭的生产。

以木炭为原料，生产定型颗粒炭的工艺流程如图 24-47。

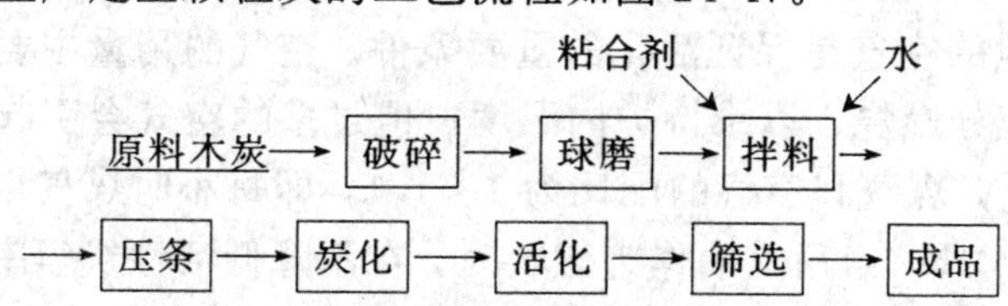

图 24-47　用木炭作原料生产定型颗粒炭的工艺流程

①原料：木炭的灰分含量低，质量均匀，是生产颗粒活性炭的好原料。此外，在木炭生产与木炭加工过程中产生的碎炭，也是生产颗粒活性炭的好原料。

原料木炭的成分如下：

碳含量（%）	70～80	灰分（%）	1～2
水分（%）	3～10	挥发物（%）	15～20

煤沥青（软化点 35℃）与木焦油都是生产定型颗粒活性炭的粘合剂。常用的木焦油成分如下：

沥青（%）	40～60	醋酸（%）	1～2
水分（%）	4	灰分（%）	0.2

作为生产成型颗粒活性炭的粘合剂除木焦油外，还可以用煤焦油、煤沥青。有时，还添加少量的磷酸或氢氧化钾等化学药品作为辅助活化剂。

②破碎、球磨：木炭先破成碎块，然后送往球磨机进行磨碎。粒径要求：一般为 120～180 目。

③捏和：炭粉与木焦油在间歇式捏和机进行捏和，并通蒸汽加热。捏和时间主要取决于加料量、温度和木炭与粘合剂的配比（通常木炭粉：木焦油＝2∶1，或木炭粉：煤沥青：水＝6∶4∶1）。

④成型：混和物料在间歇式液压机中挤压成型，或在螺旋挤压机中连续挤压成型。

⑤干燥、炭化：物料在回转干燥器中干燥后，进入回转炭化炉中炭化。炭化温度500℃，它是通过燃烧煤气、重油或焦油进行加热，炉内装有挡板，使气体与炭粒接触良好。从炉内导出的蒸汽气体混合物，经冷凝冷却后得到的轻油可送去燃烧。制得的炭化炭条质地坚硬，其挥发物含量为15%，碘吸附能力约7%，炭化得率为70%左右。

⑥回转炉活化：合格炭通过加料装置连续不断地加入炉内，靠回转炉筒体的坡度由炉尾向炉头移动，在炉内经过预热干燥阶段，700℃的深度炭化阶段，800～900℃的活化阶段，在冷却段炭温降至400℃后，通过螺旋管卸料器排出炉体，炭得率为50%～70%。

回转炉消耗的热量，由装设在炉头的重油或煤气燃烧装置提供的。向燃烧装置送入的空气是由炉头和炉尾固定部密封环间抽出的预热的空气。活化需要的过热水蒸气是通过设在炉尾烟道中的过热器过热后同燃烧装置的烟道气一起送入炉内。

活化正常操作为：

a. 活化温度：炉头900～1 050℃；炉中部800～900℃；炉尾500～700℃，过热水蒸气温度300～450℃。为了保证产品质量，控制炉中部温度是关键。当原料炭含水率低，粒度均匀时，活化速度快，炭在炉内停留时间短（2～3h），因此加料量大，炉中部温度一般控制到900℃。

b. 炉内压刀：回转炉的整个操作是在负压下进行的，炉压的调节由设在炉尾的烟道闸阀来完成。负压的大小根据原料情况确定，通常控制在78.5～117.7Pa。最小负压不能低于49Pa。

c. 空气用量：适量的空气是保证活化的重要条件。空气的用量主要为了保证燃料和活化时分解出的可燃气体充分燃烧，以维持炉内温度。但过多的空气会引起炭的烧失，降低产品的得率。用煤气作燃料，煤气和空气的配比为1：1.1，即每小时煤气用量为100～140m^3/h，空气用量为110～150m^3/h。当用重油作为燃料时，在不降低活性炭得率的条件下，应多加空气，以保证炉内高温。

d. 水蒸气用量：增加过热水蒸气量，对活化有利，但水蒸气会降低炉温，而且过热水蒸气的温度直接受炉尾温度的影响。水蒸气用量越大，过热水蒸气的温度越低，炉温也越低，造成恶性循环，所以过热水蒸气加入量，要根据炉温来确定。一般用量为70～75kg/h，表压49kPa。

⑦筛选、包装：活化好的物料冷却后，在振动筛中筛选，除去碎炭等杂质，经化验合格后作为成品进行包装。

原材料消耗及产品质量：生产1t颗粒炭（以空气过滤炭计）的原材料消耗：

木炭（kg）	2 000～3 000	水蒸气（t）	10
木焦油或煤沥青粘结剂（kg）	1 500	电（kW·h）	2 000

产品质量指标：

碘吸附（%）	30	颗粒长度（mm）	6～15（95%合格）
强度（kPa）	＞490	颗粒直径（mm）	1.5～1.8或2.5～3.2（95%合格）

2.4.5 气体活化法的主要设备

2.4.5.1 多管活化炉

（1）矩形管式活化炉[23]：矩形管式活化炉是由异型耐火砖，耐火砖和红砖砌成，外型尺寸为 3 700mm×4 700mm×8 300mm，炉子总重 200t，周围用工字钢和槽钢加固炉体。活化炉由活化管，火道，活化炉气体系统，蒸汽过热系统以及燃烧室等 5 部分组成（如图 24-48）。

①活化管：炉内用异型耐火砖砌筑 10 根活化管，每 2 根活化管为 1 组，活化管的截面积为 170mm × 750mm，高 6 970mm，活化管下口与卸料管互成 135°夹角，卸料口装有翻板阀，活化管上口为加料口，有铸钢盖，管上部有气体引出口，下部有过热水蒸气进口。

②燃烧室和火道系统：燃烧室在活化炉的下部，由耐火砖，异型砖砌成。燃烧室的上拱有 140×140 烟道孔，每条烟道上有 3 个孔，6 排烟道共 18 个孔，燃烧室在开炉和烘炉时使用，利用烧煤（或木材）产生的热烟气经烟道孔进入火道。炉内有 6 条火道，砌筑在每组活化管的两侧，尺寸是 140mm×1 660mm×4 565mm，每条火道内有 6 块挡板（图 24-48 中，C—C 剖面），使烟气曲折上升，隔板的间距为 600mm，最下层隔板距炉底 415mm，上方有气体入口，最上一层距炉顶 1 155mm，倒数第二块隔板的侧方有空气加入口（观火口）。每块挡板的上方都设有扒灰口，最上层隔板有烟气出口，烟气通过水平烟道到垂直烟道加热水蒸气，然后经闸门汇入总烟道，经烟囱排空。

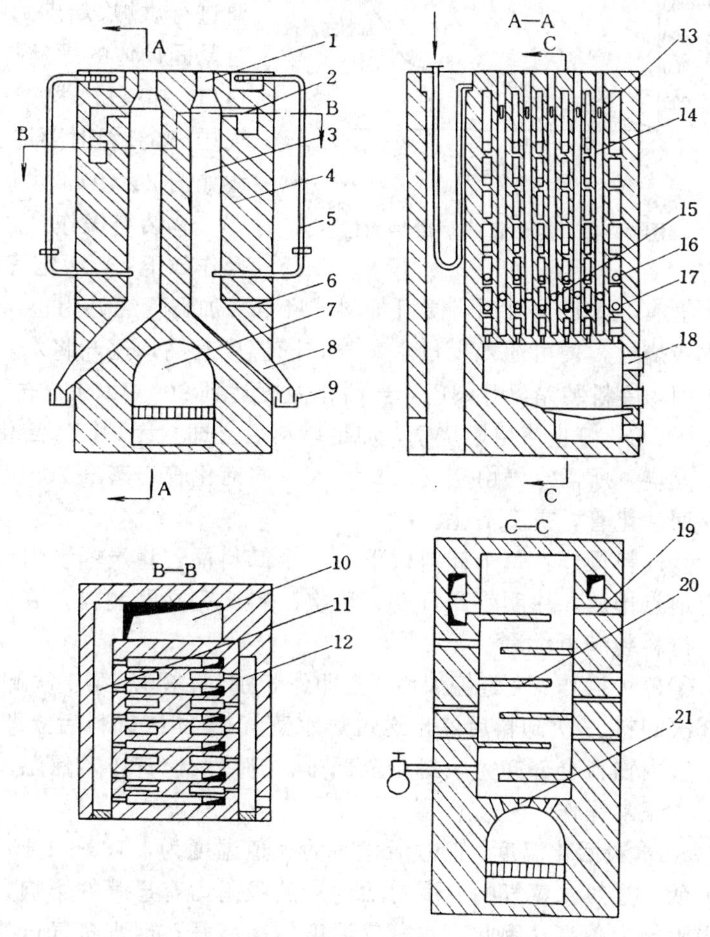

图 24-48　矩形管式活化炉结构[1]

1. 加料口；2. 气体出管；3. 活化管；4. 活化炉；5. 过热蒸汽管；6. 空气进口；7. 燃烧室；8. 卸料管；9. 卸料口水封；10. 垂直烟道；11. 水平烟道；12. 水平气体通道；13. 气体出口；14. 活化管壁；15. 过热蒸汽进口；16. 空气进口；17. 气体进口；18. 炉门；19. 扒灰口；20. 隔板；21. 烟道孔

③活化炉气体系统：活化过程产生的气体从活化管上方的气体出口进入水平气体通道，再通过炉外的垂直气体管道经气体分配器，均匀分配到每条火道中燃烧。

④蒸汽过热系统：活化过程中所需的过热蒸汽在垂直烟道的 10 根 U 形过热蒸汽管内进行过热，压力为 196.14kPa 左右的饱和蒸汽经总阀门，分汽罐控制分配给 U 形过热管过热到 280℃左右。然后由炉壁外的管道送往活化管的下部，通过节流孔板送入活化管内。在活化段与炭反应，产生大量的煤气气体，按活化炉气体系统的流程分配到火道中燃烧，以维持活化温度，而后烟气通过水平烟道到垂直烟道用来过热水蒸气后排入烟囱。

矩形管式活化炉操作：

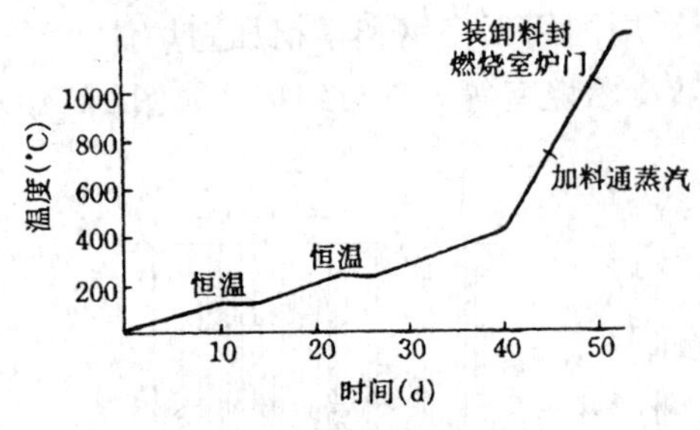

图 24-49 矩形管式炉烘炉曲线

①烘炉操作：烘炉是保持活化炉正常运行、延长使用寿命的重要措施，新砌炉和停炉后重新开炉都要进行烘炉，新砌炉的烘炉尤为重要。烘炉前要把所有紧固炉体的螺丝拧松，各种管道的法兰卸掉，将装料口、卸料口、检查口等打开，以便炉体干燥时水蒸气排出，升温时要严格按升温曲线升温（某厂烘炉曲线如图 24-49），烘炉过程中要防止炉温下降。

②装料操作：新砌炉和停炉后重新开炉的装料操作如下：当活化管中部温度超过 700℃，并观察出活化管有 2/3 已烧红时，便可加料，将木炭加到管红处为止，装料要迅速，加料后快速升温，当木炭烧红，便可通入少量水蒸气，随温度升高，逐渐将木炭加满，但每次装料前要关闭蒸汽阀门，待料装完再开阀门，当活化温度达到 900℃以上，转入正常操作，此时，活化管温度达 1 000℃，停止使用燃烧室，加足燃料后立即封闭炉门，活化得到的气体借自然抽力送入火道内燃烧，所需空气由空气入口吸入，向活化管送蒸汽 20h 后，开始第一次卸料，质量不好的返回活化管，重新活化。

③卸料操作：每个卸料口下放一个卸料桶，将炭桶装满后，关好卸料阀门，卸下的炭按指定地点排放，注明生产日期、班次。料卸完立即装料，装料时要关闭水蒸气，并起动通风机，待料装满再供汽。

④停炉操作：决定停炉后，立即停止加料。3h 后第 1 次卸料，再经 3h 第 2 次卸料，过 4h 第 3 次卸料。3 次卸料后停止送过热水蒸气，第 4 次卸料后立即关闭烟道闸门，在停止装料 22h 后，管内物料全部卸完，封严全部排、卸口及检查口，保温。

⑤正常操作：

a. 木炭活化温度：正常活化时的火道温度为 1 100～1 150℃，最适宜温度为 1 000℃。经验证明，过热水蒸气的温度对活性炭的吸附力有显著的影响，活化剂的温度越高，得到的炭的吸附能力越高。因此，水蒸气温度越高越好，但水蒸气过热温度往往受蒸气过热管材料的限制。

b. 活化时间：可根据生产工艺要求按 1h、1.5h、2h 装卸料 1 次，每个活化管每次装料量为 23～30kg，卸料量为 8～10kg，活化时间 18～20h。

c. 蒸汽用量：每根活化管每小时通蒸汽量为 23～28kg 或每生产 1t 炭要消耗水蒸气 4t 左右。

d. 烟道负压：控制在 117.7～137.3Pa，负压不够时，气体产量减少，会造成炉温下降，活化炉往外冒烟，使操作困难。负压不够往往是由于随活化气体带入的粉尘积聚在气体管道和火道的隔板上造成的，因此要定期扒灰。负压过高，会增加炭的烧失率和细炭的飞失率，降低炭的得率。

e. 空气量：火道燃烧气体需要的空气，靠空气入口开关大小来调节，空气量根据观察火道内火焰的颜色和热电偶指示的温度进行调节。

(2) 圆形管式活化炉：

①圆形管式活化炉的结构：某林化厂所用圆形管式炉结构如图 24-50。

炉体内用耐火砖，外用红砖砌成（长 3 450mm，宽 3 380mm，高 7 050mm），四周用角钢加固。炉膛截面：长 1 950mm，宽 1 220mm，内装有两排共 8 根立式活化管，每根活化管是由 23 个管节堆砌而成，除顶端和底部各有一节钢制管外，其余各节均用耐火材料制成。管节内径 150mm，高 250mm，壁厚 20mm。活化管总高为 5 200mm，顶部有料仓，下部钢管与冷却套管、煤气分离器、出炭罐连接。煤气分离器的外侧设有连接管，将煤气送入炉膛燃烧，炉体一侧的下方砌有燃烧室，燃烧室由烟道与炉膛相连，供烘炉、开炉之用。在炉膛两侧壁中还设有蒸汽预热室，炉体上有测温孔、视火孔、清灰孔、二次空气进口孔等。

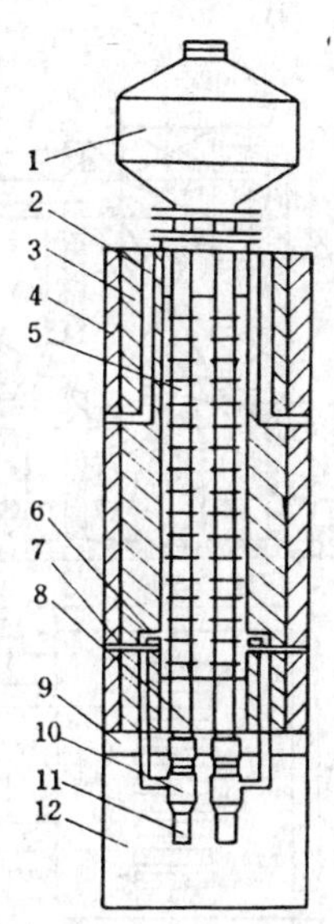

图 24-50　圆形管式活化炉[23]

1. 料仓；2. 蒸汽过热室；3. 内墙；4. 外墙；5. 活化管；6. 气体管；7. 空气道；8. 活化管底座；9. 工字梁；10. 气体；11. 冷却器；12. 炉脚

②物料流程：原料经两道双辊轧炭机轧碎后，由振动筛筛选出 3～30mm 炭粒送去活化。加料是间歇的，每隔一定时间加料 1 次。原料炭与过热水蒸气并流接触，经干燥段、补充炭化段、活化段，最后通过冷却，由活化管下端卸料口卸出，一般每隔 30～60min 卸 1 次料，同时加料 1 次，过热水蒸气在过热室过热到 300～400℃左右，由活化管上部进汽管导入作为活化剂，与炭一起由上而下流动，在流动过程中不断与炭接触，并进行活化反应，产生的瓦斯气体与活化炭一起进入冷却段，在煤气分离器中被分离出来，送活化管外的炉膛中燃烧。这时由二次空气通道吸入充分的空气，供瓦斯气体燃烧，产生的热量维持炉温，保证活化反应必须的热量。

活化炭在炭桶内充分冷却后送去后处理。

2.4.5.2　斯列普活化炉[52]

斯列普活化炉又称鞍式炉，是我国目前采用最普遍的一种炉型，它具有活化温度稳定，产品质量好，能制造吸附能力强、机械强度好、纯度高的优质活性炭，物料在活化过程中磨损小，产品得率高，节约能源，除烘炉升温和特殊事故处理时需要补充一些燃料外，一般不需要外加热源，炉体使用寿命长，维修工作量少，劳动生产率高，劳动强度小，生产费用低，对环境污染少等优点。但也存在炉体造价高，炉内结构复杂，修建精度高，需要 28 种特异型耐火砖等。近几年来，随着我国活性炭工业的发展，广大科技工作者对斯列普炉的结构作了一些改进，如炉体基础由砖台基改为架空式，炉体的保温方法由外壁保温（即用石棉灰、白灰、水泥、玻璃纤维抹在墙体外壁）改为内保温（即在红砖墙与耐火砖墙之间填充硅酸铝纤维毛毡板）。炉芯的特异型砖也进行了简化，由原来的 28 种简化为 8 种或 22 种，在炉体外型尺寸不变的情况下加宽产品道的宽度，提高活化段的高度，增大了活化炉的有效容积，从而提高了炉子的生产能力。为了节约钢材，把蓄热室砌成方形或与炉体砌成一体。目前国内已有多种改良型斯列普炉，炉子的生产能力有年产 200t，300t，500t，600t，1 000t 活性炭几种规格。现以某厂年产 500t 活性炭的斯列普炉结构为例介绍如下：

（1）斯列普炉的结构：斯列普炉由活化炉本体和两个蓄热室和烟囱组成。

①活化炉本体：活化炉本体为方形体，外形尺寸：长×宽×高＝5 572mm×6 244mm×12 000mm，外墙由 370mm 红砖砌成，内衬 230mm 耐火砖，以承受炉内高温。外表面有石棉灰保护层。炉膛正中间用 464mm 厚的耐火砖墙将炉分成左、右两个半炉，由下连烟道（燃烧

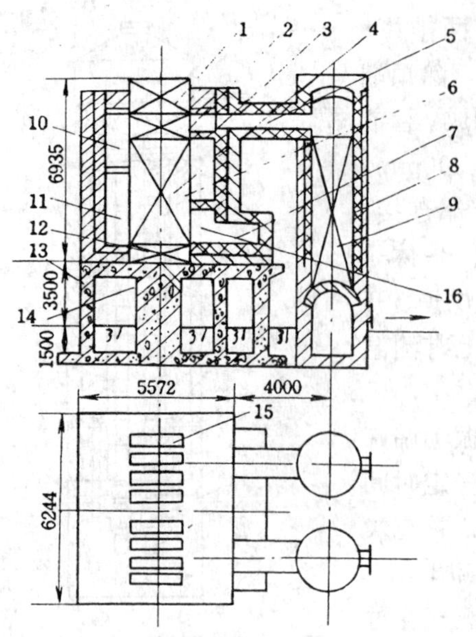

图 24-51 斯列普炉结构示意图[23.52]

1. 预热段；2. 补充炭化段；3. 上近烟道；4. 活化段；5. 上连烟道；6. 中部烟道；7. 燃烧室；8. 蓄热室；9. 格子砖层；10. 上远烟道；11. 下远烟道；12. 冷却段；13. 基础；14. 下料口；15. 加料槽；16. 下近烟道

室）将两个半炉相连。炉膛内的活化道用 28 种 (84.5t) 特异形耐火砖堆砌而成，分成 8 个互不相通的活化槽，所以当需要时，1 台炉可以同时生产 8 个不同品种的活性炭，如图 24-51。每个半炉有 4 个活化槽，每个活化槽顶部有 1 个加料槽给 36 个活化道供料。

每个活化槽自上而下分成四个阶段：分别为预热段（高 1 610mm），补充炭化段（高 850mm），活化段（3 920mm），冷却段（1 200mm）。

为控制活化反应，保证不从炉顶、炉底进入多余空气，在炉顶加料槽装有铁盖并加以水封，炉底出料处有蒸汽封装置。

炉墙和炉膛之间有烟道，烟道被隔板分成上近烟道，上远烟道，中部烟道，下远烟道和下近烟道。为保证混合气体在烟道内充分燃烧和保持炉内温度稳定，在上远、中部、下远烟道上设有空气进口，以便从外部通入适量空气。在活化炉的下部，两个半炉由下连烟道（燃烧室）连通。在开炉或炉内热量不足时，在此通入煤气和适量空气进行燃烧。

为检修方便，在炉体上设有 10 个人孔，人孔砌筑在烟道隔板上面。在人孔的位置上安装有热电偶、视火孔和测压孔等。

活化炉下部是钢筋混凝土基础，以承受炉体的重量，与出料口接触的基础部分，由于温度较高，采用耐热混凝土。这种基础比较简单，投资省，但由于混凝土结构气密性差会降低活化得率，采用钢架结构基础比混凝土基础好，活化炉炉底密封性能好，活化得率高，出料可实现机械化，但结构比较复杂，钢材的消耗大（约 40t）。

为了防止炉体因热胀、冷缩引起变形，炉体外围用型钢加固。

②蓄热室（每半炉一个）：活化炉的蓄热室有两种功能：储存活化炉的热能；加热活化剂——水蒸气。活化炉通过蓄热室的调节，可使整个系统需要的热量完全平衡，正常操作时不需外部补充热量。

蓄热室为直立圆筒形，外壳用 6mm 钢板焊成，直径 2 600mm，高约 11 000mm，内衬耐火砖，在壳体与耐火砖之间衬有 230mm 厚硅藻土砖作隔热层，以防止炉内热量向外散失。每台活化炉有两个蓄热室，每个半炉通过上连烟道与 1 个蓄热室相通。蓄热室腔内有 56 层用耐火砖叠成的格子，作为热交换介质，其总换热面积为 $246m^2$。格子砖层承放在蓄热室下部 3 条拱结构上。

蓄热室的顶部为耐热混凝土拱顶，底部有烟气出口，蒸汽进口，底部和中部还设有人孔，以便检修。

(2) 斯列普炉的操作：

①开炉：准备合格炭化料约 30t。炉中加满料后（约 11t 料），封闭各人孔，用盲板堵住二

次空气管口。开始点火，严格按规定的开炉升温速度（见表 24-63）。炉温不许骤升、骤降，也不能超过规定的升温速度。从点火到下近烟道的温度达 400℃前，炉内允许有微小的负压。此后，炉内应保持正压，下远烟道的炉压应不低于 9.81Pa，以免炉料燃烧和煤气发生爆炸。为此，开动返回风机，使排入烟囱的炉气部分返回炉内，以保持炉内正压，回收废气中的热量。增加气流速度，减小炉内各点的温差。当炉内测温点的温度高于 650℃时才能通入二次空气。各测温点的温差不能相差太大，要求下近烟道测温点与下远烟道测温点之间，下远烟道测温点与中部烟道测温点之间，中部烟道测温点与上远烟道测温点之间的温差最好不超过 120℃，炉气中氧含量不应超过 0.6%。当蓄热室上部温度达到 900～1 100℃时开始加入蒸汽并开始换火，逐步调整工艺参数，使产品质量达到规定要求。

表 24-63　活化炉首次开炉升温速度

序号	操作内容及要求	天数（天）
1	由燃烧室点燃煤气到下近烟道达 250℃	3
2	保持下近烟道为 250℃，同时提高其后各点温度	2
3	下近烟道由 250℃升到 400℃	3
4	保持下近烟道为 400℃，并提高下远烟道温度达 300℃	2
5	下近烟道由 400 升到 500℃，下远烟道由 300 升到 400℃	1.5
6	下近烟道由 500 升到 600℃	1.5
7	下近烟道由 600 升到 800℃，并使下远烟道达 650℃以上	2
8	开下远烟道的空气阀，提高炉温并使中部烟道达到 650～700℃	2
9	开中部烟道的空气阀，使上远烟道达 650～700℃	2
10	开上远烟道的空气阀，使上近烟道达 700℃以上	2
11	开上连烟道的空气阀，提高蓄热室温度，同时继续提高炉内各点温度，最后使蓄热室上部达 900～1 100℃以后开始通蒸汽，开动转换闸阀，并开始换火	8
12	调整工艺参数和产品质量	7

从活化炉开始加热起按规定时间卸料、加料。蓄热室通蒸汽前卸出的炭应作为原料重新使用，开炉过程中如遇停煤气或煤气灭火，在重新点火前必须分析炉内一氧化碳含量。当一氧化碳浓度低于 0.03mg/L 时方可点炉，开炉期间要有专人负责调整炉子拉杆的松紧程度，每天调整 1 次，开炉结束时应关闭返回风机。

②停炉：停炉的要点是使炉内各点温度缓慢而均匀地下降，使炉子不因骤冷而损坏，降温速度每昼夜 60～100℃。停炉过程分两个阶段，每一阶段要 5～7 天。在停炉的第一阶段仍定期进行切换操作，但要逐步减少蒸汽量，空气量与烟道抽力。逐步加大卸炭量，当中部烟道温度降至 600℃左右就开始第二阶段停炉操作，停止烟气、蒸汽和空气的转换。将转换阀全部关闭，并将炉子所有孔口用耐火泥全部堵死。从两个蓄热室底部加入少量蒸汽，适当增大通入卸料斗内的蒸汽量，以保持炉内正压，继续加大卸料量并注意加料。当炉中部烟道温度降至 300～400℃时，将炉料全部卸出，停止加料，盖好炉盖，直至炉内温度降至常温。

停炉过程中，每天要有专人负责调整炉子的拉杆螺丝，每天拧紧拉杆螺丝一次，停炉时，如发现烟囱潮湿时，应专门烧木材烘干，以保护烟囱的使用寿命。

2.4.5.3　回转活化炉

（1）回转活化炉的结构：回转炉由筒体、燃烧装置、装料及排烟装置、支承部件和传动装置、卸料装置、测温装置所组成。

转炉总长 13 200mm，炉体的安装斜度为 1%，由 6.5kW/4.5kW 双转速电机带动，转速能调6级。

①简体：用10mm厚钢板焊接成圆筒，外径1 320mm，长10 060mm，内衬环形轻质耐火砖，砖衬厚度为300mm，砖和筒体之间铺设石棉保温层，筒体两端分别与燃烧装置和进料排烟装置连接。筒体的转动由筒体外侧的齿轮带动，另由两个辊轮支承。

②燃烧装置的构造：燃烧装置的作用在于利用它来制取高温烟道气，并且和水蒸气混合生成高温的混合活化介质。燃烧装置分烧煤气和烧重油两种，以煤气为好。

煤气燃烧装置的燃烧室为套管状，在套管的末端装有煤气燃烧嘴，另一端伸入回转部分的圆筒体。燃烧室是回转活化炉固定不转的部位。它安装在操作台的支点上，用迷宫密封方式与回转体连接。为了不使密封结构被煤气或重油燃烧过热，在燃烧室的外壳上装有环形冷却室，利用吸风机吸入空气冷却，空气加热后送入燃烧室作为助燃气体。整个燃烧装置外部是由耐热不锈钢制成，内衬耐火砖，煤气燃烧喷嘴用铸铁制作。在燃烧室后部，装设3根直径为32mm的管子，它们由1根直径65mm的环形集气管连在一起。过热水蒸气送入炉体后在迷宫式密封内造成局部正压，阻止由于炉体负压操作而吸入空气，影响活化过程的正常进行。

重油燃烧装置的燃烧室外壳是由钢板制成的圆柱体，外径1 300mm，长度2 500mm，内衬环形耐火砖。燃烧空间直径为800mm，蒸汽的通入方式与煤气燃烧室装置基本相同，在燃烧室的端部装有环形套管配风口和重油蒸汽雾化喷嘴。

③装料及排烟装置：排烟装置是由普通金属板制成的短圆筒体，内衬耐火砖，装置的一端伸入炉的回转筒体，另一端与烟道连接。排烟装置与燃烧装置一样采用迷宫式密封，整个排烟装置是固定不动的，在排烟装置上设有一个直径89mm的进料管，利用这个料管将炭送入炉内。回转活化炉是热状态下工作的，炉体必然会出现热胀冷缩现象，整个炉的伸缩依靠排烟装置调节。该装置设在带有4个车轮的支承上，车轮放在沿炉轴线铺设的轨道上。这样可以保证炉体在高温下不会生成纵向移动。

④支承部件和炉的传动装置：活化炉的回转部分沿长度支承在二个点上，支架的间距是选择在圆筒钢结构应力相等的地方。支承部分由钢架和辊轮组成，钢架固定在基础上。辊轮内有轴承可以转动。炉回转部分的导轮支承在辊轮上。在支承辊轮的左右装设有垂直支承辊轮，可以保证炉体在1%倾斜度的水平作用力下不移位。

传动装置由电动机、变速箱和多级皮带轮组成。炉体的回转速度可以调整。依据活性炭生产的情况不同，炉体回转部分可以调整为0.85r/min、0.99r/min、1.15r/min、1.28r/min、1.51r/min、1.725r/min。

⑤卸料装置：卸料装置是由一根同炉体回转部分相连接的直径为80mm的管子和翻板阀门组成。卸料过程中炭从炉内进入管子后沿螺旋方向移动，通过固定在螺旋管上的卸料阀门的开闭，每转动1周卸出1次。卸料阀的开阀借固定在炉下部特殊结构的槽与阀门联杆，随着炉体的转动而工作。

⑥测温装置：为了测量温度情况，回转炉体上装有3组热电偶。通过固定在回转筒体上的6根钢环和固定在炉体下部摩擦炭制接触，将测得的炉温信号传给仪表盘指示。

(2) 回转活化炉的操作

①烘炉：新建的或大修后新砌砖的回转炉烘炉时，必须严格按照耐火砖砌体的常规技术要求进行。已经使用过的或者经过高温烘炉的回转炉起动时仍需进行短时间的烘炉。烘炉升

温的速度，一般情况在 4～5 天内可将炉中部温度升至 500℃，中部炉温从 300～500℃这段时间内要求每小时使回转炉体转动半周，以防炉体变形。

②加料起动：在炉中部测点温度升到 500℃，回转炉负压测点在 49～58.9Pa 时，起动炉回转，进行观察，如炉砖砌体，仪表指示，燃烧装置等均正常时，可向转炉加料。原料入炉后要迅速升温，待炉中测点温度达 700℃时，开始向炉内通入适量的过热水蒸气，然后尽快达到正常操作的控制参数。

从卸炭装置开始下料起，4h 内活化炭不进行检验，送回炉内重新活化。然后开始检验，合格品送下道工序。

③停炉：停炉时首先将燃烧室熄火，随后关小烟道闸板，使炉子逐渐降温，并停止向炉内通入过热水蒸气。待炉温降至 500℃时，卸完炉料停止转动，但每隔一定时间要使炉体转动半周，以防变形，直到 300℃为止，而后自然冷却。

2.4.5.4　高温焖烧炉

高温焖烧炉结构如图 24-52。炉内用耐火砖，外用青砖砌成，每炉 1 个燃烧室，加煤燃烧，烟道分两支，热烟气从炉后火孔进入活化室，再由前端火孔通向底部烟道，并经垂直烟道送烟囱排空，用闸门控制烟气流量。一般 4～8 台焖烧炉为 1 组，2 组使用 1 个烟囱。活化室高 1 500mm，宽 1 200mm，长 1 700mm，四周由耐火砖砌成，可装罐 700 个。活化室炉门上装热电偶进行测温。

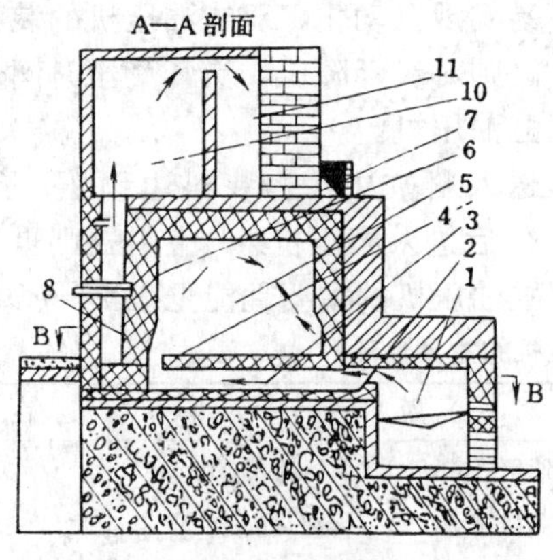

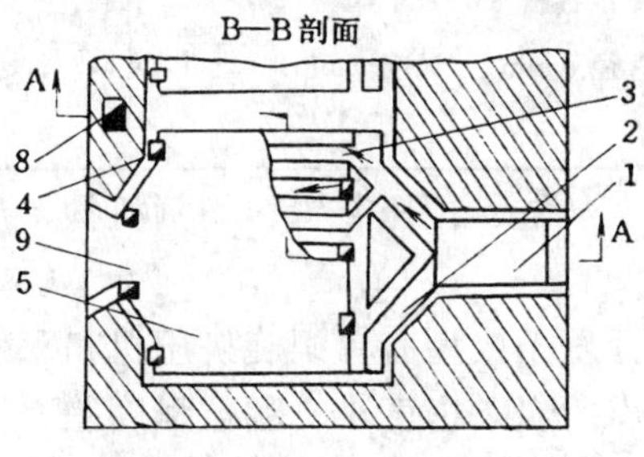

图 24-52　高温焖烧炉结构[23]

1. 燃烧室；2. 火口；3. 火道；4. 火孔；5. 活化室；6. 插板；7. 水平烟道；8. 垂直烟道；9. 炉门；10. 干燥室；11. 火墙

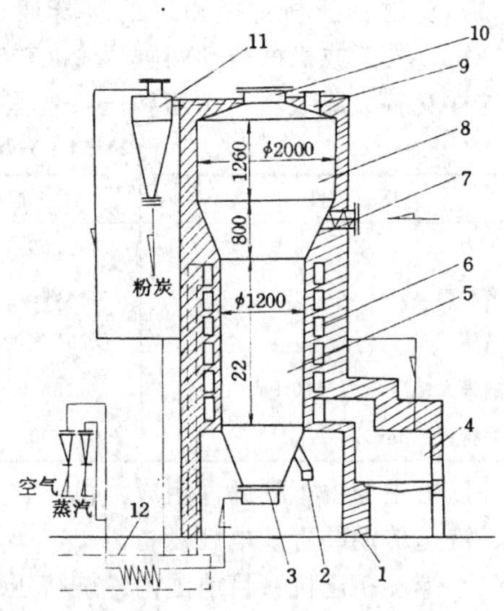

图 24-53　沸腾炉结构[23]

1. 炉脚；2. 卸料口；3. 分布板；4. 燃烧室；5. 活化室；6. 火道；7. 进料口；8. 分离室；9. 防爆孔；10. 活化气体出口；11. 旋风分离器；12. 加热室

2.4.5.5 沸腾炉

沸腾炉的结构如图24-53。沸腾炉为一圆柱体，钢制外壳，内由异型砖和普通耐火砖砌成。炉内可分为：进气分布锥体、料床、分离室和燃烧室4部分，另外还有附属设备。如旋风分离器、加料提升机、螺旋加料器、出炭器、鼓风机等。

炉床部分：圆柱形，直径1.2m，高2.22m，容积$2.5m^3$，每炉加锯屑炭$2m^3$（320kg），床膨胀比为1.2。炉床部分的炉壁由弧形砖砌成，炉壁与钢壳之间有6层环形加热火道，用3种环形砖228块砌成，重约4t。

锥底：锥底的张角为38°，高1m，装有气体分布板，分布板直径为500mm，开孔率为0.6%，分布板上有37个风帽，每个风帽钻∅3mm孔4个。

分离室：高度2.06m，其中过渡段高800mm，沉降段为1 260mm，分离空间的直径为2m。

燃烧室：用烧煤产生的高温烟气，通过环形火道加热炉壁，以保持炉床的活化温度。

2.4.5.6 成型设备

成型设备是制造颗粒活性炭过程中的重要环节。炭膏加压成型时，发生极为复杂的弹性与塑性变形。由于成型设备的不同，可以得到具有一定外形与较高密实度的炭条或块状炭，一般挤压成型机适合于压制条状炭、模压成型机用于压制具有一定规格外形的块状炭。

挤压成型设备有油压机、螺旋挤压机和辊压机等。油压机分立式油压机和卧式油压机。立式油压机有单缸式和双缸式两种。单缸油压机的装料与压制是间歇进行的，料缸装满炭膏后再加压，没有预压装置，因此受压时间短，操作不易实现自动化，双缸油压机的装料与压制可以分别在两缸内同时进行，一缸装料预压，另一缸则对炭膏降压，炭膏受压时间长，压出炭条密度大，操作易实现机械化。下面主要介绍双缸油压机。

(1) 双缸油压机：捏和好的炭膏通过送料机送入料缸中，边装料边预压，预压力为980.7kPa，人工或机械转动两缸位置（转动180°），然后进入高压挤条，空料缸则重复装料操作，这样交替完成装料、预压和压条过程。东风双缸油压机的主要性能见表24-64。

表24-64 东风双缸液压机的主要性能

项 目	性 能	项 目	性 能
额定压力（t）	200	压制速度（mm/s）/反行速度（mm/s）	5.0/65
工作液压力（10^5Pa）	196.1	料缸夹持压力（t）/行程（mm）	100
工作液体	20#汽油	料缸工作容量（L）	35
炭膏的最大极限压力（10^5Pa）	156.9	料缸直径（mm）/深度（mm）	300/500
主柱塞行程（mm）	600		

油压机主要由下列部件组成：机座、工作气缸、料缸、预压装置、切割机构、压模盘和压模、液压传动装置及电气设备。

(2) 螺旋挤压机：目前国内螺旋挤压机用于炭膏压条成型有单螺旋挤压机和双螺旋挤压机两种。由于螺旋挤压机对物料形成的压力低，压出的炭条密度小、颗粒强度差，目前一些生产厂家用这种挤压机用来压制木质炭及粘度低的物料。

钢制花板孔径1.5～8mm，挤出的条状物用旋刀切成3～15mm的颗粒，为防止干燥时产生粘结现象需在上面撒一层炭粉，放置老化数小时后，送去干燥。

也有的活性炭厂，用螺旋挤压机制煤质条状炭，如日本利用褐煤加沥青粉在150～180℃范围内挤压成型，制出高质量活性炭。

2.5　活性炭的生产方法之二：化学药品活化法[1]

2.5.1　氯化锌活化法

2.5.1.1　活化原理

(1) 氯化锌的润胀作用：木屑等植物原料中总纤维素的含量达 60%～70%，一般认为，在不到 200℃的温度下，由氯化锌的电离作用使纤维素发生润胀，并将持续到纤维素分散成胶体状态为止。在此同时还会发生一些水解反应和氧化反应，使高分子化合物逐步解聚，形成一种部分解聚化合物与氯化锌组成的均匀塑性物料。这样，在生产糖用活性炭时，有一阶段在物料开始炭化的炉壁上特别容易发生粘结现象。当用氯化锌和木屑生产颗粒活性炭时，氯化锌木屑料在 150～200℃下进行预处理，就能得到塑性物料。另外，在制造钢纸时，也是用浓氯化锌溶液浸渍原纸，使表面发生剧烈润胀与胶溶作用而胶化。这些都说明氯化锌对纤维素的润胀作用。

(2) 氯化锌的脱水作用：在 300℃左右温度下，氯化锌具有催化作用，使有机化合物的羟基以水的形态脱除，从而抑制木焦油的产生和其他含碳挥发性有机化合物的形成。使原料中的氢原子和氧原子以水的形式分离出来，而不是按通常的热解反应形成各种酸类、醇类、酚类等含碳有机挥发物，更多地保留了原料中的碳素，使活性炭得率提高到木屑绝干重量的 40%左右。磷酸等其他药品也有类似作用。有人曾把添加和不添加化学药品的杉木屑进行热解，结果见表 24-65。

表 24-65　杉木屑在添加化学药品后，进行热解产生气体的温度和馏出液的颜色

药品种类	产生气体速度大的温度范围（℃）	馏出液的颜色
不加药品	250～350	赤　橙
加 $CaCl_2$（占木屑重 100%）	250～350	赤　褐
加 $ZnCl_2$（占木屑重 100%）	150～300	淡　黄
加 P_2O_5（占木屑重 100%）	100～280	淡　黄
加 NaOH（占木屑重 100%）	170～350	赤　褐

从表 24-65 可以看出，当杉木屑加氯化锌和其他化学药品后，热解温度大大降低，木焦油颜色明显变浅，这说明杉木屑在氯化锌等作用下，改变了通常热解反应的历程。

(3) 氯化锌的芳香缩合作用：以木屑或纤维素为原料，用浓度 15%～65%的氯化锌在 140℃下浸渍，然后将溶剂抽出物用紫外线吸收光谱进行分析，结果发现其中有葡萄糖、戊醛糖、糖醛酸和糠醛等一些分子量约为 160～240 的物质。这些物质在 300℃以上的炭化过程中被炭化成炭的组成部分。由此推测，用氯化锌作活化剂时，最初木屑被氯化锌溶液降解而低分子化，接着被催化脱水，并促进中间产物缩合成为不挥发物，即由糖醛酸和醛糖缩合成为糠醛，它们在受热时进一步多环芳构化，形成缩聚的炭，这种炭在氯化锌溶液中不溶解，在适当温度下形成炭的乱层微晶结构。在这期间，氯化锌呈液体状态，具有流动性，当炭分子重排时，不起阻碍作用，还有利于炭的孔隙结构的形成。

(4) 氯化锌的骨架作用：有人认为，氯化锌和无机盐在热解时能起骨架作用，即这些物质在原料热解时给新生的碳提供骨架，让碳沉积在上面。新生的碳具有初生的键，对无机成分有吸附力，能使碳与无机物牢固地结合在一起。但当用酸和水把无机成分溶解洗净后，碳表面便暴露出来，成为具有吸附力的活性炭的内表面积。

2.5.1.2 影响因素

(1) 原料树种、含水率和颗粒度的影响：在氯化锌法活化过程中，一般认为，原料树种对产品质量是有影响的。例如，糖用活性炭的吸附性能与木屑的树种有较大的关系，多数情况下，杉木屑比松木屑好；松木屑比硬杂木屑好。但也可通过选择适当的生产条件，克服由原料所引起的不利影响。如用不同树种的混合木屑，同样能生产出合格的糖用活性炭。当用氯化锌法生产合成纤维催化剂载体颗粒活性炭时，在一定的工艺条件下，用不同树种的木屑制得的颗粒活性炭，其质量相差不大（见表24-66）。因此，可以用不同树种的混和木屑生产颗粒活性炭。

表 24-66 不同树种的木屑制得的颗粒活性炭的质量比较

树种	吸苯率（mg/g）		强度（%）	比孔容（ml/g）
	相对压力为0.21	相对压力为0.91		
云杉	562	790	85	1.731
落叶松	536	740	86	1.356
柞木	552	856	82	1.864

木屑含水率将会影响氯化锌溶液的渗透速度，因而影响氯化锌溶液的浸渍时间。一般木屑含水率在纤维饱和点以上时，氯化锌溶液的渗透速度较慢，因此，当木屑含水率超过30%时，浸渍时间要求在8h以上。当木屑含水率在纤维饱和点以下时，氯化锌溶液的渗透速度快一些，为此，当用捏和机拌和木屑和氯化锌溶液时，由于捏和时间短（约15min），木屑含水率应控制在15%以下。木屑含水率还影响其对氯化锌溶液的吸收量，例如生产颗粒活性炭时，必须吸收一定量的浓度较低的氯化锌溶液，因此，要求木屑含水率不应超过5%；当生产糖用活性炭时，必须吸收足够量的高浓度氯化锌溶液，如果木屑含水率过高，就会降低氯化锌溶液的浓度，从而影响锌屑比①，最终影响活性炭的孔径分布。

木屑颗粒度对活性炭的质量影响较大，当生产粉状活性炭时，木屑颗粒度在6～40目，对产品质量并未发现明显的影响；但在生产颗粒活性炭时，木屑颗粒度对产品质量的影响与使用的锌屑比有关（见表24-67）。

表 24-67 木屑颗粒度对颗粒活性炭质量的影响

木屑颗粒度（mm）	锌屑比			
	80%		200%	
	强度（%）	相对密度	强度（%）	相对密度
小于0.25	93	0.732	83	0.464
0.4～0.6	91	0.728	86	0.458
0.8～1.0	91	0.726	85	0.472
1.6～2.0	86	0.658	85	0.475

从表24-67可以看出，当锌屑比小时（80%），活性炭强度和相对密度随木屑颗粒度增大而降低；当锌屑比大时（200%），木屑颗粒度在0.25～2.0mm，对活性炭强度和相对密度影响不大。

(2) 锌屑比的影响：一般认为锌屑比是影响活性炭的孔径分布和孔隙度的主要因素之一。在活化料中，氯化锌占有的体积，近似地等于在回收氯化锌之后，活性炭所具有的孔隙体积。因此，有人把锌屑比看成是氯化锌法活化程度的近似量度，使用的锌屑比不同，制得的活性

① 指固体氯化锌与绝干木屑重量比。

炭性质也不同，结果见表 24-68。

表 24-68 锌屑比对活性炭的性质的影响

锌屑比（%）	吸苯率（mg/g）				相对密度	比表面积（m^2/g）	孔隙的平均半径（0.1nm）	最大孔隙分布半径（0.1nm）	强度（%）
	相对压力								
	0.12	0.20	0.90	1.0					
100	431	448	516	519	0.527	1 567	7.5	16	85
150	409	428	605	612	0.491	1 499	9.3	—	83
200	376	391	659	669	0.419	1 367	11.1	29	76
250	337	383	795	808	0.391	1 341	13.7	—	73
350	310	323	986	1 002	0.346	1 299	17.6	45	63

从表 24-68 可以看出，当锌屑比由 100%增加到 350%时，活性炭的吸苯率，在相对压力小时，随着锌屑比增加而降低；在相对压力大时，随着锌屑比增加而增加。原因是活性炭吸苯率，在相对压力小时，主要与表面吸附有关，与毛细管凝聚关系不大，因此主要取决于活性炭的表面积；当相对压力大时，不仅发生表面吸附，吸附量还取决于活性炭的孔容积，而孔容积是随锌屑比增大而增大的。从表 24-68 还可看出随着锌屑比的增加，相对密度降低，而活性炭的孔隙平均半径和最大孔隙分布半径都增加，这就是说改变锌屑比可以制得不同孔径的活性炭，用较小的锌屑比，可以制得微孔发达的活性炭，用较大的锌屑比可以制得过渡孔和大孔比较发达的活性炭，但是，活性炭的强度却随锌屑比的增加而降低。

（3）活化温度的影响：活化温度是指活化时活化料的最高温度，是影响活性炭质量的另一个重要因素，有研究报道活化温度对活性炭质量的影响（见表 24-69）。

表 24-69 活化温度对活性炭质量的影响

锌屑比（%）	温 度（℃）	吸苯率（mg/g）		强 度（%）	相对密度	比孔容积（mL/g）			
		相对压力				总孔隙	微 孔	过渡孔	大 孔
		0.12	0.91						
80	400	451	538	88	0.634	0.996	0.513	0.099	0.384
	500	588	544	87	0.615	1.043	0.555	0.063	0.425
	600	466	612	88	0.630	1.012	0.529	0.053	0.430
	700	421	454	92	0.658	0.970	0.478	0.038	0.454
	800	409	430	93	0.709	0.877	0.462	0.024	0.398
200	400	476	825	88	0.499	1.490	0.542	0.390	0.430
	500	596	956	76	0.405	1.886	0.678	0.410	0.789
	600	592	910	80	0.427	1.791	0.674	0.361	0.756
	700	562	820	85	0.451	1.670	0.638	0.294	0.738
	800	533	756	87	0.501	1.441	0.606	0.254	0.586

从表 24-69 可以看出，活性炭的吸苯率均以在 500℃下制得的为最大，而强度和相对密度则最小。这是因为在 500℃时氯化锌在形成的活性炭骨架中占有的体积最大。以后，随着温度的升高，活性炭中氯化锌的汽化量增加，炭开始收缩，因此，相对密度和强度随之增加。

（4）活化时间的影响：活化时间是指在一定的活化温度下的维持时间。一般来说，活化时间的增加，活性炭质量随之提高，但得率降低，设备生产能力下降。因此，活化时间的确定，实质上是如何使质量和数量统一的问题。

2.5.1.3 生产工艺和主要设备（粉状活性炭、颗粒活性炭）

氯化锌活化法生产工艺的优点：是产品得率高，每吨活性炭只需消耗 2～3t 的绝干木屑；活化温度低，一般在 500～600℃，减少了高温操作带来的麻烦；产品规格容易调整，通常通过调整锌屑比，就可调整活性炭的孔径分布和孔容积；制得的活性炭有着独特的性质，与用水蒸气法制得的活性炭在物理、化学性质上有许多差别，见表24-70。由于这些物理、化学性质上的差别，使氯化锌法生产的产品更适合于液相的应用，特别是对糖液的脱色效果更好。其缺点是氯化锌法对环境污染和设备腐蚀严重，因此，在使用氯化锌法时必须考虑生产过程中的废气和废水的治理与设备的防腐蚀。氯化锌法主要用于生产粉状活性炭，也可生产颗粒活性炭。

表24-70 水蒸气法与氯化锌法制得的活性炭在物理、化学性质上的差别

项 目	水蒸气法活性炭	氯化锌法活性炭
结 构	在氧化溶液中分散浸润，氧化分解慢	在氧化溶液中分散浸润，氧化分解快
孔径分布	过渡孔较少	过渡孔较多
比表面积（m^2/g）	700～1 600	700～1 800
孔隙的主体	以微孔为主	有较多的过渡孔
微 孔（%）	60～90	32～63
过渡孔（%）	7～5	51～20
大 孔（%）	30～16	17
表面氧化物	碱性表面氧化物多，具碱性，氧化物带正电性	酸性氧化物多，具酸性，氧化物多带负电性
吸附特性	对碘吸附力大，对高缩合焦糖的吸附力小。液相吸附速度慢	对碘吸附力小，对高缩合焦糖的吸附力大。液相吸附速度快
过滤性	不易成细粉，如除去细粉，使颗粒均一，过滤性好	容易成细粉

（1）连续法（回转炉法）生产粉状活性炭。连续法生产粉状活性炭的主要设备是回转炉，因此又叫回转炉法。这种方法生产能力大，机械化程度较高，产品质量稳定，一般国内产量较大的工厂多采用这种方法。

这种方法常用的原料是木屑，当生产糖用活性炭时，多用杉木屑和松木屑。新鲜的松木屑含松脂较多，不利于氯化锌溶液的渗透，如果将松木屑存放一定时间，让松脂的挥发成分自行挥发、分解和氧化后再使用将更为有利。生产其他类型活性炭时，可使用各种树种的混和木屑，在生产中，对木屑的规格要求，见表24-71。

表24-71 木屑的规格

项 目	工艺要求
品 种	杉木屑，松木屑，各种杂木屑
粒 度	6～40目（或80目）
纯 度	不含板皮、木块，泥沙和铁屑等
含水率	相对含水率为15%～20%。

所使用的氯化锌规格，见表24-72。

表24-72 氯化锌的规格

项 目	规格要求	项 目	规格要求	项 目	规格要求
氯化锌含量（%） >	96	硫酸根含量（%） <	0.01	水的不溶物（%） <	0.5
重金属含量（%） <	0.001	碱土金属含量（%） <	1	锰次氯酸根	无反应
铁盐含量（%） <	0.01				

工业级氯化锌是白色粉末，相对密度2.91（25℃），熔点313℃，沸点732℃，易吸潮，易溶于水，在20℃时，100g水能溶解368g氯化锌，在100℃时，能溶解614g，溶解时放出热量65.55kJ/mol，氯化锌浓溶液的粘性很大，在同一温度下，几乎是水的100倍，氯化锌也能

溶于有机溶剂，氯化锌有毒性，其烟雾和蒸汽可引起鼻膜和呼吸道受伤，固体接触皮肤时，可引起皮肤溃烂。氯化锌的蒸汽压和温度的关系，见表 24-73。

表 24-73　氯化锌的蒸汽压与温度的关系

温　度（℃）	428	508	610	689	732
蒸汽压（kPa）	0.1333	1.333	13.33	53.32	101.31

生产中，除氯化锌之外，还需用盐酸、碱、硫酸锌和醋酸等，其中用量大的是盐酸，对盐酸的规格要求见表 24-74。

表 24-74　盐酸的规格要求

项　　目	规 格 要 求	备　　注
HCl 含量（%）＞	28	盐酸的水溶液呈淡黄色，易挥发，有强刺激性，相对密度 1.152（19°Be′）左右
重金属含量（%）＜	0.005	
铁盐含量（%）＜	0.02	

①工艺流程：连续法生产粉状活性炭的工艺流程，一般是由木屑筛选、木屑干燥、氯化锌溶液配制、捏和（或浸渍）、炭活化、回收、漂洗（酸处理和水洗）、离心脱水、干燥与磨碎等工序组成。另外，还附设专门的废气处理系统，以回收烟气中的氯化锌和盐酸，消除公害。通常的工艺流程如图 24-54、图 24-55。

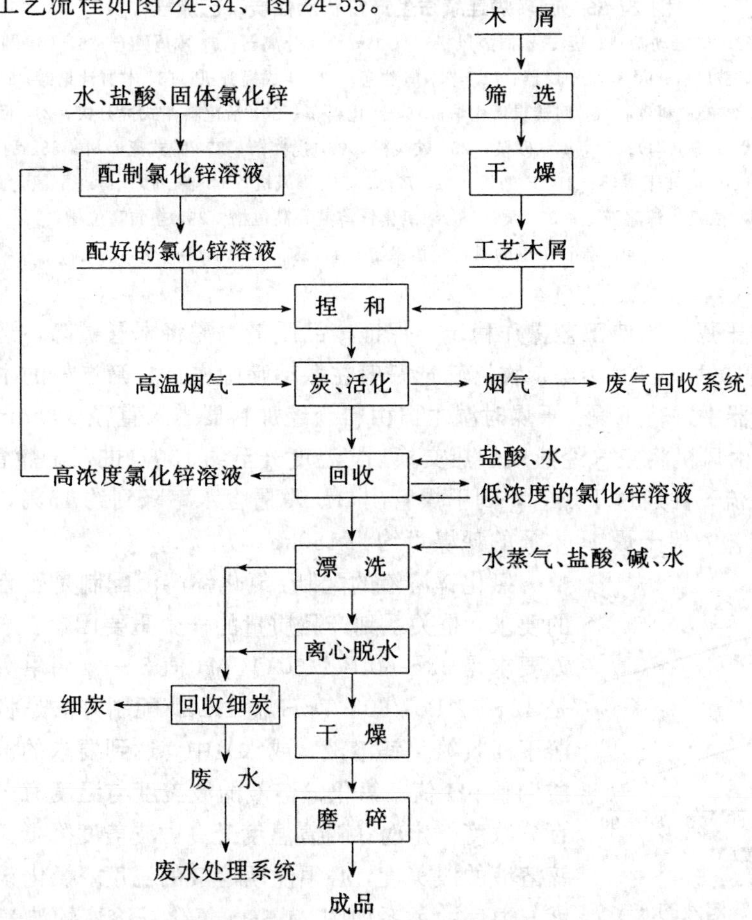

图 24-54　氯化锌法连续式生产粉状活性炭的工艺流程示意图

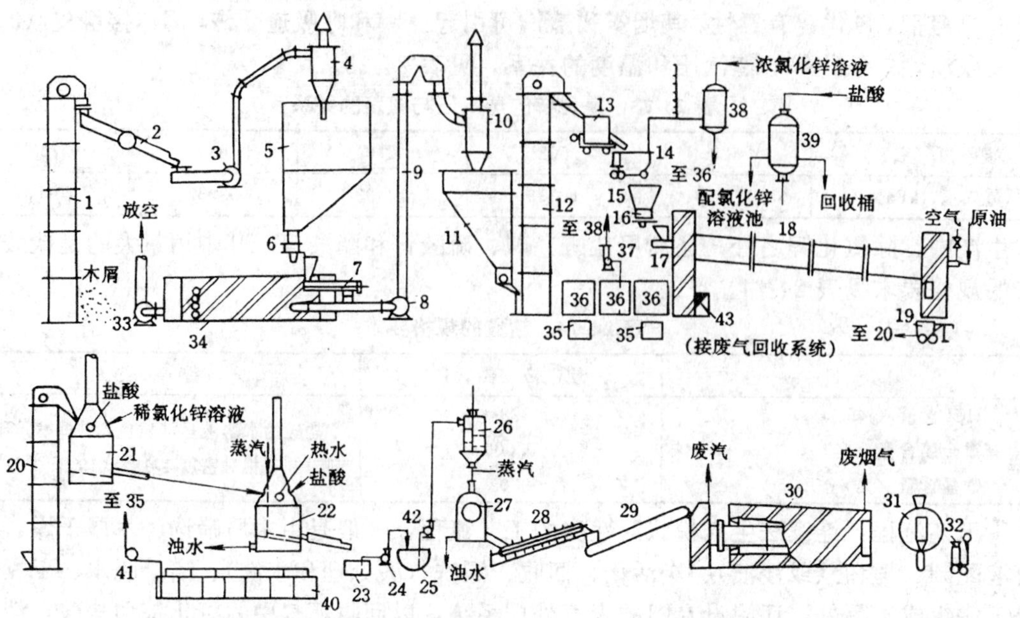

图 24-55 回转炉连续法生产粉状活性炭工艺流程

1. 木屑斗式提升机；2. 振动筛；3. 运送木屑鼓风机；4，10. 旋风分离器；5. 木屑贮仓；6，16. 圆盘加料器；7. 螺旋进料器；8. 鼓风机；9. 气流干燥器；11. 干木屑贮仓；12. 斗式提升机；13. 木屑计量器；14. 捏和机；15. 料斗；17. 螺旋进料器；18. 回转炭活化炉；19. 活化料车；20. 活化料斗式提升机；21. 回收桶；22. 漂洗桶；23. 贮炭槽（沟）；24，42. 砂泵；25. 贮炭槽；26. 搅拌槽；27. 卧式离心机；28. 刮板输送器；29. 皮带输送器；30. 回转干燥器；31. 球磨机；32. 磅秤；33. 排风机；34. 热风炉；35. 配氯化锌溶液池；36. 浓氯化锌溶液池；37. 泵；38. 浓氯化锌溶液，高位槽；39. 盐酸高位槽；40. 各种浓度的氯化锌溶液缸；41. 泵；43. 烟道

②工艺操作：

木屑的筛选和干燥：为使工艺操作稳定，保证产品质量，需将木屑过筛，选取6～40目的颗粒，除去板皮、铁屑、泥沙等杂物。筛选一般在振动筛中进行，筛选好的木屑含水率约40%，在气流干燥器中进行干燥，干燥时湿木屑由料仓经加料器送入直径300mm、高20m左右的干燥管，同时由风机将空气经热风炉热交换后，温度升至约150℃进入干燥管，木屑随约10m/s速度的热气流，并通过干燥管，到干燥管出口。木屑含水率降到约15%，进入旋风分离器，将木屑分离，一般干燥1t木屑的耗煤量约为150kg。

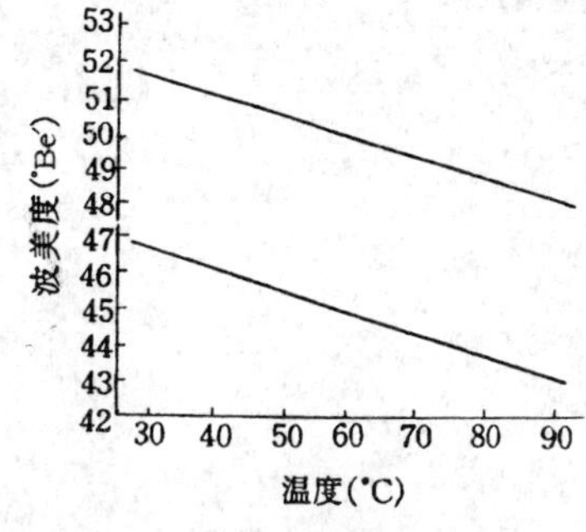

图 24-56 氯化锌溶液的波美度与温度的关系

氯化锌溶液的配制：氯化锌溶液配制是否合乎工艺规定的要求，是关系到产品质量的一个重要因素。一般糖用炭配方要求是52～60°Be'/60℃，pH值2～3，药用炭的配方要求是42～52°Be'/60℃，pH值1～2。配制方法是将固体氯化锌溶于回收氯化锌溶液（或水）中，达到要求的波美度，用盐酸调整pH值。氯化锌溶液的波美度与温度有一定关系。当百分浓度一定时，随着温度升高，波美度降低。因此对氯化锌溶液的波美度，必须注明溶液的温度。氯化锌溶液的波美度与温度的关系如图24-56。氯化锌溶液的波美度与相对密度和百分浓度的关系，见表24-75。波美度与相对密度的关系

为：

$$波美度=144.3-\frac{144.3}{r} \tag{24-30}$$

式中：144.3——常数；

r——在15.6℃时的溶液相对密度。

表 24-75 氯化锌溶液的波美度（°Be′）与相对密度和百分浓度的关系（$\frac{15.6℃}{15.6℃}$）

波美度（°Be′）	相对密度	浓度（%）	波美度（°Be′）	相对密度	浓度（%）
0	1.000 0	0	49	1.510 4	46.37
1	1.006 9	0.76	50	1.526 3	47.43
10	1.074 1	7.91	51	1.542 6	48.48
20	1.160 0	16.98	52	1.559 1	49.54
30	1.260 9	26.90	53	1.576 1	50.60
35	1.318 2	31.93	54	1.593 4	51.65
40	1.381 0	36.98	55	1.611 1	52.72
41	1.394 2	38.02	56	1.629 2	53.80
42	1.407 8	39.05	57	1.647 7	54.88
43	1.421 6	40.09	58	1.666 7	55.97
44	1.435 6	41.12	59	1.686 0	57.06
45	1.450 0	42.16	60	1.705 9	58.15
46	1.464 6	43.21	62	1.747 0	60.30
47	1.479 6	44.26	65	1.812 5	63.52
48	1.494 8	45.32	70	1.933 3	69.36

捏和：捏和的目的在于将木屑和氯化锌溶液反复搅拌揉压，使混和均匀，加速氯化锌溶液向木屑内部渗透，捏和在捏和机中进行，捏和机是用不锈钢制的半圆形槽，内有一对“之”字形的搅拌器，操作条件见表24-76。

表 24-76 捏和的工艺条件

项目	工业炭	糖用炭
氯化锌溶液浓度（°Be′/60℃）	50～52	52～60
氯化锌溶液的pH值	1～2	2～3
料液比①	1∶3	1∶4～5
捏和时间（min）	10～15	10～15

① 料液比是指工艺木屑重量与氯化锌溶液的重量之比，有时又叫浸渍比。

炭活化：炭活化是制取活性炭的一个关键过程，炭活化设备是内热式回转炉，回转炉的结构如图24-57。回转炉为卧式，内径1m，长13～16m，筒体用钢板制成，内衬耐火砖，在中部外套大齿轮，借以推动筒体转动，两端各有一对托轮，支承筒体重量，炉头和炉尾均有密封装置，安装倾斜度为2°～5°，日生产活性炭能力为1～2t。回转炉为连续操作，捏和好的物料，由圆盘加料器和螺旋送料器进入炉尾，物料借助筒体的转动和倾斜度缓慢地向炉头移动。在炉头设有燃烧室，燃烧原油、煤气等燃料，产生的高温烟气直接进入炉中，由炉头向炉尾流动，与物料逆流直接接触。为防止炭活化过程有一阶段形成粘性的塑性物料，堵塞炉膛，在炉内装有用链条串连好的星形刮刀，随着筒体的转动，不停地撞击炉壁，将粘在炉壁上的物料刮削下来。活化好的物料称活化料，从炉头落入出料室，定期取出。废烟气从炉尾经烟道进入废气回收系统。回转炉活化工艺条件见表24-77。

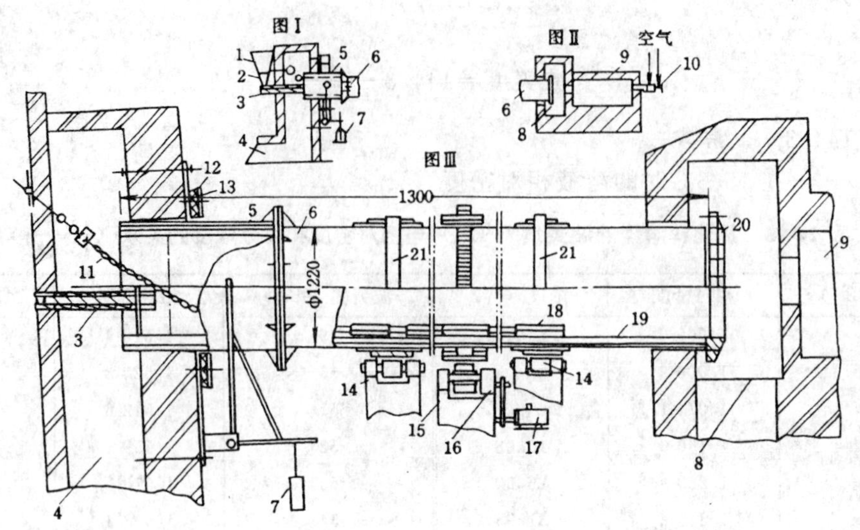

图 24-57 回转炉

图Ⅰ. 炉尾示意 图Ⅱ. 炉头示意 图Ⅲ. 炉体示意

1. 料斗；2. 圆盘加料器；3. 螺旋进料器；4. 烟道；5. 套筒；6. 炉体；7. 平衡锤；8. 出料室；9. 燃烧室；10. 喷嘴；11. 链条；12. 填料；13. 压圈；14. 托轮；15. 齿轮；16. 变速箱；17. 电动机；18. 刮刀；19. 耐火砖；20. 炉头异形耐火砖；21. 导轮

表 24-77 回转炉炭、活化的工艺条件

项 目	工艺条件	备 注
活化区的物料温度（℃）	500～600	
炭、活化时间（min）	40 左右	据冷炉估计
炉内的充填系数（%）	15～20	物料占有炉膛体积
筒体转速（r/min）	1～3	
炉内压力（Pa）	略带负压	
炉头烟气温度（℃）	700～800	
炉尾烟气温度（℃）	200～300	
出料间隔时间（min）	20	从出料室出料

停炉时，先停止进料，继续保持一定炉温，待炉内物料全部排出后，熄火停炉，热炉未完全冷却之前，每隔数分钟至 20min 转动一次筒体，防止筒体变形。开炉时，先启动回转炉，再点火升温，待炉尾温度升至 300℃左右，开始加料。

回收：炭活化后形成的活化料中含有 70%～90%的氯化锌和氧化锌，通过回收，将活性炭与含锌化合物分离。

回收是在回收桶中进行的。回收桶是由钢板制成圆筒体，桶的壳体内外均用辉绿岩胶泥涂刷，在桶的内壁衬上辉绿岩板，桶的下部是用耐火砖排列成过滤底，回收桶的结构如图 24-58。

操作时，将每批约 2t 的活化料，加入回收桶内，然后加入约 $3m^3$ 的较高浓度的氯化锌溶液，并加适量的盐酸（约为活化料量的 5%），使活化时生成的氧化锌转变成氯化锌。

$$ZnO + 2HCl \longrightarrow ZnCl_2 + H_2O$$

同时将活化料中含有的氯化锌萃取，在这过程中，应充分搅拌，完成后，放入氯化锌溶液缸，一般第一次回收的氯化锌溶液浓度可达 40～56°Be′/60℃，送至氯化锌溶液配制工序再用。经第一次回收后，依次将低浓度的氯化锌溶液用泵打入回收桶中，使溶液盖过炭面，这样进行多次回收，得到不同浓度梯度的回收溶液，分别放置缸中，供下次使用，直至上次留下的各种浓度的氯化锌溶液用完后，再用热水洗涤，洗涤液也收入缸内，洗至氯化锌浓度为 0°Be′/

60℃为止。每批活化料回收时间为 1.5～4h。

在回收时，有些金属氧化物与盐酸反应，生成可溶性盐类，也溶于氯化锌溶液中，其含量随回收溶液的循环使用次数的增加而增加，结果使回收的氯化锌溶液呈现“假波美度”现象，即溶液的波美度不能反映与之相当的氯化锌含量，最终使活性炭质量下降，这时有必要将回收的氯化锌溶液进行处理，如加适量的硫酸锌，就可使钙盐除去。

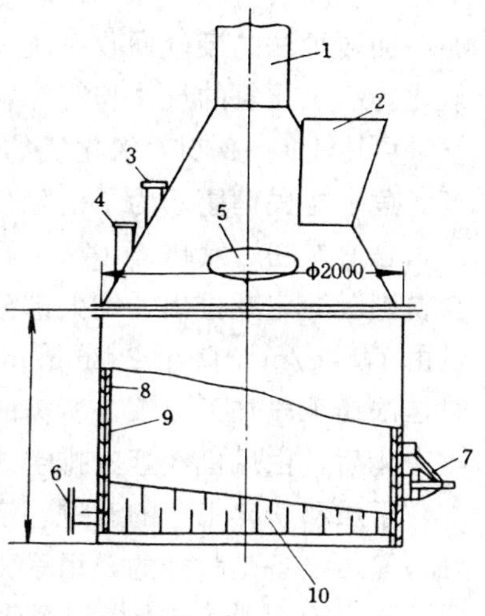

图 24-58　回收桶示意

1. 排空管；2. 加料口；3. 加酸口；4. 稀氯化锌溶液入口；5. 搅拌孔；6. 回收氯化锌溶液出口；7. 活性炭出口；8. 钢板壳体；9. 辉绿岩铸石板；10. 耐火砖

漂洗：漂洗包括酸处理和水洗两个步骤，其目的是除去来自原料和加工过程中的各种杂质，使活性炭的铁化物、氯化物、灰分等杂质含量和 pH 值都达到规定指标。由于该过程的前期主要是加盐酸除去铁类化合物，称为酸处理。后期是加碱中和酸，除去氯根，并用热水反复洗涤，称为水洗。

漂洗的两个步骤都在同一漂洗桶中进行，漂洗桶的结构基本上与回收桶一样，桶的壳体内外都用环氧树脂胶泥粘贴数层玻璃纤维布，内侧再衬一层耐酸瓷砖，在桶的下部有过滤底。

操作时，将炭用水由回收桶冲入漂洗桶中，加适量盐酸(约为回收时的加入量)，通入活蒸汽煮沸 2h，此时炭中的杂质与盐酸发生下列反应，使不溶于水的杂质变成水溶物，随水除去：

$$Fe_2O_3+6HCl \longrightarrow 2FeCl_3+3H_2O$$

$$CaO+2HCl \longrightarrow CaCl_2+H_2O$$

酸处理后，将桶内酸水放出，用热水连续漂洗数次，水温要在 60℃以上，由于过量的盐酸不容易被水洗净，可加入适量的碱中和，并调整桶内水溶液的 pH 值和氯根含量至合格为止。

离心脱水：漂洗好的炭用水从漂洗桶冲入贮炭槽中。干燥之前，一般用离心机除去炭中一部分水分，使炭含水率降到 60%左右。操作时，先开动泵，将贮炭槽中的漂洗炭和水一起用泵打入高位炭槽，然后开动高位炭槽的搅拌机，将炭和水混和，再开动离心机，待离心机运转平稳后，打开高位炭槽底阀，让炭水进入离心机，进行脱水，分出的炭送去干燥，甩出的水中含有许多细炭粉，经沉淀回收炭粉后，再排放。

干燥：干燥的目的是使炭含水率降低到 10%以下。炭的干燥速度主要决定于炭内部水分的扩散速度，适合这种条件的干燥设备有多种，国内常用的是回转干燥炉，是一个圆筒体 ∅1 000mm×7 000mm，由钢板制成，内装一个烟道管 ∅250mm（也有不装的）。筒体安装在一个加热炉内，加热炉的燃烧室和烟道气流通的空间是由耐火砖砌成的，外侧则用青砖砌成。湿炭由加料口一端进入筒体内，由于筒体的倾斜度和转动使物料向前移动，至出料口连续卸出。回转干燥炉内的料温要求在 120～140℃以内。操作时，根据炉温控制加料量，防止干料出现火星。这种干燥炉是用烟道气间接加热干燥，避免了炭与干燥介质直接接触，因而减少了炭被污染的可能性；又因炭粒在炉内翻动，干燥速度也较快，但炭粒与铁质炉壁直接接触，互相摩擦会增加活性炭的铁含量。

磨碎：干燥后的炭的颗粒度不均匀，为了增加活性炭的吸附速度，通常用球磨机磨碎到 120 目或 80 目以下，球磨机一般是连续进料和出料，可根据产品的颗粒度来调整进料量。为了避免在球磨过程中增加铁含量，一般球磨机内衬硬木板，并采用瓷球。

回转炉法的废气回收系统：根据氯化锌活化法的特点，在回转炉中会产生大量的水蒸气、氯化锌和氯化氢的气体和雾沫，随烟气带出，估计年产 600t 的活性炭回转炉每年带出的氯化锌量可达 100～200t，氯化氢约 85t，如果不加回收，进入大气将腐蚀附近厂房，影响农业生产，危害居民健康。为了消除公害，回收氯化锌和盐酸需建立废气回收系统。

含有炭粉、氯化锌、氯化氢和大量水蒸气的约 250℃的废气，经喷淋塔冷却冷凝、吸收，炭粉则沉淀定期排出，绝大部分水蒸气、99%以上氯化锌和氯化氢被回收，气体中氯化锌含量由 14.8g/m³，降至 2.2mg/m³。得到的低浓度氯化锌和盐酸溶液循环使用，达 24°Be′/60℃时送浓缩工段加工成工艺所需的浓度。由喷淋塔出来的废气再经湍流塔用稀碱溶液进一步吸收净化后，由风机经烟囱排空。

干燥和粉碎工艺的改进：活性炭的干燥和磨碎工序一般是分开的。由于设备的密封性不好，输送设备是敞开的，用手工操作，造成炭粉飞扬，生产环境恶化。为改进这种工艺，采用了强化干燥器，将干燥和磨碎两道工序并在一个设备内完成，流程如图 24-59。漂洗好的炭

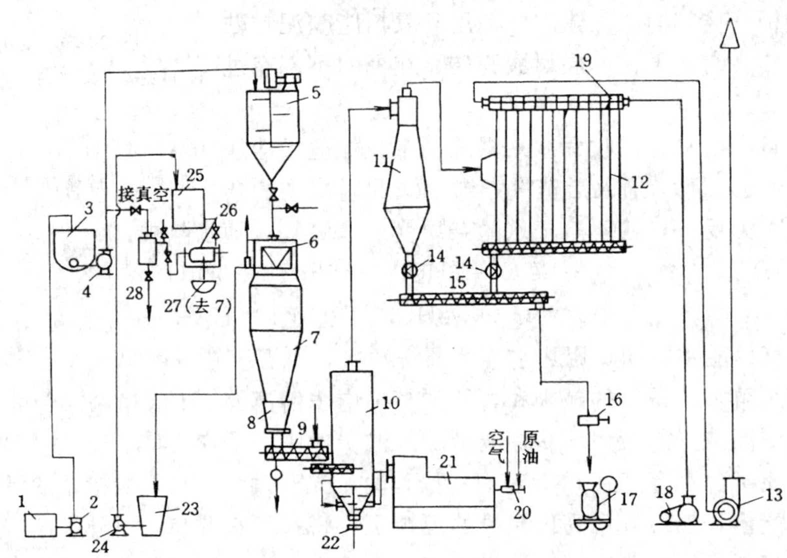

图 24-59 强化干燥工艺流程

1. 漂洗炭槽；2，4，24. 砂泵；3. 漂洗炭高位槽；5. 搅拌槽；6. 离心机；7. 料仓；8. 圆盘加料器；9. 螺旋预热器；10. 强化干燥器；11. 扩散式旋风分离器；12. 脉冲袋滤器；13. 抽风机；14. 星形卸料器；15. 螺旋送料器；16. 插板卸料器；17. 磅秤；18. 空气压缩机；19. 脉冲控制器；20. 喷嘴；21. 热风炉；22. 传动器；23. 废水贮槽；25. 废水高位槽；26. 转筒真空吸滤机；27. 炭筐；28. 真空受器

混以足量的水，用泵送入漂洗炭高位槽，转入搅拌槽后，流入离心脱水机，炭含水率降至 60%左右。分离的废水中含有较多的细炭，从废水槽用泵送入转筒真空吸滤机，废水经真空受器，排入下水道，分离的细炭和离心脱水的炭一起加入湿炭贮仓，经圆盘加料器定量地进入带有蒸汽夹套的螺旋预热器，然后进入强化干燥器。强化干燥器结构如图 24-60。强化干燥器的外壳是由一个圆筒体和一个圆锥体所组成，在圆锥体内侧沿壳体装有数排钢制的固定齿，圆锥体的中心转轴位置上装有与固定齿相应排数的动齿，动齿和固定齿互相配合，间距为 2mm，转轴的下部伸出圆锥体的底部，由电动机带动旋转。动齿和固定齿的研磨作用，使炭粉碎。由热风炉燃烧原油产生的高温烟气，掺入冷空气后，温度降至 350～400℃，从圆锥体的两侧进

入与湿炭直接接触，进行流态化干燥，加工能力以干活性炭计每班可达 2t 左右。

经粉碎干燥合格的活性炭随气流进入扩散式旋风分离器，尚未干透的粗炭粒由于受气流速度的限制，继续留在干燥器内粉碎、干燥，达到合格后被气流带出。相对密度大的铁屑或沙石等杂质，自动沉淀在强化干燥器底部，定期用人工卸出。

在扩散式旋风分离器中，分离大部分炭后，其余的炭粉随热风进入脉冲袋滤器中，由袋滤器除下的炭粉收集在袋滤器底部，废气经抽风机排空。

积聚在旋风分离器和袋滤器底部的炭，经螺旋输送器和星形卸料器送入成品炭混和器，混和均匀后包装。

流态化干燥装置：为了提高干燥时的热效率和活性炭产品质量，近年来，我国开发了流态化干燥装置，其工艺流程如图 24-61。

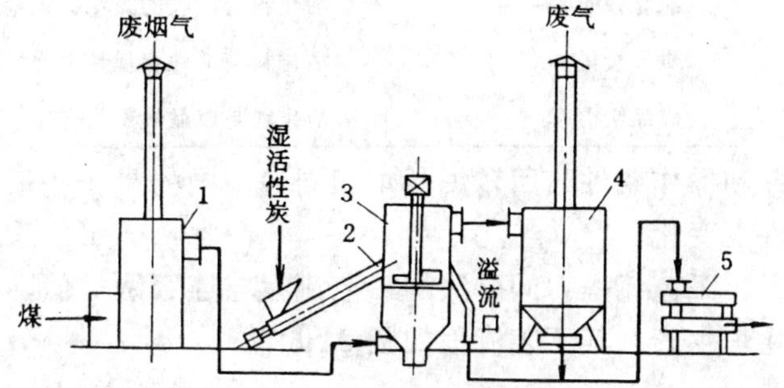

图 24-61　流态化干燥工艺流程

1. 燃烧炉；2. 螺旋进料器；3. 流态化干燥器；4. 脉冲袋滤器；5. 振动磨

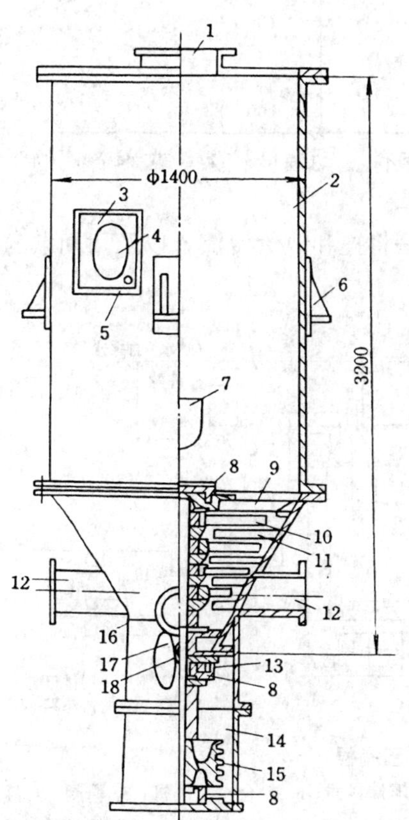

图 24-60　强化干燥器

1. 出口；2. 壳体；3. 人孔；4. 视孔；5. 测温孔；6. 支座；7. 湿炭进口；8. 轴承；9. 轴支架；10. 动齿；11. 固定齿；12. 热烟气进口；13. 冷却水环；14. 联轴器；15. 皮带轮；16. 排渣孔；17. 联轴器装卸孔；18. 冷风进口（冷水出口和冷风出口分别在其进口的对面）

操作时，将含水 60%左右湿炭，采用螺旋进料器连续加入直径 1400mm 不锈钢制的流态化干燥器内。由燃烧炉产生的高温烟气间接加热空气至 250℃左右，作为干燥介质，流经流态化干燥器底部的多孔板进入器内与物料直接接触，进行流态化干燥，干的粗颗粒炭由干燥器溢流口连续溢流出，细粉炭随气流由脉冲袋滤器捕集。干燥器的生产能力 150kg/h。

主要原材料消耗和技术指标：回转炉法生产粉状活性炭的主要原材料消耗见表 24-78，技术指标见表 24-79。

(2) 间歇法生产粉状活性炭。我国目前一些小型活性炭厂广泛使用这种方法，具有设备简单、投资少等优点，但存在手工操作多、体力劳动强度大、污染严重等问题。这种工艺的

表 24-78 回转炉法生产粉状活性炭的主要原材料消耗定额（t/t）

名　称	单　耗	备　注	名　称	单　耗	备　注
木　屑	3.5	指原料木屑末	煤 20 900（kJ/kg）	5	
氯化锌	0.35～0.5	从废气中回收	水	60～100	
工业盐酸	1		水蒸气	1.3	

表 24-79 回转炉法生产粉状活性炭的技术指标

名　称	基　准	指　标
锌屑比	绝干木屑与固体氯化锌重量之比	100：250～300
活化料得率	湿锌屑料总重量与活化料重量之比	100：43
氯化锌回收率	活化料与回收的氯化锌重量之比	100：64～80
烘干炭得率	活化料与活性炭重量之比	100：23
成品炭得率	活化料与成品炭重量之比	100：23

工序和操作条件与回转炉基本相同，不同的是一些工艺条件变动幅度较大，常因各厂的具体条件而变化。

①工艺流程：间歇法的工艺流程与连续法类似，只是将捏和改为浸渍，以及用间歇的炭活化炉生产，其工艺流程如图 24-62。

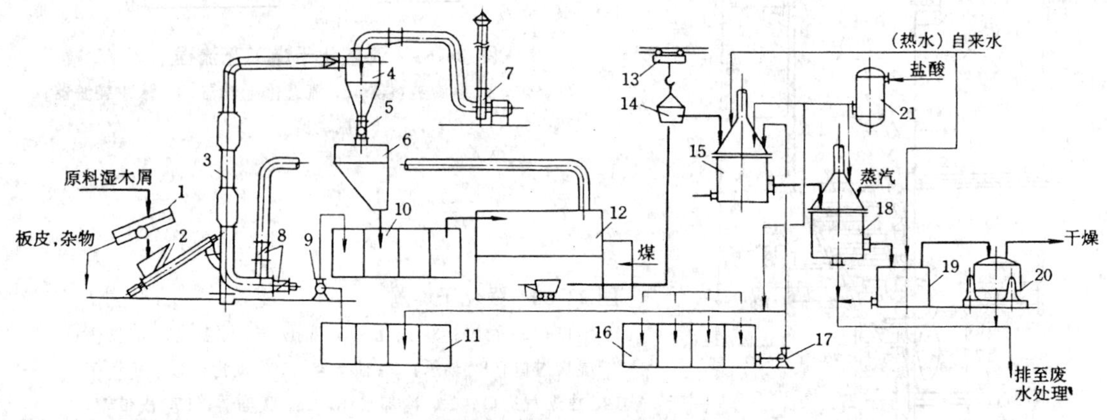

图 24-62 间歇法生产活性炭工艺流程

1. 振动筛；2. 螺旋进料器；3. 脉冲气流干燥器；4. 旋风分离器；5. 星形卸料器；6. 料仓；7. 风机；8. 蝶阀；9. 泵；10. 木屑浸渍池；11. 配氯化锌溶液池；12. 炭活化炉；13. 电动葫芦；14. 活化料斗；15. 回收槽；16. 淡氯化锌溶液池；17. 泵；18. 酸处理槽；19. 水洗槽；20. 离心机；21. 盐酸高位槽

②工艺操作：对木屑的筛选和干燥的要求与回转炉法相同，但有的工厂因受客观条件的限制，采用天然干燥，要求木屑含水率在 35%以下，如含水率过高，则应提高浸渍时氯化锌溶液的浓度和延长浸渍时间。

氯化锌溶液的配制，要根据木屑含水率的变动，及时调整氯化锌溶液的浓度，以保持一定的锌屑比，生产糖用炭时，一般氯化锌溶液的 pH 值控制在 2，这样活性炭质量易于控制，且氯化锌消耗低。

在间歇法生产活性炭中，为使氯化锌溶液与木屑均匀混和和浸透，一般用浸渍方法，浸渍时要求溶液盖过料面，浸渍8～10h，并定时翻动。

炭活化在间歇炭活化炉（也称平板炉）中进行，其结构如图24-63。

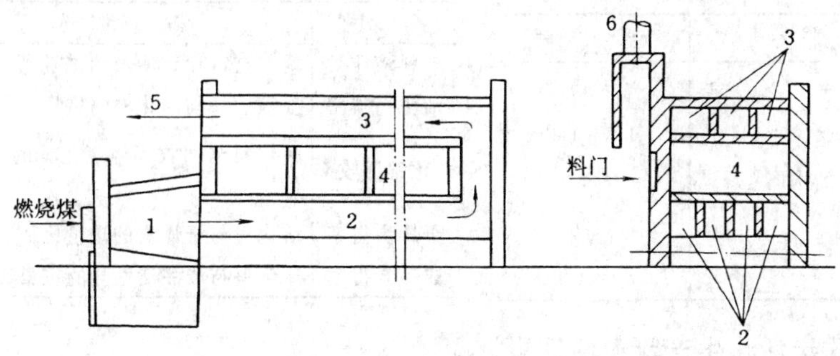

图24-63 间歇炭活化炉

1. 燃烧室；2. 下烟道；3. 上烟道；4. 炭活化室；5. 去烟囱；6. 废气出口

炭活化室内部用耐火砖砌成，隔成若干小室，外部炉体用青砖砌成，其间用保温材料，炭活化上、下均有高温烟道，炉头有燃烧室，炉尾有烟囱，煤在燃烧室燃烧产生的高温烟气，先经炭活化室下烟道，再经上烟道，加热炭活化室，由烟囱排出。有的工厂在上烟道顶面作为蒸发浸渍木屑部分水用。

炭活化时，将原料加入炭活化室内，均匀摊开，一般要求下烟道高温烟气大于800℃，料温度为450～550℃，炭活化时间为2～3h，每隔15～20min翻料一次，翻料要均匀，注意消除死角，当料变得疏松，开始转为暗红色，并冒白烟时，即可出料，出料后需堆放8h左右，以提高产品的吸附能力。

关于回收、漂洗、离心脱水、干燥、磨碎、包装等，基本与回转炉法相同。

③废水处理：不论连续式或间歇式氯化锌生产活性炭，其废水主要来源于漂洗。随漂洗工艺条件和设备条件等因素不同，废水数量及其组成各不相同，一般每生产1t活性炭，约排放80～100m³废水，废水呈较强酸性，pH值为2～3，锌离子浓度约为200～600mg/L，可采用石灰乳中和凝聚方法处理，使99%以上的锌离子从废水中凝聚沉淀分离出来，达到国家排放标准，废水中锌离子浓度降至5mg/L以下，pH值调节至7～9。经处理得到的氯化锌回收液，送氯化锌配置工序用，其工艺流程如图24-64。

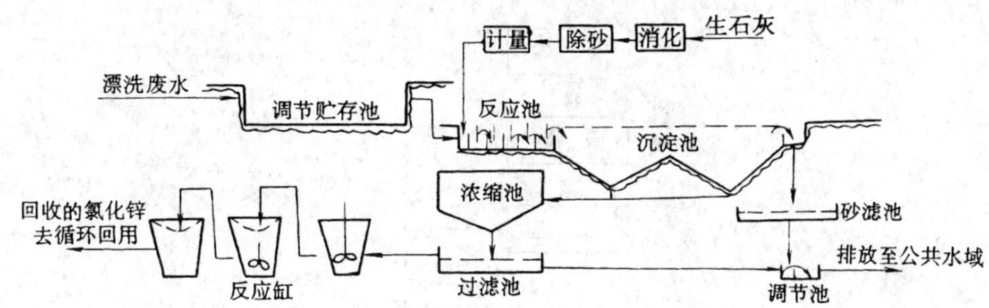

图24-64 活性炭厂废水处理及回收流程[55]

④主要原材料消耗和技术指标：间歇式氯化锌法生产粉状活性炭的主要原材料消耗见表24-80。

间歇式氯化锌法生产糖用炭的主要技术指标见表24-81。

表 24-80　间歇式氯化锌法生产糖用炭的单耗
(t/t)

原　材　料	定　　　额
工业用固体氯化锌	0.45
工业用盐酸	0.8～1.0
含水率 35%以下的木屑	3.5
煤 20 900kJ/kg	5～6
水	80～100

表 24-81　间歇式氯化锌法生产糖用炭的主要技术指标

名　　称	基　　准	指　　标
料液比	木屑与氯化锌溶液的重量比	100∶320～400
活化料得率	湿锌屑料与活化料的重量比	100∶45
氯化锌回收率	活化料与回收固体氯化锌的重量比	100∶70
干燥炭得率	活化料与干燥炭的重量比	100∶18
成品炭得率	活化料与成品活性炭的重量比	100∶18

(3) 连续式炭活化生产颗粒活性炭。

①工艺流程：氯化锌法生产颗粒活性炭的工艺流程如图 24-65。

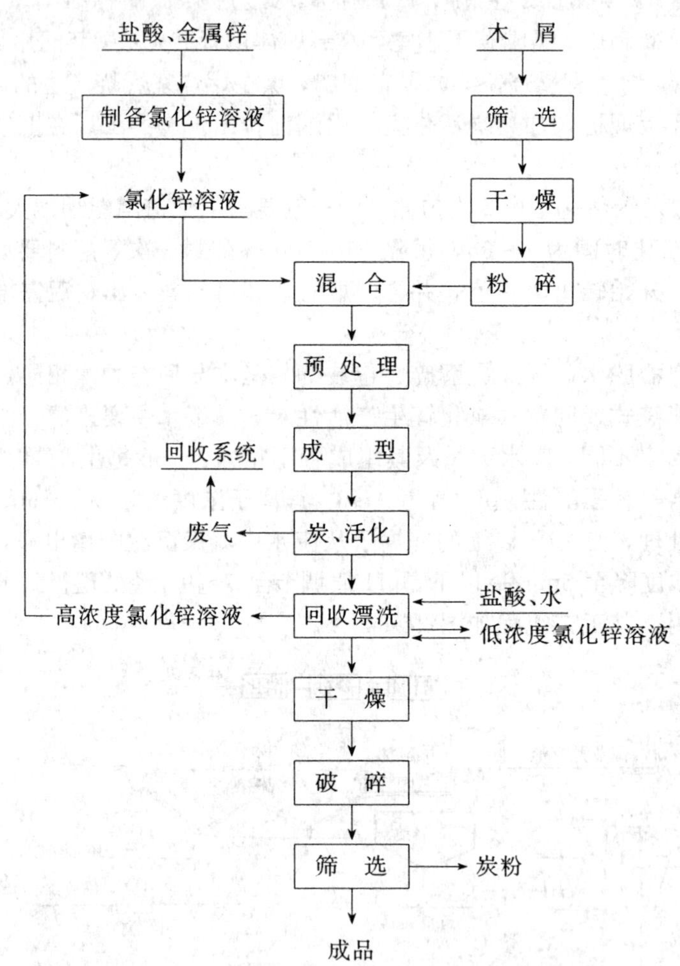

图 24-65　氯化锌法生产颗粒活性炭工艺流程

②工艺操作：

a．木屑的筛选和干燥：含水率为 40%～60%的木屑，通过回转圆筛，除去板皮等杂物。分两步进行干燥，第一步为回转炉干燥，用煤气燃烧炉产生的 700℃高温烟气与空气混和降温至

400℃的烟气作为干燥介质，木屑与干燥介质并流直接接触，在炉内停留20min，含水率降至25%。第二步为气流式干燥器干燥，将含水率为25%的木屑进入气流干燥器，与煤气燃烧炉送来的经调温后的烟气混和，并流向前，进行干燥，木屑含水率降至5%，进入旋风分离器，分出木屑，排放废气。在木屑干燥过程中，相对密度较大的沙石和泥土沉积在干燥管下部，定期清除。

b. 木屑粉碎：用氯化锌制取颗粒活性炭，在一定的锌屑比范围内，木屑的颗粒度对颗粒活性炭质量有直接影响。木屑通常用自由式粉碎机粉碎，当回转圆盘作高速转动时，木屑由耙齿打击磨碎，磨出的木屑颗粒度整齐，效率高，颗粒大于0.8mm的木屑返回粉碎机再碎。

c. 木屑与氯化锌溶液的混和：木屑与氯化锌溶液混和比依据产品种类而定，如生产合成醋酸乙烯酯的触媒载体颗粒活性炭，锌屑比是150%，而生产合成聚氯乙烯的触媒载体活性炭，锌屑比是80%。木屑与氯化锌溶液是在一个卧式半圆形设备内有螺旋带形搅拌器的称为带式混和器中进行混和。间歇操作，将0.5m^3木屑加入混和器中，再按规定加入浓度为40%或50%的氯化锌溶液，混和搅拌20min即可。

d. 氯化锌木屑料的预处理：预处理的目的是使氯化锌木屑料转变为塑性物料。影响氯化锌木屑料塑化的主要因素是氯化锌溶液的浓度、处理时间和温度。当浓度和温度一定时，处理时间长会使物料焦化；时间短会导致物料塑性不足，这两种情况都不利于成型。氯化锌木屑预处理设备有两种，一是回转炉，为耐酸钢制的圆筒体，加料口内有4个十字挡板，分成4格，每格内有钢索一条，起混和刮料作用，操作时，将混合料与热烟气同时送入炉内，并流前进，物料在炉内停留1h，要求卸出的物料具有粘性和塑性。二是捏和机，钢板制成，具有“Z”形捏和臂，转速为10～20r/min，间歇操作，物料在180℃下处理2h。两者比较，捏和机处理的物料的粘性和塑性较好。

e. 挤压成型：预处理的物料在螺旋挤压机中进行挤压成型，螺旋挤压的钢制圆筒直径为150mm，长径比为10，前后螺槽深度比为3（近似压容比），螺旋是等矩的，螺旋与壳体间的间隙为5mm，头部孔板厚度为30～35mm，孔眼直径为1～5mm，壳体外有夹套，供通冷水冷却，否则因挤压摩擦，产生高达100℃以上的温度，使物料中的水分迅速蒸发，成型的圆柱条易受破坏。操作时，将处理过的塑性物料加入螺旋挤压机，压出直径为1～5mm的圆柱条，其含水率为15%。

f. 炭活化：生产颗粒活性炭时，产品除了具有足够的吸附容量外，还要有足够的机械强度。通常炭活化在回转炉中进行，回转炉是钢制的，长20m，外径2.3m，内衬一层耐火耐酸砖，内径1.9m，转速为1.75r/min。安装倾斜度2°。炭活化回转炉的工艺操作条件见表24-82。

表 24-82　生产颗粒炭的回转炉工艺操作条件

项　目	指标范围	标准指标	项　目	指标范围	标准指标
投料量（m^3/h）	1～2	1.5	空气量（m^3/h）	200～450	400
出料量（m^3/h）	0.3～0.6	0.45	物料在炉内时间（h）	2	2
烟气进口温度（℃）	500～600	550	炭、活化料颜色		黄：黑为2：1
烟气出口温度（℃）	100～200	150	电机表面温度（℃）	小于60	小于60
煤气量（m^3/h）	150～600	300			

炭活化前，需预先将物料干燥，因湿料在炉体旋转中易遭破碎。

g. 回收漂洗：当锌屑比为150%时，成型的圆柱条物料在炭活化前含氯化锌量为45%～50%，挥发物约30%，炭活化后含氯化锌为70%。回收漂洗在一组洗涤池中进行，洗涤池为方形，由混凝土砌成，内衬耐酸砖，池底铺有石英石过滤层，层上约100mm处有出炭口，洗涤池共有6个，5个运转，1个供维修备用。操作时，先向头一个洗涤池中，放入从下一个池送来较浓的洗涤液1.5～2m^3，再加入活化料6～7m^3，浸渍2～3h后，放出浓度为40%～45%的回收氯化锌溶液，送氯化锌溶液混和槽，然后再用下一池送来的洗涤液洗涤，这样往复地采用逆流多次萃取法洗涤。当活化料中的氯化锌余量降至3%～5%时，开始用1.5～2m^{3}加入盐酸100～300L的水清洗，最后用清水洗涤，直至洗涤液中锌含量低于0.15%为止。

h. 干燥：颗粒活性炭干燥要求与粉状活性炭稍有不同，不但要除去水分和少量易挥发物，而且还要借助高温作用，使炭的体积收缩，增加活性炭的机械强度，干燥温度对颗粒活性炭的影响见表24-83。从表24-83看出，随着干燥温度的升高，颗粒活性炭的强度增加。常用的干燥温度是700℃。

表24-83 不同的干燥温度对颗粒炭质量的影响

温度（℃）	吸苯率（mg/g）（相对压力0.9）	强度（%）	相对密度	比孔容积（mL/g）
550	885	79	0.435	1.720
600	876	84	0.500	1.627
700	670	86	0.537	1.315
800	624	89	0.601	1.134

i. 破碎和筛选：这种颗粒活性炭在绝大多数场合不需破碎，但在生产醋酸乙烯酯载体活性炭时，颗粒度要求在0.3～0.7mm，则需要进行破碎。一般采用双辊式破碎机进行，破碎分3段，每段破碎机两辊间的间隙不同，第一段为3mm，第二段为1.5mm，第三段为0.7mm。筛选可在多层旋震筛中进行。

③主要原材料消耗：氯化锌法生产颗粒活性炭的主要原材料消耗见表24-84。

表24-84 氯化锌法制取颗粒活性炭的主要原材料消耗

（以1t活性炭计）

项 目	规 格	平均值	项 目	规 格	平均值
木屑（m^3）	相对密度0.13	19	水（t）		98.7
锌锭（t）	99%	0.5	煤气（km^3）		15.5
工业盐酸（t）	30%	2.2	电力（kW·h）		1 870
蒸汽（t）		1.02			

2.5.2 其他各种化学药品活化法

（1）磷酸法：常用正磷酸（H_3PO_4）作活化剂，正磷酸是一种中强酸，具有脱水和氧化性质。一般的操作条件为磷酸与木屑比1.8～2.1，反应时间0.5～2.5h，反应温度350～450℃，在磷酸活化剂中添加催化剂，操作条件更为缓和。其工艺流程如图24-66。

目前，国内采用磷酸法生产粉状活性炭工厂有十余家，大多数厂由间歇活化炉生产。生产过程中，磷酸回收循环使用，每台炉产量为200t/a，磷酸消耗量为250～300kg/t，产品质量除灰分偏高外，其余各项指标符合《中华人民共和国林业部部颁标准》LY216—79，781型

A 类粉状活性炭标准。也有个别厂由内热式回转炉生产，产量为 600t/a，磷酸消耗量为 400 kg/t，产品质量符合《中华人民共和国林业部部颁标准》LY216—79 标准。

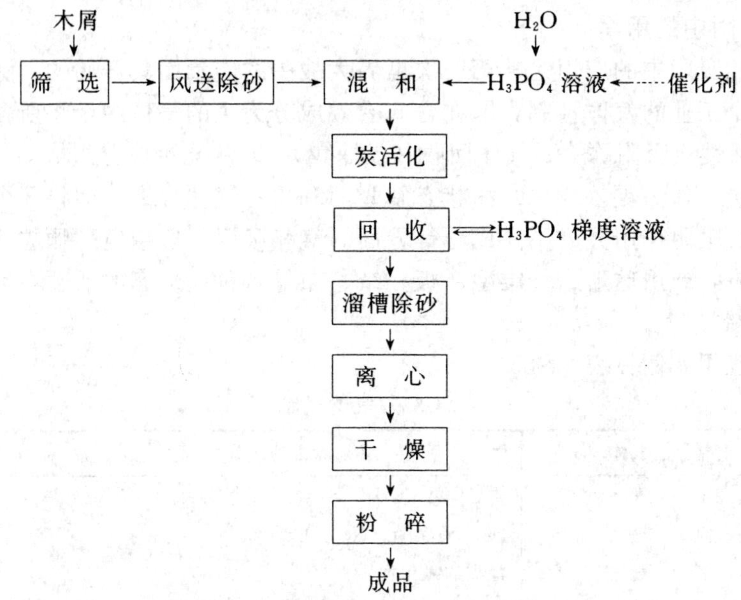

图 24-66　磷酸法生产粉状活性炭工艺流程

国外，如英国 Glasgow 建立有 1 万 t/a 磷酸法生产活性炭工厂，全厂采用微处理机控制，操作人员仅 87 人。

(2) 白云石法：白云石（$CaCO_3 \cdot MgCO_3$）呈白色、黄色或灰白色，在活化温度下能连续不断地放出氧化性气体，与碳起氧化反应，使含碳物料活化，制取活性炭。

例如用一份白云石粉和一份或一份以上的褐煤粉，加淀粉浆，一起混和制成软膏，干燥后进行炭化，然后在 600～900℃下加热活化。

(3) 氢氧化钾、硫氰酸钾和硫化钾法：用氢氧化钾与炭化物混和在 500℃以上加热时，会发生激烈的化学反应，使炭化物受到侵蚀而被活化。例如用 4 倍炭化物重量的氢氧化钾和炭化物混和，在 800℃活化 100min，所得活性炭比表面积可达 3 000m^2/g 和比孔容积 1.8 ml/g[56,57]。但这个方法由于对设备的腐蚀性大，所以在工业上有用反应较缓和的硫化物或硫氰酸盐作活化剂，如用 100 份木炭与 15 份硫化钾和 30 份氢氧化钾混和成膏状物料，经干燥后，在 900℃下隔绝空气煅烧，制得活性炭。另一方法是用 35％的硫氰酸钾溶液浸渍木屑，经干燥后，在 300～350℃下隔绝空气加热 0.5h，再升温至 800℃制取活性炭。

(4) 化学-物理联合活化法：为发挥化学-物理联合活化作用，国内外有少量资料报道采用化学-物理联合活化工艺制造活性炭的方法，如国内以宁夏自治区灵武煤为原料，采用氯化锌-水蒸气联合活化法制造颗粒活性炭，其流程为：

灵武煤⟶磨粉⟶浸渍氯化锌⟶烘干⟶拌煤焦油⟶挤压成型⟶烤硬⟶第二次浸渍氯化锌⟶烘干⟶化学法活化⟶洗涤⟶烘干⟶物理法活化⟶成品

在实验室制得的煤质颗粒活性炭质量可以达到椰壳制醋酸乙烯合成用的载体活性炭的质量标准。

2.6　活性炭的用途[17,31]

活性炭是一种重要的优良吸附剂，由于具有独特孔隙结构和表面基团，足够的化学稳定性和机械强度，耐酸、耐碱、耐热等性能，现已在工业、农业、国防、科技以及人民生活各个领域中有着广泛的用途。

2.6.1 在气相吸附中的用途

活性炭在气相吸附中的应用是从第一次世界大战中的防毒面具开始的，随后逐渐发展到化学、医药等各个工业的气体精制，即在含有有效成分为主的气体中，将所含的不要成分或有害成分，通过活性炭吸附除去；气体回收（或捕集），即从几种成分组成的气体中，将有效成分吸附于活性炭，作为更浓或更纯的状态解吸而利用；气体分离，即将几个成分所组成的气体，利用活性炭吸附作用分成不同成分等方面。气相吸附一般用定型颗粒活性炭，也可用不定型颗粒活性炭，或用球形、纤维型、板、纸、布等各种新形态的活性炭。

2.6.1.1 气体精制

气体精制的应用实例见表24-85。

表 24-85 气体精制

	要精制的气体	必须除去的成分
原料气体或者工程气体	氢　气	汞、CO_2、CH_4、H_2S、N_2、NH_3
	氦　气	H_2、N_2、Ar、Ne、O_2、CO_2
	氯　气	烃类的氯化物
	氯化氢	烃类的氯化物
	二氧化碳	无机、有机硫化物、油、臭气
	乙　炔	无机、有机硫化物、乙炔、二烯烃、磷化氢、丙酮、聚合性物质
	乙　烯	无机、有机硫化物、乙炔、二烯烃
	水煤气	无机、有机硫化物、聚合性物质
	裂化气	无机、有机硫化物、聚合性物质
	烟道气	无机、有机硫化物、油
	惰性气体	无机、有机硫化物、油
	原料用空气	无机、有机硫化物、油
工作气体	仪器室用净化气体	无机、有机硫化物、油、腐蚀性成分
	食品工业用空气	无机、有机硫化物、油、臭气
	原子能用氦	N_2、O_2、Ar、Ne
防毒面具	有机物、卤素制造厂	有机气体、氯气、氟、溴、碘、光气
	火灾时的烟气	烟气成分
	熏蒸气体	二氧化硫、硫磺
香烟过滤嘴	香烟气	挥发性有机物

在工业领域中，原料气体或工程气体的精制，通常都使用活性炭，将低分子、低沸点气体为主的主要成分气体中除去高分子、高沸点气体成分，以提高原料气体或工程气体的纯度。例如，Doshi等采用反复变化压力方式完成了难以解决的氢气精制问题，即将含2%甲烷的氢气在37℃，1 379kPa吸附，13.8kPa下解吸，制造99.999%的氢气。用压力反复变化方式在氢气精制中不同吸附剂的比较见表24-86。由表24-86可见，与其他吸附剂比较，不仅活性炭设备较小，且制造成本也低。

表 24-86　用压力反复变化方式在氢气精制中不同吸附剂的比较

吸附剂	氢气回收率（%）	吸附塔大小（相对值）	$28m^3$ 制品成本（相对值）
活性炭	89	1.0	1.00
分子筛	85	1.4	1.24
硅　胶	82	2.7	1.34

又如食品工业中所用的压缩空气，在分离油滴后流经活性炭过滤器，能将痕量油雾和臭气除去。清凉饮料用的二氧化碳也是通过活性炭过滤器，把臭气去除。过滤器使用一定时间后，用水蒸气反吹再生活性炭，就可继续使用。

在防毒面具上应用的活性炭品种很多，有的还与硅胶等其他吸附剂合用，有的活性炭要经化学药品浸渍处理，添加铜、锌、银、铬、锰、钴、钒和钼的化合物以及有机物吡啶等不同的催化剂，使防毒面具对不同的毒气具有选择性吸附。

2.6.1.2　气体回收（或捕集）

在化工、印刷、橡胶等许多工业部门，常使用易挥发的有机溶剂，有代表性的各种溶剂蒸汽来源和类别见表 24-87。

表 24-87　各种溶剂蒸汽的来源和类别

	印刷业	橡胶业	纸、磁带业	合成树脂	油脂工业	清洗业	玻璃纸工业	纤维合成纸	注
醇　类					◎		○		
酮　类	○			◎					
酯　类	○						◎		
醚　类							◎	◎	
链烷烃类	○	◎	○	○	◎	○			◎为主要溶剂
芳香烃类	◎	◎	◎	○			◎	○	
卤代烃类			◎			◎			
含氮、硫化合物								◎	

活性炭吸附法是目前回收溶剂较好方法之一，与油吸附法，冷凝法比较，在 $1\sim20g/m^3$ 的低浓度情况下，回收率高、费用省，一般所需费用不超过溶剂价格的 5%～20%，设备投资常在一年甚至几个月即可收回。回收 1t 溶剂，一般需消耗水蒸气 3～4t、水 $40\sim60m^3$、电 50～250kW・h、活性炭 0.5～1.0kg。

活性炭吸附法工艺简单，分为吸附、脱附、干燥和冷却等几个阶段，含溶剂的空气通过活性炭填充塔，溶剂蒸汽就被吸附，吸附塔设计合理可排出近乎纯净的空气，吸附饱和的活性炭用水蒸气脱附，然后将脱附的溶剂蒸汽经冷凝冷却、分离回收，活性炭干燥冷却后重新投入使用，代表性的溶剂回收的基本工艺流程如图 24-67。溶剂回收装置一般多用固定床吸附操作，这种方法虽有一些优点，但也有以下缺点：吸附热使局部过热，有爆炸危险，且减少了吸附容量；因压力损失关系，流动速度不能过大，因此单位吸附塔断面积的气体处理量就小，对有大量稀薄溶剂气体的场合，吸附塔很大，投资过多；吸附塔内吸附不均匀，活性炭

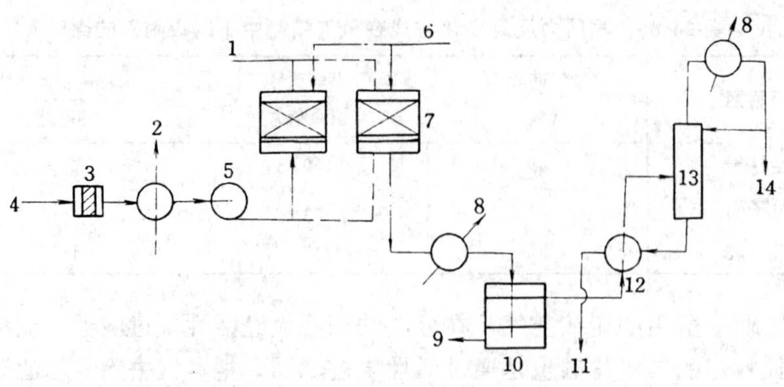

图 24-67 溶剂回收的基本工艺流程

1. 处理排气；2. 气体冷却器；3. 过滤器；4. 含溶剂的气体；5. 风机；6. 解吸用水蒸气；7. 活性炭填充塔；8. 冷凝器；9. 排水；10. 分离器；11. 回收溶剂 B；12. 换热器；13. 蒸馏塔；14. 产品溶剂 A

的吸附容量不能充分发挥作用，因而回收单位重量溶剂的水蒸气消耗量增加；操作不连续，难以达到操作最佳条件。为了克服这些缺点，研究了多段流动床吸附操作，英国早在1960年建成了多段流动床吸附回收二硫化碳工业装置并投入运行，其操作条件为：

稀薄气体流量	＞$100m^3/min$
入口浓度	$CS_2 1000\mu l/L$；$H_2S 30\mu l/L$
出口浓度	$CS_2 50\sim100\mu l/L$；$H_2S 20\mu l/L$
回收 CS_2	1.2t/h
脱附用水蒸气	5.4t/h

一般处理同一浓度的气体，流动床的水蒸气用量约比固定床少一半，国内有合成纤维厂试验采用多层流动床来回收低浓度二氯乙烷气体。

活性炭的气体回收（或捕集），除回收许多工业部门易挥发有机溶剂外，也可对有价值的气体成分进行回收（或捕集）（见表 24-88）。

表 24-88 气体回收（或捕集）

气体源	捕集的气体
煤干馏气体	苯、汽油等 C_5 以上的烃类
天然气	液化石油气等
裂化气等	CH_4、C_2H_6、C_3H_8、C_4H_{10}、C_6H_{12} 等
发酵气体	酒精、丙酮等

2.6.1.3 气体分离

活性炭的吸附量与吸附质的挥发度、分子量、温度以及其他因素有关。空气和溶剂的挥发度相差很大，空气中的氧、氮和二氧化碳等气体都很少被活性炭吸附，而且也容易被挥发度大、分子量大的溶剂蒸汽所取代。

天然气中含有烷烃混和物，可用活性炭吸附法分离汽油、丙烷、丁烷，方法是使混和气体流经活性炭床，如图 24-68、图 24-69，轻质成分逐渐被重质成分所取代，最终活性炭吸附量均以汽油为主而达到饱和，图 24-68 是吸附初期的情况，图 24-69 是重质组分取代轻质组分的情况。

Fischer-Tropsch 法用煤作原料制造合成石油即用一氧化碳和氢合成烃类过程中，应用活性炭吸附法从石油合成气体中分离轻质烃。原料气脱硫后进入合成塔催化反应合成烃，合成反应后的气体约含烃 180g/Nm^3，30%～50%二氧化碳，将这种合成气导入用直接水冷却的冷凝塔和四塔式吸附装置，用冷凝、吸收法将石油、轻质烃、二氧化碳和未反应的气体分离。

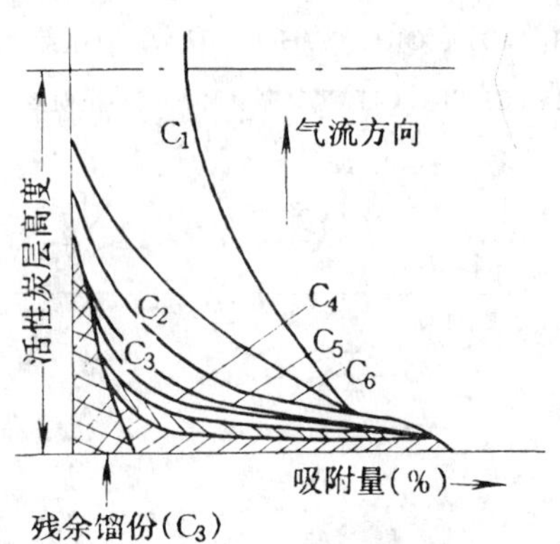

图 24-68　吸附前烃类分布

C_1：甲烷；C_2：乙烷；C_3：丙烷；C_4：丁烷；C_5：戊烷；C_6：己烷

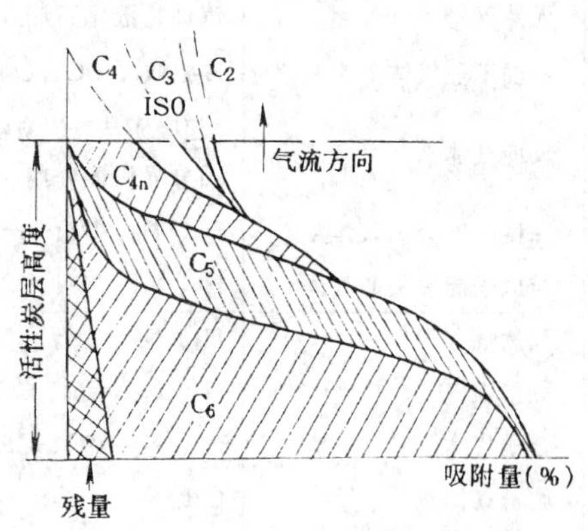

图 24-69　吸附后烃类分布

活性炭中残余馏份；
需要的汽油馏份；
不要的汽油馏份；
C_{4n} 为 C_4 的异构体

最近，日本工业开发研究所与神户制钢所协作开发了由移动床、流化床并用分离乙烯-乙炔的装置，其装置的略图如图 24-70。将原料、水蒸气和燃料在 400～600℃下预热后，在燃烧室形成 2 000℃以上的高温火焰，使原料和水蒸气接触而被裂化，经水洗涤除去焦油后的气体就作分离的原料气，分离过程是以煤为原料的活性炭，从前处理塔的上部，按移动床——流化床——移动床——流化床流下，和以椰壳为原料的活性炭，从移动床——流化床——移动床——流化床所构成的乙烯塔上部流下，在前处理塔中，C_4 以上的烃类在塔底浓缩，含乙烯和乙炔的气体从顶部出来再进入乙烯塔，在乙烯塔中，乙烯和乙炔在塔的中部被浓缩，将浓度最高的部分送至乙炔吸收塔，用二甲替甲酰胺吸收乙炔，而从顶部取出乙烯，吸收了乙炔的二甲替甲酰胺在乙炔回收塔加热，从顶部取出乙炔。其他有关气体分离应用实例见表 24-89。

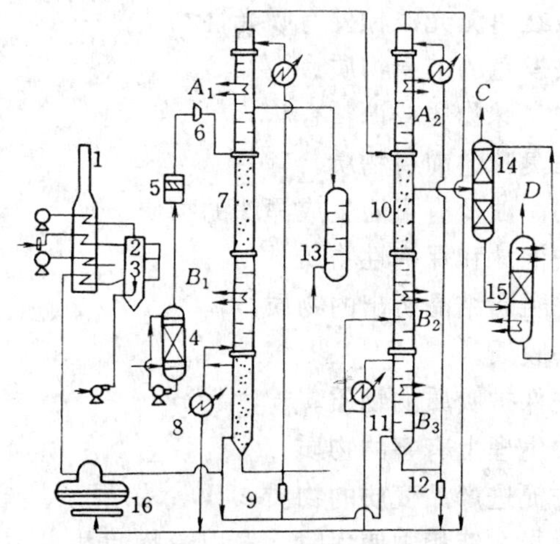

图 24-70　工业开发研究所—神户制钢法的乙烯—乙炔分离装置[5]

1. 预热室；2. 燃烧室；3. 反应室；4. 水洗塔；5. 除焦油塔；6. 气体压缩机；7. 前处理塔；8. 塔底冷凝器；9. 增压升液器；10. 乙烯塔；14. 乙炔吸收塔；15. 乙炔回收塔

A_1，A_2. 冷剂　B_1，B_2，B_3. 热剂　C. C_2H_4　D. C_2H_2

表 24-89 气相分离

		被分离的气体
气体源	天然气	汽油、液化石油气
	石油工业气体	H_2、N_2、CO、C_2H_2、C_2H_4、CH_4、C_2H_6、C_3H_8、C_4H_{10}、C_5H_{12}等
	反应气体	(超吸附法、流炭法)，CCl_4 $CHCl_3$ CH_2Cl_2；苯、环己烷；正烷烃、异烷烃；同分异构体分离
	深度冷冻分离气体	He、H_2、Ne、Ar、N_2、O_2、Kr、Xe
	与原子能有关的气体	He、Ar、Xe、Kr、Rn、Th、I等
色层分离	天然气	H_2、N_2、CH_4、C_2H_6、C_3H_8、C_4H_{10}
	城市煤气	H_2、N_2、CO、CO_2、CH_4
	合成气体	H_2、N_2、CO、CH_4
	坑道气体	CH_4
	稀有气体	He、Ne、Ar

2.6.2 在液相吸附中的应用

活性炭在液相中使用是从精制糖脱色开始的，现在虽然仍以脱色为主要目的，但通常都还有其他的效果。活性炭液相处理效果主要列举如下：

脱色，除去在可见光波长有吸光性的物质。

除去在可见光波长外有吸光性物质。

除去发色的前身物质。

除去臭味物质或调整香味。

除去臭味的前身物质。

除去浑浊及有可能生成浑浊的物质。

除去泡沫和保泡性物质。

除去阻碍结晶析出的物质。

除去胶质。

除去保护胶质的物质。

除去生理上有害的物质。

除去促进产品变质的物质。

活性炭在液相中使用时，多用粉状活性炭，由于液相与气相吸附不同，扩散速度小，粉状活性炭吸附时间可短，效果大。

颗粒活性炭是在第二次世界大战后开始在液相使用的，20世纪50年代相继在制糖、味精、石油、化工等工业的溶液精制方面扩大使用，随后，在其他领域逐步地推广应用。

粉状活性炭或颗粒活性炭在使用上各有利弊，要根据具体情况选择使用。颗粒活性炭使用方便，吸附塔可大型化，操作可连续化，自动控制易实现，再生容易，活性炭耗用量可降低，但脱色力较低，吸附时间长，塔要求较高，一次投资较大。粉状活性炭脱色力较大，每次使用量较少，设备简单，但再生困难，间歇操作，活性炭耗用量较大，操作环境差。

活性炭在液相中的吸附，与气相吸附类似，也可大致分为精制、回收（或捕集）和分离3大类。

2.6.2.1　液相精制

(1) 食品工业中用活性炭脱色精制历史悠久，不同使用场合的应用实例见表 24-90，对要获得复合效果的场合，也有将不同种类的活性炭并用或与其他精制法组合使用的，如制糖工业中，因工艺过程不同，有用骨炭、活性炭和离子交换树脂等不同的脱色精制工艺，国内葡萄糖工业的粗糖液用活性炭脱色精制。

表 24-90　食品工业中的液相精制

行业类别	品　名	精 制 效 果
精制糖工业	甘蔗糖	脱色、除去胶体、提高结晶性、提高产品稳定性
	甜菜糖	脱色、除去胶体、提高结晶性
	糖　蜜	脱色、除去胶体、提高结晶性、再利用、捕集甜菜碱及谷氨酸
淀粉糖工业	葡萄糖	脱色、脱臭、除去胶体、提高结晶性、提高产品稳定性
	水饴糖	脱色、脱臭、除去胶体、提高产品稳定性
乳制品工业	乳　糖	脱色、脱臭、除去胶体、提高产品稳定性
酿造工业	清　酒	脱色、调整香味、防止火落菌、提高产品稳定性
	啤　酒	脱色、调整香味、提高产品稳定性（防止冷雾）
	葡萄酒	脱色、调整香味
	威士忌	调整香味
	朗姆酒	调整香味
	白兰地	调整香味
	伏特加	调整香味
	酒　精	调整香味
	果　酒	脱色、调整香味
	酱　油	脱色、调整香味
	食　醋	调整香味
食用油工业	食用油	脱色、脱臭、除去胶体、除去白土臭
	人造奶油	脱色、脱臭、除去白土臭
	可可脂	脱色、脱臭、除去白土臭
	猪　油	脱色、脱臭、除去白土臭
食品添加物工业	谷氨酸钠	脱色、脱臭、除去胶体、提高产品稳定性
	核酸系调味品	脱色、脱臭、除去胶体、提高产品稳定性
	调味液	脱色、调整香味、脱臭
	乳　酸	脱色、脱臭、除去胶体、提高产品稳定性
	柠檬酸	脱色、脱臭、除去胶体、提高产品稳定性
	酒石酸	脱色、脱臭、除去胶体、提高产品稳定性
	戊烯二酸	脱色、脱臭、除去胶体、提高产品稳定性
	抗坏血酸	脱色、脱臭、除去胶体、提高产品稳定性
	琼　脂	脱色、脱臭
	果　胶	脱色、脱臭
	明　胶	脱色、脱臭
其　他	糖　浆	脱色、脱臭、除去胶体
	果　汁	脱色、脱臭、除去胶体
	冰糖块	脱色、脱臭、再利用

味精工业中，在制得谷氨酸钠成品的过程中，要经两道活性炭处理，先用活性炭吸附除去部分浓缩的谷氨酸中的色素和胶质，浓缩的谷氨酸液与适量的氢氧化钠中和，得到的谷氨酸钠液，再用活性炭吸附残余的色素和杂质。

在酿造工业中用活性炭除去臭味、脱色、调整香味、提高产品稳定性。

(2) 医药工业液相精制：医药工业所用活性炭，除脱色脱臭外，为提高药品的稳定性和避免副作用，提高药品纯度，所用活性炭本身的纯度要求也很高。抗菌素类药品、磺胺类药品、生物碱和激素等生产过程中都要经活性炭脱色提纯，尤其是针剂药物非经活性炭处理不可，针剂液在生产过程中含有一种叫“热原”的杂质（发热性物质），大概是杂菌的尸体或微生物产生的毒素，如不除去、患者注射后会感到发冷，接着体温上升、脉搏加快，这种“热原”目前只有用活性炭处理才能除去。在医药工业液相精制应用实例见表 24-91。

表 24-91 医药工业液相精制

行业类别	品 名	效 果
医药品工业	抗菌性物质	脱色、脱臭、除去胶体、提高纯度及得率、提高稳定性
	硫磺剂	脱色、脱臭、除去胶体、提高纯度及得率、提高稳定性
	生物碱	脱色、脱臭、除去胶体、提高纯度及得率、提高稳定性
	维生素	脱色、脱臭、除去胶体、提高纯度及得率、提高稳定性
	荷尔蒙	脱色、脱臭、除去胶体、提高纯度及得率、提高稳定性
	注射用水	除去发热性物质

(3) 化学工业及其他工业液相精制：这方面的应用也很为广泛，其实例见表 24-92，如印染布料中，多余的染料在印花的周围，水洗时会溶到水里影响布匹色泽，在染色液或洗涤水中加入少量粉状活性炭，便可防止这种现象。

表 24-92 在化学工业及其他方面的液相精制

行业类别	品 名	效 果
工业用油剂工业	矿物油、油剂	脱色、脱臭、除去胶体、再利用
	蜡	脱色、脱臭、除去胶体
	界面活性剂	脱色、脱臭
	可塑剂	脱色、脱臭、除去胶体、除去起泡性物质
	硬化油	脱色、脱臭、除去胶体、除去起泡性物质
	羊毛脂	脱色、脱臭、除去胶体、除去起泡性物质
	蓖麻油	脱色、脱臭、除去胶体、除去起泡性物质
	甘 油	脱色、脱臭、除去胶体、除去起泡性物质
橡胶工业	再生橡胶	防止药剂渗透
石油精制化学工业	液体石油馏份	脱色、脱臭、脱硫
	吸收液 酸类	脱色、除去胶体、除去起泡性物质、再利用
	吸收液 盐类	脱色、除去胶体、除去起泡性物质、再利用
	吸收液 胺类	脱色、除去胶体、除去起泡性物质、再利用
	废 油	脱色、除去胶体、除去起泡性物质、再利用
高分子化学工业	合成树脂、合成纤维原料	脱色、脱臭、防止副反应
	合成树脂、合成纤维中间体	脱色、脱臭、防止副反应
	纺线浴	脱色、脱臭、除去胶体、再利用
	特殊加工用溶液	脱色、脱臭、除去胶体、再利用
	溶 剂	脱色、脱臭、除去胶体、再利用
染料、染色工业	染料中间体	防止副反应、提高纯度及得率
	洗涤液等	脱色、防止渗透
无机药品工业	磷 酸	脱色、除去胶体
	硼 酸	脱色、除去胶体
	盐 酸	脱色、除去胶体

（续）

行业类别	品　名	效　果
无机药品工业	明　矾	脱色、除去胶体
	碱	脱色、除去胶体
	碳酸盐	脱色、除去胶体
	双氧水	除去有机杂质
金属工业	脱脂溶剂	除去油脂、除去胶体、再利用
	电镀液	除去油脂、除去分解产物、再利用
干　洗	干洗液	脱色、脱酸、除去胶体、再利用
采矿业	漂浮选矿液	除去及调整漂浮选矿剂
分　析		除去生物化学试样等的妨碍分析的成分

浮选法选矿，是利用加入的浮选剂对一定组分进行浮选，如加油酸能把金属硫化物粘附，而对硅石等就难粘附。粘附油膜的金属硫化物不会被水润湿，当充气悬浮时就可在表面的泡沫中收集到，而其他组分保留在液相中，但用浮选剂过量时会将脉石微粒浮选到水面，这时加入足够的活性炭，除去脉石微粒上的油膜，就能使脉石微粒沉入水中。

在橡胶工业中，活性炭有一种独特的用途。小汽车轮胎的白色侧壁，主要成分是黑色的再生橡胶，仅仅在轮胎的外侧部分有白色橡胶，如长期使用，胎体部分使用的软化剂、油、促进剂等渗透到再生橡胶层的外侧，在白色的橡胶层上形成肮脏的渗迹，如预先在再生橡胶层中加入活性炭，上述成分能被吸附保持在活性炭上，从而防止变色。

2.6.2.2　液相回收（或捕集）

在液相中的回收（或捕集）的应用实例见表 24-93。

表 24-93　液相回收（或捕集）

行业类别	品　名
医药品工业	抗菌性物质、维他命、荷尔蒙、酵素（酶）、核酸类、其他生物化学药品、生物碱
食品工业	核酸类调味品、植物成分
煤气工业	苯酚
制碘工业	碘
采矿业	金、银、钯、锇、汞、铀、铅、锌、铜
一　般	水中的有机溶剂成分
分　析	捕集水中的有机物（CCE，CAE）

在生物化学药品的生产中，往往由于产品的稳定性小而限定了吸附或解吸工艺条件，为此，需常常采用改变 pH 值和溶剂的手段，如图 24-71 的 Brook 等人的链霉素制造工艺可作为典型。若把培养液调整到 pH 值为 2，进行活性炭处理时，链霉素不被吸附，其他易吸附的杂质可被活性炭吸附除去，随后把滤液调到 pH 值为 7 进行活性炭吸附时，链霉素被活性炭吸附，而难吸附的杂质作为滤液除去，吸附在活性炭上的链霉素，用硫酸调至 pH 值为 2.5 再用稀丙酮萃取，萃取液浓缩并冷却即可析出链霉素。

炼焦炉的废液处理，通常吸附在活性炭上的苯酚用苯置换解吸或用氢氧化钠等中和而解吸得到苯酚。

捕集海水中的碘时，首先通过氧化以游离碘的形式让活性炭吸附，解吸是用氢氧化钠生成碘化钠的形式取出。

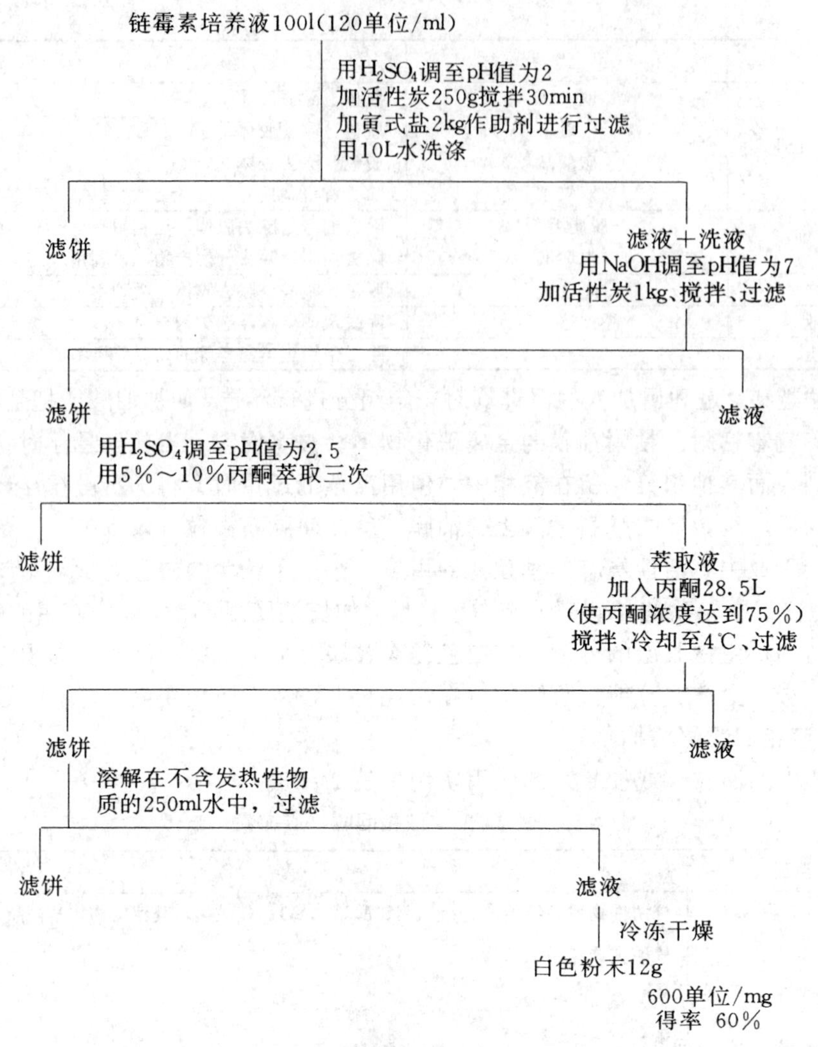

图 24-71 链霉素精制工艺过程

在捕集金时，一般采用以氰化金的形式被吸附，而后在高温下烧掉活性炭，金从灰分中回收。

2.6.2.3 液相分离

作为液相分离之一，活性炭在糖或糖的衍生物柱型色层分离法中的应用，如图 24-72。单糖、二糖、三糖的洗提性差异很大，所以易于分成几组，也能用于核酸类物质、氨基酸、脂肪酸、抗菌性物质、生物碱等的分离。

使用较早的色层分离法的例子，有 Shearon Jr 等人的叶绿素、叶红素和叶绿体的分离。其工艺流程如图 24-73，苜蓿用正已烷进行两段浸取，将其浸取液减压浓缩后送入装有高 2m、粒度为 20～200 目活性炭的第一吸附塔，要分离的 3 种成分中，叶红素最先开始穿透，这时，停止加入原料液，放进正已烷洗提叶红素，叶红素洗提液流出刚结束，立即加入正已烷-异丙醇洗提叶绿体，而后从塔出口加入苯-异丙醇洗提叶绿素，从第一吸附塔中洗提下来的叶红素洗提液，进一步送入第二吸附塔中吸附，并再用正已烷以高浓缩液形式洗提下来。

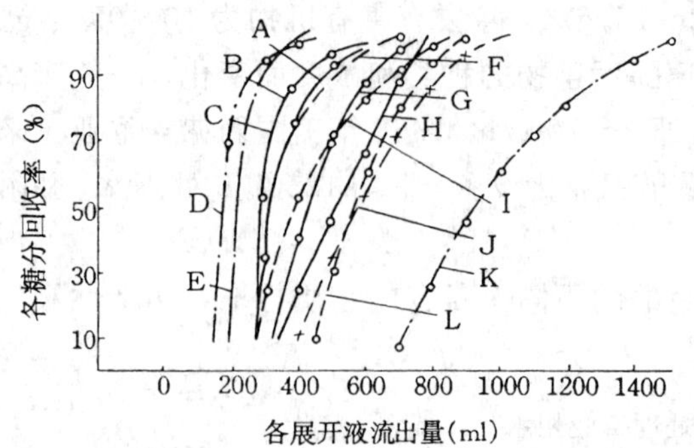

图 24-72 在活性炭柱型色层分离法中糖的洗提

A. 果糖（水）；B. 阿拉伯糖（水）；C. 海藻糖（5%乙醇）；D. 松三糖（15%乙醇）；E. 棉籽糖（15%乙醇）；F. 蜜三糖（5%乙醇）；G. 甘露糖（水）；H. 鼠李糖（水）；I. 蔗糖（5%乙醇）；J. 乳糖（5%乙醇）；K. 棉籽糖（10%乙醇）；L. 麦芽糖（5%乙醇）

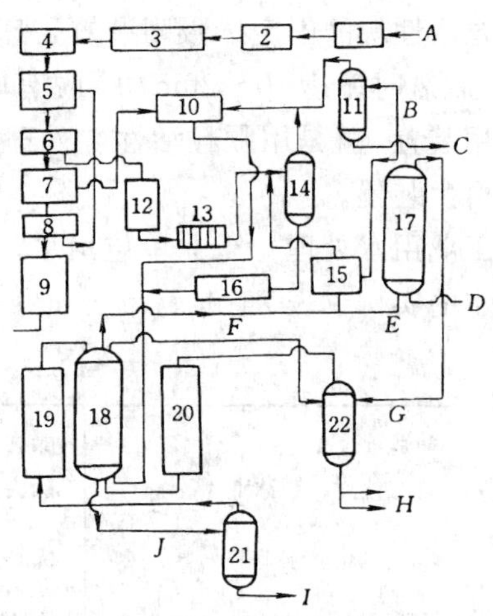

图 24-73 从苜蓿分离叶绿素和叶红素的工艺流程

1. 切碎；2. 脱水；3. 锤碎；4. 筛分；5. 第一萃取槽；6. 分离器；7. 第二萃取槽；8. 分离器；9. 回收正己烷；10. 正己烷；11. 蒸发器；12. 缓冲罐；13. 压滤；14. 粗浓缩；15. 回收正己烷；16. 粗浓缩液；17. 第二吸附塔；18. 第一吸附塔；19. 苯-异丙醇；20. 正己烷-异丙醇；21. 蒸发器；22. 蒸发器；A. 原料苜蓿；B. 叶红素浓缩液 A；C. 至叶红素后处理工段；D. 正己烷；E. 叶红素浓缩液；F. 叶绿体和叶红素的浓缩液；G. 叶红素浓缩液 B；H. 至叶绿体和叶红素桶；I. 至叶绿素后处理工段；J. 叶绿素浓缩液

2.6.3 在环境保护中的应用

2.6.3.1 水处理方面

活性炭用于水处理始于 1927 年底，当时美国芝加哥市水源受苯酚污染，净水场采用氯处理，不但没有解决问题，反而使自来水带来异臭的氯酚，用这种水加工食品、饮料等销售不出，经多方研究用活性炭处理才得以除去水中的异臭，此后又证实用活性炭除臭不但效果好，而且经济，从而开辟了活性炭用于供水处理的应用途径，并得到迅速普及，继而推广到工业用水、城市废水、工业废水等处理方面。目前国外活性炭总生产量 80 万 t 左右，约有 70%用于环境保护方面，其中水处理占居首位。

初始水处理多用粉状活性炭，采取间歇分批操作法，目前多数已改用颗粒活性炭的固定床循环连续操作或流态化床吸附塔连续操作法。

(1) 供水处理：饮用水对水质要求最为严格，其有毒成分、pH 值、大肠杆菌、生物耗氧量等都制定有控制标准，不允许含致臭的有害物质。一般造成水臭的原因，一是湖泊、水库等水源中的营养成分使浮游生物、藻类滋生繁殖；另一是江河水源上游工农业废水、城市污水造成的。供水用活性炭处理，可除去水中的有机杂质、各种异味，比用氯气、漂白粉处理为好，或者，把这两种方法结合起来，用氯消毒后，再用活性炭把剩余的、未起反应的氯和生成的氯化物等除去。

为消除饮用水由于氯消毒而残留的游离氯所引起的异味，现已研制出活性炭净化器，将净化器直接接在水龙头上，水通过活性炭得以净化。载有银等一类贵金属的活性炭可作催化吸附剂，起着催化氧化和杀菌的作用，可除去水中大肠杆菌等。

粉状活性炭容易分散在水中，接触效果好，能达到经济净化水的目的，因此在城市供水中广泛应用，粉状活性炭的使用量，除去异臭时为2～15μg/g，除去有害有机物为10～99μg/g。

用颗粒活性炭的固定床吸附装置，床高和流速随污染物的种类和浓度而变化，一般床高0.6～3m，脱氯时流速10～20m/h，脱有机物时流速3～10m/h。1963年美国西弗吉尼亚自来水公司所用装置，就是用颗粒活性炭处理供水的最早工业化设备，平均1250t/h处理水，并附有活性炭再生装置。

(2) 工业用水处理：工业单位用水，按使用目的的不同有各自的水质标准，用活性炭处理工业用水的实例见表24-94。

表 24-94 用活性炭处理工业用水

酿造业	除去地下水的有机物（色、臭味、胶质、洗剂、农药等）
清凉饮料、制冰业	除去水中的游离氯、臭味等
电力、化学工业等	锅炉用水净化、锅炉回流水的脱油
医药工业	原水中“热原”的除去
电子仪器工业	超纯水的制造
养鱼业	水道水中氯的除去
海运业	饮用水制造
其　他	保护离子交换树脂、净化工业用水和厂内循环水

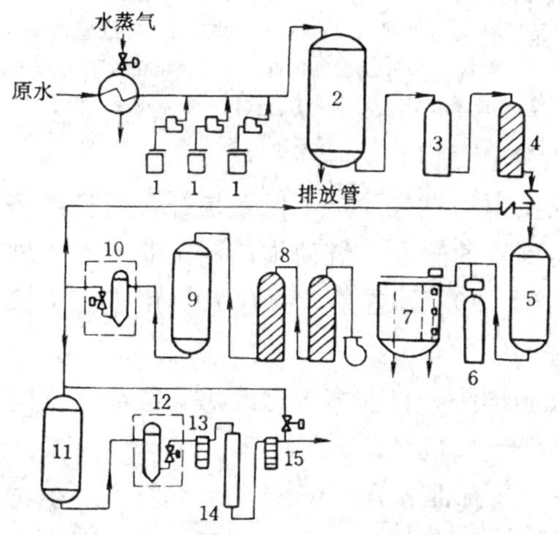

图 24-74 电子工业用高纯水制造装置

1. 药品贮槽；2. 凝聚槽；3. 砂滤器；4. 活性炭过滤器；5. 阳离子交换塔；6. 氯气钢瓶；7. 贮槽（液面调整式）；8. 活性炭过滤器；9. 阴离子交换塔；10. 紫外线杀菌器；11. 混床式树脂塔；12. 紫外线杀菌塔；13. 过滤器（0.5μ）；14. 混床式特制树脂塔（不能再生）；15. 过滤器

高纯度水广泛应用在电子、石油化工、医药等工业，一般处理过程是：水源水⟶大蓄水池⟶加絮凝剂⟶搅拌⟶沉淀⟶氯处理⟶过滤⟶活性炭处理。其中一例如图24-74。

(3) 城市污水处理：目前活性炭用于城市污水处理，一般作为三级处理①。所谓三级处理，指的是将二级处理水中残存的耗氧物质、难分解的有机物、产生臭味物质、无机物以及着色物质用活性炭处理除去。

吸附装置多用填充床，或是水向下流通过，或是向上流通过，也有用逆流接触的流态化床或移动床。

国外比较成熟典型污水处理装置见表24-95，多数用煤质颗粒活性炭，接触时间15～40min，活性炭耗用量30～100g/m^{3}左右，废活性炭再生几乎都用多层耙炉。

① 一般隔油、凝聚、浮选等是一级处理；曝气、生化处理等是二级处理。

表 24-95　活性炭用于城市污水处理

吸附装置形式	能力 (m^3/d)	滞留时间 (min)	活性炭种类 (目)	活性炭需要量 (g/m^3)	除去效率 (g/100g)	水质	
						流入水 (μl/L)	流出水 (μl/L)
填充床（∅3.2m×7.3m），床高 4.3m，活性炭量 227t	10 000～20 000	15～24	8～30	34～87 25	—	COD20～60 TOC8～18 BOD5～20	1～25 1～6 2～5
填充床，4 塔串联，床高 2.9m，活性炭 12t	1 100	40	12～40	40～60	55 (COD) 50 (COD)	COD 43	9
填充床，4 塔串联，床高 6.1m	1.2 4.3	15 40	粒状	75	45 (COD) 20 (COD)	COD 50 COD 70	12～20 19
填充床，4 塔串联，床高 7.3m	150	24	粒状	72	31 (TOC)	TOC 25	2.5
填充床，5 塔串联，当 4 塔运行时，总床高 8m	190	32	12～40 4～35	70	8～17 (TOC)	TOC 10～24	2～7

(4) 工业废水处理：工业废水有两类，一种是以一个工厂为主的单纯废水，一种是从各个工厂排出的复杂的混和废水，两者处理方法是不同的，对单纯废水如酚合成树脂工厂的酚、尼纶厂的已内酰胺等吸附分离后，水再返回使用，这时吸附分离是回收循环体系中的一个环节。对混和废水，是把有害成分分解后用吸附法除去，一般水不循环利用。活性炭吸附法对用生物化学法处理难以除去的农药、酚、合成洗涤剂、有机染料、油类等的废水处理是很有效的。

工业废水处理，是环境保护的重大课题之一，工业废水处理净化后，不仅防止了江河污染，而且可回收利用水资源。随着工业的发展，人民生活水平的提高，对水的需求量日趋增加，在一些缺水的国家或地区情况更为严峻，在开辟新水源的同时，要求工厂废水回收再用是有着现实作用的。

造纸厂废水量大，含有机物多，日本试用木材废料及造纸浓黑液淤泥等制成活性炭处理废水，以达到水闭路循环而不排放。国内造纸厂除了黑液综合利用、碱回收外，也正在进行废水处理净化问题。

炼油厂排出的大量废水中，以含油污水及含硫污水污染较大，这种废水的处理流程是首先将含硫污水进行氧化或汽提脱硫、然后与经隔油处理的含油污水汇合进入浮选池，除去乳化油，出水再进生化曝气池进行生物氧化，使总出水中的硫、油、酚和化学耗氧量均达到工业三废排放标准。为进一步提高污水处理水平，使处理后的废水达到回用的要求，国内外炼油厂在生化爆气池的基础上，增设活性炭吸附装置，也有将活性炭吸附作为二级处理代替生化处理。

在火药化工生产过程中，排出多种硝基化合物的酸性废水，主要含 TNT、三硝基苯甲酸等硝基化合物。用化学混凝沉淀处理费用高，还会产生大量泥渣；用生化处理必须预先进行中和，而且仅适用于 TNT 含量较低的废水；用活性炭吸附可以有效地除去 TNT，其 TNT 吸附量可达 320mg/kg，硝基化合物浓度从 350mg/L 降到 5mg/L。

活性炭对废水中一些金属元素如汞、锌、银、镉、镍、钴等都有吸附能力，可用活性炭处理这些金属废水。国内水银温度计厂排出含汞废水，用活性炭吸附处理，效果达 97%，吸附汞量可达 2g/kg，不仅消除污染，而且将汞回收。

生产二硫化碳过程排出的废水含二硫化碳1mg/L,用活性炭可回收90%以上，国内已使用，该设备简单，操作容易，成本低廉。

近年来国内外采用粉状活性炭与活性污泥以及颗粒活性炭生物膜法处理工业废水，可以在二级处理或三级处理中应用，较为简便经济。

2.6.3.2 防止大气污染方面

(1)生活环境的空气净化：生活环境中的有害气体，有来自烟囱排出的二氧化硫、一氧化碳、硫化氢和氮氧化物等，也有工厂各种作业和居住环境中产生的各种臭气，处理这些有害气体和臭气的方法有多种，对大容量、低浓度气体的处理以采用活性炭吸附法最为合适、且又经济，易于管理，一般是活性炭空气过滤器和空调设备、换气设备并用。活性炭空气过滤器构成简单、替换容易，有如图24-75的几种形式，应用于表24-96的各种场合，处理吸入室外空气的净化和室内排出的污染空气。

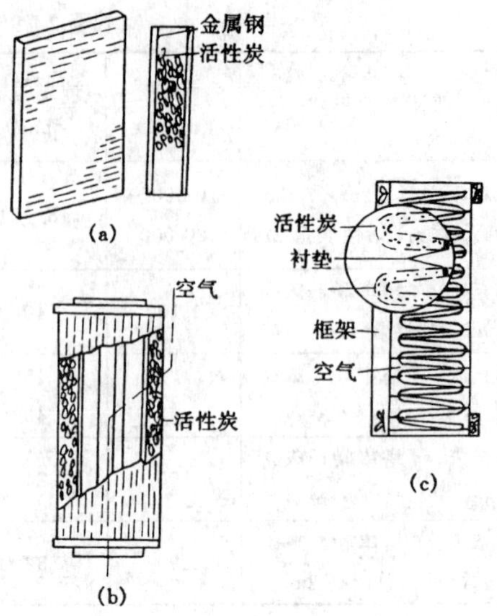

图24-75 空气净化用活性炭滤器
(a) 平板型；(b) 圆筒型；(c) W型

表24-96 活性炭用于空气净化

取自室外空气净化		二氧化硫、氮氧化物、臭氧、氧化剂、腐蚀性气体、恶臭
室内空气污染的除去：	一　般	体臭、吸烟臭、烹饪臭
	地下室	体臭、吸烟臭、烹饪臭、油臭、厕所臭
	海底设施	体臭、吸烟臭、烹饪臭、油臭、厕所臭
	贮藏库	贮藏品发生的气体（防止香味散发、果实早熟等）
	无臭室	臭气

(2)烟气脱硫：火力发电站、黑色和有色冶金工业等的燃料和矿石中所含的硫，在燃烧或加工中都会产生大量二氧化硫气体。硫酸厂也有二氧化硫气体逸散。炼油厂、化工厂和造纸厂等都有较大型的烧煤、烧气和烧油的锅炉或燃烧炉，它们产生的二氧化硫都从烟气中排出，所有这些废气若不经妥善处理，排入大气后将严重污染空气，如经脱硫后再以排放，不仅防止污染，且可回收硫酸等有经济价值的产品。活性炭吸附法是排烟脱硫的方法之一，在国外应用较多。日本近年来使用的主要工艺过程见表24-97。

表24-97 主要的活性炭排烟脱硫法

氧化吸附	分离再生	回收产品	备　注
干式、固定床	水　洗	粗硫酸、石膏	
干式、固定床	水蒸气加热	粗硫酸、石膏	
干式、固定床	氨水洗	硫　　铵	
干式、固定床	电极加热	粗硫酸、SO_2 等	
干式、固定床	水　洗	粗硫酸	加催化剂
干式、移动床	惰性气体加热	粗硫酸、SO_2 等	
干式、移动床	砂粒加热	粗硫酸、SO_2 等	
干式、移动床	氢加热	元素硫、SO_2	
湿式、固定床	水　洗	粗硫酸	加催化剂

活性炭对二氧化硫气体的吸附，在仅有二氧化硫时，是物理吸附，但如烟气中有水蒸气、氧共存时，也发生化学反应，吸附量显著增加，吸附机理如下：

$$SO_2 \rightleftharpoons SO_2{}^{①}，\ O_2 \rightleftharpoons 2O^{①}$$

$$H_2O \rightleftharpoons H_2O^{①}，\ SO_2{}^{①} + O^{①} \longrightarrow SO_3{}^{①}$$

$$SO_3{}^{①} + H_2O^{①} \longrightarrow H_2SO_4{}^{①}$$

$$H_2SO_4{}^{①} + nH_2O^{①} \longrightarrow H_2SO_4 \cdot nH_2O^{①}$$

其中①表示活性炭表面的活性中心，逐渐被吸附的二氧化硫或硫酸占据，最后达到饱和状态。随着以后脱附方法不同，回收产品有硫酸、液态二氧化硫、石膏、固体硫等。日本、德国采用活性炭法进行烟道气脱硫。1972 年日本建成了最大处理量为 42 万 Nm^3/h 的一套装置，其流程如图 24-76，6 座脱硫塔各有 3 个室构成，其中装填活性炭，烟气并流入室内，18 个室中的 2 个室进行水洗解吸，各室以吸附 56h，水洗 7h 为一个运转周期，得到最高的脱硫效率，水洗得到的硫酸浓度为 15%～20%，用以制造石膏。

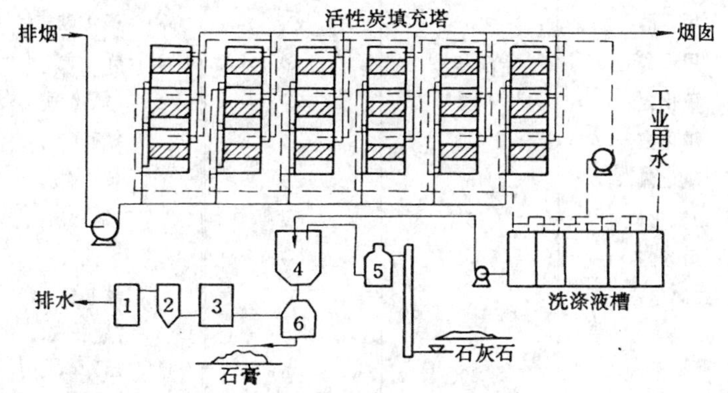

图 24-76 固定层水洗解吸式活性炭法（420 000Nm^3/h）

1. 中和槽；2. 沉降槽；3. 过滤槽；4. 脱水机；5. 反应槽；6. 湿磨

(3) 防除生产中放出的有害气体和恶臭：为防止大气污染和符合劳动安全卫生的要求，不仅要防止生活环境而且也要防止劳动环境的空气污染，用活性炭吸附法是排除生产中有害气体的有效方法。活性炭除对一些有机毒气有良好的吸附效果外，对于一些有毒的无机气体也有较好的吸附能力，如氮氧化物、氢氰酸气体、氢氟酸气体及氯气等。将载有不同催化剂的活性炭用表净从工厂中排出的有毒废气则更为有效。活性炭吸附法对各种有害气体的适用程度见表 24-98。

随着汽车数量的剧增，从汽车油箱、汽化器、气缸等处挥发的汽油蒸汽造成空气污染已不能忽视，美国、日本于 20 世纪 70 年代先后采用了活性炭法防止汽油挥发散失装置(Evaporation Loss Control Device，简称 ELCD)，其工作原理是，在汽车停驶时，由于白天气温升高、太阳照射等原因致使油箱、汽化器、气缸等处温度上升，造成部分汽油挥发，但这部分挥发汽油可通过防止汽油挥发散失装置中的活性炭层捕集，当汽车再度行驶时，一部分空气经活性炭层，将所捕集到的汽油解吸后送至气缸内燃烧，这样既可节约油料又能保护环境。

(4) 防除原子能设施放出的放射性物质：铀燃料核裂变所产生的放射性气体中有碘、氪、氙等许多种同位素，对这些废气处理比较困难，采用活性炭载有碘化钾的椰壳活性炭过滤器可除去放射性碘。

表 24-98 活性炭吸附法对有害气体的适用程度

有害物质	允许浓度 (μl/g)	适用程度	有害物质	允许浓度 (μl/g)	适用程度
氨 气	50	△	苯	25	◎
氟化氢	3	△	吡 啶	5	◎
氰化氢	10	○	酚	5	◎
一氧化碳	50	×	硫酸（SO_3计）	1mg/m³	○
甲 醛	5	△	氟化硅	F2.5mg/m³	△
甲 醇	200	◎	光 气	0.1	○
硫化氢	10	○	二氧化硒	Se0.2mg/m³	○
磷化氢	0.3	△	氯磺酸		○
氯化氢	5	△	黄 磷	0.1mg/m³	○
二氧化氮	5	○	三氯化磷	0.5	○
丙烯醛	0.1	◎	溴	0.1	◎
二氧化硫	5	◎	羰基镍	0.001	○
氯	1	◎	五氯化磷	1mg/m³	○
二氧化碳	20	◎	甲硫醇	10	◎

注：◎好，○较好，△较差，×没有效果。

2.6.4 在催化及其他方面的应用

2.6.4.1 活性炭作催化剂或催化剂载体

活性炭本身有各种催化活性，可单独作催化剂使用。一些活性炭作为催化剂载体载有其他催化剂形成活性炭催化剂，使两者的组合催化活性大大增加。

（1）活性炭作为催化剂：

①加成反应：光气（$CoCl_2$）最初是氯气和一氧化碳在日光下化合制得的。如果氯气和一氧化碳混和气体通过活性炭层，在80～150℃、0.1～1MPa下则可很快进行反应，且可提高得率。

②置换卤化反应：

$$RH+Cl_2 \longrightarrow RCl+HCl$$

RH代表芳烃、甲烷、氯乙烯等，通常要在200～400℃下进行反应，若用活性炭作催化剂，则加热温度可降到100～300℃，活性炭催化作用是加快离解氯气并从烃中置换出氢。

③氧化反应：排烟脱硫中二氧化硫催化氧化为三氧化硫。

还有，把低价金属变为高价金属反应如Fe^{+2}、Sn^{+2}、Co^{+2}、Hg^{+1}等许多反应也用活性炭作催化剂。

此外，还有聚合反应、乙醇脱水反应、裂解反应、异构化反应、酯化反应、氢解反应等也用活性炭作催化剂。

（2）活性炭作催化剂载体：以活性炭为载体制成催化剂已广泛应用，尤其是在合成醋酸乙烯酯中，载有醋酸锌的活性炭更有其特殊的催化功能。目前我国已制成适用于氯乙烯催化剂载体的颗粒活性炭，已用载有钯的活性炭作催化剂生产岐化松香和氢化松香。以活性炭作催化剂载体的一些催化反应见表24-99。

表 24-99　以活性炭作催化剂载体的催化反应

类　别	反　　应	活性组分	反应条件
单体制造	醋酸乙烯酯合成	醋酸锌	170～230℃
	氯乙烯	升汞、以碱金属及碱土金属氯化物作助催化剂	120～180℃
	醋酸乙烯基酯	醋酸锌	125～220℃
卤化及脱卤化反应	氰尿酰氯制造	金属卤化物	200～500℃
	盐酸、氢溴酸合成	氧化铁、氯化铜、氯化铬	380℃
	氟利昂类制造	金属卤化物	200～400℃
	三氯乙烯合成	氯化亚铁、氯化钡	250～360℃
	六氯苯合成	氯化铝	200～700℃
	烃的氯化	金属氯化物	①320℃；②液体或熔融
	醇的氯化	磷酸、氯化钙、氯化锌	280～300℃
氧化	醇的氧化	铂、钯、铜、硝酸银、氧化银	
	烯烃氧化	铂	液相 150～250℃
	对异丙基苯甲烷氧化	钯	
	类固醇氧化	钯	350℃
	乙烯氧化制乙醛	钛、锂、钒、铬、钼、银	225～275℃
加氢裂化	焦油加氢裂化	钼、钨的氧化物及硫化物	400℃
	油脂加氢裂化	钼、钨的硫化物	300～400℃、20MPa
脱氢	烷烃及环烷烃脱氢	铂、镍	250～670℃
	烃类脱氢	①钠盐、锂盐；②镍	①450～500℃；②300℃
还原	羧酸还原	钌	145～150℃、65～71MPa
	不饱和酸还原	镍	常温、常压
	烯烃还原	镍、钴	0～160℃
	硝基、亚硝基化合物还原	铑	25～30℃、6.5MPa
	吡啶衍生物还原	铑	55～60℃、2.7MPa
	咔唑类还原	铑、钌	100℃、3.5MPa
还原	羰基化合物还原	硫化铜	389℃、20MPa
	醛还原	钴	39～111℃、0.3～0.6MPa
水合	乙炔水合	汞、锌、铜、镉、锰的硫化物或磷酸盐	150～350℃，260～300℃
	乙烯水合	氧化钍、磷酸、磷酸盐、硫酸	400～500℃，2.5～20MPa
		氧化镁、铁、碳酸钾	150℃
聚合	乙烯聚合	钴、镍、氧化镍、碱金属	①100～150℃；②常温至 250℃
	丙烯聚合	固体磷酸	150～250℃
	烯烃聚合	钛、锆、钴、镍、磷酸、氧化镍	
	丁二烯聚合	钴、镍	0～80℃
异构化	甲酸异构化	磷酸	200～600℃
	松香异构化	氯化锌、钯	①250℃，水蒸气下；②氢气流中
	植物油异构化	镍	170℃
	烯烃异构化	磷酸	380℃
	烃类异构化	铂	450℃、2.5MPa

（续）

类别	反应	活性组分	反应条件
其他反应	羰基化合物合成	铬、镍、铁、锰、汞、钴、铂、钌	50～300℃，0.01～2MPa
	醛、醇制造	硫化钼	450°F，20MPa
	醋酸合成	磷酸	300～500℃，30MPa
	二硫化碳合成	氧化锌	550～700℃
	烯烃合成	铁、钴	300～500℃，0.4～0.7MPa
	酯合成	氟化铝、硅酸	250℃
	丙烯腈制造	碱、碱土金属的碳酸盐、氰化物	
	苯烷基化	氯化锌、氯化硼、磷酸	
	醇的胺化	铂	290～450℃
	四氢呋喃衍生物制造	铂	240～250℃
	烃类缩合、聚合、烷基化	磷酸	222～250℃，6.2MPa
	丙烯醛制造	碳酸钠、碳酸钾	550℃
	甲基乙烯基醚制造	50%氢氧化钾	225℃
	由醚制造醇	磷酸	240～320℃，8MPa

2.6.4.2 活性炭在其他方面的应用

（1）农业上应用：国外报道将农药掺入活性炭中，一起施于土壤中，既可保持农药的有效最小浓度而不会过量，延长农药有效期，还可防止农药有害气体污染大气，农作物中，农药残毒污染问题也可以得到改善。此外，将活性炭加入土壤中，能提高土壤温度、增加水容量、改善通气条件，并起固氮作用，增进植物生长。

（2）医疗上应用：活性炭作医药品，早就用于治疗腹胀、消化不良和慢性肠炎，还用作解毒剂。目前，有把活性炭用于人工肾、肝脏等，在手术过程或人体上应用。

（3）双电层电容器[58,59]：由集电层和活性炭层组成的一对极化电极之间，插入浸有电解质溶液的隔离层，构成了双电层电容器，这种电容器薄而小，且静电容量大。

此外，还有活性炭电池等其他方面的应用。

2.7 活性炭再生[1,6,60]

2.7.1 再生原理

活性炭吸附过程是吸附质、活性炭及溶剂三者间由于亲和力的不同而形成一定的吸附平衡关系，要使吸附质脱离可采用各种方法来改变平衡关系，其原理是：①改变吸附质的化学性质；②用对吸附质亲和力强的溶剂萃取；③用对活性炭亲和力比吸附质大的物质，把吸附质置换出来；④用加热提高温度方法改变平衡条件，吸附等压线如图24-77，温度升高，吸附量减少，而使吸附质脱附；⑤吸附等温线如图24-78，用降低溶剂中溶质浓度（或压力）的方法脱附；⑥使吸附质（有机物）分解或氧化除去。

上述①也称药品再生，对于吸附量随溶液的pH值变化而有很大变化的吸附质是最有效的，在工业废水处理中，吸附了苯酚类的活性炭，用4%氢氧化钠溶液再生是例举之一。②也称溶剂萃取法，如焦化厂的洗涤水中含有的有机酸、焦油等，活性炭吸附后用苯萃取，萃取物用蒸馏方法与苯分离。③的置换物质应考虑容易解吸。④为加热再生，当加热源为水蒸气时，也称水蒸气再生。⑤最好在吸附线接近直线的场合应用更加有利。⑥是高温加热再生，即用高温氧化性气体O_2、H_2O、CO_2氧化、分解再生，以及微生物氧化分解等。

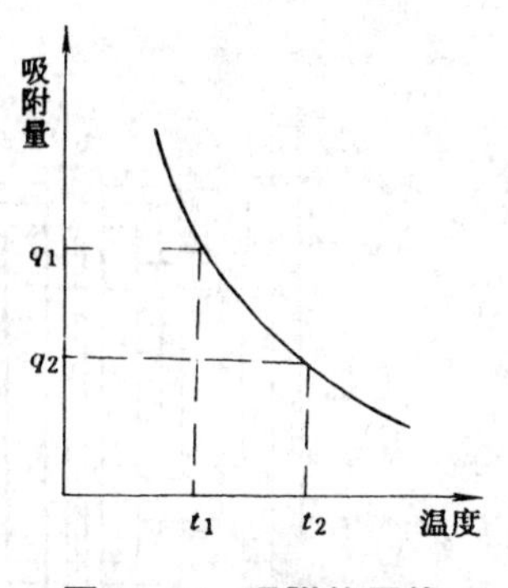

图 24-77　吸附等压线

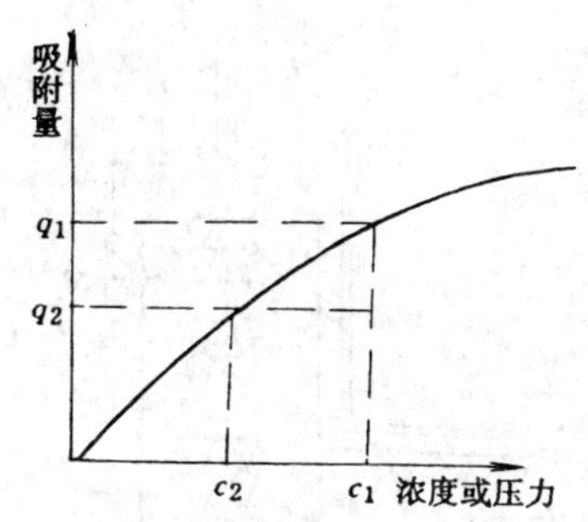

图 24-78　吸附等温线

2.7.2　再生分类

活性炭的再生，一般指吸附饱和后失去吸附性能的活性炭，用物理、化学或生物化学等方法，将所吸附的物质除去，恢复其吸附性能，活性炭再生的分类见表 24-100。

表 24-100　活性炭再生分类

种类		处理温度（℃）	处理介质或药物
加热再生	加热脱附 高温加热再生	100～200 750～950 最低 400～500	水蒸气、惰性气体 燃烧气、二氧化碳、水蒸气
药品再生	无机药品	常温至 80	盐酸、硫酸、氢氧化钠，氧化剂
	有机药品（萃取）	常温至 80	有机溶剂
微生物分解 湿式氧化分解 电解氧氧化		常温 180～220（加压） 常温	微生物 氧化剂、氧、空气 电解质水溶液

2.7.3　再生方法和设备

(1) 回转炉法：工业上，回转炉是废颗粒活性炭再生的主要炉型之一。回转炉的结构和工艺条件都与制造颗粒活性炭的回转炉相似，加热方式有内热式和外热式两种。内热式是将高温烟气通入炉内直接加热，而外热式是从外部进行加热，一种外热式再生回转炉如图 24-79，再生椰壳炭操作时，再生温度为 750℃，炭在炉内停留 1h 左右。吸附回复率达 95%；得率 99%～99.5%。

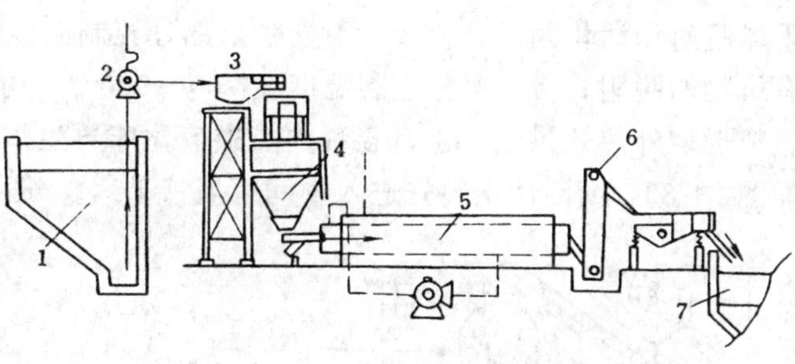

图 24-79　外热式再生回转炉

1. 废炭槽；2. 泥浆泵；3. 脱水；4. 料斗；5. 回转炉；6. 提升机；7. 活性炭槽

(2) 盘式炉法：盘式炉主要用于颗粒活性炭的再生，其结构如图 24-80，炉体为圆柱形，内衬耐火材料，料盘由耐热混凝土浇铸而成，几十个料盘在炉膛中心叠放形成活性炭移动和烟气流动的通道，废活性炭自上而下连续或间歇移动，高温活化气体通过料盘外圈水平穿过垂直往下移动的料层，然后经过料盘内圈进入中心烟道排出，再生后的活性炭从下部料斗放出。

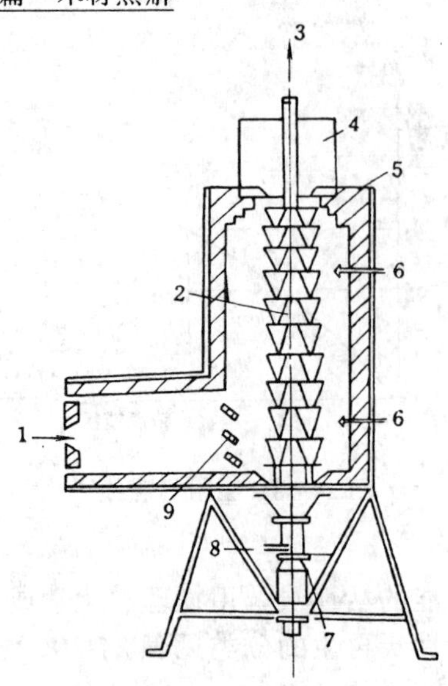

图 24-80 盘式再生炉

1. 重柴油进口；2. 料盘；3. 排气；4. 进料斗；5. 炉体；6. 温度计；7. 出料斗；8. 蒸汽进口；9. 花墙

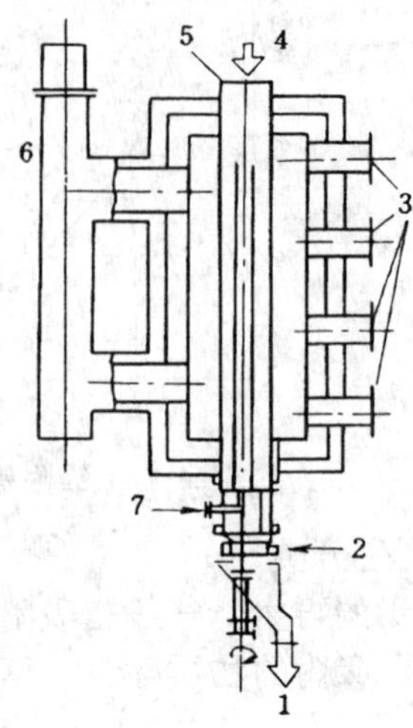

图 24-81 立式管式炉再生

1. 再生活性炭；2. 转盘；3. 燃烧器；4. 废活性炭入口；5. 套管；6. 烟囱；7. 蒸汽入口

(3) 管式炉法：管式炉是由单管或多管组成的移动床再生炉，多为外热式，废颗粒活性炭自上而下移动，活化气体及燃烧载热气体从下而上与料逆流接触，再生后的活性炭由下部卸料器卸出。立式管式炉结构如图 24-81。

(4) 流化床再生法：在流化床再生炉中，废活性炭与高温气体是在流化状态下接触、活化效率高，再生完全，适用于废粉状活性炭和小颗粒活性炭的再生。流化床再生炉有多种形式，操作有间歇式的，但多数是连续式，一种外热式连续操作流化床再生炉如图 24-82，它由干燥脱附和活化两部分构成，干燥脱附部分控制温度在 350～400℃，进行水分的蒸发和部分有机物的脱附；活化部分控制温度在 700～900℃，用水蒸气作活化气体，再生需要的热量由燃料燃烧外热式供给。也有多种内热式流化床再生炉，用间壁分成几个区域的流化床再生炉如图 24-83，废活性炭料先进入中间区域（Ⅰ），一般温度为 100～400℃，进行干燥，然后慢

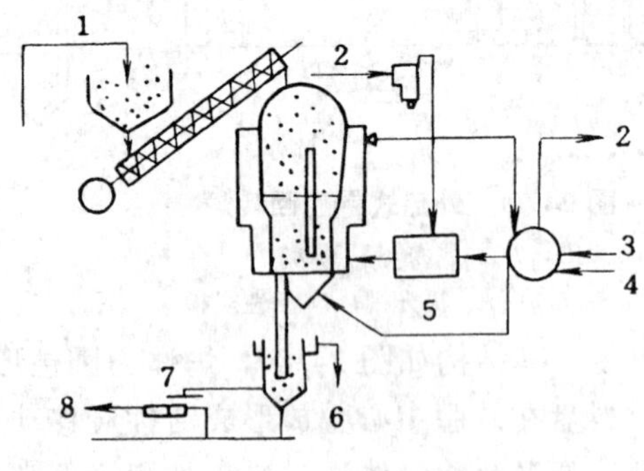

图 24-82 外热式流化床再生炉

1. 废活性炭；2. 排气；3. 燃料；4. 蒸汽；5. 燃烧室；6. 急冷槽；7. 水射器；8. 往吸附

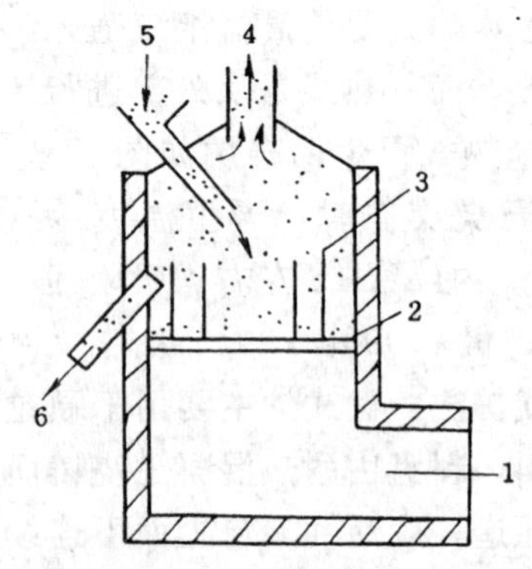

图 24-83 内热式流化床再生炉

1. 活化气体；2. 筛板；3. 间壁；4. 排气；5. 废活性炭；6. 再生废活性炭

慢流入第（Ⅱ）区域，温度为 730～770℃，第（Ⅲ）区域，温度为 750～800℃进行炭化和活化，料在炉内停留 30min 左右，再生后的活性炭从出料口自动连续排出。

（5）气流输送式再生法：高温气流输送式再生废粉状活性炭的方法，是将废活性炭脱水至含水率为 75%以下，送入加料斗，用氧化性气体将其送入文丘里管的咽喉，与高温燃烧气混合，使废活性炭干燥、分散、悬浮于 930℃以上的氧化性气流中，以 1～5s 时间流经反应器，获得再生活性炭。在气流输送式反应器的下部为干燥区，在该区域内进行废活性炭的干燥和初期脱附挥发，在氧化区内，由于氧气的存在而发生放热反应，进行有机挥发物燃烧及沉积炭的局部氧化，最后在再生区内进行蒸汽活化，生成再生活性炭。

（6）多层耙炉法：多层耙炉在美国是主要制造活性炭的炉型，也用于再生活性炭，废活性炭从进料口加入第一层，每层的落料孔设在中央或边缘，转动耙臂上的耙齿使物料移动并经落料孔落入下一层，与炉侧边提供的高温载热气体逆流接触，最后由下部出料口排出。

（7）电流法再生：用多层耙炉、回转炉再生活性炭，由于气体或液体燃料燃烧时过剩空气的进入，造成活性炭的烧失，采用电流法再生可避免这一缺陷。直接电加热活性炭再生炉是将电流直接通入料中，由于活性炭本身的电阻和颗粒间的接触电阻，使电能变成热能，当达到活化温度时，加入蒸汽活化。由于炉体密闭，又没有过剩空气进入，因此无氧化烧失问题。直接电加热再生炉如图 24-84，废粉状活性炭经脱水送入再生炉上段干燥，而后在下段炉活化再生，再生活性炭落入冷却槽冷却后，用炭浆泵送至吸附系统。颗粒活性炭再生炉如图 24-85，湿的废颗粒活性炭从上部料斗加入，在下落过程中用电极连续加热再生。

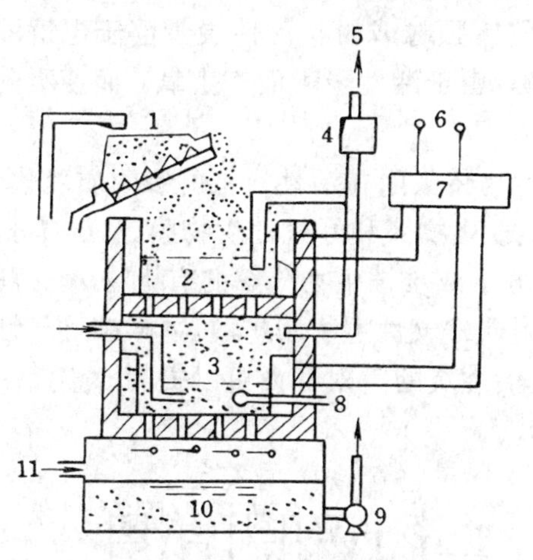

图 24-84 直接电加热再生炉

1. 脱水；2. 干燥；3. 活化；4. 脱臭；5. 排气；
6. 电源；7. 调压器；8. 测温计；9. 炭浆泵；
10. 急冷槽；11. 水

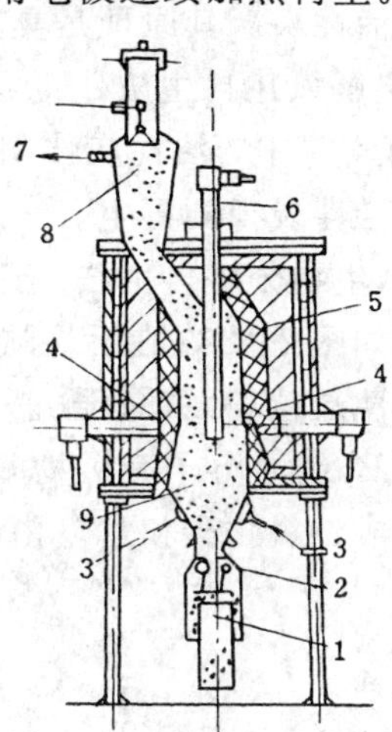

图 24-85 颗粒活性炭电加热再生炉

1. 受器；2. 出料口；3. 气体入口；4. 环电极；
5. 耐火材料；6. 电极；7. 气体出口；
8. 料斗；9. 再生炉

（8）药品处理再生法：这种方法用酸、碱等无机药品，或苯、丙酮、甲醇等有机溶剂处理，对吸附质进行化学反应或萃取，而使吸附质脱附，因此分为药品再生和溶剂再生两种。该法活性炭再生损失小，可在吸附塔中进行，采用两个以上吸附塔交替使用即可，不必另设再生装置，且能回收有用物质。

（9）湿式氧化再生法：粉状的废活性炭湿式氧化再生，是在 200～250℃温度、3～7MPa

压力下，将吸附有机物质的活性炭浆，直接用空气选择氧化去除其中所吸附的有机物质，使活性炭再生的方式。如图24-86，要氧化分解活性炭吸附的有机物质，而活性炭本身不遭氧化，必须选择适当的再生条件如温度、压力等。国外采用此法进行粉状活性炭再生，如图24-87，将含有6%～8%的活性炭浆与压缩空气一起送入换热器，再送入氧化反应塔，经汽液分离器除去气体后，即可得到再生活性炭。

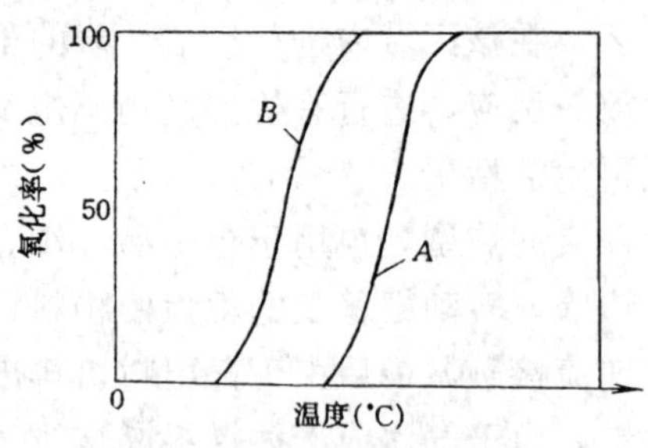

图24-86 选择氧化活性炭中的有机物

A. 活性炭的氧化；B. 被吸附有机物的氧化

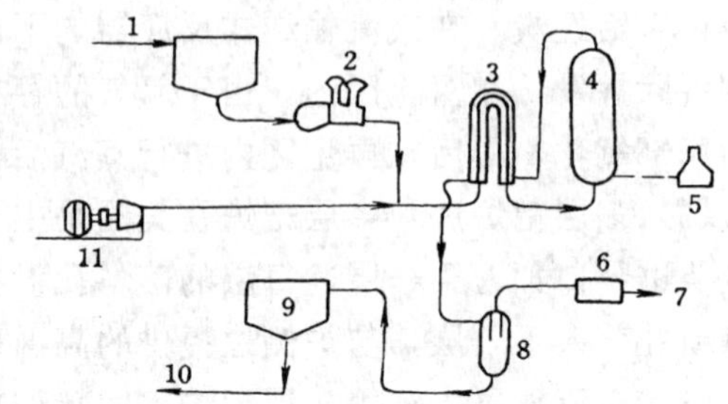

图24-87 湿式空气氧化再生流程

1. 活性炭浆；2. 泵；3. 换热器；4. 反应塔；5. 水蒸气发生器；6. 脱臭器；7. 排气；8. 汽液分离器；9. 贮槽；10. 再生活性炭；11. 压气机

(10) 化学氧化再生法：采用化学氧化剂进行再生的方法，臭氧氧化再生是其中一例，如将活性炭与臭氧并用处理含洗涤剂废水时，不但臭氧消耗量降低了5/6，提高了臭氧利用率，而且再生了活性炭。其原理是臭氧将吸附在活性炭上的有机物氧化分解。

(11) 电解氧化再生法：电解氧化再生法，是将废颗粒或粉状活性炭悬浮于电解液（如Na_2SO_4溶液等）中，活性炭作阳极，进行水的电解，由于活性炭表面产生氧，而使吸附物质氧化分解，活性炭得到再生。

(12) 微生物分解再生法：这种方法是利用微生物将吸附在活性炭上的吸附质氧化分解，其再生过程如图24-88。在活性炭粒周围有一层厌气性生物膜和好气性生物膜。①当有机物A被吸附到活性炭粒表面，②通过厌气性微生物将高分子或难被生物分解的有机物A分解成小分子有机物B，③小分子有机物B难于被活性炭吸附向好气性生物膜扩散，④B被好气性微生物完全分解成二氧化碳和水。由于这种生物效果，活性炭的吸附寿命可以提高5倍。

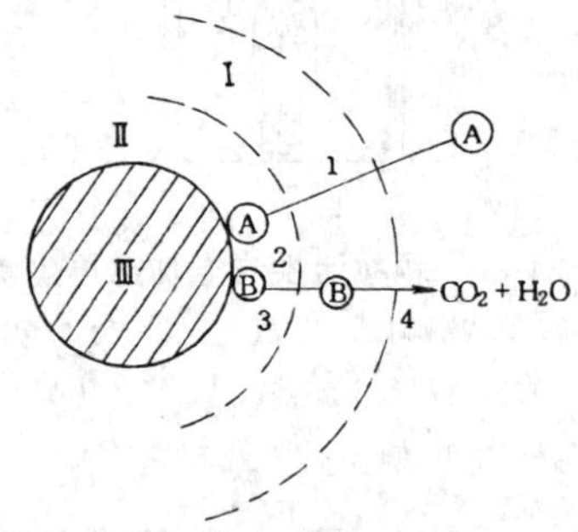

图24-88 微生物分解再生

Ⅰ. 好气性生物膜；Ⅱ. 厌气性生物膜；

Ⅲ. 活性炭粒

A. 有机物；B. 小分子有机物

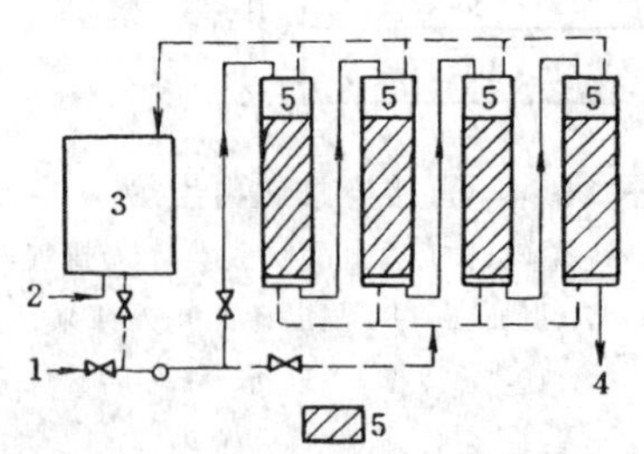

图24-89 微生物再生的四塔式吸附工艺

1. 废水；2. 空气；3. 再生用活性污泥槽；4. 处理水；5. 活性炭

例如，用活性炭吸附塔处理废水时，是微生物分解和活性炭吸附的综合效果，吸附塔仅在开始工作的短时间内是单纯的吸附作用，经过一段时间使用，由于吸附塔内溶解氧低，不可避免地有厌气微生物的繁殖，这时如废水进水中含硫酸盐较高，吸附塔出水就会产生硫化氢臭味，影响出水水质，缩短活性炭使用周期。但是如在吸附塔内保持一定的溶解氧，用曝气充氧法或加入可供氧源的硝酸盐等药品，则可防止硫化氢的生成，而厌气微生物可被有效利用于分解吸附的有机物。

美国 Fram 公司提出将好气性活性炭污泥混浊液定期送入活性炭吸附塔来处理毛织物的印染废水，按 10h 吸附，14h 再生操作进行运转，可以保证活性炭的 COD 去除率。其流程如图 24-89。

2.8 质量控制

(1) 主要品种活性炭的质量指标：国内活性炭，按其生产方法、不同原料、外观形状、用途等分有近 80 个品种。以木屑、果核壳等原料制造活性炭的主要品种有糖用粉状活性炭、针剂用粉状活性炭、药用粉状活性炭、味精用粉状活性炭、工业用粉状活性炭、试剂用粉状活性炭、净水用颗粒活性炭、气体用颗粒活性炭、催化剂载体用颗粒活性炭、溶剂用颗粒活性炭、黄金用颗粒活性炭、味精用颗粒活性炭、试剂用颗粒活性炭等，以煤等原料制造活性炭的主要品种有净水用柱状活性炭、气体用柱状活性炭、脱硫用柱状活性炭、溶剂用柱状活性炭、催化剂载体用柱状活性炭、防毒面具用柱状活性炭等。

这些产品的质量指标可参见 GB/T 13803—92、GB/T13804—92、GB/T13805—92、ZBB13001—88、ZBB13002—88、LY216—79、HG3—1290—80、京 Q/JC5—84 等国家、专业或企业标准。

其部分标准举例如下：

GB/T13803—92 味精用颗粒活性炭国家标准

项 目	指 标	
	一级品	二级品
碘吸附量≥(mg/g)	1 000	900
强度≥(%)	90.0	90.0
充填密度(g/cm³)	0.37～0.46	0.35～0.48
粒度 0.80～0.28mm≥(%)	90	85
干燥减量≤(%)	10.0	10.0
pH 值	4.0～7.5	4.0～7.5
灼烧残渣≤(%)	3.0	4.0
铁含量(Fe)≤(%)	0.10	0.15

GB/T13804—92 净水用活性炭国家标准

项 目	指 标		
	优级品	一级品	二级品
碘吸附量≥(mg/g)	1 000	900	800
亚甲基蓝脱色力≥(ml/0.1g)	8.0	7.0	6.0
强度≥(%)	90.0	85.0	85.0
粒度:2.00～0.63mm≥(%)	90	85	80
<0.63mm≤(%)	5	5	5
干燥减量≤(%)	10.0	10.0	10.0
pH 值	7.0～11.0	7.0～11.0	7.0～11.0
灼烧残渣≤(%)	5.0	5.0	5.0

(2)活性炭的检测方法：以木屑、果核壳等原料制造活性炭的检测方法可参见 GB/T12496—90 国家标准。

以煤等原料制造活性炭的检测方法可参见 GB7702—87 国家标准。

GB/T13805—92 糖液用活性炭国家标准

项 目	指 标			项 目	指 标		
	优级品	一级品	二级品		优级品	一级品	二级品
A法焦糖脱色力≥(%)	100	90	80	灼烧残渣≤(%)	3.0	4.0	5.0
B法焦糖脱色力≥(%)	100	90	80	酸溶物≤(%)	1.00	1.00	2.00
干燥减量≤(%)	10.0	10.0	10.0	铁含量(Fe)≤(%)	0.05	0.10	0.15
pH值	3.0～5.0	3.0～5.0	3.0～5.0	氯含量(Cl)≤(%)	0.20	0.25	0.30

ZBB13002—88 针剂用活性炭专业标准

项 目	指 标		项 目	指 标	
	氯化锌法	物理法		氯化锌法	物理法
亚甲基蓝脱色力≥(ml/0.1g)	11	11	灼烧残渣≤(%)	2	3
硫酸奎宁吸附量≥(mg/g)	120	120	酸溶物≤(%)	0.8	0.8
pH值	5～7	5～7	重金属(Pb)≤(%)	0.003	0.003
干燥减重≤(%)	10.0	10.0	水溶性锌盐(Zn)≤(%)	0.005	—
铁含量(Fe)≤(%)	0.02	0.02	硫化物(S)	合格	合格
氯含量(Cl)≤(%)	0.1	0.1	氰化物(CN)	合格	合格
硫酸盐(SO_4)≤(%)	0.1	0.1	未炭化物	合格	—

在国际上，目前国际标准化组织还没有制定有关活性炭检测方法的标准，但美国，日本等国家均有检测方法的标准，如美国国家标准研究所（ANST）、美国材料试验协会（ASTM）、美国水厂协会（AWWA）标准；日本工业标准（JIS）、日本水厂协会（JWWA）标准、日本药典；荷兰Norit公司企业标准；德国标准（DIN）等。

3 木煤气

在高温下利用氧或含氧物质（气化剂）使木材废料转变为木煤气的热化学过程称为木材气化过程，实现这一过程的设备称为煤气发生炉。

把木材燃料变为木煤气比一般固体燃料要优越，燃烧过程容易调节，燃烧完全，火焰温度高，没有灰渣，易输送等。

3.1 木材气化的现状与展望

木材气化是木材热解的另一个重要方面，是综合利用木材废料、森林采伐剩余物和其他有机物的有效方法。第二次世界大战中，木煤气是煤气的重要来源，苏联曾用木材气化产生的煤气用于冶金、交通运输，德国也曾有大量的木材气化装置用于生产煤气，这些生产气化装置都用空气-水蒸气活化剂在常压下气化。70年代以来，发生了世界性的能源危机。许多工业发达国家纷纷寻求对策、研究新能源。用木材废料气化生产木煤气取代液体燃料又被各国广泛重视起来，并取得了进展：由过去的常压气化发展为加压气化；由使用蒸汽-空气气化剂发展为使用氧气气化剂，煤气的发热量由6 255～7 089kJ/m^{3}提高到20 016～21 267kJ/m^3；由富集氢气、一氧化碳的煤气进一步合成甲烷，可使煤气的发热量提高到37 530kJ/m^3。用氧气气化剂生产的煤气还可合成甲醇。

近年来中国林业科学研究院林产化学工业研究所分别承担了"六五"、"七五"国家攻关项目和加拿大国际研究开发中心资助项目，进行了木材气化的研究。在黑龙江省带岭林业局、福建建阳纺织器材厂、福建邵武二都林场、中国林业科学研究院林产化学工业研究所等单位进行了试验，共完成"林区采伐剩余物气化技术与经济研究"、"6.3×10^6kJ/h 上吸式气化炉研究"、"林区集中供气试点研究（民用木煤气研究"等项目，其中 6.3×10^6kJ/h 上吸式气化炉是我国目前最大、机械化程度最高的生物质气化装置；为100户居民提供炊事用煤气的民用木煤气项目，已连续运行两年多，深受居民的欢迎。

3.2　木材气化过程及其化学反应

木材燃料从炉顶加入煤气发生炉中，逐步下降，经过干燥、炭化、气化3个主要过程，最后变成灰渣由发生炉底部排出，空气由发生炉下部导入，通过燃料层由上部的煤气出口导出，整个过程连续进行。煤气发生炉按高度大致分为3个区：木材干燥区，木材炭化和木材气化区如图24-90。

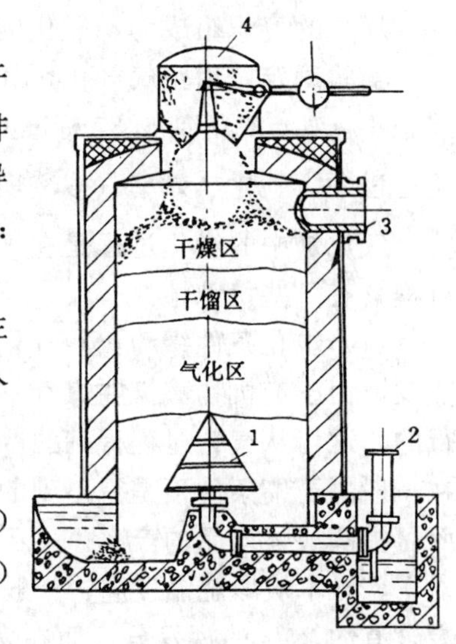

图 24-90　上吸式煤气发生炉[22]

1. 炉栅（风嘴）；2. 鼓风口；3. 煤气出口；4. 加料装置

木材在煤气发生炉上部进行干燥，干燥好的木材与发生炉下部来的热气体作用进行炭化，炭化好的木炭与风嘴送入的空气进行气化。

空气中的氧与木炭相互作用，发生以下反应：

$$C+O_2 \longrightarrow CO_2+385.3\text{kJ} \tag{1}$$

$$C+\tfrac{1}{2}O_2 \longrightarrow CO+127.5\text{kJ} \tag{2}$$

一部分二氧化碳与高温炭作用变成一氧化碳。

$$C+CO_2 \rightleftharpoons 2CO\mp166.8\text{kJ} \tag{3}$$

观察表明，在相当厚的木炭层中气化时，主要生成一氧化碳。但木炭和氧的反应是怎样进行的，现在还不完全清楚。

由于气化反应是在固体表面进行的，木炭表面覆盖一层气膜，因此，上述反应要经过3个步骤，即气体反应剂透过固体表面的气膜扩散到木炭表面，气体反应剂与木炭起化学反应和反应生成物通过木炭表面的气膜扩散出来。因此木炭气化速度不仅取决于木炭与气化剂的化学反应速度，而且取决于气体通过固体表面气膜的扩散速度。

如果气化速度主要取决于化学速度，那么气化反应属于动力学控制的反应；如果气化速度主要取决于扩散速度，那么气化反应属于扩散控制反应。因为木炭具有很高的反应能力，因此认为木炭的气化反应属于扩散控制反应。提高气化剂通过气膜的扩散速度的办法是提高气化剂的速度，以减小气膜的厚度，提高木材的粉碎度以增加木炭的接触表面和提高反应温度。但提高反应温度有一定限制，虽然在气化区的温度理论上可达1 600℃，但这样高的温度可使燃料层熔化，炉灰烧结，风嘴烧坏，造成停工。为了防止出现这种现象，在气化剂中要加入饱和水蒸气。

在空气气化剂中加入饱和水蒸气的气化剂称为蒸汽气体气化剂。空气中饱和水蒸气的数量，用加饱和水蒸气后的空气温度来调节，一般控制在45～55℃，即每立方米空气含饱和水蒸气90～120g左右。加入水蒸气后，可使气化区的温度降到1 100～1 200℃，风嘴得以安全。

用蒸汽作气化剂时，发生以下反应：

$$C+H_2O \longrightarrow CO+H_2-118kJ \quad (1)$$

$$C+2H_2O \longrightarrow CO_2+2H_2-75kJ \quad (2)$$

$$CO+H_2O \rightleftharpoons CO_2+H_2\pm 43.4kJ \quad (3)$$

实验证明，只有70%～75%的水按以上反应式作用。当水蒸气过量时，会降低反应（1）、（2）的温度，而使反应变为动力学控制型。

当空气作气化剂时，理论上可以认为气化过程得到的煤气主要由一氧化碳组成。由于空气中不可避免的存在氮气，所以用空气气化剂的情况下，按下式进行反应：

$$2C+O_2+3.76N_2 \longrightarrow 2CO+3.76N_2$$

煤气的容积组成为一氧化碳（34.7%）；氮（65.3%）。

实验确定，用空气气化剂气化木炭时，在气化区的煤气组成同上述理论上计算的组成相差很小。1kg炭得到5.37标准立方米煤气，发热量为4 420kJ/Nm³。显然，在理想的空气气化过程中，气化热效率（按冷煤气计算）等于$0.7\left(\frac{5.37\times 4\,420}{33\,777}\right)$。

气化炉中的炭化过程是在气化层生成的高温煤气介质中进行的，这就使气化炉中的炭化过程具有一些特殊性。

（1）炭化条件缓和：在气化过程中生成大量煤气，促使炭化过程中生成的有机物很容易蒸发，由于有机物蒸汽在煤气中的分压很小，可以把气化炉中的炭化看成类似于在真空下进行的，这可从气化过程得到的冷凝液中含有许多碳水化合物得到证明，因为这些碳水化合物在一般的干馏条件下是得不到的。炭化区分解的液体产品被煤气不断带出，二次分解较少，因而可提高液体产品的产率。以云杉木片为例，气化过程得到的木焦油和酸类都较一般干馏多。

（2）木炭煅烧温度高：一般干馏条件下，木炭都是在400～450℃条件下煅烧，得到的木炭含有约20%的挥发分，而在煤气发生炉的炭化层，煤气温度可达900℃左右，木炭是在这样高的温度条件下煅烧的，因此，木炭中含的挥发分可全部释放出来，这不仅增加了木焦油等林化产品的得率，而且还生成大量的有很高发热量（14 595～20 850kJ/Nm³）的木煤气。

3.3　影响发生炉操作的因素

（1）原料木材的大小：以前采用1m长的原木作为气化原料，现已普遍改为木片，与原木相较，木片可提高煤气的发热量，增加发生炉生产能力，操作方便，为原料的准备、输送机械化创造了条件。而且有可能采用含水率高的木材作原料。不同大小的木材进行气化的试验数据见表24-101、表24-102。

表24-101　不同大小木材原料气化炉的操作特性[61]

指　　标	云杉木材大小		指　　标	云杉木材大小	
	木材	木片		木材	木片
木材大小（mm）	1 000	80	挥发酸	2.1	3.5
发生炉出口煤气的温度（℃）	180	78	甲　醇	0.9	0.7
煤气的发热量（kJ/Nm³）	5 630	7 006			
每公斤绝干材的煤气产量（标准m³/kg）	1.94	1.60	气化室单位截面积的气化强度（以绝干材计）（kg/m³·h）	85	190
液体产品的得率（以绝干材计）（%）					
混合焦油	8.4	16	木材在气化炉中停留时间（h）	28	3

表 24-102　不同大小木材原料所得煤气的组成[1]

原料种类	煤气的容积组成（%）							发热量 (kJ/Nm³)
	CO	CO_2	CH_4	C_nH_m	H_2	O_2	N_2	
长 1m 的云杉木材（含水 47%）	21.3	10.9	1.5	0.1	11.8	0.4	54.0	5 421
长 1m 的混合材	26.7	7.2	2.6	0.4	9.3	—	53.8	
70%针叶材和 30%阔叶材木片	28.1	6.8	2.6	0.4	15.4	0.5	46.2	6 881
白桦木片（含水率 45%）	32.6	5.4	2.9	0.8	12.0	0.2	46.1	

由表 24-101、表 24-102 可知，以木片为原料，液体产品产率高，煤气的质量较好，煤气出炉温度较低，因而热利用率好。

(2) 木材的含水率：用不同含水率的云杉木片为原料，气化产品的得率见表 24-103。

表 24-103　木片含水率对气化产品的影响[1]

名　称	气化木片相对含水率（%）						
	13.3	18.6	20.6	28.3	36.0	38.0	47.6
煤气产率（m³/kg）	1.30	1.34	1.50	1.54	1.59	1.62	1.84
煤气发热量（kJ/m³）	5 755	5 671	5 046	5 087	5 379	5 379	4 670
液体产品产率（以绝干材计）							
挥发酸	6.4	6.5	6.7	6.8	6.2	6.0	4.2
溶解焦油	13.0	12.0	12.5	10.5	9.5	9.2	6.7
沉淀焦油	10.0	9.2	7.8	8.6	8.0	7.6	6.0
甲　醇	0.7	0.67	1.15	1.29	1.19	1.13	1.19
酯　类	0.49	0.55	0.62	0.78	0.81	0.67	0.80
其他有机物	1.13	1.61	0.80	1.66	1.56	1.74	1.70
反应水	23.90	21.2	22.30	26.20	20.7	27.2	24.3

随木片水分含量的增加，液体产品得率下降，煤气得率增加。木片的含水率对溶解焦油的得率影响特别大，溶解焦油的热稳定性较沉淀焦油差，当采用含水率高的木片气化时，为了蒸发木片中的水分，必须使每块木片加热到较高温度，这样，木片中央分解的热解产品在通过外层热表面时，不可避免地要发生热分解，从而减少液体产品产量。研究湿木材的气化过程，常常在煅烧区发现木块外表已炭化，而中心还未炭化的现象。这就说明，气化太湿的木材会发生液体产品的二次分解，而使得率下降，液体产品在二次分解时产生的焦油炭，必然会导致气化剂的增加，从而使煤气量增加和发热量下降。

含水率的负作用特别对大块木材有着显著的影响，在冬季当木材中水分结冰的条件下，液体产品的产率也明显下降。

(3) 材种：气化产品的产率与组成取决于原料的材种，各种木材气化的结果见表 24-104。

表 24-104 的数据表明，阔叶材气化时，挥发酸与甲醇的产率比针叶材高，桦木挥发酸的产率比云杉高 1.5 倍。

表 24-104 气化产品的产率和组成与材种的关系[1]

名 称	原料木材的材种					
	针叶材		硬阔叶材		软阔叶材	
	云 杉	松 木	桦 木	水青冈	山 杨	赤 场
木片含水率（%）	20	19	32.5	14.0	13.6	13.0
木片大小（mm）	17.4	14	14.7	16.6	14.0	11.0
煤气产率（m^3/kg）	1.51	1.46	1.3	1.42	1.30	1.69
液体产品得率（%对绝干材）						
焦 油	24.71	28.3	30.5	20.9	23.0	21.87
挥发酸	4.2	3.9	9.22	7.5	6.4	5.77
甲 醇	0.49	0.5	1.5	1.15	0.76	1.12
酯 类	1.04	—	—	0.76	0.40	0.46
反应水	21.1	22.3	25.6	21.05	23.9	23.65

3.4 煤气发生炉的结构

煤气发生炉的结构取决于原料的性质、灰分量、含水率、挥发分含量、粉碎程度等，采用木片做原料的发生炉结构具有一定的特殊性。送风除了经过炉栅的中央风管鼓风外，还有安装在发生炉下部四周的旁风管鼓风。正常操作时，旁风管鼓入的风量占全部风量的80%～90%，而中央风管鼓风只占 10%～20%，采用这种结构可保证整个气化炉截面均匀鼓风，避免局部鼓风造成原料架拱，在原料下降时产生突然冲击。此外扩大发生炉上部炉腔，这样可以降低煤气离开原料层的速度，减少煤气夹带细小的木屑进入煤气管道，但最好从发生炉的顶盖引出煤气，如煤气量大，可在顶盖安装两个引出管，如机械化排灰工业气化炉，如图 24-91。

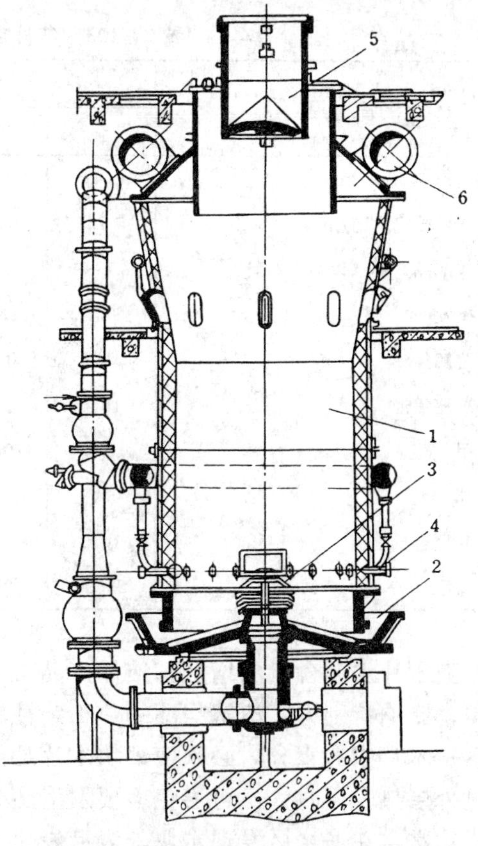

对于处理灰分含量高的废材一般都设有机械操作的转盘除灰，而简易气化炉采用人工或水力除灰。为了耙平气化炉中的木片，可采用标准耙，转速 1～5r/min，为了回收热能，可在气化区安装水蒸气夹套。

煤气发生炉的气化强度，每小时可处理含水率 20%～30%的木片 500～600kg。

图 24-91 机械化排灰工业气化炉[61]

1. 气化炉炉腔；2. 排灰转盘；3. 中央风管的炉栅；4. 旁风管风嘴；5. 木片进料装置；6. 煤气引出管

3.5 气化法处理废材的工艺流程

其工艺流程如图 24-92。先将废材切片，再送干燥器干燥，使木片的相对含水率达 20%～25%。木片干燥最好用锅炉车间的废烟气，其过程是将废烟气送干燥器 1，木片在螺旋干燥器中不断搅拌，以使木片与载热体很好接触。

干木片送煤气发生炉 2，气化需要的空气由风机 3 送入。发生炉煤气经捕尘-水封 4 送至冷凝冷却器 5，使煤气温度冷到 60～70℃，煤气在离心式焦油分离器 6 和雾滴捕集器 7 中除去木焦油，冷凝冷却器 5 中冷凝液同木焦油一起收集在澄清槽 8 中分离沉淀焦油。

煤气温度在 70℃左右时，得到的焦油不分层，经过净化后的煤气送锅炉炉膛或干燥器燃烧，或经再净化后用于内燃机。

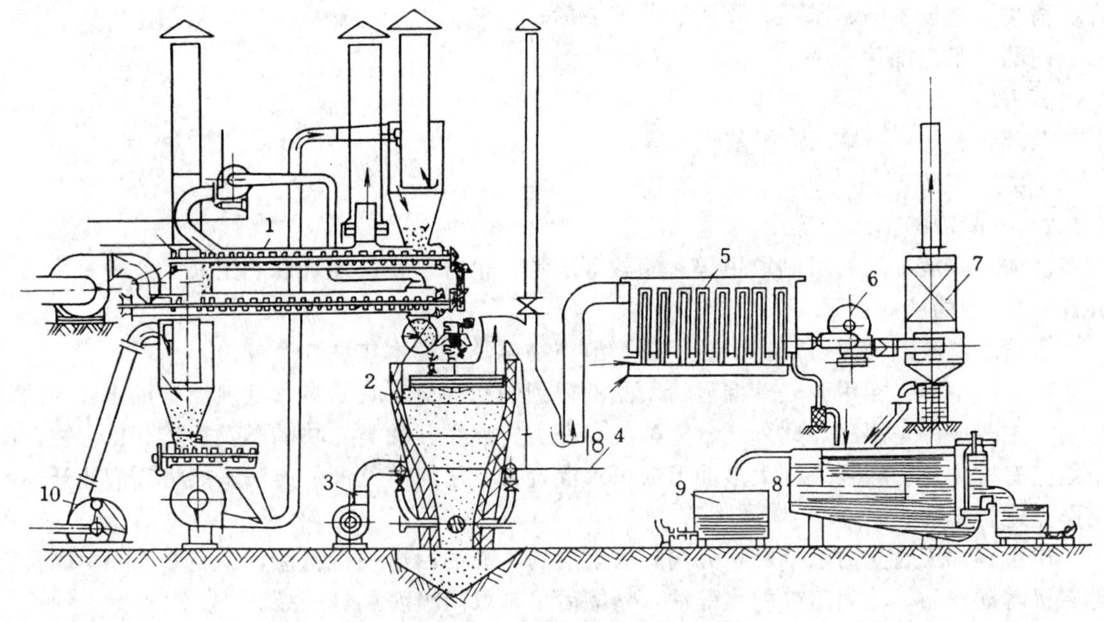

图 24-92　气化法利用废材装置图[61]

1. 干燥器；2. 煤气发生炉；3. 风机；4. 捕尘-水封；5. 冷凝冷却器；6. 离心式焦油分离器；7. 雾滴捕集器；8. 澄清槽；9. 贮槽；10. 切片机

气化装置最好建在室外，只要对气化装置的某些设备进行保温即可，这样可节省厂房、减少投资。

我国林产化学工业研究所提出的气化法处理枝桠废材的工艺流程是将枝桠切片后自然干燥。经气化后得到的蒸汽瓦斯，不经冷凝冷却，作为燃料直接送往锅炉燃烧。

4　木材干馏的液体产物

4.1　木醋液

4.1.1　木醋液的组成和性质

木材干馏得到的液体产物总称粗木醋液。粗木醋液得率约占绝干原料木材重量的 45%～50%。由于干馏原料木材中含有水分，因此粗木醋液的实际产量更大。阔叶材干馏得到的粗木醋液静置后分为两层，上层是澄清木醋液（简称木醋液），为棕色至棕褐色液体，具有刺激性烟焦气味，相对密度为 1.02～1.05；下层为黑褐色粘稠的油状液体，是沉淀木焦油（简称木焦油），相对密度为 1.03～1.06。

粗木醋液中有机物质的含量为 10%～20%，其余都是水分。有机物质的种类很多，达 200 多种，由于受原料树种和热解条件的影响较大，其成分至今尚未全部分析清楚。主要成分有如下几类：

酸类：醋酸、蚁酸、丙酸、丙烯酸、乙醇酸、糠酸等；

醇类：甲醇、丙烯醇等；

酮类：丙酮、甲乙酮、甲丙酮、环戊酮等；

醛类：甲醛、乙醛、糠醛等；

酯类：甲酸甲酯、醋酸甲酯等；

酚类：愈创木酚、苯酚、甲酚、邻苯二酚；

内酯：丁内酯等；

芳香族化合物：苯、甲苯、萘等；

杂环化合物：呋喃、α-甲基呋喃等；

胺类：甲胺。

4.1.2 木醋液的加工与应用

澄清木醋液加工后可制取甲醇、醋酸等产物，也可以直接地加以利用。

4.1.2.1 木醋液的加工

澄清木醋液蒸馏后可以得到粗甲醇、酸类物质及溶解木焦油3个馏份。

(1) 粗甲醇：粗甲醇是蒸馏澄清木醋液得到的初馏份。它是多种低沸点有机化合物的混合物，主要成分是甲醇，此外还含有酯类、醛类、酮类、酸类、呋喃类及酚类等化合物。由于这些有机化合物相互之间大多能形成恒沸混合物，用简单蒸馏的方法不能将它们分开，因此必须进行精馏。

粗甲醇加工时先用水稀释，分离除去上层的木醇油后再进行精馏，以制取工业甲醇及各种有机溶剂产品。分离出来的木醇油，精馏后可制取高级醛酮等产品。

(2) 酸类物质：酸类物质主要是醋酸及其同系物的水溶液，此外还含有少量的有机杂质。酸类物质加工后可制取工业醋酸或丙酮。加工方法有直接法和间接法两种。直接法加工时，直接从木醋液中制取醋酸，或把木醋液蒸汽直接转化成丙酮；间接法加工时，把木醋液中的醋酸先转化成盐类物质（如醋酸钙、醋酸钠等），再由醋酸盐制取醋酸或丙酮。

(3) 溶解木焦油：溶解木焦油是澄清木醋液中的高沸点组分，当木醋液蒸馏加工时残留在蒸馏釜中，因此又叫釜残焦油。它是多种有机化合物的混合物，主要由左旋聚已糖、酚醛树脂、邻苯二酚及其衍生物、含氧内酯、乙二醇、乙醛醇等组成。溶解焦油的得率约为绝干原料木材重的5%～10%，阔叶材产量高于针叶材。溶解焦油通常和沉淀焦油合并加工，用于制取杂酚油、抗聚剂等制品。

4.1.2.2 木醋液的直接使用

木醋液的组成复杂，各种有机物质的总含量又较低，绝大部分是水分，因此加工困难。在生产规模比较小的工厂，可考虑直接加以利用。

脱焦木醋液可用于防治苗木的立枯病。方法是把木醋液原液稀释10倍，播种前每平方米苗圃喷洒7～8L。对杉木、扁枸、赤松、落叶松、山毛榉等苗木具有良好的效果。该法用于菸草、萝卜、甜菜、胡瓜等农作物上。也有同样效果。对生长中的果树喷洒木醋液原液30倍的稀释液后，可防治树病、促进果木生长。研究表明，落叶松等针叶材木醋液，对扬花萝卜等种子的发芽，有促进作用[62]。

堆肥中加入少量木醋液，具有杀菌、防虫、脱臭、增加肥效、促进植物生长的效果。一定浓度的木醋液，可以杀死大肠杆菌、赤痢菌、伤寒菌等病菌，并能阻止土壤中丝状菌发育，具有防除蛔虫、蚊蝇卵孵化及幼虫生长，以及加速堆肥发酵的作用。

木醋液还可用作养鸡场、牲畜厩舍、厕所、鱼市场、食品加工厂、皮革厂等处的消毒除臭剂，也可用作杀菌、防腐、除虫及农药增效剂。木醋液用作饲料添加剂时，能增进动物食欲，促进鸡、猪、鱼类等的生长，并有防治痢疾等疾病的效果。

阔叶材木醋液经加工后，制成食品添加剂塚蒸液，用于塚烤肉类、鱼类等食品，欧美及日本已广为使用，我国某些食品中也有使用。据分析，起塚香作用的主要成分是二甲氧基苯酚及 2，4-二甲基-2-丁烯酸内酯，辅助成分是愈疮木酚衍生物、酚类衍生物、呋喃化合物及微量的 2-环戊酮的同族化合物[63]。

4.2　木焦油

4.2.1　木焦油的组成和性质

木焦油是木材热解的重要产物之一，其种类很多。按照热解方法的不同可分为干馏木焦油、炭窑木焦油及气化木焦油；按原料树种可分为针叶材焦油（如松焦油）、阔叶材焦油、混合材焦油及树皮焦油（如桦皮焦油）；按其来源又可分为沉淀焦油和溶解焦油（即釜残焦油）。木材干馏时，木焦油的得率约占绝干原料木材重量的 14%～18%。与阔叶材相比，针叶材的沉淀焦油产量高，而溶解焦油的产量较低。沉淀木焦油的组成极其复杂，是一百余种有机化合物的混合物，工业上通常是将其蒸馏并划分成几个不同的馏份，加工后供生产上使用。沉淀木焦油的组成物质，按性质可以分成如下几种：

（1）酚类化合物：木焦油中一般含有 10%～20%的酚类化合物，有时可高达 50%左右。木焦油中酚类物质的含量，受热解的方法和原料树种影响。如阔叶材木焦油的含酚量大于针叶材木焦油，树皮木焦油中的酚含量小于木材焦油。木焦油中的酚类化合物主要可分为如下 3 类：

单元酚：苯酚、甲苯酚、二甲苯酚及三甲苯酚；

二元酚：邻苯二酚及其衍生物，愈疮木酚及其衍生物；

三元酚：邻苯三酚及其衍生物等。

（2）中性化合物：中性化合物约占木焦油总量的 10%～15%，其沸点范围较宽，在160～320℃。中性化合物是多种有机化合物的混合物，主要含有下列一些化合物：

醇类：异丁醇、异戊醇；

醛类：丙醛、糠醛及其衍生物；

酮类：丙酮、甲基乙基酮、甲基丙基酮、甲基丁基酮、三乙基酮、环酮、酮醇等；

酯类：甲酸甲酯及其高级同系物；

烃类：苯、甲苯、二甲苯、菲、萘；

碳水化合物：左旋葡萄糖、左旋葡萄糖酐等。

（3）酸类物质：木焦油中所含的主要酸类物质如下：

饱和脂肪酸：甲酸、乙酸、丙酸……直至含 24 个碳原子的饱和脂肪酸；

不饱和脂肪酸：丁烯酸、白芷酸、丙烯醋酸、巴豆酸、油酸；

芳香酸：苯甲酸、松香酸、纵酸等。

（4）木沥青：木沥青是蒸馏木焦油时残留在蒸馏釜中的高沸点有机物质。得率约为木焦油重量的 30%～70%。它是多种高分子化合物的混合物，主要由酚酸组成，酚酸占木沥青量的 80%左右。由于木沥青在高温下也不挥发，说明它不是木材热解的初级产物，而是在热解过程中由初级产物聚合而成的二次反应产物。

4.2.2 木焦油的加工利用

木焦油经过加工后可以得到多种产品。如抗聚剂、抗氧剂、杂酚油、木馏油、浮选油、合成单宁、木沥青等。这些产品，广泛地应用于合成橡胶、石油化工、化学工业、采矿、制革、医药、建筑等多种工业部门。

加工木焦油时，通常是将其分馏成各种馏份后，再进行加工精制。

4.2.2.1 木焦油的分馏

木焦油通常采用蒸馏的方法加工，按沸点范围的不同将其分离成各种馏份。蒸馏木焦油时，应尽可能降低蒸馏温度和减少木焦油在高温区域停留时间。这是由于在高温下，木焦油中的酚类物质容易和其他组分发生聚合反应，树脂化而转变成木沥青，导致价值最高的含酚馏份的得率降低。同时，木焦油在高温下还会发生分解，结果生成焦油炭和其他产物。因此，木焦油一般采用减压蒸馏，以降低蒸馏温度，并尽可能缩短蒸馏时间。

减压下木焦油的沸点，可以根据水在相应压力下的沸点，和木焦油及水在常压下的沸点，按下式计算[64]：

$$\frac{T_1}{T_2}=\frac{Q_1}{Q_2} \tag{24-30}$$

式中：T_1——木焦油在常压下的沸点（K）；

T_2——木焦油在减压下的沸点（K）；

Q_1——水在减压下的沸点（K）；

Q_2——水在常压下的沸点（K）。

水在减压下的沸点可从有关手册中查出。因此，木焦油在减压下的沸点可通过上式计算出来。

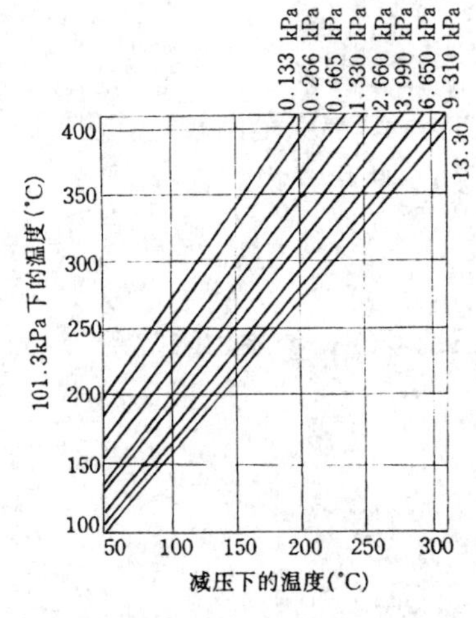

图 24-93 常压与减压下木焦油馏分的沸点换算图[64]

此外，木焦油在减压下的沸点，也可利用如图24-93的在常压和减压下，木焦油馏份的沸点换算图中直接查出。

蒸馏木焦油时，确定馏份划分的温度范围，应根据馏份的用途及馏份中起主导作用成分的沸点来决定。木焦油所含酚类物质中，苯酚的沸点最低，为181.7℃；连苯三酚最高，为309℃；邻苯二酚的沸点为240℃。因此，通常以180℃、240℃、310℃作为界限划分馏份。当以抗聚剂为主产品加工木焦油时，由于抗聚剂中起主导作用的成分是邻苯二酚和连苯三酚，并且抗聚剂中对酚类物质的总含量要求较高，因此，收集230～310℃的馏份作加工抗聚剂的原料，并按照180℃、230℃、310℃作为划分馏份的温度界线。木焦油蒸馏加工时，通常收集如下4个馏份：

（1）酸水和轻油馏份（低于180℃）：酸水和轻油馏份是木焦油分馏时在180℃前收集的馏份，得率约占木焦油量的13%～17%，酸水主要是醋酸及其同系物的水溶液；轻油相对密度较酸水低，漂浮在酸水之上，为淡黄色油状液体，得率约为木焦油总量的2%。

（2）木馏油或杂酚油馏份（180～230℃或240℃）：该馏份为深棕色油状液体，相对密度大于1.0，其主要成分是一元酚、二元酚及它们的衍生物。木馏油是180～230℃温度范围内收集的馏份，经加工后可得到药用木馏油。杂酚油是在 180～240℃温度范围内收集的馏份，进一步加工后可用作塑料或油漆工业的原料。生产上蒸馏木焦油时，是收集木馏油馏份还是杂酚油馏份，主要由木焦油生产的主产品是抗聚剂还是抗氧剂而决定。

(3) 抗聚剂或抗氧剂馏份（230℃或 240℃～310℃）：该馏份为深褐色油状液体，相对密度大于 1.0。主要成分是二元酚、三元酚及它们的衍生物。230～310℃的馏份称作抗聚剂馏份，经加工后可制成合成橡胶工业中使用的抗聚剂。240～310℃的馏份称作抗氧剂馏份，经加工后制成石油工业中的抗氧剂。

(4) 木沥青（310℃以上）：木沥青是蒸馏木焦油时残留在蒸馏釜中的黑色粘稠的油状物质，冷却后凝固成固体。木沥青可用作水泥防潮剂，建筑用水泥砂浆增韧剂，以及生产颗粒活性炭的粘结剂等方面。

4.2.2.2 木焦油抗聚剂的制造

木焦油抗聚剂由木焦油的 230～310℃馏份加工制成。间歇蒸馏法生产木焦油抗聚剂的工艺流程如图 24-94。

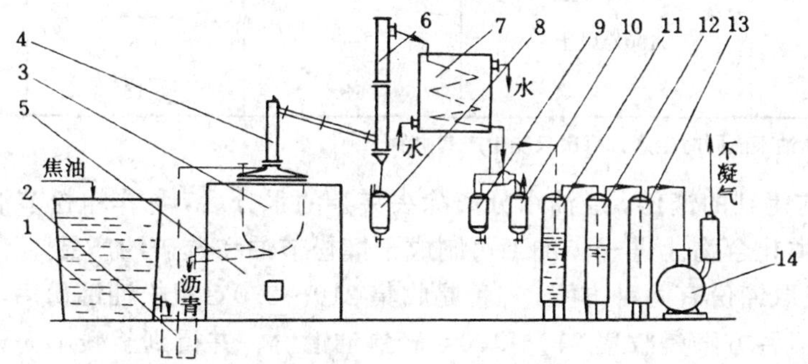

图 24-94 间歇蒸馏法生产木焦油抗聚剂工艺流程[64]

1. 原料木焦油贮槽；2. 计量槽；3. 蒸馏釜；4. 分馏柱；5. 加热炉；6. 空气冷凝器；7. 蛇管冷凝器；8、9、10. 真空受器；11、12、13. 洗涤净化器；14. 真空泵

木焦油贮槽 1 中的木焦油，经计量槽 2 计量后，借助于真空泵 14 在系统中形成的真空吸入蒸馏釜 3 中，加料量以蒸馏釜容积的 2/3 为宜。加料完毕关闭真空泵 14，通过外热式加热炉 5 加热，使蒸馏釜 3 缓缓升温进行常压蒸馏。温度达到 120℃蒸出水分以后，再次开动真空泵 14，并在 30～40min 内缓缓调节蒸馏釜 3 内的真空度达到 88kPa，而后随着蒸馏釜内的温度状况划分并收集各馏份。蒸馏釜 3 内从木焦油中蒸出的蒸汽气体，在分馏柱 4 中分馏后，经空气冷凝器 6、蛇管冷凝冷却器 7 冷凝冷却，冷凝液分别由真空受器 8、9、10 收集，并转送到相应的馏份贮槽中贮存；不凝性气体经洗涤净化器 11、12、13 洗涤净化后，由真空泵 14 排出。蒸馏完毕后停止加热，关闭真空泵 14 解除真空，并趁热从蒸馏釜 3 中排出釜残木沥青。

在 88kPa 真空度下减压蒸馏木焦油时，以焦油的重量计算，各馏份的得率如下：

酸水及轻油（180℃以前）	13%～17%
木馏油（180～230℃）	15%～19%
抗聚剂馏份（230～310℃）	24%～28%
釜残木沥青（310℃以上）	40%～44%

抗聚剂对酸值有一定要求。当抗聚剂馏份的酸值超过规定时，可用稀碳酸钠水溶液中和

洗涤数次，使油层pH值达到6.5左右，而后将油层收集并再次进行减压蒸馏，收集230～310℃的馏份，即可达到抗聚剂的质量指标。

4.2.3 特种木焦油的加工和利用

(1) 松焦油：松焦油常用作橡胶工业中的软化剂和木材防腐剂，它是由明子（即松根）干馏得到的焦油加工而成的。

明子干馏得到的焦油和原油，加入分馏釜中混合后进行分馏，各馏份状况见表24-105。

表24-105 混合原油蒸馏时的馏份状况

馏份名称	沸点范围（℃）	对混合原油的得率①（%）		相对密度（20℃）
		生产重焦油时	生产轻焦油时	
粗松节油	85～210	13	13	0.92～0.95
粗松油	210～270	6	—	0.925～0.95
轻焦油	210～400	—	66	0.95～0.98
重焦油	270℃以上	68	—	1.03～1.05
釜残木沥青	400℃以上	—	8	—
损失及水分	—	13	13	—

① 轻焦油和重焦油不能同时生产，每次只能生产其中的一种。

在210℃以前得到的馏份，经油水分离除去夹杂的水分后，称作粗松节油。其主要成分是萜烯类和萜烯醇类化合物。进一步加工可制成干馏松节油和选矿油产品。

210℃以后截取馏份有两种方案，一种是收集210～270℃粗松油馏份后，得到的釜残部分统称重焦油；另一种方案是收集210～400℃轻焦油馏份，并得到釜残木沥青。

松焦油的加工方法是将分馏得到的重焦油和轻焦油，按照65∶35的重量比加入混合加热釜中，当加热到85～100℃时开始搅拌，混合均匀后测定粘度并调节至标准规定值。粘度的调节方法是，粘度小时补充加入重焦油以增加粘度；粘度大时则相反，补充加入轻焦油以减小粘度。粘度调整合格后，加热升温到155～165℃，使沸点在150℃以下残留在松焦油中的物质挥发除去，而后静置、过滤去除机械杂质，即得到成品松焦油。

根据林业部标准ZBG16001—86的规定，松焦油的各项技术指标应符合要求见表24-106。

表24-106 松焦油的技术指标

名称	规格		
	Ⅰ	Ⅱ	Ⅲ
粘度（恩氏粘度），s（100ml，85℃）	180～250	251～350	351～450
相对密度（d_4^{20}）	1.01～1.06	1.01～1.06	1.01～1.06
挥发分（%） ≤	6.5	6.0	5.5
灰分（%） ≤	0.50	0.50	0.50
水分（V/W）①（%） ≤	0.50	0.50	0.50
酸度（以乙酸计）（%） ≤	0.30	0.30	0.30
机械杂质（%） ≤	0.03	0.03	0.03

① 水分测定采用油类水分测定器。

(2) 桦皮焦油：桦皮是从桦树的立木或原木上剥取下来的白色外皮，经干馏处理，可以得到27.5%的桦皮焦油，14.1%木醋液，29.4%木灰和29%木煤气。

纯好的桦皮焦油易渗透皮革中，使皮革滋润柔软，富含弹性，坚固耐用，是皮革的优良保护剂。皮革工业中还用桦皮焦油来制作软革。

此外，桦皮焦油在医药工业上可用作消毒剂、外敷药物以及防腐剂等。用干馏的方法生产桦皮焦油，是综合利用森林资源的有效途径之一。

参 考 文 献

1 南京林产工业学院．木材热解工艺学．北京：中国林业出版社，1983
2 Кислицын АН. Пиролиз，древесны，Москва：изд.，Лесная промышленность，1990
3 右田伸彦等．木材化学（日）（下冊）．東京：共立出版株式会社，1976
4 川瀨清．新版林产学概論．扎幌：北海道大学图书刊行会，1982：169，265
5 大谷杉郎等．炭素化工学の基礎．东京：オーム社，1980：121
6 鲍禾等译．木材化学．北京：中国林业出版社，1989
7 Бронзов О В. Д ревесный уголь，Москва：изд.，Лесная промышленность，1972
8 Бронзов О В. 木炭的性质．郭幼庭译．林化科技通讯，1981，8：23～28
9 Бронзов О В. 木炭的性质．郭幼庭译．林化科技通讯，1981，9：28～32
10 Бронзов О В. 木炭的性质．郭幼庭译．林化科技通讯，1981，10：28～31
11 Бронзов О В. 木炭的性质．郭幼庭译．林化科技通讯，1981，11：22～27
12 Бронзов О В. 木灰的性质．郭幼庭译．林化科技通讯，1981，12：34～36
13 Кислицын В А. Технология лесохимических производств. Москва：Изд.，Лесная промышленность，1987
14 三浦伊八郎．東大演習林，1940，28，1
15 福住康平．大日本木炭协会报，8，12：478
16 里中聖一．北海道大学演習林报，1963，22，2：609
17 漳田　构．日林志，1926，36，32
18 三浦伊八郎．薪炭学考科．东京：共立出版株式会社，1943，155
19 太平　裕．林試研报，1965，176，139
20 宫川信一．昭和14年度日本林学会大学講演集，1939，427
21 Елкин В А，Выродов В А 等. Оборудование и проектирование предприятий гидролизной и лесохимической промышленности，Москва：Изд.，Лесная промышленность，1991
22 Корякин В И. Термическое разпожение древесины，Гослесбумиздат 1962
23 王风翥等．林产化学工业手册．北京：中国林业出版社，1981
24 Гордон ЛВ. Технология и оборудованче лесохимических производств，Москва：Изд. Лесная промышленность，1979
25 Корякин ВИ. Вертикальная непрерывно-действующая реторта Цбти бумажной и деревообрабатывающей промышленности. Москва：1958
26 蔡之权等．移动式炭化炉的研究．中国林业科学研究院林产化学工业研究所，研究报告选集第一卷（1952～1964）
27 Никишов. В Д. Комплексное использование древесины. Москва：Изд. Лесная промышленность，1985
28 郑师鹏．连续化高效率的立式炭化炉．林化科技，1979，6：384～386
29 科学技术厅资源调查会编．木材工業の廃材とその利用．日本木材加工技术協会，1971
30 《活性炭》翻译组译校．活性炭．太原：国营新华化工厂设计研究所，1981，1～13、357～366
31 高尚愚等译．活性炭基础与应用．北京：中国林业出版社，1984
32 Biscoe J，Barren BE. J. Appl，Phys. 1942，(13)，364
33 Franklin RE. Proc. Roy. Soc.，1951，A 209，196
34 高尚愚，山边洁，齐藤泰和等．炭素（日），1984，119，207～214
35 Riley HL. Quart. Rev，1947，(1)，59 Riley HL. et al.，J Chem. Soc.，1946，456

36 Smith TD. J. Chem. Soc., 1952, 923

37 樋口泉，宇津木宏，石川隆郎. 日化，1954，75

38 織田孝等译. 活性炭. 第三版効果的な応用への手引专. 東京：共立出版株式会社，1978，299

39 北川睦夫等著，活性炭工業. 第二版. 東京：重化学工業通信社，1975，46～55

40 Chanel Ishizaki, Iris Marti. 炭素（日）. 1988，133，87～93

41 織田孝等译. 吸着技術（日）. 東京：广川書店，1961，23

42 高尚愚等. Surface Control & 洗净设计（日）. 1984，22，49～55

43 慶伊富長. 吸着（日）. 東京：共立出版株式会社，1983

44 Brunauer S, Emmett P H, Teller E. J. Am. Chem. soc., 1938, 60, 309

45 Brunauer S, Emmett P H. J. Am. Chem. Soc., 1937, 59, 2682

46 Brunauer S. The Adsorption of Gases and Vapors, Princeton: Princeton: Univ. Press, 1943.

47 Gregg SJ. J. Chem. Soc., 1942, 696

48 Gregg SJ, Maggs, FAP, Trans. Faraday Soc., 1948, 44, 123

49 Emmett PH. Brunauer S. J. Am. Chem. Soc., 1937, 59, 1553

50 哈斯勒 JW 著. 林秋华译. 活性炭净化. 北京：中国建筑工业出版社，1980

51 Rand B, Marsh H. The process of activation of carbons by gasification with CO_2-Ⅲ. Carbon, 1971: 79～85

52 郑师鹏. 斯列普式活化炉. 林化科技，1979，(6)：386～389

53 刘志敏. 回转活化炉的构造与操作. 林化科技，1978，(4)：24

54 山有名. 螺旋挤出机的构造及其在颗粒炭生产上的应用. 林化科技，1979，(1)：9

55 刘光良. 氯化锌法木质活性炭生产废水的净化处理及回收利用. 林化科技通讯，1987，(5)：30～31

56 音羽利郎. ケシカルエンジニヤリング，1990，35，41

57 音羽利郎. 科学と工業，1990，64，7

58 日公开特许，JP02，185008，1990

59 日公开特许，JP04，177713，1992

60 中国林业科学研究院林产化学工业研究所. 国外活性炭. 北京：中国林业出版社，1981

61 Славянский А К. Химическая технология древесины. Москва: Гослесбумиздат, 1962

62 谷田貝克光，云林院源治. 木材学会志（日）. 1987，33 (6)：521～529

63 城代進，矢野省一，上原徹. 木材学会志（日）. 1989，35 (6)：555～563

64 南京林产工业学院. 林产化学工业手册（下册）. 北京：中国林业出版社，1981

第 8 篇

松香、松节油

第25章 松脂化学

栗子安

松脂的主要化学组成是萜类物质，包括单萜、倍半萜、树脂酸和它们的少量衍生物。松脂因树种不同还可能含有不同程度的脂肪酸及其他烃类。松脂蒸馏时，单萜沸点低，馏出成为松节油的主要组成，树脂酸沸点高，留存釜内为松香的主要组成。沸点介于二者之间的为数不多的倍半萜，部分随单萜进入松节油部分留存松香之中。倍半萜的大部分也可能成为单独收集的馏份重松节油的主要内含物。非松脂来源的浮油松香、木松香、硫酸盐松节油和木松节油的化学组成比松脂产品要杂乱许多。松树的叶、枝、干各部存在着的生理松脂与分泌出来的松脂化学组成差异十分明显，一些组成与松树病、虫害有着密切关系。

1 松树树脂组成与性质

松树树脂主要由单萜、倍半萜、树脂酸等二萜化合物组成，分别为松节油、重质松节油、松香的主要成分。某些树种的松脂含有少量烷烃、芳烃、其他萜类化合物以及脂肪酸等。松脂刚从树脂道泌出时，低沸点萜类含量可达36%，流动性好。此后低沸点部分逐渐挥发，析出树脂酸晶体，松脂变稠，形同蜂蜜。静置时树脂酸下沉，上层呈现黄色液体，长期暴露空气中，大量低沸点物挥发以及严重的氧化作用，松脂干涸成块、颜色变黄，通称此种松脂为“毛松香”。一般待加工的马尾松松脂含松香73%～77%，松节油13%～23%，重质松节油2%～5%，水分不大于4%，机械杂质应低于0.6%。

1.1 松脂的化学组成

松脂为萜类化合物，其基本单位为异戊二烯。异戊二烯单位直接起源于松树光合作用所形成的糖的代谢中丙酮酸的氧化和柠檬酸的合成。萜类化合物是柠檬酸环的分支。三分子乙酰辅酶A经一系列反应释放一分子CO_2，同时产生一C_5单位（即异戊烯焦磷酸），两分子C_5相连即成C_{10}（单萜），C_{10}再与一分子C_5相连而成C_{15}（倍半萜），C_{15}再与一分子C_5相连形成C_{20}的双萜。

1.1.1 中国主要松脂的化学组成

马尾松、云南松、湿地松、南亚松、思茅松、华山松松脂树脂酸组成见表25-1。湿地松树脂酸中含20%左右的异海松酸；南亚松含二元酸，不含海松酸；华山松不含去氢枞酸，而枞酸型树脂酸高达90%；马尾松、云南松、思茅松中山达海松酸较少。此6种松脂单萜组成见表25-1。单萜混合物（松节油）之比旋值思茅松和南亚松为正，其余为负，因主要组成α-蒎烯旋光性有正负之分所致[12]。

1.1.2 松脂二萜中性物

松脂中二萜中性物沸点较高，松脂加工后存留在松香中，含量过高将影响松香酸价及软化点。湿地松、云南松、南亚松及不同地区马尾松松脂中二萜中性物分类含量见表 25-2[13]。

表 25-1　6 种松脂单萜、树脂酸组成

树种及地点	单萜百分含量（%）							松节油比旋值 $[\alpha]_D^{20}$	树脂酸百分含量（%）								
	α-蒎烯	β-蒎烯	莰烯	香叶烯	苧烯	双戊烯	β-水芹烯		长叶松酸＋左旋海松酸	枞酸	新枞酸	去氢枞酸	海松酸	异海松酸	山达海松酸	二元酸	枞酸型酸
马尾松 广东德庆	82.8	8.3	2.0	1.5	—	1.3	0.5	－45.80	26.7	41.6	13.5	7.0	9.2	—	2.2	—	81.8
马尾松 福建建瓯	89.0	5.4	2.0	1.5	—	1.6	0.6	－46.20	19.2	50.1	9.8	6.0	9.6	3.1	2.2	—	79.1
云南松 四川西昌	81.6	6.0	1.4	1.3	—	1.7	7.5	－39.75	21.9	46.7	12.6	5.5	6.0	5.3	2.1	—	81.2
湿地松（细枝型）江西吉安	52.9	39.4	0.8	1.2	—	0.9	4.9	－21.85	19.5	29.7	13.0	9.3	5.3	19.5	3.7	—	62.2
思茅松 云南思茅	97.4	0.8	0.6	0.5	—	0.5	0.3	＋52.65	27.1	37.3	13.7	8.6	7.4	3.8	2.2	—	78.1
华山松 贵州贵阳	80.7	15.5	0.4	0.7	0.4	0.9	0.8	－42.35	23.4	64.3	3.1	—	微量	0.9	8.9	—	90.8
南亚松 海南白沙	87.3	9.2	1.1	0.6	0.7	1.1	—	＋39.60	19.7	28.4	5.1	5.6	—	15.4	7.4	18.5	53.2

注：一些地区马尾松松脂酸性部分含有少量脂肪酸，如邵阳、梧州分别含：十二碳酸 1.4%，2.4%及二十碳酸 0.9%，1.0%。

表 25-2　4 种松树松脂二萜中性物含量（%）

分类	马尾松					湿地松	云南松	南亚松
	福建尤溪	福建龙岩	广东紫金	广东德庆	广西梧州			
二萜总量	4.17	4.09	2.35	2.53	1.65	6.04	3.06	1.59
二萜烃	6.5	6.6	9.4	10.3	12.7	8.4	6.5	15.7
二萜醛	40.0	40.0	42.1	41.5	39.4	38.1	44.8	30.2
二萜醇	38.6	38.1	33.2	36.4	39.4	25.0	35.9	26.4
树脂酸甲酯	5.6	8.1	5.5	4.7	5.5	44.9	5.2	19.5

注：二萜总量为对松香的百分数，其他为对二萜总量的百分数。

二萜中性物中二萜醛含量最高，计有海松醛、山达海松醛、异海松醛、长叶松醛、去氢枞醛、枞醛、新枞醛等。各地马尾松均以海松醛为主，含量相当稳定，异海松醛与枞酸醛存在粗略的互补关系，与树脂酸中枞酸与异海松酸的关系相似。不同地区马尾松松脂二萜醛组成见表 25-3。二萜醇含量次之，计有海松醇、异海松醇、湿地松醇、长叶松醇、新枞醇等。二萜烃含量低，有芮木泪柏烯、海松二烯、异海松二烯等。树脂酸甲酯含量亦低，有山达酸、异海松酸、去氢枞酸、枞酸、新枞酸等的甲酯。

表 25-3 不同地区马尾松松脂二萜醛组成（%）

组 成	福建				广东			广西
	建阳	建阳	尤溪	龙岩	紫金	德庆	高州	梧州
海松醛	56.8	57.9	59.9	58.0	54.7	54.0	51.5	56.0
异海松醛	23.5	21.8	17.4	22.0	13.0	12.0	6.3	6.6
长叶松醛	2.9	2.1	3.5	3.0	2.5	3.4	6.3	4.9
去氢枞醛	1.4	1.0	1.1	1.1	1.4	1.3	2.0	1.8
枞 醛	7.5	7.3	10.2	7.7	18.9	16.3	21.0	18.1
新枞醛	5.5	6.1	5.3	5.0	6.6	9.0	10.8	8.5
其他二萜醛	2.5	3.8	2.4	3.2	2.8	4.0	2.0	2.1

1.1.3 马尾松松脂倍半萜

马尾松松脂中含有较多的倍半萜，因沸点较高，松脂加工时，常部分存留在松香之中。倍半萜中以长叶烯为主、β-石竹烯次之。各地马尾松松脂中倍半萜组成见表 25-4[14]。

表 25-4 马尾松松脂倍半萜组成

地 区	α-长叶蒎烯	长叶烯	β-石竹烯	顺β-金合欢烯＋α-葎草烯	香树烯	罗汉柏烯	防风根烯	长叶环烯及其他
广东德庆	5.7	60.4	18.7	5.2	0.4	0.4	1.7	8.2
广西梧州	5.0	66.0	16.8	4.8	0.1	0.3	0.5	6.5
福建建阳	5.8	70.6	13.5	3.4	微量	—	0.2	6.6
江西安远	4.6	64.9	18.9	5.1	0.1	0.2	0.7	6.0

1.1.4 马尾松松脂组成地区上的差异

马尾松松脂中枞酸型树脂酸含量存在由南向北、自西向东递减趋势，如广东信谊、连县，江西上犹枞酸型树脂酸含量在83%以上，安徽黟县为80.4%，福建建瓯与浙江庆元在77.8%～79.0%。与此同时，异海松酸含量有增长趋势，与枞酸型酸互补，二者之和趋于恒定，在83.0～84.9。详见表 25-5[15]。

表 25-5 马尾松松脂树脂酸百分组成地区变异（10～29 株平均值）（%）

地 区	海松酸	山达海松酸	长叶松酸＋左旋海松酸	异海松酸	去氢枞酸	枞 酸	新枞酸	枞酸型酸	异海松酸＋枞酸型酸
信 谊	8.6	1.9	39.1	微量	5.4	28.0	16.9	84.0	84.0
连 县	9.1	2.0	42.9	微量	4.9	23.0	17.1	83.0	83.0
上 犹	8.5	2.1	47.8	微量	4.9	20.9	15.7	84.4	84.4
黟 县	9.4	2.5	35.1	3.2	4.6	29.3	16.0	80.4	83.6
建 瓯	8.7	2.9	34.2	7.1	4.3	26.8	16.8	77.8	84.9
庆 元	8.3	2.6	37.4	4.6	5.9	27.2	14.4	79.0	83.5

松脂中β-蒎烯含量变动幅度较大，可低至痕迹，高至36.8%（以单萜与倍半萜之和为基础），含量也有由南向北递减趋势。倍半萜中长叶烯与石竹烯含量之和有按广东、浙江、福建、江西、安徽顺序递增趋势，与生产中重质松节油得率变动情况大致相同。

1.1.5 中国五针松松脂组成

中国红松、新疆五针松、华山松、大别山五针松、毛枝五针松、华南五针松、乔松和海南五针松8种五针松松脂中均存在大量的糖松酸。五针松松脂化学特征是：倍半萜烯含量甚低；单萜类中α-蒎烯含量也较低；二萜类含量较大，其中二萜酸含量达59.1%～71.4%，除糖松酸外，还有较多的异海松酸（>11%）和枞酸（>16%），而长叶松酸与左旋海松酸含量低于 10%[16]。

油松松脂含有较多含量的单萜化合物和较少的二萜化合物，并含有较多的倍半萜化合物，与五针松松脂主要差别在于异海松酸、长叶松酸、左旋海松酸、糖松酸和枞酸含量的不同[17]。

1.1.6　国外松及引进松松脂组成

国外松及引进松松脂树脂酸组成见表 25-6。引进松生长地点为浙江富阳。

表 25-6　国外松及引进松松脂树脂酸组成（%）

树　种	来　源	海松酸	长叶松酸＋左旋海松酸	异海松酸	去氢枞酸	枞　　酸	新枞酸	山达海松酸	湿地松酸	枞酸型酸
黑　松	引进	7.8	39.5	0.8	31.1	12.7	8.9	0.3	—	61.0
晚　松	引进	9.2	35.2	0.2	35.6	11.7	7.7	0.4	—	54.6
火炬松	引进	9.3	47.3	—	28.9	9.3	5.1	—	—	61.8
平滑叶松	引进	微量	44.5	微量	27.3	14.1	11.4	2.7	—	70.0
火炬松	国外	8.7	64.0	微量	6.4	8.6	9.5	2.2	—	82.1
晚　松	国外	4.6	42.0	12.0	17	12.0	8.8	2.9	—	62.0
加勒比松	国外	4.2	49.0	8.0	8.6	10.0	16.0	2.2	—	75.0
长叶松	国外	5.4	52.0	10.0	8.3	9.4	13.0	1.1	—	74.4
湿地松	国外	5.1	37.0	21.0	3.7	9.7	16	1.8	3.1	62.0

国外引进松黑松（1）、琉球松（2）、长叶松（3）、火炬松（4）、萌芽松（5）、光松（6）、刚松（7）、晚松（8）、湿地松（9）、加勒比松（10）、北美短叶松（11）、矮松（12）、沙松（13）、展松（14）、格雷奇松（15）、卵果松（16）等 16 种松树均属油松组，并可再分为赤松亚组（1，2）、黑松亚组（3～10）、山地松亚组（11～13）、卵果松亚组（14～16）。各亚组松脂化学组成有其特征，在α-蒎烯、β-蒎烯、双戊烯、长叶烯、湿地松酸和异海松酸含量以及单萜类、倍半萜类、双萜类化合物含量均有所不同，见表 25-7[18]。

表 25-7　油松组 4 个亚组松脂特点（平均含量，%）

化合物	赤松亚组	黑松亚组	山地松亚组	卵果松亚组	化合物	赤松亚组	黑松亚组	山地松亚组	卵果松亚组
α-蒎烯	32.5	19.1	24.9	9.4	异海松酸	0.7	2.8	0.8	5.7
β-蒎烯	2.2	10.3	18.9	0.2	单萜类化合物	36.9	37.1	45.7	26.5
双戊烯	1.3	5.0	0.9	15.2	倍半萜类化合物	5.6	0.0	0.0	3.6
长叶烯	4.4	0.0	0.0	2.4	双萜类化合物	57.1	62.5	53.8	69.5
湿地松酸	3.3	2.7	1.7	6.7	双萜酸	56.9	62.1	53.4	67.8

1.2　非松脂来源松节油、松香及各国商品松香、松节油组成

1.2.1　木松节油和硫酸盐松节油的组成

中国及俄罗斯木松节油组成见表 25-8[19]、表 25-9[20]。

表 25-8　中国敦化木松节油单萜类百分组成（%）

α-蒎烯	莰　烯	β-蒎烯	Δ^3-蒈烯	对-伞花烃	苧　烯	γ-松油烯	萜　烯	2,4(8)-对-蓋二烯	樟　脑	对蓋烷-8-醇
60.2	2.1	8.3	9.3	6.5	7.5	1.5	1.6	1.5	0.3	1.5

表 25-9 俄罗斯木松节油百分组成（%）

组成	工厂1	工厂2	工厂3	组成	工厂1	工厂2	工厂3
汽油	痕迹	痕迹	1.0	苧烯	4.2	5.5	4.7
α-蒎烯	58.7	57.3	51.3	对-伞花烃	5.3	3.1	5.0
莰烯	2.8	3.7	3.2	β-萜二烯	1.4	0.9	1.2
β-蒎烯	2.1	2.1	2.5	萜品烯	1.8	1.5	3.5
Δ^3-蒈烯	23.5	25.7	27.5				

中国粗硫酸盐松节油经一次精馏后的化学组成见表 25-10。美国硫酸盐松节油组成见表 25-11。

表 25-10 中国硫酸盐松节油百分组成（%）

α-蒎烯	β-蒎烯	Δ^3-蒈烯	α-苧烯	其他单环萜烯	高沸点组分
69	3	12	7	4	5

表 25-11 美国南方硫酸盐松节油主要百分组成（%）

α-蒎烯	β-蒎烯	苧烯	β-水芹烯	α-萜品醇	月桂烯	二甲基硫	萜品油烯	莰烯	石竹烯	β-萜品醇	对-伞花烃
64.0	20.5	4.2	2.4	2.2	1.7	1.3	1.0	1.2	0.3	0.2	0.2

美国硫酸盐松节油中倍半萜为石竹烯、葎草烯及异石竹烯。印度脂松节油中倍半萜主要是长叶烯。

一些国家商品松节油典型萜类组成比较见表 25-12。

表 25-12 商品松节油典型萜类百分组成（%）

类别	国别	α-蒎烯①	β-蒎烯	Δ^3 蒈烯	莰烯	双戊烯	对-伞花烃	其他萜类
脂松节油	美国	65.6	28.1	—	1.7	3.2	—	1.4
	法国	71.9	23.8	—	1.2	1.6	—	1.5
	希腊	96.5	0.6	—	0.9	1.0	0.3	0.7
	葡萄牙	77.9	16.5	—	1.2	3.1	—	1.3
	俄罗斯	59.8	4.1	24.1	1.4	3.7	2.8	4.1
	墨西哥	88.0	3.3	4.2	1.3	2.1	0.04	1.1
粗硫酸盐松节油	美国	65.5	20.4	1.8	1.4	8.2	0.4	2.3
	奥地利	64.3	13.5	14.5	1.1	2.8	—	3.8
	葡萄牙	76.7	15.4	—	1.2	3.5	—	3.2
	瑞典	44.7	4.7	40.7	1.0	2.8	0.8	5.3
	瑞典②	60.0	4.0	28.1	0.9	2.2	3.9	0.9
	俄罗斯②	61.9	2.3	15.5	3.7	7.1	1.5	9.0
松节油	美国	81.3	2.1	0.1	11.4	0.9	0.5	3.4

① 可能含少量三环烯；② 精制品。

国外刊载各国脂松香树脂酸主要化学组成见表 25-13。

表 25-13　各国脂松香树脂酸百分组成典型分析（%）

国　别	海松酸	山达海松酸	刺柏酸	长叶松酸+左旋海松酸	异海松酸	枞　酸	去氢枞酸	新枞酸
美　国	5.1	1.8	2.8	25	17	22	5.7	20
巴　西	4.7	1.7	3.2	11.7	18.2	36.3	5.4	—
中　国	9.2	2.7	—	22	1.5	44	4.3	15
希　腊	—	1.9	—	14	11	50	4.5	13
洪都拉斯	9.6	2.2	—	21	17	22	12	15
印　度	9.2	1.5	—	11	20	38	2.0	18
墨西哥	6.8	1.2	—	10.1	12.9	53.3	7.8	6.1
葡萄牙	8.8	1.9	0.7	30	5.3	32	5.1	16
俄罗斯	7.8	2.4	—	27	5.6	35	5.3	17
土耳其	—	13	—	24	13	41	5.1	15

1.2.2　木松香、浮油松香的组成

中国木松香、浮油松香以及美国同类型松香树脂酸化学组成见表 25-14。

表 25-14　中国与美国木松香、浮油松香树脂酸百分组成（%）

种　类	国　别	海松酸	山达海松酸	刺柏酸	左旋海松酸	长叶松酸	异海松酸	枞　酸	去氢枞酸	新枞酸
木松香	中　国	4.9	—	—	微量	1.7	44.3	42.7	6.3	少量
	美　国	7.1	2.0	—	—	8.2	15.5	50.8	7.9	4.7
浮油松香	中　国	2.9	—	—	1.5	1.3	29.8	47.4	6.5	10.6
	美　国	4.4	3.9	1.0	8.2	8.2	11.4	37.8	18.2	3.3

注：中国木松香为粗制品，中国浮油松香中新枞酸含有其他组分；美国浮油松香尚含脂肪酸和其他少量树脂酸。

中国南方和北方的浮油，因制浆的原料不同，脂肪酸、树脂酸、不皂化物之间的比例有明显差异，北方浮油的比例为 33：23：26，南方浮油为 27：48：7[21]。芬兰典型浮油比为 56：18：13。

1.2.3　冷杉松针油的组成

（1）辽东冷杉松针油组成：檀烯（1.68%）、三环烯（2.44%）、α-蒎烯（14.8%）、莰烯（17.9%）、β-蒎烯（3.51%）、月桂烯（1.86%）、Δ^3-蒈烯（2.44%）、1，8-萜二烯（40.1%）、α-萜品烯（0.61%）、α-萜品醇（2.06%）、醋酸葑酯（0.2%）、醋酸龙脑酯（11.8%）、α-萜品酯（0.69%）。特点是 1，8-萜二烯含量高，并为左旋[22]。

（2）岷江冷杉枝叶水蒸气蒸馏所得松叶油毛细管色谱分离出 242 个组成，其中大于 0.01%的有 109 个，占总量 97.3%。鉴定了 50 个。主要组成：1，8-萜二烯（苧烯）41.4%、α-蒎烯 22.3%、莰烯 17.9%、月桂烯 2.6%、β-蒎烯 2.48%[23]。

1.3　松树生理树脂等物质组成及与病虫害关系

1.3.1　马尾松松针中萜类组成及化学分类

松脂系采脂所得之产物，活松树各部存在的萜类物质，所谓生理树脂与松脂组成有较大差别。针叶是松树光合作用的场所，萜类组成较松脂更为复杂，并有遗传特征，可做为种内化学分类的重要依据。中国马尾松针叶萜类组成除 α-蒎烯、β-蒎烯、莰烯、苧烯外尚有乙酸芳樟醇酯、乙酸龙脑酯、β-石竹烯等；二萜酸类除松脂中常见的枞酸、海松酸外尚有刺柏酸、泪

杉醚酸、贝壳杉酸、19-甲基贝壳杉酸、复瓦杉酸和枞叶酸等。同时还存在十六碳酸、9，12，15-十八三烯酸、十八碳酸等脂肪酸，马尾松针叶二萜酸各树间差异颇大，依此可将马尾松分为7个化学类型。类型及出现机率见表25-15[24]。

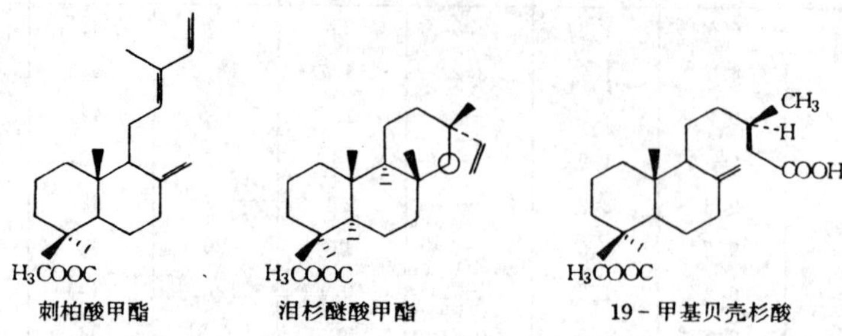

表25-15 马尾松化学类型

类型号	松针二萜酸特征	出现几率（%）	类型号	松针二萜酸特征	出现几率（%）
Ⅰ	19-甲基贝壳杉酸	52	Ⅴ	泪杉醚酸＋19-甲基贝壳杉酸	18
Ⅱ	泪杉醚酸	10	Ⅵ	刺柏酸＋复瓦杉酸	2
Ⅲ	复瓦杉酸	8	Ⅶ	刺柏酸＋19-甲基贝壳杉酸	1
Ⅳ	刺柏酸	2			

1.3.2 枝条中树脂酸组成及与松干蚧危害的关系

松树枝条中生理树脂的树脂酸的组成同一树种之间也有很大差别，枝条中含有大量的去氢枞酸和为量较少的枞酸型酸。枝条中树脂酸总量，特别是枞酸型树脂酸含量与遭受松干蚧危害程度有一定关系，总量与含量愈高愈易受到危害，13种松树枝条树脂酸含量百分比与松干蚧危害关系见表25-16[25]。

表25-16 松树枝条树脂酸含量（%）与松干蚧的危害

树种	海松酸	长叶松酸	左旋海松酸	异海松酸	去氢枞酸	枞酸	新枞酸	山达海松酸	枞酸型占总酸	总量对酸性物	松干蚧危害程度	采集地点
黑松	12.7	2.8	2.3	1.2	40.1	32.0	3.2	5.8	40.3	43.4	重	富阳
琉球松	14.5	9.9	6.3	1.6	25.6	33.9	6.7	1.6	56.7	49.6	轻	富阳
马尾松	15.0	8.6	7.6	2.6	33.6	21.9	7.4	3.1	45.5	42.0	严重	富阳
赤松	10.2	13.6	13.6	0.2	27.6	35.8	11.6	1.0	61.1	89.9	重	历城
油松	3.4	35.4	35.4	0	31.1	22.7	5.9	0.9	64.0	97.9	重	杭州
黄山松	16.8	21.8	21.8	1.7	58.4	23.8	4.1	0.7	49.7	85.8	重	富阳
光松	8.9	—	—	2.2	56.3	20.3	—	10.2	20.3	40.4	无	富阳
刚松	10.3	—	—	10.3	39.1	12.9	—	10.3	12.9	31.1	无	富阳
展松	8.1	—	—	19.4	41.8	27.3	—	6.1	27.3	49.4	无	富阳
晚松	13.6	—	—	13.6	57.8	20.1	—	11.1	20.0	28.0	无	富阳
短叶松	15.1	—	—	1.8	57.8	20.4	—	4.9	20.4	45.0	无	富阳
火炬松	15.6	—	—	微量	50.2	25.4	—	8.9	25.4	32.7	无	富阳
湿地松	9.9	微量	—	30.0	30.8	24.3	—	4.9	24.3	26.3	无	富阳

1.3.3 松树抗虫害物质及虫害对生理树脂的影响

天然存在的一些树脂酸对某些昆虫有拒食性或诱食性，美国研究认为13-酮基-8（14）podocarpen-18-oic 酸是某些松树枝条不受锯蝇幼虫危害的原因，又认为异海松酸比一般树脂酸更有抑止包括紫螟蛉在内的 Lepdoptera 幼虫发育的作用。中国研究了抗松毛虫马尾松植株与同属 19-甲基贝壳酸型的对照植株的针叶组成，发现抗虫植株与对照在可由乙酸乙酯提出的水溶性酚中存在一个差别很大的组分。对照株中该组分占酚类总量的 37%，而抗虫株中含量极低，此组分确定为双氢槲皮素-3′-O-β-D-吡喃葡萄糖苷[26]。

病害侵入松树常使树木中萜类成分发生变化。如黑松感染线虫后，树干乙醚抽出物增加；树脂酸成分中枞酸含量增加而长叶松酸与左旋海松酸的含量降低，枞酸与左旋海松酸或长叶松酸含量之差值可作为判断感病与否的指标，正值为感病，负值为未感染，此关系中后期可靠性更高；同时感染线虫后长叶烯相对含量降低，一些芳香基化合物含量增加；此外感染中后期乙醚抽出物的酸性明显增加，酸碱指示可作为检测感病与否的一种辅助手段[27]。

2　树脂酸的结构与性质

2.1　树脂酸结构与分类

树脂酸是一类化合物的总称，是松脂固体部分及松香的主要组分，它们的分子大多数为 $C_{20}H_{30}O_2$，为具有三环菲骨架的含有二个双键的一元羧酸。少数树脂酸为二环羧酸，或因加氢、脱氢改变了双键数目的三环菲骨架的羧酸。常见树脂酸因烷基和双键位置等不同分为 3 类：

2.1.1　枞酸型树脂酸

在 C_{13} 位上与异丙基或异丙叉基相连，所具的二个双键为共轭，双键在环内的有枞酸、左旋海松酸、长叶松酸、一个双键在环外的为新枞酸。亦有将去氢枞酸、二氢枞酸、四氢枞酸列入此类，因其 C_{13} 位上均为异丙基。一般称枞酸型酸者指前 4 种，因有共轭双键，在紫光光区有较强的吸收；性较活泼，在酸与热作用下能相互异构；在空气中能自动氧化或诱导后氧化；在 350℃钯催化时脱氢生成芮（1-甲基-7-异丙菲），是其结构的证明。

2.1.2　海松酸型和异海松酸树脂酸

在 C_{13} 位上与一个甲基和一个乙烯基相连，因甲基构象不同又分为海松酸与异海松酸两种，前者甲基为 α-位，后者为 β-位。此两种树脂酸因环内双键位置不同又存在异构体。所有海松酸型树脂酸 2 个双键均非共轭，性质较为稳定。催化完全脱氢生成海松烯（1，7-二甲基菲）。

2.1.3　二环型树脂酸（或称劳丹型酸）

二环型树脂酸是以劳丹烷骨架为基础的树脂酸，中国、印度尼西亚、菲律宾南亚松松脂存在的南亚松酸（二羧酸）及美国湿地松松脂中存在的刺柏酸均属此类。常见树脂酸结构如图 25-1。

用烷类表示的枞酸、海松酸、异海松酸、劳丹酸型的 4 种基本骨架、位次编号及角上氢表示法如图 25-2。

2.2　树脂酸的命名

常见树脂酸是二萜一元羧酸。20 世纪 60 年代后有 3 种命名法[28]：①1966～1972 年美国化学文摘（CA）采用基于罗汉松烷的方法；②1973 年迄今 CA 采用基于菲环的方法；③1976 年国际纯粹化学与应用化学协会（IUPAC）部分采用劳氏（Rowe）建议的基于枞烷、海松烷、异海松烷及劳丹烷的暂行命名法。结构上的氢及甲基等侧基习惯上用虚、实线表示。β-位在平面以上的实线（或楔形）表示，此时氢可用黑点表示；α-位用虚线表示，此时氢可用圆圈表示。CA 对一些化合物有登记号以便检索。各命名法及位次编号，举例如图 25-3。

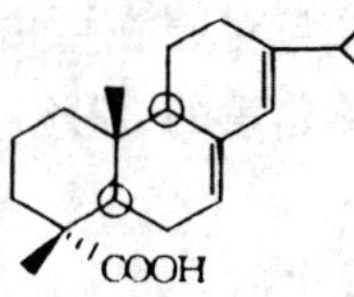

COOH COOH COOH

枞酸 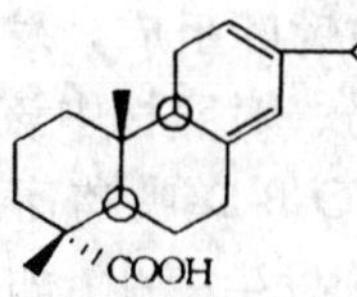　左旋海松酸 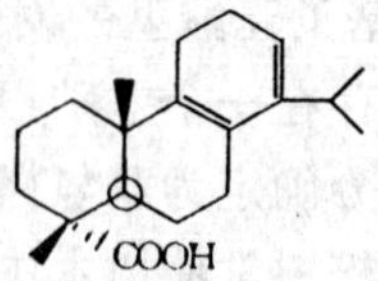　长叶松酸

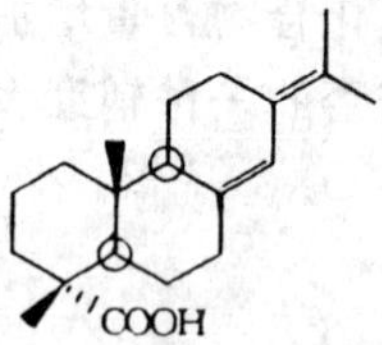

COOH COOH COOH

新枞酸 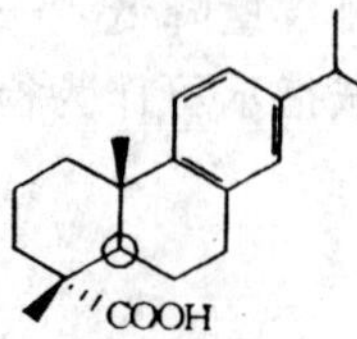　去氢枞酸 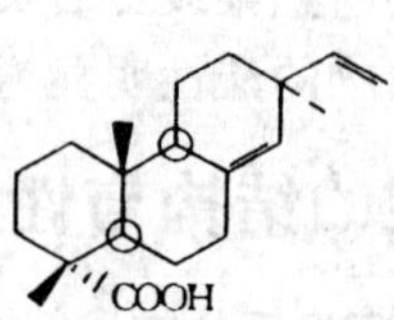　海松酸

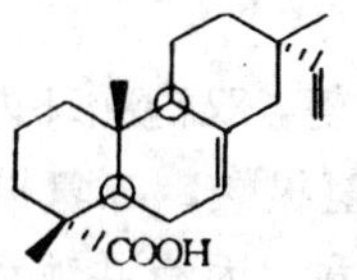

COOH COOH COOH

异海松酸 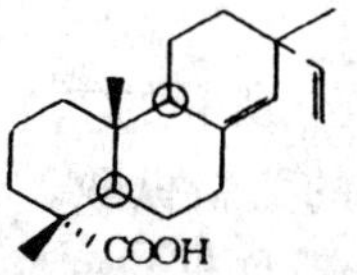　山达海松酸 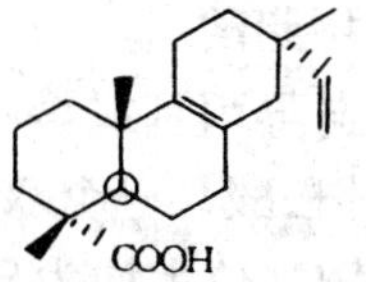　Δ^8-异海松酸

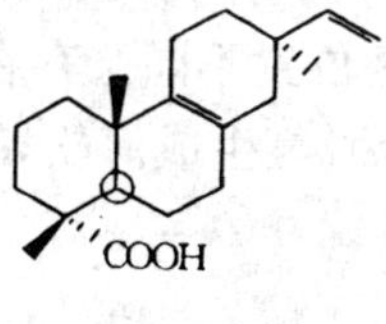

H

COOH COOH COOH COOH

Δ^8-海松酸 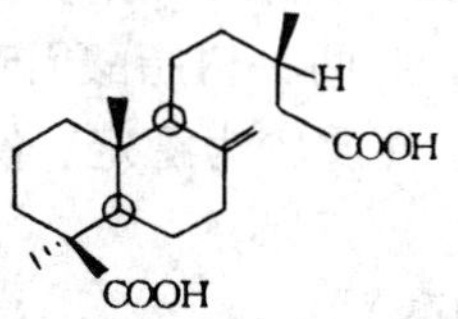　南亚松酸 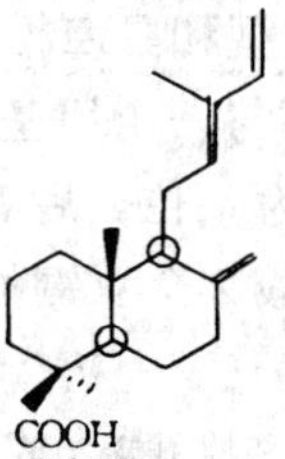　刺柏酸

图 25-1 常见树脂酸结构

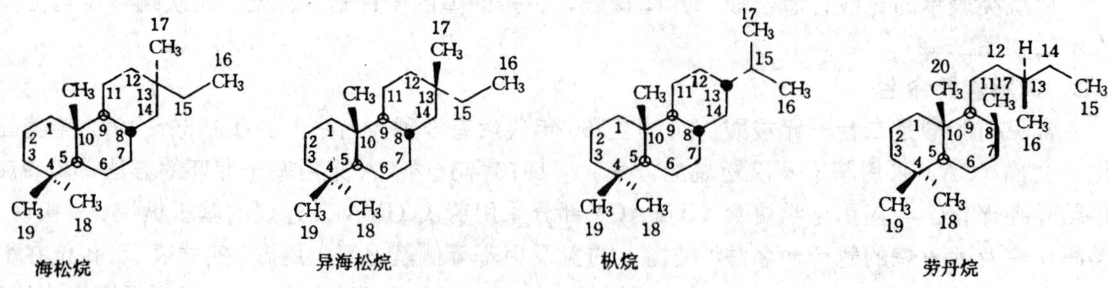

图 25-2 4 种以烷类表示的基本骨架、位次编号及角上氢的表示

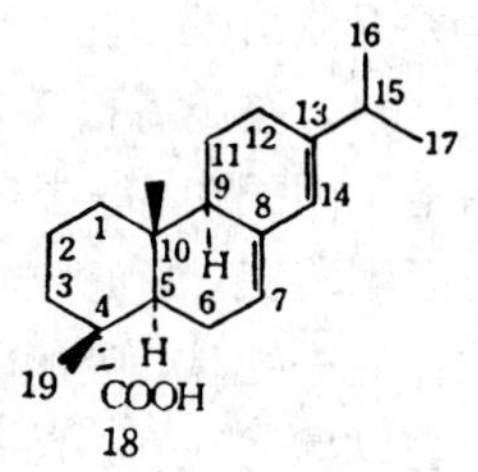

基于罗汉松烷（化学文摘 1966～1972）	基于菲环（化学文摘 1973年至今）	基于枞烷
枞酸为		
7，-13-二烯，-13 异丙基-15 罗汉松酸	1，2，3，4，4a，4b，5，6，10，10a-十氢-1，4a-二甲基-7-（-甲基乙基）-［1R-（1α，4aβ，4bα，10aα）］1-菲羧酸	7，13-二烯-18-枞酸
海松酸为		
8（14）-烯-13a 甲基-13-乙烯基-15-罗汉松酸	7-乙烯基-1，2，3，4，4a，4b，5，6，7，9，10，10a-十二氢-1，4a，7-三甲基-［1R-（1α，4aβ，4bα，7β，10aα）］-1-菲羧酸	（基于海松烷）8（14）；15-二烯 18-海松酸

图 25-3　树脂酸三种命名法及举例

2.3　主要树脂酸的分离

树脂酸的分离提纯主要用胺盐沉淀法，从众多的树脂酸中分离所需的树脂酸。如利用二戊胺分离枞酸、丁醇胺分离左旋海松酸、2-胺基-2-甲基-1，3-丙二醇分离新枞酸，酸化胺盐沉淀可得相应的树脂酸。各酸分离操作步骤如下：

（1）枞酸的分离。通常的异构松香为原料，因其中枞酸含量较高。异构在盐酸乙醇溶液中进行，混合液在沸腾下保持 2h，并以 CO_2 保护。异构完毕蒸去乙醇与水，残余物溶于乙醚，经洗涤蒸去溶剂，干燥后溶于丙酮，蒸汽加热至沸腾，慢慢加入二戊胺，强烈搅拌，冷至室温出现晶体。冰浴上充分冷却，吸滤，盐的沉淀用丙酮洗涤后，重结晶数次。所得胺盐溶于乙醇，冰醋酸中和，加水至枞酸析出。收集枞酸，水洗至完全除去醋酸。此粗枞酸再溶于乙醇，加水析出结晶产品。

（2）新枞酸的分离。脂松香溶于甲乙基酮，热至 75℃，加入相当于以松香酸价计算出的树脂酸摩尔数的 2-氨基-2-甲基-1，3-丙二醇，搅拌后冷至室温过夜。所得胺盐用甲乙基酮以三角形重结晶法进行重结晶。酸化时，先将胺盐悬浮丙酮中，再以稍过量的 2mol/L 醋酸酸化，加水沉淀新枞酸晶体，用丙酮重结晶。

（3）长叶松酸的分离。脂松香丙酮溶液中搅拌加入相当松香重量$\frac{1}{3}$的 2，6-二甲基哌啶。溶液在室温下放置过夜。过滤所得盐用同重量的热甲醇溶解并加入与甲醇同体积的丙酮进行重结晶。酸化胺盐时先溶于乙醇并加入浓度为 3mol/L 的 H_3PO_4。冷的酸化溶液中加入冰水直至无混浊出现为止，沉淀的长叶松酸用水洗去多余之矿物酸，以热乙醇重结晶一次即可。

(4) 左旋海松酸的分离。应取松脂为原料，一般松脂中含有25%左右的左旋海松酸。松脂溶于丙酮中，滤去杂质，搅拌加入溶有相当左旋海松酸摩尔2.6倍的2-氨基-2-甲基-1-丙醇的丙酮溶液，吸滤收集形成的糊状沉淀，并溶于最小体积的沸腾甲醇中。溶液冷至5℃，不时搅拌促进结晶，吸滤收集固体，再溶于沸腾甲醇中，溶液浓缩冷至5℃，让胺盐结晶，再次重结晶以提高纯度。胺盐易氧化，宜尽快转化成左旋海松酸，胺盐在乙醚溶液中以10%浓度的磷酸酸化。酸化后的乙醚水洗2次，无水硫酸钠干燥，蒸去乙醚之剩余物，用热乙醇提纯左旋海松酸。

(5) 异海松酸的分离。松香的正庚烷的溶液中加入相当于按酸价计算树脂酸的摩尔数的哌啶，放置冷却过夜，可得胺盐，再以95%乙醇按三角重结晶法结晶，胺盐酸化时先将其悬浮在丙酮中，加浓度3mol/L的盐酸，然后加水使异海松酸完全沉淀。沉淀用溶于丙酮然后加水的方法再沉淀。从最小量沸腾丙酮中重结晶一次即为异海松酸。

(6) 去氢枞酸的分离。一般采用歧化松香为原料，其乙醇溶液加温至70℃，加入相当于由酸价计算的树脂酸摩尔含量的1.1倍α-乙醇胺。随后在70～80℃下加水，热溶液以异辛烷萃取。萃取温度保持60℃以上，胺盐大约在50℃开始结晶。溶液冷却后收集晶体，以50%浓度的乙醇重结晶2次。原料不良时需重结晶几次。胺盐酸化时在热乙醇溶液中进行，用稀盐酸酸化至pH值为4.5，再加水出现晶体。收集晶体以热水洗涤，在75℃乙醇中再结晶，减压干燥，即得纯度较高的样品。

2.4 松香树脂酸组成含量分析

树脂酸组成可采用气相色谱仪分析。通常以四甲基氢氧化胺先将树脂酸甲酯化再注入仪器。如发现对个别二萜酸有副作用时，仍采用重氮甲烷来酯化。早期多用色谱柱分离，例如玻璃柱长3m，内径3mm，内装涂有5∶100QF-1的chromosorbw HP（100～120目）的填料，此种柱可得较好的分离效果。检测多采用氢焰离子检测器（FID）。操作条件：注射口温度301℃，柱温184℃，氮气20ml/min，氢气0.8kg/cm^2，空气1.0kg/cm^2。近多采用玻璃或石英毛细管柱分离，毛细管壁一般涂有SE-30或OV-101或其他固定液。例如OV-101 0.3mm内径的毛细管长数十米分离能力颇高，同时可将脂肪酸分离。梧州松脂中酸性物的气相色谱图如图25-4，此柱对单萜、单萜醇、倍半萜分离效果亦佳。根据各树脂酸（甲酯）峰面积及应答值计算含量，常以归一化法计算各酸之百分比。酸性物多以正十八烷酸为内标求各酸应答值。如气相色谱仪与质谱仪联用，可得各组分的定性资料。

2.5 树脂酸及松香的物理性质及有关常数

2.5.1 松香相对密度、溶解性能、软化点

松香通常是一种透明而硬脆的固态物质，折断面有似贝壳般的光泽，易溶于多种有机剂如乙醇、乙醚、丙酮、苯、二硫化碳、松节油中，不溶于水。相对密度1.05～1.10，热容量每1 000g为2.2kJ。松香是无定形固体，没有确切的熔点，常采用不同方法测定其开始软化流动的温度（称软化点）。中国及一些国家采用环球法测定软化点。其他方法有始滴法、柱形松香承重法等。

2.5.2 旋光性能

松香是多种具有旋光性能的树脂酸熔合物，松香的旋光性能（比旋值）是各树脂酸比旋值的加合值。松香比旋值可反应树脂酸酸热异构的程度及相联的结晶趋势的大小。

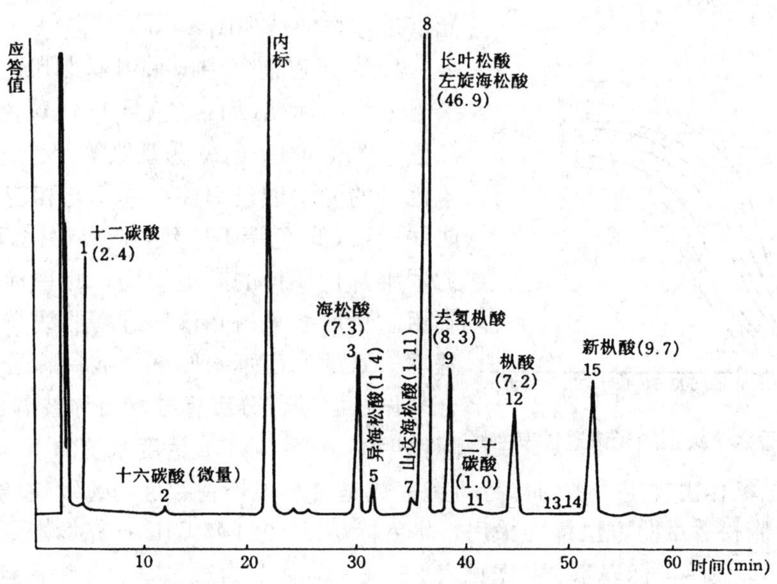

图 25-4 梧州马尾松松脂酸性部分气相色谱图

2.5.3 粘 度

松香的粘度不仅随温度改变，而且还因组成不同及加工情况不同而改变，与软化点有密切关系，通常可由其软化点以下式估算粘度：

$$\log v = 7.36\frac{t_s}{t} - 1.92 \quad (25\text{-}1)$$

式中：t_s——软化点；

t——松香温度；

v——粘度（Pa·s）。

表 25-17 列出 8 种松香的粘度、温度、软化点的关系。由表 25-17 可知，160℃以下时，粘度随温度的变化较大，160℃以上时变化较小，且各地松香粘度值趋于接近。

表 25-17 松香粘度与温度及软化点的关系

松香样来源	软化点（℃）	粘度（Pa·s）							
		130℃	140℃	150℃	160℃	170℃	180℃	190℃	200℃
广西玉林（马尾松）	76.6	0.292	0.147	0.077 6	0.046 3	0.028 1	0.016 0	0.011 3	0.008 2
福建尤溪（马尾松）	76.2	0.221	0.098 0	0.056 0	0.034 6	0.020 2	0.013 9	0.009 9	0.007 0
广东紫金（马尾松）	76.6	0.258	0.117	0.062 2	0.037 7	0.023 5	0.014 5	0.010 6	0.007 9
广西梧州（马尾松）	74.9	0.190	0.092 4	0.047 8	0.030 4	0.019 6	0.013 8	0.009 8	0.007 3
四川西昌（云南松）	78.9	0.259	0.126	0.059 6	0.039 7	0.025 5	0.017 4	0.011 3	0.008 4
海　南（南亚松）	83.1	0.427	0.191	0.089 8	0.055 2	0.034 8	0.030 7	0.014 8	0.010 6

2.5.4 松香的颜色

树脂酸本身无色，松香呈淡黄至深红的颜色系由树脂酸氧化物、铁盐及其他有色萜类所形成。松香在可见光区（380～780nm）呈现一连续的光谱透过率曲线、波长短端透过率低，长端透过率高。颜色愈深曲线愈向波长长端移动。又因颜色愈深全波段透过率愈低，光谱透过率曲线的斜率愈小。选取不同的曲线可作松香颜色分级的标准。中国松香六个级别的光谱透

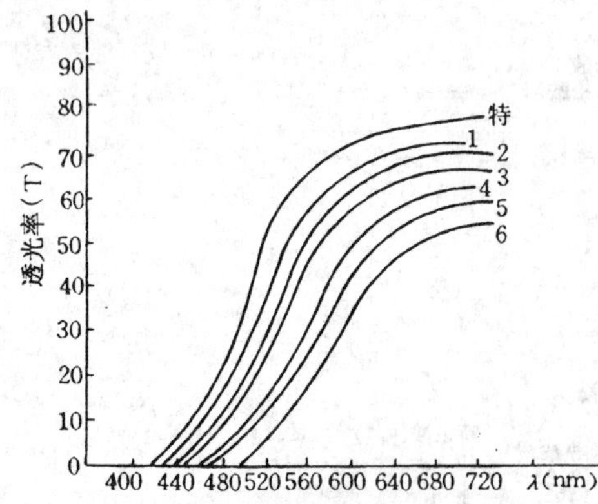

图 25-5 中国松香六个级别的光谱透过率曲线

光谱透过率曲线如图 25-5。

1987 年以前，中国采用罗维邦色调计色号作为松香分级的标准，如：红色号 1.4、黄色号 12 为特级，红色号 21、黄色号 20 为壹级等等。由于罗维邦组合的色号的光谱透过率曲线并不与相应的松香级别的曲线一致，即色调不一致，造成评比颜色的困难，加上罗维邦色调计的其他缺陷，此种标准许多国家已不用。目前多采用光谱透过率曲线与各级松香曲线基本一致的，由不同厚度的数种牌号的有色玻璃组合来作松香颜色分级标准（俗称玻璃色块）。并以国际照明委员会（CIE）色度系统的 X、Y 坐标表示色调，同时对透过率作出规定。中国自行研究完成适合本国松香颜色的色级玻璃标准色块，并为 1987 年国家脂松香试验方法标准采用，此色标是以 1964 年 CIE 补充标准色度学系统等能量光源的 X_{10}、Y_{10} 色品坐标表示，数据见表 25-18。表中 T 为透过率，由色品坐标值可求出采度及主波长。美国、俄罗斯采用 CIE1931 年色度系统色品坐标表示。美国采用 C 光源，俄罗斯采用 B 光源。由中国的各级标准的光谱透过率可换算成美国、俄罗斯等国的标准，也可将等能量光源的 X_{10}、Y_{10} 换算成 C 光源数据。

表 25-18 中国松香色级玻璃标准色块（1964 年 CIE 补充标准色度学系统色品坐标）

级 别	X_{10}	Y_{10}	T（透过率）
特	0.466 8	0.461 0	0.650
壹	0.492 2	0.465 2	0.567
贰	0.516 1	0.460 7	0.486
叁	0.527 5	0.454 6	0.428
肆	0.542 6	0.445 1	0.356
伍	0.558 1	0.435 3	0.290

注：光源为等能量光源。

2.5.5 树脂酸与松香的电性能

松香的导电性能与其中树脂酸及其他组成以及加工方法等有关[29]。中性物、氧化松香、矿物酸盐类都会降低电绝缘性。如 99.5%的树脂酸和含 93.5%树脂酸的松香，110℃时的体积电阻 ρ_v 分别为 $8.2\times10^{12}\Omega\cdot cm$ 和 $4.9\times10^{12}\Omega\cdot cm$，而含 0.5%树脂酸中性物的 ρ_v，此温度下仅为 $0.005\times10^{12}\Omega\cdot cm$，分别小于前列数据的 1 600 倍和 1 000 倍，松香中氧化松香含量与电绝缘性能的关系见表 25-19。

表 25-19 松香中氧化松香含量与体积电阻的关系

松香量	氧化松香添加量	ρ_v $(\Omega\cdot cm)\times10^{12}$
100	0.0	2.3
98	2.0	0.6
95	5.0	0.25
90	10.0	0.24

注：原资料未注温度，此处应为 110℃。

中国松香因树种、地区、加工方法不同电绝缘性能介质损失角(tgδ%)及 ρ_v 相差较大，广西、广东、海南、江西、福建五省区松香之电气性能列成表 25-20。除海南省松香（南亚松）性能较好外，其他省区马尾松松香均不太佳。马尾松松香经减压蒸馏，除去低馏份及包括氧化松香在内的残渣的蒸馏松香，性能大大改观，可提高 5～6 倍，适于油浸低绝缘电力电缆和不滴流电缆使用。蒸馏松香与普通松香电绝缘性能见表25-21。[30]

表25-20　中国松香的电绝缘性能

产　地	介质损失角 tgδ，120℃，%	体积电阻系数 ρ_v，110℃，Ω·cm	树　种	加工工艺	备　注
广　宁	16.40	5.55×10^{12}	马尾松	蒸汽法	特、一级
海　南	1.00	6.35×10^{12}	南亚松	滴水法	特、一级
玉　林	2.24	2.06×10^{12}	马尾松	蒸汽法	特、一级
梧　州	1.22	4.76×10^{12}	马尾松	蒸汽法	特、一级
梧　州	16.70	2.19×10^{11}	马尾松	蒸汽法	四级
上　杭	2.20	2.90×10^{12}	马尾松	滴水法	特、一级
广　昌	17.71	2.19×10^{11}	马尾松	蒸汽法	常法采脂
广　昌	12.80	2.50×10^{11}	马尾松	蒸汽法	化学采脂

表25-21　普通松香及蒸馏松香电绝缘性能比较

产　地	蒸馏前		蒸馏后	
	tgδ，120℃，%	ρ_v，110℃，Ω·cm	tgδ，120℃，%	ρ_v，110℃，Ω·cm
梧州（四级）	2.00	2.06×10^{12}	0.27	2.46×10^{13}
上　杭	1.30	3.14×10^{12}	0.44	1.07×10^{13}
信　谊	1.38	3.10×10^{12}	0.41	1.27×10^{13}
海南（南亚松）	1.00	6.36×10^{12}	0.38	7.10×10^{12}（120℃）

普通松香蒸馏后除掉低沸点馏份及残渣改善电绝缘性能外，在蒸馏过程中因枞酸型树脂酸异构而生成较多的枞酸，也是提高电性能的原因，因枞酸本身电绝缘性较高所致。马尾松蒸馏松香树脂酸中枞酸含量常达60%以上，树脂酸组成分析典型数据见表25-22。

表25-22　电绝缘用蒸馏松香树脂酸百分组成（%）

样号	$\rho_v\times10^{13}$（110℃）	比旋值 $[\alpha]_D^{20}$	海松酸	异海松酸	长叶松酸	去氢枞酸	枞　酸	新枞酸
1	7.08	−33.4	6.9	1.3	16.6	8.0	60.5	6.6
2	9.54	−34.6	5.9	1.0	15.3	8.9	62.7	6.3

2.5.6　树脂酸和甲酯的其他物理常数

常见树脂酸及甲酯的熔点、比旋值见表25-23。甲酯熔点比酸低许多，比旋值与酸基本一致。

表25-23　树脂酸及甲酯的熔点和比旋值

名　称	熔点（℃）		比旋值 $[\alpha]_D^{25}$（浓度2%，95%乙醇中）	
	酸	甲酯	酸	甲酯
枞　酸	172～175	—	−106	−96
长叶松酸	162～167	24～27	+72	+67
左旋海松酸	150～152	62～64.5	−276	−269
新枞酸	171～173	61.5～62	+161	+148
去氢枞酸	173～173.5	63～64.5	+62	+61

（续）

名　称	熔点（℃）		比旋值 $[\alpha]_D^{25}$（浓度2%，95%乙醇中）	
	酸	甲酯	酸	甲酯
海松酸	217～219	68～69	+73	+72
异海松酸	162～164	61.5～62	0	0
$\Delta^{8(9)}$-异海松酸	106～107	68～70	+113	+118
山达海松酸	173～174	68～69	−20	−21
刺柏酸	—	105～106	+40	+48

2.5.7 树脂酸晶体的主体结构

用x衍射研究枞酸结晶与分子结构，确定枞酸为单斜晶体系。两个枞酸之羧基分别由各长0.263 4nm和0.261 2nm两个氢键连结。此种连结的两个枞酸结构相异，一个的异丙基处于对整个分子键的同一平面，另一个的异丙基垂直于它的分子键的平面。两枞酸 C—C 键长与相应的键角也不尽相同；两个枞酸的三个六元环立体形成的参数相差甚大，但二枞酸中三个环却具同一形式：A环为椅式，B环为半椅式，C环为信封式。并知C_6，C_7，C_8，C_9，C_{12}，C_{13}，C_{14}，C_{15}及羧基均处于同一平面。

中国科学院福建物质结构研究所测定的新枞酸、去氢枞酸、长叶松酸、枞酸、左旋海松酸、海松酸晶体粉末x-衍射数据见表25-24。

表25-24 6种树脂酸结晶粉末x衍射数据

新枞酸		去氢枞酸		长叶松酸		枞　酸		左旋海松酸		右旋海松酸	
d	$I/I_1$①	d	I/I_1	d	I/I_1	d	I/I_1	d	I/I_1	d	I/I_1
11.3	10	8.6	95	11.1	18	8.7	50	12.0	20	12.4	80
10.8	15	8.0	18	9.6	10	8.0	10	10.0	3	11.4	20
8.3	45	7.4	28	8.0	40	7.1	12	8.5	13	9.5	12
6.5	3	6.2	25	7.6	10	6.5	15	7.7	85	8.6	100
6.3	25	5.89	20	6.5	6	6.1	20	7.5	30	6.7	18
5.87	50	5.66	40	6.2	90	5.91	30	7.3	10	6.5	90
5.62	15	5.51	30	5.99	5	5.67	24	6.7	45	6.4	8
5.34	100	5.34	15	5.50	100	5.41	24	6.2	15	6.3②	75
5.30	100	5.15	100	5.27	87	5.24	100	5.87	60	5.95	25
4.92	15	5.09	15	5.11	3	5.16	15	5.60	100	5.78	45
4.83	10	5.02	55	4.75	20	4.93	35	5.40	40	5.60	25
4.64	40	4.62	60	4.47	8	4.81	47	5.30	25	5.21	20
4.39	40	4.35	15	4.30	35	4.45	25	5.00	46	5.00	8
4.16	8	4.31	15	4.24	5	4.41	10	5.81	15	4.90	50
4.07	27	4.22	5	4.11	12	4.20	15	4.78②	40	4.64	46
3.86	35	4.03	37	4.07	10	4.05	12	4.60	35	4.55	25
3.76	15	3.82	15	4.00	9	4.02	10	4.47	5	4.42	30
3.62	5	3.77	18	3.91	3	3.93	5	4.24	18	4.26	10
3.52	35	3.68	13	3.73	30	3.82	5	4.11	15	3.93	20
3.46	8	3.52	10	3.66	3	3.78	20	3.90②	20	3.88	28
3.40	20	3.48	10	3.54	3	3.69	8	3.81	28	3.80	13
3.29	5	3.36	15	3.40	13	3.47	5	3.70	13	3.75	5
3.24	5	3.23	8	3.20	10	3.37	4	3.61②	10	3.70	25

（续）

新枞酸		去氢枞酸		长叶松酸		枞　酸		左旋海松酸		右旋海松酸	
d	I/I₁①	d	I/I₁	d	I/I₁	d	I/I₁	d	I/I₁	d	I/I₁
3.14	5	3.12	8	3.17	4	3.27	8	3.50	7	3.51	20
3.06	3	2.96	5	3.12	8	3.13	5	3.45	25	3.41	20
2.99	15	2.88	15	3.07	10	3.02	5	3.37②	10	3.38	10
2.95	17	2.80	10	2.92	5	2.97	3	3.28	18	3.25②	8
2.87	30	2.77	5	2.66	7	291	5	3.09②	10	3.20	8
2.80	25	2.68	8	2.54	8	—	—	3.05	5	3.14	7
2.75	17	2.58	5	2.47	6	—	—	2.97②	20	3.09	5
2.68	20	2.52	5	—	—	—	—	2.87	8	3.00	8
2.62	5	—	—	—	—	—	—	2.76	7	2.90	15
2.59	10	—	—	—	—	—	—	2.65	12	2.75	15
2.54	10	—	—	—	—	—	—	—	—	—	—
2.49	10	—	—	—	—	—	—	—	—	—	—

① I/I_1 指该衍射线之强度与该样品所产生之最强衍射线 I_1 之比的相对强度值，并以 I_1 强度为 100；

② 表示该线条由极相近两条线组成。

x 衍射的研究证明：新鲜保持液态的马尾松松脂中已存在长叶松酸晶体微粒，存放多年的松脂中存在的颗粒及析出的晶体均为长叶松酸晶体；马尾松松脂低温加工所得比旋值为正的松香中出现的大颗粒晶体主要为长叶松酸，高温加工所得比旋值为负值的松香中出现的细微晶体主要是枞酸；美国 WW 级脂松香样品丙酮中析出的晶体为长叶松；美国浮油松香样品丙酮中析出的晶体为去氢枞酸。

松香中各树脂酸的数量及比例将影响结晶趋势及出现可见晶体的机遇程度。马尾松松香减压重蒸馏所得浅色松香及歧化松香分别由于枞酸和去氢枞酸过多易引起产品结晶。

2.5.8　树脂酸谱图数据（以甲酯形式测定）

枞酸、长叶松酸、左旋海松酸、新纵酸、去氢枞酸、海松酸、异海松酸、山达海松酸各酸甲酯紫外吸收光谱（UV）、红外吸收光谱（IR）数据见表 25-25，质谱（MS）之主要八峰数据及核磁共振（NMR）氢谱化学位移数据见表 25-26。

表 25-25　树脂酸甲酯 UV 和 IR 数据

甲酯名	UV		IR（膜）
	吸收波长（nm）（ε）	溶液浓度（mol/L）	吸收峰波数 cm^{-1}（强度、峰形）
枞　酸	最大 250（15 500） 最小 248.5（15 300）	4.08×10^{-4}	1735（强），2960（强），1300（强），1150（强）1390（强尖），1440 和 1960（中，双峰），900（强）
长叶松酸	最大 265.3（8 830） 最小 217（3 000）	9.70×10^{-4}	1730（强），2920 和 2930（强，双峰），1380（中），1430 和 1460（中，双峰），1250（强），1110（强），1170（弱），1040（弱），860（弱）
左旋海松酸	最大 27.28（5 700） 最小 232.5（1 180）	1.53×10^{-4}	1730（强），2920 和 2930（强，双峰），1390（强，尖峰），1440 和 1460（强，双峰），1250（强），1130（强），1100（中），860（中），800（中），1025（弱）
新枞酸	最大 251.5（24 600）	4.02×10^{-4}	2940（强），1735（强），1440 和 1450（强，双峰），1250（强），1390（中），1130（中），1170（中），870 和 890（弱，双峰）

（续）

甲酯名	UV		IR（膜）
	吸收波长（nm）（ε）	溶液浓度（mol/L）	吸收峰波数 cm^{-1}（强度、峰形）
去氢枞酸	最大 276（750） 最小 273.2（390） 最大 267.9（145） 最小 240（70） 最大 199.8（57 000）	9.49×10^{-3} 9.49×10^{-3} 1.50×10^{-5}	2960（强），1730（强），1500（中，尖峰），1440及1460（中，双峰），1250（强），1130（中），1180（中），1040（中），820（中）
海松酸	肩峰 204（10 200）	8.15×10^{-4}	2950（强），1735（强），1200（强），1440和1460（中，双峰），1130（中），920（强），1000（中），860（弱），720（弱）
异海松酸	肩峰 203（8 000）	8.06×10^{-4}	2920和2960（强，双峰），1730（强），1440至1460（三重峰），1380（中，尖峰），1250（强），1180（中），1150（强），910（强），830（中），660（中）
山达海松酸	肩峰 203.3（12 200）	8.08×10^{-4}	2960（强），1730（强），1440和1450（中，肩峰），1250（强），1130（中），915（强），860（弱），1000（弱）

表 25-26 树脂酸甲酯 MS 和 NMR 数据

甲酯名	MS 八峰：$\frac{M}{t}$（相对丰度）	NMR（100MHz）：氢位、化学位移δ
枞 酸	316（100），257（72），91（69），121（68），105（67），136（60），93（42），79（42）	C-4（CH_3）1，24，C-10（CH_3）1.02^5，异丙基（CH_3）0.99，烯氢 5.37、5.77，酯（CH_3）3.6
长叶松酸	91（100），113（98），121（83），105（82），316（63），151（72），95（61），131（57）	C-4（CH_3）1.19^5，C-10（CH_3）1.05^5，异丙基（CH_3）1.02，烯氢 5.38，酯（CH_3）3.64
左旋海松酸	146（100），101（76），92（76），91（73），121（71），134（54），133（53），316（47）	C-4（CH_3）1.15，C-10（CH_3）0.89，异丙基（CH_3）0.95^5，烯氢 5.15，酯（CH_3）3.63
新枞酸	135（100），316（63），148（59），91（56），121（56），136（46），134（42），93（40）	C-4（CH_3）1.19^5，C-10（CH_3）0.78，异丙基（CH_3）1.69、1.73，烯氢 6.19，酯（CH_3）3.64
去氢枞酸	239（100），314（60），299（49），240（45），91（21），141（19），128（19），129（19）	C-4（CH_3）1.27，C-10（CH_3）1.22，异丙基（CH_3）1.23，酯（CH_3）3.64
海松酸	121（100），180（57），181（50），122（49），316（45），96（45），91（42），105（42）	C-4（CH_3）1.19，C-10（CH_3）0.77，C-13及其他（CH_3）0.98^4，烯氢 5.15，酯（CH_3）3.64
异海松酸	241（100），105（96），121（86），107（83），106（80），257（80），91（77），316（76）	C-4（CH_3）1.26^5，C-10（CH_3）0.90，C-13及其他（CH_3）0.86，烯氢 5.33，酯（CH_3）3.64
山达海松酸	121（100），181（45），316（40），122（39），91（38），93（38），105（38），180（37）	C-4（CH_3）1.20，C-10（CH_3）0.83，C-13及其他（CH_3）1.03，烯氢 5.24，酯（CH_3）3.65

2.6 树脂酸的反应

2.6.1 树脂酸和松香的氧化反应

2.6.1.1 树脂酸的光敏氧化[31]

左旋海松酸、长叶松酸及新枞酸在光活化剂为亚甲基蓝存在的极性溶剂如乙醇中，低温下即可光敏氧化成环内过氧化物。此条件下，并不形成自由基，氧分子可能出现单氧状态而发生氧化反应。枞酸氧化要慢许多，通过7-氢过氧长叶松酸，形成带羟基的过氧化物。4种枞酸型酸光敏氧化进程如图25-6。无共轭双键的海松酸、异海松酸也可通过烯键而光敏氧化。树脂酸光敏过氧化物可考虑作为聚合或其他反应的有机过氧化物催化剂的廉价来源。左旋海松酸因易从松脂中分离出来，其过氧化物的应用受到重视。

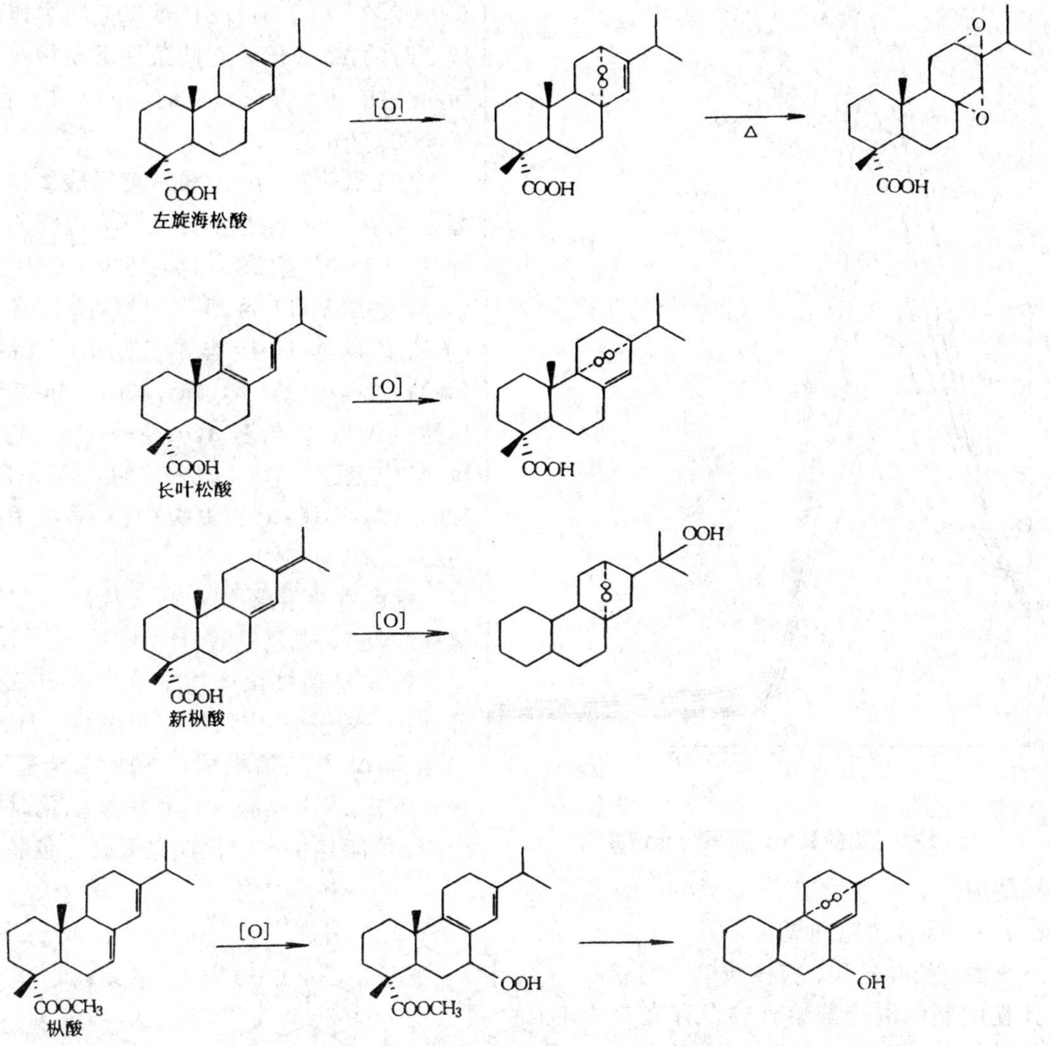

图 25-6　枞酸型树脂酸光敏（单氧）氧化

2.6.1.2　树脂酸与松香的自动氧化[32]

(1) 树脂酸中及松香中的枞酸在空气中能自动氧化。粒度较少的纯枞酸氧化过程中的紫外吸收光谱变化如图 25-7，变化系共轭双键逐渐消失所致。氧化开始时，红外光谱 3 430cm^{-1} OH 伸缩振动吸收峰增大，1 690cm^{-1}附近 C═O 吸收无变化，随后 C═O 吸收增大，说明氧化反应先生成羟基或氢过氧基，然后产生羰基。松香氧化时红外光谱变化与枞酸相似，惟有 1 500cm^{-1}芳环吸收峰增加，说明产生了去氢枞酸一类物质。

枞酸氧化时增重与枞酸含量减少量呈线性关系。含量每降低 5.2%，相应增重为 1%。

枞酸氧化初期接近一级反应，后期不是一级反应，可能是表面状况发生变化所致。氧化与表面关系甚大，粉末枞酸或松香甚易氧化。

氧化时属催化自动氧化，一般有一个诱导期。氧化与温度关系甚大，40～100 目枞酸纯氧中氧化，当温度为 17℃、25℃、40℃时的诱导期分别为 3.5 天、2.2 天、0.35 天。50℃时诱

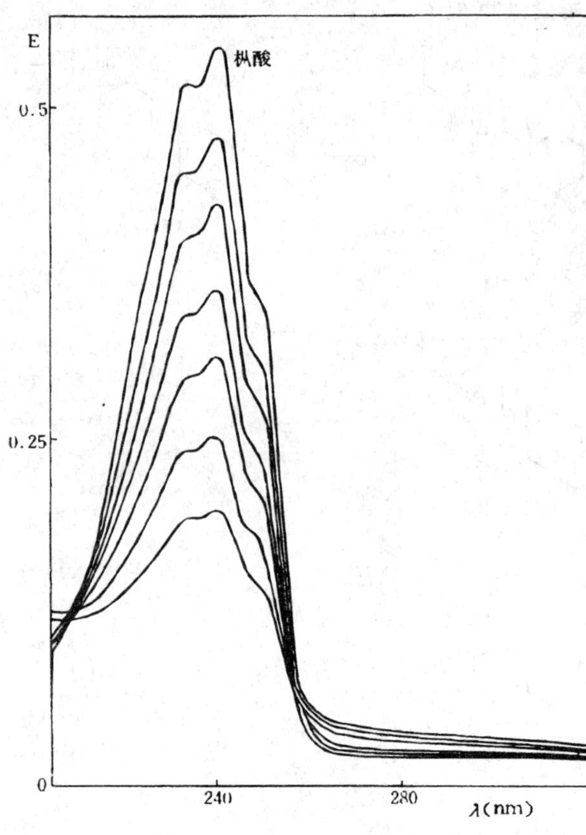

图 25-7 枞酸氧化过程紫外光谱变化

导期几乎为零。各温度最大速度的相对比为1.0∶2.2∶6.5∶11.8，即50℃时之速度为17℃时的11.8倍。在此条件下枞酸的反应活化能 E 为 58.62kJ/mol，松香为100.08kJ/mol。

(2) 氧化产物[33]。较深度枞酸氧化产物甚为复杂，用色层柱等方法分离提纯的产物计有：7α-羟基-13、14α-环氧-$\Delta^{8(9)}$-枞酸（Ⅰ）；7-羰基-11-羟基-8，11，13-三烯枞酸（Ⅱ）；7-羰基-14-羟基-8，11，13-三烯枞酸（Ⅲ）；12-α-羟基-7α，8α，13α，14α-二环氧枞酸（Ⅳ）；7-羰基-12α-羟基-13α，14α-环氧-$\Delta^{8(9)}$-枞酸（Ⅴ）以及7，11，14-三羰基-12α，13α-环氧-$\Delta^{8(9)}$-枞酸（Ⅵ）。各物甲酯如图25-8。

枞酸深度化氧物中尚分离出7-羰基去氢枞酸及7α去氢枞酸。

松香自动氧化产物中分离测定三个组分计：7-羰基 $\Delta^{8(9),13(14)}$-二烯枞酸，11，14-二羰基-$\Delta^{8,12}$-二烯枞酸；7-12-二羰基-13α，14α-环氧 $\Delta^{8(9)}$-枞酸。松香深度氧化时放出醋酸，可能是生产中长期露天贮存包装铁桶受蚀的原因。

(Ⅰ) (Ⅱ) (Ⅲ)

(Ⅳ) (Ⅴ) (Ⅵ)

R=COOCH$_3$

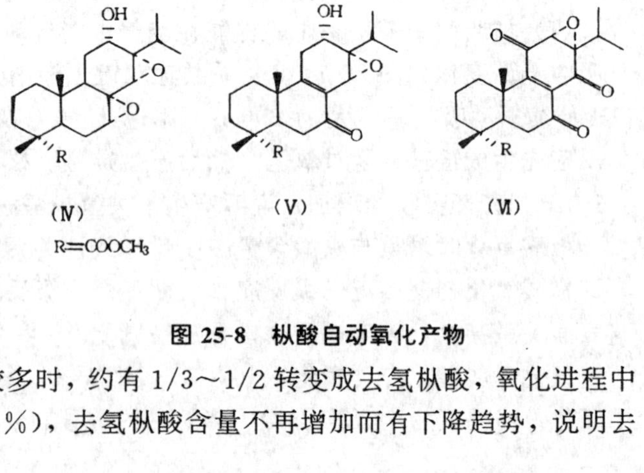

图 25-8 枞酸自动氧化产物

2.6.1.3 混合树脂酸氧化

枞酸、长叶松酸、新枞酸单一的或不同比例配制的混合酸熔合物及存在松香中的三酸在纯氧室温氧化时，各酸组成变化如下：

枞酸氧化未发现生成去氢枞酸。纯长叶松酸几乎不氧化，存在于松香中和混合酸中时很容易氧化并生成去氢枞酸。混合酸以及存在松香中的三酸尽管比例不同，氧化时三酸之和是等速下降的，说明三酸各自按最初比例进行氧化，含量多的多氧化，含量少的少氧化，不存在优先或氧化速度不一致的差别。

长叶松酸在混合酸中氧化时并非按等分子氧化成去氢枞酸，长叶松酸含量较多时，约有1/3～1/2转变成去氢枞酸，氧化进程中长叶松酸含量降低至一定程度时（约4.5%），去氢枞酸含量不再增加而有下降趋势，说明去氢枞酸在此过程中一直保持一定速度的氧化或转化。

2.6.1.4　潮湿对松香氧化的影响

潮湿可加速松香氧化速度，但不改变枞酸、长叶松酸、新枞酸、去氢枞酸消长的比例，潮湿条件可理解为干燥条件下氧化的“缩时”。潮湿可能使氧化膜疏松，失去保护作用而加速氧化进程。

2.6.1.5　松香在高温下的氧化

松香熔化后继续在空气中加热至 290℃，在此加温过程中除脱羧外，枞酸型树脂酸含量因氧化而减少，海松酸也降低，同时有二氢枞酸产生，为热歧化所致。在此氧化过程中，所余枞酸型树脂酸在 240～250℃前遵循一般热异构规律，枞酸、长叶松酸、新枞酸之比保持 56∶16∶10，此后温度继续升高，出现枞酸、新枞酸向长叶松酸异构的新的高温异构现象。

2.6.1.6　松香氧化膜之存在

块状松香氧化时表面生成氧化膜，此膜有防止内部松香进一步氧化的隔离作用。块状松香室温下在大气中氧化 40 天所形成的膜厚 105μ，时间再长膜厚不再增加，陈放多年的块状松香，以溶剂法剥离所得的膜厚度亦在 100μ 左右。铁桶装松香库内贮存，未破裂的表层氧化膜可保护下面松香数年不变。整桶松香因运输或其他原因开裂，开裂面氧化后，可重新熔合，被封闭在松香内的氧化面，表现为红云、红丝状物。粉碎性松香氧化后再熔合便成为红团或红块。松香包装添加碎块，增加松香表面，更易产生发红现象。氧化膜极性增大，可与水结合变得质地疏松，失去保护作用，因光的漫射而成白色，是所谓“水渍”产生的原因。

2.6.2　树脂酸的异构[34]

具有共轭双键的枞酸型酸即左旋海松酸、长叶松酸、枞酸、新枞酸在酸或热的作用下容易发生异构。异构反应可由质子加成与消失平衡来解释，如图 25-9。

（1）树脂酸的酸异构[35]。左旋海松酸及枞酸有不同的负比旋值，长叶松酸和新枞酸有不同的正比旋值，各酸单独异构进程中，比旋值有不同的变化，并都趋向平衡终点的同一比旋值，如图 25-10。四酸在 1％浓度，0.5mol 盐酸的乙醇溶液中，异构平衡终点组成为枞酸 93％，

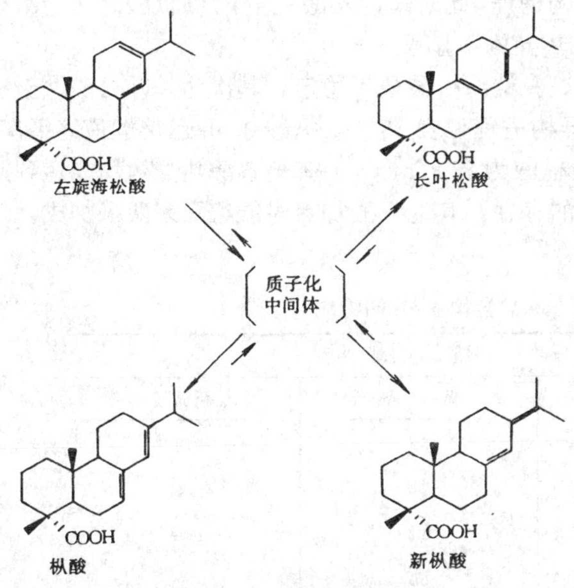

图 25-9　枞酸型酸的异构

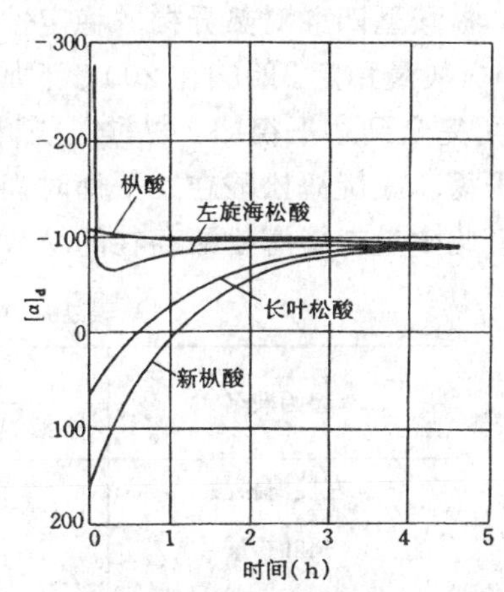

图 25-10　树脂酸在含有 2％HCl 的 96％乙醇溶液中异构时的比旋值的变化

长叶松酸4%，新枞酸3%及少量的左旋海松酸。

从左旋海松酸出发，在0.1mol盐酸95%乙醇溶液中异构，3h能达到平衡终点，比旋值为－93°，异构过程中各树脂酸变化如图25-11。

左旋海松酸在硫酸与冰醋酸中异构与在盐酸中异构不尽相同。0.4mol硫酸95%乙醇为溶剂异构3h，左旋海松酸、长叶松酸、枞酸、新枞酸之比为4、3、87、5，比旋值为－92°，冰醋酸中24h异构时，上述比值为13、5、78、4，比旋值为－111°。

左旋海松酸也可在碱性条件下异构，但伴随一些副反应。没有共轭双键的海松酸、异海松酸在强酸下可异构成稳定的8-烯衍生物。异构现象同样存在树脂酸其他反应过程中，如马来酸酐酸催化二烯加成时，尚未加成所剩长叶松酸，枞酸、新枞酸均保持一稳定的平衡，树脂酸硫酸催化聚合品同样存在平衡。

(2) 树脂酸的热异构。左旋海松酸在152℃以下经长时间的加热甚少异构。155℃时才有较明显的异构，速度比酸中异构缓慢许多，15h离平衡终点尚远，如图25-12，200℃时异构速度比155℃要快8倍。左旋海松酸甲酯，受热仍能异构，说明异构不完全由羧基氢离子引起。甲酯异构速度较慢，155℃时，18.5h的进程相当酸的0.75h。

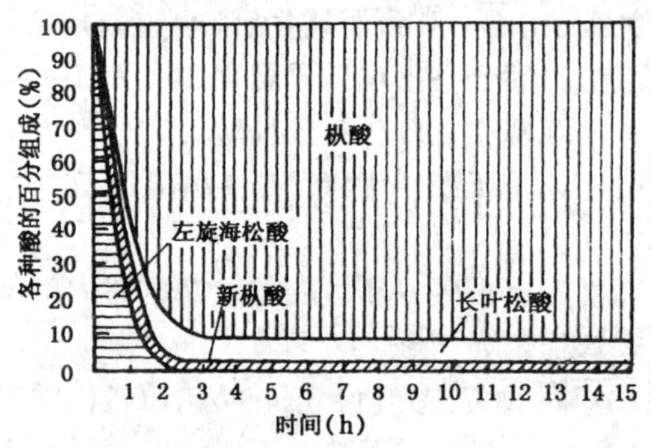

图25-11 0.1mol/L HCl左旋海松酸的异构进程

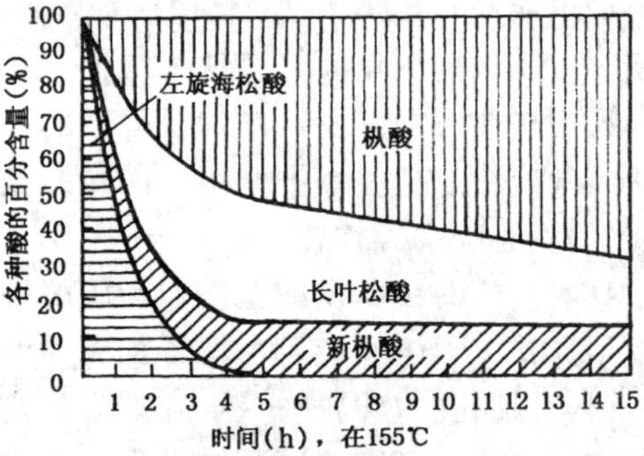

图25-12 155℃时左旋海松酸热异构进程

长叶松酸170℃8h相当于200℃1h的异构进程，此时长叶松酸、枞酸、新枞酸之比为31～36∶63～61∶6，长叶松酸甲酯200℃长期加热异构不显著。

枞酸型四酸对热异构的稳定性相差甚远。左旋海松酸最不稳定，其次为长叶松酸、新枞酸，枞酸最稳定。四酸在200℃下加热0.5h异构进程见表25-27。枞酸0.5h已接近最终平衡，1h可完全到达平衡即：枞酸∶长叶松酸∶新枞酸为81∶14∶5。其他各酸热异构均能达到此一平衡。左旋海松酸在此平衡时尚有极少量的存在，其他三酸加热时能与马来酸酐加成，正因有此少量左旋海松酸存在的缘故。

表25-27 枞酸型酸200℃异构0.5h的组成

起始酸名	组成		
	长叶松酸	枞酸	新枞酸
左旋海松酸	34	52	14
长叶松酸	54	42	4
新枞酸	5	11	84
枞酸	12	84	4

新近发现温度高于250℃以上，枞酸、新枞酸又向长叶松酸异构的趋势，称为高温异构现象。

热异构对松脂加工有密切关系，松香中枞酸型酸组成比例多由加工时温度及时间所决定，松香产品常因此比例不同表现出不同的结晶趋势。

(3) 树脂酸热异构与松香结晶趋势[36]。松脂中存在的枞酸型树脂酸在加工成松香的过程中发生热异构现象。在蒸馏加温过程中异构十分强烈。马尾松松脂中枞酸型树脂酸常占树脂酸总量80%以上，加工前，左旋海松酸及长叶松酸占枞酸型酸50%左右，蒸馏过程中首先左旋海松酸向枞酸、长叶松酸异构，然后长叶松酸向枞酸异构，新枞酸基本保持不变。在此过程中，松香比旋值起初由负值转向正值，如受热温度及时间过高、过长，将通过一最大正值后再转向负值。马尾松松香放香时温度常在195～200℃，放香后异构可能继续进行，直至160℃后方基本停止。因枞酸型酸组成比例不同，结晶趋势也不相同。在左旋海松酸尚未异构完毕之前可能出现一低结晶趋势区，然在一般蒸馏条件下难以获得。此后松香中长叶松酸与枞酸之比为1.15～1.7时，出现最小结晶趋势。对某一地区而言，原料比较稳定时，最小结晶趋势区有一相应的比旋值，控制松脂蒸馏加热温度及时间并考虑放香后异构继续进行的程度，可得结晶趋势最低的松香产品。测定比旋值可判定异构程度。松香中如长叶松酸含量过多，易出现以长叶松酸为主的大颗粒晶体，系异构不足所致，常称低温结晶。如枞酸含量过多，易出现以枞酸为主的细颗粒晶体，常称高温结晶。

2.6.3　树脂酸的聚合反应[37]

枞酸存在共轭双键，在光、热或催化剂作用下可发生聚合，主要为二聚反应，用凝胶色谱分析，发现尚有少量三聚体。多年来采用许多方法研究过二聚体结构，但结果颇有出入。中国从硫酸处理松香的氯仿溶液及硫酸——氯化锌处理松香汽油溶液所得聚合松香中，分离出的枞酸二聚体结构如图25-13中（Ⅰ）式。1987年R. Fujii和D. F. Zinkel等人用核磁共振等手段研究枞酸硫酸聚合的主要产物的结构如图25-13中的（Ⅱ）、（Ⅲ）、（Ⅳ）、（Ⅴ）[38]，并认为（Ⅱ）之二个异构体甚难溶于大多数有机溶剂，二者均为7个环的结构，共轭双键虽多隐蔽，但易被氧化。伴随此二者，另有不具共轭双键的7个环的二聚体（Ⅲ），同时还分离出数种内酯，二聚体连结处在内酯单元上的7位或14位（Ⅳ）。从左旋海松酸酸催化的二聚反应中得到相应的二元酸结构（Ⅴ）。

聚合反应通常在某种催化剂存在下的溶液中进行。溶剂可为汽油、苯、甲苯、醋酸、有机卤化物等。催化剂有硫酸、盐酸、氯化锌、三氯化铝、三氟化硼、氯锡酸、溴锡酸以及盐酸-氯化锌、硫酸-氯化锌混合催化剂等。

枞酸、浓硫酸、三氯甲烷体系反应动力学的研究得出，表现活化能E=25.96kJ/mol，说明反应易于发生，温度对反应速度影响不大。

松香中存在的枞酸型树脂酸在酸聚合条件下能发生异构生成枞酸，故均可发生聚合。硫酸、三氯甲烷枞酸型树脂酸聚合体系中各酸保持稳定的平衡，见表25-28，异构速度大于聚合速度，不影响聚合反应的进行。此体系反应过程中尚伴随少量氧化及歧化反应。

2.6.4　树脂酸的歧化反应

树脂酸及存在松香中的树脂酸如同其他环烃类化合物一样，在催化剂作用下可转变为芳烃和更为饱和一些的烃的混合物。这种脱氢和氢转移到另外分子上的现象称歧化。树脂酸歧化时，一些树脂酸如枞酸失去氢成为去氢枞酸，一些树脂酸得到氢而成二氢甚至四氢树脂酸。树脂酸受热也可发生歧化现象，人们50年前已知将松香加热至200～300℃，并维持100h可

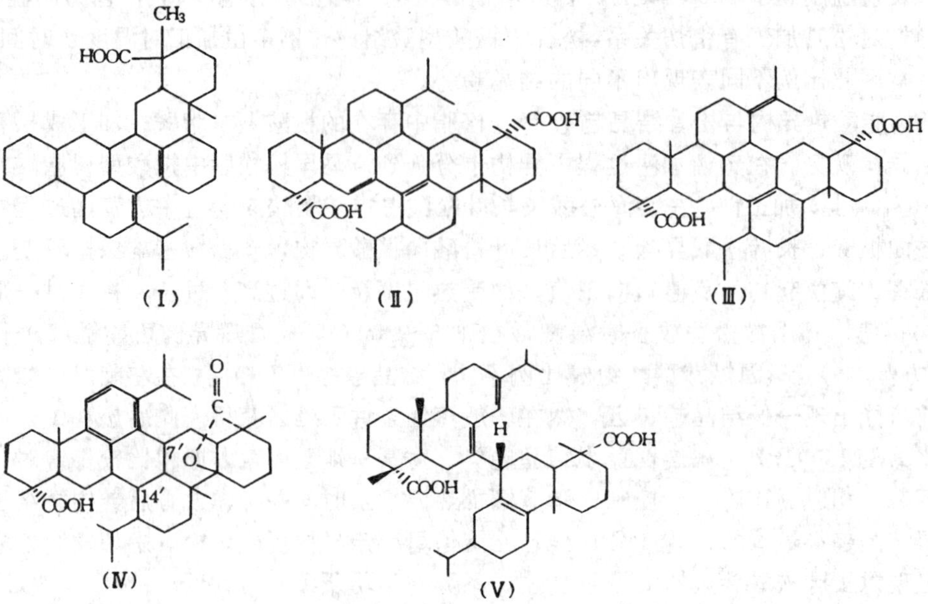

(Ⅰ) (Ⅱ) (Ⅲ) (Ⅳ) (Ⅴ)

图 25-13 枞酸二聚产物的结构

表 25-28 枞酸型树脂酸聚合反应中的异构平衡

试验条件	反应时间（min）	2	10	80	180	300	390
枞酸起始浓度 M＝	枞酸浓度（M）	0.528	0.447	0.323	0.283	0.269	0.248
0.640；120ml 溶液	枞酸（%）	93.3	92.3	92.5	92.5	91.8	93.3
$H_2SO_4$4g；反应温度	长叶松酸（%）	4.4	4.8	4.9	5.1	5.3	5.2
40℃	新枞酸（%）	2.3	2.9	2.6	2.4	2.9	1.5

提高松香的稳定性，实为歧化反应的利用。此种热歧化伴随脱羧，严重降低酸价。此后采取催化歧化，可加速歧化反应和减低脱羧现象。早期认为歧化反应仅限于枞酸型树脂酸之间，一方面，得到去氢枞酸，一方面得到二氢枞酸及四氢枞酸，如1956 年 R. V. Lawrence 等人报告以钯-碳为催化剂在 210℃下歧化脂松香得到 65%去氢枞酸、20.4%二氢枞酸及 5%四氢枞酸及其他产物。此后有人认为枞酸脱去的氢加到海松酸型树脂酸上，生成二氢海松酸，并未发现四氢枞酸。新近实验证明海松酸型酸的环外乙烯基全部氢化成二氢树脂酸，二氢枞酸甚少。270℃钯碳催化歧化树脂酸组成变化如图 25-14[39]。

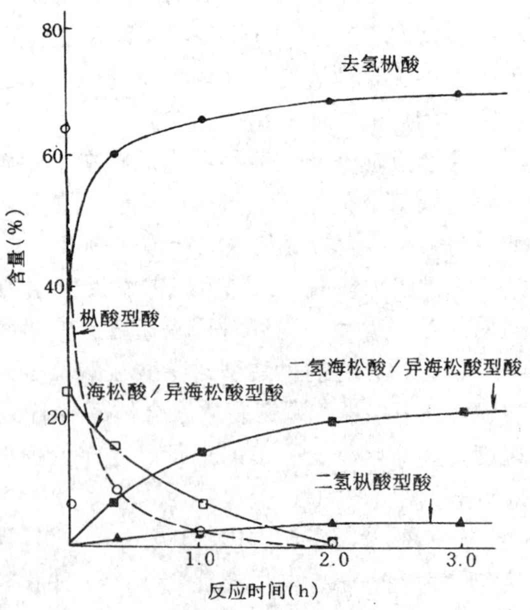

图 25-14 脂松香 Pd/C 催化下树脂酸组成的变化

松香歧化过程中，因枞酸逐渐减少去氢枞酸增加，紫外吸收光谱不断发生变化。不同枞酸及去氢枞酸含量时的紫外吸收光谱如图 25-15[40]。由曲线可计算松香中二酸的含量。

歧化用催化剂除钯外，还有碘、硫、镍等，歧化效果及脱羧状况各异。浮油松香因含硫化物对钯有毒害，一般采用含硫有机化合物。浮油松香除对催化剂有害的杂质外，有些杂质还可能影响苯乙烯、丁二烯的自由基聚合反应，因此，浮油松香一般需经预处理过程，以除去杂质。脂松香及木松香在原料采集及加工过程中混入了重金属，对钯也有毒害作用。中国马尾松松香组成中对钯毒害物质还因地区而异，毒性存在由西向东，由南向北逐渐增大现象，见表 25-29[41]。脂松香、木松香的毒害物质存在高沸点之中或是不挥发物质，可用减压蒸馏除去。

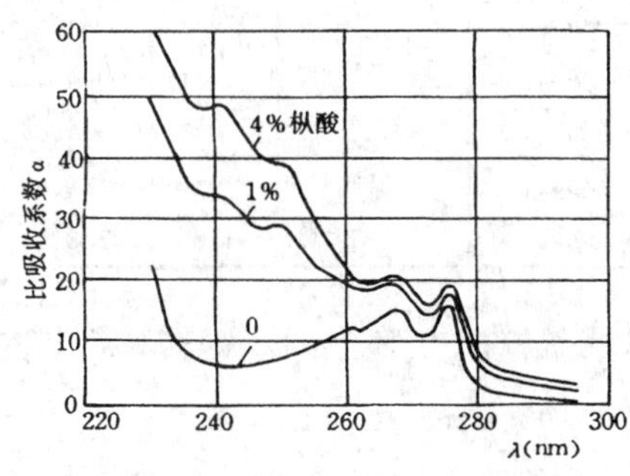

图 25-15　不同枞酸含量的歧化松香紫外吸收光谱

表 25-29　各地马尾松松香歧化难易比较

歧化性能	钯催化剂用量下限（%）	松香产地（按易难顺序排列）
易	0.4	彬州、邵阳、梧州、紫金、大田、武平、尤溪、上杭、光泽
较易	0.5	沙县、长汀、顺昌、宁化、漳平、河源、永定、连城
难	0.6	建瓯、建阳、崇安
极难	0.7	蒲城

2.6.5　树脂酸及松香的氢化

树脂酸或存在于松香中的树脂酸包括枞酸型及海松酸型在高温及压力下可部分或全部氢化，氢化后可增强抗氧化能力。枞酸型酸含有共轭双键更易氧化，氢化一个双键即可增大抗氧性能。枞酸氢化通常分两阶段进行，第一阶段生成二氢枞酸，氢化较为容易，第二阶段生成四氢枞酸，由于位阻原因，氢化较难。氢化反应式如图 25-16。

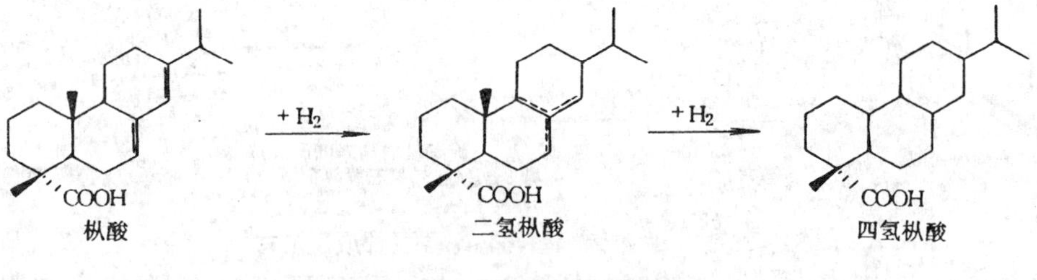

枞酸 $\xrightarrow{+H_2}$ 二氢枞酸 $\xrightarrow{+H_2}$ 四氢枞酸

COOH　COOH　COOH

图 25-16　枞酸氢化反应式

松香经第一阶段氢化称氢化松香，主要含二氢枞酸；经第二阶段氢化称全氢化松香主要含四氢枞酸。第一阶段氢化常伴有脱羧及歧化现象，产品中增高了中性物及去氢枞酸。全氢化过程采用活性较强的催化剂及较高的温度与压力，带芳环的去氢枞酸也可氢化，全氢化松香中去氢枞酸含量可由氢化松香中的 10%～15%降至 1.0%以下，吸氧量由氢化松香的 0.2%降至 0.01%。

氢化时催化剂种类很多，有贵金属与镍催化剂两类。前者常用钯碳催化剂，后者常为镍-铝、镍硅等合金催化剂。

树脂酸酯类、盐类以及聚合松香都可用作氢化原料。

新近研究无氢气氢化[42]。树脂酸可被甲酸碱金属盐（钠）在化学计量的水和钯碳催化剂存在下所释放出的氢氢化，产物为树脂酸二氢衍生物，反应在常温下进行，极性溶剂可增加反应速度。

$$HCOONa + H_2O + 树脂酸 \xrightarrow{Pd\text{-}C} NaHCO_3 + 二氢树脂酸$$

实验采用枞酸型树脂酸甲酯，当采用甲苯与甲基叔丁醚3：1极性溶剂，甲酸钠与树脂酸甲酯分子比为4：1时，四个枞酸型酯仅一双键氢化，如同海松酸和异海松酸酯相似。四酸酯生成产物之比例各不相同，见表25-30，氢加在与13位相连的双键上，左旋海松酸、长叶松酸、新枞酸另一双键位置基本保持不变，左旋海松酸生成较多的去氢枞酸，枞酸B环上的双键转移，与左旋海松酸、新枞酸的主要产物相同，但不生去氢枞酸。

表25-30 枞酸型酸甲酯氢化产物百分组成（%）

产　物	左旋海松酸	长叶松酸	枞　酸	新枞酸
13-β-枞酸-8（14）烯酯	57	19	64	70
13-β-枞酸7烯酯	11.5	3.5	25	13
13-β-枞酸-烯酯	8.6	0	5	11
13-β-枞酸-8烯酯	6.2	50	1	0.3
8-枞酸烯酯	1.5	21	0	0.4
去氢枞酸	17	4	0	2
其他枞酸烯酯	4.0	1.5	4.0	3.3

2.6.6 树脂酸的加成反应

（1）双烯合成：左旋海松酸在无酸存在和室温下其共轭双键与马来酸酐发生狄尔斯-阿德尔反应，是定量进行的（如图15-17）。其他枞酸型树脂酸在同样条件下不起反应，但当松香加热至180℃以上，因热异构平衡不断产生可与马来酸酐反应的左旋海松酸，使大部分枞酸型酸起加成作用而得马来松香。加成作用也可在溶液中进行，当松香溶于非质子溶剂-缩二乙二醇二甲醚中，CO_2保护下，氯化锌是有效的催化剂。枞酸型树脂酸异构动态平衡不受加成反应的影响，说明异构化速度大于加成反应速度。

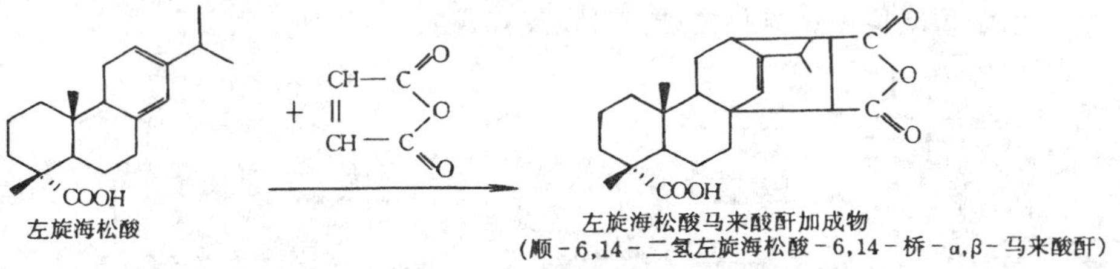

COOH
左旋海松酸
CH—C=O
+ ‖ O
CH—C=O
C=O
O
C=O
COOH
左旋海松酸马来酸酐加成物
（顺-6,14-二氢左旋海松酸-6,14-桥-α,β-马来酸酐）

图25-17 左旋海松酸与马来酸酐加成反应式

左旋海松酸及存在于松香中的枞酸型树脂酸与（1）反丁烯二酸（富马酸）加成得三元酸；与（2）丙烯酸或β-丙酸内酯加成得二元酸，与（3）丙烯腈反应得丙烯腈加合物，如图25-18中反应式（1），（2），（3）。其他亲二烯试剂如醋酸乙烯、四氰乙烯都可与左旋海松酸起加成作用。

（2）甲醛反应：左旋海松酸与甲醛反应易生成12-羟甲基枞酸［如图25-19（Ⅰ）］，部分氢化可得12-羟甲基二氢枞酸（Ⅱ），深入氢化可得12-羟甲基四氢枞醇（Ⅲ），可作聚尿烷和聚酯膜原料，（Ⅲ）与环氧乙烷或环氧丙烷反应可得聚尿烷硬泡原料。12-羟甲基枞酸在乙醇钠中还原得12-氢甲基枞醇（Ⅳ）[43,44]。1mol枞酸在浓硫酸存在下与1～4mol甲醛进行Prins反应，生成混合产物，在醋酸中反应时，主产物为7，14-二醋酸基甲基枞酸酯（Ⅴ）。

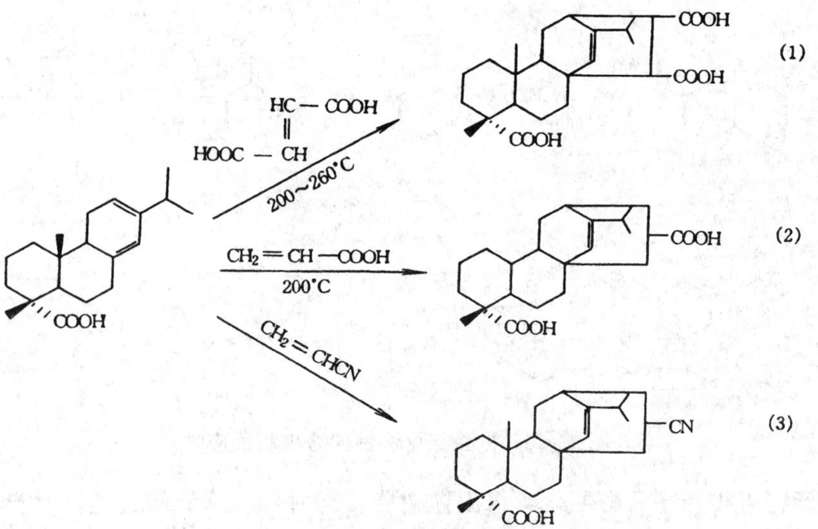

图 25-18 左旋海松酸其他二烯加成

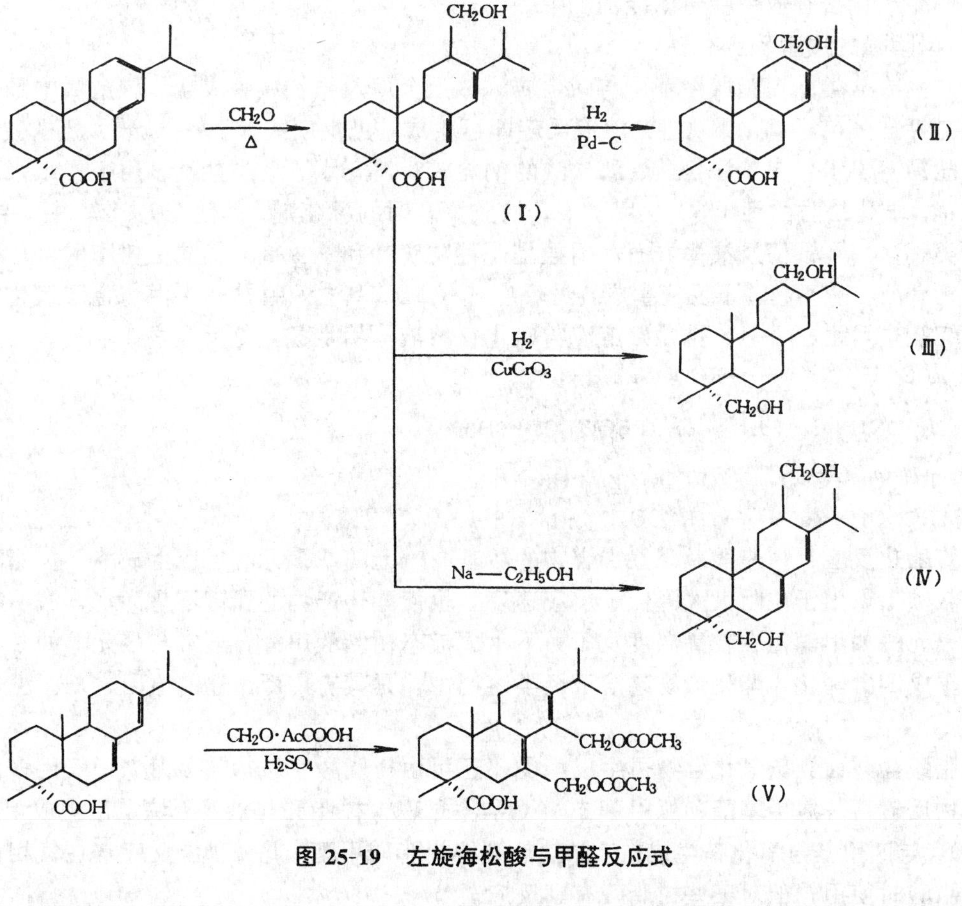

图 25-19 左旋海松酸与甲醛反应式

（3）酚醛树脂反应：枞酸（松香）可与由苯酚甲醛在碱性催化下生成的可溶性酚醛树脂反应，树脂中的羟甲基酚或二羟甲基酚代甲烷发生的加成反应式（与后者）如图 25-20[45]。

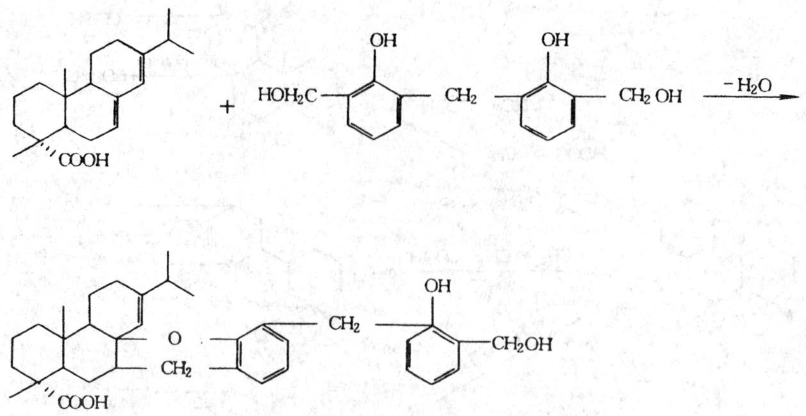

图 25-20 枞酸与可溶性酚醛树脂反应式

此加成产物可再与多元醇酯化，得固体树脂，与甘油（多元醇）酯化的产品称松香改性甘油树脂。

（4）氯化加成：树脂酸（松香）在不易挥发的溶剂中，在光照活化下与氯起取代和加成作用，产品氯化松香应用在金属冷加工中。

2.6.7 树脂酸的羧基反应

（1）生成盐类：树脂酸羧基可与碱金属、碱土金属及重金属生成盐。碱金属中最主要的是钠盐与钾盐，与氢氧化钠（钾）溶液反应即可生成，见反应式（Ⅰ）。枞酸、新枞酸、异海松酸钠盐易溶于水，左旋海松酸、海松酸的钠盐较难溶于水。此类盐类多用于作纸张施胶剂及洗涤剂。歧化松香的钾（钠）盐用于丁苯橡胶聚合时的乳化剂。其他有钙、锌、锰、铅、钡、铜等盐类，多用在油漆及油墨方面，铜盐是一种防腐剂和杀虫剂。钙盐由树脂酸（松香）与氢氧化钙（消石灰）高温下反应生成，见反应式（Ⅱ）。锌盐、锰盐等多由与金属氧化物加热制得。锌盐也可由松香皂（钠盐）溶液与氯化锌溶液作用生成，见反应式Ⅲ、Ⅳ。

$$RCOOH+NaOH \longrightarrow RCOONa+H_2O \qquad (Ⅰ)$$

$$2RCOOH+Ca(OH)_2 \xrightarrow{\triangle} (RCOO)_2Ca+2H_2O \qquad (Ⅱ)$$

$$2RCOOH+ZnO \xrightarrow{\triangle} (RCOO)_2Zn+H_2O \qquad (Ⅲ)$$

$$2RCOOH+ZnCl_2 \longrightarrow (RCOO)_2Zn+2NaCl \qquad (Ⅳ)$$

（2）酯化反应：树脂酸及某些加合物的羧基与一元醇或多元醇反应生成酯。树脂酸羧基连接在叔碳上，由于位阻大大降低了反应速度，也使酯化产物的酯键不易为水、酸、碱所断开。与一元醇如甲醇需在较高温度及压力下生成液态树脂酸甲醇。通常与多元醇如甘油、乙二醇、季戊四醇酯化，酯化产物易溶于烃类溶剂中，是其有广泛用途的原因之一。见反应式（Ⅰ）。

树脂酸盐与卤族碳氢化合物可生成酯类，还可由树脂酸季胺盐与多卤（一般用多卤）有机化合物反应得一氯甲基酯和亚甲基二酯（反应式Ⅱ），树脂酸与重氮甲烷定量生成甲酯（反应式Ⅲ），与四甲基氢氧化铵生成盐，此盐热裂得树脂酸甲酯，此二种酯反应常在气相色谱法分析树脂酸时使用，但对某些树脂酸有副反应。

$$R_1COOH+HOR \longrightarrow R_1COOR_2+H_2O \qquad (Ⅰ)$$

$$R_1COONR_4 + CH_2Cl_2 \longrightarrow R_1COO—CH_2Cl \xrightarrow{RCOONR_4} (R_1COO)_2CH_2 \quad (Ⅱ)$$

$$RCOOH + CH_2N_2 \longrightarrow RCOOCH_3 + N_2\uparrow \quad (Ⅲ)$$

树脂酸与甘油在加热和催化剂作用下，起初二个仲醇酯化生成甘油二树脂酸（枞酸）酯，此后生成三酯，其中两个分子的甘油二酯失水生成二甘油枞酸酯醚，此醚具有优良之成膜性能。同时在高温下发生的歧化作用，有利于降低自动氧化趋势[46]。

枞酸甘油酯化反应式如下：

$$\begin{matrix} CH_2OH \\ | \\ CHOH \\ | \\ CH_2OH \end{matrix} \xrightarrow{2RCOOH} \begin{matrix} CH_2OOCR \\ | \\ CHOH \\ | \\ CH_2OOCR \end{matrix} \xrightarrow{+RCOOH} \begin{matrix} CH_2OOCR \\ | \\ CHOOCR \\ | \\ CH_2OOCR \end{matrix}$$

甘油　　　　甘油二枞酸酯　　　　甘油三枞酸酯

$$\text{甘油二枞酸酯} \xrightarrow{\text{2 分子减水}} \begin{matrix} CH_2OOCR & & CHOOCR \\ | & & | \\ CH & —O— & CH \\ | & & | \\ CH_2OOCR & & CH_2OOCR \end{matrix}$$

二甘油枞酸酯醚

树酯酸（松香）与季戊四醇在高温和催化剂存在下反应生成相应的季戊四醇酯。季戊四醇之醇基均为伯醇，较仲醇易酯化。松香的季戊四醇酯较其甘油酯软化点高，耐久性更好。季戊四醇在酯化时的高温及酸介质中时，可部分失水成为二聚季戊四醇。树脂酸也可与二聚、三聚及四聚季戊四醇起酯化反应[47]。

树脂酸（松香）还可与山梨醇、卫茅醇及芳基衍生物的羟基起酯化反应。

(3) 松香酸酐：松香与醋酐反应生成松香酸酐，有较高的反应活性，继续与尿素、羟胺、肼以及这些化合物的衍生物反应分别生成酸尿异羟肟酸和酰肼。

(4) 松香醇：枞酸甲酯在惰性溶剂中加入钠，继以水使醇钠分解得枞酸醇。工业上将树脂酸（松香）甲酯在高温高压下选用适当的催化剂氢解得松香醇。

如用氢化松香为原料得含二氢枞酸、四氢枞酸及去氢枞酸的醇。一般松香醇也可催化氢化成四氢枞酸醇。氢化松香醇与环氧烷类反应得羟基聚醚。松香醇与有机酸、无机酸形成的酯类，各有其用途。

CH_2OH

树脂酸醇

(5) 松香腈、松香胺：树脂酸高温下通氨得树脂酸铵盐，此盐脱水得酰胺，再脱水生成腈，二步脱水均为可逆，应连续通氨及移去生成的水。腈加氢得胺，加氢最初生成醛亚胺，再加氢得胺（伯胺），通称松香胺，此胺实为—CH_2NH_2 取代羧基的产物。酰胺可由树脂酸酰氯与氨水反应生成，酰胺与 NaOCl（或 NaOBr）反应即所谓霍夫曼降解得胺，此种胺为—NH_2 代替羧基的产物，再与光气反应可得异氰酸酯。四氢枞酸酰胺在霍夫曼降解过程中可分离得四氢枞酸异氰酸酯，熔点 59～61℃。

$$RCOOH + NH_3 \longrightarrow [RCONH_2] \longrightarrow RCN \xrightarrow{H_2} RCH_2NH_2 \quad (Ⅰ)$$

树脂酸（松香）　松香酰胺　松香腈　松香胺

$$RCOOH \xrightarrow{SOCl_2} RCOCl \longrightarrow RCONH_2 \xrightarrow{NaOCl} RNH_2 \quad (Ⅱ)$$

树脂酸　树脂酸酰氯　酰胺　树脂酸胺

树脂酸（松香）胺反应路线

松香腈是制备松香胺的中间产物，本身可作成膜物稳定剂、增塑剂、润滑油及燃料油的添加剂。松香胺主要用作杀虫剂、除藻剂。去氢枞酸胺（$-CH_2NH_2$ 取代物）是优良的光学折分剂。霍夫曼降解酰胺所得的树脂酸胺可考虑作异氰酸酯原料。

（6）与异氰酸酯反应：树脂酸（松香）羧基中含有氢氧基，可与异氰酸酯反应生成N—取代的酰胺并放出二氧化碳，反应式如下[48]：

$$\mathrm{Ar{-}N{=}C{=}O + R{-}\overset{\overset{O}{\|}}{C}{-}OH \longrightarrow \left[ArNH{-}\overset{\overset{O}{\|}}{C}{-}O{-}\overset{\overset{O}{\|}}{C}{-}R\right] \longrightarrow ArNH{-}\overset{\overset{O}{\|}}{C}{-}R + CO_2}$$

酰胺中剩余的异氰酸酯键再与空气中水作用，由于分子间缩二脲键发生聚合生成成膜物质。例如松香与2,4-甲苯二异氰酸酯（TDI）或4,4′-二苯基甲烷二异氰碳酯（MDI）反应可得熔点200℃左右的含酰胺基的聚合物。

松香改性聚酯可代替一部分聚酯用在异氰酸酯与聚酯制成的硬质聚胺酯泡沫塑料中。如松香100份、马来酸酐30.8份、丙二醇20.5份、异苯二酸14.2份制得的松香改性聚酯，软化点（环球法）130℃，采用适当的配方，可得满意的硬质泡沫，并不易燃烧，同时降低了成本。

（7）共聚酰胺：树脂酸（松香）可在二元酸与二元胺合成聚酰胺反应中代替一定数量的二元酸参与反应，所得松香共聚酰胺产品与一般合成产品性能相近[49]，反应式为：

$$\mathrm{H_2NRNH_2 + HOOCR'COOH \longrightarrow H{+}HNRNHCOR'CO{+}_nOH + H_2O}$$

$$\xrightarrow{+R''COOH(\text{枞酸})} \mathrm{H{+}HNRNHCOR'CO{+}_nO{-}O{-}\overset{\overset{O}{\|}}{C}R'' + H_2O}$$

（8）烷氧基化：树脂酸（松香）羧基的活性氢与环氧乙烷、环氧丙烷一类的烯氧化物在碱性催化剂存在下起缩合反应生成单酯。如与环氧乙烷生成树脂酸乙二醇单酯（式Ⅰ）。此类带烷基的单酯可与更多的烯氧化物反应，如式（Ⅰ）单酯继续与环氧乙烷反应得聚氧乙烯醚，环氧乙烷加入量可达20个分子。此类端基为—OH的聚醚，有许多工业用途。松香与甘油内酯的醚反应却只能得单酯（式Ⅱ）。

$$\mathrm{RCOOH + \underset{\diagdown O \diagup}{CH_2{-}CH_2} \longrightarrow RCOOCH_2CH_2OH \xrightarrow{\underset{\diagdown O \diagup}{CH_2{-}CH_2}} RCOO(CH_2CH_2{-}O)_n{-}H} \qquad (Ⅰ)$$

$$\mathrm{RCOOH + R'OCH_2\underset{\diagdown O \diagup}{CH{-}CH_2} \longrightarrow RCOOCH_2\overset{\overset{OH}{|}}{C}HCH_2OR'} \qquad (Ⅱ)$$

（R' = 辛基至十八碳基）

2.6.8 树脂酸的热解及其他重排

热解是最强烈的反应，发生碳-碳的开裂及重排。热解范围包括在温和条件下的脱羧和内酯化。高于400℃时树脂酸降解成芳烃。在某种催化剂下的热解，松香可生成包括甲基取代的环戊烷、甲基苯、萘、甲基代萘、酚以及有机酸等。

其他碳-碳重排可因强酸及照射引起。枞酸在−40℃氟磺酸介质里发生脱羧-甲基转移反应，生成三烯产物［如图 25-21（a）］。左旋海松酸 10℃时在硫酸里重排成五元环衍生物［如图 25-21（b）］。

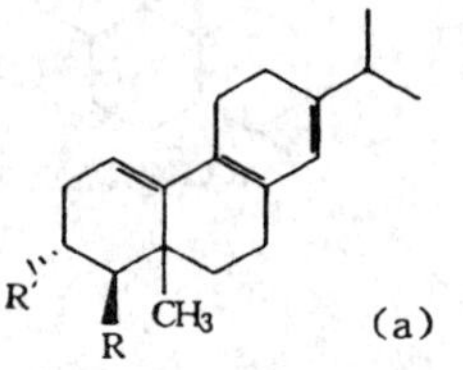

(a)

$R'=H, R=CH_3$ 或 $R'=CH_3, R=H$

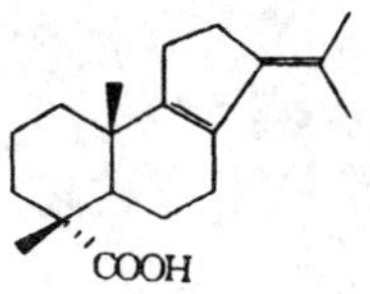

(b)

图 25-21　枞酸碳-碳重排产物

枞酸在 250～275℃无氧加热，发生热分解，伴随生成不皂化物质，此时若在真空下沸腾，除脱羧生成不皂化物外，并发生强烈的脱水反应生成枞酸酐[50]，见表 25-31。

表 25-31　枞酸在无氧真空沸腾条件下的热分解

温度（℃）	时间（h）	反应混合物中百分组成（%）		
		树脂酸	不皂化物	枞酸酐
250	0	98.9	0.4	0.7
	8	77.9	5.3	16.8
	14	64.5	12	23.5
262.5	0	98.7	0.7	0.6
	8	68.5	9	22.5
	14	55.3	15.2	29.5
275	0	98.5	0.9	0.6
	8	53	13.9	33.1
	14	39	21.9	39.1

2.6.9　枞酸型树脂酸的非氧化的光化学反应

此反应可生成碳-碳键或断裂碳-碳键，如图 25-22 左旋海松酸在醇中照射得光化左旋海松酸（式Ⅰ），加热后可回复成左旋海松酸。光化左旋海松酸以过酸氧化随之进行路易式酸重排得五元环衍生物（式Ⅱ），若以臭氧氧化得四元环的二元酸（式Ⅲ）。长叶松酸在苯中以光照射得相应的光化长叶松酸（式Ⅴ），在戊烷中则发生光化学环断裂而成三烯（式Ⅳ），此三烯可再生成长叶松酸。

枞酸、新枞酸酯的光分解分别得 13-和 15-甲氧基产物，以乙醇作溶剂的光解得三元环：

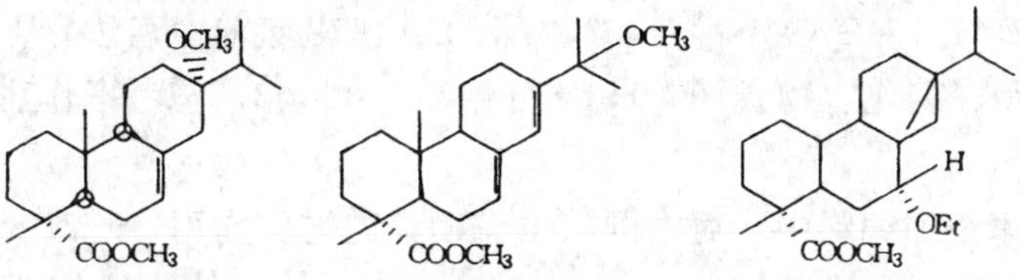

13-甲氧基产物　　15-甲氧基产物　　三元环产物

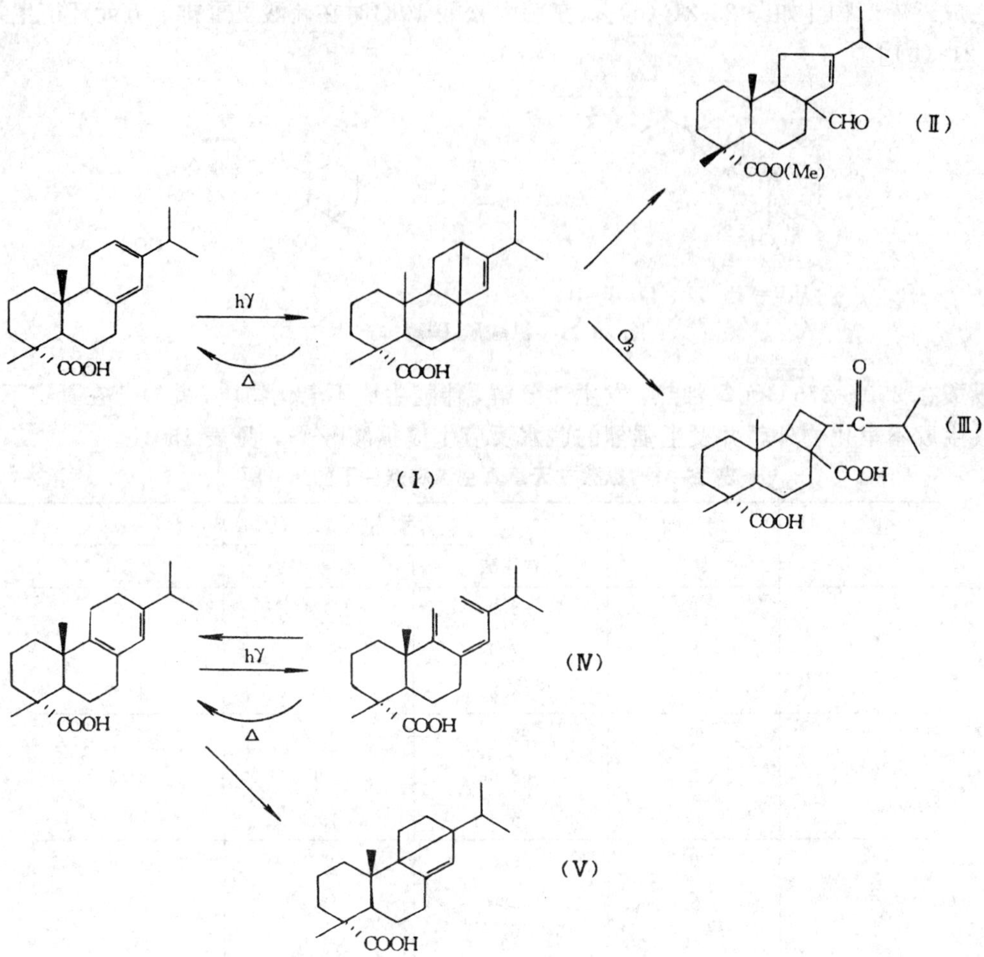

(Ⅱ)

(Ⅲ)

(Ⅰ)

(Ⅳ)

(Ⅴ)

图 25-22 左旋海松酸、长叶松酸非氧化光化学转化产物

2.6.10 树脂酸的氧化降解

树脂酸如左旋海松酸（甲酯）及新枞酸（甲酯）的部分臭氧降解及彻底臭氧降解产物如图 25-23。RuO_4-$NaIO_4$ 氧化左旋海松酸甲酯与新枞酸甲酯也可得到如同澈底臭氧降解的产物[51]，并有较好的收率。

2.6.11 树脂酸及衍生物的生物活性

(1) 合成赤霉素。去氢枞酸经弗瑞德-克来福特反应脱异丙基甲酯化后以铬酸钾氧化得6,7-二氧-5α，10α-8,11,13-三烯-15-罗汉松甲酯（CA1972 年前命名法）结构如式（Ⅰ）。进而经二苯乙醇酸重排得一芴化合物式（Ⅱ），比蔗糖甜 1 000 倍，曾考虑作甜味剂，进而可合成赤霉素。

式（Ⅰ）的二酮添加饲料中，对中国家蚕有明显的增丝作用，若改变添加量及饲料期可使 3 龄蚕结细丝茧，是一种有效细丝剂。

(2) 12-羟去氢枞醇。左旋海松酸桥过氧化物制成的 12-羟去氢枞醇有雌性激素作用。枞酸型酸单氧化的异构产物 13-β-8 烯枞酸有降低血浆中胆固醇的作用。由左旋海松酸甲酯桥过氧化物经几步合成的倍半萜二醛的瓦伯冈拉是粘虫及某些鱼类的拒食剂。

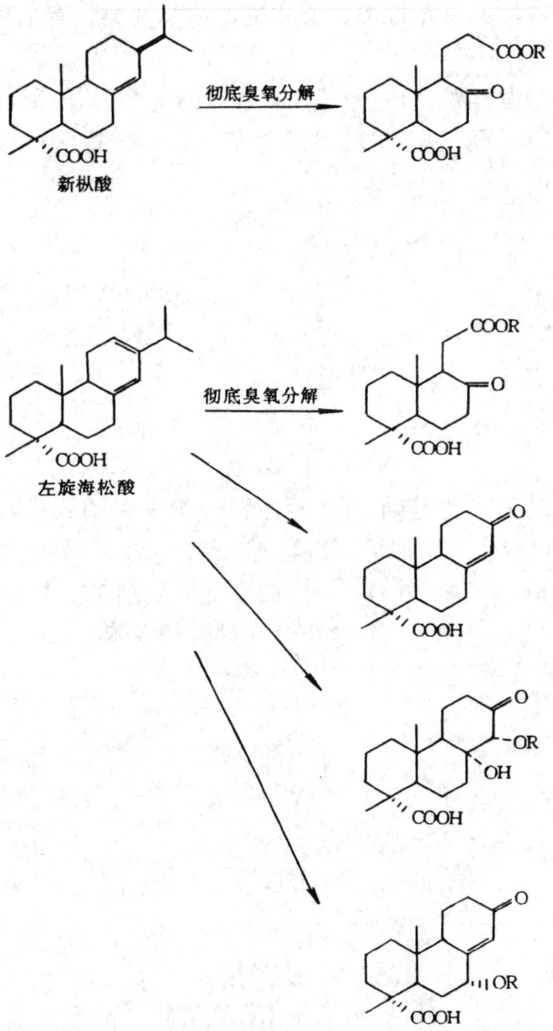

图 25-23　树脂酸氧化降解

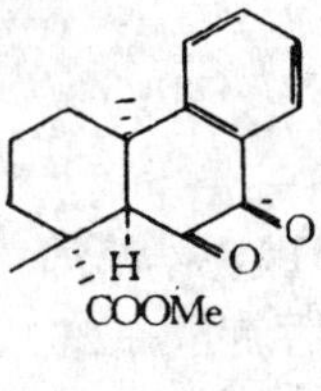

不同狄尔斯-阿德耳加成物有退热、抗炎性能，如：马来海松酸的酰胺与酰亚胺有抗兽类肝炎的作用，酰亚胺胺化衍生物有抗菌作用。去氢枞酸的胍盐有广谱抗菌性，建议作为制备药物时的保存剂。

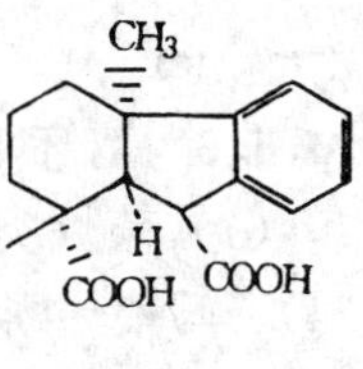

天然存在的某种树脂酸有昆虫拒食作用，13-酮基-8（14）podacarpen-18-oic 酸认为是某些松树枝条不受锯蝇侵犯的原因。中国一些松树枝条枞酸型树脂酸含量较高时，却易受松干蚧的危害[52]。异海松酸比一般树脂酸更能抑止包括品红螟蛉在内的某些鳞翅目幼虫的发育。

3　松节油化学

3.1　松节油主要组成化学结构及物理常数

3.1.1　主要组成

松节油主要组成为单萜。单萜分无环、单环、双环及三环等。单萜采用烷类命名法。重质松节油主要为倍半萜，常见有石竹烷、长叶烷、葎草烷类、有单环、双环与多环之分。

3.1.1.1 无环单萜

无环单萜以2,6-二甲基辛烷（1）为基础。常见的有β-月桂烯（2）、α-月桂烯（3）、别—罗勒烯（4）、香叶醇（5）、橙花醇（6）、β-芳樟醇（7）、柠檬醛（8）。

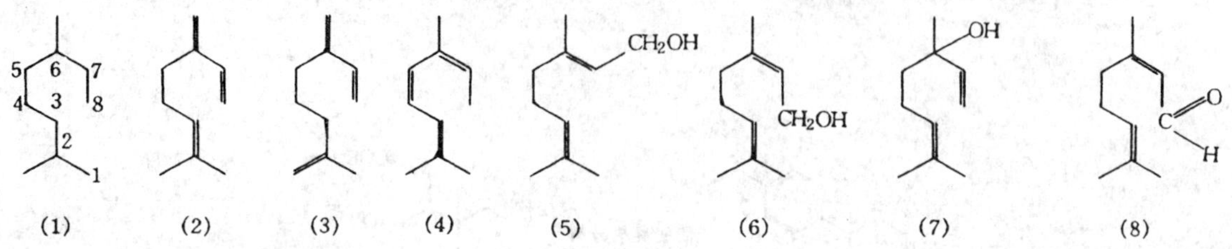

(1) (2) (3) (4) (5) (6) (7) (8)

3.1.1.2 单环单萜

单环单萜类以对盖烷（9）为基础，含一六元环。常见的有：苧烯（1,8-盖二烯）（10）、α-松油烯（1,3-盖二烯）（11）、γ-松油烯（1,4-盖二烯）（12）、异松油烯（1,4（8）-盖二烯）（13）、β-水芹烯（14）、α-水芹烯（15）、α-松油醇［8-］（16）、松油醇［1-］（17）、松油醇［4-］（18）、萜二醇［1，8-］（19）。对-伞花烃（对丙基甲苯）（20）为芳烃，一般归此烯类。

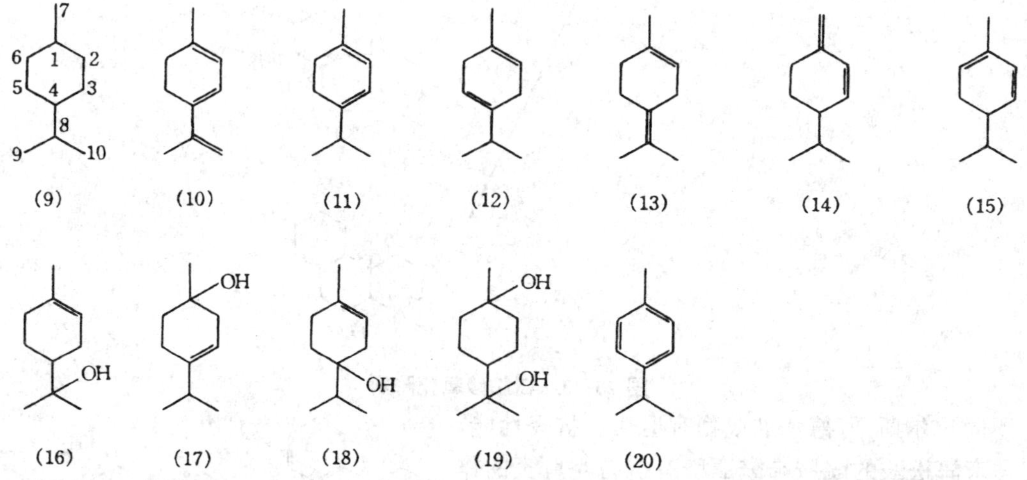

(9) (10) (11) (12) (13) (14) (15)

(16) (17) (18) (19) (20)

3.1.1.3 双环单萜类

（1）蒎烷类：蒎烷（21）、α-蒎烯（22）、β-蒎烯［又称2（10）-蒎烯］（23）、马鞭烯（24）、马鞭烯酮（25）、松香芹酮（26）、桃金娘烯醛（27）。

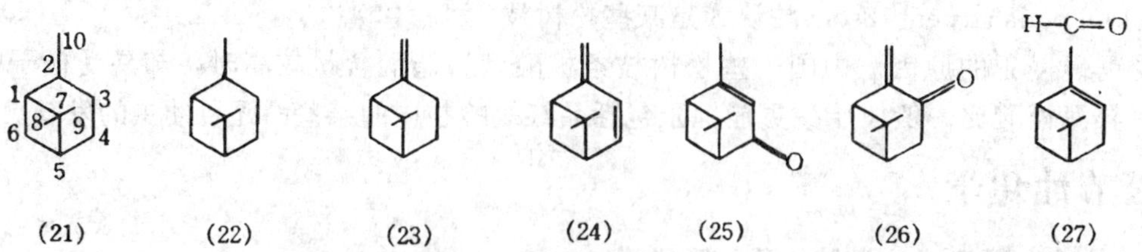

(21) (22) (23) (24) (25) (26) (27)

（2）蒈烷类：蒈烷（28）、3-蒈烯（29）、2-蒈烯（30）属此。蒈烯前者中国脂松节油中含量较少，后者印度松节油中有一定含量。

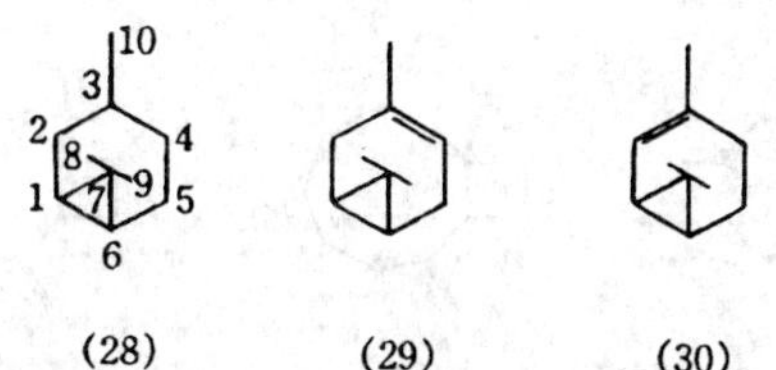

(28) (29) (30)

(3) 菠烷类（亦称莰烷类）：菠烷（31）、菠烯（32）应属此类，自然界未见存在，仅可合成而来，菠烷之含氧衍生物较重要；有樟脑（莰酮［2－］）（33）、龙脑（莰醇［2－］）（34）、醋酸龙脑酯（35）等。

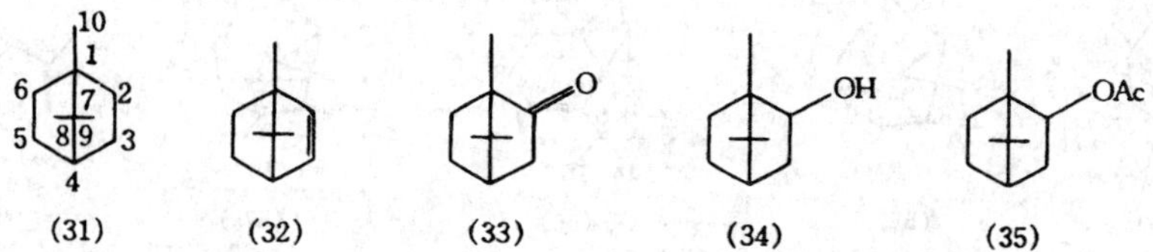

(31) (32) (33) (34) (35)

(4) 异莰烷类：异莰烷（36），莰烯（37）及异莰醇（38）、异莰酮（39）属此类。

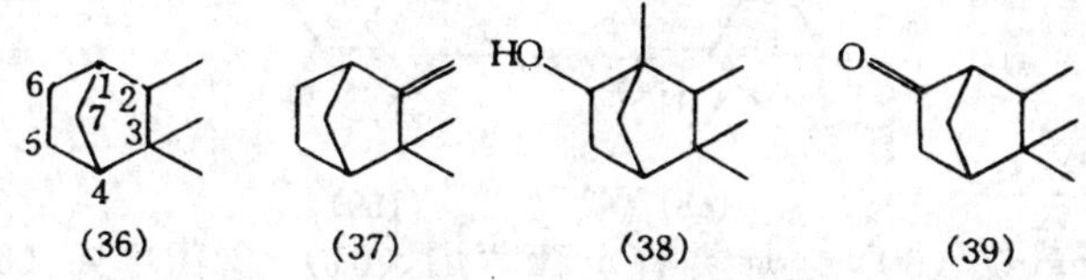

(36) (37) (38) (39)

(5) 葑烷类（常称小茴香类）：葑烷（40），葑烯分α与β两种（41a、41b），脂松节油含量不多，连同其含氧物存在一些单萜异构物及其加工产物中。如：葑酮（42）、异葑酮（43）、葑醇（44）、异葑醇（45）等。

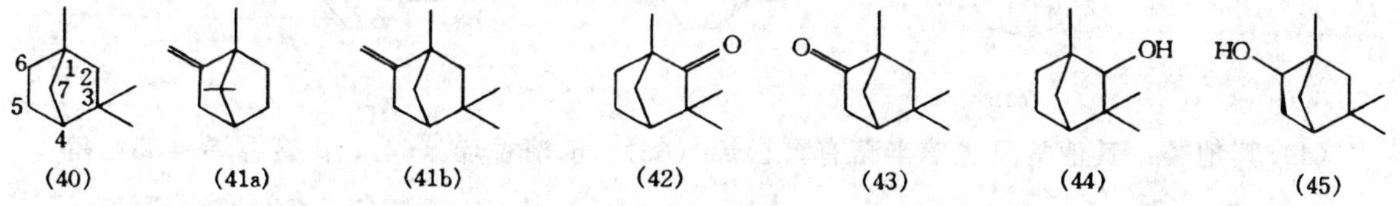

(40) (41a) (41b) (42) (43) (44) (45)

(6) 苧烷类：苧烷（46）、α-苧烯（47）脂松节油中含量甚少，存在萜类生物合成的产物中。

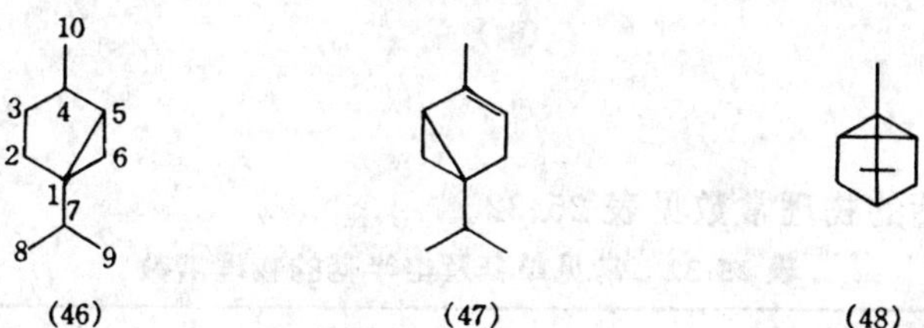

(46) (47) (48)

3.1.1.4 三环烯单萜

三环烯存在蒎烯异构产物中，结构如（48）。

3.1.1.5 倍半萜类

(1) 石竹烷类：石竹烷（49）。常见之烯类及其含氧物是：反式-β-石竹烯（50）（简称石竹烯）；顺式-β-石竹烯，是反式的顺式双键异构体，常称异石竹烯（51）；氧化β-石竹烯（52）；石竹烯醇（53）。β-石竹烯在美国硫酸盐松节油中含量较多[53]。

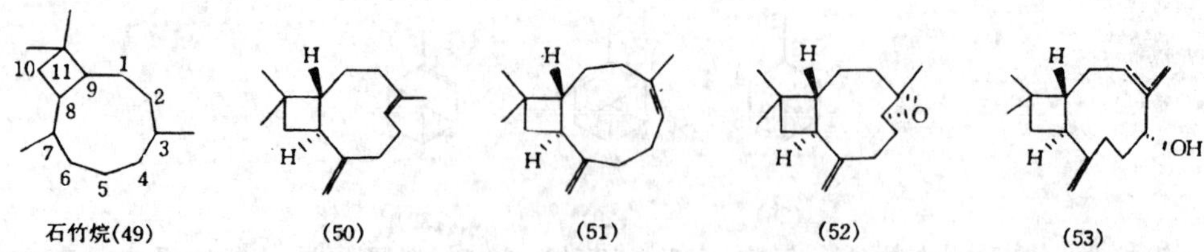

石竹烷(49) (50) (51) (52) (53)

(2) 长叶烷类：长叶烷（54)。长叶烯（55)、异长叶烯（56)、长叶环烯（57a)、长叶蒎烯（57b)、α-异长叶烷酮（58)、β-异长叶烷酮（59）属此类。

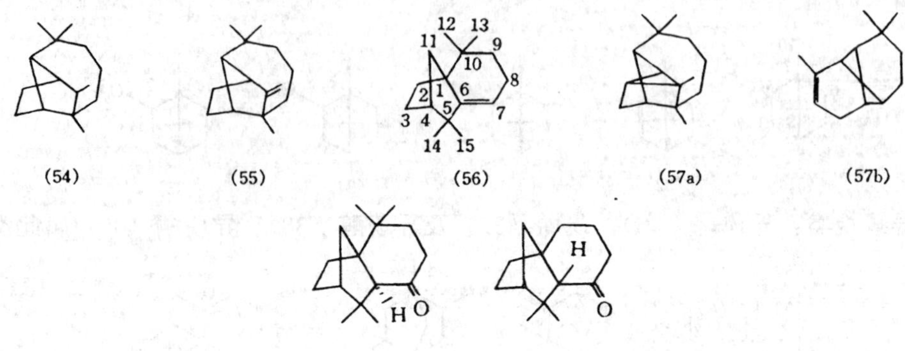

(54) (55) (56) (57a) (57b)

(58) (59)

(3) 葎草烷类：葎草烷（60）之烯类有α-葎草烯（61)、β-葎草烯（62)，存在许多松节油中，含量不多。

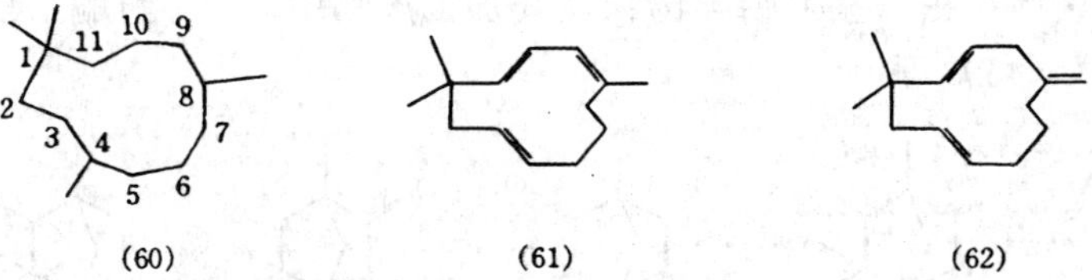

(60) (61) (62)

(4) 其他类：其他常见之倍半萜有雪松烯（63)、α-檀香烯（64)、β-檀香烯（65）等。

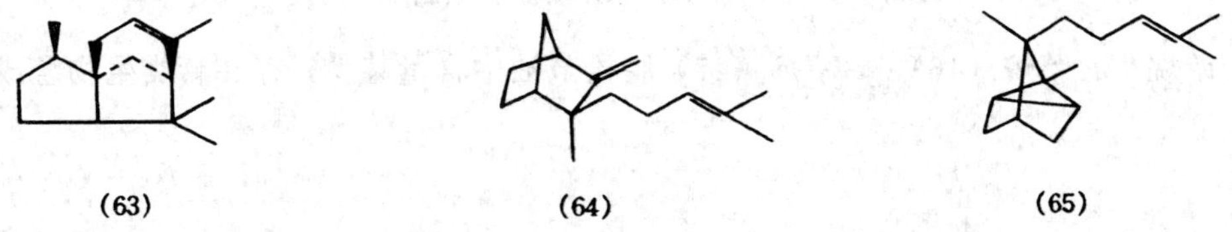

(63) (64) (65)

3.1.2 物理常数

常见单萜及倍半萜的物理常数见表25-32。

表25-32 常见单萜及倍半萜的物理常数

名称	沸点（℃）		d^{20}	n_D^{20}	$[\alpha]_D$	熔点（℃）
	101.3kPa	13.3kPa				
α-蒎烯	156	89	0.859 5	1.465 8	±51	−50
β-蒎烯	165	98	0.872 2	1.479 0	±22	−50
3-蒈烯	170	104	0.861 7	1.474 2	±16	—
苧烯	177	110	0.841 1	1.473 0	±124	−74
β-水芹烯、	178	—	0.849 7	1.480 0	−52	—
月桂烯	167	—	0.788 0（25℃）	1.468 0（25℃）	0	—

（续）

名　称	沸点（℃）		d^{20}	n_D^{20}	$[\alpha]_D$	熔点（℃）
	101.3kPa	13.3kPa				
莰　烯	158	91	0.839（15℃）	—	±108	+49
三 环 烯	152	85	—	—	0	+65
对-伞花烃	177	110	0.857	1.490 5	0	−73
异松油烯	186	120	0.862 0	1.486 1	0	—
α-松油烯	175	108	0.831 5（25℃）	1.475 5（25℃）	0	—
石竹烯	118（1.33kPa）	—	0.900（25℃）	1.498 0（25℃）	−12	—
长叶烯	254～256	150～151（4.8kPa）	0.928 4（30℃）	1.495 0（30℃）	+43	—

3.2　单萜的化学性质

天然萜类多具手性，可分离得较纯的光学产物，作合成其他光学性能化合物的起始物。

3.2.1　α-蒎烯的主要化学性质

α-蒎烯是中国松节油中主要组成，可利用其酸、热异构生成其他单萜，或直接反应取得其他产物，本身也可聚合成树脂。

3.2.1.1　热异构

α-蒎烯（1）热异构得别罗勒烯（2）和双戊烯（3）为主的混合物（含量各为 40%）以及少量的 α-焦烯（4）和 β-焦烯（5）。热重排温度以 400～500℃为宜，过高产生过多的焦烯[54]，最初产物是罗勒烯和双戊烯，前者不稳定，在反应条件下很快生成三共轭的别罗勒烯，别罗勒烯又易环化成焦烯。双戊烯热解也得同样的双烯异构体，因这些热重排都有某些共同的中间体。α-蒎烯热接触时间短并急骤冷却可得罗勒烯、硫化物-氧化铝催化热解，α-蒎烯 90%转化成苧烯。

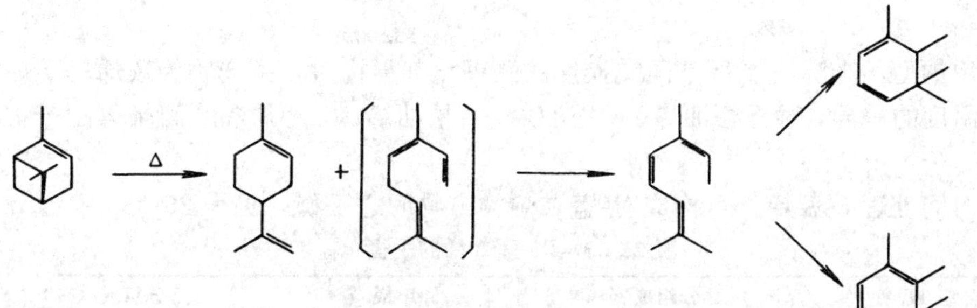

(1)　Δ　(3)　+　(2)　(4)　(5)

别罗勒烯有（4E,6Z）（2a）及（4E,6E）（2b）两种异构体，前者是合成香料的原料[55]，当 α-蒎烯（1）在 260±5℃和减压下，与 Zn-Cu 催化剂接触，得此二种异构体的混合物。在痕量的连苯三酚存在下，与丙烯酸甲酯一起在高压釜内进行加热，活性大的异构体生成加成物而除去，剩下的是活性较小的别罗勒烯。

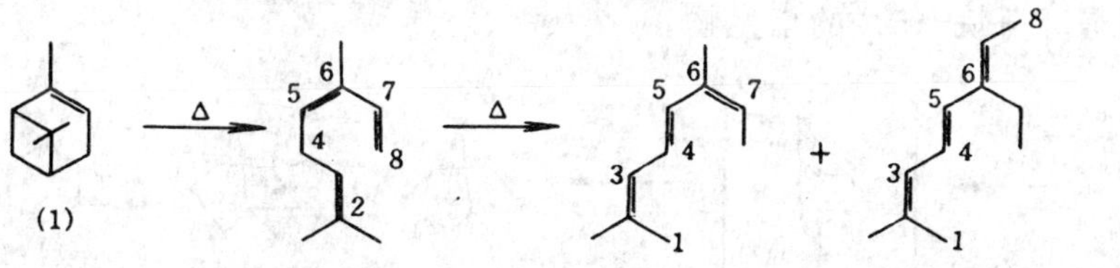

(1)　Δ　Δ　(2a)　+　(2b)

3.2.1.2 酸异构

因酸类型不同及所用条件之差异，α-蒎烯（以及β-蒎烯）可转化成单环对-蓋二烯类或与莰烯相关的双环、三环骨架的三环烯、葑烯、菠烯等[56]。

（1）水性酸的异构：

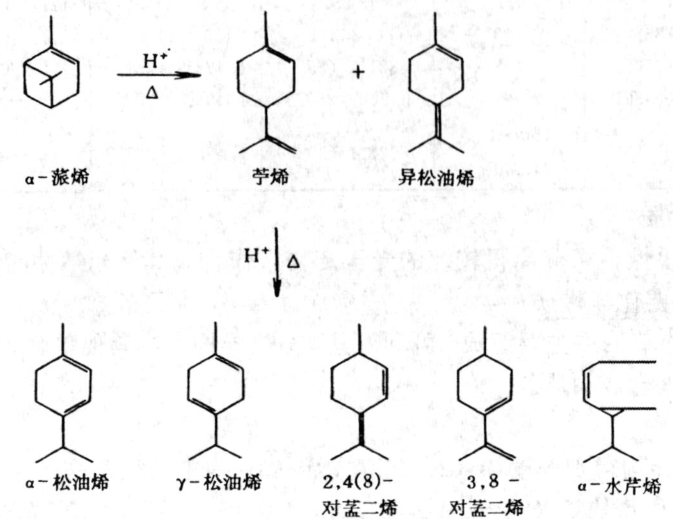

（2）非水性酸的异构：

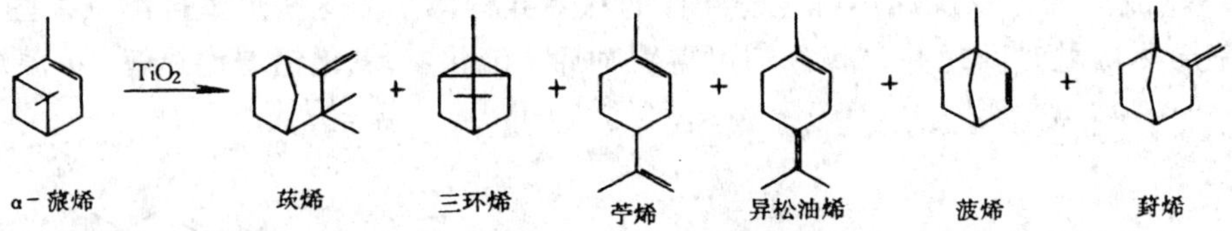

TiO_2

α-蒎烯　莰烯　三环烯　苧烯　异松油烯　菠烯　葑烯

例如采用钠型丝光沸石制得不同交换度的酸催化剂异构时，主产物为莰烯、苧烯、因催化剂用量及温度的差异，对异松油烯、α-松油烯、γ-松油烯、三环烯和β-葑烯等副产物有明显影响[57]。

强酸长时间处理α-蒎烯，可构成对-蓋二烯类产物间之平衡，见表25-33。

表 25-33 对-蓋二烯的平衡

组成名	百分组成（%）	组成名	百分组成（%）
α-松油烯	45.4	2,4（8）-对-蓋二烯	30.5
γ-松油烯	15.7	3,8-对-蓋二烯	5.2
β-水芹烯	1.6	2,4-对蓋二烯	1.6

α-蒎烯酸重排一般认为经历叔正碳离子的中间体（2）[58]，已由氘化酸研究予以证明。然后发生C-6-C-1键转移至2位，得莰烷衍生物（3），C-7-C-1键转移得葑烷衍生物（4），C-6-C-1键的断裂得环蓋烷（5）的衍生物。

9 8 6 5 4 3 1 7 2 10 → 产物

(1)　(2)　(3)　(4)　(5)

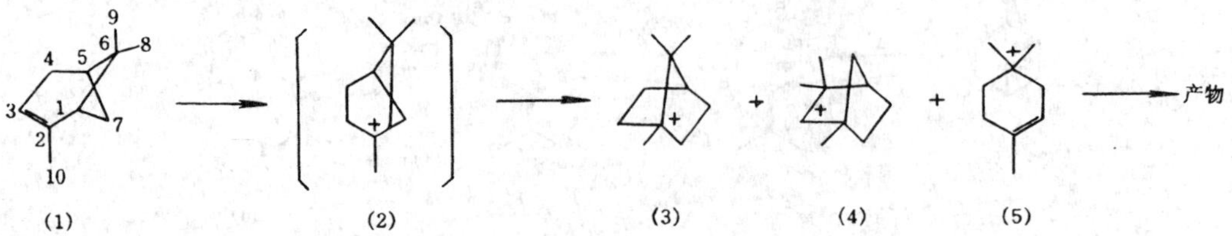

3.2.1.3　聚合反应

α-蒎烯（包括β-蒎烯等）在紫外光照射、阳离子催化剂或齐格勒催化剂如烷基铝等存在下能发生聚合反应。通常采用阳离子溶液聚合法，以路易氏酸（如 $AlCl_3$ 等）为催化剂。$AlCl_3$ 在一种助剂如微量水的作用下，衍生成复式质子酸[59]。

$$AlCl_3 + H_2O \longrightarrow H^+ [AlCl_3OH]^- \equiv H^+ G^-$$

单体在催化剂下形成活性中心离子，再进行连琐反应，反应经键引发、链增长和链终止阶段。α-蒎烯由于立体效应，链增长较困难，需辅助催化剂以复合催化体系来稳定链增长的正碳离子，延长它的停留时间，使其能与另一单体相撞而聚合。

以过酸氧化聚合物，约有 2/3 的单体单位含有烯键，说明另 $\frac{1}{3}$ 的四元环扩环成饱和的双环体系的单体单位，故聚合物中可能有 a，b 两种单体结构[60]。

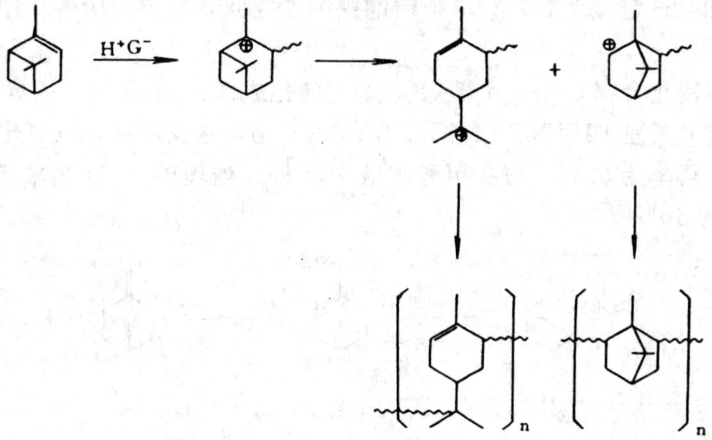

H^+G^-

(a)　(b)

3.2.1.4　氧化及衍生物

α-蒎烯 60℃时易被空气中氧氧化[61]，氧化一般进行到过氧值至 1 500～2 000（理论值为 12 000）以避免不必要的副产物生成。氧化物还原生成氧化 α-蒎烯（2）、马鞭烯醇（3）、马鞭烯酮（4）、3-蒎烯-2-醇（5）等。用微波放电的氧进行选择性的氧化，可提高顺式马鞭烯醇的得率、此物是镄木昆虫的聚集信息素。

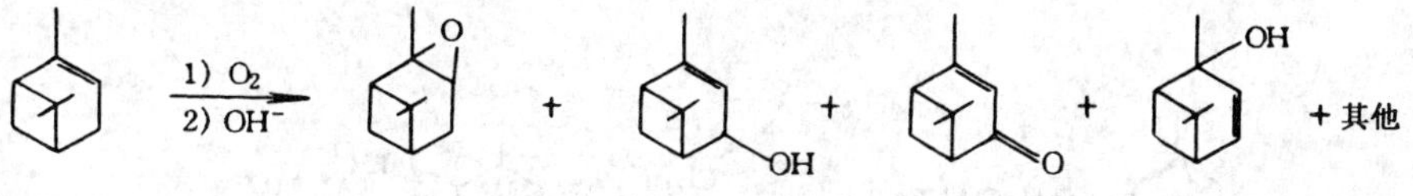

1) O_2　2) OH^-　O　OH　O　OH　+ 其他

(1)　(2)　(3)　(4)　(5)

α-蒎烯与过氧酸如过氧醋酸在较低温度下可生成 α-蒎烯环氧化合物（2）如再与醇盐碱反应，主产物为烯丙醇——3-蒎烯-2-醇（3），松香芊醇（4）。与路易氏酸作用，环开裂得 α-龙脑烯醛（5）。

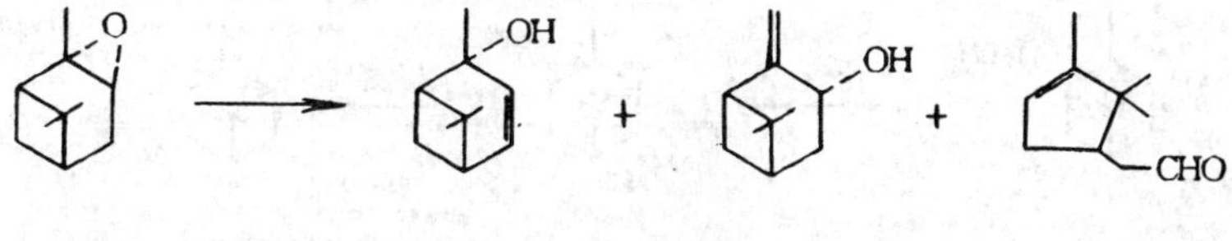

O　OH　OH　CHO

(2)　(3)　(4)　(5)

α-蒎烯用臭氧或高锰酸钾氧化可得蒎酮酸(2),此酸再以次氯酸钠或次溴酸钠氧化得蒎酸(3),再氧化得低蒎酸(4)。前二酸曾作为有机合成原料[62]。

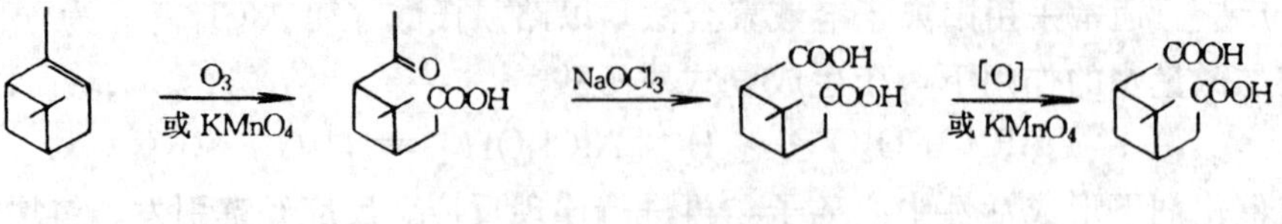

O_3 或 $KMnO_4$; $NaOCl_3$; [O] 或 $KMnO_4$; COOH ; COOH ; COOH ; COOH ; COOH

(1) (2) (3) (4)

3.2.1.5 α-蒎烯转化β-蒎烯

因α-蒎烯来源广且价廉,研究了转化成β-蒎烯的方法[63]。

(1) α-蒎烯气体在贵金属催化下可建立96%α-蒎烯与4%β-蒎烯的平衡体系。采用循环精馏法,使未转化的α-蒎烯气体再经催化建立的平衡体系气体冷却,回至再沸器,再沸器的β-蒎烯浓度不断增加至一定程度后,经单独精馏提纯及收回β-蒎烯。所得β-蒎烯的光学性质与原料α-蒎烯一致。

(2) 通过烯丙锡化合物,(+)α-蒎烯(1)可转化成(+)β-蒎烯。丙烯锡化合物(2)可由(+)α-蒎烯与丁基锂-四甲基乙二胺(TMEDA)络合物反应后,以氯化三甲锡锂盐的金属化法得来。此步得率为59%。再在甲醇水液中以HCl处理得(+)β-蒎烯(3),此步得率为85%,总得率为50%[64]。

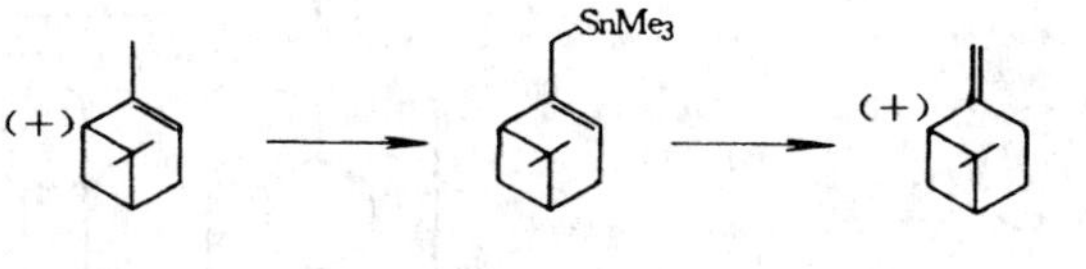

(+) ; $SnMe_3$; (+)

(1) (2) (3)

(3) α-蒎烯用三乙胺甲硼氢和四氢硼苄基三乙胺通过硼氢反应生成二-(3-蒎烷基)-硼烷(2)、再热异构成二-(10-蒎烷基)-硼烷(3)。最后与双戊烯进行置换得β-蒎烯(4)[65]。

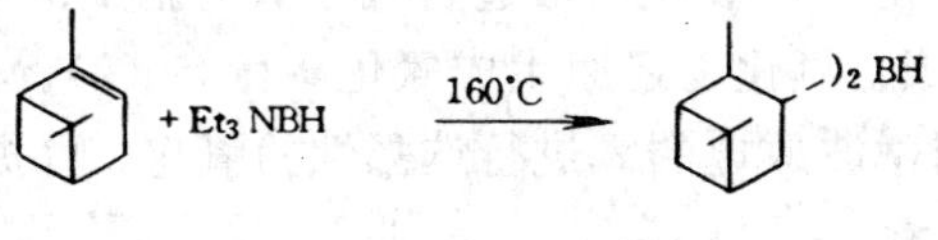

$+ Et_3NBH$; 160°C ; $)_2BH$

(1) (2)

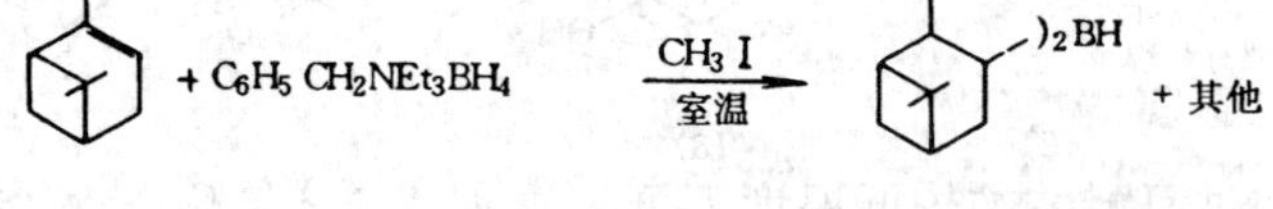

$+ C_6H_5CH_2NEt_3BH_4$; CH_3I 室温 ; $)_2BH$; + 其他

(1) (2)

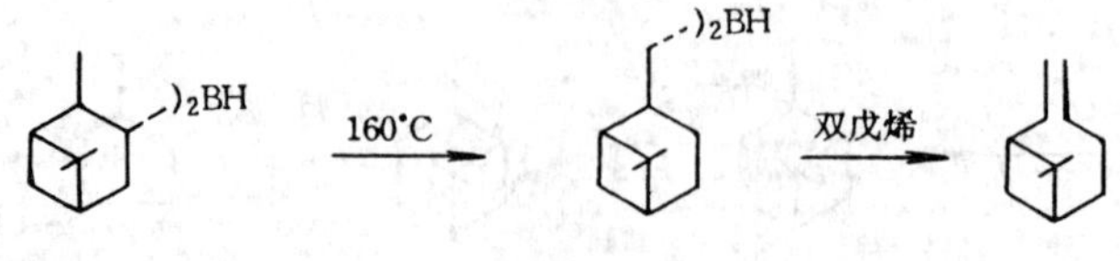

$)_2BH$; 160°C ; $)_2BH$; 双戊烯

(2) (3) (4)

3.2.1.6 α-蒎烯的光学提纯

松节油中α-蒎烯光学纯度不高，尤其是（+）α-蒎烯不似（−）α-蒎烯可由高纯度（−）β-蒎烯异构得来。提纯时，可将（+）α-蒎烯在四氢呋喃中与甲硼烷·甲基硫（$Me_2S \cdot BH_3$）在低温下硼氢化，生成有光学选择性的均一四异松莰烯基二甲硼烷（在溶液中实为双分子的甲硼烷衍生物，常称单分子衍生物）晶体。晶体在乙醚中加四甲基乙烯二胺（TMED）置换出比原光学更纯的α-蒎烯。与α-蒎烯作用可再提高得率与光学纯度。例如以84%纯度的（+）α-蒎烯为原料可得（+）51.55°的纯度≥99.9%α-蒎烯[66]。

3.2.1.7 加氢与脱氢

α-蒎烯氢化可得蒎烷（2），蒎烷有顺式（3）与反式（4）两种。以钠型丝光沸石氧化铝和镍为催化剂，在适当条件下加氢选择率为100%，顺式与反式比为75∶25[67]。

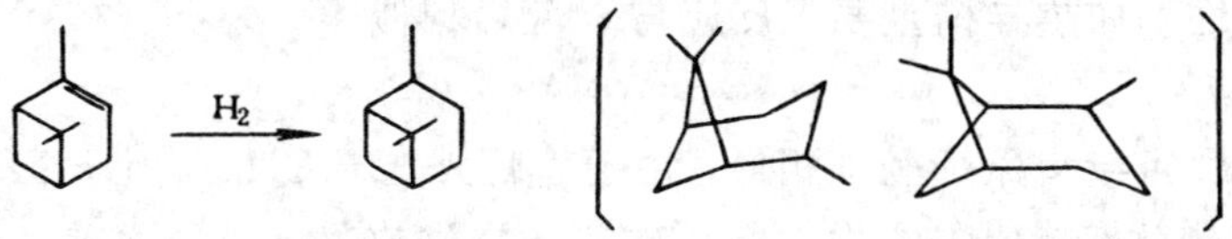

H_2

(1) (2) (3) (4)

α-蒎烯在催化剂存在下，发生气相脱氢反应，产物为对-异丙基甲苯（3）。氧化铬-氧化铝为最常用的催化剂。对-萜二烯（2）存在同样反应，故认为催化剂有二种作用，一是促成对-萜二烯的生成，一是使对-萜二烯脱氢[68]。

催化　　催化 脱氢

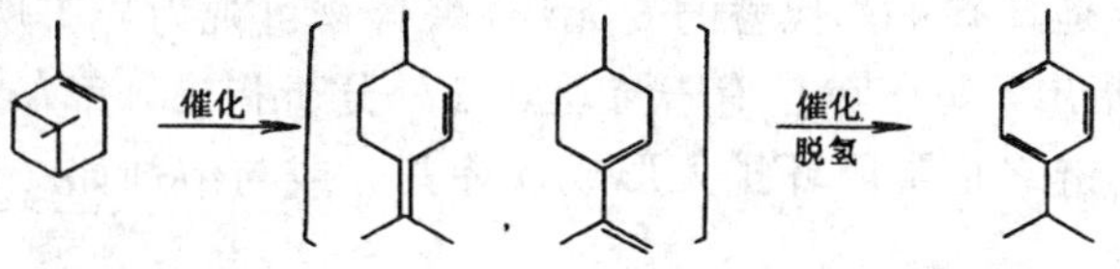

(1) (2) (3)

3.2.1.8 氯化氢反应

α-蒎烯与氯化氢反应，温度低于−10℃时，氯化氢加成到双键上，为氯氢化蒎烯（2），温度升至−10℃以上时，重排成龙脑基氯（3），碱处理得莰烯（4），醇盐处理得龙脑烯（5）[69]。

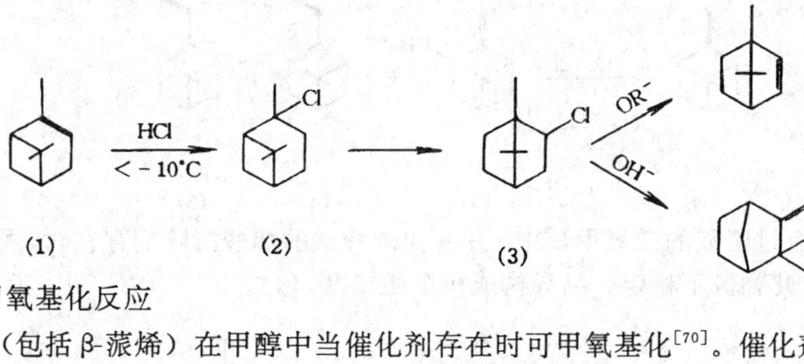

HCl $< -10°C$　Cl　Cl　OR^-　OH^-

(1) (2) (3) (4) (5)

3.2.1.9 甲氧基化反应

α-蒎烯（包括β-蒎烯）在甲醇中当催化剂存在时可甲氧基化[70]。催化剂为强酸性阳离子交换树脂、三氟化硼合乙醚（BF_3Et_2O）、以及为盐酸、硫酸、对甲苯磺酸之类。随催化剂不同醚化产物的分布与选择性有所不同。如采用经酸处理的氢型丝光沸石为催化剂，α-蒎烯与β-蒎烯在40～70℃甲氧基化产物基本相同，产物分布也有相同特点，主要生成α-松油甲醚，其次是菠基甲醚、1,8-二甲氧基对萜烷、1,4-二甲氧基对萜烷、α-小茴香甲醚及少量异菠基甲醚，同时伴随相应的脱质子异构化反应，生成莰烯、双戊烯等。不同温度产物分布有较大变化，但

α-松油甲醚始终是主产物。

3.2.2　β-蒎烯的化学性质

马尾松松节油中β-蒎烯含量较低，β-蒎烯直接使用时主要作萜烯树脂原料，其热异构产品为多种香料合成时的起始物。

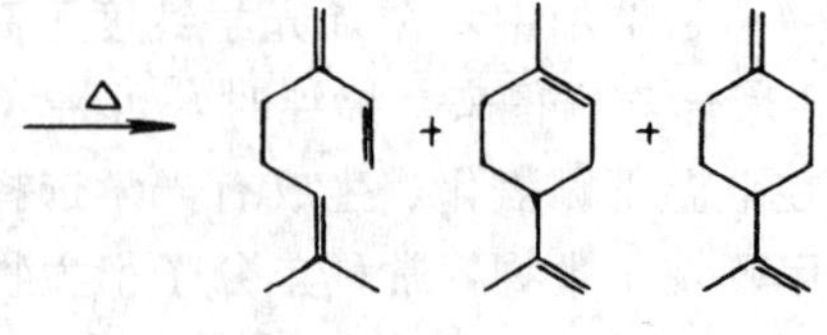

(2)　　(3)　　(4)　　(5)

3.2.2.1　热异构与酸异构

β-蒎烯（2）热解重排生成月桂烯（3）、苧烯（4）、φ苧烯［苧烯 8（10）、1（7）］（5）及小量分解产物。热解温度 700℃时，液体产物可达 95%，其中月桂烯含量为 75%。若以沸石分子筛催化，β-蒎烯转化率为 76%～91%，产物中月桂烯含量为 80%～85%[71]。月桂烯为合成橙花醇、香叶醇、芳樟醇及光学对映体（l）-薄荷醇等原料。

β-蒎烯酸异构远不如热异构重要，反应与α-蒎烯相似。

3.2.2.2　聚合反应

β-蒎烯的聚合反应与α-蒎烯基本相似，由于有环外 C═CH_2，比α-蒎烯更容易聚合，环外亚甲基与质子相碰就完成键的引发。叔正碳离子在进攻另一单位之前，开始链的增长。

聚合物的重复单位是具有 1,4 代替的 6 元环，聚合物可视为异丁烷与环己烯交替共聚物。臭氧或过酸-氧化分析指出，每一单位有一烯基，红外分析指出，每一重复单位具有均一二甲基及末端的单一甲基。链终止常因环扩大形成莰烯基，或与溶剂如二甲苯相撞击失去质子而成端基。

3.2.2.3　氧化反应

（1）β-蒎烯（2）可在空气或氧气中自动氧化，得松香芊醇（3）、桃金娘烯醇（4）及桃金娘烯醛（5）等，转化率不高，难有工业前途[72]。

(2)　　(3)　　(4)　　(5)

（2）β-蒎烯在有过醋酸的二氯甲烷中，并有如碳酸钠的醋酸清除剂存在时，可得产率较高的环氧化物（3），此物极不稳定，易异构成桃金娘烯醛（4）。

(2)　　(3)　　(4)

（3）β-蒎烯臭氧化得得率约 70%的不蒎酮（3）甲醛及少量二聚过氧化物等。

（4）β-蒎烯四醋铅氧化时，因四醋酸铅比高锰酸钾氧化能力较弱，仅作用于无环双键和β-蒎烯的环丁烷，有较好的选择性。

β-蒎烯溶于醋酸中加入Pb_3O_4，系统中产生的四醋酸铅直接氧化β-蒎烯。反应产物经皂化与水解得水解产物，99.4%的β-蒎烯参与反应，生成49个成分的产物，计有反式松香芹烯酮醋酸酯（3）、桃金娘烯醋酸酯（4）、桃金娘醇（5）、紫苏醋酸酯（6）、1（7）-对-盖烯-2-醇-7-醋酸酯（7）、1-对-盖烯-10-醇-7-醋酸酯（8）。氧化产物组成中75%可理论地转化为紫苏醇，氧化产物异构化可得55%紫苏醋酸酯，提供紫苏型香料的可能[73]。

O_3　+CH_2O

(2)　(3)

$Pb(OAc)_4$　HOAc　OAc　CH_2OAc　CH_2OH　CH_2OAc　OH　OAc　CH_2OH　OAc

(2)　(3)　(4)　(5)　(6)　(7)　(8)

β-蒎烯四醋酸铅氧化并在甲苯中的$KHSO_4$脱水得1（7），4（8）-对-盖二烯-二醇和反式1（7）-对盖烯-2,8-二醇[74]。

3.2.2.4　氢化、脱氢等反应

β-蒎烯的这类反应与α-蒎烯相似，因反应如同酸异构，大部分先异构成α-蒎烯。氢化时亦得顺式和反式蒎烷，其比例因催化剂及条件而异。脱氢、歧化及氯化氢化的产品也同α-蒎烯相似。在许多情况下，加工α-蒎烯时，不要求除去β-蒎烯，因反应产物与β-蒎烯的存在关系并不显著。

3.2.3　苧烯的主要化学反应

苧烯（1,8-盖二烯）在松节油中含量不多，冷杉针叶油中含量较多，辽东冷杉针叶油中所含为负旋，美国桔皮油中含苧烯丰富，为正旋。外消旋的苧烯常称双戊烯。合成樟脑异构液蒸去莰烯的下脚料也称双戊烯，含有一定量之双戊烯，但质量不纯，应注意区别。

（1）催化水合。苧烯（1）以沸石催化水合，主要产物为对-异丙基甲苯（2）、α-松油醇（3）、二氢香芹酮（4）、香芹酮（5）、反式香苇醇（6）、顺式香苇醇（7）等。香芹酮与反式香苇醇总量可达50%～76%，后者脱水可转化为前者，是一种有价值的香料[75]。

沸石　水　OH　O　O　OH　OH

(1)　(2)　(3)　(4)　(5)　(6)　(7)

（2）双戊烯以四醋酸铅氧化，氧化产物经皂化得1-对-盖烯-8,9-二醇（9）。此物在$KHSO_4$存在下与丙酮缩合定量得（10a）、（10b）。再在$AlCl_3/LiAlH_4$存在下生成（11a）与（11b）。（10a）、（10b）与（11a）、（11b）皆具木香气，可用作香料[75]。（9）在甲苯中以$KHSO_4$脱水则转化为（12）、（13）[74]。

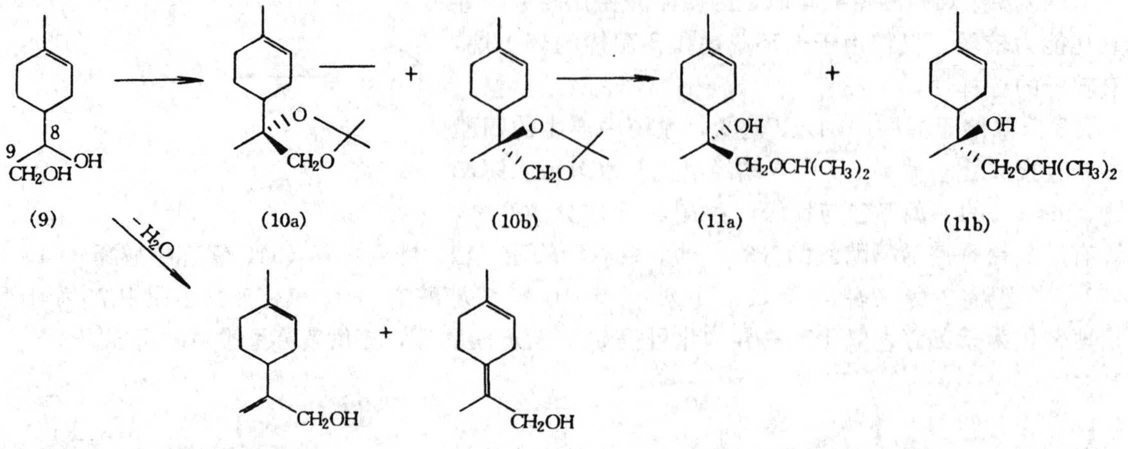

(9) (10a) (10b) (11a) (11b)

(12) (13)

(3) 甲氧基反应。双戊烯 (1) 与甲醇进行甲氧基反应，产物随酸性催化剂不同而不同。以硫酸或醚合三氟化硼为催化剂时，主产物是α-松油甲醚 (2)，其次是1,7-二甲基-对-蓋烷，分别占产物中的40%和7%。用对甲苯磺酸作催化剂，主产物为1-甲氧基-对-蓋-3-烯。以氢型丝光沸石催化时，主要产品是(2)，其次是(3)、(4)，含量分别可达70%、12%和10%[76]。

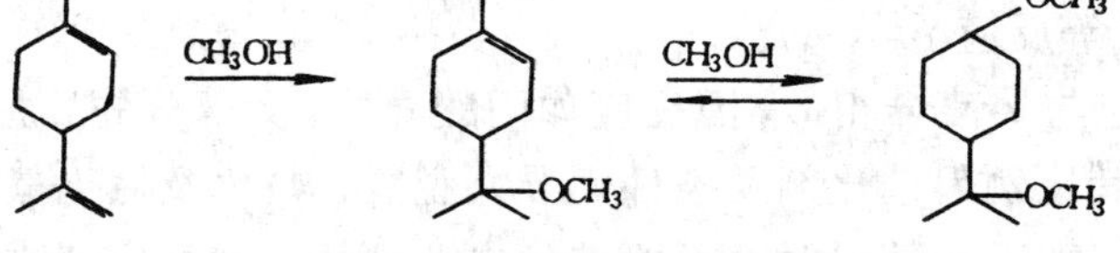

(1) (2) (3)、(4)

(4) 亚硝基氯化。(+)-苧烯 (1) 与亚硝酰氯反应得有选择性的双键加成物亚硝基氯化苧烯 (2)，加热反应混合物至40～50℃时，脱去氯化氢重排得香芹肟 (3)，再经水解得香芹酮，是留兰香油的主要成分。起始物为 (－)-苧烯得 (－)-香芹酮，无正旋香芹酮气味，可代莳萝香料[77]。

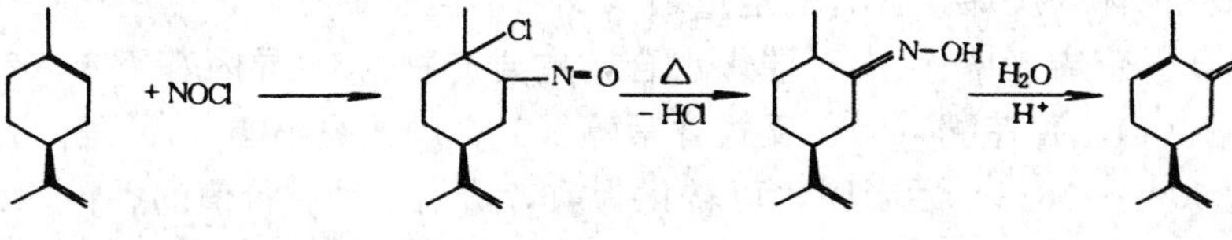

(1) (2) (3) (4)

3.2.4 β-水芹烯的主要化学反应

中国某些松树如湿地松、云南松松脂单萜中β-水芹烯含量可高达10%，其沸点178℃与苧烯沸点 (177℃) 接近，很难用精馏法从松节油中分离高纯度的β-水芹烯，采用硫尿结晶法可由苧烯 (双戊烯) 中分离出β-水芹烯高纯度产品。在甲醇中加入定量硫尿，再加萜类原料，在指定温度下搅拌生成针形加合物，冷却收集晶体，水蒸气吹蒸分解，由冷却的水、萜共沸物中分离β-水芹烯。重复可进一步提高纯度，用甲醇丙酮作溶剂可提高得率[78]。

β-水芹烯 (1) 的1,4氯化氢加合物为氯化胡椒素 (2)，酸或碱水解为胡椒醇 (3) 混合物，α-反式胡椒醇氢化为薄荷醇，利用其异构平衡，继之以高效精馏得：L-薄荷醇 (4)。过程中胡椒素有顺、反式2-蓋烯-1-醇及顺、反式1-蓋烯-3-醇之分，薄荷醇亦有 (－) 薄荷醇、(+) 新薄荷醇、(＋)异薄荷醇(＋)新异薄荷醇等异构体，而只有(－)薄荷醇有生理作用。应注意分离与转化[79]。

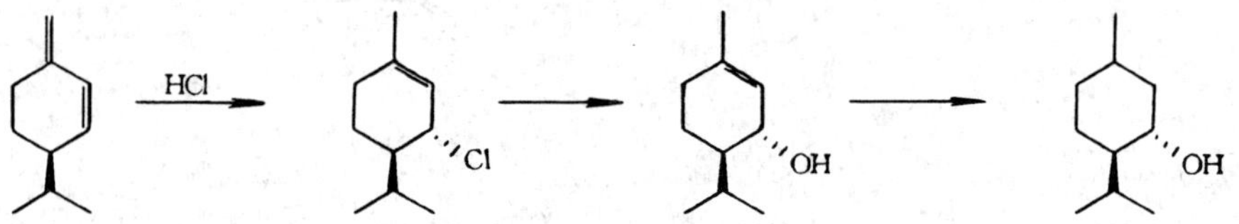

HCl

(1)　(2)　(3)　(4)

3.2.5　蒈烯的主要化学反应

蒈烯常见有 3-蒈烯与 2-蒈烯，前者存在于世界许多松树的松脂中，但中国主要松树松脂中存在甚少。2-蒈烯存在印度松节油中，自然界存在的 3-蒈烯多为正旋，光学纯度高，(＋)-3-蒈烯可催化异构成(＋)-2-蒈烯，是合成左旋薄荷醇的原料[80]。

(1) 加氢与脱氢。(＋)-3-蒈烯在温和条件下氢化，所得产物几全为(－)顺式蒈烷，而无反式。在较硬条件下氢化除(－)顺式蒈烷外尚得 1,1,4-三甲基环庚烷，条件再硬时仅得环庚烷。

(＋)-3-蒈烯与 5%Pd/C 回流脱氢得 20%间-异丙基甲苯、30%对-异丙基甲苯、25% 1,1,4-三甲基-3-环庚烯和 25%1,1,4-三甲基-4-环庚烯。铬/氧化铝催化下气相脱氢，在 420℃时 90%3-蒈烯转变为间-和对-异丙基甲苯。

(2) 乙酰化及其他反应。氯化锌存在下(＋)-3-蒈烯与醋酐反应得(＋)-4-乙酰-2-蒈烯(2)，有与其他有关乙酰衍生物香料同样的作用。

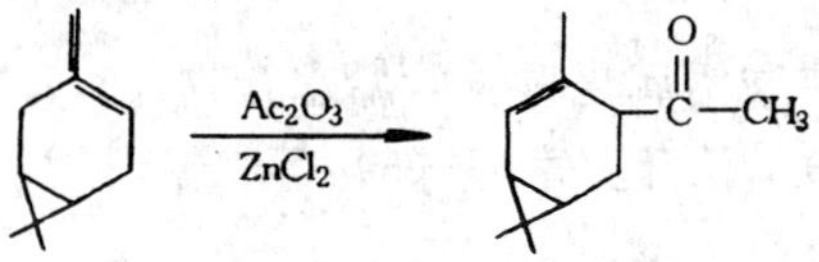

Ac_2O_3 / $ZnCl_2$　$C-CH_3$ (O)

(＋)-(1)　(2)

(＋)-3-蒈烯在醋酸溶剂中与甲醛进行 Prins 反应，主产为(＋)-2-蒈烯-4-甲醇醋酸酯，水解后得相应的醇——(＋)-2-蒈烯-4-甲醇(3)。

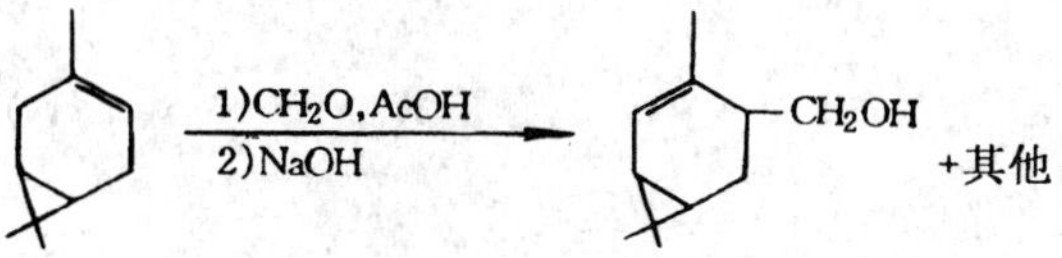

1)CH_2O, AcOH / 2)NaOH　CH_2OH　+其他

(＋)-(1)　(3)

3.3　倍半萜烯的化学性质

长叶烯、β-石竹烯是中国马尾松重松节油中主要成分，二者结构十分灵活，易发生骨架重排。前者多通过异构成异长叶烯，再制备衍生物。

3.3.1　长叶烯与异长叶烯

3.3.1.1　长叶烯(1)的异构

经酸处理得异长叶烯(2)。通常将长叶烯溶于如冰醋酸、氯仿、烃类溶剂中，以浓硫酸等为催化剂，在室温下反应数十小时，大部分长叶烯可转变为异长叶烯。异长叶烯是制备长叶烷酮及异长叶羧酸酯等的原料[81]。

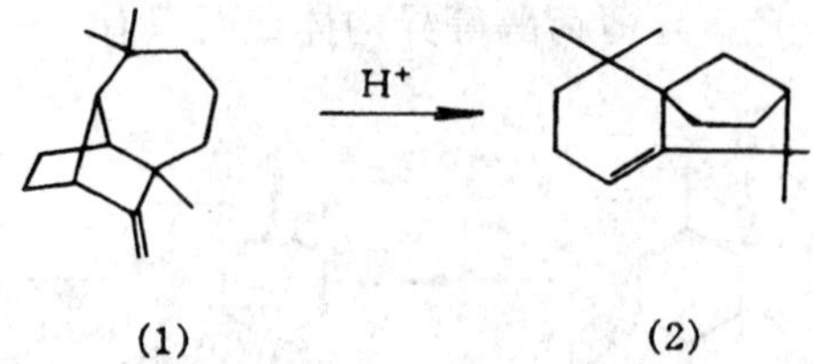

(1)　　(2)

3.3.1.2 氧化反应

(1) 以浓硫酸为催化剂以冰醋酸为溶剂长叶稀异构为异长叶烯后，在同一介质中加入过氧化氢，在 40℃下反应 6～8h，主产物是异长叶烷酮的两种差向异构体 α-（1），β-（2）。在甲醇和氢氧化钠溶液中进行差向异构，β-型可异构成 α-型。当异长叶烯转变为异长叶烷酮时，C_6 由平面构型转为手性四面体构型，故其酮有 α-型和 β-型两种[82]。氧化剂如为过氧乙酸，产物中的酮是饱和的异长叶烷酮，如为重铬酸钠，除饱和酮外还有不饱和的长叶烯酮（3）[83]。

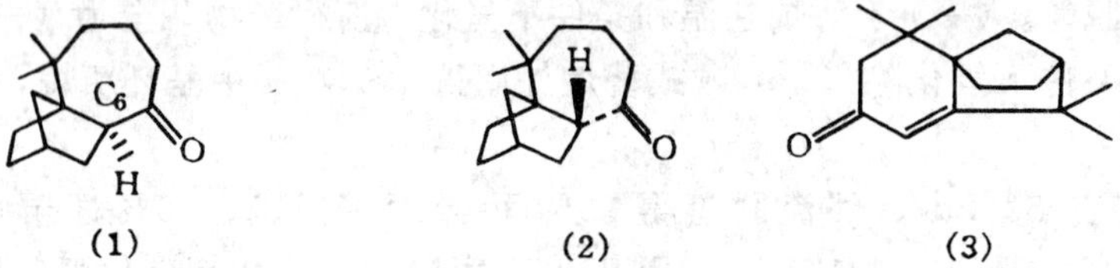

(1)　　(2)　　(3)

(2) 长叶烯（1）在有乙酐和乙酸钾存在下，冰醋酸作溶剂用二水合醋酸锰（Ⅲ）氧化得 ε-ω-乙酰氧甲基长叶烯（2），产率 62%。在同样条件下用硝酸铈铵氧化，除得 55.1%的（2）外，还得 ε-ω-羧基长叶烯（3），产率 27.6%。如反应混合物中不加乙酐，（2）之产率为 46.3%[84]。

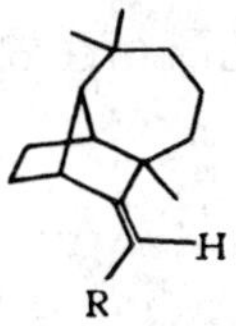

(1)R=H

(2)R=CH_2OCOCH_3

(3)R=COOH

(3) 长叶烯（1）以新生醋酸铅氧化得长叶烯水合物（2）、长叶烯酮（3）、长叶烷醛（4）、长叶罗京醇（5）等[85]。

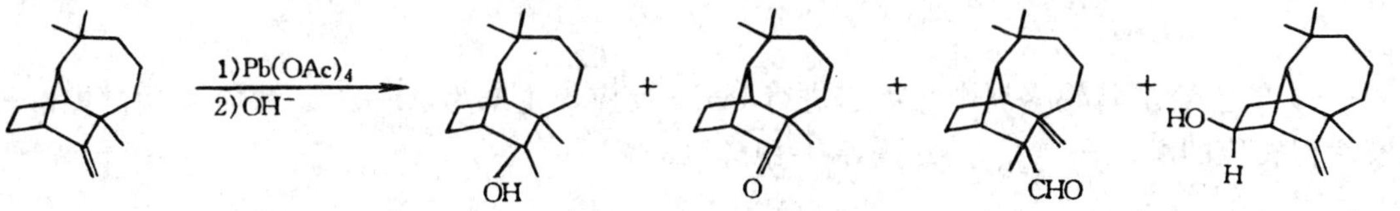

1)$Pb(OAc)_4$　2)OH^-

(1)　　(2)　　(3)　　(4)　　(5)

3.3.1.3 Prins 反应

长叶烯在冰醋酸中能与甲醛起缩合反应（Prins 反应），产物是 ω-乙酰氧甲基长叶烯（2）。此物用不同方法和试剂处理可得一系列长叶烯的衍生物，其中水解产物 ω-羟甲基长叶烯（3）是香料物质[86]。

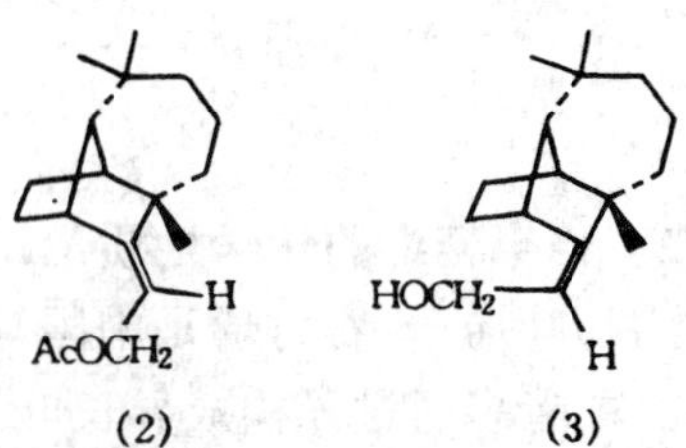

(2)　　(3)

长叶烯常与 β-石竹烯、雪松烯、α-檀香烯同时存在，沸点接近，分馏难以分离，可利用它们对 Prins 反应活性差别，控制多聚甲醛用量和反应时间，使 β-石竹烯和雪松烯反应完全，余下之长叶烯与 α-檀香烯经精馏分离，可得 95%纯度的长叶烯。反应的活性大小之顺序为：β-石竹烯＞雪松烯＞长叶烯＞α-檀香烯[87]。

3.3.1.4 聚合反应

重松节油中长叶松烯为主的倍半萜馏份用复合型阳离子催化剂引发，使溶在甲苯溶剂中的倍半萜发生聚合反应，可得三聚体为主的（其他为少量四聚体）高软化点（110℃以上）的聚合物[88]。连接方式可能如下：

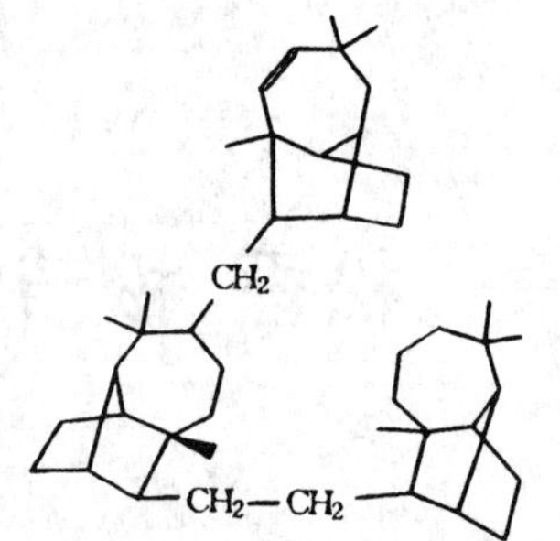

A 动力学键不终止时连接方式

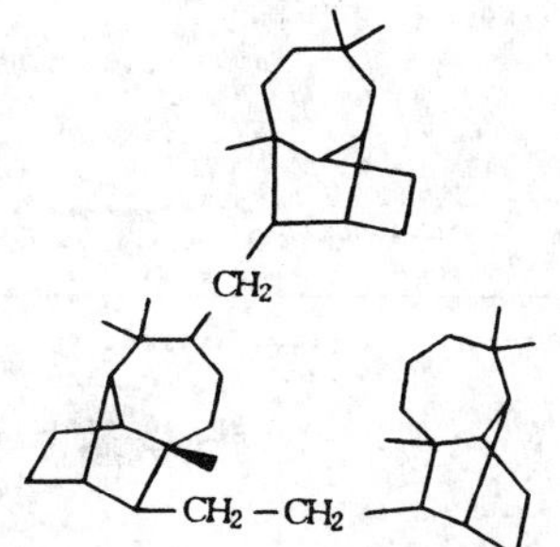

B 动力学键终止时连接方式

3.3.1.5 其他反应

长叶烯在催化剂存在下与甲酸酯化反应，得长叶甲酸酯，是一种香料物质。酯化反应温度50～60℃，时间 6h 左右[89]。

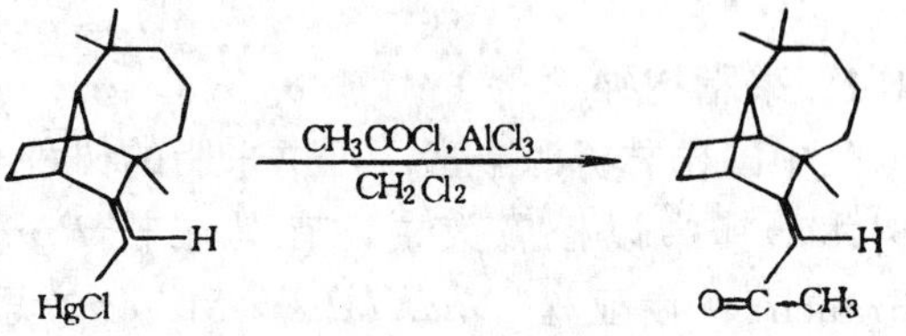

$CH_3COCl, AlCl_3$ / CH_2Cl_2

长叶烯的（ε）-ω-氯汞化合物在二氯甲烷溶剂中以三氯化铝为催化剂与乙酰氯室温下反应生成（ε）-ω-乙酰基长叶烯[90]。

3.3.2 β-石竹烯

β-石竹烯在中国马尾松重质松节油中的含量小于长叶烯，它与长叶烯相似，结构“灵活”，以过氧化氢氧化得环氧化物，有抑止昆虫幼虫生长的作用。此氧化物开环后得石竹烯醇、是黑胡椒、红桃和薄荷油香气的来源[91]。

第26章 松香、松节油生产

张梦琴　张晋康　金　琦

1　松脂采集

1.1　采脂树种

中国松林资源丰富，可供采脂的树种有针叶树的松、云杉、落叶松、黄杉及油杉五属的树木。其中以松属为主，有马尾松 *Pinus massoniana* Lamb.、云南松 *Pinus yunnanensis* Franch.、南亚松 *Pinus latteri* Mason、思茅松 *Pinus kesiya* var. *langbianensis*（A. Chev.）Gaussen、油松 *Pinus tabulaeformis* Carr.、红松 *Pinus koraiensis* Sieb. et Zucc.，其他如华南五针松 *Pinus kwangtungensis* Chun ex Tsiang、黄山松 *Pinus taiwanensis* Hayata，华山松 *Pinus armandi* Franch.，樟子松 *Pinus sylvestris* var. *mongolica* Litvin. 等树种均可供采脂利用[92]，西藏的高山松 *Pinus densata* Mast. 亦进行过试验[93]。此外，引种的湿地松 *Pinus elliottii* Engelm.、长叶松 *Pinus palustris* Mill.、加勒比松 *Pinus caribaea* Morelet、火炬松 *Pinus taeda* L. 等都有发展采脂的前途；冷杉属中的臭冷杉树脂生于皮部，采集加工后可得冷杉胶；还有落叶松、云杉、黄杉、油杉等四属的树木，产脂量不高，尚未加以利用。

1.1.1　已采脂的树种

（1）马尾松：是中国主要的采脂树种，分布于淮河流域和汉水流域以南，西至四川省西部，西藏的东部、贵州省中部、云南省东南部和广东、广西、福建、江西、湖南等省（区）的大部分山区，大约在北纬23°30′～30°31′一带。气候特征：温暖湿润，年平均温度15.4～22℃、年平均雨量1 400～2 000mm、土壤为砂质岩、花岗岩形成的酸性黄壤红壤，其蓄积量占分布地区森林总蓄积量一半以上。

从长期的采脂生产和科学实践中发现马尾松大致可分为两类：产脂高的称为“油松”，产脂低的称为“糠松”，油松轮生枝粗壮，宽冠、侧枝直径较大，常在10cm以上，枝角小于90°，针叶较长，小枝上有宿存叶，树皮呈条片状剥落，皮厚而深裂，一般离地面3m以下皮厚达4cm，颜色较深，结果实多而大；糠松轮生枝细弱，窄冠，侧枝直径在4～5cm以下，枝角大于或等于90°，针叶较短，小枝上无宿存叶，树皮呈鳞片状剥落，皮薄，结构疏松，颜色浅，结果实少而小[94]。

马尾松松脂流出强度和持续时间见表26-1。

（2）云南松：分布在中国西南地区的云南省全部、贵州省西部、西藏东部、四川省西部

注：本章第1节由张梦琴编著；第2节由张晋康编著；第3、4节由金琦编著。

及西南部金沙江、安宁河、黑水河、广西西北部百色地区一带，大约北纬 24°23′、东经 105°35′，海拔 2 000m 左右，坡度 30°左右，受西南季风影响，冬春干旱、夏秋多雨，年平均温度 19～34℃，年均雨量 900～1 200mm，仅四川省可供采脂的云南松蓄积量有 8 615.9 万 m^3[95]。

云南松松脂流出强度和持续时间见表 26-2。

表 26-1　马尾松松脂分泌时间和产脂量测定表

树　号	测定日期（1980 年）	日平均温度（℃）	产　量（g）			
			0～4h	4～8h	8～24h	合　计
11	4.29	14	10	8	18	36
18	4.29	14	20	8	18	46
21	4.29	14	10	4	10	24
15	6.30	26	14	2	0	16
18	6.30	26	30	4	0	34
11	9.27	18	36	14	8	58
15	9.27	18	10	4	0	14
18	9.27	18	24	8	0	32

表 26-2　云南松松脂流出强度和持续时间

有效试验株数	有效试验时间（天）	有效侧沟（对）	每 24h 流出量（g）			总流脂量（g）
			0～24	25～48	49～72	
30	25	150	7000	2150	300	9450
平均每 24h 每个割面流脂量（g）			233	71.6	10	315
平均每 24h 一对侧沟流脂量（g）			46.65	14.35	2	63
每 24h 内流出百分数（%）			74.1	22.8	3.1	100

（3）南亚松：为典型的热带松类，分布于东南亚的热带地区，中国海南省有大面积天然林，广东省西南部遂溪、廉江等县有人工林、广西东南部东兴、合浦等县也有生长。大约北纬 18°～22°，东经 100°～110°，海拔 500～700m，坡度 35°～40°，土壤为花岗岩黄红土壤，pH 值 5.6，土层深度为 10～20cm。天然林树龄约为 50～60 年，平均胸径在 60cm 以上，平均树高在 30m 以上；人工林树龄约为 25～30 年，平均胸径为 30～40cm[96]。

南亚松的产脂力高，据广东省林业厅和海南省林产工业公司的研究报道：南亚松天然林 1958 年采脂生产至 1989 年已 30 多年，产脂仍旺盛，一对侧沟平均产脂量达 80g，比马尾松同等技术条件下平均 33g 高出 1 倍以上。据 1 株解析木的材料，生长 174 年还未达到自然成熟[96]。南亚松 50～60 年生时，仍属于壮龄期，直径生长保持着年增长 1cm 左右的速度[97,98]。南亚松人工林 15 年生的一对侧沟产脂量，约等于马尾松人工林 20 年生的产脂量[99]。

南亚松松脂流出强度与持续时间见表 26-3。

表 26-3　南亚松流脂强度与持续时间表

开割日期	产脂量（g）		
	0～24 h	24～48 h	48～120 h
8 月 20 日	66.7	21.9	11.4
9 月 20 日	62.7	24.1	13.2
10 月 27 日	46.0	23.7	30.3

（4）思茅松：分布于南

亚热带及准亚热带的湿润及半湿润地区的越南中部和北部、老挝、缅甸、泰国、印度萨姆邦也有分布。在中国主要分布于云南省麻栗坡、思茅、普洱、潞西等地以南，和普洱以北的把边江、墨江、景谷、双江、耿马、镇源、景东等地区。大约北纬21°～35°，东经99°～102°，海拔600～1 900m的山地，年平均温度17.7℃，年平均雨量1 514.6mm。思茅松天然更新容易，常与云南松混生。在思茅、普洱地区有大面积纯林，总面积为102～250hm²，蓄积量达9 900万m³，其中成熟林占60%，年可伐量达60万m³，通常每年抽梢2次，在立地条件较好的地方可抽梢3～4次。20年生树高17m，胸径23.7cm，40年生可主伐，比云南松生长快。树干高大通直、材质较轻软，干缩系数小，强度适中，除木材用途广之外，富含松脂，在无霜或基本无霜地区可采脂的季节较长，是我国优良的采脂树种之一[100]。

思茅松3年采脂试验结果见表26-4。

表26-4 思茅松3年采脂试验结果表

年份	各期产量(g) \ 负荷率(%) \ 组别	1	2	3
	负荷率(%)	20	40	60
1981	1	21.5	34.4	40.0
	2	24.1	36.2	51.2
	3	20.3	31.6	44.2
	4	17.6	26.3	36.2
	平均	20.9	32.1	42.9
	产脂力（g/cm）	1.525	1.176	1.021
1982	1	13.4	18.7	33.1
	2	19.4	29.7	35.9
	3	19.5	29.6	38.9
	4	17.5	28.4	39.8
	5	13.5	22.5	36.3
	6	17.2	25.1	33.8
	平均	16.8	25.7	36.3
	产脂力（g/cm）	1.226	0.941	0.864
1983	平均	16.1	21.6	29.5
	产脂力（g/cm）	1.175	0.791	0.702

（5）油松：是中国北方广大地区主要的树种之一，分布于辽宁、内蒙古、河北、山东、河南、山西、陕西、甘肃、青海和四川省北部，其分布范围之广仅次于马尾松而居中国松属中第二位。其分布中心山西省拥有油松林33万hm²，可供采脂的松林约3万hm²。天然生油松次生林平均胸径23.89cm，平均树高11.85m，树龄45～60年[101]。

（6）华山松：又名马袋松、葫芦松（陕西）、五须松（四川）、果松（云南）、白松（河南）。是中国西北地区的主要树种之一，分布范围达十二省区。除自然分布外，北京市的八达岭、山东省的泰山、陕西省渭北黄土高原、江西省的庐山亦有引种栽培。华山松系常绿高大乔木，树高达35m，最大胸径达1m以上，针叶五针一束，长10～16cm，树脂管3个。大多生长在海拔1 000～3 300m的山段。目前，我国仅有个别省区的局部林区对华山松进行采脂生产，利用率甚低。其流脂时间和流脂量见表26-5。

从表26-5可以看出：华山松侧沟流脂持续时间与马尾松侧沟流脂持续时间基本相同；华

山松在复割侧沟后的 0～6h 内，侧沟流脂强度比马尾松流脂强度小[102]。

(7) 红松：是中国东北林区的主要树种之一，分布于黑龙江、兴安岭、吉林省东部和北部，为中国东北的主要采脂树种[103]。

表 26-5　华山松与马尾松侧沟流脂强度和持续时间比较

试验时间	树　种	流脂时间与流脂量		总流脂量（%）
		时间（h）	流脂量（g）	
1979 年 5～10 月	华山松	0～6	13 980	75.0
		7～24	4 660	25.0
		25～30	0	0
	马尾松	0～6	7 965	80.50
		7～24	1 930	19.50
		25～30	0	0

(8) 樟子松：分布于黑龙江省大兴安岭一带[103]。

(9) 落叶松：是中国东北林区主要树种之一。分布于东北大兴安岭林区、牙克石林区、加格达奇林区。树种单一而集中。落叶松林面积约占有林面积的 70%，其森林蓄积量近 10 亿 m^3，约占该地区总蓄积量的 78%左右，每年供应国家商品材均在 350 万 m^3 左右（其中包括抚育间伐材）。从当地林区气候条件，虽然冬季时间较长，且寒冷，然而这里的夏季却日照时间较长，气温也较高，有利于采脂，可以考虑发展松脂生产[104]。

(10) 高山松：是西藏山地温带针叶林中的主要树种，其分布面积广，更新生长良好，树干挺直，枝叶繁茂、针叶修长而坚挺[105]。

1.1.2　引种的树种

1.1.2.1　湿地松

原产美国南卡罗来纳州至佛罗里达州中部以北，路易斯安那州东南沿海平原，其分布北限北纬 33°，垂直分布可达 150m 左右，为美国东南地区组成大面积森林的主要树种之一。湿地松为复维管束的二或三针叶松，富含松脂，松脂质量好。

1950 年前我国在长江以南部分省（区）如江西省吉安地区青原山、广西壮族自治区柳州市巨沙塘、广东省广州中山大学实验场、台山、沙栏等地有小面积引种栽植，有的地方尚有保存并已成林结实。江西省吉安市青原山区 1948 年引种的 4 000 余株，现保存 1 530 株，1981 年调查 33 年生的湿地松林分平均树高 15.9m，平均胸高直径 25cm。其中生长最快的树高达 19.8m，胸高直径 40cm，最大优势木树高达 22m，胸高直径 44cm。在相同的立地条件下，湿地松的高生长、直径生长和材积生长均比马尾松快。以马尾松的材积为 100，湿地松则为 175%～563%，一般大 3～5 倍；湿地松不论生长在土壤深厚或瘠薄之地，其蓄积量均比马尾松大，以马尾松单位面积蓄积量为 100，湿地松为 408%。1950 年后扩大面积，其中广东已植 84 万 hm^2。湿地松按外观形态（生长状况、树冠大小、侧枝粗细和干形）分为三种类型：

(1) 粗枝宽冠型：主要特征是侧枝较粗，枝径可达 12.5cm，一般 10.5cm；树冠多呈广卵形，冠幅达 9.5m，一般 8.34m；树径较大，年平均生长量 1.275cm；树高年平均生长量 0.65m，径高比为 1∶52.3；材积生长量较大。树皮厚约 2cm，深裂、长方形块状剥落，出现粗枝后，粗枝以上的树干明显变细，尖削度大，形率 0.797。结实量大，最多一株有球果 581 个。本类型多出现于土壤湿润，靠近水边或洼地的立地条件，其株数占林分的 30.4%。

（2）细枝窄冠型：主要特征是侧枝较细，枝径5.1～8.3cm，一般6.4cm。树冠多呈圆锥形或尖塔形，冠幅较小，为5.3～6.5m，一般5.53m，胸径年平均生长量1.03cm，树高年平均生长量0.62m，径高比1∶60，高生长比较突出。材积年平均生长量0.025 1m^3。树皮较薄，约1.5cm，浅裂、鳞片状剥落。树干通直圆满。形率为0.812。本类型多生长在土壤深厚的中等生或旱生生境。其株数占林分的37%。

（3）中间枝型：其形态和生长条件介于以上两类型之间，枝径平均9.18cm，冠幅平均7.01m。胸径年平均生长量1.2cm，树高年平均生长量0.65m。径高比为1∶54.1，但针叶较长，平均23.42cm（粗枝冠宽型针叶平均长21.66cm，细枝窄冠型平均长21.93cm）。本类型在各种生境中均有出现，株数占林分的32.6%[106]。

湿地松每对侧沟平均产脂量和流脂持续时间与马尾松对照见表26-6、表26-7。

表26-6 湿地松三种类型各月份每对侧沟平均产脂量（g）

树种及类型 \ 月份		6	7	8	9	10	11	12
湿地松	粗枝型	18.4	40.9	56.0	60.2	23.3	25.8	32.0
	中间型	38.8	67.1	89.0	82.8	40.0	38.1	49.7
	细枝型	32.2	63.0	83.4	72.2	29.5	34.0	44.5
马尾松		8.6	14.9	15.3	11.5	7.9	7.1	4.3
平均气温（℃）		25	30.5	30.8	28.5	23.3	15.4	12.0

表26-7 湿地松割沟后流脂持续时间对照表

距割沟时间（h）		4	8	12	24	36	48	60	72	84	96
天气状况		晴	晴	晴	晴	晴	晴	晴	晴	晴	雨
气温（℃）		28	29	30	28	30	28	31	29.5	32	29
湿地松	10株树各阶段流脂量（g）	142	165	122	105	97	25	73	25	22	5
	累计流脂量（g）	142	307	429	534	631	656	729	754	776	781
	占总流量百分数（%）	18.2	39.3	54.9	68.5	80.8	84.0	93.3	96.5	99.4	100
马尾松	10株树各阶段流脂量（g）	110	20	13							
	累计流脂量（g）	110	130	143							
	占总流量百分数（%）	76.9	90.9	100							

由表26-6和表26-7可见，湿地松三种类型各月份每对侧沟平均产脂量均比马尾松高2～4倍[105]。

1.1.2.2 长叶松

原产地美国，又称大王松。1936年福建省闽侯南屿林场引种，当年育苗，到目前保存30余株，最大的胸径已达40～50cm，最小的也有24cm[107]，长叶松与马尾松采脂试验对照见表26-8。

1.1.2.3 火炬松

原产美国东南部，为南亚热带速生树种，性喜温暖湿润的气候，原产地年降雨量为660～

1460mm，年平均气温 11.1～20.4℃，绝对最低温度－16.9℃，比湿地松耐寒。火炬松是常绿

表 26-8　长叶松与马尾松采脂试验对照表

月份 / 树种	6		7		8		9	
	总产量（g）	平均侧沟产量（g）	总产量（g）	平均侧沟产量（g）	总产量（g）	平均侧沟产量（g）	总产量（g）	平均侧沟产量（g）
长叶松	1 205	43.4	4 120	47.36	3 949	45.4	3 842.5	50.7
马尾松	16 015	65.37	32 505	44.22	8 905①	34.24①	21 380	28.95
长叶松	2 310.5	33.34	1 326	26	3	16 752	41.03	
马尾松	21 955	29.88	12 710	17.92	20	104 565	32.86	

① 1976 年在尤溪试验马尾松因受脂器不够用，来不及烧出，故缺 8 月份一个整月，1977 年又试验，故这个月数据采用 1977 年 8 月数据，因割树未变动，气象因素与 1976 年差异不大。

乔木，高达 30m，胸径达 80cm，树皮红褐色，深裂。针叶三针一束，长 12～29cm，较马尾松的粗硬，较湿地松的细软。球果两年成熟，长 5～15cm，种子翅长 2.5cm 左右。树脂管 2 个，中生。立木富含松脂。质量较好。

火炬松是喜光树种，树姿挺拔，冠似火炬。对土壤要求严，怕水湿，更不耐盐碱。喜酸性或微酸性土壤，pH 值 4.5～6.5 的土层深厚而肥沃的山地生长良好。幼期稍耐庇荫，与马尾松相比，抗松毛虫的能力较强。主干端直，木材纹理细致而直。纤维纤细而长。

1947 年湖北省在距武汉市区 10km 处的卓刀泉伏虎山上引种火炬松，其地理位置：北纬 37°77′，东经 53°49′，海拔 40～60m。地质为壤土至轻粘土。年平均气温为 16.7℃，年平均相对湿度为 77%，全年日照时数为 2 333.5h，全年降雨量为 1 003.0mm。火炬松生长在山腰上，林龄为 35 年，最大胸径为 37.2cm，最小胸径为 22.0cm，平均胸径为 27.8cm[108]。

火炬松泌脂速度与马尾松比较见表 26-9。由表 26-9 可知，火炬松泌脂速度与马尾松基本相同。火炬松的松脂分泌在割沟后 8～24h 内基本完毕。

火炬松泌脂持续时间与马尾松比较见表 26-10[109]。

表 26-9　火炬松、马尾松松脂分泌速度测定与比较

测定项目 / 采割方法 / 树种	火炬松			马尾松		
	上升	下降	纵沟	上升	下降	纵沟
采割侧沟宽（cm）	0.4	0.4	0.4	0.45	0.45	0.35
采割侧沟长（cm）	14.5	13.5	15	12	14	16
割沟后松脂成滴流进受脂器时间（min）	0.23	4.9	10.30	3.04	5.13	147.32
10min 内流出松脂滴数	349	74	25	78	84	24
每滴间隔时间（s）	2	8	24	8	7	25
测定时气温（℃）	31	31	32	32	32	36
测定时间（上午）	9.15	9.00	9.45	9.40	9.20	11.35

由表 26-10 可知，火炬松泌脂持续时间与马尾松基本相同。

表 26-10 火炬松、马尾松松脂分泌持续时间的测定与比较

树种	项目 / 采割方法 / 距割沟时间 (h)	有效总侧沟(对数)		10株树流脂量 (g)		累积流脂量 (g)		占总流脂量 (%)	
		上升	下降	上升	下降	上升	下降	上升	下降
火炬松	0～24	20	20	552.8	560.5	552.8	560.5	100	100
	25～48			0	0				
马尾松	0～24	20	20	274.0	289.0	274.0	289.0	99.3	100
	25～48			2.0	0	276.0		0.7	

1.1.2.4 加勒比松

原产地北美东南部和加勒比海地区，加勒比松具有适应性强，生长快，材质好和松脂产量高的特点。加勒比松分布于北纬 12°13′～27°00′，西经 71°40′～89°25′。1964 年开始小批量引种于湛江、阳江、汕头、广西南宁、合浦，海南等地区。1975 年后大面积推广 200hm²，地理位置：北纬 22°，东经 110°，属亚热带气候，全年气温较高，常年平均气温 22.3℃，雨量充沛，常年降雨量 2 300mm。海拔高约 50m 左右。林地为中性黄壤土，主要地被物为芒箕、鸭舌草等,郁闭度 0.6。1982 年测定 1964 年种植的加勒比松 150 株,平均胸径为 25.6cm,与 1959 年种植的马尾松 80 株，平均胸径为 19.5cm。经采脂试验，二者泌脂时间对比见表 26-11。

由表 26-11 可知，加勒比松泌脂量和时间与马尾松基本相同。在采割后 4h 泌脂量已达 24h 流脂总量的 70%，24h 后基本不流脂[110]。

加勒比松产脂水平与马尾松比较见表 26-12、表 26-13[111]。

表 26-11 加勒比松泌脂量和时间的关系与马尾松相比较

树种	时间 (h)	1	2	3	4	5	6	7	8	9	24
古巴加勒比松	各小时流量(g/株)	8.0	6.5	5.5	3.5	3.0	2.0	2.0	1.5	1.5	0.4
	累计流量(g/株)	8.0	14.5	20.0	23.5	26.5	28.5	30.5	32.0	33.5	33.9
	占总量(%)	23.60	42.77	59.00	69.32	78.17	84.07	89.97	94.40	98.82	100
马尾松	各小时流量(g/株)	6.5	5.5	5.0	2.5	2.0	2.0	1.0	1.0	1.0	0.4
	累计流量(g/株)	6.5	12.0	17.0	19.5	21.5	23.5	24.5	25.5	26.5	26.9
	占总量(%)	24.16	44.61	63.20	72.49	79.93	87.36	91.08	94.80	98.51	100

表 26-12 加勒比松初产期日产脂量与马尾松比较

树种	年份	平均单株日产量 (g)	日产量 (g)		单株日产量 (g)		平均单株割线长度日产量 (g/株)
			变动范围 (g)	变异系数 (%)	变动范围 (g)	变异系数 (%)	
加勒比松	1974	13.65	10～19.0	21.47	5.5～17.5	25.57	1.206
	1979	15.50	8.5～34	33.63	9.1～23.8	30.45	0.833
马尾松	1974	4.91	1.5～13.5	82.08	3.0～7.5	34.01	0.492
	1979	4.41	0～8.5	55.40	3.6～5.6	16.30	0.272

表 26-13　加勒比松盛产期日产脂量与马尾松比较

树　种	年份	平均单株日产量（g）	日产量（g）		单株日产量（g）		平均单株割线长度日产量（g/株）
			变动范围（g）	变异系数（%）	变动范围（g）	变异系数（%）	
加勒比松	1974	14.95	10.5～18.5	17.9	10.0～20.5	24.55	1.058
	1979	13.24	5.5～19.5	20.14	5.3～22.2	43.81	0.706
马尾松	1974	7.95	4.5～12.5	28.17	5.5～12.0	24.15	0.739
	1979	2.30	0.5～5.0	51.09	0.3～4.4	61.73	0.150

1.2　采脂方法

1.2.1　常法采脂

在松树干上开割伤口，可以引起树脂道分泌松脂。把分泌出来的松脂收集起来，就是松香生产的原料。这种在松树干上有规则地依次开割伤口和收集流出松脂的作业，叫做采脂。

最古老的松脂采集方法是洞式采脂法，在松树树干上砍一洞式割口以取得松脂。这种方法采脂中松脂的含油量少（10%左右），杂质多（5%左右），因此，虽然我国马尾松、云南松等松脂质量很好，但很少能生产出高质量的松香[92,93]。

1951 年采用下降式采脂法进行采脂试验，所得松脂中松节油的含量一般在 18%以上，杂质在 0.5%以下。因此，在南方林区进行了推广和应用。经过几十年来的采脂实践，目前，下降式采脂法已经成为我国常法采脂的主要方法。此外，还有上升式、纵沟式等方法。

1.2.1.1　下降式采脂法[92]

下降式采脂法是在准备好的割面上，第一对侧沟开在割面的顶部，第二对侧沟开在第一对侧沟的下方，从上往下开沟，这种作业方式称为下降式。每个采脂季节的新割面位于旧割面之下。

下降式采脂法的工艺过程如下：

（1）准备作业：采脂季节到来之前，必须做好采脂规划，技术培训，制作采脂工具和松脂受器等准备工作，以便采割季节进行生产。

林地规划必须采脂、采伐相结合，先采脂后采伐，按林分采伐年限决定采脂年限。把采脂林区划分为若干作业林班。林道应根据地形选择树多、路短、行走方便的地方开道，清除林道上的灌木和杂草，以便提高工效。

根据松林生长情况，采脂松树胸径一般应在 20cm 以上，3 年内要砍伐的不在此限。凡有下列情况者，不准采脂：生长衰弱，针叶枯黄的松树；虫灾较重，并在蔓延的松树；生长在悬岩上的松树；风景林及疗养林；母树林。

采脂年限在 10 年以上的为长期采脂；6～9 年为中期采脂；3～5 年为短期采脂，采伐前 1～2 年为强度采脂。

（2）配置割面：松树为阳性树种。松树的产脂量以阳面为高，一般比阴面约高 30%，因此，割面应选在向阳面、枝叶茂密、节疤少和松脂能畅流到受器的树干上。但也须考虑到采割方便和不影响松树的利用。如果松树生长在土层薄的斜坡上，往往靠斜坡方向的产脂量为高，因为这一面的根系比较发达。

割面是供开割采脂沟（中沟、侧沟）用的。根据胸径大小配置割面位置。

割面的高度（即第一对侧沟夹角处与地面垂直距离）根据采脂年限确定，新采脂的松树，

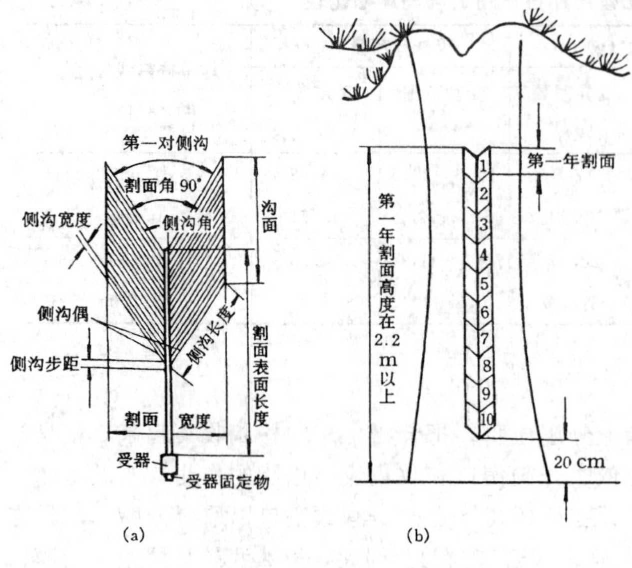

图 26-1 割面的配置

(a) 下降割面；(b) 割面配置

割面位置第一年不得低于2.2m。长期采脂需适当提高，短期采脂则酌情下降，割面的配置如图26-1。

第一年割面部位高度计算如下：

离地面高20cm＋中沟长度（侧沟步距×每年采割次数×准备采割年限）＋第一对侧沟的垂直高度。

已采脂的松树长期采脂时，每年均需紧接上年割面的正下方配置新割面，继续用下降式采脂，直至离地面20cm为止。以后再在树干的另一面，继续用下降式采脂。也可在旧割面带的正上方配置新割面，用下降式或上升式采脂若干年后再在树干的另一面用下降式采脂。整个采脂年限中的总长度一般不超过4.5m。每年新的割面均需与旧割面对正而成纵带，防止歪斜，以免影响树木养分的输送。而割面之间应留足营养带，一般不得小于10～15cm。

割面的宽度通常根据采脂年限、树木直径和树干外形确定。割面宽度的总和占树干周长度的百分率（%）称为树木的割面负荷率。合理的割面负荷率及割面配置见表26-14。

表 26-14 树木割面负荷率及割面配置允许最大限度表

采脂年限	采脂负荷率（%）	允许最大割面（cm）
10年以上	<40	≤25
6～9年	40～60	≤30
3～5年	60～70	≤35
1～2年	70～80	≤45

割面负荷率大，采割的面积也大，因而出脂量多。但割面负荷率过大，对树木养分输送不利，产脂量会逐渐减少。生产实践证明：割面负荷率在40%以下时，马尾松树产脂力不会下降；30%以下（采割技术须合理）产脂力还可略微上升；超过40%的，割3～4年后就会减产；超过70%，割1～2年后即开始减产，到第3年减产量高达25%以上；超过90%，几个月就会减产。严重的割面干硬，最终割不出脂来。思茅松割面负荷率20%、40%、60%和80%比较，负荷率40%和60%组的平均产脂量和产脂力是逐年下降的。但采割第二年和第三年的产脂量和产脂力分别比20%组的高34.2%～53.9%和83.1%～116%。经三年连续采脂后的树围生长量均有下降。负荷率越大，树周围年生长量越小，负荷率20%和40%组的树围生长量分别减少12.4%和17.9%，负荷率60%和80%组的树围生长量分别减少32.1%和37.6%（见表26-15）[100]。湿地松和加勒比松割面负荷率30%和40%对树木生长是有影响的（见表26-16）[110]。

由此可见割面负荷率过大不利于合理利用松林资源。

直径相同，割面负荷率相同，割面个数和割面宽度不同时，以割面个数多的产脂量高。这是由于窄割面树木养分和水分的供应情况较好，有利于松脂的形成和分泌。1983年在马尾松人工林30林龄区选20株，其中10株的割面负荷率为20%，设置一单向窄割面，割沟与水平

表 26-15　1981～1983 年不同割面负荷率采脂立木树围年平均生长量比较

负荷率（%）		不采脂		20		40		60		80	
		生长量（cm）	（%）	生长量（cm）	与不采脂比较（%）	生长量（cm）	与不采脂比较（%）	生长量（cm）	与不采脂比较（%）	生长量（cm）	与不采脂比较（%）
测量部位高度	260cm	3.57	100	3.20	89.6	3.12	87.4	2.66	74.5	2.63	73.7
	130cm	3.59	100	3.24	90.3	2.81	78.3	2.38	66.3	2.13	59.3
	50cm	4.24	100	3.55	83.7	3.44	81.1	2.71	63.9	2.35	55.4
	平均	3.80	100	3.33	87.6	3.12	82.1	2.58	67.9	2.37	62.4
与不采脂比较平均增减（%）		0		−12.4		−17.9		−32.1		−37.6	

表 26-16　割面负荷率 30%～40%平均年生长量的比较

树种	项　目	30%割面，每天割一次	30%割面，隔一天割一次	40%割面，每天割一次	40%割面，隔一天割一次	对照
湿地松	胸径增长数(cm/年)	0.615	0.745	1.060	0.525	1.195
	增减量(cm/年)	−0.58	−0.45	−0.135	−0.67	—
	增减百分数(%)	−49	−38	−11	−56	—
加勒比松	胸径增长数(cm/年)	—	—	0.775	1.185	1.735
	增减量(cm/年)	—	—	−0.96	−0.55	—
	增减百分数(%)	—	—	−55	−32	—

呈 40°～45°，另 10 株割面负荷率 40%，配置宽度大致相等的两个窄割面，在两个割面之间留 10cm 宽的营养带，割沟与水平呈 40°～45°，其产脂量和产脂力比目前在生产上采用一个宽割面的提高 31%和 62%[108]。生长在斜坡上的松树应当配置半个割面，以方便作业。双窄割面如图 26-2[98,112]。

图 26-2　双窄割面配置图

割面的长度根据侧沟步距和当年采割刀数而定。用浅修薄割法每年消耗的割面长度约为15～20cm，加预备长度15cm，一般约为35cm。

(3) 刮皮：割面部位标定以后，用刮刀把树干鳞片状的粗皮刮去，刮至无裂纹出现淡红色的较致密的内皮层为止。注意不要刮伤内皮，残留在刮面上的粗皮不应超过0.4cm厚度。一般在冬季或早春时进行刮皮，最好在树液开始流动以前进行。如果树液大量流动，内皮水分过多，粗皮与内皮容易分离成块状脱落，造成内皮裸露而干硬，降低产脂量。

刮面宽度需比割面宽4cm（每边2cm），长度应视所需割面长度而加长5cm（作为后备长度），一般为25cm。如果是第一年采脂，则需增加第一对侧沟的长度15～25cm。

(4) 开中沟：当天气转暖，平均温度达10℃以上时，即可开割。首先，在割面的正中开割中沟，一般中沟深入木材约1.0cm，宽约1～1.5cm。长约25～35cm，与地面垂直，中沟槽内窄外宽而光滑。可用V形割刀开中沟，注意不伤及内皮。生产实践发现中沟割伤木质部后，木材无脂，木质变硬，近中沟部位两条侧沟的一端产脂量下降。因此提倡开中沟以不伤内皮为宜，还提倡对新采脂松林开割中沟需留足15mm宽的垂直营养带，以利于树木的生长和松脂的分泌。

用浅中沟工艺采脂[113]，由于割面中央留有一小条韧皮部带，在采脂过程中经生长扩大成营养带。从而改善树木养分、水分运输条件，有利于树木生长，加速割面愈合。经对湿地松采脂试验测定，只将中沟部分大部分韧皮割去，未伤及形成层和木质部。割面中央留有一条宽约1cm，厚1mm的韧皮部带，且与割面上、下方的树皮相连接，到第2年则生长加宽形成小营养带。此营养带随采脂年限增加，树木生长而加宽扩大，逐年将割面愈合，年均愈合率17%，为深中沟工艺采脂的231.1%。树干周径生长量高24.9%。

(5) 安装导脂器和受器：在刮面的底部安装导脂器于中沟的下端，须向下倾斜，倾斜度60°为宜，以利于松脂流入受器而不泻漏。受脂器用竹钉或木钉挂在导脂器正下方，禁止用铁钉固定，以免铁锈引起松脂变质，将来伐木时残铁留在松树内，损坏采伐和制材工具。松脂经导脂器流入受脂器，受脂器应加盖，以保持松脂洁净和防止松节油挥发。

(6) 开割侧沟：首先，按采脂规程在割面顶部中沟两侧开割第一对侧沟，两边侧沟夹角一般为90°，在高山低温地区也可为60°～70°。1974年对马尾松采脂侧沟夹角和侧沟产脂量对照见表26-17。

表26-17 不同侧沟夹角每对侧沟产脂量试验比较表

项 目	60°	70°	80°	90°	100°	110°	对照树 95°
试验株数	11	14	14	10	12	10	16
每对侧沟预割产脂量（g）	49.45	55.05	41.85	59.25	43.2	47.75	54.45
每对侧沟试验产脂量（g）	54	53.25	47.35	65.05	37.6	47.35	63.95
增（+）或减（−）	+	−	+	+	−	−	+
增减率（%）	9.20	3.27	13.14	9.79	12.96	0.84	17.45

由表26-17看出，60°、80°、90°和对照组产脂量有所提高，其中80°组提高13.14%，对照树提高17.45%[114]。

侧沟要割平直、光滑、不应撕裂发毛。每对侧沟等长、互相对称，汇合于中沟，略向内倾斜，与中沟交接处要割成圆弧形，便于松脂流入中沟。第一对侧沟开割以后，应按开沟间隔期有规律地挨次向下开新的侧沟。下一对侧沟应紧接在上一对侧沟之下，不留间距，每对新割的侧沟应与第一对侧沟等长、等深、平行。次年采割第一对侧沟时，应紧挨着上年度最后一对侧沟采割，并与之平行。

中国采脂能手长期生产实践总结的采脂工艺为“浅修薄割”。即侧沟的深度和宽度要浅薄，控制在割入木质晚材 1～2 个年轮即可。侧沟流出的松脂，主要是从纵生树脂道而来，从横生树脂道流出的很少。侧沟加宽只能多割破一些横生树脂道，增加松脂有限。侧沟加深些，割破的纵生树脂道多些，产脂量也会高些。但割得过深会影响树液流动和养分输送，反而不如浅沟的产脂量高，甚至会出现刮面干硬不流脂的现象。纵生树脂道和横生树脂道是沟通的，只要割破了纵生树脂道，横生树脂道的松脂也能流出。

马尾松浅割、薄修、短中沟和长期采脂比较见表 26-18[115]。

表 26-18　侧沟宽、深度试验与“习惯下降法”采脂比较表

时间与方法 / 项目		1971 年			1972 年			1973 年		
		习惯下降法	本次试验数据	比较结果（%）	习惯下降法	本次试验数据	比较结果（%）	习惯下降法	本次试验数据	比较结果（%）
株数		600	630	—	610	650	—	650	700	—
侧沟对数		105	110	—	110	110	—	105	110	—
割面	侧沟深（cm）	0.40	0.32	降低 70	0.33	0.12	降低 63.64	0.33	0.12	降低 63.64
	侧沟宽度（cm）	0.381	0.109	降低 71.39	0.3	0.109	降低 63.67	0.314	0.109	降低 65.29
松脂产量	总产量（kg）	2 166.5	2 524.5	—	2 217	2 738	—	2 350	2 737.5	—
	单株产量（kg）	3.6	4.0	提高 11.11	3.6	4.2	提高 11.66	3.6	3.91	提高 10.86
	每对侧沟产量（kg）	0.034	0.038 5	提高 11.3	0.032 5	0.038	提高 11.69	0.034	0.035 5	提高 10.44

注：①预定侧沟宽度为 1～1.5mm；②预定侧沟深度为二个秋材轮；③在割侧沟数基本相同情况下，割面长度降低 63.64%～70%；④侧沟宽度降低 63.67～71.39%；⑤单株产脂量提高 10.86%～11.11%

一般而言，侧沟宽度 0.1～0.2cm，马尾松的侧沟每加宽一倍，只能提高出脂量 10%左右，但加宽侧沟所费工效常比窄侧沟高 30%～40%，而且增加了割面长度的消耗，由此可见，侧沟窄可以提高工效，多割树木，获得高产。侧沟深度要视树木生长情况和树种而异，以马尾松、云南松而言，一般侧沟深 0.3～0.4cm。

割沟间隔期，就是两次开沟之间相隔的时间，不同树种的间隔期不同。这与松脂的分泌持续时间、树木对松脂的补充能力、采脂年限的长短和气温有关。经过生产实践和科学试验马尾松每隔 1、2、3 天割沟一次，其产脂量比天天割分别高 20%～30%、30%～40%、50%之多，4 天以上增产有限。而大部分松脂在前 30 小时左右流出。割沟过于频繁，树木来不及形成松脂，容易产生疲惫现象，不利于保护森林资源。间隔期过长，单位年产脂量较低，不能合理地利用树木。

（7）收脂：松脂的收集时间应根据气温条件、季节、受脂器容量而定。收脂越勤，松节油含量越高。割口刚流出的松脂含油量 30%左右，每天收脂，含油量 30%～25%，3 天收脂，含油量 25%～20%，8～10 天收脂，含油量 20%～15%，半个月收脂，含油量 15%以下。如每天收脂质量虽好，但费工费时，一般以7天为宜，不要超过15天。

收集的松脂按不同级别装入木桶或陶瓷缸中。收脂时应把积水倒净，并捡去杂质，及时交售。脂桶须加盖，防止掉入杂质和松节油挥发。

(8) 结束作业：马尾松通常在平均温度5～7℃时就很少有松脂流出。如仍继续采割，则产量过低，劳动生产率亦太低，一般在10℃时停止采割。最适宜采脂的温度是15～30℃。即农历清明节至霜降节。一般地说，长江以南大部分地区4～11月，长江以北5～10月，黄河以北及东北、内蒙古地区5～9月，海南、云南、四川南部亚热地区可以常年采脂。全国来看，6、7、8、9、10月上旬是采脂旺季，4、5、10月中下旬产脂少，3、11、12月产脂最少，称为淡季。当气温高时，树木生长快，光合作用强，松脂形成多，松脂的流动性增大，产量高。但气温过高，天气炎热干燥的时候，产量反而下降，这是因为松节油强烈挥发，松脂很快硬化，缩短了松脂流出的持续时间。当秋天平均温度在10℃以下时即停止开割，将受脂器、导脂器及采脂工具分别整理收好，以待明年再用。

在结束作业之前，在松树树干上、刮面上有较多的毛松香，应刮干净，收集下来仍可加工用，不要浪费。但刮毛松香时注意不要伤及木质部。

1.2.1.2　上升式采脂法

上升式采割第一对侧沟开在割面的下部，以后开割第二对侧沟紧接在前一对侧沟的上方，割面是由下而上，一个个向树干上部延伸。不开中沟，侧沟的夹角较小，一般为60°，便于松脂下流。侧沟间留有不带树皮的小鱼骨，步距较下降式采脂法稍大些，割沟时由割面边缘向割面中部开割，开沟比较容易。其他的工艺过程与下降式采脂法大致相同。

1950年林业部在浙江推广下降法采脂之前，我国南方大部分地区是上升式采脂法。经过10多年推广下降法采脂，大部分地区已改用下降法，仍有个别地区采用上升式采脂法。1964年中国林业科学研究院林产化学工业研究所在浙江丽水进行过下降式采脂法与上升式采脂法采脂工艺的对比试验，结果见表26-19。

表26-19　上升式与下降式采脂工艺比较表

区　组	V	I
采脂工艺	上升式	下降式
割沟次数	19	25
割面消耗（cm）	12.7	12.1
体积负荷率（%）	148.1	183.3
割面平均产脂量（g）	360.5	458.0
割沟平均产脂量（g）	19.0	18.3

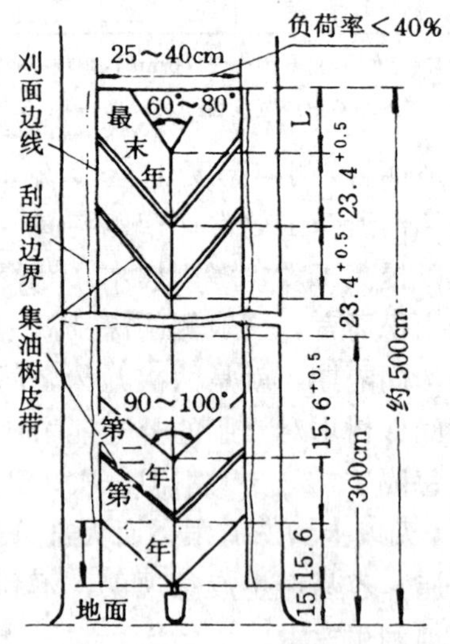

图26-3　上升式和下降式割面配置图

由此可见，两种采脂法的割沟平均产脂量差不多，下降式割沟处于供水比较有利的条件下，因水分沿边材的管胞由下向上输送，而上升式割沟处于营养物质较丰富的条件下，因养分由树冠沿着韧皮部的筛管向下输送。海南常年采脂时在旺季用下降式采脂法，而在淡季用上升式采脂法[116]。如图26-3。

两种采脂方法比较，下降式采脂法的主要特点为：①松脂沿中沟迅速下流，不会流散在割面上，因此松脂中松节油的含量较高；②割面所处的供水条件较好，因为侧沟开割的方向和水流相对，有利于松脂的分泌；③采脂工人的劳动生产率较高，无须每次刮去凝固在刮面上的松脂。

上升式采脂的主要特点为：①长期采脂的割面向上，可延长采割年限，采割 10 年以上的产量没有明显下降的趋势；②当秋季气温降低时，林内小气候变化不大，且割面靠近林地松脂流出较多[26]。

1.2.2　中长期采脂工艺

采割 10 年和 15 年的工艺如图 26-4[93]。

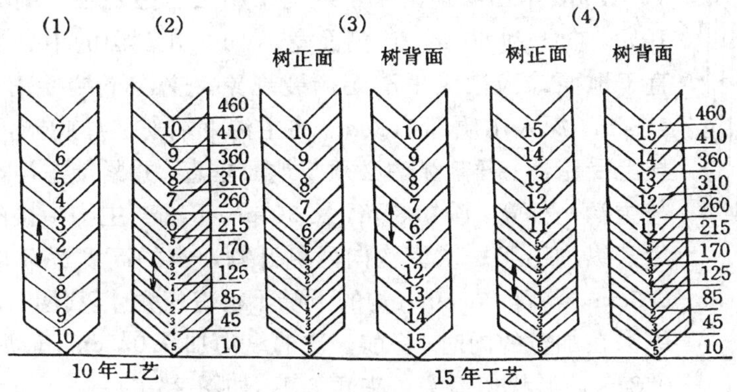

图 26-4　中长期采脂工艺

（图中割面中间的数字为采割年限，割面右角数字为树高。单位：cm）

不同的割面设置和采脂方法产脂量不同。图 26-4 中 10 年采脂工艺，方案 2 的前 5 年采用双割面上升式，下降式轮割法，后 5 年采用上升式，其产脂量较方案 1 可提高 11%。15 年采脂工艺方案 4 较之方案 3 产脂量提高 7%。割沟工人的劳动生产率分别提高 10%和 20%。

1.2.3　强度采脂法

在伐前较短时间内进行强度采脂法。以达到充分利用树木的目的。在技术上包括：加大割面负荷率、增开割面个数、增加割沟次数，加大割沟宽度和深度，采用分层采脂、阶梯状采脂和化学刺激物等。

分层法采脂即在树干上纵列开割很多割面，但割面均须对正，不得配成品字形，以免割断树木的营养带。此外，在树干周围配置 3～4 个窄割面，但割面之间必须留有 10～15cm 宽的营养带。

阶梯状采脂即最初两对侧沟按照下降式开割，第 3 对侧沟沿第 1、第 2 对侧沟的接界线开割，第 4 对侧沟在第 2 对侧沟之下好的边材上开割，而第 5 对侧沟则在第 2、第 4 对侧沟的接界线上开割，如此反复进行。凡偶数的侧沟都开在新边材上，奇数的侧沟都开在沟面上。

分层采脂和阶梯状采脂都可配合增加割沟次数，加大割沟宽度和深度以及使用化学刺激物等进行，促使在 1～2 年内获得大量的松脂，然后进行采伐，生产木材。

在东北高寒地带立木采脂用割带式采脂法。即在距地面 20～50cm 处配置带状割面，割带时先开两个斜方向的口子，然后用扁铲把中间的皮和边材铲去，再加修整即为割带。割带长 30cm，宽 2cm，深 3cm，其投影为长方形，长边与地面的夹角为 30°，如图 26-5。

割带法采脂试验见表 26-20[117]。

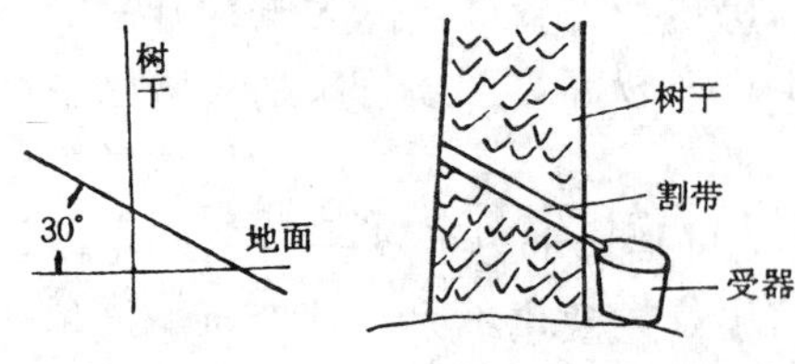

图 26-5 割带式采脂示意

表 26-20 割带采脂法产脂量表

指 标	第一年	第二年	指 标	第一年	第二年
试验株数	10	10	采脂期（天）	120	120
产脂量（g）	3812	3250	胸径（cm）	22	24
平均产脂量（g）	381.2	325.0	树龄（年）	120	100

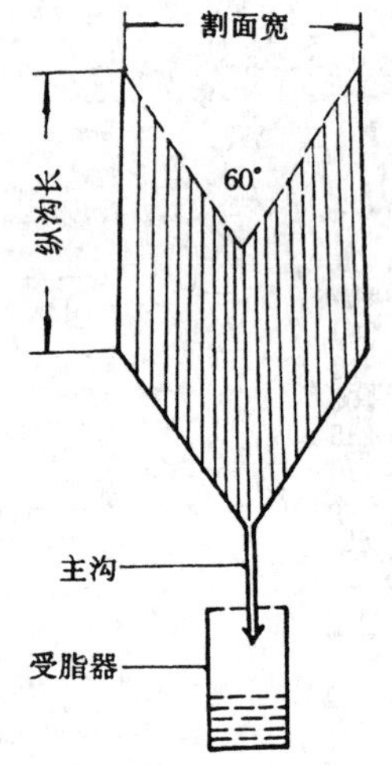

图 26-6 纵沟法采脂割面示意图

由此可见割带采脂法适合东北地区采脂。

1980年西藏地区采用纵沟采脂法，主要是在刮面离地面50cm处开始，向上刮60cm，比割面宽10cm。在刮面的中央下部开主沟，并垂直于地面，沟槽应平滑无撕裂现象。主沟下端要割平，长10cm，宽1.5cm，深入木质部1.2cm。在主沟下端安装导脂器，与树干成45°，再挂上受脂器。开割纵沟必须与地面垂直，并紧接主沟，第一次开的纵沟与主沟一样宽，深0.8cm，长30cm，下端与主沟衔接的地方要平滑。以后开纵沟沿第一次纵沟向两侧开割，沟的高度逐渐提升，沟宽0.3～0.5cm，沟深0.5cm，沟的下端不得有棱角，以便松脂下流。后一次开纵沟在加宽的同时，将前一次的纵沟加深0.3cm，最后形成的割面深为0.8cm，形状似箭头，夹角60°。如图26-6。

纵沟采脂法间隔期以3天为宜，全年采脂从5月中旬至9月中旬共4个月，开割纵沟40对，纵沟宽随树的直径增大而加宽，在0.3～0.5cm，整个割面宽度为24～40cm。

纵沟采脂法的优点是：松脂沿纵沟直接下流，不致漫流在整个割面，松节油挥发少；开纵沟顺着木纹方向，易于开割，操作方便，流脂快，生产率高；纵沟是逐渐加宽的，割面负荷率慢慢增加，对树木生长的影响小，注意纵沟的下端交接处要与主沟相通，开割要平滑[118]。

由此可见纵沟采脂法适合西藏地区采脂。

综上所述，我国主要松树采脂工艺见表26-21。

表 26-21 我国主要松树采脂工艺

树 种	方 法	采脂年限（年）	割面			割沟			
			高 度（cm）	负荷率（%）	消 耗（cm）	深 度（cm）	步 距（cm）	间隔期（天）	采脂次数（次/年）
马尾松	松阳上升式采脂法	2～3	30	60～70	60～70	0.8～1.0	1.0	每天	60～70
	上升式采脂法	10年以上 >10	20	<40	30～42	0.2～0.3	0.25～0.35	每天或隔1天	100～120
	下降式采脂法	10年以上 >10	220	<40	16～24	0.3～0.4	0.2	每天或隔1天	80～120
	伐前硫酸化学采脂	1～2	20	50～60	80～100	0.1	4～5	10～12	18～20
云南松、思茅松	下降式采脂法	10年以下 <10	220	40～50	30～40	0.4～0.5	0.6～0.8	2～3	40～50
南亚松	下降式采脂法	10年以上 >10	600	40～50	30～40	0.6	0.6～0.8	5～6	40～50

1.2.4 采脂工具

(1) 刮皮刀：一般用双柄刮皮刀，高割面上则用刮皮铲刀。如图 26-7。

(2) 割刀：一般用钩式割刀，高割面上开割沟用铲式割刀，如图 26-8。

为了便于控制割沟深度，广东高要的割刀（如图 26-9）。使用时，将按柄向下按，挡铁即由 A 方向转到刀头的中央，挡铁与刀刃间的间隙即为开割的侧沟深度。深度可用螺钉调节刀刃控制，开沟工具因各地群众生产经验而有所改进，以便提高采割效率。

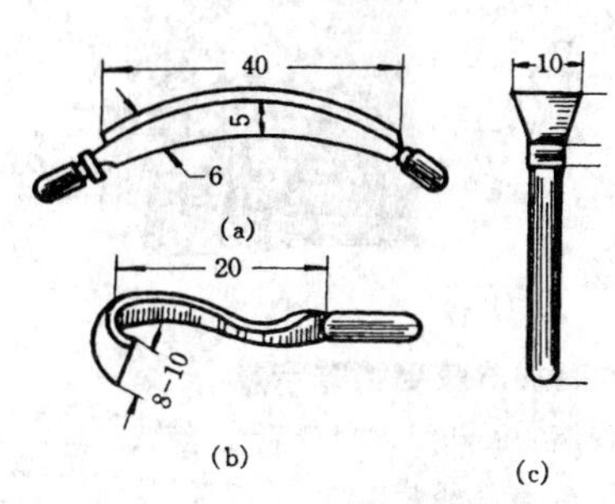

图 26-7　刮皮刀（单位：cm）

(a) 双柄刮皮刀；(b) 刮刀；(c) 刮皮铲刀

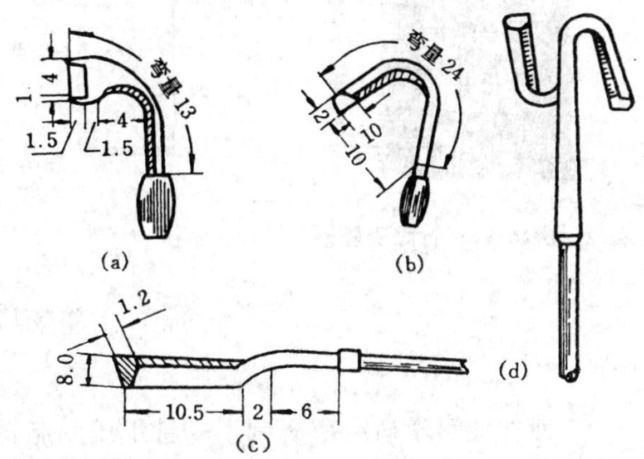

图 26-8　割刀（单位：cm）

(a) 镰式割刀；(b) 钩式割刀；(c) 铲式割刀；(d) 双用割刀

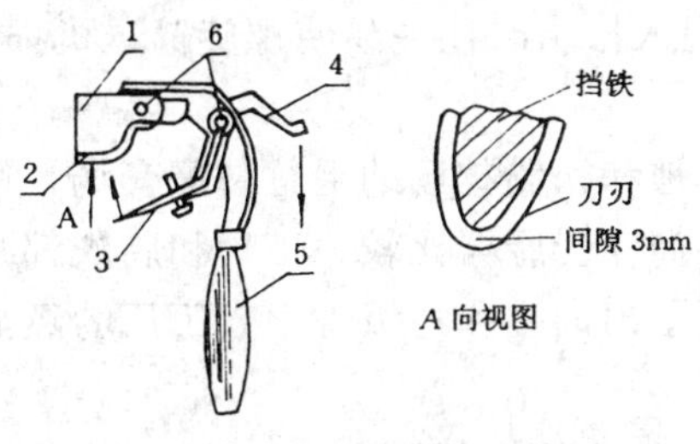

图 26-9　高要割刀

1. 刀头；2. 刀；3. 可上下转动的挡铁；4. 按柄；5. 刀柄；6. 螺钉

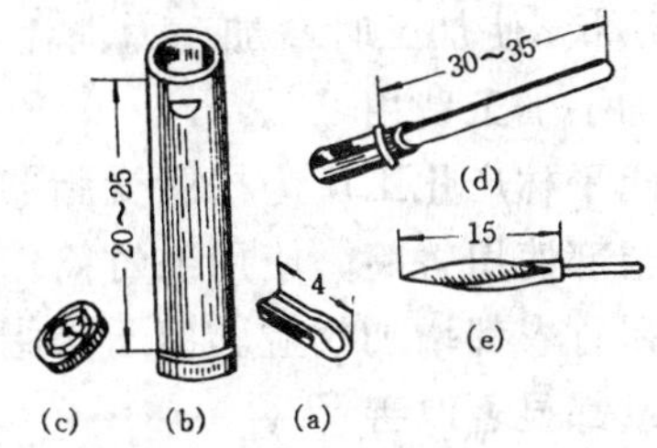

图 26-10　受脂用具（单位：cm）

(a) 导脂器；(b) 受脂器；(c) 盖；(d) 掏脂器；(e) 鸭嘴凿

(3) 受器和导脂器：一般用毛竹制成，如图 26-10。20 世纪 50 年代各地多采用直径为8～12cm 的竹筒，下端留一个竹节，形成一个容器，由于竹筒质量好，松脂不容易氧化，松节油挥发少，含油量高，颜色浅，杂质少，松脂多呈乳白色油脂状，工厂收购的一级松脂达80%～90%，松节油含油率 16%～18%，加工得优级松节油比率在 80%以上，如图 26-11。

自进入 20 世纪 70 年代，曾应用农用塑料薄膜做受脂器。

80 年代，有些地方曾用陶罐作受脂器，但陶罐体重、易破，时有遗失；还有地方曾用再生塑料做受脂器，也因塑料被太阳晒热后，松节油挥发很快，又遗失很多，这两种受脂器的成本都高，不易推广。近年广西试用，竹筒加薄膜的受脂器，如图 26-12。

选用耐油塑料薄膜加工成长袋形，直径为 6cm，长约 20cm，袋口上有供竹签穿插的耳孔。将塑料薄膜袋放入筒中加盖。则可使收集的松脂不易氧化变质，松节油挥发少，收脂时将竹签提上已盛满的塑料袋，再换上空的塑料袋[119]。

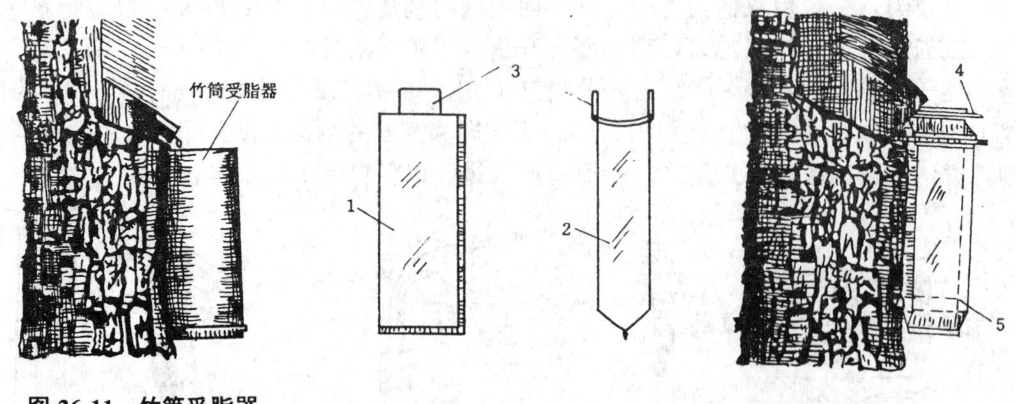

图 26-11 竹筒受脂器

图 26-12 竹筒加薄膜受脂器示意

1. 薄膜受脂袋；2. 受脂袋展开图；3. 受脂袋耳孔；4. 竹签；5. 受脂袋装挂图

广西林业科学研究所研制了一种纸质受脂器，选用牛皮纸具有强度大，耐性好，硬度适中等特点，制成双层夹膜受脂器。纸质受脂器所受的松脂，外观状态新鲜呈半流体状，略带微黄色，可加盖，松节油挥发少，杂质也很少[122]。

使用塑料薄膜作受脂器松节油易挥发，与竹筒和塑料筒受脂器相比，出油率下降5%左右；易使树脂酸氧化，松香的优级品率降低；槽车运输效率下降过半；另外薄膜受脂器得到的松脂成块状，使加工时增加动力消耗，尤其在薄膜混入松脂时往往易使螺旋输送机损坏；因而大大增加了加工费用[120]。

福建武平林产化工厂为松脂受脂器建办毛竹林基地和松脂林场的毛竹林配套场，使松脂生产受器全部使用竹筒。使用毛竹筒作受脂器与塑料筒作受脂器比较，工厂和脂农都减少投资，脂农和竹农都增加收益。由于松脂质量好，提高了出油率和特级香率，工厂的经济效益和产品质量都显著改善[121]。

导脂器一般不用铁皮做，以免铁锈影响松脂质量，通常用老竹劈制，长7cm，直径3.5cm左右。

1.2.5 化学采脂法

用化学药物或植物激素刺激松树，促进多分泌松脂达到提高松脂产量和劳动生产率为目的的采脂方法称为化学采脂法。

1.2.5.1 化学采脂工艺

中国在1955年开始使用硫酸、烧碱、漂白粉、食盐水、松针叶汁、2，4-D（钠盐）、乙烯利（2-氯乙基磷酸）等进行化学采脂试验，都得到一定的效果。通过多年的研究，逐步推广应用的有如下的几种工艺：

（1）亚硫酸盐酒糟醪液刺激剂：为亚硫酸盐法制浆的废水经中和、发酵提酒精后的木质素磺酸钙盐酒糟，浓缩到相对密度为1.05左右的醪液。pH值4.75。

广州造纸厂出产的亚硫酸盐酒糟醪液（商品名称为‘粘合剂’）是一种黑褐色的亲水溶液，偏微酸性，具有表面活性剂的性质。醪液作刺激剂采脂试验结果见表26-22。

表 26-22　醪液化学采脂增产效果表

采脂工艺		醪液化学采脂（开山屯）		醪液化学采脂（广州）		常法采脂	
相对密度		1.05		1.05		—	
平均胸径（cm）		37.0		36.9		36.2	
年　份		1976	1977	1976	1977	1976	1977
预割产脂量（g）	侧沟平均产脂量	53.00	52.64	57.80	55.72	55.00	54.28
	比较系数	96.30	96.98	105	102.65	100	100
试验产量脂（g）	侧沟次数	33	42	23	42	33	42
	侧沟平均产脂量	60.43	51.64	63.73	58.71	47.32	42.81
	与常法采脂比较（%）	131.9	124.4	132.30	133.53	100	100

1978 年中国林业科学研究院林产化学工业研究所与江西省崇义县桐梓林场、南丰县荷塘林场、福建省尤溪葛竹林场用亚硫酸造纸醪液化学采脂试验与常法采脂劳动生产率比较，见表 26-23[123]。

表 26-23　醪液和常法采脂劳动生产率比较表

地　点	株　数	采脂方法	时　间	总产脂量（kg）	采割天数	日平均产量（kg）	增产（%）
江西省崇义县桐梓松脂林场	531	醪液	1976.8.20～9.20	550	25.5	43.1	115
	531	常法	1976.7 中～8.19	450	24	37.5	100
江西省南丰县付仿公社荷塘松脂林场	616	醪液	1977.6～11 月	4 882.5	120	73.0	142
	616	常法	1976.6～11 月	6 435	125	51.5	100
福建省尤溪县葛竹大队妇女综合松脂林场	529	醪液	1977.6～11 月	3 173.5	80	39.7	146
	529	常法	1976.6～11 月	2 727	100	27.2	100
福建省尤溪县葛竹大队妇女综合松脂林场	443	醪液	1977.6～11 月	1 784	58	30.8	138
	443	常法	1976.6～11 月	2 235	100	22.4	100

用醪液作刺激剂，松脂分泌量在采割后的前 4h 内，流脂量较多，尤其是在 11 月份气温较低的情况下，常法采脂在头 1h 内流脂量几乎为零，而用醪液采脂在割沟后 0.5h 就有松脂流出。用醪液采脂 11 月份的流脂量比常法采脂平均多 58.5%，故用醪液刺激可以加快和增多采脂前期的流脂强度，流脂量对比见表 26-24。

经过亚硫酸选纸醪液刺激采割的松脂在加工时易乳化难于澄清分离，但醪液易溶于水，因此滴水法加工时，需先用清水洗去醪液。由于这种刺激剂对松脂加工造成困难，在俄罗斯和东欧国家已停止使用。

（2）硫酸软膏刺激法采脂：硫酸是一种强腐蚀性药剂，其化学采脂机理是杀死了排列在树脂道周围的泌脂细胞，扩大了树脂道，减少了树脂在树脂道中的流动阻力，延缓了树脂道被割破末端由于树脂酸结晶而造成的封闭，促进了树脂流动强度，延长了流脂时间。

对于 1～3 年内即将砍伐的松林，采用硫酸软膏进行强度采脂。当硫酸软膏施于未损伤的边材表面时，它们就向紧靠形成层的组织移动，形成层细胞和紧挨着形成层排列在横生树脂道末端的细胞都被杀死了，使树脂在木质部和树皮之间流至采割面上。

表 26-24 常法采脂与亚硫酸盐醪液采脂流脂量对照表 单位：g

组别	常法采脂				亚硫酸盐醪液刺激剂采脂			
株号	1		2		1		2	
胸径(cm)	30.6		30.2		32.2		35.1	
流脂时间(h) \ 月份	10	11	10	11	10	11	10	11
0.5	3.85	0	2.7	0	11.85	1.0	6.0	0.25
1.0	5.80	0.9	4.55	0	9.35	2.60	11.8	1.7
1.5	5.20	1.6	4.45	1.2	8.90	3.05	5.6	2.15
2.0	3.65	1.3	2.75	2.0	5.65	2.50	3.45	2.0
3.0	5.35	3.0	4.35	3.6	9.80	4.85	5.75	3.85
4.0	4.85	2.7	2.75	2.7	7.6	4.20	3.75	3.7
5.0	3.50	1.7	1.63	2.4	5.4	3.40	2.05	2.8
6.0	2.35	2.2	1.75	2.3	3.2	3.0	1.75	2.6
7.0	1.85	1.05	1.27	1.0	2.45	1.90	1.45	1.3
8.0	1.25	1.1	0.90	1.0	1.5	2.30	1.03	1.1
9.0	2.3	—	0.95	—	3.8	—	2.95	—
合计	39.85	15.55	28.07	16.20	69.5	28.8	46.38	21.45

注：10月5日测定：天气阴，有毛毛雨，气温18～28℃。

11月10日测定：天气晴，气温9～25℃。

硫酸软膏有黑白二种，中国多用黑膏，其配方如下：

成分	比例	成分	比例
硫酸（50%）	50%	20号（或40号）机油	4%
泥炭粉（200～300目）	30%	黄油	4%
高岭土	12%	SN季胺型阳离子乳化剂	约1%

采脂工艺技术条件如下：

①用上升法或下降法的鱼骨式割面，割面负荷率60%～80%，割面长度依采割次数多少而定，一般为80～100cm。

②用刀槽呈V字形的割刀割沟，侧沟夹角90°左右，深度0.2～0.3cm，宽1.5～1.6cm，第二对侧沟开在新鲜的木质部上，避开明子化的死木质部。上下两条侧沟之间应留有2.5～3.5cm的树皮带（鱼骨），侧沟步距4～5cm。

③侧沟割成后，立即用装有软膏的化学采脂工具将软膏挤成细条状，涂在割口韧皮部和木质部交界处（上升式，软膏涂在割口的上缘，下降式涂在割口的下缘），每对侧沟涂酸量控制在2.5～3.5g，天气高温时可减少。

④割侧沟间隔期可根据侧沟流脂延续时间而定，马尾松一般每隔6～8天割沟一次，云南松每隔15～20天开割一次。

广东省林业科学研究所的科技工作者1975年在广东省佛冈县黄花采育场用硫酸软膏进行了强度采脂试验，用普通工具按鱼骨式开割涂药，每个割面涂黑膏2g，每人每小时可割20～35株，每8h可割200～500株，采用硫酸软膏刺激剂，松脂分泌时间可延长3～5天，（而常法采脂只有24～35h），如采用分批轮割法，每人可管树800～1 000株，日产量比常法采脂提高一倍左右。

对常法采脂与硫酸软膏采脂的产量，分别在同株和异株上进行对比见表26-25和表26-26[124]。

表 26-25　常法占硫酸软膏同株采脂对比表

试验株数	平均胸径 (cm)	采割方法	采割次数	采割时间	总产脂量 (kg)	每次采割产脂量 (kg)	对比数 (%)
124	27.6	常　法	4	4 月下旬	12.5	3.1	100
		涂　药	3	5 月上中旬	56.5	18.8	600

表 26-26　常法与硫酸软膏异株采脂对比表

采割方法	试验株数	平均胸径 (cm)	采割次数	有效采割株数	总产脂量 (kg)	平均侧沟产脂量 (g)	对比百分比数 (%)
常　法	156	25.7	13	2 028	47.8	23.5	100
涂　药	145	25.3	6	850	84.85	100	400

由此可见，用硫酸软膏化学采脂与常法采脂在同一株树上增产约 5 倍，而在不同株上增产约 3 倍，效果是明显的[125]。

但硫酸软膏只能保存 1～2 个月，新鲜的软膏易于操作使用，长时间贮存后易结块，使用不便。

(3) ‘增产灵-2 号’刺激剂：‘增产灵-2 号’是一种植物激素，化学名称为苯氧乙酸，结构式为：

$$C_6H_5-OCH_2COOH$$

分子量为 152.1，是一种白色针状结晶，易溶于热水及有机溶剂，遇碱性物质生成相应的盐，对人畜的毒性极低，其钠盐小白鼠口服致死量为 $L_C>4\ 000$ (mg/kg)

使用时，先用碳酸氢铵适量溶于水，制成碳酸氢铵溶液（或直接用氨水），再将‘增产灵-2 号’倒入溶液中，使其迅速溶解，再用水稀释到所需的浓度。生成铵盐的化学反应如下：

$$C_6H_5-OCH_2COOH + NH_4OH \longrightarrow C_6H_5-OCH_2COONH_4 + H_2O$$

$$C_6H_5-OCH_2COOH + NH_4HCO_3 \longrightarrow C_6H_5-OCH_2COONH_4 + H_2O + CO_2\uparrow$$

从上式可见：‘增产灵-2 号’与氨水或碳酸氢铵作用，都生成苯氧乙酸铵同一产物，而苯氧乙酸铵则极易溶于水。

施药是用铲式化学采脂刀，割沟后，在侧沟上方碰撞启闭夹，苯氧乙酸溶液就自动从喷液管喷在侧沟上，沿着侧沟往下流，均匀地覆盖整条侧沟，起着对松脂的刺激作用。施药量不宜过多或过少，一般以能覆盖整条侧沟为宜。

用苯氧乙酸作刺激剂最好的浓度是 200μl/L，最好的间隔期是 5 天施药一次（即施药一次，间隔 4 天不施药，不施药期间，仍每天割侧沟一刀）。扩大试验的结果见表 26-27、表 26-28。由表 26-27、表 26-28 可知，5 天施药一次的，最少增产 34%，最多的增产 53.7%；10 天施药一次的，也可增产 20%～25%。

苯氧乙酸是一种有机酸，用作化学采脂的刺激剂，对松脂质量的影响，曾化验结果见表 26-29。

表 26-27 广西昭平县马江等四公社常法采脂与苯氧乙酸采脂对照

项目	马江村盘古大队上基队		龙坪村富裕大队冲口队		走马村走马大队山坡队		五将村新旺大队保耳队	
	常法	苯氧乙酸	常法	苯氧乙酸	常法	苯氧乙酸	常法	苯氧乙酸
采割株数	30	30	26	26	38	38	32	32
采割刀数	18	18	20	20	20	20	20	20
施药间隔期（天）	—	5	—	5	—	10	—	10
松脂总产量（kg）	10	13.4	10.37	15.18	22.56	27.31	26.10	32.74
平均单株产量（kg）	0.333	0.447	0.399	0.584	0.594	0.719	0.816	1.023
松脂颜色	白色	白色	白色	白色	白色	白色	白色	白色
增产百分数（%）	100	134.08	100	146.36	100	121.04	100	125.36

注：①本试验从 1980 年 11 月 10～30 日；②苯氧乙酸浓度为 200μl/L。

表 26-28 广西贺县黄洞林场常法采脂与苯氧乙酸采脂对照

项目	常法	苯氧乙酸法	项目	常法	苯氧乙酸法
试验株数	25	25	施药间隔期（天）	—	5
平均胸径（cm）	21.9	21.78	采割刀数	27	27
平均割面负荷率（%）	49.05	42.20	松脂总产量（kg）	8.1	12.45
侧沟夹角	100°21′	100°16′	平均每株产量（kg）	0.324	0.498
平均割面长度（cm）	8.83	8.54	增产率（%）	100	153.7

注：①本试验从 1980 年 11 月 26 日起至 1981 年 1 月 3 日止；②苯氧乙酸浓度为 200μl/L。

表 26-29 苯氧乙酸刺激剂与常法采脂松脂质量对比表

对比项目 \ 取样次数及地点		第一次，苍梧县旺甫公社下旺大队		第二次，苍梧县旺甫公社下旺大队		第三次，贺县黄洞林场	
		常法	施药	常法	施药	常法	施药
松脂颜色		白色	白色	白色	白色	白色	白色
松脂含油量（%）		18.3	17.9	19.18	19.18	20.8	24.9
松香质量	等级	特级（黄 12 红 0.8）	特级（黄 12 红 0.8）	特级（黄 12 红 0.6）	特级（黄 12 红 0.5）	特级（黄 12 红 1.2）	特级（黄 12 红 1.2）
	软化点（℃）	—	—	—	—	80	82.8
	酸值	176.7	176.7	177	177.4	178.1	180.9
松节油蒸馏试验	164℃前馏出量（%）	29	30	31.1	28.88	58	59
	170℃前馏出量（%）	52	52	54.4	50	73	74

注：松香等级中的“黄”、“红”系指罗维邦调计色标。

由此可见，除黄洞林场化学采脂的松香酸价和软化点稍高外，其余各项指标均未发现有明显的变化。

‘增产灵-2 号’的优点一是药效期长，每 5～10 天涂药一次，不用每天涂药，因此，采脂人员劳动生产率较高；二是药剂不污染松脂，松脂加工时不必先用水洗，因此不影响设备利用率。三是对树木生长无不良影响，适于低温的季节，因而可以提前采脂并延长采脂时间[3]。

(4) 乙烯利刺激剂：乙烯利是乙烯的释放剂，主要成分是α-氯乙基膦酸，它在常温时，当pH 值 3 以下比较稳定，但 pH 值 4 以上逐渐分解释放出乙烯，乙烯易被松树吸收，并能在树皮与木材中分解释放乙烯。据广东省林业科学研究所报道[124]：用 8%乙烯利处理的割面，经处理 1、14、40、50、60 天后，乙烯浓度分别为 80.2、16.5、18.5、39.0、12.2μl/L。而未涂乙烯利的割面，乙烯浓度仅为 4.9μl/L。可见乙烯利涂在树皮上能刺激松树体内乙烯含量的增加，由于乙烯是生理活性物质，当植物体内有微量浓度的乙烯存在时，就能表现出显著的生理反应。

试验结果表明：在割面上涂乙烯利，能促进松树泌脂，提高树木产脂量 20%左右，采脂的树木在用 8%乙烯利处理之后，经过 3～4 天，侧沟产量才明显增加，表现出较好的刺激泌脂的效果，其刺激作用能持续一个月左右。从松脂分泌过程来看，用乙烯利处理过的松树，在树脂道割伤之后，4h 之内松脂流出很快比未处理过的松树快 1～3 倍，以后流出速度变慢，同未处理过的树几乎一样。由此可见乙烯利对松树泌脂的作用是提高松脂分泌的强度而达到增产的目的。

据研究用 2%、4%、8%和 12%四种不同浓度的乙烯利刺激采脂，其效果随乙烯利的浓度增加而增大，但如超过一定浓度后增产幅度反而下降。因此，用 4%～8%的浓度是适宜的。用乙烯利促进泌脂不仅在产脂的旺季有较好的刺激效果，而且在入秋之后当气温下降、空气干燥时，其效果仍然显著。

用乙烯利刺激法和常法所采得的松脂，经红外光谱分析（SR-100 型红外分光光度计，KBr 压片法）证实，两者在成分上没有差别。可见用乙烯利为刺激剂不致影响松脂的质量[34]。

(5) α-萘乙酸刺激剂：α-萘乙酸是一种植物生长刺激素，无臭、无味。贵州省林业科学研究所 1980 年在试验林场对马尾松和在扎佐林场对华山松进行试验，采用药液浓度为 90～140μl/L，即 1g α-萘乙酸粉渗入 25g 左右的酒精搅拌溶解后，加入清水 9～14kg，切割侧沟后，在松脂尚未冒出割沟表面之前喷药液，效果最佳，若等到松脂冒出来再喷药液，则药液难于渗入树脂道管内，其刺激作用较小，增产作用不显著。

侧沟喷药液，需连续喷 5 次以上或 15 天内加刀喷药 6～7 次以上，才开始出现增产效果；以后每次加刀时，仍另需喷药，即每加一刀喷药一次，才能持续地保持增产效果。如仅喷药 2～3 次，看不出效果，断断续续喷药液，效果也不显著。喷药适当，平均增产 48%以上。其劳动生产率提高 40%以上。经 α-萘乙酸处理的松脂在剑河县松香厂加工成松香，其颜色、软化点等指标，与常法采脂产品一样，并未出现结晶现象。

α-萘乙酸采脂的马尾松立木，经 1982 年观察测量，每木平均胸径增长 1.080cm，对照组为 1.053cm，割口愈合宽度每木平均增长 1.041cm，对照组为 1.024cm，对华山松立木观察测量：每木平均胸径增长 2.115cm，对照组为 2.027cm，割口愈合宽度每木平均增长 2.194cm，对照组为 2.103cm。经三年试验，迄今尚未发现针叶生长异常、割口边材发生烂斑、明子化、开裂等现象。尚未发现对中林或近熟林的采脂立木生长有影响，对成过熟林采脂立木的正常生长尚未发现对其有不良作用[126]。

(6) 尿素刺激剂：1980 年云南省林业科技工作者在双江县勐峨林区对云南松进行尿素采脂，采用 30%的尿素溶液采脂，增产 67%；用 40%尿素溶液采脂，增产 30.6%～55.1%。采脂操作和常法没有差别，对松香质量没有影响，比常法采脂延长流脂时间 1～2 天，对树木生长没有明显的影响[127]。

(7) 湿地松刺激剂化学采脂[128]：中国林业科学研究院林产化学工业研究所在广东省对湿地松林进行了化学采脂试验。试验林为新兴县水台林场1974年营造，面积约1.33hm²。试验林木胸径最大25cm，最小13cm，平均17.5cm，树高平均13m，郁闭度0.8，未经采脂。林地平缓，赤红壤，土层深厚，林下植被为铁芒萁。年平均气温22℃，最高8月，平均28℃，最低1月，平均17℃。年降雨量1 500mm，相对湿度80%。

试验用刺激剂有植物生长素、营养物质、微量元素和生物活性物质。共组成23种复方刺激剂，主要刺激剂代号和组成为：

1#——亚硫酸盐酒糟醪液（俗称废液）。乙烯利；2#——苯氧乙酸，碳酸氢铵；3#——废液、尿素、食用米醋、钼酸铵、磷酸二氢钾、乙烯利；4#——α-萘乙酸、苯氧乙酸、磷酸二氢钾、碳酸氢铵、7#——α-萘乙酸、尿素、乙烯利；8#——α-萘乙酸、尿素、乙烯利、废液、磷酸二氢钾。

将500株林木分成10组，其中1组不采脂作为生长对照。其余9组经常法采脂预割，再选5组各组产脂量基本一致，说明试验基础可靠。

试验用下降式采脂法，每日或隔日割沟施刺激剂，1987年试验结果见表26-30。

从表26-30可见，以8#刺激剂效果最好，松香质量与常法采脂相同。

表26-30 1987年不同刺激剂采脂试验结果

刺激剂代号	试验日期	割沟间隔期	采割次数	割沟平均产脂量（g）		比对照组增产（%）
				试验组	对照组	
1#	7.12～9.20	每日	60	36.1±2.6	28.9±2.1	25.3±3.1
2#	7.12～8.18	每日	30	27.6	26.4	4.5
3#	7.24～10.30	每日	75	36.0±2.6	28.9±2.0	24.5±3.1
3#	8.7～8.29	隔日	13	55.4±3.3	43.8±3.5	27.4±5.3
4#	7.12～9.20	每日	60	33.2±2.4	28.9±2.0	14.5±2.2
4#	8.7～8.29	隔日	11	51.9±3.6	43.8±3.5	17.6±4.4
7#	8.31～9.20	每日	20	38.1±3.1	31.0±2.0	22.7±6.7
8#	9.21～10.30	每日	35	37.4±3.1	29.3±3.2	28.5±4.6

1988年起另设试验小区，用8#刺激剂采脂，经3个采脂季观测结果，其增产效果见表26-31。增产幅度为24.8%～29.9%。

表26-31 使用8#刺激剂采脂不同年份增产效果

年份	株数	有效试验次数	割沟平均产脂量（g）		比对照组增产（%）
			试验组	对照组	
1988	78	35	25.60	20.50	24.8
1990	100	45	28.70	22.10	29.9
1991	83	67	40.60	32.00	26.9

8#刺激剂5种物质，分别组成6种配方，再进行试验，试验结果说明，单独用α-萘乙酸，松脂增产率仅10.5%±4.1%，随着其他组分的加入，增产率提高，前4种刺激剂的复合，松脂增产率提高到31.8%±8.9%。在前4种组成物的基础上α-萘乙酸再增加1倍，松脂产率未

见再提高。

经同一林地内选择标准林木进行树干解析，在 5 年采脂期间，常法采脂材积年平均生长量比不采脂的林木下降 22.4%，而用 8# 刺激剂采脂的林木下降 14.7%，比常法采脂少下降 7.7%，树高生长量少下降 2.6%，说明用 8# 刺激剂采脂对林木生长影响较小。

经综合经济效益分析，用 8# 刺激剂采脂，与常法采脂比较，采脂员经济效益可提高 25.7%，林地综合经济效益提高 22.3%，比不采脂林地提高 2.26 倍。

1.2.5.2 化学采脂工具

(1) 中长期化学采脂割刀（如图 26-13[129]）。先打开盛液瓶口的橡皮塞，灌进药液占盛液瓶（聚乙烯塑料制）容量的 2/3，塞紧塞子；用手捏压气橡皮球数次，空气经气管，气门芯进入瓶内，使瓶内保持一定的压力。然后用铲刀割侧沟；侧沟厚度一般为 1～2mm、割完一条侧沟后，将刀头伸向侧沟顶端，将铁夹开关的铁丝软脚靠在侧沟上，两手轻轻推压刀柄，使铁夹张开，出液管便自然开口，瓶内药液因空气压力作用，经出液管输往刀头滴口，滴在侧沟上，药液沿着侧沟自然淌下浸润侧沟，被木质部和韧皮部吸收，起到刺激作用，然后按同样操作割另一条侧沟，一般割 30～50 株后，由于瓶内药液减少压力降低，可在采脂过程中打气。盛液瓶还可用一段 20cm 长的自行车轮胎，两端束紧，充气使用。

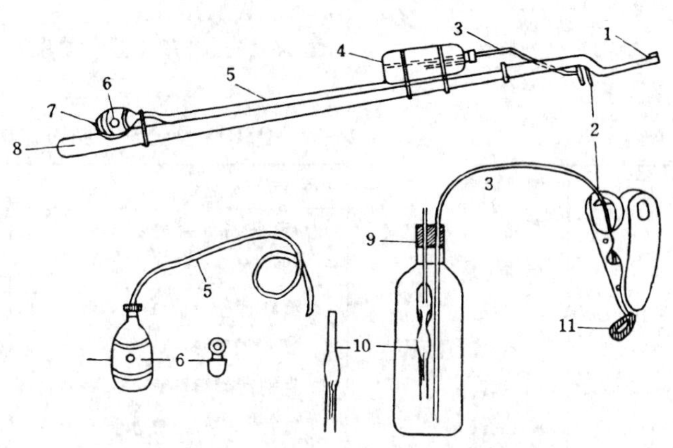

图 26-13 中长期化学采脂割刀结构图

1. 铲刀；2. 夹头开关；3. 出液导管（∅3mm）；4. 盛液瓶（500ml）；5. 进气管（∅3mm）；6. 进气阀门；7. 压气橡皮球；8. 木制刀柄；9. 橡皮塞；10. 塑料气门芯；11. 撤脚

(2) 气压式化学采脂刀（如图 26-14[130]）。由 V 型铲刀、喷嘴、启闭夹、刀柄、输液管、储液管、进气阀、进气管、管塞和打气球组成。使用时先将配好的药液装进储液管中，装药不能装得太满，要留一定空位，一般装药为储液管的3/4左右。装药后，盖上管塞，用打气球连续打气 2～3 次，使管内形成 50kPa 左右的压力。采脂时，割沟后，在侧沟上方碰撞输液开关，药液就自动从喷嘴喷出在侧沟上方，使溶液沿着侧沟往下流，均匀地覆盖整条侧沟，起着对松树的刺激作用。施药量不宜过多或过少，一般以能覆盖整条侧沟为宜。过少不能覆盖完侧沟，影响增产效果；过多则溶液漫流，浪费药剂污染松脂。

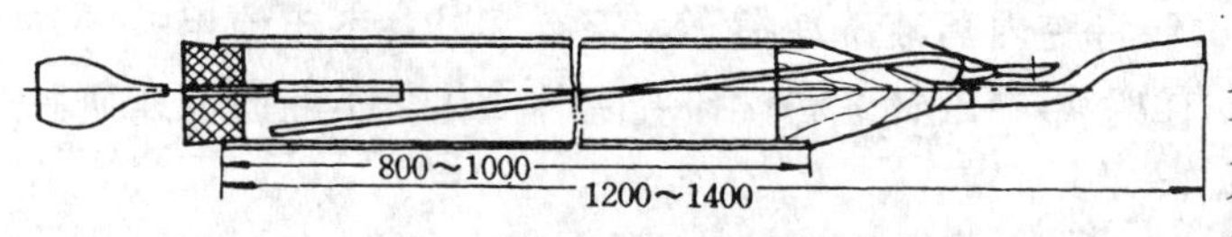

图 26-14 气压式化学采脂刀示意图

一般每打气一次可采割 30～40cm 胸径的松树 40～60 棵，其工效为常法割刀的 96%，劳动生产率平均比常法采脂提高 27%。每次使用后用清水洗净，并将施液胶管拨到一边，防止长期受压而粘结。

(3) QSH-1 型化学采脂刀（如图 26-15[131]）。刀头部分由三角刀头 1，联接木柄 2，药液导管 3，柄内密封环 4 及固定钉 5 组成。装配图明细表见表 26-32。

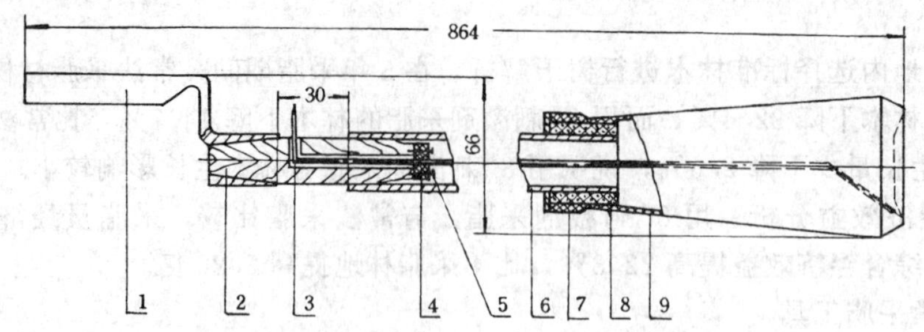

图 26-15 QSH-1 型化学采脂刀装配图

表 26-32 QSH-1 型化学采脂刀总体装配图明细表

序号	零件名称	材 料	数量	备 注
1	三角刀头	45#钢或合金钢废料	1	
2	联接木柄	杂 木	1	
3	药液导管	塑料管	1	长 700mm、直径 2.5～3.5mm
4	柄内密封环	3#白胶塞	1	
5	固定钉	直别针或小圆钉	4	直径约 0.5～1mm
6	空心管柄	竹管、铝管或废水管	1	长 600mm、直径 25mm
7	密封盖	塑料奶瓶盖	1	定型产品
8	密封环	6#白胶塞	1	
9	挤压器	塑料奶瓶	1	定型产品

使用时，需先将联接木柄从空心管柄内旋转拨出装满药液，然后再旋紧。施药可在侧沟顶端定点进行，也可沿侧沟移动进行。施药量的多少可根据侧沟长短，通过调节移动速度和挤压力来控制，熟练后十分方便。施药必须及时，一定要在割好侧沟后松脂冒出之前施于侧沟才能取得较好效果。每次使用后，要用软布浸渍煤油洗去沾在刀上的松脂，然后磨利，再擦干涂上防锈剂。在采割季节结束后，要将腔内药液洗净擦干，保存好以备下年使用。

(4)LHC-81 型化学采脂刀。1978～1984 年中国林业科学研究院林产化学工业研究所研制的 LHC-82 型化学刀，如图 26-16[132]。

施药系统由给液控制器、输液管和施液管组成。如图 26-17。

LHC 型化学采脂刀全长 780mm，重 0.77kg，装药后重 0.97kg。经过 8 个省 20 个县的部分脂农试用，证明：割面消耗量：LHC 型刀的割面平均消耗量仅是常法铲刀的 43.7%；广西

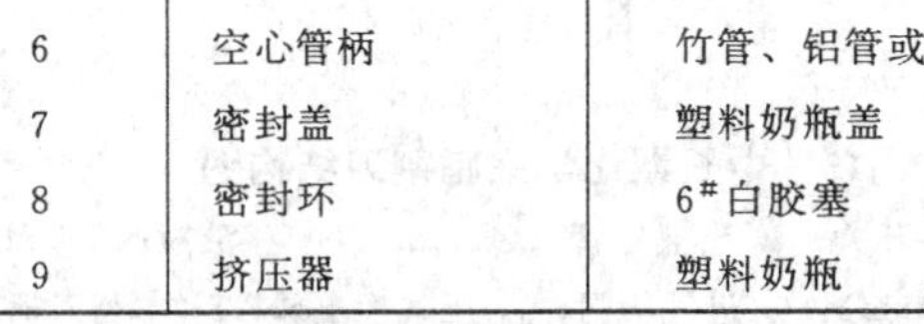

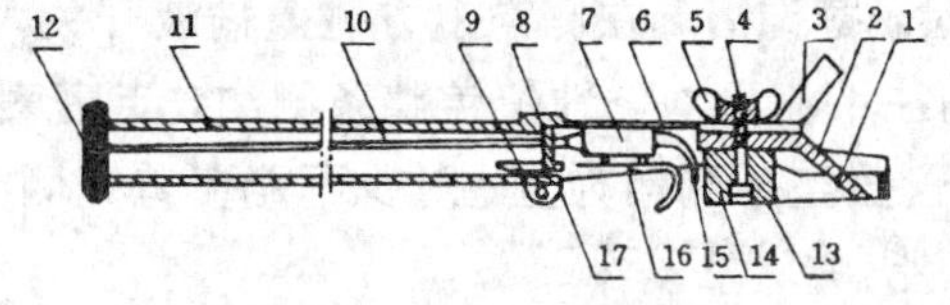

图 26-16 LHC-81 型割刀的结构

1. 割刀；2. 控制器；3. 清沟刀；4. 螺栓；5. 蝶形螺母；6. 刀架；7. 给液控制器；8. 卡箍接头；9. 进气阀；10. 吸液管；11. 空心刀柄；12. 后胶塞；13. 连接块；14. 螺钉；15. 施液管；16. 压钩；17. 前胶塞

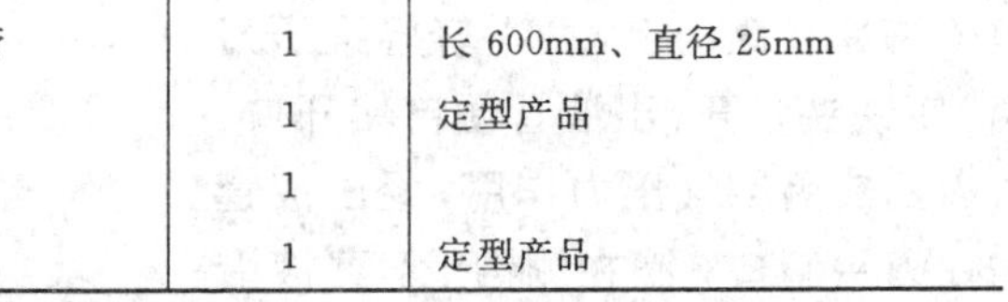

图 26-17 给液控制器的结构

1. 施液管；2、9. 连接乳胶管；3. 出液帽；4. 前单向阀；5. 底座；6. 后单向阀；7. 橡胶管；8. 吸液管底座；10. 吸液管

梧州林业局用 LHC 型刀和气压式铲刀进行对比试验结果，LHC 型刀比气压式铲刀节省割面 1/3。采割工时对比试验：尽管 LHC 型刀施药占用一些工时，但仍比常法铲刀节省工时 18%，即使在 180～220cm 高处采割或在 60～70cm 低处采割，至少节省工时 6.5%和 6.2%。施药量的测定：山西省林业科学研究所用 LHC 型刀与 LGH 型刀分别测定每对侧沟施药量（树径 21.7～23.2cm、侧沟长 20cm)，平均为 0.35ml 和 0.36ml。延长松树采脂利用年限 1/3～1 倍。提高采割效率 18%。具有结构合理、造价低廉、施药灵便等优点。

1.2.6 充脂技术

1.2.6.1 百草枯和杀草快 1978 年广东省林业科学研究所应用百草枯和杀草快浓度为 2%、8%、11%，对马尾松小径树进行充脂技术的研究；1980 年又用浓度 5%和 8%百草枯和杀草快处理结果认为：马尾松小径材处理后在头几个月内充脂进程很快，以后则较缓慢，充脂木段约长 1m 左右，处理沟断面乙醚抽出物平均 25.25%，处理沟上方 25cm 处断面乙醚抽出物平均 8.26%；处理沟上方 50cm 处断面乙醚抽出物平均 1.75%，药液浓度与处理沟长度对充脂效果影响较大，长处理沟树木充脂木质比率较大，但过长的处理沟形成的充脂木质中乙醚抽出物反而偏低。砍木注药与割皮涂药两种施药方式对充脂效果影响较小，但砍木处理更为简便。如处理强度适当，处理树基本上可免于虫害[133]。

1.2.6.2 百草枯、除草醚和国产农药二甲四氯等充脂

1983 年福建林学院林工系采用浓度 1%、3%、6%的百草枯，和浓度 8%、12%、16%的除草醚，和浓度 2%的农药二甲四氯处理马尾松，1985 年分析结果：在适宜的充脂工艺条件下，百草枯能诱发马尾松立木形成充脂材，充脂木段的最大长度为 330cm，一般充脂木段材积约占全树材积的 1/4～1/3，充脂木段的苯-乙醇抽出物含量为对照树的苯-乙醇抽出物含量的 3～8 倍。对于胸径约 20cm，生长状况一般的马尾松施百草枯浓度以 3%～4%，用量以 4～5ml 为宜，其他情况用剂量应适当增减。施药后至砍伐前时间至少 12 个月。除草醚具有一定的充脂作用，诱发马尾松形成的充脂木段达 150cm；农药二甲四氯也具有充脂作用，甚至全树树干的木质变红，苯乙醇抽出物含量在一定高度内也增加 1～2 倍，且不造成树木枯死，可以考虑作为其他化学药剂的充脂增强剂。只要工艺条件适当，受充脂处理的马尾松，可正常生长，且形成一定长度的充脂材。若因药剂使用过量等其他因素，可能造成枯死或树干部分坏死，但不至于引起森林虫害[134]。

1990～1993 年，福建林学院又在福建省南平对马尾松间伐材立木进行化学药剂刺激充脂试验[135]。试验分 3 批进行，充脂处理了共 644 棵树。处理树是被确定为第 2 次或第 3 次间伐对象的树，胸径 7～29cm，大部分树胸径在 10～20cm。选用百草枯、草甘膦、氯酸钠、2-甲基-4-氯苯氧乙酸、乙烯利等药剂，用其单种药剂或混合药剂（均为水溶液）进行处理，采用割沟（单层或双层）涂药剂和钻孔注药 2 种施药方法。处理树 12 个月或 15 个月后砍伐。

经药剂处理的树，在树干断面上可看到：割沟处的木质部形成清晰可辨的扇形充脂区域，其弧长等于割沟的长度，径向延伸到髓心，充脂区域沿树干而上逐渐缩小，直至消失。充脂木段长度 80～280cm。

试验结果如下：

①百草枯药剂处理：百草枯水溶液浓度为 1%～4%。单层割沟处理的 200cm 长木段的苯-醇抽出物平均含量为 6.5%～8.2%，比对照树增加 93%～142%。双层割沟处理的 200cm 长木段的苯-醇抽出物平均含量达 11.0%～12.2%，比对照树增加 227%～262%。

②草甘膦药剂处理：草甘膦水溶液浓度为2%～3%，单层割沟处理的120cm长木段的苯-醇抽出物平均含量为6.6%～7.8%，比对照树增加152%～198%。

③氯酸钠药剂处理：氯酸钠水溶液浓度为2%～8%，单层割沟处理的120cm长木段的苯-醇抽出物平均含量为8.3%～10.2%，比对照树增加217%～289%。

④百草枯-乙烯利混合药剂处理：混合水溶液由百草枯浓度1%～3%与乙烯利浓度1%～5%相组合，单层割沟处理的120cm长木段的苯-醇抽出物平均含量为8.1%～13.9%，比对照树增加209%～431%。

⑤百草枯-2-甲基-4-氯苯氧乙酸混合药剂处理：混合水溶液由百草枯浓度1%～5%与2-甲基-4-氯苯氧乙酸浓度2%～8%相组合，单层割沟处理的120cm长木段的苯-醇抽出物平均含量为8.6%～15.0%，比对照树增加228%～473%。

⑥试验中发现，砍伐期内被处理树有一部分死亡。用百草枯处理的，小径树死亡较多，较高浓度的死亡也较多。草甘膦药剂钻孔施药的死亡率达81.3%。在上述药剂组合中，以百草枯-草甘膦处理的死亡率为最高，百草枯-2-甲基-4-氯苯氧乙酸处理的次之，百草枯-乙烯利处理的最低。充脂处理对树木胸径生长有显著影响。

1.3 产脂量

松树的产脂量与树种（遗传因子）、立地条件、气候和采割技术有密切的关系。经过长期的生产实践和科学试验，为提高产脂量而总结推广的经验是：

1.3.1 加强营林措施

在有条件的地方特别是松脂专用林场进行。安徽省徽帅地区林业局的科技人员就施肥和蓄水问题进行了一系列的研究试验，在采脂树的上坡方向，离地3m左右的树根处，开一条半圆形、深30cm的小沟，将化肥（含氮17%左右）放在沟内，用泥土封盖，每株树放2.0～2.5kg。这样一次施肥后，可以连续3年提高松脂的产量。第一年提高111.6%，第二年提高85.35%，第三年提高88.4%，平均提高100.8%。施肥后的松树叶绿枝壮，生长良好，提高工效10%～15%。

此外，他们还采用了深挖、松土、覆盖杂草等将松树周围2m以内的土挖松15～18cm，然后用杂草覆盖，由于减少杂草争肥和松土蓄水的作用，第一年增产46.5%，第二年增产38.4%[136]。

1.3.2 合理的采脂工艺不影响（或少影响）树木生长

生产的实践证明：采割20多年的松树生长仍然正常，割伤的木材表面在长期采脂时还能逐渐愈合。贵州省林业科学研究所研究了采脂对木材性质的影响。在同一林地上选取了采脂7年（7年割面高度为75～120cm），割面负荷率为70%～75%，和没有采脂的松树各5株，进行木材性质的测定。结果如下：

(1) 未采脂松木含水率和吸水率均大于采脂松木，含水率平均大16.4%，吸水率大13.9%，马尾松采脂后，纵向树脂道增加，木材的含脂亦增加，含脂多的松木吸水率小，容积重、发热量和耐久性增大，特别是天然耐久性比含脂量少的松木强。

(2) 马尾松采脂后基本不会导致木材性质的降低，相反，主要的性质如气干材容重，顺纹抗压，静曲强度，抗剪及硬度等约提高11%～17%，仅冲击韧性，采脂马尾松降低约20%。

(3) 采脂马尾松干缩系数亦有增加，径向最为显著，可高10%，但割脂后可减少木材的干缩异向性。

（4）马尾松采割后平均年轮宽度比未采脂松木低4.1%，说明割面负荷率超过70%对松木的径向生长有一定的影响。

广东省韶关林场测定了马尾松人工林采脂对树木生长的影响，1980～1983年从9个试验小区的每1个小区中选择了未采脂树、产脂最多和产脂最少的松树共31株作了树干解析，结果证明：采脂对树木生长有一定的影响，采脂树与未采脂树相比，胸径生长量和材积生长量均有下降，其中又以产脂量较多的树木生长量的下降较明显。以未采脂树的胸径生长量为基准，则产脂量较多的树木胸径生长量下降13.5%，产脂量少的树下降6.5%；采脂树材积增长量与未采脂树相比，产脂量多的树下降15%，产脂量少的树下降1.08%[112]。

1.3.3 选育高产脂力类型的松树

目前我国采脂树种以马尾松为主，90%以上的松香来自马尾松松脂，而马尾松资源分散，天然林单产脂力低、劳动生产率也较低。从长远观点看，提高单位面积产脂量和劳动生产率，在于选育高产脂力良种，营造高产脂松林，实行集约经营。选育高产脂力良种为根本办法。1984～1986年中国林业科学研究院组织了广东、广西、福建、江西、安徽、浙江等省区及院直属局、所进行了马尾松高产脂力类型的选育研究。截至1985年底共选育出高产脂力类型优树578株，保存优树504株，并建立了基因库与种子园，开展了繁育工作[137]。

2 松脂加工

中国目前生产的松香和松节油，绝大部分是脂松香和脂松节油。

松脂加工，是用水蒸气蒸馏或其他方法将松香和松节油分离，并除去杂质和水分。

按照加工时加热热源的不同，松脂加工方法分为水蒸气法和简易法。从加工工艺连续的情况，水蒸气法又可分为连续式和间歇式。为保护森林资源、提高产品质量，小规模生产的工厂将逐渐改简易的直接火滴水法为油炉加热法或部分蒸汽法。

2.1 原料准备

2.1.1 松脂在工厂中的贮存[138,139]

由于采脂有季节性，松脂进入工厂的数量随季节而变化。为了不使采脂旺季进入工厂的大量松脂变质，并保证工厂生产不间断，松脂加工厂必须贮存一定数量的松脂原料。

在工厂中，一般用贮脂池贮存松脂，国外也有地面上的立式贮罐。松脂贮存量随工厂生产能力而定。加工能力较大的厂，要有1～2个月的贮存量，生产量小的工厂也需有半个月的贮存量。有的滴水法厂的加工点，一般是随收购随加工，可准备3～7天的贮存容量。有的工厂将收购点的贮脂池适当扩大，厂本部的贮脂容量则可相应减小。

贮脂池一般根据地形建置。有建于地下或地上，或半地下半地上。形状有圆柱体锥底或正方（长方）体斜底，用钢筋混凝土建造或用砖砌成。蒸汽法加工厂一般每个贮脂池的容量为200～500t，以利周转。贮脂池的个数随加工能力而定，并按原料质量不同而分级贮存。

贮脂池的布局应充分利用地形，以节约基建投资和便于运输为原则。考虑安全生产，贮脂池应远离锅炉房20m以上。在地下水位较高的地区，贮脂池周围最好能开渠疏水。

适用的贮脂池布局结构如图26-18。四个贮脂池为一组，每个贮脂池间以钢筋混凝土或砖墙相隔，为了使松脂在贮脂池内顺利流动，池底筑成斜面，每个池底的最低点位于池组的中心，其对角即位于池组周边的四个角为每个池底的最高点，如图26-19，池底斜面与地平面的夹角为20°～22°。每个池池底最低点侧墙有一松脂流出口，设闸门，贮脂时将闸门闸住，以防

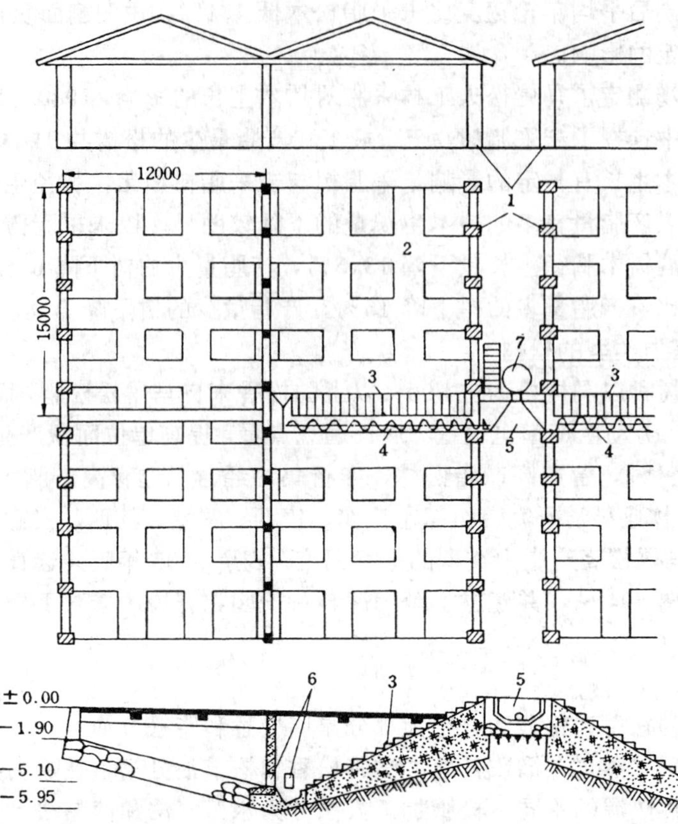

图 26-18 贮脂池组布置结构图

1. 砖柱；2. 过道；3. 阶梯；4. 螺旋输送机；5. 加料槽；6. 松脂流出口；7. 压脂罐

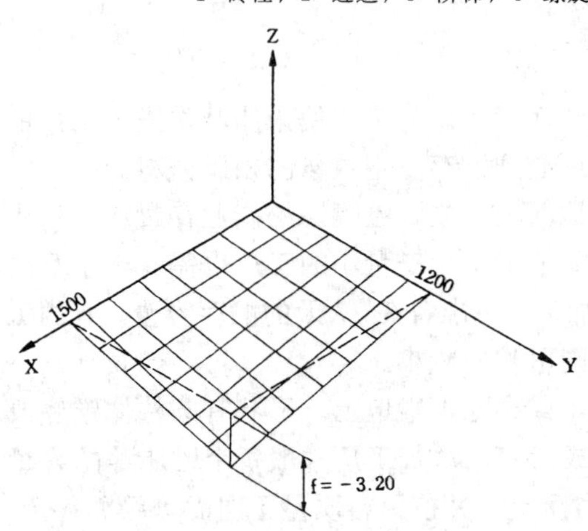

图 26-19 贮脂池斜底示意图

松脂流出，使用时打开闸门，闸门以螺杆连接于池上通道处，以手轮控制开闭。四池可合用一台螺旋输送机。生产能力较小的厂也可以二池一组。贮脂池上盖屋顶，周围敞开，不建墙。四个池的总容量为800～2 000t。二池组的容量减半。松脂分级贮存于各池中。

为了防止松脂在贮存时氧化变质和松节油挥发，通常在贮脂池内加保养水，超出脂面10～20cm，保养水每月更换一次。启用某池的松脂时，先用泵抽出保养水，然后将该池靠螺旋输送机侧墙低处的闸门打开(其他各池闸门关闭)，松脂因重力流出闸口，入过渡槽，由螺旋输送机送到加料槽内，再以另一螺旋输送机送至车间料斗。生产能力较大的厂则从加料槽流入压脂罐，用压缩空气运脂至车间。松脂在贮存过程中的损耗为1%左右。贮脂池的工艺管道尽量从上口进出，侧壁和底板最好不设预埋管件。

2.1.2 松脂卸料

松脂从收购点运至工厂一般多用汽车，距离较近或在工厂直接收购时，也有用拖拉机运输。装运的容器过去大多用容量为 200L 的铁桶，汽车运脂到厂后，用松香包装车从汽车上推至贮脂池倒入池中。为减轻工人的劳动强度，有的工厂用机械装置卸料，如图 26-20。松脂装入 100L 铁桶中，汽车停在贮脂池前的梁式行车下，行车下的电动葫芦将松脂桶吊运到传送带上，运至传送带的端部时，由于重力作用，自动翻板将松脂桶翻落在震动槽上，使桶内的松脂沿倾斜方向抖动而震落贮脂池中。空桶到槽的末端沿斜坡滑至池外运走。粘在桶壁的松脂可用人工刮出或用废蒸汽在专门的小室中吹出。机械卸车倒脂设备技术性能见表 26-33。

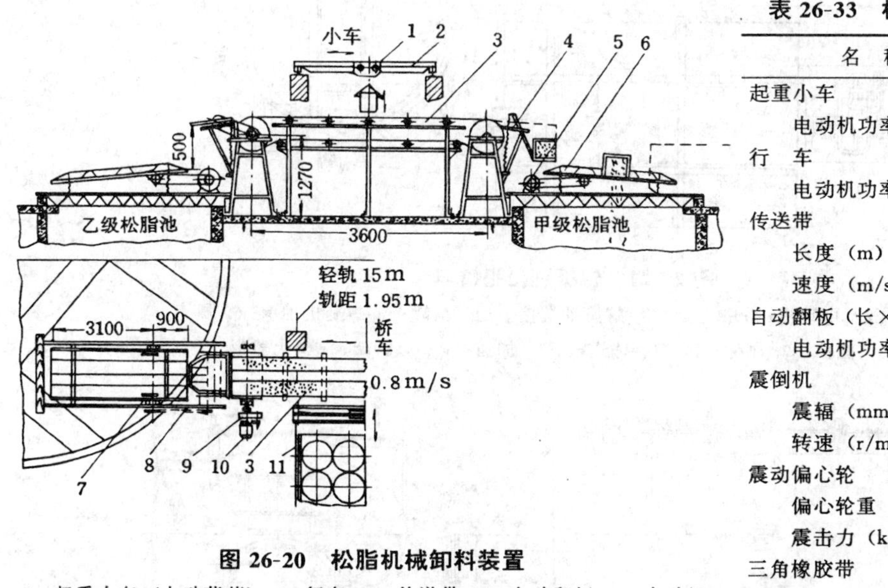

图 26-20　松脂机械卸料装置

1. 起重小车（电动葫芦）；2. 行车；3. 传送带；4. 自动翻板；5. 电动机；6. 震倒机；7. 震动偏心轮；8. 三角橡胶带；9. 减速器；10. 电动机；11. 汽车厢

表 26-33　机械卸脂设备技术性能

名　称	技术性能
起重小车	单机 0.37N
电动机功率（kW）	1
行　车	双轮 0.37N
电动机功率（kW）	1
传送带	
长度（m）	3.6
速度（m/s）	0.6～0.8
自动翻板（长×宽）（mm）	1 000×360
电动机功率（kW）	4.5
震倒机	
震辐（mm）	6
转速（r/min）	1 000
震动偏心轮	
偏心轮重	3
震击力（kg）	225
三角橡胶带	B-3305
减速器	JZQ-250
电动机功率（kW）	0.9
电动机功率（kW）	2.8

用铁桶装运松脂，汽车车厢的利用率只有 75%～80%，铁桶无盖，松节油易挥发。而且汽车在上下坡时，松脂桶易倾斜倒出，造成松脂损失和污染车厢。如用人工卸料则劳动强度极大。粘在桶壁的松脂不易刮下。

近年来，各厂多采用槽车运输。槽车有封闭式和敞开式。封闭式的槽车如图 26-21、图 26-22。前者槽罐用 4mm 厚的硬质铝合金板制成长 2.7m，高 1.4m 的卧式椭圆柱体，外部用 50mm×3mm 的角铁加固，并连接脚架。上面有加料口，槽内底部设一叶径 20cm 的螺旋输送机，外接减速器。槽车到厂后，装上流脂木槽，使槽罐底部的闸门口与贮脂池相接，再打开槽罐闸口，松脂经木槽流入贮脂池。最后开动螺旋输送机，将槽罐内剩余的不能自流的松脂推出流入池内。此种槽罐比较复杂。图 26-22 槽车全部用碳钢制造，可安放在汽车上。槽车的放料口凸出，打开放料时，80%～90%的松脂即自动流出，粘附在槽壁上的少量松脂用 0.1～0.2MPa 压力的水冲洗，一般 4t 装的松脂 10～15min 即可卸完。封闭式槽车不宜用来运输半固体或块状松脂[140]。

敞开式槽车的斗（如图 26-23）由 4mm 钢板焊成，呈长方形，周边有角钢加固，长的方向有一端倾斜，斜面与底面的夹角为 60°，以便于卸料，底呈弧形。槽斗在收购点以吊车装上汽车，倾斜部位装于车后，运输到厂后，汽车停于贮脂池边，以吊车钩住槽车方形一端的两个环，徐徐升起，松脂从倾斜一端倾入贮脂池前的松脂破碎槽，最后将 0.1～0.2MPa 压力水

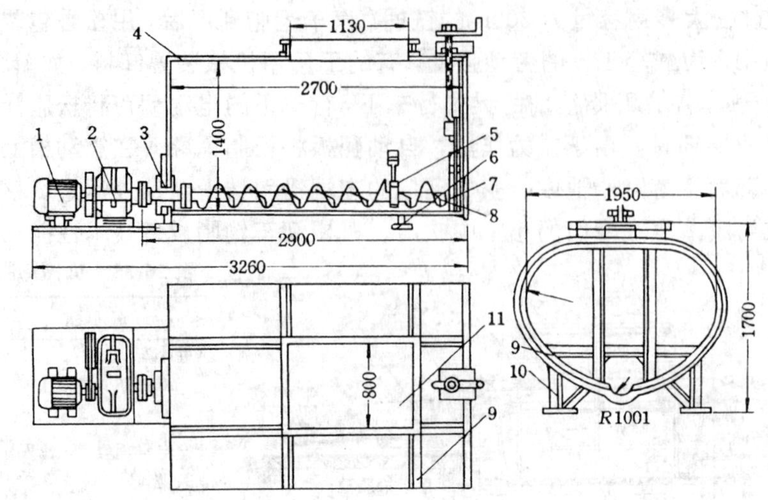

图 26-21 铝板制松脂槽车

1. 异步电动机；2. 减速器；3. 螺旋轴端接头；4. 槽罐；5. 螺旋机轴承；6. 脚架圆撑；7. 闸门；8. 螺旋输送机；9. 加强匝；10. 脚架；11. 上盖板

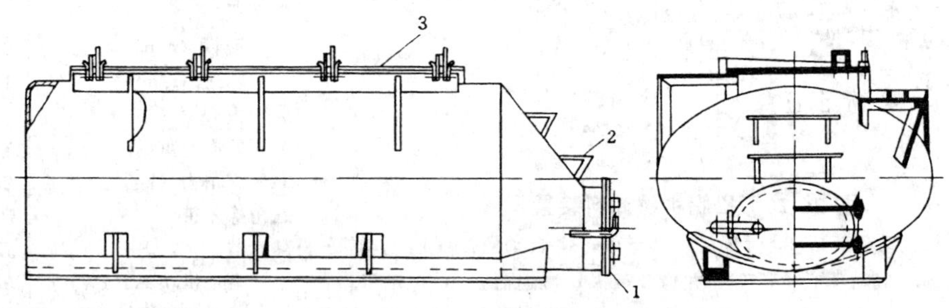

图 26-22 钢板制槽车

1. 放脂口；2. 工作梯；3. 活动盖板

冲洗粘于槽斗内壁的松脂。冲洗完后，吊车将槽斗恢复原位，由汽车运出再装松脂。

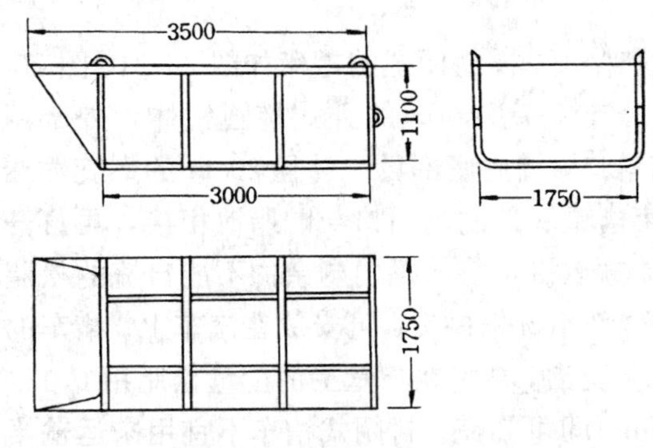

图 26-23 敞开式槽斗结构图

位于河边的工厂，由水路运来船装的松脂，可用螺旋输送机和压缩空气卸料。工厂在河边设一钢筋混凝土驳船，船上设有可移动的螺旋输送机、压脂罐等设备。松脂船停靠驳船，以移动的螺旋输送机将松脂船舱中的松脂运入驳船中的压脂罐，然后用压缩空气压到贮脂池，或直接压至松脂加工车间的料斗中，压缩空气由空气压缩机房通过管道输送。为了减小松脂在管内的阻力，松脂从小船运入驳船时常在螺旋输送机槽中滴加适量的松节油和水，使之降低粘度，成为半流体状态。输脂管道可用Dg125或Dg150。当水面低于贮脂池 20m 以下，松脂为特、一级时，用 0.3～0.5MPa 压力，5～6min 可压送 1t 装贮脂罐的松脂。

由于采脂的受器改变，运入工厂的块状松脂大量增加，在松脂进入贮脂池前一 般须经过破碎，即松脂不直接倾入贮脂池中，而是倾入贮脂池前的加料池中。加料池长方形锥底，长约 4m，宽约 3m，锥底有 2～3 条螺旋输送机将松脂输入贮脂池。每个螺距间的轴上焊有 1～2 把刀，长度为螺旋叶片宽的 1/2～2/3，其作用是在输送过程中将块状松脂破碎，为了提高破碎度，螺旋机的安装角度较常用输送松脂的螺旋机要大，因此充满系数低，转速略快，90r/min以上。未破碎的松脂由于重力作用而回滚，重复破碎。如此块状松脂经反复挤压、搅拌而破碎，成为半流体态输入贮脂池备用。

2.1.3　松脂的输送

2.1.3.1　螺旋输送机输送

中、小型工厂贮脂池离车间较近，可直接用螺旋输送机将松脂送入车间加料斗，如图 26-24。如果距离稍远，用一级螺旋输送机过长，可加一过渡料斗，经两级输送至车间。如贮脂池高于熔解器或滴水法的蒸馏釜，则可用水平或向下的螺旋输送机。松脂随螺旋输送机前进时，进一步被螺旋搅拌和破碎，并适当滴加松节油和清水，提高其流动性。一般使松脂的含油量达 20%～25%，含水量达 8%～15%。

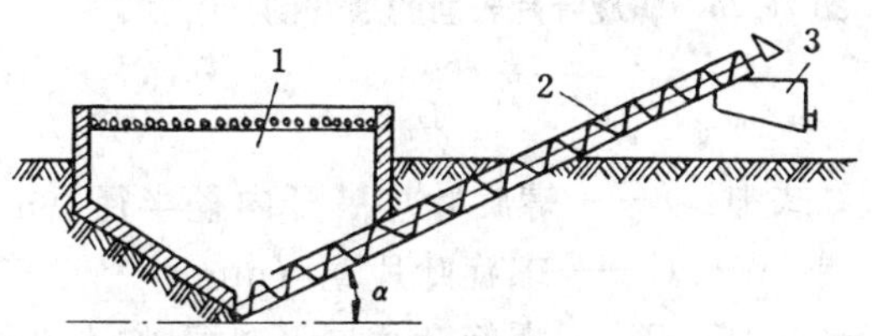

图 26-24　用螺旋输送机输送松脂简图

1. 贮脂池；2. 螺旋输送机；3. 加料斗

（1）螺旋输送机的结构：螺旋输送机的结构如图 26-25。它由螺旋槽、螺旋叶、支承以及传动机构等部分组成。螺旋槽外壳用铁板卷成，与螺旋叶的距离以 5mm 为宜。螺旋叶采用空心轴，分为数节联成，以便于装拆。两轴联接处插入一实心圆铁，以螺钉拴住，外部再套以套筒。螺旋叶片用铁板拉成，叶片之间用焊接，然后焊在轴上。铁制的叶片与槽易为松脂腐蚀，且生成暗色的树脂酸铁盐，使松脂颜色变暗，因此必须涂以红丹紫胶漆。

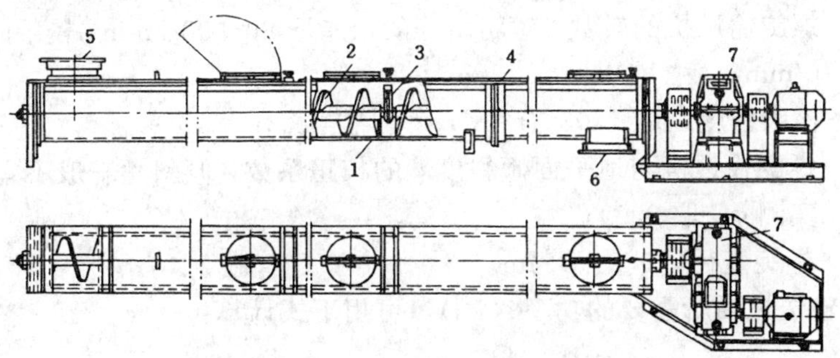

图 26-25　螺旋输送机结构

1. 螺旋槽；2. 螺旋叶；3. 支承；4. 槽盖；5. 入料口；
6. 出料口；7. 传动机构（减速器）

（2）螺旋叶片的展开与计算：螺旋叶片的展开如图 26-26。

螺旋叶片的计算尺寸如下：

$$L=\sqrt{(\pi D)^2+S^2} \tag{26-1}$$

$$L_1=\sqrt{(\pi d)^2+S^2} \tag{26-2}$$

式中：L——螺旋展开外周长（mm）；

L_1——螺旋展开内周长（mm）；

D——螺旋叶片外径（mm）；

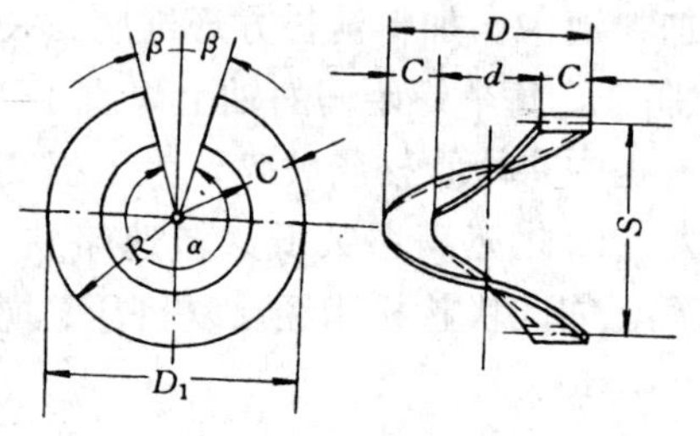

图 26-26 螺旋叶片表面的展开图

d——螺旋叶片内径（mm）；

S——螺距（mm）。

$$r=\frac{CL}{L-L_1} \tag{26-3}$$

$$R=C+r \tag{26-4}$$

$$D_1=2R \tag{26-5}$$

$$\alpha=\frac{L_1}{0.017453r} \tag{26-6}$$

$$\beta=\frac{360-\alpha}{2} \tag{26-7}$$

式中：r——螺旋叶片展开内径半径（mm）；

C——螺旋叶片宽（mm）；

R——螺旋叶片展开外径半径（mm）；

D_1——螺旋叶片展开外径（mm）；

α——螺旋叶片展开夹角（°）；

β——螺旋叶片展开余角之半（°）。

（3）螺旋输送机生产能力的计算　螺旋输送机的生产能力以 t/h 为单位，可由下式计算：

$$Q=60\varphi Sn\rho C\frac{\pi D^2}{4}=47\varphi Sn\rho CD^2 \tag{26-8}$$

式中：Q——每小时的生产能力（t/h）；

φ——松脂充满系数；

S——螺距，一般为（0.5～1D），取 0.8D；

n——螺旋输送机的转数，对脂质好的松脂取 80～90r/min，较干的松脂取 60～70 r/min；

ρ——松脂密度，取 1.03（t/m^3）；

C——螺旋输送机与地平面倾斜度 α 的校正系数，倾斜角一般不宜大于 30°（根据实测 φC 取 0.2）；

D——螺旋直径，0.2～0.4m。

倾斜的螺旋输送机轴所需要的功率（P_0），可用下式计算：

$$P_0=K\frac{Q}{367}(\omega_0 L+H)\ (\mathrm{kW}) \tag{26-9}$$

式中：Q——每小时的生产能力（t/h）；

ω_0——阻力系数，包括螺旋输送机的全部阻力，经测定为 10；

L——螺旋输送机从入口到出口的水平投影长度（m）（如图 26-27）；

H——螺旋输送机在垂直平面上的投影高度（m）（当水平输送时，H 为 0，向下输送时，H 为负）；

K——功率备用系数，常取 1.2～1.4。

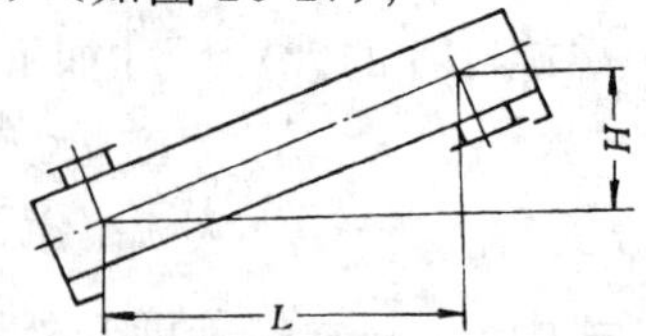

图 26-27 倾斜螺旋输送机的水平长度和高

螺旋输送机驱动装置的额定功率（P）按下式计算：

$$P=\frac{P_0}{\eta}\ (\text{kW}) \tag{26-10}$$

式中：P_0——所需功率（kW）；

η——驱动装置的总效率，一般取 0.9。

2.1.3.2　压缩空气管道输送

在生产能力较大的工厂，贮脂池离炼脂车间较远，松脂从贮脂池用螺旋输送机输入加料槽至一定量，经密闭加料阀放入压脂罐（容量 1～2t），再用压缩空气经输脂管道送至车间加料斗，加料斗上方设一缓冲罐，以免松脂直接冲向料斗外。其流程如图 26-28。压缩空气压力一般用 0.3～0.5MPa，不得超过 0.6MPa。输脂管也可设在地下。

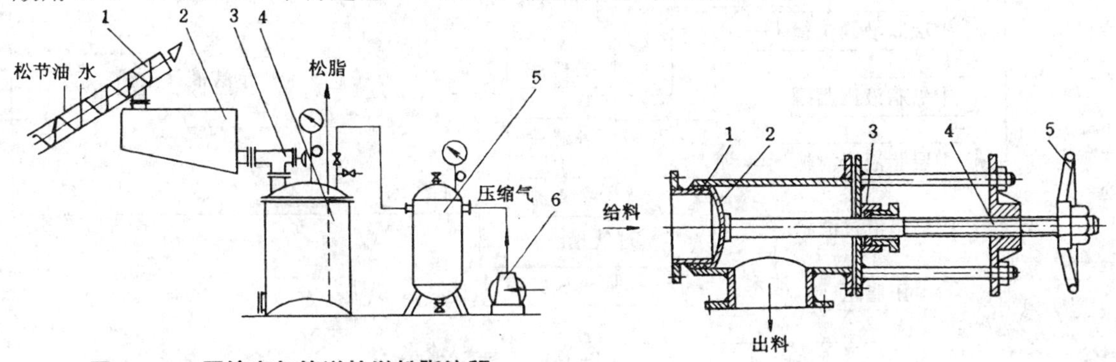

图 26-28　压缩空气管道输送松脂流程

1. 螺旋输送机；2. 加料槽；3. 密闭加料阀；4. 压脂罐；5. 缓冲罐；6. 空气压缩机

图 26-29　密闭加料阀

1、3. 填料；2. 阀盖；4. 阀杆；5. 手轮

密闭加料阀的结构如图 26-29。这种阀适用于粘度大的半流体物料，并在压力下不漏气，开关迅速。加工不复杂，一般松香厂可自制。

2.2　松脂水蒸气加工法[138,139]

水蒸气加工法是用水蒸气作为加热和解吸介质加工松脂的方法。加工过程分为三个工段。松脂的熔解、熔解脂液的净制和净制脂液的蒸馏。先将松脂加热并加入松节油和水，使之熔解为液态，滤去大部杂质，洗去深色的水溶物，同时加入脱色剂，除去松脂中的铁化合物。熔解脂液进入净制工段先以热水洗涤，再澄清，进一步洗去色素，除去细小杂质和绝大部分水。得到的净制脂液在连续蒸馏塔或间歇蒸馏釜中用过热水蒸气蒸馏，制得松香和松节油。

松脂水蒸气加工三个工段连续进行的为连续式，全部间歇进行的为间歇式。也有些工厂某工段采用连续式，而另一些工段采用间歇式。

连续式松脂水蒸气加工工艺流程如图 26-30。松脂以上料螺旋输送机从贮脂池输入车间料斗；如用压缩空气输送则由贮脂池用螺旋输送机输入料斗，流入压脂罐，再用压缩空气输入车间料斗。在车间，松脂从料斗经喂料器不断送入熔解器，并连续加入适量的松节油、水和草酸的水溶液，松脂加热熔解过程中逸出的松节油和水的蒸汽经冷凝器冷凝回流入熔解器。熔解脂液经除渣器滤去大部杂质，经一过渡槽排去沉水，进入脂液水洗器，用热水洗涤后流入澄清槽（组），澄清后的净制脂液再经一浮渣过滤器注入净脂贮罐。澄清过程中形成的中层脂液经过渡槽、澄清槽再澄清后流入压脂罐，用水蒸气压入高位槽回收。净脂贮罐内的净制脂液由泵经转子流量计计量泵入预热器加热，连续进入蒸馏塔。蒸馏塔上段蒸出优油和水的混合蒸汽，经冷凝冷却后流入优油油水分离器，分离后的优油流入贮槽，一部分送至熔解器

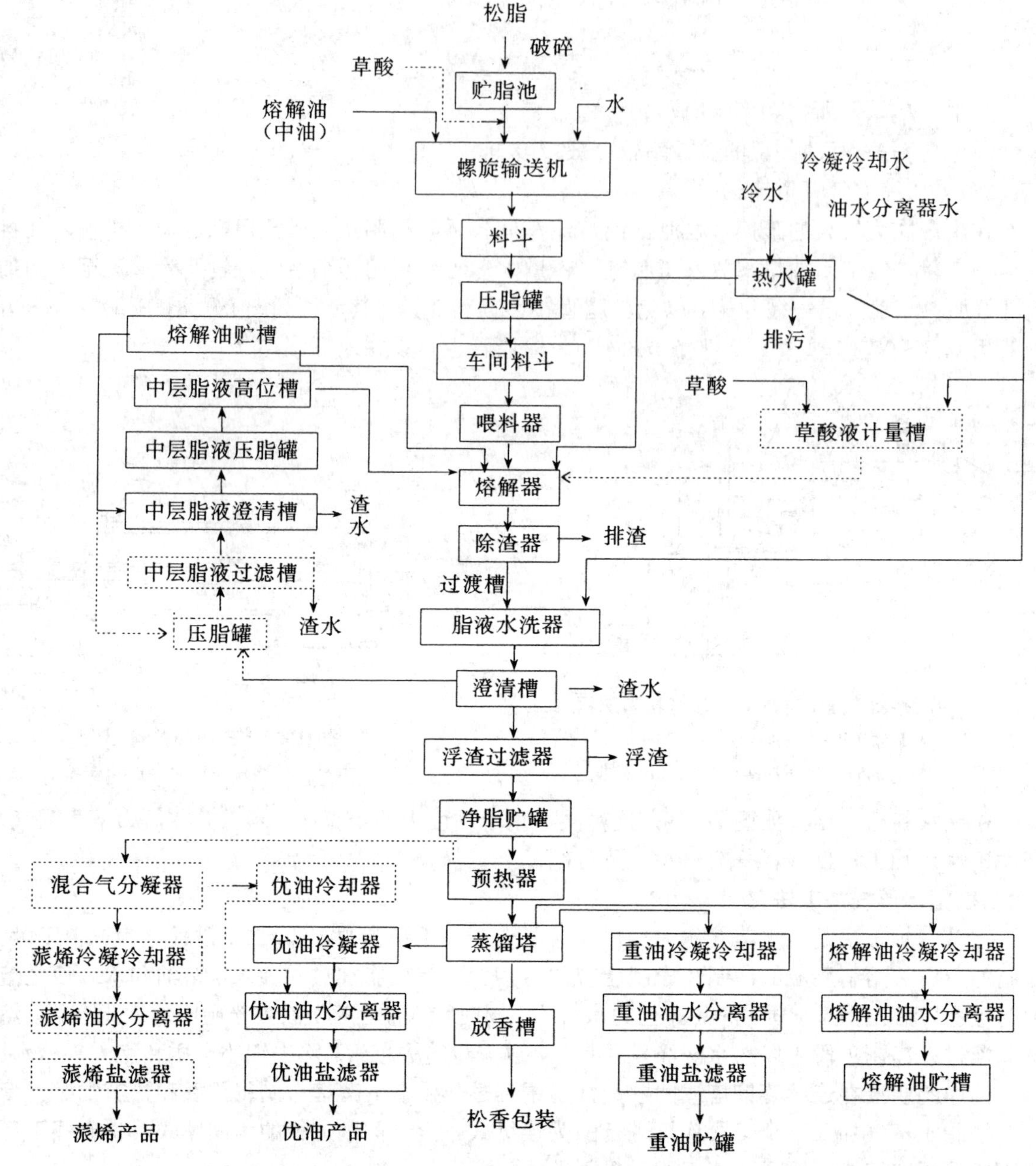

图 26-30 连续式松脂水蒸气加工工艺流程

作熔解松脂用，其余的经盐滤器进一步除水后流入或泵入优油仓库。下段蒸出重油和水的混合蒸汽，经冷凝冷却后，入油水分离器分离，再由盐滤器进一步除水，流入或泵入重油仓库。有的工厂连续蒸馏塔分三段，分别蒸出优油、熔解（中）油、重油和水的混合蒸汽，冷凝冷却后为优油、熔解（中）油、重油，优油、重油经盐滤后泵入仓库，熔解（中）油作熔解松脂用。连续蒸馏塔的底部放出松香。生产规模不同，流程可适当调整。

间歇式松脂水蒸气加工工艺流程如图 6-31。松脂从贮脂池进入车间料斗的过程与连续法相似，生产能力较小的工厂以螺旋输送机将松脂直接输入车间料斗，生产能力较大的工厂则用压缩空气管道输送，中间经过压脂罐和输送管道。进入车间加料斗的松脂经密闭加料阀间

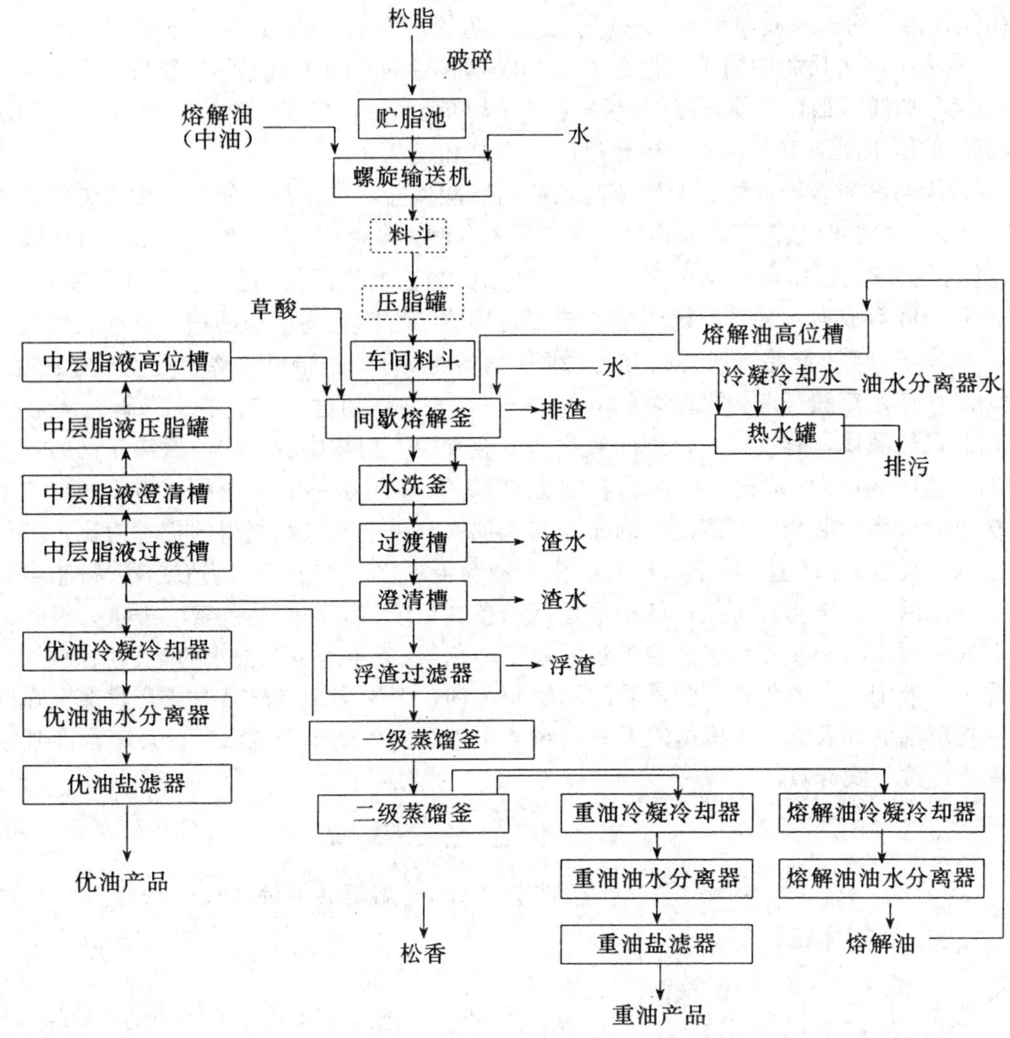

图 26-31　间歇式松脂水蒸气加工工艺流程

歇流入溶解釜，并加入松节油、水和草酸，以直接水蒸气（活汽）加热，熔解脂液用水蒸气压入过渡槽，粗渣杂质留在熔解釜内的滤板上。熔解时逸出的松节油和水的混合蒸汽经气液分离器和冷凝器回流入熔解釜，以保持油比例的平衡。过渡槽中沉下的水定时排出后，熔解脂液流入水洗釜，经热水洗涤进一步除去有色物质。水洗后的脂液或流入澄清槽组或经一过渡槽再流入澄清槽组澄清，分级放出渣水，澄清过程中形成的中层脂液经加油再澄清后回收。澄清了的净制脂液分批流入一级蒸馏釜，以直接蒸汽（活汽）蒸出优油和水的混合蒸汽，经换热器冷凝冷却，油水分离器分层和盐滤器除残水，得到的优油由贮槽泵往油库。蒸完优油的脂液流入二级蒸馏釜，用直接蒸汽按温度先后蒸出熔解油和重油，熔解油（中油）和水的混合蒸汽经换热器冷凝冷却、油水分离器分层后得到熔解油（中油），由熔解油贮槽泵往高位槽作熔解油用。重油和水的混合蒸汽经换热器冷凝冷却、油水分离器分层和盐滤器除残水，除水重油流入重油贮槽，泵往油库。蒸完松节油后，从二级蒸馏釜下部放出松香。

2.2.1　松脂的熔解

由贮脂池运至车间的松脂呈粘稠的半流体状，含有泥沙、树皮、木片等杂质，以及相当量的水。为了除去杂质和水分，必须再注入适量的水和松节油，并加入草酸，加热至93～95℃。加水是为了洗去松脂中的水溶性色素；加入草酸目的是除去有色的树脂酸铁盐，生成溶于水的盐类，加油和加热是使松脂能更好地熔解，降低脂液的密度和粘度，有利于后工段的处理。熔解后的脂液呈液态，以便于进行过滤、净制和输送。

松脂与铁质容器接触，会形成有色的树脂酸铁盐，加工后存于松香中会使松香的等级下降，因此在熔解时加入草酸或磷酸，反应生成草酸（磷酸）铁盐，随水除去。最近的研究[141,142]说明，树脂酸铁盐的含量为0.002%时就开始影响松香的颜色，但铁盐含量的多少，并不与松香颜色的降等成比例关系，树脂酸铁盐不是影响松香颜色的惟一因素。草酸或磷酸可有效地分离铁离子，但不能除去所有的有色物质。据实测，每吨松脂用纯磷酸脱色不宜超过5～6kg。我国工厂使用草酸一般为松脂量的0.05%～0.1%，不超过0.15%。也有研究认为[143]，铁还可作为氧的载体，有铁时，松脂的氧化速度会加快，树皮中的单宁与铁离子同时存在，对松香的颜色影响更大。试验将0.05%新制备的Fe_2O_3和1%～2%从松树皮得到的单宁萃取物与水洗过的松脂相混合，蒸馏制得的松香与未加铁与单宁萃取物制得的松香对比，颜色等级下降7级。如提高pH值，单宁所形成的化合物发生氧化，可使颜色迅速变深。松脂中如掺有石灰，加工后生成树脂酸钙盐，使松香呈蓝绿色。单宁与大部天然色素溶于水，因此，松脂加工时在熔解工段必须加水洗去溶于水的单宁和色素，近年来将沉去水的熔解脂液再进行水洗，以除去脂液中残留的色素。曾试验过用硫脱色剂，但它会影响产品质量，收率也降低。

熔解油的加入量，可根据进入车间料斗中松脂的含油率和含水率以及要求净制脂液的含油率直接按下式计算：

$$X=\frac{Z}{100-Z-0.5}\times S-T \qquad (26\text{-}11)$$

式中：X——熔解油用量（kg/t松脂）；

T——进入车间料斗松脂中的松节油量（kg/t）；

S——进入车间料斗松脂中的松香量（kg/t）；

Z——要求净制脂液的含油率（%）；

0.5——净制脂液中要求的含水率（%）。

2.2.1.1 间歇熔解工艺与设备

（1）间歇熔解工艺：松脂间歇熔解工艺如图26-32。松脂从料斗1经密闭加料阀3进入熔解釜2，并从熔解油（中油）贮罐4加入熔解油，使松香与松节油的质量比约为64～62∶36～38。同时加水，加水量为松脂原料的8%～10%。用饱和或过热直接蒸汽（活汽）搅拌加热至93～95℃。松脂熔解完毕后，从熔解釜顶部通入直接蒸汽，使脂液液面上的压力增至0.15～0.2MPa，将熔解脂液从熔解釜底部经压脂管压入过渡槽。脂液压送时通过滤板，较大的杂质（杂质量的70%～80%）留在滤板上。熔解3～4釜松脂后清渣一次，清渣前用直接蒸汽喷出残渣中的松节油。在溶解过程中，有部分松节油和水的蒸气一起蒸发，因而熔解釜必须有排气管与冷凝器6相接，以回收松节油，并保持脂液中一定的含油

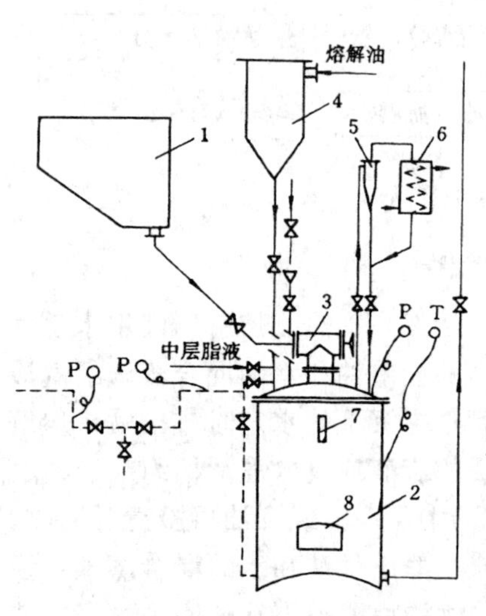

图26-32 松脂间歇熔解工艺流程

1. 加料斗；2. 熔解釜；3. 密闭加料阀；4. 熔解油贮罐；5. 气液分离器；6. 冷凝器；7. 视镜；8. 出渣口

率。一般工厂熔解过程操作一次（包括进料、熔解、压脂、清渣）平均约需 25～30min。间歇熔解残渣的成分随松脂熔解是否充分而有异，熔解充分的残渣成分为：松香 25%、松节油 6%、杂质 35%、水分 34%。

（2）间歇熔解的主要设备：

①加料斗：加料斗是车间贮存原料的容器。必须具有足够的贮存量才能不致因运输系统发生故障而影响车间的正常生产。一般要准备 1～2h 生产的贮备量。加料斗可用钢板或铝板加固制造。钢板制的料斗必须内涂红丹紫胶漆。斗方形或矩形、斜体锥底，便于松脂下流，上加盖。用压缩空气输送松脂时，料斗上需设一缓冲罐。间歇熔解可以从熔解釜的视镜计量，也可用料斗计量。计量料斗装置如图 26-33[144]。料斗中设一浮球标杆和一只行程开关，标杆上有一蝶形块（可调整固定），行程开关固定在框架上，开关有一弹性触头。装斗计量时，按下螺旋输送机电钮，输送机将松脂送到计量槽。随着松脂逐渐充满，浮球逐渐上升，当标杆上蝶形块触及行程开关的弹性触头时，输送机自动停机，停止进料。据有关工厂总结，用计量料斗计量，油、水和草酸的加入量控制准确，装釜量误差≤1%。可提高澄清效果和产品质量的稳定性。

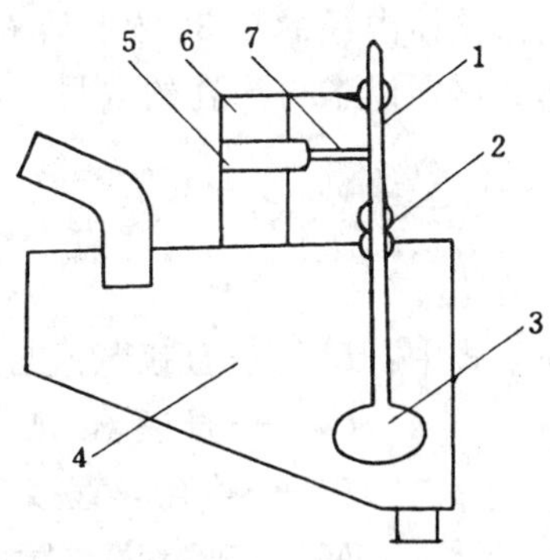

图 26-33　计量料斗装置

1. 浮标杆；2. 蝶形块；3. 浮球；4. 计量料斗；5. 行程开关；6. 框架；7. 弹性触头

②间歇熔解釜：在间歇熔解釜中对松脂进行加热、搅拌、洗涤，并将熔解后的脂液过滤，压送至过渡槽。熔解釜的结构如图 26-34。熔解釜的高径比为 2～2.5∶1。釜身可用不锈钢（1Cr18Ni9Ti）板焊制，或用普通钢板焊成。用普通钢板焊制的熔解釜，内层焊以∅2～3mm 钢筋弯成的 U 形或 S 形铁钩，再衬厚 30～40mm 混凝土（500# 硅酸盐水泥∶石英砂＝1∶1）。铁钩的焊接如图 26-35，其作用是固定水泥层。要求混凝土保护层能耐温 150℃，不渗透松节油，能耐弱有机酸腐蚀。熔解釜底为拱形，以承受较大的压力。拱形底上面是直接水蒸气喷管（或称活汽喷管、开口蒸汽管），管径随生产能力而定。直接蒸汽喷管上面是不锈钢滤板，分四块安装，用螺钉固定在支架上。滤孔孔径 3mm，上小下大，中心距 10mm，交叉排列。孔的总截面积为滤板的 35%～40%。滤板上釜的侧向为出渣口。釜身上部约 1/3 处设一视镜，以观察加料情

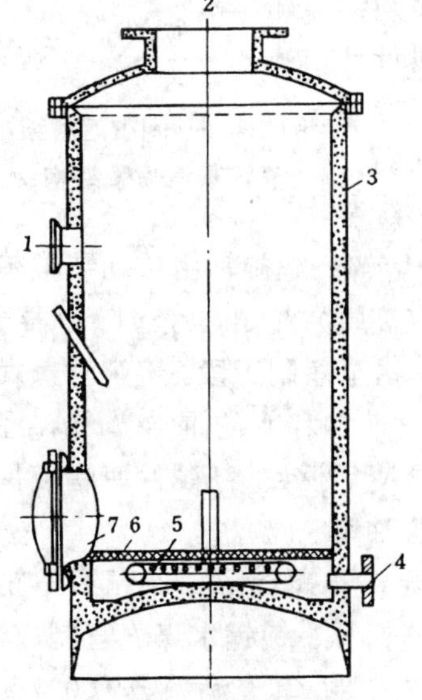

图 26-34　间歇熔解釜结构

1. 视镜；2. 加料口；3. 釜身；4. 出料口；5. 直接蒸汽喷管；6. 滤板；7. 出渣口

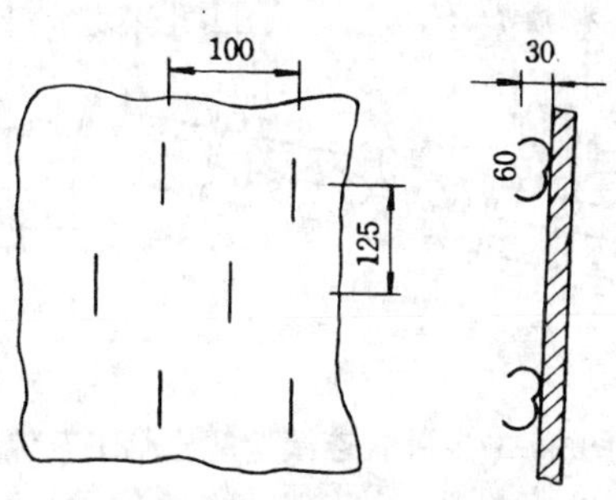

图 26-35　熔解釜壁的铁钩

况与计量，釜顶盖由铝板制成或由钢板焊成。除密闭加料口外，尚设有加油管、加水管、蒸汽管和通往冷凝器的管道。压脂管在熔解釜内直伸至滤板下拱形底上，或从滤板下从釜下侧管接头接出。

熔解釜中直接蒸汽喷管的管径随生产能力而定。它是用不锈钢管弯成，呈环形，环的直径为釜体内径的2/3。喷孔开在向外下侧方向，三分排排列。小孔总截面积为喷管总管截面积的3倍，以求得小孔的数目。小孔数也可按下列关系式求得[145]：

$$D_0 \leqslant 0.7 D_p \sqrt{N} \tag{26-12}$$

$$D_0 \leqslant D_p / \left(1 + \frac{LN}{39 D_p}\right)^{1/4} \tag{26-13}$$

式中：D_p——直接蒸汽总管的直径（mm）；

D_0——直接蒸汽总管上小孔的直径（mm）；

L——喷孔段直接蒸汽管长度（mm）；

N——直接蒸汽管上的小孔数。

如能同时满足以上两式的条件，则从小孔喷出的蒸汽不均匀程度小于5%。若喷孔段的直接蒸汽管长与管径之比 L/D 小于150，则只需满足式（26-12）即可。直接蒸汽管的结构是蒸汽从环的一端进入，另一端焊死。小孔在直接蒸汽喷管上的分布按蒸汽前进的方向分三段，三段孔数的比例为1∶1.5∶2，使喷出的蒸汽量分布更均匀（如图26-36）。

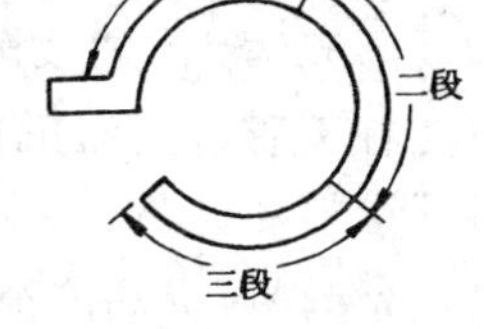

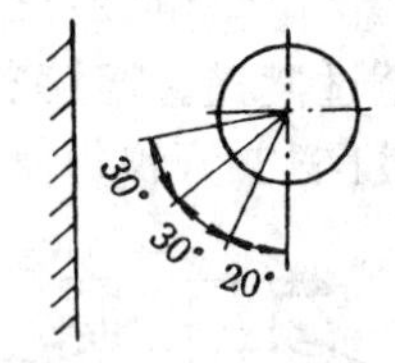

图26-36 间歇熔解釜直接蒸汽喷管结构

2.2.1.2 连续熔解工艺与设备

(1)卧式连续熔解工艺与设备：卧式连续熔解工艺流程如图26-37。松脂从料斗1经给料器2进入卧式连续熔解器3，熔解油从贮罐4连续加入，水与草酸溶液从另一口进入，油、水和草酸溶液用转子流量计计量，使脂液中松香和松节油的比例为64～62∶36～38。熔解以0.02～0.03MPa的直接蒸汽作加热介质，调节熔解器内温度保持93～95℃，同时起搅拌作用。熔解器内有螺旋叶片，松脂和杂质随螺旋叶片的缓慢旋转而向前移动，保证脂块在熔解器中有足够的停留时间而充分熔解。螺旋轴由传动装置带动，转速常取1r/min左右。熔解后的脂液连续从熔解器的前部（高端）流出，经过除渣器6除去杂质，送至净制工段。熔解时蒸发出的少量松节油和水的混合蒸气，经冷凝器5冷凝后返回熔解器，使脂液保持一定的含油率。

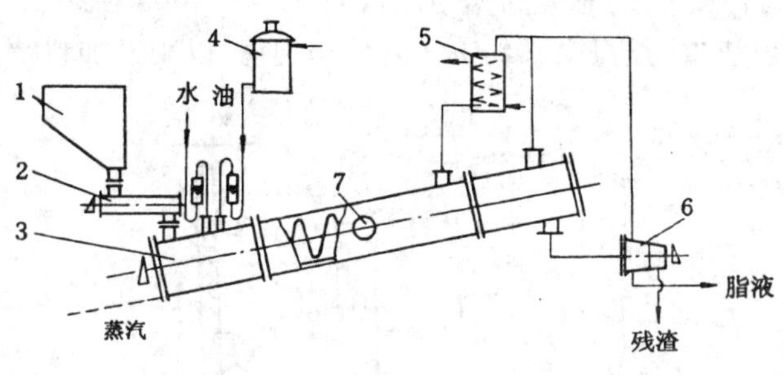

图26-37 卧式连续熔解松脂工艺流程

1. 料斗；2. 给料器；3. 卧式连续熔解器；4. 熔解油贮罐；5. 冷凝器；6. 连续除渣器；7. 视镜

连续给料器螺旋形，外壳用不锈钢管或无缝钢管、镀锌水煤气管制成。一般为水平安装，其充满系数为0.7～1。它定量连续给料，并可防止熔解器内的蒸汽逸出。

卧式连续熔解器如图26-38。熔解器由圆形筒体5和螺旋桨叶7组成。通常倾斜安放，倾斜角 5°～10°。螺旋桨叶由螺旋轴带动，桨叶与筒体壁的间距一般取 5mm。圆筒由 2～3 节合成，为方便装配与维修，直接蒸汽喷管 12 设于圆筒底部两侧突出的半圆形管内，喷管向上斜开有三排喷汽孔。进料口 2 设在筒体下部上方，并设加油管 3 和加水管 4，在下方设一排污管 14，便于在停止时排出余水。在筒体中部设视镜 8 和温度计，可随时观察松脂的熔解情况、液面位置以及熔解器内的温度。筒体高位上方装有油、水混合蒸气出口管 10 和冷凝液进口管 9，下方设脂液管 13，熔解脂液沿管流出。螺旋轴高位末端有一反向螺旋桨叶，以避免杂质堵塞。

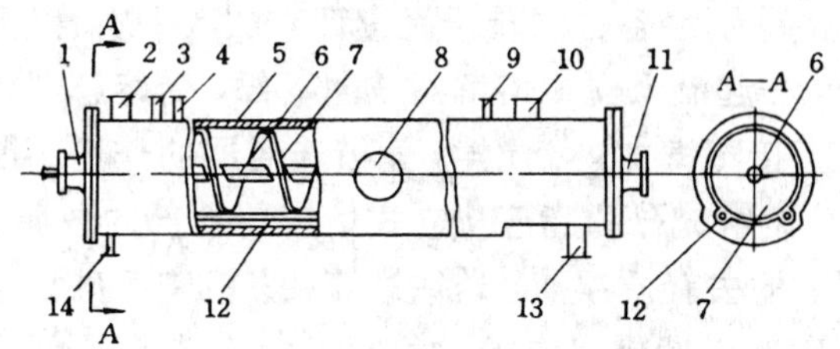

图 26-38　卧式连续熔解器结构

1. 轴承座；2. 进料口；3. 加油管；4. 加水管；5. 筒体；6. 螺旋轴；7. 螺旋桨叶；8. 视镜；9. 冷凝液进口管；10. 混合蒸气出口管；11. 尾封；12. 直接蒸汽喷管；13. 脂液出口；14. 排污管

卧式熔解器内螺旋桨叶的直径可用下式计算：

$$D=\sqrt{\frac{Q}{47\varphi Sn\rho}} \tag{26-14}$$

式中：D——螺旋桨叶直径（m）；

Q——进料量（包括原料松脂、熔解油、洗涤水和直接蒸汽冷凝水的总和）(t/h)；

φ——填充系数，取 0.5～0.7；

S——螺距，取 0.5D（m）；

n——螺旋桨叶直径，取 1～1.5（r/min）；

ρ——熔解脂液密度（包括水和脂液，其中含油 38%的脂液密度为 0.938 6t/m^3）(t/m^3)。

熔解脂液密度可用下式求得：

$$\frac{1}{\rho}=\frac{a_1}{\rho_1}+\frac{a_2}{\rho_2} \tag{26-15}$$

式中：a_1——混合液体中水的质量百分数；

a_2——混合液体中脂液的质量百分数；

ρ_1——熔解温度下混合液体中水的密度（t/m^3）；

ρ_2——熔解温度下混合液体中纯脂液的密度（t/m^3）。

熔解器的长度 L 可用下式计算：

$$L=TSn \tag{26-16}$$

式中：T——熔解时间，一般取 20～25min；

S——螺距（m）；

n——螺旋桨叶转速（r/min）。

上式计算出的熔解器长度为必须长度，应加上进出料的辅助长度。

卧式连续熔解器的熔解效果较好。缺点是直接蒸汽喷管槽内易落入细砂等杂质，影响蒸汽喷放，清理较繁琐[146]。

(2) 立式连续熔解工艺与设备：立式连续熔解工艺流程如图 26-39。

松脂从上料螺旋输送机 1 进入料斗 2，随后经给料器 3 至下料管。熔解油和水、以及草酸溶液分别经各自的转子流量计4加入下料管的上部，与松脂混合，一起流入立式熔解器5的下部，受熔解器内底部盘管喷出的直接蒸汽加热、搅拌，凭借连通器的作用不断上升而逐渐熔解。熔解充分的脂液从立式熔解器上部的放脂管流出，经除渣器8滤去轻质浮渣，送往过渡槽。粗渣泥砂等杂质沉积于熔解器底部定期排出。少量蒸发出的松节油和水的混合蒸汽以冷凝器7冷凝后回流。熔解松脂的工艺条件和要求与卧式连续熔解相同。

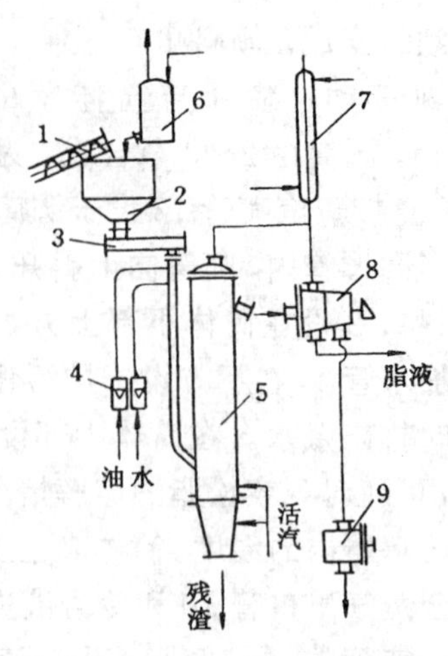

图 26-39 立式连续熔解工艺流程

1. 上料螺旋输送机；2. 料斗；3. 给料器；4. 转子流量计；5. 立式熔解器；6. 中层脂液贮槽；7. 冷凝器；8. 除渣器；9. 残渣贮罐

沉在熔解器底部的杂质残渣每班排一次，排出前停止进料。用90°以上的热水将脂液从熔解器上部顶出后，再开排渣阀，杂质残渣与水一起排出，排完渣水后重新进料。为了不影响生产的连续性，某些生产能力较大的工厂在立式熔解器前设两个立式预熔器，轮流操作，松脂先经预熔，再进入熔解器，泥砂等杂质残渣沉于预熔器底部，轮作时排出。而熔解器一般不再排渣。预熔器与熔解器串连操作使松脂熔解的时间延长，保证了松脂快的充分熔解，但蒸汽用量则会增加。

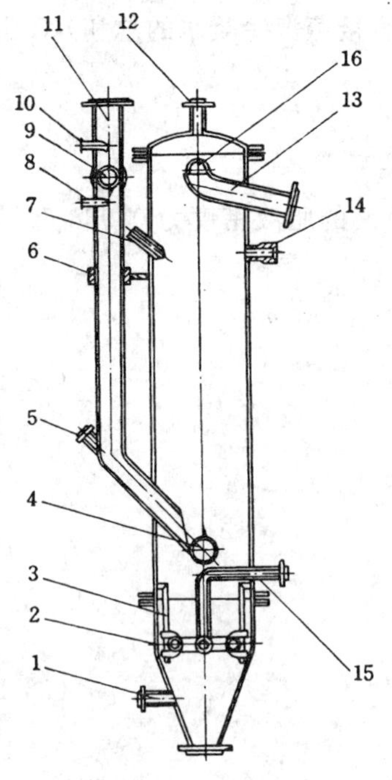

图 26-40 立式熔解器结构

1. 备用蒸汽管；2. 直接蒸汽（活汽）盘管；3. 支架；4，9，16. 视镜；5. 吹汽管；6. 抱箍；7，14. 温度计；8. 进水管；10. 进油管；11. 松脂下料管；12. 混合蒸汽出口；13. 熔解脂液出口管；15. 直接蒸汽（活汽）进口管

立式熔解器的结构如图26-40。它由一根松脂下料管11与立式熔解器相连而成。有的厂将下料管设于熔解器内，可减少热损失，不易在转角处堵塞。熔解器身是一个圆筒体，在进料口的下面设有直接蒸汽盘管2和备用蒸汽管1。在松脂下料管上部，熔解器下部松脂入口处，上部熔解脂液出口处分别设视镜4、9、16，以便于观察松脂下料和熔解情况。熔解器上部接近出口处装有温度计7、14，以了解熔解器内脂液的温度。锥底设排渣阀门。立式熔解器内部结构较卧式熔解器简单，因而设备的设计、制造、安装、维修等方面都较方便，亦节省金属材料与动力消耗，投资较低；另外，在熔解加热过程中，松脂与蒸汽流向相同，接触时间较长，有利于利用热能熔解充分。缺点是出渣对松脂熔解不能连续进行。由于优点较多，有代替卧式连续熔解器的趋向。

立式连续熔解器的直径与高可用下式计算：

先选熔解器内径 D。熔解器截面积 F 为：

$$F=\frac{\pi}{4}D^2\ (\mathrm{m}^2) \tag{26-17}$$

脂液在熔解器内的移动速度 u 为：

$$u=\frac{Q}{60\rho F}\ (\mathrm{m/min}) \tag{26-18}$$

式中：Q——进料量（松脂、熔解油、洗涤水、直接蒸汽冷凝水的总和（t/h)；

ρ——脂液密度（t/m^3）。

立式连续熔解器的有效高度 H 为：

$$H=Tu \text{ (m)} \tag{26-19}$$

式中：T——松脂在熔解器内停留的时间，一般取 20min，如松脂中块状松脂较大，可取 25min。

计算后如高径比不合适，可进行适当调整。日产松香 15～20t 的熔解器内径一般取0.4～0.45m。如加预熔器，可分两段，时间延长。

(3) 连续除渣：熔解脂液中的少量杂质必须在水洗净制前除去，一般用的是过滤的方法。曾用间歇式的过滤设备，由于在清渣时常使大量松节油蒸汽外逸，造成空气污染和松节油的损失，而连续除渣设备可避免或减轻污染和损失。生产上应用了几种连续除渣器。

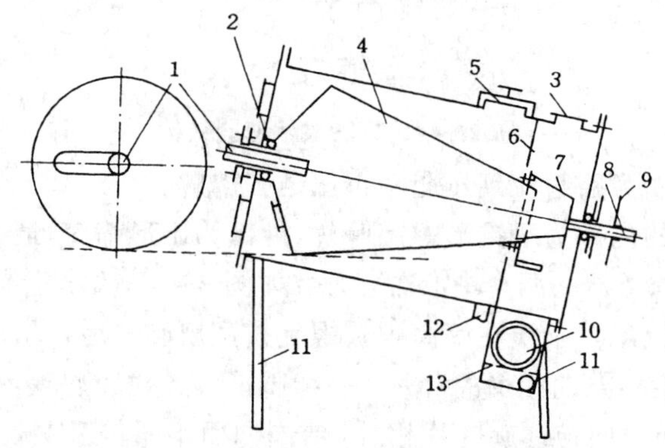

图 26-41　锥篮式连续滤渣器

1. 脂液流入管；2. 轴承；3. 手孔；4. 锥篮；5. 螺栓夹头；6. 隔板；7 支撑架；8. 传动轴；9. 传动链轮；10. 贮渣箱；11. 设备支架；12. 脂液管；13. 滤渣筛板

锥篮式连续滤渣器的结构如图 26-41。[147]。滤渣设备为一锥篮，锥篮倾斜安装，倾斜角 12°左右（α 角），如图 26-42。熔解脂液从管道流入锥篮大口，液体逐渐通过滤筛孔排出，杂质随倾斜安装的锥篮转动上升，由于重力作用，升至一定高度下落而逐渐向出口方向移动，最后落入贮渣箱 10，定期扒出。日产 15～20t 松香车间，锥篮式脂液连续滤渣器的结构为锥篮筛网长 1～1.2m，锥度（θ）30°，小口直径 200mm，转速 30～50r/min。筛孔长方或长椭圆形 0.8mm×20mm，互相交叉排列，孔距 5mm×5mm，开孔率 40%～45%。筛面筛孔要求整洁无毛刺，为了不使筛孔堵塞，在锥篮内上方可设一不锈钢丝刷，锥篮外可设一与锥篮平行的蒸汽喷管，向锥篮筛网方向开喷孔三排，孔径 2mm，定期喷射蒸汽。贮渣箱内设筛板 13，孔径 1.2mm×12mm，过滤渣中多余脂液。

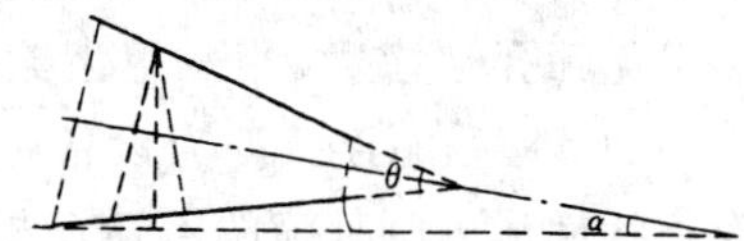

图 26-42　锥篮式连续滤渣器轴线倾斜角

密封耙式滤网滤渣设备结构示意如图 26-43[148]。脂液从进料口流入滤渣器的上半部，液体通过滤网从出料口流出。杂质留在滤网上，由电动机通过减速器带动一钢丝扫耙转动，将杂质残渣刮进杂质通道落入下部的贮渣室中，定期打开室门扒出杂质残渣。这种滤渣器结构比较简单，但由于金属滤网与金属扫耙不断摩擦，扫耙极易损坏，更换频繁；另外未能及时过滤的脂液与未溶解的松脂块与杂质一同落入贮渣室，不能回收，有一定损失。

旋转式除渣器结构如图 26-44[148]。脂液从顶部进料，脂液落到旋转的带叶片的转筒上，各叶片上布有金属滤网，脂液通过滤网进入沿转筒壁的脂液通道，再流到机壁上的受器。而废渣则随着转筒旋转，当叶片慢慢垂直时，废渣由于重力作用而落入除渣器下部的贮渣器。贮渣器为夹套，夹套内通少许蒸汽，起保温作用，保持废渣疏松，不致粘结成团，利于排出。贮渣器的下部是带小孔的挡渣板，夹套内的蒸汽通过外管路引到挡渣板下，吹蒸残留在废渣中

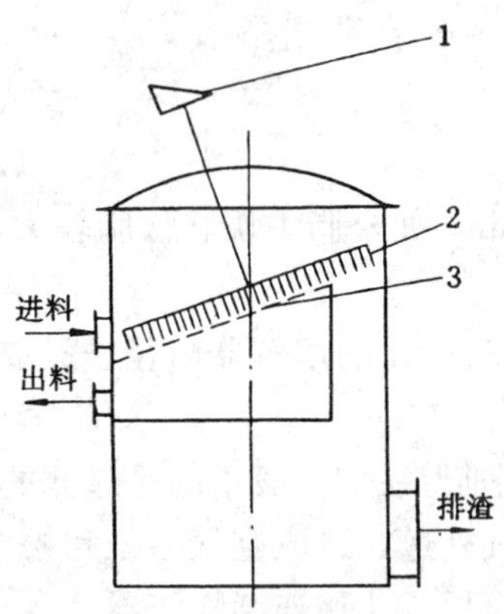

图 26-43 耙式滤网滤渣器

1. 减速机；2. 不锈钢丝扫耙；3. 滤筛

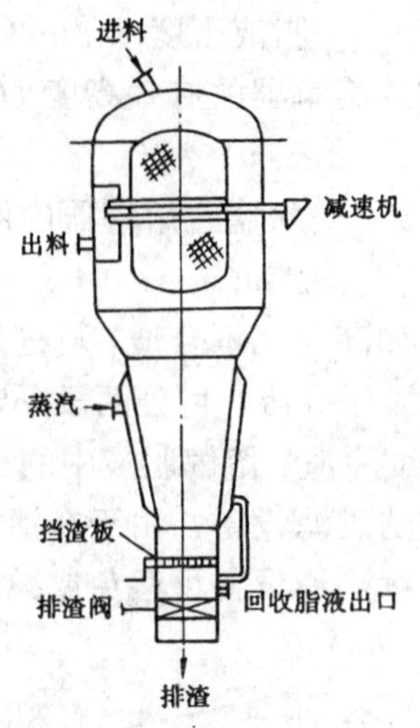

图 26-44 旋转式除渣器结构

的松节油，而夹带的脂液通过挡渣板上的小孔由旁路管流到压脂罐再压送去熔解。

与卧式连续熔解器联用的锥体螺旋滤渣器的内部为一锥形螺旋叶片，外部为锥形筛筒，最外层是壳体。它用万向联轴器将卧式熔解器和滤渣器的两个中心轴相联。如图 26-45，熔解脂液从熔解器进入滤渣器内，脂液液体通过筛孔流出，杂质在筛筒内被螺旋挤压出脂液后，呈半干状从前端挤出。在螺旋叶片的端部设一组旋转方向相反的叶片，将杂质挤落入残渣贮罐，为了避免筛孔被堵塞，用一组齿轮使筛筒的旋转方向与螺旋叶片相反，或同向而不同转速。日产 15～20t 松香的连续滤渣设备筛筒长 1～1.2m，锥形部分 0.8～1m，用 1.5～2mm 厚，滤孔为条状梯形内圆外流的不锈钢板卷制。螺旋叶片用 2mm 厚不锈钢板制成，叶片与筛筒壁的间隙为 5～10mm。这种滤渣器也可与熔解器分开，单独设立。排出的残渣组成为：松香 15.3%、松节油 12.3%、水分 44.4%、杂质 28%。

卧式锥篮离心机除渣适用于生产能力大的工厂，某厂试验设备结构示意，如图 26-46[149]。锥篮离心机框架如图 26-47。滤筛紧贴在几个圆环上，上口和下口均用螺丝固定，滤筛用 1mm 不锈钢板冲成，筛孔长 10～15mm，宽 0.1～0.3mm。有滤孔被堵塞时，可用松节油清洗。锥

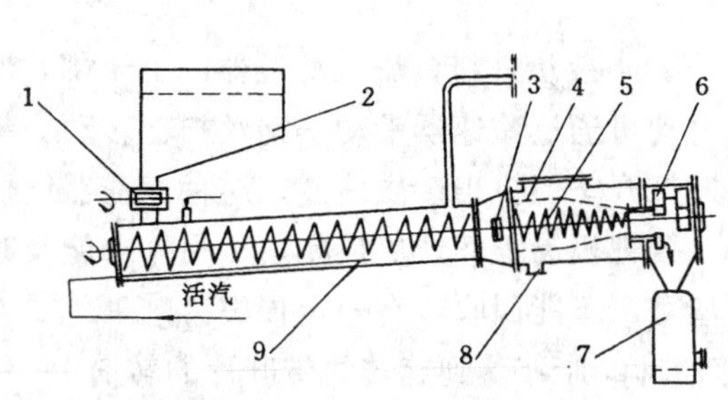

图 26-45 锥体螺旋滤渣器示意图

1. 给料器；2. 料斗；3. 万向联轴器；4. 筛网；5. 锥形螺旋叶片；6. 齿轮组；7. 残渣贮罐；8. 脂液出口；9. 直接蒸汽喷管

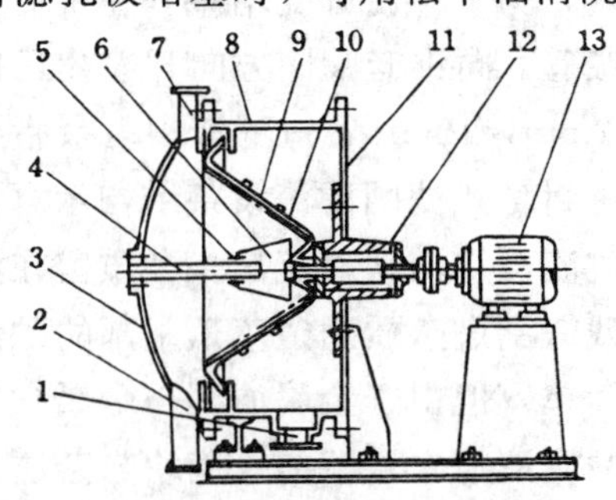

图 26-46 卧式锥篮离心除渣机

1. 脂液出口；2. 出渣口；3. 机盖；4. 脂液进口；5. 挡液杯；6. 布料器；7. 导气管；8. 机壳；9. 滤筛；10. 锥篮；11. 后盖板；12. 传动座；13. 电机

篮夹角 65°。布料器的装置如图 26-48。在轴端盖上伸出 3 个螺丝，固定锥形布料器。进料管伸入布料器内。布料器随轴一起转动。当脂液由进料管注入布料器，就立即被飞速旋转的布料器均匀地撒向锥篮。布料器与锥篮底盘保持一个适当的间距，使进料量维持较大而脂液不致飞溅出来。试验所用离心机滤筛内径 0.25m，转速 1 460r/min，锥篮外口直径为 650mm 时，生产能力可达 13t/h。残渣组成为：松香 2%～6%、松节油 12%～20%、水分 35%～45%、杂质 28%～35%。动力消耗经测定为 0.3 度/t 脂液。除渣后脂液中杂质含量仅 0.02%～0.04%。净制时中间层可减少。由于松脂中的杂质成分复杂，有木片、松针、铁钉、树皮、泥沙等，泥沙易将筛孔堵塞，铁钉又易将筛网刺破，因此，这种滤渣器应用时应先分离粗渣，并以两台轮换使用，以便清洗和更换筛网。

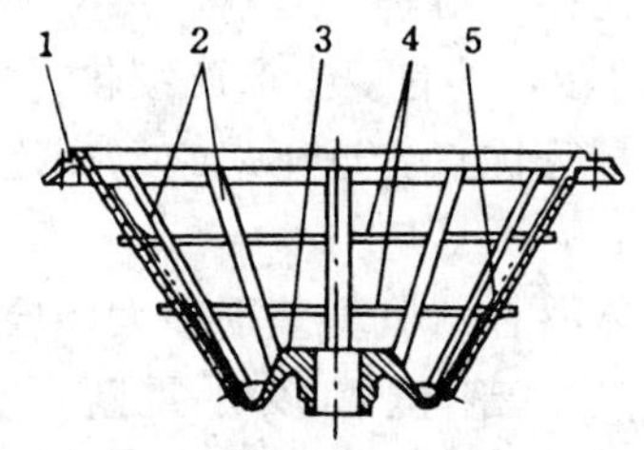

图 26-47　锥篮离心机框架

1. 篮环；2. 筋条；3. 底盘；
4. 加强环；5. 滤筛

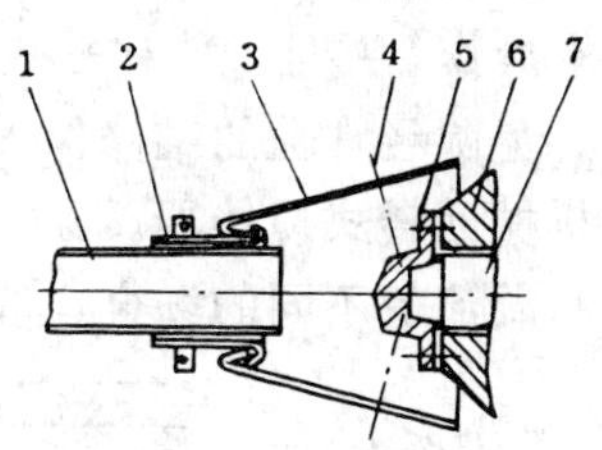

图 26-48　布料器装置

1. 脂液进料管；2. 挡液圈；3. 布料器；
4. 固定螺丝；5. 轴端盖；6. 底盘；7. 轴

2.2.2　熔解脂液的净制

生产上净制工段分两部分，一是水洗，一是澄清。传统的工艺，在熔解工段，松脂经水和蒸汽冷凝水的洗涤，直接经过渡槽送至澄清槽。实际上，熔解时有一定温度，提高了树皮等杂质中色素的浸出率，它们大部随水于澄清过程中除去，但仍有部分留在脂液中，使产品松香的颜色加深。因此，工厂在实践过程中增加了水洗工艺。一般的水洗工艺都是在熔解脂液粗滤后进行。水洗除进一步洗去色素外，还可洗去脂液中残留的无机酸，以减弱蒸馏时树脂酸的异构作用。

水洗后从脂液中除去细小杂质和水，则大多仍用澄清法。澄清法设备简单、维修方便，无需动力消耗，缺点是占地面积大，分离时间长，还需加一套中层脂液处理设备。高压静电场中脂液连续澄清工艺在中小型厂应用效果显著。

经粗滤后熔解脂液的组成为：松香 44%～49%、松节油 27%～30%、水分 20%～30%、杂质 0.1%左右。

2.2.2.1　脂液水洗工艺与设备

熔解脂液经粗滤将大部有色物质滤去，经过渡槽沉去有色的洗涤水，再进行水洗，以进一步除去脂液中的色素和无机酸。水洗的过程实质上是液-液萃取的传质过程，色素从脂液中经脂液-水两相的界面扩散到水中。为了提高传质效率，务使两相充分接触，并拌有较强的湍动。水洗应避免乳化，萃取完毕后两相应较快地完善分离。水的温度应达 90℃以上，与脂液同温，过低会降低脂液温度而使粘度升高，影响两相的分离澄清。由于萃取剂是水，故水量要求并不严格。但对水质有一定要求，应是清洁的自来水，最好是蒸汽冷凝水或油水分离器分出的水。目前工厂用的水洗设备多样，有搅拌式、脉动筛板塔、静态混合器、管道混合，并试验过超声波水洗。有的工厂在熔解工段不加草酸而在水洗时加入，可节约草酸用量。但残留在脂液中的酸离子在蒸馏时会促进树脂酸的异构[150,151]。

（1）搅拌式水洗：熔解脂液经过渡槽，停留10～20min，排去沉下的渣水，进入带搅拌器的水洗釜，釜内不断加入90°以上热水，搅拌转速80～90r/min，以强化萃取效率，但不宜过快，以免引起乳化，影响澄清效果。

（2）静态混合器[152~154]：静态混合器的定义是："借助流体管路的不同结构，得以在很宽的雷诺数范围内进行流体的混合，而又没有机械式可动部件的流体管路结构体。"它是完全不带机械活动部件的高效混合设备，在管道内放入一些静止的混合元件，如极简单的扭曲叶片或交错平板的组合，就能在广阔的领域内实现混合、搅拌、溶解、萃取、热交换、吸收、分散、乳化等基本操作，并且，稍有一些动力就能使之运转，具有使生产连续化、装置小型化、节能化、省力、免除经常性的维修保养和提高产品质量等优点。近年来它已广泛应用，并正逐步部分取代机械回转式搅拌器。

对于层流和湍流等不同的场合，静态混合器使流体混合的机理差别很大。层流时，是分割-位置移动-重新汇合的三要素对流体进行有规则的反复作用而混合，在雷诺数<1的流速下，混合器的扭曲角度以接近180°时最佳，其余的角度均使混合减弱；湍流时，除以上三要素外，由于流体在流动的断面方向产生剧烈的涡流，有很强的剪切作用于流体，使流体的微细部分进一步被分割而进行混合。

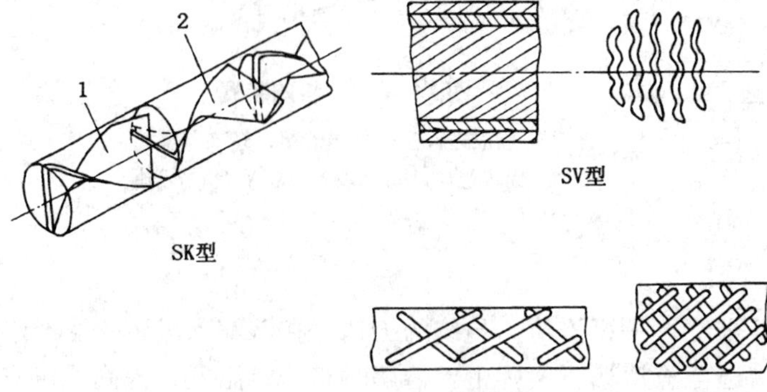

图26-49 静态混合器元件结构

1.左旋；2.右旋

国外已开发的静态混合器有几十种，国内也已有几种定型产品，如SV型、SX型、SL型、SH型、SK型等（SV、SX、SK型如图26-49）。虽然脂液的粘度在所有这些静态混合器的适用范围内，但或因切割分散度过小，不易分离；或因结构复杂，脂液中带有细小杂质，易为堵塞。因此，前四种型号结构复杂，而SK型混器结构简单，压力降最小，最高分散度可达1μm，易于在澄清时分层。SK型静态混合器单元的压力降计算见下列公式：

$$\Delta P=\varphi_D \frac{\rho_c}{2}u^2 \frac{L}{D} \tag{26-20}$$

式中：$\triangle P$——压力降（Pa）；

ρ_c——连续相密度（kg/m^3）；

L——混合器长度（m）；

D——混合器内径（m）；

u——表观线速度（m/s）；

φ_D——摩擦系数。

SK 型静态混合器摩擦系数 φ_D 的关系式见表 26-34。

表 26-34　SK 型静态混合器摩擦系数 φ_D 的关系式

层流区		过渡湍流区		湍流区		完全湍流区	
范　围	关系式	范　围	关系式	范　围	关系式	范　围	关系式
$R_{eD}<23$	$\varphi_D=430/R_{eD}$	$23<R_{eD}<300$	$\varphi_D=87.2R_{eD}^{-0.491}$	$300<R_{eD}<11\ 000$	$\varphi_D=17.0R_{eD}^{-0.205}$	$R_{eD}>11\ 000$	$\varphi_D=2.53$

在典型的情况下，物料通过 SK 型混合器的压力降为空管的 4 倍。

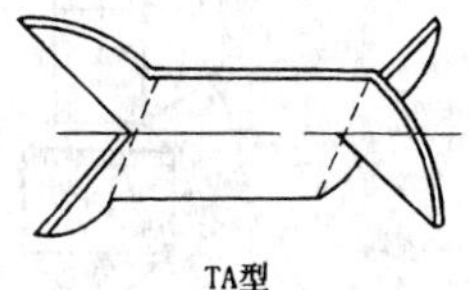

图 26-50　TA 型静态混合器元件结构

福建林学院曾对另一种静态混合器作了试验和应用[155,156]，它具有切割、交叉旋转和自行搅拌的三重作用，称为 TA 静态混合器（如图 26-50）。它结构简单、加工方便，用于脂液水洗不易堵塞，且加工方便。经试验，10 个单元的 TAa 型静态混合器其级效率是 SK 型的 2.3 倍，其体积传质系数接近效率较高的 SV 型，当流速为 0.4～0.8m/s 时，体积传质系数为空管的 13.1～19.5 倍。

为了克服脂液和水通过静态混合器所造成的压力降，必须使进入静态混合器的脂液和水具有一定的能量。较好的方法是使之形成位能，用泵是不适宜的。设计时要根据生产能力进行机械能的计算，以确定静态混合器单元的大小、数量和造成位能设备的相对位置。脂液水洗后还要进行澄清，水洗不能使脂液乳化，又要充分萃取出脂液中的色素。据初步试验，水洗器中液体的流速不能大于 1m/s，否则 5 只静态混合单元就会使脂液乳化，影响澄清过程。单元安装的位置宜直立式，较水平安装取得更佳的效果。以避免细小杂质停留于单元中而堵塞。

(3) 管道混合水洗：它是以较简单的装置进行水洗的方法。粗滤后的熔解脂液在过渡槽中除去大部分水后，流入较长的水平管道，90～95℃的热水从高位槽通入管道的上方，使脂液与热水在管中经较长距离混合后进入澄清槽组，热水用量为脂液量的 10%左右。这种工艺较简单，其效果则较弱。

(4) 脉动筛板塔水洗[160]：一般用往复板式萃取塔（如图 26-51），将多层筛板按一定的板间距固定在中心轴上，与塔内壁保持一定的间隙，操作对筛板随中心轴在塔内作垂直上下往复运动，筛板宜用耐腐、密度较小的金属或用聚四氟乙烯塑料制成。水洗的效率与往复的频率有关，当脉动振幅一定时（6～50mm），它们成正比关系。因此在不使发生液泛的前题下，用较高的频率可获得较好的操作效率。水洗的工艺流程如图 26-52。

(5) 超声波水洗[157,158]：超声波是高频（大于 20 000Hz）的物体在介质中所产生的人耳不能听到的弹性纵波，由于能量集中，可使介质产生剧烈振动。超声波用于脂液水洗时，过热水蒸气气流通过喷嘴以高速冲击脂-水液体，使之形成超声波场。在超声波的作用下，液体受强烈的冲击而发生空化作用，使脂液和杂质在水中充分分散，可以得到直径 1μm 以下的粒子。由于容器中空化气泡的直径不同，它的固有振动频率也不同，当超声振荡的频率与其频率一致时就产生共振，此时振幅大、振动剧烈，相互撞击的机会增大，造成松脂在水中得以充分洗涤，这是利用超声水洗松脂的基本原理。

超声波作用不仅可改进工艺过程的速度，而且可以改变过程的方向。在声振对液-液和液-固非均相系统的作用下，发生正的和反的过程：乳化（悬浮）⇌凝聚。而过程的方向很大程度上由超声波的作用时间和振荡频率所确定。可以选择一种最适宜的频率，以达到最大的分

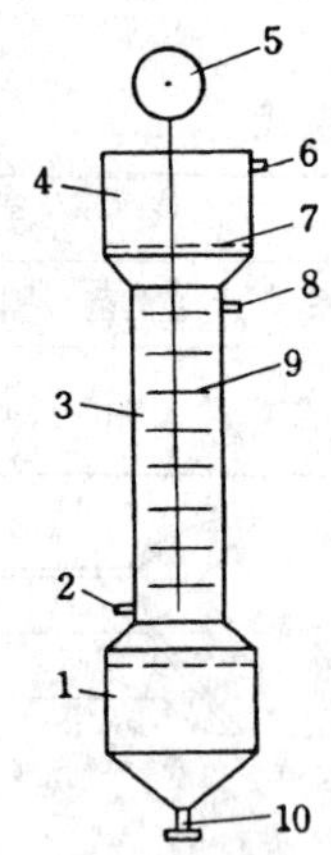

图 26-51 往复式脉动筛板萃取塔

1. 下澄清区；2. 脂液进口；3. 萃取区；4. 上澄清区；5. 传动机构；6. 脂液出口；7. 筛板；8. 洗涤水进口；9. 往复筛板；10. 排渣水口

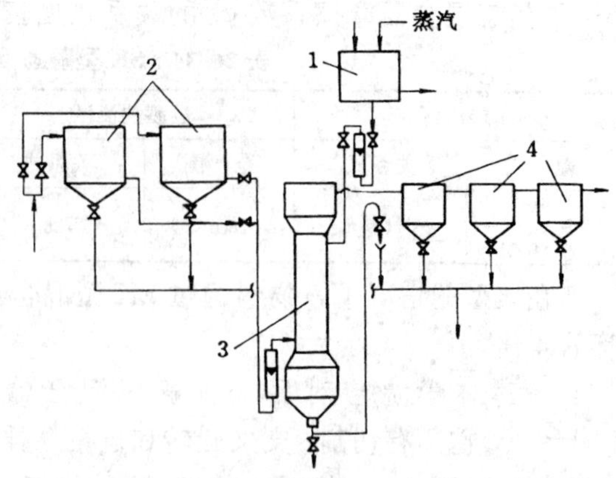

图 26-52 脉动筛板塔水洗工艺流程

1. 高位槽；2. 过渡槽；3. 水洗塔；4. 澄清槽组

散度。在某些情况下，由于所用频率的关系也会发生逆过程，即悬浮粒子的凝聚作用。频率与粒子的直径间有严格的关系，半径 r 的粒子在凝聚时需一定的频率 f，凝聚效应最大的 r^2f 应为常数。

某厂的水洗器是用不锈钢制成的容积 2.1m³ 的倒锥形容器。为提高净化效果，在水洗器中部插入声振发射器（如图 26-53）。在水洗器中加入脂液和沸水（100℃），沸水量为脂液的1/3。当表压 0.4MPa 的蒸汽通入声振发射器时，喷嘴吹出的气流速度为 426.75m/s，表压为0.5MPa 时，气流速度为 449.45m/s，水中产生强烈的沸腾现象，赶出了水中的空气（即脱气），又因过热蒸汽夹有一定量的空气溶于水中，促进了乳化过程。同时，液体中存在超声场，使介质产生不断压缩和稀疏，所形成的空化现象使液体粒子进行剧烈的加速运动。介面上的松脂很快混浊起来，而在下方的水也慢慢变成混浊，使脂液水形成水浊液，水内形成脂浊液。继续进行超声处理，当混浊液达到极限后，分散粒子的凝聚作用开始显示，延长超声处理时间，导致乳化作用减弱，加速凝聚过程的进行，当获得适宜的频率及一定时间（振荡时间 7min，静置时间 10～15min）后，脂水的混浊液因凝聚作用而逐渐分层。

经长期使用，超声波水洗工艺存在二个问题：一是由于过热蒸汽有一定压力，一次水洗结束后阀门不易关紧，稍有漏气，即有蒸汽外泄，继续搅动脂-水混合液，影响澄清效果；另一是关闭蒸汽阀门后，脂液易进入发生器内，影响发生器的下一次操作。

(6) 其他水洗设备[159]：有的工厂采用扭转叶片结合直接蒸汽搅拌的水洗方法。其设备结构如图 26-54。脂液和洗涤热水从顶部直管沿小嗽叭档板进入水洗器底部，通直接蒸汽搅拌，向上反流，经两个半月形扭转叶片后流出水洗器，扭转叶片焊在脂液进管外壁。进入水洗器的水温为 40～60℃，进水量控制为脂液量的 30%，直接蒸汽压力 0.01MPa 时水洗效果最佳。

2.2.2.2 脂液澄清工艺与设备

(1) 脂液澄清过程的理论基础[163]：澄清法是利用悬浮液或互不相溶的液体中各种物质密度差而自行分层的原理。泥沙等较重的物质较易下沉，水、树皮、木屑等与脂液的密度相差不大，需要较长的沉降时间。如水的粒子比较分散，大小不一，要使它们下沉，又必须按最小的沉降速度计算。沉降时颗粒以一定的速度相对运动，在层流的情况下（$Re_0<0.3$，可近似

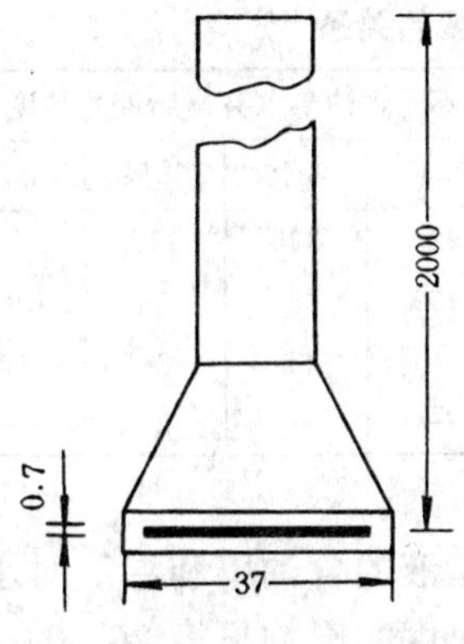

图 26-53　声振发射器

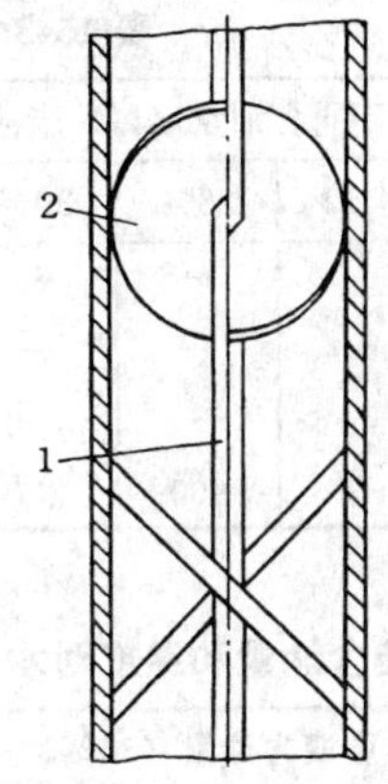

图 26-54　混合型水洗器结构

1. 水洗器脂液进管；2. 扭转叶片

用到 $Re_0=2$，$\xi=24/Re_0$）符合斯托克斯定律，计算公式如下：

$$u_0=\frac{d^2\ (\rho_1-\rho_2)\ g}{18\mu} \tag{26-21}$$

式中：u_0——沉降速度（m/s）；

d——下沉粒子（水）的直径（m）；

ρ_1——下沉粒子（水粒）密度（kg/m^3）；

ρ_2——介质（脂液）密度（kg/m^3）；

g——重力加速度（m/s^2）；

μ——介质（脂液）粘度（mPa·s）。

从上式可知，沉降速度决定于下沉粒子的大小、下沉粒子和介质的密度差以及介质的粘度。由于直接蒸汽加热熔解，部分水粒直径很小，极不一致，通常不易测定，目前生产上一般用 0.2～0.5mm 进行计算。

脂液的密度和粘度都与脂液中松节油的含量和温度有关。脂液中松节油的含量和温度对脂液密度的关系见表 26-35。从表 26-35 中可以看出，脂液的密度随温度和油含量的增加而减小。进入工厂的松脂原料与水的密度接近，较难分离。为了在澄清时使松脂与水很好分离，必须增大它们的密度差。过去曾在水中加食盐，以提高水的密度，但加食盐易腐蚀设备和管道，并增加废水中的污染；食盐还易与草酸等杂质形成不溶于水的物质，而将过滤板的滤孔堵塞；且易在换热器和蒸馏设备中形成锅垢，影响传热效果，再就是松香中残留食盐影响透明度和增加灰分含量。因此，在熔解时不再加食盐而用加松节油的方法（含油量 36%～38%）加大水和脂液的密度差，取得良好的澄清效果。

表 26-35　松脂中松节油含量和温度与密度的关系[164]

温　度（℃）	水的密度（kg/m^3）	不同松节油含量脂液的密度（kg/m^3）			
		15%	20%	40%	50%
20	998	1 028	1 000	978	957
40	992	1 016	986	964	943
60	983	1 004	974	948	927
80	972	990	956	934	911
90	966	984	948	926	903
100	959	977	940	919	895

脂液的粘度也受松节油含量和温度影响，它们的关系见表 26-36。从表可见，在含油量接近 40%时，80～90℃脂液的粘度降低较快。

表 26-36 脂液的含油量和温度与脂液粘度的关系[164]

温度(℃)	不同含油量(%)脂液的粘度(mPa·s)					温度(℃)	不同含油量(%)脂液的粘度(mPa·s)				
	20.4%	25%	30%	35%	40%		20.4%	25%	30%	35%	40%
20	—	—	—	—	390	60	920	300	115	51	28
30	—	—	—	500	180	70	300	130	58	30	17
40	—	—	660	230	89	80	145	65	34	19	14.54
50	—	900	280	100	43	90	—	—	26	—	8.12

表 26-37 脂液含油量和温度对水在脂液中沉降速度的影响

温度(℃)	脂液含油量(30%)	脂液含油量(40%)
	水的沉降速度(m/h)	水的沉降速度(m/h)
70	0.087	0.256
90	0.184	0.572

脂液的含油率和温度对水在脂液中沉降速度的影响见表 26-37。表中说明，无论在 70℃或 90℃，脂液含油量从 30%增至 40%，水在脂液中的沉降速度增加 2 倍左右，而温度从 70～90℃，30%和 40%的含油量，水在脂液中的沉降速度都会加快 1 倍多。脂液含油量接近 40%，温度 90℃时对澄清更有利。

(2) 脂液澄清工艺：

① 半连续式脂液澄清工艺：半连续式脂液澄清是脂液的流动是连续的，排渣水则是间歇的。用澄清槽组设备是我国间歇式松脂水蒸气加工工厂和大部分连续式松脂水蒸气松脂加工厂所采用，其工艺流程如图 26-55。

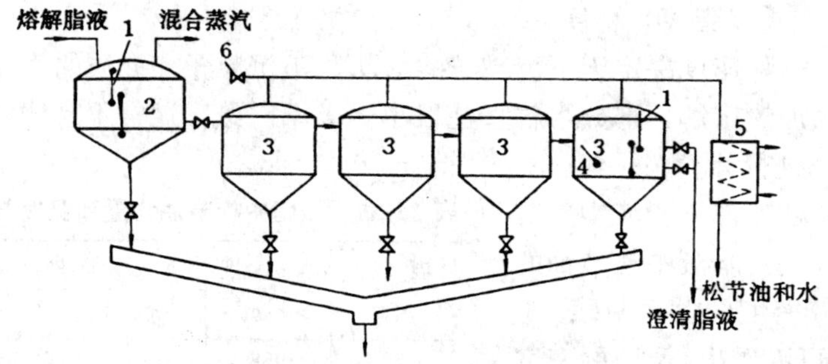

图 26-55 半连续式脂液澄清工艺流程图

1. 液位计；2. 过渡槽；3. 澄清槽；4. 温度计；5. 冷凝器；6. 单向阀

水洗后的脂液先经一过渡槽，停留 10～15min，将沉降下来 70%～90%的水和细小杂质除去，然后逐个流经澄清槽组，脂液在各槽上部连续流动，保持稳定的流速和正常的液面，水分和杂质继续沉降。澄清后的脂液再经一小型过滤器，除去在澄清过程中未沉降的树皮等浮渣，送入蒸馏工段。各槽排出的渣水和中层脂液由各槽下部放出，放至中层脂液溶解槽回收中层脂液，各槽排渣水定时进行。

为了保持脂液在澄清时的正常稳定流动，过渡槽的位置相对较高，以保证放出渣水后脂液高于澄清槽脂液液面，各澄清槽脂液的进出口尚须保持一定位差，一般相差 10cm。在压送脂液和澄清过程中，部分松节油和水蒸发汽化，过渡槽和澄清槽顶通管道接冷凝器，以回收松节油。澄清槽沿内壁设蒸汽加热盘管备不时之需，一般不用，而用加厚保温层（10～

15cm）的方法维持槽内的温度（85～90℃）。

半连续式澄清槽组的过渡槽可由钢板焊成内衬水泥混凝土，也可用不锈钢板焊成（如图 26-56）。在进脂管 3 下设一铝板制喇叭 2，进入的脂液可均匀地经喇叭分散至槽中而不致冲击。顶盖上设一导气管 4 接冷凝器。槽的容量稍大于熔解釜 1 釜的总液量，取高径比1∶3～4，扩大其断面积，以便在较短的时间内使大部分水下沉。

澄清槽的结构如图 26-57。槽呈锥底圆柱体，由不锈钢板焊成，也可用普通钢板焊成内衬混凝土。高径比为 1∶2，锥底夹角约 90°～110°，槽内设铝制或不锈钢制嗽叭与进脂管相接。喇叭的斜面可使脂液均匀地向四周分布而不致搅动，并使水粒在喇叭面上凝聚。大喇叭 6 的直径为槽身内径的 60%左右，用螺钉固定于焊接在锥形底的不锈钢支架上。脂液由进脂管 2 进入槽内，经小喇叭 5 分散至四周，再沿大喇叭流下。由于密度不同，脂液向上浮，经出脂管 4 流至下一澄清槽，而密度较大的水分和杂质则下沉于槽底，由排渣水管定期排出。槽顶设导气管 3，接冷凝器。

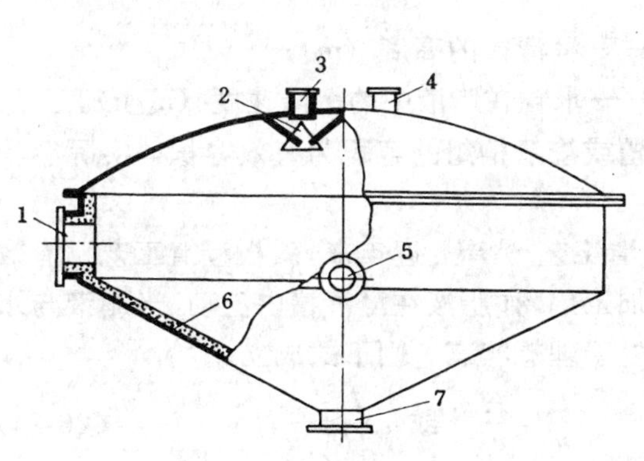

图 26-56　过渡槽结构图

1. 人孔；2. 喇叭口；3. 进脂管；4. 导气管；5. 放脂管；6. 混凝土层；7. 排渣水管

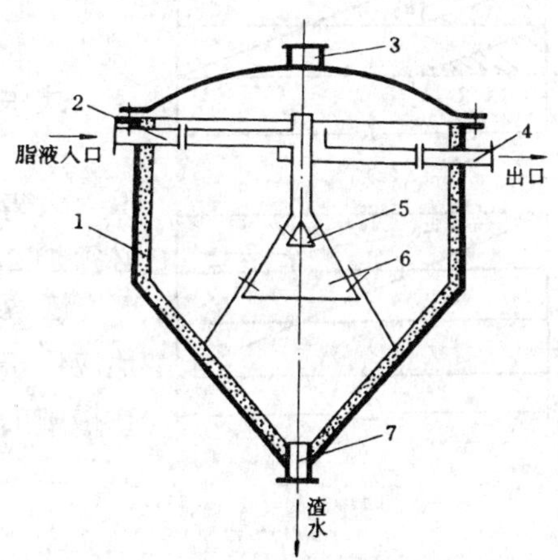

图 26-57　澄清槽结构简图

1. 槽身；2. 进脂管；3. 导气管；4. 出脂管；5. 小喇叭；6. 大喇叭；7. 排渣管

长方形半连续式澄清槽是将澄清槽组设备的容积集于一个长方形澄清槽中，下部设 2～3 锥形放渣斗和阀门，以定期排出泥沙等杂质，锥形斗下部之间有一连通管，使沉水相通，沉水从一个锥形斗的下部流出，经∩形管流入水沟。∩形管是引用油水分离的原理，使水与脂液都保持一定的液面。此工艺不处理中层脂液而在停产时处理，由于澄清过程中扰动少，中层脂液也不断分层，减少了中层脂液的容量。长方形半连续式澄清槽示意如图 26-58。

澄清槽组或澄清槽的最大容量，可以根据需要净制的松脂脂液和沉降速度决定。澄清槽组或澄清槽的总容积 V 可用下式计算：

$$V=\frac{QT}{\rho}\ (\mathrm{m^3}) \tag{26-22}$$

式中：Q——进料量（kg/h）；

T——澄清时间（h），一般采用 6～7h；

ρ——脂液的密度（$\mathrm{kg/m^3}$）。

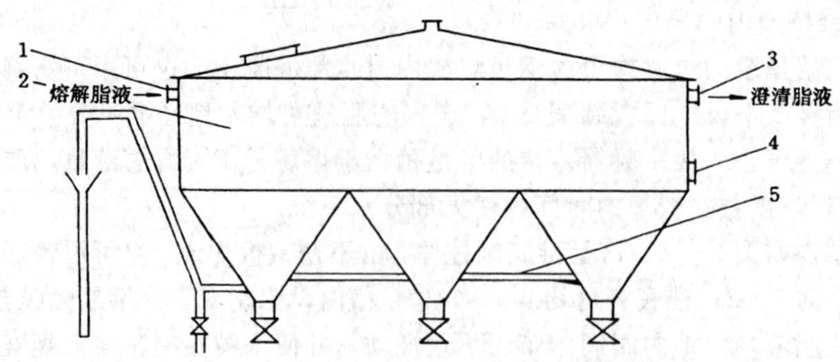

图 26-58 长方形半连续式澄清槽示意图

1. 脂液进口；2. 长方形澄清槽；3. 脂液出口；4. 放脂管；5. 连通管

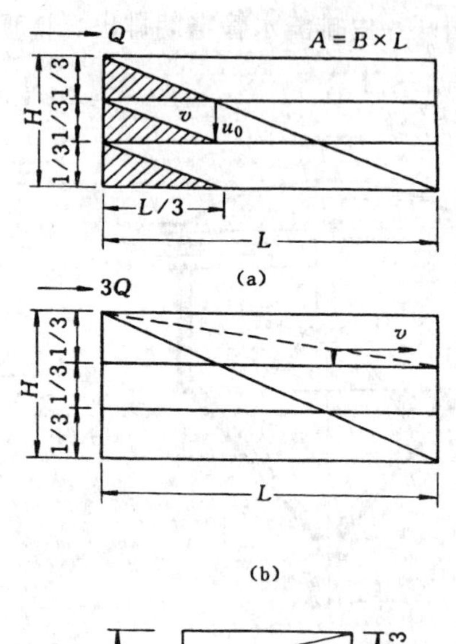

图 26-59 斜板澄清槽原理简图

(a) 缩短槽的长度；(b) 增大流量；(c) 横流斜板

为确定澄清槽的容积，还可根据沉降速度计算澄清时间 T：

$$T=\frac{H}{u_0} \tag{26-23}$$

式中：H——澄清槽的高度（m）；

u_0——水粒在脂液中的沉降速度（m/h）。

求得澄清槽或澄清槽组的容积为有效容积，实际容积必须加 20%。

② 斜板澄清工艺[161,162]：近年来，斜板澄清工艺已有效地应用于松脂加工厂。如脂液在澄清槽内流动，当脂液与水在槽中的流动处于理想状态，则下式成立。

$$\frac{L}{u}=\frac{H}{u_0} \quad 或 \quad \frac{L}{H}=\frac{u}{u_0} \tag{26-24}$$

式中：L——澄清槽长（m）；

H——澄清槽高（m）；

u——脂水混合液水平流速（m/s）；

u_0——水粒沉降速度（m/s）。

当 L 与 u 值不变时，槽高越小，则可截留的水粒沉降速度 u_0 亦越小，且成正比关系。如果在槽中增设水平隔板，将原来的槽高度 H 分为多层，如分为 3 层，则每层高度为 $H/3$，假定水平流速 u 不变，如图 26-59，由于 H 减至 $H/3$，在每层隔板上的流动距离 L 缩短为 1/3，即可将水粒、泥沙截留在槽内。因此，槽的总容积可减少 2/3。又如图所示，若槽的长度不变，截留水粒的沉降速度仍采用 u_0，由于沉降高度减少为 $H/3$，水平流速增大 3 倍为 $3u$，仍可将沉降速度为 u_0 的水粒截留下来。或者，将槽高为 H 分隔成平行的三个格间，即可使处理能力提高 3 倍。

综上所述，在理想条件下，分隔成 n 层的澄清槽，在理论上其处理能力可较原澄清槽提高 n 倍。为解决各层的排水和杂质问题，工程上将水平隔层改为与水平面倾斜成一定角度 α 的斜面，形成斜板（一般为 50°～60°）。各斜板的有效面积总和，乘以倾角 α 的余弦，即得水平总的投影面积，也就是脂、水混合液的总沉降面积为：

$$A=\sum_{n-1}^{n}A_1\cos\alpha \tag{26-25}$$

由于脂液的粘度大，细小杂质多，斜板间距应大于一般隔油池，采用 200～300mm，以免中间层将间隙堵塞，影响继续澄清。

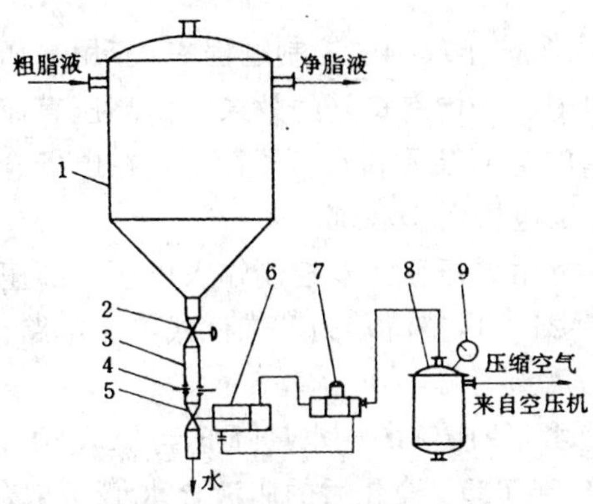

图 26-60　澄清锅自动排水装置示意图

1. 澄清锅；2. 手控阀；3. 排水管；4. 电极；5. 排水阀；6. 气缸；7. 电磁阀；8. 贮气缸；9. 电接点压力表

实践证明，斜板澄清用于脂液澄清，与喇叭式澄清槽组相比较，金属用量和基建面积都可节约 1/3 以上。

③澄清槽自动排水[140]：多年来，工厂多用人工操纵阀门排放过渡槽和澄清槽的渣水，操作频繁，排放时渣水温度在 80℃以上，汽雾大，还有油气及臭气逸出，影响工人健康。80 年代初梧州松脂厂的工程技术人员依据澄清槽排放渣水和脂液的电阻不同，研制成自动排水装置。纯的脂液在 80～85℃时是绝缘的，电阻为无穷大；含水分 2%时，电阻为 5 000kΩ 以上；中层脂液含水量 50%左右，电阻为 20～35kΩ；澄清下层的渣水电阻为 8～10kΩ，因此，可利用脂液各层液体电阻不同，用仪器控制排水阀门。为避免澄清槽在同一时间排渣水，可采用人工远距离按电钮逐个澄清槽排水，排完后自动关阀门。澄清槽自动排水装置示意如图 26-60。

自动控制线路如图 26-61。图 26-61 中 B 为电源变压器，K 为电源开关，RD 为熔断器，D_1 至 D_4 为 18V 的桥式全波整流、输出 16.2V 的直流脉动电压，供给开关管电源。J 为电接点压力表常开触头。在排水过程中，如果压缩空气压力降到 0.3MPa 以下，常开触头 J 即打开，切断中间继电器的电源，关闭排水阀，这样可防止在排完水后，因没有压缩空气关闭排水阀而排出脂液。J_1 为中间继电器线包，设置 J_1 的目的，是便于随时检查水分是否排完，当有水时，开关管打开，中间继电器 J_2 工作，常开触头闭合，讯号灯 d_3 亮。D_5 为 J_1 的续流二极管，R_1 为限流电阻，A 为按钮。J_{1-1}为中间继电器 J_1 的常开触头。J_2 为中间继电器线包，J_{2-1}为中间继电器 J_2 的常开触头，D_6 为 J_2 的续流二极管。R_2 为限流电阻，BG 为晶体三极管。C 为防干扰电容。R_3、R_4 均为分压电阻。G 为澄清锅底部电极间物料的变化电阻。D_7 至 D_{10}为 26V 的桥式全波整流，输出 23.4V 的直流脉动电压，供给电磁阀电源。J_{1-2}为中间继电器 J_1 的常开触头，D_{11}为电磁阀的续流二极管。DF_{4-1}为电磁阀，d_1 为电源讯号灯，d_2 为排水讯号灯，d_3 为有水讯号灯，S 为讯响器。

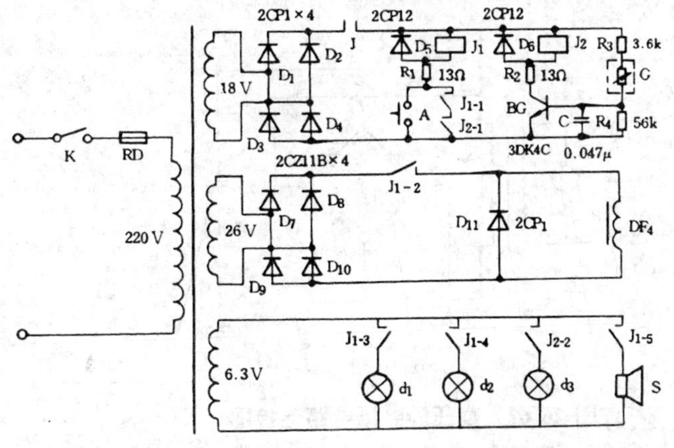

图 26-61　脂液自动排水控制线路

控制过程如下：

当某个澄清锅根据工艺要求，需要排水时（当两电极处于水中时，电阻值较小，开关管 BG 是导通的，中间继电器 J_2 已得电工作，讯号灯 d_3 亮，表示有水及有足够的压缩空气，中间继

电器 J_1 得电工作，电磁阀得电，压缩空气推动气缸，打开排水阀排水。与此同时，讯号灯 d_2 亮，讯响器鸣声，发出排水信号，当排完水分和中间层脂液后，电极接触到脂液，电阻突然增大，开关管 BG 截止，中间继电器 J_1 和 J_2 同时失电复位，电磁阀失电，关闭排水阀，与此同时，切断信号灯及讯响器所发出的信号，控制结束。

④ 高压静电场脂液澄清工艺[165]：在化工生产和环境保护排放物的控制过程中，应用高压静电场作为气体的除尘、液体雾滴的捕集和石油原油的脱水等均有良好的效果。由高压直流电源（40～70kV）产生不均匀电场，利用电场中的电晕放电使杂质和水粒子荷电，在电场仓库力作用下荷电的颗粒集向正极，凝集成较大的颗粒沿正电极沉于底部。

高压静电场的电路如图 26-62。初级电压为 220V，可用调压变压器控制输入电压，高压变压器为油浸式单相感应变压器，变压比为次级：初级＝21：1，整流器为硅堆桥式整流电路。试验证明，同心电极的相对除水率较平板电极高 10%～20%。

熔解脂液或水洗后的脂液先进入过渡罐 4，除去大量水，使脂液的含水量降低至 2%以下，然后向上进入电塔 2。脂液在电塔中停留约 20min（如图 26-63）。净化后的脂液含水量 0.5%以下，经转子流量计放入贮槽 7，也可直接流入净脂贮槽，泵入蒸馏塔，蒸馏放出的松香，其杂质含量符合国家标准。

在澄清过程中，电场情况稳定，一般正常情况下电流小于 0.5mA，消耗能量小。当处理脂液量较多时，入塔脂液中的水分含量偏高，瞬间偶有放电，电流可达 30mA 左右，由于脂液在密闭设备中，与空气隔绝，不致引起火灾。操作中安全可靠，除采用接地措施外，不需特殊防护措施。

中试设备生产能力为 170kg/h，生产能力增大时可相应增加个数，并联操作。生产的最佳条件为电场强度 1 635 V/cm，脂液温度 90℃，含油率 40%。设备材料用不锈钢制，塔径 160mm，有效高度 1.2m。中心电极上部为 16mm、下部为 12mm 的不锈钢管焊制。塔体外部用蒸汽夹套保温，下部联接一过渡罐，直径 350mm，高 560mm，外用夹套保温，作为脂液进塔的过渡，排去绝大部分水。

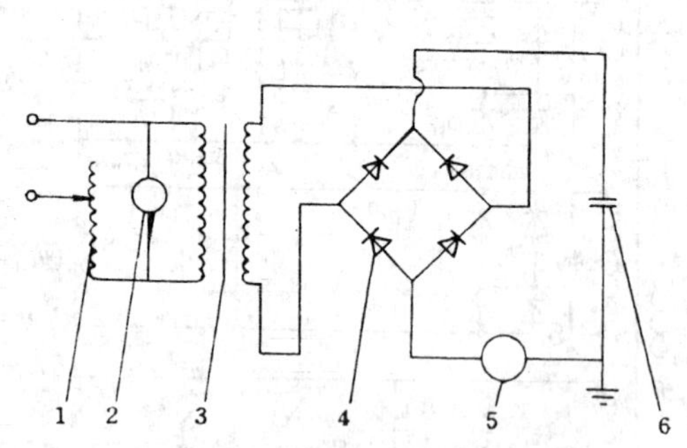

图 26-62 高压静电场电路连接图

1. 可调变压器；2. 电压表；3. 高压变压器；4. 整流器；5. 毫安表；6. 工作电场

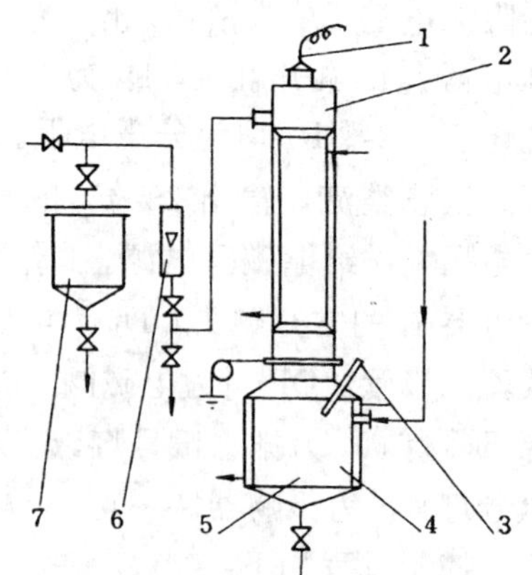

图 26-63 高压静电场脂液连续澄清流程

1. 电极；2. 电塔；3. 温度计；4. 过渡罐；5. 视镜；6. 计量计；7. 贮槽

某厂曾试验过用 DZY-30 型油分离机分离水和细小杂质，脂液中原含水 2%～3%，经分离后水分降至 0.2%～0.4%，基本不含细微杂质，无中间层形成，脂液清彻透明，因耗电较多，维修清理较繁，暂未用于生产。

（3）中层脂液的处理和利用：在脂液澄清过程中，脂液上浮，水和杂质下沉，还有一些树皮等细小杂质停留在脂液和水之间，形成脂液、水、杂质混杂的褐色液体，称为中层脂液或中间层，其组成因原料松脂的质量不同而有较大的差异；松香 40%～50%，松节油 15%～25%，杂质 2%～10%，水 25%～40%。其总量约为原料量的 1%～3%。长方形澄清槽下有连通管，中层脂液一般不随渣水排出，而是停留在槽中，至停产时排出统一处理，可能停留槽中能继续分层，减少了中层脂液的量。高压电场澄清工艺亦有少量中层脂液随渣水排出，排出量随原料松脂的质量、熔解和澄清时的操作条件，如温度、含水量、含油量的变化而变化。试验时中层脂液的含量约占处理脂液量的 1%～5%，其组成为：松香 47.2%、松节油 28.6%、杂质 1.9%、水 22.3%。从组成看，中层脂液松脂质约占 55%～75%，应进行回收。

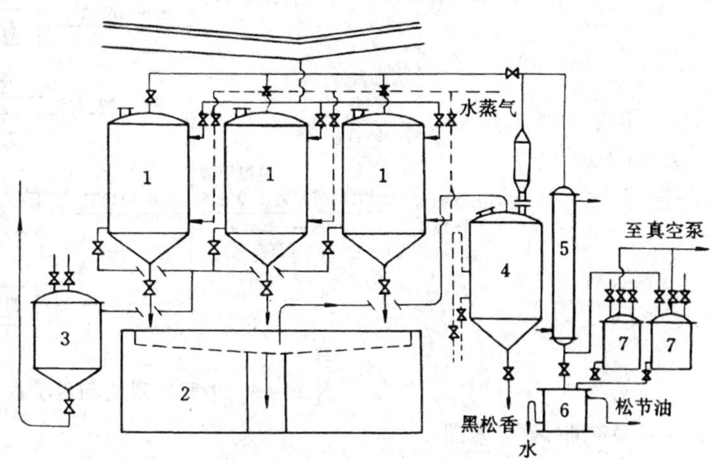

图 26-64　中层脂液再澄清回收工艺流程

1. 中层脂液澄清槽；2. 排渣水槽；3. 压脂罐；4. 喷提锅；5. 冷凝器；6. 油水分离器；7. 真空受器

①中层脂液的处理：中层脂液再澄清回收的工艺流程如图 26-64。

过渡槽和澄清槽排出的渣水和中层脂液都经排水沟流入中层脂液澄清槽 1，定期排出渣水至下水道，中层脂液则留于槽中，当积聚到一定量后加入熔解油，使中层脂液的含油量达到 40%左右。再通直接蒸汽加热至 95℃，然后静止澄清，澄清 2～4h，下层的水经排渣水槽 2 排至下水道，处于上层的脂液放入压脂罐 3，用蒸汽压送至澄清槽组与溶解脂液混合回收，或代替部分熔解油流入熔解器。中间的尾渣放入喷提锅 4，用直接蒸汽喷提出松节油，油水混合蒸汽经冷凝器冷凝冷却后送入熔解油高位槽作熔解油。喷提后的残渣由排水沟排至车间外的残渣池中，以之炼松焦油。其组成为：松香 10%～15%、松节油 5%～6%、水分 20%～25%、杂质 52%～67%。

另一种处理方法是澄清渣水和中层脂液放至车间外水泥砌成的池中进一步澄清，澄清后的中层脂液用泥浆泵抽入喷提锅回收松节油，并炼制成黑香。

②中间层残渣的利用：在喷提后的残渣中尚有相当量的松香与松节油，还可以进行再利用。一般工厂将它与干香或等外低级黑香一起经高温干馏裂化制轻油及松焦油。轻油可作选矿的浮选剂，松焦油作橡胶软化剂或木材防腐剂。其流程如图 26-65。

松焦油为深褐色至黑色的粘稠液体，有特殊焦味，密度 1.03～1.07g/cm^3，恩氏粘度200～300s/85℃/100ml，灰分≤0.5%，无机械杂质与水分，酸值小于 20。

因干馏裂化为直接火加热，松香为易燃物品，应特别注意安全。

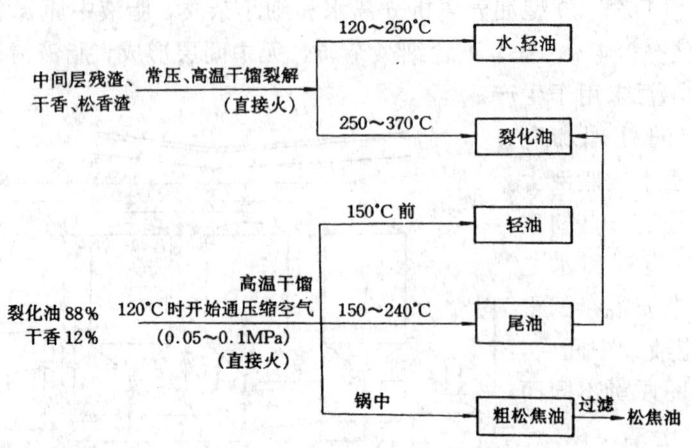

图 26-65 中间层残渣利用示意

2.2.3 净制脂液的蒸馏

经水洗和澄清后的净制脂液可直接进行蒸馏，用水蒸气将松节油蒸出，同时制得松香。由于松脂的组成因采脂树种、地区、季节、树龄而异，特别是松节油组成的差异更大，因此，应根据其组成确定不同的加工工艺。

2.2.3.1 水蒸气蒸馏的原理[170]

水蒸气蒸馏一般用于蒸馏产品与水互不相溶、在常压下沸点比较高、或在沸点时易分解的物质；也常用于挥发组分与难挥发组分的分离。松脂中松节油为挥发组分，松香为难挥发组分。纯松节油的初馏点为154～156℃，含有松香的脂液其沸点则随松香含量的增加而提高，它们的关系如下：

脂液中的松香含量（%）：	20	50	60	70	85
脂液沸点（℃）：	161	168	172	179	195

因此，从脂液中蒸出松节油时将提高蒸馏温度，而蒸出最后的松节油则要求更高的温度，这将使松香裂化甚至焦化，影响松香质量。用水蒸气蒸馏可在较低的温度下蒸完松节油。

道尔顿气体分压定律是水蒸汽蒸馏的理论依据。即组分互不相溶的混合液在受热时逸出蒸气，其蒸汽总压等于该温度下各组分蒸汽压的总和：

$$P=P_1+P_2+P_3+\cdots\cdots$$

其中各组分的蒸汽压仅由混合液的温度确定，与组成含量无关，而在理论上等于该温度下各纯组分的蒸汽压。当外压为大气压时，只要混合液各组分的蒸汽压之和等于大气压，此混合液就沸腾。它的沸点较任一组分的沸点都低。据这个原理，松脂中绝大部分的松节油可用水蒸气蒸馏蒸出，温度不致过高。

水蒸气蒸馏的过程也可视作解吸的过程。水蒸气在蒸馏釜中鼓泡，蒸汽气泡通过被蒸馏的液体时，形成一个空间，松节油组分分子就向这些空间挥发，随水蒸气气泡逸出。因此，除了水蒸气外，还可用其他不与松脂液起化学作用的惰性气体如二氧化碳等作解吸介质，但仍以水蒸气为好，因为水蒸气除了作解吸介质外，还可供热，生产上容易制得。设备简易、普遍，还可调节压力，用惰性气体还得另加供热设备。

不同温度下水、松节油优油和以长叶烯为代表的倍半萜的蒸汽压力见表 26-38。

表 26-38 不同温度下水、松节油优油和长叶烯的蒸汽压力

温度（℃）	水蒸气压力（kPa）	松节油优油蒸汽压力（kPa）	以长叶烯为代表倍半萜的蒸汽压力（kPa）	温度（℃）	水蒸气压力（kPa）	松节油优油蒸汽压力（kPa）	以长叶烯为代表倍半萜的蒸汽压力（kPa）
0	0.61	0.15	0.000 67	120	—	34.97	1.31
20	2.34	0.50	0.004	140	—	61.04	3.00
40	7.39	1.45	0.017	160	—	104.84	6.36
60	19.92	3.66	0.060	180	—	—	12.60
80	47.36	8.34	0.19	200	—	—	23.56
90	70.11	12.26	0.32	220	—	—	41.90
95.6	86.43	14.90	—	240	—	—	71.22
99.85	100.80	—	0.53	254.2	—	—	101.33
100	101.33	17.39	0.53				

各类松节油蒸汽压-温度曲线如图 26-66。

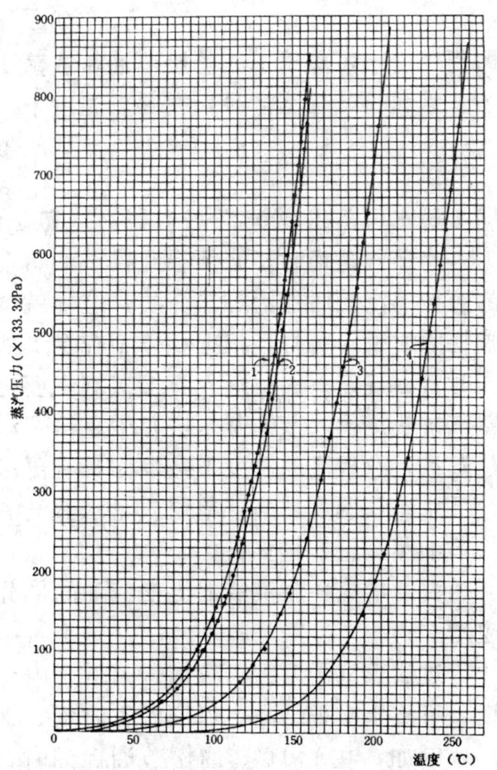

图 26-66 各类松节油蒸汽压-温度曲线图

由表 26-38 可知，水和松节油优油的混合液体的温度达到 95.6℃时，水和长叶烯混合液体的温度达到 99.85℃时，它们的蒸汽压力之和为 101.33kPa。如果这时混合液面上的压力是大气压，混合液就开始沸腾。这个温度不但低于松节油的沸点，也低于常压下水的沸腾温度。

当道尔顿气体分压定律用于液面上的蒸汽时，则在一定温度下与液体混合物处于平衡状态的饱和蒸汽总压力，等于该温度下混合物各个组分的蒸汽分压之和。因此，混合气体中各个气体的分压等于液面上混合气体的总压乘以该气体在混合气体中所占的摩尔分率。

在混合液体的沸点时，各成分的分压为 p_A 和 p_B，则：

$$p_A = PN_A = P\frac{n_A}{n_A + n_B} \qquad (26\text{-}26)$$

$$p_B = PN_B = P\frac{n_B}{n_A + n_B} \qquad (26\text{-}27)$$

式中：P——混合液面上气体总压；

p_A——A 组分的蒸汽分压；

p_B——B 组分的蒸汽分压；

N_A——A 组分的摩尔分率；

N_B——B 组分的摩尔分率；

n_A——A 组分的摩尔数；

n_B——B 组分的摩尔数。

$$\frac{p_B}{p_A}=\frac{PN_B}{PN_A}=\frac{N_B}{N_A}=\frac{n_B}{n_A}=\frac{\frac{G_B}{M_B}}{\frac{G_A}{M_A}}$$

$$\frac{G_B}{G_A}=\frac{p_B M_B}{p_A M_A} \tag{26-28}$$

式中：G_A、G_B——混合液面上混合蒸汽中各组分的质量；

M_A、M_B——各组分的分子量。

即在水蒸气蒸馏时，蒸馏出来的水蒸气与被蒸物质的质量之比为其分子量和蒸汽分压乘积之比。

据上式可计算蒸出一定量产品所需要的水蒸气量。例如水和松节油优油的混合液体在标准大气压力为101.33kPa下，蒸馏沸点为95.6℃时，水的蒸汽分压86.43kPa，松节油的蒸汽分压为14.90kPa，松节油优油中大部分萜烯的分子量为136，水的分子量为18，则：

$$\frac{G_B}{G_A}=\frac{14.90\times136}{86.43\times18}=1.3$$

即用1份水可蒸出1.3份松节油，或蒸1份松节油需用0.77份水或水蒸气。

水和长叶烯蒸馏时，在沸点温度下，1份水可蒸出的长叶烯为：

$$\frac{G_B}{G_A}=\frac{0.53\times204}{100.8\times18}=0.06$$

即1份水可蒸出0.06份长叶烯，或蒸1份长叶烯需17.06份水。

水蒸气蒸馏时，必须补充松节油蒸发所需要的汽化潜热。补充的方法，可以利用所通入的直接蒸汽同时作为加热介质，这样就会有部分水蒸气冷凝，加入脂液中，脂液中有水会影响松香质量；另外，根据相律，存在二液层，操作时只能规定温度或压力的一个条件，不能同时自由规定。因此通入直接蒸汽主要是作为解吸介质，松节油蒸发的汽化潜热必须用间歇蒸汽加热提供，蒸馏釜（塔）中直接蒸汽不致冷凝，可同时规定蒸馏温度和总压。如使用过热蒸汽，在较高的温度下蒸馏则具有更多的优点，这是由于：

水蒸气温度越高，单位质量水蒸气的体积越大，其汽泡面积越大，扩散入汽泡被带走的松节油蒸汽量亦越多；

温度增高，脂液液面上松节油的部分蒸汽压加大，单位质量水蒸气所能蒸出的松节油量也增多；

过热蒸汽干度大，蒸馏釜（塔）内无水层存在，蒸馏最后可使松香中的水分降至最低限度，可防止松香结晶，保证松香质量。

例如，在140℃蒸馏松节油优油时，松节油的蒸汽分压为61.04kPa，水的蒸汽分压为101.33－61.04＝40.29kPa，则1份水蒸气能蒸出的松节油量为：

$$\frac{61.04\times136}{40.29\times18}=11.45$$

而在120℃时，松节油的蒸汽分压为34.97kPa，水蒸气的分压为101.33－34.97＝66.36kPa，则1份水蒸气能蒸出的松节油量为：

$$\frac{34.97\times136}{66.36\times18}=3.98$$

几乎是140℃的1/3。由此可见，用过热水蒸气蒸馏，并提高蒸馏温度，可大大减少直接水蒸气的用量。

在减压的情况下，即液面上总压力减低，还可减少水蒸气的耗量。如设 P 为总压，p_B 为松节油的蒸汽分压，则：

$$\frac{G_A}{G_B}=\frac{(P-p_B)\ M_A}{p_B M_B} \tag{26-29}$$

上式说明如总压逐渐降低，温度保持不变，水蒸气的耗量 G_A 逐渐减少。当总压降低至等于被蒸馏液体的蒸汽压 p_B 时，水蒸气消耗量为零，即此时的蒸馏操作已变为真空蒸馏。

以上是蒸馏纯松节油的情况。从非挥发组分和挥发组分的混合液中蒸出挥发组分，即从松脂或脂液中蒸出松节油时，蒸馏就更复杂。因为在蒸馏过程中，松脂液中的松节油不断减少，松节油的蒸汽分压和脂液的沸点也不断改变。

根据拉乌尔定律，在溶液中，松节油的蒸汽压力 p_B 为：

$$p_B=P_B N_B \tag{26-30}$$

式中：N_B——脂液中松节油的摩尔分率；

P_B——纯松节油的蒸汽压。

脂液在 140℃进行蒸馏时，松节油含量为 30%，则松节油的摩尔分率为：

$$N_B=\frac{\frac{30}{136}}{\frac{70}{302}+\frac{30}{136}}=0.49$$

140℃时纯松节油的蒸汽压为 61.04kPa，脂液表面松节油的蒸汽压为：

$$p_B=61.04\times0.49=29.91\ (\text{kPa})$$

用水蒸气蒸馏，油和水的质量比为：

$$\frac{G_B}{G_A}=\frac{29.91\times136}{(101.33-29.91)\ \times18}=3.16$$

如脂液中只含 15%松节油，则松节油的摩尔分率为：

$$N_B=\frac{\frac{15}{136}}{\frac{85}{302}+\frac{15}{136}}=0.3$$

$$p_B=61.04\times0.3=18.31\ (\text{kPa})$$

水蒸气蒸馏时，油和水的质量比为：

$$\frac{G_B}{G_A}=\frac{18.31\times136}{(101.33-18.31)\ \times18}=1.67$$

说明浓度提高，水蒸气用量增加。

上述计算是以单萜的分子量计算的，没有列入高沸点组分，已经可以看出，蒸馏越到后期，耗用水蒸气量越多。在实际生产中，情况更复杂。如马尾松松脂存在高沸点组分，若蒸馏条件不变，脂液中易挥发组分先蒸出，高沸点组分含率增加，其蒸汽分压小，必须提高温度和增加水蒸气用量才能将其蒸出。另外，水蒸气穿过脂液离开蒸馏设备时，带出的松节油不可能达到饱和状态，液面上的松节油蒸汽分压达不到该温度下的理论值。因此，水蒸气用量一般大于理论计算值。

蒸馏时松节油实际的蒸汽分压 p_p 与同温度理论蒸汽分压 p_t 之比，称为汽化效率 E：

$$E=\frac{p_P}{p_t} \tag{26-31}$$

汽化效率与蒸馏设备结构和被蒸馏物质的性质有关。水蒸气气泡通过的液层越厚、次数越多，增加了气泡与液层接触的时间，汽化效率就越高；被蒸馏物质的分子量越小，汽化效率越高，单萜的汽化效率比倍半萜高；单位质量的水蒸气气泡数目越多，总表面积越大，与脂液的接触面积越大，汽化效率也越高。松脂蒸馏过程中，在蒸优油阶段，由于脂液中含油率高，多数为单萜，因而汽化效率可达0.8～0.9。对于马尾松松脂或脂液，到蒸重油阶段，脂液中含油量低，且多为倍半萜组分，汽化效率减为0.7～0.8。

由于脂液水蒸气蒸馏时，脂液中松节油的含量不断减少，水蒸气用量不断增加，从挥发物和非挥发物混合液中蒸出挥发物的水蒸气用量常用阿达姆斯（M.C.Adams）公式进行计算。其推算过程如下[166]：

根据拉乌尔定律，在蒸馏脂液液面上松节油的理论蒸汽分压为：

$$P_T=P_y\frac{n_y}{n_y+n_s} \tag{26-32}$$

式中：P_T——为挥发物（松节油）的理论蒸汽分压（kPa）；

P_y——为纯挥发物（松节油）的蒸汽压（kPa）；

n_y——挥发物（松节油）在混合物中的摩尔数；

n_s——非挥发物（松香）在混合物中的摩尔数。

如以 p_P 为松节油的实际蒸汽分压，则汽化效率可写为：

$$E=\frac{p_P}{P_y\frac{n_y}{n_y+n_s}}$$

即：

$$p_P=EP_y\frac{n_y}{n_y+n_s} \tag{26-33}$$

设蒸馏设备内压力为 P（kPa），水蒸气用量为 Z（摩尔数），水蒸气压力为 P_z（kPa）。由于松节油不断蒸出，水蒸气用量逐渐增加，则：

$$\frac{+\mathrm{d}z}{-\mathrm{d}n_y}=\frac{P_z}{p_P}=\frac{P-p_P}{p_P}=\frac{P}{p_P}-1$$

将式（26-33）代入：

$$\frac{+\mathrm{d}z}{-\mathrm{d}n_y}=\frac{P\ (n_y+n_s)}{EP_yn_y}-1$$

$$\mathrm{d}Z=\left[\frac{P}{EP_y}\cdot\frac{n_y+n_s}{n_y}-1\right]\ (-\mathrm{d}n_y)$$

$$=-\left(\frac{P}{EP_y}-1\right)\mathrm{d}n_y-\frac{Pn_s}{EP_y}\cdot\frac{\mathrm{d}n_y}{n_y} \tag{26-34}$$

设蒸馏开始和结束时脂液中含松节油的摩尔数为 n_{y1} 和 n_{y2}，上式积分得：

$$Z=\left(\frac{P}{EP_y}-1\right)\ (n_{y1}-n_{y2})\ +\frac{Pn_s}{EP_y}\ln\frac{n_{y1}}{n_{y2}} \tag{26-35}$$

2.2.3.2 脂液间歇式蒸馏

（1）间歇式蒸馏工艺：蒸馏工艺主要取决于松脂中单萜和倍半萜的组成。它们随树种、地理位置、树龄、采脂季节不同而有较大的差异。二萜一般不易挥发，如果松脂中不含或很少倍半萜，则蒸馏工艺比较简单，可考虑一次将单萜（主要是蒎烯）全部蒸出，蒸出的松节油可符合国家优级松节油标准。这些树种有云南松、思茅松、南亚松、湿地松、加勒比松等。在中国的广东、广西某些地理位置偏南的地区，径级较小的马尾松松脂中倍半萜的含量也很少，绝大部分是蒎烯，也可采用一段蒸馏的工艺。入秋后马尾松松脂中倍半萜的含量相对减少，加工过程中工艺也应有所区别。用一段蒸馏工艺，蒸馏温度 155～170℃，蒸馏时间以松香软化点达到国家标准，松香不出现结晶为度。熔解松脂则用优油。中国云南西部和西藏的高山松松脂，倍半萜的含量也少，但含有相当数量的 Δ^3-蒎烯，其蒸馏工艺应考虑这个组分的含量。

中国大部地区的马尾松松脂中含有相当数量的倍半萜（以沸点为 254～256℃的长叶烯为主）。脂液间歇蒸馏的过程是简单蒸馏，沸点不同的成分分离得不完全，因此常分三个阶段蒸馏，在 150～160℃前蒸出优油（大部为蒎烯），时间 20～30min。在 160～185℃一部分单萜与倍半萜同时蒸出，这部分油不作商品油，而用以熔解松脂，循环使用，称为熔解油或中油（含 170℃前馏份 55%～65%），时间 20min 左右。此阶段已将大部单萜蒸出。在蒸馏的第三段，蒸出的主要是倍半萜，称重油（含 170℃前馏分的体积在 5%以下）。放香温度和蒸馏时间以松香软化点达到标准，不出现结晶为度。一般为 185～200℃，视脂液中高沸点油含量多少而定。蒸馏可在一个釜中分三个阶段进行，也可在二个釜中分二级进行。二级蒸馏的流程如图 26-67。在一级蒸馏釜中蒸出优油，在二级蒸馏釜中蒸出熔解油和重油。蒸出的各类松节油和水的混合蒸汽分别经各自的冷凝器冷凝，再经各油水分离器和盐滤器分离水分后收集（熔解油不经盐滤器）。优油和重油分别用泵泵至仓库，熔解油泵入熔解油高位槽用于松脂熔解。

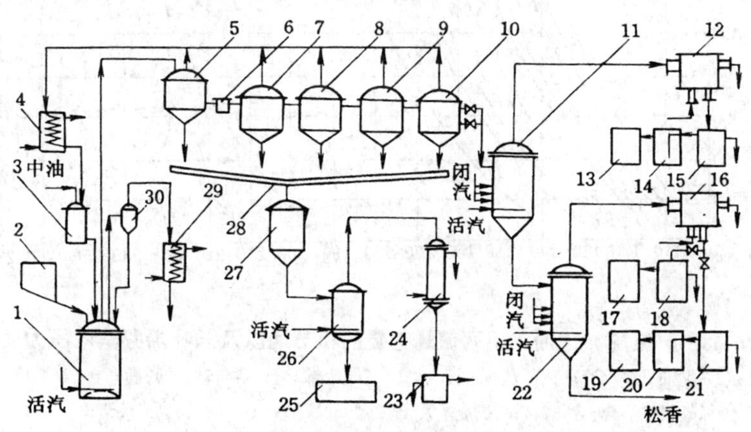

图 26-67　间歇式水蒸气法松脂加工工艺流程

1. 熔解釜；2. 料斗；3. 加油罐；4. 换热器；5. 过渡槽；6. 过滤器；7、8、9、10. 澄清槽；11. 一级蒸馏釜；12、16. 螺旋板换热器；13. 优油贮槽；14. 优油盐滤器；15. 优油油水分离器；17. 中油贮槽；18. 中油油水分离器；19. 重油贮槽；20. 重油盐滤器；21. 重油油水分离器；22. 二级蒸馏釜；23. 油水分离器；24. 换热器；25. 黑香槽；26. 喷提锅；27. 中层脂液澄清槽；28. 排渣槽；29. 换热器；30. 气液分离器

水蒸气蒸馏用间接水蒸气（闭汽）加热脂液，以直接水蒸气（活汽）作为解吸介质，带出松节油。进入车间的过热水蒸气总压力应在 0.8MPa 以上，为保证直接水蒸气的干度，温

度应在 320℃以上。通入蒸馏釜的直接水蒸汽压力视生产量和脂液性质而确定；与蒸馏釜中直接水蒸气的管径和开孔量也有一定关系。

用阿达姆斯公式计算直接水蒸气用量时，对不含或少含倍半萜的脂液，可进行一段计算，因蒸出的是优油，用优油的蒸汽压，分子量也可用 136，汽化效率取 0.85～0.9。对马尾松的脂液，应分段进行计算，分三段：优油、熔解油、重油。不同蒎烯含量的松节油蒸汽压力曲线如图 26-68[167]，分子量也应用平均分子量。优油、熔解油、重油的一般组成见表 26-39。各阶段的汽化效率取 0.75～0.9。实际生产中，生产 1t 松香耗用水蒸气 0.9～1.1t，其中 90%用于蒸馏工段，而蒸馏工段直接蒸汽占 75%以上。

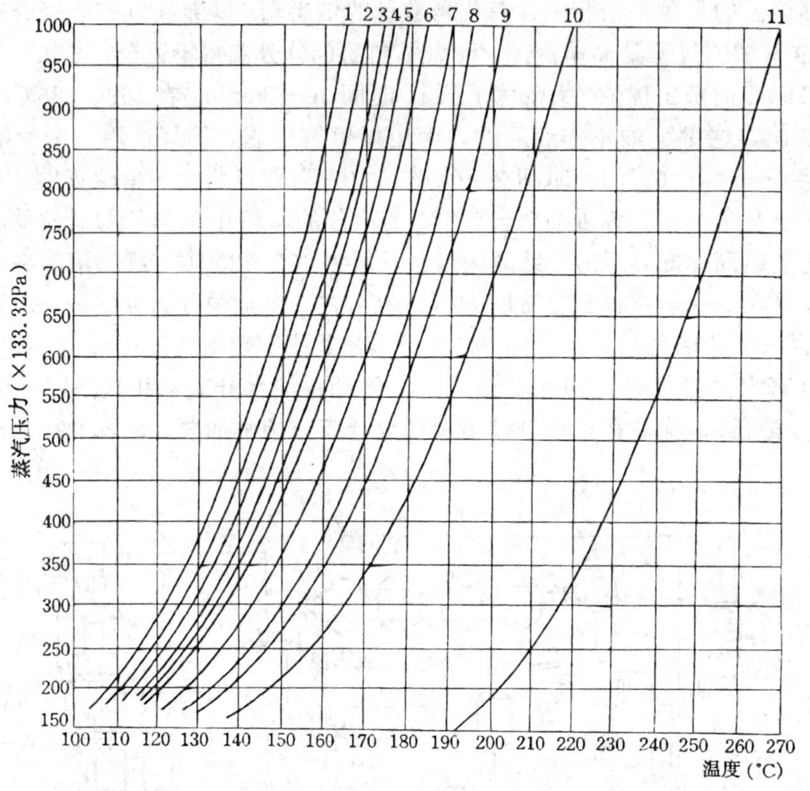

图 26-68 α-蒎烯、优油、不同蒎烯含量的松节油以及长叶烯的蒸汽压力曲线

1. α-蒎烯；2. 优油；3. 含 70%α-蒎烯；4. 含 65%α-蒎烯；5. 含 55%α-蒎烯；6. 含 50%α-蒎烯；7. 含 40%α-蒎烯；8. 含 30%α-蒎烯；9. 含 25%α-蒎烯；10. 含 15%α-蒎烯；11. 长叶烯

表 26-39 优油、熔解油、重油的一般组成

油 分	组 成 （%）		平均分子量
	单萜（分子量 136）	倍半萜（分子量 204）	
优 油	>95	<5	139.4
熔解油	55～65	35～45	163.2
重 油	<5	>95	200.6

(2) 间歇蒸馏釜：蒸馏釜是脂液间歇式蒸馏的主要设备。它的结构如图 26-69，由不锈钢板焊制，釜内下半部装有加热盘管 7，用间接蒸汽（闭汽）加热脂液，盘管不锈钢管制成，加

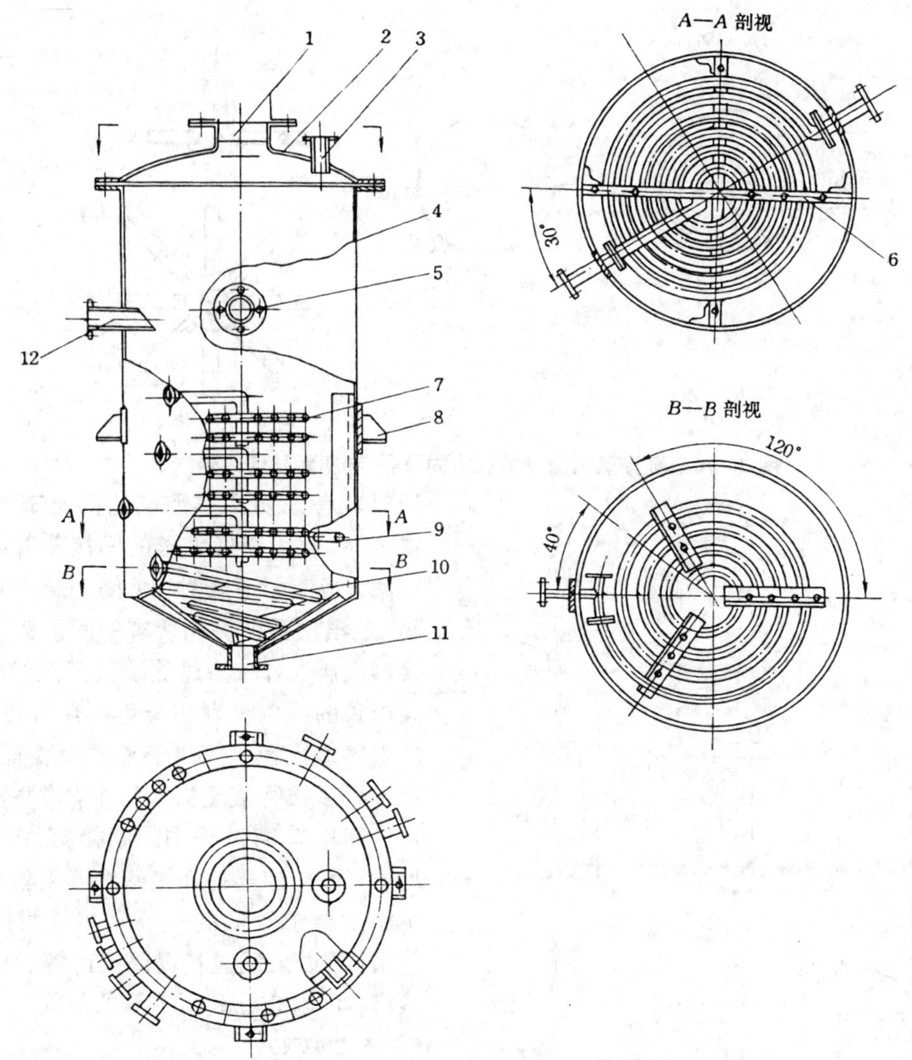

图 26-69　间歇蒸馏釜结构图

1. 导气管；2. 釜顶盖；3. 放空管；4. 釜身；5. 视镜；6. 间接蒸汽管支架；7. 间接蒸汽盘管；8. 支架；9. 温度计孔；10. 直接蒸汽盘管；11. 出料管；12. 进脂管

热面积根据松节油的蒸发热和盘管在脂液中的传热系数计算。据测定，一级蒸馏釜内，盘管的传热系数取 235～350W/(m^2·K)，二级蒸馏釜内取 60～120W/(m^2·K)。由不锈钢管制成的直接蒸汽（活汽）盘管 10 设于间接蒸汽盘管的下面，活汽管上喷孔的直径为 2mm，喷孔的总面积为管截面积的 3 倍。为了使喷出的蒸汽分布均匀，孔数按三段分配，比例为 1∶1.5∶2,开孔角度如图 26-70 (a)。还可用辐射状的活汽管如图 26-70 (b)[171]。进脂管 12 设于釜身上半部釜 2/3 处，在同一高度转 90°角设视镜，以观察进料情况。由于逸出的蒸汽常带有松香雾沫，因此在釜顶部必须设除沫装置，可以用多块挡板，也可在导气管 1 上装栅板，还可以用鹅颈导气管如图 26-71。

在蒸馏釜中，当松节油蒸出后，脂液液面降低，上层间接蒸汽管常会裸露出来，过热蒸汽温度很高，易使附在管表面的脂液焦化，既影响松香的颜色，也会引起松香结晶。因此，设

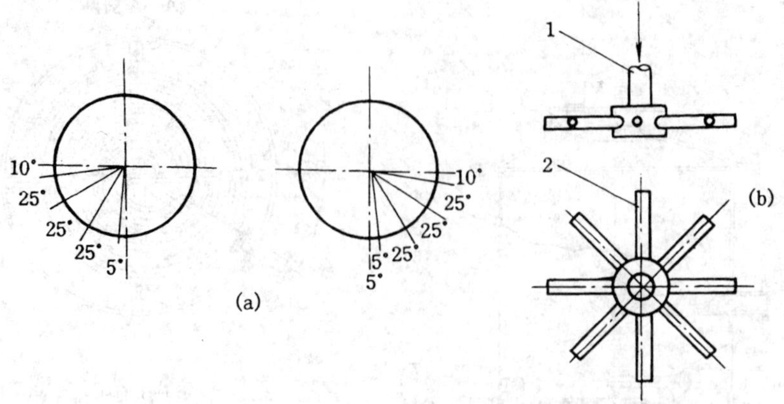

图 26-70 直接蒸汽盘管喷孔方向(a)和辐射状活汽管(b)

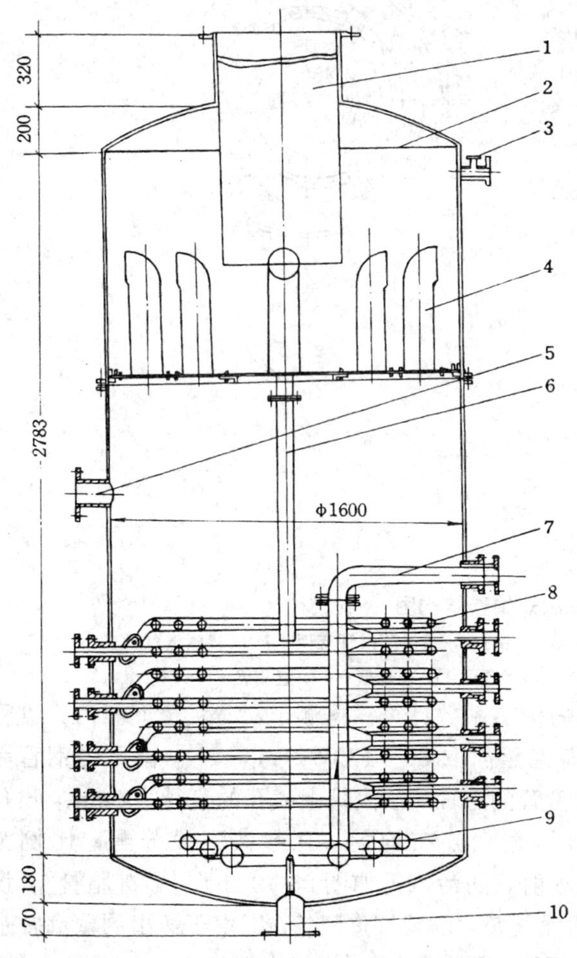

图 26-71 具鹅颈导气管的蒸馏釜

1. 总导气管;2. 分离室;3. 放空管;4. 鹅颈导气管;5. 进脂管;6. 回流管;7. 直接蒸汽进汽管;8. 间接蒸汽盘管;9. 直接蒸汽盘管;10. 出料管

计时应考虑勿使蒸馏釜的间接蒸汽盘管设置过高,也可将通入釜的间接蒸汽盘管分段设阀,当液面下降时,关闭上层的间接蒸汽阀;放出松香前关闭所有的间接蒸汽阀和直接蒸汽阀,可减少过热蒸汽高温的影响,提高松香的颜色级别和避免松香结晶。入釜前的直接蒸汽管也应高于釜内脂液面,以免停止送汽后松香液倒流入管中,堵塞管道[168]。

间歇蒸馏过程中,间接蒸汽可串联使用,二级蒸馏釜的间接蒸汽温度较高,可通至温度要求较低的一级蒸馏釜间接蒸汽管使用,再送至残渣喷提锅或熔解釜作为直接蒸汽,可以充分利用蒸汽的热能,节约煤耗(如图 26-72)。

(3) 脂液减压水蒸气蒸馏:从前述水蒸气蒸馏理论说明,当温度保持不变时,蒸馏液面上总压降低,可减少水蒸气用量,也可使高沸点油蒸出更多。因此,为了提高松香等级,降低水蒸气耗量,或者要求生产软化点较高、含油量低的松香,可采用减压水蒸气蒸馏。

脂液减压蒸馏的工艺流程如图 26-73。脂液在一级蒸馏釜中蒸出优油后,进入二级蒸馏釜 1,釜内减压至 48~61.33kPa,按不同温度先后蒸出熔解油和重油,油和水的混合蒸汽经冷凝器 3、4 和冷却器 5 流入油水贮槽 6,两个轮流分别操作,部分未冷凝油蒸汽进入洗涤罐 10 后用自来水喷淋冷凝，不凝缩气体经减压缓冲罐 11 和冷凝冷却器 12 由真空泵排出。熔解油和重油先后经各自的油水分离器 7，熔解油泵至高位槽，重油再经盐滤器 8 进入油计量槽 9 计量后入库。油蒸完后蒸馏釜联接大气，放出松香进行包装。

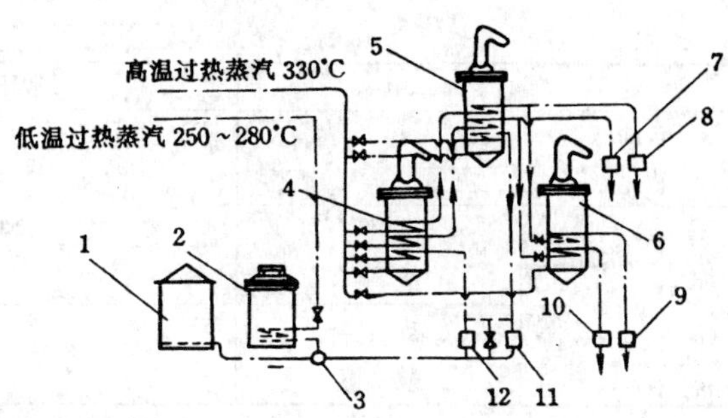

图 26-72　间歇式蒸馏松脂蒸汽余热串联利用示意图

1. 蒸桶间；2. 熔解锅；3. 三通旋塞；4. 二级蒸馏锅；5. 一级蒸馏锅；6. 残渣蒸馏锅；7，8，9，10，11，12. 疏水器

南京林业大学和梧州松脂厂曾对常压间歇蒸馏与减压蒸馏进行了测定，其结果比较见表 26-40。

生产实践说明，减压蒸馏用于第二级蒸馏脂液时有以下特点：

减少水蒸气用量，降低煤耗，在常压下蒸馏时，蒸馏重油阶段的油水比为 1∶5～6，而减压下（压力 0.048～0.061MPa）的末期，油水比为 1∶3，降低煤耗约 10%；

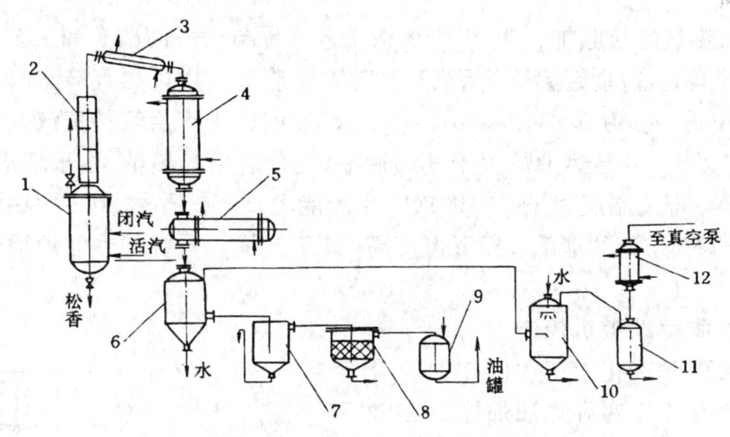

图 26-73　减压水蒸气蒸馏脂液工艺流程（二级蒸馏）

1. 二级蒸馏釜；2. 泡沫分离器；3，4. 冷凝器；5. 冷却器；6. 油水贮槽；7. 油水分离器；8. 盐滤器；9. 油计量槽；10. 洗涤罐；11. 减压缓冲罐；12. 换热器

在常压下蒸馏重油较高温度的时间长，得到的松香颜色一般比原料下降 0.5～1 个等级，采用减压下蒸馏，缩短了较高温度下蒸重油的时间，脂液氧化相对较弱，颜色变化较小；

在减压下蒸馏，将更多的高沸点中性物和树胶质蒸出，使松香中的含油量从常压蒸馏时的 4%～5%降至 1.5%左右，也提高松香的软化点。

表 26-40　在常压和减压下脂液第二级蒸馏结果比较

项　目	常压蒸馏	减压蒸馏（0.048MPa）
松脂原料分析		
含油（%）	18.48	18.40
含水（%）	7.2	7.4
蒸馏用直接蒸汽压力（MPa）	$0.06\xrightarrow{6min}0.1\xrightarrow{4min}0.16\xrightarrow{16min}$放香	$0.06\xrightarrow{6min}0.1\xrightarrow{10min}0.12\xrightarrow{10min}$放香
松香产品分析		
色　级	4	3

（续）

项目			常压蒸馏	减压蒸馏（0.048MPa）
含油（%）			4.36	1.52
软化点（℃）			78	83
松节油产品分析	熔解油	折射率	1.468 1	1.467 9
		酸值	3.5	4.7
	重油	折射率	1.502 7	1.501 1
		酸值	8.8	10.6

由于水分更易蒸出，松香中的含水量降低，由水分引起结晶的可能性大大减少。

减压下蒸馏气流流速较快，混合蒸汽带出的松香雾沫较多，重油的酸值相对较高；也由于气流搅动较大，油水分离效果较差，使重油的油水分离器水层中的含油量增大，常压下蒸馏水中含油 0.15%～0.25%，减压下蒸馏，水中含油约 0.5%，减压蒸馏时需增加设备、管理人员和电耗。

（4）导热油加热蒸馏松脂加工工艺[175]：该工艺流程与一般间歇蒸馏工艺相同。其热源以导热油强制循环代替过热间接蒸汽（闭汽）加热松脂脂液；用过热直接蒸汽（活汽）熔解松脂和作蒸馏解吸介质。应用 0.8MPa、0.5t/h、400℃的锅炉产生直接蒸汽，锅炉炉膛烟气出口温度可达 800℃以上，以导热油炉置于其烟道中，充分利用其热量。由于烟道尾气温度较高，采用水膜式除尘器，排风温度为 180～300℃。生产能力日产松香达 20t。导热油强制循环热能利用率较高，能耗降低，节约能源，投资也不高。此工艺锅炉系统加热油炉烟道气走向示意如图 26-74。

（5）间歇式松脂蒸馏微机控制[169]：中国林业科学研究院林产化学工业研究所与福建龙岩林产化工厂对导热油加热间歇式松脂蒸馏工艺实现了微机控制系统。其工艺流程如图 26-75。系统根据蒸馏釜釜顶温度设置程序升温控制分馏出优油、熔解油（中油）和重油。以釜顶温度为被调参数，热油流量为调节参数。五段程序升温作为设定值，组成蒸馏釜温调节系统（五段中第二段为优油与熔解油切换缓冲时间、第四段为熔解油与重油的切换缓冲时间）（如图 26-76）。程序升温曲线可随不同原料进行修改。直接蒸汽控制的方法是：随着熔解油的蒸出，开始加入直接蒸汽，加入量随温度的升高而成比例增大，其函数关系为：

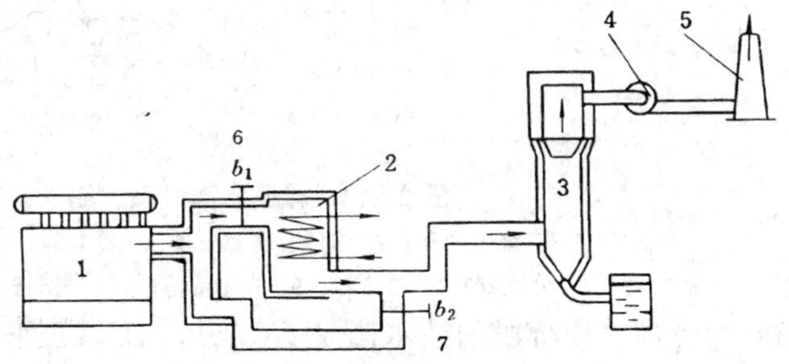

图 26-74 锅炉系统烟道气走向示意图

1. 锅炉；2. 导热油炉；3. 水膜式除尘器；4. 风机；5. 烟囱；6、7. 蝶阀

$$Q=\begin{cases}K\ (T-160) & (T\geqslant 160℃)\\ 0 & (T<160℃)\end{cases} \tag{26-36}$$

式中：Q——直接蒸汽用量；

T——釜液温度（℃）；

K——放大系数（随不同原料调整）。

控制方案中，蒸汽流量（F102）为被调参数，上方程式作为设定值。控制方框图的组成如图

26-76。待釜液温度达到放香温度，随即切断蒸汽调节阀及热油阀，并发出放香信号。

控制系统是 V40CPU 工控机为核心，热电阻、远传压力表、流量变送器、液位控制器等作为传感器，气动调节阀作为执行机构组成松脂蒸馏微机控制系统。主要承担蒸馏温度、蒸馏直接蒸汽流量、蒸汽发生器压力、液位和导热油总管压力的测量和控制任务（如图 26-77）。同时还负责其他各种数据采集、信号处理、实现打印等功能。间歇式松脂蒸馏按程序升温曲线进行控制，误差为±1℃，但直接蒸汽用量控制因供汽压力波动而不够理想。

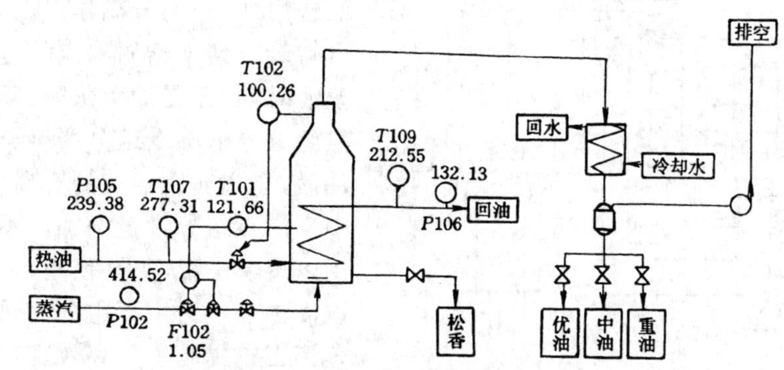

图 26-75 间歇式松脂蒸馏微机控制流程

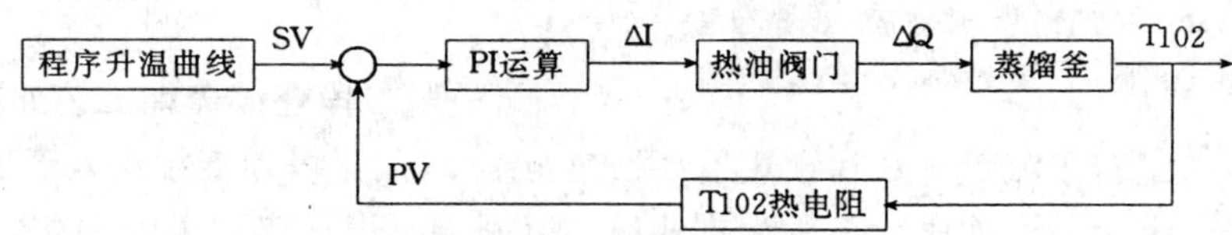

图 26-76 蒸馏温度控制方框图

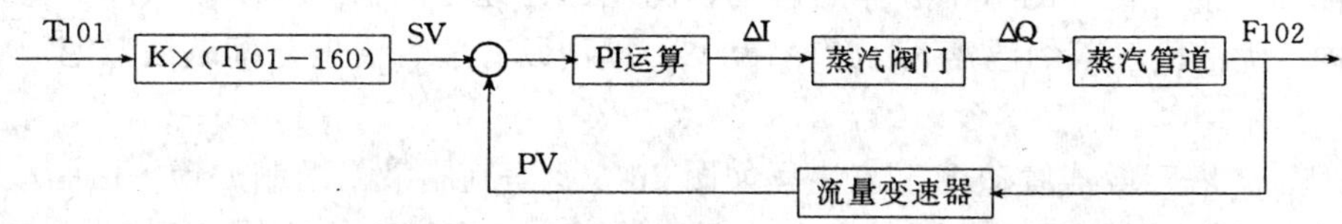

图 26-77 直接蒸汽流量控制方框图

2.2.3.3 脂液连续式蒸馏

（1）连续式蒸馏工艺：

连续式蒸馏工艺由于生产过程的连续性，较之间歇法生产有较多的优点。其直接蒸汽的多次利用，提高了汽化效率，从而降低蒸汽耗量；缩短蒸馏时间，减少高温的作用，使产品质量提高，亦比较稳定；操作简便，减轻工人的劳动强度等。由于是水蒸气蒸馏，它不用回流。

对于不含或少含倍半萜的松脂，只要蒸出的松节油符合国家标准优油级，采用一塔一段连续蒸馏工艺就能达到要求，操作在常压下进行。对于马尾松松脂，由于含有相当数量的倍半萜，工艺较复杂。大致有 3 种。

① 一塔三段：一塔三段的工艺流程如图 26-78。它是按间歇法蒸馏工艺的三个蒸馏阶段设

计的。在一个塔中用盲板将全塔分为三个塔段：优油段、熔解油段、重油段。塔段间以溢流管相通。净制脂液由脂液泵3经转子流量计2和预热器1预热至130～140℃，从优油段的上部连续流入塔内，然后逐板流下，以间接蒸汽加热，各段用直接蒸汽喷提。在三个塔段的顶部分别蒸出水与优油、熔解油、重油的混合蒸汽，从塔底不断放出松香。混合蒸汽经各雾沫分离器9，通过换热器8冷凝冷却后，在油水分离器5、6、7分离水分，得优油、熔解油和重油。各段塔底的温度与间歇法蒸馏的三段最终温度基本相同。对过热水蒸气的要求亦相同。

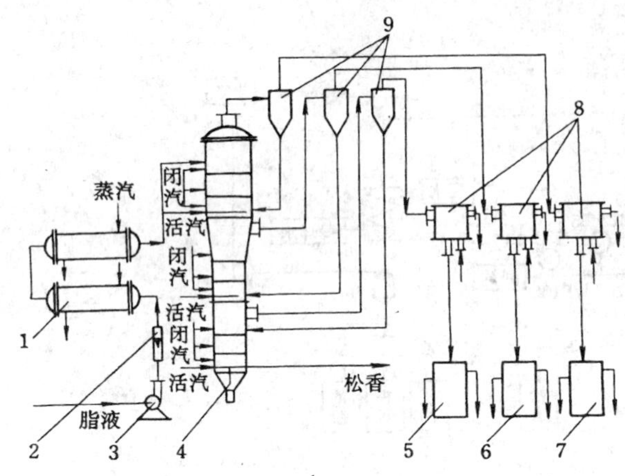

图 26-78 一塔三段脂液连续蒸馏工艺流程

1. 预热器；2. 转子流量计；3. 脂液泵；4. 蒸馏塔；5，6，7. 油水分离器；8. 换热器；9. 雾沫分离器

② 一塔二段：脂液连续蒸馏塔除了解吸作用外，还有分离作用。马尾松松脂中所含单萜与倍半萜的沸点相差较大，在间歇蒸馏时，由于是简单蒸馏，所以不易将高沸点组分与低沸点组分严格分离，在蒸出优油后，随着蒸馏温度的升高，蒸出的松节油中高沸点组分含量增加，不能作商品油而用以熔解松脂，循环使用，在蒸馏最后蒸出以高沸点油为主要组分的重油。使用连续蒸馏工艺提高了分离效率，不必再设一个熔解油段，直接分为两种油。以优油熔解松脂，可使澄清过程更易分层，蒸馏用蒸汽量减少。

一塔二段连续蒸馏工艺如图26-79。净制脂液由脂液泵1经转子流量计2和预热器3预热至140℃，由塔顶连续进入蒸馏塔4内，塔以盲板隔成两段，上段为优油段，下段为重油段，以间接蒸汽加热，直接蒸汽喷提，分别从各段的顶部蒸出水与优油、重油的混合蒸汽，经换热器5、6冷凝冷却，再由油水分离器分离水分，取得优油和重油。优油的一部分作熔解油，另一部分经盐滤器再除水后入库，重油经盐滤后泵入库内。优油段底部的温度为180～185℃。重油段底放香温度与间歇法蒸馏放香温度相同。

③ 二塔三段：二塔三段连续蒸馏工艺流程如图26-80。净制脂液由净制贮罐1由脂液泵2泵经转子流量计3、预热器4预热至130～140℃后连续送入蒸馏塔5的顶部。蒸馏塔分二段，各段以间接蒸汽加热，用直接蒸汽喷提，上段蒸出水与优油的混合蒸汽，下段蒸出水与部分蒎烯和全部倍半萜的混合蒸汽，塔底放出松香。下段的混合蒸汽进入一分凝塔7，分凝后重油和部分水从塔下流出，冷却后入油水分离器10分离水分，塔顶分出的混合蒸汽经换热器冷凝冷却后入油水分离器9分离水分，得到的是熔解油。蒸馏塔优油段底的温度为155～165℃，放香温度200℃左右，分凝塔的温度控制重油中不含170℃前馏份为度。这种流程目前用的较少。

除了以上各流程外，在生产实践中还有一些流程，原则上与前几种相似，如有的厂在预热器中提取部分蒎烯含量较高的工业蒎烯馏分（含蒎烯95%以上），后面为一塔三段工艺；亦有将熔解油混合蒸汽直接通入熔解器以节约冷凝用水和熔解松脂用蒸汽，还有在预热器后设一分离器，脂液加热后在分离器中挥发，分出优油，再入蒸馏塔分其他馏分等。

由于流程不同，设备结构亦各异，各塔段的直接蒸汽压力，各厂控制亦不相同。它主要随生产能力、松脂液含油量、闭气加热面积、蒸汽总压力和过热蒸汽温度不同而控制，因此

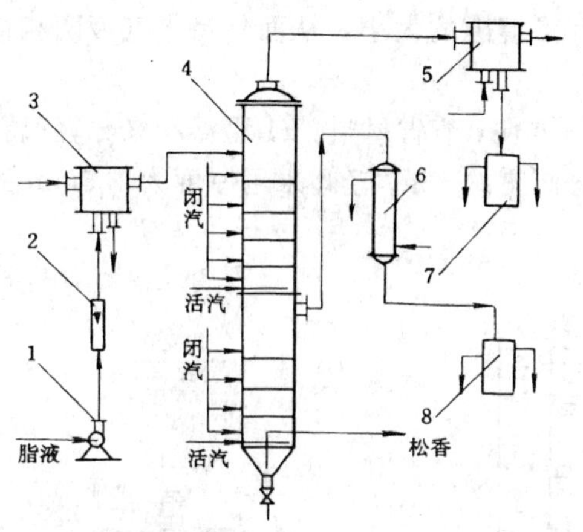

图 26-79　一塔二段脂液连续蒸馏工艺流程

1. 脂液泵；2. 转子流量计；3. 预热器；4. 蒸馏塔；5. 螺旋板换热器；6. 列管换热器；7，8. 油水分离器

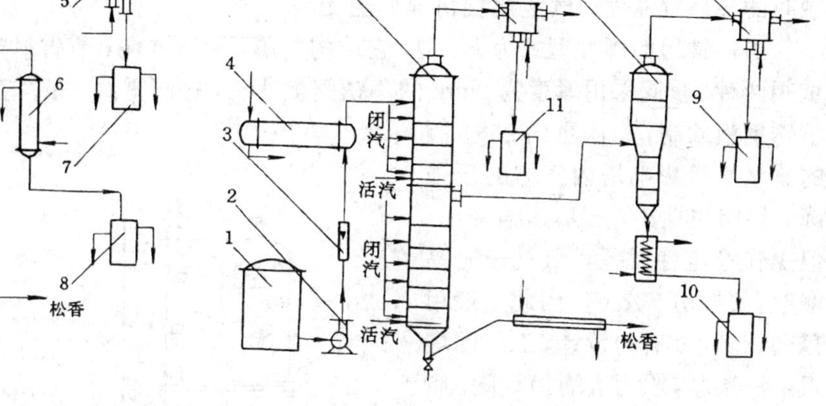

图 26-80　二塔三段脂液连续蒸馏工艺流程

1. 净脂贮罐；2. 脂液泵；3. 转子流量计；4. 预热器；5. 蒸馏塔；6，8. 螺旋板换热器；7. 分凝塔；9，10，11. 油水分离器

油水比亦不完全一致，一般来说直接蒸汽用量较间歇蒸馏用量少得多。某厂一塔三段连续蒸馏工艺与本厂原间歇法蒸馏油水比的实际测定见表 26-41。

表 26-41　脂液连续蒸馏与间歇蒸馏的油水比（油：水）

工　艺	优　油	熔解油	重　油	全　程
连续蒸馏	1：0.239	1：0.529	1：2.4	1：0.69
间歇蒸馏	1：0.455	1：1.2	1：5.9	1：1.7

为了充分利用过热蒸汽的热能，很多工厂将闭汽管从下而上串连使用。

（2）连续式蒸馏设备：

① 预热器：预热器根据生产能力计算加热面积。根据原建新化工厂测定，列管换热器蒸汽预热脂液的传热系数为 76～82W/（m^2·K），这个数据偏于保守。用螺旋板换热器作脂液预热器传热系数可提高。

② 蒸馏塔：生产上松脂连续蒸馏应用的塔板类型多样，开始曾用改型的浮动喷射塔，以后较普遍推广了浮阀塔，20 世纪 90 年代前后又有定向筛板塔和斜孔塔板。它们各有特点，分别在各厂正常运转。

松脂脂液连续蒸馏塔与一般的连续精馏塔结构上有所不同，由于松节油挥发需要较多的热能，如全部由直接蒸汽供给在经济上是不合算的，必须用间接蒸汽加热，各层塔板上设加热盘管，因此，塔径和板间距都应适当加大。塔板数以解吸过程进行计算，计算与生产实践说明，无倍半萜的松脂，5 块以下塔板已够。蒸馏马尾松松脂的脂液当生产能力较小时，一塔三段可各用 3 块板，一塔二段上段蒸优油取 5 块板，下段取 3 块；生产能力较大时，考虑加热盘管的布置，各段可增加 1～2 块。加热盘管的传热系数优油段取 235～350W/（m^2·K），重油段取 60～120W/（m^2·K）。

a. 浮阀塔[170,180]：浮阀塔的结构特点是在带有降液管的塔板上开有若干大孔（标准孔径 39mm），每孔装有一个可上、下浮动的阀片。蒸馏时，气体通过阀孔上升，从浮阀和塔板之间的环形缝隙中以水平方向吹入脂液，并形成泡沫，由泡沫层中气液接触而进行传质传热。随着上升气流的增减，浮阀相应上下浮动，自动调节环形缝隙的大小，从而保持了气液两相接触时的最适宜速度。气液接触情况如图 26-81。

国内常用的阀片型式为 F1 型，它结构简单，制造方便，节省材料。F1 型浮阀又分轻阀和重阀两种：重阀采用厚度为 2mm 的不锈钢板冲制，每阀重约 35g；轻阀采用厚度为 1.5mm 的不锈钢板冲制，每阀重约 25g。阀的重量直接影响塔内气体的压强降，轻阀惯性小，气体压强降小，但操作稳定性较差，低气速时易漏液，影响分离效率，因此一般用重阀较多，亦有的设计、工厂因塔板上液层厚，阻力大而用轻阀。脂液连续蒸馏浮阀塔如图 26-82。其工艺尺寸、塔板流体力学验算和塔板操作负荷性能图由化工过程计算确定。塔径与板间距因布置加热盘管而适当放大。蒸馏塔各段脂液的表面张力见表 26-42。

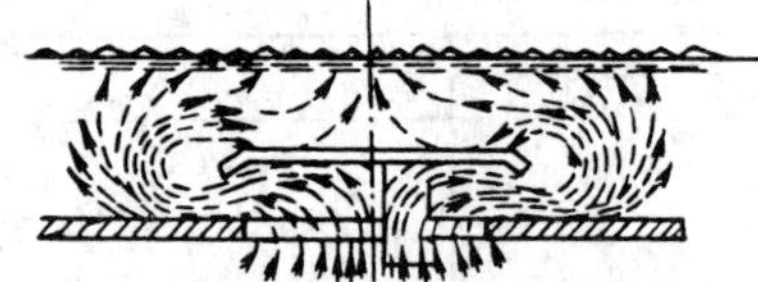

图 26-81 F1 型盘式浮阀塔气液接触情况

表 26-42 连续蒸馏塔各塔段脂液的表面张力[140]

塔 段	温 度 (℃)	含油量 (%)	表面张力 (N/m)
优油段	140	36.6	0.021
熔解油段	170	14.9	0.024
重油段	195	4.9	0.026

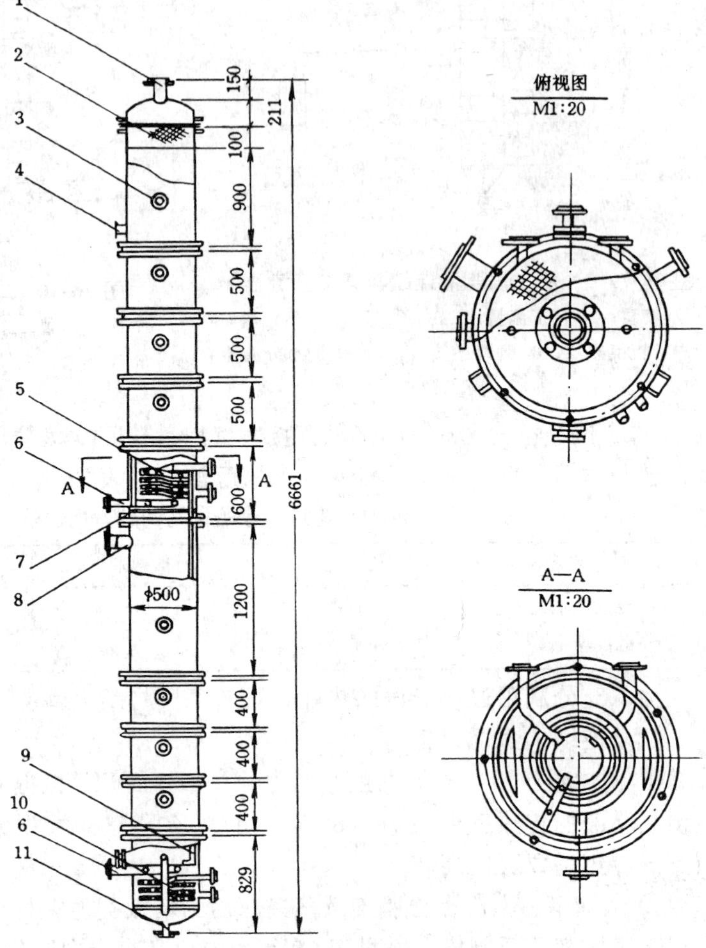

图 26-82 脂液连续蒸馏浮阀塔

1. 优油混合蒸汽导气管；2. 除沫装置；3. 视镜；4. 脂液进口管；5. 间接蒸汽盘管；6. 直接蒸汽喷管；7. 盲板；8. 重油混合蒸汽出口；9. 降液管；10. 放香管；11. 排污管

b. 浮动喷射塔：松脂加工用浮动喷射塔的塔板结构如图 26-83。板上有一系列单排或双排圆形气孔，气孔上复浮动板，浮动板不重叠，支承在支架的三角形槽内，可以在一定角度内启闭。溢流管流下的液体在浮动板上横向流过。上升气流经圆孔沿浮动板的齿缝喷出，喷出方向与液流方向一致。浮动喷射塔无定型的计算方法，其设计原则与步骤与浮阀塔相似。生产实践中应用不锈钢板作浮板，其长宽依塔径大小而定，塔径 600～800mm 时，板宽 32～45mm，长 105～132mm，孔径 7～9mm。开孔率一般取 3%～5%。

c. 导向筛板塔[171]：筛板塔的特点是结构简单，金属耗量小，造价低廉；板上液面落差也

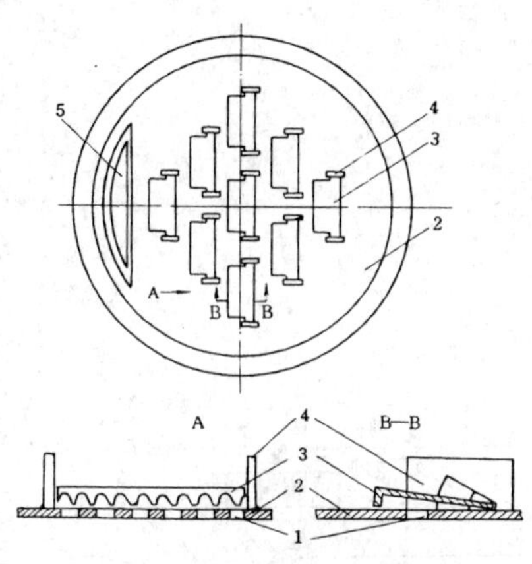

图 26-83　浮动喷射塔的塔板结构

1. 上升气孔；2. 塔板；3. 浮动板；4. 支架；5. 溢流管

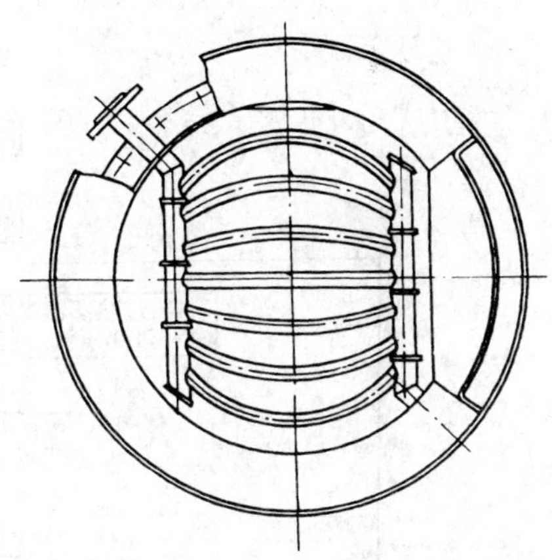

图 26-84　导向筛板塔间接蒸汽排管图

较小，板效率较高，但其操作弹性范围较窄。用于松脂连续蒸馏的筛板塔筛孔 3～5mm，三角形排列。设部分导向孔，以改善板上液体流动的不均匀性，并将盘管式间接蒸汽管的结构改为顺着液流方向的排管式，每块板设一层排管，可降低液层高度（降至 90mm）。间接蒸汽排管的结构如图 26-84。

d. 斜孔塔板[172]：这是一种喷射型塔板，塔板的结构如图 26-85。塔板上开设斜孔，孔口的朝向垂直于液流方向，同一排孔的孔口朝向一致，相邻两排孔的孔口朝向相反，交错排列。据报导，斜孔板的气流特点是塔板上的液层均匀，气体与液体接触良好，物质传递过程效率高，减少活汽用量；相邻两排斜孔的孔口朝向相反，气流不致互相对喷，又互相牵制，抑制了雾沫夹带。斜孔板的干板压降与筛板塔相近，弹性也能满足松脂连续蒸馏的要求。塔板的结构较简单，无活动部件，斜孔塔板在松脂加工厂应用情况良好。

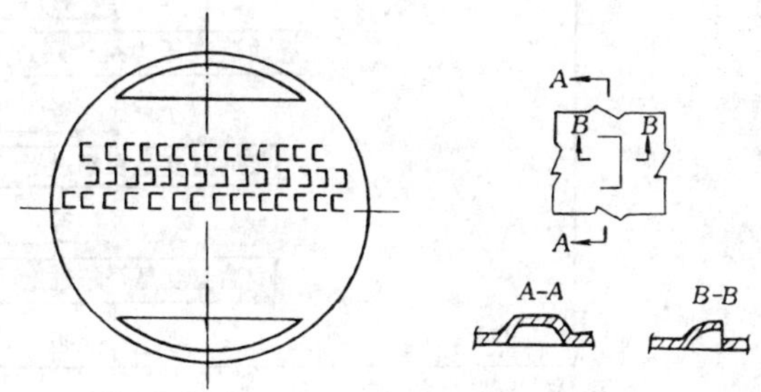

图 26-85　斜孔塔板结构示意图

（3）松脂脂液蒸馏的自动化与微机控制：

松脂脂液连续蒸馏的工艺为一塔三段（蒎烯、熔解油、重油），微机控制选用的微机为上海抗干扰研究所生产的全浮空 STD 总线工业控制机[173]。其控制程序框图如图 26-86。微机控制工艺流程如图 26-87。

所谓浮空式是指主机与任何一种外设（来源于工业现场的开关量、数字量、模拟量及传感信息等）和智能化外部设备（打印机、显示器终端、键盘）全部浮空而不共地，并在 STD 兼容总线定义下的母板、分离供电式和机器配合下，达到系统连接简单、使用方便、抗干扰强的目的。

计算机对现场过热蒸汽温度、蒎烯段、熔解油（中油）段、重油段的温度、过热蒸汽总压力等信号进行采集。温度信号通过热电阻送到温度变送器，转换成 0～10mA 电流；压力信号送到压力变送器，由压力变送器把压力转换成 0～10mA 的电流。将各参数转换成的电流送

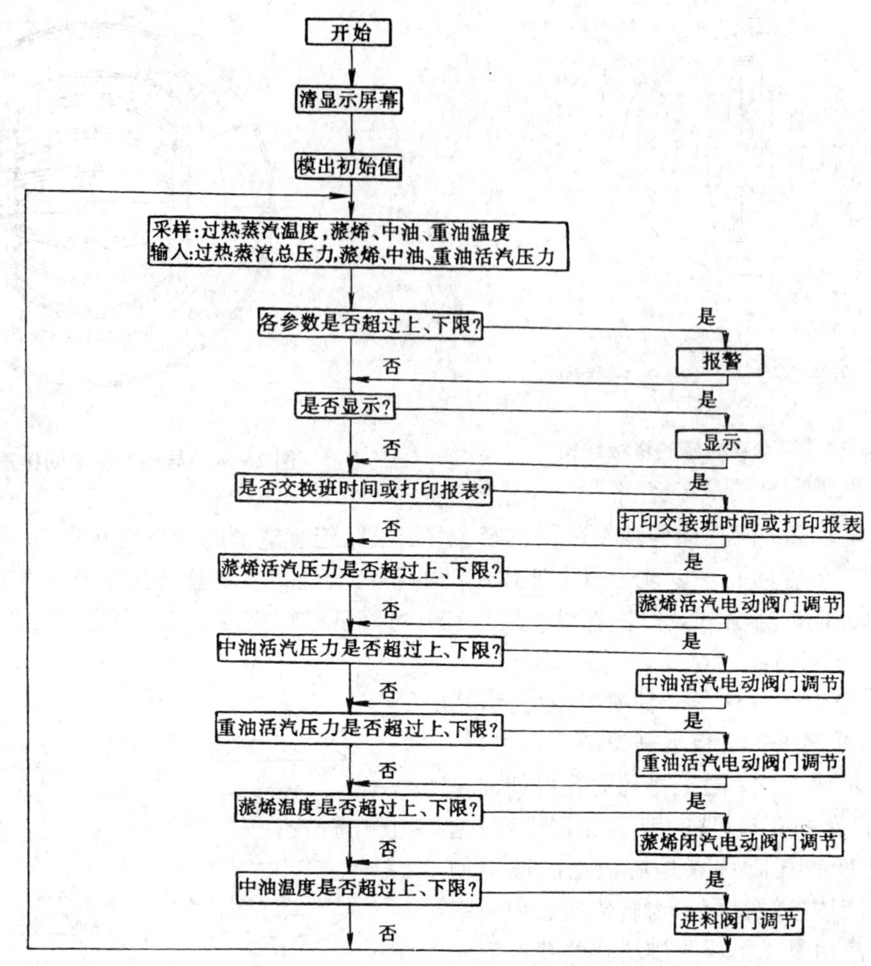

图 26-86 松香蒸馏塔微机控制程序框图

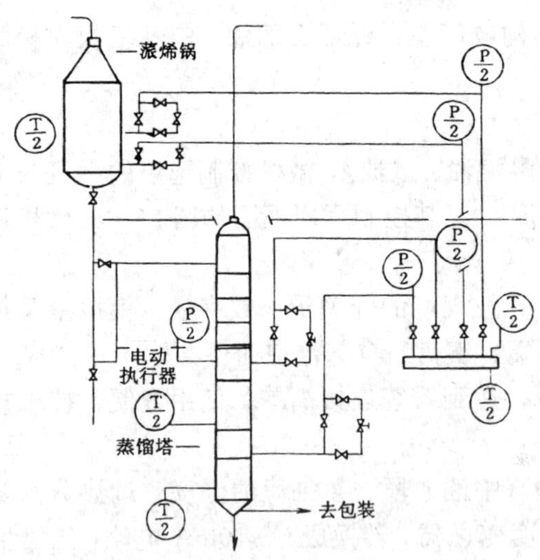

图 26-87 松脂液连续蒸馏塔微机控制工艺图

到计算机模拟量输入的输入端，在输入端并联500Ω的电阻，把0～10mA的电流转换成0～5V的电压为计算机的模拟量输入参数量值，计算机每秒钟对各参数进行采样，采用软件滤波和平均法，从而采集了正确的各参数的参量值，实现各段温度、压力送入计算机进行计算、分析、判别处理的目的。

根据生产工艺要求，选定蒎烯段、熔解油(中油)段、重油段直接蒸汽压力的控制范围送入计算机，计算机每秒对上述三种压力进行检测、监视，偏离给定压力范围时，计算机发出控制信号，调节偏离的直接蒸汽压力的电动阀门，使上述三种直接蒸汽压力始终保持在要求的控制范围内。蒎烯段直接蒸汽压力高低之差取2kPa。熔解油段直接蒸汽压力高低之差取 10kPa。重油段直接蒸汽压力高低之差取 5kPa。在高、低值范围之内不调，超过高、低值范围时，进行调整，使之保持在控制范围之内。

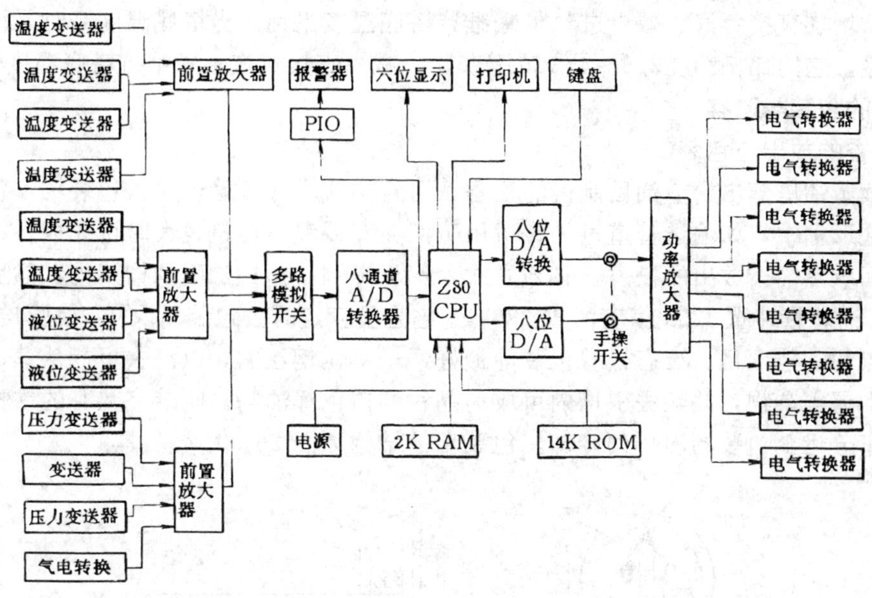

图 26-88　系统的硬件结构框图

对于蒸馏蒎烯温度 T_p 和蒸馏熔解油温度 T_Z 的控制是按生产工艺要求的温度上、下限送入计算机，计算机每秒钟对蒸馏温度进行检测监视。当检测到蒸馏温度偏离要求的上、下限范围时，计算机对此时的过热蒸汽总压力、过热蒸汽温度、当时的蒸馏温度和前 1 秒的蒸馏温度进行综合计算、分析、比较，算出调节各段间接蒸汽电动阀门的大小，发出控制信号，调节各段间接蒸汽的电动阀门。蒎烯段控制指标 $T_{P上}$，$T_{P下}$ 在 0.5℃，计算机控制±1℃。熔解油段 $T_{Z上}$ 为+0.2℃，$T_{Z下}$ 为−0.1℃，计算机控制在±1℃范围内。有时因重油段温度的要求，熔解油段温度可控制在 T_Z-2℃～$T_Z+0.4$℃范围内。

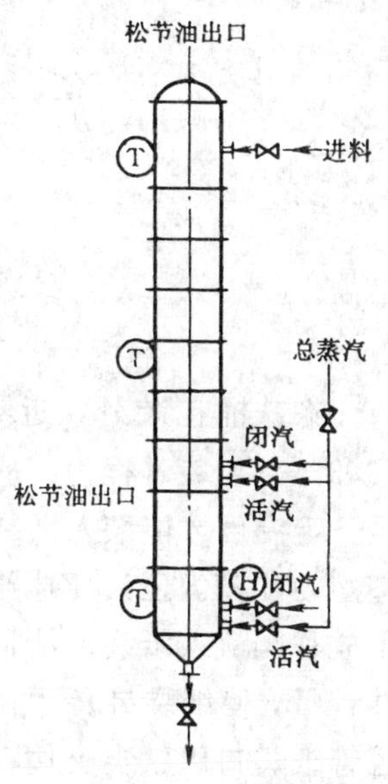

图 26-89　松香生产蒸馏塔控制点图

T——温度；H——液位；⋈——阀门（控制点）

重油段温度一般情况下较熔解油段高 10℃左右，有时也高出 11～12℃，只要将熔解油段温度控制在正常范围内，重油段也得到了保证。当重油段温度比熔解油段高出 11～12℃时，可将熔解油段温度控制在 T_Z-2℃～$T_Z+0.4$℃范围内。

根据过热温度和总汽压的大小以及蒎烯、熔解油、重油各段温度的高低分不同范围来控制进料量。控制流量计的截止阀采用电动执行器来控制进料量的大小。

显示屏幕上能显示 7s 之内各组参数值，能清晰地看到各组参数在 7s 之内的变化情况。

当机器出现故障时，可切换到手动位置，由手动进行操作，保证生产的正常运行。

另一厂采用的是 TP-801B 型控制装置[174]。结合外围控制设备进行松脂液蒸馏的温度、压力、液位、直接蒸汽、进出料等工艺监控。

系统硬件结构如图26-88。根据松脂液蒸馏的工艺要求，确定检测16个控制点（如图26-89）。以塔底的温度来调节总压力、液位、进料阀和出料阀等。当塔底温度低时，出料阀相应减少出料流量，增加直接蒸汽，减少进料量来维持塔底温度平衡。当塔底温度高时，增加出料流量和进料量，它的比例约在3/5～4/5范围变化，减少直接蒸汽，来维持塔底温度平衡。

2.3 产品的包装与贮存

2.3.1 松香的放出与包装

经连续蒸馏塔蒸出松节油后制得的松香，可直接从塔底经管道输入包装场，包装于镀锌铁皮的圆柱形桶中，如输送管道过长，可用蒸汽夹套保温。产量较大时可先放入槽车，再分装入桶。间歇蒸馏釜放出的松香，必须先放入铝板焊制、角铁加固的槽车内，然后分装于桶中。圆柱形桶装量纯重225kg，有的重230kg。化验员应定时去包装场取样，检验松香的色级、测定软化点和其他项目。液态松香包装前最好经一不锈钢丝网，以滤去可能从蒸馏设备带出的树皮、木屑等杂物，并除去引槽内可成为晶种的白色浑浊物。刚装完热香的铁桶过秤后用轻便包装车分运至包装场内排列冷却。包装车的结构如图26-90。

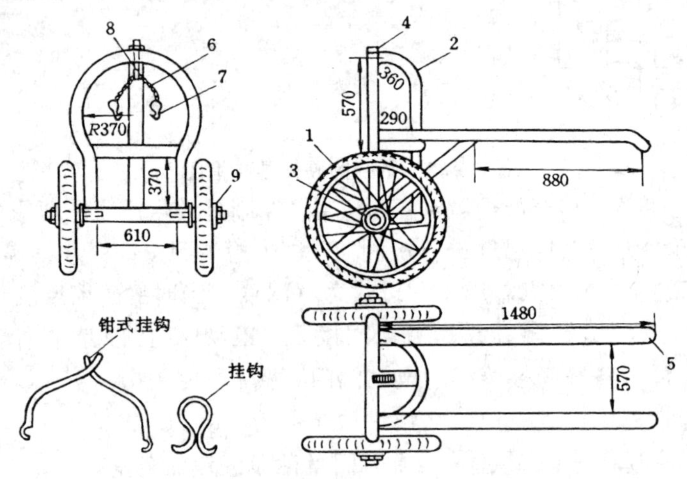

图26-90 轻便松香包装车的结构（单位：mm）

1. 胶轮；2. 铁架；3. 轴心；4. 支承螺丝；5. 手把；
6. 铁链；7. 挂钩；8. 支承；9. 防夹帽

除铁桶包装外，近年来又试验了纸袋包装[176]，纸袋包装成本较镀锌铁皮桶包装低16.3%。包装过程为：从蒸馏塔或蒸馏釜放出的液态松香温度较高（200℃左右），必须冷却至一定温度才能装入纸袋，先流入预冷槽，槽内装冷却盘管，管内通冷却水，为了使松香冷却均匀，槽内还设搅拌器，以一定转速搅动。冷至150±2℃的液态松香从预冷槽底部边的2个放香阀流入纸袋。放香阀下面各放置一台磅秤。灌装时先将专用小推车连同纸袋推上秤台并计量，使纸袋口套至放香管外，开启阀门放香，称量至25±0.5kg，迅速关闭阀门，移出放香管纸袋口以铁夹夹住，小推车推离秤台，至指定位置安放。松香在室温下自然冷却12～24h，卸去夹子，用胶带封死纸袋口，再将冷却后的固态松香集中垛起，堆放高度12～15袋。袋长775mm，宽420mm，厚80mm。包装速度为15～20袋/（人·h），2人同时包装，60～80min可装1t松香。纸袋包装冷却快，松香颜色变化较小，冷却后也可在一定高度（1m）经受跌落。

对于松香包装的要求是尽量避免由于包装不慎而产生结晶，冷却后的松香不破碎，准确称重，注意安全。包装场地要有平坦而干燥的水泥地面，并有顶盖，通风必须良好，具有防火措施。场地应先打扫干净并洒水，以免尘埃飞扬进入桶中成为晶种。为了使松香迅速冷却，松香桶或纸袋应保持一定间距，约 0.5～0.7m，每桶占地面积约 1m²。桶装松香全部固化约需 48h，因此包装场地应保证至少有 3 天生产量的面积。纸袋装松香占地面积较大，但冷却时间快，周转期短，故总面积与桶装基本相同。日产 20t 松香包装车间面积约为 400m²。刚放出的液态松香温度很高，在包装运输时 应注意安全。松香桶的摆放是“早西晚东”，防止日光照射，“南风北摆，北风南摆”避免热风影响，尽可能避免交接桶（冷热不同的松香装入同一桶内）。冷却的松香必须经结晶检查，如无严重结晶现象，即可称量、定级、封桶（封袋），作为产品出厂。

福建漳平林产化工厂应用红外线自动控制器准确计量热香灌装[177]，避免人为误差。控制器由红外线发射电路、红外线接收电路、光电转换电路和电力分配执行电路所组成，它是利用光电效应的原理，控制放香管道的转换以达到准确计量的目的（如图 26-91）。系统共两套，分别控制左右两个地中衡（磅秤）。红外线探头分别装在地中衡上，当左边灌装开始时，接通电源，该红外线发射电路开始工作，发射红外线，右边则锁死。随着放香灌装重量增加至额定值（225kg 或 230kg）时，地中衡的秤杆上升至规定点，挡住红外线反射给红外线接收系统，通过一系列的转换，输出信号，使电动执行器运行，将放香平衡管道向右边倾斜，左边即停止灌装，红外线停止发射。而右边开始灌装，发射红外线。如此依次往复轮回灌装。自动灌装的松香重量每桶误差在 0.5kg 以内。

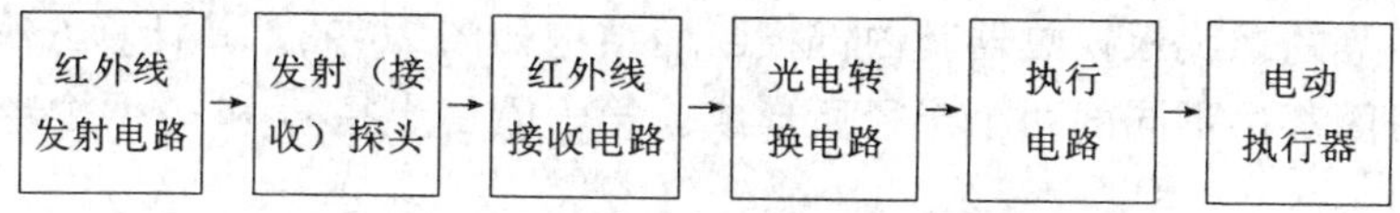

图 26-91　红外线自动控制器工作过程

2.3.2　松节油的收集

从蒸馏塔或蒸馏釜蒸出的水和各类松节油的混合蒸汽，通过换热器冷凝冷却，然后进入油水分离器分离水分，工业蒎烯或优油和重油再经盐滤器除去所含乳态水，即得成品松节油。

2.3.2.1　列管换热器

列管换热器在化工生产中应用较普遍，它主要由壳体、管束、管板（又称花板）和顶盖（又称封头）等部件所组成。管束安装在壳体内，管子两端固定在管板上，固定的方法一般用胀管器使管子两端胀大变形而固定在管板的孔中。顶盖用螺钉与壳体两端的法兰相连，以便必要时拆开，进行检修或清洗。

由于油水混合蒸汽与冷却水的温差在 50℃以上，管子和壳体的材料亦不同，热膨胀程度不同，产生不同应力而使管子扭弯或从管板上拉松，损坏换热器的结构。因此必须有热补偿。补偿的方法一是在壳体上设补偿圈（或称膨胀节）。另一是用浮头式换热器，即管束两端的管板有一端不与壳体相连，可以沿管长方向在壳体内自由伸缩（此端即为浮头），从而解决了热补偿问题。另外一端的管板仍用法兰与壳体相连接，整个管束可以从壳体中拆卸出来，对检修和清洗都较方便。这种结构较复杂，金属消耗较多，造价也较高。

2.3.2.2　螺旋板换热器

20 世纪 70 年代以来，松香厂应用螺旋板换热器作为油水混合蒸汽的冷凝冷却，它传热效率高，体积小，节省金属材料，已普遍推广使用。

螺旋板换热器是由外壳、螺旋体、密封头和进出口等四部分组成；是由两张平行的钢板，在专用的卷床上卷制成具有两个螺旋通道的螺旋板，加上顶盖、接管等构成。螺旋通道的间距靠焊接在钢板上的定距柱（或称定距撑）保证，也增强了螺旋板的刚度。两介质在两个螺旋通道内作逆向流动，一种介质由中心螺旋流动到周边，另一种介质则由周边螺旋流动到中心。这种换热器两面传热，单位体积内有效传热面积大，传热系数大，经测定，松节油和水的混合蒸汽冷凝冷却的传热系数可达600W/（m^2·K）。同时因流体阻力较小、流速较大，不易积垢和沉积泥沙。其主要缺点是不能承受较高的压力（0.2MPa以下），温度300～400℃以下操作，检修较困难。对油水的冷凝冷却是合适的。操作时必须严格控制冷却水的出口温度，勿使它超过冷却水中溶解石灰质的结垢温度。如有结垢，影响传热，不锈钢换热器可用酸洗法。

根据工艺条件，螺旋板换热器可分三种类型。螺旋体的两端用钢条全部焊死的，称为“Ⅰ”型，这种型式结构简单，不需另加封头、法兰等，两个介质间不会发生泄漏，但通道内如结垢则无法进行清洗。第二种是两端面交错焊死，加可拆顶盖密封，称为“Ⅱ”型。另一种是一个通道全部焊死，另一通道全部敞开，不致结垢的介质（松节油）在全焊死的通道内作螺旋型流动，另一种介质只作轴向流动，称为“Ⅲ”型。它们的结构如图26-92。

螺旋板的厚度从制造、腐蚀裕量、强度、刚度等因素考虑。换热器外径小于500mm者，不锈钢板用2mm厚，碳钢板用3mm厚，外径大于500mm者，不锈钢板用3mm厚，碳钢板用4mm厚。

通道间距相等的螺旋板换热器其内部横断面结构如图26-93。其计算方法如下：

螺旋体的每圈都由不同的两个半径所形成。第一圈由半径 r_1 和 r_2 两个半圆所组成。

$$r_1=\frac{1}{2}d \tag{26-37}$$

$$r_1=\frac{1}{2}d+t \tag{26-38}$$

式中：d——卷制螺旋板的卷床卷辊直径（mm）；

t——节距（mm），$t=b+\delta$；

b——通道间距（mm）；

δ——螺旋板厚（mm）。

第二圈由半径 r_3 和 r_4 两个半圈组成：

$$r_3=\frac{1}{2}d+2t \tag{26-39}$$

$$r_4=\frac{1}{2}d+3t \tag{26-40}$$

第 n 圈由半径为 r_{2n-1} 和 r_{2n} 的两半圈组成：

$$r_{2n-1}=\frac{1}{2}d+(2n-2)t \tag{26-41}$$

$$r_{2n}=\frac{1}{2}d+(2n-1)t \tag{26-42}$$

则每块有 n 圈的螺旋板总长 L 为：

$$L=\pi(r_1+r_2+r_3+r_4+\cdots+r_{2n-1}+r_{2n})$$

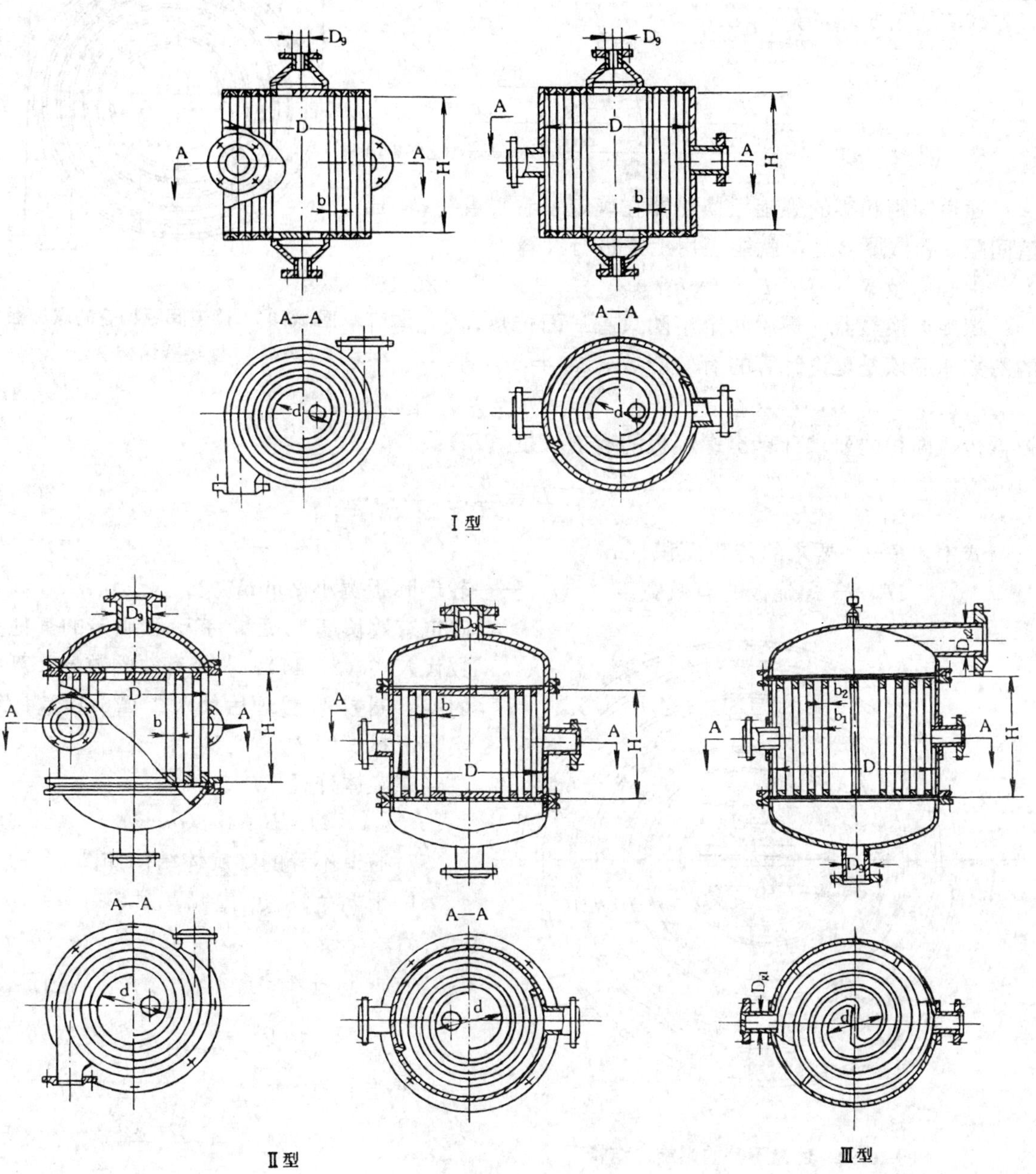

图 26-92　螺旋板换热器的型式

$$=\pi\ \{2n\cdot\frac{1}{2}d+\ [0+1+2+3+\cdots+\ (2n-1)]\ t\}$$

$$=n\pi\ [d+\ (2n-1)\ t] \tag{26-43}$$

整理成：

$$tn^2+\frac{d-t}{2}n-\frac{L}{2\pi}=0$$

$$\text{圈数}\ (n)\ =\frac{-\left(\frac{d-t}{2}\right)+\sqrt{\left(\frac{d-t}{2}\right)^2+2\frac{tL}{\pi}}}{2t} \tag{26-44}$$

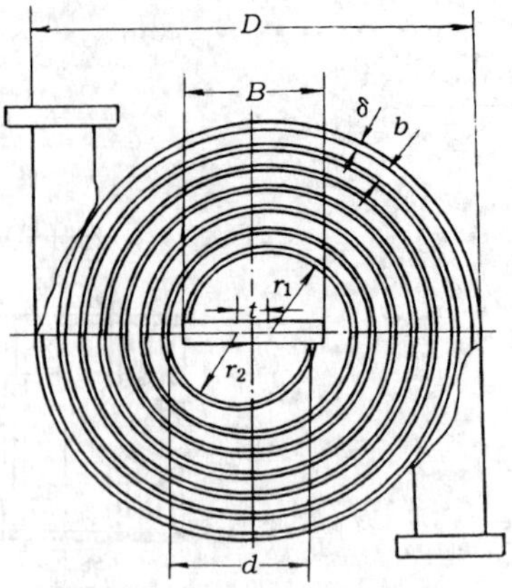

图 26-93 通道间距相等的螺旋板换热器结构

通道间距相等的螺旋板换热器在确定了卷辊直径 d，通道间距 b 和壁厚 δ 后，就能应用上式进行计算。

中心隔板宽 $B=d-b+\delta$ (26-45)

螺旋板换热器的最后两个半圈只有一面传热，因此实际的圈数 n 应该是理论计算的有效圈数 n_e 加半圈，即

$$n=n_e+0.5 \tag{26-46}$$

根据传热面积的要求计算出螺旋板的有效长度（L_e）：

$$L_e=\frac{F}{H_e} \tag{26-47}$$

式中：F——要求的传热面积（m^2）；

H_e——螺旋板的有效宽度（m），一般较实际板宽小 20mm。

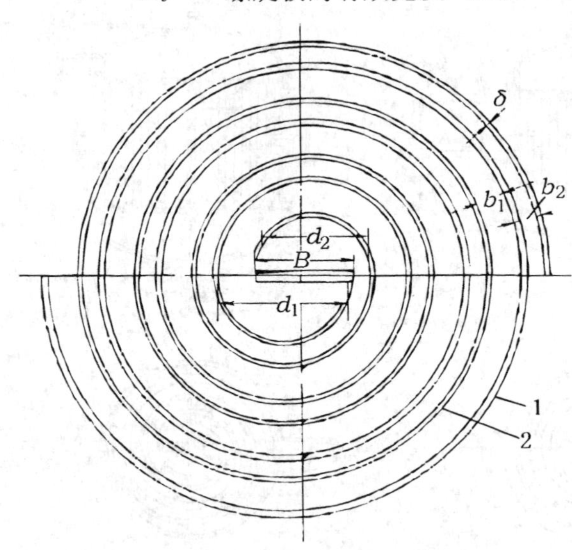

图 26-94 通道不等的螺旋体结构

确定有效长度 L_e 后，将 L_e 和确定的其他参数代入式（26-44），求得有效圈数 n_e，算出的实际圈数 n，整理后代入式（26-43），即得实际下料长度 L。

螺旋体外径：

$$D=B+4n\ (b+\delta) \tag{26-48}$$

对通道不等的螺旋体结构如图 26-94。

由于 $b_1\neq b_2$ 因此 $d_1\neq d_2$

$d_1=B+b_1-\delta$ $d_2=B+b_2-\delta$

令：卷辊平均直径：

$$(d_{cP})\ =\frac{d_1+d_2}{2} \tag{26-49}$$

平均节距：

$$(t_{cP})\ =\frac{b_1+b_2+2\delta}{2} \tag{26-50}$$

则 L 与 n 的关系式，对于“1”板：

$$L_1=n\pi\ [d_{cP}+b_1+\delta+2\ (n-1)\ t_{cP}]$$

$$n_1=\frac{-\left(\frac{d_{cP}-b_2-\delta}{2}\right)+\sqrt{\left(\frac{d_{cP}-b_2-\delta}{2}\right)^2+2\frac{Lt_{cP}}{\pi}}}{2t_{cP}} \tag{26-51}$$

对于“2”板：

$$L_2=n\pi\ [d_{cP}+b_2+\delta+2\ (n-1)\ t_{cP}]$$

$$n_2=\frac{-\left(\dfrac{d_{cP}-b_1-\delta}{2}\right)+\sqrt{\left(\dfrac{d_{cP}-b_1-\delta}{2}\right)^2+2\dfrac{Lt_{cP}}{\pi}}}{2t_{cP}} \tag{26-52}$$

通道不等的螺旋体外径：

$$D=B+4nt_{cP} \tag{26-53}$$

为维持两个螺旋板之间间距和刚度，用小圆钢作定距柱定距离焊在螺旋体的一块板上，小圆钢的长度与通道间距相等，卷制后两块板之间维持一定的距离，不致在一定压力下被压扁。定距柱的排列距离为 200mm×200mm、150mm×150mm、100mm×100mm、和 80mm×80mm。外圈较内圈刚度小，要排得密一些。

螺旋板换热器的侧向连接管以切向接口为好，阻力较小，径向接口阻力大，但制造方便。连接管的截面积必须与通道截面积相等。

2.3.2.3　油水分离器

水和松节油的混合蒸汽冷凝后为互不相溶的液体，可用油水分离器进行分离，其结构如图 26-95。

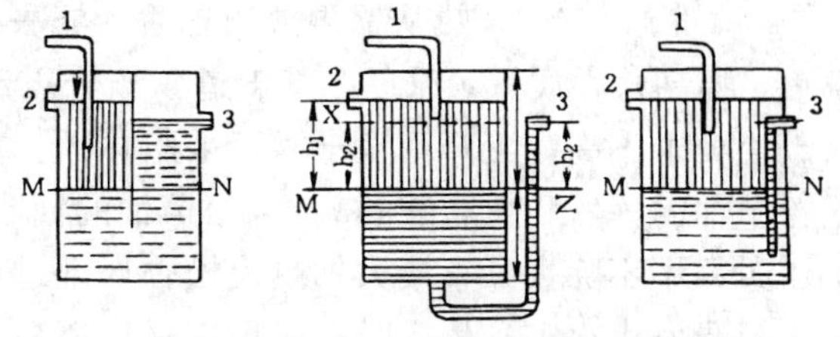

图 26-95　油水分离器结构图

1. 冷凝液导入管；2. 松节油流出管；3. 排水管

油水分离器的操作原理是根据在连通器内各种液体的液面高度与它们的密度成反比的原理：

$$h_1\rho_1=h_2\rho_2 \tag{26-54}$$

式中：h_1——松节油液柱高度（m）；

ρ_1——松节油的密度（kg/m^3）；

h_2——水柱高度（m）；

ρ_2——水的密度（kg/m^3）。

水和松节油的混合冷凝液从导管 1 进入油水分离器，由于密度不同，松节油上浮，水分下沉，油层保持一定厚度，当液面高度达到松节油流出管 2 时即流出。水则转入另一边从排水管 3 流出。冷凝液不断送入油水分离器，水与松节油连续从两边流出。横线 MN 是油水澄清液层的分界线。

为了使油水分离器能合理地操作，必须使松节油流出管的管口高于排水管的管口。已知松节油流出管 2 和排水管 3 的中心线相距 X，即 $X=h_1-h_2$，则可以求出在油水分离器中松节油和水层的厚度。反之，如已知液层的厚度 h_1 和 h_2 时，也容易找出油水分离器在正常操作时，两流出管中心线所必须的距离 X，这个距离保证了松节油不致随水分流出。

油水分离器的容积应按生产量计算，水与油在设备中停留的时间至少 0.5h。不同油分的油水分离器应根据它们各自的密度来计算。其材料可用不锈钢板或铝板焊制。

2.3.2.4　盐滤器

从油水分离器流出的松节油还含有一些乳状的水分，优油和重油在包装前必须再经盐滤器，除去残余水分。

盐滤器如图 26-96，内有筛板，筛板上铺有滤布（一般用麻布或棕），盐倒在滤布上，厚度为 30～50cm。带乳状水分的松节油进入盐滤器下部，上升通过盐滤层，水被盐吸收，形成

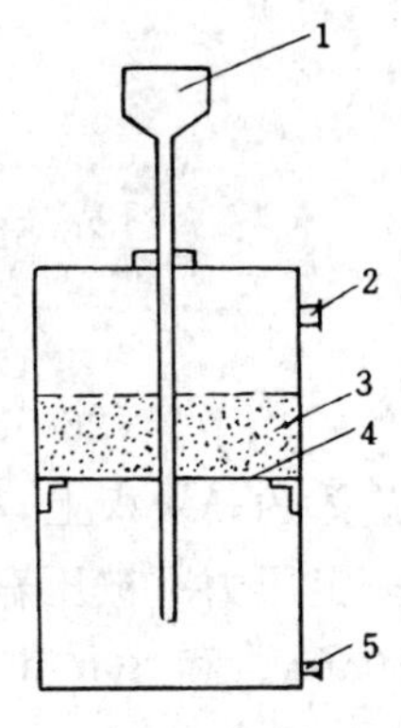

图 26-96 盐滤器

1. 漏斗；2. 松节油出口；3. 盐层；4. 筛板；5. 排水口

食盐水的饱和溶液，沉积在盐滤器的底层，可间歇或连续地由排水口排出。

盐滤器可以用混凝土或铁板制造内涂红丹紫胶漆，也可用不锈钢板制造。

除去水分的松节油用泵打入油槽。最好再澄清3～5天，沉下残存的水分，然后进行包装。包装松节油常用镀锌铁桶 。

2.4 松脂简易加工法

除用水蒸气法进行加工外，在产量较小时，松脂可用滴水法或简易蒸汽法加工。

2.4.1 滴水法

滴水法是将原料松脂直接装于蒸馏锅内，用直接火加热，在加热至一定温度后滴入适量清水，使之产生蒸汽，蒸出松节油，蒸毕松节油，趁热从锅内放出松香，滤去杂质，进行包装。滴入清水的作用是降低蒸馏温度，提高松香质量，原理亦基于道尔顿分压定律。滴水法加工设备简单，投资少、上马快，对动力要求不高，工厂可设于靠近采脂林区，原料收购后及时就地加工，减少松脂运输过程中松节油的挥发和树脂酸的氧化，松节油的回收率较高。但滴水法温度难以控制，有色杂质在加工过程中不除去，直接火加热使松香局部过热等都会影响产品松香的色泽，产品质量不稳定，且易发生火灾。生产时一般用木材作燃料，破坏森林资源。

2.4.1.1 滴水法松脂加工工艺

滴水法松脂加工的工艺流程如图26-97。其工艺过程如下（每锅1.2t松脂）：

(1) 加料：松脂由贮脂池用螺旋输送机送入料槽，再由料槽借位差流入蒸馏锅。如果贮脂池按地形设于高位处，则可直接由贮脂池经料槽流入蒸馏锅。装料前必须保证锅内清洁，以免影响产品质量。并检查设备是否完好，然后加入松脂，松脂不能加满，加料量视松脂含油量高低而定。含油量高（13%以上）、色泽新鲜的半流体状松脂，可加至蒸馏锅容量的80%；含油量少、色泽较差的松脂装至65%以下。装得太满，锅内泡沫容易冲入冷凝器，使冷凝器堵塞，发生事故，加料后，加入返蒸的中油，再密闭锅盖。加料时间为5～10min。

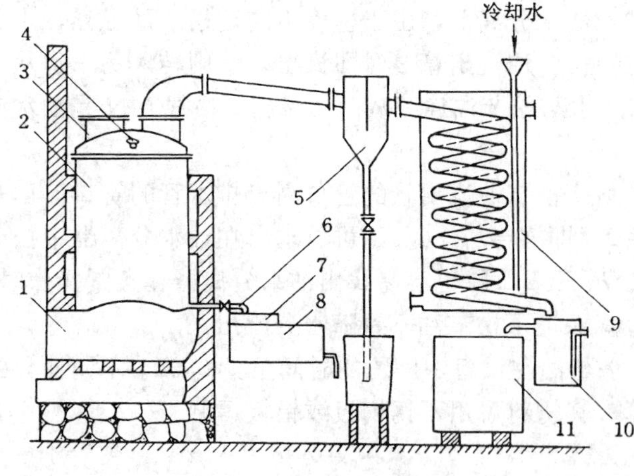

图 26-97 松脂滴水法加工工艺流程

1. 炉膛；2. 蒸馏锅；3. 装料口；4. 清水入口；5. 捕沫器；6. 放香管；7. 松香过滤器；8. 松香冷却槽；9. 冷凝器；10. 油水分离器；11. 松节油贮槽

(2) 熔解：松脂加入锅内后，密封锅盖。炉灶开始生火，从生火到初见来油为熔解阶段。这阶段火力要猛，迅速将锅内温度升高到105～108℃，以加速松脂熔解，缩短工时。开始来油后，用受器先接受留在管道中上一锅的重油，再换受器接优油。并即稍减火力，保持稳火进行煮炼，每分钟升温1℃左右。

(3) 滴水：当锅内温度高达130～135℃时，出油量显著减少，可开始滴水。

用 LZB-25 型或 PC-5 型转子流量计计量，滴水量为 1.3～2.5kg/min。至 160～165℃蒸完优油，以后加大滴水量至 2.5～2.8kg/min，并加大火力，大水大火，使在较短时间内蒸出松节油的高沸点馏份。滴水最好是热水，以 50～60℃为宜。蒸完优油的尾馏份相对密度为0.855～0.856（33℃）。

165～185℃收集中、重油馏份。180℃前为中油（回锅油），180℃后为重油，可分开收集，也可一次收集，视松脂中重油含量多少而定。尾馏份的相对密度中油为 0.856～0.890(34℃)，重油为 0.900（34℃）。

(4) 停滴：在蒸完松节油后即停止滴水。

(5) 煮炼：停止滴水后，再煮炼 5min，有的厂开盖搅拌，将剩余的水分蒸尽，待锅内温度达 195℃时即可熄火。

(6) 放香：锅内残余水分除尽，而且温度升至 200℃左右，即可开喉放香。当松香快放尽时，立即扫锅，除尽残渣。放香完毕后，先向锅内放入一些清水，而后再重新加料，进行下一锅的生产。若暂停生产，则加水量适当增加，以降低锅温。

(7) 过滤：放出的松香经过滤器除尽固体杂质。松香过滤器是嵌有上、下两层铜丝网的一个木框。上层 80 目，下层 120 目，中间夹脱脂棉，上下两层要容易分开，以便更换脱脂棉。脱脂棉必须放置均匀，以保证过滤作用。过滤器必须清洁无水，以免引起结晶。松香过滤后流入铝板制的敞口冷却槽中，再进行包装。过滤后的棉花放入水中以防着火。

(8) 包装：包装的要求、规格及包装场地的要求与蒸汽法生产相同。

滴水法加工松脂的蒸馏过程一般需 100～120min。因松脂含油量及其馏份不同，加工时上升温度与时间的控制各地亦不尽相同。一般是熔解阶段用猛火，加速熔化。滴水的目的是降低蒸馏温度。将松节油蒸出。但温度过低，松节油的蒸汽压低，水的用量多，热量消耗大，时间延长。因此，在蒸优油时，可适当加快升温至 140～150℃，蒸优油时间适当拉长，以缩短整个蒸馏时间，既保证优油质量，又节省时间和燃料。有些地区 7、8、9 三个月，由于松脂含重油量较多，在蒸中、重油阶段用大水大火，使产生的水蒸气更多更快地带出重油。10 月中以后，松脂含重油减少，氧化树脂多，水分少，为了保证松香色泽，可提早至 120℃左右滴水，适当加大水量、火量提取优油，并适当降低中、重油的蒸馏温度。

2.4.1.2　滴水法松脂加工的设备

(1) 蒸馏锅[149]：滴水法松脂加工的主要设备是蒸馏锅，蒸馏锅用的材料用防锈铝板焊制为好，用纯铝板制造强度较差，一般一年要换底一次。避免用铜板，因铜板在有二氧化碳的湿空气中表面易生成铜绿，铜绿不溶于水，溶于酸，形成相应的盐，影响松香的色泽。不锈钢板焊制的设备必须用 1Cr18Ni9Ti，0Cr18 Ni9Ti 或 1Cr18Ni9Nb 等型号，其他如 1Cr13、Cr17、Cr17Ni2 等不锈钢型号焊接性能差，不适于作化工容器设备。

蒸馏锅的容积视生产能力而定，通常有能装 500kg、700kg 或 1 250kg 松脂，更大的较少。大的比较经济。锅的有效容积为 70%～80%，高径比 1.5∶1。

(2) 除沫器：用铝板焊成，作用是除去松节油蒸汽带出的松香雾沫。

(3) 冷凝器：一般为盘管冷凝器，冷凝管为铝管或锡管，管径 60mm。用木桶作为外壳，亦可用砖和水泥砌成。松节油和水的混合蒸汽在管内冷凝冷却，冷却水在管外桶内流动。1 250kg容量的蒸馏锅配用盘管冷凝器的换热面积约 $10m^2$。

(4) 松香冷却槽：松香冷却槽按蒸馏锅容量设计，外用木框，内衬铝板，过滤器筛网框架

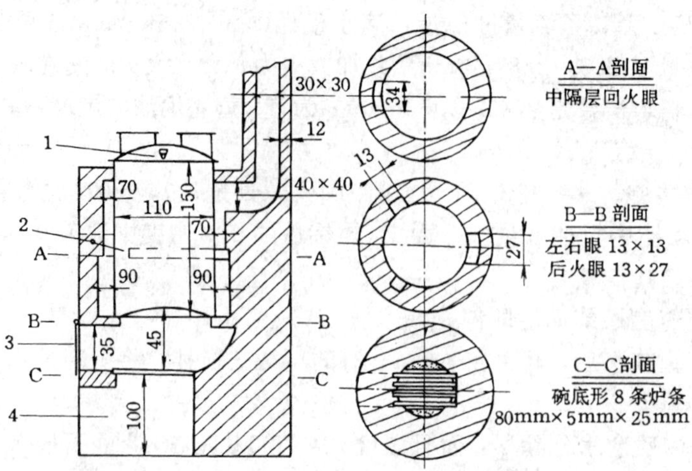

图 26-98 滴水法松脂加工的炉灶结构（单位：cm）

1. 滴水口；2. 温度计口；3. 炉门盖；4. 灰池

于槽上。

(5) 炉灶：炉灶用砖砌成，炉膛衬耐火砖，碗形，三个火眼，一大二小，火力均匀分布。其结构如图 26-98。炉箅间隙 1.5cm，炉门有盖，以调节空气的通入量。烟囱高 8～10m，通道面积约 0.08～0.1m^2。回火道以 9cm 宽为好，支承锅底的耐火砖与锅的接触面积越小越好，以能支持住锅底为度。

2.4.2 双锅滴水法

双锅滴水法加工松脂是在单锅生产的同一灶斜上方增设一熔解锅，利用烟道气的余热对松脂进行预热熔解，然后借高位差使熔解的松脂自动流入蒸馏锅中进行煮炼。炉灶的结构如图 26-99。

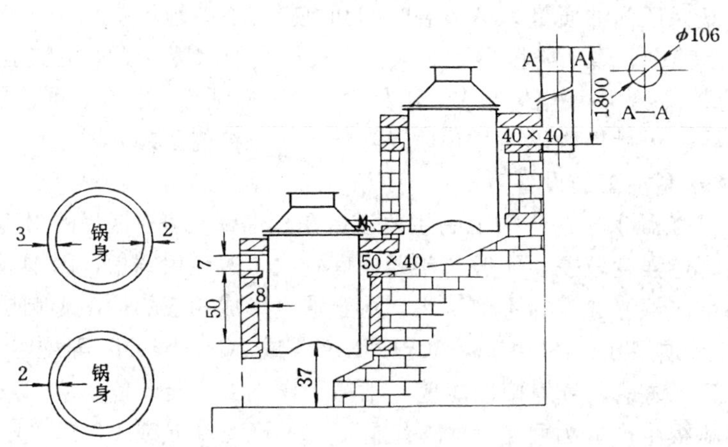

图 26-99 双锅滴水法炉灶结构（单位：cm）

双锅生产的工艺流程和操作条件与单锅生产大体相同。第一次装料的时候，两个锅同时加料，待下面的蒸馏锅煮炼放香后，即将上部熔解锅中已熔解的松脂（温度可达 110℃）经一过滤器放入蒸馏锅继续进行下一锅生产。蒸馏锅起火 10min 就可滴水。熔解锅又重新加料。为收集熔解锅蒸出的少量松节油，可联接另一冷凝器和油水分离器，蒸出的松节油与蒸馏锅蒸出的优油收集于同一贮槽。当暂停或结束生产时，熔解锅及蒸馏锅都要加一定量的水，以免烧坏锅身。

双锅单灶是利用炼香锅的灶火烟道余热预热松脂，由于砌灶的灶型等问题，预热过程与炼香时间不能同步，往往炼香锅放香。预热锅内的块状松脂尚未完全熔化，致使不能及时下流过滤。在松脂质差、块脂较大较多时更不易熔化。双锅双灶可改善这种状况，它采用双锅串联，双灶独立的方式，为安全计，两灶距离应不小于 5m，预热锅以直接火加热，位置高于炼香锅，锅内温度根据需要掌握，可避免上述矛盾，但燃料必然增加。

双锅生产比单锅生产缩短工时约 30%～40%，经预热熔解后的松脂经过滤后煮炼，将松脂中所含杂质过滤在蒸煮之前，使松脂色泽更浅，提高产品质量。由于预热的松脂直接流入蒸馏锅，不需开盖，装锅前也不用冷水降温，比单锅生产安全。

如用单锅生产，待松脂熔解后经过滤，再以泵打回蒸馏锅中，亦可起到双锅生产的作用，改善松香质量。过滤时适当压火。

2.4.3　简易蒸汽法

简易蒸汽法又称小蒸汽法，是双锅滴水法的改进。其热源不用直接火，而用过热蒸汽，兼用作解吸介质。其工艺流程如图 26-100。

此法的特点是：在松脂质量较好的情况下，不加熔解油，亦不设澄清工序，并免去残渣处理设备；蒸馏过程中过热蒸汽二次利用，用轮蒸法蒸出松节油；由于脂液中含油量少，可减少蒸汽用量，降低煤耗。

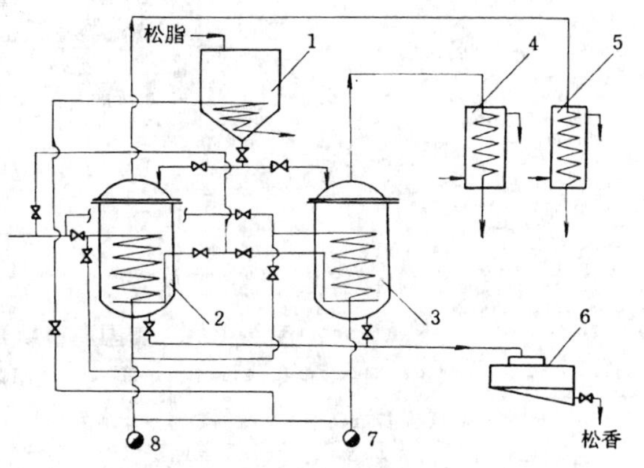

图 26-100　简易蒸汽法松脂加工工艺流程

1. 预熔锅；2、3. 轮蒸锅；4、5. 冷凝器；6. 松香冷却槽；7、8. 疏水器

简易蒸汽法的工艺过程如下：

开动螺旋输送机输松脂入预熔锅 1（蒸馏一锅的量），通入新鲜闭汽，使松脂加热至 60～70℃熔解。将熔解的松脂流入轮蒸锅 2，用闭汽加热，活汽蒸馏，在 150～160℃前收集优油。轮蒸锅 2 蒸馏时，预熔锅二次进料，使用轮蒸锅 2 的二次蒸汽，熔解后送入轮蒸锅 3。在 160℃以后，轮蒸锅 2 开始蒸出中、重油，其二次闭汽通入轮蒸锅 3 作为蒸出优油的闭汽热源。预熔锅 1 从第三次进料起使用轮蒸锅的三次闭汽作热源熔解松脂。当轮蒸锅 2 放香后，再次放入熔解松脂，轮蒸锅 3 进入蒸中、重油阶段，使用新鲜蒸汽作闭汽，轮蒸锅 2 使用轮蒸锅 3 的二次闭汽。以后，轮蒸锅 2、3 蒸中、重油阶段均使用新鲜闭汽，蒸优油阶段均使用二次闭汽，轮流利用二次蒸汽，三次闭汽通入预熔锅 1 熔解松脂。如无熔解锅，松脂直接放入蒸馏锅，二个锅轮蒸交替使用。蒸出的优油、中油和重油经冷凝器 4、5 冷凝后分别收集。简易蒸汽法的放香温度一般在 190～200℃，过热蒸汽温度 360～390℃。

在生产实践中，又有部分蒸汽法松脂加工的形式，其工艺流程与间歇蒸汽法相似，分熔解、水洗、澄清、蒸馏四个工段，与一般间歇蒸汽法不同之处在于蒸馏工段不用过热蒸汽作传热和解吸介质，而改用低于 170℃的饱和蒸汽减压后作为直接蒸汽取代滴水，并用直接火加热。这种工艺对于年产 500～1 000t 松香的小厂是可行的。由于运用了熔解、水洗、澄清工段，减少了色素的干扰，蒸馏时以饱和蒸汽代替滴水，缩短了蒸馏时间，与滴水法相比，可提高产品质量。

2.5 国外松脂加工工艺

2.5.1 美国奥鲁斯蒂（Olustee）连续蒸馏法[192]

美国的松脂加工1940年前主要是手工操作的直接火法。1950年后全部用奥鲁斯蒂间歇式蒸馏法加工。1956年美国一松脂加工厂按照奥鲁斯蒂松香松节油研究室的经验采用了脂液连续蒸馏装置，并推广至其他一些国家。20世纪60年代后，由于松脂产量大幅度下降，工艺没有新的改进。奥鲁斯蒂连续蒸馏的工艺过程如图26-101。

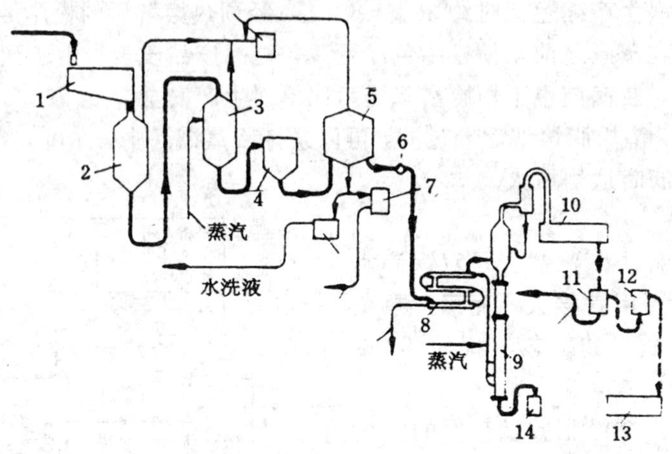

图26-101 美国奥鲁斯蒂松脂连续蒸馏工艺流程

1. 料斗；2、8. 预热器；3. 熔解器；4. 过滤器；5. 水洗槽；6. 脂液泵；7. 中层脂液贮槽；9. 连续蒸馏塔；10. 冷凝器；11. 油水分离器；12. 盐滤器；13. 松节油贮槽；14. 松香包装桶

松脂从料斗1经预热器2预热后送入熔解器3熔解，并加入草酸（900～1 900g/t松脂），加松节油至含油量30%～35%。熔解温度93～98℃。熔解后的松脂经过滤器4滤去杂质，进入水洗槽5，用水洗去单宁和水溶性色素，然后澄清8～24h，排出水和废渣。澄清脂液由脂液泵经预热器8连续送入高9.15m的闪急蒸馏塔9。脂液在预热器中预热至170～175℃，在0.18～0.25MPa压力下经具有10mm直径小孔的平式喷嘴喷入蒸馏塔上部的急蒸室，蒸出全部松节油的85%～90%。其余的松节油在塔的下部用直接蒸汽（190℃）蒸出。塔下部为一套管装置，内装1 ½″×1 ½″×1 ½″2S的铝制填料（拉西环），夹套中用蒸汽加热。松节油和水的混合蒸汽通过蒸馏塔上部的除沫器进入管式二程冷凝器10，冷凝液经油水分离器11、盐滤器12，分离出的松节油送入松节油贮槽13。松香从塔下部流出装入松香包装桶14，每桶约235kg（520lb）。热松香也可装入保温槽车直接送去再加工。由于湿地松松脂中不含倍半萜，美国其他松树的松脂中有的含倍半萜也极少，因此蒸馏温度较低，只作一段蒸馏。塔的生产能力每小时加工松脂4.08～4.68t，加工1t松脂消耗蒸汽0.489t。

美国松脂加工厂的洗涤水和废水中主要是溶解和悬浮的固体树脂酸、松节油以及单宁、草酸、酚类等。试验证明，各种树脂酸对虹鳟鱼的平均致命浓度为0.4～1.1mg/L。因此，于废水中加入0.1%～0.2%石灰，使废水的pH值从4升至10，有机物成灰色的固体沉淀。这种方法能使废水中的有机物减少2/3～3/4。沉淀被建议制石灰松香或农用石灰。另一方法是将松脂加工厂的洗涤水通过活性炭填充床吸附塔，可除去79%的溶解有机物。废水必须是中性或略带酸性。废活性炭可用多床炉再生。

2.5.2　俄罗斯松脂加工工艺

俄罗斯松脂加工工艺大部仍为间歇式，或半连续式，即熔解、澄清为间歇而蒸馏为连续式，或后二者为连续式。全部连续式的加工工艺流程如图 26-102。

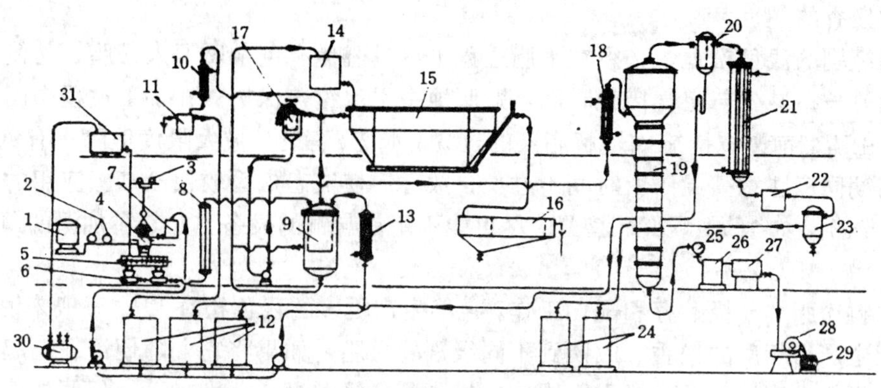

图 26-102　俄罗斯松脂连续式蒸汽法加工工艺流程图

1. 车皮；2. 松脂桶；3. 电动小吊车；4. 料斗；5. 盘形松脂粉碎机；6. 泥浆泵；7. 熔解松节油槽；8. 熔解锅；9. 压滤器；10，21. 冷凝器；11，17. 过滤器；12. 回流松节油受器；13，18. 预热器；14. 过滤槽；15. 连续澄清槽；16. 渣水收集器；19. 脂液蒸馏塔；20. 除沫器；22. 油水分离器；23. 盐滤器；24. 松节油贮槽；25. 视镜；26. 复环流松香冷却器；27. 松香收集槽；28. 骤冷器；29. 松香包装桶；30. 磷酸溶液扬液器；31. 磷酸供应槽

俄罗斯采用的工艺操作条件与中国的相似，所不同的是，他们用 2%～3%磷酸作脱色剂，用量为每吨纯松脂 3.5～6kg。少数工厂在熔解时还加入食盐以增加脂液与水的比重差。熔解脂液澄清采用容量为 57m^3 长方形斜锥体澄清槽，由钢筋混凝土砌成，内衬辉绿岩砖，外包石棉。处理能力为每天 250t 脂液。松脂蒸馏塔为泡罩筛板混合式塔，高约 6～7m，直径 0.6～1.2m，顶部扩大部分直径为 1.0～1.6m，塔内装 7 块筛板、8 块泡罩板。筛板上装有加热盘管。由于欧洲松的松脂中没有倍半萜的成分，因此不分优油和重油，蒸馏温度为 165～170℃。在有的工厂已备有松香自动计量装置。

俄罗斯松脂加工厂的澄清槽放出的废水中含有脂液、磷酸、树脂酸和萜烯的氧化物。通过树脂捕集器再澄清分离脂液和沉淀。沉淀后的废水中含树脂 400～3 000mg/L，化学耗氧量 17 000mgO_2/L。用粉状石灰中和废水，可消除树脂物质 90%～94.6%。当废水的酸值为 300mg/L 时，1m^3 废水用石灰 21kg（以有效 CaO 计算）。

其他国家松脂加工工艺流程与此二流程基本相同。

2.6　影响松香、松节油产品质量因子及各工段的质量控制

中国脂松香的质量指标主要有色泽、外观、软化点、酸值、不皂化物和乙醇不溶物等。松香结晶虽未列入质量指标，但严重结晶的松香按等外品处理。原料是影响松香质量的重要因素，而加工工艺条件的控制也关系到产品的优劣。

2.6.1　松香的颜色

在松香质量指标中，颜色是很重要的一项，其他指标达到后，控制好颜色就控制了松香的级别。中国松香的颜色级别由对照标准玻璃色块确定。

松香的组成主要是酸性和中性萜类化合物。纯的树脂酸呈无色。中性物中的单萜、倍半萜和二萜烃均无色；羰基化合物和二萜醇类衍生物色度很低；含氧多官能团二萜类衍生物主

要是带有酮茎和氧官能团的二萜醇和醚，其分子式为 $C_{20}H_{25}O_3$ 的具有颜色，影响较小。氧化树脂酸影响较大，而影响松香颜色最甚者为树脂酸铁盐和强极性官能团中性化合物，后者甚至大于前者。在采脂和松脂运输过程中还混入树皮、木片、针叶、尘土、虫尸等有色物质，它们也会影响松香的颜色[181]。

生产高级别的浅色松香，必须在采脂过程中尽量避免有色杂质混入松脂，勿使松脂接触铁器的时间过长；减少与空气接触时间，贮脂池中用水覆盖保护。在加工过程中向松脂中添加脱色剂；在蒸馏前采取措施如熔解脂液的过滤、水洗、净化，最大限度地除去有色物质。另外，在蒸馏期间应注意高温停留时间不过长；放香后使液态松香较快冷却。应用的设备最好用奥氏体不锈钢，如 1Cr18Ni9Ti 型号。尽可能不用铁与铜的设备，尤其在加温的情况下，要完全避免。

做好原料松脂的分级贮存和配比工作，也能生产更多的浅色松香[186]。一般来说，不同级别的松脂能生产出相应的松香。收购到不同级别的松脂，如果将它们随便混在一起，则优质的松脂往往不能生产出浅色的松香，因此，松脂应分级贮存，分别加工。但假如将不同级别的松脂按一定比例搭配，则有可能将部分低一级的松脂，搭入高一级的松脂内，生产出高一级的松香。桂林化工厂长期以来的实践及试验证明是有效的。将一定数量不同级别的松脂分别取样，在实验室内制得松香，测定其色泽，再将两种松脂按不同质量配比混合均匀制取松香，测定所得松香的色泽。以松脂不同配比和松香色泽作图，得直线关系，进而推导出下列公式：

$$S=\frac{M_1S_1+M_2S_2}{M_1+M_2} \tag{26-55}$$

式中：M_1——前组分的松脂质量；

M_2——后组分的松脂质量；

S_1——前组分松脂单独所得的松香色泽；

S_2——后组分松脂单独所得松香色泽；

S——二者混合后的松香色泽。

在测定和计算时，因松香色泽的测定罗维邦色级黄色的级差范围大，红色的级差范围小，应用上式时以红色级别代入更为简便。

在松香贮存和运输过程中，发现松香有发红变深现象，这是松香氧化所致[183]。大面积和大块发红是粉末松香氧化后再熔合的结果。松香内部出现红丝，是松香开裂面氧化生成的膜层熔合在松香内部所形成，这种丝状物颜色较浅时影响松香外观，严重时影响松香的色泽定级。松香贮存周围气温越高，裂面氧化时间越长，发红程度越严重。

当露天贮存松香时，因阳光暴晒，尤其在夏季气温较高，氧化速度快，1 年后松香质量明显下降，2～3 年后已无合格产品，且易产生四周热翻现象，将上层发红松香卷入内部，出现“红心”，可深入内部 20～30cm。松香氧化后极性增加，再渗入雨水与之结合，使松香水渍发白。因此松香不宜露天堆放贮存。堆放时，桶口应朝下，以减少接触空气的机会。

松香包装有时因计量不足，冷却后添加碎香，或者运输过程中造成松香破碎、开裂和包装桶破损，都能使松香增加与氧气的接触面积，加速氧化，碎香多或破碎严重时，1 年后就可使松香变成不合格产品。因此，应杜绝添加碎香，降低人为的松香破碎。最好在松香厂内就近设库贮存，注意减少或避免运输过程中松香破碎和包装桶的破损。

2.6.2　软化点

松香是多种树脂酸的熔合物，是过冷的熔体，无定形结构的固态液，因此，它与晶形结构的固体物质不同，没有一定的熔点，也没有固定的软化温度。它随着温度的上升逐渐变软，直至最后全部变成液态。松香的软化过程是用一种固定的、专用的仪器测定，测定方法按国家标准规定的环球法进行。

松香的软化点与其含油量（高沸点中性物）有一定关系，一般含油量高，软化点则较低，但并不成比例。软化点高的松香其硬性和脆性也增加。有关地区松香中性物百分含量与酸值、软化点的关系见表 26-43[184]。

表 26-43　松香中性物百分含量与酸值、软化点

项　目	湿地松	云南松	马尾松							
			福　建				广　东			广　西
			建阳	尤溪	宁化	龙岩	紫金	德庆	高州	梧州
中性物	9.1	8.3	9.2	9.7	8.5	9.1	8.8	9.0	6.4	7.6
单萜倍半萜	—	2.2	3.9	4.4	3.9	3.2	4.3	5.1	2.6	4.0
二萜中性物	6.0	3.1	3.7	4.2	3.7	4.1	2.4	2.3	2.0	1.7
其他高沸点中性物	3.1	3.0	1.6	1.2	0.9	1.8	2.1	1.4	1.9	1.8
酸　值	168.0	170.0	168.7	167.3	170.2	168.7	168.4	168.4	173.6	170.9
软化点	—	—	76.8	74.3	76.9	76.6	76.9	75.0	80.4	77.5
计算最高酸值①	168.0	174.2	175.9	175.5	177.2	174.6	176.8	178.0	178.4	178.7

① 完全除去单萜、倍半萜后计算出的可达到的最高酸值。

从表 26-43 可知，松香的软化点，不但受单萜、倍半萜含量的影响，也受二萜中性物含量的影响，因二萜烃、醛等熔点很低，二萜醇的熔点比树脂酸也低许多，福建建阳、尤溪、龙岩地区的松香，因二萜中性物含量较高，软化点难以达到广东、广西松香的水平，不只是加工工艺问题。

要制得软化点较高的松香，必须在蒸馏过程中尽可能将高沸点萜类中性物蒸出。采用过热蒸汽，使直接蒸汽的气泡扩大，具有更大的表面积，以提高汽化效率；亦可提高温度，但不能过高，温度过高会加深松香颜色；采用减压蒸馏也是有效的方法，可使高沸点馏份在较低的温度下蒸出。

2.6.3　酸　值

各种树脂酸和脂肪酸是以游离酸或化合酸（如酯）的形式存在于松香中，酸值的测定主要是测定游离酸的含量。游离酸易与碱起中和反应，而以酯状存在的化合酸则要经水解后才与碱起反应。松香的酸值是以中和 1g 松香中的游离酸所耗用的氢氧化钾毫克数来表示。松香的酸值应符合国家标准要求。中国脂松香的国家标准要求酸值不小于 164～166mg KOH/g。含有二元羧酸的南亚松松香，其酸值可达 200mg KOH/g。

从表 26-43 可知，马尾松、云南松松香因二萜中性物含量较湿地松松香低，故酸值可达较高，湿地松松香则因二萜中性物含量高而酸值难以提到马尾松、云南松松香的水平。

一般地说，酸值的高低可以反映松香中树脂酸的含量。要得到合格酸值的松香，蒸馏时应尽可能多蒸出高沸点的中性物，提高游离酸的含量。因此要控制好蒸馏工艺。

2.6.4　不皂化物

松香中的不皂化物是松香中不与碱起反应的物质。其成分复杂，从中国和美国湿地松和中国马尾松脂松香中检出含有82种以上的中性组分[182]。有双萜烃、醇、醛、酯；倍半萜、单萜及其醇等。其中有的中性物（如酯）水解后能与碱反应者为化合酸，不属于不皂化物。不皂化物能溶于有机溶剂（如乙醇、乙醚等，石油醚除外），但不溶于水。松香用碱溶液蒸煮皂化，皂化后的水溶液用乙醚萃取，萃取液除去乙醚后可得不皂化物。

松香中的不皂化物的含量一定程度上反映了中性物的含量。松香的酸值、软化点和粘度都随不皂化物含量的增加而降低，结晶趋势则减小。

应用松香的部门和行业一般不欢迎不皂化物含量多的松香。如肥皂厂，当松香中不皂化物含量多时，皂化过程中因其不与碱起反应而最后沉于锅底，清理困难，总得率减少。制成的肥皂发粘，还起消泡作用，降低去污能力。造纸厂制施胶剂时，不皂化物含量多的松香皂化后乳液分散不均匀，影响施胶度。在制歧化松香时，过多的不皂化物易使催化剂中毒而失去活性。含不皂化物多的松香制成油墨时会使油墨发粘，不易干燥。

要使松香中不皂化物含量符合国家标准，务必在脂液蒸馏时尽可能多地将中性物蒸出；勿用重油作熔解油，以减轻蒸馏负荷。

2.6.5 乙醇不溶物

松香中的有机物很易溶解于乙醇中。在采脂、运输过程中带入的机械杂质如树皮、泥沙等在加工过程中未能除尽，就会使松香中乙醇不溶物增多，影响其应用效果，如油漆、橡胶、造纸等行业应用时都会降低产品质量。

生产符合国家标准的松香，应尽量减少采脂和松脂运输过程中机械杂质的混入；注意加工过程中过滤和澄清的效果；勿使杂质带入蒸馏前的脂液，必要时可从蒸馏前的脂液取样进行测定。简易法生产松香要做好放香时的过滤操作。松香包装和运输过程中也应避免尘埃的混入。

2.6.6 灰 分

松香在高温下灼烧的剩余物为松香的灰分。有机物在灼烧过程中形成碳的氧化物和水分逸出，留下的灰分中主要是金属氧化物和无机盐类。灰分的量一般反映松香中金属的含量。

控制松香中灰分含量的措施是：在采脂、松脂运输与加工过程中尽量减少松脂与铁的接触，尤其在加温过程中不与铁器接触。应用不锈钢设备可减少松香与金属的反应。在松脂熔解时加脱色剂不但是脱色的需要，也可降低灰分的含量。脂液的水洗过程除洗去有色物质外，还可更多地除去可溶性盐类，降低松香中灰分的含量。

2.6.7 松香结晶及防止措施[187,188]

2.6.7.1 脂液中树脂酸组成在加热过程中的变化

脂液中树脂酸在加热过程中的变化，国内外都做过一些研究。马尾松松脂加工过程中树脂酸组成变化的研究，是因松香结晶问题而进行的。从马尾松松脂加工的各工段以及松香冷却过程的不同温度下取样，用气相色谱法分析每个样品的树脂酸组成，结果见表26-44、表26-45。

表26-44和表26-45表明：松脂在加工过程中由于受热的作用引起树脂酸的变化，这些变化是由树脂酸的异构而产生的。

异构化作用主要是发生在枞酸型树脂酸之间，尤以左旋海松酸在高温下最易异构。

枞酸型树脂酸之间的同分异构作用主要发生在脂液蒸馏和松香冷却过程中，熔解、澄清

表 26-44　马尾松松脂原料、熔解和澄清工序脂液中树脂酸的组成

试样来源	树脂酸含量（%）							
	海松酸	山达海松酸	长叶松酸	左旋海松酸	异海松酸	脱氢枞酸	枞酸	新枞酸
松脂	8.8	4.1	20.3	32.6	5.3	8.4	8.7	11.7
熔解脂液	9.7	3.9	20.4	32.9	5.4	8.1	9.0	10.6
澄清脂液	10.1	3.6	19.8	34.4	5.3	6.9	9.3	10.7

表 26-45　马尾松松脂液不同蒸馏温度和松香冷却过程中树脂酸组成

试样来源	取样温度（℃）	树脂酸含量（%）							
		海松酸	山达海松酸	长叶松酸	左旋海松酸	异海松酸	脱氢枞酸	枞酸	新枞酸
蒸馏脂液	160	10.3	2.6	24.6	17.9	3.6	14.0	14.8	12.2
	170	9.5	2.8	27.3	17.6	3.5	7.8	17.6	13.9
	180	9.7	3.1	28.3	12.5	3.6	10.0	19.2	13.6
	190	9.6	2.3	33.8	0.8	3.5	6.1	26.4	17.4
放香槽	200	9.1	2.5	31.6	微量	3.2	6.0	30.9	16.8
包装桶	194.5	9.3	2.8	27.6	—	3.0	6.3	35.6	15.6
	183.5	9.2	2.7	23.3	—	2.7	4.1	41.7	16.1
	162.5	9.6	3.0	19.7	—	2.7	5.2	45.0	14.9
冷香	室温	9.2	2.6	19.5	—	2.6	4.7	46.3	15.0

对其影响不大。这反映了异构过程和异构的完全程度与加工温度和时间有密切的关系，各种组分的含量取决于蒸馏温度、时间以及冷却过程的条件。因此，工艺条件的选择对树脂酸异构程度的控制有着重要的意义。

海松酸型树脂酸、脱氢枞酸及山达海松酸在松脂加工的全过程中一般变化不大，对热比较稳定，工艺条件的改变对其影响较小。

因此，从枞酸型树脂酸的异构变化规律来看，蒸馏过程的温度和时间对异构化程度起着重要作用。为了保证产品质量，避免产生结晶，在蒸馏时必须对树脂酸异构化程度进行适当控制，不能让其充分异构而形成大量枞酸，或者异构不足形成大量长叶松酸。两者含量过高都易引起松香结晶。

必须指出，在通常的加工条件下，树脂酸在加工过程中受热的作用而产生异构是不可避免的。

松香的酸值在热的作用下，其变化规律如图 26-103。图 26-103 可知，加热温度只要不超过 220℃，松香的酸值基本保持不变，这说明没有发生脱羧反应。但如果提高温度，特别在 250℃以上，并延长加热时间，酸值将显著下降。

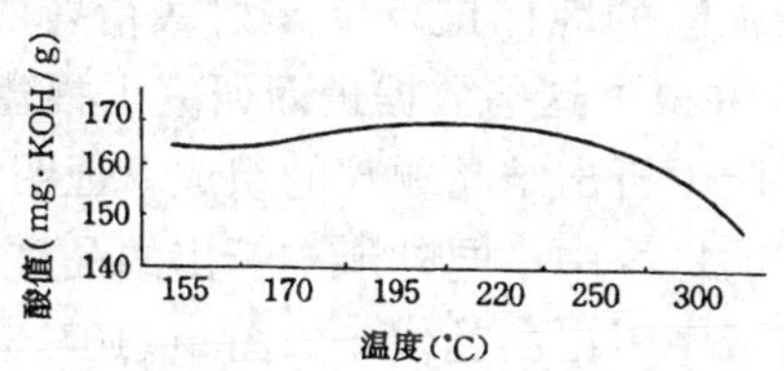

图 26-103　加热温度与松香酸值的关系

松香的颜色与受热温度也有密切关系。随着加工过程中温度的提高和受热时间延长，松

香颜色很快加深。因此脂液在蒸馏过程中，应尽量避免在高温下停留过长时间，以得到浅色松香。

2.6.7.2 松香结晶及防止措施

松香结晶是松香质量的问题之一。结晶松香熔点较高，可达110～135℃，难于皂化，在一般溶剂中有再结晶的趋向。结晶使松香的使用价值降低，严重的结晶松香作为不列级处理。在制造大部改性松香和再加工产品时，先要将松香熔化，而且反应温度较高，因此结晶松香完全可以使用，不影响反应的完成。

对松香的结晶问题，有两个不同的概念，即结晶现象和结晶趋势。松香在肉眼下可见的结晶现象，通常是指在厚而透明的松香块中形成了树脂酸晶体，使松香变混浊而不透明。这种结晶体在普通光源照射下肉眼可见。松香的结晶趋势是指松香在一定的温度条件下，在有机溶剂中或热熔状态下析出树脂酸晶体的倾向，这种倾向的大小通常以10g碎松香于10ml丙酮中开始析出结晶的时间来表示。结晶趋势较大的松香，比较容易产生肉眼可见结晶现象，但也存在着结晶趋势大的松香不出现结晶现象，而结晶趋势小的松香反会出现结晶现象的情况。这说明，结晶现象和结晶趋势之间存在着一定的关系，但没有绝对的相应关系。它们是反映松香质量的两个不同概念。因此，优质松香不仅应无肉眼可见的结晶现象，结晶趋势亦应是标志之一。

防止松香结晶一直是松香生产上的一个重要问题。在工厂严格控制生产条件下，松香的结晶现象在某些地区、某些工厂已基本得到控制，但在另一些地区和工厂至今仍然是生产质量上关键问题之一。

(1)产生马尾松松香结晶的原因：在中国，云南松、思茅松、南亚松、湿地松松香很少遇到结晶。生产马尾松松香的地区，结晶现象比较多见，结晶趋势较大，其原因有下列几个方面：

①树脂酸的热异构：从树脂酸的异构性质和在加热过程中的变化说明，树脂酸在加热过程中经过异构，改变了松香的组成，而树脂酸组成的改变是形成松香结晶的内在因子。松香中树脂酸的异构程度可从其比旋光度大致反映出来。树脂酸有旋光性，各种树脂酸有不同的比旋光度，当枞酸型树脂酸发生异构时，松香的比旋光度亦随之发生变化。如松脂中左旋海松酸含量较多，松脂中树脂酸的总比旋光度为负值，当加热到一定温度，由于较多的左旋海松酸异构为长叶松酸，而枞酸的形成较少时，比旋光度又呈现为正值。在加热到高温的情况下，经过一段较长的时间，相当数量的长叶松酸和其他酸又异构为枞酸，使松香的比旋光度又呈负值。

中国科学院福建物质结构研究所曾对海松酸、长叶松酸、左旋海松酸、脱氢枞酸、枞酸和新枞酸的纯样进行了x射线衍射的研究，得到了它们的粉末x-射线衍射的数据如图26-104。并根据这些数据进而研究了福建、江西、广东等省几个产区马尾松新鲜松脂和放置几年的松脂中析出结晶颗粒的组成，证明它们都是长叶松酸。还有x-射线研究了高温、低温工艺生产的松香中不同外形中析出的晶体，以及与之相对应的比旋光度为正值或负值的松香从丙酮溶液中析出的晶体，如图26-105。证明低温放香和比旋光度为正值较大的松香晶体主要是长叶松酸，而高温放香和比旋光度为负值的松香晶体主要是枞酸。

在偏光显微镜下观察松香的晶体形状时，比旋光度正值大的松香结晶晶体数量少，集中局部位置，晶体形状多为棒状的叶片状。比旋光度负值大的松香晶体数量多，分布均匀且较紧密，晶体形状为多边形、三角形。比旋光度正值较小的松香晶体形状复杂，三角形和方形、

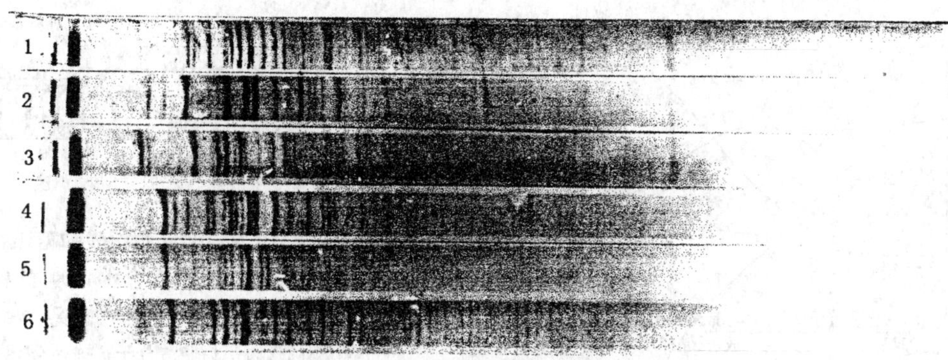

图 26-104　六种树脂酸纯样的 x 射线衍射

1. 海松酸；2. 长叶松酸；3. 左旋海松酸；4. 脱氢枞酸；5. 枞酸；6. 新枞酸

图 26-105　比旋光度为负值和正值的松香从丙酮溶液中析出结晶的 x 射线衍射

1. 枞酸结晶粉末；2. 比旋光度为负值的松香；3. 长叶松酸结晶粉末；4. 比旋光度为正值的松香

片状同时出现。

在脂液蒸馏过程中，蒸馏温度与时间是影响树脂酸异构的主要因子。当蒸馏温度较低、冷却较快、松香中长叶松酸含量较多、比旋光度正值较大时，易产生低温结晶；而蒸馏温度过高、时间较长、异构剧烈、形成大量枞酸、比旋光度负值较大时，易产生高温结晶；加热温度适当、冷却过程合理、长叶松酸与枞酸含量的比例在 1∶1.5～1.7 时，不易产生结晶，结晶趋势最小。此点附近的比旋光度为最适宜的比旋光度范围。枞酸型树脂酸含量、比旋光度、结晶趋势变化曲线与相应关系如图 26-106。

②松香的冷却速度：松香出锅后，树脂酸的异构化作用继续进行，直至 160℃以后才逐渐减慢，因此，松香冷却过程同样影响结晶。对于蒸馏强度大的松香，异构化比较剧烈，如果出锅后继续异构，将产生严重的枞酸结晶。而对蒸馏温度较低的松香则异构不足，如果出锅后很快冷却，长叶松酸含量较多，易产生长叶松酸结晶。另外，用热熔法和偏光显微镜观察松香结晶过程时发现，比旋光度正值较大的松香在 105℃晶体成长速度最快；比旋值负值较大的松香在 115～120℃晶体成长速度最快。如果在这个温度或接近于这个温度的时间过长，极易产生结晶。

③水分对松香结晶的影响：水对松香结晶有特别大的影响。松脂在树脂道中是无水、非结晶的蜂蜜状物质，这才有可能流至伤口，在伤口与大气中的水分相接触，即促进晶种的形成而结晶。试验说明，用硅胶干燥过的过滤后的松脂放置几年也不结晶，但只要加入微量的水分，摇动后，经几小时或几天就可全部结晶。水的作用在于树脂酸的分子可在水柱表面定向，造成了结晶条件，如图 26-107。在生产中，由于松香出锅温度偏低、或蒸汽压力不稳定，干度不够、或闭汽管漏汽等，使松香中残存过多水分，加速结晶的形成。

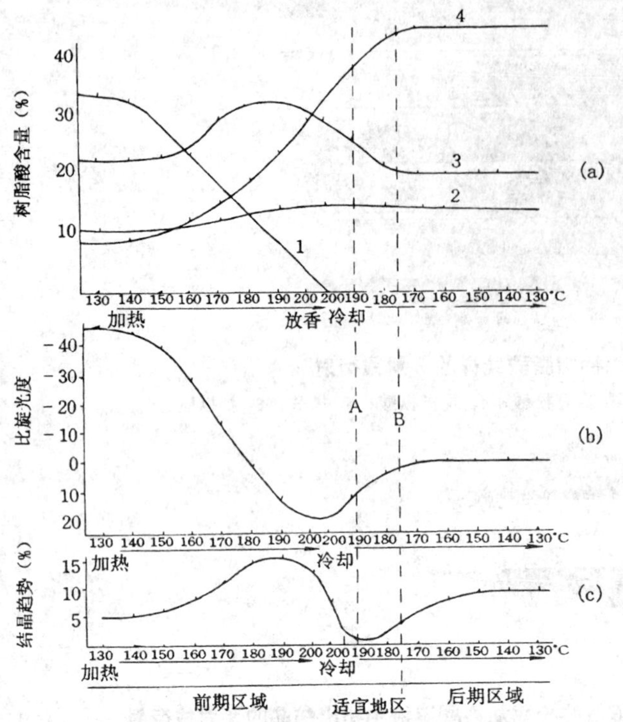

图 26-106 松脂加工和松香冷却过程中树脂酸含量、比旋光度和结晶趋势的变化

(a) 四种枞酸型树脂酸的变化；(b) 比旋光度曲线；(c) 结晶趋势曲线

1. 左旋海松酸；2. 新枞酸；3. 长叶松酸；4. 枞酸

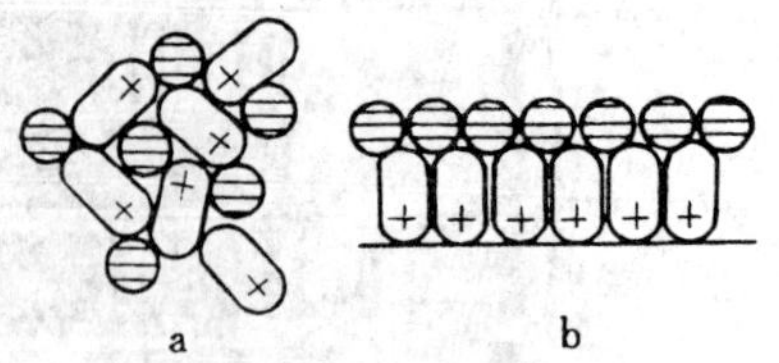

图 26-107 树脂酸和萜烯在无水（a）和含水（b）的松脂中的分布情况

椭圆形表示树脂酸分子，"+"表示偶极距（即羧基）位置，圆球表示萜烯分子

松香中水分含量与结晶现象的关系见表 26-46。

由表 26-46 看出，松香中有无结晶现象与水分的含量之间有一明显的界限，有肉眼可见结晶的松香，其水分含量都在 0.169%以上，无肉眼可见结晶的松香，其水分含量都在 0.156%以下。另一工厂亦曾测定，松香含水率在 0.15%以上者结晶，0.08%～0.1%者不结晶。由此可见，水分也是引起松香产生结晶现象的原因之一。即使比旋光度在适宜的范围内，如果松香中存有过多水分，也会引起结晶。

表 26-46 松香中水分含量与结晶现象的关系

松香样品来源	生产工艺			软化点（℃）	色级	比旋光度 $[\alpha]_D$	结晶趋势（%）	水分含量[②]（%）	结晶现象
	二级蒸馏真空度（kPa）	蒸馏时间[①]（min）	放香温度（℃）						
福建建阳	66.5～73	28/11	185	76.0	特	+12.82	1.13	0.236	重
	66.5～73	37/7	185	77.2	特	+10.61	—	0.208	重
	66.5～73	30/8	185	76.8	特	+13.15	—	0.169	重
	60	25/15	190	73.4	一级	+8.88	1.07	0.256	重
	60	35/15	190	68.7	一级	+11.05	1.00	0.217	重
	66.5～73	52/10	182	78.4	特	+14.20	—	0.105	无
	66.5～73	46/7	182	77.2	一级	+12.68	—	0.148	无
	66.5～73	38/10	185	76.5	一级	+13.25	—	0.156	无
	66.5～73	44/6	184	75.6	一级	+10.95	—	0.141	无
	66.5～73	56/16	185	79.0	一级	+12.07	—	0.126	无

①分子为二级锅蒸馏总时间，分母为蒸重油的时间；②水分测定采用卡尔·费休法。

④晶种和震动对松香结晶的影响：松香在包装过程中，如有晶种存在也会引起结晶。松香包装工段的液香贮槽内常存在着白色的混浊物，这种白色混浊物的软化点和酸值都较低，在偏光显微镜下观察，有大量的晶体存在，测定其比旋光度为+16.0°。这种白色混浊物与松香的互溶性不好，被放香时的热香带入包装桶后较难被热香全部熔化，因而悬浮在液香中，如果液香的结晶趋势较大时就充当了晶种而引起松香结晶。因此，包装时应当防止杂质进入包装桶内。

在生产过程中，包装桶不满时常常需要添香，添香时常容易引起结晶。这是由于桶底冷得最快，桶上下温度差约为20℃左右，热香加入时，底部冷香上翻，如未能熔化，就会形成雾状结晶。因此，添香在160℃以上较好。

此外，松香冷却至室温的过程中，温度在140～80℃内震动亦易引起松香结晶。

(2) 防止松香结晶的措施：松香的化学成分比较复杂，含有多种树脂酸以及中性物等，在加工和冷却过程中，发生着连续不断的化学和物理变化，而这些化学和物理变化又容易受到外界条件的影响。因之，防止松香结晶必须综合性地考虑到各个方面的因素，如原料组成、设备结构和工艺条件等，才有可能全面地防止松香结晶，根据现有试验结果，防止措施有下列几个方面：

①根据原料的组成特性，确定适宜的蒸馏温度与时间，使松香达到一定的异构程度，比旋光度能在不易结晶的范围内。同时，结晶趋势也最小。

②根据外界气温和不同的季节采取适宜的冷却工艺，使热香降温通过140～80℃时速度较快，防止松香因热力学上的原因而引起结晶，同时，一定的蒸馏工艺必须与一定的冷却工艺相配合。如高温放香必须加速冷却，低温季节、低温放香可采取槽车保温和加盖保温等措施。

③保证过热蒸汽的干度和温度，设备中的闭汽加热管不能泄漏，使松香中的水分尽量减少。

④保持松香包装工段液香贮槽中的清洁，消除液香槽车中的白色混浊物，勿使晶种带入松香包装桶内。注意添香和震动等造成的结晶，严格松香包装工序的工艺规程。

松香结晶问题是一个世界性的问题，国外亦试探过很多方法，如用骤冷器使松香成为薄层而快速冷却，或在熔融的松香中加入10%多元醇松香酯或5%～10%松香酐，或用醋酸酐处理，以降低松香的结晶趋势，处理过的松香几个月内不会结晶。又如在松脂加工阶段可利用控制氢离子浓度的方法来控制最后松香成品的酸成分，从而防止结晶等等。但这些方法或增加成本，或不能根本消灭结晶趋势，尚不够完善。

因结晶松香并不影响它的改性和再加工，目前国际上几乎全部经再加工后使用，直接应用的极少，因此松香结晶问题将并不显得重要。

2.7 松香、松节油质量指标及分析方法

2.7.1 松香、松节油的国家标准

中国脂松香和脂松节油的国家标准各项技术指标见表26-47、表26-48(GB8145—87,GB/T12901—91)。

2.7.2 松香、松节油的其他质量指标及分析方法（国标未列，供参考）

随着松香应用范围的扩大，各行业对松香、松节油的质量指标提出了更高更多的要求。松香厂可根据用户的要求增加不同的质量指标。

表 26-47 各级脂松香技术指标（GB8145—87）

指标名称 \ 级别	特级	一级	二级	三级	四级	五级
外　观	透明体					
颜　色	微黄	淡黄	黄色	深黄	黄棕	黄红
	符合松香色级玻璃标准色块的要求					
软化点（环球法，℃）　≥	76		75		74	
酸值（mg・KOH/g）　≥	166		165		164	
不皂化物含量（%）　≤	5		5		5	
乙醇不溶物（%）　≤	0.03		0.03		0.04	
灰分（%）　≤	0.02		0.03		0.04	

表 26-48 各级脂松节油技术指标（GB/T12901—91）

指标名称 \ 级别	优级	一级	重级
外　观	透明、无水、无杂质和悬浮物		
颜　色	符合国家标准松节油分析方法规定		
相对密度 d_4^{20}　＜	0.870	0.880	0.940
折光率 n^{20}	1.465 0～1.471 0	1.467 0～1.478 0	＜1.510 0
初馏点（℃）　＞	150	150	不规定
170℃前馏出液体积（%）　≥	90	85	不规定
酸值（mg・KOH/g）　≤	0.5	1.0	1.0

注：初馏点和170℃前馏出液体积均指101.325kPa压力时蒸馏试验的结果。

2.7.2.1 重金属和砷含量的测定

当松香用于食用行业时，对重金属与砷含量有要求，应对松香中的重金属和砷含量进行测定。砷含量可参照GB8450测定。重金属含量测定可参照GB8451方法测定。

对铁、铝、锌、铜等金属含量还可用原子吸收光谱分析。正确称量30g松香至小数点后两位，置于已称重的坩埚内，以小火徐徐加热使之碳化，再将坩埚放入马福炉，在500～600℃进行灰化，灰化后将坩埚放入干燥器，经冷却后称至恒重。按下式算出灰分 A（%）：

$$A(\%)=\frac{H}{S}\times 100 \tag{26-56}$$

式中：H——坩埚的增重（g）；

S——试样重（g）。

在测定灰分的坩埚内加入10mL浓盐酸，加热使之溶解，并挥发至2ml左右，冷却，倾入20ml蒸馏水。溶液经滤纸过滤，注入50ml容量瓶中，加水至刻度。操作原子吸收分光光度计，待稳定后，以溶液喷雾，测定吸光度，并进行空白试验。各标准液浓度分别喷雾，测定吸光度，作出检量线。再通过检量线求出各个金属量。以下式算出试样中的金属元素，小数点后2位，作为测定值。

$$\frac{B}{W}\times 1\,000\ (\mu g/g) \tag{26-57}$$

式中：B——从检量线求出的量（mg）；

W——试样的质量（g）。

铁、铝、锌、铜的定量条件：

阴极灯（mm）	检量线用标准液浓度（μg/g）
铁：　248.3	50，20，10，2，2.5
铝：　309.2	50，25，10
锌：　213.8	1，0.5，0.25
铜：　324.8	2，1，0.4

2.7.2.2　松香耐热性试验

将样品粉碎成米粒大小，取 10g 装入 16.5mm×165mm 的硬质试管中、浸泡到温度为200℃的硅油油浴里，测定其熔解时间，以及过 30min、过 60min、过 120min 后加纳尔色的变化。

2.7.2.3　石油醚溶解性

将粉碎的松香 10g 置于锥形烧瓶中称量，加入试剂级石油醚 40g，盖塞。在室温下摇动，使松香溶解。在室温下以完全溶解、部分不溶解（微浊）和不溶解（混浊）来表示其溶解性。

2.7.2.4　二甲苯不溶物

将粉碎的松香 150g 放入装有 300g 试剂级二甲苯带搅拌的圆底烧瓶中，并称量，在室温下搅拌，使其溶解。溶液用玻砂过滤器吸滤（应是 TOP2G-4 型新的未用过的玻砂过滤器。先用二甲苯将它吸洗净，再于 100～105℃下干燥 30min，置于干燥器中冷却 30min 后称量使用）。然后以约 100ml 二甲苯洗净，在 100～105℃下干燥 60min，置干燥器中冷却 30min 后称量。

二甲苯不溶物含量（W_s）以下式计算：

$$W_s=\frac{W_2-W_1}{150}=\frac{(W_2-W_1)\times 10^4}{1.5}\ (\mu g/g) \tag{26-58}$$

式中：W_1——新的玻砂过滤器的质量（g）；

W_2——含有不溶物的玻砂过滤器质量（g）。

取以上的不溶物进行燃烧，闻其气味有无石蜡气味。或者将不溶物用红外光谱仪分析，在 720cm^{-1}处是否有长链甲基的吸收峰。以之判定其中是否含有石蜡。

2.7.2.5　松香溶液颜色测定

（1）试样溶液的准备：称取 25～30g 新鲜粉碎松香试样（除去表面氧化层，准确至 0.1g），加入等重量的甲苯溶解，必要时用温水浴和搅拌，短时间内溶完备用。

（2）加纳尔色度标准比色法：它适用于透明液体试样的比色，检验时与规定的固体色度标准（玻璃片）或液体色度标准进行对比。

加纳尔固体色度标准由 18 个号码的标准玻璃片组成与装入试样溶液的玻璃管（内径 10.65mm，外高 114mm）相对比，来确定试样的加纳尔色度。标准玻璃片的色度坐标规定见表 26-49。

表 26-49 加纳尔色度标准色度坐标及标准液配比表

加纳尔色度标准号	固体色度标准		液体色度标准⑥						
	C、I、E色度坐标		C、I、E色度坐标		每100ml①0.1mol/L盐酸中氯铂酸钾的克数	氯化铁②溶液(ml)	氯化钴③溶液(ml)	盐酸④溶液(1∶17)(ml)	每100ml浓硫酸中重铬酸钾的克数⑤
	X	Y	X	Y					
1	0.317 7	0.330 3	0.319 0	0.327 1	0.550	0.13	0.19	99.68	0.003 9
2	0.323 3	0.335 2	0.324 1	0.334 4	0.865	0.19	0.29	99.52	0.004 8
3	0.332 9	0.345 2	0.331 5	0.345 6	1.330	0.29	0.43	99.28	0.007 1
4	0.343 7	0.364 4	0.343 3	0.363 2	2.080	0.43	0.65	98.92	0.011 2
5	0.355 8	0.384 0	0.357 8	0.382 0	3.035	0.65	0.97	98.38	0.020 5
6	0.376 7	0.406 1	0.375 0	0.404 7	4.225	1.00	1.3	97.7	0.032 2
7	0.404 4	0.435 2	0.402 2	0.436 0	6.400	1.7	1.7	96.6	0.038 4
8	0.420 7	0.449 8	0.417 9	0.453 5	7.900	2.5	2.0	95.5	0.051 5
9	0.434 3	0.464 0	0.433 8	0.464 8	—	3.8	3.0	93.2	0.078 0
10	0.450 3	0.476 0	0.449 0	0.477 5	—	5.1	3.6	91.2	0.164
11	0.484 2	0.481 8	0.483 6	0.480 5	—	7.5	5.3	87.2	0.250
12	0.507 7	0.463 8	0.508 2	0.463 9	—	10.8	7.6	81.6	0.380
13	0.539 2	0.445 8	0.539 5	0.445 1	—	16.6	10.0	73.4	0.572
14	0.564 6	0.427 0	0.565 4	0.429 5	—	22.2	13.3	64.5	0.763
15	0.585 7	0.408 9	0.587 0	0.411 2	—	29.4	17.6	53.0	1.041
16	0.604 7	0.392 1	0.606 0	0.393 3	—	37.8	22.8	39.4	1.280
17	0.629 0	0.370 1	0.627 5	0.372 5	—	51.8	25.6	23.1	2.220
18	0.647 7	0.352 1	0.647 5	0.352 5	—	100.0	0	0	3.00

① 0.1mol/L盐酸溶液，8.5ml浓盐酸加水稀释至1 000ml。② 氯化铁溶液，约5份氯化铁（$FeCl_3 \cdot 6H_2O$）和1.2份盐酸溶液（1∶17）（重量计）混匀，经玻砂坩埚过滤，调整色度与新鲜精确配制的重铬酸钾溶液相当。③ 氯化钴溶液，1份氯化钴（$CoCl_2 \cdot 6H_2O$ 重量计）和3份盐酸溶液（1∶17）混匀。④ 盐酸溶液（1∶17），密度1.19的浓盐酸1份与蒸馏水17份混合。⑤ 重铬酸钾溶液，重铬酸钾3g溶于100ml密度1.84g/cm³的浓硫酸中，此溶液的加纳尔色号为18。⑥ 色度标准液，用氯铂酸钾试剂或盐酸溶液、氯化铁溶液、氯化钴溶液按规定的重量和体积配制成加纳尔色度标准液。它们的色度坐标列于表中。重铬酸钾作为参考标准。

操作方法是将松香试样甲苯溶液和加纳尔色度标准液分别加入直径相等、无色透明的薄壁试管（或奈氏比色管）中，两者紧靠，在25±5℃，并在相同背景背光下进行比色。与试样溶液色泽相同的加纳尔色度液号即为试样的加纳尔色度。

（3）碘色度标准比色法：本方法是将松香甲苯溶液与碘的碘化钾水溶液在相同的玻璃管中进行对比，而测出松香溶液的碘色度，以每100ml碘的碘化钾溶液所含的游离碘的毫克数作为碘色度。该方法在日本等国松香工业标准中使用。

碘色度标准液的参考配制方法为：准确称取100mg升华碘溶于200mg碘化钾水溶液中，在容量瓶中稀释至100ml（必要时可用硫代硫酸钠滴定该溶液，测定碘的浓度），用吸管吸取1、2……8、9……ml，分别用水稀释至100ml，即相当于每100ml中含有碘1、2……8、9……mg，其碘色度即分别为1、2、……8、9……。

操作方法为：将试样甲苯溶液和碘色度标准液分别加入2只直径相等、无色透明的薄壁试管（或奈氏比色管）中，两管并列紧靠在散色日光下，白色背景前进行比色。直至两者呈现相同的透光为止，与试样溶液色度相同的碘色度标准液号即为试样的碘色度。

2.7.2.6 固体松香用罗维邦色调计比色法

罗维邦比色计主要由比色盒、标准白板和光源组成。黑色比色盒内共有红、黄、蓝三组标准玻璃片（部分仪器还有一组灰色中性片），每组各有以 10，1，0.1 为单位的三行玻璃片，每行共有 10 枚。每行玻璃片均可自由移动并在比色窗内出现，一般松香比色只用红、黄两组滤光片，而不用蓝滤光片。比色盒前装有目镜筒，光线通过比色窗和目镜筒下部的反射镜进入视野。标准白板为碳酸镁（$MgCO_3$）粉压制而成，使用时应保持清洁，不得用手触摸。光源为 60W 磨砂白炽灯泡，使用时间不得超过 100h。

把要测定颜色的块状松香（内无裂纹）用电熨斗等工具快速、断续地烫成边长略大于 22mm 的立方体，最后用来比色的工作面应是平滑而且是平行的表面。将烫好的松香样块放入色调计的槽座中紧靠比色盒，盖好盖板后打开电源开关。当白色光同时通过松香样块和一定配比的红黄滤光片时，在紧接两个视场中颜色一致，则红、黄滤光片数值就可表示松香的颜色，并对照标准评定松香的等级。操作时可按松香分级标准要求先固定黄色滤光片，再调节红色滤光片，反复调至玻璃片加成颜色与试样块颜色一致为止。

中国过去曾以罗维邦色调计的比色标准来分定松香的颜色，但以后发觉并不符合中国松香的颜色而制定了玻璃色块比色定级标准。

各国松香标准颜色等级比较见表 26-50。

表 26-50 各国松香标准颜色等级比较

松香溶液测试			固体松香测试			
碘色度标准		加纳尔色度标准	玻璃色块标准			
德国 DIN6162 25mm	日本 JIS K5902	德国和美国 DIN6161 ASTMD1544-68 10.65mm	美国 ASTM509-70 22.225mm	葡萄牙 NP-98 22mm	法国 22mm	中国 GB8145—87 22mm
			X_C	7A		特
5	1号 (10)	4	X_B	5A		
7		5	X_A	3A	6A	
8		5.5	X	2A	4A	
10		6		Y	2A	
12	2号	6.5	WW	X	Y	一
15	(17)	7		WW	X	
21	3号（20）	8	WG	WG	WG	二
	4号（25）					
30	5号（35）	9	N	N	N	三
40	6号（50）	9～10	M	M	M	四
50	7号（60）	10～11	K	K		五
	8号（70）					
65		11	I	I		
90		12	H	H		
130		13	G	G		
190		14	F	F		
400		16	E	E		
800		18	D	D		

2.8 松香、松节油安全生产[189~191]

化工生产具有易燃、易爆、易中毒、高温、高压、有腐蚀的特点，因而与其他行业相比，其危险性更大。松香、松节油生产的原料和产品都属于第二级易燃液体、松节油的闪点（开口式）为35℃，在29～45℃，溶剂汽油也属于二级易燃液体。生产中稍有不慎，即易酿成火灾或爆炸事故。几十年来，中国的松香、松节油生产取得了很大发展，但松香厂的火灾事故不断，尤其是直接火的滴水法松脂加工厂更易发生，造成重大损失。因此，实现安全生产是每个松香、松节油生产厂的必要保证。

2.8.1 安全生产的基本原则和内容

实现安全生产，保护职工在生产劳动过程中的安全和健康，这是社会主义企业管理的一项基本原则。安全生产是一切经济部门和生产企业的头等大事。社会主义企业的神圣职责，就是要尽一切努力在生产劳动中和其他活动中避免一切可以避免的伤亡事故。

安全生产是一个综合性的工作，必须贯彻专业管理和群众管理相结合的原则，制订和执行各级安全生产责任制。同时应制订各有关的安全规章制度，特别应制订好各工种的岗位安全技术操作规程，使工人的操作有章可循，并懂得什么样的操作是安全的，什么样的操作是危险的，以及为什么要安全和为什么有危险的道理。这些安全规章制度应随着企业组织机构的变动、生产工艺流程和设置等的变化而修订。

“安全生产，重在预防”，与“三废治理”一样，应贯彻“三同时”的原则，并及时开展安全教育，组织安全检查，完善各种检测手段，坚持车间检测工作。

安全技术的基本内容应包括预防工伤事故和其他各类事故的安全技术，如防火防爆、危险物质的储运、人体防护等安全技术；预防职业性伤害的安全技术；以及制订和完善安全技术规范、规章制度和条例、标准等。

2.8.2 松香、松节油生产安全技术

（1）建厂安全要求。正确选择厂址是保障生产安全的重要前提。应综合分析与权衡厂址的地形、地质条件，以及有关自然和经济资料，进行多方案的技术经济、安全可行性的比较，合理选择，做到安全可靠。厂址确定后，必须在已确定的用地范围内，有计划地、合理地进行建筑物、构筑物及其他工程设施的平面布置，交通运输线路的布置，管线综合布置，以及绿化布置和环境保护措施的布置等。

工厂的平面布置，应留出足够的防火间距，对防止火灾的发生和减少火灾的损失有着重要的意义。确定防火间距的目的，是在发生火灾时不使邻近装置及设施受火源辐射热作而被加热或着火；不使火灾地点流淌、喷射或飞散出来的燃烧物体、火焰或火星点燃邻近的易燃液体或可燃气体，并减少对邻近装置、设施的破坏，便于灭火及疏散。防火间距一般是指两座建筑物或构筑物之间留出的水平距离。在此距离之间，不得再搭建任何建筑物和堆放大量可燃易燃物料，不得设置任何贮有可燃物料的装置及设施。防火间距的计算方法，一般是从两座建筑物或构筑物的外墙最突出的部分算起；计算铁路的防火间距时，是从铁路中心线算起，计算与道路的防火间距时，是从道路的邻近一边的路边算起。

松香、松节油工厂同居住区、邻近工厂、交通线路等的防火间距见表26-51。

在建筑设计方面，应采取防火、防爆措施，以保证适应生产和安全的需要。松香、松节油属于火灾危险性生产的乙类，应为一、二级耐火等级的建筑。防火墙间最大允许占地面积单层厂房一级为5 000m^2，二级为4 000m^2；多层厂房一级为4 000m^2，二级为3 000m^2。厂房

表 26-51 化工厂同居住区、邻近工厂、交通线路等的防火间距

位 置	防火间距（m）	位 置	防火间距（m）
至居住区、村庄、公共福利措施	100	至居住区、村庄、公共福利措施	100
至高压架空输电线路（中心线）	1.5 倍塔杆高度	至区域变、配电站	50
至Ⅰ、Ⅱ级国家架空通讯线路(中心线)	40	至港区陆域	40
至大型架空管廊（外边线）	30	至重要物资仓库	50
至铁路（中心线）、厂外专用线	40	至大型易燃材料堆场	50
至厂外道路（路边）	20		

安全疏散距离单层厂房不大于 75m，多层厂房不大于 50m。从生产厂房内所有人员全部疏散出来的时间，一般宜按 1.5～4min 计算。疏散门的宽度，不宜小于 0.8m，疏散楼梯的宽度，不宜小于 1.1m，疏散走道的宽度，不宜小于 1.4m，如人数少于 50 人时，可适当减小些。生产厂房的安全疏散楼梯，宜采用封闭楼梯间，并严禁任何易燃、可燃物料的管道穿越。疏散用的楼梯，采用非燃烧体材料建筑，并有天然采光，如无天然采光的应设事故照明。凡高度超过 10m 的生产建筑物，应设室外消防梯，供疏散人员及消防工作用，宽度不得小于 0.7m，倾斜角不得大于 60°。在每层出口处设有平台，平台和楼梯应设有 0.8m 高的防护栏杆。安全疏散用门设置的位置，应靠近出口及楼梯，并向外开启。一般要求建筑物都有两个或两个以上的安全出口。原因是当一个出口被火堵死，还有一个出口能够通行，有利于人员很快离开火场，避免造成严重伤亡。

生产设备宜布置在边缘。仪表室、变电、配电室、分析化验室、泵房等建筑物的屋顶上，不应设松节油的容器。自控仪表室与生产设备间应用密封的非燃烧材料实体墙或走廊相隔。车间分析室应设单独的房间。

管线应尽可能采用地上架设。物料管线不应穿越与它无关的建筑物、设备、罐组的上方或地下，且不应阻碍消防车辆、救护车辆的通行。各种管线集中布置在同一管架上，必须保持各管线间的允许距离，并要满足管架与其他建、构筑物的防护、安装及检修要求。多层管架中热料及蒸汽管线宜布置在上层，腐蚀性液体管线宜布置在下层。脂液和松节油管线应避免与热料或蒸汽管线相邻布置。更不能布置在上层。

在生产区的全厂性电力线路宜采用埋地敷设。当采取架空敷设时，应采取有效措施，防止电力线路断落在有关设备上。有火灾危险性和腐蚀性的管线，不应设在电缆头的上方或下方。有酸碱腐蚀性的地下污水管道，应从电缆沟 0.5m 以下通过，若直接穿过电缆沟，必须有防护套管。邻近松脂池、可散发松节油，装备的电缆沟，均应采取防火措施。

(2) 操作安全技术。在收购的松脂中有时会混有木片、石块以及塑料薄膜等，应在进入贮脂池前以大孔滤网除去，以免混入螺旋输送机挤坏叶片和壳体。螺旋输送机必须有盖，操作者不得在无盖的螺旋输送机上走动，以防滑倒而跌入槽内。为保证输送机设备的安全，应安装超负荷、超行程停车装置。紧急事故停车开关应设在操作者经常停留的部位。停车检修时开关应上锁或切断电源。

液体是以泵输送的。用得较多的是离心泵，除注意离心泵的使用规则外，输送可燃液体时要用防爆型，其管内流速不应大于安全流速，且管道应有可靠接地措施以防静电。同时要避免吸入口发生负压，使空气进入系统而导致爆炸。输送脂液的泵在停工时应放尽泵内脂液，必要时以松节油清洗，以免松脂凝结，开工时不能起动，损坏电机。固定安装离心泵时，需要坚固的混凝土基础，但基础不应与墙壁、设备或房柱基础相连接，以免产生共振。为防止杂物进入泵体，吸入口应加滤网。泵与电机三联轴节应加防护罩以防绞伤。蒸汽往复泵是以蒸汽为驱动力，其优点是不用电和其他动力。因此可避免产生火花，适用于输送易燃液体。操作时除遵守一般使用规则外，需要特别注意往复泵属正位移泵，严禁用出口阀门调节流量，否则将造成事故。旋转泵亦是正位移泵，应该用改变转子转速或回流支路调节流量。易燃液体不能采用压缩空气输送。因为空气与易燃液体蒸汽混合，可形成爆炸性混合物，且有产生静电的可能。

进厂容器设备必须经过水压试验，水压试验的压强为设计压强的1.3～1.5倍，但不得小于200kPa。进行气压试验时，试验压强通常取1.25倍设计压强。以后对操作压强在30kPa以上的容器（如熔解釜、压脂罐等）每年都要进行一次水压试验。操作时必须经常注意检查有关阀门是否按规定的要求开关，以免发生意外。

蒸馏工艺采用水蒸气或过热水蒸气加热较为安全。应注意蒸馏系统的密闭，以免松节油外逸。还应注意防止管道被松香或沥青凝结堵塞，使塔内压力增高而引起爆炸。在采用减压蒸馏时，设备的密闭性特别重要，蒸馏设备中温度很高，一旦吸入空气，有引起火灾或爆炸的危险。因此减压蒸馏所用的真空泵应安装单向阀，防止突然停泵造成空气倒入设备。减压蒸馏应注意其操作顺序。易燃物质的排气管应通至厂房外，管道上应安装阻火器。澄清槽导气管亦应设旁通单向阀，以利于排水和防止排水时系统形成真空吸瘪设备。

冷凝、冷却的安全技术不可忽视。应根据被冷却物料的温度、压力、理化性质以及所要求冷却的工艺条件，正确选用冷却设备和冷却剂。对于腐蚀性物料的冷却，应选用耐腐蚀材料的冷却设备。严格注意冷却设备的密闭性，勿使物料窜入冷却剂（水）中，也勿使冷却剂窜入物料中。冷却剂不能中断，否则会使系统压力增高，产生事故。或可燃（松节油）气体外逸排空，导致燃烧。开车前应先清除冷凝器中的积液，再打开冷却水，然后通入高温物料的蒸汽。

一般说来，处理易燃易爆物质时，直接火加热危险性最大，温度不易控制，可能造成局部过热烧坏设备，或由于加热不均匀引起易燃液体蒸汽的燃烧爆炸。因此，在处理易燃易爆物质时，一般不采用直接火作为热源。但国内仍有部分地区小规模加工松脂时用直接火为热源。使用直接火作为热源时应将加热炉门同加热设备间用砖墙完全隔离，不使生产厂房内存在明火。炉膛构造最好采用烟道气或辐射方式加热，避免火焰直接接触设备，因高温而烧穿蒸馏锅或管子。加热锅内残渣应经常清除，以免局部过热引起锅底破裂。烟囱、烟道等灼热部位应符合防火要求，且要定期检查、维修。使用液体、气体燃料的炉子，点火前应吹扫炉膛，排除可能积存的爆炸性混合气体，以免点火时发生爆炸。

用水蒸气或过热蒸汽加热时应定期检查蒸汽管道的耐压强度，并应装设压力计和安全阀，以免容器或管道炸裂。管道应很好保温，避免烤着可燃或易燃物品及产生烫伤事故。

用直接火通过充油夹套进行加热，必须将加热炉设于车间外面规定的距离，将热油输送到加热设备循环使用。油循环系统应严格密闭，不准热油泄漏。对于载热用油要选择闪点较高的矿物油。因为矿物油易除水干燥、超温粘度不大、易流动且无毒。要定期检查和清除油锅、油管内的沉积物。

用载体加热的设备应考虑其受热后的机械强度，并要经常检查维修。

电加热比较安全，且易控制和调节温度。使用封闭式电加热器浸入油浴内进行加热可以完全隔绝明火，这种加热方式适用于规模较小的生产。用电炉加热时应采用封闭式电炉，电炉丝与被加热的器壁应有良好的绝缘。电感加热不用灼热的电阻丝，是电加热的一种较安全的设备。如果电感线圈绝缘破坏、受潮、发生漏电、短路、产生电火花、电弧，或接触不良发热，均能引起易燃、易爆物质着火、爆炸。因此，应该提高电感加热设备的安全可靠程度。如采用较大截面积的导线，以防超负荷；采用防潮、防腐蚀、耐高温的绝缘，增加绝缘层厚度，添加绝缘保护层等；接线部分加大接触面积，增加跨接条，以防产生接触电阻等。在设备布置上，应防止物料跑冒滴漏与电感线圈接触。为此，要把电感线圈密封起来，或不在电感加热的上方设置易燃液体计量槽、中间槽等设备。

设备上的仪表，尤其是压力表应定期进行校检。安装时应尽可能减少弯曲，使降压时热松香随液体流回原容器。操作时要根据工艺过程进行的情况注意压力变化判断压力表是否灵敏可靠。

必须经常检查传动装置是否磨损和螺栓的松动情况。传动装置必须有保护罩。

(3) 电气安全技术与静电的消除。工业上用电应注意免受电击和电伤。电击是指较大的电流通过人体时，神经系统受到伤害，心脏和呼吸系统麻痹而停止活动，以至死亡。电伤是指电流对人体局部造成伤害。当频率50Hz的电流通过人体时，10～15mA人就不易脱离，20～25mA能使人的手感到麻木，并觉得呼吸困难，50～80mA则呼吸极为困难，0.1A以上就有致命危险。通过人体电流的大小，主要决定于加在人身上电压（即接触电压）的大小和人体的电阻。我国规定的安全电压是36V、24V和12V。当人的皮肤潮湿，有汗或有导电物质的粉末时，人的电阻仅600～800Ω，此时如通过的电流为0.05A，则已达40V，超过了安全电压。因此检查松香结晶和检修时用的手提电灯的电压不应超过36V，在潮湿而又经常可能触电的地方，手提灯的电压不应超过12V。

松香、松节油生产所有动力线和照明线均应穿管，开关柜要密封，按钮要防爆。照明应用防爆灯或用射灯从室外射入工作地点。在松节油蒸汽浓度大的地方严禁引入电源。

松香、松节油生产设备在运行时严禁烧电焊或气焊。停工检修时应将设备内的物料彻底清理干净，经安全人员检查同意后，才能在车间内烧焊。

松香、松节油生产车间和油库应有避雷装置。避雷装置的导线截面积当用铁丝时不得小于100mm^2，用铜丝不得小于50mm^2。避雷装置每年检查一次，并将检查结果登记。

在化工生产过程中，物料之间的摩擦、物料与管道、阀门的摩擦、某种极性离子或自由电子附着到与地绝缘的物体上、感应、极化、以及人体等都能产生静电或带电，它能积累，如不及时消除或导引，对安全生产是个威胁，重则导致火灾。

在工艺上应采取措施减少和控制静电的产生和积累，使其不能达到危险的程度。如在有爆炸和火灾危险的场所，传动部分为金属体时，尽量不采用皮带传动，如采用则应用导电的三角皮带。运转速度要慢，不要因过载打滑、脱落。要经常检查皮带张力、强角，皮带和皮带罩不要接触。皮带连接应采用缝合和粘结法，同时要保持皮带和皮带轮表面的整洁。设备、管道要无棱角，光滑平整，管径不要有突变部分，输送管路应尽量减少弯曲和变径。要控制流速来限制静电的产生。德国化学工业学会控管径推荐流速见表26-52。液体物料中不应混入空气、水、灰尘和氧化物等物质。

向空罐注液时，应先控制流速为1m/s，直至液面高出进油口0.6m以上，或浮子开始浮

表 26-52 德国液体管道输送防静电流速推荐值

管径（cm）	1	2.5	5	10	20	40	60
速度（m/s）	8	4.9	3.5	2.5	1.8	1.3	1.0

动后再提高流速。容器内有液体时，插入管应深入容器底部，不应使液体注入时冲击器壁引起飞溅。插底管长是管径的20倍以上，管前端呈30°角。当输送含有不溶解的水、空气的液体，或在清扫管线后输送液体，以及在输送过程中变换液体，都要先把流速控制在1m/s以下。直至输送二倍于管线容量的液体后，才能恢复正常流速。液体流经过滤器，其电量要增加10～100倍，所以尽量少用滤器，且要安装于管路的起端，过滤器选材要用压力损失较小者。当油品经过滤器输入槽车时，要求至少经过30s后才允许进入槽车内。这一要求是通过加大管径、延长管道等方法来实现。用汽车槽车、罐车进行输送时，其输送速度不应急剧变化。

消除静电还可用泄漏导走法。即在工艺过程中采用空气增湿、加抗静电剂、静电接地和规定静止时间的方法，将带电体上的电荷向大地泄漏扩散。在工艺条件允许的情况下，空气增湿取相对湿度70%为合适。可采用通风系统进行调湿、地面洒水和喷放水蒸气等措施。加抗静电剂可用无机盐表面活性剂、无机半导体、有机半导体、高聚物以及电解质高分子成膜物等。静电接地连接是为静电电荷提供一条导入大地的通路，消除带电导体表面的自由电荷。设备与管线应连接成一个连续的导电整体并加以接地。不允许设备内部有与地绝缘的金属体。接地连接的跨接端及引出端的位置应选在不受外力伤害，便于检查维修，便于与接地干线相连的地方。室外大型贮罐如有避雷装置的，可不必另设静电接地，贮罐应有二处以上的接地点。金属管道系统的末端、分叉、变径、主控阀门、过滤器，以及直线管道每隔200～300m均应设接地点。车间内管道系统接地点不少于2个，接地点、跨接点的具体位置可与管道的固定托架位置一致。如管道系绝缘材料，应在管道表面上缠绕接地金属线作为静电屏蔽。罐车、油槽汽车、手推车、油船以及移动式容器的停留、停泊处要在安全的场所设专用的接地接头，以便移动设备接地用。当罐车、油槽到位后，停机刹车、关闭电路、打开罐盖之前要进行接地。注液完毕，拆掉软管，经一定时间的静止，再将接地线拆除。移动设备上应带有专用的接地软铜线。

其他还有利用相反极性的离子或电荷中和危险性静电，从而减少带电体上的静电量。可应用静电消除器消电，使生产过程中产生的不同极性的电荷中和，即匹配消电的方法；以及增加物体表面的湿度的湿度消电法。

人体静电的防止，既可利用接地、穿静电鞋、防静电工作服、不穿一般化纤的工作服等具体措施，减少静电在人体上积累，又要加强规章制度和安全技术教育保证静电安全操作。在工作中尽量不做与人体带电有关的事情。如接近或接触带电体，以及与地相绝缘的工作环境，在工作场所不要脱、穿工作服等。

2.8.3 安全检修

做好检修前的准备工作，严格执行安全检修的各项规章制度以及认真进行检修后的设备验收和试车工作是实现化工安全检修的三个重要环节。松香、松节油生产的工厂一般一年大修一次，正规的生产可按季进行中修，按月进行小修。也可按生产间歇进行检修。生产运行中设备发生故障或事故则必须进行不停工或临时停工检修。

（1）检修前的准备。不论是大修还是小修，计划检修还是计划外的抢修都必须在进行检修前根据安全检修规定办理安全检修证（如动火安全作业证、罐内作业许可证等）的申请、审核及批准手续。中修或大修应成立检修作业指挥机构，小修或日常维修只要有 2 人以上参加必须指定一人负责安全。检修指挥机构应编制和审核检验计划、明确检修项目、内容和人员的分工，使各项目负责人充分了解工程细节和施工要领，确定各项目的安全负责人，组成安全专职人员和班组兼职安全员网络，明确安全负责人和安全员的职责以及相互间的配合联络程序。除了企业已制定的安全规定外，提出补充安全要求，进入施工现场的安全纪律。施工要求应在检修准备阶段明确制定，在施工方案中阐明。根据检修的项目、内容和要求，准备好检修所需的材料、附件和设备，设备应先做好安全检查。在停车检修前应召开安全会议或检修动员会，层层落实任务。按照检修计划严格执行安全操作规程停止设备运转，设备停止运转后根据安全检修的要求分别做好排尽物料、中和置换、清扫情况、可靠隔离等工作。

（2）检修实施。准备工作完成后，开始检修之前由检修负责机构安全负责人组织各级安全人员参加的安全检查，重点检查检修项目有关的安全措施是否已一一落实，个人的安全防护用具是否符合作业安全要求，急救措施和消防器材等是否准备就绪等等。设备停运并经操作人员排尽物料、清扫清洗后，操作人员应向检修人员交代清楚。一般情况下操作人员亦可参加检修。检修作业完毕、收尾工作结束，并将设备移交给操作人员后，始可解除检修时采取的安全措施。然后双方共同进行设备的试车和验收。检修中应经常清理现场，正确堆放材料和工具，保持道路的畅通。停工检修的设备必须和运行系统隔离。

为保证检修动火和罐内作业的安全，设备检修前内部的易燃、有毒气体应进行置换，酸、碱等腐蚀性液体应中和，经酸洗或碱洗后的设备也应进行中和处理。易燃、有毒害气体的置换，大多采用蒸汽、氮气等惰性气体作为置换介质。也可采用“注水排气”法将易燃、有害气体压出，达到置换要求。置换后若需要进入内部工作，则事先必须用空气置换惰性气体，以防窒息。置换后应取样分析（取置换系统的终点和易成死角的部位附近）。

对可能积附易燃、有毒介质残渣、油垢或沉积物的设备，这些杂质用置换方法一般是清除不尽的，故经气体置换后还应清扫和清洗。因为这些杂质在冷态时可能不分解、不挥发，在取样分析时符合动火要求或符合卫生要求，但当动火时，遇到高温，这些物质或迅速分解或很快挥发，使空气中可燃物质或有毒害物质大大增加而发生爆炸燃烧事故或中毒事故。可用人工揩擦或铲刮，蒸汽或高压热水清扫，以及化学清洗法。

设备检修时一般离不开切割、焊接等作业，而助燃物——空气中的氧又是检修人员作业现场所不可缺少的，因此，对检修动火来说燃烧三要素可燃物、助燃物和点火源随时可能具备，所以检修动火具有很大的危险性。在禁火区内从事产生火花或高温的作业都应和焊、割一样对待，办理动火证审批手续，落实安全动火的措施。禁火区内动火应办理动火证的申请、审核和批准手续，明确动火的地点、时间、范围、动火方案、安全措施、现场监护人。否则不准动火。动火前要与有关车间工段联系，互相配合，做好置换、清洗或清扫等准备工作，并作书面记录。凡能拆迁到固定动火区或其他安全地方进行动火的作业不应在生产现场（禁火区）内进行。动火设备应与其他生产系统可靠隔离，防止火星飞溅而引起事故。将动火期间动火地点周围 10m 范围内的一切可燃物移到安全场所。做好灭火措施的准备，如水源、灭火器具，必要时要有消防人员到场。待准备工作就绪后，根据动火制度的规定，厂、车间或安全、保卫部门负责人应到场检查。动火取样分析不宜过早，一般不要早于动火前半小时。如果动火中断半小时以上，应重做动火分析。分析试样要保留到动火之后，分析数据应作记录，分析人员应在分析化验报告上签字。化工企业动火分析合格的标准如下：爆炸下限<4%（容积百分比，下同）的，动火地点空气中可燃物含量<0.2%为合格；爆炸下限>4%的，则分析可燃物<0.5%为合格。动火应由经安全考试合格的人员担任，压力容器的焊补工作应由锅炉压力容器焊工考试合格的人员担任。采用不燃或难燃材料做成的挡板控制火星飞溅方向。高处动火作业应戴安全帽、系安全带，遵守高处作业的规定。氧气瓶和乙炔发生器不得有泄漏，应距明火10m以上，它们的间距不要小于5m。电焊机应放在指定的地方，火线和接地线应完整无损、牢固，禁止用铁棒等物代替接地线和固定接地点。动火结束后应清理现场，熄灭余火，做到不遗漏任何火种，切断动火作业所用的电源。

凡是进入塔、釜、槽、罐、炉、器、机、筒仓、地坑或其他闭塞场所进行的作业称为罐内作业，它是与动火一样危险性很大的作业。罐内作业的安全要点为：进入罐内作业的设备必须和其他设备、管道可靠隔离。有搅拌机等机械装置的设备应将传动皮带卸下，起动机械电机的电源断开，并上锁，再在电源处挂上“有人检修，禁止合闸”的警告牌。用惰性气体置换过的设备，入罐前必须用空气置换出惰性气体。罐内动火作业除了罐内空气中的可燃物含量附合动火规定外，氧含量应在18%～21%范围内。CO含量不超过30mg/m^3。在作业过程中能产生易燃有害气体的应加强通风换气。罐内作业一般应指派懂得安全常识的2人以上作罐外监护。罐内作业照明、使用的电动工具必须使用安全电压，干燥罐内电压≤36V，在潮湿或密闭性好的金属容器内电压≤12V。悬吊行灯时不能使导线承受张力，必须用附属的吊具悬吊。行灯的防护装置和电动工具的机架等金属部分应该用三芯软线或导线预先可靠接地。罐内焊接应准备橡胶板，在电焊机上装上防止电击的装置。罐内作业前应使罐内及其周围环境符合安全卫生的要求，作业人员应正确使用劳动保护用品。根据罐的容积和形状、作业危险性大小和介质性质，作业前做好相应的急救准备工作。罐内作业用升降机具必须安全可靠。罐内作业既然是危险的作业，亦应事前按规定办理审批手续，作业开始前有关部门负责人应检查各项安全措施的落实情况，作业罐的明显地位要挂上“罐内有人作业”字样的牌子。作业结束，清除杂物，把所有的工具、材料、垫板、梯子等都搬出罐外，防止遗漏在罐内。

凡在离地3m以上的地点或在可能散发有毒气体的环境离地面2m以上地点进行工作，都属于高处作业。为了减少在高处作业的时间，凡能在地面上预先做好的工作就应在地面上做。患有精神病、癫痫病、高血压、心脏病的人不准参加高处作业；工作人员饮酒、精神不振时禁止登高作业；患深度近视的人员也不宜从事高处作业。高处作业均应先搭脚手架或采取其他防止坠落的措施后方可进行。作业现场应设有围栏或其他明显的安全界标。一律使用工具袋，较大的工具应用绳拴牢在坚固的构件上。工作过程中除已采取防护措施外，严禁向下抛掷物件。脚手架搭建时应避开高压线。恶劣天气应停止露天高处作业。注意结构件的牢固性和可靠性。严禁不采取任何安全措施，直接站在石棉瓦、油毛毡等易碎裂材料的屋顶上作业。

2.8.4 防火防爆措施

为了安全生产应做好防火防爆的预防工作，消除可能引起燃烧或爆炸的危险因素。使可燃物不处于着火和爆炸危险状态，或者消除着火源，此两种措施，只须控制其一，就可防止事故的发生。但往往受到生产条件的限制，或受某些不可控制因素的影响，仅采取一种措施是不够的，通常需要同时采取两种措施，以提高安全程度。还要增加一些辅助设施，以便在发生火灾爆炸事故时及时抢救，尽可能减轻损失与危害。

（1）控制点火源。厂区、特别是生产车间严禁非生产性点火源，应禁止在车间及其附近吸烟、点火。吸烟应在特辟的场所。加热易燃液体时应尽量避免采用明火，宜采用蒸汽或过热蒸汽、中间载热体或电热等。如果必须采用明火，设备应严格密闭，燃烧室应与设备分开建筑或隔离，为了防止易燃物滴入燃烧室，设备应定期做强度和密闭性试验，用明火加热的装置与有火灾爆炸危险的生产装置其相隔距离必须符合规定。在有火灾爆炸危险的厂房内动火、焊割作业必须严格遵守动火安全规定。

摩擦与撞击往往成为火灾、爆炸的起因。因此，对轴承要及时添油，保持良好润滑，并经常清除附着的可燃污垢。为避免撞击打火，工具应用镀青铜或镀铜的钢制。在倾斜可燃液体或者在抽取可燃液体时，应采用不产生火花的材料将设备可能撞击的部位覆盖起来。生产厂房应禁止穿带钉子的鞋，地面应铺设不发生火花的软质材料。

过热蒸汽及加热油管道等高温输送管线应有隔热包层，勿使裸露，并勿与可燃液体管道接近，更不能设于可燃液体管道或设备的下方。

电气设备所产生的电弧、电火花或电气设备表面温度过高均能引起爆炸性混合物爆炸。因此，应采取各种防爆措施，如把电气设备安装在另室、尽量少用携带式电气设备、采用防爆电器等。引入防爆设备的各种电缆，均须采用弹性密封圈或其他方法密封，保证接口处有可靠的密封性能。

对火灾爆炸危险性比较大的物质，应考虑尽量以危险性小的物质代替火灾爆炸危险性大的物质。或者采取密闭及通风措施，惰性介质保护，降低物质的蒸汽浓度及在负压下操作等。以提高物质的安全性，防止燃烧爆炸条件的形成。

（2）安全控制工艺参数。在生产时应严格控制工艺参数在安全限度以内。必要时可采用自动调节控制，以保证生产的安全。

（3）限制火灾爆炸蔓延扩散的措施。应把预防放在首位。限制措施应在设计时即考虑。对于工艺装置的设计布局、建筑结构以及防火区域的划分，不仅要有利于工艺要求、运行管理，而且要符合预防事故灾害，把事故限制在局限范围内。设用阻火设备，如安全液封、阻火器和单向阀等，防止外部火焰窜入有燃烧爆炸危险的设备、管道、容器，或阻止火焰在设备和管道间的扩展。防爆泄压设施，包括采用安全阀、爆破片、防爆门和放空管等。为防止可燃物大量泄漏引起燃烧爆炸事故，必须设置完善的检测报警系统，并尽可能与生产调节系统和事故处理装置联锁，尽量减少事故的损失。大量可燃气体及蒸汽泄漏除设检测报警系统外，操作人员应立即进行停车处理，开动灭火喷水器将可燃蒸汽冷凝。或用大量喷水系统在装置周围形成水幕，冷却有机物蒸汽，防止泄漏到没有爆炸危险的装置中。如果仪表系统的压缩空气出了故障，此系统应当与氮气系统接通，并与紧急氮气加压贮罐接通，做到紧急情况下有秩序地停车。

（4）定时检查消防设备的完好性。消防设备都有一定的保质期，过期易失效，因此应定期检查，定期检修和更换药液。

2.8.5　松香、松节油的安全包装及贮运

为了防止松香、松节油在包装、贮运过程中发生火灾、爆炸、毒害等事故，保障生产建设和人民生命财产的安全，其包装材料、操作、储运等都应符合安全的要求。

（1）松香、松节油的安全包装：对松香、松节油包装和场所的要求，已于前节提出。松香包装应注意包装桶的制造质量，勿使松香漏出，产生烫伤事故。包装后严密封盖，避免阳

光暴晒、雨水渗入、潮湿和掺入杂质而影响质量。松节油的包装，要求桶形完整，桶体不倾斜，不弯曲、不锈蚀，焊接缝坚固密实，桶盖应是螺旋塞的，封口应有垫圈，以保证桶口的严密性。铁桶是否完全合格须进行试验，其气密试验是将空桶用密封盖盖好，加压至0.2～0.7kPa，放入水内观察，以不漏气为合格。或用0.5～2.5kPa的水压，经受5min以上，以不漏水为合格。跌落试验，一般是向桶内灌入其容量98%的水，从1.2～1.6m高度落到水泥、三合土或砖砌的地面上，要经受住这种跌撞，不渗漏为合格。

(2) 松香、松节油的贮存：为勿使松香变质，应贮存于不受阳光暴晒的仓库中。

松节油属二级易燃物品，应单独另设库房。关于建筑设计和仓库的防火间距方面的要求，应符合国家建委和公安部颁发的"关于建筑设计防火的原则规定"和"建筑设计防火技术资料"要求。不准和其他易燃物质共同储存。

松节油有易燃、易挥发和受热膨胀流动扩散的特性。其蒸汽与空气混合成一定的比例，遇火即能发生爆炸。故应储存于通风阴凉的处所，并与明火保持一定的距离，在一定区域范围内严禁烟火。贮罐的进料管应从罐体下部接入，以防液体冲击飞溅产生静电火花引起爆炸。贮罐及其有关设施的防雷击、防静电和电气设备的防爆设计，应符合有关规定。桶装松节油不宜于露天堆放。桶装库应设计为单层仓库，可采用钢筋混凝土排架结构，设防火墙分隔数间，每间应有安全出口。

(3) 松香、松节油的安全运输：运输松香、松节油和其他易燃物品时，装卸地点应在指定的远离城市中心区和人口稠密地区的码头、车站。对包装容器事先必须严密检查，有破损或渗漏时，必须重装或采取其他安全措施后，方可启运。运至车站、码头的易燃物品应迅速处理。互相接触容易引起燃烧、爆炸的物品，不得装载在同一个车厢或船舱、机舱内。易燃物品不应与其他可燃物资或钢铁器材混合装载。运输工具应有明显标志。装卸过易燃物品的车厢、船舱、机舱、码头、车站，必须彻底清除遗留物。搬运时要轻拿轻放，严防震动撞击、重压、倾斜和摩擦。装运过易燃物品的车、船，不要使用明火修理运输工具或用明火照明。在中途停留时，必须有人看守，并不得停留在机关、仓库、工厂附近及人口稠密的地区。

3 明子浸提加工

松香、松节油除了从松脂中制取外，明子也是制取松香松节油的重要原料之一。

明子加工的目的是要把明子中所含的树脂物质抽提出来，得到木松香、木松节油和浮选油等产品。明子中树脂物质的提取可采用有机溶剂浸提法，其一般工艺流程如图26-108。

由图26-108可见，明子浸提加工过程主要由以下几个工序组成：原料准备（包括明子贮存、粉碎、筛分和输送）、明子浸提、浸提液加工、粗松节油蒸馏、浮选油的制取、溶剂回收和木松香的精制等。

3.1 明子采集及充脂材

木松香、木松节油生产的原料是富含树脂的木材，即明子。明子的种类很多，有成熟的松根明子（根株明子）、树干明子、割面明子、倒木明子、新鲜松根明子和充脂材。上述多种原料中成熟的松根明子具有实际工业意义，但新鲜松根明子和充脂材更具有发展前景。

(1) 根株明子及其采集。根株明子是经过采伐以后长期埋藏在土壤中的充满树脂的松树根株。留在土壤中的新松根，其边材部分很快地腐烂，在树木伐倒后的第一年内，就可以明显地看出腐烂的痕迹。在以后的一些年中，边材的腐烂更加剧，大约经过10～15年即全部腐

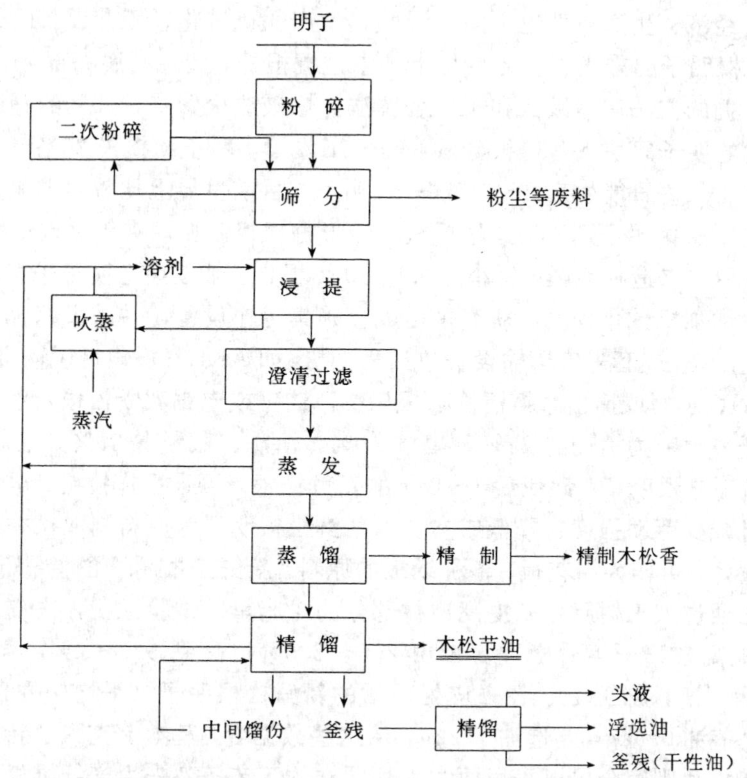

图 26-108　明子加工工艺流程示意图

朽。当边材迅速腐烂时，根株的心材部分在长时间内没有什么变化，而它的树脂含量却相对地提高了。这种根株边材和根部逐渐腐烂，同时心材部分的树脂含量却相对地丰富的过程，称为根株的成熟。

根株中树脂含量是很不一致的，适宜于加工的只是那些含有丰富树脂的根株。根株的树脂含量主要决定于树木砍伐时的年龄、土壤、根株的年龄和树种。树龄高而直径大的树木可以得到富含树脂的根株。树种不同，根株中树脂含量也有很大差别，中国东北红松松根含脂量高，一般都在 10%以上，高可达 20%。

通常，明子桉含脂量的多少分等。按俄罗斯标准规定以 20%含水量的明子重量为基准来计算松香百分含量时，明子可分为三等：肥明子，松香含量 21%；中等明子，松香含量 16%；瘦明子，松香含量 13%。

根株明子的树脂与采脂所得松脂基本上是相同的物质，但是由于根株长期埋在地下腐烂，同时树脂暴露在空气中，因此在数量上和性质上均有了改变。

当树脂酸暴露在空气中时就会发生氧化作用，根株中的萜烯在氧化作用时，是氧气和微生物的传送者。最后形成的氧化产物的组成为 $C_{20}H_{26}O_5$ 和 $C_{20}H_{26}O_6$。这种黑色氧化树脂酸不溶于石油醚，在汽油中也很难溶解。

当根株长期埋藏于土壤中时，树脂的挥发性组成部分（萜烯类）也发生了变化，低沸点的萜烯类，特别是 α-蒎烯，β-蒎烯大量挥发。此外，明子成熟的时候，萜烯发生水化和氧化作用，结果就形成了萜烯醇和其他一些高沸点的产物。

根株明子的采集有很大的特殊性，它分散在大面积的采伐迹地，单位面积的产量低，而且各地区的经济、生产条件也不同。因此，生产的机械化、工艺设备的供给、明子的运出都很困难。松根明子的采集工艺包括从土壤中挖掘根株，清除其腐朽部分，集材，截断和运出。

松根采掘的方法有爆破法和机械采掘法。爆破法很繁重，50%的辅助工作用在爆破准备上，爆破后的明子碎块飞落得很分散，需人工收集，明子约损失20%～25%。而且爆破也很危险。每个工人每日能生产3～7实积m^3明子。目前世界上比较普遍采用的是机械法。利用各种掘根机来采掘明子，如吊式掘根机、锥形掘根机、振动夹等。锥形掘根机以T-100拖拉机为主机，用于未造林地区，每小时可挖50个根株。俄罗斯在明子采集和运输上，为了减轻劳动强度，增加机械化程度，研究采用成套采集运输设备，并采用综合小分队形式，大大提高了劳动生产率。成套采集运输设备包括采掘机（如AKП-1）、集材运输机（ТПО-МЛТИ，ПЛО-IA，ЛП-23）、水力或撞击摩擦清洗松根机械、油锯或电锯截断松根及汽车运输。松根采掘工序约占明子采集劳力消耗的25%，集材21%，清洗、截断占20%，装料运输23%。

（2）新鲜松根明子。砍伐后1～2年的新鲜松根，可采用拖拉机、电锯等森林采伐机械采集，这样可减少劳动强度、降低成本。以新鲜松根明子为原料制取松香、松节油，加工后的废木片质量好，可作为刨花板、各种纸板的原料。新鲜松根明子含脂量低，尤其边材部分，但可用去皮法通过人工树脂化来提高边材部分的含脂量。试验证明，去皮后第一、二年边材含脂量大大提高，第一年后松香含量由2%～2.5%提高到5%～7%，第二年提高到12%～16%。在俄罗斯，加工1m^3经去皮处理后的新鲜松根明子（平均松香含量13%）得到松香33.5kg，松节油0.6kg，浮选油1.2kg，从这些数据看，基本上克服了新鲜松根含脂率低的缺点，而去脂木片则完全可以采用原木木片同样的工艺条件来生产纤维板。

由新鲜松根明子制得的松香中脂肪酸含量高，这点在肥皂工业、油漆涂料工业中有它的特殊意义。

（3）人工充脂材。应用除草剂溶液处理活立木，促进树脂的形成和富集，得到人工充脂材是近年来的研究成果。在美国应用百草枯、杀草快溶液，俄罗斯采用其他除草剂溶液来处理活立木，以达到充脂目的。试验表明，割伤松树经处理3～4年后，在树干1.5～2m高（地下树干部分计算在内）木材中树脂含量可达13%～16%。试验表明，这样的充脂木材应采用综合加工的方法更为合理：树脂物质浸提生产与木片进一步进行硫酸盐法制浆造纸的综合工艺；松香浸提生产与纤维板生产综合利用工艺；松香浸提生产与木材水解-酵母、水解-酒精生产结合的综合利用工艺；松香浸提生产与木材热解生产结合的综合利用方法。

3.2 原料准备

3.2.1 明子的贮存

明子及其他含脂木材可通过铁路、水路和公路运输到工厂。为了保证工厂的连续生产，必须贮存3～6个月的原料量，因此工厂必须有贮料场，明子在贮存期间进行自然干燥。明子在贮料场大堆贮存，明子堆最大允许尺寸为长120m、宽40m、高12m，堆垛间应有防火道不少于25m。生产车间与贮堆间距离应不少于120m。通常用抓斗起重机从堆垛里装入小车或运输机械送入粉碎车间。

明子计量单位通常用层积立方米。但明子的形状不一，明子堆放的密度也无法一致，实积系数一般取用0.5。但不同的明子，其每层积立方米的重量也不同。当明子规格（尺寸）相同情况下，其容积重与明子含脂量和含水量有关。明子含脂量变化不会太大，一般都在15%～20%。

因此，明子容积重主要与含水量有关。为了将贮料场的明子换算成重量，经试验测定了不同含水量明子的重量见表 26-53。

表 26-53　不同含水量明子的重量

明子含水量（%）	明子重量（kg/层积 m³）
10～20	330
21～30	370
31～40	420

3.2.2　明子的粉碎、筛分和输送

为了促进树脂的浸出，必须将明子切碎。明子切碎成木片后与溶剂的接触面增大，溶剂容易渗入木材，树脂溶解和扩散过程加快，树脂浸出速度也就增加。如果将含有树脂的管胞和树脂道切开，则树脂的浸出就更容易，为了更多地切开管胞和树脂道，最好垂直纤维方向粉碎，但垂直粉碎阻力大，消耗动力多，根据切削原理从 45°的倾斜角切割最为有利。

明子粉碎常用的机械为圆盘切碎机（同于制浆造纸生产中普通削片机）。由圆盘切碎机送出的木片大小是不均匀的，因此需要进行筛选。大的木块再进行二次粉碎，明子二次粉碎一般采用锤式磨。木片的筛选可选用水平筛选器，它是由 2 个或 3 个网眼大小不同的筛箕上下层叠而成。筛箕略为倾斜，由曲柄轴或偏心轮使筛箕振动，而使木片逐渐滚下。水平筛选器比较轻便，动力需要较少，而生产率却很高。

明子粉碎时，由于尘土、碎末和木屑的平均损失为 6%。明子粉碎成木片后，体积增大，从明子到木片的转换系数平均为 1.35。明子木片重约 220～240kg/m³。

俄罗斯现代化明子浸提厂明子粉碎车间工艺流程如图 26-109。

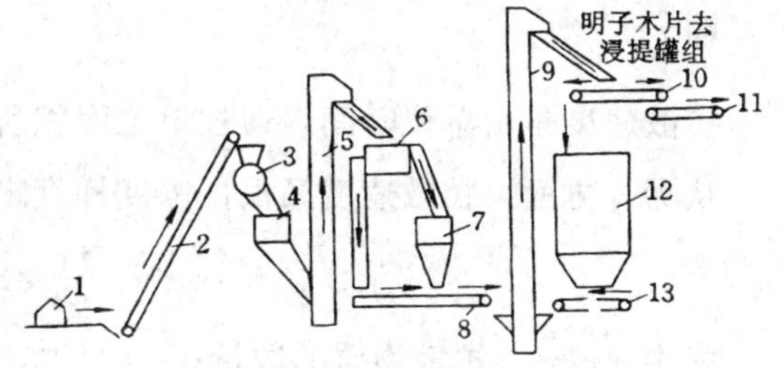

图 26-109　明子粉碎和输送流程

1. 明子堆；2. 板式供料装置；3. 圆盘切碎机；4，7. 锤式磨；5，9. 斗式提升机；6. 水平筛选机；8，10，11，13. 输送带；12. 料仓

粉碎后的木片经输送器送入浸提车间或料仓。当水平方向输送时，采用皮带输送器，如果向上输送时，则用斗式提升器。气动输送设备在明子浸提厂应用受到限制，因为如果用气动输送设备来运送含脂木片，则将造成松节油的损失，它只能用于浸提后废木片的输送。

3.3　明子浸提

3.3.1　树脂物质浸提过程的理论

浸提即通过溶剂的选择性溶解能力将某种物质从混合物中提取出来。固-液浸提过程广泛应用于制糖工业、油脂生产及栲胶生产等工业部门。明子浸提就是通过溶剂将明子木片中树脂物质提取出来，此过程比较复杂，是多阶段的过程，决定树脂物质浸提速度的主要阶段如下：

在两相（包括固-液系统）界面存在着扩散层，溶剂通过扩散层进到固体表面。扩散层的厚度和物质移动速度取决于液相流动的流体动力学状态，在这阶段起决定作用的是对流扩散（如图 26-110）。

溶剂沿毛细管、树脂道和孔隙渗透到木片内部阶段。此阶段主要是分子扩散，其扩散速度与溶剂性质（亲水或憎水），木材结构和原料准备的质量。

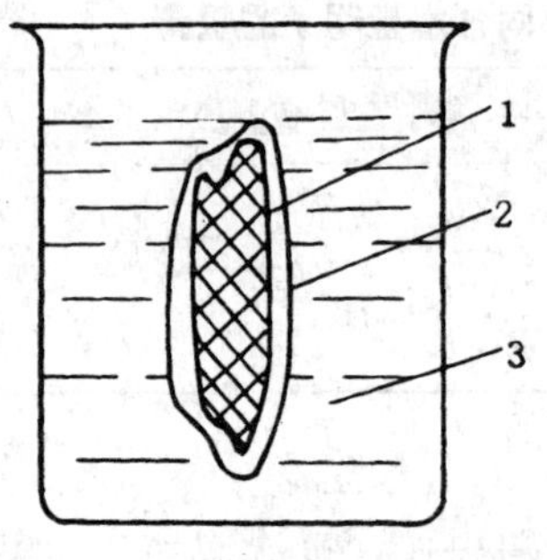

图 26-110　浸提过程中传质示意
1. 木片；2. 薄膜或扩散层；3. 溶剂

树脂物质在溶剂中溶解阶段。此阶段速度与木材中树脂物质状态及含量有关，木材中树脂物质可能氧化聚合比较严重。溶解速度也与溶剂性质（如沸点）和容积有关。

树脂物质溶液从毛细管、树脂道、孔隙向木片表面导出阶段。此阶段主要是分子扩散，扩散速度与木片大小及木片内部树脂物质浓度、相界面树脂物质浓度有关，即取决于浓度梯度。

树脂物质经扩散层进入周围溶液。此时速度与系统内流体动力学状态有关，对流扩散起决定作用。

从上述各阶段分析，整个浸提过程与许多物理化学现象有联系，如溶解、扩散、渗透等，其中主要是扩散作用。

扩散作用的实质，就是指含有不同浓度溶质的溶液，当接触时，彼此间将互相渗透。一方面溶质将透入周围含溶质浓度低的溶液中去，使其浓度升高；另一方面溶剂本身将透入高浓度溶液。所以，扩散作用就是物质经过边界层转移到不含这种物质的分散介质的过程，也就是说，从高浓度向低浓度方向渗透。

扩散作用的动力以浓度差或浓度梯度来表示，就是单位距离 x 中下降浓度 c，用微分式表示，即 $\frac{\partial c}{\partial x}$。

扩散速度是由单位时间内通过单位面积所扩散的物质数量来决定，即 $\frac{G}{Ft}$。

从另一方面，扩散速度又根据浓度梯度来决定，由此可得下列方程式：

$$\frac{G}{Ft}=-D\frac{\partial c}{\partial x} \tag{26-59}$$

式中：G——扩散物质的数量；

F——扩散表面积；

t——时间；

D——扩散系数；

$\frac{\partial c}{\partial x}$——浓度梯度。

方程式右边的负号，是指浓度 c 随距离 x 的增加而下降，以 G 解方程式，得：

$$G=-DF\frac{\partial c}{\partial x}t$$

$$\mathrm{d}G=-DF\frac{\partial c}{\partial x}\mathrm{d}t \tag{26-60}$$

上式为费克第一定律。

1905 年爱因斯坦对于扩散系数提出了以下公式：

$$D=\frac{RT}{N}\frac{1}{6\pi\eta r} \tag{26-61}$$

式中：R——气体常数 [8.31J/（mol·K）]；

T——绝对温度；

N——阿伏加德罗常数（$6.06\times10^{23}\mathrm{mol}^{-1}$）；

η——介质粘度；

r——扩散粒子半径。

将此 D 代入费克第一定律，则得：

$$dG=\frac{RT}{N}\frac{1}{6\pi\eta r}F\frac{\partial c}{\partial x}dt \tag{26-62}$$

上式为费克-爱因斯坦公式。

由上述方程得知，单位时间内物质的扩散量 dG 和绝对温度 T、经过扩散的表面积、浓度梯度 $\frac{\partial c}{\partial x}$ 成正比，和介质的粘度及扩散粒子的半径成反比，浓度梯度的存在是浸提的基本条件，当其等于零时，扩散就不能进行。表面的渗透性也是必须的条件，经过它才能进行扩散，当表面不能为物质的微粒透过时，该物质就不可能进行扩散。

3.3.2　影响浸提的因子

从费克-爱因斯坦公式得知，用溶剂从木片浸提树脂过程与扩散表面积、扩散温度、浓度差等因素有关，而且在浸提过程中还有一系列外来因素，它们在不同程度上都影响着浸提的效果。要选择适当的工艺，提高浸提效果，必须对这些影响因素有充分的认识。

（1）木片的大小及其结构：明子木片的大小是决定浸提过程的长短及明子中树脂物质提取程度的主要影响因子。木片大小对浸提速度的影响表现在两方面：木片尺寸变小则会减少树脂物质扩散的路程，增加物质传递的表面积。明子木片是各向异性的物体，木材内天然的毛细管结构，使得树脂物质通过端面和侧面的浸提的速度不一样。从单位端面上萃取的树脂物质比从单位侧面上多 7～8 倍。

松木中主要的细胞是管胞，其长度为 2～5mm。因此，木片纤维方向的长度越大，则处于封闭状态的树脂物质越多，浸提难于进行。木片越小，浸提效果越好。各种规格去脂木片与浸提系数的分析数据见表 26-54。

木片过于细小则容易结块，反而影响溶剂的渗透，而且木屑和粉末还会阻塞设备和管道。此外，在确定木片大小时，必须考虑到废渣的进一步利用，一般工艺木片规格以 15mm 左右为适宜。

表 26-54　各种规格去脂木片与浸提系数的分析数据

木片规格（mm）	不同规格木片含量（%）		木片中松香含量（对去脂木片%）		浸提系数（%）
	浸提前	浸提后	原　料	浸提后木片	
>10	20.30	23.70	28.1	7.5	73.3
7～10	21.02	22.75	28.6	5.2	81.3
5～7	18.38	20.74	29.0	3.5	88.0
3～5	20.82	20.12	26.6	1.7	90.0
2～3	9.32	7.92	14.6	0.85	94.1
0.5～2	8.92	4.18	—	—	—
0.25～0.5	1.07	0.49	—	—	—

为了改善溶剂渗透进木片及树脂物质溶液渗出木片的条件，明子木片用平辊碾压机碾压变形。这种碾压变形工序可大大改变木片的内部结构，从而提高浸提速度。当采用普通工艺木片（含水量 14%）浸提时，浸提 7h，平均提取系数为 72.7%～77.6%，木片经碾压变形后，浸提 2～3h，树脂物质提取系数即可达 84%～92%。

（2）温度和压力：温度的作用可直接从费克-爱因斯坦公式中看出，扩散物质的数量与温度成正比。此外，温度的提高可以降低溶剂的粘度，使扩散易于进行。

但是，树脂是热敏性物质，温度过高会使树脂酸氧化、松节油异构和聚合，从而影响产品的质量。因此，浸提温度不宜过高。如在常压下进行浸提时，一般与溶剂沸点相同（汽油，100℃）。当在一定压力下进行浸提时，则浸提温度为相应压力下溶剂的沸点。

提高压力对浸提是有利的，因为压力提高，浸提温度也就相应提高。因此在较高压力下进行浸提时，浸提过程加快的主要原因是浸提温度的提高。

（3）溶剂的性质：溶剂的性质对浸提速度和浸提过程的完全度有着极重要的影响。溶剂的溶解性能、表面活性、粘度、沸点和分子量是很重要的物理化学性能。选择明子浸提生产所用溶剂时必须考虑下列条件：

对树脂物质具有极好的溶解能力，而对木材中其他物质溶解能力弱或者绝对不溶解；

汽化潜热低，在溶剂蒸发时蒸汽消耗量低；

溶剂的沸点相对来说较低，且与松节油沸点距离较大，既便于回收溶剂，又易与松节油分开，分子量小。

溶剂不溶于水，以便采用水蒸气蒸馏回收溶剂；

在生产过程中溶剂具有化学稳定性，毒性小，对金属无腐蚀性；

不易挥发、燃烧和爆炸，价格低廉，并能大量生产。

对溶剂来说，上述条件中最重要的指标是溶剂对树脂物质的溶解力，亲水性能和分子量。

在常用的溶剂中浸提能力最高的是乙醚。假如把乙醚的浸提活性算作1，比较可行的溶剂的浸提活性为：苯：0.58～0.64；二甲苯0.52～0.55；松节油0.46；汽油0.30～0.32；二氯乙烷0.62～0.64。

溶剂的分子量对树脂物质的扩散速度和明子的渗透速度有很大影响。溶剂的分子量小，则在同样温度下具有较高的浸提能力。但分子量大的溶剂，通常沸点高，因此浸提可以在较高温度下进行，这样最终能保证较高的浸提系数。

目前工厂中广泛采用的是沸点80～120℃的汽油馏份。汽油价廉易得，对正常树脂酸的溶解能力强，易于从木片和浸提液中蒸出，而且不溶于水。根据国外几十年生产经验认为，汽油是较合适的浸提溶剂。80～120℃汽油馏份主要有正庚烷组成，汽油蒸汽含量在车间空气中不应超过0.3mg/L。

因为浸提温度对浸提速度及浸提完全度影响很大，俄罗斯现在很多工厂采用БЛХ汽油即沸点范围为105～130℃的汽油作为明子浸提溶剂。采用БЛХ汽油溶剂后使去脂木片中树脂含量降低约1%，提取系数提高4.5%。加工1t含水量为20%的明子木片，松香产量提高15kg，汽油耗量降低102kg。

（4）明子木片的含水量：明子木片含水量是影响浸提速度的一个重要因素。浸提采用的溶剂是憎水的汽油溶剂，木片中水分的存在影响汽油溶剂的渗透。为了排除原料含水量的影响，原料必须进行干燥。一般采用自然气干明子（含水量20%），并且在浸提的最初阶段木片进行干燥。当溶剂为汽油时，则在干燥过程中木片中的水与汽油成共沸混合物排出。

（5）浓度差与溶剂的循环：木片内部的树脂物质溶液与木片周围溶液的浓度差是浸提过程的主要推动力。如果木片周围的溶剂处于静止状态，则木片中所含溶液的树脂物质浓度与木片周围溶液中树脂物质浓度差逐渐减小，因而树脂物质浸出的速度就减慢。因此，浸提过程中应尽量保证溶剂的流动状态。罐组逆流浸提方法保证了浸提在较大浓度差条件下进行。但必须注意的是尾罐中的溶液浓度应尽量减至最低限度，否则尾罐中浸提液浓度每增高 $1kg/m^3$，随废渣丢失的松香量则为 2kg/t 去脂木片。

(6) 原料木片的含脂量：在一定的条件下，浸出树脂物质的数量，浸提速度与木片的最初含脂量有关。含脂量越高的木片，浸出的树脂物质越多，因为废渣中剩余含脂量在其他条件不变的情况下是一定的。浸提系数（K）可用下式表示：

$$K=\frac{X_c-X_0}{X_c}\times 100\ (\%) \tag{26-63}$$

式中：X_c——木片中最初含脂量（对绝干去脂木片%）；

X_0——浸提后木片中剩余含脂量（对绝干去脂木片%）。

(7) 浸提时间：浸提时间和浸提完全度之间存在着直线关系。但在整个浸提过程中，单位时间内浸提出的物质数量是不一样的，即浸提速度不断减慢，也就是说浸提速度曲线具有明显的渐近性质，逐渐趋近于零。如图 26-111，浸提时间超过 6h 后，提取系数变化不大。因此浸提时间不能过长，应控制在适宜的时间内。从经济观点来考虑，根据现有工厂所采用工艺，如果浸提时间控制在 10～12h，能得到较好的效果。

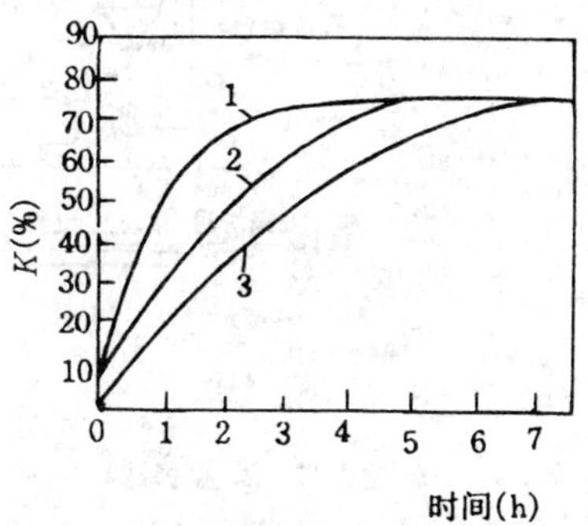

图 26-111　树脂物质提取与时间的关系

生产过程中，各个因子互相联系，互相制约，最适宜条件需根据各工厂具体条件，所采用的方法和生产经验来定。

3.3.3　浸提工艺

明子浸提通常有三种方法：单罐分批浸提、罐组浸提以及连续浸提法。单罐分批浸提一方面因为设备利用率不高，再加上产生浓度不同的树脂溶液，浸提液的平均粘度低，给进一步加工造成困难。同时，浸提罐本身结构和使用上有很多不便，因此生产上已经逐渐淘汰。目前主要是浸提罐组浸提法和连续浸提法。

(1) 罐组逆流浸提。浸提罐组浸提时，从第一个浸提罐得到的浸提液顺次流经一系列装有明子木片的浸提罐，在此过程中浸提液不断增浓，最后由浸提罐组排出具有一定浓度的浸提液。逆流浸提的实质即往新鲜明子木片中加入流经整个罐组后的含有较高浓度树脂物质的浸提液，而往经过多次浸提的去脂木片中加入新鲜溶剂，从而保证了各个浸提罐中具有较高的浓度差。由于溶液不断流动，而且具有一定的浓度差，为扩散的进行创造了良好的条件，使浸提进行得比较完全，浸提系数一般能达到 84%左右。

在浸提罐组中有首罐和尾罐的区别，首罐即装有新鲜明子木片的浸提罐，罐中含有浓度较高的浸提液。尾罐即装有被多次浸提，只含有极少量树脂物质的木片的浸提罐，罐中浸提液浓度最低，新鲜溶剂由此加入。

新鲜溶剂输入尾罐和浸提液由首罐排出是连续的，但浸提罐与罐组的接通与切断是间歇的。因此，整个浸提过程是半连续的。装满新鲜木片的浸提罐首先用尾罐放出的高温稀浸液进行木片的预干燥，再后再与浸提罐组相连作为首罐排出浸提液。

调节新鲜汽油的输入量和浸提液的排出量，可以得到不同浓度的浸提液，一般在 6%。

单位时间内浸提所需溶剂量等于下列各项之和：木片吸收量占木片容积的20%～25%；充满木片间隙量占木片容积的50%～55%；充满浸提罐内无用空间（上颈口，加热器，假底下空间等）所需量占5%～7%；蒸出木片中水分需要一定量的汽油，在首罐中木片干燥时，水与汽油之比为1∶6；浸提液中带走的汽油量。

罐组逆流浸提工艺流程如图26-112。

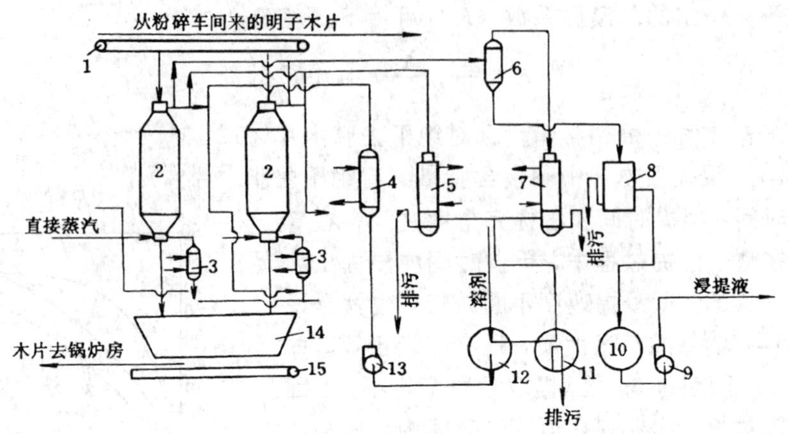

图26-112 罐组逆流浸提工艺流程

1. 输送带；2. 浸提罐；3，4. 预热器；5，7. 冷凝冷却器；6. 分离器；8. 受器油水分离器；9，13. 泵；10，12. 贮罐；11. 油水分离器；14. 废木片贮槽；15. 皮带输送带

木片由粉碎车间经输送带1送入浸提罐2。由与罐组刚切断的浸提罐中用活汽将稀浸液压入装有新鲜木片的浸提罐2下部。稀浸液在此罐内沸腾，加热木片，并将木片进行预干燥。水与溶剂蒸汽由浸提罐上部经汽液分离器6进入冷凝冷却器7。蒸汽冷凝，汽油与水分离流入油水分离器11。在此溶剂与水进一步分离，溶剂进入循环溶剂贮槽。泵13将溶剂由贮槽12经预热器打入尾罐的下部，流经浸提罐中木片层，将木片中树脂物质浸出，然后浸提液由浸提罐上部排出，经预热器3进入相邻浸提罐的下部，顺次流入首罐。浓浸液由首罐上部排出，经汽液分离器6，在此将干燥蒸汽分离，然后进入受器-油水分离器8。浸提罐的温度由预热器3维持，尾罐的压力350～400kPa。

中国敦化松根浸提厂浸提工段采用罐组逆流浸提的方法，工艺流程如图26-113。

该厂所用溶剂为80～120℃的汽油馏份。浸提罐组由10个浸提罐组成。采用常压浸提，浸提温度70℃，溶剂由上而下流动。为了提高浸提效率，在工艺上作了改进，以8罐为一组，加压浸提，尾罐压力控制在101.33kPa左右，浸提温度在75℃左右，并且加大放液量。在原料明子含脂量20%～25%（含水率20%为基础）的情况下，明子废渣中含脂量在5%以下。

如果浸提工段采用常压浸提和浸提温度较低（低于溶剂沸点）的工艺条件，由于浸提过程中木片中水分没有除去，因而影响了汽油向木片的渗透，降低了浸提效果，温度低也影响树脂物质的扩散速度。

总的来说，罐组逆流浸提与单罐浸提相比具有一系列优点：溶剂与木片接触均匀；在一定压力下浸提，故浸提温度较高；浸提罐之间互相紧密关连，从而保证了浸提过程的稳定性，浸提液浓度均匀一致。但如果加压操作，浸提设备需要有高度的严密性；另外，浸提液浓度仍然较低，浸提液加工时蒸汽消耗大。

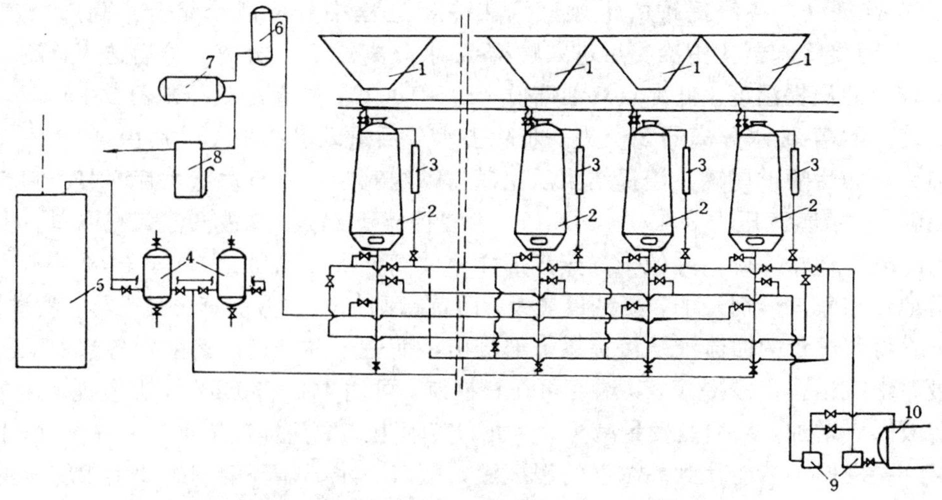

图 26-113　中国敦化松根浸提厂浸提工艺流程

1. 料斗；2. 浸提罐；3. 加热器；4. 过滤器；5. 稀浸液贮槽；6. 冷凝器；
7. 冷却器；8. 油水分离器；9. 蒸汽泵；10. 汽油贮槽

(2) 罐组分凝浸提。罐组分凝浸提的实质，即不断向装有木片的罐组喷淋汽油馏份，在罐内汽油不断蒸发、冷凝回流而不断从木片中浸出树脂物质，达到一定浓度的浸提液则连续地由罐组排出。

罐组分凝浸提工艺流程如图 26-114。

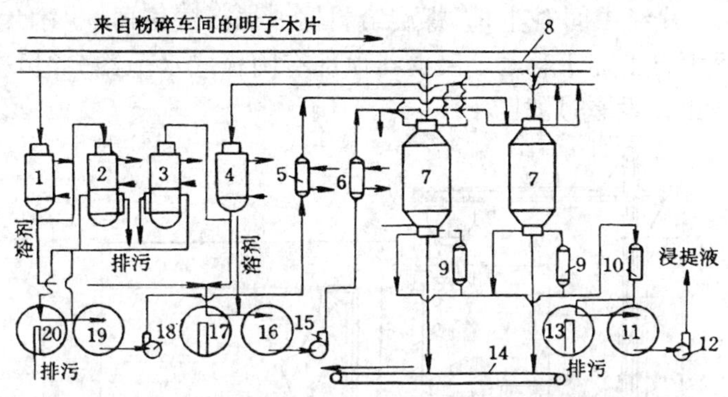

图 26-114　罐组分凝浸提工艺流程

1，2，3，4. 冷凝冷却器；5，6. 加热器；7. 浸提罐；8. 皮带输送器；9. 蒸发器；10. 过滤器；
11，16，19. 贮槽；12，15，18. 泵；13，17，20. 贮槽-油水分离器；14. 刮板式输送带

该流程中浸提罐组由 8 个浸提罐 7 组成，每个浸提罐都有一个蒸发器 9。木片浸提在 6～7 个浸提罐内进行。通过每个浸提罐上部专门的喷淋装置，不断地向装满木片的浸提罐组输入经加热器 5、6 加热至沸点的汽油。各罐的汽油喷淋量应加以调节，即装有去脂木片的罐内汽油喷淋量最大，而装有新鲜木片的首罐内喷淋量最小。热汽油自上而下洗涤木片，同时将木片内所含树脂物质浸出，然而由浸提罐下部流入蒸发器 9，在此浸提液进行部分蒸发浓缩，汽油蒸汽上升通过木片层与流下的溶液相遇而冷凝回流，此过程又可从木片中浸出部分树脂物质。如此不断蒸发、冷凝回流，不断浸出物质，浸提罐上部像个分凝器一样，因此称为分凝浸提法。这种情况下，木片的干燥和浸提过程在各浸提罐中同时进行。

为了节省蒸汽，各浸提罐的干燥蒸汽在冷凝过程中分成两个组分：高沸点汽油馏份（>100℃）在冷凝冷却器 4 中冷凝后进入贮槽-油水分离器 17，分离水分后送入首罐，以保证首罐内有较高的浸提温度。低沸点汽油馏份（80～100℃）则在冷凝冷却器 3 中冷凝，分离去部分水后进入贮槽-油水分离器 20，进一步除去水分后进入贮槽 19，然后由泵 18 将其打经加热器 5 加热，然后喷淋尾罐。浸提结束后尾罐与罐组割断，进行去脂木片吹蒸、卸料和新鲜木片的装料。吹蒸蒸汽压力为 490～590kPa，由浸提罐下部吹入，被汽油蒸汽饱和后由罐上部排出进入冷凝冷却器冷凝，并像干燥蒸汽那样分成高低沸点馏份。

尾罐加热和蒸汽溶剂最弱，喷淋量最大；而首罐则加热和溶剂蒸出最强烈，喷淋量最少。这样在尾罐得到过量的回流液从浸提罐下部排出，而进入前一罐。溶液在各罐中不断增加树脂物质最后由首罐排出浸提液，其浓度可任意控制，可达 400～500g/L，但浸提液浓度高，则首罐内溶液沸点增加，汽油蒸发量减少。因此，实际生产中浸提液浓度控制在 100～150g/L。

罐组分凝浸提工艺能得到高浓度的浸提液，蒸汽、水、循环溶剂的耗量相应减少，而且设备处于常压操作，对设备的严密性要求较低。但此法也还具有一些缺点：如操作比较复杂，喷淋木片不易达到均匀，操作不稳定，浸提温度较低，因而浸提速度和提取系数有所降低。

（3）连续浸提。针对罐组浸提存在的缺点，根据其他化工厂浸提生产的经验，在明子浸提生产中亦采用了连续浸提设备。

年加工 10 万层积 m^3 明子的连续浸提工艺流程如图 26-115。

按此流程，明子木片由皮带输送器 1 送至斗式提升器 2，然后由刮板式输送器 3 送至浸提设备。剩余的木片送回木片贮料仓 4，根据需要再由此送入斗式提升机。木片贮料仓的容积按 2～3h 贮料量计算。木片经中间料斗 5，螺旋给料器 6 送入浸提器 9。木片装满浸提器，在浸提过程中木片借助重力自上而下移动。浸提器顶部有闸板式水平器 7，用来控制木片加入量。浸提器中段、浸提液出口设有过滤网 10。

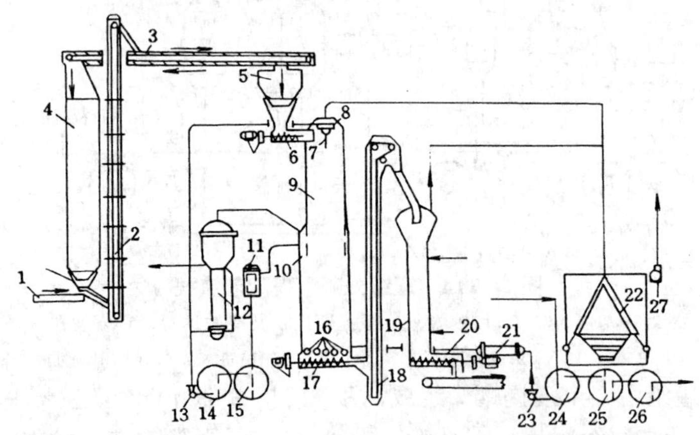

图 26-115 年加工 10 万层积 m^3 明子的连续浸提工艺流程

1. 皮带输送器；2. 斗式提升机；3. 刮板式运输机；4. 木片贮料仓；5. 中间料斗；6. 螺旋给料器；闸板式水平器；8. 喷嘴；9. 浸提器；10. 过滤网；11. 过滤器；12. 蒸发器；13，23. 泵；14. 浸提液贮槽；5. 浸提液澄清槽；16. 螺旋排料器；17. 总螺旋排料器；18. 汽油分离器；19. 吹蒸设备；20. 螺旋输送器；21. 汽油预热器；22. 空气冷凝器；24. 油水分离器；25. 汽油贮槽；26. 水净化槽；27. 抽气机

浸提后的木片借浸提器底部的 5 个螺旋排料器 16 排至总螺旋输送器 17，由此进入汽油

分离器 18。汽油分离器是一个装有多孔料斗的密闭的链式升举器，浸提后的木片在此运送过程中能除去带出的大量汽油，然后进入吹蒸设备 19。

吹蒸设备是一个空心容器，底部有三个螺旋输送器，蒸汽通入吹蒸设备，将木片中吸收的汽油吹出。为了降低热量消耗，蒸汽分两处通入。在吹蒸设备中部通入温度为 170～180℃的高压蒸汽，大部分木片中的汽油由此蒸汽吹掉。在吹蒸设备底部通入 130～140℃的蒸汽，这样可以降低排出废渣的温度，以防废渣自燃。

浸提器 9 浸提过程分两个阶段进行。在浸提器 A 段内木片用汽油蒸汽进行干燥，并从顶部喷嘴 8 喷入稀浸液，在 B 段内用热汽油逆流浸提明子木片。汽油由汽油贮槽 25 用泵 23 经汽油预热器 21 预热后从浸提器底部加入，充满浸提器 2/3 的高度。

松香含量为 2%～4%浸提液由浸提器中部经过滤网 10 排出，再经过滤器 11，送至浸提液澄清槽 15。澄清后的浸提液由浸提液贮槽 14 用泵 13 打入蒸发器 12。汽油蒸汽进入浸提器 9A 段的底部，用来干燥木片。浓缩后的浸提液送去进一步加工。部分稀浸液送至浸提器上部，喷淋木片。

由浸提器顶部排出的干燥蒸汽进入空气冷凝器 22 冷凝，冷凝液由此进入油水分离器 24。汽油由油水分离器排至汽油贮槽 25，水则送至水净化槽 26 进一步澄清，然后再送去生化处理。

为了降低由于设备的不严密性而造成的溶剂损失，浸提器和吹蒸设备在轻微真空度(9.81～98.1Pa）下操作。真空由抽气机 27 形成。

浸提器 9 具有下列技术指标：几何容积 136m^3，其中工作容积 125m^3；浸提周期 8h，其中逆流浸提 5.3h；浸提器直径上部 2.6m，下部 3.0m；螺旋输送器直径 0.6m；加料器转速 20r/min；吹蒸设备中螺旋输送器转速 1.2r/min。

连续浸提方法与间歇法和半连续法相比具有一系列优点：工艺过程可以高度机械化、自动化。产品质量稳定。但也有缺点：单位设备容积的加工量低于罐组浸提法，而且整个浸提系统中某一环节发生问题会导致整个生产停顿。

几种浸提方法技术指标比较(明子木片加工量相同)：罐组逆流浸提法加工 1t 木片得松香 110～115kg，提取系数 82%～84%；罐组分凝浸提法加工 1t 木片得松香 100～105kg，提取系数 80%～82%；连续浸提法试验数据表明，提取系数可达 87%。

长期以来，明子浸提采用 80～120℃的汽油作为溶剂。世界上某些国家采用沸点为 105～125℃汽油作为溶剂，浸提温度相应提高，浸提系数也有一定提高。

3.4　浸提液加工

3.4.1　浸提液的蒸发与浓缩液的蒸馏

浸提液是各种不同沸点的物质组成的混合物，其组成随浸提方法而不同。工厂采用罐组浸提得到的浸提液组成见表 26-55。但不管是由哪种方法得到的浸提液，其主要组成部分都是汽油。它的沸点最低，因此浸提液首先在蒸发器蒸出汽油溶剂，浓缩的浸提液进一步在松香蒸煮塔蒸出粗松节油，并得到未精制松香。未精制松香可以作为成品，但

表 26-55　浸提液平均组成

组成	含量（%）	相对密度（d_4^{20}）	沸点（℃）
汽　油	90～92	0.73～0.75	80～120
松节油	1.5～2	0.86～0.87	155～175
挥发油	0.5	0.90～0.95	180～220
松　香	7.8	1.05	—

最好进一步进行精制和改性。粗松节油在双塔精馏设备上进一步加工除去汽油，得到商品松节油和粗浮选油。

连续操作的浸提液加工工艺流程如图 26-116。浸提液从浸提液贮槽 1，由泵 2 打入蒸发器 3。蒸发器上部的分离器起到精馏塔的作用，内设五层泡罩塔板。因为浸提液中松节油含量控制在 1%以下，以免汽油在反复循环使用中，因松节油树脂化，影响浸提效果。浸提液进入分离器的上层塔板，逐层流下，并由最后一层塔板经循环管送至蒸发器底部。浸提液在蒸发器内沸腾成汽液混合物沿蒸发管上升至分离器。汽油和松节油蒸汽不断上升，通过塔板分馏，松节油蒸汽冷凝回流，汽油蒸汽则进入冷却器 5 冷凝，流入汽油贮槽。由蒸发管上升至分离器的汽液混合物，分离出蒸汽后的液体沿循环管不断循环蒸发。在分离器下部浓度为 300～400g/L 的浓缩液流入提馏塔 6 上部。提馏塔内有泡罩塔板，下部带有蒸发器。在管式蒸发器 7 内浓缩液进一步蒸发浓缩，最后带有少量高沸点汽油的松香松节油浓缩液经调节器 8 不断从提馏塔底部排出，其浓度达 650～700g/L。

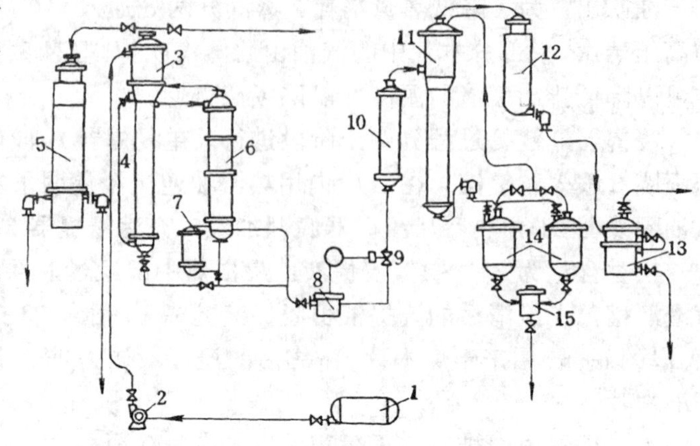

图 26-116 连续操作的浸提液加工工艺流程

1. 浸提液贮槽；2. 泵；3. 蒸发器；4. 循环管；5，12. 冷却器；6. 提馏塔；7. 管式蒸发器；8. 调节器；9. 调节阀；10. 预热器；11. 松香蒸煮塔；13. 双层真空受器；14. 真空受器；15. 中间贮槽

蒸发器 3 上部分离器内温度 95～100℃，提馏塔 6 内温度 140～150℃。

由提馏塔 6 排出的浓缩液中含有 70%松香，17%松节油和 13%溶剂馏份。

浓缩液经调节阀 9 进入预热器 10，在此预热至 170℃后送入松香蒸煮塔 11 的上部。塔底通入过热蒸汽（活汽）。浓缩液由塔上部进入后，沿螺旋形蛇管在环状空间逐渐流至塔下部，与底部通入的活汽相接触。由于活汽的通入，使松香起泡而形成松香汽泡的悬浮液，松香溶液与蒸汽充分接触，将溶液中挥发组分蒸出。松香成品不断由塔底排出，流入真空受器 14。挥发组分和水蒸气则升至塔上部的分离器，分离器上部有陶瓷填料和挡板，蒸汽带出的液滴在此分离而回流至塔内。除去液滴后的蒸汽由分离器上部排出，在冷却器 12 中冷凝后流入双层真空受器 13，此冷凝液分离水分后即为粗松节油。

塔内温度维持 165～170℃。塔底排出的松香软化点约 54～55℃。如果作为成品，则经骤冷器冷却后即可包装。

3.4.2 粗松节油精馏及浮选油的制取

粗松节油精馏在双塔连续精馏设备中进行。第一精馏塔从粗松节油中蒸出汽油，第二精馏塔的塔顶得到商品松节油，而塔底排出粗浮选油，其工艺流程如图 26-117。生产量小的工厂可采用间歇操作精馏设备。

含有 30%～40%汽油的粗松节油经预热后进入第一精馏塔中部，此塔有 24 块塔板，在常压下操作，回流比 1～2，塔底温度控制在 168～172℃。整个操作过程中应控制底部排出的产品中汽油含量在 0.5%～0.7%以下。因此在精馏时，经常增大蒸出汽油的比重，允许其中萜烯碳氢化合物的含量可增至 10%。

第二精馏塔有 28 块塔板，在真空下操作，真空度 88kPa，回流比 2～4。塔顶得到的商品松节油相对密度为 0.855～0.864，折射率 1.467～1.472，初馏点不低于 152℃，175℃前蒸出物体积不少于 90%。

塔底得到的粗浮选油可在间歇操作蒸馏塔内进一步加工(泡罩塔，15 块塔板)，在真空下进行蒸馏。精馏时得到下列馏份：不含萜烯的松节油、中间馏份、松油醇、水合萜二醇和倍半萜烯。前两个馏份在真空度 88kPa 下蒸出，后三个馏份在真空度 100kPa 下得到。

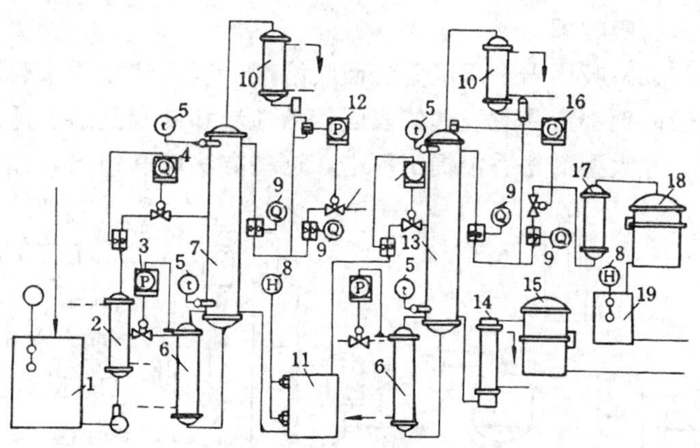

图 26-117　粗松节油精馏工艺流程

1. 粗松节油贮槽；2. 预热器；3. 压力调节器；4. 流量调节器；5. 温度控制器；6. 蒸发器；7. 第一精馏塔；8. 液面调节器；9. 流量控制器；10. 分凝器；11. 中间馏分贮槽；12. 密度调节器；13. 第二精馏塔；14. 粗浮选油冷却器；15. 粗浮选油真空受器；16. 蒸汽组成指示器；17. 商品松节油冷却器；18. 商品松节油真空受器；19. 商品松节油贮槽

不含萜烯的松节油馏份送至商品松节油贮槽，中间馏份回到粗浮选油贮槽，以备再加工。釜残为聚合物。

水合萜二醇馏份积累到一定量后，加入 2%～3%磷酸，再在真空下进行蒸馏。这样，水合萜二醇部分脱水得到松油醇。部分转化为单环萜烯。蒸馏液中约含 50%松油醇，可与粗浮选油合在一起进行再加工。

可生产三种等级浮选油，其中松油醇含量各为 75%、65%、50%。但其初馏点都不应低于 170℃。

在明子浸提生产中，按现代加工方法，每加工 1t 明子（松香含量 15%，含水量 20%）可得到 120～125kg 未精制松香、25～30kg 松节油、5～6kg 浮选油。生产 1t 未精制松香需要：明子（含水量 20%）8～8.4t、汽油 160～180kg、蒸汽 71～75.4kJ、电 1 000～1 100 kW·h。

3.4.3　废气中溶剂的回收

在明子浸提工厂中，空气中汽油的回收很重要，因为在生产过程中，向空气中蒸发的溶剂量很多，既造成溶剂损失，又污染环境。为此，将所有溶剂贮槽、油水分离器等凡是能使溶剂与大气接触的地方都密封起来，空气沿专门的空气线路经气体洗涤器导出，在洗涤器中回收这部分溶剂蒸汽。

常用的洗涤器有：

(1) 喷淋洗涤器。这是最简单的气体洗涤器，它是具有填充物或者装有挡板的洗涤器、空气和溶剂蒸汽由气体洗涤器下部进入，由洗涤器上面喷入冷水，溶剂蒸汽与冷水相遇，即冷却而凝结。

(2) 吸收器。用吸收法来回收汽油溶剂。吸收过程是一个选择过程，也就是说在吸收过程中，某一种吸收剂只吸收一定的物质，而对存在于蒸汽混合物中其他物质则不吸收。吸收剂必须具有一定的条件，如沸点高、蒸汽压低、对空气中的氧有一定的稳定性。对于汽油、苯等的回收采用煤焦油或松香油作吸收剂比较合适。可使用具有网状旋转圆盘的卧式气体洗涤器作为吸收器。

(3) 吸附器。用吸附法回收溶剂。以固体物质来吸附气体或蒸汽的作用叫吸附作用。任何吸附剂都应具有发达的表面，活性炭和硅胶是最合适的吸附剂。

在大型的松香浸提工厂中，这些方法串联使用，如图 26-118。

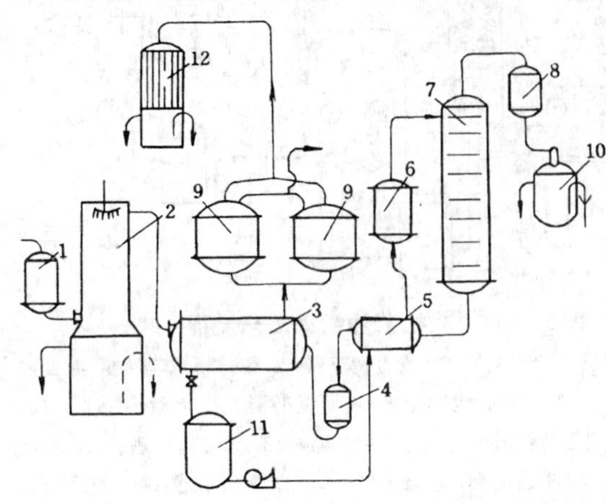

图 26-118 废气中溶剂蒸汽回收流程

1. 表面冷凝器；2. 用水的气体洗涤器；3. 吸收器；4. 冷却器；5. 换热器；6. 预热器；7. 蒸馏塔；8. 直管冷凝器；9. 吸附器；10. 油水分离器；11. 饱和油收集器；12. 冷凝器

废气混合物进入表面冷凝器 1，部分溶剂和松节油凝结，进入用水的气体洗涤器 2，蒸汽由气体洗涤器下部进入，从上面送入冷水，使溶剂和松节油蒸汽部分凝结。冷凝液流到塔下部的油水分离器 10，溶剂流回到操作溶剂收集器。废气经冷却后进入以松香油为吸收剂的卧式气体吸收器 3 排出时，大部分汽油已被除去。为了除去残余的汽油，将废气再通入活性炭吸附器 9 中，废气中残余的汽油被吸附。排出的废气中汽油含量约为 0.002 4 kg/m^3。

为溶剂所饱和的松香油由吸收器 3 流入饱和油收集器 11，并由此经换热器 5，预热器 6 后进入蒸馏塔 7 蒸出溶剂。蒸馏塔中装有闭器蛇管和活汽管。汽油和水的蒸汽混合物经直管冷凝器 8，进入油水分离器 10，由蒸馏塔底部得到的回收松香油再重新流回吸收器 3，重复使用。

吸附器的解吸是用活汽将溶剂吹蒸出来，溶剂和水蒸气混合物进入冷凝器 12，溶剂吹蒸后再用鼓风机吹入热空气，使吸附剂干燥，然后再重复使用。

3.5 木松香精制

未精制的木松香具有颜色深、软化点低等缺点，为了提高木松香的质量，可采用多种精制方法。

3.5.1 糠醛精制法

将热松香溶解在汽油中，得到浓度为 10%～20%的松香汽油溶液，然后冷却至室温，用糠醛处理后进行澄清分层。此时，氧化树脂酸都转入糠醛层。将糠醛蒸出，即得氧化树脂。脱色后的松香汽油溶液经水洗后将汽油蒸出，即得浅色木松香，其产率约为 80%～85%。

脱色剂除了糠醛外，还可采用甲酰胺，二氧已环等，它们对氧化树脂酸具有良好的溶解性能，是高极性溶剂。

3.5.2 活性白土精制法

将 50%的松香汽油溶液稀释至浓度为 10%～15%，用冷水充分搅拌洗涤，深色氧化树脂酸沉淀出来，其量约为原料松香的 3%～4%。然后将除去沉淀的松香溶液通入一组装有活性白土的吸附器组，脱色的松香溶液由吸附器组出来后，蒸去汽油溶剂，即得浅色松香，产率约为 70%。吸附剂用乙醇或丁醇洗涤，氧化树脂酸即溶于醇中，再经蒸馏即得氧化树脂。

3.5.3 化学法精制木松香

俄罗斯用含硫化合物（多硫化合物和硫酚的衍生物）来处理木松香。当松香和多硫化合物及硫酚反应时，其中的枞酸发生化学变化：脱氢、同分异构和部分氢化。由于反应是在高温（>200℃）下进行的，因此还可能发生部分脱羧和裂解现象。但其中主要是脱氢反应，放出的氢将松香中深色物质氧化树脂酸还原。但它不能使树脂酸铁盐脱色，树脂酸铁盐需要用草酸或磷酸来脱色。

3.5.4　减压精馏精制木松香

木松香中含有沸点不同的各种物质，可以通过减压精馏将其分离，得到精制木松香。精馏时，首先蒸出的是沸点较低的脂肪酸和中性物。轻馏份蒸出后，松香的软化点可大大提高。氧化树脂酸基本是不挥发物质，留在釜内。为了将树脂酸完全蒸出，蒸馏后期需要相当高的温度和尽量高的真空度，同时松香在高温中逗留时间要尽量缩短。

为此，木松香蒸馏时，采用转子薄膜蒸发器，其结构如图 26-119。

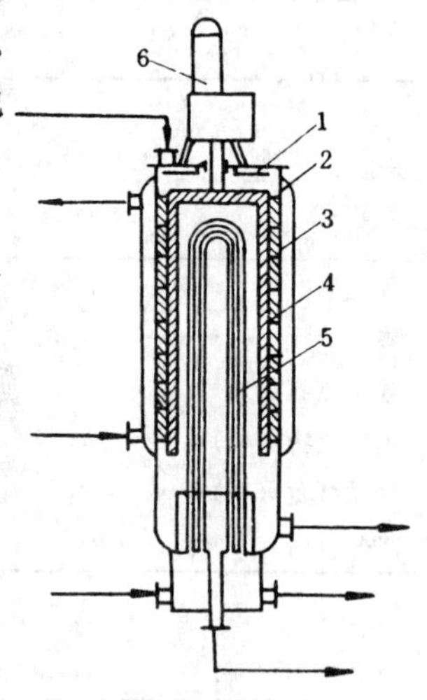

图 26-119　转子薄膜蒸发器

1. 分配盘；2. 蒸发器加热夹套；3. 转子；4. 石墨衬垫；5. 换热器；6. 电机

融熔的松香由蒸发器上部加入，给分配盘 1 均匀地沿蒸发器加热表面的周边下流。蒸发器内有钟式转子 3，转子外壁装有石墨衬垫。当转子转动时，在离心力作用下，石墨衬垫挤向蒸发器内壁，使松香薄膜搅拌均匀和沿器壁漫流，蒸汽在嵌入式换热器 5 的管壁冷凝，冷凝液于底部排出。未蒸发的液体则收集在特设的箱内，由侧面的排出管流出。转子（3）由电机 6 带动旋转。

为了得到精制木松香，蒸馏采用 2～3 个串联操作的转子薄膜蒸发器。在第一个蒸发器中蒸出首馏份（脂肪酸和中性物），在第 2、3 个蒸发器中将树脂酸馏分尽量完全地从釜残中蒸出。由第 2、3 个蒸发器得到的商品蒸馏松香比较容易结晶，直接使用受到限止。但经改性后，质量不次于脂松香。

3.6　产品质量指标

木松香、木松节油的质量在我国尚无统一标准，仅介绍我国某松根浸提厂产品质量指标及国外木松香、木松节油质量指标。

中国某浸提厂粗制木松香、木松节油、浸提浮选油质量指标见表 26-56、表 26-57、表 26-58。

表 26-56　粗制木松香质量指标

指标名称		要　求
颜　色		罗维邦色号　黄 150，红 82.5
软化点（环球法）（℃）	≥	55
酸值	≥	141
不皂化物（%）	≤	10.5
机械杂质（%）	≤	0.1

表 26-57　木松节油质量指标

项　目		级别		
		特　级	一　级	二　级
外　观		无色透明	无色透明	微黄色透明
相对密度（d_4^{20}）	≤	0.8550	0.8600	0.8600
折射率（n_D^{20}）		1.467 0～1.475 0	1.467 0～1.475 0	1.467 0～1.475 0
初馏点（℃）	≥	150	150	150
170℃以前馏份（%）	≥	90	80	75
酸值	≤	0.5	0.5	0.5

表 26-58　浸提浮选油质量指标

指标名称		要　求
外　观		透明黄色液体
折射率（n_D^{20}）		1.475 0～1.490 0
相对密度（d_n^{20}）		0.875 0～0.925 0
初馏点（℃）	≥	170
220℃以前馏份（%）	≥	70
松油醇含量	≥	44

俄罗斯、美国木松香、木松节油质量指标见表26-59、表26-60。

表26-59 国外木松香质量指标

指标		俄罗斯木松香			
		B级 ГОСТ-19113—84	ЭМ-3 TY13-05-50-82	ЭМО TY 13-4000177-106-85	
				高级	Ⅰ级
颜色	不深于	D	桔红或浅棕	I	H
酸价	≥	150	160～170	155	155
软化点(℃)	≥	54	70～80	60	56
不皂化物(%)	≤	—	10.5	10.5	10.5
机械杂质(%)	≤	0.1	0.1	0.1	0.1
灰分(%)	≤	0.2	0.2	0.3	0.3

表26-60 国外木松节油质量指标

指标		俄罗斯OCT 16943-79			美国ASTMD 13-65(R-75)
		高级	Ⅰ级	Ⅱ级	
外观		无水透明			无水透明
密度(20℃)(g/cm³)		0.855～0.864	0.852～0.864		0.860～0.875(15℃)
折光指数(20℃)		1.465～1.472			1.465～1.478
颜色		无色或浅黄色			—
初馏点(℃)		—	—	—	150～160
170℃前馏出体积(%)	≥	90	85	80	90
酸价	≤	0.4	0.4	0.5	—
蒸发残渣(%)	≤	0.4	0.4	1.0	—
硫酸聚合残渣(%)	≤	—	—	—	2

4 硫酸盐松节油和木浆浮油的提取及加工

粗硫酸盐松节油和粗木浆浮油(又称塔尔油或液体树脂)是硫酸盐法松木制浆生产的副产品，也是松香、松节油生产的三大来源之一。粗木浆浮油不仅是生产松香的原料，而且是制取高分子脂肪酸的廉价来源，与脂松香、木松香相比，以粗木浆浮油为原料制取松香时，所需的劳力和投资都比较低，而质量则基本相同。近年来世界硫酸盐纸浆大幅度增产，副产品粗木浆浮油的产量也随之急速上升，因而浮油松香、浮油脂肪酸、浮油沥青的生产也得到进一步发展，世界粗木浆浮油总产量达1 400 000t，主要产地有美国、加拿大、斯堪的纳维亚地区、欧洲各国、俄罗斯、东欧、日本和南非。美国是世界上最大的木浆浮油生产国，美国的浮油松香生产已在本国松香工业中占主要地位。

浮油产品作为重要的油脂和松香的来源，利用非常广泛。浮油脂肪酸可代替许多贵重的植物油(蓖麻油、亚麻油、桐油等)应用于油漆工业、化学工业部门，并能改善产品质量，降低成本。浮油松香可代替脂松香、木松香应用于造纸施胶、胶粘剂、印刷油墨等部门。浮油沥青可用于纸板和黑色纸的施胶、沥青添加剂等。

中国木浆浮油工业历史较短，处于发展阶段，而且目前主要生产粗木浆浮油，因此利用范围有限，只用于生产低档油漆和钻井等。浮油松香、浮油脂肪酸等生产处于萌芽状态。木浆浮油是宝贵而廉价的油脂和松香来源之一，如何充分利用这一资源，生产稳定的优质浮油产品，应引起有关方面重视。

4.1　粗硫酸盐松节油的提取和精制

4.1.1　粗硫酸盐松节油的提取及其组成

硫酸盐法制浆生产中，木片蒸煮过程进行排气（小放气）时，与水蒸气同时排出的有萜烯、甲醇、氨和许多硫化物气体，这些气体经冷凝分离得到的油状物叫粗硫酸盐松节油。提取粗硫酸盐松节油的设备很简单，通常由旋风分离器、冷凝器、油水分离器组成，工艺流程如图 26-120。

在硫酸盐法制浆生产中木片蒸煮进行小放气时，萜烯类蒸汽与甲醇、硫化物气体、水蒸气等一起由蒸煮锅 1 上部出来，经旋风分离器 2 除去带出的纤维等机械杂质及液滴，然后蒸汽气体混合物进入冷凝器 3 冷凝。冷凝液在油水分离器 4 中澄清分层，下层为水，排入下水道，上层即为粗硫酸盐松节油，流入贮槽 5 中。

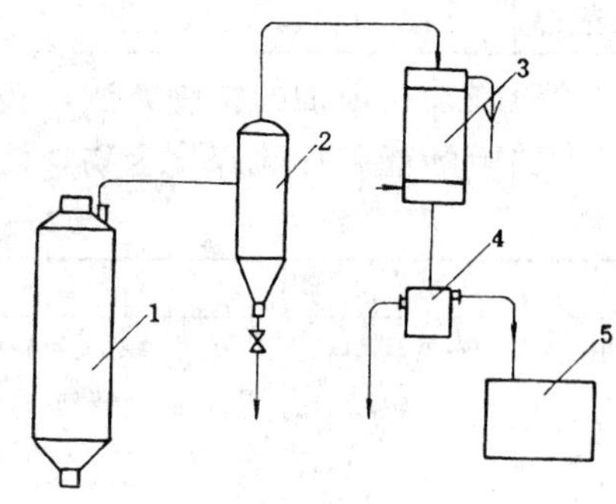

图 26-120　粗硫酸盐松节油提取工艺流程

1. 蒸煮锅；2. 旋风分离器；3. 冷凝器；4. 油水分离器；5. 粗硫酸盐松节油贮槽

为了充分捕焦蒸煮锅排出气体中的松节油蒸汽，可将排出的蒸汽混合物连续经过两个串联的旋风分离器和两个串联的冷凝器，这样能将蒸汽混合物中的松节油及其他有用的物质比较充分地分离出来。

粗硫酸盐松节油的得率与所用木材种类有关。以云杉木材为原料，每生产 1t 纸浆可得粗松节油 1.5～2.5kg；以红、白松材为原料时，可达 10kg；以加勒比松材为原料时，可达 4.7～10kg。此外其他一些条件也影响松节油的得率，如经水运和贮木场长期堆放，特别是在剥皮状态下贮存，都能使松节油得率降低，采用的粗松节油捕集装置不同，其得率也不同，特别是冷凝温度的控制也是很重要的影响因素。

美国某工厂采取了一系列措施：增加二次冷凝器从洗涤水槽回收松节油；改进了不凝气体排出装置；控制主冷凝器松节油排出温度低于 49℃；原木进厂后尽量缩短木片存放时间，使松节油得率由每吨气干漂白浆的 3.8kg 增加到 5.6kg。

粗硫酸盐松节油是一种有强烈臭味的黄色或暗红色液体，在 20℃时相对密度为 0.863～0.874。

表 26-61　粗硫酸盐松节油组成

组　成	馏程（℃）	含量（%）	
		松树	云杉
甲硫醇	5.8	0.5～1.1	1.6～4.3
二甲硫醚	37.3	4.0～19.3	10.6～24.0
二甲二硫醚	116～118	—	3.5～4.6
未知成分	149～153	1.0	2.0
蒎烯馏份	155	62～77	42～56
单环萜烯	160～180	8～10	6～7
其他高沸点组成	180～212	3	3
釜　残	—	2	9.4～17

含有恶臭的硫化物是粗硫酸盐松节油的特征，其含量随加工条件而不同，一般为 10%～15%，其中主要是二甲硫醚、二甲二硫醚和甲硫醇。除了上述硫化物外，粗硫酸盐松节油的主要组成为蒎烯，还含有一些单环萜烯和高沸点萜烯，其具体组成与材种和加工条件有关（见表 26-61）。

4.1.2　粗硫酸盐松节油的精制

由于粗硫酸盐松节油具有恶臭和较深的颜色，无法直接应用，必须进一步精制，进行除臭和脱色处理。粗硫酸盐松节油的臭味主要是因为含有大量硫化物引起的，这些硫化物是在木片蒸煮过程中硫化钠与木素中的甲氧基作用而生成，主要成分有甲硫醇、二甲二硫醚和二甲硫醚等，其一般物理性质见表 26-62。

表 26-62　粗硫酸盐松节油中硫化物的物理性质

杂质名称	分子式	分子量	相对密度	熔点（℃）	沸点（℃）	溶解性能		
						水	醇	醚
甲硫醇	CH_3SH	48.10	0.896	−121	5.8	溶	易溶	易溶
二甲硫醚	$(CH_3)_2S$	62.13	0.846	−83.2	37.3	难溶	溶	溶
二甲二硫醚	CH_3SSCH_3	94.19	1.057	—	116～118	—	—	—

粗硫酸盐松节油的精制方法很多。有人建议用 50%浓度的硫酸处理粗硫酸盐松节油，这样浓度的硫酸能破坏硫醇化合物，而对萜烯化合物则没有破坏作用。在硫酸处理前或处理后最好进行一次蒸汽蒸馏。也有人建议先用氧化氮处理粗硫酸盐松节油，把硫醇氧化。然后再用硫酸和氢氧化钠先后处理。还建议用重金属如铅、汞、银等的化合物处理粗松节油，除去硫化物。

表 26-63　粗硫酸盐松节油精制方法

方　法	说　明	特　点
用 50%硫酸处理粗松节油	硫酸主要与甲硫醇作用，而与萜烯不发生作用。此法最好与蒸汽蒸馏同时采用，即在化学作用前或后用蒸汽蒸馏	此法对新鲜的粗松节油精制效果较好，经存放后的松节油，其甲硫醇已转化二甲二硫醚，精制效果就差
用重金属（铅、汞、银）处理松节油	在粗硫酸盐松节油蒸馏前或蒸馏时加入重金属，使其与甲硫醇化合	此法效率较高，但成本也高
精馏法辅以热空气吹蒸与氧化	首先蒸出首馏份，然后通入热空气，随后进行精馏	工业上主要采用精馏法，采用此法后得到含有硫化物的首馏份，可用作煤气加味剂
精馏法辅以碱性次氯酸盐氧化	首先蒸出首馏份，然后用氧化剂（加碱性次氯酸盐）处理主要馏份，然后再进行一次蒸馏	
常压蒸馏与真空精馏辅以活性炭脱色	首先蒸出首馏份，然后进行真空精馏，最后再用活性炭处理	
一般单纯蒸馏方法	一次常压蒸馏，采用泡罩式塔板（32 块） 1. 首馏份 120℃ 2. 中间馏份 120～160℃ 3. 松节油产品 160～170℃ 4. 釜残：浮选油	

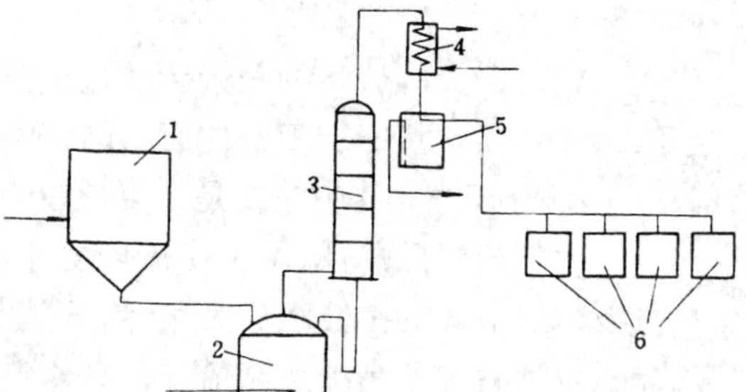

图 26-121　粗硫酸盐松节油精馏工艺流程

1. 搅拌器；2. 蒸馏釜；3. 蒸馏塔；4. 冷却器；5. 油水分离器；6. 贮槽

目前粗松节油精制的重点放在有效的分馏上，即不采用化学处理的方法，而采用精馏的方法从粗硫酸盐松节油中得到合格的松节油产品。如美国赫格利斯公司首先采用分馏的方法，将绝大部分硫化物蒸出，然后再提高温度，长时间地通入空气，再继续分馏，松节油的气味可得到根本的改善。

总之，处理粗硫酸盐松节油的方法很多，但归纳起来不外乎两大类：化学法和精馏法。在生产实践中，两种方法经常配合使用（见表 26-63）。

工业上主要采用的精馏法如图 26-121，采用此法得到含硫化物的首馏份，可用作煤气加味剂。得到的硫酸盐松节油产品硫的含量应低于 0.02%。美国硫酸盐松节油的组成和性质与脂松节油、木松节油相仿。中国一些硫酸盐纸浆厂均采用一般蒸馏方法来精制粗硫酸盐松节油，得到的精制松节油经 GC-MS 分析，除含有多种单环萜烯外，还含有伴半萜烯微量成分，其主要组成见表 26-64。

表 26-64　硫酸盐松节油组成

试　样	α-蒎烯（%）	莰烯（%）	β-蒎烯（%）	3-蒈烯（%）	对-散花烃（%）	双戊烯（%）	其他（%）
硫酸盐松节油①	58.5	1.6	15.0	8.1	1.1	6.9	8.9

①佳木斯造纸厂提供的试样。

4.2　木浆浮油的提取及加工

4.2.1　粗木浆浮油的组成

在硫酸盐法制浆中，木材中的油脂和树脂成分，由于碱的作用而变成皂，溶解在黑液中；同时中性油也被抽出而溶解于皂液中，这就是硫酸盐皂，当黑液浓缩到一定浓度时，硫酸盐皂就浮在黑液上面，将其分离出来并用酸分解后，即得粗木浆浮油（亦称粗塔尔油或液体树脂）。

粗木浆浮油为深色（由暗红到暗棕色）粘稠液体，具有恶臭和苦味，不溶于水。在 20℃时比重为 0.993～0.997，折射率 n_D^{60} 为1.498～1.506。

粗木浆浮油是树脂酸、脂肪酸、中性物、氧化物等的混合物。由于各组分的含量不同，故木浆浮油的酸值一般在 120～170，皂化值 130～180，碘值 135～145。木浆浮油中也含有少量的水分，灰分和其他杂质。

国内外不同产地的粗木浆浮油组成见表 26-65、表 26-66。

表 26-65　各国粗木浆浮油的组成（%）

组　成	中　国	美　国	德　国	加拿大
树脂酸	23～60	40～50	35～60	20～35
脂肪酸	27～40	45～55	25～55	45～55
中性物	7～26	5～8	6～12	20～35

表 26-66　中国主要产地粗木浆浮油的组成（%）

组　成	福建南平	福建青州	吉　林	黑龙江佳木斯	上　海
树脂酸	50～60	50～60	38.6	23～48	37.4
脂肪酸	20～30	20～30	38.4	33～35	39.4
中性物	7～14	7～12	21.7	17～26	17.2
水	1～5	1～5	1.3	2～5	2.5
机械杂质	＜0.2	＜0.2	＜0.1	＜1	3.5

粗木浆浮油组成上的变化与一系列因素有关。首先是受到纸浆生产中原料木材成分的影

响（见表26-67）。

表26-67 不同树种对粗木浆浮油组成与性质的影响

组成与性质	不同树种试样		组成与性质	不同树种试样	
	松 树	云 杉		松 树	云 杉
脂肪酸（%）	42.7	35.0	醚不溶物（%）	3.8	12.3
树脂酸（%）	41.5	28.8	酸值	162.1	116.1
中性物（%）	12.0	23.9	皂化值	175.6	144.1

从表26-67中看到，从云杉得到的木浆浮油中树脂酸含量显著降低，树脂酸和脂肪酸的总含量也比较低，因此酸值、皂化值也相应降低，而中性物质却大大增加。由此可见，硫酸盐法制浆生产的原料中如混有云杉，则对浮油组成影响极大。

除了被加工原料的材种外，影响木浆浮油组成的其他因素有：气候、树木年龄、贮存条件、木材蒸煮条件和硫酸盐皂分离的条件等。

木浆浮油中树脂酸、脂肪酸和中性物的组成分别加以阐述。

（1）树脂酸。粗木浆浮油中的主要组成树脂酸，是分子式为$C_{20}H_{30}O_2$的各种异构酸和歧化产品的混合物。据分析，浮油中具有下列树脂酸：左旋海松酸、新枞酸、长叶松酸、枞酸、海松酸、异海松酸以及歧化产物脱氢枞酸等。

东北林业大学林业研究室与芬兰阿博大学林产品化学实验室应用TLC和GC-MS共同对我国南、北方木浆浮油的组成进行了详细的分析，并与典型的芬兰木浆浮油进行了比较，其树脂酸组成见表26-68。

表26-68 浮油树脂酸组成

树脂酸	组成含量（%）			树脂酸	组成含量（%）		
	中国北方木浆浮油①	中国南方木浆浮油②	芬兰木浆浮油		中国北方木浆浮油①	中国南方木浆浮油②	芬兰木浆浮油
海松酸	1	11	11	枞 酸	26	37	26
山达海松酸	4	2	3	新枞酸	12	10	8
异海松酸	41	5	9	去氢枞酸	6	12	26
左旋海松酸	—	3	2	其他痕量酸	1	0.1～1	1
长叶松酸	9	20	14				

① 主要原料为落叶松；② 主要原料为马尾松。

（2）脂肪酸。粗木浆浮油中含有饱和脂肪酸和不饱和脂肪酸，饱和脂肪酸中有：月桂酸、棕榈酸、硬脂酸、山萮酸、廿四烷酸等，其中主要是棕榈酸。不饱和脂肪酸中有：油酸、亚油酸、亚麻酸、蓖麻酸等，而以油酸和亚油酸为主，我国木浆浮油中脂肪酸的组成及含量见表26-690[200]。

从组成上来看，浮油脂肪酸与大豆油脂肪酸相似，它们的主要组成都是油酸和亚油酸，但浮油脂肪酸中亚麻酸的含量比豆油脂肪酸中的含量低。此外，浮油脂肪酸具有较高的光稳定性，不仅在工业上可以取代大豆油，而且在某些应用部门比大豆油还好。

（3）中性物质。粗木浆浮油中性物中含有植物甾醇，高分子脂肪醇、烃、萜醇、醛等，中国浮油中性物组成见表26-70，其组成主要取决于原料木材。

表 26-69　浮油脂肪酸的组成及含量

脂肪酸组成	含量（占脂肪酸总量%）			脂肪酸组成	含量（占脂肪酸总量%）		
	中国北方木浆浮油	中国南方木浆浮油	芬兰木浆浮油		中国北方木浆浮油	中国南方木浆浮油	芬兰木浆浮油
油　酸	12	35	21	硬脂酸	0.1～1	0.1～1	0.1～1
亚油酸	30	23	33	廿二烷酸	3	2	1
亚麻酸	13	0.1～1	11	廿三烷酸	0.1～1	—	0.1～1
二十碳二烯酸	3	0.1～1	0.1～1	廿四烷酸	4	2	0.1～1
二十碳三烯酸	2	3	3	廿六烷酸	0.1～1	1	0.1～1
棕榈酸	4	3	2	其他	26	31	28
十七烷酸	3	0.1～1	1				

表 26-70　浮油中性物组成

中性物组成	含量（占中性物量%）			中性物组成	含量（占中性物量%）		
	中国北方木浆浮油	中国南方木浆浮油	芬兰木浆浮油		中国北方木浆浮油	中国南方木浆浮油	芬兰木浆浮油
海松醛	0.1～1	10	6	β-谷甾烷醇	2	3	4
异海松醛	1	7	2	环阿屯醇	9	1	3
枞　醛	3	5	3	甲基-环阿屯醇	1	0.1～1	5
海松醇	—	12	5	α_1-谷甾醇	0.1～1	0.1～1	2
异海松醇	1	6	1	羽扇醇	0.1～1	—	1
廿二烷醇	5	1	2	甲基-桦木酯	—	—	0.1～1
廿四烷醇	3	3	2	桦木脑	4	—	4
廿六烷醇	0.1～1	0.1～1	—	苏拜精	4	—	—
角鲨烯	1	—	1	二萜醇	7	—	—
菜油甾醇	3	1	4	泪杉醇	2	—	—
菜油甾烷醇	0.1～1	1	0.1～1	落叶松醇	24	—	—
β-谷甾醇	9	16	23	其他中性物	21	34	30

粗木浆浮油中除了上述三大组分外，还有少量酚类，如酚 C_6H_5OH，愈创木酚 $C_7H_8O_2$，丁子香酚 $C_{10}H_{12}O_2$ 等。

由上可见，木浆浮油是一个非常复杂的混合物，其主要组成为树脂酸和脂肪酸，它们的含量与一系列因素有关。

4.2.2　粗木浆浮油的提取

粗硫酸盐皂是硫酸盐法制浆蒸煮过程中得到的副产品。它主要是脂肪酸和树脂酸钠盐及一些中性物质、氧化产物和其他杂质的混合物。树脂酸和脂肪酸钠盐是木材蒸煮时木材中的油脂和树脂成分与碱作用形成的。粗硫酸盐皂具有良好的洗涤性能和乳化性质，但是它具有难闻的气味，粘性很高，以及在空气中易变黑等缺点，因不能直接用作洗涤剂。此外皂中还存在有游离碱和有机硫化物，在洗涤时会使织物变黄，并遭到破坏。如果将粗硫酸盐皂加工成粗木浆浮油，则具有较高的经济价值。

(1) 硫酸盐皂的回收和净化。硫酸盐皂漂浮在木浆蒸煮后的黑液表面，当黑液中固体含量为20%～30%时，回收硫酸盐皂得率最高。因此，在黑液蒸发过程中回收硫酸盐皂，既保证产率，又防止了蒸发过程中发生起泡现象。采用四效蒸发时，通常是把在第二效与第三效蒸发器间已浓缩成固体含量为25%～28%的黑液送入宽而平的，带隔板的池子，在连续流动中分离，上层粗硫酸盐皂进入硫酸盐皂贮器，其组成见表26-71。

表 26-71 粗硫酸盐皂组成

组 成	含 量 (%)
水分	30～35
硫酸盐皂	50～55
碱 (Na_2O 计)	6
难溶解固体木质素等	5～10

为了除去混杂在粗硫酸盐皂中的木质素、黑液等杂质，可用硫酸钠溶液洗涤硫酸盐皂，也可用苛性钠，白液或绿液代替硫酸钠、粗硫酸盐皂的净化工艺流程如图26-122，原苏联研究了泡沫洗涤法净化粗硫酸盐皂，提高了洗涤效率。

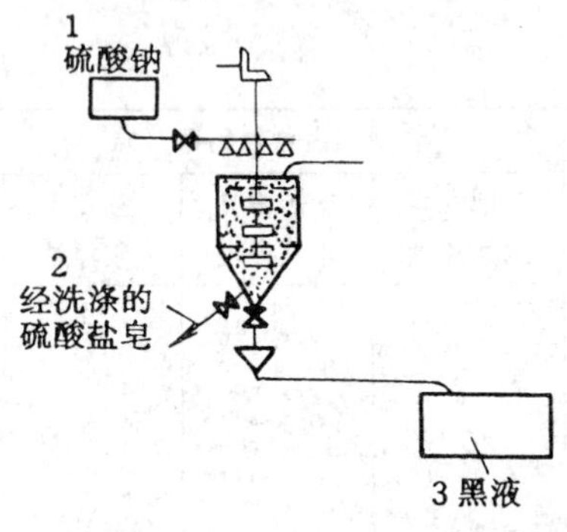

图 26-122 粗硫酸盐皂净化工艺流程

(2) 粗木浆浮油的提取。采用无机酸（硫酸、盐酸、硝酸）、酸性盐（硫酸氢盐）等可使粗硫酸盐皂分解形成木浆浮油。在无机酸，如硫酸作用下，粗硫酸盐皂中的树脂酸和脂肪酸钠盐进行酸分解，分离出相应的游离树脂酸和脂肪酸、硫酸钠和硫酸氢钠。硫酸钠和硫酸氢钠溶于水，树脂酸、脂肪酸、中性物和氧化产物则组成深色油状物质，反应如下：

$$RCOONa + H_2SO_4 \longrightarrow RCOOH + NaHSO_4$$

$$2RCOONa + H_2SO_4 \longrightarrow 2RCOOH + Na_2SO_4$$

酚分解过程比较简单，但在工艺上要注意一系列因素。首先搅拌对皂的分解过程有着很大的影响，由于木浆浮油中存在表面活性物质，如果过于强烈搅拌，会形成稳定的乳浊液。如果搅拌不力，则反应不完全，浮油中会残留下未分解的硫酸盐皂，因此搅拌必须适当。酸解时硫酸的用量也是一个很主要的影响因子，过量的酸会引起许多副反应，影响浮油的产量和质量。

用硫酸分解粗硫酸盐皂的生产过程可采用间歇操作方法和连续操作方法，其采用的设备有不同之处，但其实质相同。

通常硫酸盐法制浆厂都采用间歇法提取木浆浮油，示意流程如图26-123。

洗涤后的硫酸盐皂在反应器4中进行酸分解，反应器内衬耐酸砖或铅板，反应器应与排气系统相连，以便将反应过程中产生的气体和蒸汽排出。酸解时通常采用30%～50%的硫酸。硫酸应缓慢加入，同时通入活汽不断进行搅拌。酸分解反应时间约为2～3h。反应结束后，反应物经澄清分层，除去木质素和硫酸盐溶盐，而粗木浆浮油则送至洗涤器5，用热水洗涤。洗涤后的粗木浆浮油进一步进行干燥除去水分，最好采用真空干燥。

上述间歇操作制取粗木浆浮油的方法虽然在各国得到广泛的应用，但它还存在一系列缺点：设备庞大，水、电、汽耗量高，生产率低。除此以外，由于硫酸和硫酸盐皂长时间的接触，以及粗木浆浮油干燥过程中长时间的加热，都会引起脂肪酸和树脂酸的部分氧化，降低产品质量。采用连续加工工艺，上述缺点能得到一定的克服。

连续法的特点是木浆浮油与硫酸接触时间短，这样可减少硫酸对浮油产生的一系列副作用(氧化、缩合、聚合)，得到的木浆浮油中树脂酸、脂肪酸含量高，而氧化物含量少，颜色也有所改善。

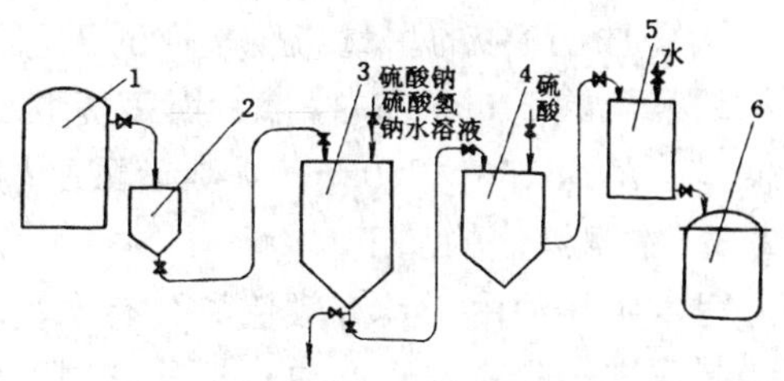

图 26-123　间歇法提取粗木浆浮油工艺流程示意图

1. 黑液澄清槽；2. 离心分离器；3、5. 洗涤器；4. 反应器；6. 粗木浆浮油贮槽

连续分解硫酸盐皂制取粗木浆浮油的工艺流程如图 26-124。

按此流程，粗硫酸盐皂在贮槽 1 中用硫酸氢钠溶液洗涤，泵 2 将溶液反复循环，搅拌混和。然后混合物经澄清分离，下层硫酸盐溶液排至黑液贮槽，上层硫酸盐皂溶液约含水 35%。为了便于过滤和输送，用热水将皂液稀释至 1∶1。稀释后的皂液经过滤器 7 送至加热器 8 加热到 90℃，然后进入喷射器 9。与此同时，通入浓度为 50%的硫酸溶液，在喷射器中硫酸盐皂与 50%的硫酸溶液充分混和，形成木浆浮油。得到的木浆浮油在水中形成乳浊液。它与硫酸氢钠溶液一起进入熟化槽 13，然后由此进入分离器 14。在分离器 14 中，乳浊液被破坏，木浆浮油脱水。木质素和盐溶液由分离器流回贮槽 3，粗木浆浮油则送至贮槽 15，以备进一步加工。

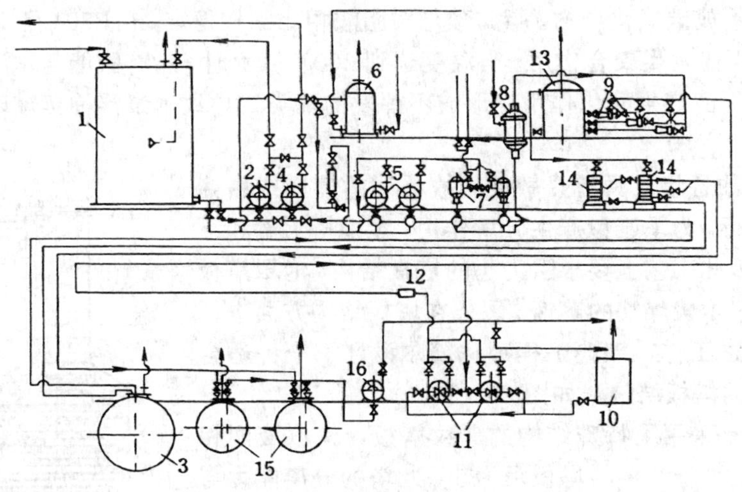

图 26-124　硫酸盐皂连续分解工艺流程

1. 硫酸盐皂贮槽；2. 硫酸氢钠溶液泵；3. 硫酸氢钠溶液贮槽；4. 泵（输盐液）；5. 硫酸盐皂泵；6. 热水贮槽；7. 皂液过滤器；8. 皂液加热器；9. 混合喷射器；10. 硫酸贮槽；11. 酸、水定量泵；12. 酸、水混合器；13. 反应混合物熟化槽；14. 分离器；15. 粗木浆浮油贮槽；16. 粗木浆浮油泵

除了上述采用硫酸分解制取粗木浆浮油外，还可采用硫酸和磷酸的混合酸来处理硫酸盐皂，采用这种混合酸得到的木浆浮油颜色比较浅。

粗木浆浮油的产率与许多因素有关：材种、树龄、采伐时间、贮存方法及时间、硫酸盐皂分离方法及其分解工艺等。因此，不同国家、不同地区、不同工厂的木浆浮油产率差别很大，如我国每生产 1t 纸浆能得到 50kg 粗木浆浮油，俄罗斯木浆浮油的平均产量为每吨纸浆 40～50kg，而芬兰每生产 1t 纸浆得到 30～60kg 粗木浆浮油，瑞典最大量可达 90kg，美国粗木浆浮油平均产量为 18～45kg。

酸解时，硫酸的用量与所采取的工艺及硫酸盐皂水洗的程度有关。中国每生产1t粗木浆浮油约需硫酸240kg左右；俄罗斯每提取1t粗木浆浮油需191～292kg硫酸；芬兰硫酸的耗量略低一些，为160～200kg；瑞典硫酸平均耗量为190kg，美国为166kg。

4.2.3 木浆浮油的加工

粗木浆浮油由于具有颜色深，有恶臭等一系列缺点，因此不能得到广泛的应用，如果进行精制或进一步将木浆浮油加工分离制取脂肪酸等产品，则能得到更有效的利用。

4.2.3.1 粗木浆浮油的蒸馏和精馏

通常采用蒸馏和精馏的方法来加工粗木浆浮油，它是工业上加工粗木浆浮油的基本方法。粗木浆浮油精馏后得到精制脂肪酸和精制树脂酸产品。

木浆浮油的各组成部分对高温都比较敏感。树脂酸在260℃下长期加热时会发生脱羧现象，放出CO_2而形成碳氢化合物。脂肪酸与树脂酸相比则较稳定，在270℃下还不会发生分解现象，但在高温下能发生聚合作用。当温度达到200℃以上时，脂肪酸能与木浆浮油中存在的高分子脂肪醇、甾醇产生酯化作用，形成不挥发的酯类，导致木浆浮油蒸馏时，不皂化物和沥青的含量增加。

由于木浆浮油各组成具有热敏性，故浮油的蒸馏或精馏需要在真空下进行。为了避免产生分解作用，蒸馏塔上部和下部的压差要小，因此工艺上要求阻力小的塔板结构、泡罩塔板的阻力大，不适于木浆浮油的蒸馏。国外在塔板结构方面进行了大量研究和改进工作，瑞典工程师林德尔设计了一种适合于蒸馏木浆浮油的塔板结构，如图26-125。

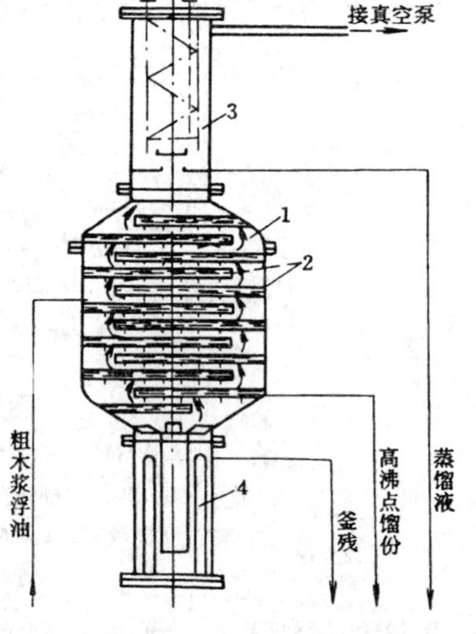

图 26-125 林德尔蒸馏塔

1. 蒸馏塔；2. 林德尔塔板；3. 分离器；4. 电加热部件

此塔的特点是采用了特殊结构的波纹塔板，使汽液两相接触面增加，而且这种结构的塔板阻力小。此塔的分离能力与塔板面积、蒸汽与回流液通过的路程以及塔板的形式有关。当塔径为2.5m时，一块理论塔板相当于2～4块实际塔板或者相当于0.4～0.8m塔高。每块理论塔板的压力降为133.32Pa，比泡罩塔或填料塔小好几倍。

通过蒸馏可从粗木浆浮油中除去具有恶臭的低佛点馏份及不挥发的沥青，并得到浓度较高的脂肪酸馏份和树脂酸馏份。

粗木浆浮油间歇蒸馏的工艺流程如图26-126。

从流程中看出，蒸馏装置的主要设备有：带有沸液器的蒸馏锅、蒸汽过热器、空气冷凝器、气压冷凝器、蒸汽喷射器、结晶器和离心分离器。

蒸馏釜1由耐酸的铬-镍铁制成。蒸馏釜直径2 400mm，高1 800mm，有效容积6m^2。蒸馏锅与循环沸液器2相连。

蒸汽过热器3能将蒸汽从115℃加热到300℃，蒸汽线路上装有两个恒温器，以保持蒸汽温度为300℃。

空气冷凝器4由五个直径为600mm的空心塔组成，全长25m。第一塔直接安装在蒸馏釜的上盖上，最后一个塔与气压冷凝器14相连，塔底与真空受器相连。

气压冷凝器14直径700mm，高4m。

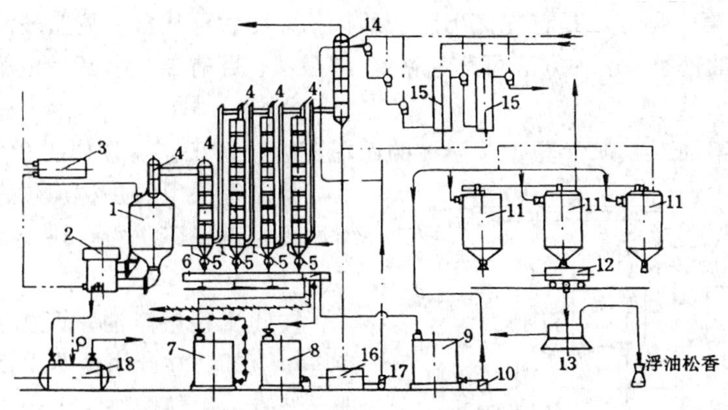

图 26-126　粗木浆浮油间歇蒸馏工艺流程

——木浆浮油；—·· —蒸汽；—·—·水；—…—压缩空气；

1. 蒸馏釜；2. 沸液器；3. 蒸汽过热器；4. 空气冷凝器；5，7，8，9. 受器；6. 溜槽；10，17. 泵；11. 结晶器；12. 小车；13. 离心分离器；14. 气压冷凝器；15. 蒸汽喷射器；16. 气压受器；18. 沥青贮槽

结晶器 11 为圆柱形，底部为锥形，容积为 22.2m^3，器内装有搅拌器以及加热和冷却盘管。离心分离器 13 由不锈钢制成，工作容积为 0.12m^3。

送来进行蒸馏的粗木浆浮油的含水量应小于 5%，因此蒸馏前必须预先进行干燥（120°）。蒸馏过程如下：

往空气冷凝器 4 通入冷却水，喷射器通入蒸汽，由此形成真空。借真空将木浆浮油吸入蒸馏釜 1 中，同时通入过热蒸汽。当蒸馏釜内吸入 1t 浮油时，即开始加热。由于蒸馏釜和沸液器内油的比重不同形成循环而使加热均匀，过热蒸汽的通入也促进了循环的进行。

蒸馏时选取三个馏份：

馏份Ⅰ：在 200℃前收集的首馏份，它送回粗木浆浮油贮槽；

馏份Ⅱ：在 200～220℃收集的富含脂肪酸的馏份，它是商品产品，叫做蒸馏浮油。它应具有下列指标：颜色为黄至浅棕色，水分＜5%，酸值 150～160，皂化值＞170，不皂化物8%～10%，树脂酸 32%～38%。

馏份Ⅲ：220℃以上收集的富含树脂酸的馏份，此馏份经受器 9 送入离心分离器 13 将结晶与母液分开，母液则送回贮槽以备重新蒸馏，白色或黄色浮油松香结晶则作为产品进行包装。

蒸馏结束放出的釜残为浮油沥青。整个蒸馏周期为 25～30h。采用上述工艺流程各产品产率为：蒸馏浮油 47.6%～64.5%，浮油松香 8.6%～17.5%，浮油沥青 21.3%～33.0%。

上述间歇蒸馏操作过程时间长，浮油长期受热，易产生分解或缩合反应。连续操作的蒸馏设备可缩短浮油在设备中停留的时间，从而减少沥青的形成。但从连续蒸馏设备中得到的树脂酸和脂肪酸也不是高浓度的。只有通过精馏才能得到纯净的高浓度的树脂酸和脂肪酸产品。

近代采用连续精馏的方法，从粗木浆浮油中制取树脂酸和脂肪酸产品。因为连续精馏能缩短浮油中各组分受热的时间，并得到质量较高的脂肪酸和松香。粗浮油连续精馏又可按两种不同的方法进行。一种是先从粗浮油中分离出脂肪酸、树脂酸的混合物。这种首先蒸出挥发物——树脂酸、脂肪酸，而除去非挥发剩余物的过程，可看作是一个解吸过程，因此可叫

做解吸-精馏法。第二种方法是首先蒸出脂肪酸馏份，然后再从含有树脂酸和沥青的釜残中分离出树脂酸即浮油松香，这种方法可称为精馏-解吸法。目前工业上都采用第一种方法来精馏木浆浮油。

瑞典采用的年加工 8 000t 粗木浆浮油的四塔连续精馏工艺流程如图 26-127[203]。

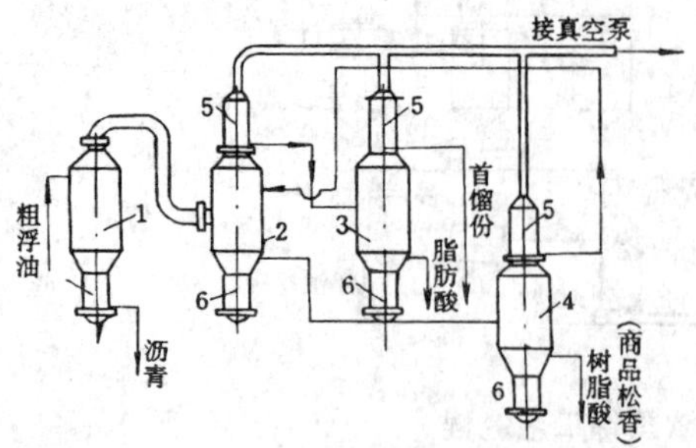

图 26-127 粗木浆浮油四塔连续精馏流程

1，2，3，4. 精馏塔（林德尔式）；5. 分凝器；6. 电加热器

此流程采用的是林德尔式精馏塔，整个精馏过程在真空下进行，塔上部压力为 133.3～266.6Pa。

按此流程粗浮油先预热至 220℃后进入精馏塔 1 上部，在此塔内蒸出挥发性组分，塔底排出沥青。由精馏塔 1 上部排出的蒸汽进入精馏塔 2 的中部，在精馏塔 2 上部得到富含脂肪酸的馏份（树脂酸含量为 25%），塔底得到富浮树脂酸的馏份（树脂酸含量 80%）。由精馏塔 2 上部得到的馏出液进入精馏塔 3 中部，在此分离成首馏份和商品脂肪酸馏份。在脂肪酸产品中仅含有 2%～5%树脂酸和 2%～5%不皂化物。由精馏塔 2 底部排出的含有 80%树脂酸馏份则送入精馏塔 4 中部，在此进一步将脂肪酸分离出来。精馏塔 4 上部蒸出的馏份中含有 40%脂肪酸和 60%树脂酸，它被送回精馏塔 2 中部。商品松香则由精馏塔 4 底部排出。商品松香中含有 5%～10%脂肪酸。

所有蒸馏塔都用电加热。

按此馏程每加工 1t 粗木浆浮油需耗蒸汽 500kg，耗电 500kW。产品产率为：脂肪酸和树脂酸 70%，首馏份 6%，沥青 18%。

德国在瑞典木浆浮油连续精馏工艺基础上进行了改进，采用了三塔连续精馏工艺。此工艺的特点是浮油挥发成分与沥青的分离在蒸发器中通过薄层蒸发来实现。从蒸发器中分离出来的蒸馏液再顺次经过三个填料塔精馏，分别得到树脂酸、蒸馏浮油、脂肪酸和低沸点馏份，其流程如图 26-128。

按照上述流程，粗浮油经过过滤器 2，加热器 3 送入干燥器 4。干燥器 4 内温度为 150℃，粗浮油在干燥器内在真空下进行干燥，蒸出水分和低沸点带色恶臭物质。除去水分后的浮油经高温加热器 8 进入蒸发浴 9，在蒸发浴中加热介质为联二苯。蒸发浴内温度约 255℃，剩余压力为 533～667Pa。在此温度和真空下全部挥发组分都被蒸出，而由蒸发浴底部放出的不挥发物质为沥青，收集在沥青受器 11 中。为了使分离进行得更完善，蒸发浴中通入过热蒸汽。由蒸发浴中蒸出的挥发组分和水的蒸汽经填料冷凝器 10 冷凝后流入蒸馏液受器 12。挥发组分的得率为粗浮油的 75%以上。挥发组分的冷凝液部分经循环泵 13，冷却器 14 送回填料冷凝器 10，而部分冷凝液则经高温加热器 15 加热后进入第一精馏塔 16，精馏塔（填料塔）由三部分组成，下部是提馏段，中部精馏段，上部为冷凝段。由循环蒸发器 18 供给热量进行蒸发。塔底部不断排出过量液体进入松香受器 19。第一精馏塔 16 上部的蒸汽与同样组成的回流液相遇后冷凝，冷凝液经循环泵 21 部分送回第一精馏塔 16 上部，部分经高温加热器 23 加热后进入第二精馏塔 24，此塔结构与第一精馏塔相同。第二精馏塔所需热量由蒸发器 26 经循环液体供给。从第二精馏塔 24 底部排出部分液体经冷却后收集于蒸馏浮油受器 28 内。第二精馏塔上部的蒸汽则冷凝后部分经受器 29、循环泵 30、冷却器 31 返回第二精馏塔 24 上部，部

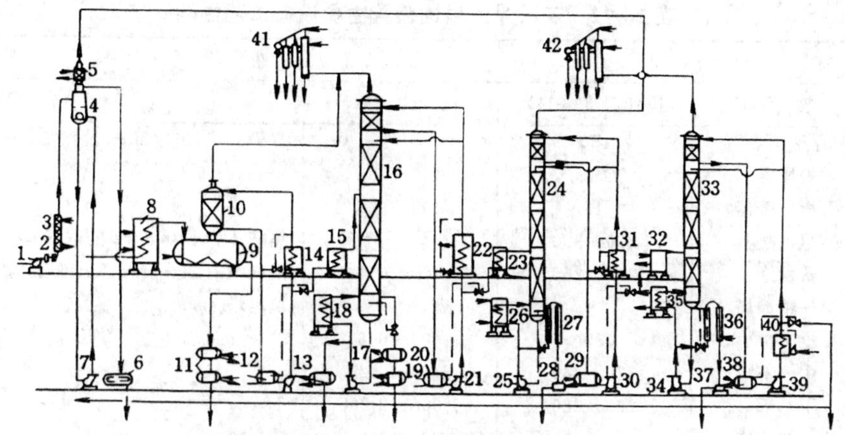

图 26-128　三塔连续精馏流程

1. 粗浮油泵；2. 过滤器；3. 加热器；4. 干燥器；5. 冷凝器；6. 受器；7. 泵；8，15，23，25，高温加热器；9. 蒸发浴；10. 冷凝器；11. 沥青受器；12. 蒸馏液受器；13，17，21，30，34，循环泵；14，22，27，31，36，40. 冷却器；16. 第一精馏塔；18，26，35. 蒸发器；19. 松香受器；20. 一塔头液受器；24. 第二精馏塔；28. 蒸馏浮油受器；29. 二塔头液受器；33. 第三精馏塔；37. 脂肪酸受器；38. 三塔头液受器；41，42. 减压装置

分蒸汽冷凝液则经高温加热器 32 加热后进入第三精馏塔 33，此塔结构与第一、第二精馏塔相同。第三精馏塔所需热量由蒸发器 35 经液体循环供给。由第三塔底部排出脂肪酸馏份，经冷却器 36 流入脂肪酸受器 37。第三塔上部的蒸汽冷凝后经受器 38、循环器 39、冷却器 40 冷却后部分返回塔上部，部分则作为首馏份排出。

第一精馏塔上部的真空度由减压装置 41 形成，残压为 400Pa。第二、三精馏塔上部残压为 2kPa，由减压装置 42 形成。

为防止产品被空气中氧所氧化，所有产品的贮槽都处于惰性气体保护下。高温加热器、蒸发浴、循环蒸发器的加热介质为联二苯。

此流程主要设备工艺性能见表 26-72。

此流程的特点是采用薄层蒸发器后，精馏塔缩减至三个。同时由于采用强制循环，提高了精馏塔的工作效率。由于此流程的中间馏份蒸馏浮油作为最终产品从操作系统中排出，故树脂酸与脂肪酸的分离比较容易进行。当原料中树脂酸含量为 40%，不皂化物 16%，氧化酸 3%时得到的产品树脂酸馏份（浮油松香）和脂肪酸馏份（浮油脂肪酸）的组成见表 26-73。

脂肪酸、树脂酸、蒸馏浮油的总得率在 66%以上。

木浆浮油经精馏后得到的浮油松香产品在某些部门可以同脂松香、木松香一样使用。得到的浮油脂肪酸产品是廉价的油脂来源，它可以代替干性油、半干性油作为涂料的原料。用浮油脂肪酸制得的醇酸树脂价格低，涂膜的耐水性好。浮油脂肪酸还可以用来制造增塑剂、液体肥皂、合成洗涤剂、消泡剂等。浮油脂肪酸中油酸、亚油酸含量高、利用其羧基和双键上的反应可以制造许多衍生物，其中较重要的是制造聚合脂肪酸、壬二酸和壬酸。

4.2.3.2　其他精制方法

（1）溶剂萃取法：用溶剂萃取的主要目的是除去粗木浆浮油中的杂质，特别是深色的氧化产物。

表 26-72 三塔浮油精馏装置主要设备工艺性能

设备		工艺性能		
No.	名称	操作温度（℃）	压力（Pa）	备注
3	粗浮油预热器	150		直管式，1013.3kPa 蒸汽加热
4	干燥器	150	400～666	
5	干燥冷凝器	45	400～666	
15、23、32	高温加热器	270～350		热载体为 810.6kPa 的联二苯
9	蒸发浴	255～265	400～666	浴内没有加热盘管，上部有填料冷凝器
16	第一精馏塔			填料塔
	上部	80	400～666	
	中部	220～240	666～1 120	
	下部	260～280	1 066～2 266	
24	第二精馏塔			填料塔
	上部	80	400～666	
	中部	200～210	666～1 120	
	下部	255～260	1 600～3 333	
33	第三精馏塔			填料塔
	上部	80	400～666	
	中部	210～220	933～1 333	
	下部	255～265	2 000～3 333	
18、26、35	循环蒸发器	270～350		直管式，热载体为 810.6kPa 联二苯
41、42	减压喷射装置			各有5个喷射器、3个冷凝器组成，蒸汽工作压力为 1 013.3kPa

表 26-73 浮油松香和浮油脂肪酸组成

组成	树脂酸馏份（浮油松香）（%）	脂肪酸馏份（浮油脂肪酸）（%）
脂肪酸含量	＜3.0±0.3	96
树脂酸含量	93	＜1.0±0.3
不皂化物含量	＜4.0	＜3.0

通常采用的溶剂有：石油醚、汽油、煤油等。将木浆浮油溶解于汽油中（浮油和溶剂比为1∶3～1∶7)，此时氧化物质不溶于汽油，以黑色絮状沉淀析出，其量约为木浆浮油的5%～10%。经过滤除去沉淀物，得到透明的木浆浮油汽油溶液，蒸去汽油后即得颜色较浅的木浆浮油。上述木浆浮油汽油溶液也可进一步用糠醛处理，因糠醛能溶解氧化物等深色物质，其处理方法如下：往木浆浮油汽油溶液中加入25%糠醛（以体积计算），然后加热使混合物形成均一体（52℃），冷却后混合物分层，上层为木浆浮油汽油溶液，下层为糠醛溶液。将上下两层分离，并分别回收汽油、糠醛。经过上述处理得到浅棕色木浆浮油产品，它基本上不具有臭味。溶剂精制木浆浮油的组成见表 26-74。

表 26-74 溶剂精制木浆浮油组成

木浆浮油成分	汽油处理后木浆浮油组成（%）	汽油、糠醛顺次处理后浮油组成（%）
树脂酸	47.2	43.6
脂肪酸	37.9	42.1
中性物	14.3	14.3

溶剂法的优点是产量较高，但过程繁杂，产品质量较差。

（2）吸附法：吸附法精制木浆浮油的实质是将木浆浮油溶解于有机溶剂中，再用各种吸附剂漂白。木浆浮油中着色物质被吸附剂吸附并经过滤除去，得到的浅色木浆浮油溶液则蒸出有机溶剂后得到精制浮油。选择吸附剂时要考虑其油容率和脱色因素，常用的吸附剂有漂白土、活性炭、骨炭、硅胶等。通常制备 12%～20%的木浆浮油溶液，用漂白土处理，吸附剂用量为原料浮油的 1%～2%，精制浮油产率为 85%。仅仅采用一次吸附是不够的，必须反复多次吸附。通常吸附法与其他精制法（溶剂法、化学处理法）结合使用。

（3）化学处理法：通常采用强无机酸处理木浆浮油，最常用的是硫酸。在硫酸作用下，那些有恶臭的深色物质发生树脂化作用，通过澄清可将其除去。酸处理过程受酸的用量和浓度、温度和反应时间等因素的影响。用酸处理木浆浮油时会产生一些副反应，即脂肪酸的磺化和树脂酸的缩合。为防止副反应的产生，必须将温度控制在 30℃以下。采用稀硫酸能提高精制浮油的产率，但浮油中枞酸含量会大大增加，而枞酸在贮存过程中会形成结晶，因此一般采用浓硫酸（浓度在 90%以上）。反应在强烈搅拌下进行，反应时间要短，反应产物要尽快排出，然后用热水洗涤以除去残留的酸和副反应产物。如果酸精制法与吸附法、溶剂法等结合采用，则浮油颜色能得到进一步改善。

用硫酸处理木浆浮油的一般工艺流程如图 26-129。

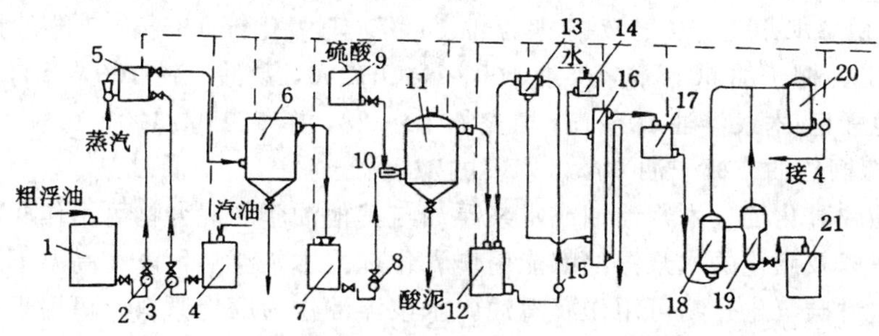

图 26-129　硫酸精制木浆浮油工艺流程

1，4，9，14. 贮槽；5. 混合器；6. 澄清槽；10. 喷射混合器；11. 反应器；7，12，17，21. 收集器；13. 固定液面小油箱；2，3，8，15. 泵；16. 洗涤用萃取器；18. 蒸发器；19. 蒸馏塔；20. 冷凝冷却器

按此工艺流程，粗木浆浮油由贮槽 1 经泵 2 打入混合器 5，并往混合器 5 中加入汽油，得到的浮油汽油溶液输入澄清槽 6，在此经澄清除去汽油不溶物沉淀（氧化物质）。除去汽油后的浮油汽油溶液在反应器 11 中用硫酸处理。为了防止温度升高，硫酸加入的速度要慢，并且要不断搅拌。如果温度超过 20℃，应立即停止加酸。由于硫酸的作用，深色并具有恶臭的物质发生树脂化作用，并与磺化产物以及未作用的硫酸一起形成酸泥，为了避免酸泥部分溶解，应尽快地将酸泥从溶液中排除。除去酸泥的浮油汽油溶液则进一步在萃取器 16 底部进入，热水则由萃取器上部进入。洗涤后的浮油汽油溶液经蒸发器 18、蒸馏塔 19 将汽油蒸汽回收，在塔底得到精制的浮油产品。

酸精制法的主要优点是产率较高（80%～90%），加工费用低，但产品质量也较差。由于还具有一定的臭味，粘度高以及含有大量的树脂酸，使产品的使用受到了限制。

除了硫酸外，还可采用氯气、氯化氢、盐酸、溴酸、草酸和其他氧化剂。

4.2.4　木浆浮油、浮油沥青的利用及植物甾醇的提取

木浆浮油与浮油制品广泛应用于国民经济各个部门。木浆浮油可直接应用于油漆涂料、增塑剂、胶粘剂、洗涤剂、选矿剂、石油钻探、造纸施胶、印刷油墨等方面。木浆浮油加工成

浮油脂肪酸、浮油松香、浮油沥青后其经济价值更高。浮油脂肪酸可以代替干性油、半干性油或相应的脂肪酸，浮油松香则完全可以像脂松香、木松香一样加以应用。对于浮油脂肪酸和浮油松香的利用本节不另加叙述，本节将简单介绍木浆浮油的直接应用、浮油沥青的利用及植物甾醇的提取。

4.2.4.1 木浆浮油的直接利用

(1) 油漆涂料工业：木浆浮油用作油漆原料在德国开展得最早，北美也重视把木浆浮油当作油漆工业的原料。一般都是将木浆浮油加工成木浆浮油酯、浮油醇酸树脂、木浆浮油乙烯基酯、马来酸改性浮油酯等应用于油漆工业。中国于20世纪70年代应用粗木浆浮油制取低档油漆，80年代东北林业大学应用脱色蒸馏木浆浮油取代部分植物油研制的DT-1，DT-2醇酸树脂漆具有光泽好，硬度高的特点，并且成本低。

(2) 肥皂工业：北欧和德国首先应用粗木浆浮油、精制木浆浮油制造肥皂。用粗木浆浮油制造的肥皂泡沫性强，对于油类、脂肪、焦油以及碳氢化合物具有极好的溶解能力，因此特别适用于工业肥皂。蒸馏木浆浮油可以制造质量好的肥皂，但纯的浮油皂质软，因此在制造硬肥皂时浮油用量不得多于20%～25%，制造香皂时不能大于12%。现介绍几种用精制木浆浮油制造家用皂与工业用皂的配方：家用肥皂（软皂）-木浆浮油190份，亚麻油190份，松油10，钾碱92份，水600份；皂液-木浆浮油34份，氢氧化钾（85%）7份，水59份；肥皂粉-动物脂300份，椰子油50，木浆浮油100，NaOH200，磷酸三钠100，苏打200，水100，过硼酸钠25；地板皂-木浆浮油10～15，填充物12～28，游离碱0.25%～1%；纺织洗涤用皂-木浆浮油40，棕榈仁油或椰子油60，36°Be′的碱液。

(3) 润滑油和乳化油：木浆浮油或木浆浮油与其他油脂的混合物可用作润滑剂。木浆浮油的碱皂、胺皂以及磺化的木浆浮油都能用作乳化剂。木浆浮油可以在高温下脱羧而转变为碳氢化合物，这种碳氢化合物可用作润滑油。木浆浮油作为廉价原料，可用于石油开采钻井润滑剂。由于石油钻探对颜色、气味上没有苛求，我国直接应用粗木浆浮油研制了石油钻井用防卡剂，并批量工业生产推广应用。

另外，浮油金属皂还可用作涂料催干剂、除虫杀菌剂、增塑剂、润湿剂、润滑油的添加物；木浆浮油还可用作选矿剂，旧橡胶再生的表面活性剂、软化剂，砂粘土模型的粘合剂等。

4.2.4.2 浮油沥青的利用

浮油沥青是木浆浮油的蒸馏釜残，它是黑色半固体状物质。由于粗浮油蒸馏方法不同，浮油沥青的得率和组成也随之而异，一般得率为15%～40%。浮油沥青由游离脂肪酸、游离树脂酸、酯类和中性物组成。游离脂肪酸中包括聚合酸和含氧酸。酯类中主要是高级醇类与脂肪酸、树脂酸形成的酯，还有一部分是高级醇与含氧酸形成的酯。醇类中含有高级脂肪醇和甾醇，甾醇中是β-谷甾醇为主。在所有植物油中，木浆浮油中β-谷甾醇含量最高，可占粗浮油的1.5%～3%，浮油沥青中甾醇含量更高，因此它们可以作为提取植物甾醇的原料。

(1) 浮油沥青用于心型粘合剂、沥青乳化剂、印刷油墨、油漆、公路建设等部门，但为改善其性能，一般都进行净化或各种方法处理后再使用。

(2) 改性沥青用于热塑性水泥。用石灰（用量为沥青的5%）改性后的沥青可使软化点提高，由这种改性沥青制成的热塑性水泥完全符合沥青水泥的技术指标。用熔融硫改性的浮油沥青可提高热塑性水泥的耐热和耐水性。为了提高热塑性水泥的物理机械性能，将浮油沥青在200～210℃通空气氧化6h，使酸价降至26mg KOH/g，软化点增至42℃。

(3) 改性沥青用于轮胎工业。废轮胎的再生具有很大的经济意义和生态意义。硫化沥青用于橡胶再生可提高再生橡胶的物理机械性能。

(4) 浮油沥青用于钻井溶液乳化剂。浮油沥青在 100～120℃下用氧化钙、镁处理，得到性能良好的乳化剂，干燥至含水量 1%～1.5%保存。也可用硅酸钠、铝酸钠等处理浮油沥青制取高乳化性能的憎水乳化剂，此种乳化剂可提高钻井溶液的耐热性和稳定性。

浮油沥青用于铸造工业的热固粘接剂，预溶于有机溶剂的浮油沥青（32%～66%）与水溶性工业木素磺酸盐相混制取乳化粘接剂。为制取软化点为 65～95℃的固体粘接剂，浮油沥青可在 280℃下用空气氧化。将氧化沥青与制模泥土相混，模型强度可提高 25%。

浮油沥青胶粘剂用于纸张，纸板以及纤维板用胶粘材料。

(5) 浮油沥青用于生产压敏热塑胶。浮油沥青与 4%～15%马来酸酐或富马酸酐在 200℃反应 1～8h，然后用 $Ca(OH)_2$ 部分或全部在 200℃下皂化 6～15h。冷却后得到表面光滑的固体胶。为制取压敏胶，浮油沥青马来酐加成物与 1%～5%的 $Ca(OH)_2$ 在 200℃下反应 10～20min。

总之，浮油沥青是一个很重要的林化半成品，通过改性可广泛应用于国民经济很多部门。

4.2.4.3 植物甾醇的提取

甾醇具有重要的生理意义，细胞的生存和发展没有它不行。动物甾醇中最重要的是胆甾醇（胆固醇）$C_{27}H_{46}O$，它存在于动物的脑、神经组织、皮肤脂肪和高等动物的肾中。植物甾醇存在于植物细胞中，常见的植物甾醇有β-谷甾醇（$C_{29}H_{50}O$）、豆甾醇（$C_{29}H_{48}O$）和麦角甾醇（$C_{28}H_{44}O$）。胆甾醇和植物甾醇在结构上很类同，特别与β-谷甾醇很相似。为制取胆甾醇要用成百万的动物脑，因而寻找其他来源显得更为重要。β-谷甾醇具有与胆甾醇相似的结构，可以用它来代替胆甾醇。

一般植物中植物甾醇含量很少，木浆浮油中植物甾醇含量约 1.5%～3%，比一般植物油中的含量大。由木浆浮油中得到的植物甾醇是一个复杂的混合物，它主要由高分子脂肪醇、甾醇和高分子脂肪酸盐组成。甾醇中主要为β-谷甾醇，还有少量二氢谷甾醇，其分子结构如下：

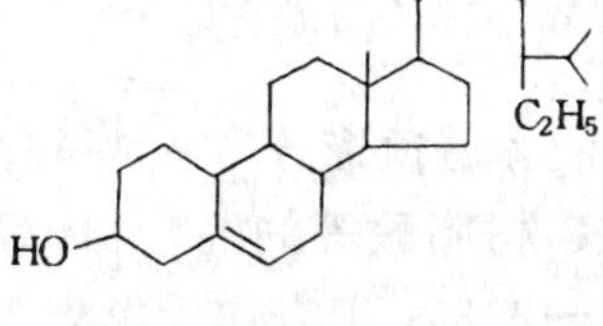

C_2H_5　HO

β-谷甾醇

溶点:136～137°C

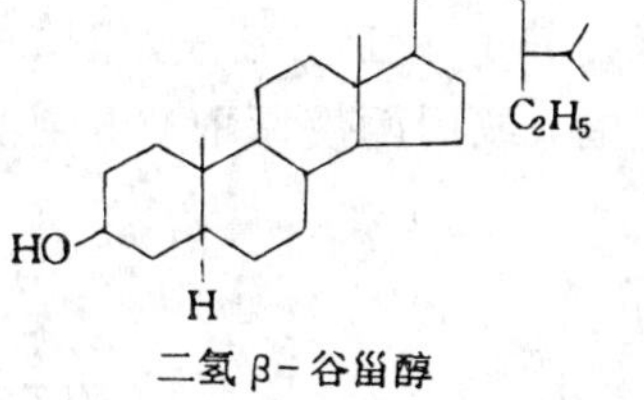

C_2H_5　HO　H

二氢β-谷甾醇

熔点:138～141°C

甾醇在动物有机体的生活中起着重要作用，用它可以制取各种药品（包括抗动脉粥状硬化药）、维生素等。植物甾醇也是优良的乳化剂，在香料和化学工业中有广泛用途。

可以从硫酸盐皂、木浆浮油、浮油沥青中提取甾醇。但直接从硫酸盐皂或从浮油沥青中提取甾醇比较经济。

(1) 由硫酸盐皂中提取植物甾醇。一般采用溶剂法提取植物甾醇，在提取甾醇的同时也使硫酸盐皂得到了净化。特别当硫酸盐皂中中性物含量高时，必须通过溶剂萃取将中性物分离，使硫酸盐皂纯化以利于下一步木浆浮油的精馏。由硫酸盐皂提取甾醇的一般工艺流程如图 26-130。

硫酸盐皂在预热器中预热后，压入预先加入所需甲醇量的溶解器1中。硫酸盐皂的溶解在加热和搅拌下进行，然后澄清一定时间（45min左右），在容器底部排出污染的杂质，澄清液输入结晶器2。溶解时甲醇用量应使皂液中甲醇浓度达到40%～60%。在结晶器中，植物甾醇从溶液中结晶出来，开始结晶温度低于40℃，终点13～15℃，结晶时间48h。然后将溶液送真空过滤器3过滤，得到的粗植物甾醇用压缩空气吹干，然后送入溶解器4用汽油溶解。溶解时需进行加热和搅拌，得到的植物甾醇汽油溶液再经过滤器5过滤除去汽油不溶物（皂），滤液送汽油蒸发器6。过滤器上的残渣经热空气吹蒸除去汽油后，与除去甲醇的皂液合并在一起。

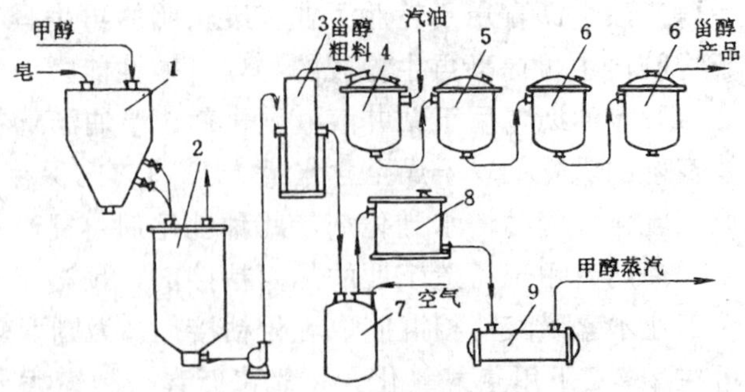

图 26-130 由硫酸盐皂制取植物甾醇的工艺流程

1. 硫酸盐皂溶解器；2. 结晶器；3. 真空过滤器；4. 植物甾醇溶解器；5. 过滤器；6. 蒸发器；7. 滤液受器；8. 高位槽；9. 蒸馏釜

在蒸发器中先用闭汽加热，当蒸出60%汽油后，溶液进行冷却。此时植物甾醇从汽油中结晶析出，带有结晶的汽油溶液再经过滤器5过滤，滤液收集于专门的贮槽内。而过滤器上剩下的结晶则经热空气（30～40℃）吹除汽油后即为植物甾醇产品。

蒸发器6蒸出的汽油蒸汽和空气吹蒸从过滤器5带出的汽油蒸汽一起在一定的冷凝系统中回收。

硫酸盐皂甲醇溶液则由滤液受器7经高位槽8送蒸馏釜9蒸出甲醇，得到净化的硫酸盐皂，根据需要可再进一步加工。

按此法得到的植物甾醇产品中约含有27%的β-谷甾醇。近年来各国为提高植物甾醇的得率和β-谷甾醇的纯度在使用的溶剂上进行了较多研究工作。

（2）由浮油沥青中提取药用甾醇。从浮油沥青组成来看，若将浮油沥青进一步加工，分离各有用组分，则可大大提高其经济价值。特别是浮油沥青中含有1%～10%的植物甾醇，可用来提取药用甾醇，其加工工艺流程如图26-131。

第一步是用蒸馏（或用丙烷萃取）得到浅色的液体塔顶馏分，它是甾醇、高级脂肪醇、脂肪酸、树脂酸等的混合物，其中甾醇含量可达22%～25%，把它作为甾醇粗料再进一步加工。塔底馏份主要是氧化聚合物，它仍与浮油沥青一样，可使用于各种场合，而且效果比浮油沥青还好。如用丙烷萃取，则溶剂的用量为溶剂：沥青为20：1。

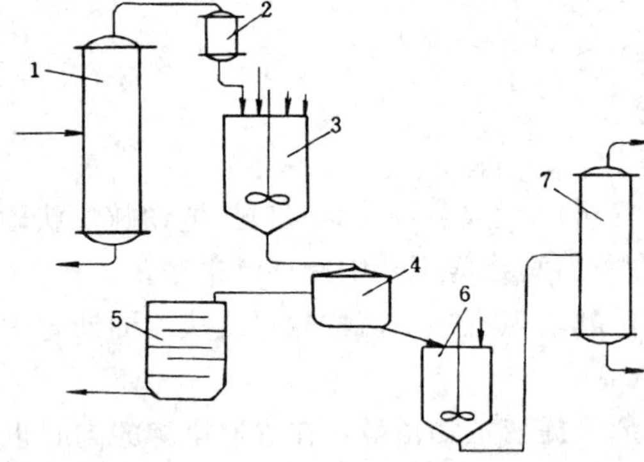

图 26-131 从浮油沥青中提取药用甾醇

1. 蒸馏塔；2. 冷凝器；3. 反应器；4. 离心分离器；5. 干燥器；6. 酸化槽；7. 甲醇蒸馏塔

第二步是将蒸馏（或丙烷萃取）得到的淡色液体塔顶馏份作为甾醇粗料，溶解于甲醇中，再用过量氢氧化钠皂化，甲醇（95%）用量为甾醇粗料的二倍（体积比）。皂化过程在较小回流条件下进行，并缓慢加入热水至容积增加20%为止。反应2h后，再在2h内冷却至52℃，用离心分离机分离甾醇。再用 60℃的 95%甲醇洗涤滤解，直至滤液无色。再用 80℃热水洗涤至中性。洗涤后的湿甾醇切细，在 90℃左右烘干包装。洗涤中甲醇溶液收集起来进行酸化，然后用蒸馏塔回收甲醇。塔顶可得 95%甲醇，塔底残馏物中除水外，还有 7%～12%的甾醇、25%～30%其他不皂化物、58%～68%脂肪酸和树脂酸。

4.3 硫酸盐松节油和浮油松香产品质量指标

中国浮油松香、硫酸盐松节油尚未制定统一质量指标，兹介绍俄罗斯、美国的浮油松香和硫酸盐松节油质量指标作为参考，见表 26-75、表 26-76。

表 26-75 国外浮油松香质量指标

指 标	俄罗斯浮油松香 ГОСТ14201-83			美国浮油松香 LLL-R-626C-68
	高 级	Ⅰ 级	Ⅱ 级	
颜 色	WG	K	G	按合同要求 X、WW、WG、N、M、K、I、H、G、F、E、D
酸价，＞	165	160	154	160
软化点（℃），＞	60	60	56	70（环球法）
中性物含量（%），＜	5	6	6	—
机械杂质（%），＜	0.03	0.03	0.03	0.05
灰分（%），＜	0.04	0.04	0.06	—
皂化值，＞	—	—	—	166

表 26-76 精制硫酸盐松节油质量指标

指 标	俄罗斯硫酸盐松节油 OCT13-115-81			美国硫酸盐松节油 ASTMD13-65（R75）
	高 级	Ⅰ 级	Ⅱ 级	
外 观	—	—	—	无水，无沉淀，无悬浮物，透明液体
密度（20℃）（g/cm^3）	0.855～0.865	0.855～0.865	0.855～0.865	0.860～0.875
折光指数（20℃）	1.467～1.469	1.467～1.471	1.460～1.471	1.465～1.478
170℃前馏出体积（%），≥	94	94	93	90
酸价，≤	0.4	0.4	0.5	—
蒸发残渣（%），≤	0.5	0.5	0.5	—
硫酸聚合残渣（%），≤	—	—	—	2
硫含量（%），≤	0.02	0.03	0.05	—

第 27 章 松香化工产品

宋湛谦　李齐贤　程　芝

松香具有防腐、防潮、绝缘、粘合、乳化、软化等优良性能，因此广泛地应用于肥皂、造纸、油漆、油墨、涂料、橡胶、塑料、医药、农药、电气、印染等部门。但由于松香本身还存在一些不足之处，如在溶剂中的结晶倾向性大，易被大气中的氧氧化，软化点低，因而限制了它在许多工业部门中更广泛的应用。

为了消除松香的一些缺陷，提高其使用价值，可以利用松香树脂酸结构中的双键和羧基两个化学反应活性中心进行松香改性和制备松香衍生物。松香改性是通过树脂中的双键以引进适当的基因达到改性的目的。这类产品称为改性松香，如氢化松香、歧化松香、聚合松香、马来松香等。通过松香树脂酸结构中的羧基反应转化为羧酸衍生物，统称为松香衍生物。松香衍生物中最重要的是松香酯类和盐类，其他如松香腈、松香胺、松香醇等。

改性松香和松香衍生物产品性质稳定，品种繁多，国外很少直接使用松香，基本上通过改性和制备衍生物后应用，更大程度上满足了各工业部门的需要。

1　氢化松香

氢化松香系松香内枞酸型树脂酸的共轭双键结构在催化剂作用下，经过一定的温度和压力，部分或全部地被氢气饱和而成。部分饱和的松香称为二氢松香，通称氢化松香；全部饱和的松香称为四氢松香，又称全氢化松香。氢化松香含有二氢枞酸 75%，全氢化松香含有二氢枞酸 1%～14%和四氢枞酸 66%～80%[193,194]。

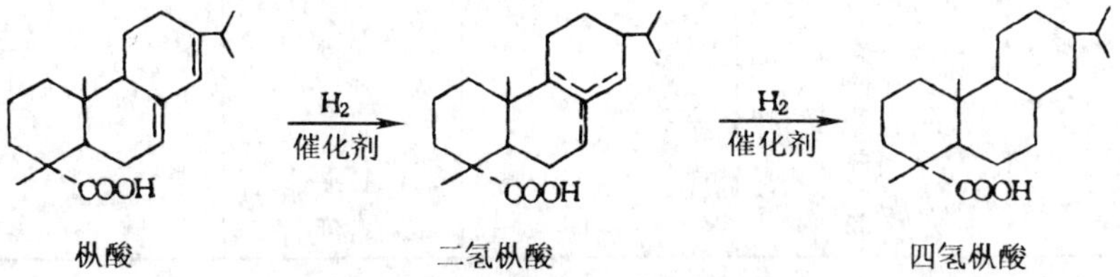

$$\text{枞酸} \xrightarrow[\text{催化剂}]{H_2} \text{二氢枞酸} \xrightarrow[\text{催化剂}]{H_2} \text{四氢枞酸}$$

COOH　　COOH　　COOH

枞酸　　二氢枞酸　　四氢枞酸

按照松香原料不同，又可以分为氢化脂松香，氢化明子松香和氢化浮油松香。

1891 年法国佩尔林（N. Pellerin）首先提出松香的氢化反应[195]。他采用新生氢还原松香的方法申报专利。1914 年德国温豪斯（H. Winhaus）采用催化剂将枞酸氢化成二氢枞酸。1922 年法国拉席加（L. Ruzicka）和迈耶（J. Meyer）采用贵金属催化剂将枞酸氢化成四氢枞酸。

在美国，松香氢化的专利是由海湾石油公司（Gulf Refining Co.）布鲁克斯（B. T. Brooks）于 1916 年发表的。在 180～230℃，他采用各种催化剂进行松香氢化反应。以

注：本章第 1 节由宋湛谦编著；第 2 节由李齐贤编著；第 3～9 节由程芝编著。

后，许多公司相继发表大量专利，其中以赫格勒斯（Hercules Co.）公司的研究最为成熟。它们于 1938 年将氢化松香产品投入市场。现在该公司具有年产 5 万 t 生产能力，年产量为3 万～4 万 t。

苏联于 1962 年在沃隆涅兹油脂联合厂开始生产氢化松香。日本荒川化学工业株式会社也具有氢化松香生产能力，但是基本上不生产，依靠进口中国氢化松香。

中国于 1974 年由中国林业科学研究院林产化学工业研究所采用悬浮床间歇法工艺研制氢化松香，获得成功。1976～1979 年完成固定床连续化工艺中间试验，在湖南省株洲林化厂建立年产 150t 中间试验车间，1980 年由林业部主持鉴定。1990 年又在该厂建立年产 1500t 生产车间。产品经过日本荒川化学工业株式会社分析，表明本产品达到美国赫克来斯公司同类产品质量指标。其他国家均不生产氢化松香，从美国和中国进口。

1.1 生产流程与工艺

1.1.1 间歇氢化工艺

将松香熔融后置于高压釜内，加入催化剂，然后密闭高压釜，用氮气和氢气先后冲洗高压釜，以除去釜内空气，再充入氢气，使其达到所需压力，保持 15min，压力不变。然后加热至 180℃，开动搅拌，继续升温至所需的反应温度，由釜内压力下降来表明氢化反应进程。当釜内压力不再下降时停止搅拌。冷却至 180℃，排气开釜，取出反应物，除去催化剂，即得氢化松香。

$$\text{松香}\xrightarrow{\text{熔融}}\xrightarrow{\text{氢化}}\xrightarrow{\text{过滤}}\text{氢化松香}$$

主要工艺条件：

催化剂：钯（5%）/碳催化剂，用量 0.01%（对松香计），活性碳颗粒度为 60～75 目；

反应温度：270℃；

氢气压力：10MPa（30℃下进气压力）。

1.1.2 连续氢化工艺[196]

$$\text{松香}\xrightarrow{\text{熔融}}\xrightarrow{\text{过滤}}\xrightarrow{\text{加热}}\xrightarrow{\text{混合}}\xrightarrow{\text{氢化}}\xrightarrow{\text{分离}}\begin{cases}\text{氢气}\\ \text{氢化松香}\end{cases}$$

连续氢化工艺流程如图 27-1，松香在熔融釜 1 熔解后，经过滤器 2，进入贮槽 3。由高压泵将松香加压至反应压力，经缓冲器 5 和加热器 6 加热至反应温度，进入混合器 7。高速氢气将松香分散成小液滴，一起进入氢化反应器 8。在一定的温度和压力下，经催化剂作用，松香与氢气加成，生成氢化松香，由反应器出来的氢气和氢化松香混合物在分离器 9 中分离。氢化松香进入受器 10，经调节伐由高压放至常压的贮槽 11 内。定期装桶。氢气经换热器 12，冷却器 13 进入氢化重油分离器 14，分离出氢化重油，再经氢气循环压缩机 15 重新进入系统。氢化重油进入受器 16，经调节伐进入常压贮槽 17 内，定期装桶。

新鲜氢气经氢气压缩机 18 加压至系统压力，与循环氢气混合，经缓冲器 19，洗涤塔 20，残雾分离器 21 和净化器 22 进入换热器 12，与分离出氢化松香的氢气进入热交换，再进入加热器 23，加热至反应温度，再进入混合器 7 与松香混合进入反应器。

主要工艺条件：

催化剂：钯（5%）/碳催化剂，颗粒状活性炭，每吨氢化松香需要钯/碳催化剂量 0.63kg；

反应温度：250～270℃，最高设计温度 280℃；

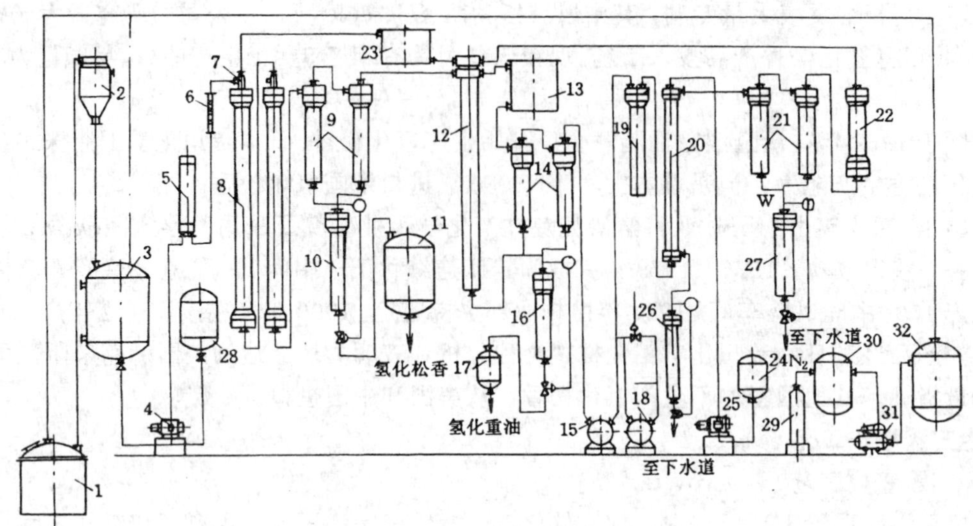

图 27-1 松香连续氢化工艺流程

1. 松香熔融釜；2. 松香过滤器；3. 熔融松香贮槽；4. 松香高压泵；5. 松香缓冲器；6. 松香加热器；7. 混合器；8. 氢化反应器；9. 氢化松香分离器；10. 氢化松香受器；11. 氢化松香贮槽；12. 氢气换热器；13. 氢气冷却器；14. 氢化重油分离器；15. 氢气压缩机；16. 氢化重油受器；17. 氢化重油贮槽；18. 氢气循环压缩机；19. 氢气缓冲器；20. 氢气洗涤塔；21. 残雾分离器；22. 氢气净化器；23. 氢气加热器；24. 水贮槽；25. 水高压泵；26. 洗涤水受器；27. 残雾受器；28. 重油贮槽；29. 氮气发生器；30. 氮气中间槽；31. 氮气压缩机；32. 氮气贮槽

反应压力：8～10MPa；

气压比：4000∶1（标准状态）；

空间速度：0.6 m^3/（m^3·h）（单位时间、单位催化剂体积通过原料的数量）；

耗氢量：每吨氢化松香耗氢 102Nm^3。

氢化反应的主要设备。氢化反应器为管式固定床反应器。采用不锈钢内胆结构，盛放催化剂。筒体外套一层厚为 8mm 的低碳钢管，作为导磁材料。再以 50mm 厚的绝热材料保温。其外层用导线绕制线圈，由工频电感应供热。端盖采用结构简单的透镜垫密封。氢化反应器结构如图 27-2，顶部结构如图 27-3。

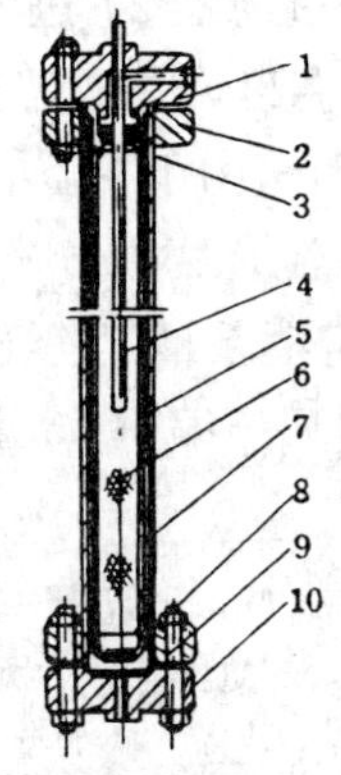

图 27-2 氢化反应器结构

1. 顶盖；2. 法兰；3. 内胆接头；4. 温度计管；5. 内胆；6. 催化剂；7. 筒体；8. 多孔板；9. 透镜垫；10. 底盖

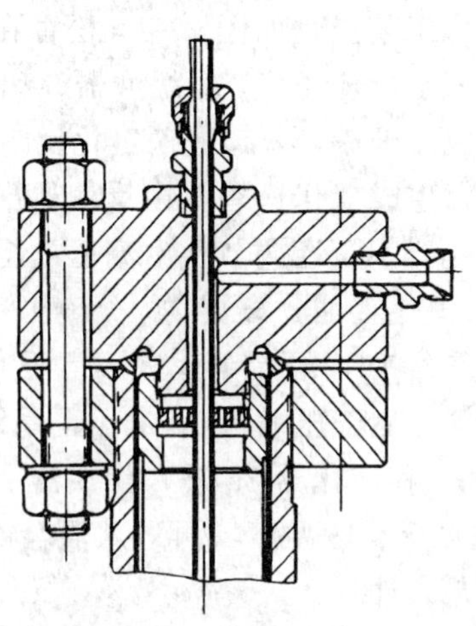

图 27-3 反应器顶部结构

1.1.3　影响氢化反应的因子

松香氢化过程同时伴随着脱羧和歧化反应。选择最佳氢化条件就是使氢化反应尽可能完全和迅速，而脱羧现象却要减少，还要避免发生歧化反应。通过一系列研究发现，影响松香氢化反应的主要因子有催化剂浓度、反应温度、氢气压力、松香流量、气液比和溶剂极性等。

(1) 反应温度：将松香以 18kg/h 流量进入反应系统，反应压力保持在 13MPa，在不同的反应温度下进行氢化，所得氢化松香质量与反应温度关系见表 27-1，如图 27-4、图 27-5。

表 27-1　反应温度与产品质量关系

项　目	反应温度（℃）				
	190	200	220	230	250
枞酸（%）	9.6	2.4	0.6	0.4	0.2
软化点（℃）	75.9	76.8	76.2	75.9	76.0
酸值（mgKOH/g）	167.8	166.8	165.8	164.5	161.7
色　泽	一级	一级	一级	二级	特级

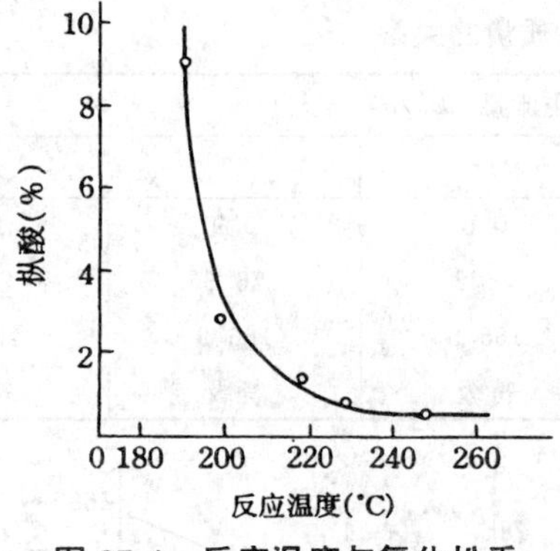

图 27-4　反应温度与氢化松香枞酸含量关系

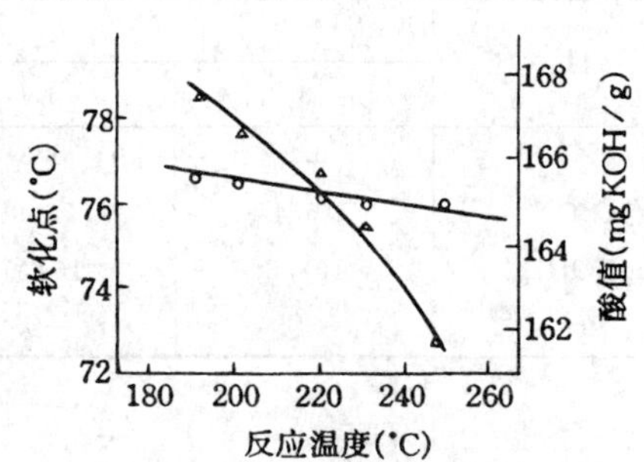

图 27-5　反应温度与氢化松香软化点、酸值的关系

—○—软化点；—△—酸值

由表 27-1，图 27-4、图 27-5 可知，随着反应温度升高，氢化松香中枞酸含量明显减少，尤其在 180～220℃，枞酸由 9.6%减少到 0.6%。温度变化对于产品的软化点和色泽影响不大。但是产品的酸值随着温度升高而下降，这是由于提高温度将引起松香脱羧的缘故。

(2) 反应压力：将松香以 22kg/h 流量进入系统，反应温度保持在 220～225℃，在不同压力下进行氢化，所得氢化松香质量与反应压力的关系见表 27-2，如图 27-6、图 27-7。

表 27-2　反应压力与产品质量关系

项　目	反应压力（MPa）				
	8	10	12	15	17
枞酸（%）	0.8	0.8	0.4	0.4	0.4
软化点（℃）	76.7	76.4	76.9	76.2	76.4
酸值（mgKOH/g）	166.4	166.4	166.1	165.8	165.9
色　泽	一级	特级	特级	特级	特级

由表 27-2，图 27-6、图 27-7 可知，在压力为 17MPa 以下时，随着反应压力升高，氢化松香中枞酸含量有所下降，但是影响不很明显。反应压力对于产品的软化点、色泽、酸值的影响不大。

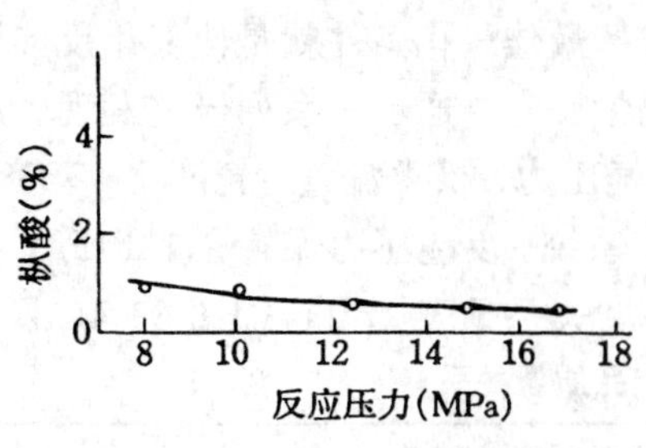

图 27-6　反应压力与氢化松香枞酸含量关系

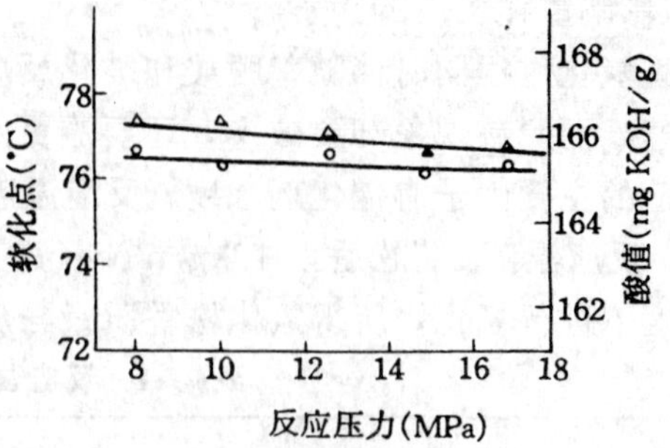

图 27-7　反应压力与氢化松香软化点酸值关系
—○— 软化点；—△— 酸值

(3) 松香流量：将松香以不同流量进入反应系统，反应温度保持在 215～220℃，反应压力在 13MPa 左右，所得氢化松香质量与松香流量的关系见表 27-3，如图 27-8、图 27-9。

表 27-3　松香流量与产品质量的关系

项　目	松香流量 (kg/h)				
	8	13	18	22	28
枞酸 (%)	0.2	0.3	0.6	0.9	1.4
软化点 (℃)	76.4	76.9	76.2	76.3	76.1
酸值 (mgKOH/g)	163.8	164.9	165.8	166.9	166.5
色　泽	一级	一级	特级	特级	特级

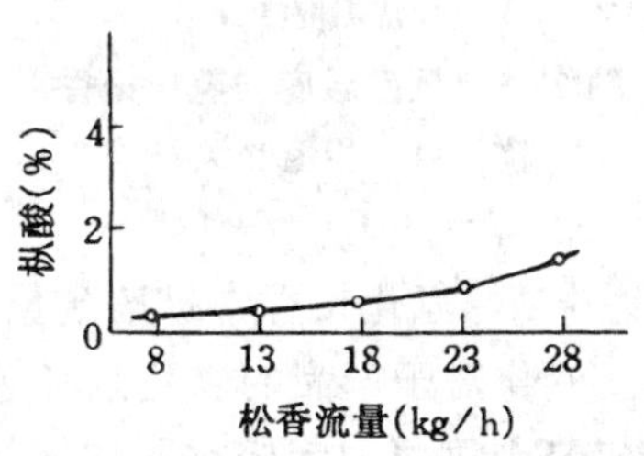

图 27-8　松香流量与氢化松香枞酸含量的关系

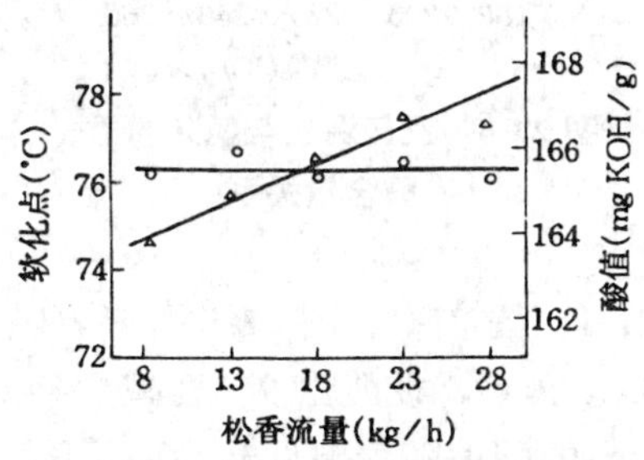

图 27-9　松香流量与氢化松香软化点、酸值的关系
—○— 软化点；—△— 酸值

由表 27-3，图 27-8、图 27-9 可知，随着松香流量增加，氢化松香中枞酸含量有所上升，当松香流量由 8kg/h 增加到 28kg/h 时，产品中枞酸含量由 0.2%增加到 1.4%。随着松香流量增加，产品酸值可以提高，这是由于在相同的二氧化碳分压下，随着流量增加，松香在反应器内停需时间相应减少，因此单位重量松香的脱羧百分比也就减少了。松香流量的变化对产品的软化点、色泽影响不大。

(4) 气液比：在不同气液比条件下，氢化松香质量分析结果见表 27-4。

由表 27-4 可知，当气液比大于 2 000 时，其变化对于松香氢化没有多大影响，产品质量基本不变。

经过进一步试验，发现影响松香氢化反应的因子依次为反应温度、松香流量和氢气压力。

表 27-4　气液比与产品质量的关系

氢化条件	反应温度	215～220℃		210℃	
	反应压力	13MPa		12MPa	
	松香流量	18kg/h		22kg/h	
项　目		气　液　比			
		5 100	2 600	3 900	2 000
枞酸（%）		0.6	0.7	3.9	3.5
软化点（℃）		76.2	76.1	73.3	74.7
酸值（mgKOH/g）		165.8	165.9	165.3	166.0
色　泽		特级	特级	特级	特级

控制反应温度是保证氢化松香质量的关键。提高反应温度可以充分发挥催化剂放能，有效地利用催化剂活性，保证产品质量。而且，提高温度，可以加大松香流量，提高设备能力。但是，过高温度会降低催化剂使用周期，容易引起松香脱羧，使酸值下降。适当增加反应压力，有利于促进加氢反应，提高产品质量，保持催化剂活性。维持一定的气液比，可以及时排除氢化反应热，避免催化剂局部温度过高，延长其使用周期。在保证产品质量的前提下，提高松香流量，有利于增加生产能力，降低生产成本。

1.1.4　氢化松香质量指标

氢化松香质量指标见表 27-5。

表 27-5　氢化松香质量指标

项　目	氢化脂松香		氢化浮油松香	氢化明子松香	全氢化明子松香
	中国[①]	俄罗斯	日　本	美　国	美　国
颜色（罗维邦色号）	黄≤12	—	≤20	≤20	≤12
	红≤1.4	—	≤2.1	≤2.1	≤1.4
软化点（环球法）（℃）	≥72	70～72	≥67	≥70	≥70
酸值（mgKOH/g）	≥162	≥160	≥157	≥158	≥158
不皂化物（%）	≤7.0	4～6	—	≤9	—
乙醇不溶物（%）	≤0.02		—	—	—
枞酸（%）	≤2.0	≤3	—	1～2	≤0.2
去氢枞酸（%）	≤10.0	—	—	10～15	≤1
氧吸收量（%）	≤0.20	—	—	≤0.2	≤0.01

① 中国氢化松香国家标准（GB/T 14020—92）。

氢化松香的其他理化指标（以美国 Hercules Co. 明子松香产品为例），见表 27-6。

1.2　氢化催化剂

选择氢化反应催化剂一般取决于二个因素：活性和选择性。活性是指它催化一个反应容易的程度，而选择性则是指在几个反应基团中，促进某一个基团被氢化的能力。松香氢化反应既要使不饱和基团迅速被氢饱和，又要保护羧基不被还原，而且羧基在季碳位置上，所以

表 27-6 氢化松香的理化指标

项　　目	明子松香	氢化明子松香	全氢化明子松香
比旋光度 $[\alpha]_D$	+17°	+27°	
折光指数 n_D	1.546 0	1.527 0	1.536 0
相对密度 d_{20}	—	1.045	1.04
氧吸收量（%）	9.53	0.2	<0.01
氢吸收量（%）	1.4～1.5	0.7～0.8	0～0.05
体积膨胀系数（1/℃）（30～170℃）	—	6.5×10^{-4}	—
膨胀系数（1/℃）（30～170℃）	—	2.16×10^{-4}	—
燃点（克里弗兰开口杯）（℃）	—	232	—
闪点（克里弗兰开口杯）（℃）	—	203	—
蒸发潜热（kJ）	—	18.7	—
比热（20～24℃）	—	0.50	—
粘度（60%甲苯溶液）（10^{-3}Pa·s）	—	3.6	—
硫氰值①	—	35	—

① 表示树脂酸和脂肪酸等不饱和程度的一种指标，不同于碘值，表示不含共轭双键的不饱和程度。

还要使羧基脱羧现象尽量减少。因此，松香氢化对催化剂的要求较高。

1.2.1 催化剂种类

松香氢化的催化剂品种很多，大致可以分为二类：镍催化剂和贵金属催化剂。

镍催化剂有镍-硅藻土，镍-甲酸盐，镍-铝，镍-硅，镍-硅-锰，镍-钴，镍-铜等。这类催化剂来源较广，价格便宜，但用量较大，分离不易，而且反应时间较长，容易引起松香脱羧。

贵金属催化剂有铂、钯、铑、钌等，它们的催化活性选择性好，用量少，一般用钯催化剂，其用量只及镍用量的1/100～1/50，惟价格较贵，来源较少。工业生产中，以钯-碳催化剂为主。

1.2.2 提高使用效率的方法

主要从增加活性、减少中毒和回收使用三个方面进行。

（1）提高催化剂活性：采用载体，让催化剂分散在载体表面，增加与反应介质的接触面积，可以明显提高催化剂活性，载体愈细，接触面积就愈大，活性也愈高。如果将钯载在粉末状活性碳上，比在20目颗粒大小的活性碳活性大10～100倍。也有报道，钯催化剂的活性可以因反应介质的酸性而增加。

（2）减少催化剂中毒：引起中毒主要有二种：由松香内高沸点中性物、松香和氢气中的杂质及设备腐蚀等外界因素所引起的中毒，和由松香脱羧产生的一氧化碳和二氧化碳所引起的中毒。经过预先纯化，可以去除松香内高沸点中性物和氢气中杂质。也可以将松香和氢气预先通过一定数量的催化剂除去使催化剂中毒的部分，然后采用新鲜催化剂进行氢化。由一氧化碳和二氧化碳所引起的中毒可以通过釜内定期排气，用新鲜氢气代替。

（3）催化剂回收使用[197]：钯催化剂来源少，价格贵，所以必须回收使用。一般采用氨化法、氯气-盐酸法、熔融法等，但是这些方法对设备要求很高，所得钯的纯度较差。结合国情提出了还原法工艺路线，简便可行，所得回收钯纯度可以达到99%。

还原法工艺的机理如下：

氧化：$2Pd+O_2 \longrightarrow 2PdO$

还原：$2CH_2O+NaOH \longrightarrow HCOONa+CH_3OH$

$$PdO + HCOONa \longrightarrow Pd + NaOH + CO_2\uparrow$$

溶解：$Pd + 3HCl + HNO_3 \longrightarrow PdCl_2 + NOCl + 2H_2O$

氨化：$PdCl_2 + 4NH_4OH \xrightarrow{\triangle} Pd(NH_3)_4Cl_2 + 4H_2O$

酸化：$Pd(NH_3)_4Cl_2 + 2HCl \longrightarrow Pd(NH_3)_2Cl_2\downarrow + 2NH_4Cl$

分解：$Pd(NH_3)_2Cl_2 + 2HCl$（稀）$\xrightarrow{\triangle} PdCl_2 + 2NH_4Cl$

工艺流程如下：

废钯/炭催化剂回收工艺如下：　　　　新钯/炭催化剂制备工艺如下：

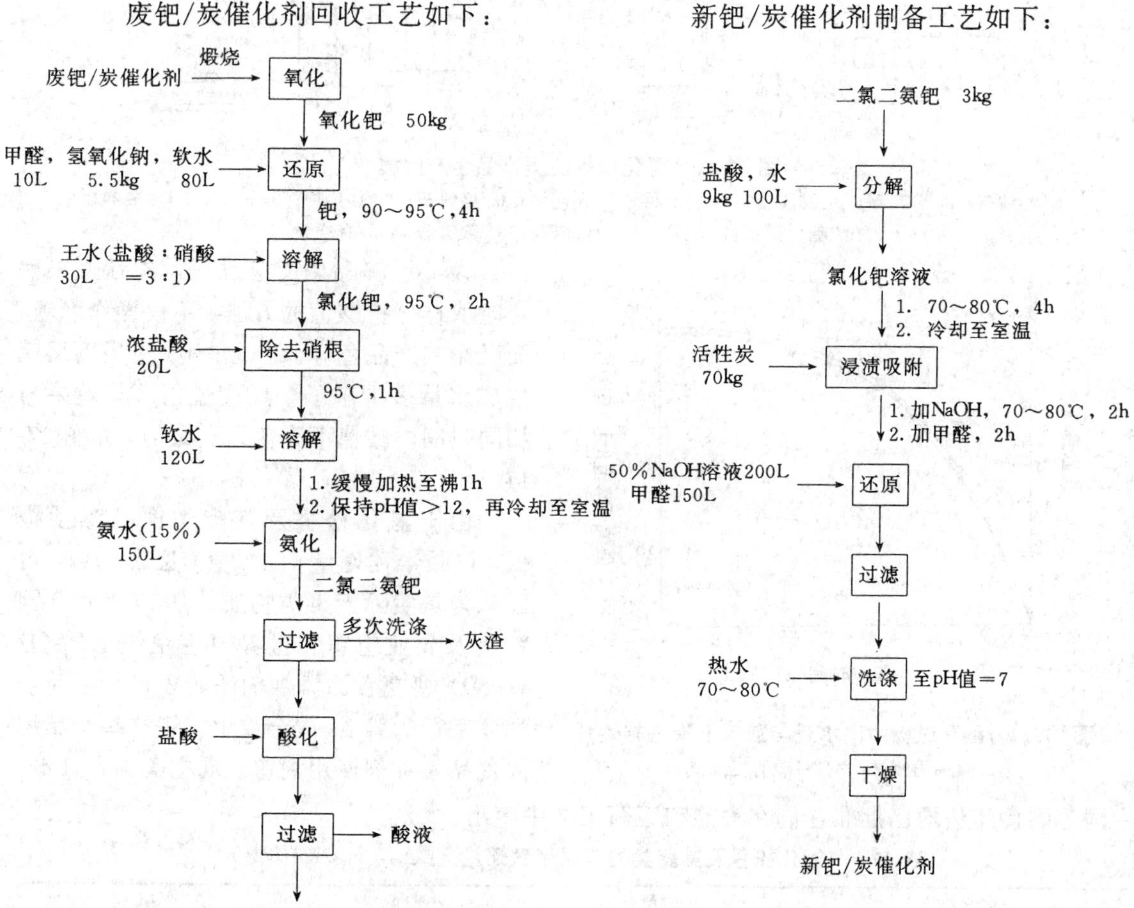

1.3　氢化松香酯类产品

氢化松香和全氢化松香都可以衍生系列化合物，主要是酯类产品，如甲酯、乙酯、乙二醇酯、二甘醇酯、三甘醇酯、甘油酯和季戊四醇酯等。

1.3.1　酯化工艺[198]

氢化松香酯化反应生产流程如图 27-10。

在熔解釜 6 中熔融氢化松香或来自加氢车间的热氢化松香进入酯化釜 10 内，多元醇由贮槽 8 进入酯化釜。所得产品经底阀放入包装桶中。导热油系统是由贮油槽 1，分离器 2，膨胀槽 3，滤油器 4，循环泵 5 和加热炉 7 组成。真空保护系统由冷凝液贮槽 11，冷凝器 12 和除雾器 13 组成。

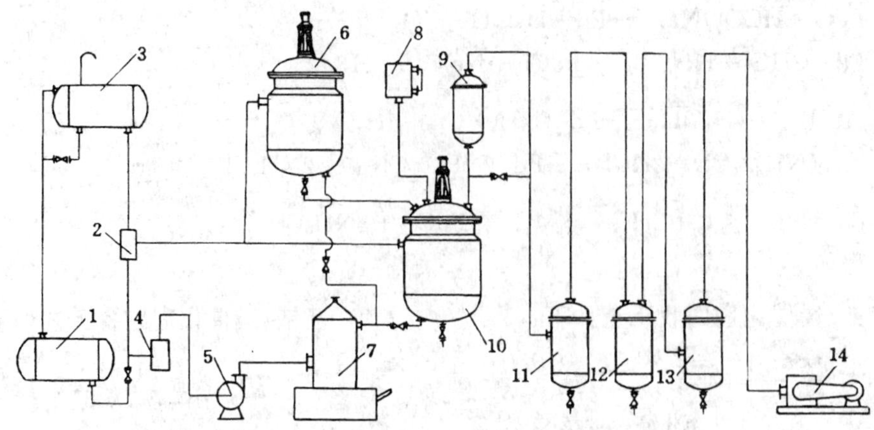

图 27-10 氢化松香酯类产品生产流程

1. 贮油槽；2. 分离器；3. 膨胀槽；4. 滤油器；5. 循环泵；6. 熔解釜；7. 加热炉；8. 贮槽；9. 冷凝器；10. 酯化釜；11. 贮槽；12. 冷凝器；13. 除雾器；14. 真空泵

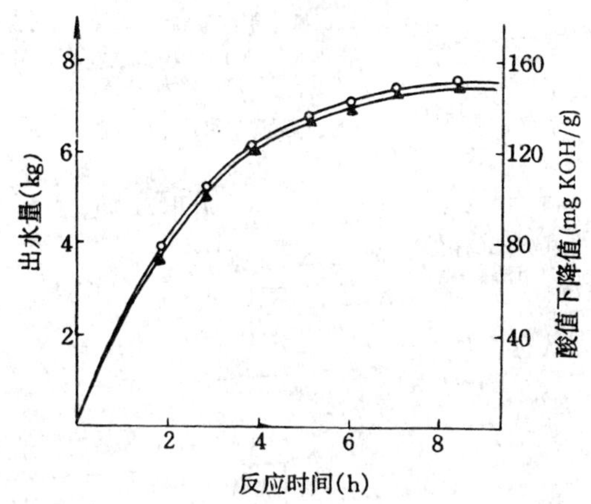

图 27-11 酯化过程中出水量与酸值下降值的关系

—▲—出水量；—○—酸值下降值

为了了解酯化反应过程，文献上采取定时取样分析酸值的方法，不仅操作麻烦，而且影响产品色泽。经过试验，采用以反应生成水量多少来了解反应过程。其效果与相同时间内酸值下降值是一致的，如图 27-11。

由于氢化松香及其酯类产品毒性极低，口服半致死量（LD_{50}值）见表 27-7，可以认为是实际无毒类物质。1983 年联合国粮食及农业组织和世界卫生组织（FAO/WHO）所属食品添加剂法典委员会在荷兰海牙举行的第 16 次会议上，将这些产品列入食品添加剂使用名单。现在美国、日本、中国等国食品法均已批准它们在食品和医药工业中使用。

表 27-7 氢化松香及其酯类的口服半致死量（LD_{50}，mg/kg 体重）

名　称	大白鼠	小白鼠	豚鼠
氢化松香	7 600	6 800	6 200
氢化松香甲酯	>100 000	—	>50 000
氢化松香甘油酯	>20 000	—	>20 000

我国食品添加剂标准化技术委员会于 1986 年批准食品级氢化松香甘油酯和松香甘油酯列入国内食品添加剂使用名单。1987 年又颁布国家标准（GB 10287—88）。

食品级氢化松香酯不同于工业级酯。它要求口感好，灰分低，色泽浅，并要严格控制砷、铅等重金属离子含量，还要求抗氧化性好。所以，它的生产工艺需要在酯化前增加精制工序，除去有毒物质；酯化后进行后处理，除去松香味和酯化反应产生的杂质。工艺流程如图 27-12。

精制釜为带夹套的不锈钢设备，内设盘式加热管，导出装置为文丘里结构。精制真空度约 100～101kPa。酯化釜为具有涡轮搅拌器和加热盘管的不锈钢设备，高径比为 0.8。在冷凝

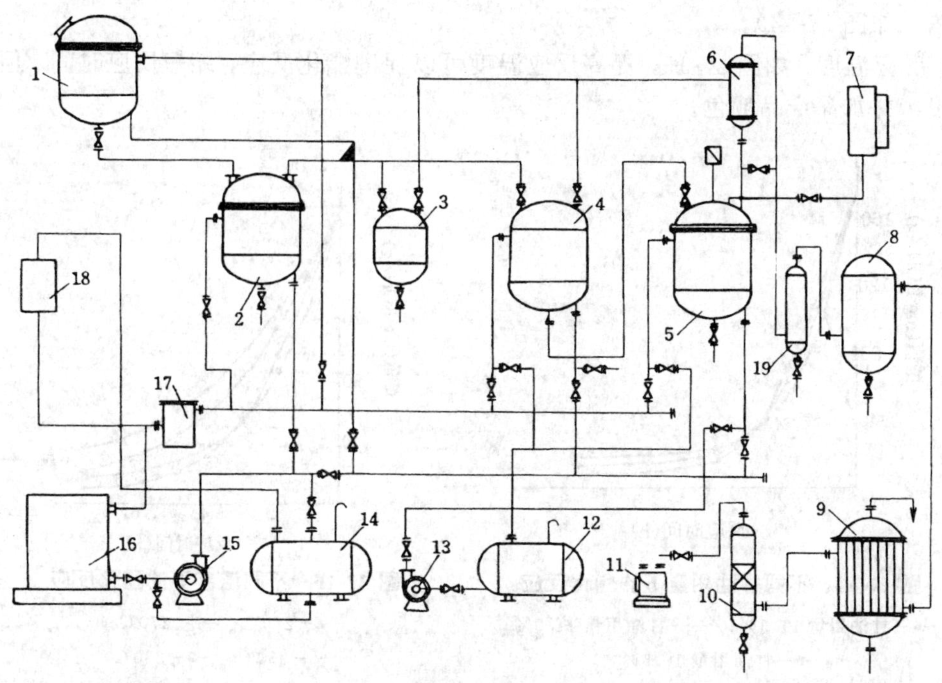

图 27-12　食品级氢化松香酯生产工艺流程

1. 熔解釜；2. 精制釜；3、4：受器；5. 酯化反应釜；6. 冷凝器；7. 高位槽；8. 缓冲罐；9. 冷凝器；10. 捕抹器；11. 真空泵；12. 冷油槽；13. 冷油泵；14. 贮油罐；15. 热油泵；16. 热油炉；17. 油过滤器；18. 膨胀槽；19. 冷凝液贮槽

器内的上方装有数块类似塔板的分离装置，并在冷凝器上设计上、下双支管，便于反应生成水迅速流出，又防止醇的逸出。酯化后要进行后处理，最终系统真空度达到 100kPa。

电子工业级氢化松香酯是将氢化松香经过精制、酯化和复配等工序制成。通过精制除去松香内中性物和氧化物；部分酯化提高产品软化点，避免结晶；最后与其他改性松香复配，提高产品酸性。根据不同的复配配方，可以制成不同型号的产品，适应不同助焊剂的需要。电子工业级氢化松香酯制成的助焊剂具有焊接性能优良，可靠性高，成膜性好，板面清洁，没有刺激性气味。适用于各种类型的液体助焊剂、焊膏和焊锡丝的制备中。

食品级酯生产过程中产生的副产品可以经过精制、加氢、脱色、复配等工序，制成显微镜浸油系列产品，代替进口产品。

1.3.2　影响酯化反应的因子

影响氢化松香酯化反应的因素主要有催化剂种类和用量，多元醇用量，反应温度和系统真空度等。

(1) 催化剂种类和用量：催化剂能够促进酯化反应。而且，催化剂种类不同，影响酯化反应的程度也有差异。如图 27-13，Ⅲ型催化剂（一种氧化物）催化效果最好。

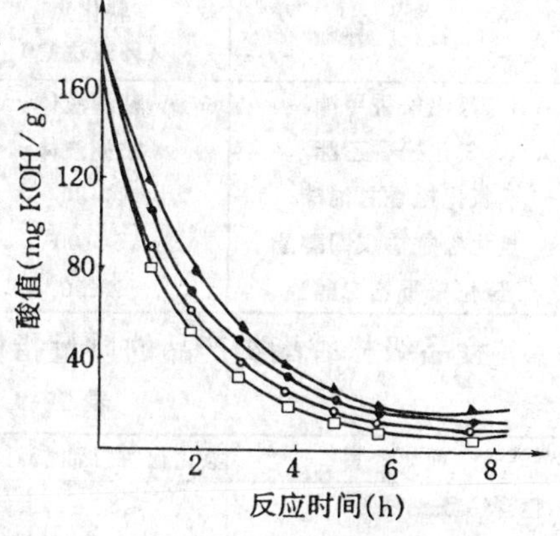

图 27-13　不同类型催化剂下的酯化反应

—▲— 无催化剂；—●— Ⅰ型催化剂；—○— Ⅱ型催化剂；—□— Ⅲ型催化剂

(2) 多元醇（甘油）用量：由图 27-14 可以看出，增加甘油用量，可以加快酯化反应，缩短反应时间，但增加

产品成本（如图27-14）。

（3）反应温度：如图27-15，提高反应温度可以促进酯化反应，缩短反应时间。但是容易引起脱羧，并加深产品颜色。

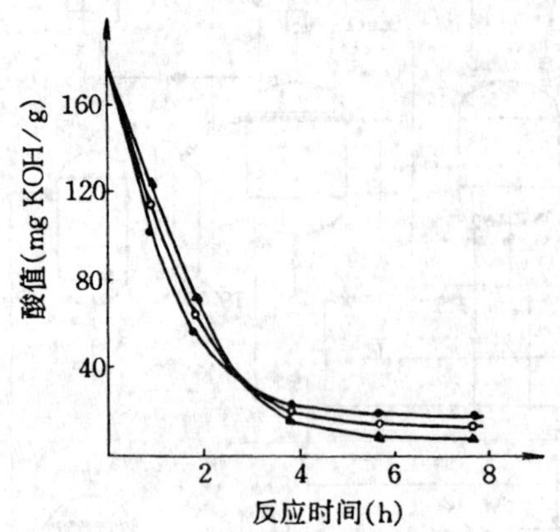

图 27-14 不同甘油用量下的酯化反应

—▲—甘油用量11.5%；—○—甘油用量11.0%；—●—甘油用量10.5%

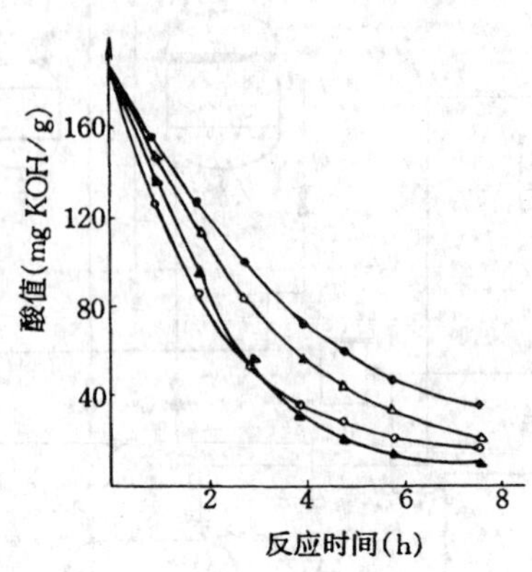

图 27-15 不同温度下的酯化反应

—▲—280℃；—○—270℃；—△—250℃；—●—230℃

（4）系统真空度[199]：一般工业酯生产设备其真空度只能达到97.3kPa左右。试验表明，如果系统真空度能够达到100.7kPa，就能够提高酯化产品质量，尤其是改进色泽1～2个色号。同时，一般酯化反应是采用氮气作为保护气体，但是普通氮气纯度仅为98%左右，即含有2%氧气。要真正起到保护作用，就必须将氮气精制除氧，既繁琐，费用又大。现在通过提高真空度方法，将系统先抽真空，使真空度达到100kPa，彻底排除空气，然后，再升温将松香熔化。在反应后期，再一次提高真空度，保持一段时间，有利于改进产品色泽。

1.3.3 氢化松香酯类产品的质量指标

工业级氢化松香酯类产品的质量指标见表27-8。

表 27-8 工业级氢化松香酯类产品的质量指标

名称	软化点（环球法℃）	酸值（mg KOH/g）	色泽（铁钴法）	苯中溶解性（1∶1）
氢化松香甲酯	粘稠液体	<10	<3	清
氢化松香乙酯	粘稠液体	<10	<3	清
氢化松香甘油酯	>80	<10	<8	清
氢化松香季戊四醇酯	>100	<20	<8	清
氢化松香乙二醇酯	>50	<15	<8	清

食品级松香酯类产品的质量指标见表27-9（GB10287—88）。

表 27-9 食品级松香酯类产品的质量指标

项目	氢化松香甘油酯	松香甘油酯	项目	氢化松香甘油酯	松香甘油酯
色泽（铁钴法）	≤8	≤8	灰分（%）	≤0.1	≤0.1
酸值（mg KOH/g）	3～9	3～9	砷（%）	≤0.000 2	≤0.000 2
软化点（环球法℃）	78～88	80～90	重金属（%）（以Pb计）	≤0.002	≤0.002
相对密度（25℃）	1.06～1.07	1.08～1.09	苯中溶解性（1∶1）	清	清

电子工业级松香酯的质量指标见表27-10。

表 27-10　电子工业级松香酯的质量指标

项　目	用于液态焊剂			用于焊锡膏	用于树脂芯焊锡丝
	L－4	L－11	L－16	L－6	L－12
溶解性 （松香：醇＝1：2）	溶于乙醇或异丙醇，不产生沉淀				
色　泽 （铁钴法）	6～7	≤7	≤7	≤8	3～4
软化点 （环球法，℃）	—	≥90	—	85～90	80～85
酸　值 （mg KOH/g）	160～165	145～150	165～170	160～165	170～175
绝缘电阻 （$\Omega \times 10^{13}$）	—	≥2	—	≥3	≥1
水萃取液电阻率 （$\Omega \cdot cm \times 10^{5}$）	≥3	≥3	≥1	≥2	≥5
成膜性	均匀，光亮，有韧性				
腐蚀性	低于普通松香				
气　味	无毒，无刺激性				

显微镜浸油系列产品的质量指标见表 27-11。

表 27-11　显微镜浸油系列产品的质量指标

项　目	普通显微镜	荧光显微镜	
		Ⅰ型	Ⅱ型
外观与气味	无气泡，无毒，无色或淡黄色透明液体		
折射率（23±0.1℃）	1.515±0.000 5	1.515±0.000 5	1.404±0.000 5
色　散	—	44±3	—
最大透过率（%）	400nm　60% 500nm　95% 500～760nm　>95%	330～360nm　>50% 360～400nm　>80% 400～760nm　>95%	300～760nm　>90% — —
运动粘度（23±0.1℃）（$\times 10^{3}$Pa·s）	135～200	30～1 500	30～1 500
酸值（mg KOH/g）	<30		
化学活性	惰　性		
可溶性	可用酒精-乙醚擦洗		
自发荧光	无自发荧光		

1.4　氢化松香及其酯类的用途

1.4.1　胶粘剂工业[200]

可以作为增粘剂广泛用于热熔型，溶剂型和乳液型胶粘剂中，用量可达 20%～60%。氢化松香酯可以给予各种类型胶粘剂以足够的初粘性，并可增加胶粘剂各组分的相容性。如氢化松香甘油酯与乙烯-醋酸乙烯共聚物，微晶蜡等制成热熔胶粘剂，其热稳定性好，可以用于书刊亮线装钉，塑料薄膜粘接，家具制造，制鞋，服装粘接等。氢化松香酯溶解于溶剂中，再加入天然橡胶或丁苯橡胶等弹性体，就制成溶剂型胶粘剂。如果将氢化松香各种酯类采用特殊技术制成乳液，与乳胶配合一起，组成乳液型胶粘剂能够提高原胶粘度、混合性好，并且可以增加粘接强度和耐水性。

1.4.2 食品工业

将食品级氢化松香酯或松香甘油酯与天然精油、乳化剂、色素和水等组分，通过乳化剂和机械力作用制成乳化香精。由它配制成汽水，其香味浓郁，口味纯正，并有一定浊度，使饮料外观更趋天然。影响乳化香精稳定性关键就是氢化松香酯作为增重剂，起乳化稳定作用。

氢化松香甘油酯也可以作为柔软剂与橡胶等制成胶基，再与糖分、香料、保香剂等一起配制成口香糖或泡泡糖。这样的口香糖柔和细腻、久嚼不散。

按照FAO/WHO规定，与食品包装有关的胶粘剂、涂料和纸张等都要用食品级氢化松香酯或松香酯。氢化松香甘油酯与脂酸、月桂基硫酸钠等可制成水果涂料，用于柑橘保鲜中。

由于氢化松香甘油酯抗氧化性能比松香甘油酯高得多，所以食品工业以氢化松香甘油酯使用为多，如果使用普通松香酯，会由于氧化引起口味变苦。

1.4.3 电子工业

助焊剂一直采用普通松香为原料，由于松香易氧化，质脆，影响助焊性能。现在氢化松香可以制成电子工业用改性松香，它们制成的助焊剂具有助焊性能好，焊接可靠性高，更适宜波峰焊操作，而且对于电子元器件无腐蚀性，耐湿热和霉菌。中国林业科学院林产化学工业研究所已经制成6种不同型号，适用于各种类型的助焊剂配方中。这种改性松香也可以用于焊膏、焊锡丝的配制中。

1.4.4 医用工业

食品级氢化松香酯可以制成药片涂料，起缓释剂作用，也可以与其他药物配成口腔溃疡治疗药物，能在较长期内保留在口腔中。用氢化松香酯制成医用橡皮膏具有粘性好、对皮肤没有腐蚀性等优点。如果将氢化松香与其他材料复合，可以制成牙齿粘结剂，填补蛀牙空洞。

1.4.5 橡胶工业

氢化松香皂是合成橡胶乳液聚合的乳化剂。而且可以改进橡胶的某些性能如胶粘性，可加工性等。还可以作为填充剂留在橡胶内。氢化松香又可以使橡胶硫化时间缩短。此外，常常将氢化松香作为橡胶软化剂、抗老化剂、增塑剂和增强剂。

1.4.6 其他方面

氢化松香甲酯或甘油酯与联苯酰氯仿溶液制成感光涂料。也可以制成抗溶剂、抗化学涂料用于金属、塑料表面。在造纸中，利用氢化松香可以制成抗水性好、耐光的高级纸张。在洗发膏中，含有氢化松香可以增加头发光泽。氢化松香经过富马酸改性后，可以制成快干油墨、提高抗湿摩擦性。另外，氢化松香可以作光学仪器防护层，镜片胶合剂。还可以作防水剂、阻蚀剂、润滑剂等等。

2 歧化松香

脂松香中含有90%以上的树脂酸，大致可分为三大类，即共轭双键型（枞酸、左旋海松酸、新枞酸、长叶松酸）、非共轭双键型（海松酸、异海松酸）和脱氢、氢化树脂酸（脱氢枞酸、二氢枞酸、四氢枞酸）。其中共轭双键型树脂酸对合成橡胶单体的聚合，有强烈的阻聚作用，必须将其转化成脱氢或氢化树脂酸才能用作合成橡胶聚合乳化剂。各种树脂酸钠盐对丁苯橡胶聚合转化率的影响，见表27-12。

由表 27-12 可以看出，脱氢或氢化树脂酸聚合转化率最高，其次是非共轭双键型树脂酸，共轭双键型树脂酸对合成丁苯橡胶几乎不起聚合转化作用。

表 27-12　各种树脂酸对丁苯橡胶的聚合转化率（50℃，14h）

树脂酸种类	聚合转化率（%）	树脂酸种类	聚合转化率（%）	树脂酸种类	聚合转化率（%）
枞　酸	8	异海松酸	66	二氢枞酸	71
新枞酸	0	海松酸	75	四氢枞酸	83
左旋海松酸	0	脱氢枞酸	79		

歧化反应实质是氧化还原过程。一部分枞酸共轭双键上失去二个氢原子，形成稳定的苯环结构，即脱氢枞酸；同时，另一部分枞酸分子吸收二个或四个氢原子而生成二氢和四氢枞酸。松香中树脂酸歧化过程按下列反应式进行：

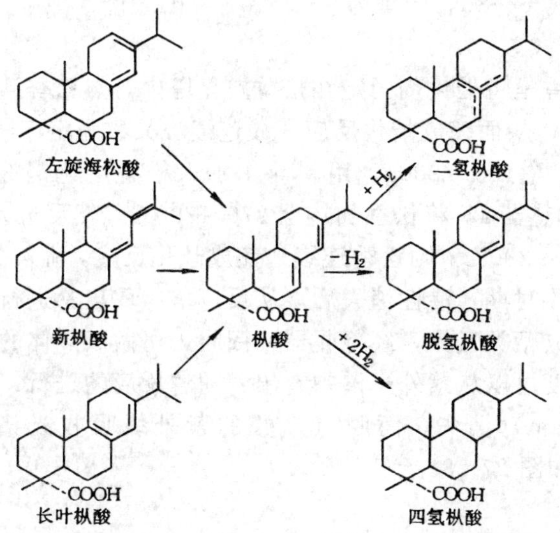

2.1　生产流程与工艺

歧化松香生产可以用连续法，也可以用间歇法，常根据原料来源是否一致，以及生产规模等条件决定。

2.1.1　间歇法

间歇法生产歧化松香是将催化剂放置在歧化反应锅内，利用机械搅拌使催化剂粉末呈悬浮状态分布在反应锅内与松香接触，故又称悬浮床法，其流程如图 27-16。

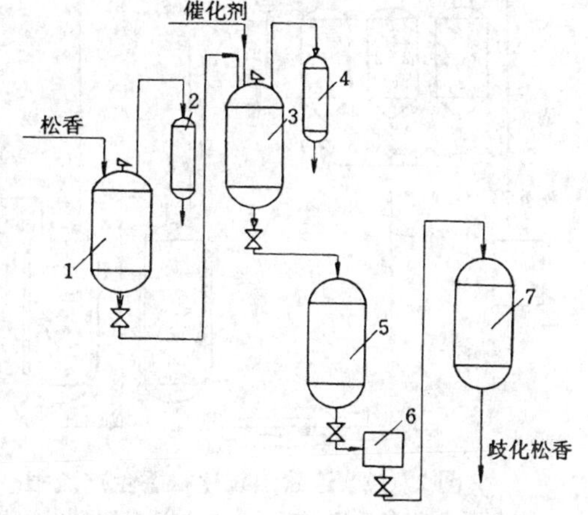

图 27-16　间歇法歧化松香生产流程

1. 松香熔化锅；2. 冷凝器；3. 歧化反应锅；4. 冷凝器；5. 缓冲贮槽；6. 过滤器；7. 歧化松香受器

将松香捣碎至每块重 100～200g，加入熔化锅用间接蒸汽加热至 160℃左右，开动搅拌器，转速 90～100r/min，使松香均匀受热熔化。松香在熔化过程中有少量重油逸出，经冷凝器 2 回收，可用作歧化反应锅载热体的燃料。松香熔化后，用氮气压送到歧化反应锅 3，在此加入 Pd-C 催化剂 0.15%（对绝干原料计），用载热体将松香加热至 270～290℃，在氮气保护下进行歧化反应。反应

1.5～2.0h后，取样用紫外线分光光度计测定歧化松香中的枞酸含量，如枞酸含量在0.5%以下，即认为歧化反应完成，一般约需6h。然后将反应物放入缓冲贮槽5，经过滤器6，将歧化松香中的Pd-C催化剂滤出，歧化松香流入受器7，然后放出冷却包装。

歧化松香过滤是在特制的高温过滤器中进行，每个过滤器有三层不锈钢过滤网，其规格分别为20孔/cm²、100孔/cm²和600～1 000孔/cm²。每批歧化松香要反复过滤数次，以期彻底回收其中的催化剂。过滤网上滤出的废催化剂滤饼，最后用2%碱液进行多次洗涤，洗净其中残留的歧化松香。一般经过洗涤尚可回收歧化松香1%（对原料松香重量而言）。洗净后的催化剂失去催化剂处理工序，进行煅烧和化学处理，以便重用。

在歧化反应过程中，有少量树脂酸分解成萜类气体，经冷凝器4回收，可用歧化反应釜载热体的燃料，分解产物约占原料松香重量的2%。

整个歧化反应周期为6～8h，产率为96%。

2.1.2 连续法

连续法生产歧化松香是将催化剂固定在松香歧化塔内，热松香连续流经两个歧化塔，塔内温度保持270～290℃，从而完成歧化反应，故连续法又称固定床法，其流程如图27-17。

将松香捣碎至每块重100～200g，用料斗1加入松香熔化锅2，用蒸汽加热至150～160℃，借重力流经电加热器4，将松香加热至270～290℃，然后进入装有Pd-C催化剂的反应塔5，塔内维持在280～290℃，则松香连续地完成歧化反应，流入缓冲贮槽7，然后进行冷却包装。催化剂使用一段时期，活性消失后，从反应塔中取出，进行再生处理后重用。反应过程中有少量松香分解成萜类气体，经冷凝器6回收，可做载热体的燃料。

歧化反应进行的程度可以从紫外光谱中看出：随着反应的进行，枞酸的紫外线吸收特性（最强的光谱带为241nm）消失，而脱氢枞酸的紫外线吸收光谱（主要吸收最高值为276.5nm）开始出现，如图27-18。

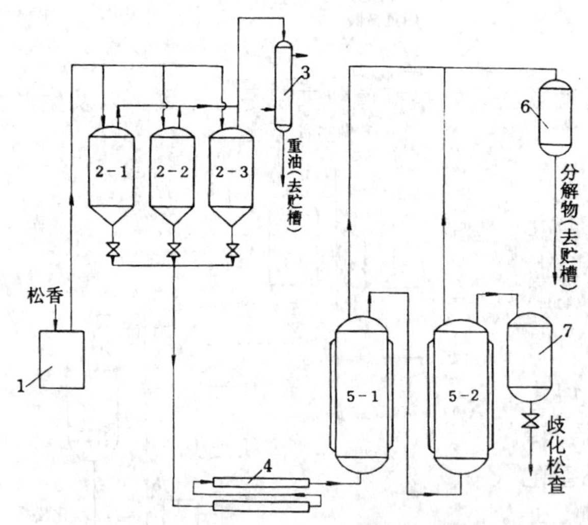

图27-17 连续法歧化松香生产流程

1. 加料斗；2. 松香熔化锅；3. 重油冷凝器；4. 电加热器；5. 反应塔；6. 分解物冷凝器；7. 缓冲贮槽

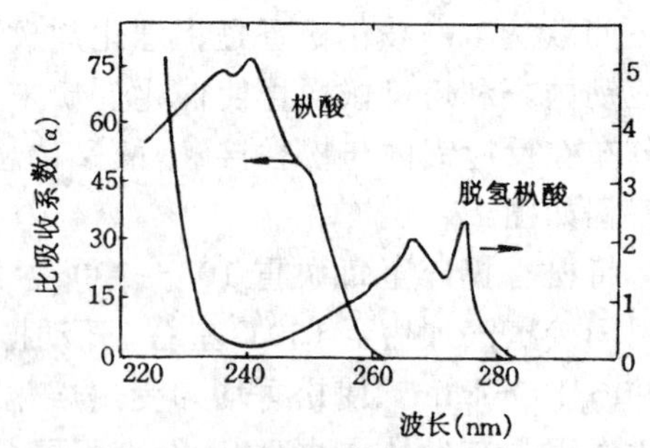

图27-18 枞酸和脱氢枞酸的紫外线吸收光谱

左旋海松酸、新枞酸、长叶松酸和海松酸型树脂酸的脱氢反应也可以从它们的紫外线吸收光谱中看出。各种树脂酸的紫外线吸收光谱见表27-13[201]。

表 27-13 各种树脂酸的紫外线吸收光谱

序号	树脂酸名称	比吸收系数 (α)	紫外光最大值 (nm)	序号	树脂酸名称	比吸收系数 (α)	紫外光最大值 (nm)
1	枞酸	76.6	241	5	二氢枞酸	—	—
2	脱氢枞酸	2.46	276	6	四氢枞酸	—	—
3	新枞酸	80.0	250	7	海松酸	—	—
4	左旋海松酸	18.4	272	8	异海松酸	—	—

用紫外光谱和气液色谱分析，可知歧化松香的组成。枞酸含量分别为4.0%、1.0%和0%的歧化松香的紫外吸收光谱[202]如图27-19。

用紫外吸收光谱只能分析枞酸和脱氢枞酸含量，而不能分析其他树脂酸含量，为了全面了解歧化松香的组成，采用气液色谱分析。现将脂松香及由该脂松香制得的歧化松香气液色谱分析结果见表27-14[201]，从表中可以看出脂松香歧化前后各种树脂酸含量变化情况。

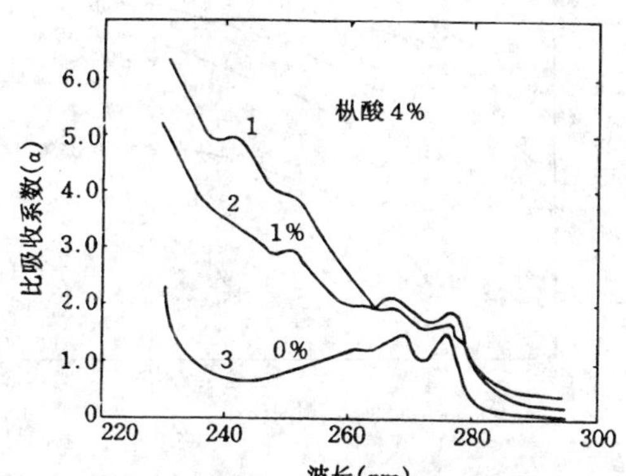

图 27-19 歧化松香的紫外线吸收光谱

歧化松香中枞酸含量对丁苯橡胶的聚合有着严重的抑制作用，如图27-20，添加1%的枞酸，则聚合率下降5%，因此，当用作乳化剂时，歧化松香中枞酸含量必须控制在0.5%以下。

表 27-14 脂松香及其歧化松香气液色谱分析结果（%）①

试样	树脂酸成分										
	四氢枞酸	未知A	海松酸	未知B	二氢枞酸	未知F	长叶松酸	枞酸	脱氢枞酸	新枞酸	其他
脂松香	4.4	—	8.4	1.4	0	0.7	12.9	15.7	10.3	7.8	2.4
歧化松香	8.6	—	1.5	4.3	14.3	2.2	0.8	0	66.7	0	1.6

① 脂松香及歧化松香均为除去不皂化后的分析结果。

2.2 催化剂

2.2.1 催化剂种类的选择

用于松香歧化的催化剂种类很多，国外曾对钯、铂、碘、硫、镍等催化剂都作过试验，发现其中钯、碘、硫作为歧化反应的催化剂效果较好，但碘与硫有以下一些缺点，妨碍了它们在工业上的应用。碘对设备腐蚀严重，甚至一般的不锈钢都不耐腐蚀，只有碘化铵较好，用量少，没有腐蚀性，在国外曾小规模使用[203]。硫的缺点是：①反应时间长，在催化剂用量为2%～3%，反应温度285℃的情况下，要反应6h以上。②产品中枞酸含量较高（1%～2%），经放置或皂化后，颜色变深。③在反应过程中，产生有毒物质硫化氢，需要用吸收塔吸收。此外，得到的歧化松香产品需要用水蒸气蒸馏，以除去残余的硫。

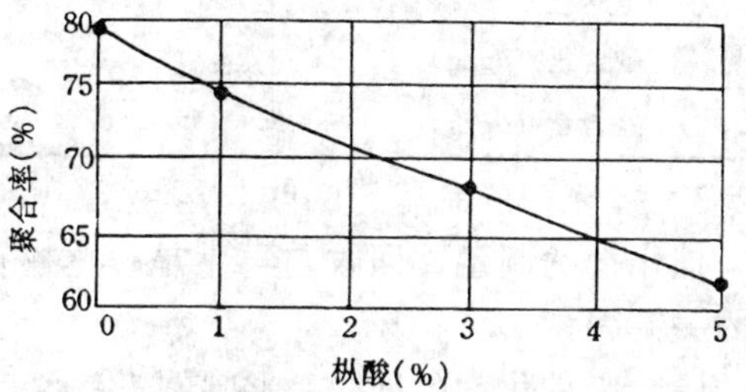

图 27-20 枞酸含量对丁苯橡胶聚合率的作用

因此，现在世界上主要的歧化松香生产国如美国、日本、中国等均用钯作催化剂，因为催化效果好，工艺简单，而且易于回收。

2.2.2 催化剂的用量

关于钯催化剂用量问题，国外曾作过各种不同的试验。如图27-21，说明在一定反应条件下（原料：中国脂松香；催化剂Pd-C，歧化温度270～290℃），催化剂用量、反应时间与合成橡胶单体乳化聚合转化率的关系。

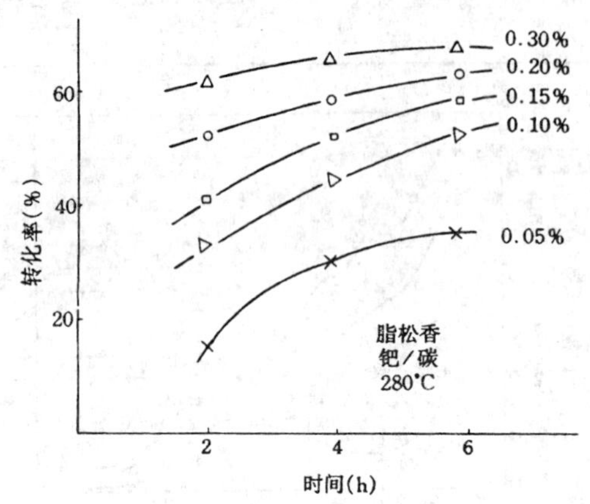

图27-21 反应时间与催化剂用量对乳化聚合转化率的影响

由图27-21可知钯对松香用量在0.1%～0.3%，较为适宜。钯吸附氢原子量一般为800～1 000倍。

催化剂载体可用活性炭、硅藻土、氧化铝等物质，从便于回收废钯的角度看，以活性炭为最好，因为炭经燃烧，生成CO_2，便于废钯的回收。

关于如何提高钯的活性问题，应注意以下一些因素：

(1) 提高载体的表面积。

(2) 除去能使催化剂中毒的物质，使钯中毒的物质有两大类：①非金属类：硫、磷、砷、硒、卤化物、硫化氢。②金属类：银、铅、锌、镍、钴、汞、氧化铁。

(3) 催化剂表面状态，凹凸程度越大越好，粒子越小越好。在回收废钯时，燃烧温度不宜过高，水洗次数不宜过多，否则都会影响催化剂的表面状态。

(4) 软水质量指标，使催化剂中毒的一些物质，可能由工业用水带入，因此催化剂用水必须经过阳离子交换树脂软化。软化水质量指标见表27-15。

表27-15 歧化松香生产用软水质量指标

项 目	质量指标	项 目	质量指标
全硬度（μg/g）	<0.9	氯含量（μg/g）	<10
硅含量（μg/g）	<20	固体含量（μg/g）	<100
铁含量（μg/g）	<0.1	pH值	7

2.2.3 催化剂的制备、回收与再生

催化剂的制备、回收与再生是歧化松香生产的重要组成部分，也是影响产品技术经济指标的关键因素。

(1) 废催化剂的回收：将废催化剂温水洗涤后送入煅烧炉内进行燃烧回收。煅烧温度控制800℃，时间以烧透为限。废催化剂煅烧后生成以氧化钯（PdO）为主体的钯灰，送去进行再生。

(2) 钯的再生：将煅烧生成的氧化钯灰用80℃的温水洗涤过滤三次。洗涤后的氧化钯灰与48%NaOH溶液和甲醛在搅拌下反应2h，使氧化钯还原为金属钯。

金属钯溶解于王水溶液，经过滤去杂质后制得氯化钯（$PdCl_2$）王水溶液，供制备新的Pd-C催化剂用。

(3) Pd-C 催化剂的制备：$PdCl_2$ 王水溶液加水稀释，在不断搅拌的情况下逐渐加入甲醛、48%NaOH 溶液、活性炭以及补偿损失的 $PdCl_2$，反应生成的金属钯，立即被加进的粉状活性炭所吸附，制成 Pd-C 催化剂，其中含 Pd5%，C95%。使用时用软水调成含固体物 30%的糊状物加入歧化反应釜中。

2.3　歧化松香的质量指标与用途

2.3.1　歧化松香质量指标

现在世界上生产歧化松香较多的国家有美国、日本和中国，我国生产的歧化松香分为特级品、一级品，其质量指标见表 27-16（ZB B72002—84）。

表 27-16　歧化松香质量指标

指标名称		特级品	一级品
颜色，罗维邦色号	≤	黄，20 红，2.1	黄，40 红，3.4
枞酸含量（%）	≤	0.1	0.5
脱氢枞酸含量（%）	≥	52.0	45.0
软化点（环球法）（℃）	≥	75.0	75.0
酸值（mg KOH/g）	≥	155.0	150.0
不皂化物含量（%）	≤	10.0	12.0

2.3.2　歧化松香的应用

生产丁苯橡胶的乳化剂，早期是用脂肪酸，但脂肪酸系由动物油脂制取，来源有限，因此美国从 1942 年起研究用歧化松香做合成橡胶的乳化剂，至 1944 年正式投产。随后日本、中国等相继生产歧化松香。20 世纪 80 年代全世界每年生产歧化松香近 20 万 t，主要用于丁苯（SBR）、氯丁（CR）、丁腈（NBR）、丙烯腈-丁二烯-苯乙烯（ABS）等合成橡胶生产，作聚合乳化剂。随着合成橡胶工业的发展，乳化剂的需要量正与日俱增。

使用歧化松香做丁苯橡胶的乳化剂时，一般先制成歧化松香钾皂，此乳化剂有下列优点：①耐热强度可提高 25%。②耐磨强度及撕裂强度均较普通丁苯胶好，可提高轮胎行驶里程。③与天然橡胶混炼时，胶粘性能有很大改进。④由于硫化前橡胶涂层与纤维粘结得好，因此可以更快地进行纺织物的挂胶作业，节省劳动力。⑤与炭黑混炼时，可采用密闭式混炼机，因而可改善劳动强度。

此外，硫化橡胶的阻滞现象、耐弯曲性、抗张强度和扯断强度均有改进，可以制成高级橡胶。

歧化松香除用做合成橡胶乳化剂外，还大量用于制造水溶性压敏胶粘剂。如用 70%歧化松香钠盐水溶液 60 份（按重量计，下同）、聚乙烯缩甲醛 20 份、甘油 30 份、醋酸乙酯 20 份、水 50 份可制得一种压敏胶，它对纸、布、木材、玻璃、陶瓷、合成树脂及金属均有粘结作用[204]。

歧化松香碱金属皂和二聚脂肪酸的混合物可作为不饱和烃低温水溶液聚合的乳化剂[205]。

3　聚合松香

松香树脂酸分子结构中存在着共轭双键，通常在酸性催化剂存在下发生聚合反应而生成聚合松香。聚合松香具有色浅，软化点高，不结晶，优良的抗氧性，在有机溶剂中有更高的粘度，以及低酸值等特点。且与天然或合成的成膜剂有良好的混溶性，广泛用于涂料、油漆、油墨、胶粘剂、造纸胶料等。

松香聚合反应的最终产物大部分是枞酸型树脂酸聚合而成的不均一二聚体，其反应如下：

枞酸二聚体，经 UV、IR、MS、^{1}H-NMR、^{13}C-NMR 等波谱分析，确定了其主要组成的结构式[206]。

3.1 松香聚合工艺

松香聚合工艺国内主要采用硫酸法和硫酸-氯化锌法工艺进行聚合松香生产。少数厂家采用氯仿—硫酸法工艺，正在研究的为氯化氢-氯化锌法聚合工艺。

3.1.1 硫酸法聚合工艺

硫酸法聚合松香生产工艺流程如图 27-22。松香与 200 号汽油按重量比 100：100 或 100：110（按产品规格）加入溶解釜 1 或 2 中。待搅拌溶解后，由泵 20 送入聚合反应釜 3、4 或 5，开动搅拌。按产品规格由硫酸高位槽 25、26 或 27 缓慢加入比重 1.84 的工业硫酸，其量生产 115 牌号的聚合松香为松香重量的 15%，140 牌号则其量为松香重量的 20%。加酸速度先快后慢，在 2h 左右加完为宜。反应温度从加酸时的 35℃放热上升至 55℃，保温 4h，将至终点时降温至 45℃。反应完毕，反应液入缓冲澄清锅 6，再由汽油高位槽 24 加入 200 号汽油稀释反应液，然后放入澄清槽 7 中，汽油加入量约为原加入汽油量的 80%，待澄清 1h 后放出酸水和酸渣。反应完毕后降温和汽油稀释的目的是分出酸渣（氧化松香）和有利于洗涤残余的硫酸。

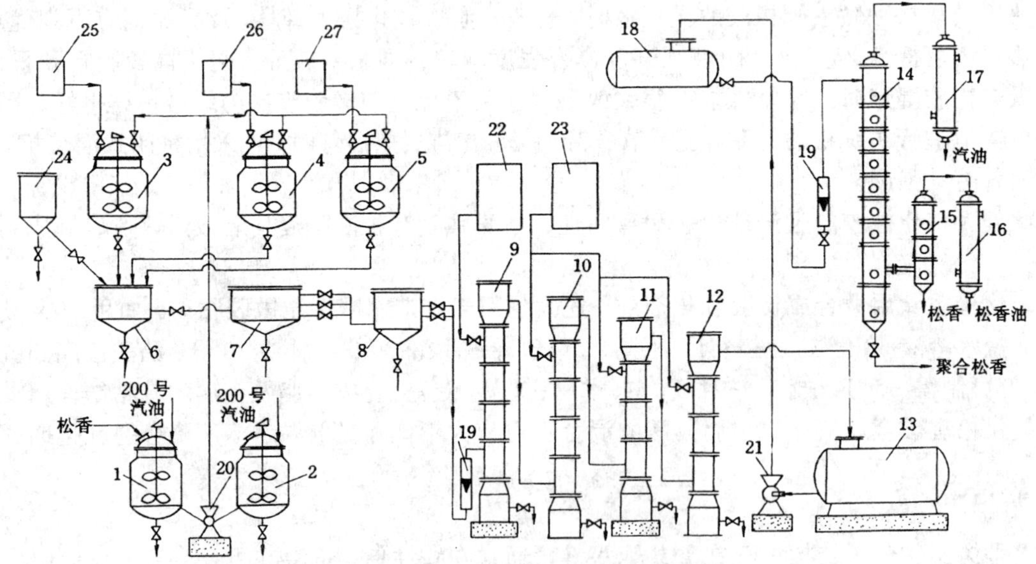

图 27-22 聚合松香生产工艺流程

1，2. 溶解釜；3，4，5. 反应釜；6. 缓冲澄清锅；7. 连续澄清槽；8. 高位槽；9. 中和塔；10，11，12. 洗涤塔；13. 净油贮槽；14. 连续蒸馏塔；15. 松香油分凝器；16，17. 冷凝器；18. 净油高位槽；19. 流量计；20，21. 离心泵；22. 碱液高位槽；23. 热盐水高位槽；24. 汽油高位计量槽；25，26，27. 硫酸高位计量槽

反应透明液用 0.6%纯碱水在中和塔 9 中连续中和，塔底排水 pH 值为 3。经三个串联洗涤塔 10、11 和 12 用 0.25%食盐水连续洗涤，油水比 1：2.5，塔底排出废水 pH 值为 5.8～6.4。一般塔顶油温以 50～55℃为宜。净油经食盐过滤除水后进入贮槽 13，再由泵 21 泵入净油高位槽 18，通过流量计 19 足量进入蒸馏塔 14，蒸出并回收 200 号汽油。松香油和未聚合物进入松香油分凝器 15，分出松香油和松香。塔底放出聚合松香产品。

若生产牌号 115 聚合松香，蒸馏塔塔底温度控制 210℃左右，塔底不通活汽，得率可达 68%左右。如生产牌号 140 聚合松香，塔底温度控制 260℃左右，并通入少量活汽，平均得率为 63.8%左右。

松香分凝器 15 分出的松香油在常温下为透明树脂状物质，软化点 40℃左右，酸值 70 左右。可用以制得调墨油、变压器油和机油。松香分凝器 15 放出的松香透明，色浅。软化点70～80℃，酸值 160，碘值 20 以下。不结晶，抗氧性强，热稳定性好。

澄清槽 7 放出的酸水浓度 65%～70%，用玻璃纤维过滤除去少许酸渣，经浓缩至 98%浓度，可用以制取过磷酸钙或硫酸铵等。放完酸水后，即出酸渣。酸渣遇水即成粒状，用甲苯溶解酸渣，再用纯碱水中和，以及多次水洗。蒸馏回收甲苯，即得棕红色的氧化松香。氧化松香软化点 130℃以上，酸值 80 左右，可用以配制低档漆，或经高温裂化制轻油及松焦油。

我国 20 世纪 70 年代初开始应用硫酸法生产聚合松香，工艺简单易行，但此法聚合松香中二聚体含量较低，平均为 29.2%左右；聚合松香中的硫酸根离子难以完全洗涤除去，经醋酸变色试验呈黑色，导致油墨质量不稳定，有结块和不溶性颗粒产生；硫酸法生产的聚合松香经改性酯化后，制成的油墨油溶性能差；同时此法硫酸用量大，酸渣多，易造成环境污染。

3.1.2　硫酸-氯化锌法聚合工艺

松香硫酸-氯化锌法聚合工艺的示意流程如下：

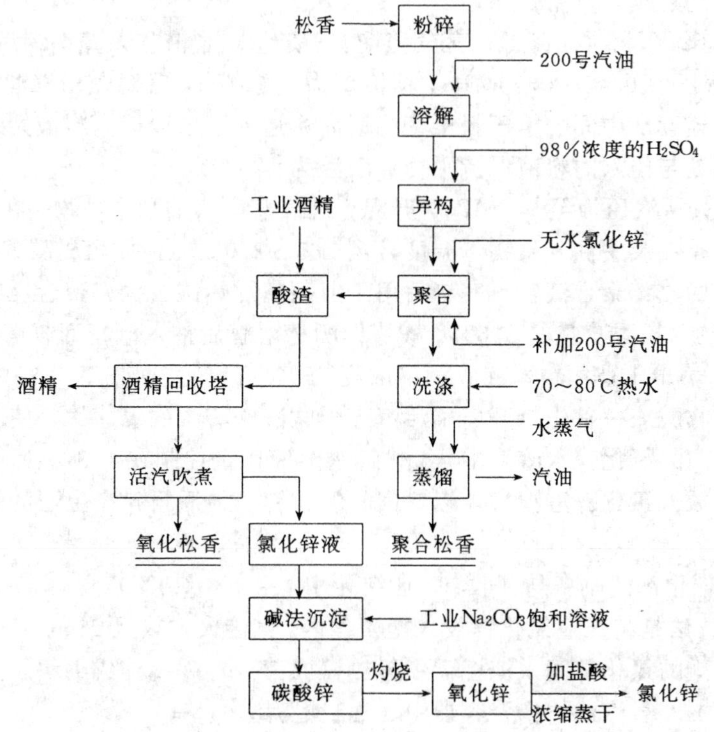

生产工艺流程如图27-23。

(1) 原料粉碎：马尾松脂松香，色泽1～2级，粉碎粒度5～10mm。原料粉碎一般在投料前进行，避免碎香放置过久被氧化，颜色加深。

(2) 溶解：200号汽油作溶剂。使用前经盐滤和分子筛（5A或3A型）脱水至清澈透明。循环使用2～3次的汽油需重蒸，除去中性物和脱水后才能使用。

溶解时溶解釜内先加入汽油，开动搅拌器，再加入松香。松香：汽油＝1：0.9。升温至54～57℃，搅拌溶解，使松香成淡黄色透明溶液。溶解时可通氮气或二氧化碳保护，温度不超过60℃，温度过高，松香色泽变深。

(3) 异构：溶解的松香液压入搪瓷聚合反应锅中，通入干燥的二氧化碳保护。在搅拌下滴加浓度98%的硫酸，其量为原料松香重量的1.2%。滴酸不宜太快，通常控制在20min内加完，温度50～54℃。滴酸完毕后，保持此温度异构1h，以成豆沙色粥状反应物为止。

(4) 聚合：异构反应达到终点后，反应物已成粥状，此时边搅拌边加入浆状无水氯化锌，其量为松香色量的5%。无水氯化锌粉末为避免吸水，事先保存在脱水的200号汽油中。当无水氯化锌加入时，汽油也随同加入，保持反应釜内松香：汽油＝1：1。反应初期温度控制50℃，加毕氯化锌后，在二氧化碳保护下，升温至108±2℃，反应6h，随着温度上升反应液转变为酱红色。如反应液呈茶黄或淡红色，通常系反应液含水所致，应检查原因并予以解决。反应完毕后，降温澄清20min左右，将反应液转入水洗锅内，余下酸渣。酸渣中含有氧化松香、氯化锌和少量硫酸，进一步用以回收氧化松香和氯化锌。

(5) 洗涤：加70～80℃热水于酱红色聚合物中，搅拌10min，静置分层。第一次洗涤液排入回收槽中，以备氯化锌回收。然后再加热水洗涤，澄清3～4次，每次搅拌2～3min，澄清10min。洗涤终点下层废水pH值为6.8～7，用1%氯化钡溶液检查无SO_4^{2-}离子为准。洗涤好的聚合液压入中间贮罐，以备蒸馏用。

(6) 蒸馏：采用连续压料常压间歇水蒸气蒸馏。一定量聚合液压入蒸馏锅后，通入450～500℃过热蒸汽，闭汽压力0.45～0.55MPa，活汽压力0.1MPa，升温蒸出汽油。当锅温升至120～130℃时，开始连续从中间贮槽压料至蒸馏锅内，压料速度以锅内料液始终保持一定高度为度，使蒸出的汽油与压入的料液保持平衡，液温为130℃。

压料完毕后，加大活汽压力至0.2MPa，升温，继续蒸出汽油和中性物，在200℃以前回收汽油，随后分离松香油及中性未聚物，温度升至265～270℃时，放出成品聚合松香。

(7) 酸渣及酒精回收：聚合液转料完毕后用工业酒精加热洗去搪瓷聚合反应锅内残存的酸渣。酸渣量较少，约为松香重量的2.6%。酸渣经酒精溶解后抽入酒精回收塔进行精馏，在塔顶温度80～90℃下蒸出工业酒精。回收酒精浓度85%～91%，回收率为89%。

在酒精蒸完后回收酸渣。首先打开塔釜活汽充分吹洗酸渣中的氯化锌，使其溶出。此时氧化松香浮于浓度较高的氯化锌水溶液中，氯化锌水溶液比重控制在1.2以上，利用比重差，将下层氯化锌水溶液放入氯化锌澄清槽，以备回收氯化锌。最后再排出上层的氧化松香，装桶后予以利用。

(8) 无水氯化锌催化剂的制备与回收：工业纯无水氯化锌，纯度98%，常有吸水现象，使用前应予以精制。其方法是将工业氯化锌放入搪瓷盆内，直接火加热至284℃时即全部熔融成透明液体。然后将熔融的氯化锌倾入搪瓷盘中趁热铸成薄片，并捣碎成细块。按每次反应所需重量倒入盛有脱水200号汽油的搪瓷容器中，油封贮存。

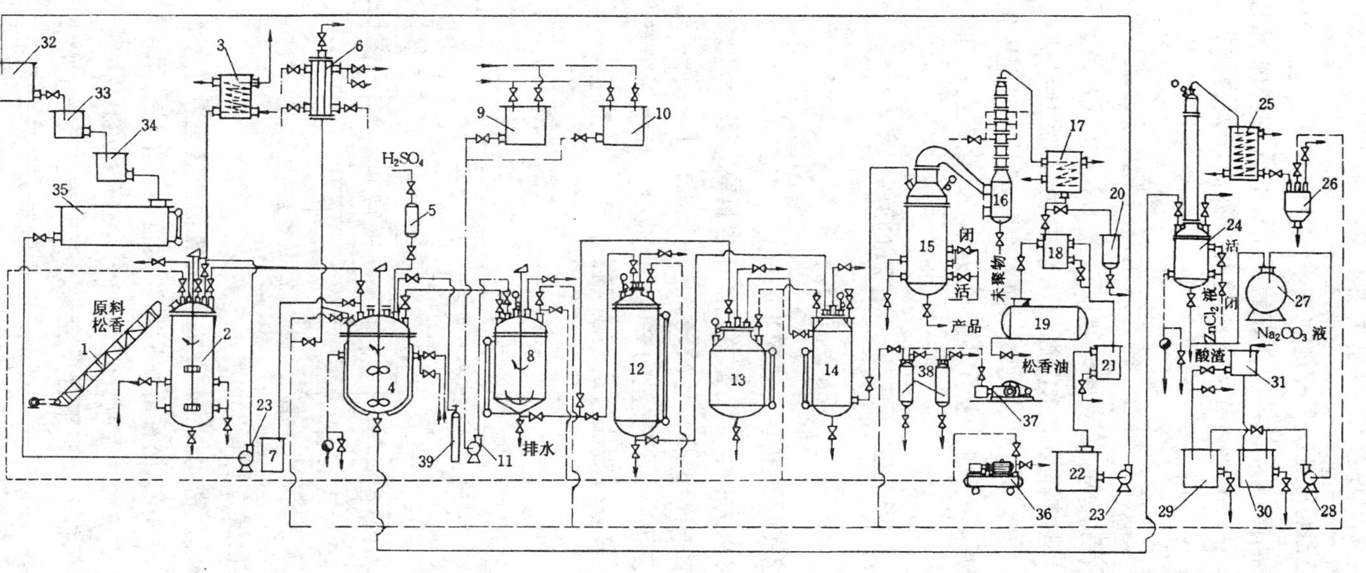

图 27-23　硫酸-氯化锌法聚合松香生产工艺流程

1. 皮带运输机；2. 溶解锅；3. 溶解冷凝器；4. 聚合反应锅；5. 硫酸计量罐；6. 石墨冷凝器；7. 氯化锌或酒精计量槽；8. 水洗锅；9,10. 热水贮槽；11. 热水泵；12,13,14. 贮罐；15. 间歇蒸馏釜；16. 未聚香回收塔；17. 冷凝器；18. 油水分离器；19. 松香油贮罐；20. 低沸未聚香贮罐；21. 盐滤器；22. 汽油中间贮槽；23. 汽油转液泵；24. 酒精回收塔；25. 冷凝器；26. 真空缓冲罐；27. 氯化锌液澄清罐；28. 转液泵；29,30. 氯化锌澄清槽；31. 碳酸锌贮槽；32. 汽油高位槽；33. 盐滤器；34. 分子筛脱水器；35. 无水汽油贮槽；36. 空气压缩机；37. 真空泵；38. 真空缓冲罐；39. 二氧化碳钢瓶

制备无水氯化锌时，熔融前需加入适量盐酸，使氯化锌液呈强酸性。因工业氯化锌容易吸水而被水解成碱式氯化锌，在蒸发浓缩时分解成氧氯化锌而失去催化活性，其反应如下：

$$ZnCl_2 + H_2O \rightleftharpoons Zn(OH)Cl + HCl$$

$$2Zn(OH)Cl \xrightarrow{\triangle} Zn_2OCl_2 + H_2O$$

制备好的无水氯化锌进一步油磨成浆。将贮存好的氯化锌装入陶瓷球磨罐内，在无水汽油保护下球磨10h即可成浆。油磨后的浆料在汽油中呈分散性固体颗粒状，过筛（80～120目）流入搪瓷桶，油封贮存备用。

含锌废水中回收氯化锌采用碳酸钠沉淀法。将含氯化锌的废液放入氯化锌沉淀槽中，加入饱和碳酸钠溶液生成碳酸锌沉淀。加入的碳酸钠常需过量1.5～2倍，当pH值达到8.5～9时即达反应终点。沉淀完毕后的碳酸锌用清水洗涤数次至中性，然后再经离心脱水和干燥即成碳酸锌，纯度可达96.3%。碳酸锌灼烧成氧化锌，加入盐酸蒸干后即得氯化锌产品。再经清水溶解，滤去杂质，除去水分后，可如前法予以精制成无水氯化锌催化剂，其化学反应如下：

$$ZnCl_2 + Na_2CO_3 \longrightarrow 2NaCl + ZnCO_3 \downarrow$$

$$ZnCO_3 \xrightarrow[\text{灼烧}]{\triangle} ZnO + CO_2 \uparrow$$

$$ZnO + 2HCl \longrightarrow ZnCl_2 + H_2O$$

硫酸-氯化锌法聚合工艺的特点为：聚合松香中二聚体含量高，达52.7%；产品色泽（加特纳色号）2～3号，色泽稳定，醋酸铅试验变色减轻。色泽下降仅1～2号；此工艺中硫酸用量少，为松香量1.2%，从而酸渣少，为松香量的2.6%，减少了环境污染有利于工业生产；聚合松香得率高，达73.8%，得率较硫酸法提高了10%。

3.1.3 氯仿-硫酸法聚合工艺[207]

工艺流程如下：

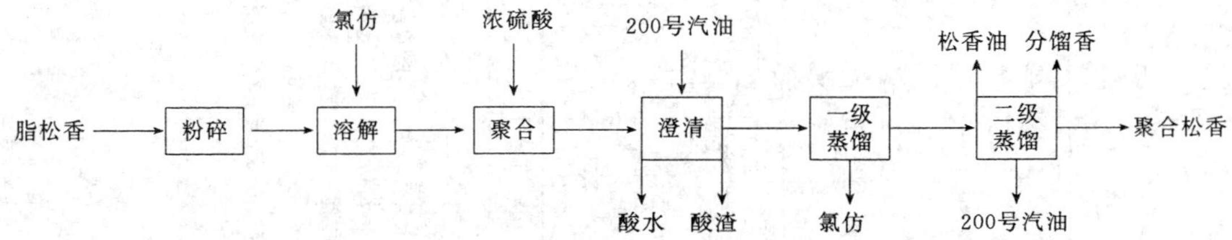

（1）粉碎：原料松香粉碎至粒度直径≤25mm。

（2）溶解：松香加入溶解锅后，密闭加料口。加溶剂氯仿。在室温下不断搅拌，温度不得高于40℃，搅拌速度100～200r/min，松香溶解后呈淡黄色透明溶液。原料溶剂比，松香：氯仿=1：1.25（重量比）。氯仿应除水，控制比重1.410，纯度≥96%。

（3）聚合：松香氯仿溶液用泵打入搪瓷聚合反应锅，开动搅拌装置，滴加浓度≥98%的硫酸，用量为原料量的18%～20%，控制在1.0～1.5h内滴加完毕，然后在43±3℃下继续反应2.5～3h。

（4）澄清：将回收的200号汽油加入聚合反应液中，稀释比：原料松香：200号汽油=1：2。静置澄清8h，然后放出酸渣和酸水，排渣、排酸水间隔时间为4h。酸渣用以制取氧化松香，酸水用石灰水中和。

（5）蒸馏：料液自高位槽经预热器预热至 60～65℃进入 1 号蒸馏塔连续蒸出氯仿。1 号塔塔顶温度≤70℃，塔釜 140～150℃。氯仿经冷凝冷却后比重达 1.40～1.42，即可重复使用。

蒸去氯仿后的料液经中间贮槽进入 2 号蒸馏塔。塔内主要采用活汽，适当使用闭汽连续蒸出汽油。控制塔顶温度 110℃，塔中温度 195～205℃，塔釜温度 245～255℃。蒸汽压力 0.8MPa，温度 350～380℃。塔顶蒸出的汽油经冷凝冷却及油水分离后循环使用。塔中部分分馏出松香和松香油，塔底放出成品聚合松香。

用氯仿-硫酸法制得的聚合松香得率≥85%，得率高于汽油-硫酸法和汽油-硫酸-氯化锌法生产的聚合松香。溶剂回收率≥90%。回收的溶剂可重复使用，效果良好。如将回收的氯仿干燥、脱水后再取 60～64℃馏份使用，则效果更佳。此法氧化树脂的量约为原料松香的 4%。由于聚合松香得率高，产生的分馏松香和松香油均很少，其量约占原料松香的 2%～3%。

氯仿-硫酸法制得的聚合松香质量较好，140 号聚合松香二聚体含量（%）≥52，软化点（环球法，℃）142～147，酸值（mgKOH/g）145～150，色泽（加特纳色号）1～3，热水溶物（%）＜0.20，机械杂质（%）＜0.01，醋酸铅变色试验较原料下降 2～4 个色号，加顺丁烯二酸酐变色试验深于原色级 2 个色号。此工艺对松香原料要求不高，一般 3 级松香生产 1 级产品，4～5 级松香生产 2～3 级产品，甚至加入少量等外品级的松香亦能生产出 3 级的产品。

氯仿-硫酸法生产聚合松香的特点是二聚体含量高，产品得率高，以萃取澄清法代替水洗法，除去聚合反应液中的氧化树脂和硫酸，工艺简化，三废少。

3.1.4 氯化氢-氯化锌法聚合工艺[208]

试验的示意工艺流程如下：

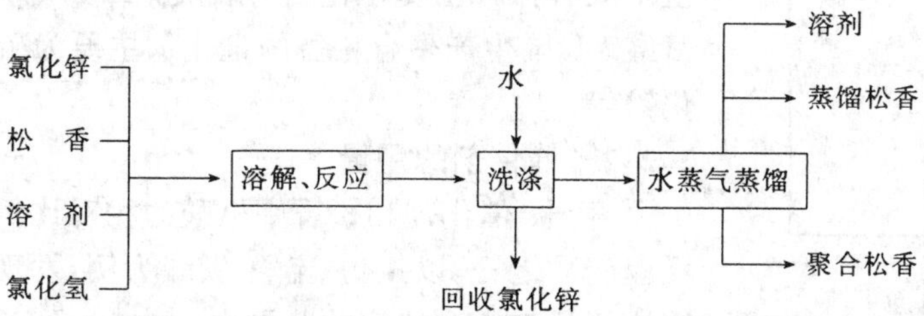

（1）溶解和反应：松香与溶剂加入反应锅溶解，随即加入无水氯化锌，并用氮气或二氧化碳夹带氯化氢分散成小泡通过液相，同时开动搅拌器，促进反应、加热、物料分布等均匀。在通氯化氢的惰性气体保护下，直接用聚合条件的温度，并不影响产品的色级。

反应的催化剂和助催化剂用量、反应温度、反应时间等因素，根据产品要求和软化点等来选择。通常，反应温度 110～140℃，反应时间 8h，催化剂氯化锌用量为松香重的 1.5%～7.5%，助催化剂氯化氢在较高温度下 2h 内就能使松香树脂酸异构趋向平衡。氯化氢送入时间对产品软化点和二聚体含量有明显的影响。

（2）洗涤：聚合反应液用热水洗涤 3～4 次。第 1 次洗涤液收集起来回收氯化锌，然后用水洗涤，最后用极稀的纯碱液洗涤 1 次，使聚合液呈中性。

（3）水蒸气蒸馏：用过热水蒸气进行蒸馏。首先蒸出溶剂，然后蒸出反应液中的中性物和某些未反应组分，以蒸馏松香形式回收其量为松香量的 2%～4%。蒸馏釜内残留的即为产品聚合松香。水蒸气蒸馏的最终温度与聚合松香的软化点有关，可在 230～270℃选择。

氯化氢-氯化锌法是使松香树脂酸的异构、二聚同时进行。以氯化锌为主催化剂，在液相中对反应起均相络合催化作用。氯化氢为助催化剂，它不仅有异构能力，并能降低反应活化能，从而使工序简化，工艺稳定性高，可控性好，提高了二聚体的含量，减少了脱羧作用。反应过程中无酸渣，在回收氯化锌时分出少量焦渣，其量为松香量的1%左右。

此法得到的聚合松香色泽浅，软化点140～150℃，二聚体含量60%以上，得率75%左右。

此法目前尚未工业化生产。

3.2 影响聚合过程的因子

影响松香聚合过程的因子主要有催化剂的种类和用量、溶剂、反应温度、反应时间、搅拌强度等。

3.2.1 催化剂的种类

用于松香聚合反应的催化剂较多，最早是1919年Grun等用硫酸催化聚合得枞酸二聚体。后又研究了多种催化剂，如盐酸、氢溴酸、五氟化磷、氢氟酸、氟硼酸、氟磷酸等。随后又开展了路易氏酸型催化剂的聚合研究，此类催化剂为金属卤化物，如$AlCl_3$、BF_3、$ZnCl_2$、$SnCl_4$、$TiCl_4$、$HgCl_2$、$HgBr_2$、$CoCl_2$、$CoBr_2$、$FeCl_3$、$FeCl_2$、$FeBr_3$、$FeBr_2$、$CuCl_2$、CuCl、$CuBr_2$、CuBr和H_2SnCl_6、H_2SnBr_6等。但单独用路易氏酸型催化剂活性小，聚合效果不理想，又有人提出硫酸和金属卤化物的两步催化法。此外，近年来亦有人研究用分子筛、阳离子交换树脂，超强酸等催化松香聚合。不同的催化剂具有不同的聚合效果，美国生产聚合松香主要催化剂为硫酸，二氟化硼，日本为氢氟酸。我国生产聚合松香的催化剂主要为硫酸，硫酸-氯化锌等。

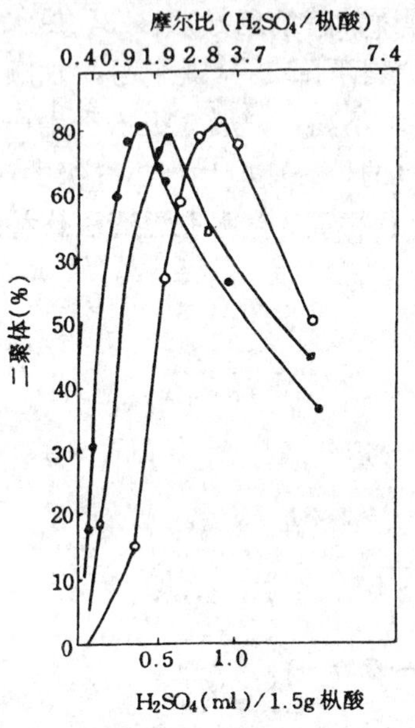

图 27-24 二聚反应中硫酸与枞酸比例和二聚体产量的关系

—●— 30g 枞酸/100ml $CHCl_3$；
—□— 7.5g 枞酸/100g ml $CHCl_3$；
—○— 3.75g 枞酸/100ml $CHCl_3$

3.2.2 催化剂的用量

溶剂、催化剂和松香中枞酸的相对比例是最重要的反应变数之一。以氯仿-硫酸-枞酸为例，发现硫酸和枞酸的比例只在一个狭窄的范围内，才能得到最大量的二聚体，而这个最适宜的比例随着枞酸在氯仿中浓度的变化而不同。不同浓度的枞酸氯仿溶液中，硫酸与枞酸的比例和二聚体产量的关系如图27-24。由图27-24可见，在7.5g枞酸/100ml氯仿溶液中，硫酸与枞酸摩尔比为2.1：1，则二聚体产量最大；而30g枞酸/100ml氯仿溶液中，最宜摩尔比为1.3；而3.75g枞酸/100ml氯仿溶液中最宜摩尔比则为3.0。由此可见，在硫酸作催化剂时，其用量则应视原料的不同与产品的不同规格而变化。

3.2.3 溶 剂

可用作松香聚合的溶剂较多，如氯仿、醋酸、二氯乙烷、苯、甲苯、异辛烷、庚烷、汽油等。其中以氯仿、醋酸为最好，二聚体的产量最高；苯、甲烷、二氯乙烷次之；烃类溶剂最差。但汽油的特点是毒性小，回收方便，价格低廉，且松香中的深色氧化物不溶于汽油，所得聚合松香色泽好。所以生产中常用汽油作为溶剂。

3.2.4 反应温度

松香聚合过程中，随着温度的升高，聚合松香的软化点不断升高，但是酸值下降。如图 27-25。反应温度的升高有利于聚合反应的进行，但副反应脱羧、氧化亦趋于剧烈，同时使聚合松香，色泽加深。

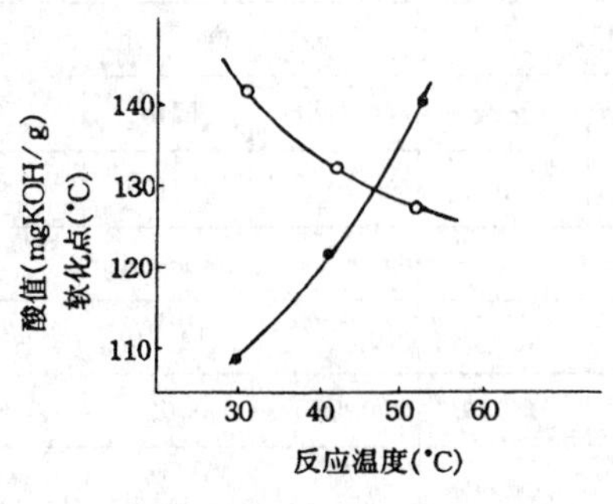

图 27-25　聚合松香酸值、软化点与反应温度的关系

—○—酸值；—●—软化点

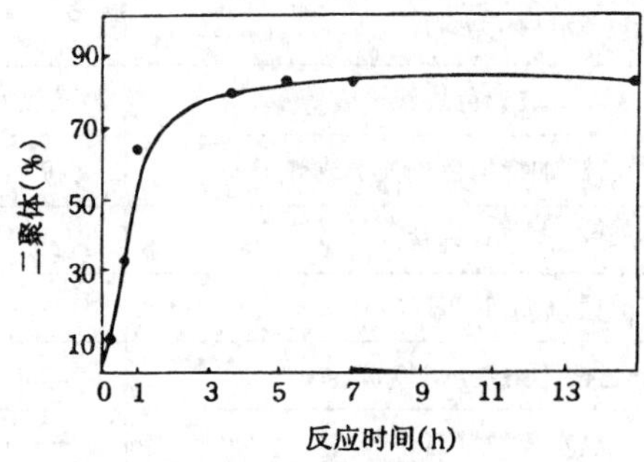

图 27-26　二聚体产量与反应时间的关系

反应温度一般以 40～50℃为宜，超过 50℃，脱羧严重，低于 30℃，反应速度很慢。在适宜的温度范围内，提高反应温度，可以缩短反应时间。

3.2.5　反应时间

反应速度与催化剂硫酸和枞酸的数量有关。当酸浓度提高时，反应时间大大缩短。通常在适宜条件下，二聚体产量与反应时间的关系如图 27-26。由图 27-26 可见，反应在 5h 内完成。反应在最初 2h 内就接近完全，2～7h 内变化很小。我国在硫酸法生产工艺条件下，一般反应时间 3～4.5h。

3.2.6　搅拌强度

松香、硫酸、汽油溶液由于物料的比重相差较大，要使物料均匀反应，减少局部过热，搅拌强度十分重要。搅拌装置宜采用涡轮式，搅拌速度 200r/min。

3.2.7　其他条件的影响

不同原料的松香二聚反应的效果也不同。枞酸聚合一般可生成 80%～90%的二聚体。同一条件下，脂松香和木松香可得 50%～60%二聚体，但木松香生成的聚合松香中树脂酸含量较低。浮油松香聚合效果稍差，含二聚体约 50%。

3.3　聚合松香的质量指标与用途

3.3.1　聚合松香的质量指标

聚合松香的质量指标根据中华人民共和国行业标准 ZB B72 008—89，按二聚树脂酸含量不同，分为 115 和 140 两种牌号，又按不同的松香聚合工艺分为 A，B，C 三个代号。质量指标见表 27-17。

3.3.2　聚合松香的用途

聚合松香是一种浅色的热塑性树脂，其主要特性是有较高的软化点，优良的抗氧性，在有机溶剂中有更高的粘度，不结晶，酸值低。可直接应用，也可以再加工成酯类或盐类应用。其主要用途是油墨树脂，含油树脂清漆，醇溶性清漆、环氧树脂、胶粘剂、热熔涂料和热熔

表 27-17 聚合松香的质量指标

项目		指标					
		115			140		
		A	B	C	A	B	C
外观		透明			透明		
颜色	玻璃色块浅于或等于	三级	四级	三级	三级	四级	三级
	加特纳色号浅于或等于	9	10	9	9	10	9
软化点（环球法）(℃)		110.0～120.0			135.0～145.0		
酸值（mg KOH/g）＞		145.0			140.0		
乙醇不溶物（%）＜		0.050	0.030	0.030	0.050	0.030	0.030
热水溶物（%）＜		0.20			0.20		

注：A——以硫酸为催化剂，汽油为溶剂的聚合工艺；B——以硫酸一氯化锌为催化剂，汽油为溶剂的聚合工艺；C——以硫酸为催化剂，三氯甲烷为溶剂的聚合工艺。

胶粘剂、金属催干剂、合成树脂、木纤维粘合剂、电绝缘化合物、造纸胶料、口香糖等。聚合松香如制成甘油酯、季戊四醇酯、马来酸酐改性树脂或酚醛改性树脂应用时，则其产品性能有更好的抗氧性和抗结晶性，且其相应的改性剂需要量比采用未改性松香要少。

在油墨工业中，140型马来改性聚合松香季戊四醇酯为酸值小于20，软化点195℃以上的高熔点树脂。这种树脂对矿物油或干性油都有很好的混溶性，用于新型快固着树脂胶印油墨的载色体，具有墨性好、快干、快固、保色性好、立体性强、光亮等优点，特别适用于汽油影印油墨、醇溶凹印墨、罩光印墨、彩板印墨、胶印墨、亮光墨、水溶性墨、铅印墨等。

在涂料、油漆工业中，聚合松香季戊四醇或甘油酯制备油漆时，比松香改性酚醛树脂变色倾向性小，不易泛黄；比424失酐树脂色浅，与蓖麻油熬炼可制成不泛黄的白磁漆，亦可作印铁清漆等，能与醇酸清漆媲美。聚合松香生产的清漆具有耐热，不易泛黄、耐久、光亮等特点。

在胶粘剂工业中，聚合松香与天然橡胶互溶性好。聚合松香与橡胶混炼，加入甲苯或汽油作溶剂，再加防老剂、增塑剂，可制压敏胶粘剂。

在石油工业中用作堵水剂。聚合松香只溶于油，不溶于水。软化点140℃以上的聚合松香溶于一定的溶剂内，将此溶液挤入油井的出水油层，溶液遇水后，水将其冲淡，产生沉淀，堵住含水层，而含油层不易堵塞，达到堵水的目的。

4 马来松香

马来松香是松香与马来酸酐（顺丁烯二酸酐）起狄尔斯-阿尔德尔（Diels-Alder）反应所得到的产物。马来松香是目前产量大，用途广的改性松香品种之一，出现在20世纪30年代，并逐步应用于造纸、油漆、油墨、建筑、化工、有机合成等方面。中国自1975年开始研制马来松香，并作为强化施胶剂取代天然松香应用于造纸工业。

4.1 松香与马来酸酐的加成反应

马来酸酐与松香中的左旋海松酸起狄尔斯—阿尔德尔反应而得马来海松酸酐加合物，这是一种典型的双烯加成反应。松香主要由树脂酸组成，其中左旋海松酸的共轭双键在同一环上，特别有利于双烯反应的进行。当松香与马来酸酐反应时，左旋海松酸在室温下即可与之反应，而松香中的其他各种枞酸型树脂酸如枞酸、新枞酸、长叶松酸需在加热条件下异构化为左旋海松酸，然后才能与马来酸酐起加成反应得到加合物。将马来酸酐加到含有微量左旋海松酸的平衡混合物中，即可发生双烯加成反应，并使平衡混合物不断向生成微量左旋海松酸与马来酐反应的方向推移，通过这样的反应而获得大量的马来海松酸酐加合物。其反应式如下：

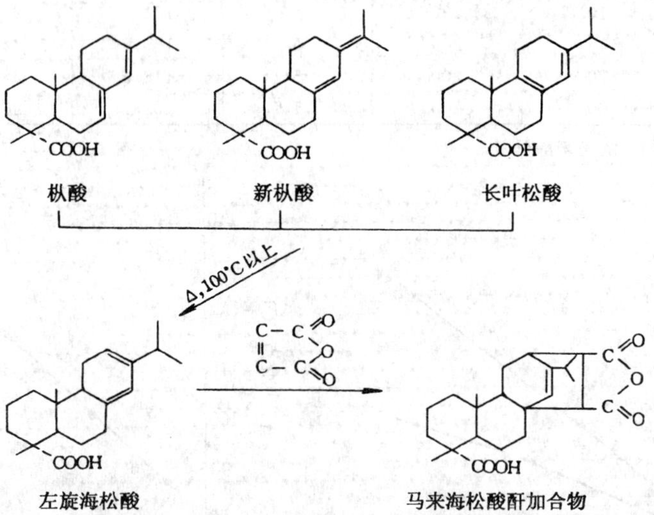

COOH 枞酸　COOH 新枞酸　COOH 长叶松酸

Δ,100℃以上

COOH 左旋海松酸　COOH 马来海松酸酐加合物

在工业上制取马来松香一般在150℃以上进行。得到的马来松香实际上是50%以上马来海松酸酐加合物和约35%未起反应的树脂酸以及10%的中性物质的混合物。马来海松酸酐分子式$C_{24}H_{32}O_5$，分子量400.52，熔点226～227℃，比旋光度$[\alpha]_D-29.6°$（氯仿中）。

Ray V. Lawrence认为，枞酸与马来酸酐在加热条件下，温度200～250℃，时间30min，亦可以得到同样结构的马来酐加合物。

此外，马来酸、富马酸和马来酸酐一样，在一定的条件下也能与松香中的左旋海松酸起狄尔斯—阿尔德尔反应，制得的产品称马来酸（代替马来酸酐）松香、富马松香。

4.2 马来松香的制备

脂松香碎成20～40mm小块，投入反应锅，加热熔化。当锅内料温达150～165℃时开动搅拌器，加入马来酸酐，其量根据所需的马来松香规格确定。加成反应系放热反应，料温会迅速上升至190～200℃，按规定控制温度。维持此温度搅拌反应约3h，即得产品。

生产的工艺条件的选择可按产品规格确定。

4.2.1 马来酸酐加入量对马来松香软化点、酸值、皂化值的影响

不同马来酸酐加入量所得马来松香软化点、酸值和皂化值的数据见表27-18。马来酐加入量与马来松香酸值、皂化值、软化点的关系，如图27-27、图27-28。

由图27-27、图27-28可见，马来松香的性能与马来酸酐的加入量有关。马来酸酐的加入量愈大，其酸值、皂化值、软化点指标就愈高。当马来酸酐加入量小于15%时，其软化点的增高与加入量成正比关系。当马来酐加入量在15%～30%时，软化点的增加速变慢。据研究报道，马来酐加入量30%时得到的马来松香软化点最高，再加入更多的马来酸酐时则软化点下降。

表 27-18 马来酸酐加入量与马来松香软化点、酸值和皂化值的关系

名 称	反应条件			马来松香		
	马来酐加入量①（%）	温 度（℃）	时 间（h）	软化点（℃）	酸 值（mg KOH/g）	皂化值（mg KOH/g）
特级天然松香	0	—	—	72.5	166.3	100
0%马来松香	0	200	5	76.8	164.8	—
3%马来松香	3	200	5	88.6	177.5	209
5%马来松香	5	200	5	89.6	185.7	222
10%马来松香	10	200	5	101.7	205.8	252
15%马来松香	15	200	5	109.7	221.9	292
20%马来松香	20	200	5	118.2	233.9	325
30%马来松香	30	200	5	132.2	261.2	385

① 指 100g 松香所加入的马来酸酐量。

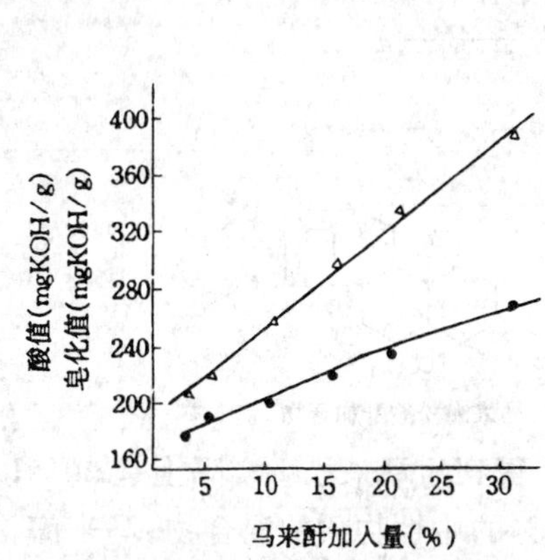

图 27-27 马来酐加入量与马来松香酸值、皂化值的关系
—●—酸值；—△—皂化值

图 27-28 马来酐加入量与马来松香软化点的关系

4.2.2 反应温度和反应时间对马来松香软化点和酸值的影响

松香 100 份，加入 15 份马来酸酐，在 160～200℃内分别进行反应 1、3、5h。反应结束后，分别测定马来松香的软化点和酸值，结果见表 27-19。

表 27-19 反应温度和反应时间与马来松香软化点和酸值的关系

名 称	反应条件		马来松香	
	温度（℃）	时间（h）	软化点（℃）	酸值（mg KOH/g）
15%马来酐加三级松香的混合物	—	—	63.1	230.4
15%马来松香①	200	1	111.1	225.7
15%马来松香	200	3	111.3	223.9
15%马来松香	200	5	111.6	223.3
15%马来松香	180	1	110.2	225.4
15%马来松香	180	3	112.5	224.0
15%马来松香	180	5	112.2	223.9
15%马来松香	160	1	108.9	225.9
15%马来松香	160	3	111.3	225.8
15%马来松香	160	5	111.9	226.4

① 松香 100 份，加入 15 份马来酸酐与之起加成反应所制得的马来松香，简称 15%马来松香。

由表 27-19 数据看出，温度在 160℃以上，经一定时间加成反应基本上可以完成。温度高些反应时间短些。温度低些，反应时间则需长些。当温度高于 200℃时，软化点稍有降低，且颜色变深。反应温度以不超过 200℃为宜。

根据以上数据分析，马来松香制备的适宜工艺条件为：反应温度 190～200℃，反应时间 3h，马来酐用量 15%，但生产上可按产品要求，选择确定相应的工艺条件。

4.2.3 马来酸（代替马来酸酐）松香的制备

由于马来酸酐价格较高，而马来酸价格较廉，且来源充足。为此研究了马来酸（代替马来酸酐）松香的制备与应用。

马来酸与马来酸酐一样，在一定条件下也能与松香中左旋海松酸起加成反应，马来酸在加热下脱水生成马来酸酐，再与松香起加成反应，其反应式如下：

HC—COOH ‖ HC—COOH $\xrightarrow[-H_2O]{\Delta}$ 马来酸酐 + 左旋海松酸 $\xrightarrow{\Delta}$ 马来海松酸酐加合物

马来酸　　马来酸酐　　左旋海松酸　　马来海松酸酐加合物

制备方法和工艺条件与马来松香基本一样，但在加热时由于脱水反应易使料液爆沸或溢泡，应注意控制温度与投料方式。制成的 15%、18%或 20%马来酸松香，质量与马来酸酐松香相当，仅软化点及酸值略低于马来酸酐松香。用作施胶剂时，3%马来酸松香胶和 3%马来酸酐松香胶的施胶效果基本相同。但如生产 15%马来松香，用马来酸为原料的生产成本较用马来酸酐者降低 10%～15%。

4.3 马来松香的质量指标

马来松香按马来酸酐加入量的不同分为 115 马来松香和 103 马来松香两个品种。马来松香是一种无定形，透明固体树脂，其中加合物主要为马来海松酸，分子式 $C_{24}H_{52}O_5$，分子量 400.52。产品的质量指标见表 27-20（GB/T 14021—92）。

表 27-20 马来松香的质量指标

项目		质量指标	
		115 马来松香	103 马来松香
外观		透明固体	透明固体
颜色	色泽	红棕	黄红
	不深于“中国松香颜色分级标准”	—	五级
软化点（环球法）（℃） ≥		106.0	84.0
酸值（mg KOH/g） ≥		220.0	178.0
皂化值（mg KOH/g） ≥		280.0	192.0
马来酸酐加合物含量（%）(m/m)，≥		47.0	10.0
乙醇不溶物含量（%）(m/m)，≤		0.060	0.050

4.4 马来松香的用途[209]

马来松香具有耐光、耐氧化和软化点高等特点，而且加合物分子结构中含有三个羟基，可与许多化合物发生反应而生成一系列衍生物，因而其用途十分广泛。主要用作纸张施胶剂，其他在涂料，油墨、建筑、胶粘剂、合成橡胶、合成树脂等方面都得到了广泛的应用。

4.4.1 纸张施胶剂

马来松香作为造纸工业的强化施胶剂，已经取得了良好的效果[210]。马来松香制得的胶料，除天然松香皂化后生成的树脂酸钠和游离树脂酸外，主要含有马来海松酸钠和游离马来海松酸。此种胶料乳化后，在乳液中的颗粒比天然松香胶乳中的粒子小，多数粒径在2μm以下，分散度高；此外，胶中马来海松酸有三个羰基，因此增加了羟基的活性，施胶时，羟基朝向纤维一边，则硫酸铝-马来松香络合物就能更均匀的分布在纤维表面上提高了施胶效果，从而提高了纸张的抗水度（施胶度），改善了纸张质量。因此，达到目标的施胶度所耗的胶量比天然松香胶少。对木浆、棉浆施胶时，可降低松香用量40%左右，用于草浆、苇浆时，可降低松香用量30%左右。同时，相应的减少了纯碱和硫酸铝的用量，降低了生产成本。使用马来松香胶乳，可减少粘辊、粘缸、糊网、脏毛布等现象。亦可解决使用天然松香胶夏季施胶的沉淀问题。

4.4.1.1 马来松香强化施胶剂的制备

（1）一般按马来松香：水＝1：1～1.2的重量比例，将清洁水加入制胶锅，用0.2～0.3MPa压力的蒸汽加热煮沸。

（2）向沸水中加入（或与冷水同时投入）全部所需的纯碱，一般用量为马来松香用量的12.8%～15.5%（按皂化度为70%～80%计），煮至碱完全溶解。

（3）加入占马来松香重量1.5%～2%的石蜡并热熔。

（4）控制蒸汽压力0.02～0.04MPa，在不断搅拌下将破碎成小块的马来松香分批加入制胶锅进行熬胶。待泡沫消失后再加大蒸汽压力至0.12～0.15MPa使物料升温维持在102～105℃熬3～4h，便可得黄色透明的强化松香胶。其含水量约25%～30%，游离马来松香约15%～25%。

（5）熬好的马来松香胶与60～70℃的热水借蒸汽喷射器（蒸汽压力0.4～0.5MPa）之助分散乳化，用水稀释为18～20g/L浓度的乳液于乳液池中，用泵循环使乳液充分混和，并控制在35℃下保存备用。

为了减除造纸厂的熬胶工序，制备了马来松香膏状强化施胶剂与粉状强化施胶剂，供造纸厂直接选用。

4.4.1.2 膏状马来松香强化施胶剂的制备[211]与质量指标

表27-21 膏状强化施胶剂的质量指标

项　目	指　标
外　观	均匀膏状
颜　色	浅黄色至浅褐色
总固物含量（%）(m/m) ≥	60.0
马来酸酐加合物含量（以总松香量为基准）（%）(m/m) ≥	10.0
游离松香含量（%）(m/m) ≥	13.0
溶解性（60℃温水中）	全部溶解无沉淀

清水加入具蒸汽加热夹套的熬胶锅，加热至沸。再加入适量的碳酸钠，待碱溶毕，投入103马来酸酐松香，其量与水的色量比为1：1。用固体石蜡作为消泡剂，控制反应防止溢锅，加热蒸汽压力不低于0.2MPa，反应3h，降低蒸汽压力至0.1MPa，保温1h。加入1%～10%的减粘剂和1%～5%的稳定剂，不断搅拌使之均匀混合15～30min，出锅即为膏状强化施胶剂。在膏状强化施胶剂中添加一定量的减粘剂可以降低膏状胶的粘度，使在正常输送和贮存温度条件下暴露于空气中，也不会形成硬而脆的泡沫状表皮，改善了胶的流动性能。但胶中仅仅只添加减粘剂尚不够稳定，在一定时间的自然存放后，仍有析出结晶或游离水的现象。因此胶中还需要加入一定量的稳定剂，使胶粒很好地分散，并有一保护

层使颗粒不易凝聚而保持稳定。添加稳定剂所制得的膏状施胶剂，保存 2 年后仍保持均匀膏状状态。

膏状马来松香强化施胶剂的质量指标按中华人民共和国专业标准 LY/T1067—92，见表 27-21。

膏状强化施胶剂的重要特征之一是松香的颗粒度较小为 0.1～0.2μm，易溶于温水，使用方便。其施胶效果，对比天然松香胶松香和硫酸铝的用量分别降低 66%和 55%；对于普通马来酸酐松香胶则可分别降低 43%和 21%，是目前较为理想的一种施胶剂。

4.4.1.3　粉状马来松香强化施胶剂的制备与质量指标

以 103 马来松香为原料采用离心喷雾干燥制成粉状强化施胶剂。熬胶与马来松香胶基本相同，粉状马来松香施胶剂生产工艺流程如图 27-29[212]。

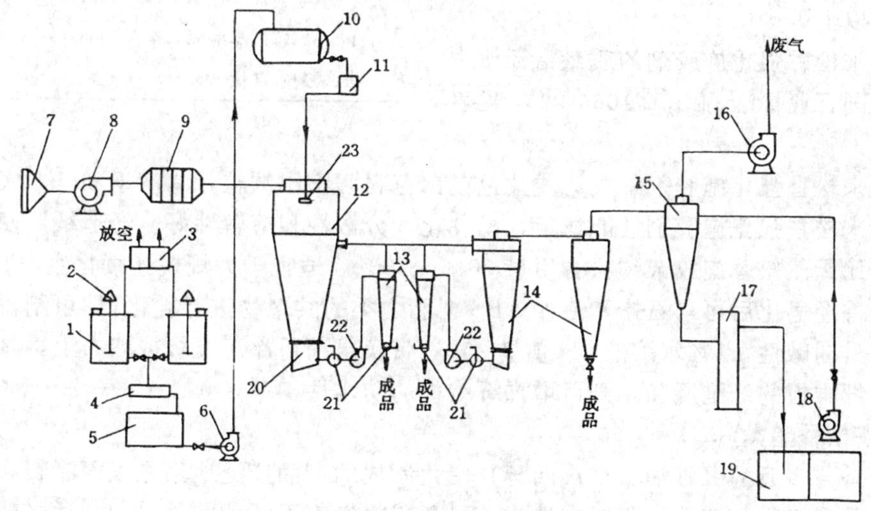

图 27-29　粉状马来松香强化施胶剂生产工艺流程

1. 熬胶锅；2. 搅拌装置；3. 缓冲罐；4. 过滤器；5，11. 液胶过渡槽；6. 液胶泵；7. 空气过滤器；8. 鼓风机；9. 空气加热器；10. 液胶贮槽；12. 喷雾干燥塔；13，14. 旋风分离器；15. 水洗塔；16. 引风机；17. 水封；18. 水泵；19. 水池；20. 旋风盘；21. 蝶阀；22. 粉料抽送风机；23. 喷雾离心机

干燥塔圆柱部分高径比为 1∶1，塔体锥体部分夹角为 40°。胶粒可以干燥后下沉，无粘壁现象，便于清理。离心喷雾机甩盘线速度要求 85m/s，甩盘转速 31 000r/min 以上时，料液粘壁现象消失。粉胶采用调压式气流输送，即粉料抽送风机 22 装在塔底旋风盘 20 和小旋风分离器 13 之间，风机前安装蝶阀 21 来调节风压，便于成品包装。采用调压式气流输送及分离技术，则可把大于 1.5μm 的粉尘回收。尾气中尚含有约 5%小于 1.5μm 的粉尘，则在引风机 16 和二级旋风分离器 14 之间安装水洗塔 15，进行喷射离心洗涤，尾气达到了排尘的要求。

离心喷雾干燥的适宜条件如下[212,213]：

液胶的入塔温度以 95～98℃为宜，低于 95℃则粘度较大影响雾化性能，粉料易结块；若高于 100℃时，则液胶有沸腾现象，流量不稳定，影响操作。

液胶的浓度控制在 38%～45%，低于 38%时，能耗增大，产量降低；高于 45%时，则干燥不好，产品易结块。

进风温度一般控制热空气温度为 150～160℃，以进入空气加热器的蒸汽流量来调节进风温度。

排风温度的选择，由于粉状马来松香胶的性能特殊，粘性大，易吸潮。一般控制排风温度为105℃左右，若排风温度低于100℃时，则粉胶干燥不透，易结块。

粉胶在高于90℃时进行包装，易引起粉尘自燃。粉胶必须冷却至40℃以下进行包装，才能确保安全。粉胶采用调压式气流输送。

塔内真空度的调节。粉状物料气流输送的风速应控制在10～18m/s。生产时通过调节引风机的风压、风量来控制塔内绝对压力为98.1～147.2Pa。

粉状马来松香施胶剂离心喷雾干燥采用以上条件生产时得率为90.4%～93.6%。产品的含水率0.35%～0.71%。粉状马来松香施胶剂吸湿性较强，用二层聚乙烯薄膜包装，贮存期可在8个月以上。

粉状马来松香强化施胶剂的质量指标按中华人民共和国行业标准（LY/T1066-92），见表27-22。

表 27-22　粉状马来松香强化施胶剂的质量指标

项　　目		指　标
总固物含量（%）	≥	95
马来酐加合物含量（%）	≥	10
pH 值（2%水溶液，室温）		9～10
机械杂质含量（%）	≤	0.1

粉状马来松香强化施胶剂外观为浅黄色或白色粉状细小颗粒，易溶于60～80℃热水中。

粉状马来松香强化施胶剂性能稳定，易乳化，分散性和溶解性好。经造纸厂使用，施胶效果良好，比天然松香施胶节约松香用量36%～50%。适宜于大规模连续化生产时采用。

马来松香经皂化后再与石蜡和诸如ABS树脂之类的共聚物进行乳化，即可制得马来松香疏水剂。它具弱碱性，1%水溶液pH值9～10，带负电荷可涂于纸板或帆布上，具有良好的疏水性。与纤维板的纤维混和，则可增加纤维板的防水性。

4.4.2　马来松香酯类

马来松香与多元醇（甘油、季戊四醇）酯化制成的产品广泛地用作表面涂料和印刷油墨的配料。如马来松香甘油酯变色倾向性小，日久或烘烤都不泛黄，用以配合适当的油类可制造最佳的不泛黄白色瓷漆或浅色磁漆，亦可用于金属涂饰用的烘烤漆和印铁清漆。

马来松香季戊四醇酯与矿物油或天然干性油都有很好的相溶性，在油墨中广泛的用作载色体，并使油墨具有良好的光泽和快干等特点。

马来松香季戊四醇酯和乙烯-醋酸乙烯共聚体配合，可制成橡胶等的优良粘合剂。

马来松香与高分子量的伯醇等配合也被建议用于热熔性的、与混凝土有很好粘着力的、具抗冲击性能的公路交通标记材料。马来松香与聚酯树脂等配合可制得疏水性交通涂料。由马来松香和邻苯二甲酸、二烯丙酯以及乙烯-醋酸乙烯共聚体等混合而制得的交通涂料，具有高度的耐久性。

4.4.3　混凝土起泡剂

在建造高层建筑物时，为了减轻基础工程的重量，轻质混凝土受到特别的重视。马来松香与三乙醇胺进行胺皂化反应，然后在得到的反应物中加入表面活性剂（9～12碳的二羟基硬脂酸磺酸酯）、硅酸钠（水玻璃）和乳化胶乳（丁二烯-苯乙烯或丁二烯-丙烯腈系乳液）均匀地乳化混合成水泥起泡剂。

使用时先将起泡剂稀释至10%的浓度，然后按混凝土的1%～2%量加入于混凝土中，用搅拌机（150～200r/min）使之起泡。制得的混凝土比重1.0～1.1，压缩强度为12MPa，气泡约占13%，最多不超过20%。除用于高层建筑外，还可用于隧道覆盖，家内墙壁和仓库建筑材料。

以马来松香胺盐作起泡剂时，还可制得密度仅 0.5、压缩强度为 3MPa 的混凝土制品。

4.4.4　合成橡胶添加剂

松香和马来酸酐等摩尔反应的产物再与尿素（3mol）反应，可得酰脲型聚合物。此聚合物可用作合成橡胶的活填料，可与橡胶形成配位化合物。添加此填料的合成橡胶具有较低的初始模量和较高的相对伸长、弯曲强度，以及较好的弹性和老化性能，且硬度较低。

4.4.5　合成树脂增塑剂

由马来松香衍生的（Ⅰ）和（Ⅱ）式化合物与邻苯二甲酸、二异辛酯、2-乙基己酯等之一所组成的混合物是聚氯乙烯良好的增塑剂。

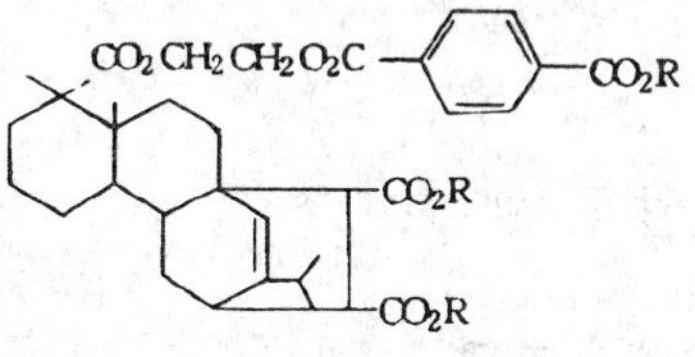

（Ⅰ）

$CH_3(CH_2)_7CH=CH(CH_2)_7CO_2CH_2CH_2O_2CC_6H_4CO_2R$（$R=C_6\sim C_{12}$烷基）

（Ⅱ）

马来松香经过分离提纯得到马来海松酸（三元酸），三元酸与辛醇酯化，得到三元酸三辛酯，可用作耐热增塑剂，代替进口的偏苯三酸三辛酯用作增塑剂。

4.4.6　合成聚酰胺-亚胺

由马来松香（Ⅰ）与亚硫酰氯先制成松香-顺丁烯二酸酐单酰氯（Ⅱ），（Ⅱ）与各种二胺如乙二胺、4，4′-氧代二苯胺、间苯二胺、4，4′-亚甲基二苯胺等进行反应制得双酰胺。双酰胺再与各种二胺熔融缩合，得到聚酰胺-亚胺（Ⅲ）。其反应如下：

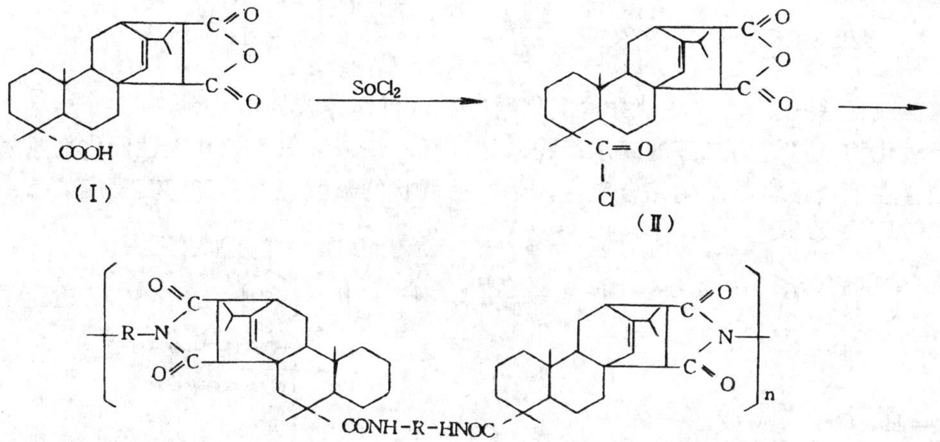

（Ⅰ）　$\xrightarrow{SoCl_2}$　（Ⅱ）　⟶

（Ⅲ）

式中 R 可以是 $(CH_2)_n$（n=2，3，6）、P-C_6H_4、m-C_6H_4、$C_6H_4CH_2C_6H_4$ 或 $C_6H_4OC_6H_4$。

制得的聚酰胺-亚胺由许多重复单位（Ⅲ）组成，分子量 2 000～18 000。它既可溶于氯仿而用于制备硬而坚韧的抗有机溶剂的薄膜，亦可冷拉成丝，是一种很有实用价值的树脂。

若把（Ⅱ）与二醇或双酚反应生成酯，然后再与二胺类缩聚，也可制成性能优良的聚酯-亚胺树脂。

此外，以马来松香为原料，还可以合成一系列具有重要意义的衍生物。

5　松香酯

天然松香与改性松香（氢化松香、聚合松香、马来松香等）树脂酸中的羧基，与其他一元羧酸一样，可与多种醇类反应生成相应的酯类。但由于羧基位于叔碳原子上，有较大的空间位阻，使之酯化时需要更高的温度或较之一般引起酯化反应更为激烈的反应条件。

酯化产物一般具有耐水、耐酸和耐碱性，故被广泛的应用于涂料工业和橡胶工业以及用作粘合剂、增塑剂等。

松香或改性松香与多种醇类直接酯化生成相应的酯类，其一般反应式如下：

$$R_1-COOH+HOR_2 \rightleftharpoons R_1-COOR_2+H_2O$$

式中：R_1——树脂酸基；

R_2——醇基。

从反应式看出，反应是可逆的。为了得到酯，必须不断脱水，使反应向右推移。

5.1　一元醇酯

松香的一元醇酯包括甲酯和乙酯，是不干性液体，可作橡胶合成树脂漆的溶剂，也可作多种树脂的增塑剂，如硝基漆的增塑剂和聚酰胺涂料的增塑剂等。此外，甲酯也用作显微镜物镜的浸渍油，乙酯也常用作多种食品如口香糖、肉汁、冰淇淋等的添加剂。

氢化松香甲酯是室内木器、家具装涂用清漆的重要成分，它兼有树脂和增塑剂两种作用，已广泛的用于成膜物质如乙基纤维素、氯化橡胶和一些乙烯基聚合物的增塑剂。

5.2　二元醇酯

松香与乙二醇在250～260℃下，用锌粉或硼酸为催化剂酯化而得。是一种半可塑性树脂，用作粘合剂和增塑剂。

$$2R-COOH+\begin{matrix}CH_2OH\\ |\\ CH_2OH\end{matrix} \xrightarrow[\triangle]{\text{催化剂}} \begin{matrix}R—COOCH_2\\ |\\ R—COOCH_2\end{matrix}+2H_2O$$

松香的锌盐或锌-钙盐用乙二醇部分地酯化的产物也可作橡胶的增粘剂。

松香与环氧化物（可视为二醇的缩水产物）如环氧乙烷或环氧丙烷在碱性催化剂氢氧化钙或氢氧化钠存在下，很容易发生缩合反应，生成粘稠状的枞酸羟烷基酯，其反应如下：

$$\text{[枞酸]-COOH} + \underset{\diagdown O \diagup}{CH_2-CH}-R \xrightarrow[180\sim200^\circ C]{Ca(OH)_2} \text{[枞酸骨架]}-\underset{\|\atop O}{C}-O-CH_2\underset{|\atop OH}{CH}-R$$

式中：R＝H，CH_3—或C_2H_5—等。

枞酸羟烷基酯可作为聚酯树脂的原料。也可用于制造聚氨基甲酸酯泡沫塑料。如控制反应条件，使醚链增长，也可用作非离子型乳化剂。此外，它还可进一步与松香反应生成双酯，双酯用作丁苯橡胶有效的胶粘剂。

枞酸与环氧乙烷聚合可生成树脂酸聚氧乙烯乙烯酯，其反应如下：

$$R—COOH+\underset{\diagdown O \diagup}{CH_2—CH_2} \longrightarrow R—COOCH_2CH_2OH \xrightarrow{n(\underset{\diagdown O \diagup}{CH_2CH_2})} R—COO(CH_2CH_2O)_nH$$

式中：R——树脂酸基 $C_{19}H_{29}$—。

树脂酸聚氧乙烯酯和十二烷基苯磺酸钙混合可制备复合型乳化剂，用于农药等。

5.3　三元醇酯

松香的三元醇酯为松香甘油酯，俗称脂胶。松香与甘油在加热的条件下，加入适量的催化剂，反应首先生成二枞酸甘油酯（Ⅰ），然后又生成三枞酸甘油酯（Ⅱ）和二枞酸甘油酯醚（Ⅲ）。松香甘油酯是Ⅰ、Ⅱ、Ⅲ化合物的混合物。其反应如下（R 代表树脂酸基 $C_{19}H_{29}$—）：

$$2R—COOH + \begin{array}{l} CH_2OH \\ | \\ CHOH \\ | \\ CH_2OH \end{array} \xrightarrow[\triangle]{催化剂} \begin{array}{l} CH_2OOC—R \\ | \\ CHOH \\ | \\ CH_2COC—R \end{array} \longrightarrow \begin{array}{l} CH_2OOC—R \\ | \\ CHOOC—R \\ | \\ CH_2OOC—R \end{array}$$

松香　　甘油　　（Ⅰ）　　（Ⅱ）

（Ⅰ）$\xrightarrow{-H_2O}$

$$\begin{array}{l} CH_2OOC—R\quad CH_2OOC—R \\ |\qquad\qquad\qquad | \\ CH——O——CH \\ |\qquad\qquad\qquad | \\ CH_2OOC—R\quad CH_2OOC—R \end{array}$$

（Ⅲ）

目前生产的松香甘油酯有两种型号，136 松香甘油酯和 138 松香甘油酯。亦可以用季戊四醇和乙二醇代替甘油制造松香树脂。

5.3.1　136 松香甘油酯的制备、质量指标与用途

136 松香甘油酯的原料配比为：特级松香∶甘油∶氧化锌＝100∶11.8～12.2∶0.042 3～0.042 5。生产的工艺流程与设备与松香改性酚醛树脂基本相同，如图 27-33。

将原料松香全部投入不锈钢反应锅内，加热熔化。并通二氧化碳，熔化时间为 2～3h，当松香熔化至能推动时，开动搅拌器，速度 100r/min。

为了缩短酯化时间，提高酯的透明度和软化点，可加入氧化锌。开动搅拌后，停通二氧化碳，抽真空 0.5h，边抽真空边升温。

当升温至 220℃时，开回流冷凝器冷却水，冷凝器用以冷凝酯化反应时蒸出的水和甘油蒸汽。逐渐加入甘油，边加边升温，升温至 260°±2℃时，维持 3h。

维持毕，再升温至 290°±2℃，维持 5h，然后放去冷却水，抽真空 3h。

蒸出剩余的甘油和水，可提高漆膜的耐水性和硬度。抽真空结束后，在 270℃以下取样化验，合格后，借二氧化碳（压力＜0.1MPa）将成品压出包装。

136 松香甘油酯的质量指标[214]：外观，块状透明固体；色泽（铁钴法），号≤10；酸值（mg KOH/g）≤10；软化点（环球法），≥85℃；苯中溶解度，清；结晶性，与化学纯乙酸乙酯 1∶1 溶解后，在 0℃放置 8h 不结晶。

136 松香甘油酯色泽浅，酸值低，主要用于硝基漆和油漆，可使漆膜坚硬，光亮，增加硝棉的附着力。

5.3.2　138 松香甘油酯的制备、质量指标与用途

138 松香甘油酯的原料配比为：特级松香∶甘油∶氧化锌＝100∶11.3∶0.042 5～0.042 6。较 136 甘油酯的配比，减少了甘油，增加了催化剂用量。

138 松香甘油酯的制备方法基本上与 136 甘油酯相同。只是当升温至 200℃时，加甘油的

时间稍有缩短为 1.5～2.5h。

加毕甘油，温度控制在 270°±2℃维持 4h。维持毕，放去冷却水，抽真空 2h。抽毕，取样化验，待合格后，借二氧化碳将成品压出包装。

138 松香甘油酯的质量指标：外观为块状透明固体；色泽（铁钴法），号≤8；酸值（mg KOH/g）≤10；软化点（环球法），℃≥85；苯中溶解度，清。

138 松香甘油酯主要用于制造油漆。与煤焦系脂类、石油系溶剂、植物油和松节油全溶，也供制造油墨、蜡纸、电工器材等用。此外，精制的松香甘油酯和氢化松香甘油酯可用作乳化香精中的增香剂和口香糖的柔软、保香剂等用。氢化松香甘油酯也可用作乳液型胶粘剂和溶剂型压敏胶的增粘剂等。

5.3.3 季戊四醇和乙二醇代甘油松香树脂

近年来，甘油曾紧缺并价格上涨，严重地影响了用甘油作为原料的松香树脂（136、138 松香甘油酯、210 松香改性酚醛树脂、422 马来改性松香甘油酯）的正常生产。研究者们用凝胶渗透色层法（GPC）分析了市售 138 松香甘油酯的分子量分布，结果表明其由树脂酸单甘油酯、树脂酸甘油二酯、树脂酸甘油三酯、树脂酸—缩甘油四酯、以及比四酯分子量更大的化合物和游离树脂酸组成，且其中没有一个组分占明显的优势。因之，以季戊四醇—乙二醇代甘油生产质量近似 138 树脂成为可能。且季戊四醇和乙二醇都是石油化工产品 C_1 和 C_2 的衍生物，来源丰富，价格亦较便宜。

季戊四醇-乙二醇生产松香树脂的原料配比为：松香：季戊四醇：乙二醇：氧化锌＝1：0.085：0.040：0.000 2～0.000 4。

季戊四醇-乙二醇松香酯制备的操作步骤基本上与 136 松香甘油酯相同。松香与催化剂在反应锅中熔化升温至 220℃时，加入季戊四醇。在 0.5h 内升温至 270℃（不超过 280℃），保持此反应温度 1h 后，从物料底部通入气化了的乙二醇，控制回流冷凝管的温度不超过 100～103℃，此时反应温度应保持在 270℃。若温度下降则停止通入乙二醇蒸汽，直至物料酸值降至 10 以下。减压蒸馏 0.5h，除去过量乙二醇和油状物，然后出料。

季戊四醇-乙二醇（代甘油）松香酯制备时可用酸性或碱性催化剂。加入对甲基苯磺酸和氧化锌的催化效果基本相同。

以季戊四醇-乙二醇（代甘油）制造的 136、138 和 210 树脂的质量指标符合用甘油生产的 136、138、210 树脂的质量指标。

用季戊四醇-乙二醇（代甘油）生产松香酯不需要很大改变原有设备，工艺操作方便，工时并不延长，产品质量稳定，且色泽较用甘油制备的产品浅，可用较低级别的松香生产树脂。此种树脂在 560 天室温贮存期内的吸氧量较以甘油为原料生产的 138 树脂、210 树脂少，其抗氧性能优于 138、210 树脂[215]。

5.4 四元醇酯

松香四元醇酯以松香季戊四醇酯为代表，其反应如下：

$$4R{-}COOH + C(CH_2OH)_4 \xrightarrow[\triangle]{\text{催化剂}} C(CH_2OOC{-}R)_4 + 4H_2O$$

式中：R——树脂酸基 $C_{19}H_{29}$—。

松香季戊四醇与松香甘油酯的制备工艺相同，由于季戊四醇为伯醇基，较仲醇的酯化速度快得多。此外，由于季戊四醇在高温下于酸性介质中部分地失水为二聚季戊四醇，反应时需要稍过量的季戊四醇，松香与季戊四醇耗量的重量比为 1∶0.12。氧化锌与硼酸等为酯化过程的催化剂。

松香季戊四醇酯外观为块状透明固体；色泽（铁钴法），号≤10；酸值（mg KOH/g）≤25；软化点（环球法，℃）≥85；苯中溶解度，清。此种酯具有分子量大、酸值低，硬度和熔点都较高等特点，在溶剂中或在熔融时有更高的粘度。较松香甘油酯具有更好的抗氧性、耐水性和耐碱性，并具有优良的稳定性，可以在 300℃或更高的温度下与中等干性一起聚合制备清漆。主要用于油漆、油墨等。

5.5　浅色松香酯[216]

松香多元醇酯、马来酸酐改性松香多元醇酯广泛地应用于涂料、油墨、胶粘剂和橡胶制品中，但产品一般色泽较深，如 136 松香甘油酯、145 松香季戊四醇酯、422 马来酸酐改性松香甘油酯及 424 马来酸酐改性松香季戊四醇酯等的色泽（铁钴法），加氏色号均≤10。由于色泽均较深于国外同类产品，从而影响其扩大用途与国际市场上的竞争力。

在实验室中发现中国脂松香在高温下有“热漂白”作用。以特级松香为原料，选取大块，去除外表皮后粉碎即用。将粉碎松香装入直径 1.5cm 试管中，抽真空，充氮，反复四次后，在抽真空下将试管烧结封死。在所指定的温度下加热 1h，如在 100℃下加热 1h，250℃下加热 1h，290℃下加热 1h 等，加热后试管冷至室温后，敲碎试管，取样比色，结果见表 27-23。

由表 27-23 可见，松香的热漂白作用在 250℃以上。松香在 290℃下脱羧加剧，甘油在 290℃下会分解，均会加深产品色泽。在松香高温有热漂白作用的基础上，控制有关工艺条件如温度、保护气体、纯度、真空度、催化剂种类和用量等就有可能生产浅色的松香酯。

表 27-23　松香和松香与甘油、季戊四醇、马来酸酐在高温下色泽的变化

温度（℃） \ 加氏色号 \ 物料	松　香	松香 6g 甘油 0.72g 氧化锌 25mg	松香 6g 季戊四醇 1.08g 氧化锌 25mg	松香 6g 马来酸酐 0.3g	备　注
100	7	—	—	—	试管封闭
250	6	冷却后混浊	7	7～8	试管封闭
265	5	冷却后混浊	6	7（带蓝绿色）	试管封闭
290	5	5～6	6	7（带蓝绿色）	试管封闭
290	—	—	红棕色	红棕色	未将试管封闭 暴露于空气中

浅色松香酯生产的工艺流程如图 27-30。

在生产浅色 422 马来酸酐改性松香甘油酯时，松香在熔融釜 3 中熔融并加热到 150～190℃（也可用炼脂车间的热松香为原料）。松香经过滤器 4 抽吸到酯化釜 6 内，甘油和马来酸酐经高位槽 15 和 5 进入酯化釜。所得产品经下展式底阀放入包装桶中。

导热油系统由泵 27、加热炉 26、缓冲槽 29 及热油贮槽 28 组成。为了便于控制温度及冷却用，流程中备有齿锅泵 25，冷油贮槽 24，冷却器 23 组成的冷却油系统。为抽吸反应后期未反应的甘油，流程中备有捕抹器 2、缓冲罐 1 和真空泵组成的真空系统。惰性气体处理系统是由氮气集气器 21、加热器 17、处理器 18 和贮罐 16 组成。

浅色松香甘油酯生产的典型操作，松香∶催化剂∶甘油＝100∶0.044∶10.8，酯化温度 270℃，生产周期 11h。产品得率 98.98%（以松香重量为基准）。色泽（铁钴法），号 5～6，较

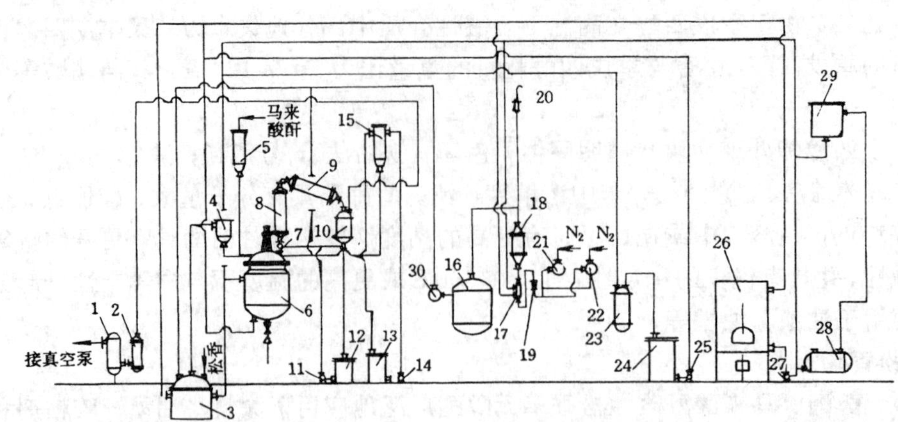

图 27-30 浅色松香酯生产工艺流程

1. 真空缓冲罐；2. 捕抹器；3. 松香熔融釜；4. 过滤器；5. 马来酸酐熔解槽；6. 酯化釜；7. 窥镜；8. 回流冷凝器；9. 冷凝器；10. 冷凝液中间槽；11，14，25，27. 泵；12. 冷凝液贮槽；13. 甘油贮槽；15. 甘油计量槽；16. 氮气贮罐；17. 氮气加热器；18. 处理器；19. 流量计；20. 阻火器；21. 氮气集合器；22. 氢气集合器；23. 冷却器；24. 冷油贮槽；26. 热煤炉；28. 油贮槽；29. 高位缓冲槽；30. 集气器

市售138松香甘油酯色泽浅2个加氏色号；软化点(环球法，℃)≥85；酸值(mg KOH/g)≤10；苯中溶解度（1：1），透明。422马来酸酐改性松香甘油酯生产的典型操作，松香：马来酸酐：甘油＝100：11.1：17.7，酯化温度270℃，生产周期16h。产品得率120.59％（以松香重量为基准）。色泽（铁钴法），号7～8，较市售同类商品色泽浅2个加氏色号；软化点（环球法，℃）≥128；酸值（mg KOH/g）≤30；苯中溶解度（1：1），透明。产品的色泽达到或超过了国外同类产品的水平。

浅色松香酯生产的工艺特点为：①发现我国脂松香具有“热漂白”现象，控制酯化反应的温度为270℃，通过酯化反应可得到色泽浅于原料松香的酯类产品；②酯化反应过程中保护气体要进行处理，使氮气中含氧量降低到10μg/g，用高纯度的氮气保证产品的颜色；③适宜的真空度，反应真空度在93.3kPa以上；④采用导热油为加热介质，使加热均匀，不致加深颜色；⑤采用适宜的对色泽无影响的催化剂品种和用量；⑥松香重新熔融颜色加深，热松香直接进入酯化釜可改善其色泽。适当的工艺条件和设备相互配合达到产品色浅的目的。

5.6 改性松香酯

马来松香、聚合松香、氢化松香等改性松香均可与天然松香一样与甘油或季戊四醇反应生成相应的酯类。目前，生产比较普遍的是422马来酐改性松香甘油酯和424马来酐改性松香季戊四醇酯。

5.6.1 422马来酐改性松香甘油酯（422失水苹果酸酐树脂）

生产时，松香：马来酐：甘油＝100：11.8：19.3，其具体操作如下：

先将松香熔化后，真空抽入反应锅中。亦可先将松香的一半投入反应锅中，加热熔化，并通CO_2。开动搅拌器，当温度至225～235℃时，将另一半松香加入锅内。加毕松香后，继续搅拌5min。

当锅内温度降至150～160℃时，开冷凝器的冷却水，并关CO_2。加入马来酐。加毕，让温度自然上升到195～200℃，保持此温度1h。

随后逐渐将甘油加入，边加边升温。加甘油时间根据投料量大小控制在2～3.5h。

加毕甘油，将温度升至 270℃保持 4h。保温结束后，放出冷凝器中的冷却水，保持原温抽真空 2h。取样化验，合格后，通 CO_2 出料，压力不超过 0.1MPa。

422 马来酐改性松香甘油酯为淡黄色透明固体，色泽（铁钴法），号≤10，酸值(mg KOH/g)≤30，软化点（环球法，℃）≥128，苯中溶解度（1：1），清。此种树脂色浅，抗光性强，不易泛黄。与硝化棉的混和性最好，主要用于清漆、浅色漆、硝基漆，以及油墨工业、纸品上光工业等。

5.6.2　424 马来酐改性松香季戊四醇酯（424 失水苹果酸酐树脂）

生产时原料用量配比：松香：马来酸酐：季戊四醇：氧化锌＝100：3.45：15.2：0.1，其具体操作如下：

加料方法与马来酐改性松香甘油酯的制备相同。当锅温降至 150～160℃时，开冷凝器的冷却水，并关 CO_2。将马来酐加入，加毕后温度自然上升至 195～200℃，维持 1h。逐渐加入氧化锌和季戊四醇，加季戊四醇时间根据投料量大小控制在 0.5～1.5h。

加入季戊四醇后，逐渐升温至 270℃，维持 8h。保温完毕后抽真空 3h，取样检验，合格后通 CO_2 出料，压力不超过 0.1MPa。

424 马来酐改性松香季戊四醇酯为块状透明固体，色泽（铁钴法），号≤10，酸值(mg KOH/g)≤16，软化点（环球法，℃）≥120，苯中溶解度（1：1），清。此种树脂制得的油漆干燥较快，漆膜硬度光泽较佳，抗水性较优，不泛黄。主要用于造漆、油墨等工业。

松香酯和改性松香酯应用在多种胶粘剂中，例如同橡胶、蜡、合成橡胶和其他弹性体结合作橡胶的胶粘树脂，特别是热熔胶粘剂中。主要松香酯和改性松香酯的物理性质见表 27-24[217,218]。

表 27-24　松香酯、改性松香酯的物理性质

名　称	软化点(℃)	酸值(mg KOH/g)	颜色(美国色级)	相对密度(d^{25})	折射率 n^{25} 白光	溶解度						混溶性	
						乙醇	乙酸乙酯	丙酮	芳香族烃	脂肪族烃	四氯化碳	与成膜物质[a]	与蜡[b]
松香甲酯	粘稠液体(沸点 360～365℃)	<8	Z	1.02	1.529	溶	溶	溶	溶	溶	溶	1～9 5 和 8(部分混溶)	1)优良 2)足够
氢化松香甲酯	粘稠液体(沸点 365～370℃)	<8	K—H	1.02	1.518	溶	溶	溶	溶	溶	溶	1～9 5 和 8(部分混溶)	1)优良 2)足够
松香乙二醇酯	61	<15	N	1.114	1.543	不溶	溶	溶	溶	溶	溶	1～9 5 和 6(部分混溶)	1)优良 2)有限
松香二缩乙二醇酯	45	<10	M—N	1.073	1.536	不溶	溶	溶	溶	溶	溶	1～9 5 和 8(部分混溶)	1)优良 2)有限
氢化松香乙烯酯	55	<15	K—WG	1.06	1.528	不溶	溶	溶	溶	溶	溶	1～7；10～12	1)好 2)好
氢化松香二缩乙二醇酯	40	<15	K—N	1.05	1.523	不溶	溶	溶	溶	溶	溶	1～7；10～12	1)好 2)好
氢化松香三缩乙二醇酯	粘稠液体	<10	N	1.085	1.518	不溶	溶	溶	溶	溶	溶	1～12(部分混溶)	1)好 2)好

（续）

名 称	软化点（℃）	酸值（mg KOH/g）	颜色（美国色级）	相对密度（d^{25}）	折射率 n^{25} 白光	溶解度						混溶性	
						乙醇	乙酸乙酯	丙酮	芳香族烃	脂肪族烃	四氯化碳	与成膜物质[a]	与蜡[b]
聚合松香乙二醇酯	82	8～10	N	1.007	1.545	不溶	溶	溶	溶	溶	溶	1～4,6～8、11;11（部分混溶）	1)好 2)有限
聚合松香二缩乙二醇酯	61	<12	K－M	1.062	1.542	不溶	溶	溶	溶	溶	溶	1～4,6～8,11;11（部分混溶）	1)好 2)好
松香甘油酯	91	<8	N－WG	1.095	1.545	不溶	溶	溶	溶	溶	溶	1～10 9（部分混溶）	1)好 2)好
氢化松香甘油酯	84	<10	N－WG	1.08	1.532	不溶	溶	溶	溶	溶	溶	1～4,6,7,10	1)好 2)好
聚合松香甘油酯	110	8～10	WG	1.09	1.546	不溶	溶	溶	溶	溶	溶	1～7	1)好 2)有限
马来改性松香甘油酯	162	<40	M－N	1.143		不溶	溶	溶	溶	不溶	—	1～3（部分混溶）	1)好 2)好
松香季戊四醇酯	115	<16	M－WG	1.08	1.544	不溶	溶	溶	溶	溶	溶	3和4	1)好 2)好
马来改性松香季戊四醇酯	134	<16	M－WG	1.08	1.544	不溶	溶	部分溶	溶	溶	溶	3	1)好 2)有限
马来改性松香季戊四醇酯	170	<25	I－K	1.096	1.545	不溶	溶	—	溶	部分溶	溶	3	1)很少 2)很少

a.1. 乙基纤维素；2. 硝化纤维素；3. 氯化橡胶；4. 橡胶；5. 蛋白质；6. 聚烯烃树脂；7. 脲醛树脂；8. 乙烯树脂；9. 纤维乙酰丁酸酯；10. 苯乙烯树脂；11. 甲基丙烯酸树脂；12. 甲基纤维素。

b.1）酯型，如巴西棕榈蜡；2）碳氢化合物型，如石蜡。

6 松香腈、松香胺

松香胺是松香的一种含氮衍生物。天然松香或改性松香和氨在高温下作用而生成松香腈，它是生产松香胺的中间体，也可直接应用。松香腈在压力和高温下催化氢化而得到松香胺。

6.1 松香腈

6.1.1 松香腈生产工艺

以天然松香或歧化松香为原料，在催化剂存在下较高温度下通入气态氨，使树脂酸分子上的羧基和氨作用，脱水而生成松香腈。松香氨化脱水生成松香腈的反应式如下：

$$RCOOH + NH_3 \xrightarrow[\text{催化剂}]{160\sim180℃} RCOONH_4$$

松香铵盐

$$RCOONH_4 \xrightarrow[-H_2O]{230\sim270℃} RCONH_2 + H_2O$$

松香酰胺

$$RCONH_2 \xrightarrow[-H_2O]{270\sim300℃} RCN + H_2O$$

松香腈

式中：R——树脂酸基 $C_{19}H_{29}$—。

从上列反应式中可以看出，松香氨化脱水反应经过三个阶段，首先是熔解的松香与氨中和生成松香铵盐；松香铵盐在 200℃以上开始脱水生成松香酰胺；随着温度的升高，松香酰胺进一步脱水生成松香腈。此反应为可逆反应，在松香铵盐加热时也会部分脱氨还原成羧酸基团。所生成的酰胺基团与反应中生成的水作用也会脱氨水解为羧酸基团，其反应如下：

$$RCOONH_4 \xrightarrow{\triangle} RCOOH + NH_3$$

$$RCOONH_2 + H_2O \longrightarrow RCOONH + NH_3$$

因此，为了使反应向生成松香腈的方向进行，在反应过程中需要不断通入氨气，并要求连续移去反应所生成的水。

氨化反应的脱水催化剂常用的有 0.17%氧化锌，1%红磷加 0.1g 硼酸，0.25%钨酸铵。通常采用钨酸铵作催化剂，可以降低氨化反应温度，缩短反应时间，提高粗腈得率。

松香腈生产工艺流程如图 27-31。

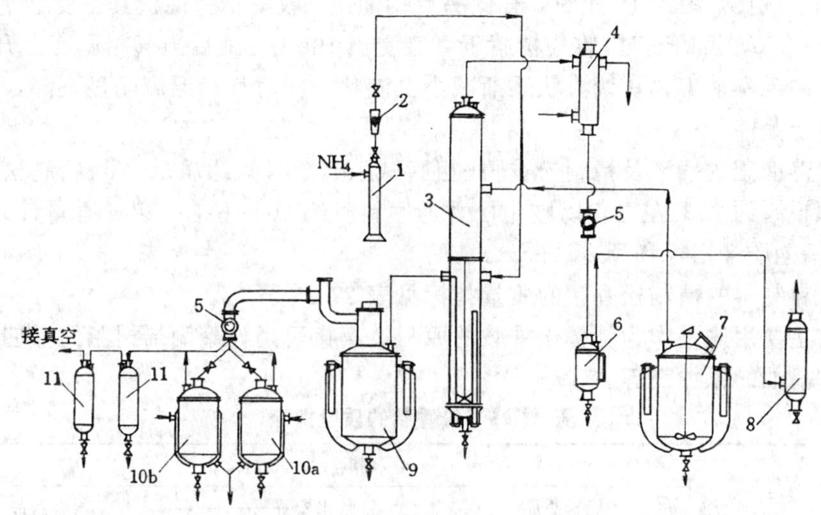

图 27-31　松香腈生产工艺流程

1. 缓冲器；2. 转子流量计；3. 氨化反应器；4. 冷凝器；5. 视镜；6. 氨水分离器；7. 熔融釜；8. 氨吸收槽；9. 腈蒸馏釜；10. 真空受器；11. 稳定罐

(1) 氨化脱水制备粗腈：破碎至小块的松香在熔融釜 7 加热至 160～180℃熔化后，加入催化剂，借真空吸入氨化反应釜 3。氨气则经缓冲器 1 经转子流量计 2 进入氨化反应器 3 底部进行鼓泡。在真空吸入液态松香前，反应器内要保持较小的氨气流量，避免松香吸入通氨管发生堵塞现象。

进料完毕，开电热棒加热，并加大氨气流量，在开始的 1～1.5h 内，松香中的树脂酸很快与氨中和生成树脂酸铵盐，需要的氨气量较大，随着反应温度的上升，树脂酸铵盐开始脱水反应，氨气只需维持较小流量，使脱水反应平衡向生成松香腈方向进行即可。

反应脱出的水蒸气和未吸收的氨气以及少量被气流带出的松香腈及松香酰胺等，一起经冷凝器 4 冷凝，氨水及少量松香腈、松香酰胺（浮于上层）等由氨水分离器 6 收集。松香腈及酰胺可回锅再行反应，尾气则通入氨吸收槽 8。氨水再与硫酸中和制取硫酸铵，供作农用肥料。

氨化反应过程中，通氨速度以保持尾气吸收槽内有鼓泡现象为准。当反应器由液温升至200℃以上时，可以从视镜 5 中观察到脱水现象。前 1～1.5h 反应温度控制在 180～230℃，然后逐步升温至 300℃。反应中每隔 1h 取样分析酸值，待酸值小于 5，脱水量达到理论计算值以上时，继续保温 0.5h，即可降温出料。

松香氨解成腈的适宜工艺条件是：松香氨解反应温度为 230～300℃，催化剂钨酸铵用量为 0.25%～0.3%（以松香量计），通氨量为 2～3kg/h（实际氨气耗量为松香量的 15%～18%），氨化反应时间为 12h 左右。

(2) 粗腈减压蒸馏：松香氨化脱水生成的粗腈中有一些脱羧、裂化产物，为黑褐色粘稠状混合物。必须经过蒸馏提纯后才能作为制备松香胺的中间体。

由图 27-31 可见，粗腈蒸馏釜 9 由不锈钢制造。釜外夹套中采用硝酸盐混合物（55%KNO_3 加 45%$NaNO_3$）作载热体。以电热棒进行加热。

粗腈趁热借真空吸入腈蒸馏釜 9，开电热棒使料液加热升温。当釜内液温达 120℃左右时，开启真空泵抽空减压。约经 1h 左右，有低沸点物馏出，收集于头馏份真空受器 10a 中。当气相温度在 210～260℃/2kPa 时，收集精腈于真空受器 10b 中。最后当气相温度上升到 260℃以上时，由视镜中观察馏出物从线流状逐渐减小至滴状，同时气相温度明显下降，表明已达蒸馏终点，即停止蒸馏。

趁热放出蒸馏釜内残渣及精制松香腈。粗腈减压蒸馏时间约需 5～7h。精制松香腈的得率以脂松香为原料时约 70%左右，以歧化松香为原料时约 80%左右（以松香量计）。

6.1.2 松香腈的质量指标和用途

以不同原料制得的精制松香腈的质量指标见表 27-25。

松香腈的主要用途是作为制备松香胺的原料。直接可用作聚丙烯树脂的增韧剂，钙塑材料增塑剂，润滑油的添加剂等。

表 27-25 松香腈的质量指标

项目	指标		
	脂松香腈	歧化松香腈	国外产品
外观	黄色粘稠油状液体	黄色半固体蜡状物	黄色半固体蜡状物
折射率（n_D^{24}）	1.534 6	1.533 8	1.533 6
酸值（mgKOH/g）	0.69	1.10	2.46
含氮量（凯氏法）（%）	4.48	4.50	4.78
粘度（Pa·s，80℃）	29.97×10^{-3}	33.45×10^{-3}	33.0×10^{-3}

6.2 松香胺

6.2.1 松香胺生产工艺

工业上以松香腈为原料制备松香胺。松香腈分子中含有一个不饱和碳氮键—C≡N，在 Pt、Ni 等催化剂作用下加压氢化来制备松香胺。反应通式如下：

$$RCN + 2H_2 \xrightarrow[\text{骨架镍}]{80\sim110℃} \underset{\text{松香胺}}{RCH_2NH_2}$$

式中：R——树脂酸基 $C_{19}H_{29}$—。

松香腈加氢时，最初生成松香醛亚胺，再由亚胺加氢制得松香胺（伯胺），其反应式如下：

$$RCN + H_2 \longrightarrow RCH{=}NH$$

松香醛亚胺

$$RCH{=}NH + H_2 \longrightarrow RCH_2NH_2$$

松香胺（伯胺）

当反应不顺利时，则可能有副产物仲胺生成，为避免松香醛亚胺相互聚合生成仲胺、叔胺，可在使用骨架镍催化剂时加入少量氢氧化钠作为助催化剂，以利于生成以伯胺为主的松香胺产品，其反应如下：

$$RCH{=}NH \xrightarrow{+NaOH} \underset{}{RCH}(OH){-}NH + Na^+ \xrightarrow{+H_2} RCH_2NH_2 + NaOH$$

松香胺生产的工艺流程如图 27-32。

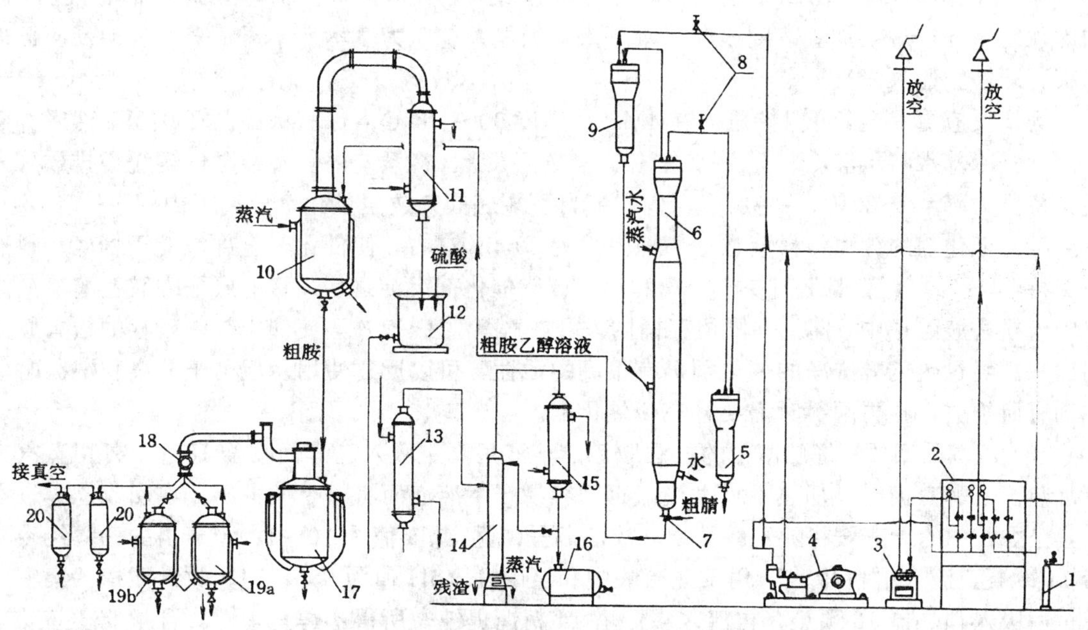

图 27-32　松香胺生产工艺流程

1. 氢气钢瓶；2. 操作屏；3. 真空泵；4. 循环泵；5. 油气分离器；6. 加氢反应器；7. 底阀；8. 安全阀；9. 气液分离器；10. 乙醇回收釜；11，15. 冷凝器；12. 中和桶；13. 预热器；14. 精馏塔；16. 乙醇贮槽；17. 胺蒸馏釜；18. 视镜；19. 真空受器；20. 稳定罐

(1) 催化加氢：松香腈催化加氢制备松香胺是一个多相催化放热反应，以骨架镍为催化剂，少量氢氧化钠为助催化剂、乙醇为溶剂。采用管式氢气循环鼓泡加氢法，其主要设备由加氢反应器、气液分离器、油分离器、氢气循环泵及真空泵组成。加氢反应器由耐高压不锈无缝钢管制成，通氢管自反应器上部直伸至底部，管下端连接一个氢气喷头。反应器内装置四块花板用以破碎氢气泡，反应器外具有夹套，可通蒸汽加热或通冷水冷却。

松香腈 20kg，工业乙醇 38kg，骨架镍 6kg（湿法称量），氢氧化钠 200g（预先用 2kg 乙醇配制成氢氧化钠乙醇溶液），混合搅拌均匀。开启真空阀，用真空泵 3 将整个加氢设备抽至真空，立即将上述原料在搅拌下由加氢反应器底阀 7 吸进，吸料完毕，继续抽空 3～5min，使整个加氢系统达到一定的真空度，停真空泵 3，关真空阀。

随即充入氢气（或氮气）至0.4MPa，经水封放空。塔内剩余压力0.2MPa，以洗去反应器内的微量空气，重复2次，然后充入氢气。氢气由高压钢瓶经针形阀直接充入加氢反应器6，开动循环泵4，系统压力最高控制在4MPa，开蒸汽加热加氢反应器。当温度升至80℃左右，松香腈在骨架镍催化剂和助催化剂的作用下开始与氢起加成反应。此时系统压力下降，反应温度上升（因松香腈加氢为放热反应），需要不断充入氢气使加氢系统压力一直维持在4MPa，温度控制在80～110℃。

在反应过程中，氢气经通氢管不断从反应器6底部吹出，使料液及催化剂鼓泡翻动，三相能均匀分配，接触良好。反应尾气（未吸收的氢气）从反应器6顶部经导气管（具冷却水夹套管）进入气液分离器9，以分离尾气中带出的料液与催化剂。料液与催化剂经分离器下端回流管流回加氢反应器6。氢气则自气液分离器9顶部抽入氢气循环泵4，然后压送入油分离器5除油净化后，最后与高压氢气钢瓶1送来的新鲜氢气汇合，经通氢管吹入加氢反应器6。如此往复循环，直至加氢速度逐渐缓慢下来，加氢系统压力基本上不再下降，表明反应已近结束，即停止通入氢气。

为使反应更完全，可保持压力在4MPa，温度90～100℃下保压保温循环0.5h。然后关蒸汽阀，开冷却水将料液冷却至70℃左右。停循环泵4，将系统内氢气经贮气罐缓慢排放入大气，待压力降至0.2MPa，将反应器内料液自下端底阀7放至催化剂分离桶内。

（2）催化剂的分离：料液在分离桶内静置20min左右，使催化剂全部沉淀于桶底。料液需保持60～70℃，使催化剂易于分离和沉降。待催化剂沉淀之后，将上层松香胺乙醇溶液倾出吸入松香胺贮槽中，催化剂则留存桶内。用热乙醇洗1～2次，使催化剂中残存的松香胺分离出来。经过热乙醇洗净的催化剂仍有很高的活性，可以反复使用。但由于分离和洗涤时催化剂有所损失，在再配料时需要补充新催化剂。

（3）乙醇的回收：将贮槽中的松香胺乙醇溶液用真空吸入乙醇回收釜10中，外用蒸汽夹套加热。乙醇蒸馏时，加热不宜太快，否则容易产生液泡而将松香胺带出。在回收乙醇过程中，松香胺中的游离胺将随乙醇蒸出，故乙醇呈碱性（pH值为10～12）。蒸出的乙醇经冷凝器11冷凝，流入中和桶12，用工业硫酸中和至中性（pH值为6.5～7），放入贮槽。集中一定量后吸入预热器13预热，再流入精馏塔14精馏提纯。所得乙醇呈中性，含量95%左右。

乙醇存于贮槽16中，供加氢工段重复使用。粗胺则留存于釜底。

（4）粗胺的蒸馏：加氢反应所得的粗制松香胺含量一般在90%左右，其中尚含有未反应完全的半加氢物和杂质，必须经过减压蒸馏提纯，制取精制松香胺。

将乙醇回收釜中的粗胺借真空吸入胺蒸馏釜17中。加料完毕后，先在低真空度（80kPa左右）下，将松香胺中所含少量乙醇、水分和游离胺蒸出，然后逐渐提高真空度。抽空减压约1h后开始有低沸点物馏出，收集于头馏份受器19a中。

在气相温度为180～240℃/2kPa时，收集精胺于真空受器19b中。当气相温度到达240℃以上时，自视镜18观察馏出物从线流状逐渐减少呈滴状，此时气相温度明显下降，表明达到蒸馏终点。停止蒸馏，趁热放出锅底黑色残渣。蒸馏时间约需4～6h。脂松香胺得率为85%，歧化松香胺得率为90%以上（以精制松香腈计），产品含胺量94%～95%。

6.2.2 催化剂（骨架镍）的制备与再生

（1）骨架镍催化剂的制备：骨架镍是铝、镍、铬合金（配比为铝∶镍∶铬＝60.3∶38.5∶1.2），经过高温（900～1 000℃）熔炼，再经磨碎，过筛（80～120目），用碱液进行消化处理后制得。其反应原理是合金粉中的铝起骨架镍的载体作用，当消化反应时，铝与氢氧化钠反应生成铝酸钠，并放出活泼氢，反应式如下：

$$2Al + 2NaOH + 2H_2O \longrightarrow 2NaAlO_2 + 3H_2\uparrow$$

反应生成的铝酸钠等杂质用水洗去，这就使镍催化剂表面形成许多小空穴，形似骨架，故名骨架镍。同时，反应中放出的初生态氢（H），吸附在骨架镍表面而具有加氢活性。

(2) 消化反应的原料配比：合金粉：水：氢氧化钠＝1：3：1，即合金粉10kg，蒸馏水（无氯离子）30kg，氢氧化钠10kg，用蒸馏水配成40%浓度。

制备时，先在消化反应釜内加少量蒸馏水，开动搅拌器并加热，慢慢加入合金粉，再补足剩余的蒸馏水。当釜内液温加热到50℃时，开始滴加碱液。严格控制反应温度在52±2℃（可用反应釜内冷却盘管的冷却水调节）。全部加完碱液约需3～4h。然后提高液温至60～70℃，保温搅拌6～8h。取样分析，合格后即可出料。料液放入洗涤桶中冷却，倾出上层铝酸钠白色混浊液及碱液。骨架镍用热蒸馏水（40～50℃）进行多次洗涤至中性（pH值为7）为止。

(3) 骨架镍催化剂的再生：骨架镍用作松香腈加氢催化剂具有很高的催化能力，一般可反复使用10次以上。以后催化剂活性逐渐衰退，明显的表现不再吃氢。这是由于松香腈加氢反应时产生的副产物，沉积于催化剂的孔穴之中，使骨架镍的晶格被遮蔽而失去活性。此时就必须将催化剂进行再生处理。其方法是将旧催化剂用95～100℃蒸馏水煮洗直至中性，然后用热乙醇（70～75℃）洗涤2～3次，即可再用。

6.2.3 松香胺的质量指标与用途

(1) 松香胺的质量指标：脂松香胺和歧化松香胺是浅黄色粘稠油状液体，略具刺激性氨味。微溶于沸水（在100℃溶解度＜0.5%），其盐酸盐微溶于水，而其他无机盐则根本不溶。低分子量的有机酸盐，如甲酸盐和醋酸盐是水溶性的，而硬脂酸盐、树脂酸盐、油酸盐和月桂酸盐不溶于水。易溶于大部分有机溶剂，如醇、醚、碳氢化合物及三氯甲烷等。

松香胺在温度100℃以下，比较稳定。若加热至100℃以上时，则随着加热时间的增加，松香胺会逐渐分解。

松香胺属低毒产品，其半致死量仅为2 500mg/kg（一般低毒性指标为1 000mg/kg以上）。虽然松香胺及松香胺醋酸盐毒性相当低，但它们对皮肤有一定的刺激作用，必须避免长时间的，或反复多次的与皮肤直接接触。

松香胺的质量指标见表27-26。

表27-26　松香胺的质量指标

项　目	指　标		
	脂松香胺	歧化松香胺	美国松香胺D
外　观	黄色粘稠油液	黄色粘稠油液	黄色粘稠油液
颜色（加特纳色号）	6～7	6～7	7
相对密度	d_{16}^{20}　1.002	d_{16}^{20}　1.003	$d_{15.6}^{25}$　1.00
折射率（n_D^{20}）	1.537 4	1.542 4	1.545 0
比旋光度 $[\alpha]_D^{20}$	+25.63°（C，1.02甲醇）	+46.45°（C，1.84甲醇）	—
粘度（Pa·s）	30.88×10^{-3}（80℃）	33.55×10^{-3}（80℃）	87×10^{-3}（25℃）
仲胺含量（%）	＜2	＜2	3
总胺含量（%）	94.5	95.1	92

（2）松香胺的用途：松香胺用于药物的光学拆分剂，木材防腐杀菌、防霉、防腐剂，金属缓蚀剂，原油破乳剂、润滑油添加剂、表面活性剂等方面均取得了良好的使用效果。

松香胺用于光学拆分剂时，将歧化松香胺与冰乙酸反应，利用松香胺的脱氢枞胺低脂肪酸盐（甲酸、乙酸、丙酸、丁酸盐等）较二氢和四氢枞胺相应的盐类较少溶于甲苯等石油烃类溶剂的特点，使脱氢枞胺从二氢和四氢枞胺中分离出来，得到的低脂肪酸盐粗制品经真空抽滤、重结晶，即可制得精制品。如所制得的脱氢枞胺醋酸盐外观为白色结晶，熔点 140～143℃，比旋度 $[\alpha]_D^{20}+32.2°$（C，5 甲醇）。如将精制的脱氢枞胺低脂肪酸盐用碱水解，然后用甲苯萃取，静置分层，下层碱水溶液分离除去，上层油层蒸去甲苯，即制得脱氢枞胺纯品。其外观为微黄色固体结晶，折射率 n_D^{20}1.550 6，比旋光度 $[\alpha]_D^{20}+46.8°$（C，2 甲醇），胺含量 97.7%。

脱氢枞胺醋酸盐用于拆分 DL-2-（6′-甲氧基-2′-萘基）丙酸（商品名萘普生），一次拆分率平均为 38%。脱氢枞胺用于拆分 DL-4-邻苯二甲酰亚胺基-2-羟基丁酸，拆分率为 36.4%～39.2%。两者均为优良的药物光学拆分剂。

松香胺的五氯酚盐用于木材防腐时，1%的松香胺五氯酚盐处理木材即可抑制杂色云芝对木材的危害，用 0.2%上述化合物即可防止桦革裥菌危害木材。因其挥发性较小，相对的比其他酚盐毒性小，且其持久性较好。

松香胺在缓蚀剂方面的应用，由于松香胺是一种偏碱性的油溶性缓蚀剂，它能抑制某些酸性石油产品添加剂，如氯化石蜡对金属的腐蚀。用松香胺与氯化石蜡组合，并组配了其他添加剂配制成的油剂、膏剂、乳剂切削冷却润滑液，分别用在不同的金属加工中均能取得了一定的成效，能明显地延长刀具寿命，提高加工产品的光洁度等。

松香胺 N-取代的聚乙二醇衍生物调配的酸洗缓蚀剂，其缓蚀效果远优于国内常用的“若丁”、“五四”等缓蚀剂。已用于酸洗去氮化白层工艺中，效果良好。

松香胺用于表面活性剂方面，如松香胺与环氧乙烷、环氧丙烷在碱性催化剂下聚合而成的三嵌段聚醚化合物，用作油田原油破乳剂，经破乳除水后，净油含水量小于 0.5%，达到标准，污水中带油符合要求。此外，各种聚氧化乙烯松香胺是应用很广的表面活性剂，可用作去垢剂、乳化剂，以及纺织和染料的辅助剂、起泡剂、钻孔泥浆添加剂等。

7　松香盐

松香盐又称树脂酸盐。松香树脂酸中羧基上的氢原子为金属原子取代后即得其盐：

$$C_{19}H_{29}COOH+M^{n+}\longrightarrow (C_{19}H_{29}COO)_nM$$

式中：M——金属原子。

生产上制备树脂酸盐是使松香和碱金属、碱土金属或重金属粉末及其氧化物等反应。树脂酸碱金属盐主要是钠盐和钾盐，碱土金属盐常用的是钙盐，重金属常用的有锰盐、铅盐和钴盐等。

树脂酸重金属盐可用熔融法或沉淀法制备。熔融法是把松香、金属氧化物、金属氢氧化物、金属碳酸盐或醋酸盐一起共热，如树脂酸铅盐等的制备。沉淀法是把重金属盐溶液加入松香钠盐溶液中，在 40～70℃使不溶的树脂酸金属盐沉淀，再经过滤干燥而得，如树脂酸钴盐等的制备。

7.1　碱金属树脂酸盐

碱金属树脂酸盐主要的是树脂酸钠盐和钾盐。大量的树脂酸钠盐在工业上应用，广泛的用于肥皂、纸张胶料和油水型的乳化剂。树脂酸钠盐用作洗涤肥皂的原料，有增加泡沫、防止洗涤皂酸败和改善洗涤能力的效果。钠盐用于纸张胶料，可降低纸张的吸水性和防止墨水的渗透。树脂酸钠盐（0.5%）也有加速硅酸盐水泥的凝固作用。

树脂酸钾盐和钠盐常用作合成橡胶的乳化剂。歧化松香钾盐是丁苯、氯丁、丁腈等合成橡胶的优良乳化剂。

枞酸、新枞酸和异海松酸的钠盐易溶于水，而左旋海松酸和海松酸的钠盐难溶于水。借此也可以把它们从松脂或松香中分离出来。

此外，树脂酸相当容易形成胺盐，可依此来分离，提纯得到纯树脂酸。如二戊胺可从复杂的树脂酸中沉淀枞酸，丁醇胺特别适用于沉淀左旋海松酸，乙醇胺用来沉淀脱氢枞酸，新枞酸能与 2-氨基-2-甲基-1，3-丙二醇生成新枞酸盐等。沉淀出来的各种树脂酸胺盐用酸再生就可以得到相应的纯树脂酸。

7.2　碱土金属树脂酸盐

碱土金属树脂酸盐中最常用的是钙盐。又称石灰松香、钙化树脂（简称钙脂）。由松香与石灰反应而得：

$$2C_{10}H_{29}COOH + Ca(OH)_2 \longrightarrow (C_{19}H_{29}COO)_2Ca + 2H_2O$$

将原料松香总量的一半投入反应锅中，加热熔化。并通 CO_2，开动搅拌器。温度达 225～235℃时将另一半松香加入。

加完松香后，在温度 140～150℃加入消石灰 $Ca(OH)_2$，其量为松香原料量的 6%。加完消石灰后继续通 CO_2，在此温度下反应 1h。升温至 220℃，保持 1h。取样化验，待合格后，通 CO_2 压料，压力不超过 0.1MPa。

石灰松香为淡黄色块状透明固体，软化点（环球法，℃）≥100，酸值（mgKOH/g）≤100。适用于造漆工业制光亮漆和快干漆，也用于调制钙脂瓷漆等。漆膜硬，光亮足，但机械强度与耐水性稍差。如树脂酸钙盐与树脂酸锌盐按适当比例配合（Zn 与 Ca 摩尔比为 0.5：9.5），溶于甲苯可制得坚硬的松香漆，其光泽、干燥性和油墨渗透性均可与松香改性酚醛树脂相媲美。

松香如与氧化钙反应，可用醋酸作催化剂。

用聚合松香制备钙盐，在反应中能吸收更多的钙，制得的钙盐较普通松香钙盐的软化点高 20～40℃。用于凹版油墨生产中。

7.3　重金属树脂酸盐

重金属树脂酸盐中常用的是树脂酸锌盐、锰盐、铅盐、钴盐和铜盐等。

树脂酸锌盐的制备，松香与氧化锌加热制得树脂酸锌盐：

$$2C_{19}H_{29}COOH + ZnO \longrightarrow (C_{19}H_{29}COO)_2Zn + H_2O$$

或松香皂溶液与氯化锌溶液作用：

$$2C_{19}H_{29}COONa + ZnCl_2 \longrightarrow (C_{19}H_{29}COO)_2Zn + 2NaCl$$

生成的树脂酸锌盐，熔点 120～130℃，酸性很低，可达零。此种中性盐可与酸性物质起反应。

聚合松香锌盐由聚合松香与醋酸锌一起加热至 220～270℃制得。此法可制得熔点较高（140～150℃）和含锌量大于 9%（氧化锌制得者含锌量 7%）的锌盐。能溶于脂族和芳族溶剂中，适用于配制高质量的套色印刷油墨。在制备过程中，挥发性醋酸可以回收。

树脂酸锰盐由松香与二氧化锰共熔制得：

$$2C_{19}H_{29}COOH + MnO_2 \longrightarrow (C_{19}H_{29}COO)_2Mn + H_2O$$

树脂酸锰盐易溶于油、松节油、汽油和其他溶剂，主要用作油漆或涂料的催干剂，其用量约为油类的0.1%～0.2%。除锰盐外，铅盐与钴盐亦用作油漆的催干剂。树脂酸锰盐还可用作甲苯用空气进行液相氧化为苯甲酸的催化剂。

树脂酸铅盐由松香与氧化铅用熔融法制得：

$$2C_{19}H_{29}COOH + PbO \longrightarrow (C_{19}H_{29}COO)_2Pb + H_2O$$

树脂酸钴盐由树脂酸钠盐与硝酸钴用沉淀法制得：

$$2C_{19}H_{29}COONa + Co(NO_3)_2 \longrightarrow (C_{19}H_{29}COO)_2Co + 2NaNO_3$$

树脂酸铜盐由松香和氧化铜共熔制得。是一种典型的防腐剂和杀（霉）菌剂。它对海洋中存在的分解纤维素的多种菌体都有强烈的毒性，且其价格低廉，在水中有较大的耐久性，常用于船底漆配方和渔网防腐剂。树脂酸铜盐配合一些石油蒸馏物作乳化剂，是一种液体杀菌剂，与水混合即成高度稳定的乳液，对花生、甜菜等的叶斑病和马铃薯、番茄等作物的晚疫病的预防都有良好的效果。

此外，树脂酸铜盐还可用作有机单体如醋酸乙烯的有效稳定剂，以及用于铝和铝合金的焊接剂。

树脂酸金属盐除用于肥皂、造纸胶料，橡胶乳化剂、油漆、油墨、防腐剂、杀（霉）菌剂外，也可用于陶瓷颜料、焰火制造、瓦的胶接和通常需要比松香更硬和酸性更小的热塑性树脂中。

8 电缆松香、精制浅色松香

松香为油浸粘性纸绝缘电力电缆浸渍剂和不滴流浸渍纸绝缘电力电缆浸渍剂配方的主要材料之一。浸渍剂的电特性与合成电缆油品和松香的质量有关。我国松香的电特性因松树树种、松香产地，等级和工厂的加工工艺不同而异。松香的电绝缘性能不稳定，直接影响电缆产品的质量，特别是不滴流浸渍纸绝缘电力电缆的生产，对松香电特性的要求更高。

8.1 电缆松香的制备、质量指标与用途

8.1.1 我国松香的电绝缘性能

松香主要含有82%～86%的树脂酸，其余为高沸点中性油、机械杂质、氧化树脂酸和无机盐类，成分复杂。其中高沸点中性油、氧化树脂酸、机械杂质和无机盐类的电绝缘性能较差。我国主要松香产4省（区）96个地区9种商品松香的电绝缘性能见表27-27[222]。

由表27-27可见，我国广东、海南、广西、福建、江西部分产区松香的电绝缘性能主要指标介质损失角（tgδ，120℃）值在1.00%～17.71%，体积电阻系数（ρv，110℃）值在$0.219\times10^{12}\sim6.35\times10^{12}\Omega\cdot cm$。即不同地区松香的电绝缘性能各有差异，即使同一产地的松香，级别不同，其电绝缘性能也各不相同。树种不同，海南南亚松松香介质损失角较小1.00%，体积电阻系数较大$6.35\times10^{12}\Omega\cdot cm$，电性能优于马尾松松香。这种电绝缘性能不稳定的松香，需要改善其电性能，满足不滴流电缆生产对松香质量的要求。

表 27-27 几种商品松香的电绝缘性能

产地		电绝缘性能		树种	加工工艺	备注①
		介质损失角 (tgδ，120℃，%)	体积电阻系数 (ρv，110℃，Ω·cm)			
广东	广宁	16.40	5.55×10^{12}	马尾松	蒸汽法	
海南		1.00	6.35×10^{12}	南亚松	滴水法	
广西	玉林	2.24	2.06×10^{12}	马尾松	蒸汽法	
	梧州 1	1.22	4.76×10^{12}	马尾松	蒸汽法	
	梧州 2	5.10	8.88×10^{11}	马尾松	蒸汽法	
	梧州 3	16.70	2.19×10^{11}	马尾松	蒸汽法	四级
福建	上杭	2.20	2.90×10^{12}	马尾松	滴水法	
江西	广昌 1	17.71	2.19×10^{11}	马尾松	蒸汽法	常法采脂
	广昌 2	12.80	2.50×10^{11}	马尾松	蒸汽法	化学采脂

① 表中未注明色级者均为特级或一级。

8.1.2 电缆松香的制备

由于松香的组成复杂，改善其电性能必须设法除去电绝缘性较差的中性油、机械杂质、氧化树脂酸、无机盐类等杂质，提高树脂酸中枞酸的含量，因为枞酸为各种树脂酸中电绝缘性能最高的一种树脂酸。基于以上的两个目的，电缆松香的制备可采取减压蒸馏工艺，分段截取馏份以除去杂质，并在高温下利用枞酸型树脂酸的热异构规律，增加枞酸含量。亦即在减压条件下，控制温度与时间，蒸去前馏份，其中多为高沸点的中性油；蒸馏釜内留有一定量的残渣，其中主要为氧化树脂酸、机械杂质和无机盐类；所得中间馏份为枞酸含量较高、电绝缘性能良好符合不滴流电缆用的成品松香，即为电缆松香。电缆松香由于枞酸含量的增加，会导致产品结晶趋势的增大。

生产的主要工艺过程是：将原料松香破碎（也可用熔融的热松香），加入熔化、蒸馏锅中，加热使之熔化并升温。当松香温度升至160℃左右时，起动真空泵，在一定温度和真空下蒸出中性油，收集成品为高电绝缘性的蒸馏松香即电缆松香，并除去残渣。电缆松香（蒸馏松香）的电性能见表 27-28[223]。

表 27-28 电缆松香（蒸馏松香）的电性能

产地	原料松香		蒸馏松香	
	介质损失角 (tgδ，120℃，%)	体积电阻系数 (ρv，110℃，Ω·cm)	介质损失角 (tgδ，120℃，%)	体积电阻系数 (ρv，110℃，Ω·cm)
广西梧州	2.00	2.06×10^{12}	0.27	2.46×10^{13}
广西玉林	2.10	1.60×10^{12}	0.48	1.21×10^{13}
广东信宜	1.38	3.10×10^{12}	0.41	1.27×10^{13}
福建上杭	1.30	3.14×10^{12}	0.44	1.07×10^{13}

由表 27-28 可见，蒸馏松香具有较好的电绝缘性能，介质损失角（tgδ）值为原料松香的 1/7～1/3，体积电阻系数（ρv）值较原料松香提高了约 10 倍。蒸馏松香中枞酸含量在 60%以上。

8.1.3 电缆松香的质量指标与用途

以脂松香为原料制成的电缆松香，主要用于不滴流电缆，也可用作其他电气绝缘材料。电缆松香是一种无定形的透明固体树脂，主要化学成分为树脂酸，分子式 $C_{20}H_{30}O_2$。电缆松香的各项技术指标见表 27-29（中华人民共和国行业标准 ZB B72006—88）。

表 27-29 电缆松香技术指标

指标名称	指　　标
体积电阻系数（ρv），110℃，Ω·cm	≥1.0×10^{13}
介质损耗角正切值（tgδ），120℃	≤0.005
颜色①	微黄
软化点（环球法，℃）	≥80
酸值（mgKOH/g）	≥175
灰分（%）	≤0.005

① 符合 GB8145-87《脂松香》标准特级的颜色要求。

电缆松香在电缆油中的电性能较好，介质损失角（tgδ）、体积电阻率（ρv）都比普通松香的混合油电性能好5～6倍。但电缆松香结晶趋势较大，易产生结晶。配方中不超过23.5%时，结晶不明显，完全可以用作不滴流电缆浸渍剂的添加剂。用作一般电缆浸渍剂时，需注意调整配方和选择工艺，避免松香析出结晶。

8.2 精制浅色松香的制备与质量指标

松香在造纸、油漆、橡胶、塑料、胶粘剂、食品、医药、电气等行业中使用时，在制造浅色产品的场合下就需要浅色松香。

精制浅色松香是以松脂或脂松香为原料经精制而得。精制采用真空减压蒸馏工艺，可获得 XC、XB、XA 颜色等级的产品。精制的技术关键在于：

(1) 利用松香在高温下有"热漂白"作用的原理，控制加热温度在 250～270℃。

(2) 在高度真空下除去能增加松香颜色的氧化树脂酸和中性油等杂质。

(3) 精制在惰性气体高纯氮的保护下进行。热松香极易加深颜色，在松香加热熔化、蒸馏等过程中用高纯氮或其他惰性气体保护。

(4) 采用导热油为加热介质，使加热均匀易于自控，防止颜色加深。

精制浅色松香是一种固体天然树脂。外观为浅黄色，透明或结晶状固体。精制浅色松香分为一、二、三级，其技术指标应符合表 27-30（中华人民共和国行业标准 LY/T1065-92）的规定。

表 27-30 各级精制浅色松香技术指标

指 标 名 称		指　标		
		一	二	三
颜　色		符合精制浅色松香颜色分级标准，与 ASTM D509 XC、XB、XA 颜色等级相当		
软化点（环球法）（℃）	≥	83	82	81
酸值（mgKOH/g）	≥	178	176	175
不皂化物含量（%）	≤	4	4	4
灰分（%）	≤	0.005	0.005	0.008

精制浅色松香颜色的分级采用国际照明委员会（CIE）色度指标。其各级颜色的色度指标（10°视场，C 光源）见表 27-31。其相当的标准物质为玻璃标准色块，每套三枚。

表 27-31 精制浅色松香颜色分级标准色度指标（10°视场，C光源）

颜色级别	色品坐标		光透射率
	X_{10}	Y_{10}	Y%
一	0.345 8	0.373 7	83.4
二	0.378 5	0.417 1	77.1
三	0.411 5	0.448 6	68.8

注：浅色松香的用途与松香相同，只是在浅色产品制造时应用。

9 其他松香化工产品

利用松香树脂酸分子中的共轭双键与羧基的各种反应，引进一些官能团，形成一些新的化合物，已是松香深加工产品发展的新方向，更大限度地扩大松香在涂料、塑料、高分子材料、化学助剂等工业领域中的应用。

9.1 松香改性酚醛树脂

松香改性酚醛树脂，是由酚与醛在碱性催化剂存在下缩合，与松香反应并经多元醇酯化而得的固体树脂。淡黄色至红棕色，透明，软化点高，油溶性好。

中国生产的松香改性酚醛树脂由于所用的酚类原料不同而有210、211、2112、2116、2118、2119等品种。主要用于油漆、油墨，也用于漆包线、橡胶等工业。

9.1.1 松香改性酚醛树脂的制备方法

松香改性酚醛树脂的制备方法有一步法与两步法两种。以采用的酚类原料不同而采用不同的方法，通常以苯酚为原料时采用一步法，以甲酚、二甲酚、二酚基丙烷等为原料时采用两步法。

一步法：是在松香存在下以六次甲基四胺（H促进剂）为催化剂，使苯酚与甲醛缩合。由于松香酸性很弱，反应在水相介质中进行，酚醛反应仍属碱性缩合，生成的羟甲基苯酚很快溶解在松香中，阻止了自身进一步缩聚。当温度升高之后，羟甲基苯酚脱水生成次甲基醌而与松香加成而制得树脂。此法酚与醛之间的缩合不致过度，分子量比较均匀。可避免制造酚醛浆时易速聚过度的缺点，但需要高质量的原料，如原料含有杂质，容易涨釜而使产品颜色变深。

两步法：以甲酚、二甲酚、二酚基丙烷等作为原料。第一步，酚与甲醛在氢氧化钠存在下缩合，反应结束后用酸中和催化剂，水洗后制得浆状的可溶性酚醛树脂，称为酚醛浆。第二步，加一定量的酚醛浆于熔融的松香中，使起加成反应。这种先制成酚醛浆后加入松香中的方法叫两步法。此法优点是可使用质量较差的混合酚仍可制得颜色较浅的产品。缺点是酚醛浆的制造终点不易掌握，如缩合过度，放置时间过久，都会使它在松香中的溶解性降低，影响加成反应。

两种方法的加成产物进一步与多元醇酯化得到产品。

9.1.2 210松香改性酚醛树脂的制备与质量指标

（1）反应机理：酚与甲醛碱性缩聚得到的可溶性酚醛树脂，为羟甲基苯酚或二羟甲基酚代甲烷：

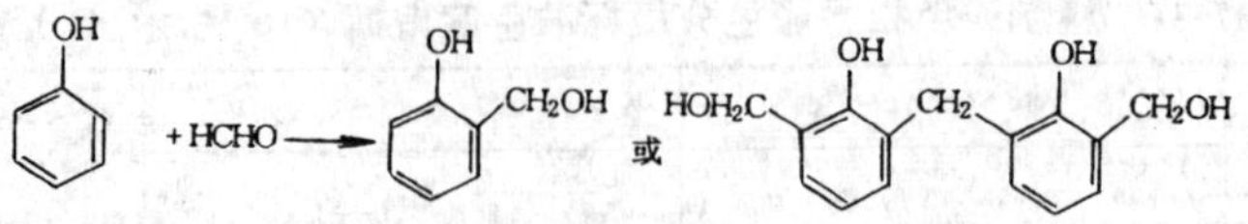

羟甲基酚或二羟甲基苯酚代甲烷在高温下脱水生成次甲基醌，然后与松香中的枞酸起加成反应得到可溶性酚醛树脂与松香的加成产物：

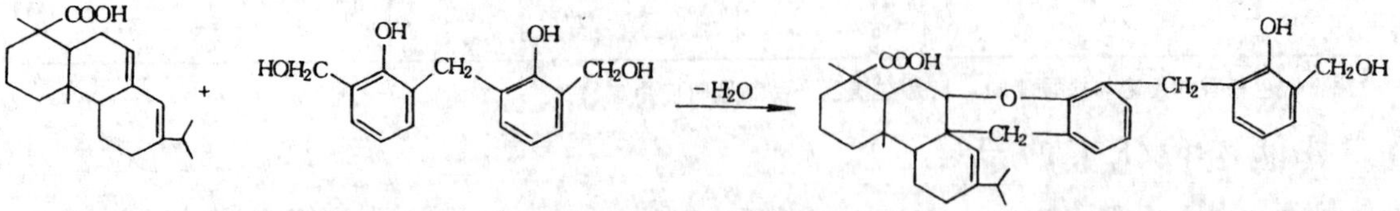

反应中，羟甲基与松香的羧基之间未发生酯化反应，因此所得的可溶性酚醛树脂与松香的加成产物需用多元醇（甘油）进行酯化，以降低酸值，使其符合制漆的需要。酯化反应得到的产品结构式如下：

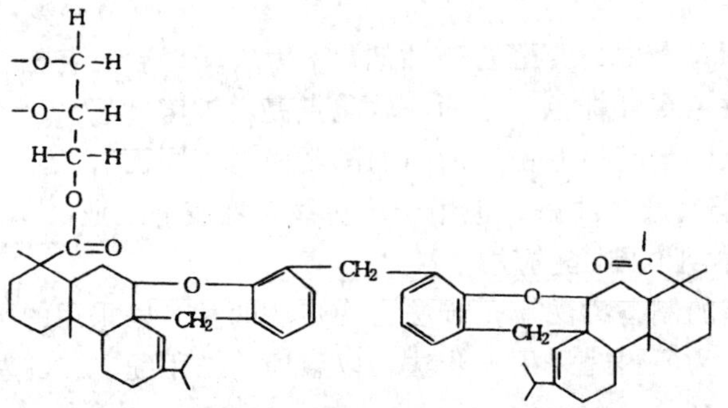

松香酚醛甘油酯

(2) 树脂制备：一步法制备210松香改性酚醛树脂的生产工艺流程如图27-33。其原料配比（重量百分比）为：松香（一级）71.41%，苯酚10.93%，37%甲醛10.53%，H促进剂(六次甲基四胺）0.56%，氧化锌0.14%，95%甘油6.43%。

生产步骤如下。松香熔化后，借真空吸入反应锅4中。亦可先将松香投料量的一半加入反应锅中，加热熔化，并通CO_2。开动搅拌。温度升至225～235℃时，逐渐加入另一半松香。

当温度下降到160℃以下时，逐渐加入苯酚。同时关掉CO_2，开冷凝器2冷却水。加完苯酚后，继续搅拌5min。当温度下降至110℃以下时，加H促进剂与氧化锌。同时逐渐加入甲醛，加入速度以不溢锅为度。

加毕甲醛，在温度100±2℃下维持3h。然后加热脱水并升温至220℃。并开大冷凝器5的冷却水。

升温至220℃时开始加入甘油，边加边升温。加毕甘油，在270±2℃下维持3h。放去冷凝器2中的冷却水，然后在原温下抽真空1h。取样化验，合格后，通CO_2压料。压力不超过0.1MPa。

(3) 质量指标：210松香改性酚醛树脂的质量指标按化学工业部颁标准（HG2—231—65)。一级品的软化点（环球法）(℃) 135～150，酸值 (mgKOH/g) ≤20，色泽（铁钴法）≤12，在甲苯中溶解度（1∶1），全溶。外观为无定形棕色透明体。适用于造漆、油墨、橡胶、水砂皮、漆包线等工业。

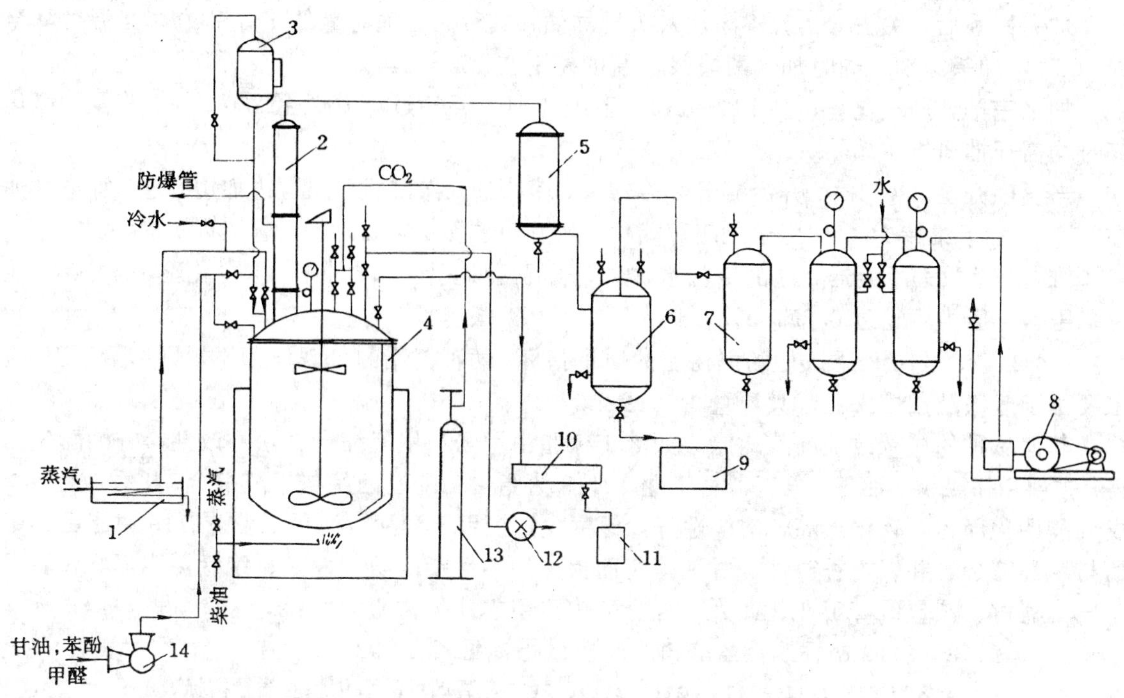

图 27-33　松香改性酚醛树脂生产工艺流程

1. 松香熔化槽；2. 冷凝器；3. 甲醛计量槽；4. 反应锅；5. 冷凝器；6. 受器；7. 真空缓冲罐；8. 真空泵；9. 轻油、水贮槽；10. 冷却盘；11. 包装桶；12. 抽风机；13. CO_2 钢瓶；14. 齿轮泵

9.1.3　2112、2116 松香改性酚醛树脂的制备与质量指标

此两种酚醛树脂以二酚基丙烷与甲醛缩合，并以松香改性，甘油酯化而得。制备采用两步法。

(1) 酚醛浆制备：酚醛浆制备原料的配比（重量百分比）为：13%二酚基丙烷 34.8%，37%甲醛 44.8%，30%液碱 14.5%，66%硫酸 5.9%。

制备时，先将液碱量 2.9 倍的水加入反应锅中，加入液碱，搅拌。升温至 60～70℃时，逐渐加入二酚基丙烷，边加边升温至 80～90℃，溶液透明后，降温至 50℃。逐渐加入甲醛，保持反应温度在 50～52℃，约 1h 加完，维持 5.5h，降温至 40℃。加 35%～45%浓度的硫酸进行中和，中和时控制温度在 30～40℃，中和至 pH 值为 4～5。然后制好的酚醛浆用水洗涤至无硫酸根为止。

酚醛浆为黄红色至黑棕色浆状体，固体含量 60%以上，与松香混匀后，均匀透明。酚醛浆在常温 20～30℃下可贮存数天，在贮存过程中粘度不断增大，在松香中的溶解性逐渐降低，甚至变成固体。因此，制成的酚醛浆必须尽快使用。

(2) 2112、2116 松香改性酚醛树脂的制备：2112 树脂原料的配比（重量百分比）：松香：酚醛浆（100%）：甘油（95%）：氧化锌为 81.95：9.29：8.60：0.16。2116 树脂原料的配比（重量百分比）则为 80.84：10.51：8.49：0.16。

生产步骤如下。

将原料松香的一半量加入反应锅中，加热熔化并通入 CO_2，开动搅拌。当温度升至 225～235℃时，将另一半松香慢慢加入。加松香时开抽风机，排除锅中气体。

加完松香后，关去 CO_2。逐渐加入头批甘油，其量为甘油总量的 1/5～1/4。当温度降至 140℃时，加杀沫剂，同时加入酚醛浆，温度控制在 130～140℃。

加浆完毕，加氧化锌，在 130～140℃下维持 1h。然后逐渐升温至 220℃。加浆及加氧化锌时均需开抽风机。

当温度升至 220℃时，开冷凝器 2 冷却水，逐渐加入第二批甘油，边加边升温。加毕甘油在 270±2℃下维持 3h。如用季戊四醇酯化，则在升温至 250℃时加入。

维持毕，放去冷凝器 2 中的冷却水，保持原温度抽真空 2h。抽毕，取样化验，合格后，通 CO_2 压料，压力不超过 0.2MPa。

(3) 2112、2116 松香改性酚醛树脂的质量指标：两种树脂的外观均为不规则形透明固体。主要用于造漆及油墨工业，其质量指标见表 27-32。

其他品种的松香改性酚醛树脂，如 211 树脂由甲酚与甲醛缩合，松香改性、甘油酯化而得。主要用于油漆、油墨、电工器材工业。2118 树脂由二酚基丙烷与甲醛缩合、松香改性、季戊四醇酯化而得，软化点高，溶解性好，泛黄少，主用于油漆、油墨工业。2119 树脂由二甲酚与甲醛缩合，并以松香改性、甘油酯化而得。油溶性能、防潮性能、绝缘性能都好，主用于电工器材、漆包线等工业。此外，混合酚也可用作此类树脂的原料。

211、2118、2119 松香改性酚醛树脂的质量指标见表 27-32。

表 27-32 2112、2116、211、2118、2119 松香改性酚醛树脂的质量指标

指标名称 \ 指标 \ 树脂品种	2112	2116	211	2118	2119
软化点（环球法,℃）	≥135	151～162	≥133	157～165	≥130
色泽（铁钴法），号 ≤	12	12	13	12	16
酸值（mgKOH/g） ≤	20	18	20	20	20
溶解度	苯中溶解度（1∶1）清	（亚麻油∶树脂＝2∶1，加热至 240℃以溶剂稀释）全溶	a.（苯∶树脂＝1∶1）清 b.（亚麻油∶树脂＝2∶1，加热至 240℃，以溶剂稀释）全溶	（亚麻油∶树脂＝2∶1，加热 240℃，以溶剂稀释）全溶	—

9.2 松脂（松香）改性醇酸树脂[224]

醇酸树脂是指由多元醇、多元酸与脂肪酸制成的聚酯而言。是主要的涂料用树脂。它原料较简单，生产工艺也较易，性能优越，在干率、附着率、光泽、硬度、保光性、耐候性等方面都优于油性漆。可独立制成清漆、磁漆、底漆腻子等，更可以与其他涂料合用，如硝酸纤维素、氨基树脂漆、氯乙烯树脂、氯化橡胶、环氧树脂、有机硅树脂等，改善其性能。

由于甘油紧缺和植物油价格上涨，并扩大松香的用途，对松脂（松香）代替植物油，季戊四醇代替甘油生产改性树脂漆的生产工艺进行了研究。制得的松脂（松香）改性醇酸树脂漆具有附着力强，漆膜光泽与硬度高等特点，且原料易得，价格低廉，有很大的实用价值。

9.2.1 松脂（松香）改性醇酸树脂醇解过程中组分的变化[221]

醇酸树脂的合成主要由醇解、酯化-缩聚反应两部分组成，用薄层色谱分离、红外谱图定性、薄层扫描定量的方法，以松脂和松香（广西梧州）、双漂线麻油、工业季戊四醇、氢氧化锂为原料，对松脂（松香）、季戊四醇、植物油（线麻油）醇解过程各阶段组分的组成进行了研究，得知醇解过程中各组分的变化规律如下。

线麻油与多元醇含量在醇解过程中的变化　随着醇解时间的延长，线麻油的含量逐渐下降，醇解 55min 前下降速度较快，55min 后下降平缓，至 80min 趋于定值，达到动态平衡。多元醇在 50min 前含量下降较快，而至 60min 即达到动态平衡。这说明 60min 后，多元醇实际上已不参与酯化反应了，只产生各种酯之间的交换反应。

松香在醇解过程中的变化及作用　在线麻油与季戊四醇进行酯交换反应过程中加入松香，使松香与多元醇反应或进行置换反应。随着醇解时间的延长，参加酯化反应的松香逐渐增加，当醇解时间为 75min 时松香参加酯化反应的量最大。

醇解液中有效酯含量的变化规律　合成醇酸树脂醇解液中有效组分应是具有二官能度的酯，如甘油一酯、季戊四醇一、二酯。当醇解在 30min 之前，以上有效成分含量很低，当醇解 1h，有效成分剧烈增加，当醇解时间为 75min 时，有效成分含量达最大值 52%左右，这时应作为醇解终点。

醇解液中一官能度酯含量的变化规律　随着醇解时间的增加，甘油脂肪酸二酯的含量在 45min 时最大，约 17%左右，而后平缓下降。而季戊四醇脂肪酸三酯含量随醇解时间延长而逐渐增加，最高含量约 8%左右。

由以上醇解过程中各组分的变化规律得知，以松脂（松香）改性制造醇酸树脂时，醇解时间以 65～75min 为宜。

9.2.2　松脂（松香）改性醇酸树脂漆的制备

松脂（松香）改性醇酸树脂主要是作为油漆原料。松脂（松香）改性醇酸树脂漆的制备工艺流程如下：

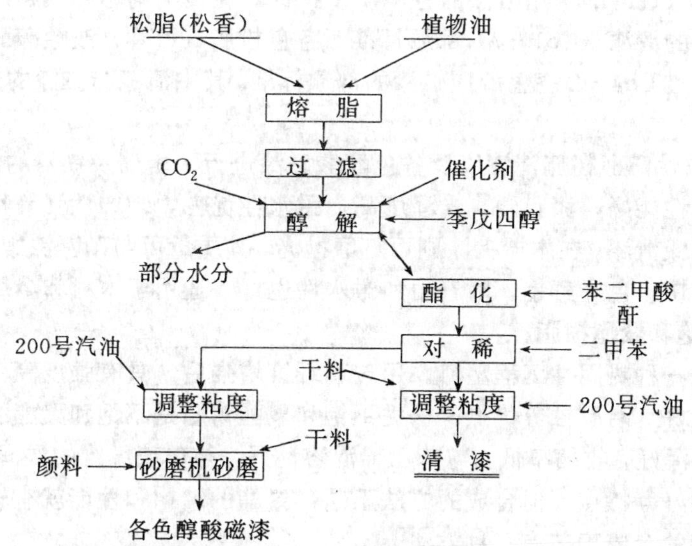

原料：松脂，含水分 4.6%、松节油 11%、杂质 1%，或一级松香；植物油，单漂胡麻油，酸值（mgKOH/g）0.6，色泽（铁钴法）11 号；苯二甲酸酐，纯度 98.8%；季戊四醇，纯度 92.59%；二甲苯，沸程 130～140℃；200 号汽油。

具体的操作步骤如下：

(1) 松脂（松香）熔化：按配方将松脂（松香）与植物油加入熔化锅中，通入CO_2保护，开始加热，开动搅拌。将油温升至100℃左右，待松脂（松香）全部熔化后，开动齿轮泵，将热油脂经滤网过滤装桶备用。

(2) 醇解：将除去杂质的热油脂称量后转入酯化釜。通入CO_2，边搅拌边升温，当温度升至220℃时停止搅拌，加入催化剂氢氧化锂LiOH（或氧化铅PbO），继续搅拌、加热。至240℃时分批加入季戊四醇进行醇解，待95%乙醇的容忍度为1∶5（25℃），醇解液透明为醇解终点。乙醇容忍度是指1ml醇解物于试管内，在规定温度下以95%乙醇（或无水甲醇）进行滴定至开始浑浊为终点，所用乙醇（或甲醇）的毫升数即为容忍度。

醇解反应结束时，醇解液的组成对树脂质量有重要的影响，确定最佳醇解组成是制取优良醇酸树脂的技术关键。经研究确定，松脂（松香）、季戊四醇、植物油醇解液中可缩聚成醇酸树脂的最高组分含量为52%，醇解时间为65～75min。

(3) 酯化：醇解合格后，当温度降至200℃时加入苯二甲酸酐和5%二甲苯（占反应物量）。停止通CO_2，并以每时升温10℃的速度进行酯化，逐步升温至240℃后保温酯化至粘度、酸值达到要求。当酸值10以下，格氏粘度达4～5s后降温，当温度降到200℃以下时，加入200号汽油，即为漆料。得到的漆料分别配制成清漆与各色醇酸磁漆。

(4) 清漆与磁漆的制造：将漆料调至适当粘度（允许粘度范围40～80s），固体分含量45%以上，按配方加入干料制成清漆。

各色磁漆是在三辊研磨机中加入各种颜料研磨而成。如制造的白色磁漆的配方为：树脂67.86%，钛白粉R-820 24.99%，Co0.7%，Mn0.3%，Pb1.8%，Zn0.35%，二甲苯3.8%，湿润剂0.2%。

9.2.3 清漆及各色醇酸磁漆的质量与用途

松脂（松香）改性醇酸树脂清漆的各项质量指标，经检测均达到或超过植物油改性季戊四醇醇酸树脂制成的清漆（Co1—7）部颁标准。各色松脂（松香）改性醇酸树脂磁漆的质量指标也均达到或超过Co4—2各色醇酸磁漆的部颁标准，其中清漆与磁漆的光泽、硬度均超过部颁标准。

松脂（松香）改性醇酸树脂清漆以及各色醇酸磁漆进行了木器及铁器的涂刷使用表明，清漆透明，具有涂刷性能好，漆膜硬，光泽度高，耐水性优良，装饰性强等特点，其性能优于酚醛清漆和一般醇酸清漆。在木器上涂刷可打磨抛光，其质量可与硝基漆媲美。磁漆光泽、硬度好，常温下干燥快，色泽鲜艳，附着力和耐水性也好，适用于木材和金属表面的涂复。

9.3 松香改性不饱和聚酯树脂

不饱和聚酯是一种热固性工程塑料。用玻璃纤维增强后，具有强度高、重量轻、导热系数低、电绝缘性能好、耐腐蚀等优点。松香不饱和聚酯树脂是不饱和聚酯的一个新品种，其成膜硬度较高，光泽好，收缩率低，与苯乙烯混溶性好，与玻璃纤维的湿润性好，粘附力强，及耐水性、耐酸性好等特点。但合成的方法不同，聚酯的结构和性能就有较明显的差异。

松香聚酯树脂的合成工艺有三种方法[225]：

一步法：松香（或改性松香）、二元酸、二元醇一次加入反应釜内加热，在200℃下反应至酸值50以下止。

两步法：松香（或改性松香）与过量60%二元醇加入反应釜内在265～280℃酯化，酸值降至30以下，加入二元酸与二元醇在200℃下反应至酸值40左右为止。

封端法（松香后加法）：二元酸与二元醇加入反应釜内，在 200℃下缩聚至酸值 60 左右，再加入松香，在 200～210℃下反应至酸值 50 为止。

以上三种方法以两步法制得的树脂有较好的耐腐蚀性能及机械强度。一步法与封端法制得的树脂性能无明显的差异。两步法将难酯化的松香羧基在 265～280℃下酯化，减少聚酯中游离松香酸的存在，同时增加了树脂酸单酯的反应活性，使树脂封端作用更有可能。如用松香二羧酸，先在较高温度下酯化，就可在缩聚时使松香二羧酸在聚酯链的中央，提高树脂的耐腐蚀性能。封端法由于松香作为封端剂在树脂缩聚的后期加入，松香参加反应的时间短，温度较低，部分树脂酸没有酯化而成游离态混杂于聚酯中，影响树脂的耐腐蚀性能及机械强度。一步法松香与其他酸、醇一起混合加热，在体系中加成、酯化同时进行。由于松香的羧基在 200℃下酯化慢，聚酯分子的端基不会因松香一元酸的存在很快被封闭。但松香参与反应时间较长，反应较充分时，聚酯中存在的游离树脂酸会少些。

9.3.1　反应机理

松香主要由树脂酸组成。松香聚酯树脂的合成是利用树脂酸分子中的双键和羧基两个活性基团进行加成与酯化反应。松香树脂酸为一元羧酸，制备不饱和聚酯时，首先用丙烯酸（或β-丙酸内酯）与其加成，可以在枞酸型树脂酸分子中引起一个羧基而成二元羧酸，其反应式如下：

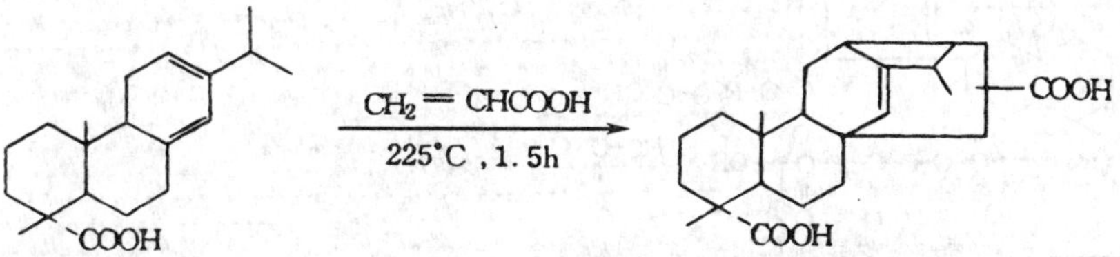

枞酸型树脂酸 $\xrightarrow[225^\circ C,\ 1.5h]{CH_2=CHCOOH}$ 松香二羧酸

松香与含不饱和双键（如反丁烯二酸）的聚酯亦可以起加成反应，其反应式如下（式中 R 代表不饱和聚酯中其他的分子链节）：

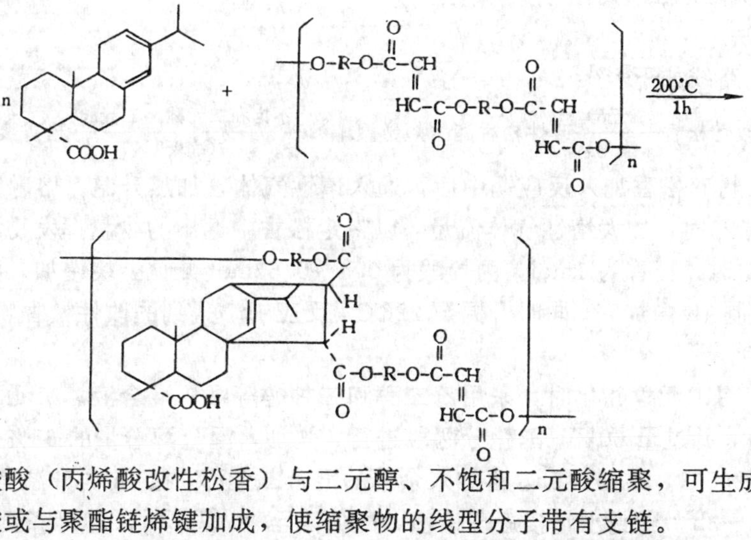

n（枞酸型树脂酸）+ [—O—R—O—C(=O)—CH=HC—C(=O)—O—R—O—C(=O)—CH=HC—C(=O)—O—]$_n$ $\xrightarrow[1h]{200^\circ C}$ （加成产物）$_n$

松香二元羧酸（丙烯酸改性松香）与二元醇、不饱和二元酸缩聚，可生成线型分子。松香与反丁烯二酸或与聚酯链烯键加成，使缩聚物的线型分子带有支链。

松香树脂酸的羧基与醇类反应生成相应的酯。应用于聚酯中的松香酯主要为二元醇酯，如乙二醇酯。反应式如下（R 代表树脂酸基 $C_{19}H_{29}$—）：

$$R—COOH+\begin{matrix}CH_2—OH\\|\\CH_2—OH\end{matrix}\xrightarrow{265\sim280℃}\begin{matrix}R—COO—CH_2\\|\\R—COO—CH_2\end{matrix}+\begin{matrix}R—COO—CH_2\\|\\HO—CH_2\end{matrix}+H_2O$$

通常生成单酯至双酯的混合物，若二元醇过量可生成较多的单酯及松香二羧酸低聚酯。这些酯化物对聚酯进一步缩聚与改善树脂性能是有利的。

松香树脂酸的羧基与不饱和聚酯中的羟基进行酯化反应，可起封端作用。如与不饱和二元酸（反丁烯二酸）以及二元醇（二甘醇）继续进行缩聚，拉长分子链形成不饱和聚酯，其反应式如下[226]：

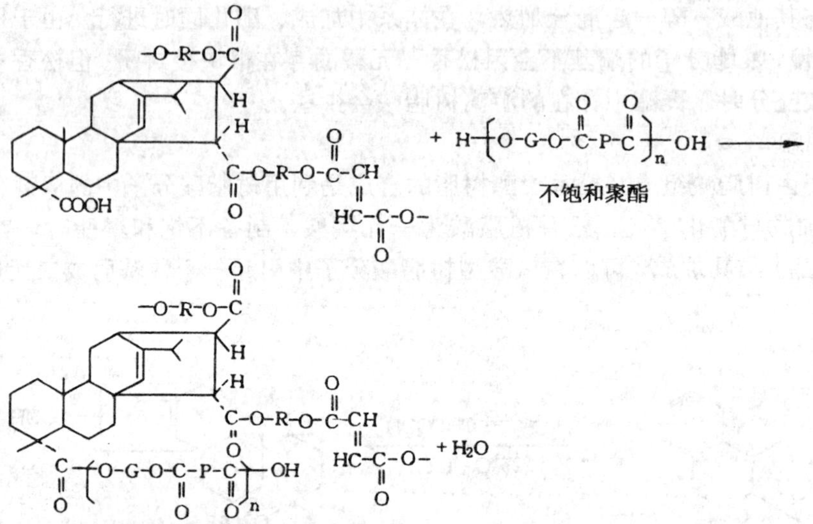

$$+\ H\left[O-G-O-\overset{O}{\overset{\|}{C}}-P-\overset{O}{\overset{\|}{C}}\right]_n OH \longrightarrow$$

不饱和聚酯

$$+\ H_2O$$

式中：G——二元醇除羟基以外的碳碳链；

P——二元酸羧基以外饱和的与不饱和的余基；

n——聚合度。

通常，二元醇过量10%。

9.3.2 制备方法

采用的工艺路线如下[227]：

脂松香 $\xrightarrow[(加成)]{丙烯酸}$ 改性松香 $\xrightarrow[(酯化)]{二元醇}$ 改性松香酯（短链聚酯）$\xrightarrow[(缩聚)]{不饱和二元酸、二元醇}$ 松香聚酯 $\xrightarrow[(混溶)]{苯乙烯}$ 松香聚酯树脂

（1）加成：粉碎松香加入反应锅中后，通入惰性气体，加热升温。熔融后，搅拌。当温度升至150～170℃时，加大惰性气体流量，以带走松香中逸出的少量挥发物和水分。当温度升至190～200℃时，松香为1mol，丙烯酸为0.4～0.63mol配比，缓慢加入丙烯酸。丙烯酸加在液面下，控制1h内加完。同时升温至226℃，反应1h。得到的改性松香软化点120℃，酸值240，碘值80。

（2）酯化：用二元醇酯化时，采用乙二醇和二甘醇等摩尔混合液。二元醇的加入量按改性松香酸值计算，并过量60%。酯化分两段进行，先加入混合醇总量的65%进行酯化，使温度在1h内升至265℃，反应0.5h。再加入余下的混合二元醇，在1h内升温至280℃，控制在该温度下反应2～3h。当脱水量接近理论值，酸值降至30以下时，即可降温并转入缩聚。

（3）缩聚：当温度降至200℃左右时，加入80μg/g氢醌，2mol反丁烯二酸（按1mol松香计）和按化学计算并过量10%的等摩尔乙二醇和二甘醇的混合液。加完料后温度约为140℃

左右，继续升温缩聚。在 160～170℃时反应激烈，生成大量反应水，此时需缓慢升温。在193～195℃反应 5h 左右，待反应水量接近理论值，酸值在 40 左右时，缩聚结束，即可降温。

(4) 混溶：当温度降至 160℃时，加入树脂总量 0.01％的氢醌，搅拌均匀，140℃时出料。放入盛有苯乙烯的容器中混溶（苯乙烯用量为树脂总量的 35％），搅拌均匀，待冷却后包装。

整个反应过程均在惰性气体保护下进行。

在丙烯酸缺乏时，脂松香可在 265～280℃与过量二元醇直接酯化，然后在 200℃加入反丁烯二酸、二元醇继续酯化、缩聚，最后在 100℃下与苯乙烯混溶，亦可制得不饱和聚酯。

聚合松香亦可制备不饱和聚酯。聚合松香用过量 70％的二甘醇在 260～285℃下进行酯化至酸值 20～25 为止，需时 6～7h。然后降温至 160℃加入顺丁烯二酸（按松香与顺丁烯二酸摩尔比为 1∶2～3 量加入）和二甘醇（按化学计算量过量 10％），保持在 193～195℃下酯化至酸值 25 左右，冷却至 120℃与苯乙烯混溶得成品。

9.3.3　质量指标

由上述工艺制备的松香改性不饱和聚酯树脂的性能较好。这种树脂用玻璃纤维增强后，可制玻璃纤维增强塑料（又称玻璃钢），具有优良的机械性能，适用于制作大型机件的壳体，如农用车、打谷机、汽车、货车车身等。该树脂经铸模成型后对水、10％氢氧化钠、30％硫酸等耐腐蚀性能较好，可用于一定范围的化工防腐设备，电绝缘性能也较好，可用于一般电绝缘材料。此外，尚可用作触变性腻子、锚固剂和涂料等。

几种松香改性不饱和聚酯树脂及其浇铸树脂板和玻璃钢的性能见表 27-33。

表 27-33　几种聚酯树脂、浇铸树脂板和玻璃钢的主要性能

试样	项目		南亚松松香聚酯	马尾松松香聚酯	丙烯酸改性马尾松松香聚酯
树脂液	酸值(mgKOH/g)		88	31	28
	粘度(涂 4 号杯,s)		221	200	211
	凝胶时间(80℃,2％过氧化苯甲酰,min)		7	7	6
	颜色（Gordner）		9	9～10	10～11
浇铸树脂板	电性能	表面电阻系数（Ω）	3.05×10^{13}	1.21×10^{13}	1.14×10^{13}
		体积电阻系数（Ω·cm）	2.57×10^{15}	2.11×10^{15}	2.62×10^{15}
		介电常数（10^6 Hz）	2.53	2.72	2.51
		介电损失正切（10^6 Hz）	3.06×10^{-2}	2.66×10^{-2}	2.53×10^{-2}
	耐腐蚀试验（常温浸 1 年）	10％氢氧化钠（重量％）	－1.497（3m）	＋5.067（3m）	＋3.160（3m）
		30％硫酸（重量％）	＋0.593 6	＋0.523 4	＋0.604 6
		200 号汽油（重量％）	＋1.643 2	＋1.561 1	＋1.641 6
		36％醋酸（重量％）	＋3.127 6	＋2.557 3	＋2.294 3
		95％乙醇（重量％）	－7.631 3（龟裂少）	＋7.072 7（龟裂多）	＋10.166 3（无变化）
		蒸馏水（重量％）	＋0.992 3	＋0.919 4	＋0.970 9
玻璃钢	拉伸强度（kg/cm^2）		3 073	2 902	2 543
	冲击强度（$kg\cdot cm/cm^2$）		225	250	208
	压缩强度（kg/cm^2）		1 680	1 421	1 405
	弯曲强度（kg/cm^2）		2 725	2 369	2 483
	水煮 4h 后弯曲强度（kg/cm^2）		1 687	1 555	1 543
	马丁耐热（℃）		95	106	88

注：①耐腐蚀性能中，“＋”表示增重，“－”表示减重；②95％乙醇浸 3m 后，马尾松松香聚酯样开始龟裂；9m 后南亚松松香聚酯样开始龟裂，丙烯酸改性马尾松松香聚酯样 1 年外观无变化；③耐腐蚀试验板厚 3mm。

由表27-33可见，三种聚酯树脂在电性能、机械性能、抗水、抗酸、抗汽油性能方面无明显差别，只是对醋酸、乙醇及碱的耐腐蚀性能有所不同。丙烯酸改性松香聚酯在36%醋酸中浸渍1年，重量变化较小，在95%乙醇中浸渍1年，外观无变化，而其他两种聚酯都有不同程度的龟裂。南亚松松香聚酯有较好的耐碱性能。

10年老化试验结果证明[228]，丙烯酸改性松香聚酯和松香聚酯均有较好的耐候性能。10年大气曝晒后，强度保留值均在50%以上。室内存放保留值70%以上，优于通用型196不饱和聚酯树脂。

9.4 甲醛改性松香

甲醛是一种性质非常活泼的化合物，它可以和许多化合物发生反应而生成具有工业意义的衍生物。松香与甲醛进行加成反应，在松香树脂酸的烯碳上引进了羟甲基（$-CH_2OH$）基团，故此反应又称为羟甲基化反应。制得的产物为甲醛改性松香，也称羟甲基松香。甲醛改性松香可进一步制备多种有价值的衍生物，如甲醛改性松香与氧化锌反应，可生成甲醛改性松香锌，用作耐腐蚀涂料；与环氧丙烷反应，可制得聚醚型氨基甲酸酯泡沫塑料的原料；用甲醛改性松香制得的施胶剂，具有稳定性高、结晶趋势小和不发泡等特点，为造纸工业提供了制造低孔率和高强度的纸张施胶剂等。

9.4.1 反应机理

松香树脂酸中的枞酸与甲醛反应把羟甲基引入树脂酸中的反应式如下：

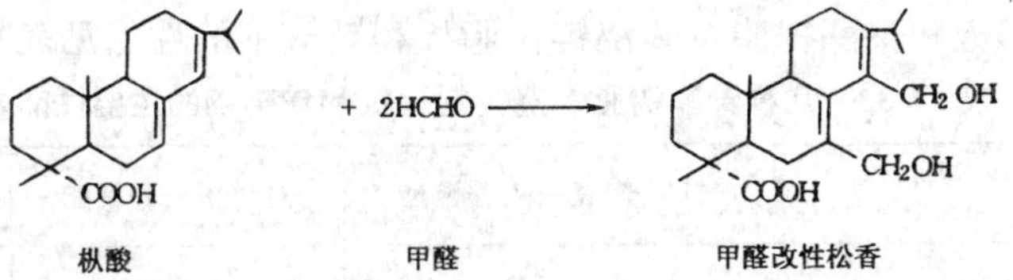

COOH + 2HCHO ⟶ CH₂OH CH₂OH COOH

枞酸　　甲醛　　甲醛改性松香

反应中所得的产物通常是7,14-二羟甲基和7-或14-单一羟基加合物的混合物。此混合物的主产物为7，14-二羟甲基松香。

甲醛改性松香（羟甲基松香）与氧化锌反应，可生成甲醛改性松香锌（羟甲基松香锌）。其反应式如下：

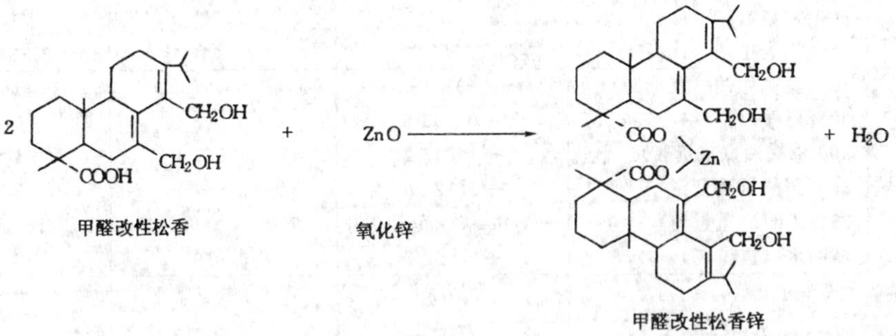

2 [CH_2OH, CH_2OH, COOH] + ZnO ⟶ [CH_2OH, CH_2OH, COO–Zn–COO, CH_2OH, CH_2OH] + H_2O

甲醛改性松香　　氧化锌　　甲醛改性松香锌

9.4.2 制备方法[229]

（1）甲醛改性松香：将配比为松香∶甲醛水溶液（36.5%）∶草酸＝1∶1∶0.083（重量比）的原料装入反应锅后，加盖密封。升温至140～145℃，此时反应压力为0.6MPa（±0.05），反应3h。

打开阀门放汽至常压，真空脱水。

当水分基本脱完时，温度上升较快。注意把温度控制在235～240℃进行热处理1.5h，然后开盖出料。产品酸值 110 以下，软化点 129～131℃，油溶性合格。

馏出残液的含醛量为 10.07%～10.38%。可用残醛和尿素反应制尿醛胶，从而使残醛含量降到 1%以下。所制得的尿醛胶符合胶合板工业所要求的二类胶的质量。

(2) 甲醛改性松香锌：原料配比为甲醛改性松香∶氧化锌∶醋酸锌＝100∶(6～7)∶0.33（以甲醛改性松香为基准）。将氧化锌和醋酸锌各均分 5 份备用。

甲醛改性松香在反应锅中加热至 210～230℃，当其熔化时，开始搅拌。当温度升至270～280℃时，取氧化锌和醋酸锌各 1 份加入反应锅。然后每反应 0.5h，即补加一次氧化锌和醋酸锌，直至添加完毕。反应时间从开始加入氧化锌和醋酸锌算起，一般为 6～7h。反应结束出料。产品质量指标为：酸值 17.71～19.60，软化点 141～154℃，油溶性（溶于 4 倍亚麻油）好，全溶、透明、棕红色。

甲醛改性松香锌清漆（油度 1∶1）用作涂料时，在室温下对 20%、40%、50%和 60%的硫酸溶液有耐腐作用，并对半水煤气中的硫化氢也有同样效果，耐酸性能较好，能使金属在一定时间内免受腐蚀，得到保护，延长使用年限。甲醛改性松香锌制成的清漆，其漆膜的各种指标基本上与马来改性松香甘油酯、松香改性酚醛树脂制得的清漆相当，其颜色稍深，但耐水性能良好。

9.5 氯化松香

松香氯化反应的产物称氯化松香。氯化松香及其衍生物具有良好的抗氧性和耐燃性，如氯化松香甘油酯可制造高弹性、高硬度的树脂，制造不溶于有机溶剂，并具有抗火焰性、耐候性、耐热性、抗机械冲击性能好的树脂，还可用于制造硬度高、抗溶剂性强和机械性能好的表面涂料。氯化松香可制造耐燃和耐热带条件具有良好交联能力的胶粘剂。还可改善三聚氰胺漆的耐油性、抗碱性、抗酸性和抗火焰性能，用于制造木材和金属的表面涂料。

9.5.1 反应机理

经浓硫酸干燥后的氯气，在光照活化下产生游离基：

$$Cl_2 \xrightarrow{h\gamma} 2 \cdot Cl$$

氯的游离基和松香反应

$$RH + \cdot Cl = R \cdot + HCl$$

$$R \cdot + Cl_2 = RCl + \cdot Cl$$

……

式中：RH 代表松香。以枞酸为例，考虑到位阻等影响，氯与松香反应可能为：

(1) 取代反应：

[枞酸结构式] + ·Cl ══ [结构式, CH_3, CH_2, COOH] + HCl

[结构式, CH_3, CH_2, COOH] + Cl_2 ══ [结构式, CH_3, CH_2Cl, COOH] + ·Cl

(2) 加成反应：

COOH + ·Cl ══ H Cl COOH $\xrightarrow{Cl_2}$ Cl H Cl COOH + ·Cl

氯化松香的反应机理和分子结构，尚待查明。在不同反应条件下，在双键上亦可能发生取代反应。

9.5.2 氯化松香的制备

氯化松香的制备已有波兰专利报道[230]，其方法是把松香或其酯先溶于四氯化碳，然后再溶于苯中，所得溶液加热至75℃，再加入引发剂（松香用过氧化二苯甲酰，松香酯用对-异丙苯氢过氧化物)。引发剂与被氯化物质之摩尔比为0.01，然后慢慢滴加氯化剂，如硫酰氯(SO_2Cl_2)，以4倍过量，反应可连续进行，直至松香中双键被破坏为止。最后产物用沉淀法分离。

中国氯化松香的制备采用直接氯化法[231]。不用易挥发的四氯化碳作溶剂，而采用氯化石蜡作溶剂，操作简单，便于生产。

制备时，先将氯化石蜡放入反应器中，在光照活化下通入氯气，于沸水保温中进行氯化至饱和。把粉碎的松香投入反应器中，加热熔化。然后在沸水保温中通入氯气至恒重。

以上操作具有下列特点：①松香氯化需在液态下进行，故需要适当的溶剂使松香溶解；②氯化石蜡的沸点较一般有机溶剂，如四氯化碳、苯等都高些，用氯化石蜡作溶剂无需回流，也不会造成污染；③氯化石蜡对氯化松香在金属冷加工中应用时没有不良影响，不用将氯化石蜡从产物中分离；④氯气光照活化后应立即通入松香液，其流量稍大于大气压。气泡从液面上逸出同时起着搅拌作用。

此法制得的氯化松香，外观为棕黑色粘稠状物；含氯量16%；四球磨损试验的临界值pK（即油膜被破坏时的临界负荷）为83，高于氯化石蜡（pK＝78)。

9.5.3 氯化松香在金属冷加工中的应用

把氯化松香用热水洗去残氯后，用三乙醇胺皂化（增加其水溶性）得到氯化松香皂。它是一种良好的表面活性剂。又因含有机氯，故又是一种优良的水溶性冷却剂和极压添加剂（含氯、磷、硫的表面活性剂有耐摩擦和润滑作用，称为极压添加剂)。

在金属切削及液压传动等机械摩擦的高温高压过程中，润滑油已经不能起什么作用，而是润滑剂中的极压添加剂在高温高压下，在金属表面产生化学吸附，形成牢固的新相膜，具有光滑的表面能减少金属间的直接摩擦和磨损。氯化松香含有有机氯并具水溶性，所以可不用油剂而直接用水剂乳液作润滑剂和冷却剂，比用有机油类有更好的抗磨作用和冷却作用。

用氯化松香皂代替机械油和一般乳化液，可显著提高刀具寿命和零件光洁度，对钢材特别是不锈钢尤为有效。

氯化松香皂金属切削冷却液的配方：氯化松香4%～6%；三乙醇胺调pH值为8.5～9.0；乳化剂TX-10 1%～2%（TX-10为聚氧乙烯醚烷基酚 $R-\bigcirc-O(CH_2CH_2O)_nH$ ，n＝10，R＝C_8H_{17}—，用来分散原氯化松香中的氯化石蜡)；余量为水。

9.6 松香醇

松香甲酯在300℃、3.5MPa的压力下，以$CuCrO_3$为催化剂加氢可得松香醇（Ⅰ)，

（Ⅰ）可以全氢化或还含有一个双键。

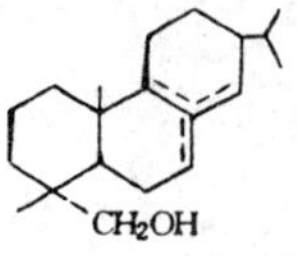

CH_2OH

（Ⅰ）

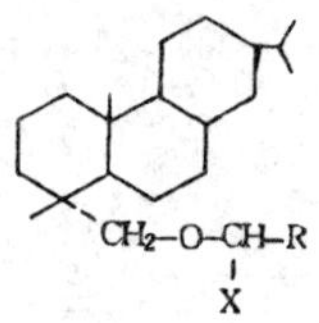

$CH_2-O-CH-R$

X

（Ⅱ）

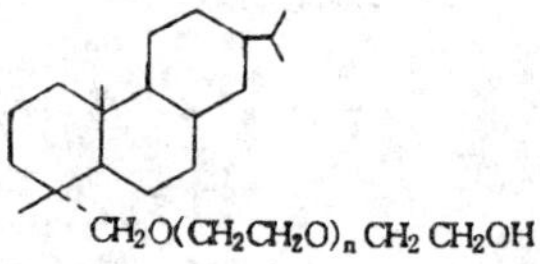

$CH_2O(CH_2CH_2O)_nCH_2CH_2OH$

（Ⅲ）

松香醇工业品水白色，呈粘稠状，酸值低，约 0.2，羟值高为 4.8，即相当于产品中含 85% 松香醇。因为饱和度高，较之一些松香衍生物有更好的抗氧性。

此种醇主要用作多种树脂的增塑剂和改性剂。如用于乙基纤维素、氯化橡胶、乙烯基树脂和硝基纤维素制得的清漆中作为增塑剂；它与各种成膜物质在一起，可使其性质得到改善，如与水溶性成膜物质、酪朊和玉米朊混合可改善其粘着力和颜色稳定性；和非水溶性成膜物质一起时，可组成良好的压敏和热敏胶粘带的粘合剂；而与乙基纤维素、乙烯基聚合物一起时可组成热熔性涂料等。

松香醇的有机酸或无机酸酯也是其重要的衍生物，它特别的用途是高粘度时用作链端反应剂，用在油改性醇酸树脂中可有效地控制粘度。松香醇水杨酸和香豆素的酯可作紫外线的防护剂。

松香醇氢化得到氢化松香醇。氢化松香醇与脂肪醛和卤化氢反应生成的氢化松香醇卤代醚（Ⅱ）是塑料合成的中间体。

松香醇和氢化松香醇还可形成一系列醚类衍生物，如它与环氧化物反应可形成羟基聚醚（Ⅲ），可作为增塑剂、醇溶性树脂、表面活性物质之用。此外，氢化松香醇的乙烯基醚与干性油和醇酸树脂都有很好的相溶性，用途广，如可作为油灰的添加剂。

第 28 章 松节油化工产品

覃铭焕　夏其武　程　芝　李齐贤

松脂加工成松香时，可得到联产品松节油。松节油是一种优良的溶剂，广泛的应用于油漆、催干剂、鞋油、油膏、胶粘剂和其他类似的产品中。马尾松松节油中的主要成分为α-蒎烯、β-蒎烯和长叶烯等，利用其分子结构中的双键反应，合成多种化工产品，如合成樟脑、合成龙脑、松油醇、芳樟醇、合成檀香、乙酸诺甫酯、龙涎酮、甲酸长叶酯、异长叶烷酮、乙酰四氢萘，四氢萘酮、萜烯树脂等。这些产品广泛地应用于香料、涂料、橡胶、油墨、胶粘剂和医药工业，松节油已成为精细化工、合成工业重要原料，具有广阔的应用前景。

1　合成樟脑[232,233]

合成樟脑在我国近年发展很快，设备年生产能力已突破 1 万 t。近年来，每年生产在 6 000t 左右，约占世界用量 70%以上。在 20 世纪 70 年代以前，我国生产合成樟脑的厂家均采用以硫酸为酯化催化剂的生产工艺。20 世纪 70 年代后期开始，我国一些合成樟脑厂家开始采用阳离子交换膜及 D-72 型强酸性阳离子交换树脂作酯化催化剂生产乙酸异龙脑酯来生产合成樟脑。

1.1　生产流程

合成樟脑生产流程如下：

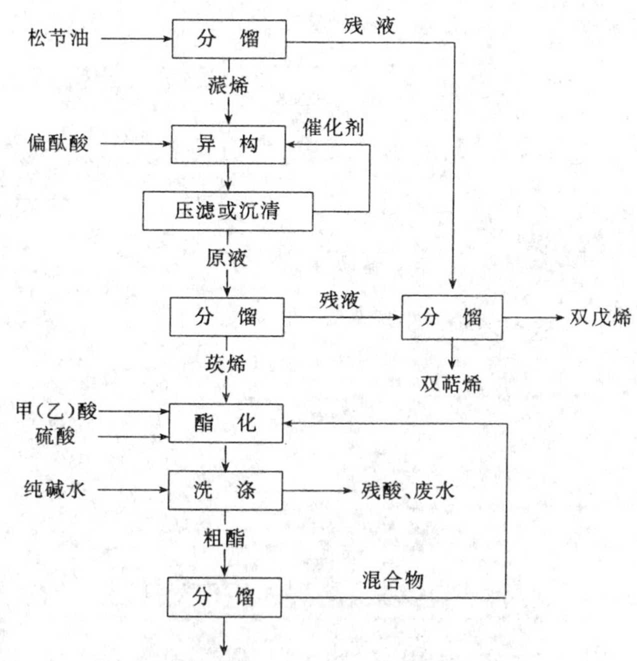

注：本章第 1 节由覃铭焕，夏其武编著；第 2、3、5～9 节由程芝编著；第 4 节由李齐贤编著。

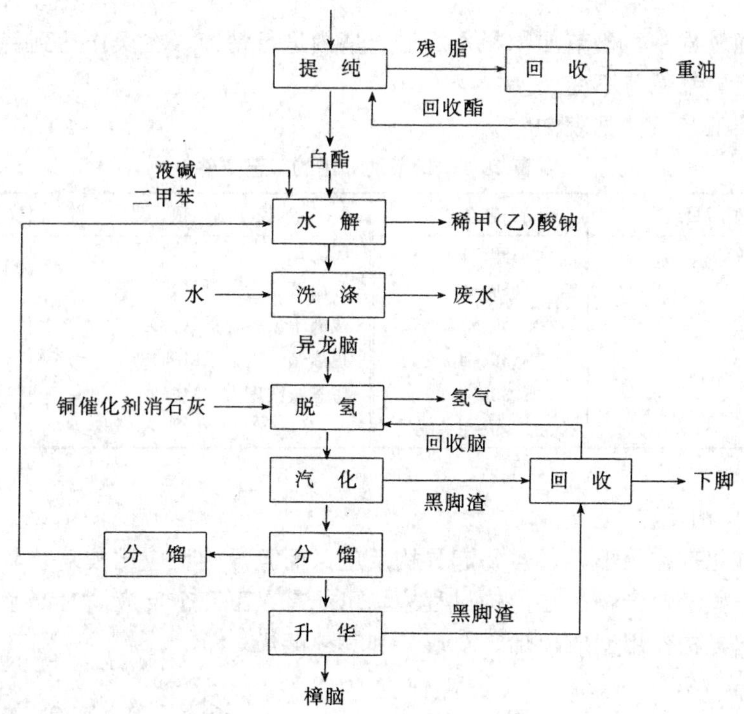

1.2　合成工艺

1.2.1　松节油分馏

在异构前，松节油应分馏出蒎烯，以提高异构液的含莰和莰烯的得率。其工艺流程如图 28-1。

松节油分馏设备在工厂中一般采用泡罩塔或填料塔，塔板数为 30～40 块。在优级松节油中若 β-蒎烯含量较高时，可采用高效的新型的浮阀塔或波纹填料来进行分离 β-蒎烯。这些 β-蒎烯可用生产香料，因此，使用价值更高。

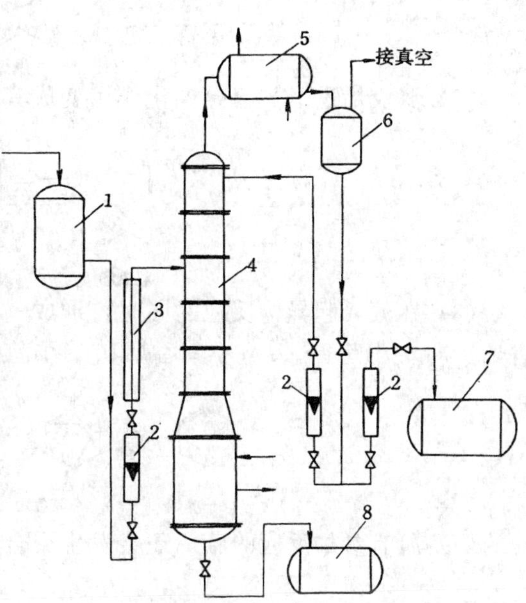

图 28-1　松节油分馏工艺流程

1. 松节油高位槽；2. 转子流量计；3. 预热器 4. 分馏塔；5. 冷凝器；6. 分离器；7. 蒎烯贮槽；8. 尾油贮槽

精馏操作是先开启真空泵，使精馏设备各系统形成真空。松节油由高位槽经预热器预热后进入松节油分馏塔的进料板上，料液与精馏段下降的回流液体汇合后逐板下流，并与上升的蒸汽直接接触，部分被汽化，易挥发的蒎烯向气相转移，上升的蒸汽部分被冷凝。难挥发组分（主要是双戊烯及其他萜烯）流至塔底，然后排至尾油贮槽。随着蒸汽的不断上升，松节油中的蒎烯不断被汽化，蒎烯的浓度逐渐提高。在精馏段的塔板数足够的情况下，则塔顶的蒸汽越接近纯的蒎烯。将塔顶的蒸汽引入冷凝器冷凝，所得蒎烯冷凝液经分离后，一部分经转子流量计计量回塔顶作回流液，其余部分经转子流量计作为产品流入蒎烯贮槽。

在连续精馏过程中，松节油物料不断进入塔内进行精馏，在操作达到稳定状态时，每层塔板上与蒸汽组成都保持不变。

松节油分馏工艺条件见表28-1。

表28-1 松节油分馏的工艺条件

控 制 项 目	工艺要求	控 制 项 目	工艺要求
松节油预热温度（℃）	90～95	回流比	1～3
塔顶温度（℃）	70～80	馏出液蒎烯含量（%）	＞96
塔釜温度（℃）	130～140	残液中蒎烯含量（%）	＜5
回流液温度（℃）	36～45	预热蒸汽压力（MPa）	0.2～0.3
塔顶压力（kPa）	5.33～7.99	塔釜蒸汽压力（MPa）	0.35～0.5
塔釜压力（kPa）	31.99～34.66		

1.2.2 蒎烯异构

1.2.2.1 蒎烯异构反应

蒎烯在钛催化剂作用下，很容易起异构反应，而且异构反应比较复杂，所得异构主产物为莰烯，还有一些其他产物。在异构过程中，可能有以下几个反应同时产生。

（1）蒎烯起异构作用变成莰烯、双戊烯和其他萜烯。

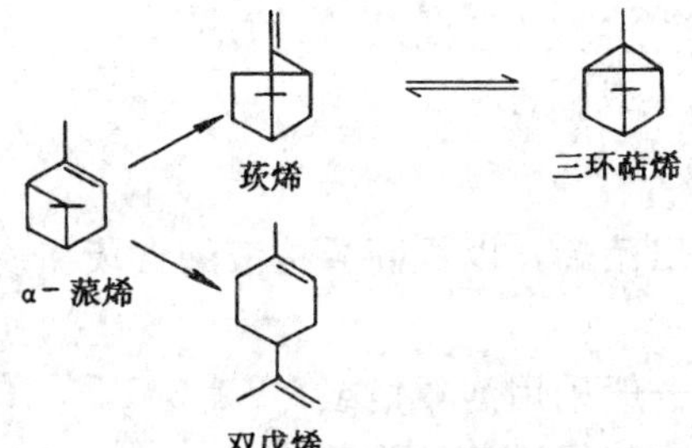

（2）双戊烯进一步起异构化作用变成其他单环萜烯：异松油烯和α-松油烯。

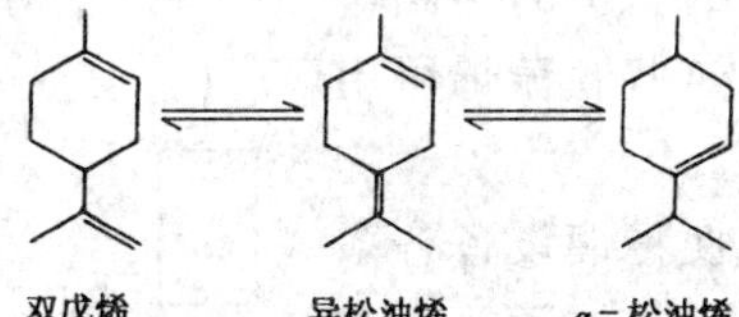

（3）在蒎烯起异构反应的同时，形成一定数量的小茴香烯，其中有三种结构不同的小茴香烯。即α-小茴香烯、β小茴香烯和γ-小茴香烯。

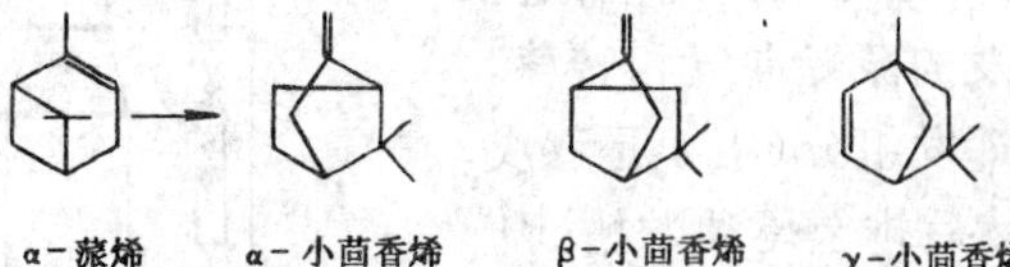

（4）所有参加反应的萜烯还会发生聚合作用，如：

$$nC_{10}H_{16} \longrightarrow (C_{10}H_{16})_n$$

n可能是2、3或3以上，一般生成双萜烯较多。

此外，在异构反应过程中，还有对伞花烃、对-盖烯等生成。

由上述反应可见，蒎烯的异构反应是比较复杂的。控制好异构反应终点停车，有利于向生成莰烯进行，从而获得较高的莰烯得率。目前国内多数厂家均以气相色谱来进行异构反应终点停车的判断。它比凝固点测定法、小精馏试验时间缩短，且能做到快速、准确、及时控制停车，使莰烯得率达到最高要求。

1.2.2.2　异构反应生产工艺

异构反应生产工艺流程如图 28-2。异构反应设备一般采用碳素钢制成。反应锅为立式，内有桨式搅拌及加热或冷却装置。反应操作时，将符合工艺要求的蒎烯用真空吸入反应锅内，同时开动搅拌，采用蒸汽加热进行脱水，脱水完毕后按工艺要求加入适量的钛催化剂并关闭蒸汽，让其自然升至反应温度，当反应温度超过工艺控制要求时，需开水进行冷却降温。由于该反应是放热反应，反应温度必须严格的控制在工艺要求范围之内，以免造成反应过激副反应产物增多而影响松节油的单耗。同时若发现反应过激而不及时降温控制，就有可能造成冲料和火灾的危险。

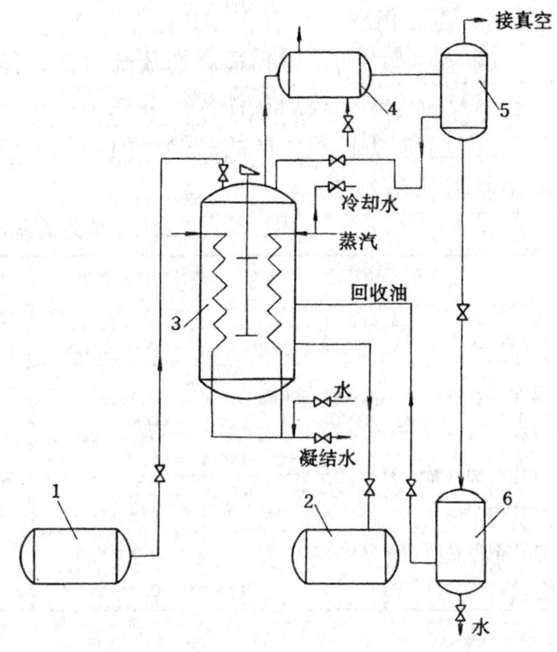

图 28-2　蒎烯异构反应生产工艺流程

1. 蒎烯贮槽；2. 原液贮槽；3. 异构化锅；4. 冷凝器；5. 气液分离器；6. 回收油贮槽

在反应过程中为了掌握反应情况，每隔 1～2h，取样测定折光指数的变化情况。当反应的异构液与蒎烯进料时折光指数值之差达到 0.005 左右时，即可送样进行气相色谱分析，以判断反应终点及时控制停车。

1.2.2.3　影响蒎烯异构反应的因素

(1) 蒎烯的纯度：工业蒎烯中蒎烯的纯度越高越好。蒎烯组分中若有高沸点物存在，将使异构反应中的聚合作用加快而减少莰烯得率。

蒎烯愈新鲜愈好。蒎烯贮存时间长与空气中氧接触后，发生氧化作用生成过氧化物。有少量的过氧化物存在，亦足以影响异构化时的催化剂的活性。

蒎烯组分中 β-蒎烯含量宜少。如果 β-蒎烯较多不利于反应，因 β-蒎烯异构成莰烯的速度较慢，所生成的莰烯也容易聚合。

(2) 催化剂的活性及用量：钛催化剂的活性取决于它的表面积、分散程度、pH 值和化合水的含量等。钛催化剂的活性与蒎烯的转化率有非常密切的关系。钛催化剂的表面积和分散程度，颗粒要求圆而细，而且要高度分散。粒度越小表面积越大，与蒎烯接触的机会就愈多，对反应则愈有利。钛催化剂的 pH 值高或用量大，可以缩短反应时间，但过高或用量大，反应猛烈操作难以控制，使副反应增多造成聚合物增加。若 pH 值过低，反应速度缓慢且时间加长，蒎烯不能完全异构化，影响其转化率。催化剂用量一般为蒎烯重量的 1.5%～2%，在有泊催化剂存在的情况下，加入新催化剂的用量以蒎烯重量的 0.1%～0.3%为宜。如果钛催化剂用量少，反应速度慢，转化率低。用量过多，反应快但过于猛烈，温度难以控制，副产物增加。

(3) 反应温度：异构反应在适宜的温度下进行。温度高反应速度快，但副反应产物多。温度过低，则反应速度慢时间长，蒎烯难以完全转化成莰烯。

(4) 反应时间：反应时间应控制在适当的范围。反应时间是与反应温度、催化剂的质量、用量有关。反应时间最好控制在 16～24h。

1.2.2.4 终点判断

在反应过程中为了得到最高的莰烯含量，停车控制很重要，特别是当 α-蒎烯全部转化以后，若不及时停车，莰烯在催化剂存在下会进一步发生异构化和聚合作用，从而使莰烯的含量下降。为了避免已经生成的莰烯得而复失，就必须要求停车做到准确、及时。异构反应工艺条件控制见表 28-2。

表 28-2 蒎烯异构反应的工艺条件

控 制 项 目	工艺要求	控 制 项 目	工艺要求
异构反应温度（℃）		脱水温度	110℃前
常压	130～135	脱水压力（kPa）	42.98～61.32
减压（真空度 63.98～66.65kPa）	118±1	加入新催化剂温度（℃）	110～120
搅拌转速（r/min）	85～100	反应时间（h）	16～24
钛催化剂加入量（%）		沉清时间（h）	6h 以上
全部新催化剂	1.5～2.0	蒎烯转化为莰烯：（%）	
泊催化剂存在时，新催化剂加入量	0.1～0.3	精馏试验法（莰烯及三环萜烯）（%）	70 以上
加热蒸汽压力（MPa）	0.4～0.6	气相色谱法（莰烯及三环萜烯）（%）	80 以上

1.2.2.5 异构液分馏

异构反应的主产物莰烯含量约为 75%，其余为副产物的双戊烯、小茴香烯、双萜烯等。为了使主产物与副产物分离，必须采用减压分馏来提纯。异构液分馏的工艺流程如图 28-3。

莰烯分馏设备，一般采用连续的泡罩塔或浮阀塔进行，塔板数为40～50 块。精馏时将异构液从贮槽输送至高位槽，然后借真空经转子流量计和预热器进入精馏塔，塔顶馏份经冷凝器和回流分配器一部分经转子流量计回流入塔，另一部分经转子流量计流入莰烯贮槽。塔底连续退料送至莰烯尾油贮槽，然后送去双戊烯分馏塔分馏。为了防止莰烯堵塞物料和真空管路，因此，莰烯的物料管必须与蒸汽管的平行进行保温。其分馏的工艺条件控制见表 28-3。

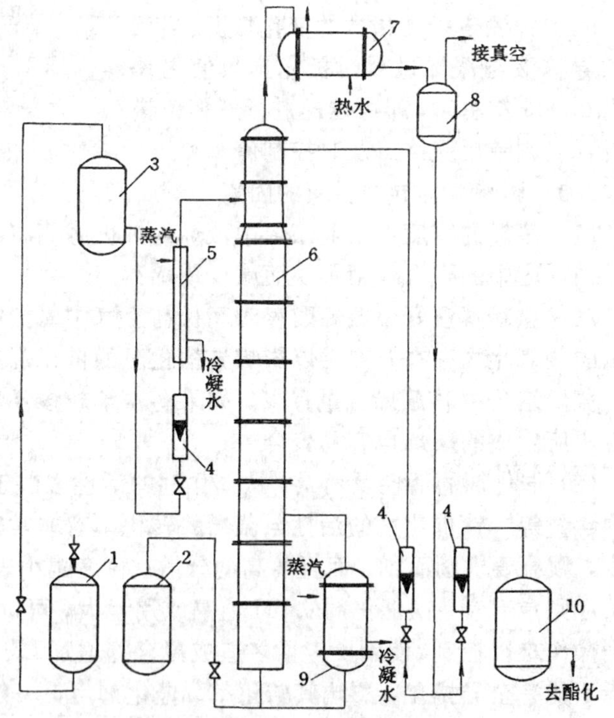

图 28-3 异构液分馏工艺流程

1. 原液压料罐；2. 莰烯尾油贮槽；3. 原液高位槽；4. 转子流量计；5. 预热器；6. 莰烯分馏塔；7. 莰烯冷凝器；8. 气液分离器；9. 再沸器；10. 莰烯计量槽

表 28-3　异构液分馏的工艺条件

控 制 项 目	工艺要求	控 制 项 目	工艺要求
温度控制（℃）		塔　釜	31.99～37.32
预热器	90～105	回流比	2～3
塔　顶	80～85	莰烯凝固点（℃）	42～44
塔　釜	135～140	加热蒸汽压力：(MPa)	
料　液	50±2	塔釜	0.4～0.5
塔内压力（kPa）		预热	0.1～0.2
塔　顶	10.66～13.33	莰烯物料管保温	0.05～0.1

1.2.3　莰烯酯化

目前国内均是采用以莰烯、冰醋酸为原料，以硫酸或聚乙烯-苯乙烯阳离子交换膜（简称离子膜）或 D-72 型树脂作催化剂来生产乙酸异龙脑酯以生产合成樟脑。

1.2.3.1　以硫酸作催化剂

莰烯在硫酸作催化剂，与甲酸或乙酸作用，生成甲酸异龙脑酯或乙酸异龙脑酯。其反应式如下：

$$\text{(莰烯, =CH}_2\text{)} + HCOOH \xrightleftharpoons{H_2SO_4} \text{(CH}_3\text{, H, O—C(=O)—H)}$$

$$\text{(莰烯, =CH}_2\text{)} + CH_3COOH \xrightleftharpoons{H_2SO_4} \text{(CH}_3\text{, H, O—C(=O)—CH}_3\text{)}$$

在浓硫酸的作用下，伴随有聚合反应。聚合物主要是莰烯（或其他萜烯）的二聚体和三聚体，在严格控制加酸方式和反应条件的情况下，聚合物的生成量为 2%～4%，若反应条件稍不适当，聚合物可达 7%～10%。在高温下进行反应可以促使异小茴香酯的形成。由于异小茴香酯和异龙脑酯的沸点相近，要从异龙脑酯分离异小茴香酯就很困难。在皂化时，异小茴香酯变为异小茴香醇，再经脱氢作用生成异小茴香酮。异小茴酮很近似樟脑的异构体，其熔点 5～6℃，沸点 192～193℃。若异小茴香酮混杂在樟脑内，会使合成樟脑的熔点降低，从而降低了合成樟脑的品质。因此，酯化反应必须严格的控制反应温度，尽量减少生成异小茴香酯。莰烯硫酸酯化工艺流程如图 28-4。

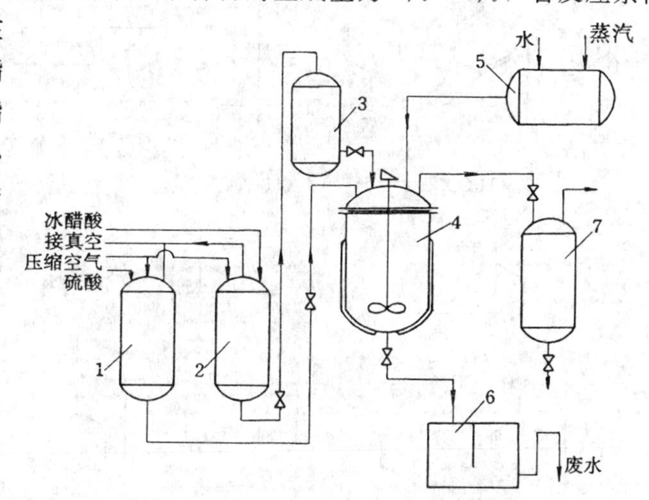

图 28-4　莰烯酯化工艺流程

1. 硫酸计量槽；2. 冰醋酸计量槽；3. 冰醋酸高位槽；4. 酯化反应锅；5. 热水锅；6. 油水分离池；7. 粗酯贮槽

酯化反应物料中有甲酸（或冰醋

酸）以及采用的催化剂硫酸，所以该反应锅要求耐腐蚀，一般采用标准的搪瓷反应锅来进行酯化。进料时按工艺要加入适量的莰烯、甲酸（或冰醋酸）并开动搅拌，同时开水进搪瓷反应锅的夹套使其降温，冷却物料至35℃以下，然后按工艺要求滴加硫酸，严格控制滴加硫酸的速度，以防超过反应温度。由于莰烯的酯化反应为放热反应，当采用冰醋酸来酯化莰烯时，转变戊酯的反应热效应为30.12kJ/mol，三环萜烯转变成酯为：37.24kJ/mol。特别是在反应最初阶段，反应速度较快放出的热量较集中，因此要以冷水或冷盐水通入反应锅夹套内进行冷却，以带走反应所放出的热量，以减少副反应和聚合物的增加。当滴加硫酸结束后，反应8～10h进行取样分析。当含酯量达80%以上，即可停车进行水洗使物料接近于中性，当酯的酸度在0.018mg KOH/g以下为合格。

当粗酯分馏送来的混合物料（含莰烯约为80%）时，可按同样方法进行酯化回收其中的莰烯。其酯化工艺条件控制见表28-4。

表28-4 莰烯酯化的工艺条件

控制项目	工艺要求	控制项目	工艺要求
投料配比（摩尔比）		滴加硫酸时间（h）	3～6
莰烯：甲酸	1：1.05	搅拌转速（r/min）	85～100
或莰烯：乙酸	1：1.05～1.10	反应时间（加完硫酸后计，h）	8～10
工业用浓硫酸（莰烯量%）	6	洗涤水温度（℃）	50～60
反应温度控制（℃）	30以下	中和纯碱用量（莰烯量%）	1.2
滴加硫酸温度控制（℃）	40～43		

1.2.3.2 以离子膜作催化剂

莰烯与冰醋酸的反应是属于一种典型的加成酯化反应，其条件必须在强酸性的催化剂下，加热到一定温度才能进行。在整个加成酯化反应中，其反应速度主要取决于催化剂析出的氢离子。离子膜是一种强酸型的催化剂，其催化作用可用下列反应式表示：

(1) 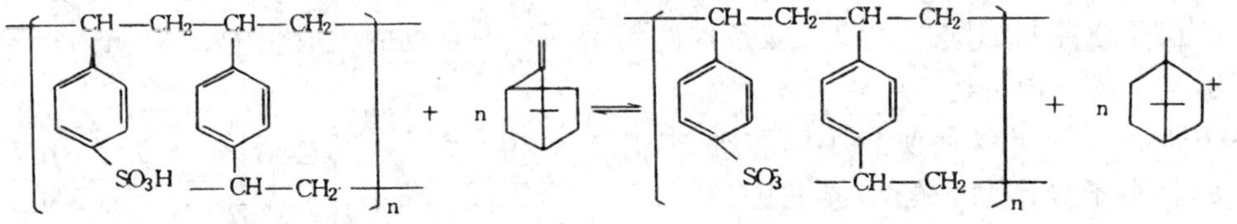 $[-CH-CH_2-CH-CH_2-]_n$（SO_3H，$-CH-CH_2-$）+ n 莰烯 ⇌ $[-CH-CH_2-CH-CH_2-]_n$（SO_3^-，$-CH-CH_2-$）+ n 碳正离子

(2) $CH_3COOH \rightleftharpoons H^+ + CH_3COO^-$

(3) 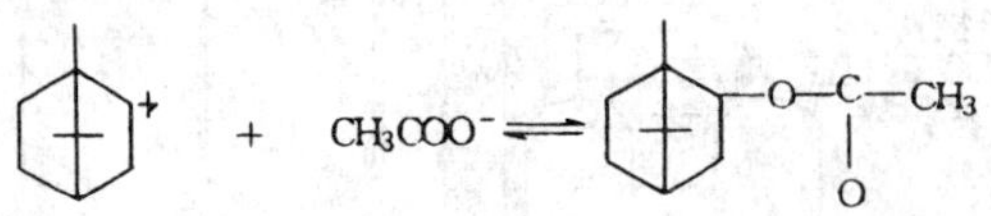 碳正离子 + $CH_3COO^- \rightleftharpoons$ $-O-C(=O)-CH_3$ 酯

(4) 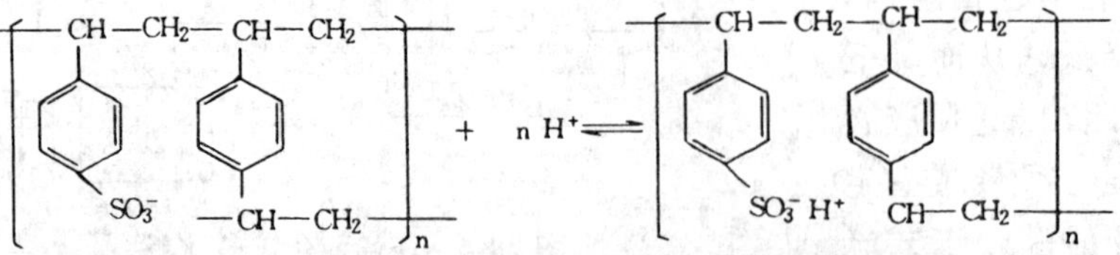 $[-CH-CH_2-CH-CH_2-]_n$（SO_3^-，$-CH-CH_2-$）+ $nH^+ \rightleftharpoons$ $[-CH-CH_2-CH-CH_2-]_n$（$SO_3^-H^+$，$CH-CH_2-$）

从上述反应式中可以看出，当莰烯被吸附到离子膜的表面时，首先是氢离子发生加成作用，经过分子重排变成碳正离子，见反应式（1）。乙酸也发生离解作用，离解为乙酸根阴离

子和氢离子，见反应式（2）。碳正离子在酸性条件下与乙酸根阴离子发生作用，生成乙酸异龙脑酯，见反应式（3）。离子膜在酸性溶液中，重新吸附氢离子，仍旧保持催化活性，使其能够重复使用，见反应式（4）。

采用离子膜作催化剂，离子膜必须达到下列理化性能：

交换容量（mg·mol/g）：≥1.8

膜的厚度（mm）：0.1～0.7

爆破强度（MPa）：≥0.35

膜面电阻（Ω·cm）：3～10cm

耐温性（℃）：65

莰烯离子膜酯化工艺流程如图28-5。

离子膜催化莰烯酯化反应锅与硫酸催化莰烯酯化反应锅基本一样，只是要求反应锅转速较低，除反应锅可采用标准搪瓷反应锅外，其余的设备及管道均要采用不锈钢。

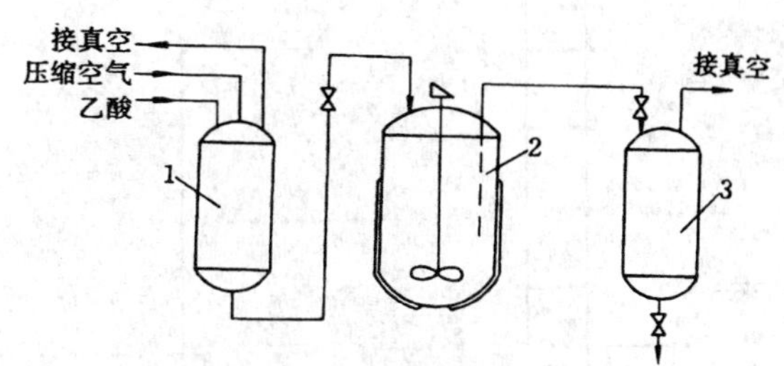

图28-5　莰烯离子膜酯化工艺流程

1. 冰醋酸计量槽；2. 搪瓷反应锅；3. 粗酯贮槽

新的离子膜使用前需剪成边长4～5mm×6～8mm的三角形小片或不规则的片状。活化前可用40～50℃热水或自来水进行清洗一次，然后置于2～4mol/L盐酸浸泡8h，再用4～6mol/L盐酸浸泡24h，然后用软化水冲洗近中性，凉干后即可投入酯化反应锅并用乙酸浸泡一昼夜，使其溶胀并除去膜中水分，即可投料反应。反应得的物料由于含有乙酸，所以粗酯分馏的设备需要采用不锈钢制成。分馏出来的低沸物主要为乙酸和莰烯，可继续送去进行离子膜酯化。釜底的高沸物为精酯，当精酯含量达92%以上时，可送去进行异龙脑酯提纯而达得到含量为95%以上的白酯。其离子膜酯化工艺条件控制见表28-5。

表28-5　莰烯离子膜酯化的工艺条件

控制项目	工艺要求	控制项目	工艺要求
离子膜用量为总投料量（%）	8～10	搅拌转速（r/min）	50～85
莰烯：冰醋酸（摩尔比）	1:1.1～1.3	反应时间（h）	8～10
反应温度（℃）	45±5	粗酯含量（%）≥	80

采用离子膜酯化，可以简化流程，由于不需加硫酸和水洗，反应锅的周转率提高70%以上。由于不用硫酸作催化剂，反应结束不需要水洗，也不用纯碱中和，减轻了工人的劳动强度。反应后多余的冰醋酸可以回收重复使用2～3次，每吨合成樟脑可比硫酸法节约冰醋酸1/5以上，同时减少废水的处理及污染。

离子膜催化剂具有良好的催化性能，使用寿命可达半年以上，无需再生处理。如果要再生处理，方法也较简便，则使用时间更长。因而采用离子膜作莰烯酯化的催化剂可节约冰醋酸、硫酸、纯碱等化工原料，同时降低单位成本，提高企业的经济效益。

此外，国内生产厂家还采用D-72型树脂催化莰烯制备醋酸异龙脑酯来生产合成樟脑。其生产工艺基本与离子膜酯化相似，经济效果也同样显著。

1.2.3.3 粗酯分馏

粗酯中含甲酸（或）乙酸异龙脑酯均在80%以上，尚有部分未酯化的莰烯、双戊烯和其他萜烯必须在皂化前用分馏方法进行分离。其工艺流程如图28-6。

粗酯分馏塔一般采用填料塔或浮阀塔，由于酯微带酸性，设备最好能耐腐蚀。一般采用间歇分馏与内回流形式。

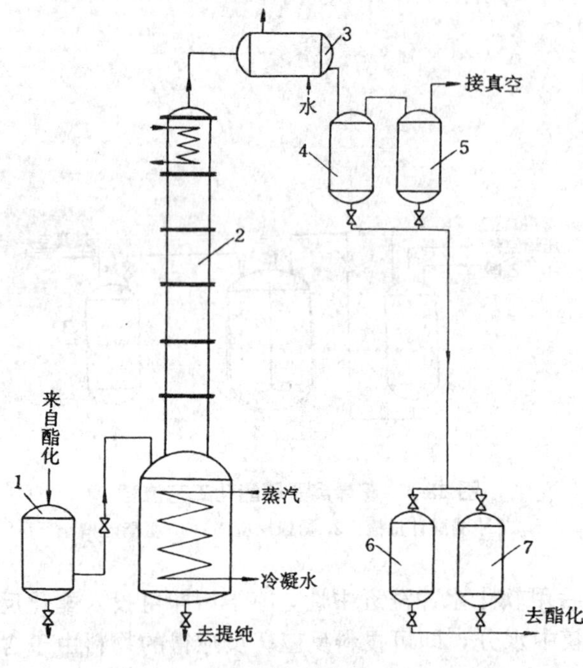

图28-6 粗酯分馏工艺流程

1. 粗酯贮槽；2. 蒸酯塔；3. 冷凝器；4. 混合物受器；5. 真空缓冲器；6. 一次混合物贮槽；7. 二次混合物贮槽

粗酯投料前必须静置，将其中水分排尽。为了防止酯在高温及酸性条件存在下易产生分解和聚合，所以进料时必须加入纯碱，且蒸酯时间不宜过长，温度不宜过高。

先蒸出的物料中莰烯含量约为80%，其次是酯和双戊烯约为20%，这部分混合物料可送去酯化工序继续酯化。

粗酯分馏工艺条件控制见表28-6。

表28-6 粗酯分馏的工艺条件

控制项目	工艺要求
粗酯：纯碱（重量比）	100：0.3～0.5
加热蒸汽压力（MPa）	0.2～0.8
塔顶压力（kPa）	7.99～21.33
塔釜温度（℃）	145～150
塔顶温度（℃）	85～110
冷却水温（℃）	40～45
分馏时间（h）	3.5～5

1.2.3.4 异龙脑酯的提纯

精酯为褐色的液体，含有少量重油（莰烯的聚合体）为了将这部分重油除去，应进一步汽化提纯成透明无色清亮的液体，使其含酯量达95%以上。其工艺流程如图28-7，工艺条件控制见表28-7。

表28-7 精酯拉白的工艺条件

控制项目	工艺要求
加热蒸汽压力（MPa）	0.6～0.8
温度控制（℃）	145～150
塔内压力（kPa）	7.99～21.33
拉白时间（h）	2～3

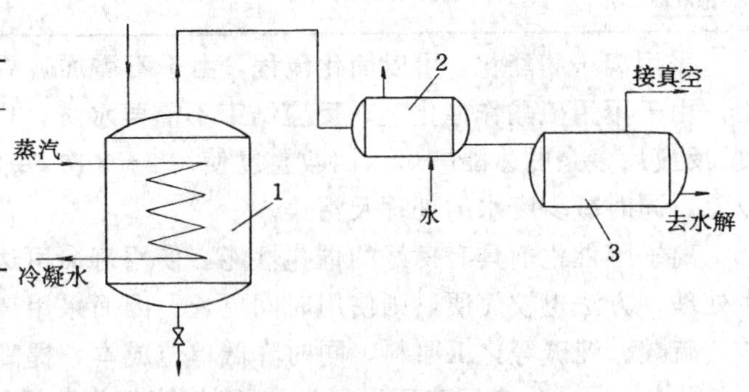

图28-7 精酯拉白工艺流程

1. 白酯塔；2. 冷凝器；3. 白酯受器

1.2.4 异龙脑酯的水解（皂化）

1.2.4.1 异龙脑酯的皂化反应

甲酸（或乙酸）异龙脑酯在氢氧化钠水溶液（或醇溶液）中能发生皂化反

应，生成异龙脑，其反应式如下：

$$\text{H}\quad \text{O—C—H}\ (\text{C}{=}\text{O}) \quad + \quad NaOH \longrightarrow \text{H}\quad \text{OH} \quad + \quad HCOONa$$

甲酸异龙脑酯　氢氧化钠　　异龙脑　　甲酸钠液

或

$$\text{H}\quad \text{O—C—}CH_3\ (\text{C}{=}\text{O}) \quad + \quad NaOH \longrightarrow \text{H}\quad \text{OH} \quad + \quad CH_3COONa$$

乙酸异龙脑酯　氢氧化钠　　异龙脑　　醋酸钠液

1.2.4.2　异龙脑酯皂化生产工艺

异龙脑酯皂化工艺流程如图 28-8。

异龙脑酯的皂化反应锅，一般是采用立式具有搅拌的反应器，材料可采用碳素钢或不锈钢。反应锅内必须有加热(或降温冷却)的排管式加热器。不宜采用盘管式加热器，因为在反应过程中有异龙脑晶体析出。若采用盘管加热器，则很容易使析出的晶体附在加热器与反应锅器壁之间，从而影响皂化反应及出料的进行。

皂化反应后得到的异龙脑和甲酸钠（或乙酸钠）都会以晶体析出。因此，皂化反应锅底部出料阀门必须注意防止固体结牢而造成堵塞。皂化反应一般采用间歇反应锅，为了避免管道堵塞，必须在反应锅中加入适量的二甲苯作溶剂。

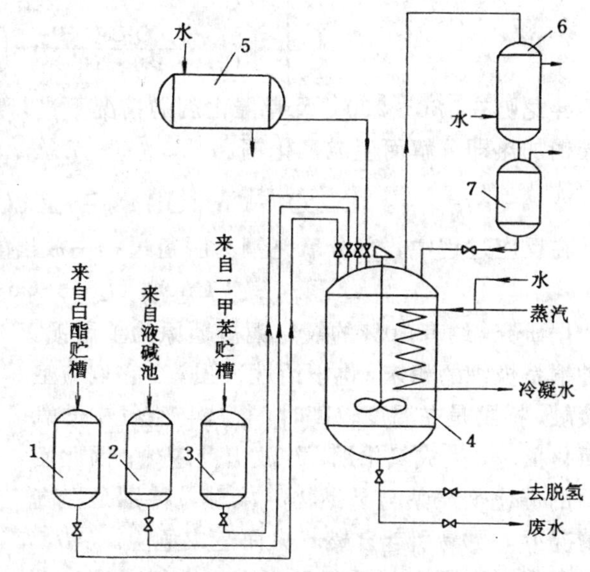

图 28-8　异龙脑酯皂化工艺流程

1. 白酯计量槽；2. 液碱计量槽；3. 二甲苯计量槽；4. 皂化锅；5. 水计量槽；6. 冷凝器；7. 二甲苯收集器

异龙脑酯的皂化反应速度随着温度的升高而加快，提高反应温度可以缩短皂化反应时间。为使加快反应速度及使反应进行得更完全，一般均采用加压反应，压力保持在 0.2～0.3MPa 较为适宜。

碱液的浓度对皂化反应速度也有一定的影响，碱的浓度过高或过低对反应都是不利的。若碱的浓度过低时，则反应速度很慢。在一定范围内随着碱浓度的增大，反应速度加快。当碱浓度超过一定范围以后，由于反应物中水的数量太少，使皂化反应后期扩散阻力显著增大，故反应速度大大降低。在工业生产中一般均采用液碱的含量为 38%～45%较为适当。其皂化工艺条件控制见表 28-8。

表 28-8 异龙脑酯皂化工艺条件

控制项目	工艺要求	控制项目	工艺要求
甲酸或乙酸异龙酯含量（%）	＞95	反应时间（h）	6～8
液碱浓度（%）	38～45	搅拌转速（r/min）	85～150
异龙脑酯：碱（摩尔比）	1∶1.05	反应终点含酯量（%）	＜0.3
二甲苯加入量（酯重量%）		水洗次数（次）	4～5
进料	10～12	水洗终点（pH值）	7～8
水洗	6～8	异龙脑熔点（℃）	210～214
锅内反应温度（℃）	140～150	得率（%）	75
反应压力（MPa）	0.2～0.3		

1.2.5 异龙脑脱氢

1.2.5.1 异龙脑的脱氢反应

异龙脑在高温及铜催化剂存在下，异龙脑去掉二个氢原子，使之转变为樟脑。其反应式如下：

$$\text{(异龙脑, OH)} \xrightarrow[180\sim200^{\circ}C]{CuCO_3Cu(OH)_2} \text{(樟脑, =O)} + H_2$$

异龙脑在 180～200℃及有催化剂的情况下进行反应。常用的催化剂是碱式碳酸铜，碱式碳酸铜加热即分解而生成氧化铜：

$$CuCO_3 \cdot Cu(OH)_2 \xrightarrow{\triangle} 2CuO + CO_2\uparrow + H_2O\uparrow$$

在反应过程中，部分氧化铜为脱氢过程中放出的氢所还原而变为金属铜：

$$CuO + H_2 \longrightarrow Cu + H_2O$$

据研究，约有50%的氧化铜被还原为金属铜。这种铜是极细的粉末，化学活性很强，当它们与空气接触，特别是在温度较高时，很快与空气中的氧起氧化反应，生成氧化铜，并放出反应热。因此使用后的催化剂严禁与易燃物品接触，特别是在高温情况下，更易引起自燃着火而造成危险。

脱氢只有在微碱性下方能快速进行，故加入催化剂的同时必须加入消石灰。消石灰的另一个作用是作为催化剂的载体，使催化剂能充分悬浮于物料中。但消石灰必须经 80 目过筛，取其细粉末使用。

1.2.5.2 异龙脑脱氢的生产工艺

异龙脑脱氢的工艺流程见图 28-9。

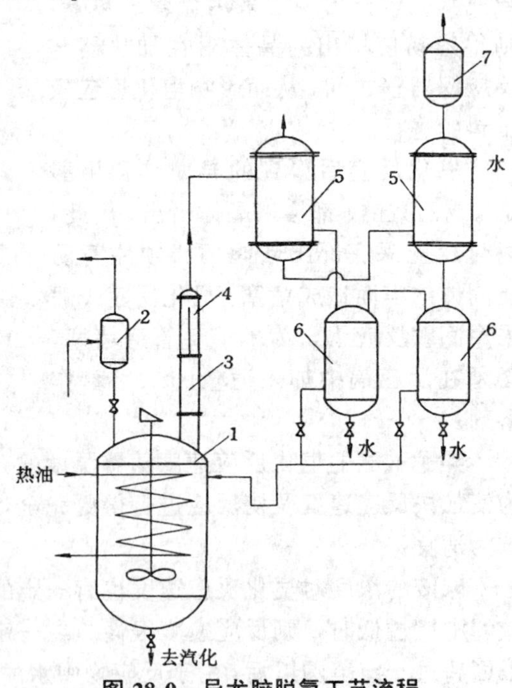

图 28-9 异龙脑脱氢工艺流程

1. 脱氢锅；2. 催化剂加入口；3. 导汽筒；4. 回流冷凝器；5. 冷凝器；6. 气液分离器；7. 阻火器

异龙脑脱氢锅一般均采用碳素钢制成。锅内装有 2 对搅拌叶的桨式搅拌，采用排管或蛇管进行加热，其加热介质一般采用汽缸油或导热油。在加入催化剂前必须将异龙脑中的残余水分蒸出。因水分的存在脱氢反应十分缓慢。脱氢操作工艺条件控制见表 28-9。

表 28-9　樟脑脱氢工艺条件

控　制　项　目	工艺要求	控　制　项　目	工艺要求
脱水温度(℃)	140	搅拌转速（r/min）	85～130
加二甲调和的消石灰(异龙脑量的%)	0.6～0.8	脱氢温度（℃）	180～200
加催化剂[$CuO_3 \cdot Cu(OH)_2$]		加热介质	汽缸油或导热油
加入时的反应温度(℃)	150	油温（℃）	260±5
加入量(异龙脑量%)(第一次)	0.5	反应时间（第一次加催化剂时计算，h）	16～24
4～6h 后加入量(异龙脑量%),(第二次)	0.3	脱氢终点（异龙脑含量%）	<3

1.2.6　樟脑的提纯

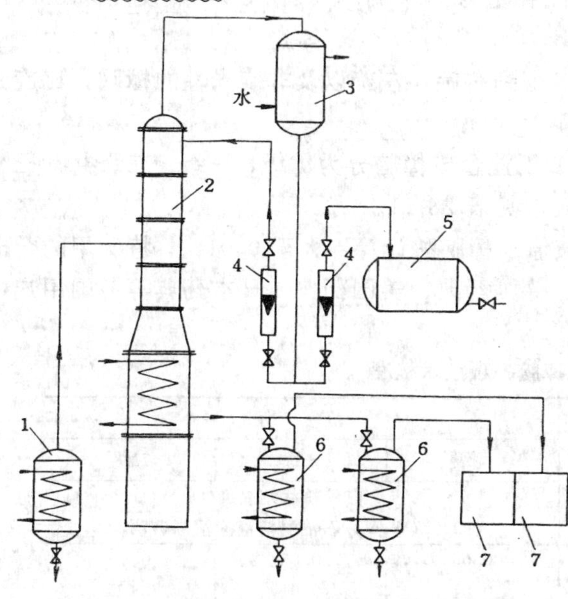

图 28-10　樟脑汽化、分馏、升华工艺流程

1. 汽化锅；2. 樟脑分馏塔；3. 冷凝器；4. 转子流量计；5. 二甲苯受器；6. 升华锅；7. 升华室

樟脑的熔点为 174～179℃，沸点为 209℃。由于沸点和熔点接近，所以樟脑容易升华。工业上亦以此性质来提纯樟脑。

樟脑的汽化、分馏及升华工艺流程如图 28-10。

由脱氢锅底放出的物料中有樟脑、二甲苯、催化剂及少量异龙脑和聚合物，进入汽化锅后，樟脑、二甲苯以及异龙脑等易挥发物成气体进入樟脑分馏塔，而催化剂、消石灰等及不易挥发物则残留于锅底定期排出。樟脑等及二甲苯在樟脑分馏塔中进行分离，二甲苯油塔顶蒸出，经冷凝部分流入二甲苯贮槽，部分回流入塔内。经分离后的樟脑从塔釜放入升华锅进一步升华及提纯。则蒸馏出来的二甲苯再进行分馏回收二甲苯，可继续作溶剂使用。异龙脑的脱氢、樟脑的汽化、分馏及升华都需较高的温度，用蒸汽加热不易达到。故工厂一般均采用汽缸油或导热油循环加热。其提纯工艺条件控制见表 28-10。

1.3　质量指标与用途

樟脑是一种萜烯的酮类化合物，系统命名为：1,7,7-三甲基-双环［2，2，1］庚酮-2，化学名称为莰酮-2，其结构式为：

```
            CH3
            |1
   6        C         2
  H2C              C=O
        8   7   9
     H3C—C—CH3
  H2C              CH2
   5        C         3
            |4
            H
```

表 28-10　樟脑汽化、分馏、升华的工艺条件

控　制　项　目	工艺要求
汽化温度（℃）	190～210
樟脑分馏塔控制：	
塔顶温度（℃）	165～175
塔中温度（℃）	190～210
塔釜温度（℃）	208～212
回流比	1：3～4
升华控制：	
升华温度（℃）	208～212
升华室温度（℃）	90～95
升华锅物料占容积（%）	约 50

樟脑的分子式为 $C_{10}H_{16}O$，分子量为 152.24。

合成樟脑为白色结晶性粉末或半透明的硬块，加少量乙醇、乙醚或氯仿易研碎成细粉。有刺激性特臭，味初辛，后清凉。在常温下易挥发，点火能发生多烟有光的火焰。樟脑蒸汽与空气混合成为易爆炸的混合气体，其爆炸极限当粉尘粒 850μm 时，爆炸下限为 10.1 g/m^3。合成樟脑的燃点为 50℃，而自燃点为 375℃。在空气中樟脑粉尘很易燃烧。火灾的危险温度是 850℃。

樟脑密度 d_4^{18} 为 0.985 3。在乙醇、乙醚、脂肪油或挥发油中易溶解，在氯仿中极易溶解。樟脑微溶于水，在冷水中的溶解度较在热水中为高。

樟脑的熔点为 174～179℃，沸点 209℃热容量为 2.09kJ/（kg·℃），蒸发热为 385.73 kJ/kg。由于熔点与沸点接近，所以樟脑容易升华。

合成樟脑根据所用的原料和制造方法可以得到右旋和左旋以及非旋光性的樟脑，比旋光度 $[\alpha]_D^{20}$ －1.5°～＋1.5°。

中华人民共和国国家标准（GB4895—91）工业合成樟脑分为优级、一级、二级共计三个等级。各级合成樟脑的各项技术指标应符合要求见表 28-11。

军工用途的合成樟脑应增加酸值指标，酸值以樟脑酸计算不大于 0.01%。特殊用的合成樟脑，如医药用可根据中国药典、英国药典、德国药典、美国药典、日本药典等各国用户订货合同要求供货。

表 28-11 合成樟脑各项技术标准

指标名称		级别		
		优级	一级	二级
外观		白色粉状结晶		
水分		10%（W/V）石油醚溶液应清晰透明		
不挥发物含量（%）	≤	0.05	0.05	0.10
乙醇不溶物（%）	≤	0.01	0.01	0.015
熔点（℃）	≥	170	168	165
含量（%）	≥	96	96	94

樟脑具有一系列非常可贵的性质，在军工、医药、工业及生活领域等用途极为广泛。在军工上用于无烟火药作一种爆炸稳定剂以减缓火药燃烧速度。在医药上作为强心剂、兴奋剂、清凉剂、十滴水等。在工业上作胶片、赛璐珞、增塑剂、防霉剂、光亮剂。近年来樟脑用作聚氯乙烯的辅助增塑剂，以提高聚氯乙烯的透明度及韧性。在制革工业上用作皮革的光亮剂和防霉剂。在烟草工业中包装用纸中加入樟脑就可减少烟的发霉。在生活方面樟脑用作衣物、书籍等的防蛀，特别是对合成纤维的混纺织物用樟脑贮存对织物无损害。此外，樟脑还可以用来作防腐剂等。

2 合成龙脑

合成龙脑即莰醇，是一种双环单萜类的仲醇，化学名 1,7,7-三甲基-双环［2：2：1］-庚醇-2，分子式 $C_{10}H_{17}OH$。

天然龙脑以游离或酯的形式存在于植物体中，其分布很广。d-龙脑又称冰片，存在于南洋婆罗洲的龙脑树及我国广东省的“针树”中。l-龙脑又名艾片，存在于广东、广西的艾草中。合成龙脑的旋光性由原料 α-蒎烯的旋光性决定。

龙脑（1）的分子中有三个不对称碳原子 C_1、C_2 和 C_4，应该有 8 个立体异构体。但由于龙脑分子结构中，偕-二甲基与六元环面只能成为顺式，即“船式”（2）构象，而不可能以偕二甲基具有高度张力的不稳定的“椅式”（3）存在。因此，龙脑分子实际上的立体异构体只发现 4 个，即 d-龙脑（4）、l-龙脑（5）、d-异龙脑（6）和 l-异龙脑（7）。

龙脑和异龙脑分子中，由于羟基所在空间位置不同，形成了相应的立体异构体，见结构式（8）和（9）。龙脑较之异龙脑易于酯化，其酯也较异龙脑的酯易于水解。说明龙脑的构型中，其羟基所处的位置空间位阻较异龙脑上的羟基小一些，所以易于发生化学作用。

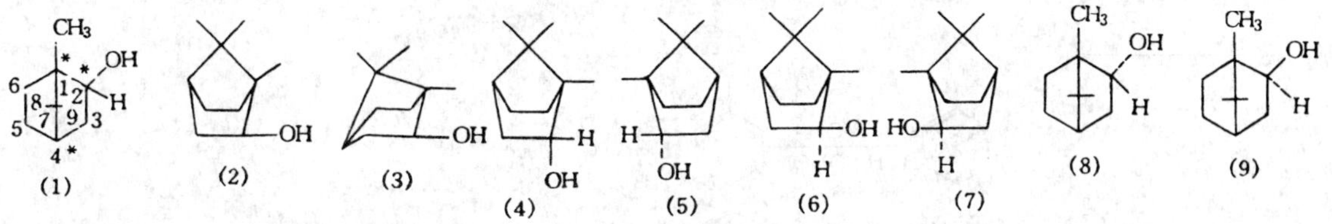

(1)　(2)　(3)　(4)　(5)　(6)　(7)　(8)　(9)

龙脑（8）与异龙脑（9）的化学性质基本相同，而在一些物理数据上有差异。龙脑的熔点 208.5℃，异龙脑的熔点是 214℃。龙脑存在于某些天然精油中，而异龙脑至今尚未在自然界中发现，而是在合成法中发现。龙脑有清香气息，而异龙脑的香气却不如龙脑喜人。

以松节油为原料合成龙脑的方法有三：草酸法，目前国内外仍沿用此法，新近研究的有氯乙酸法和固体酸催化法。

2.1　草酸法合成龙脑

由松节油分馏得到的 α-蒎烯与无水草酸在硼酐及醋酐的催化下进行酯化反应生成草酸龙脑酯及双戊烯、二聚萜烯等轻油分。用蒸汽蒸去轻油加苛性钠液皂化，使龙脑游离。再用蒸汽蒸馏使龙脑与聚合物分离，再经升华结晶等方法精制成商品龙脑。

2.1.1　合成原理

（1）结晶草酸加热脱水生成无水草酸：

$$(COOH)_2 \cdot 2H_2O \xrightarrow{\triangle} (COOH)_2 + 2H_2O\uparrow$$

（2）硼酸熔融脱水成硼酐：

$$2H_3BO_3 \longrightarrow B_2O_3 + 3H_2O\uparrow$$

（3）α-蒎烯与草酸的酯化反应：在草酸合成法中，草酸会使部分蒎烯异构化为莰烯，故在生成正龙脑的同时，也有异龙脑产生，反应式如下：

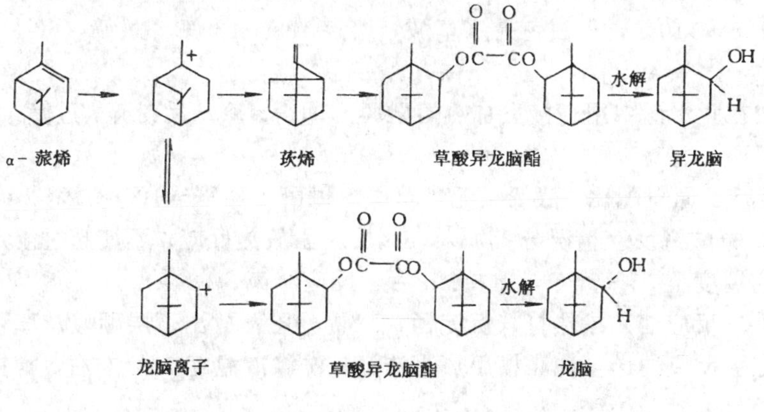

α-蒎烯　莰烯　草酸异龙脑酯　水解　异龙脑

龙脑离子　草酸异龙脑酯　水解　龙脑

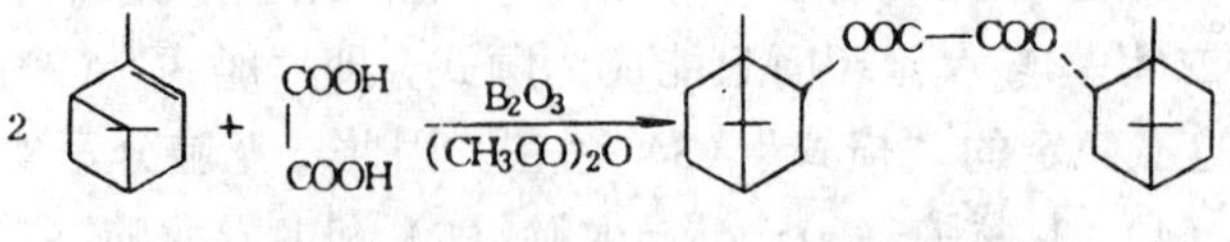

2
COOH
COOH
B_2O_3
$(CH_3CO)_2O$
OOC—COO

α-蒎烯　草酸　草酸龙脑酯

副反应生成草酸小茴香酯、双戊烯和双萜烯：

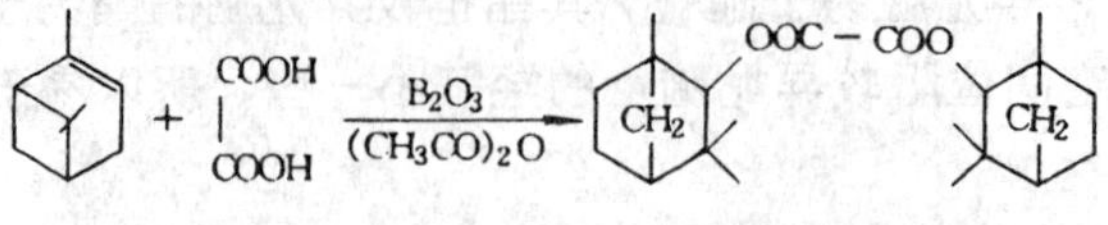

COOH
COOH
B_2O_3
$(CH_3CO)_2O$
OOC－COO
CH_2
CH_2

草酸小茴香酯

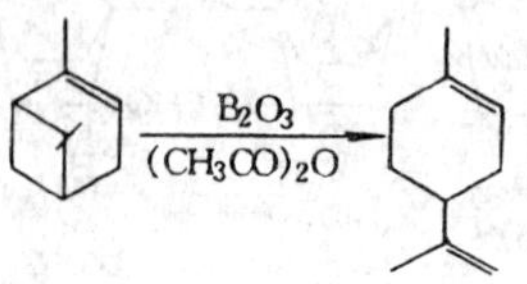

B_2O_3
$(CH_3CO)_2O$

双戊烯

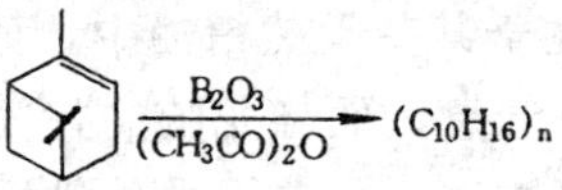

B_2O_3
$(CH_3CO)_2O$
$(C_{10}H_{16})_n$

双萜烯

副反应中，草酸小茴香酯与草酸龙脑酯的比例约为0.4～0.5∶1。其余副产物主要为双萜烯。

（4）草酸龙脑酯的皂化反应：草酸龙脑酯用氢氧化钠水解（皂化）得到龙脑：

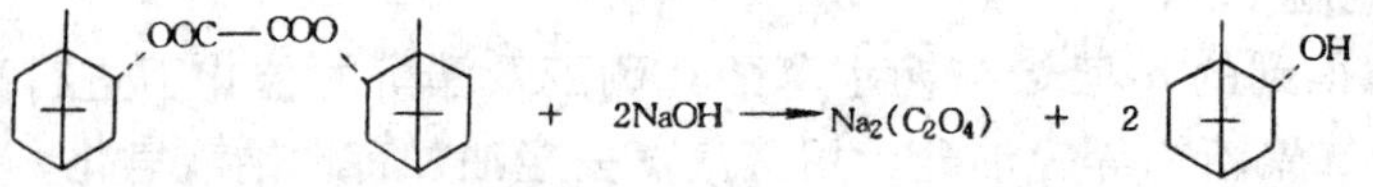

OOC—COO
+ 2NaOH ⟶ $Na_2(C_2O_4)$ + 2
OH

龙脑

副反应草酸小茴香酯皂化生成小茴香醇：

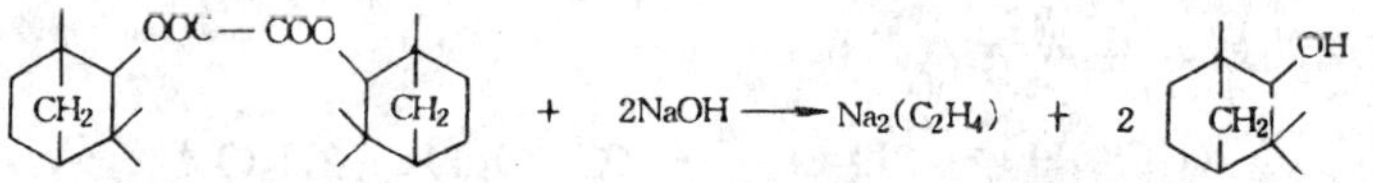

OOC－COO
CH_2
CH_2
+ 2NaOH ⟶ $Na_2(C_2H_4)$ + 2
OH
CH_2

小茴香醇

2.1.2　合成工艺

合成龙脑的示意工艺流程如图28-11。

（1）原材料处理：优级松节油进行减压蒸馏，用作原料的无水蒎烯含量96%以上。

草酸：必须脱水，含水草酸与蒎烯不起反应。草酸在干燥锅中，在常压下搅拌，蒸汽加热，温度控制105～110℃，得白色无水草酸，熔点187～189℃。过筛（60目），贮存在密闭容器中备用。

硼酐：硼酸在脱水锅中用直接火加热熔融脱水即得。冷却后粉碎，过筛（80目），密闭于容器中备用。

（2）酯化反应：原料配比，蒎烯∶无水草酸∶硼酐∶醋酐＝100∶22∶2∶0.2。反应温度保持51～53℃。草酸视反应情况分批加入。此反应为放热反应，不使超过规定温度。加料完毕后，提高反应温度至55～56℃，维持3h后，反应结束。

草酸龙脑酯（反应油）趁热打入沉淀桶，静置分层，放出下层硼酸及草酸沉淀物，可送酯化锅复用。上层反应油送至洗涤槽用热水洗涤，洗涤液温度70℃左右，搅拌，洗去硼酸及

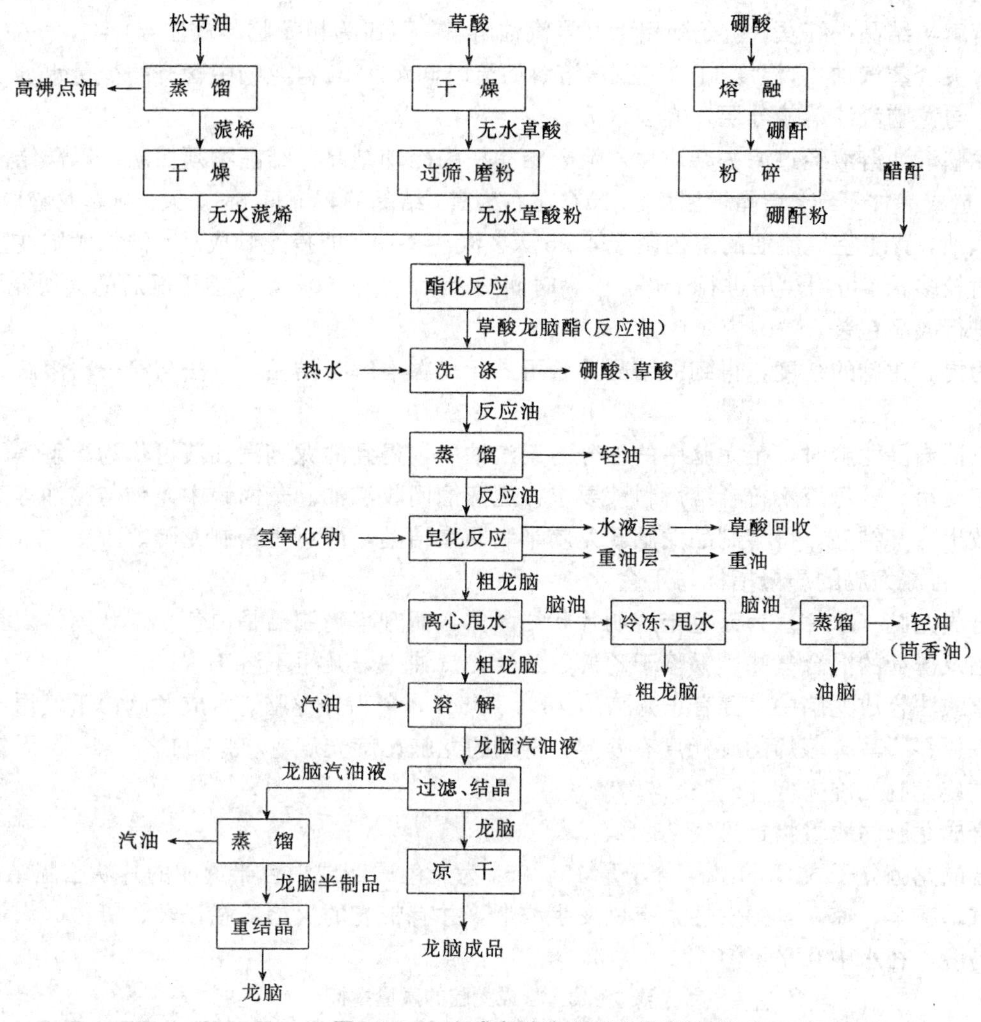

图 28-11 合成龙脑生产示意工艺流程

剩余草酸。搅拌洗涤约 2～3h，静置，分出水分。

洗涤后的反应油进行水蒸汽蒸馏，将未反应的 α-蒎烯等轻油分蒸出。

（3）草酸龙脑酯（反应油）的皂化反应：草酸龙脑酯在皂化锅中用氢氧化钠水解（皂化）。配料比，草酸龙脑酯：固体氢氧化钠＝100：15～17（可配成 50%水溶液），皂化时间30～50min，皂化反应时间短，反应快。反应油皂化为龙脑后即在皂化锅中进行活汽蒸馏，蒸馏温度 90～110℃，龙脑蒸汽在喷水的冷却塔塔底筛板上收集。每经 8h 收集粗龙脑一次，水解蒸馏一般需 20～24h。

粗龙脑蒸完后，静置适当时间，皂化锅中分为两层液体，底层为含草酸钠的碱溶液，用以回收草酸。上层为重油，为反应过程中蒎烯聚合的高沸点产物，可作为裂化油的原料。

蒸馏出来的粗龙脑含有 30%左右的水分和少量油脑，用离心甩水法除去水分和脑油，得粗龙脑。分离后，水分弃去。脑油冷冻结晶，回收部分粗龙脑。剩余脑油再经减压蒸馏，得轻油和油脑。轻油主要为含小茴香醇的茴香油。

（4）粗龙脑的提纯：提纯的目的在于除去粗龙脑中的水、油及铁锈等杂质，提高熔点与纯度，使产品符合规格。

溶解与结晶提纯法，粗龙脑用120号汽油溶解，配比为粗龙脑：汽油＝1：1.2～1.8。采用盘管夹套蒸汽加热，温度110℃左右，溶解回流时间2～3h。粗龙脑中含有的少量水分（5%～10%）与龙脑汽油溶液分层，弃去水分。

龙脑汽油溶液经过滤去杂质后，流入结晶槽中冷却结晶。结晶槽须保温，以防结晶速度过快，造成晶体不纯，结晶槽温度以10℃左右为宜，结晶静置时间6～7天。结晶龙脑取出后，滤干汽油，置于空气流通的室内阴干4～5天。汽油挥发，即得龙脑成品。结晶龙脑在室内凉干费时较多，亦可用烘房进行干燥。干燥时间约24h，温度30～40℃。干燥后的大块龙脑，打碎后进行成品包装。

为提高龙脑的纯度，得到的结晶龙脑可进行二次溶解与结晶，方法与第一次溶解、结晶相同。

汽油结晶龙脑时，粗龙脑中的油分溶于汽油中，得到的龙脑汽油液可作为溶解锅下一次的料液使用。若母液不符合溶解料液要求，送蒸馏回收汽油。蒸馏锅中龙脑与脑油等高沸点物质放出冷却结晶，得半制品龙脑。龙脑半制品重结晶，即可得精制龙脑。

2.1.3 合成龙脑的质量指标与用途

合成龙脑（冰片）为无色半透明片状结晶体，而升华精制品是白色粉末状固体。具有类似樟脑及薄荷的混合气味。易溶于乙醇、乙醚、汽油中，几乎不溶于水。

草酸法合成龙脑中，含有正龙脑约48%～55%，余为异龙脑。合成龙脑由于使用不同的松节油原料，其α-蒎烯的旋光度有差异，得到的龙脑比旋光度 $[\alpha]_D^{20}+11°\sim-11°$。天然的右旋或左旋龙脑比旋光度 $[\alpha]_D^{20}\pm37.7°$。

合成龙脑的质量指标见表28-12。

合成龙脑分子式 $C_{10}H_{18}O$，分子量154.25。为无色透明或白色半透明的片状松脆结晶，有清香气，味辛、凉，具挥发性，点燃发生浓烟，并有带光的火焰。在乙醇、氯仿、汽油或乙醚中易溶，在水中几乎不溶。

表 28-12 合成龙脑的质量指标

指标名称		指标参数
水 分		10%（W/V）石油醚溶液应清晰透明
不挥发物含量（%）	≤	0.035
重金属含量（μg/g）	≤	5
砷盐含量（μg/g）	≤	2
熔点（℃）		205～210
酸碱度		10%（W/V）水浸出液对甲基红、酚酞均不显红色

龙脑从古代就被用作薰香或墨的香料以及医药用。近代除医药处方外，用以配制保健成药，如人丹、清凉油、眼药、膏药等，还广泛的应用于化妆品、日用品，如牙膏、墨锭、墨汁、薰香剂、口腔清洁剂、消毒杀菌剂等，亦用作调制东方型香料，以及合成香料制造龙脑酯类的香原料。

2.2 氯乙酸法合成龙脑[234,235]

合成龙脑（冰片）长期以来均用草酸法进行生产，此法酯化反应较难控制，汽油结晶生产不安全，且合成龙脑中正龙脑含量不高，因之近些年来开展了合成龙脑新工艺的研究，如氯乙酸法、固体酸催化法等。

氯乙酸法合成龙脑时，在催化剂存在下，α-蒎烯与氯乙酸发生反应，生成氯乙酸龙脑酯，经水解得到正龙脑，化学反应式如下：

$$\alpha\text{-蒎烯} + ClCH_2COOH \xrightarrow{\text{催化剂}} \text{氯乙酸龙脑酯}(-OCOCH_2Cl) \xrightarrow[\text{水解}]{NaOH} \text{正龙脑}(-OH) + ClCH_2COONa$$

α-蒎烯　　氯乙酸　　氯乙酸龙脑酯　　正龙脑

若蒎烯在酸性条件下发生异构作用，生成莰烯，莰烯再与有机酸作用，得到的是异龙脑酯。所以，选择的催化剂尽可能避免生成异龙脑酯的副反应发生。

氯乙酸法合成龙脑的示意工艺流程如图 28-12。

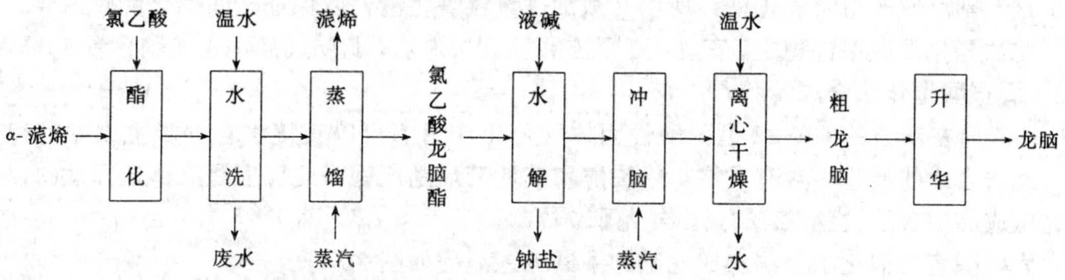

图 28-12　氯乙酸法合成龙脑示意工艺流程

松节油经过蒸馏得到蒎烯（α-、β-蒎烯），含量 96%以上。蒎烯与氯乙酸在催化剂存在下发生加成酯化反应，生成氯乙酸龙脑酯。此酯经过过滤、水洗，水蒸气减压精馏后得到净酯。净酯与氢氧化钠水溶液发生皂化反应，副产物为钠盐。产物经水蒸气升华，离心干燥后得到粗龙脑（正龙脑含量 70%以上），再经升华得精制品龙脑（含正龙脑 96%以上）。

2.2.1　酯化反应

将蒎烯（96%以上）加入反应釜内，加热至 45～70℃，加入占蒎烯重量1%～1.5%的催化剂，再加入蒎烯重量 44%的氯乙酸（工业品，95%），在搅拌下反应 7～10h，反应温度65～70℃。在此过程中，每小时测定氯乙酸含量一次，至氯乙酸含量不再下降为止。反应毕，出料、过滤。滤液用 50～60℃温水洗涤，放出洗液为淡氯乙酸液，浓度 32%左右，用以回收氯乙酸。再加温水及碳酸钠洗至 pH 值 7～9，得粗酯，含酯量 50%以上。

粗酯用水蒸气在减压下蒸馏，回收未反应的蒎烯及副产物双戊烯后，得到净酯。净酯密度 d_4^{20} 为 1.10±0.1。

在氯乙酸法中，蒎烯在催化剂下的酯化反应主要得到正龙脑酯，副反应小茴香酯与龙脑的比例下降为 0.25～0.4∶10。草酸法中两者之比约为 0.4～0.5∶1。氯乙酸法中，另一副反应得到的主要是双戊烯，约 30%，只有少量双萜烯（重油）含量<5%，未反应的蒎烯未被破坏，仍可以回收利用。而草酸法中双戊烯含量 10%～15%，双萜烯含量 30%～35%，反应液中不含蒎烯，蒎烯已全部反应转化为其他产物。

2.2.2　皂化反应

将蒸馏所得的净酯加入反应釜内，在搅拌情况下，加入液碱。酯与碱的比例为 1∶2～3（摩尔比）。碱液加入后，反应立即发生，放出热量，物料自然升温至 50～60℃，在此温度下反应 3～5h。抽样检测其含酯量，至含酯量下降到 0.3%以下为止。

反应终止后，加入 50～60℃温水，放出副产品钠盐。再加入少量水，洗涤一次。然后加热至 120℃左右，用直接蒸汽将龙脑升华出来。

升华出来的龙脑直接喷水冷却，收集在冷却室内，经离心、干燥后得到白色粒状粗制品龙脑。粗龙脑再经升华得龙脑成品，其中正龙脑含量 96%以上。

收集离心母液，测定其中龙脑含量后，加入反应锅内，用直接蒸汽回收其中的龙脑。

水蒸气升华条件如下：升华温度 120～130℃，蒸汽压力 0.15～0.20MPa，汽脑比（重量）1∶3～5，冷却室温度 20～40℃。

氯乙酸龙脑酯与氢氧化钠发生皂化反应时得到龙脑，同时生成氯乙酸钠。氯乙酸钠在较高温度下会与氢氧化钠继续作用得到羟基乙酸钠，反应式如下：

$$ClCH_2COONa + NaOH \longrightarrow HOCH_2COONa + NaCl$$

由于这一副反应耗用氢氧化钠，所以必须加过量氢氧化钠，以保证酯的皂化反应完全。

此法酯化反应条件稳定、安全，蒎烯转化率 90%左右，龙脑成品中正龙脑含量 96%以上。

2.3 固体酸催化法合成龙脑[236～238]

α-蒎烯在新型的 GC-82 型强酸性固体酸催化作用下可以直接水合一步生成龙脑和松油醇。此法合成的产物中含有龙脑，松油醇和其他萜烯副产物。此反应是立体选择性的，得到的龙脑成品中含正龙脑 92.23%，异龙脑 7.77%。

固体酸直接催化水合法合成龙脑的中试工艺流程如图 28-13。

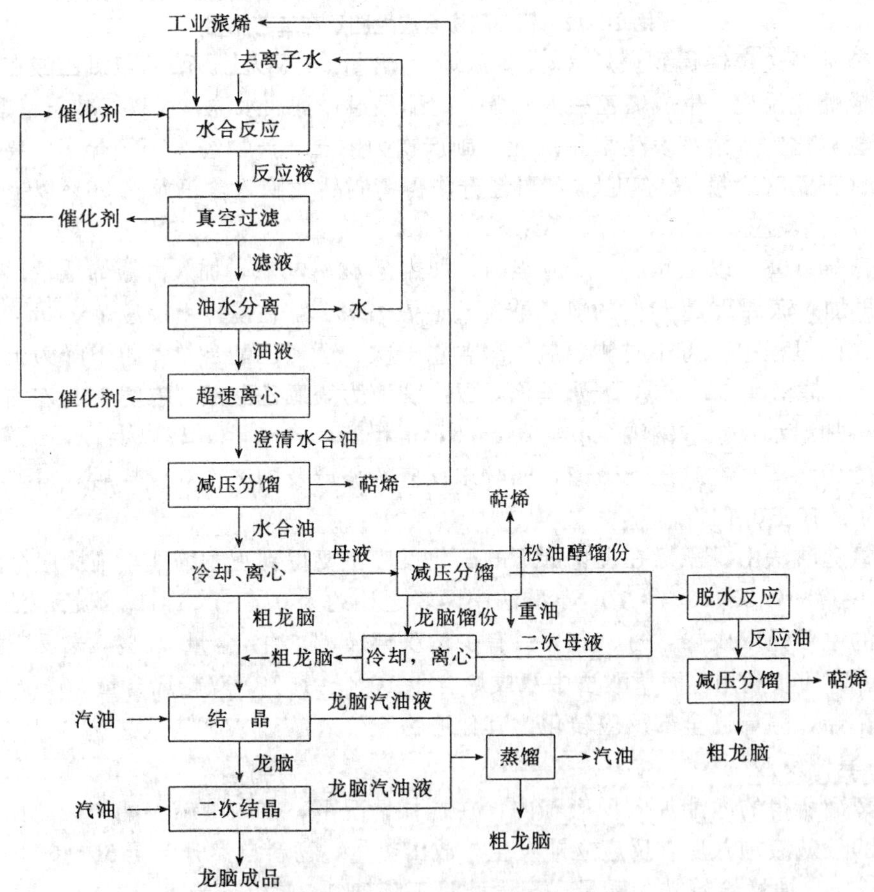

图 28-13 固体酸催化水合法合成龙脑工艺流程

(1) 水合反应。工业蒎烯 (α-蒎烯含量 95%以上)、去离子水和 GC-82 型催化剂按一定比例加入反应锅中进行水合反应,配料比为催化剂:蒎烯(或蒎烯+萜烯):去离子水=1:1:3 (重量比),反应温度 50~80℃,反应时间 40~70h。

反应混合物经真空过滤,滤出的催化剂循环使用。滤过的液相经油水分离后,水循环使用,油相再经超速离心分离除去残留的催化剂。所得的澄清水合油进行减压分馏。

(2) 水合油分馏。水合油进行减压分馏,真空度 0.086~0.094MPa,塔顶温度 80~120℃,回流比 1:1~2。馏出物萜烯重复使用,以一定比例与蒎烯搭配作为水合反应原料,循环多次后的萜烯作副产物处理。釜底放出物经冷却、离心机分离,即得粗龙脑。离心分离得到的母液进行减压分馏。

(3) 母液分馏。离心母液进行减压分馏,真空度 0.092MPa,塔顶温度 100~120℃。分馏残液为副产物重油,馏出物有萜烯、主馏份(以含龙脑为主)和后馏份(以含松油醇为主),主馏份冷却后离心分离也得到粗龙脑。母液称为二次母液,它与后馏份合称为粗松油醇。

(4) 粗松油醇脱水反应。料液粗松油醇与催化剂的配比为 4~6:1,在反应锅中进行脱水反应,反应温度 50~100℃,反应时间 20~90h。催化剂 GC-82 与蒎烯水合反应催化剂相同。松油醇脱水生成萜烯,而龙脑则不发生脱水反应。反应产物与母液减压分馏相同。

松油醇选择性脱水反应方法可以分离和回收其中的龙脑。

(5) 粗龙脑提纯。所得全部粗龙脑用溶剂汽油进行两次重结晶提纯,配料比为粗龙脑:汽油=1:1.5~1.8 (重量比),溶解温度 90~100℃,结晶时间 5~7 天。得到的透明或半透明片状结晶经烘干后得到成品合成龙脑。

固体酸催化法合成龙脑的产品得率 32.5%,其余为副产萜烯 52.5%,粗松油醇 3.3%,重油 8.0%,损失 3.7%。

产品龙脑含正龙脑 92.23%,异龙脑 7.77%;副产萜烯中含三环烯 2.51%,α-蒎烯 4.54%,莰烯 15.25%,α-松油醇 13.39%,双戊烯 15.77%,1,8-桉叶素 22.12%。γ-松油烯 5.30%,异松油烯 16.97%,小茴香醇 2.07%,异龙脑 0.30%,正龙脑 1.23%,α-松油醇 0.27%,其他 0.28%;粗松油醇中含异松油烯 1.17%,小茴香烯 1.13%,龙脑 38.70%,α-松油醇 57.32%,其他 1.68%。

固体酸催化一步法合成龙脑新工艺进一步完善,将具有良好的工业化前景。

3 合成松油醇与松油

蒎烯在酸性条件下通过水合反应得到以 α-松油醇为主的萜烯醇类。合成松油醇含醇量 90%以上具有紫丁香香气,主要用于皂用及化妆品香料和调合香精,是松节油化学加工工业中产量最大的产品。含醇量 40%~85%的松油醇称为合成松油,主要在有色金属浮选工业中用作起泡剂,并用于制造清洁剂和杀菌剂等。

3.1 蒎烯的水合反应

蒎烯 (α-、β-蒎烯) 在催化剂硫酸或磷酸的作用下,易与水分子起加成反应得到水合萜二醇,将水合萜二醇再经稀硫酸或磷酸脱水,得到松油醇。蒎烯水合反应合成松油醇,其化学反应机理为碳正离子过程,因此在反应过程中碳架将进行 Wagner-Meerwein 重排,得到的产物比较复杂,蒎烯水合反应合成松油醇的途径如图 28-14。

由图 28-14 可见,蒎烯在酸性条件下起水合反应,经过碳正离子 (Ⅰ)、(Ⅱ)、(Ⅲ),得

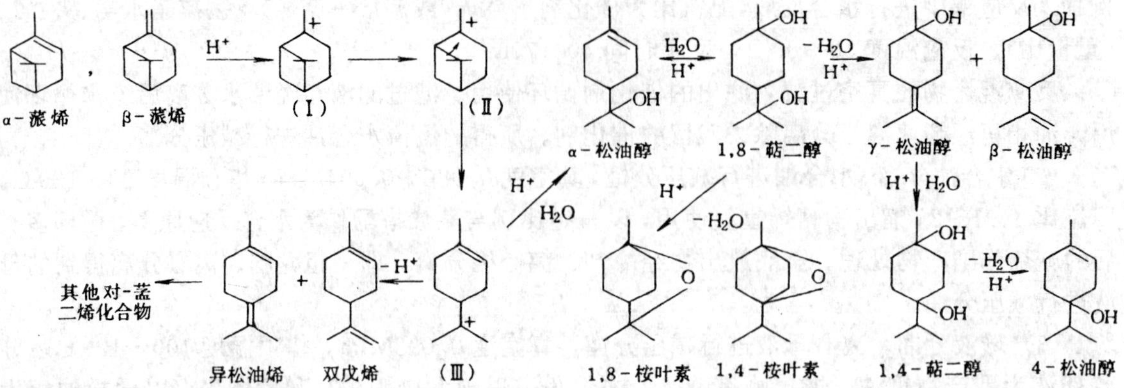

图 28-14 蒎烯水合反应合成松油醇途径

到1,8-萜二醇，由此脱水得到主要产物为α-松油醇、其次为γ-松油醇和β-松油醇。1,8-萜二醇脱水也可得到桉叶素（1,8-桉叶素、1,4-桉叶素）。γ-松油醇进一步水合得到1,4-萜二醇，脱水生成4-松油醇。反应副产物为对蓋二烯类化合物，如苧烯、异松油烯等。异松油烯在酸性条件下，双键转移而形成α-松油烯等。

1,8-萜二醇以不同的方式一次脱水，除得到α-松油醇（m. p. 37～38℃，b. p. 220℃）外，尚可得到β-松油醇（m. p. 32～33℃，b. p. 209～210℃）和γ-松油醇（m. p. 68～70℃，b. p. 65℃/0.133kPa）等。1,8-萜二醇一次脱水反应过程和产物的分布情况如图28-15。

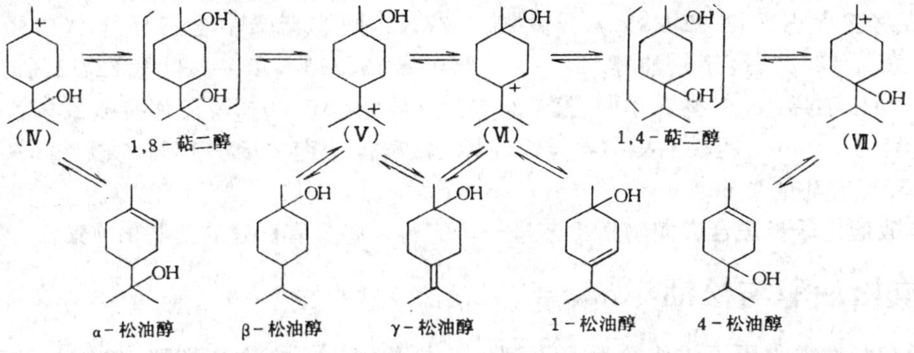

图 28-15 1,8-萜二醇一次脱水反应过程

由图28-15可见，1,8-萜二醇中1,8位都易形成叔碳正离子，首先形成碳正离子（Ⅳ）和（Ⅴ），碳正离子（Ⅴ）的邻位也是叔碳，所以部分碳正离子（Ⅴ）的正电荷会转移到邻位上，形成碳正离子（Ⅵ）。碳正离子（Ⅵ）通过形成少量的1,4-萜二醇，进一步得到碳正离子（Ⅶ），显然碳正离子（Ⅶ）的含量很少。所以形成的4-松油醇量也最少。由（Ⅴ）异构的正碳离子（Ⅵ）含量也较少，其消去反应多半遵循Saytzeff规则，从含氢较少的碳原子上消去氢，因此，碳正离子（Ⅵ）消去氢后的主要产物为γ-松油醇，形成的1-松油醇量较少。碳正离子（Ⅴ）得到β-松油醇，但γ-松油醇的含量大于β-松油醇，这是由于β-松油醇连着一个烯丙基

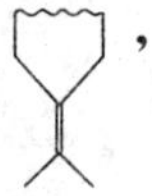

，γ-松油醇连着一个丙烯基，烯丙基的对称性不及丙烯基，电荷分散不够均匀，从产物分子稳定性考虑，含烯丙基的β-松油醇分子稳定性可能不及含丙烯基的γ-松油醇，导致其含量低于γ-松油醇。碳正离子（Ⅳ）的邻位没有叔碳离子，不存在像碳正离子（Ⅴ）的较多异构反应，产物为α-松油醇，其含量也最多。所以1,8-萜二醇一次脱水产物主要为α-松油醇，γ-松油醇与β-松油醇。

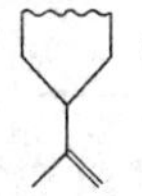

由上可见，1,8-萜二醇脱水反应过程中，氢离子如能较多地与1位上的羟基结合，生成碳正离子（Ⅳ），势必会生成含量较高的α-松油醇。因此，决定1,8-萜二醇一次脱水产物中α-松油醇含量高低的关键，取决于第一步1,8-萜二醇脱去羟基形成叔碳正离子（Ⅳ）和（Ⅴ）的分配上。为决定合成松油醇工艺条件的理论依据。

α-松油醇具有紫丁香香气，为一结晶状的醇，它以旋光和不旋光两种形式以及酯的形式存在于许多天然精油（如樟脑油、橙花油、橙叶油）中。通常，通过水合萜二醇合成的α-松油醇是无旋光性的，天然精油中含有的α-松油醇或从蒎烯不经水合萜二醇合成的α-松油醇都具有旋光性。

β-松油醇为α-松油醇的异构体，为一无旋光性的叔醇。尚未从天然来源中得到过，但存在在商品松油醇中。具有风信子香气。

γ-松油醇为α-松油醇的第二个异构体，无旋光性。同时是商品松油醇的一个成分。也存在于天然精油中。具有紫丁香香气。

3.2　合成松油醇生产

松油醇的工业生产大多采用硫酸两步法，以松节油中的蒎烯为原料，硫酸为催化剂，加水进行水合反应制成水合萜二醇，然后将水合萜二醇脱水生成粗松油醇，再经分馏得到产品松油醇。两步法中脱水剂也常采用0.15%～0.2%的稀疏酸。

除了硫酸两步法生产松油醇外，正在研究一步法合成松油醇，如混酸一步法合成松油醇已取得成功等。

蒎烯水合反应的催化剂除了硫酸外，尚有甲酸、乙酸、一氯醋酸、二氯醋酸、三氯醋酸、硫酸-丙酮溶液、硫酸-二氧戊环溶液、大孔径的聚苯乙烯磺酸型阳离子交换树脂、沸石分子筛、混合酸等。磷酸也可用作蒎烯水合反应的催化剂，但此反应粗产物中并无水合萜二醇，而是直接得到松油醇。松油醇含量不高，约45%左右，作为松油产品，用作金属浮选起泡剂。

水合萜二醇的脱水反应采用的脱水剂为硫酸、磷酸、草酸对-甲苯磺酸、邻苯二甲酸、硫酸氢钾等。

3.2.1　硫酸两步法合成松油醇

松油醇工业生产中以蒎烯为原料，硫酸为催化剂，平平加为乳化剂，水合反应得到水合萜二醇，水合萜二醇在稀硫酸作用下脱水分馏得松油醇。其反应如图28-16。

由反应可以看出，脱水反应的深度与稀硫酸的浓度有关。硫酸浓度极稀，得到的主要是α-松油醇，附带生成β-松油醇和γ-松油醇，但反应速度很慢。反之，如硫酸浓度稍为高些，反应速度加快，水合萜二醇将有部分脱去二分子水，生成对-盖二烯类化合物，这不仅影响α-松油醇的得率，而且这些杂质将损害松油醇的香气。因此，在生产中必须选择好脱水催化剂的种类、浓度和反应条件，以保证产品的质量。

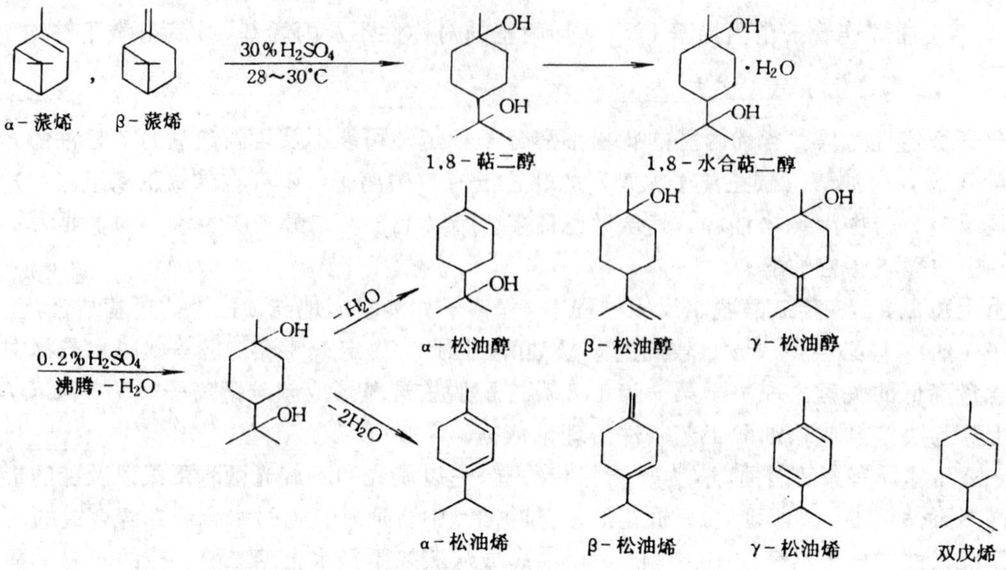

图 28-16 蒎烯硫酸两步法合成松油醇的化学反应

硫酸两步法合成松油醇的工艺流程如图 28-17。

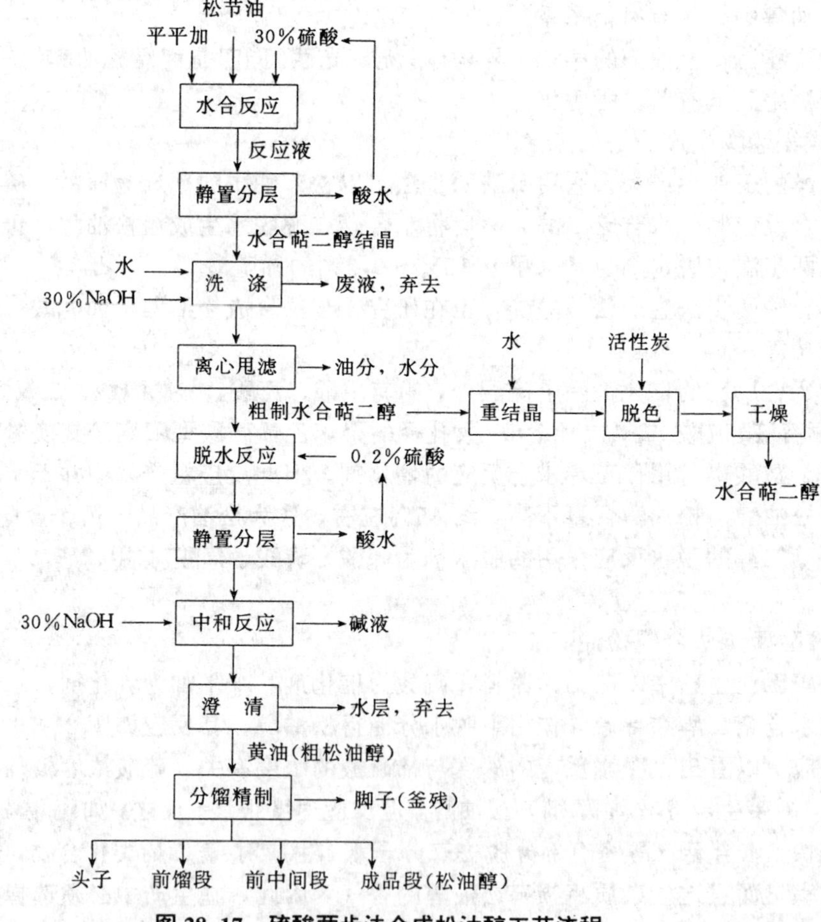

图 28-17 硫酸两步法合成松油醇工艺流程

松油醇生产的主要工序为水合、脱水与分馏。

(1) 水合：投料配比为松节油：30%硫酸＝1：1.7（重量比）。在装有搅拌装置的搪瓷反应锅中，先加进 30%硫酸，然后加松节油及少量乳化剂。常用的乳化剂商品名平平加（Pergal 的译名），其量 1 000kg 松节油加 400ml10%平平加。加料完毕，剧烈搅拌（700 r/min），使反应物完全成为乳化液。反应温度 28～30℃，反应时间 24h。析出大量结晶，静置分层。水合萜二醇结晶即浮于酸水之上，下层酸水排出后重复利用。结晶留在锅中水洗三次，再用稀碱液（30%氢氧化钠溶液）洗至中性，至含酸量<0.1%为止。随即放入离心机中甩滤，除去残留的油分和水分。

所得的粗制水合萜二醇，加水重结晶。用活性炭脱色，再行干燥（60℃）。制得的成品水合萜二醇，可作为产品出售。水合萜二醇为无色结晶或白色粉末。微带气味，在空气中易风化，其熔点为 102～105℃。1g 水合萜二醇可溶于 200ml 水或 13ml 乙醇中。水合萜二醇适用于治疗支气管炎，并在咳嗽药中用作溶媒。

(2) 脱水：投料配比为水合萜二醇：0.2%硫酸＝1：2（重量比）。脱水锅中装有盘管加热器和活汽扩散器。先将粗制水合萜二醇加入脱水锅中，再加入 0.2%的稀硫酸。开搅拌，并通蒸汽加热至沸。回流 1h，取样测定酸液浓度，2h 后再测一次，因水合萜二醇结晶中可能包含有一些酸。根据测出的酸浓度计算中和能所需的液碱量。每隔 0.5～1h 测定一次油层密度，如果密度已经达到 d_4^{20}0.933，则表示反应已到达终点，前后约需 4～5h。静置分层，油层放入中和锅，留下酸水层作下锅回用，其浓度不够可以添加新酸。

油层放入中和锅后，加稀碱液（30%左右液碱预先加水稀释 10 倍），搅拌 0.5h，待油层中和后，分出碱液。油层澄清 2～3 天，有少量未脱水的水合萜二醇结晶析附在澄清罐壁，可回收重新处理。澄清液下层是水层，弃去。油层为水合萜脱水生成的粗松油醇（黄油），移入分馏塔进行精制。

(3) 分馏：分馏塔采用不锈钢网形波纹填料塔，并附有分凝器。塔釜用盐液（用 KNO_3 和 $NaNO_3$ 为截热体）加热。油温开始不超过 120℃，防止冲溢并逐渐升温，维持油温 180～200℃，塔顶真空度 0.0975～0.0984MPa，按相对密度分段收集馏份。

馏　程	相对密度 d_4^{20}	含醇量（%）
头　子	0.900	不含醇
前馏段	0.900～0.922	30
前中间段	0.922～0.928	85
成品段	0.928～0.938	96
脚　子	—	用作燃料

前中间段积累一定数量后再进行复分馏，可以再得到一定数量的松油醇，在分馏前馏段和成品段的中间交接处，应加大回流比，提高分馏效果。分馏所得的成品约为投料量的55%～60%。

含醇量高于 90%的松油醇一般用作香料。含醇量 40%～85%的馏份称为合成松油，用作浮选剂、溶剂和消毒剂等。

关于水合萜二醇酸性脱水剂的选择，酸的种类、酸的浓度、反应时间等都会对反应产生不同的影响，如磷酸与硫酸催化水合萜二醇脱水反应时就产生了不同的效果[239]。

以硫酸为水合萜二醇脱水催化剂，硫酸是强酸，在水中几乎完全电离，因此稀硫酸的缓冲容量相当小，即酸浓度的微量变化或少量碱性物质的带入都会使溶液的 pH 值有较大的变化，所以在脱水反应中需不断取样分析，注意调整酸度，促使反应顺利进行。不同浓度的硫酸对脱水产物（黄油）中含醇量的影响见表28-13。

由表28-13可见，随着酸浓度的增加，在相同的反应时间内，黄油中的含醇量将随着酸浓度的增加而减少。而且酸浓度的改变对含醇量变化的影响较大，说明反应不够稳定，不易控制。

以磷酸为水合萜二醇脱水催化剂时磷酸为中等电离能力的酸，在0.25%～1.0%的酸度范围内，脱水情况都较好，黄油中的醇含量都在85%以上。磷酸浓度对黄油中含醇量的影响见表28-14。

表28-13 硫酸浓度对黄油中含醇量的影响

硫酸浓度(%)	反应时间(h)	黄油中的含醇量(%)
0.15	4	78.3
0.20	4	76.0
0.50	4	50.7
1.00	4	22.5

表28-14 磷酸浓度对黄油中含醇量的影响

磷酸浓度(%)	反应时间(h)	黄油中的含醇量(%)	α-松油醇(占总醇量的%)
0.25	6	86.0	83.2
0.50	6	87.0	83.0
0.75	5	85.0	83.6
1.00	5	85.0	82.5

由表28-14可见，如用磷酸作脱水催化剂，其产物中醇的含量在一定的酸度范围内变化很小，α-松油醇的含量也均大于80%。同时，由于使用的酸浓度较高，脱水过程中形成的水及粗水合萜二醇中带入的少量碱都不致对体系的酸度变化产生较大的影响。而且反应过程缓和，反应条件易于掌握，不易发生深度脱水。

脱水反应的时间对脱水进程也有较大的影响，不同酸催化剂反应时间与黄油中含醇量的关系见表28-15。

用酸作脱水催化剂，一定的酸度就有一最佳反应时间。在最佳反应时间到达之前，随着反应时间的增加，转化率提高，产物中的含醇量也会随之增加。但在反应最佳点之后，随着反应时间的加长，在生成一次脱水产物的同时，伴随着生成深度脱水的副产物对蓋二烯类，从而减少了产物中的含醇量。

表28-15 不同酸类催化脱水反应时间与黄油中含醇量的关系

催化剂	含醇量(%)			
	4h	6h	8h	10h
0.50%磷酸	反应不完全	87.0	86.4	85.1
0.20%硫酸	76.0	56.7	40.5	22.4

由表28-15可见，用0.20%硫酸催化脱水时，反应4h，含醇量76.0%，随着反应时间的加长，含醇量依次减少。而在使用0.50%磷酸作脱水剂时，即使延长反应时间到10h，产物中的含醇量仍维持85%以上，其中α-松油醇的含量也基本不变。由此也可以说明，磷酸较硫酸更适合于作水合萜二醇的脱水反应催化剂。

3.2.2 混酸一步法合成松油醇[240,241]

松油醇的工业生产一直沿用两步法，虽然得率尚可，香味也纯正，但生产周期长，能源消耗高，工人劳动强度大，设备腐蚀严重，成本高等缺点，大大的影响了松油醇生产的经济效益。

国内外近期来进行了“一步法”合成松油醇的研究，其中主要有阳离子交换树脂催化水合法、氯代羧酸（一氯醋酸、二氯醋酸、三氯醋酸）催化水合法、电解法、混酸一步法等。

混酸一步法合成松油醇示意工艺流程如图 28-18。

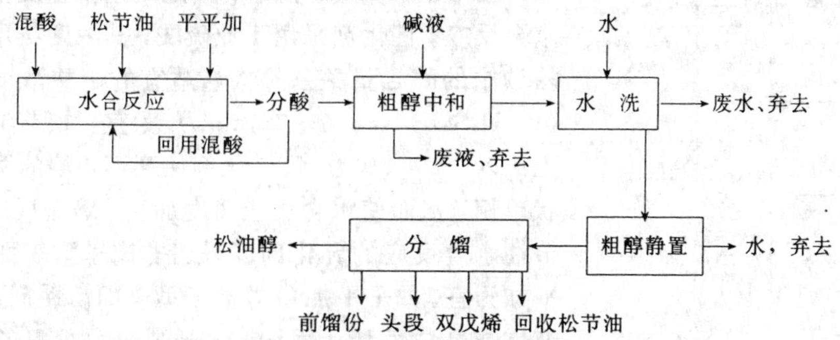

图 28-18 混酸一步法合成松油醇示意工艺流程

合成方法如下：优级松节油为原料；酸Ⅰ，含量 75%以上的工业品；酸Ⅱ，白色结晶体，含量 99%以上的工业品；液碱，33%左右浓度，工业品；乳化剂为平平加。

水合反应的投料配比为松节油：酸Ⅰ：酸Ⅱ：水=1：0.46：0.15：5.8（摩尔比）。10%平平加适量。维持一定的搅拌速度 780 r/min，使溶液充分乳化。同时逐渐把反应温度提高到 58～63℃，连续搅拌反应 20～24h。根据取样分析，达到预定的松油醇含量时，反应即可停止。分出有机相和水相。水相分别测定混酸各组分的含量后，适当补加新酸，用于下一次的水合反应。

粗醇用 33%～30%的碱液中和、水洗、静置分水，分馏，得到的松油醇得率平均约为 53.63%（以松节油投料量的重量计），其余为未反应的松节油、其他单环萜烯类和松油。油的总回收率为 93.11%（以分馏物重量占松节油投料量计）。

得到的松油醇的质量指标为：色泽，标准比色液 3 号色标；密度 d_4^{20} 0.931 6～0.932 3；折射率 n_D^{20} 1.483 0～1.483 6，初馏点 214～215℃；沸程（%，V/V）214～224℃，含醇量96.5%～97.2%。

生产性试验表明，采用混酸一步法合成松油醇是可行的，设备简单，生产流程和生产周期短，产品质量稳定。对两步法工艺提出了改善的可能性。

3.3 合成松油生产

松油可以分为天然松油和合成松油两种。天然松油是从明子（富含树脂物质的松树伐根或树干）加工而得。将明子切削成细小木片后经溶剂（如汽油、甲基异丁基酮）浸提，蒸馏浸提液回收溶剂后可以得到天然松油。合成松油则是以松节油中蒎烯为原料，以硫酸或磷酸为催化剂，经直接水合反应（一步法）而制得；或在硫酸催化两步法合成松油醇时，蒸馏得到的含醇量 50%～85%的产品，即为合成松油。

天然松油和合成松油的成分大致相似，主要组分为 α-松油醇，另外还有少量 β-松油醇、γ-松油醇、龙脑、异龙脑等萜烯醇类，1,8-桉叶素等。在含醇量较低的松油中还有较大量的单萜烯，如双戊烯、异松油烯和 α-松油烯等。商品松油的等级主要以含醇量的多少来划分，一般含醇量 50%～85%。

合成松油的生产，一步法生产工艺可分乳化剂法与乙醇法两种。

3.3.1 乳化剂法合成松油[242]

松节油在硫酸催化下，乳化剂存在下直接水合成松油。此产品主要用作金属浮选起泡剂，故又称二号选矿油。其工艺流程如图 28-19。

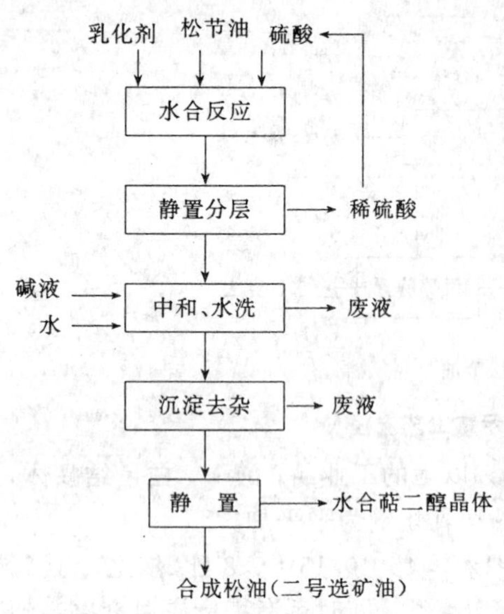

图 28-19 乳化剂法合成松油的工艺流程

松节油、硫酸、乳化剂按配比在搪瓷反应釜内进行水合反应。催化剂采用工业硫酸，其浓度与用量对合成松油中的醇含量关系很大，适宜的硫酸浓度以采用 C（1/2H_2SO_4）＝6.6～7.1mol/L 为宜。松节油与硫酸的配比以 1∶0.90 为宜。乳化剂使互不相溶的两相变成乳状单相，从而使水合反应速度加快，缩短反应时间。松节油水合反应的乳化剂以采用非离子型表面活性剂平平加为宜。如平平加O 非离子型表面活性剂，为淡黄色液体或乳白色膏状固体，主要成分是聚氧乙烯脂肪醇醚：R—O—$(CH_2CH_2O)_n$—CH_2CH_2OH，式中：R—C_{12}～C_{18}的烷基；n 是 15～16 分子的氧化乙烯。松节油与乳化剂的比例以 1∶0.002 3 为宜。在水合反应过程中，强烈的搅拌是必要的，搅拌速度为 1 440r/min。水合反应的温度以 50±2℃较好。反应时间，在一定当量的硫酸浓度下，水合反应时间以 5.5～6h 为宜。

水合反应结束后，反应液为油、酸混合液，让其静置分层，上层为含酸的合成松油，下层为稀硫酸。在分析其浓度后，调整回收酸的浓度，重复使用。

分酸后的油层中含有游离酸，可用水洗涤，然后再用碳酸钠饱和溶液中和油层，使油层呈中性偏碱，pH 值为 7.5～8，防止油中的萜烯醇类在酸性溶液中深度脱水生成对蓋二烯。油层再经沉淀，排放渣水、杂质后，静置 5～7 天，除去少量水合萜二醇晶体，即得成品合成松油（二号选矿油）。

合成松油为萜烯醇类的混合物，其中 α-松油醇和 β-松油醇含量为 45%左右，其余为未反应的蒎烯，以及由副反应生成的异松油烯、双戊烯等。

3.3.2 乙醇法合成松油

原料配比，松节油（α-蒎烯含量 90%以上）∶硫酸（32.0%～32.6%）∶乙醇（95%）＝1∶0.8∶0.3。酸水体系的配制，将上述配比的硫酸与乙醇混合，测其密度为 1.102±0.002，酸度为 C（1/2H_2SO_4）＝5.28±0.02mol/L。

以上配比的物料在水合反应釜中搅拌，升温至 47±1℃，反应 6h。反应过程中要取样测定油层比重，以达到 0.915 以上为准后，迅速升温至 63±1℃，脱水 5～10min，冷却，将反应液静置 1h 左右，放出酸水层，回收复用。

油层水洗后，再用 20%Na_2CO_3 溶液中和至弱碱性，pH 值为 8～9。过滤除去析出的水合萜二醇，静置分层，放出碱液。

中和后的油层进行蒸馏，回收乙醇。剩余液冷却后，即为成品合成松油，其比重为0.900～0.915。

放出的酸水中，加入回收的乙醇，再用浓硫酸和乙醇调整酸液的配比，作为下一反应的酸液催化剂，酸水与乙醇可以复用。

合成松油在出厂之前需静置 2 周，过滤掉析出的水合萜二醇晶体。再进行成品包装。

3.4　松油醇、松油的质量指标与用途

(1) 松油醇的质量指标与用途：含醇量高于 90%的松油醇一般用作香料。松油醇的质量指标（中华人民共和国轻工业部部标准 QB862—83）见表 28-16。松油醇分子式 $C_{10}H_{17}OH$，分子量 154.25。

药用松油醇宜于调合肥皂、香皂及化妆品香料。可用于紫丁香系等的调合香精，玻璃器皿上色彩的优良溶剂，油墨、仪表、电讯、制药等工业用。

香料松油醇宜于调合香皂及化妆品之香料。可用于紫丁香及类似香气的高级香精。

(2) 松油的质量指标与用途：松油由松节油经过水合反应制得，或由合成松油醇时分馏得到的不同含醇量（50%～80%）的馏份而得。松油的质量标准（中华人民共和国冶金工业部部标准 YB501—82）见表 28-17。

表 28-16　松油醇的质量指标

项　目	香料级松油醇	药用级松油醇
色　状	无色稠厚液体，标准比色 4 号	无色稠厚液体，标准比色 4 号
香　气	类似紫丁香花香气	类似紫丁香花香气，略带杂气
密　度	d_{15}^{15} 0.936 0～0.941 0	d_{20}^{20} 0.931 0～0.935 0
折射率	n_D^{20} 1.482 5～1.485 0	n_D^{20} 1.482 5～1.485 5
旋光度	$[\alpha]_D$ −0°10′～+0°10′	—
沸　程	214～224℃，≥96%（V/V）	214～224℃　≥96%（V/V）
	初馏点起，5℃内≥90%（V/V）	—
溶解度（25℃）	溶解在 2 倍体积 70%乙醇中	溶解在 2 倍体积 70%乙醇中
	溶解在 4 倍体积 60%乙醇中	—

表 28-17　松油的质量指标

指标名称	指　标		
	优质品	一级品	二级品
一元醇含量（%）　＞	49	44	39

注：产品外观应为浅黄色或棕色油状液体；产品中混有的杂质（结晶物）及其他机械杂质不得大于 0.5%；产品中水分不得大于 0.7%；产品密度 d_4^{20} 不小于 0.890。

由松油醇生产时分馏得到的不同含醇量（50%～85%）松油的企业质量指标见表 28-18。分馏时得到的轻质松油（头子馏份），澄清淡黄色液体，标准比色液 1 号色标，d_4^{20}0.855～0.880，馏程 154～190℃，＞90%（V/V），酸值（mg KOH/g）≤1，不含醇，用作工业溶剂。40%松油为黄色芳香油状液，比重 d_4^{15}0.890～0.925，含醇量 40%以上，用作溶剂，杀菌剂及皂用香精等。

表 28-18　不同含醇量（50%～85%）松油的质量指标

项　目	50%松油	65%松油	85%松油
色　状	淡黄色至深柠檬黄色液体，标准比色 10 号	淡黄色至深柠檬黄色液体，标准比色 10 号	淡黄色至柠檬黄色液体，标准比色 8 号
密　度	d_4^{20}　＞0.886	d_4^{20}　0.900～0.920	$d^{15.5}$　0.930～0.945
沸程（℃，V/V）	168～230℃，≥95%	170～225℃，≥90%	195～225℃，≥90%
含醇量（磷酸脱水法以 $C_{10}H_{17}OH$ 型醇计）	＞50%	＞65%	＜85%

含醇量不同的各种松油主要用于有色金属矿（如铅锌矿、铜矿等）的浮选起泡剂，以及

溶剂、杀菌剂等。由于松油有较强的杀菌能力，还有良好的去臭、润湿、清洁和渗透能力，对油、脂肪和润滑脂类有良好的溶解能力，因之，松油广泛用于清洁剂配方中。美国松油清洁剂的产量每年约10万t左右，而且以年增长5%～6%的速度发展。松油在清洁剂配方中的含量约为10%～20%。可用以配制家用清洁剂、金属清洗剂、金属两相清洗剂、汽车发动机缸体清洁剂、防锈剂和铝制品清洁剂、金属擦亮剂、地板专用清洁剂、液体洗手皂等[243]。

3.5 以松油醇制取其他香料

蒎烯在酸催化下水合反应可得到α-松油醇。α-松油醇催化氢化可得二氢松油醇。α-松油醇酯化可得乙酸松油酯，再经氢化可得二氢乙酸松油酯，这些产品都是常用的合成香料。

3.5.1 二氢-α-松油醇

α-松油醇催化氢化生成两个醇即顺式与反式二氢松油醇，其反应式如下：

H_2 雷氏镍

α-松油醇　　二氢-α-松油醇

松油醇（含α-松油醇90%以上）在2%～4%雷氏镍（酒精封）催化剂作用下，加压催化加氢，控制反应温度100～150℃，加氢压力2～4MPa，反应时间1～2h，再经分馏提纯，得二氢-α-松油醇。

二氢-α-松油醇分子式$C_{10}H_{20}O$，分子量156.26。无色至微黄液体，标准比色4号。具有松油醇花香，香气较雅。密度d_{40}^{20}0.904～0.912，含醇量90%以上。沸程204～220℃，>93%。溴值<2，闪点（开口式）94℃。可用于紫丁香系等的调合香精，制造双氧水的优良溶剂。

3.5.2 乙酸松油酯[244]

松油醇与醋酐在磷酸催化下制得。乙酸松油酯经氢化后生成二氢乙酸松油酯。其反应式如下：

H_3PO_4, $(CH_3CO)_2O$　　H_2 雷氏镍

α-松油醇　　乙酸松油酯　　二氢乙酸松油酯

原料配比松油醇：醋酐=100：75（重量比）可制得含酯量95%的乙酸松油酯。松油醇：醋酐=100：68～70（重量比），生成90%乙酸松油酯。如欲得到97%乙酸松油酯用分馏法制取，醋酐浓度90%～98%均可，85%浓度的磷酸用作催化剂，用量为松油醇的0.56%。

酯化反应在具有夹套的搪瓷反应釜中进行。先将醋酐与磷酸配成催化混合物，配比为醋酐：磷酸=10：1，放置一昼夜，用作催化剂。反应釜中先加入醋酐，然后加入配制好的催化剂，并在温度26～28℃下加入松油醇。反应是放热反应，反应温度控制在40～45℃，反应时间16h，搅拌速度300 r/min。

酯化反应结束后，静置反应液，放出下层酸水，水洗，用纯碱（Na_2CO_3）中和，加热水分解剩余醋酐，洗至中性的粗制品含酯量90%以上。

粗酯进行真空精馏，真空度0.098～0.100MPa，得到含酯量95%以上的乙酸松油酯。

乙酸松油酯制备二氢乙酸松油酯的加氢工艺与松油醇制备二氢松油醇相同。反应温度100℃以下，压力 2～3MPa，反应时间 3～4h。

乙酸松油酯和二氢乙酸松油酯的质量指标见表 28-19。

乙酸松油酯分子式 $C_{12}H_{20}O_2$，分子量 196.29。为配制熏衣草、香柠檬及古龙香气的香原料，亦可用于香皂及食品香精的配制。

二氢乙酸松油酯分子式 $C_{12}H_{2}O_2$，分子量 198.30。用作配制熏衣草、香柠檬及古龙等高级香精的原料。

表 28-19　乙酸松油酯及二氢乙酸松油酯的质量指标

项　目	乙酸松油酯	二氢乙酸松油酯
色　状	无色及微黄液体，标准比色 5 号	无色及微黄液体，标准比色 4 号
香　气	类似香柠檬和熏衣草的香气	类似香柠檬和熏衣草的花香，香气优美
密　度	d^{25} 0.947～0.960	d^{25} 0.9290～0.9330
折射率	n_D^{20} 1.464～1.470	n_D^{20} 1.4485～1.4495
溶解度	溶于 5 倍体积 70%乙醇	—
含醇量	95%以上	95%以上
酸值 (mgKOH/g)	<1	—
闪点（开口式）	85℃	88℃

4　合成芳樟醇

1875 年法国人里卡（Licare）首先从一种玫瑰油（Cayenne Bois de Rose Oil）中分离出芳樟醇。现在世界上已发现有 200 多种植物如樟树、香柠檬、香紫苏、墨西哥伽罗木等的茎、叶、花和树干提取的油中均含有芳樟醇。随着芳樟醇及其衍生物的需要量日益增多，现在大量的芳樟醇是用合成方法生产。世界上生产合成芳樟醇的公司主要有 Fritzsche D&O（BaSF）、Givaudan（Hoffimann Laroche）、Glidco（SCM）、Kuraray，以及 Bush · Boake · Allen 等，其中 Glidco（SCM）用 α-蒎烯合成芳樟醇，而 Bush · Boake · Allen 则用 β-蒎烯合成芳樟醇。

芳樟醇的化学名为 3,7-二甲基-1,6-辛二烯-3-醇。芳樟醇有两种异构体：α-芳樟醇（柠檬萜烯式）和 β-芳樟醇（胡荽萜烯式）。这两种芳樟醇是由于其分子中的一个碳碳双键位置不同而引起的。其结构式分别为：

OH　　　　OH

α-芳樟醇（柠檬萜烯式）　　**β-芳樟醇（胡荽萜烯式）**

芳樟醇中有一个不对称碳原子，因此具有旋光异构性，即左旋芳樟醇和右旋芳樟醇。从我国的芳樟油中提取的芳樟醇以左旋体为主，从胡荽子油中得到的芳樟醇则以右旋体为主，合成芳樟醇大都为外消旋体。

4.1　α-蒎烯合成芳樟醇的生产流程与工艺

由 α-蒎烯合成芳樟醇有很多种方法，比较成熟的方法是将 α-蒎烯氢化成蒎烷，再氧化成氢过氧化物，然后还原为蒎醇，再将蒎醇裂解、精馏，可制得芳樟醇，反应式如下：

α-蒎烯（或 β-蒎烯）$\xrightarrow[\text{雷氏镍}]{H_2}$ 蒎烷 $\xrightarrow{O_2}$ 蒎烷氢过氧化物（OOH）$\xrightarrow{Na_2S}$ 蒎烷醇（OH）$\xrightarrow{\text{裂解}}$ 芳樟醇（OH）

美国SCM格迪高有机化学工业公司（SCM Glidco Organic Chemical Comp.）从20世纪70年代起经过近十年的研究试验，于1982年在佐治亚州哥朗斯岛建成了世界上第一家用α-蒎烯合成芳樟醇的工厂，年产芳樟醇6 000t。梧州松脂厂1989年在我国首次实现工业化生产，成为世界上第二家掌握该项工艺技术的厂家，现已建成年产500t芳樟醇车间。

α-蒎烯合成芳樟醇示意工艺流程如图28-20。

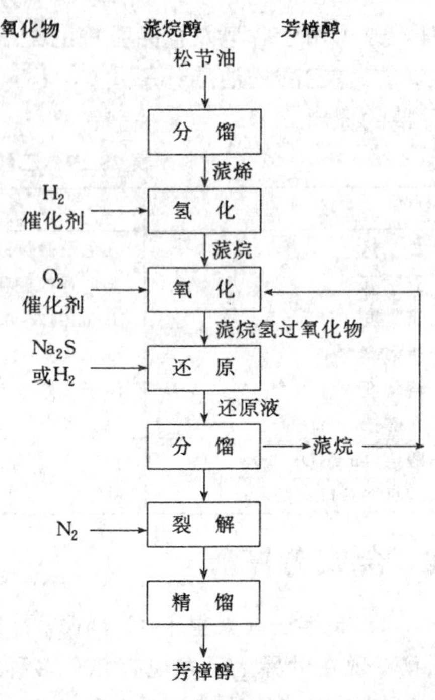

图28-20 α-蒎烯合成芳樟醇示意工艺流程

4.1.1 α-蒎烯加氢制蒎烷

α-蒎烯在钯、镍等金属催化剂作用下进行加氢，可以得到蒎烷。一般以雷尼镍为催化剂，在80～160℃和1.96～3.92MPa压力下进行氢化，搅拌器转速为80～150r/min，反应时间随料液多少而定，一般为20～40h，蒎烷的得率几乎接近理论值。反应完毕后，放出反应液，将催化剂过滤，进行再生处理。

4.1.2 蒎烷氧化制取蒎烷氢过氧化物

将蒎烷加入氧化反应釜，在80～160℃、常压或稍加压力下，通入工业用氧气，进行氧化，在不断搅拌的情况下，反应10～25h，可得含蒎烷氢过氧化物30%～60%的反应液。除蒎烷氢过氧化物外，其中还有大量未反应的蒎烷及少量副产物如酮、醛、酸类等。反应过程中要注意检测反应液中氢过氧化物的含量，过浓则易引起爆炸。

4.1.3 蒎烷氢过氧化物还原制取蒎醇

蒎烷氢过氧化物的还原可以用硫化钠为还原剂，一分子的硫化钠可以吸收四个氢原子，一般在80～90℃下搅拌3～4h，即可完成反应，得率可达88%。也可将蒎烷氢过氧化物在60～120℃和1.96～3.92MPa压力下，用镍、钯或镍-三氧化二铝作催化剂，进行加氢，蒎醇的得率可接近理论值[245]。还原液中蒎醇的含量随氧化液中蒎烷氢过氧化物的含量而定，在保证安全的情况下，应尽可能提高蒎醇的含量，以利于下一工序蒎醇的分馏。

4.1.4 蒎醇的分馏提纯

还原液中一般含蒎醇35%～50%，因此必须进行分馏，制取90%以上纯度的蒎醇。分馏是在绝对压力为1.33～2.66kPa，温度60～120℃下进行的。首先馏出的为蒎烷，可以回收，再送去氧化，然后收集纯度为90%以上的蒎醇，送去裂解工序，进行热裂。

4.1.5 蒎醇裂解制取芳樟醇

将蒎醇用氮气压入预热锅，加热至90～120℃，然后用计量泵送入汽化锅，锅内温度为220～280℃，蒎醇立即汽化，进入加热至500～700℃的热解管，蒎醇即热解，得到以芳樟醇为主的混合液，其中含芳樟醇 40%～60%，主要是α-芳樟醇，也有少量β-芳樟醇。混合液中的副产物主要是蒎醇脱水形成的各种萜烯及其降解产物，根据气相色谱分析，共有 130 多个组分，各组分的沸点与芳樟醇相差不多，一般为 1～6℃。

4.1.6　芳樟醇精馏

裂解液中含芳樟醇 40%～60%，故需加以精馏，以制取合格的芳樟醇。精馏是在高效网波填料塔内进行的，塔釜温度 150～190℃，绝对压力 1.33～2.66kPa，分别收集纯度为 92%和 95%的芳樟醇产品，前者用以加工制造维生素 E 和乙酸芳樟酯，后者用于调香。

4.2　β-蒎烯合成芳樟醇的生产流程与工艺

早在 20 世纪 60 年代初期，英国布许·布克·阿伦（Bush·Boake·Allen）公司就用β-蒎烯合成了芳樟醇。其法是将β-蒎烯热解制取月桂烯，然后经氢氯化、酯化、皂化、分馏等步骤制成芳樟醇，其反应如下：

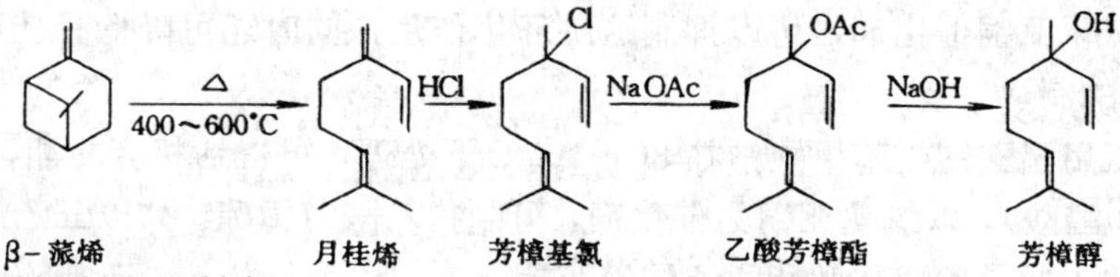

△ 400～600℃　HCl　NaOAc　NaOH　Cl　OAc　OH

β-蒎烯　月桂烯　芳樟基氯　乙酸芳樟酯　芳樟醇

4.2.1　β-蒎烯裂解制取月桂烯

月桂烯是合成芳樟醇和其他一些萜类香料的中间体。将β-蒎烯在适当的条件下，通过加热至 400～600℃金属热解管，可得到含有 70%～90%月桂烯的产物。据报道[246]：裂解适宜的条件为温度 540℃，接触时间 0.025s，裂解液中含有月桂烯 72%。近年来的研究，β-蒎烯热裂解制备月桂烯的得率已达到 77%～81%。

4.2.2　芳樟基氯化物的制取

月桂烯与等克分子量的干燥 HCl 气体在－10～30℃下以氯化亚铜为催化剂，进行加成反应，可以得到以芳樟基氯为主的一系列化合物，除芳樟基氯外，还有香叶基氯、橙花基氯、月桂烯基氯和α-松油基氯。这些氢氯化产物在制取芳樟醇的酯化、皂化过程中均生成相应的酯类和醇类。其反应如下：

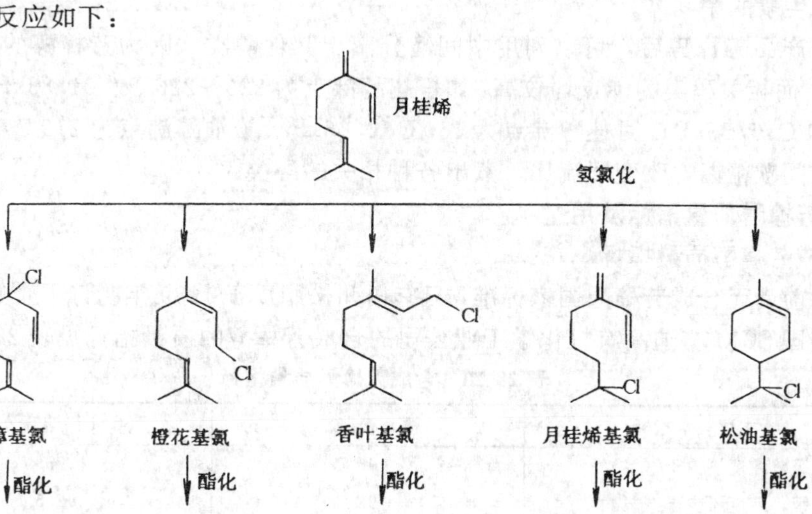

月桂烯

氢氯化

Cl　Cl　Cl　Cl　Cl

芳樟基氯　橙花基氯　香叶基氯　月桂烯基氯　松油基氯

酯化　酯化　酯化　酯化　酯化

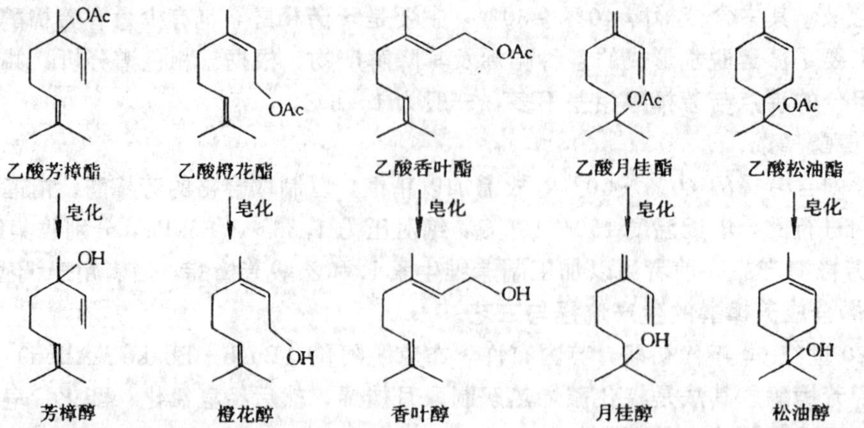

OAc　　OAc　　OAc　　OAc　　OAc

乙酸芳樟酯　乙酸橙花酯　乙酸香叶酯　乙酸月桂酯　乙酸松油酯

↓皂化　↓皂化　↓皂化　↓皂化　↓皂化

OH　　OH　　OH　　OH　　OH

芳樟醇　橙花醇　香叶醇　月桂醇　松油醇

氢氯化反应时，催化剂的选择至关重要，如无催化剂，则芳樟基氯将进一步环化成α-松油基氯，加入氯化亚铜催化剂，可以抑制这种环化作用，同时还可降低月桂烯基的生成量。

4.2.3 芳樟酯的制取

将芳樟基氯用醋酸钠或苯甲酸钠在80～100℃下处理，可得到相应的酯，据报道[247]，在酸性系统中（如醋酸），以氯化亚铜为催化剂，可制得乙酸芳樟酯。如以三乙胺等氮碱类作催化剂，则得到的主要是乙酸香叶酯和乙酸橙花酯。

4.2.4 芳樟醇的制取

乙酸芳樟酯及其系列酯类与40%NaOH作用，在130～150℃，常压或稍加压的情况下，反应8～12h，则生成芳樟醇及相关的醇类。

乙酸芳樟酯皂化后生成副产品乙酸钠，排去乙酸钠水溶液，用水洗至中性，然后进行精馏，制取芳樟醇产品。

4.2.5 芳樟醇精馏

将芳樟醇及其相关醇类用高效网波填料塔进行真空蒸馏，塔顶绝对压力为1.33～2.66kPa、温度100～150℃，收集纯度为95%以上的芳樟醇作为香料用，纯度为92%的产品作为合成维生素的中间体。

蒸出主产品芳樟醇后，可以利用中间馏分蒸出其他醇类，因为芳樟醇的沸点为198℃/101.33kPa，而相关醇类的沸点均较高，如橙花醇沸点为225～226℃/101.33kPa，香叶醇沸点为110～111℃/1.33kPa，月桂醇沸点为150℃/2.66kPa、松油醇沸点为219℃/101.33kPa，因此可以利用间歇精馏，改变回流比，蒸出各种相关的醇类。

4.3 合成芳樟醇质量指标及用途

4.3.1 合成芳樟醇质量指标

我国目前尚无合成芳樟醇国家标准，只有梧州松脂厂于1989年制订了企业标准，现将该厂标准与美国SCM格迪高有机化学工业公司的合成芳樟醇的质量指标见表28-20。

表28-20 合成芳樟醇质量指标

主要技术指标	梧州松脂厂	SCM格迪高公司
优级，纯度不少于（%）	96	96
一级，纯度不少于（%）	92	92.5
密度（d_4^{20}）	0.862～0.868	0.863（d_{25}^{25}）

（续）

主要技术指标	梧州松脂厂	SCM 格迪高公司
折光率（n_D^{20}）	1.461～1.466	1.463
沸　点（℃）	197～199	197～199
闪　点（℃）	78～81	78～80
溶解度（60%乙醇）V/V	1∶4	1∶4

4.3.2 合成芳樟醇用途

芳樟醇具有铃兰花香，没有樟脑和萜烯气味。合成芳樟醇香气比天然产品更纯净更清晰，是调配各种花香型香精的主要成分。芳樟醇及其酯类是食品、饮料、烟草、牙膏、化妆品、香皂及洗涤剂等日用品的香精香料的重要配料，与人民生活息息相关，虽然在各种香精香料中添加量不很大，但对上述产量却起着很大的作用，往往因此而决定产品的档次和价格，因此它产生的附加值和社会效益是难以估量的。

芳樟醇用作食用香料时，指导用量见表 28-21[248]。

表 28-21　食用香料芳樟醇的用量

食品名称	用　量（μg/g）	食品名称	用　量（μg/g）
软　饮　料	2.0	胶冻及布丁	2.3
冰淇淋、冰制食品	3.6	口　香　糖	0.80～90
糖　　果	8.4	调　味　料	40
烘 烤 食 品	9.6		

芳樟醇除用做香料之外，也大量用做生产维生素 E 的中间体。BaSF 公司和 Givaudan 公司生产的芳樟醇只供本公司合成维生素 E 用。我国现在梧州松脂厂用 α-蒎烯合成的芳樟醇，既做香料用，也做合成维生素 E 的中间体。

5　合成檀香

檀香油是从檀香木提取的名贵天然香料，大量使用于皂用、化妆用香精中。天然檀香油价高，且国内尚未有生产，依赖于进口。松节油异构得到的莰烯，莰烯与愈创木酚可制得合成檀香油，具有持久的、强烈的檀香木型香味，为人们提供了一个令人满意的天然檀香油代用品，广泛的应用于香料、日用化妆、香皂等工业。

5.1　合成檀香生产

α-蒎烯在偏钛酸作用下异构为莰烯（Ⅰ），莰烯与愈创木酚（Ⅱ）经酸性白土催化，加热升温至 150℃经缩合反应后，生成萜烯愈创木酚（Ⅲ）。（Ⅲ）在雷氏镍的催化下加氢，首先生成甲氧基萜基环己醇（Ⅳ），进一步氢化，由于甲氧基氢解产生少量的水、甲醇、甲烷等。经重复排气和加氢，直至每摩尔萜烯愈创木酚吸收 4.5mol 氢为止。得到的萜基环己醇（Ⅴ）具有 $C_{16}H_{28}O$ 的分子式，此产物接近天然檀香油中的主成分。此反应得到的为（Ⅳ）和（Ⅴ）以（Ⅴ）为主的混合物，称为合成檀香。其反应式如下：

(I) + (II) $\xrightarrow[150\pm2^{\circ}C]{酸性白土}$ (III) + $3H_2$

$\xrightarrow[4\sim5MPa,\ 190\pm10^{\circ}C]{雷氏镍}$ (IV) + $1.5H_2$ → (V) + $CH_3OH + CH_4 + H_2O$

示意的生产工艺流程如图28-21。

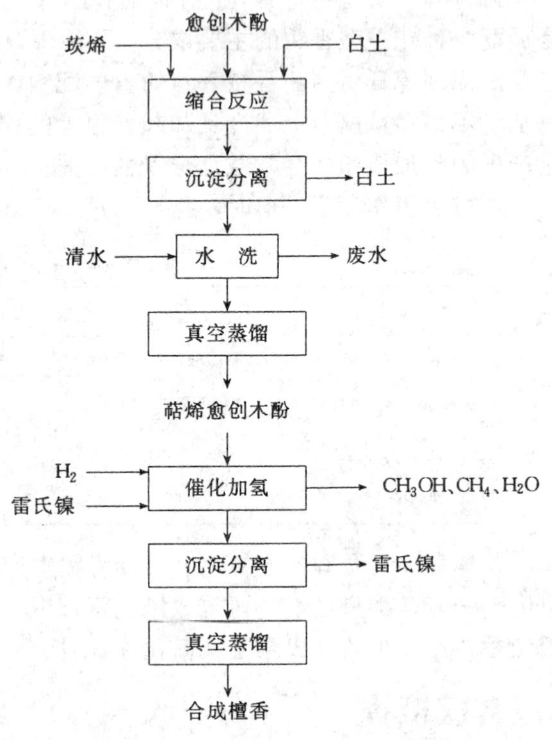

图28-21 合成檀香生产示意工艺流程

5.1.1 缩合反应

首先必须将原料进行处理。

莰烯：含量90%以上，分子式$C_{10}H_{16}$。在常温下为白色晶体，熔点51～52℃，沸点159～162℃，密度0.842 2，凝固点42～46℃，微溶于乙醇，不溶于水。若含有水分，必须除去。

愈创木酚：含量90%以上，分子式$C_7H_8O_2$。常温下为黄棕色透明液体，室温低于25℃时结晶，熔点33℃，沸点204.5～205.5℃，密度1.112 9，不溶于水，能与莰烯混合。如含有水分和其他杂质，使用前必须除去。

白土：灰白色粉状固体。主要成分为硅藻土，化学组成含$SiO_2$50%～70%，$Al_2O_3$10%～16%，$Fe_2O_3$2%～4%，MgO1%～6%，余为CaO、Na_2O、K_2O、FeO等。使用前须进行脱水处理。

将合格的原料莰烯和愈创木酚以等摩尔比加入反应釜内，混合液控制温度120±2℃，搅拌，然后分批加入酸性活性白土，其量约为原料量的3%～5%。由于放热反应，温度急剧上升，温度超过150℃时采取冷却措施。待温度趋于下降时，保持150±2℃搅拌反应2～3h。

反应完毕后，放料于澄清槽内静置1.5h，分出白土。白土内加适量热水，加直接蒸汽加热至沸，然后停止加热，用铁杆搅拌使油浮于液面，回收油后，再加热搅拌反复数次将油回收后，把白土弃置。

缩合反应时原料中如有水分存在，不但延长反应时间，且能促使副反应的生成，影响产品的质量和得率，所以原料中水分必须除去。

5.1.2 水 洗

静置分层后的缩合液移至水洗釜中，用70～80℃的热水搅拌洗涤至中性，静置分层后将缩合液放出蒸馏。

5.1.3 蒸　馏

经水洗后的缩合液，含有大量水分和各种副产物及少量固体催化剂，为了提高缩合液的纯度，必须进行蒸馏。蒸馏采用真空蒸馏。先在常压下升温至 130～140℃蒸出水分，然后进行减压蒸馏，控制真空度 0.079～0.092MPa 时，在温度 140～180℃蒸出低沸物，主要为莰烯，莰烯异构化物和愈创木酚等。然后在真空度 0.092～0.093MPa 时，收集 180～260℃的馏份，主要为合成檀香的中间体萜烯愈创木酚。蒸馏剩余物少量，主要为萜烯酚树脂。

5.1.4 催化加氢

萜烯愈创木酚用雷氏镍作催化剂，加氢反应生成饱和的具有檀香气味的萜基环已醇类。理论上，1mol 萜烯愈创木酚应加 3mol 氢。新雷氏镍催化剂用量为萜烯愈创木酚量的 3.5%～4.5%，两者一同加入高压加氢釜中。

进料完毕后，在 110℃，0.089 5MPa 下除去水分，用氮气排掉釜内残存气体（包括空气）。然后连续用 1MPa 氢气排气 2～3 次。升温至 180～200℃通入氢压 4～5MPa 氢气，搅拌速度 140～200r/min，进行加氢反应。

当反应速度减慢到压力表压力近于稳定时，进行排气，而后约 40～60min 排气一次，排出氢化反应中的副产物。排气时，先停止搅拌，然后慢慢打开排气阀，把釜内气体放出。然后用 2MPa 氢气洗涤 3～4 次。

排气操作重复 3～4 次后，取样测定折射率 n_D^{20}=1.508 0 以下即为合格。合格后，即停止加热，把氢压仍升至 4～5MPa，搅拌，再放氢气。并用氮气洗去釜内残氢，冷却至 100℃出料。用沉淀分离法分出雷氏镍催化剂。

催化剂的用量直接影响到产品的质量和经济成本，如新、旧催化剂套用，即旧催化剂不取出，补充一定比例的新催化剂。试验表明，如第一次用催化剂量为 3.5%（萜烯愈创木酚量%），则第二次反应时，旧催化剂不取出，只需再补加新化剂约 2%，则加氢反应仍照常进行。

5.1.5 成品蒸馏

萜烯愈创木酚氢化后产物中含有催化剂、副产物等，为了提高萜基环已醇的纯度和香气的纯正，分离催化剂后必须进行减压蒸馏。加氢产物在 0.092～0.093MPa 下蒸馏，170℃之前的馏份送去复蒸，收集 170～230℃馏份为成品。成品折射率 n_D^{20} 为 1.506～1.508。

5.2 合成檀香的质量指标

合成檀香分子式 $C_{16}H_{28}O$，分子量 236.38。无色透明或微黄色粘稠油状液体，具有持久的檀香型香气。密度 d_4^{20}0.993 7～1.013 3，折射率 n_D^{20}1.506 0～1.508 0，沸点 165～175℃/2.0kPa，闪点>100℃。溴值（g Br/100g）≤8.5，酸值（mg KOH/g）≤0.5，粘度(Pa·s)20 以上。

人造檀香具有淡甜的木香，似檀香香气，香气虽不及天然檀香油甜润、透发，但相当持久。可以代替天然檀香油调配香精，广用于檀香等各种香型配方和各种日用化学品香精中。

6 萜烯树脂

萜烯树脂是萜烯（α-蒎烯、β-蒎烯、d-苧烯或双戊烯等）通过阳离子催化聚合而制得的低分子碳氢化合物。它是一种优良的增粘剂，具有粘接力强，抗老化性能好，内聚力高，耐热、耐光、耐酸、耐碱，无毒、无臭等优良性能，广泛应用于胶粘剂、热熔涂料、橡胶、包装、油墨等工业部门。

早在1938年,美国就有β-蒎烯树脂的商业产品问世[249],而后各国相继发展。目前,萜烯树脂主要由美、日、法、德、英、原苏联和墨西哥等国生产,世界年总产量约5万t左右[250]。在中国,萜烯树脂的研制从60年代开始,以松节油为原料生产软化点为85～95℃的萜烯树脂。80年代以来,以α-蒎烯或松节油为原料,采用复合型阳离子催化剂生产高软化点萜烯树脂。

萜烯树脂按单萜烯原料的不同生成的树脂名称各异。如α-蒎烯、β-蒎烯、d-苧烯或双戊烯聚合的萜烯树脂分别称为α-蒎烯树脂、β-蒎烯树脂、双戊烯树脂统称聚萜烯。萜烯改性的树脂品种主要有萜烯酚树脂、萜烯酚醛树脂、萜烯—苯乙烯树脂等。软化点100℃以上的聚萜烯通常称为高软化点萜烯树脂。

松节油中的组分，如α-蒎烯、β-蒎烯、双戊烯等具有$C_{10}H_{16}$分子式的萜烯，在溶剂中和在Lewis 酸（如$AlCl_3$，$AlBr_3$，$SnCl_4$，$TiCl_4$，BF_3，$ZrCl_3$，$BiCl_3$，$SbCl_3$，$ZnCl_2$，BF_3 $(C_2H_5)_2O$等）的催化作用下均能被聚合。典型的Lewis 酸的代表为$AlCl_3$。萜烯的阳离子催化聚合反应都经过链引发、链增长和链终止三个阶段。

6.1 α-蒎烯树脂

α-蒎烯的聚合通常较β-蒎烯、双戊烯困难，由于β-蒎烯的分子结构中具有环外亚甲基，双戊烯具有末端亚甲基，聚合比较容易，而α-蒎烯没有环外亚甲基，是萜烯类化合物中一种较难聚合的萜烯。因此，在α-蒎烯聚合时除主催化剂外，常常使用助催化剂，稳定链增长的正碳离子，延长它的停留时间，使其能在这段时间内能与另一个α-蒎烯单体相撞而得以聚合。

6.1.1 α-蒎烯的聚合反应机理

α-蒎烯聚合机理的探讨,国外曾有报道,最早认为α-蒎烯在聚合过程中至少有一部分先异构成苧烯，然后再聚合成树脂[247]，一些其他学者[251～254]认为，α-蒎烯在催化剂作用下可能先异构成苧烯，然后再聚合成树脂。但这种机理往往不能解释主要的实验数据。1992年，周正斌和程芝研究了α-蒎烯聚合过程中生成产物的变化，生成物中未发现苧烯存在，提出了α-蒎烯聚合反应可能的异构途径[255]。

α-蒎烯在复合型催化剂$AlCl_3$-Cat Ⅰ（助催化剂）作用下，伴随着聚合反应，发生异构作用生成了7种成分，即莰烯（1）、挂异莰烷（2）、α-水芹烯（3）、对伞花烃（4）、1，4（8）-对蓋二烯（5）、一个分子量为172的未知成分(6)、冰片基氯(7)。α-蒎烯及其各异构化反应生成物随聚合反应时间的定量变化如图28-22。

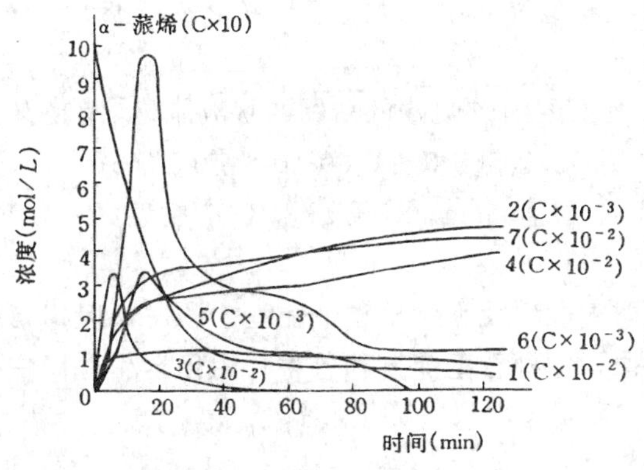

图28-22 α-蒎烯聚合反应过程中各异构反应产物与聚合时间的关系

由图28-22可见,在反应进行的过程中,α-蒎烯的浓度随反应时间延长不断减少，异构产物（2）、（4）和（7）的浓度随反应时间逐渐增加，而（3）和（5）的浓度开始增加，然后逐渐减少并至消失，（1）和（6）的浓度开始增加而后缓慢减少。反应2h终止时，体系中含有未转化的α-蒎烯0.021mol/L和一定量的异构产物，如（2）、（7）和（4）等。由于它们形成后就不会再行聚合，因此在试验的工艺条件下，α-蒎烯聚合物的最高得率约为 80%。

根据聚合过程中α-蒎烯各异构化反应生成物定性定量分析结果，提出如下的α-蒎烯聚合反应过程中可能的异构途径。

α-蒎烯开始与 $AlCl_3$ 和反应体系中微量水分生成的 H^+ 作用，所生成的正碳离子Ⅰ在发生聚合之前首先异构成Ⅱ和Ⅲ，由Ⅱ和Ⅲ这两种正碳离子再异构和发生副反应生成其他的异构产物和副产物。即：

$$AlCl_3+H_2O \longrightarrow H^+\ (AlCl_3OH)^- \equiv H^+\ G^-$$

$+\ H^+G^- \longrightarrow$ Ⅰ $+\ G^-$

Ⅰ → Ⅱ；Ⅱ $\xrightarrow{+Cl}$ (7)；Ⅱ → Ⅵ；Ⅵ $\xrightarrow{-H^+}$ (1)；Ⅵ $\xrightarrow{+H^+}$ (2)

Ⅰ → Ⅲ $\xrightarrow{-H^+}$ (5) $\xrightarrow{+H^+}$ Ⅴ $\xrightarrow{-H^+}$ (6) $\xrightarrow{双键重排}$ (3) $\xrightarrow{-H_2}$ (4)

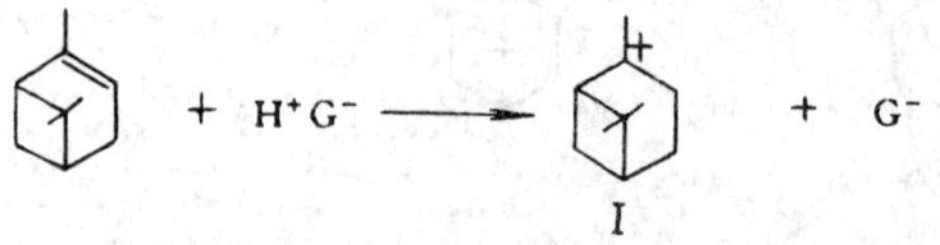

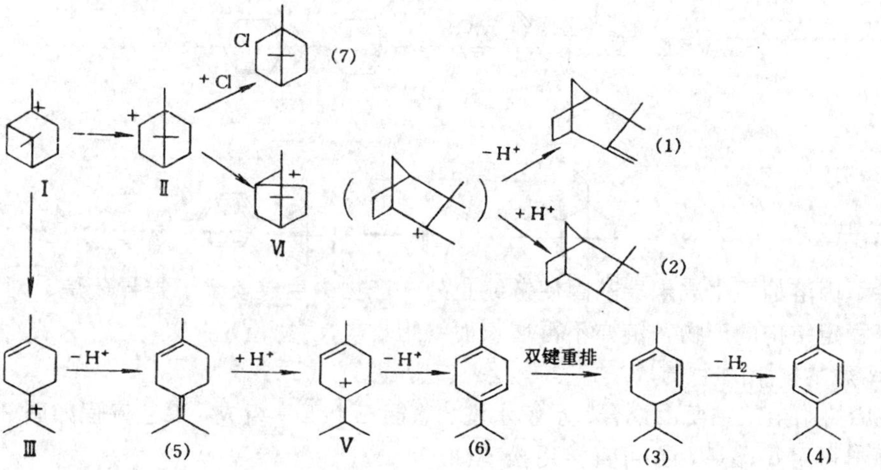

反应的生成物中始终未发现有苧烯存在，因此认为，α-蒎烯可能不是先异构成苧烯后聚合，而是通过正碳离子Ⅱ或/和Ⅲ进行聚合，即聚合物中重复结构单元为 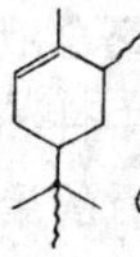 (a) 或/和 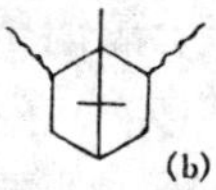 (b)。此结论与文献[256]提出的可能途径相吻合，但文献只是推证而尚无实验证实。此外，通过聚合物中单位重复结构单元中的双键数测定，得知α-蒎烯聚合物中含有不饱和单环和饱和双环结构两种重复结构单元，其比例为 76∶24，即 (a) ∶ (b) =76∶24。

综合各实验结果，提出α-蒎烯在复合催化剂 $AlCl_3$-Cat Ⅱ体系作用下，其聚合反应机理为：

链引发：$AlCl_3+H_2O \longrightarrow H^+\ (AlCl_3OH)^- \equiv H^+\ G^-$

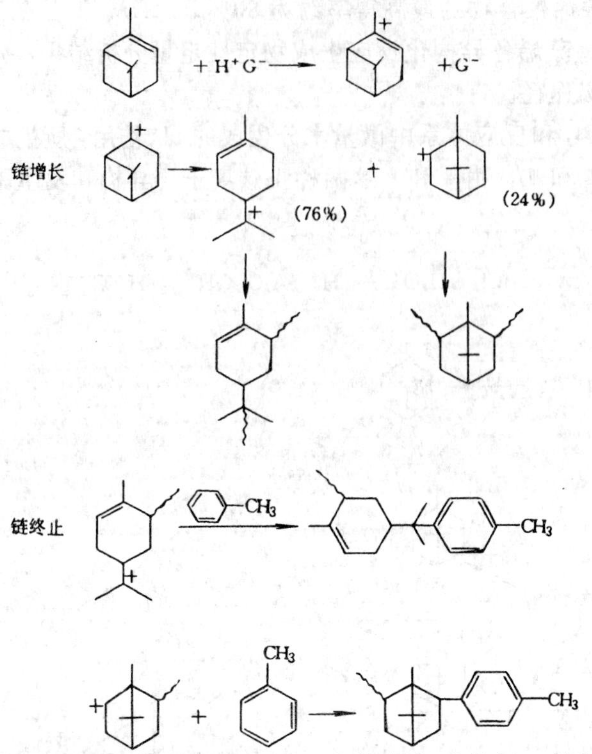

链中止除了因溶剂而生成末端基因使链终止外，产物中生成莰烯、挂异莰烷、对伞花烃、冰片基氯等稳定结构的产物，链亦不再增长而终止。

6.1.2 α-蒎烯树脂的生产

α-蒎烯树脂生产主要由聚合、水解水洗、蒸馏三个工序组成，工艺流程如图 28-23[257,258]。通常，原料可用 α-蒎烯，亦可直接用松节油。

甲苯经计量槽 17 加入聚合釜 19 中，催化剂分批加入聚合釜中，由计量槽 18 控制滴加 α-蒎烯或松节油的速度。聚合釜内的反应温度由冷冻盐水温度及原料的滴加速度控制。当聚合结束后，聚合液放入水洗釜 20，由热水槽加入热水破坏催化剂。放去废水后，再加热水将聚合液洗至中性（pH 值试纸测试）。水解水洗时逸出的甲苯蒸汽由回流冷凝器 21 回流入水洗釜 20。水洗后的聚合液经过滤器 16 进入聚合液计量罐 14 后，计量进入蒸馏釜 12。常压下回收的甲苯经冷却器 8 冷却后，进入前馏份受器 4，然后送甲苯回收塔 1 处理后复用。回收溶剂后的聚合液在减压下蒸出的低聚物（液体树脂）经冷却器 8 冷却后，进入后馏份受器 7。蒸馏釜 12 釜底放出的即为产品 α-蒎烯（或松节）树脂。

（1）聚合：松节油中主含 α-蒎烯，新鲜的松节油可以直接用作原料，或经精馏为工业蒎烯作为原料。甲苯为溶剂，松节油：甲苯＝1：0.8～1。主催化剂 $AlCl_3$ 的加入量为原料重量的 5%～8%。助催化剂用量为原料重量的 1%。聚合温度控制在－15～0℃。聚合时间加料完毕后，在维持聚合温度下继续反应 3～4h。

（2）水解、水洗：聚合反应结束后进行水解，加入热水，破坏催化剂，使 $AlCl_3$ 生成易溶于水的氢氧化铝而除去。

聚合液水洗加热水量为聚合液量的一倍。温度控制在 80～85℃，加水后搅拌 30min，静置分层，分去水层，洗涤 3～4 次，直至水层呈中性，无铝离子、铁离子和氯离子为止。

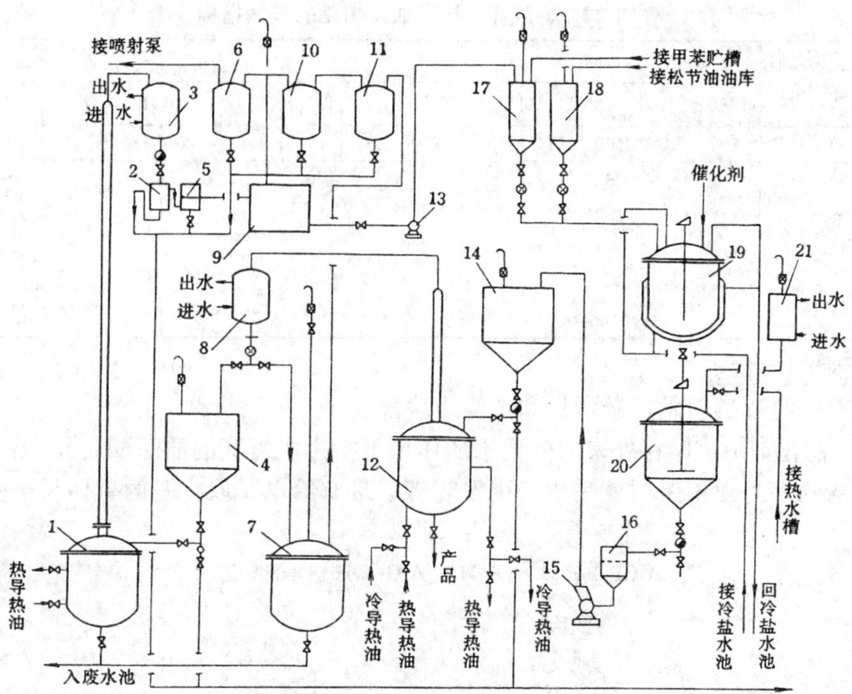

图 28-23　α-蒎烯树脂生产工艺流程

1. 甲苯加收塔；2. 油水分离器；3，8，21. 搪瓷冷凝器；4. 前馏份受器；5. 盐滤器；6，10，11. 真空缓冲罐；7. 后馏份受器；9. 甲苯贮槽；12. 蒸馏釜；13，15. 油泵；14. 聚合液计量罐；16. 过滤器；17. 甲苯计量罐；18. 松节油计量罐；19. 聚合釜；20. 水洗釜

洗涤终点检查铝离子，用 0.1mol/L NH_4OH 溶液检查废水无白色沉淀；检查 Fe 离子，用 0.1mol/L $K_3Fe(CN)_6$ 溶液检查废水无蓝色；检查氯离子，用 1%$AgNO_3$ 溶液检查分层水液无白色沉淀。

(3) 蒸馏：在常压下，温度 200℃以下蒸出甲苯和未聚合的松节油，甲苯脱水后可以复用。在减压下（真空度 98.64kPa）、温度控制在 280℃以下蒸出液体树脂。然后降温至 200℃才能放出成品萜烯树脂。

出料前，必须停止抽真空，锅中要充氮气回至常压，避免树脂在高温下，空气进入锅内，与残余的甲苯和低聚物引起燃烧。

萜烯树脂生产时的副产物液体树脂可用作农用塑料的增塑剂，高温载热体和防锈油等。

6.1.3　α-蒎烯树脂的质量指标

按中华人民共和国行业标准（ZBB 72007—88），α-蒎烯（松节油）树脂的技术指标见表 28-22。

α-蒎烯树脂是一些热塑性嵌段共聚物，如苯乙烯-丁二烯橡胶（SBR）、苯乙烯-异戊二烯-苯乙烯（SIS）和苯乙烯-丁二烯-苯乙烯（SBS）的优良增粘剂，这些树脂有优良的颜色及颜色稳定性能，用于热熔压敏胶和溶剂型胶粘剂中。

6.2　β-蒎烯树脂[258]

β-蒎烯树脂以 72%～95%纯度的 β-蒎烯为原料，因其分子结构中有环外亚甲基，在阳离子催化剂作用下极易聚合。

表 28-22 α-蒎烯（松节油）树脂的技术指标

项目 \ 规格 \ 级别	特级					一级					二级				
	T-80	T-90	T-100	T-110	T-120	T-80	T-90	T-100	T-110	T-120	T-80	T-90	T-100	T-110	T-112
软化点（环球法，℃） ⩾	80	90	100	110	120	80	90	100	110	120	80	90	100	110	120
色泽（铁钴法） ⩽	6					6					10				
酸值（mgKOH/g） ⩽	1.0					1.0					1.0				
皂化值（mgKOH/g） ⩽	1.5					1.5					1.5				
碘值（gI/100g）	40～75					40～75					40～75				
甲苯不溶物（%） ⩽	0.05					0.05					0.05				

6.2.1 β-蒎烯的聚合机理[258]

聚合反应也经过链引发、链增长和链终止阶段。

链引发：催化剂 $AlCl_3$ 在外来的微量水的作用下衍生成复式的质子酸，当“热”质子产生接触到β-蒎烯的环外亚甲基时就完成了引发步骤，带有给电子取代基的单体易于发生阳离子催化聚合。

$$AlCl_3+H_2O \longrightarrow H^+[AlCl_3OH]^- \equiv H^+G^-$$

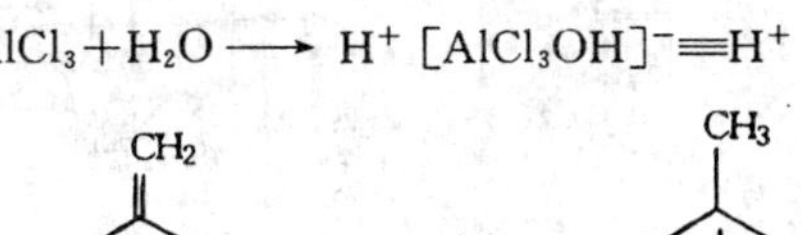

CH_2 $\xrightarrow{H^+G^-}$ CH_3

链增长：在第三碳正离子重排，在撞击另一个单体起化学反应之前，链增长步骤开始。β-蒎烯树脂中的主要重复单位是具有双取代作用的1，4环。红外光谱分析表明重复单位具有偕二甲基，末端单位只有一个亚甲基。

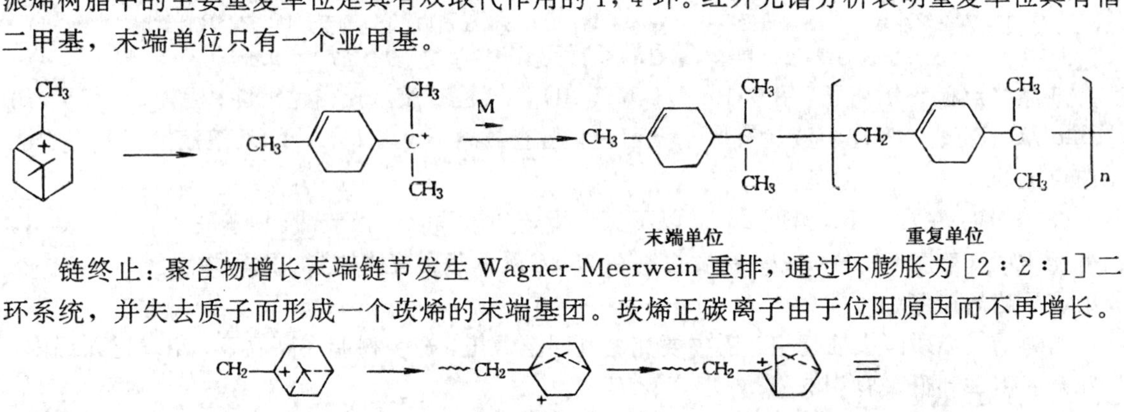

CH_3 $\longrightarrow$ CH_3—$C^+(CH_3)_2$ $\xrightarrow{M}$ CH_3—…—$C(CH_3)_2$—[CH_2—…—$C(CH_3)_2$]$_n$

末端单位　　重复单位

链终止：聚合物增长末端链节发生 Wagner-Meerwein 重排，通过环膨胀为［2：2：1］二环系统，并失去质子而形成一个莰烯的末端基团。莰烯正碳离子由于位阻原因而不再增长。

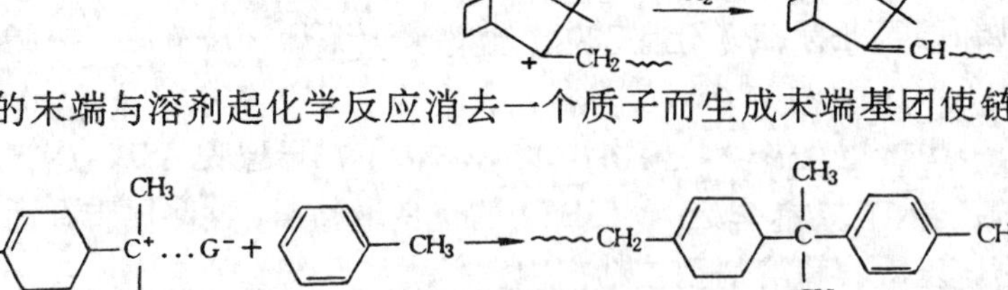

CH_2 ⟶ ～～CH_2 ⟶ ～～CH_2 ≡

$\xrightarrow{-H_2}$ CH_2～～ ⟶ $=CH$～～

此外，增长的末端与溶剂起化学反应消去一个质子而生成末端基团使链终止。

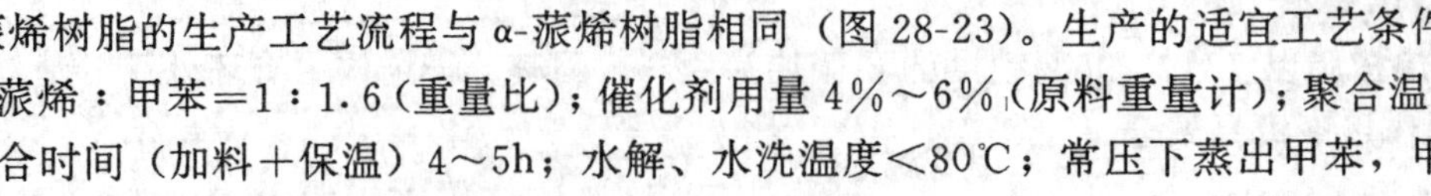

～～CH_2—…—$C^+(CH_3)_2$…G^- + …—CH_3 ⟶ ～～CH_2—…—$C(CH_3)_2$—…—CH_3 + H^+G^-

β-蒎烯树脂的生产工艺流程与α-蒎烯树脂相同（图 28-23）。生产的适宜工艺条件为：溶剂比，β-蒎烯：甲苯＝1：1.6（重量比）；催化剂用量 4%～6%（原料重量计）；聚合温度－5～0℃；聚合时间（加料＋保温）4～5h；水解、水洗温度＜80℃；常压下蒸出甲苯，甲苯回收率 85%以上；减压蒸馏蒸出低聚物，蒸馏最终温度 240～260℃；最终真空度 98.6kPa。产品得率 93%以上。液体树脂得率 1.6%～5.6%。

6.2.2　β-蒎烯树脂的质量指标

按照美国 Hercules 公司 Piccolyte（beta-Pinene）牌号的主要质量指标为：软化点（环球法），℃，10～135（70℃以下为液体或半固体状树脂）；色泽（加特纳色阶）2；酸值（mg KOH/g）<1；皂化值（mg KOH/g）<1；溴值（g Br/100g）15～30；密度（25℃）0.93～0.98（软化点 10～70℃），0.99（软化点 85～135℃），甲苯不溶物（%）≤0.05。

β-蒎烯树脂主要用于溶剂型压敏胶带、标签的制造、罐头端面密封中。此类树脂具有优良的胶粘性能，如粘合、抗剪切和抗撕裂强度等，良好的色泽和保色性，优良的抗氧化和抗紫外光等性能。

6.3　双戊烯树脂[259]

以苧烯或双戊烯为原料经 Lewis 酸催化聚合而得的树脂。我国马尾松松节油中含苧烯较少，仅 1.0%～2.4%，利用价值小。但在松节合成樟脑及合成松油醇过程中的副产物，称工业双戊烯，含双戊烯约在 50%以上，是合成双戊烯树脂的原料。此外，橘皮油提取橘子香精后的橘子萜富含苧烯，国外均以此作为合成双戊烯树脂的原料。

6.3.1　苧烯（双戊烯）的聚合机理

链引发：与 α-蒎烯树脂，β-蒎烯树脂相同。

$$AlCl_3+H_2O \longrightarrow H^+\,[AlCl_3OH]^- \equiv H^+\,G^-$$

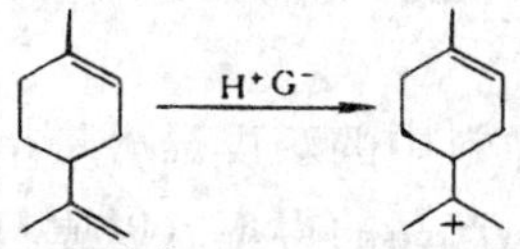

H^+G^-

链增长：苧烯（双戊烯）末端亚甲基与另一个单体相撞，链增长开始。

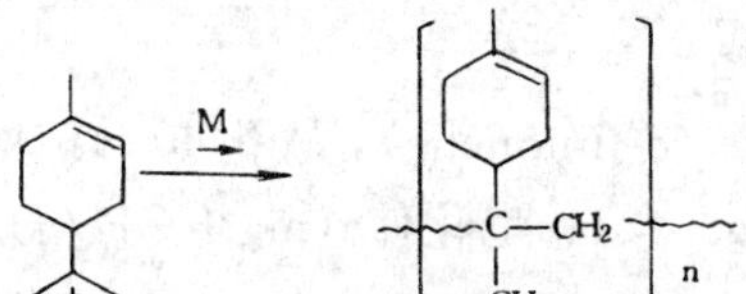

M

CH_2　CH_3　n

链终止：与 β-蒎烯树脂同样的原理，溶剂终止或活性链离子对发生重排而自发终止。

以上式预料双戊烯树脂的链增长情况时，发现由核磁共振、臭氧分析和过氧苯甲酸氧化来测定聚合物双链的含量时，测得的双链数只有预料数的一半。以这种现象来推测双戊烯树脂的部分结构，端头异丙基碳正离子很可能撞击倒数第二个单体中剩余的双键，这样从倒数第二个单体单位随后发生聚合而形成一个环，如图 28-24。

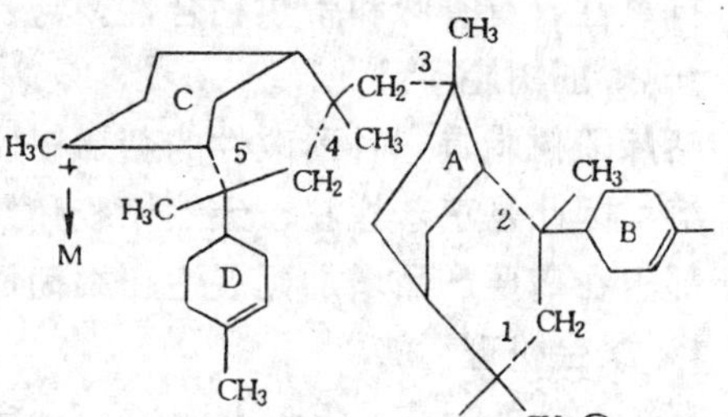

图 28-24　双戊烯树脂可能的部分结构

虚线链是在聚合反应中形成的链；
阿拉伯数字表示链形成的顺序；
字母表示双戊烯形成的数目；
M—介质。

双戊烯树脂的密度较 β-蒎烯树脂的密度高，此进一步证实稠环分支的存在。双戊烯树脂软化点较高，但动力学体积较小，能形成低粘度的溶液。此外，较 β-蒎烯树脂具有更大的热稳定性。

萜烯树脂的分子量是非常重要的性质，分子

量与其物理性质和利用相互联系。用凝胶渗透色谱法测定的α-蒎烯树脂、β-蒎烯树脂、双戊烯树脂的数均分子量见表28-23。

表28-23 三种萜烯树脂的分子量（$\overline{M}_n$）

软化点（环球法）℃	β-蒎烯树脂	双戊烯树脂	α-蒎烯树脂	软化点（环球法）℃	β-蒎烯树脂	双戊烯树脂	α-蒎烯树脂
85	815	570	725	125	1 110	760	830
100	870	675	775	135	1 230	810	870
115	1 030	720	815				

树脂的软化点与分子量（$\overline{M}_n$）之间存在着联系。双戊烯树脂与α-蒎烯树脂的分子量低于β-蒎烯树脂，α-蒎烯树脂的性质接近于双戊烯树脂，但热稳定性较双戊烯树脂差。

6.3.2 双戊烯树脂的生产工艺与质量指标

以橘子萜的简单蒸馏产物（含细烯95%以上，旋光度$[\alpha]_D^{25}$+110°～+114°）为原料；以精馏的工业双戊烯为原料，其中双戊烯含量为66.2%～71.0%，对伞花烃25.4%～29.5%，其他组分3.6%～6.4%。由于双戊烯与对伞花烃的沸点相近，分别为175～176℃与176℃，通常难以在一般精馏塔中分开。

以上述两种原料用甲苯作溶剂，Lewis酸作催化剂，聚合温度0～+15℃，聚合时间4h，聚合物经水解、水洗后进行蒸馏，回收溶剂和得到双戊烯树脂。蒸馏最终真空度0.098MPa，最终温度260℃。

双戊烯树脂的软化点与得率随原料中的双戊烯含量增大而提高。以精馏工业双戊烯为原料时，由于原料中双戊烯含量较低，产品的得率（以原料重量的%计）也显著下降，软化点也较低。以橘子萜为原料制得的产品与国外同类产品的主要质量指标基本相当。

6.3.3 双戊烯树脂的主要质量指标

美国Hercules公司Piccolyte (d-limonene)，软化点（环球法），℃，85～135；色泽（加特纳色阶）<4；酸值（mg KOH/g）<1；皂化值（mg KOH/g）<2；溴值（g Br/100g）27～28；密度（25℃）0.99。

双戊烯树脂的突出用途是在热熔胶粘剂和涂料生产方面，它们有优良的稳色性，热稳定性，抗氧性，有香味和带热粘合性，与乙烯-乙烯醋酸酯等共聚物用于热熔涂料和胶粘剂中。

6.4 萜烯酚树脂[260,261]

萜烯酚树脂是一种酚改性的萜烯树脂，由于其增加了极性，能与绝大多数成膜物质很好地混溶，因此是丁苯橡胶、天然橡胶和氯丁橡胶等的优良粘结剂。许多热熔胶粘剂和涂料的生产部门在需要产品增加延展性和柔韧性时使用萜烯酚树脂。

6.4.1 聚合机理

萜烯和酚的反应是Friedel-Craft's烷基化反应。通过对萜烯酚树脂的红外光谱分析，萜烯酚树脂中含有羟基、醚、双键、甲基、偕二甲基，芳环上可以是邻位取代，也可以是对位取代，而对位占主导地位，但两者较少同时发生。由此，推断其反应机理为：松节油中主要组分α-蒎烯，在Lewis酸催化剂存在下，经过一个正碳离子中间过程，形成有进攻能力的正碳离子A和B。

$$H_2O + BC-I \longrightarrow H^+[BC-IOH]^- \equiv H^+G^-$$
(Lewis 酸)

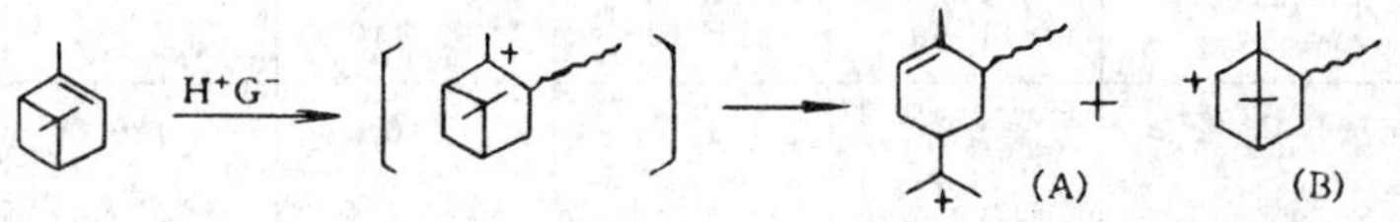

H^+G^- (A) (B)

由于苯酚可被取代，又可被醚化，产物比较复杂，可能产生的共缩聚形式如下：

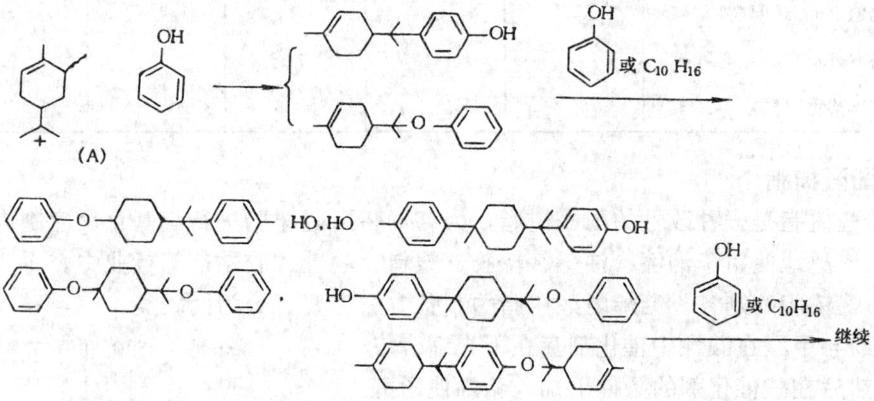

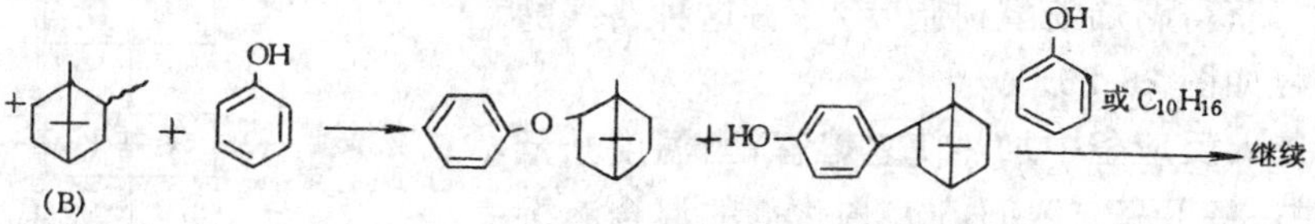

(A) OH OH 或 $C_{10}H_{16}$

HO, HO OH

HO OH 或 $C_{10}H_{16}$ 继续

(B) OH OH 或 $C_{10}H_{16}$ HO 继续

显然，A、B 两种正碳离子是混杂取代于苯酚芳环的，最终产品中代表性的产物是：

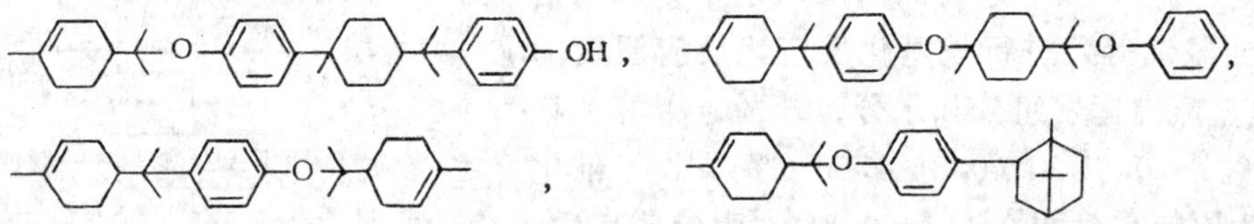

OH

可以看出，在催化剂作用下只有萜烯反应分子连续生成活性正碳离子，才能使反应进行下去，此反应的继续主要由催化剂的活性控制。因此，在反应过程中不断地提供新鲜催化剂是十分必要的，使催化剂经常保持活性。

6.4.2　生产工艺

萜烯酚树脂的生产工艺与α-蒎烯树脂相同，分聚合、水解、水洗、蒸馏工序。

合成萜烯酚树脂的适宜工艺条件为：松节油：苯酚（摩尔比）＝1：0.5～0.7；采用 Lewis 酸作催化剂，用量为原料总重量的 4%～5%；甲苯为溶剂，松节油：甲苯＝1：0.8；反应温度 25～50℃；反应时间 4～6h；蒸馏最终温度 240～260℃；最终真空度 0.098MPa。上述工艺条件下得到的萜烯酚树脂软化点 115℃以上，得率 90%以上（以原料总重量的%计）。

6.4.3　质量指标

萜烯酚树脂按软化点分为五个规格，其主要质量技术指标见表 28-24。

萜烯酚树脂主要用于胶粘剂、油漆、油墨、涂料、橡胶等工业部门。

表 28-24 萜烯酚树脂的技术指标

项目		规格				
		TF-90	TF-100	TF-110	TF-120	TF-130
软化点（环球法），℃	≥	90	100	110	120	130
色泽（铁钴法）	≤			8		
酸值（mgKOH/g）	≤			1		
皂化值（mgKOH/g）	≤			2		
溴值（gBr/100g）	<			77		
甲苯不溶物（%）	≤			0.05		

6.5 萜烯酚醛树脂

萜烯酚醛树脂是一种改性的酚醛树脂，为萜烯将酚醛树脂进行烷基化反应制成的一种油溶性树脂。广泛地使用于油漆、油墨、橡胶、塑料、制鞋、胶粘剂等行业中。

萜烯酚醛树脂的制备　萜烯酚醛树脂的制备方法主要可分为两大类。

(1)苯酚与甲醛在酸性中催化剂存在下先缩合成酚醛树脂，然后在酸催化剂的条件下加入萜烯使酚醛树脂烷基化，获得萜烯酚醛树脂[262,263]。这种路线的示意工艺流程如图 28-25。

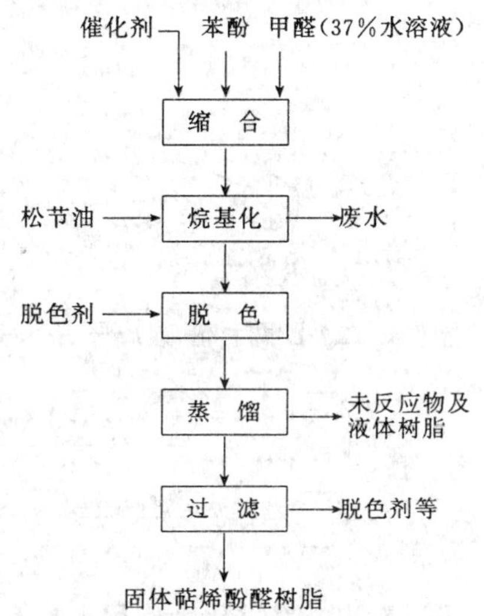

图 28-25 萜烯酚醛树脂工艺流程(一)

将苯酚加入反应釜中加热使之熔解，当温度升至95～105℃时，将甲醛与浓 H_2SO_4 催化剂的混合液缓慢滴入，使之在沸点下回流反应 1h，进行酚醛缩合。然后在 105～110℃在一定时间内加入定量萜烯（松节油或工业蒎烯等）进行烷基化反应，反应温度为95～210℃，蒸出挥发组分和水分。苯酚：甲醛：萜烯＝1：(0.7～0.8)：(0.8～1.2)(摩尔比)。催化剂加入量为原料重量的 0.1%～0.3%。水分蒸完后，在 160～210℃下，加入 0.3%～1.5%的磷酸二氢钠或磷酸二氢钾脱色，并在 210～280℃真空度 98.64kPa 下蒸出未反应物和液体树脂。蒸馏最终温度 260～280℃。蒸馏剩余物经过滤除去脱色剂后即为萜烯酚醛树脂。反应总时间在 230～280min 之间。产品为浅黄色，透明，软化点（环球法）80℃以上能与植物油相溶，固体树脂得率达 80%以上（按理论产量计）。

此法的优点在于苯酚与甲醛缩合反应的工艺成熟；酚的利用率高；烷基化时可以萜烯本身作为溶剂无需另外加入溶剂。但其缺点是酚醛树脂大分子的空间位阻使得烷基化困难，容易造成得率低，软化点不高等现象。而且，由于生产工艺中未经水洗工序将使产品中混有残存催化剂而影响产品的质量。

(2) 先由松节油与苯酚进行烷基化反应生成萜烯酚化合物，在此基础上加入甲醛水溶液进行缩合反应以获得萜烯酚醛树脂。其化学反应式如下：

催化剂　CH_2O 催化剂　$+ H_2O$

萜烯酚化合物　萜烯酚醛树脂

这种路线的示意工艺流程如图 28-26。

①烷基化反应：松节油与苯酚的烷基化反应与萜烯酚树脂的制备工艺条件相同。熔融苯酚与一半量的溶剂甲苯先加入反应釜中，在搅拌下再加入催化剂的 2/3 量，滴加松节油和剩余溶剂，在松节油滴入1/3量时，加入剩余的 1/3 量催化剂。松节油：苯酚＝1：0.5～0.7（摩尔比），溶剂甲苯：松节油＝0.8：1，催化剂 I 为 Lewis 酸，其量为原料总量的 4%～5%。反应温度 25～50℃，反应时间（滴加松节油时间加保温时间）4～6h。

②水解、水洗：烷基化反应结束后，加入热水破坏催化剂，水洗温度 80℃，洗涤 3～4 次，洗至水层呈中性。

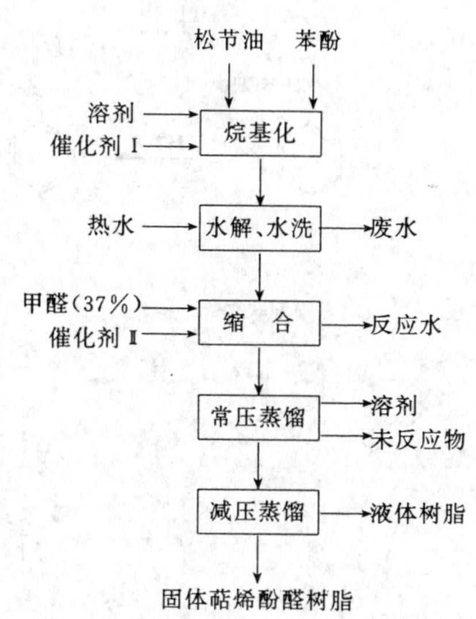

图 28-26　萜烯酚醛树脂的工艺流程(二)

③缩合：水洗后的有机相（萜烯酚化合物）在反应釜中在搅拌下慢慢滴入混有催化剂 Ⅱ 的甲醛水溶液（37%），控制滴加速度，滴加完毕后，维持原温反应 1.5～2h，总反应时间为 2～3h。缩合反应投料比，松节油：苯酚：甲醛（37%）＝1：0.5～0.7：0.42～0.48（摩尔比），催化剂 Ⅱ 量为 3%～4%（以苯酚、甲醛总重量计），反应温度80～95℃。整个缩合反应过程中，生成的反应水必须除去。反应的搅拌速度为 300～400r/min。

④蒸馏：常压下温度 200℃前蒸出溶剂和未反应物。减压下蒸出低聚物（液体树脂），最终蒸馏温度 260～280℃，真空度 98.64kPa。蒸馏剩余物即为产品萜烯酚醛树脂。

以上述工艺得到的萜烯酚醛树脂软化点（环球法），℃，125～145；色泽（加特纳色阶）≤9；酸值（mgKOH/g）≤1；皂化值（mgKOH/g）＜2；溴值（gBr/100g）＜64。

此法的优点可以得到较高软化点的树脂，其缺点可能甲醛损失大，或苯酚污染可能性大。但如催化剂及反应条件控制得当，其缺点可能得到消除。

6.6　萜烯-苯乙烯树脂

萜烯（如 α-蒎烯，β-蒎烯，d-苧烯等）和其他单体（如苯乙烯等）的共聚物。美国商品萜烯-苯乙烯树脂以 d-苧烯与苯乙烯制得。萜烯-苯乙烯树脂是一种水白至透明的浅色树脂。“水白色”树脂在烃溶剂中（用 50%溶液）测定时加特纳色阶≤1，热稳定性特别好，在芳族化合物中的溶解性比萜烯树脂好，同时也易溶于脂族化合物。这种树脂能与蜡、乙烯-醋酸乙烯酯（EVA）以及各种弹性体，如热塑性嵌段共聚物（苯乙烯-异戊二烯-苯乙烯、苯乙烯-丁二烯-苯乙烯）、天然橡胶和丁苯橡胶相容。主要用于热熔胶粘剂，制卫生巾及尿布。

6.6.1 苧烯（双戊烯）-苯乙烯树脂的制备与质量指标

反应机理：苧烯（双戊烯）与苯乙烯聚合属阳离子催化聚合，其活性中心是正碳离子在催化剂作用下，苧烯（双戊烯）、苯乙烯都可以被引发而形成正碳离子，共聚合的可能情况如下：

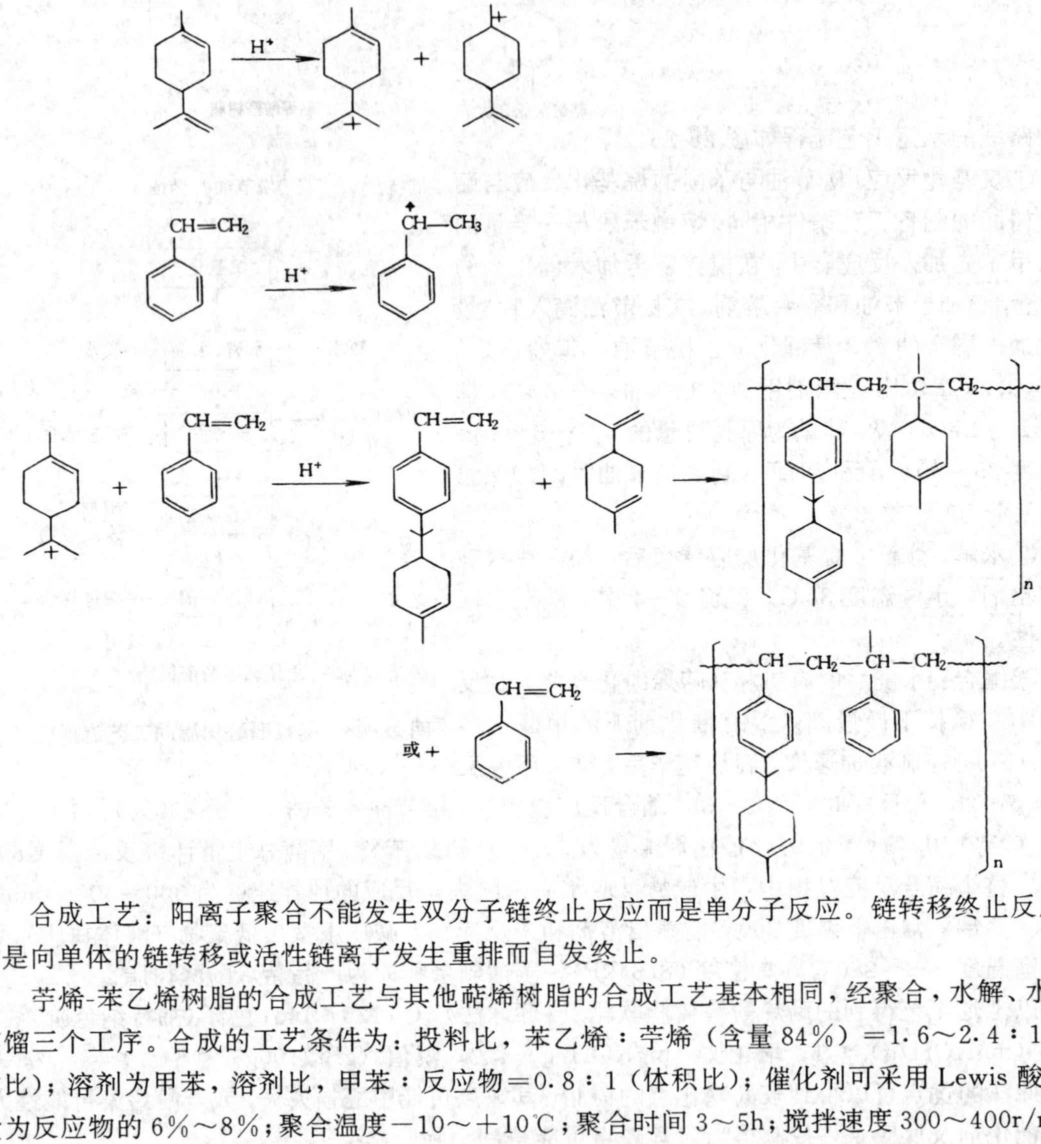

H^+

$CH{=}CH_2$ $\xrightarrow{H^+}$ $\overset{+}{C}H{-}CH_3$

$CH{=}CH_2$ $\xrightarrow{H^+}$ $CH{=}CH_2$ $\longrightarrow$ $-CH-CH_2-C-CH_2-$ n

或 + $CH{=}CH_2$ $\longrightarrow$ $-CH-CH_2-CH-CH_2-$ n

合成工艺：阳离子聚合不能发生双分子链终止反应而是单分子反应。链转移终止反应可能是向单体的链转移或活性链离子发生重排而自发终止。

苧烯-苯乙烯树脂的合成工艺与其他萜烯树脂的合成工艺基本相同，经聚合，水解、水洗、蒸馏三个工序。合成的工艺条件为：投料比，苯乙烯：苧烯（含量84%）＝1.6～2.4：1（摩尔比）；溶剂为甲苯，溶剂比，甲苯：反应物＝0.8：1（体积比）；催化剂可采用Lewis酸，用量为反应物的6%～8%；聚合温度－10～＋10℃；聚合时间3～5h；搅拌速度300～400r/min。水解、水洗温度控制在80～85℃，水洗至水层呈中性为止。常压蒸出溶剂至200℃，再经减压蒸馏蒸出低聚物，最终蒸馏温度260～280℃，真空度98.64kPa。以上工艺条件制得的树脂得率95%左右。

质量指标：国外商品（美国）萜烯-苯乙烯树脂的主要质量指标：软化点（环球法，℃）85～115；颜色（加特纳色号）＜1～3；酸值（mgKOH/g）＜1；溴值（gBr/100g）＜22；密度（25℃）0.98～1.02；分子量（$\overline{M}_n$）≈600。由上述工艺条件制得的树脂质量指标与国外商品树脂质量指标基本相同。

6.6.2 α-蒎烯-苯乙烯树脂的制备与质量指标

蒎烯与苯乙烯的阳离子催化聚合，由于α-蒎烯有环内双键，聚合比较困难复杂。

蒎烯-苯乙烯树脂制备的主要工艺过程为聚合、水解水洗与蒸馏三个工序。关键的步骤为聚合，水解水洗为破坏催化剂并将聚合液水洗至中性，蒸馏在常压下回收溶剂与未聚物，在减压下回收低聚物，蒸馏剩余物即为固体产品树脂。蒸馏最终温度 260℃，最终真空度 98.66kPa。

蒎烯与苯乙烯通常在 Friedel-Crafts 反应催化剂存在下共聚合。公认为较好的催化剂有 $AlCl_3$、$AlBr_3$、$FeCl_3$、BF_3、$SbCl_3$、$SnCl_3$、$ZnCl_2$ 等。试验用松节油α-蒎烯含量 86.4%，苯乙烯纯度≥99%。研究了松节油与苯乙烯的摩尔比、催化剂用量、聚合温度、聚合时间、溶剂等对聚合物色阶、软化点、得率的影响，得到了适宜的聚合工艺条件[264]。

(1) 松节油和苯乙烯的摩尔比：实验以苯为溶剂，溶剂比（物料：苯）=1：0.8（重量比），催化剂 CT-1，用量 6%（物料总量的%），反应温度 20℃，反应时间（滴加+保温）2.5h，松节油与苯乙烯摩尔比与树脂色阶、软化点和得率的关系如图 28-27。由图 28-27 可见，当松节油与苯乙烯的摩尔比在 1：2.3～2.8 时，树脂的色阶、软化点和得率都得到满意的结果。在共聚反应中，随着苯乙烯含量的增加，树脂的色阶、软化点和得率都有提高。

(2) 催化剂的用量：选用 CT-1 作为催化剂，实验条件松节油：苯乙烯=1：2.3（摩尔比），溶剂比=1：0.8，反应温度 20℃，反应时间 2.5～3h，催化剂用量与树脂色阶、软化点和得率的关系如图 28-28。由图 28-28 可见，随着催化剂用量由 4%向上增加时，树脂软化点、得率都有提高，但色阶下降；当催化剂用量超过 8%时，则三者均呈下降趋势，适宜的催化剂用量在 4%～8%。催化剂用量若低于 4%，则共聚反应速度较慢。

(3) 反应温度：松节油与苯乙烯的共聚为放热反应，低温对反应有利。试验条件松节油：苯乙烯=1：2.3（摩尔比），催化剂用量 6%，溶剂比为 1：0.8，反应时间 3.5h，反应温度与树脂色阶、软化点、得率的关系如图 28-29。由图 28-29 可见，随着温度的升高，色阶、软化点和得率都明显下降，适宜的反应温度为 10～20℃，在此温度范围内，树脂颜色浅、软化点和得率都较高。

(4) 反应时间：反应时间包括原料的滴加时间与保温聚合时间。试验条件松节油：苯乙烯=1：3（摩尔比），溶剂比=1：0.8，催化剂用量 6%，反应温度 20℃。试验得知，保温的时间对树脂质量的影响大于滴加时间。如试验的滴加时间为 1h，保温时间与树脂色阶、软化点和得率的关系如图 28-30。由图 28-30 可见，保温时间延长，经 1.5h 后树脂的得率达最高点，至 2.5h 以后则色阶下降，保温时间延长对软化点的影响不大。适宜的保温时间为 1.5～2.5h，综合考虑，总的反应时间以 2.5～3h 为宜。

此外，溶剂的种类与用量，搅拌速度、加料方式、惰性气体保护等对树脂的色阶、软化点、得率亦有影响。

研究采用 $L_9(3^4)$ 正交试验表进行试验得到的最佳共聚工艺条件为：松节油：苯乙烯=1：2.2～2.8(摩尔比)，催化剂用量 4%～6%，反应温度 10～20℃，反应时间当反应温度 10℃时为 3h，反应温度 20℃时，反应时间可缩短至 2h。

以上工艺条件得到的共聚物经水解水洗、蒸馏得到的萜烯-苯乙烯树脂为淡黄色脆性固体，色阶（加特纳）<1～3，软化点（环球法）100～110℃，溴值（gBr/100g）<22。树脂得率 90%以上（对原料总量的%）。

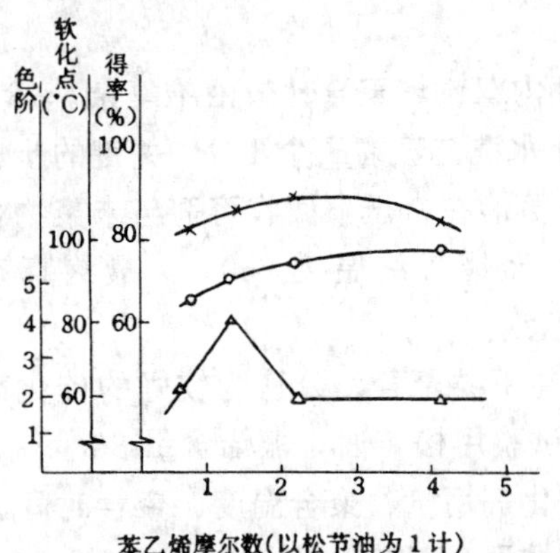

图 28-27 松节油与苯乙烯摩尔比与树脂色阶、软化点、得率的关系

—△—色阶；—○—软化点；—×—得率

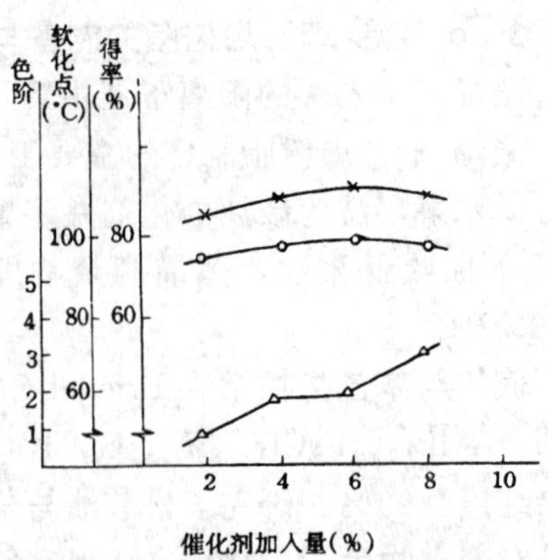

图 28-28 催化剂加入量与树脂色阶、软化点、得率的关系

—△—色阶；—○—软化点；—×—得率

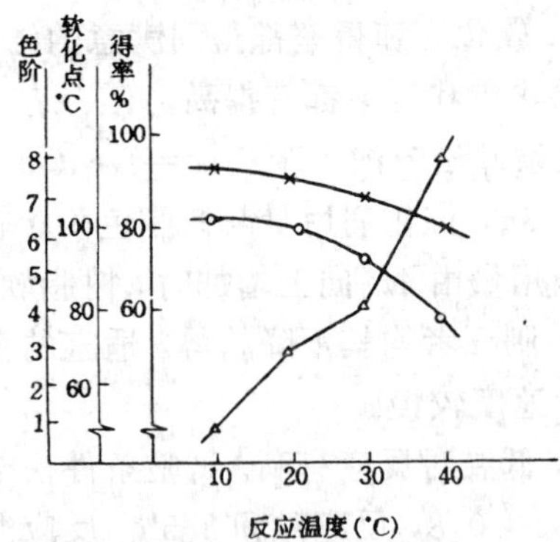

图 28-29 反应温度与树脂色阶、软化点、得率的关系

—△—色阶；—○—软化点；—×—得率

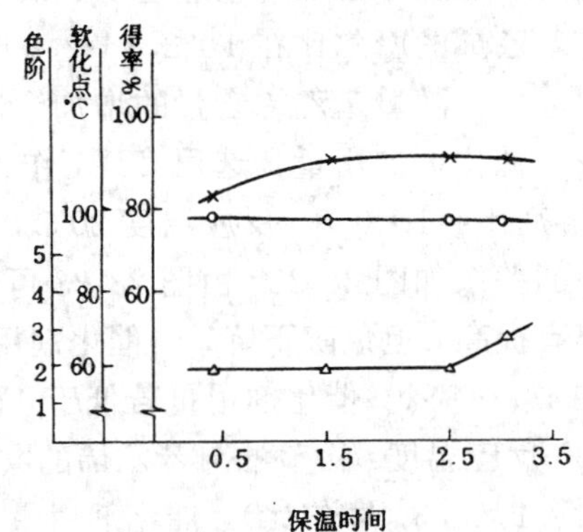

图 28-30 保温时间与树脂色阶、软化点、得率的关系

—△—色阶；—○—软化点；—×—得率

近几年来，国内对蒎烯-苯乙烯树脂的合成进行了一些研究。庄锦树等研究了α-蒎烯与苯乙烯的自由基共聚合[265]，原料α-蒎烯为纯松节油精馏收集155～156℃的馏份，苯乙烯为经减压蒸馏收集56～58℃/6.7kPa的馏份，引发剂为偶氮二异丁腈（AIBN）经重结晶，熔点为101～102℃。

将计算量的单体与引发剂AIBN加入反应器中，振荡，使AIBN溶解，通入氮气，在75℃温度下反应24h，取出反应物，加少量对苯二酚以阻聚。再以石油醚为沉淀剂，分离沉淀，再用苯溶解，石油醚沉淀，重复3次，最后真空干燥至恒重，得到白色粉末或白色固体物，即为产品α-蒎烯-苯乙烯树脂。

卢江、王力昌等对α-蒎烯与苯乙烯阳离子共聚合及其产物进行了研究[266,267]。结果表明，在共聚反应中，α-蒎烯单体的聚合速率、转化率以及聚合产物的分子量和软化点随苯乙烯用量的增加而增加。苯乙烯既是共聚单体，又是抑制α-蒎烯正碳离子脱H^+反应的共催化剂。

彭超盼等[268]用复合催化体系$AlCl_3/SbCl_3$能有效的引发α-蒎烯/苯乙烯的共聚合，共聚产物收率达91%。

A. RASHEED KHAN 等人[269]研究α-蒎烯与苯乙烯的阳离子共聚合，以苯为溶剂，以5%

无水 $AlCO_3$ 为催化剂，反应温度 10℃，反应时间 3h，不同配比的 α-蒎烯与苯乙烯单体共聚物的产率见表 28-25。

表 28-25　α-蒎烯与苯乙烯不同单体配比阳离子共聚合与共聚物产率的关系

试　样	单　体		产　率	分　析	
	苯乙烯（g）	α-蒎烯（g）	（%）	C（%）	H（%）
1	—	100	28.9	88.20	11.75
2	30.0	70.00	65.0	89.97	9.88
3	40.00	60.00	70.8	90.20	9.59
4	50.00	50.00	75.1	90.61	9.23
5	60.00	40.00	80.8	90.69	9.22
6	80.00	20.00	90.7	90.81	9.13

由表 28-25 可见，共聚物的产率随反应体系中苯乙烯用量的增加而提高。

我国现生产的萜烯（α-蒎烯）-苯乙烯树脂的各项质量技术指标见表 28-26。

表 28-26　萜烯（α-蒎烯）-苯乙烯树脂的质量技术指标

项　　目		规　　格			
		TB-80	TB-90	TB-100	TB-110
软化点（环球法，℃）	⩾	80	90	100	110
色泽（铁钴法）	⩽		1～3		
酸值（mgKOH/g）	⩽		1		
皂化值（mgKOH/g）	⩽		2		
溴值（gBr/100g）	<		22		
甲苯不溶物（%）	⩽		0.05		

萜烯-苯乙烯树脂色浅，可以在胶粘剂、涂料、油墨工业作无色增粘剂使用，特别在热熔胶粘剂中，适于制妇女卫生巾及婴儿尿布用。

7　重质松节油合成香料

我国马尾松松脂中含有倍半萜烯组分，其量约占松脂中性油组分含量的 20%～30%[270]。在松脂加工过程中，作为松香、松节油生产过程中的联产品，每年约可得重质松节油 0.8 万～1 万 t[271]。重质松节油的主要成分是多环倍半萜烯化合物，其中主要为长叶烯，占重油组分含量的 45%～60%，其次为石竹烯，这些组分都是极有价值的香原料。而目前，重质松节油主要用作溶剂和燃料，其价值远未得到合理的利用。

7.1　重质松节油的成分与精馏

重质松节油的成分除倍半萜烯外，还有单萜烯、单萜氧化物、倍半萜氧化物和二萜类物质等。这些少量化合物的含量不一，主要受松脂加工时蒸馏工艺条件的影响。重质松节油的成分分析国内外已有多篇报道[272～275]，但由于样品来源和分析条件的不同，结果也稍有差异。根据最近的研究[276]，广西岑溪、广东德庆两地马尾松重质松节油的样品，先用乙醚溶解稀释，用 5%氢氧化钠水溶液洗涤至 pH 值 10，再用水洗至中性，无水硫酸钠干燥，蒸去乙醚，减压分馏，收集<104℃/1.6kPa 的馏份为单萜烯和单萜氧化物，在 104～170℃/1.6kPa 的馏份为倍半萜馏份。倍半萜烯馏份的成分分析见表 28-27。

气相色谱分析条件：岛津 GC-7AG 或 GC-9AG 型气相色谱仪，OV-101 弹性石英毛细管柱（∅0.2mm×25m）；载气（N_2）0.1MPa，氢气0.06MPa，空气0.05MPa；气化室温度230℃；柱温（程序升温）80 $\xrightarrow{1℃/min}$ 100 $\xrightarrow{2℃/min}$ 230℃；进样量0.25μl；灵敏度10^2。

气-质联用谱分析条件：VG ZAB-HS型有机质谱仪，气相色谱分析条件同上。质谱分析条件，离子源EI；扫描范围500—40—500；分辨率1000；以GC方式进样。

表 28-27 马尾松重质松节油的倍半萜烯成分

编号	化合物	含量（%）		鉴定方法
		广西	广东	
1	α-长叶蒎烯	4.3	5.3	GLC MS
2	长叶环烯	4.9	5.5	GLC MS
3	1-甲基-4-（1-异丙基）-10-亚甲基-三环［4，3，1，$0^{5,9}$］癸烷	2.2	2.6	GLC MS
4	长叶烯	61.7	56.9	GLC MS
5	（E）-β-石竹烯	18.5	20.9	GLC MS
6	（3E，6E）-α-金合欢烯	0.1	0.1	GLC MS
7	α-葎草烯	2.9	5.1	GLC MS
8	（Z）-β-金合欢烯	1.8	0.4	GLC MS
9	（Z）-β-石竹烯	0.4	0.3	GLC MS
10	γ-杜松烯	0.3	0.3	GLC MS
11	（32，6E）-α-金合欢烯	0.4	0.5	GLC MS
12	1，5-杜松二烯	0.5	0.7	GLC MS
13	（S）-β-防风根烯	0.5	0.3	GLC MS
14	去氢白菖蒲烯	0.2	0.2	GLC MS
15	1，6-杜松二烯	0.6	0.7	GLC MS

由表28-27可见，重油中倍半萜馏份中共检出15个化合物，其中主要为长叶烯和（E）-β-石竹烯，少量α-长叶蒎烯、长叶环烯、α-葎草烯，其余为微量成分。15个倍半萜化合物的结构式如图28-31。

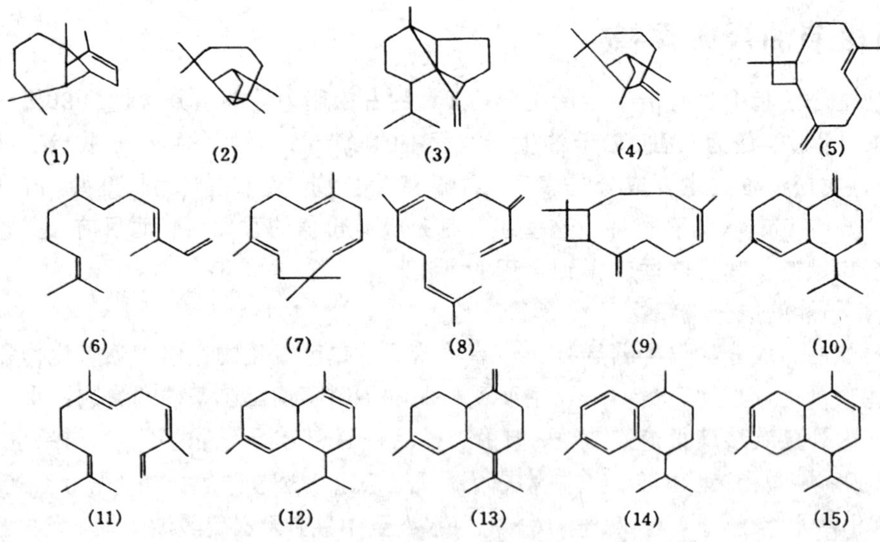

图 28-31 重油中倍半萜烯组分的分子结构

重质松节油中的倍半萜烯分子式相同（$C_{15}H_{24}$），结构相似，沸点相近，分离困难。特别是长叶烯和β-石竹烯，用精馏的方法，常常是β-石竹烯的含量随着长叶烯的含量增加而增加，往往不能得到高纯度的长叶烯。有研究报道[277~279]，利用长叶烯、β-石竹烯、α-长叶蒎烯、长叶环烯在 Prins 反应（与多聚甲醛反应）中的相对活性差异而提纯长叶烯，其相对活性是：β-石竹烯＞α-长叶蒎烯＞长叶烯＞长叶环烯。另一提纯长叶烯的新方法是利用 Vilsmeier-Haack 甲酰化反应提纯长叶烯，纯度可达 84％[279]。但这些化学反应的提纯方法均不适于工业化生产应用。

南京林业大学为广西岑溪松香厂设计的真空间歇精馏装置试用于分离重油中的长叶烯得到了良好的效果[280]。全套精馏装置由填料塔段，再分布器、塔釜、冷凝器、再沸器、循环泵和受器组成。塔径 600mm，塔高 22m，填料采用 SW 型网孔波纹填料，填料高度 14m，再沸器传热面积 $22m^2$，冷凝器传热面积 $18m^2$。截取 124～130℃/3.33kPa 的馏份，得到的长叶烯的纯度可达 85％左右。

长叶烯的分子结构中含有双键，可以进行多种化学反应，如重排反应、氧化反应、缩合反应、取代反应和加成反应等。除长叶烯直接可用作香原料外，其重排反应可得到多种产物，其中最重要的是异长叶烯和 1，1-二甲基-7-异丙基-1，2，3，4-四氢萘（简称四氢萘），它们都是重要的化工中间体，其一系列衍生物都可作为香料或香料中间体，在各种日化香精配方中得到广泛的应用。

7.2 长叶烯的重排芳构化反应[281]

多环倍半萜的一个重要特征是容易发生重排发应，由于重排过程中可以生成多种相对稳定的碳正离子，所以重排后的产物就可以有多种。在长叶烯（1）的重排过程中，异长叶烯（2）和 1，1-二甲基-7-异丙基-1，2，3，4-四氢萘（3）是最有利用价值的两种产物。在通常情况下，长叶烯在酸催化下极易异构为异长叶烯，异长叶烯可以合成一系列具有木香和龙涎—琥珀香香气的衍生物。在最剧烈的条件下，长叶烯发生重排芳构化，得到四氢萘。这个化合物在香料工业和其他精细化学工业上有十分重要的意义，它的萘满型结构是合成多种双环麝香和龙涎香香料的重要中间体。

目前用于长叶烯异构芳构化反应的酸催化剂可以是强质子酸或非质子路易氏酸，主要有氯化锌、磷酸-硅胶、Amberlyst-15、三氟化硼乙醚、三氯乙酸、三氟乙酸、氯磺酸、三氯化铝、硫酸等。研究认为，一般强质子酸对长叶烯芳构化效果不佳，在高温下易引起聚合反应，而一些非质子路易氏酸则表现出高活性和高选择性。

长叶烯重排芳构化反应可能的反应机理如下：

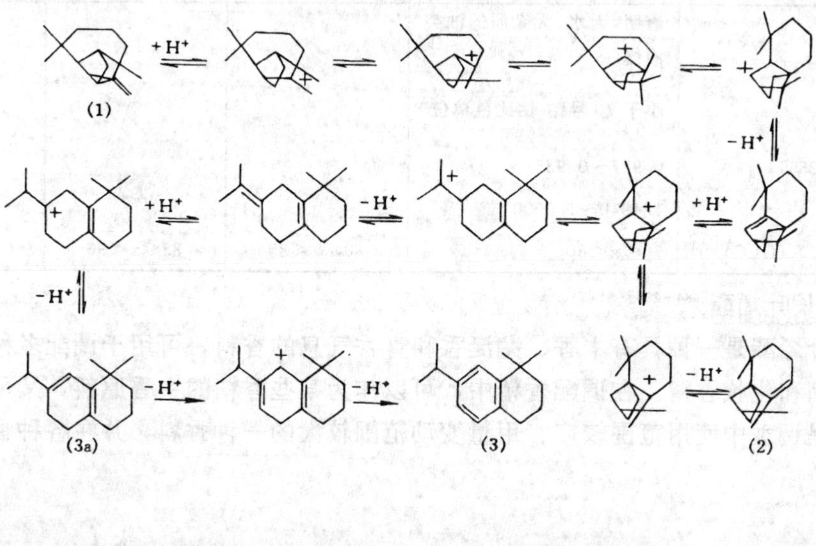

(1) $\underset{}{\overset{+H^+}{\rightleftharpoons}}$ … $\overset{-H^+}{\rightleftharpoons}$ … $\overset{+H^+}{\rightleftharpoons}$ … $\overset{-H^+}{\rightleftharpoons}$ … $\overset{-H^+}{\rightarrow}$ …

(3a) $\overset{-H^+}{\longrightarrow}$ $\overset{-H^+}{\longrightarrow}$ (3)　　$\overset{-H^+}{\rightleftharpoons}$ (2)

一般认为，(3a) 脱去一个氢分子形成芳环是通过分子歧化历程实现的。

长叶烯重排芳构化反应得到异长叶烯和1，1-二甲基-7-异丙基-1，2，3，4-四氢萘都是重要的有价值的香原料或香料中间体，它们可以衍生成多种香料。

7.3 长叶烯系列香料

马尾松松脂重质松节油中的倍半萜烯主要是长叶烯，长叶烯为合成香料的一种极好的廉价原料。长叶烯利用的一个重要途径是异构为异长叶烯，另一利用途径是重排芳构化为1，1-二甲基-7-异丙基-1，2，3，4-四氢萘，由此二化合物为起始原料合成系列香料。目前，长叶烯直接合成的香料主要为甲酸长叶烯酯、ω-乙酰氧甲基长叶烯和ω-羟甲基长叶烯等。

7.3.1 异长叶烯

长叶烯(1)在强质子酸或一些非质子Lewis酸为催化剂作用下异构生成异长叶烯(2)[282,283]。异长叶烯可作为商品出售，主要用作合成异长叶烷酮等香料的原料。其化学反应式如下：

(1) —H_2SO_4 / 冰 AcOH→ (2)

(1) —Lewis 酸→ (2)

长叶烯异构为异长叶烯的催化剂可以是质子酸或Lewis酸，溶剂可以是烃类、芳烃、卤代烷、醚类或羧酸类。如长叶烯以硫酸为催化剂，在冰醋酸介质中进行反应时，其配比为长叶烯(含量60%～70%)：冰醋酸：硫酸＝1：0.6～1：0.03～0.05时，反应温度75℃左右，反应时间3～4h。反应结束后，用碱中和异构液，水洗至中性。然后蒸出溶剂，再减压蒸馏截取110～120℃/5.3kPa馏份得到产物，异长叶烯得率约80%。如以Lewis酸为催化剂，用量3%(以长叶烯原料重量计)，反应温度30℃，反应时间1.5h。异构反应液除去催化剂水洗至中性，减压蒸馏，截取100～102℃/1.33kPa馏份，异长叶烯得率可达90%以上(以原料中长叶烯重量计)。

异长叶烯的质量指标按中华人民共和国林业行业标准(LY/T 1064—92)见表28-28。

表28-28 异长叶烯的质量指标

项目	牌号			
	IL70	IL80	IL85	IL90
外观	透明，无水，无杂质的油类液体			
颜色	小于70号铂-钴比色单位			
相对密度(25/25℃)	0.927～0.935			
折光折数(20℃)	1.4940～1.5000			
异长叶烯(x,%)(GLC)	70≤x＜80	80≤x＜85	85≤x＜90	x≥90

7.3.2 甲酸长叶烯酯[284～286]

甲酸长叶烯酯是一种具有木香、龙涎香和青香气息的香料，可用于调配多种木香型和花香型日用香精和化妆香精。在调配香精中，可以作为某些香精的主香原料，又可起调和、修饰的效果。是调香中使用范围较广、用量变动范围较大的一种香料，并在各种香料制品中显示出较好的稳定性。

长叶烯（1）的催化酯化反应合成甲酸长叶烯酯（4），其化学反应式如下：

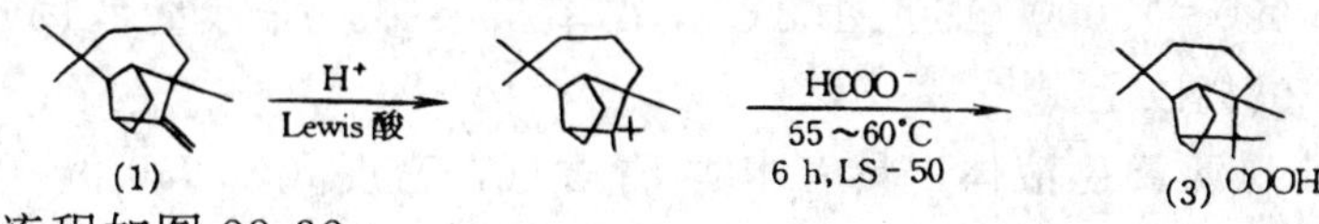

合成的工艺流程如图 28-32。

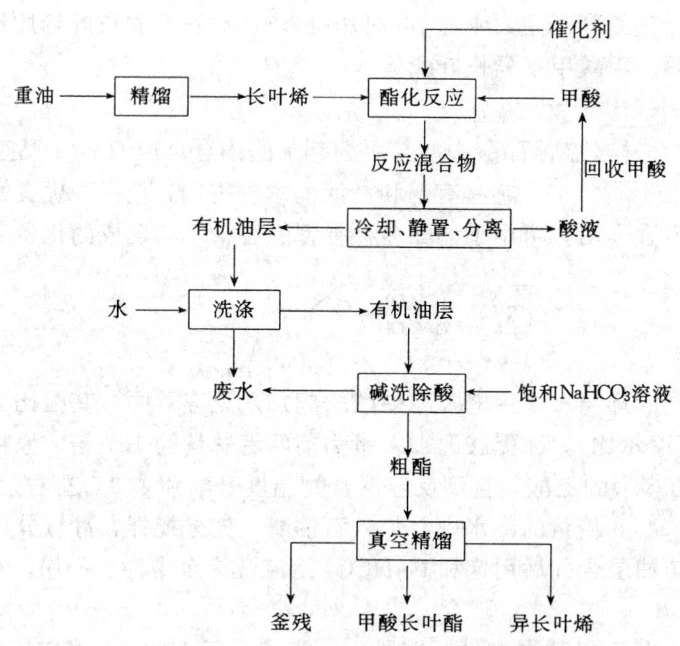

图 28-32　甲酸长叶酯合成的工艺流程

(1)原料：长叶烯由重油（含长叶烯 50%～60%）二次精馏而得，沸程 124～131℃/20kPa，密度 d_{20}^{20}0.924 0，折射率（n_D^{20}）1.493 0～1.501 0，旋光度 $[\alpha]_D^{20}$+36.10°，纯度 90%；甲酸，化学纯，85%；催化剂，LS-50；碳酸氢钠，工业品。

(2) 酯化：长叶烯与甲酸分别计量后加入反应釜中，开动搅拌器，然后滴加催化剂。投料配比为长叶烯：甲酸：催化剂＝100：100：31.7，加催化剂时间不少于 30min，反应温度 55～60℃，反应时间 6h，搅拌速度 300r/min。在催化剂加毕后，在剧烈搅拌下至反应结束。在反应过程中，反应物颜色开始乳白色，逐渐变深，由橙黄、浅红、砖红、深红色变到咖啡色，反应终止时颜色为紫褐色或黑褐色。

(3) 反应物后处理：反应结束后，将反应物迅速冷却至室温，然后加入一定量的冷水洗涤反应产物，搅拌 20min 后静置 0.5h 分层。下层为水相，呈深紫红色，是甲酸和催化剂等的混合溶液，分出后作回收甲酸用。上层油相为含有多量杂质的粗酯。

粗酯在搅拌下用水洗涤，然后将有机层与水层分离，洗涤水弃去。

有机层用饱和的 $NaHCO_3$ 溶液在搅拌下洗至中性（pH 值 7±0.5），分离弃去无机层。所得的粗酯是一种棕红色的油状物。产率 66.4%～70.8%。

(4) 粗酯精馏：粗酯是一个成分复杂的混合物，需用真空精馏的方法将甲酸长叶酯和异长叶烯分离出来。系统绝对压力 0.133～0.266kPa，釜温 160～240℃，回流比 3～5：1，按密度（d_{20}^{20}）收集不同的馏份。异长叶烯馏份密度<0.935（126～142℃），得率35.75%（以长叶烯投料量计）；中间馏份密度0.935～0.950（142～160℃），得率1.29%，可进行复馏；甲酸长叶酯馏份密度0.950～1.000（160～168℃），得率55.89%；釜残量2.12%，余为损失。甲酸长叶酯的纯度达95%以上[286]。

甲酸长叶酯外观淡黄色液体，具有木香-青香气，密度d_4^{20}0.950 0～0.995 6，折射率n_D^{20}1.496 7～1.500 0，闪点（开杯法）123℃，酸值（mgKOH/g）0.22，含酯量≥95%。

异长叶烯为酯化反应的副产品，纯度86.4%～87.6%，符合异长叶烯质量指标，可进一步用来合成异长叶烷酮、甲酸甲基异长叶酯等。

7.3.3 ω-乙酰氧甲基长叶烯[287,288]

长叶烯与其他烯烃一样，在冰醋酸中能与甲醛起烯醛缩合反应（Prins反应），反应的主要产物是ω-乙酰氧甲基长叶烯（5）。它具有温和清淡的木香香韵，是一种优良的调合香料的配料，有显著的增香和定香作用，可用于调配多种香型的香精。其合成的化学反应式如下：

(1) $\xrightarrow[\text{冰 AcOH}]{(CH_2O)_2}$ (5) H, CH_2OAc

合成方法如下：长叶烯与多聚甲醛及冰醋酸一起加入反应器中，其配比为长叶烯：多聚甲醛＝1：1.2～1.5（摩尔比），冰醋酸的加入量为前两者总量的1.7倍。原料在反应器中加热回流10～24h。蒸出多余的乙酸，直到反应混合物温度升高到140℃左右为止。

冷却反应物，倒入0.5倍量的冷水中，加入石油醚，充分搅拌，静置分出油层。水层用石油醚萃取。萃取液与油层合并后用饱和$NaHCO_3$溶液洗涤至中性。干燥。除去石油醚，得粗产物。

粗产物减压蒸馏，分三段截取馏份：馏段Ⅰ，沸点小于150℃，可重新分馏截取118～120℃/1.33kPa的馏份，作为回收原料重复使用；馏段Ⅱ，沸点150～160℃馏份，其中主成分为ω-乙酰甲氧基长叶烯，馏段Ⅱ的得率为50%～60%（以长叶烯重量计）。如再重新蒸馏提纯，收集152～156℃/0.266kPa馏份，收率95%以上，可直接用作香料或用以制备ω-羟甲基长叶烯；馏段Ⅲ，沸点大于160℃，为未蒸出的残液。

此合成方法工艺条件的确定与原料长叶烯的纯度有关。

(1) 长叶烯与甲醛的摩尔比：原料中除长叶烯外，β-石竹烯与α-长叶蒎烯在上述工艺条件下亦能与甲醛起反应，因此多聚甲醛是过量的。当原料中β-石竹烯和α-长叶蒎烯的含量达10%～25%时，长叶烯与甲醛的摩尔比应增大到1：1.5。

(2) 反应时间：当原料中长叶烯的含量大于60%时，反应时间控制在10～24h内，一般反应时间不宜少于12h。但过多延长反应时间，则导致高沸点产物增加，长叶烯的有效转化率降低。

(3) 高沸点产物（残液）：当原料中β-石竹烯和α-长叶蒎烯的含量高时，生成的高沸点产物（沸点大于160℃/0.266kPa）增多，ω-乙酰氧甲基长叶烯的产量随β-石竹烯的含量提高而降低。

7.3.4 ω-羟甲基长叶烯[288]

ω-乙酰氧甲基长叶烯（5）用不同的方法和试剂处理，可获得一系列长叶烯衍生物，其中水解产物ω-羟甲基长叶烯（6）是一种优良的香精配料。它具有清甜木香、龙涎香和果香香气，可用于调配多种花香型和木香型香精。其合成化学反应式如下：

$$(5)\ \xrightarrow[NaOH,H_2O]{95\%\ C_2H_5OH}\ (6)$$

ω-乙酰氧甲基长叶烯（5）（152～156℃/0.266kPa），在碱性条件下水解生成ω-羟甲基长叶烯(6)，反应介质为乙醇。氢氧化钠用水配成浓度80%的溶液，再加入碱溶液10倍量的95%工业乙醇，置于冰浴中。将与氧氢化钠配比为1∶3.45的ω-乙酰氧甲基加入到上述溶液中，放置2～18h，保持混合物温度<10℃。反应混合物用乙醇同样量的冰水冲稀，分出油层。水层用石油醚（沸程90～120℃）萃取2～3次。将油层与萃取液合并，用水洗涤至中性，干燥。减压蒸出大部分石油醚，其余部分置于0℃左右环境中冷却，让（6）结晶析出。快速吸滤，滤饼于室温下晾干。滤液可再结晶一次。如需更纯的产品，可在正己烷或石油醚中重结晶。重结晶产品白色针状，熔点69～70℃，得率65%（以ω-乙酰基长叶烯重量计）。

7.4 异长叶烯系列香料

长叶烯经酸催化异构为异长叶烯后，可以合成一系列异长叶烯香料产品，如异长叶烷酮、异长叶烯酮、乙酰基异长叶烯、乙酸异长叶酯和甲酸异长叶酯、羟甲基异长叶烯、环氧异长叶烷、异长叶醇等。这类化合物一般都具有木香和龙涎—琥珀香，在日化香精中得到广泛应用。

7.4.1 异长叶烷酮

异长叶烯（2）经氧化可制得异长叶烷酮（7）。国内制备的方法有二：重铬酸钾法[289]，过氧化氢法[290～293]。异长叶烷酮具有持久的木香、琥珀香，可在多种日化香精中广泛使用。其化学反应式如下：

$$(2)\ \xrightarrow[AcOH,H_2SO_4]{K_2CrO_7}\ (7)$$

$$(2)\ \xrightarrow{30\%\ H_2O_2,AcOH,H_2SO_4}\ (7)$$

（1）以重铬酸钾氧化法制备异长叶烷酮时，长叶烯在冰醋酸介质中以硫酸为催化剂进行异构反应得到的异构液（主含异长叶烯70%左右）可以直接进行氧化反应。氧化反应以重铬酸钾为氧化剂，浓硫酸催化下在冰醋酸中进行，其投料配比（重量比）为异构液∶重铬酸钾∶硫酸∶水=1∶1.1∶1.4∶1.4，反应温度30～35℃，滴加浓硫酸时间约5～7h，滴加完毕后继续维持此温度反应2～3h。反应终了，加入异构液量75%的石油醚（沸程70～90℃），搅拌15min后，静置分层。放出下层蓝液。上层萃取液用水洗一次，碱洗（10%NaOH溶液）一次，以中和萃取液，静置分层，排出碱水。上层萃取液再用水洗二次，搅拌，静置、分离洗涤水。萃取液呈中性，浅黄色。放入粗酮贮槽，并进一步分离水分。

粗酮石油醚溶液在常压下回收石油醚，减压下截取150～180℃/2.4kPa馏份即为成品异长叶烷酮，得率70%（以长叶烯重量计）。前馏份可以重复用作原料制取异长叶烷酮。

此法得到的异长叶烷酮，外观：浅黄色透明液体；含酮量（包括饱和的异长叶烷酮和不饱和的异长叶烯酮，以饱和酮为主）≥70%；密度d_{20}^{20}0.996 6～1.003 0，折射率n_D^{25}1.4958～1.4980，旋光度$[\alpha]_D$−19°～−16°。酸值（mgKOH/g）≤3。溶解度，20℃时在96%乙醇中各种比例混合物都清晰透明。

此法得到的副产品盐基硫酸铬（蓝液）可用于鞣制皮革。

(2) 以过氧化氢法制备异长叶烷酮时，将长叶烯（含长叶烯60%～70%，$d_{22}^{23}0.9928$，$[\alpha]_D^{23}+31°\sim+32°$，$n_D^{23}1.5000$）滴加到预先加热至80℃的冰乙酸（96份）和浓硫酸（4份）的混合液中，搅拌下2h内加完，继续保温2～4h，冷却，反应混合物供下一步氧化反应用。

异构反应混合物加热至40℃，在搅拌下滴加浓度为30%H_2O_2，长叶烯：H_2O_2＝1：1.1～1.4（摩尔比），控制反应温度35～50℃。H_2O_2在1～2h内加完后，保温、搅拌继续反应4～5h。分出有机层，酸性水层用石油醚萃取，萃取液与有机层合并后依次用水、5%NaOH、10%食盐水洗涤至中性。干燥后蒸去石油醚，再经减压蒸馏，收集110～128℃/0.399kPa馏份，即为产品异长叶烷酮，产率70%，酮含量70%左右。产品密度$d_{22}^{23}0.9954\sim1.0060$，折射率$n_D^{23}1.4986\sim1.4989$，旋光度$[\alpha]_D^{23}-12.3°\sim-11.5°$。经气相色谱分析，异长叶烷酮存在差向异构体α-异构体与β-异构体，α-和β-体之比约为6：1。它们之间在一定条件下可以互相转化，从结构上比较，α-体羰基对桥环来说是外向型的，而β-体中羰基是内向型的。通常，在桥环化合物中较大基因呈外向型结构的稳定性比呈内向型的大。因此，α-体比β-体在热力学上更稳定，在可以发生热力学平衡反应的条件下，α-体为优势产物。

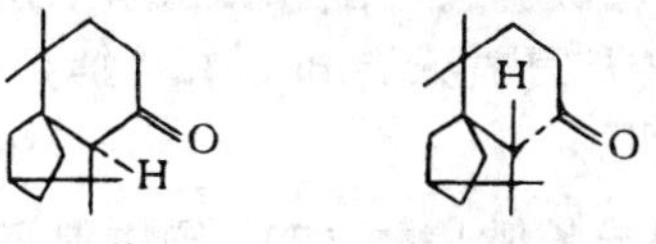

α-体　　β-体

如将上述110～128℃/0.399kPa馏份进行差向异构化，此馏份与甲醇混合，加入一定量的50%NaOH溶液，搅拌下加热回流3h，加一定量的水，蒸出甲醇。再加甲苯分出油层，水层用甲苯萃取2次，萃取液与油层合并后用水和10%食盐水洗至中性，干燥，蒸出甲苯。减压蒸馏收集116～124℃/0.399kPa馏份，得率90%左右，含酮量70%～80%，α-体与β-体的比例约为10：1，异长叶烷酮的密度$d_{22}^{23}0.9928\sim0.9935$，折射率$n_D^{23}1.4980$，旋光度$[\alpha]_D^{23}-21.4°\sim-20°$。

过氧化氢法与重铬酸钾法比较，氧化反应无需使用大量浓硫酸，氧化反应不产生废渣、废气。产品中饱和酮含量较高，更能适合于工业化生产。

7.4.2 异长叶烯酮

异长叶烯酮具有浓烈的琥珀膏香、木香和焦甜香，与异长叶烷酮的香气比较显得更幽雅，更透发，是一种很有应用价值的香料。

异长叶烯(2)转化为异长叶烯酮(8)涉及烯丙位的氧化问题，即将双键毗连的亚甲基(烯丙位的亚甲基)氧化成α,β-不饱和羰基化合物。文献报道的烯丙位氧化方法很多，如空气氧化法、铬酸钠或三氧化铬氧化法、三氧化铬-吡啶加合物氧化法和铬酸叔丁醇酯氧化法等。最近研究了以钴盐为催化剂的空气氧化法和以铬酸钠为氧化剂的氧化法[294]。其化学反应式如下：

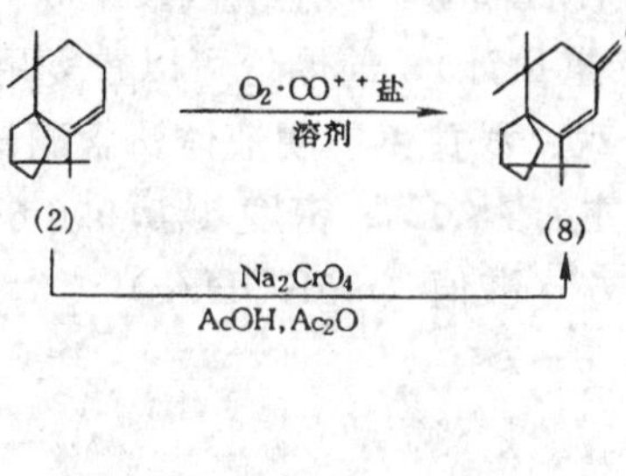

(2) —$O_2 \cdot Co^{++}$盐 / 溶剂→ (8)

(2) —Na_2CrO_4 / AcOH, Ac_2O→ (8)

(1) 空气氧化法：异长叶烯（含量为 85.1%）：有机钴盐：溶剂＝1：0.017：4 的混合物中通入空气，加热至一定温度（温度与溶剂沸点有关），搅拌 12～24h。反应液经洗涤、干燥、回收溶剂，得到粗产物。粗产物减压精馏，收集 147～149℃/0.933kPa 馏份。放置结晶，得白色晶体。用乙醇或甲醇重结晶，产率达 73%。反应中溶剂的选择对转化率和产物的组成影响很大。

(2) 铬酸钠氧化法：异长叶烯（含量为 85.1%）：冰醋酸：乙酸酐＝1：6.25：3.12 的混合物维持 30℃左右，搅拌下分批加入无水铬酸钠，其量为异长叶烯量的 2 倍，控制温度不超过 40℃。加毕，维持温度 38℃，搅拌 40h，反应液经溶剂萃取、洗涤、干燥，回收溶剂，得粗产物。粗产物经减压精馏，放置结晶得异长叶烯酮白色结晶，产率 80%。

7.4.3 乙酰基异长叶烯

乙酰基异长叶烯（9）具有良好的木香、鸢尾香和琥珀香，香气浓郁，留香时间长，可用于各种日化香精中。

在 Friedel-Crafts 反应催化剂（Lewis 酸）影响下，烯、炔等电子云密度较大的化合物，也可被碳正离子攻击发生取代反应，主要是乙酰化反应。

异长叶烯（2）在 1，2-二氯乙烷介质中，与多聚磷酸和乙酸酐在 25℃和 50℃分别反应 10 和 8h。反应液用 1，2-二氯乙烷萃取，萃取液依次用水、10%碳酸钠水溶液和水洗涤至中性，干燥，回收溶剂，得粗产物。粗产物减压蒸馏，收集 154～156℃/0.93kPa 馏份，得到乙酰基异长叶烯（9），产率 41%。

(2) —多聚磷酸 / $CH_2ClCH_2Cl_7$ Ac_2O→ (9)

7.4.4 乙酸异长叶酯和异长叶醇

异长叶烯（2）在乙酸酐介质中，于 0℃用二氧化硒氧化，反应 24h，得到乙酸异长叶酯（10），产率 65%。反应伴随产生的异长叶烯酮较少，仅 2%。

(2) —SeO_2 / Ac_2O→ (10) ($OCOCH_3$) —EtONa / EtOH→ (11) (OH)

乙酸异长叶酯（10）在乙醇钠存在下，在乙醇中进行酯交换反应，可以得到异长叶醇（11），产率达 95%。

乙酸异长叶酯具有木香、琥珀香，留香时间长，香气尚透发，可用于香水、皂用香精中。异长叶烯醇具有甜香、木香，带有凉—药气息和琥珀香，价格适中可用。

此外，异长叶烯与甲酸在多聚甲醛存在下可制得甲酸-异长叶酯（英国 BBA 公司商品名 Amborate)。与乙酸在多聚甲醛存在下经 Prins 反应也可制得乙酸异长叶酯（BBA 公司商品名 Amborye Acetate)。异长叶烯直接与多聚甲醛经 Prins 反应可制得羟甲基异长叶烯（BBA 公司商品名 Amborol 50)。异长叶烯环氧化制得环氧异长叶烷，环氧异长叶烷还原可生成具有藿香香气的异长叶醇等。

7.5 四氢萘系列香料

长叶烯（1）的重排芳构化反应可以得到 1，1-二甲基-7-异丙基-1，2，3，4-四氢萘（3）。

四氢萘的萘满型结构可以进行多种化学反应，如酰化、硝化、磺化等，它是合成多种双环麝香和龙涎香香料的重要中间体，在香料工业和其他精细化学工业中有着广泛的应用价值。

以四氢萘为中间体合成的在香料工业上有应用价值的主要有6，8-二硝基-1，1-二甲基-7-异丙基-1，2，3，4-四氢萘，5-和6-乙酰基-1，1-二甲基-7-异丙基-1，2，3，4-四氢萘，4，4-二甲基-6-异丙基-1，2，3，4-四氢萘-1-酮等[295]。此外，1，1-二甲基-7-异丙基-1，2，3，4-四氢萘-6-磺酸钠可用作表面活性剂。

7.5.1 1，1-二甲基-7-异丙基-1，2，3，4-四氢萘（3）的制备

长叶烯在剧烈的条件下进行芳构化反应，经过一系列重排可得到（3）。

(1) —催化剂/重排芳构化→ (3)

研究表明，长叶烯（含量66.4%～67.1%），采用Lewis酸作催化剂时表现出高活性和选择性，当长叶烯∶主催化剂∶助催化剂＝100∶4.2∶2.65的配比时，反应温度120℃，反应时间9h。反应液冷却至100℃以下后，加入热水，搅拌，静置分层，分去水层，用饱和食盐水洗至中性，得粗产物。粗产物经减压蒸馏，收集＜160℃/0.667kPa馏份，四氢萘产率58.8%，四氢萘含量60.9%。四氢萘具有微清的木香，带有龙涎香底韵，用以合成一系列四氢萘衍生物。

7.5.2 6，8-二硝基-1，1-二甲基-7-异丙基-1，2，3，4-四氢萘（12）

硝基麝香虽然由于其香气淡弱，易变色以及合成过程中三废污染较大等原因，逐渐被大环麝香和非硝基（苯环、双环、多环）麝香化合物所代替和淘汰，但因其价格低廉，工艺成熟，目前仍占据合成麝香产量的50%左右，仍有广大而不可取代的市场。

(3) —$2HNO_3$ / H_2SO_4, $CHCl_3$→ (12)

四氢萘溶于氯仿中，加到浓硫酸中，冷却至10℃以下，搅拌下滴加发烟硝酸，温度控制在＜40℃。加毕后分出氯仿层，依次用10%碳酸钠水溶液和25%碳酸钠水溶液洗涤，无水氯化钙干燥。蒸去氯仿，加入热乙醇，放置冷却至10℃以下，析出晶体。吸滤，得粗产物，用无水乙醇重结晶，产率35%。

6，8-二硝基-1，1-二甲基-7-异丙基-1，2，3，4-四氢萘为白色晶体，见光久置后变为浅棕色。具有温和的麝香香气。因其价廉，可用于低档化妆品、皂用香精中。

7.5.3 5-和6-乙酰基-1，1-二甲基-7-异丙基-1，2，3，4-四氢萘（13）

在香料工业中，双环麝香化合物一直受到人们的欢迎和重视，如粉檀麝香（14）、萨利麝香（15）、万山麝香（16）和吐纳麝香（17）等。乙酰基四氢萘（13）与以上化合物具有类似的结构，因之也会具有麝香香气。

(3) —CH_3COCl_2, $AlCl_3$ / CH_2ClCH_2Cl→ (13b) (13a)

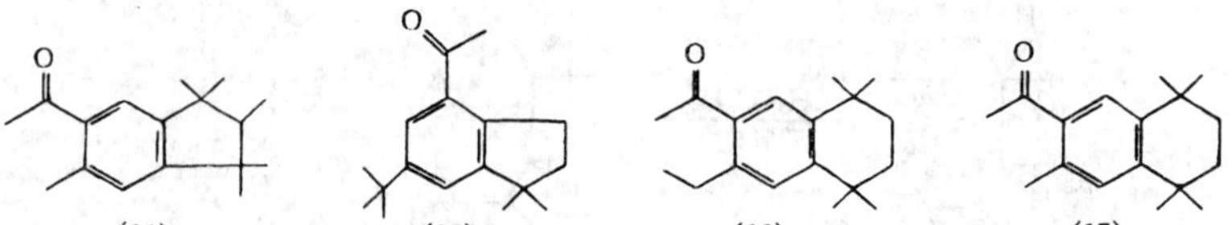

(14) (15) (16) (17)

乙酰基四氢萘的合成，溶剂 1，2-二氯乙烷与三氯化铝冰浴冷却至 10℃以下，在搅拌下滴加四氢萘（3）和乙酰氯的混合物，控制温度在 25℃以下。加完后，维持此温度搅拌 24h。将反应物倒入浓盐酸与冰的混合物中，搅拌 0.5h，再加热至 30℃，搅拌 0.5h。分液后，水层用 1，2-二氯乙烷萃取，合并有机层与萃取液。依次用水、5%氢氧化钠水溶液和水洗涤至中性，无水氯化钙干燥。蒸去溶剂，减压精馏，收集 145～165℃/1.33kPa 的馏份，低温放置，冷冻结晶，过滤得粗结晶。粗结晶用无水乙醇反复重结晶析出（13a）和（13b），为熔点 53℃以上的白色结晶产物，产率 39.5%，纯度 98%。

乙酰四氢萘（13a，13b）具有浓郁而优雅的麝香香气，留香时间长，香气尚透发，是一种很好的动物型定香剂，可应用于多种中、高档化妆品、香皂香精中。

7.5.4 4，4-二甲基-6-异丙基-1，2，3，4-四氢萘-1-酮（18）

四氢萘在乙酸乙酯介质中和有机钴盐的存在下，通入空气氧化，或在乙酸酐介质中，用铬酸钠氧化都可以得到四氢萘酮（18）。

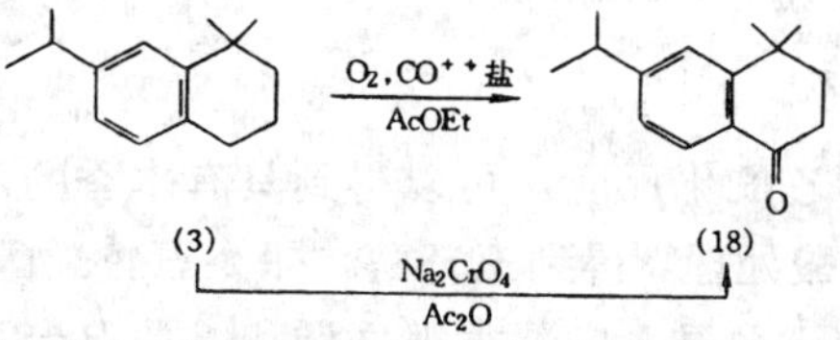

O_2, Co^{++}盐 / AcOEt

(3) (18)

Na_2CrO_4 / Ac_2O

当四氢萘在乙酸乙酯介质中用有机钴盐空气氧化法制备四氢萘酮时，空气流量为 200 ml/min，加热至 60℃，搅拌 24h。反应物冷却后，用水洗 2 次，无水氯化钙干燥。蒸去溶剂，减压蒸馏，收集 148～150℃/1.33kPa 馏份，产率 78%，（18）的含量为 91.5%。

铬酸钠氧化法（18）的得率为 74%。

四氢萘酮具有甜润的花香、带有粉香和木香香韵。香气透发性中等，尚持久。可用于各种中、高档化妆品、皂用香精中。

7.5.5 1，1-二甲基-7-异丙基-1，2，3，4-四氢萘-6-磺酸钠（19）[296]

四氢萘（3）磺化可以制得四氢萘磺酸钠（19）。

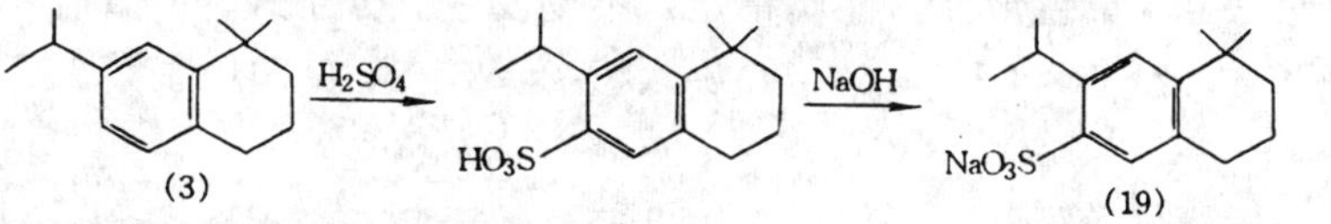

(3) $\xrightarrow{H_2SO_4}$ HO_3S– $\xrightarrow{NaOH}$ NaO_3S– (19)

四氢萘磺酸钠（19）可以用作表面活性剂。

7.6 石竹烯系列香料[297,298]

重油中含有 β-石竹烯（20），β-石竹烯含有烯键，与长叶烯能起同样的化学反应，合成一系列有用的香料。

将 β-石竹烯（20）与过氧乙酸进行环氧化反应可以得到环氧石竹烯（21），具有粉香、花香。环氧石竹烯（21）氧化得环氧石竹烯酮（22），具有木香、龙涎香香气。经用锌还原后，得到降石竹烯酮（23），具有木香、壤香。

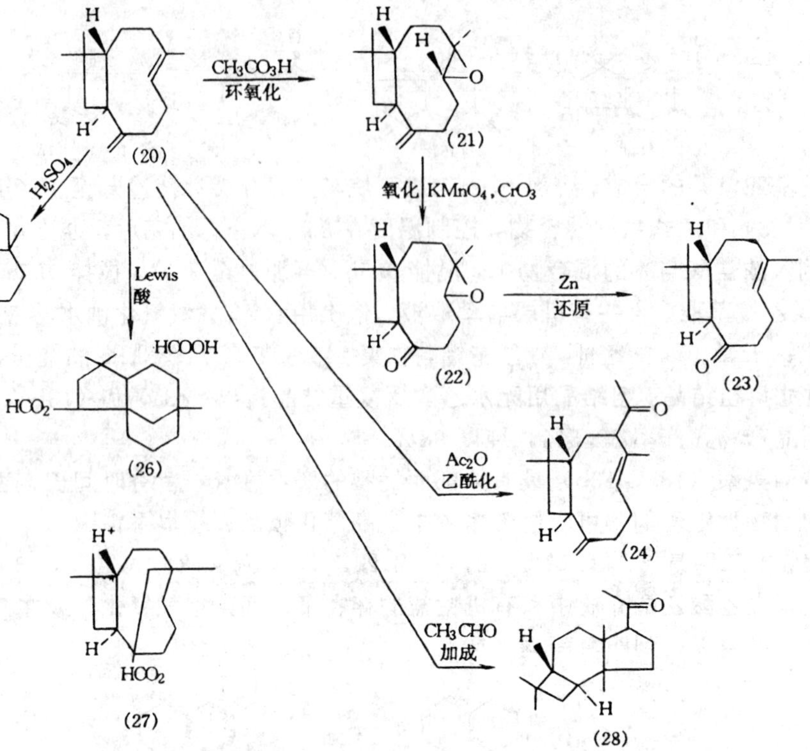

将β-石竹烯（20）进行乙酰化反应，可以得到具有木香的乙酰基石竹烯（24）。

将β-石竹烯（20）用硫酸处理，得到三环醇，即β-石竹烯醇（25）（式中R＝H），有壤—苔—木香，能和橡苔、香叶、香根、广藿香很好调和。如R＝CH_3CO，则有果—木香。

β-石竹烯在Lewis酸催化下同甲酸作用可得甲酸石竹烯酯的异构体混合物（26）和（27），具有优美的木香。β-石竹烯在二叔丁基过氧化物存在下与乙醛发生游离基加成，生成具有良好木香的石竹烯甲基酮（28）。

8 龙涎酮[299]

龙涎酮，美国IFF公司商品名ISO E Super。具有独特、圆润、柔和的木香、琥珀香气，作为加香物和定香剂，广泛用于香水、化妆品、香皂、洗涤剂等日化产品中。

龙涎酮为无色至淡黄色液体，性质稳定，不易变色。分子式为$C_{16}H_{26}O$，分子量234，化学名为2-乙酰基-1，2，3，4，5，6，7，8-八氢-2，3，8，8-四甲基萘。

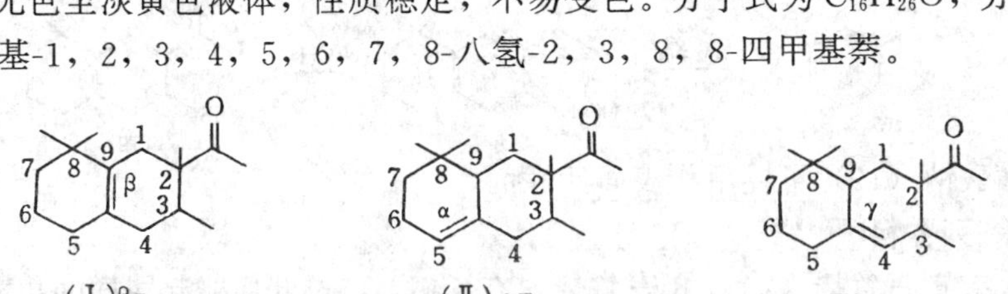

（Ⅰ）β-　　（Ⅱ）α-　　（Ⅲ）γ-

它是α-、β-、γ-三种异构体的混合物，三种异构体的总量大于85%，以9、10-双键的β-型为主。

8.1 龙涎酮的合成工艺

龙涎酮的合成工艺分为四步：①β-蒎烯高温裂解制备月桂烯；②乙醛与丁酮经羟醛缩合制

备 3-甲基-3-戊烯-2-酮（简称烯酮）；③月桂烯与 3-甲基-3-戊烯-2-酮经双烯加成反应制备 2，3-二甲基-2-乙酰基-5-（4-甲基-4-戊烯-）环己烯-5（简称取代环己烯）；④取代环己烯在酸性下环化反应合成龙涎酮。

8.1.1　β-蒎烯裂解制备月桂烯[300,301]

β-蒎烯分子吸热活化后，形成不稳定的中间体（Ⅰ）和（Ⅱ），然后通过分子间的氢交换转变成月桂烯、1(7),8-对蓋二烯、苧烯，和少量莰烯及其他产物。可能的反应历程如图 28-33：

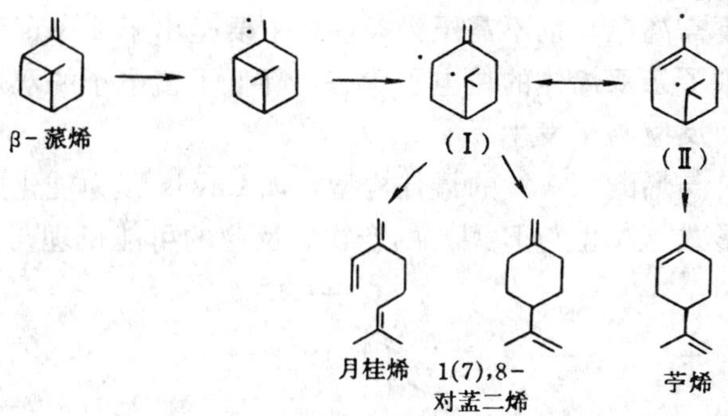

图 28-33　β-蒎烯热异构反应的可能历程

以 β-蒎烯（含量 95%以上）为原料，减压气化与 N_2 一起通过热解装置，在温度 550～600℃下通过不锈钢裂解管进行气相异构，真空度 0.098MPa，裂解产物中月桂烯含量占 77%～81%，苧烯为 9%～10%，1（7），8-对蓋二烯为 3%～4%，以及少量其他产物和聚合物。得率 90%～95%。

8.1.2　3-甲基-3-戊烯-2-酮（简称烯酮）的制备

3-甲基-3-戊烯-2-酮的制备方法很多，但以羟醛缩合反应合成法原料易得，价格低廉，反应条件不苛刻，最易于实现工业化。其化学反应式如下：

$$\underset{\text{乙醛}}{CH_3CHO}+\underset{\text{丁酮}}{CH_3COCH_2CH_3}\xrightarrow[\text{缩合}]{\text{碱催化剂}}\underset{\substack{\text{羟基酮}\\(\text{3-甲基-4-羟基-2-戊酮})}}{CH_3\overset{\overset{O}{\|}}{C}-\underset{\underset{H}{|}}{\overset{\overset{CH_3}{|}}{C}}-\underset{\underset{OH}{|}}{C}HCH_3}\xrightarrow[\text{脱水}]{\text{脱水剂}}\underset{\substack{\text{烯酮}\\(\text{3-甲基-3-戊烯-2-酮})}}{CH_3CO\overset{\overset{CH_3}{|}}{C}=CHCH_3}$$

烯酮制备的工艺流程如图 28-34。

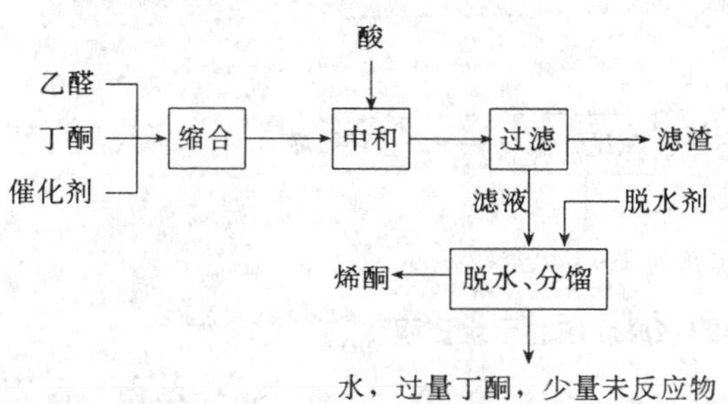

图 28-34　羟醛缩合反应工艺示意流程

乙醛与丁酮的羟醛缩合反应，40%乙醛需先进行分馏，使乙醛含量达到 94%～98%使用。此反应可以用酸或碱作催化剂。

将一定量的丁酮加入缩合釜中，加入催化剂，在低温、搅拌下慢慢滴加纯度 95%以上的乙醛，与丁酮反应缩合成 3-甲基-4-羟基-2-戊酮（简称羟基酮）。中和，过滤。滤液真空吸入脱水分馏釜，加入脱水剂。前段常压分出出水、过量丁酮及少量未反应乙醛，后段减压蒸馏，得中间产品 3-甲基-3-戊烯-2-酮（烯酮）。

当投料比乙醛∶丁酮＝1∶1.5～2.5（摩尔比），碱催化剂用量为原料重量的 0.45%，反应时间3h，反应温度0±4℃，缩合反应生成羟基酮的摩尔转化率85%以上（以乙醛摩尔数为基准），滤液中羟基酮含量50%左右。羟基酮脱水用酸催化剂，用量为羟基酮重量的1%时，羟基酮脱水、分馏，烯酮的摩尔转化率75%（以羟基酮重量为基准），含量>90%。烯酮的密度 d_4^{25}0.867 7，沸点138～141℃，折射率 n_D^{20}1.449 0。

8.1.3 2，3-二甲基-2-乙酰基-5-（4-甲基-4-戊烯-）环己烯-5（简称取代环己烯）的合成

月桂烯（含量76%～80%）与烯酮（含量85%～92%）的Diels-Alder加成反应，以Lewis酸催化时易于进行，不需高温，也不需压力条件，主要是由于Lewis酸和亲双烯体适宜的取代基形成配位键，增加了亲双烯体的炔电子状态，降低了富电子的双烯体和贫电子的亲双烯体加成时的活化能，使反应易于发生。

按照月桂烯（Ⅰ）与烯酮（Ⅱ）的最佳构型，以Lewis酸为催化剂，加成反应产物取代环己烯（Ⅲ）为两种形式（A型与B型）的产物。反应的可能机理与反应物的化学式如下：

O----L⁻
（Ⅱ）

O---L⁻
D-A反应
+L
（Ⅰ）
（Ⅲ）A型

D-A反应
（Ⅰ） （Ⅱ） （Ⅲ）β-型

其中，A型产物为反应的主要目的产物，由于烯酮中的羰基应与月桂烯的共轭双键挨在一起，而月桂烯有较大支链，造成B型位阻较A型大，所以得到的产物以A型为主。产物的分析证明，A型与B型产物之比为25∶1。

月桂烯与烯酮加成反应的示意流程如图28-35。

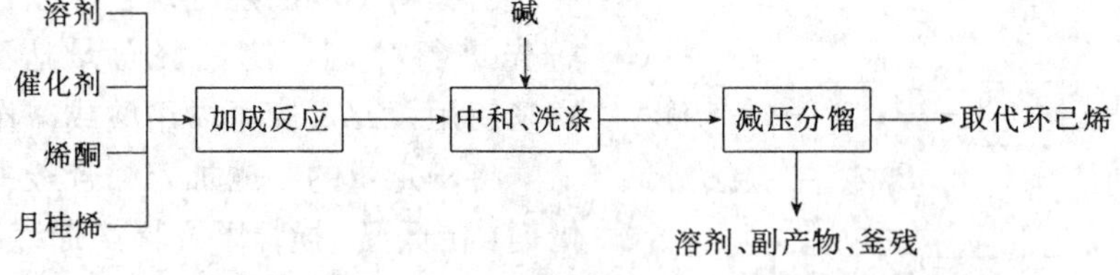

图28-35 月桂烯与烯酮加成反应的示意流程

在耐酸搪瓷反应釜中先加入溶剂与催化剂，控制一定温度下，搅拌，滴加烯酮，再滴加月桂烯，加料完毕，恒温反应几小时。反应结束，经中和、洗涤、减压分馏得取代环己烯。当投料比烯酮∶月桂烯∶溶剂＝1∶1.2～1.6∶1.1，催化剂用量为原料量的8.5%，反应时间6h，反应温度30℃时，取代环己烯的得率可达82%，取代环己烯的含量85%～90%。

8.1.4　取代环己烯的环化反应合成龙涎酮

取代环己烯（含量 85%～90%）环化反应合成龙涎酮，环化是在质子酸或 Lewis 酸的存在下进行的，化学反应式如下：

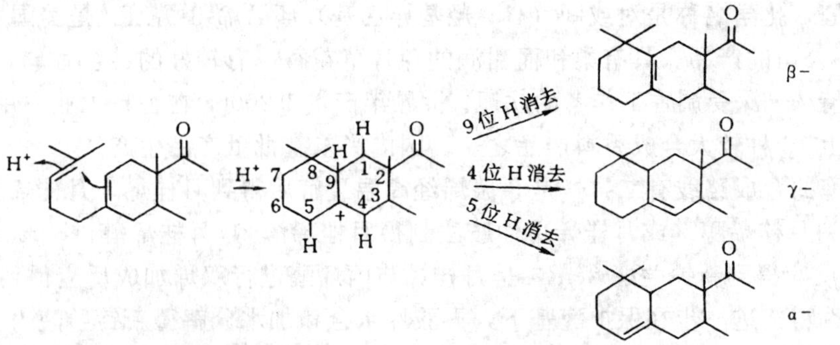

环化得到的龙涎酮是以 β-异构体为主的 α-、β-、γ-三种异构体的混合物，总量为 85%～90%。

环化反应的示意流程如图 28-36。

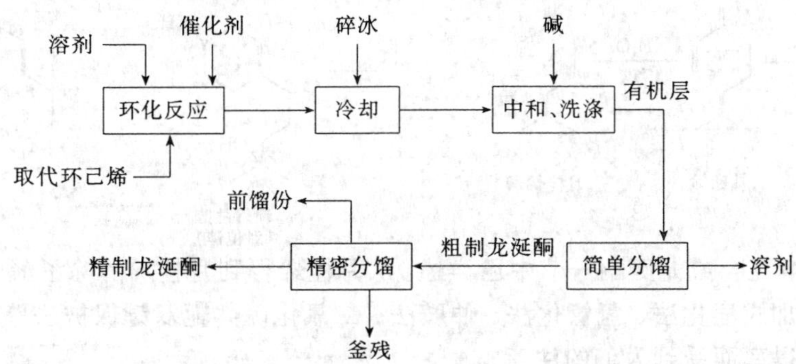

图 28-36　取代环己烯环化反应示意流程

将溶剂及催化剂加入搪瓷反应釜，在强烈的搅拌下滴加取代环己烯投料比取代环己烯∶溶剂∶催化剂＝1∶0.5∶0.1（重量比），加毕，恒温反应数小时，反应温度 55～80℃，反应时间 4h，环化温度直接影响三种异构体的比例，对龙涎酮产品的香气有影响。反应结束后，反应液加碎冰冷却，碎冰∶取代环己烯＝1∶1（重量比），中和，洗涤。有机层分出溶剂后，经减压分馏即得精制龙涎酮。其重量得率为 74%。

8.2　龙涎酮的质量指标与用途

龙涎酮主要的质量指标如下。香气：圆和的木香、琥珀香气；色泽和外观：无色至淡黄色液体；稳定性：一般使用稳定性较好，不变色；折射率 n_D^{20}1.4975～1.5000；密度 d_4^{25}0.9894；旋光度 $[\alpha]_D^{22}$－42.29°（C＝8.9，$CHCl_3$）；沸程 129～130℃/0.346～0.386kPa；龙涎酮含量：α-、β-、γ-三种异构体总量 85%以上。

龙涎酮广泛地用于香水、化妆品、香皂、洗涤剂等日化产品中，为优良的加香物和定香剂。

9　其他松节油化工产品

松节油为原料的化工产品，大宗生产的已在本章中叙述，如合成樟脑、合成龙脑、合成松油醇和松油、合成芳樟醇、合成檀香、萜烯树脂，长叶烯系列香料，龙涎酮等。松节油化工产品种类繁多，特别是合成香料品种更多。在本节中，择要阐述如下，主要为新铃兰醛、紫苏类系列香料，α-松油烯合成香料等。

9.1 新铃兰醛

新铃兰醛，化学名称是对或间（4'-羟基异乙基）环己烯-3-醛-1，是美国 IFF 公司和瑞士 Givandan 公司的产品。具有柔和而甜润的兔耳草花香，有较好的铃兰香韵，属青滋香型。香气稳定而持久，深受调香工作者的欢迎。世界年产量 1 200t，在香料工业中用途极为广泛，是国际市场上 13 种较大合成香料产品之一。国内尚未有批量产品生产。

新铃兰醛的合成路线有二：一是 β-蒎烯经高温裂解后得到月桂烯，月桂烯在酸性催化下水合反应得到月桂烯醇（或月桂烯用仲胺法制得月桂烯醇），月桂烯醇进一步与丙烯醛进行 Diels-Alder 反应得到新铃兰醛[302]；二是月桂烯与丙烯醛进行双烯加成反应得到柑青醛，柑青醛为青香型香料，进一步在保护醛基下，再酸性水合和加水分解得新铃兰醛[303]。

9.1.1 由月桂烯经月桂烯醇制新铃兰醛

月桂烯醇合成路线制新铃兰醛的化学反应式如下：

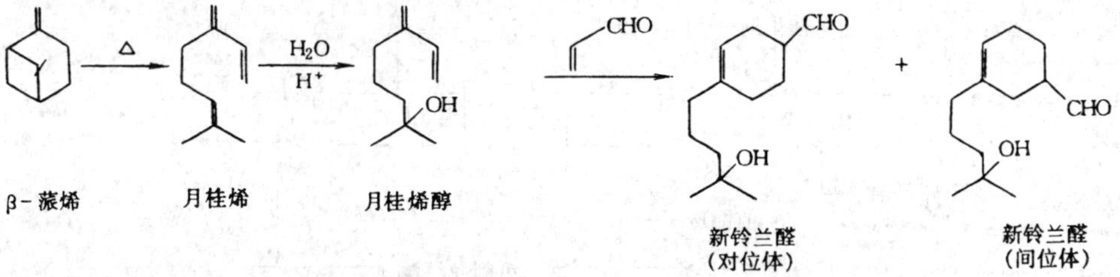

△ ; H_2O, H^+ ; CHO ; CHO ; OH ; OH ; CHO ; OH

β-蒎烯 月桂烯 月桂烯醇 新铃兰醛（对位体） 新铃兰醛（间位体）

β-蒎烯热裂解在合成龙涎酮一节中已详述。从月桂烯得到月桂烯醇除了酸催化水合法外，还可以采用醋酸加成皂化法、氢氯化法、仲胺法、二氧化硫共轭双键保护法等[302]，其中以仲胺法可得较高的得率而受到人们的注意。

用仲胺法由月桂烯制取月桂烯醇，月桂烯与乙二胺（或二甲胺、二丁胺、二丙胺等）在催化剂丁基锂（或金属锂、金属钠）等存在下反应得叔胺化合物，得率 87%（其中香叶基叔胺 96%，橙花基叔胺及芳樟基叔胺各 2%），再在酸性介质中水合、季胺盐化、碱中和及霍夫曼季胺碱降级反应而得月桂烯醇，同时尚有罗勒烯醇生成（8：2）。其反应式如下：

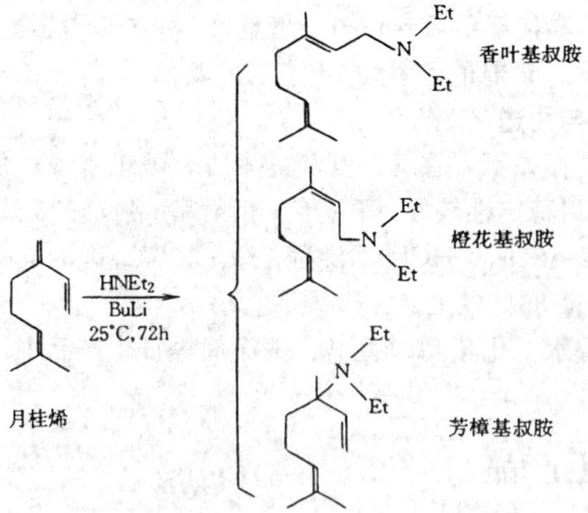

$HNEt_2$; BuLi ; 25°C, 72h

月桂烯

Et ; N ; Et — 香叶基叔胺

Et ; N ; Et — 橙花基叔胺

Et ; N ; Et — 芳樟基叔胺

香叶基叔胺　$\xrightarrow[H_2O]{H^+}$　羟代香叶基叔胺　$\xrightarrow{CH_3Cl}$　羟代香叶基季胺盐　$\xrightarrow{OH^-}$　羟代香叶基季胺碱　$\longrightarrow$　月桂烯醇

月桂烯用不同的催化剂、胺类和不同的反应条件，生成物的比例不同，得率也不同，月桂烯醇得率在 17%～91%。

月桂烯醇与丙烯醛进行双烯加成（Diels-Alder）反应一般采用 Lewis 酸催化法，此法可在常压和较低温度条件下进行反应，得率可达 70%～80%。常用的 Lewis 酸有 ZnX_2，SnX_4，AlX_3，RAl_mX_n，式中：X=Cl 或 Br；R=烷基；m+n=3，m 或 n 为 1 或 2。

月桂烯醇与丙烯醛双烯加成反应中有两种不同的定向加成。反应产物新铃兰醛为对位或间位两个位置异构体的混合物。由于月桂烯的二烯骨架上有一个较大的烃基取代基团 $—CH_2CH_2CH═C(CH_3)_2$，使得两种产物异构体中的对位产物占优势。据报道，香气以对位异构体为好。

9.1.2　由月桂烯经柑青醛制新铃兰醛

月桂烯与丙烯醛进行双烯加成反应得柑青醛，醛基用胺类脱水缩合后，再酸性水合和加水分解得新铃兰醛。合成反应式如下：

月桂烯　$\xrightarrow[\triangle]{\text{CH}_2\text{=CHCHO}}$　柑青醛　$\xrightarrow[H^+,\text{甲苯}]{\text{HN O}}$

柑青醛吗啉烯胺　$\xrightarrow[\text{② 水合、水解 稀}H_2SO_4\text{,冰水}]{\text{① 5\%}H_2SO_4\text{ 0～5℃}}$　新铃兰醛

月桂烯与丙烯醛的摩尔比为 1∶1，加入对苯二酚为催化剂，其量为月桂烯的 1%（重量比）。在 130～140℃反应 2h。反应物真空分馏，收集 116～120℃/0.187kPa 馏份为反应产物柑青醛。

柑青醛醛基的保护，将柑青醛加入至约 3 倍量的含磷酸（浓度 85%）的甲苯中，甲苯含酸约 0.3%，摇匀，于室温下加入吗啡啉，其量为柑青醛重量的 74%。在 140～150℃温度下回流 8h，分出反应所产生的水。反应结束后，除去甲苯和过量吗啡啉，减压蒸馏，收集155～160.5℃/0.799kPa 馏份为柑青醛吗啉烯胺。

柑青醛吗啉烯胺的水合、水解反应，先将 50%H_2SO_4 在冰-盐浴中冷至 0～5℃，强烈搅拌下加入柑青醛吗啉烯胺，其量为硫酸量的 1/3。在同样温度下，继续强烈搅拌 50min，然后将反应物倒入 2.5 倍的碎冰块中，在 15～20℃下继续搅拌 5h，分出油层产物。同样用苯萃取水

层 3 次，合并苯层与油层。用 50%的 Na_2CO_3 溶液洗至碱性，无水 Na_2SO_4 干燥后，减压蒸除苯及吗啡啉，然后真空蒸馏，收集 129～147℃/0.149kPa 馏份即为成品新铃兰醛。得率为 50%(以月桂烯计)。

从月桂烯醇 Lewis 酸催化与丙烯醛加成得到的新铃兰醛，其对位异构体超过由柑青醛合成路线制得的。由于对位异构体香气好，因之前法合成的产品香气优于后法，同时产品的得率（65%左右）也高于后法。

9.2 紫苏类香料

紫苏类香料包括紫苏醇、紫苏醛和紫苏亭。紫苏醇具有紫苏香气，用于香精配方中，亦用作食品添加剂，并为人工合成紫苏醛和紫苏亭的原料。紫苏醛为紫苏油的主要成分，为具有紫苏和枯茗样香气的淡黄色液体，作修饰剂用，可作为调味品。糕点的赋香剂和酱油等的防腐剂等，为制造甜味剂紫苏亭（紫苏素）的原料。紫苏亭是一种高效甜味剂，其甜度为蔗糖的 2000 倍，为高甜度、低热量、无发酵性、无毒害的新型甜味剂，广泛的用作饮料、糕点、烟草、牙膏、医药、酱油等的甜味剂和防腐剂[304]。

最初，人们从植物紫苏 (Perilla arguta) 的叶子中，经水蒸气蒸馏得到紫苏油，其主要成分为紫苏醛，得率为原草的 0.05%～0.1%。由于得率低，以紫苏油为原料制取紫苏醇和紫苏亭就受到了限制，因此，紫苏亭主要由人工合成而得。

合成紫苏类香料的原料，主要以分子骨架基本近似的化合物为原料，最价廉并易得的原料为松节油中的 α-蒎烯或 β-蒎烯；另一类原料来源于石油化工，如以脂肪族开链化合物 5-甲基-3-己烯-2-酮 $CH_3C(=O)—CH=CH\cdot CH(CH_3)_2$ 或用芳香族化合物对位上带适当基团的酚 R—⟨苯环⟩—OH（R 可为烃基或烃氧基等）为原料，都可以合成紫苏类香料[305,306]，但合成路线长，得率不高。最适宜的合成原料为松节油，不仅资源充足，价格低廉，而且合成工艺路线较短，并已开展了较多的研究。

9.2.1 以 α-蒎烯为原料合成紫苏类香料

由于 α-蒎烯分子中的双键位于环内，反应活性不及 β-蒎烯。因此，以 α-蒎烯为原料时采用选择性高的强氧化剂二氧化硒进行氧化反应，得到桃金娘烯醛和桃金娘烯醇的混合物，然后进行异构化反应得到紫苏醛，紫苏醛还原得紫苏醇，紫苏醛肟化得到紫苏亭。其化学反应式如下：

α-蒎烯 —SeO_2/氧化→ 桃金娘烯醛 (CHO) (+ 桃金娘烯醇 (CH_2OH)) —异构化→ 紫苏醛 (CHO) —$+H_2$/还原→ 紫苏醇 (CH_2OH)

α-蒎烯 —异构化→ 双戊烯 —氧化→ 紫苏醛

紫苏醛 —肟化 $NH_2OH\cdot HCl$→ 紫苏亭 (CH=NOH)

上述合成路线，α-蒎烯也可以先异构化为双戊烯，然后进行氧化而得紫苏醛。再进一步按同样路线合成紫苏醇与紫苏亭。

α-蒎烯采用二氧化硒氧化法制备紫苏类香料时，由于 α-蒎烯氧化时得到的桃金娘烯醛不够稳定，产率较低；且产物中留有二氧化硒的可厌气味；二氧化硒有剧毒，对人体有害。此合成路线完全不适于生产食品用的紫苏醛[307,308]。

9.2.2　以β-蒎烯为原料合成紫苏类香料

其化学反应式如下：

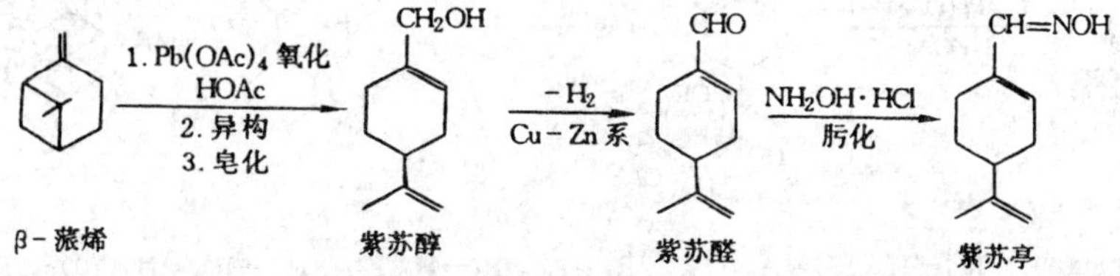

β-蒎烯 —(1. $Pb(OAc)_4$ 氧化, HOAc; 2. 异构; 3. 皂化)→ 紫苏醇 (CH_2OH) —($-H_2$, Cu-Zn 系)→ 紫苏醛 (CHO) —($NH_2OH \cdot HCl$, 肟化)→ 紫苏亭 (CH=NOH)

（1）紫苏醇[309]：β-蒎烯分子结构中具有环外双键，反应活性较大，可采用氧化性能较温和的四醋酸铅作氧化剂，四醋酸铅只对某些基团起反应，如 β-蒎烯的环外双键和四员环，因而具有高选择性，可称为专用氧化剂。用四醋酸铅氧化 β-蒎烯可得到光学纯的 l-紫苏醇，且收率较高。

β-蒎烯与四醋酸铅的氧化反应须在无水的条件下进行，原因在于四醋酸铅遇水易分解，即：

$$Pb(OAc)_4 + 2H_2O \longrightarrow PbO_2 \downarrow + 4HOAc$$

从而使四醋酸铅失去氧化性能。因此，反应时先将 β-蒎烯溶于冰醋酸中，β-蒎烯：冰醋酸＝1：8（摩尔比），保持溶液在 60±2℃时边搅拌边加入四氧化三铅，四氧化三铅在体系中与冰醋酸反应生成新鲜的四醋酸铅直接与 β-蒎烯反应，反应时间 2h，获得反应产物。其反应式如下：

$$Pb_3O_4 + 8CH_3COOH \longrightarrow Pb(OAc)_4 + 2Pb(OAc)_2 + H_2O$$

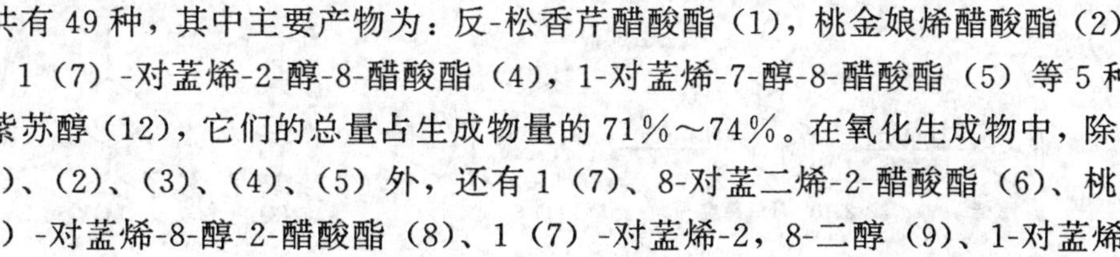

β-蒎烯 —($Pb(OAc)_4$, HOAc)→ (1) OAc，(2) CH_2OAc，(3) CH_2OAc，(4) OH, OAc，(5) CH_2OH, OAc 等

β-蒎烯在冰醋酸溶剂中与四醋酸铅氧化反应的产物比较复杂，β-蒎烯 99.4%参与了反应，反应产物共有 49 种，其中主要产物为：反-松香芹醋酸酯（1），桃金娘烯醋酸酯（2），紫苏醋酸酯（3），1（7）-对孟烯-2-醇-8-醋酸酯（4），1-对孟烯-7-醇-8-醋酸酯（5）等 5 种化合物，以及少量紫苏醇（12），它们的总量占生成物量的 71%～74%。在氧化生成物中，除了五种主要产物（1）、（2）、（3）、（4）、（5）外，还有 1（7）、8-对孟二烯-2-醋酸酯（6）、桃金娘烯醇（7）、1（7）-对孟烯-8-醇-2-醋酸酯（8）、1（7）-对孟烯-2，8-二醇（9）、1-对孟烯-7，8-二醇（10）、1-对孟烯-7，8-二醋酸酯（11）等，这 11 种化合物都可以转化为紫苏醇（12）。以上 12 种组分数相加在理论上就有 75.2%的产物可以转化成紫苏醇（12）[310～312]。其转化的途径如图 28-37。

氧化反应结束后，反应液进行异构反应，在 6.67～13.33kPa 压力下回收部分醋酸，回收量控制在反应油回流温度达到 150～160℃为止。回收结束后，再将余下反应油在 150～160℃

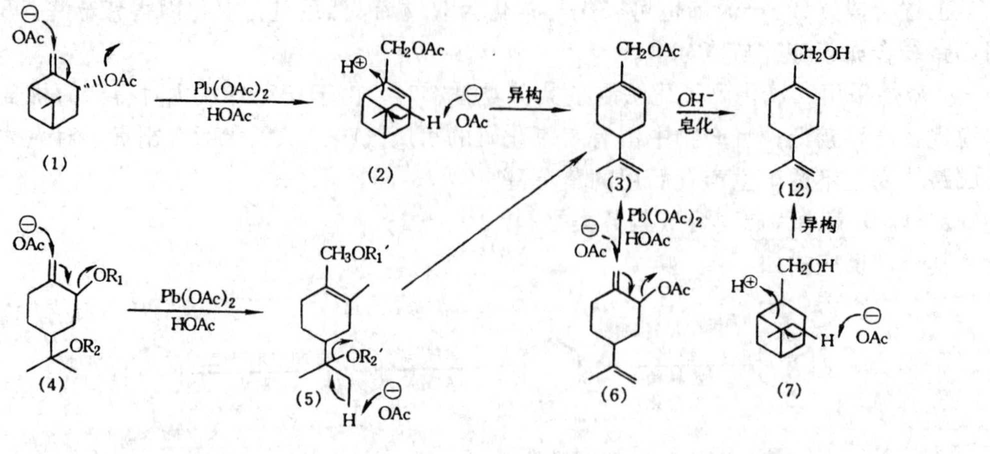

$R_1=H$，$R_2=Ac$ (4)　$R'_1=H$，$R'_2=Ac$ (5)　$R_1=Ac$，$R_2=H$ (8)　$R'_1=R'_2=H$ (10)　$R_1=R_2=H$ (9)　$R'_1=R'_2=Ac$ (11)

图 28-37　紫苏醇的形成路径

进行搅拌、回流，完成异构反应。异构反应过程中，反应油中的主要成分（1）、（2）、（3）、（4）、（5）随反应的时间而变化。经过 6～8h 的回流异构后，反应油中紫苏醋酸酯（3）为主要产物，可达 55%。

异构反应油中加水及苯洗涤，醋酸铅呈结晶状析出，过滤分离，并用苯洗涤两次。滤液与洗液合并，分出有机相，蒸出溶剂，得粗紫苏醋酸酯。粗酯在减压下精馏，截取 105～120℃/2.67kPa 馏份。其主成分为紫苏醋酸酯。

紫苏醋酸酯的皂化反应，加入 2mol/L NaOH/EtOH 溶液，加热回流 2h。反应结束后，回收乙醇，残留物用水溶解，由乙醚萃取反应液三次，萃取液用水洗至中性，干燥。蒸去乙醚，得淡黄色粗皂化产物。皂化产物减压蒸馏，截取 106～112℃/1.33kPa 馏份，得到产物紫苏醇，得率 45%（以 β-蒎烯量计），纯度约 85%。

此方法所得紫苏醇的沸点 104～106℃/1.199 8kPa，密度 d_4^{20}0.954 3，折射率 n_D^{20}1.496 5，旋光度 $[\alpha]_D^{20}-14.31°$。紫苏醇具有柔和的紫苏香气和龙涎香香气，香气持久，用作食品添加剂，化妆品和烟草香精。

β-蒎烯合成紫苏醇除上述四醋酸铅氧化法以外，最近的研究将 β-蒎烯环氧化，得到 2，10-环氧蒎烷，2，10-环氧蒎烷开环异构，可得 85%的桃金娘烯醇和紫苏醇，其中紫苏醇为 33.4%[313]。

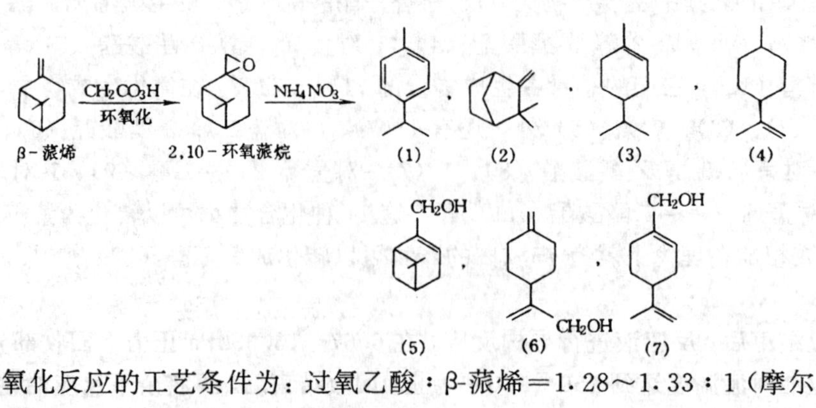

β-蒎烯环氧化反应的工艺条件为：过氧乙酸：β-蒎烯＝1.28～1.33：1（摩尔比）；过氧乙

酸：弱碱＝1：1.0～1.1（摩尔比）；弱碱为 $KHCO_3$ 和 Na_2CO_3 两种弱碱的混和物作为酸接受体，其比例为 1：1。反应温度 10～15℃，反应时间 4～5h。2，10-环氧蒎烷得率为 84.3%（以 β-蒎烯重量计），纯度为 82.83%。

2，10-环氧蒎烷开环异构用硝酸铵作催化剂，1，2-二氯乙烷作溶剂，反应温度 84℃，反应时间 7h，得到的产物有对-异丙基苯甲烷（1），双环（2·2·1）-3，3-二甲基-庚-2-酮（2），1-甲基-4-（1-甲基乙基）环己烯（3），1-甲基-4-（1-甲基亚乙基）环己烷（4），桃金娘烯醇（5），1（7），8（10）-对搕二烯-9-醇（6），紫苏醇（7）。其中（5）和（7）总量为 85%，桃金娘烯醇与紫苏醇分别为 51.6%和 33.4%。

（2）紫苏醛：紫苏醇在 Cu-Zn 系催化剂存在下进行脱氢，可得到紫苏醛。Cu-Zn 系催化剂含 Cu70%，Zn30%，不纯物 Pb、Sn、Fe 总量＜1%。

紫苏醛有紫苏和枯茗样香气的淡黄色液体，密度 d_4^{20}0.9600，沸点 237℃。主要用作调味品，糕点的赋香剂和酱油的防腐剂等。并为合成紫苏亭的原料。

（3）紫苏亭（紫苏素）：紫苏醛与盐酸羟胺起肟化作用而得。紫苏醛中的羰基 >CO 与羟胺中的氨基—NH_2 缩合而成，分子中含有 >C═N—OH 基团。

合成的紫苏亭与天然品的光学纯度相同 $[\alpha]_D^{20}-98°$，具光学活性。紫苏亭为高效甜味剂，其甜度高于蔗糖 2 000 倍，为糖尿病患者的糖代用品。并可用作香烟的调香剂，减轻低级烟的呛味，广泛的用于食品、日化用品和医药工业中。

9.3　α-松油烯合成香料

α-蒎烯异构化时，部分 α-蒎烯会转化成 α-松油烯。α-松油烯分子内有一组共轭双键，它与甲基乙烯基甲酮（丁烯酮）经 Diels-Alder 反应可得到一双环酮，它具有木香和香柠檬样香气，是一种较好的定香型香料。德国 Dragoco 公司商品名为 Phylantone（非兰酮），国内尚未有生产。α-松油烯与丙烯酸甲酯缩合可得到一双环酯，它具有甜润的木香和广藿香样香气，Dragoco 商品名为 Mahagonate。此产品轻工业部香料研究所小试成功后，已由江苏省启东香料厂试产，取名藿檀酯。反应式如下：

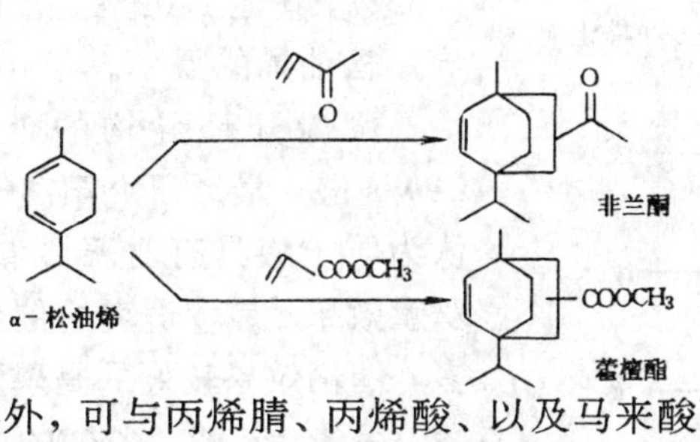

$COOCH_3$　$COOCH_3$

α－松油烯　非兰酮　藿檀酯

α-松油烯除了合成香料外，可与丙烯腈、丙烯酸、以及马来酸酐等反应，与马来酸酐的加成产物，可以用作环氧树脂的硬化剂，或作为萜烯马来树脂的原料。

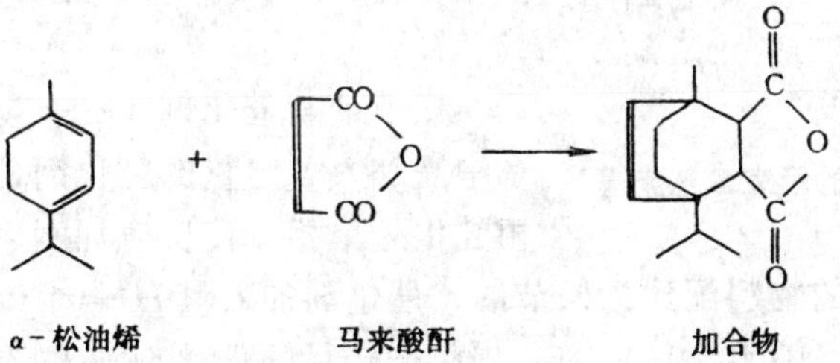

α－松油烯　＋　马来酸酐　→　加合物

国内对非兰酮的合成进行了研究[314,315]。以优级松节油为原料，首先将松节油异构得到α-松油烯，然后α-松油烯与丁烯酮起 Diels-Alder 反应，得到非兰酮。

9.3.1 α-松油烯的制备

α-松油烯是蒎烯开环异构产物之一，α-松油烯的合成机理如图 28-38。

-H⁺
莰烯
-H⁺
H⁺
H⁺
-H⁺
异松油烯
α-蒎烯
H⁺
-H⁺
β-蒎烯
-H⁺
H⁺
-H₂
α-松油烯
对-伞花烃
-H⁺
H⁺
-H⁺
H⁺
苧烯
γ-松油烯

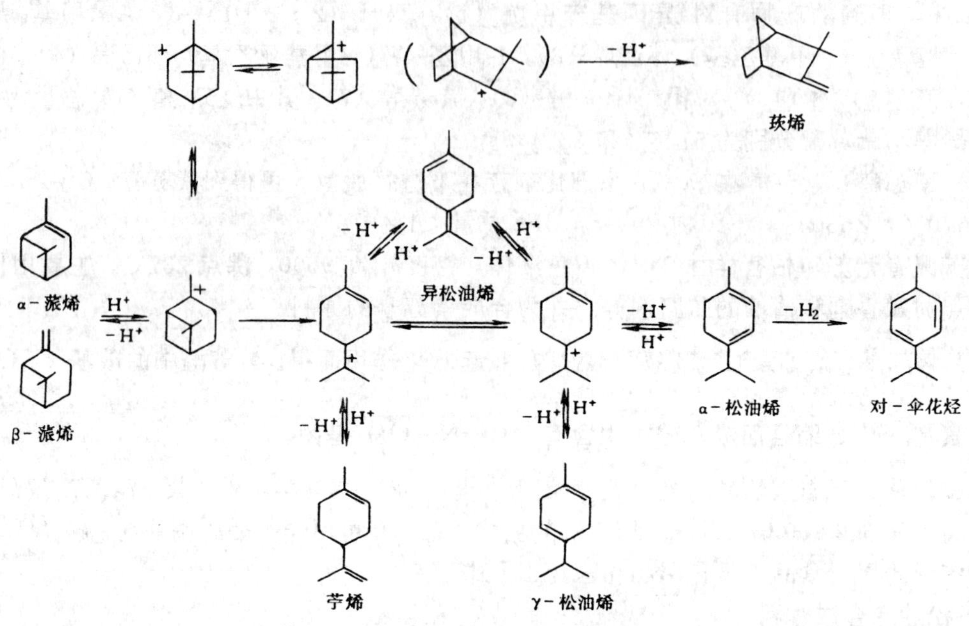

图 28-38 α-松油烯的合成机理

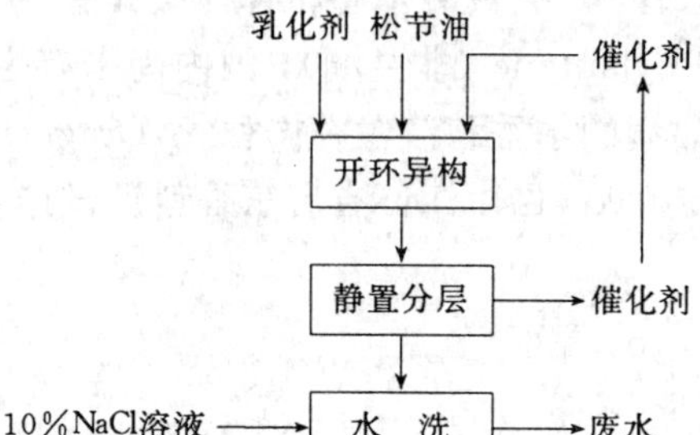

乳化剂 松节油
催化剂
开环异构
静置分层
催化剂
10%NaCl溶液
水 洗
废水
10%Na₂CO₃溶液
碱 洗
废水
10%NaCl溶液
水 洗
废水
真空精馏
其他异构产物
α-松油烯

图 28-39 α-松油烯制备的示意工艺流程

α-松油烯制备的示意工艺流程如图 28-39。

制备α-松油烯的原料为优级松节油，其一般组成为：α-蒎烯 90.82%，莰烯 1.24%，β-蒎烯 5.01%，月桂烯 0.06%，α-水芹烯 0.23%，对-异丙基甲苯 1.62%，其他 1.02%。松节油中蒎烯含量高低直接影响 α-松油烯的得率。

蒎烯开环异构的催化剂主要采用质子酸和 Lewis 酸，最近研究阳离子交换树脂作催化剂。通常认为质子酸具有对蒎烯催化开环及双键位置异构的双重效果，是较适宜的催化剂。常用的质子酸品种很多，催化效果较好的是磷酸、硫酸、盐酸、对甲苯磺酸、甲酸、乙酸及乙酸的卤代物等。酸催化剂的浓度对 α-松油烯的产率影响较大，适宜的酸浓度为 47.5%～55.7%。

松节油与催化剂（质子酸）互不相溶，在反应体系中需加入一定量的乳化剂，在搅拌下互不相溶的两相乳化为单相，使反应加剧。

蒎烯开环异构反应的物料配比为松节油：催化剂加入量 H^+=1：0.25～0.35（摩尔比），松节油：乳化剂=1：0.001 0～0.001 5。先将一定量的催化剂加入反应釜中，加入一定量的乳化剂，在搅拌下缓慢加热至所需温度，滴加松节油，滴加完毕后保温一段时间，反应温度 50～60℃，反应时间 7～8h。反应液静置分层，分出的催化剂（废酸），配以新酸调整浓度后可以复用。

异构液中加入适量的 10%NaCl 溶液洗涤一次，然后改用 10%Na_2CO_3 溶液碱洗一次，最后用 10%NaCl 溶液洗涤数次至中性。

在上述工艺条件下，蒎烯开环异构生成的异构液中 α-松油烯的含量在 45%以上，得率约 41%（以松节油加入量计）。异构液中各组份的含量为：莰烯 4.01%，α-松油烯 45%～46%，苧烯 0.66%，对-异丙基甲苯 2%～3%，γ-松油烯 23.0%，异松油烯 21.14%，余为其他异构产物。

中性的异构液在真空度 0.092～0.095MPa 下进行精馏，截取 90～91℃或 79～81℃（温度按真空度变化）馏份，得到的 α-松油烯纯度达 76%以上，得率 40%。

研究表明，在蒎烯开环异构反应中，原料中蒎烯含量、催化剂种类、反应温度，催化剂浓度及催化剂加入量对 α-松油烯的得率都有明显的影响。

9.3.2 非兰酮的合成

α-松油烯在一定的催化剂存在下与丁烯酮发生 Diels-Alder 反应得到非兰酮。其化学反应式为：

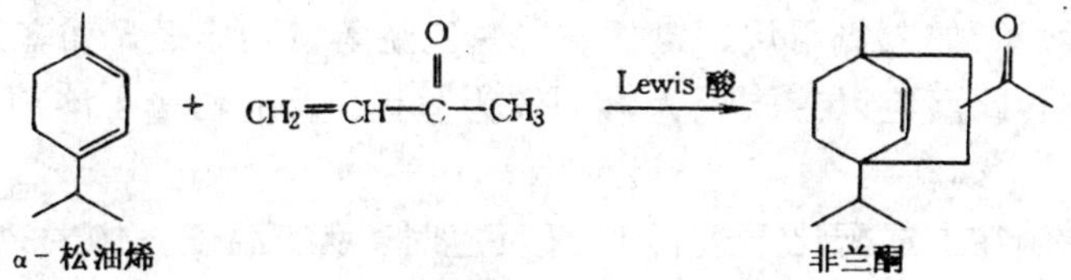

$$\alpha\text{-松油烯} + CH_2{=}CH{-}\overset{O}{\overset{\|}{C}}{-}CH_3 \xrightarrow{\text{Lewis 酸}} \text{非兰酮}$$

合成丁烯酮的可能机理如下（L_1 示催化剂）：

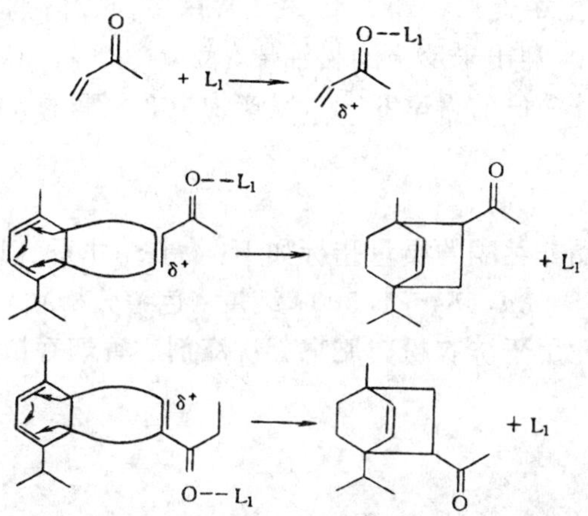

$$\text{丁烯酮} + L_1 \longrightarrow \text{O}{-}{-}L_1\ \text{配合物}\ (\delta^+)$$

$$\text{α-松油烯} + \text{O}{-}{-}L_1\ \text{配合物}\ (\delta^+) \longrightarrow \text{非兰酮} + L_1$$

$$\text{α-松油烯} + \text{O}{-}{-}L_1\ \text{配合物}\ (\delta^+) \longrightarrow \text{非兰酮异构体} + L_1$$

催化剂 L_1 的加入使亲双烯体的烯键的电子云密度更低，从而降低了活化能，使反应在低温常压下就能发生。原料 α-松油烯的一些其他的具有共轭双键的化合物，亦能与丁烯酮发生反应而形成副产物。

非兰酮合成的示意工艺流程如图 28-40。

α-松油烯与丁烯酮的 Diels-Alder 反应，先取一定量的溶剂于反应釜中，加入一定量的催化剂，然后在搅拌下慢慢滴加 α-松油烯、丁烯酮或两者的混合物，控制滴加速度，并控制反应温度，滴完后保温一定时间。

反应结束后反应液水解、水洗，根据不同的催化剂加入热水，或酸或食盐水等破坏催化剂。然后有机层用10%食盐水溶液洗至中性。

有机相的真空蒸馏，在常压或较低真空度下（视溶剂不同而定）蒸出溶剂，然后在0.092～0.096MPa真空度下蒸出未反应的α-松油烯，最后进一步提高真空度蒸出成品非兰酮。

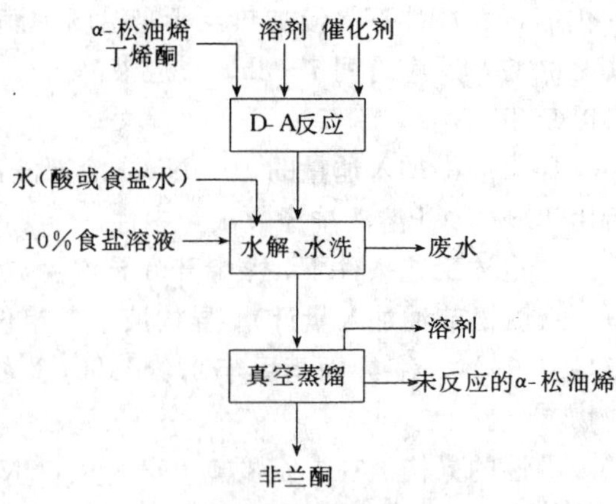

图 28-40 非兰酮合成的示意工艺流程

α-松油烯和丁烯酮在Lewis酸催化下发生Diels-Alder反应，常用的Lewis酸有$ZnCl_2$、$TiCl_4$、$TiCl_3$、$SbCl_3$、$FeCl_3$、$AlCl_3$、烷基氯化铝、$SnCl_4$、BF_3、BF_3 $(C_2H_5)_2O$等，催化剂用量为反应物量的3.8%左右。α-松油烯∶丁烯酮＝1.30～1.50∶1（摩尔比）。

Lewis酸催化剂多为固体，或为液体，催化活性很大，α-松油烯与丁烯酮的活性也大，其双烯加成反应需要在一定的溶剂中进行，一面降低催化剂的活性，同时催化剂溶于或微溶于或悬浮于有机溶剂中可增大反应接触面，加快反应速度。常用的有机溶剂有芳族烃，如苯、甲苯、二甲苯等；卤代烃，如二氯甲烷、氯仿、二氯乙烷等；脂族烃，如辛烷、己烷等；醚类，如乙醚、四氢呋喃等。此反应以芳族烃为溶剂较为适宜。反应物量∶溶剂量＝1∶1.5左右为宜。

α-松油烯与丁烯酮在上述配比下进行D-A反应时，反应温度－10～3℃，反应时间2～5h（其中滴加反应物料1h，保温1～4h）。

反应物经水解、水洗至中性后，粗产物先在常压下回收溶剂，然后在真空度0.095～0.096MPa下进行真空蒸馏，蒸出未反应的松油烯，截取100～103℃的馏份即为成品非兰酮。非兰酮的含量为95.3%，此馏份的得率67%（以产物中非兰酮的mol数对反应物中丁烯酮的mol数计）。

9.3.3 非兰酮的质量指标

德国Dragoco公司商品非兰酮的质量指标如下：气味，木香、龙涎香；颜色，淡黄色；密度d_4^{20}0.963～0.969；折射率n_D^{20}1.484～1.500；纯度（色谱分析）＞95%。非兰酮可直接用于香料工业调配香精，也可应用于洗衣粉、肥皂、洗涤剂、香烟香精等工业中。

参 考 文 献

1. Zinkel D F, Rusell J. Naval Stores Production · Chemistry · Utilization, N Y: Pulp Chemical Association, 1989, 5
2. Ряьов ВП. ГИЛП, 1987, (1): 1
3. Editor. Naval Stores Rev, 1985, 6: 5
4. 中国林业年鉴编辑委员会. 中国林业年鉴 (1949～1986). 北京: 中国林业出版社, 1987
5. Coppen J J W, Home G W. Gum naval stores: tuipentine and rosin from pine resin. Nonwood Forest Products, FAO, Rome, 1995, 16
6. 中国林业年鉴编辑委员会. 中国林业年鉴. 北京: 中国林业出版社, 1991
7. Sing H A P et al. Paintindia, 1986, (11): 24
8. 中国林业年鉴编辑委员会. 中国林业年鉴. 北京: 中国林业出版社, 1989
9. 林业部松香再加工调查组. 林产化工通讯, 1990, (4): 5
10. Naval Stores Rev, International Year Book, 1988;
11. Lofthouse R W. Naval Stores Rev, 1993, (1～2): 11
12. 粟子安. 林业科学, 1980, (3): 214～220
13. 徐刚. 林产化学与工业, 1991, 11 (2): 97～110
14. 梁志勤等. 林产化学与工业, 1981, 1 (2): 40～48
15. 粟子安等. 中国树木提取物化学与利用学术讨论会论文集 (上册), 1986, 94～108
16. 宋湛谦等. 林产化学与工业, 1993, (1): 1～8
17. 宋湛谦等. 林产化学与工业, 1993, (2): 97～102
18. 宋湛谦等. 林产化学与工业, 1993, (4): 277～286
19. 李淑秀. 中国树木提取物化学与利用学术讨论会论文集 (上册), 1986, 298～305
20. 南京林产工业学院. 天然树脂生产工艺学. 北京: 中国林业出版社, 1983
21. 金琦等. Naval Stores Rev, 1989, (11～12): 11
22. 金琦等. 林产化工, 1982, (4): 36
23. 黄远征等. 中国树木提取物化学与利用学术讨论会论文集 (下册), 1986, 651～653
24. 粟子安等. 中国树木提取物化学与利用学术讨论会论文集 (下册), 1986, 613～620
25. 粟子安等. 林产化学与工业, 1981, 1 (3): 1～11
26. 粟子安等. 林产化学与工业, 1993, 13 (2): 143～151
27. 徐刚等. 林产化学与工业, 1994, 14 (3): 49～54
28. Zinkel D F, Rusell J. Naval Stores Production · Chemistry · Utilization, N Y: Pulp Chemical Association, 1989, 267
29. Полуйко Е Г et al. ГИЛП 1997, (1): 11～12
30. 粟子安等. 林产化学与工业, 1983, 3 (4): 29～39
31. 王荣华. 林产化学与工业, 1984, 4 (1): 12～25
32. Moor R N et al. JACS, 1958, 80: 1438; 1960, 82: 1734
32. 粟子安等. 中国树木提取物化学与利用学术讨论会论文集 (上册), 1986, 40～55
33. 王涛等. 林产化学与工业, 1991, 11 (3): 173～181
34. Zinkel D F, Rusell J. Naval Stores Production · Chemistry · Utilization, N Y: Pulp Chemical Association, 1989, 289

35. 山德尔曼（德）著．天然树脂、松节油和木浆浮油化学和工艺学．王定选，陈万洮译．北京：中国林业出版社，1982
36. 全国防止松香结晶协作组（粟子安执笔）．林化科技，1978，(5～6)：1～14
37. 粟子安等．林产化学与工业，1985，5 (3)：1～22
38. Zinkel D F. Rusell J. Naval Stores Production. Chemistry · Utilization，N Y ：Pulp Chemical Association，1989，312
39. 宋湛谦．中国树木提取物化学与利用学术讨论会论文集（上册），1986，149～153
40. 山德尔曼（德）著．天然树脂、松节油和木浆浮油化学和工艺学．王定选，陈万洮译．北京：中国林业出版社，1982，237
41. 兰州合成橡胶厂，林产化学工业研究所等．全国松香科技座谈会材料选编，1976：134～145
42. Ines Portugal，Zinkel D F. Naval Stores Rev，1989，(1～2)：13
43. Zinkel D F，Rusell J. Naval Stores Production · Chemistry · Utilization，N Y：Pulp Chemical Association，1989，229
44. Kirk-Othemer Encyclopedia of Chemical Technology，3rd edition 1982，20：201
45. 南京林产工业学院．天然树脂生产工艺学，北京：中国林业出版社，1983，240
46. 山德尔曼（德）著．天然树脂、松节油和木浆浮油化学和工艺学．王定选，陈万洮译．北京：中国林业出版社，1982，237
47. 山德尔曼（德）著．天然树脂、松节油和木浆浮油化学和工艺学．王定选，陈万洮译．北京：中国林业出版社，1982，240
48. Воронцова Н. Б. et al，ГИЛП 1985，(1)：16
49. Panda R et al. 林产化学与工业，1990，10 (1)：1
50. Трофимов А. Н. et al，ГЦЛП 1987，(8)：11
51. PH Pelletien SW. J. Org. Chem，1970，35 (10)：3535
52. 粟子安等．林产化学与工业，1981，1 (3)：1～11
53. Zinkel D F，Rusell J. Naval Stores Produetion · Chemistry · Utilization，N Y：Pulp Chemical Association，1989，255
54. Zinkel D F，Rusell J. Naval Stores Production · Chemistry · Ulilization，N Y：Pulp Chemical Association，1989，241
55. 藤原义人．中国树木提取物化学与利用学术讨论会论文集（上册），1986，89
56. Zinkel D F，Rusell J. Naval Stores Production · Chemistry · Utilization，N Y：Pulp Chemical Association，1989，483
57. 刘尧权等．林产化学与工业，1988，8 (4)：10
58. Myneyuki R et al. J. Org. Chem.，1988，53：358
59. 程芝等．中国树木提取物化学与利用学术讨论会论文集，1986，244
60. Zinkel D F，Rusell J. Naval Stores Production · Chemistry · Utilization，N Y：Pulp Chemical Association，1989，514
61. Zinkel D F，Rusell J. Naval Stores Production · Chemistry · Utilization，N Y：Pulp Chemical Association，1989，243
62. 山德尔曼（德）著．天然树脂、松节油和木浆浮油化学和工艺学．王定选，陈万洮译．北京：中国林业出版社，1982，236～237
63. Zinkel D F，Rusell J. Naval Stores Production · Chemistry · Utilization，N Y：Pulp Chemical Association，1989，239
64. Aarc Andrianome. J C S Commum，1985，1203

65. Zhang Zhaogui. International Symp. on Chem. and Utilization of Tree Extractives, 1990, 65
66. Brown H C et al. J. Org. Chem., 1984, 49: 945～947
67. 肖树德．林产化学与工业，1981，1（1）：13
68. Zinkel D F, Rusell J. Naval Stores Production · Chemistry · Utilization, N Y: Pulp Chemical Association, 1989, 242
69. Zinkel D F, Rusell J. Naval Stores Production · Chemistry · Utilization, N Y: Pulp Chemical Association, 1989, 243
70. 蒋文真等．科学通报，1988，523
71. 袁友珠等．林产化学与工业，1989，9（1）：10～17
72. Zinkel D F, Rusell J. Naval Stores Produetion · Chemistry · Utilization, N Y: Pulp Chemical Association 1989, 247
73. Yuan Youzhu. International Symp. on Chem. and Utilization of Tree Extractives, 1990, 39
74. 松原义治．中国树木提取物化学与利用学术讨论会论文集，1986，21～33
75. Cheng Zhi et al. International Symp. on Chem. and Utilization of Tree Extractive, 1990, 83
76. 肖树德等．林产化学与工业，1989，9（2）：9～16
77. Zinkel D F, Rusell J. Naval Stores Production · Chemistry · Utilization, N Y: Pulp Chemical Association 1989, 503
78. Handle L et al. IEC Prod. Res. Develop, 1973, 12 (2): 132
79. Zinkel D F, Rusell J. Naval Stores Production · Chemistry · Utilization, N Y: Pulp Chemical Association, 1989, 505
80. Zinkel D F, Rusell J. Naval Stores Production · Chemistry · Utilization, N Y: Pulp Chemical Association, 1989, 248
81. 高德华等．林化科技，1983，（2）：41～44
82. Jiang Fenchi. International Symp. on Chem and Utilization of Tree Extractives, 1990, 65
83. Zinkel D F, Rusell J. Naval Stores Production · Chemistry · Utilization, N Y: Pulp Chemical Association, 1989, 256
84. 李晶等．林产化学与工业，1989，9（1）：27
85. 松原义治．中国树木提取物化学与利用学术讨论会论文集，1986，21～33
86. 蒋凤池等．中国树木提取物化学与利用学术讨论会论文集，1986，192～198
87. 李希成．中国树木提取物化学与利用学术讨论会论文集，1986，119～124
88. 陈文定等．林产化学与工业，1983，3（4）：1
89. 孙凌峰等．中国树木提取物化学与利用学术讨论会论文集，1986，205～212
90. 林中祥．林产化学与工业，1991，11（3）：209
91. Zinkel D F, Rusell J. Naval Stores Production · Chemistry · Utilization, N Y: Pulp Chemical Association, 1989, 254
92. 南京林产工业学院．天然树脂生产工艺学．北京：中国林业出版社，1983
93. 南京林产工业学院．林产化学工业手册（上）．北京：中国林业出版社，1980
94. 李齐贤．松脂加工工艺．北京：中国林业出版社，1988
95. 陈舜耳等．提高云南松松脂产量的研究初报．林化科技，1964，（6）：202～207
96. 冯敏斋等．广东省海南岛南亚松采脂试验初报．林化科技，1964，（6）：208～212
97. 张梦琴等．南亚松木材树脂道的扫描电镜观察初报．南京林产工业学院学报，1983，（3）
98. 张梦琴等．南亚松产脂力的研究．林产化学与工业，1990，（1）
99. 广东省林业厅．广东主要造林树种造林技术．广州：广东科技出版社，1983

100. 李仲训等．思茅松采脂及其对树径生长的影响．林化科技通讯，1985，(6)：1～4
101. 朱际善．油松化学采脂的研究．林化科技通讯，1986，(7)：85
102. 陈舜耳等．华山松产脂力试验及松香松节油质量初步测定．林化科技通讯，1981，(3)：3
103. 王凤翥等．林产工业手册．北京：中国林业出版社，1984
104. 宋绍宽等．高寒地带的兴安岭落叶松立木采脂的研究．林化科技通讯，1989，(3)：7～8
105. 范自强等．西藏高山松松脂分析．南京林业大学学报，1994，(1)：83～87
106. 江西省井冈山地区林科所．湿地松采脂试验初报．林化科技通讯，1979，(3)：141～148
107. 徐濂泉．闽侯南屿林场引种的长叶松与马尾松采脂试验简报．林化科技，1978，(4)：8～11
108. 中国林业科学研究院林木引种组．国外松引种资料，1974，(7)
109. 刘仲秋．湿地松、火炬松与马尾松产脂力的初步研究．林化科技通讯，1984，(9)：282～285
110. 龙虎等．湿地松、古巴加勒比松采脂的研究
111. 朱志淞等．加勒比松．广州：广东科技出版社，1986
112. 罗国舜等．粤北林区马尾松人工林采脂的研究．中国林学会林产化学化工学会学术会议论文集Ⅶ，1986：344～347
113. 李仲训等．促进湿地松采脂割面愈合方法——浅中沟采脂工艺的研究．林产化工通讯，1994，(5)：3～5
114. 蒋连，马尾松采脂侧沟夹角和侧沟宽度对单位面积产脂量的影响．林化科技，1980：103
115. 蒋连．马尾松浅割、薄修、短中沟和长期采脂的探讨．林化科技，1979，(5)：299～304
116. 梁国昌．建议采割面上升，割沟下降式采脂法．林化科技通讯，1982，(2)：44～46
117. 宋绍宽等．高寒地带的兴安岭落叶松立木采脂的研究．林化科技通讯，1989，(3)：7
118. 张显禄．纵沟采脂法．林化科技通讯，1982，(3)：89～90
119. 陈仲泉．对林区采脂受器的探讨．林化科技通讯，1988，(5)：28～29
120. 王仰高．使用塑料薄膜受脂器的危害．林产化工通讯，1996，(4)：31～32
121. 钟炳荣．武平林化厂建办竹林基地的做法和实效．林产化工通讯，1993，(6)：30～31
122. 陈寿明．纸质受脂器试验初报．林化科技通讯，1982，(4)：110～112
123. 中国林科院林产化学工业研究所采脂组．亚硫酸造纸废液化学采脂生产试验总结．林化科技，1978，(3)：1～5
124. 广东省林科所森工研究室．马尾松伐前硫酸软膏采脂试验简报．林化科技，1977，(4～5)：70～72
125. 冯敏斋等．乙烯利刺激马尾松泌脂提高产脂量的研究．中国林学会林产化学化工学会论文集，1983
126. 陈舜耳等．贵州黔中地区α-萘乙酸采脂研究报告．林化科技通讯，1982，(6)：182
127. 周德昌等．尿素化学采脂试验报告．林化科技，1981，(4)：11～13
128. 李仲训等．湿地松刺激剂化学采脂技术的研究．林产化学与工业，1993，(增刊)：47～52
129. 中国林科院林产化工研究所．中长期化学采脂割刀的试制．林化科技，1977，(4～5)：66～70
130. 中国林科院林产化工研究所．气压式化学采脂刀的研制．林化科技，1977，(6)：10
131. 罗功宇等．介绍QSH-1型化学采脂刀．林产化工通讯，1990，(2)：24～26
132. 李仲训等．LHC-82型化学采脂割刀的研制和使用．中国林学会林产化学化工学会论文集Ⅶ，1986，348～352
133. 冯古谢．应用百草枯和杀草快促使马尾松小径树充脂的初步研究．林化科技，1982，(8)
134. 刘立楠等．马尾松充脂技术．中国林学会林产化学化工学会学术会议论文集XV，1990，106
135. 陈清松等．马尾松间伐材立木充脂试验．中国林学会林产化学化工学会学术会议论文集，1995，231
136. 蒋连．加强营林措施提高马尾松产脂力的试验报告．林化科技，1979，(1)：9

137. 粟子安等．高产脂力类型马尾松松脂化学组成的研究．中国林学会林产化学化工学会学术会议论文集Ⅶ，1986，94～107
138. 南京林产工业学院．林产化学工业手册（上册）．北京：中国林业出版社，1980
139. 南京林业大学．天然树脂生产工艺学．北京：中国林业出版社，1983
140. 李齐贤．松脂加工工艺学．北京：中国林业出版社，1988
141. Б. А. 拉德比尔．脂松香各组分对其颜色的影响．林化科技通讯，1987，(2)：20～21
142. 柴文淼译．铁盐对松香颜色的影响．林化科技通讯，1982，(2)：58～60
143. 赵子雄译．单宁对松脂颜色的影响．林化科技通讯，1982，(2)：56～58
144. 傅国秀．松脂破碎计量工艺．林产化工通讯，1992，(2)：35
145. 陈慧珠．关于松香生产中蒸汽分布设计的商榷．林产工业，1983，(5)：44～46
146. 陈仲泉．半卧式松脂连续熔解器设计及简评．林产化工通讯，1991，(3)：9～10
147. 蓝昊．松香生产中的卧式截头锥篮连续排渣器．林化科技，1980，(5～6)：250～254
148. 曾祥元．一种新型脂液除渣器．林产化工通讯，1991，(1)：30～31
149. 傅振盛等．卧式锥篮离心机应用于熔解脂液除渣试验．林化科技通讯，1982，(8)：235～257
150. 刘志清．立式连续熔解脂液水洗工艺改进技术．林产化工通讯，1989，(5)：41
151. 许德俊．松脂加工过程的技改方向．林产化工通讯，1993，(5)：32～35
152. 椙原新吾主编．静态混合器．王德成等译．北京：纺织工业出版社，1985
153. 叶楚宝等．五种静态混合器压力降的研究和比较．上海化工，1985，(4)：33～37
154. 陈祖辉．静态混合器用于松脂洗涤的探讨．林化科技通讯，1987，(10)：22～24
155. 陈慧珠等．TA 静态混合器的开发研究．福建林学院学报，1987，7 (4)：79～88
156. 陈慧珠等．TA 型静态混合器在脂液水洗中的作用．林产化工通讯，1989，(4)：15～16
157. 张宗辉等．松脂超声波水洗加工工艺试验初报．林化科技通讯，1984，(3)：82～88
158. 陈仁泽等．浅释脂液超声处理的机理．林产化工通讯，1988，(6)：13～17
159. 季红．一种新型脂液水洗器．林产化工通讯，1991，(5)：42
160. 刘志清．立式连续熔解脂液水洗工艺改进技术．林产化工通讯，1989，(5)：41
161. 王阿法等．一种新型高效净化脂液设备．中国林学会林产化学化工学术会议论文集 XVⅢ，1995，48～49
162. 哈尔滨建筑工程学院．排水工程．北京：中国建筑工业出版社，1981
163. 谭天恩等．化工原理（第 2 版）（上册），高等学校教材．北京：化学工业出版社，1992
164. Выродов В А et al. Технология Лесохимическая Производств Москва. Лесная Промышленность，1987，37
165. 刘宪章等．在高压静电场中松脂脂液澄清工艺研究．林产化学与工业，1981，(1)：27～31
166. R. W Ellerbe Steam-Distillation Basics. Chemical Engineering，1974，105～112
167. 李齐贤．松脂液蒸汽蒸馏水蒸气用量的计算方法．中国林学会林产化学化工学会学术会议论文集Ⅰ，1979，20
168. 米承放．林产化工通讯，1995，(3)：40～44
169. 郑文辉等．松脂蒸馏、树脂生产微机控制系统．林产化工通讯，1996，(4)：3～10
170. 天津大学化工原理教研组．化工原理（下）．天津：天津科学技术出版社，1986
171. 陈慧珠．松脂连续蒸馏设备的研究．中国林学会林产化学化工学会学术会议论文集 XV，1990，58～60
172. 陈青松．斜孔塔板在松脂连续蒸馏中应用的研究．中国林学会林产化学化工学会学术会议论文集 XV，1990，61～62
173. 周任银等．STD 总线工业控制机在松香生产连续蒸馏塔中的应用．林产化工通讯，1994，(3)：27～30

174. 莫恒生等．脂松香生产过程的微机控制．林产化工通讯，1993，(1)：20～23
175. 孙涤辉．油炉加热蒸馏松香．林产化工通讯，1994，(5)：20～23
176. 夏建陵等．松香纸袋包装的研究．林产化工通讯，1993，(6)：32～36
177. 林鹏飞．热灌装松香重量自动控制器的研制与应用．林产化工通讯，1994，(4)：28～30
178. 周耀南等．螺旋板式换热器结垢检查和酸洗方法．林产化工通讯，1996，(2)：36～37
179. 缪红鹰．滴水法松香厂提高质量的途径．林产化工通讯，1992，(1)：31～33
180. 北京化工研究院"板式塔"专题组．浮阀塔．北京：化学工业出版社，1972
181. 伍忠萌．关于松香的颜色问题．林产化工通讯，1988，(3)：44～45
182. 李民栋．松脂和脂松香高沸点中性物组成分离分析方法综述．林产化工通讯，1992，(6)：29～31
183. 粟子安等．松香自动氧化与变色研究．中国林学会林产化学化工学会学术会议论文集Ⅶ，40～55
184. 粟子安等．中国松脂的化学组成．林产化学与工业，1993，(增刊)：36～40
185. 郭长泰．松香颜色测定．林产化工通讯．1988，(4)：38；1988，(5)：44；1988，(6)：48
186. 王光印等．松香生产中松脂配比的研究与应用．林产化工通讯，1994，(5)：12～14
187. 全国防止松香结晶科技协作组．全国防止松香结晶科学研究三年总结及其他有关文章．林化科技，1978，(5～6)：1～95
188. В. Зандерманн. Природные Смолы，скипидар，Талловое Масло Издателъство. Лесмая Промышленностъ，Москва. 1964，172～175
189. 田兰等．化工安全技术．北京：化学工业出版社，1984
190. 杨胜壁等．化学危险品实用手册．成都：四川科学技术出版社，1987
191. 陈震阳等．化学品安全管理手册．北京：中国环境科学出版社，1989
192. Duane F，Zinkel，James Russel. Naval Stores Production. Chemistry，Utilization，Pulp Chemicals Association，New York，1989
193. 山德尔曼（德）著．天然树脂、松节油和木浆浮油化学和工艺学. 王定选等译. 北京：中国林业出版社，1982
194. D. F. Zinkel & J. Rwssell，Naval Stores Production，Chemistry，Utilization，US Pulp Chemicals Association，Inc.，1989
195. 宋湛谦. 国外林业科技资料，1976，6，25～33
196. 赵守普，陈原勋，宋湛谦等. 林产化学与工业，1981，1 (1)，1～12
197. 宋湛谦，赵守普等. 林化科技，1974，4，147～156
198. 宋湛谦等. 林产化学与工业，1991，11 (1)，1～12
199. 唐孝华等. 林产化工通讯，1990，1，2～5
200. 金淳军. 林产化工通讯，1992，3，6～9
201. 播磨化成工业株式会社. 播磨化成，1974，12
202. 中国林业科学研究院. 国外林业科技资料，1976，6，16～20
203. Naval Stores Review，1988，(5～6)：15
204. 日特许公报，1972，12，26
205. Brit. Pat.，1，029，152 (1996)
206. 钟九烈，何炎声等. 中国林学会林产化学化工学会学术会议论文集Ⅶ（上)，中国林产化学化工学会，1986，155～159
207. 杨如春，曾祥元等. 林产化工通讯，1995，1，15～19
208. 蒋家俊等. 林产化学与工业. 1989，2，17～27
209. 杨东海编译. 松香再加工及利用. 北京：中国林业出版社，1984，72～79
210. 罗通文. 林产化学与工业，1982，3，38～43

211. 伍忠萌. 南京林业大学学报，1986，4，42～49
212. 梁华圣. 林产化工通讯，1989，3，13～18
213. 张晋康等. 南京林业大学学报，1986，4，15～23
214.《涂料工业用原材料技术标准汇编》编写组．涂料工业用原材料技术标准汇编. 北京：技术标准出版社，1983，41
215. 刘红军等. 林产化工通讯，1988，2，2～4
216. 高德华，万钧辉等. 林产化学与工业，1988，4，1～9
217. 山德尔曼（德）著，王定选等译. 天然树脂、松节油和木浆浮油化学和工艺学. 北京：中国林业出版社，1982，224～245
218. Encyclopedia of Chemical Technology，1968，(17)
219. 南京林产工业学院. 林业科学，1979，1，58～63
220. 南京林产工业学院，广西桂林化工厂. 南京林产工业学院学报，1980，1，54～64
221. 彭淑静，曾韬，钟志君，阳家胭等. 年产100吨松香胺中试科研报告，1980
222. 粟子安等. 林产化学与工业，1983，4，29～39
223. 王荣华. 林产化学与工业，1984，1，12～25
224. 金琦，郭幼庭，刘宪斌等. 东北林业大学学报，1986，14卷增刊，44～52
225. 张佩华等. 林化科技通讯，1982，10，332～339
226. 煤科院建井所，北京师范大学化学系等. 林化科技，1980，2，93～102
227. 广东林业科学研究所森工室. 中国林业科学，1978，1，63～68
228. 张佩华等. 林化科技通讯，1985，12，7～10
229. 刘启，曾振环等. 林化科技通讯，1981，1，6～12
230. R. T. Sikorski，Pol. 53972 (1968)
231. 黄剑脍，张康夫. 南京林产工业学院学报，1980，4，121～125
232. 程芝. 天然树脂生产工艺学（第2版），北京：中国林业出版社，1996，304～331
233. Рудаков Г. А. Химия и Технолоия Камфоры，1976
234. 李世新. 林化科技通讯，1983，1，7～10
235. 李世新. 林产化学与工业，1984，4，10～19
236. 谭锐权，陈庆之. 林产化学与工业，1988，3，1～8
237. 刘铸晋，陈庆之等. 中国林学会林产化学化工学会学术会议论文集Ⅶ，1986，125～132
238. 陈庆之，李久隆等. 中国林学会林产化学化工学会学术会议论文集Ⅶ，1986，133～138
239. 孙曙光. 林产化工通讯，1992，5，22～23
240. 吴文通，谢献征. 林化科技通讯，1986，5～6，24～26
241. 郭中荃，吴文通等. 林化科技通讯，1986，7，1～4
242. 张明金，陈家先等. 林化科技通讯，1985，4，15～17
243. 高德华. 林化科技通讯，1986，4，4～6
244. 陈美云. 林产化工通讯，1991，5，19～21
245. Масло-жир. пром，1973，8，23
246. Масло-жир. пром，1971，11，37
247. Brit. Pat. 979，523 (1965)
248. 济南市轻工研究所. 合成食用香料手册. 北京：轻工业出版社，1985
249. Roberts，W. J. and Day A. R，J. Am. Chem. Soc.，1950，72，1226
250. 徐富杰，黄兆俊. 林化学会学术会议论文集Ⅱ，1980
251. Gozenbach Carlos T.，Encycl. Polym. Sci. Techol.，1970，13，575

252. Mattson R. H., Naval Stores Rev. 1984, 7～8, 13
253. Bates R. B., J. Polym. Sci. Part A, 1965, 3, 949
254. Marveland Charles C. S. and Hwa C. A., J. Polym. Sci., 1960, 45, 25
255. 周正斌，程芝. 林产化学与工业，1992，3，189～195
256. Ruckel E. R. and Arif Jr H. G., Naval Stores Rev., 1984, 1～2, 6; 1984, 3～4, 4
257. 程芝，安鑫南等. 南京林业大学学报，1986，4，1～4
258. 蔡智慧，程芝等. 林产化学与工业，第14卷特刊，1994，101～108
259. 安鑫南，蔡智慧等. 林产化学与工业，第14卷特刊，1994，116～124
260. 袁友珠，程芝. 南京林业大学学报，1989，1，22～31
261. 袁友珠，程芝. 林产化学与工业，1994，1，1～7
262. 林捷，马成章. 林产化工通讯，1989，3，10～12
263. E.T. 涅斯捷罗娃. 林化科技通讯，1985，8，19～21
264. 程芝，安鑫南，王石发等. 林产化学化工学会学术会议论文集XVIII，1995，273～274
265. 庄锦树，陈鸣熙. 林产化学与工业，1992，2，107～112
266. 卢江等. 石油化工，1991，20（7）：469～472
267. 王力昌等. 石油化工，1991，20（9）：605～608
268. 彭超盼等. 林产化学与工业（特刊），1994，69～73
269. A. Rasheed Khan et al., J. Macromal. Sci. Chem. 1985, AQ2 (12), 1673～1678
270. 梁志勤，姜紫荣. 林产化学与工业，1982，3，13～21
271. 陈文定，张可钦等. 林产化学与工业，1983，4，1～15
272. 笠野雅信等. 油化学，1978，27（8）：530～533
273. 谢博进等. 油化学，1981，30（4）：252～254
274. 谢博进等. 日本农艺学会志. 1981，55（6）：477～481
275. 梁志勤，姜紫荣. 林产化学与工业. 1981，2，40～48
276. 刘震，程芝. 林产化学与工业，1994，1，21～26
277. 蒋凤池等. 林产化学与工业，1986，1，1～7
278. 蒋凤池. 林化科技通讯，1986，3，2～6
279. 钟平. 林产化工通讯，1990，3，10～13
280. 伍忠萌，彭淑静，余文琳等. 林产化学与工业，1993，4，317～324
281. 刘震，程芝. 林产化学与工业，1992，4，269～278
282. 高德华，向凤仙. 林化科技通讯，1983，2，41～44
283. 王石发，程芝等. 林产化学与工业，1994，4，1～6
284. 孙凌峰. 香料、香精、化妆品，1985，1，10～18
285. 孙凌峰. 林化科技通讯，1985，3，1～6
286. 孙凌峰，廖信敏. 林产化学化工学会学术会议论文集Ⅶ，1986，205～212
287. 蒋凤池. 林化科技通讯，1984，12，384～389
288. 蒋凤池，李希成. 林产化学化工学会学术会议论文集Ⅶ，1986，192～197
289. 黄克瀛，王美其，刘松青等. 异长叶烷酮中试报告，1982
290. 蒋凤池等. 林产化学与工业，1988，2，28～33
291. 蒋凤池，李希成. 江西师范大学学报，1988，2，47～49
292. 孙鸿森. 中国林产化学化工学会学术会议论文集Ⅶ，1986，199～204
293. 蒋凤池. 中国林产化学化工学会学术会议论文集XV，1990，98～99
294. 刘震，程芝. 林产化学与工业，1997，2，1～6

295. 刘震，程芝，金抒等. 林产化学与工业，1995，2，7～12
296. 程芝，刘震、詹松辉. 林产化学与工业，1996，4，1～6
297. 顾永康. 香料、香精、化妆品，1986，4，11～20
298. 顾永康. 香料、香精、化妆品，1985，4，1～21
299. 夏建陵，彭淑静. 南京林业大学学报，1995，19 (4)，33～38
300. 袁友珠，程芝. 林产化学与工业，1989，1，10～17
301. 刘先章，蒋同夫，胡樨萼. 林产化工通讯，1991，2，2～5
302. 刘治平. 香料、香精、化妆品，1986，4，21～22
303. 陈浩林，龚光荣等. 香料、香精、化妆品，1987，3，1～3
304. 王上田，葛刚. 林化科技通讯，1985，2，6～8
305. O. P. viq et al. J. India Chem. 1966，4 (3)，127
306. E. M. Acton et al.，US 3，833，651，(1974)
307. 王葆仁著. 有机合成反应（上册），北京：科学出版社，1981
308. Brit. Pat.，1，094，875 (1967)
309. 李智慧，程芝，袁友珠. 林产化学与工业，1994，2，61～66
310. 袁友珠，程芝，武隈真一，松原义治. 林产化学与工业，1993，1，9～17
311. Yoshiharu Matsubara，Chem & Ind. of Forest Prods.，1987，2，1～19
312. 袁友珠，程芝，松原义治. 林产化学与工业，1992，4，254～268
313. 钟旭东，程芝. 林产化学与工业，1993，3，177～186
314. Zhany Jinkang et. al.，Abstracts of Papers—International Symposium of Chemistry and Utilization of Tree Extractives. 1990，92～93
315. Wany Wenlong et al.，ibid，1990，94～95

第9篇

天然橡胶

第29章 天然橡胶资源

袁子成

1 产胶植物和天然胶原料基地建设

1.1 主要产胶植物

天然橡胶是从各种含胶植物采割制取的。已知全世界约有20多个科、900个属、12 500种植物含有乳汁，其中含有橡胶成分的约2000种[23,24]，它们含胶量多少不同，采制橡胶的难易差别也大，因而适于商业性开发利用的种类不多。

1.1.1 橡胶树属 *Hevea* 以外的产胶植物

（1）绢丝橡胶 *Funtumia elastica* Stapf：为夹竹桃科 Apocynaceae 乔木，原产西非洲热带，从塞拉利昂沿几内亚湾到刚果各国有分布。野生于排水良好的热带森林中，种子繁殖。在非洲曾小量种植，但栽培比较困难[7]。树皮薄，乳管单生，割胶需开多数割口，两次割胶间需经长时间休息恢复，难于建立割胶制度和合理安排劳动力。橡胶质量较好，在栽培橡胶没有建立之前，其产量曾占橡胶市场供应量的相当份额。如尼日利亚1896年曾产该种橡胶3 067t[7]。因产量低，资源遭破坏，已所剩无几。

（2）美洲橡胶 *Castilloa elastica* Cerv.：为桑科 Moraceae 乔木，树干粗壮，皮较光滑。原产墨西哥、中美洲到秘鲁，所产橡胶称巴拿马胶。比巴西橡胶树耐旱，产量也不低，但胶质差。胶分含于延长的单细胞中。茎、枝、根的皮部、叶、果和髓都含胶，但只利用茎皮采胶。胶乳较稳定，但复生慢。当时采胶乃利用大刀把树皮砍成深伤口，形成疤瘤，难于再利用。墨西哥和尼日利亚曾进行小量栽培，因排胶连续性差，难于建立割胶制度[7,24]。

（3）木薯橡胶 *Manihot glaziovii* Muell-Arg.：为大戟科 Euphorbiaceae 小乔木，原产南美洲干旱地区，在石质土地上生长良好，所产橡胶称西阿拉胶（Ceara）。茎干较光滑，树皮薄。种子或插条繁殖[24]。墨西哥、印度南部和非洲一些地区曾一度进行栽培。具分节乳管，刀割或刺采法采取胶乳，但生产季节不能连续采割，难于建立割胶制度[7]，产胶量比巴西橡胶低，质量也较差。

（4）印度榕 *Ficus elastica* Roxb.：为桑科常绿大乔木，原产印度、缅甸、马来西亚等东南亚热带地区，曾是早期天然橡胶来源之一，在印度和印度尼西亚曾进行栽培[7]。插条繁殖，种后7～10年在茎干和板根上割胶。每次割胶后要停几个月，让胶乳复生后才能再割[24]，其胶称 Assam 胶，含树脂很高，且产量低，质量也差[25]。

（5）科奇胶藤 *Landolphia kirkii* Dyer.：为夹竹桃科藤本植物，原产非洲热带，其生境条件类似绢丝橡胶。所产橡胶的质量不亚于巴西橡胶，但产量低，采割困难[7,24]。当时是砍树取胶，短期内资源破坏殆尽。在栽培橡胶未建立之前，其供应量曾占相当比重。本属还有一些种，也产胶[24]。

(6) 隐花胶藤 *Cryptostegia grandiflora* R. Br.：为萝藦科 Asclepiadaceae 藤本植物，原产马达加斯加，热带和南亚热带多有分布，能适应多种土壤和气候条件。乳管无节，但有分枝。树皮、髓和叶中含胶。采胶时把纤细的枝条捆在一起，砍去顶端，胶乳外渗，在割口处凝结干燥，然后收集[7,24]。

(7) 银胶菊 *Parthenium hysterophorus* L.：为菊科 Compositae 银胶菊属植物。该属有 13 个种和 8 个变种，分布西半球，现今开发利用的只有银胶菊。原产墨西哥中北部和美国得克萨斯州西南部。1876 年墨西哥开始研究银胶菊的实用价值。20 世纪初作为天然橡胶来源之一而引人注目。此后巴西橡胶在东南亚兴起，银胶菊遂沦为极次要地位。第二次世界大战时，日本侵占东南亚，控制了巴西橡胶来源，1942 年美国颁布橡胶紧急计划，大力发展银胶菊。战后，合成橡胶迅速发展，巴西橡胶生产恢复，银胶菊的开发利用几乎陷于停顿。1973 年石油涨价，再度引起对银胶菊的重视[26]。近年美国在加利福尼亚等 5 州研究银胶菊的遗传育种、生理生化和加工利用。1988 年美国在亚利桑那州 Sacaton 设厂提取银胶菊[27]。我国1983～1988 年再度引入银胶菊，在江苏、河南、陕西、新疆、四川和云南等地试种。

银胶菊为半荒漠地区矮灌木，适生条件为年平均温度 15～20℃，<15℃生长慢，－7℃会受冻害；年降雨量 280～640mm，<280mm 需灌溉才能生长良好；土壤为排水良好，pH 值7～8 的沙性土。成龄植株高 50～70cm，根特发达。单株干重 500～900g，含胶 6%～10%，胶含于薄壁细胞中。茎和枝的含胶量占全株的 2/3，皮层含胶为木质部的 3～4 倍，其余的 1/3 含于根内，根皮含胶比木质部高 11 倍。品种不同，含胶量有差异。A84124 品种平均每株干重 682g，含胶 8.33%，单株产干胶 56.8g，而 A48118、A48115 等品种，平均每株干重 827g，含胶 6.8%，单株产干胶 56.2g，两者单株产胶量不相上下[28]，但 A48118 品种加工费少，可节省费用，经济上合算。一般说来，植株生长旺盛，橡胶积累缓慢，相反，生长缓慢，橡胶积累快。Bonner 等（1944）试验，白天高温，夜间低温有利橡胶积累。短期雨季后，有较长的干旱季，或在灌溉一段时期后停止灌溉，可延缓银胶菊生长，有利橡胶积累。Mitchell 等（1944）指出，强光照有利橡胶积累。光照减少 25%，橡胶积累降低 36%。缺硼的植株生长差，橡胶积累也少。在栗钙土上施用磷酸盐，会促进橡胶积累。雨水少的地区，合理灌溉，会促进植株生长和增加单位面积产量。以色列对 2.5 龄银胶菊 11604、11591、2229 品种进行高、中、低水量灌溉，尽管对含胶量影响不大，但能促进茎枝增长，从而单位面积的产胶量和树脂产量都显著增加[28]。Yokayama 等（1977 年）用 2（3，4-二氯苯氧基）-三乙胺处理银胶菊，可提高橡胶合成 2～3 倍。贝纳狄克特等称，三氯化苯乙基三乙胺可使银胶菊体内聚合酶浓度增加 1 倍，能诱导产生异戊二烯。用该化合物喷施银胶菊，在 10 个月内使产胶量增加 1/3[29]。伦毕文等称，用生长调节剂 Ef 50μg/g 处理银胶菊，对生长有促进，株重增加 11.2%，含胶量提高 13.2%，含树脂量增加 9.9%。

对 2 年生植株进行收获较为合算，如兼收树脂，也可延迟到 4 年生时收获。收获方法：①用挖掘机全株拔起，打捆，送工厂加工，获得橡胶多，但重新种植花费大，初期生长也慢；②在离地约 5cm 高处用剪割机剪收地上部分，根株萌发更新，生长快而繁茂。剪收后结合施肥管理，可连续收获几次，待萌生力衰退时，再连根挖起重种。品种 C_{250}收割后 98%的根株能萌生，连收 3 次，仍能很好萌发。收割后的材料尽快送工厂加工，贮藏过程中，橡胶发生降解，分子量降低，质量下降[30]。

除上列者外，我国产的含胶植物有夹竹桃科的多种藤本[25]，如鹿角藤 *Chonemorpha eriostylis* Pitard.，茎皮、髓、叶脉、果实都含胶，胶乳加水稍放置即凝固，总固形物含纯胶85.8%，胶质优；花皮胶藤 *Ecdysanthera utilis* Hayata et Kawak.，茎皮、叶脉、果实含胶，胶乳含胶35%，总固形物含纯胶90.1%，胶质优；红杜仲藤 *Parabarium chunianum* Tsiang，茎皮、叶脉、果实的乳汁含胶，胶乳与空气接触自然凝固，总固形物含纯胶87.5%，胶的拉伸强度比花皮胶藤的高，但比巴西橡胶低19%；毛杜仲藤 *Parabarium huaitingii* Chun et Tsiang，胶乳白色，含总固形物为37.3%，含胶34.5%；杜仲藤 *Parabarium microanthum* (A. DC.) Pierre，茎皮、叶脉、果实的胶乳总固形物中含纯胶85.13%，胶质差；牛角藤 *Parabarium linearicarpum* Pierre，树皮产胶乳的总固形物含纯胶92.9%；中赛格多 *Parabarium spireanum* Pierre，胶乳总固形物中含纯胶88%，胶质优；大赛格多 *Parabarium tournieri* Pierre，茎皮含胶，胶的弹性强；赫当杜 *Parabarium barbata* (Bl.) K. Schum.，胶乳的总固形物含纯胶87.4%。桑科的米杨噎 *Teonongia tonkinensis* Stapf，常绿乔木，胸径＞7cm时可割胶，胶乳含胶46%～51.8%，胶耐酸碱。木通科 Lardizabalaceae 的猫儿屎 *Decaisnea fargesii* Franch.，落叶灌木，果皮含胶21.8%，胶的弹性、韧性都好。菊科的橡胶草 *Taraxacum kok-zaghyz* Rodin，多年生宿根草本，1～2年根含胶2%～5%，多年生老根含胶7%～10%，胶质差。

(8) 杜仲 *Eucommia ulmoides* Oliv.：为杜仲科 Eucommiaceae 落叶乔木，产硬性橡胶，原产于我国，主要分布在湘、鄂西部，蜀北和滇黔东北部。有光皮、粗皮和中间型3类，就提炼橡胶来说，光皮杜仲优于粗皮型[31]。杜仲的胶含在胶腺内。成龄杜仲含胶量和含树脂量，叶分别为3%～5%和6%～7%，枝皮为2%～4.5%和5%～6.5%，茎皮为8%～9%和5%～6%，根皮为8%～12%和9%～10%，成熟果皮含胶10%～18%。杜仲林，根据立地环境和营林目的不同，采取不同营林方法[32]：①乔林作业，在气候适宜、土壤肥沃地区，以2m×2～3m株行距，种1 600～2 500株/hm^2，雌株约占85%，可获优质茎干皮、叶、种子和木材；②矮林作业，在气候寒冷，环境条件差，用叶提炼橡胶者，每公顷种4900丛，每3年截干1次，萌生好，生长快，叶肥大，产叶量高；③头木林作业，以2m×3～4m株行距，每公顷种800～1600株，初期收叶，枝条长成后剥枝皮，适时伐干剥茎干皮，每年生产的皮、叶量比较稳定。

生产硬性橡胶的植物除杜仲外，还有山榄科 Sapotaceae 的马来胶树 *Palaquium gutta* (Hook. f.) Paillon，长圆叶马来胶树 *Palaquium oblongifolium* Buse，倒卵叶马来胶树 *Palaquium obovatum*，巴拉塔胶树 *Mimusops globosa* Gaertn.，巴南胶树 *Payena leerii* Benth. Hock. 等，这类植物曾是早期生产硬性橡胶的主要资源，野生于东南亚等地区的热带森林中，开发利用早，加上不合理采收破坏，已残存不多[33]；卫矛科 Celastraceae 的卫矛属 *Euonymus* 植物，如中国产的卫矛 *E. alatus* (Thunb.) Sieb. 为落叶灌木，鲜根皮含胶4%～5%，含树脂3%～4.9%；丝棉木 *E. bungeanus* Maxim.，为落叶灌木或小乔木，除木质部外，各器官都含胶，30龄树干皮含胶16.3%～21.8%；大花卫矛 *E. grandiflora* Wall. 为常绿灌木或小乔木，干的根皮含胶17.3%；疏花卫矛 *E. laxiflora* Champ. ex Benth. 灌木，干的根皮含胶24.7%；华北卫矛 *E. maackii* Rupr. 落叶灌木或小乔木，根、茎皮部含胶10%～16%；大果卫矛 *E. myrianthus* Hemsl. 常绿小乔木，根、茎的干皮含胶23.3%[25]。原苏联产结瘤桃叶卫矛 *E. verrucosus* Scop. 和欧洲卫矛 *E. europaeus* L. 含胶较多，20世纪30年代苏联曾利用这类资源，建厂生产硬性橡胶[33]。桑科的白桂木 *Artocarpus hypargyraea* Hance 和菊科的川木香 *Jurinea souliei* Franch. 也含硬性橡胶[25]。

1.1.2　橡胶树属

橡胶树属为大戟科，本属植物都产胶，但产量和质量彼此差别很大。对本属植物的分类，各家意见不同，从24个种到9个种和几个变种都有，但对以下种类，彼此意见一致：

(1) 边沁橡胶 *Hevea benthamiana* Mueli-Arg.：乔木，茎干基部膨大，与本属其他种能自由杂交，可作抗南美叶疫病的杂交亲本。胶乳白色，品质优良，但产量低[24]。分布巴西、哥伦比亚、秘鲁和委内瑞拉[34]，在河水泛滥地区生长良好。

(2) 巴西橡胶 *Hevea brasiliensis* (H.B.K.) Muell-Arg.：大乔木，茎干通直。各器官都含胶，但仅利用茎干树皮割取胶乳。胶乳通常白色，产量高，品质好[24]。有很多栽培品种，是世界商业性栽培的唯一种类。原产巴西、秘鲁、玻利维亚以及哥伦比亚的南部[34]。

(3) 坎普橡胶 *Heaea camporum* Ducke：它是一种矮小植物，高约2m，通常生长在禾本科草地中。胶乳白色，品质不明[24]。分布巴西亚马孙河上游局部地区[34]。

(4) 圭亚那橡胶 *Hevea guianensis* Aubl.：乔木，树干圆柱形，分枝高，树冠紧密。成熟叶直立着生，种子具棱角。胶乳微黄色，质量差[24]。分布广，以巴西为中心，生长于多数南美洲国家[34]，从低地到海拔760m排水良好地区，生长良好。另有2个变种[24]。

(5) 小叶橡胶 *Hevea microphylla* Ule：乔木，树型细而高，茎干易弯曲，枝疏朗。沿着河岸生长。朔果三角形圆柱状，开裂迟为其特点[24]。分布巴西和哥伦比亚、委内瑞拉部分地区也有分布[34]。

(6) 光叶橡胶 *Hevea nitida* Mart.：小乔木，通常生长在含石英或砂质土壤上。树干圆柱形，皮红褐色，胶乳纯白色，含胶量少，含树脂多，不易凝固[24]。分布于巴西、哥伦比亚、秘鲁和委内瑞拉[34]。另有一个小灌木状变种。

(7) 疏花橡胶 *Hevea pauciflora* Muell-Arg.：粗壮大乔木，树干圆柱状，喜生于洪水泛滥线 以上、排水良好、石质坡地土壤上。胶乳白色或淡，含树脂多，胶弹性差。可作抗南美叶疫病的杂交亲本[24]。分布巴西、哥伦比亚、秘鲁、圭亚那和委内瑞拉[34]，另有一个变种。

(8) 硬叶橡胶 *Hevea rigidifolia* Muell-Arg.：小乔木，树干圆柱形，细高，树冠小。小叶片明显反卷。胶乳白色，含树脂多，胶的质量差[24]。分布巴西，为内格罗河上游的特有种。

(9) 色宝橡胶 *Hevea spruceana* Muell-Arg.：中等乔木，树干粗，冠疏朗。种子大，腹背扁压，具棱角。胶乳浓度低，白色，可作抗南美叶疫病的杂交亲本[24]。分布巴西，喜生于易受洪水泛滥影响的河岸边。

1.1.3　主要橡胶栽培品种

各植胶国家根据胶树品种育成情况，每隔2～3年公布一次推荐品种，供生产选择种植。通常把推荐的品种分为3类：第1类是已完成育种程序，表现好，可大规模种植的优良品种，种植比例可占该推荐周期新植和更新面积的60%～80%，有的国家则不加限制；第2类是没有完全通过育种程序，但各方面表现特好，可小规模种植的品种，种植比例控制在该推荐期种植面积的20%以下，有的国家把一些性状可靠、但产量已低于新品种的“老品种”也列入第2类；第3类是试种级品种，把一些具特殊优良性状的品种提前放到生产上种植考验，但要严格控制种植比例，一个单位种植不能超过3hm^2。随着新品种的不断育成和已推荐品种的生产考验，每次推荐的品种常有部分变动。近年来各主要植胶国家推荐的1类品种见表29-1。

表 29-1 主要植胶国家大规模种植的橡胶品种

国别	马来西亚	印度尼西亚	泰国	印度	中国	斯里兰卡	科特迪瓦	尼日利亚
适合大胶园种植的品种	RRIM600，PR255，RRIM712，PR261，PB217，GT1，PBIG/GG2，4及5，6种子园种子	GT1，AV2037，PR107，PR228，LCB1320（无风区），LCB479（低海拔无条溃疡病区）PR255，PR261，PR300，PR303，WR101，BPM1	RRIM600，GT1，PB5/51，PR107	RRIM600，GT1，RRII105，Arisar公司种子园种子	RRIM600，GT1，PR107，云研1（有寒害地区）湛试93-114（有冻害地区）	RRIC100，RRIC102，PB28/59，PB217，PB86	GT1，PB235，PB217，PB5/51	RRIM600，GT1，PB5/51，PR107，RRIM623
适合小胶园种植的品种	GT1，PB217，PR255，PR261，RRIM600，RRIM712	GT1，AV2037，PR107，PR228，PR255，PR261，PR300，PR303，BPM1	GT1，RRIM600，PR107，PB5/51	RRIM600，GT1，RRII105	RRIM600，GT1，PR107，云研1，湛试93-114	RRIC100，RRIC102，PB217，PB28/59，PB86	GT1，PB235，PB217，PB5/51	GT1，RRIM600，RRIM623，PB5/51，PR107

（1）RRIM600：为马来西亚橡胶研究院选育的次生代无性系，亲本为Tjir1×PB86。开割投产前生长中等，在良好生境和正常抚管下，种植后6～8年可达开割标准，开割后生长比其他品种快，再生皮恢复好，树干通直，树皮较软，容易割胶。胶乳白色，干胶含量中等。越冬期减产少，为当前推广品种中最高产品种之一。马来西亚商业性胶园开割头15年平均每公顷年产干胶1 819kg[22]。我国海南省第5割年每公顷产干胶1 500kg，第9～10割年平均达1 900kg。云南西双版纳平均产1 455kg/hm^2，高的达2 000kg/hm^2。不耐强度割胶，低温期割胶，胶乳易长流，较易死皮。抗风差，但适当修枝整型后耐风。不抗寒，易染白粉病和炭疽病。刺激增产效果较差。在良好环境下，能充分发挥其高产性能[35～38]。

（2）GT1：为印度尼西亚从自然授粉实生树群中选出的初生代无性系，适应广，在多数植胶国家表现良好。树干圆直，但割胶后部分树干稍现扭曲。生长中等偏下，分枝连接不牢，遭强风易劈裂。开割初期产量较低，但升高快。在云南西双版纳生产树胶，第14割年单株平均产干胶5.5kg，每公顷产胶约2 000kg[36,37]。马来西亚开割头15年平均年产干胶1 615kg/hm^2，印度尼西亚头6割年平均产1 337kg/hm^2[39]。胶乳白色，干胶含量高，胶乳不长流，较耐旱，越冬期高产，抗辐射低温能力强。在云南抗条溃疡病和绯腐病，但易感白粉病，不易死皮[35]。

（3）RRIM712：为马来西亚橡胶研究院培育的3生代无性系，亲本为RRIM605×RRIM71，开割前生长比RRIM600略慢（低3%～4%）。胶乳含干胶33.2%，开割头13年平均年产干胶2 185kg/hm^2，比RRIM600高12.5%[22]。在中国开割时间不长，产量比原产地低，但比对照品种RRIM600高11.2%～31%，抗风力比较强，也比较耐割，死皮少[40]。越冬期减产中等，为早熟晚衰的优良品种，并适宜作三合树的树冠材料，抗病力一般[22]。

（4）PB217：为马来西亚Prang Basar 胶园试验站培育的3生代无性系，亲本为PB5/51×PB6/9，在各大橡胶园生长和产量表现都很令人满意，开割头11年平均年产干胶为1 947.5 kg/hm^2，在很多植区都超过或稍超过RRIM600的产量，对刺激割胶增产效果良好[22]。

（5）PB235：为马来西亚Prang Basar胶园试验站培育的3生代无性系，亲本为PB5/51×PB9.78。在各国生长都表现特别快，在适宜生境下种植后5年左右即达开割标准，采用S/2、

2d/7　57%割制割胶，头 5 割年平均年产干胶 1 777kg/hm^2。马来西亚大规模试验区头 14 割年平均年产干胶为 2 460kg/hm^2，但初期死皮较多，待成龄后，死皮即趋稳定。少数种植区出现风害[22]。

（6）PR255、PR261 和 PR303：为印度尼西亚茂物农园作物研究所选育的次生代无性系，亲本都是 Tjir1×PR107，在印度尼西亚头 5 割年的平均年产干胶分别为 1 940kg/hm^2、1 417 kg/hm^{2}和 2 086kg/hm^2[8]。在马来西亚头 15 割年平均年产干胶前两者为 2 017.5kg/hm^2，另一为 1 837.5kg/hm^2。PR255 和 PR303 为早熟品种，一开割就高产，前者第一割年平均产干胶 1 170kg/hm^2，后者头 5 割年平均年产胶为 2 086kg/hm^2。开割后生势良好，原生皮和再生皮均优，而 PR261 则属一般，但对刺激割胶增产反应良好。越冬期减产不大。耐旱性和抗风能力中等至良好，抗病力中等偏下[22]。

（7）AV2037：为印度尼西亚棉兰农园作物研究所培育的次生代无性系，亲本为 AV256×AV352。开割时生势和开割后增粗、原生皮和再生皮、以及伤口的恢复均良好。印度尼西亚列为大规模推广品种，头 10 割年平均年产干胶 1 539kg/hm^2[8]，在马来西亚列为小规模推广品种，头 15 割年平均年产干胶为 1 639.2kg/hm^2，初开割时（头 2 年）低产，第 3 割年起产量逐年明显提高。对刺激割胶反应良好，耐旱，抗病力中等至良好，但易感染疫霉菌病害，越冬期明显减产[22]。

（8）PR107：为印度尼西亚茂物农园作物研究所从自然授粉实生树群中选出的初生代无性系，适应性广，在大多数植胶国家表现良好。树粗壮，茎干通直，自然疏枝较明显。开割时生势和开割后生长中等，原生皮和再生皮良好。乳管密集分布在树皮内层。为迟熟品种，初开割时产量低，后期高产稳产，头 15 割年平均年产干胶为 1 553kg/hm^2，越冬期不减产[22]，耐割，不易死皮，抗风力强，对刺激割胶反应良好[35~37]。

（9）RRII105：为印度橡胶研究所选育的次生代无性系，亲本为 Tjir1×Gl1。树高大、苗壮，茎干通直，开割前生势旺，开割后增粗一般。原生皮和再生皮中等偏上。树皮含多数乳管列，头 15 割年平均产干胶 75g/株次（小面积），商业性胶园头 6 割年平均年产干胶 1587 kg/hm^2。越冬期稍减产。抗风，稍耐旱，但易感染绯腐病和死皮[41]。

（10）RRIC100 和 RRIC102：为斯里兰卡橡胶研究所培育的次生代无性系，亲本分别为 RRIC52×PB86 和 RRIC52×RRIC7。在不同环境下表现速生，生势壮旺，种后 5～6 年可达开割标准，比当家品种 PB86 至少提早一年投产。头 7～9 割年平均年产干胶分别为 1 860 kg/hm^{2}和 1 583kg/hm^2，比 PB86 的产量高 37%～63.7%[42,43]。两品种都抗条溃疡病，后者还抗白粉病，也较抗风。开割后生长中等偏上，再生皮恢复快，轻度死皮[44]。

（11）湛试 93-114：为我国南亚热带作物研究所培育的次生代无性系，亲本为天任 31-45×合口 3-11。生长快，生势旺，在我国种后 8 年左右可达开割标准，比 GT1 提早一年投产。开割后增长中等。抗寒力特强，适宜在有低温寒害地区种植，但产量较低，平均年产干胶约 700kg/hm^2，但对刺激割胶反应良好，可增产 50%左右。胶乳白色，机稳性好，耐白粉病[45]。

（12）无性系隔离种子园种子：经过鉴定的优良无性系组合的隔离种子园种子，育苗后无需再芽接其他品种，可直接用于生产性大田种植，生长快，生势旺，产胶量不算低，但个体间变异大，种植大田前须进行苗期产量检定，淘汰低劣苗，这为进一步选择优良品种提供了材料。

①PBIG/GG 园种子：为马来西亚 Prang Basar 胶园试验站隔离种子园戈福园所产种子，

在各植胶国家久负盛名。戈福1园所产种子实生树在多处种植，割胶20年平均年产干胶为1 560.8kg/hm²，戈福2园所产种子实生树，头15割年平均年产干胶1 512kg/hm²，戈福4园和5、6园种子实生树，头8割年平均年产干胶为1 287.5kg/hm²[22]，此类种子，供不应求[46]。

②云研1号种子：为云南省热带作物研究所用GT1和PR107两无性系配置生产性大田，自然授粉生产的种子。GT1的雄花退化，必须借助PR107的花粉授粉结实，采集GT1树上结的成熟果实，可保证得到两者的杂交种子。实生后代生长比双亲旺盛，种后6～8年可达开割标准，原生皮厚度大于亲本，采用S/2、d/3 67%割制或S/2、d/2 100%割制割胶，头9割年平均年产干胶1 300kg/hm²。比双亲都耐寒，在云南适宜在半阴坡2、3等宜胶地种植[47]。

(13) 三合树：是通过两次嫁接，把根系发达的橡胶品种作砧木，高产的品种作树干，抗性好的品种作树冠，三者结合在一起的种植材料。试验结果表明，无性系PB5/51、RRIM623、GT1、PR255等的种子实生苗，适宜作三合树的砧木；无性系PB5/03、PB230、PB232、PR255等品种，适宜作三合树的树干；无性系AV2037、GT1、PB235、PR260、RRIM612等品种，适宜作树冠[22]。我国组配的三合树湛试93-114/GT1、闽林71-22/GT1、天任31-45/GT1，其耐寒力明显提高，GT1/PR107的耐风力较好，生长都较快，物候提早，产量也较高，是低温有寒害植胶区或风害植胶区的一种较优良的种植材料[48,49]。

1.2 天然橡胶原料生产基地建设

世界各植胶国家的橡胶生产基地，根据经营规模和性质，可概括为大胶园和小胶园两类。

(1) 大胶园：也叫橡胶种植园或橡胶农场，其特点：①规模大，连片种植，由几千公顷到上万公顷不等；②按商品生产进行经营；③由国家、当地政府或私人公司投资经营；④资金较雄厚，经营管理和生产技术力量较强；⑤采用先进生产技术和现代化技术装备，产量高，质量好；⑥多设有自己的精干试验研究单位，以科学技术进步，推动橡胶生产发展。

大胶园的建设经验，可归纳为：①通过各种办法，求得政府批准，并向当地主管部门注册，取得适合种植橡胶的土地，明确四界和面积、所有权或使用年限，取得合法地位，任何个人或团体不得侵犯；②按照充分利用土地资源，有利生产，方便管理，相对集中连片原则，对全部土地进行整体规划，对山林、田园、道路综合分期开发治理；③选好居民点、加工厂位置，留出土地，适时建设。开割投产前的幼树管理，雇佣附近的临时工进行，投产前一年开始建设生产队居民点，根据割胶定额招收割胶和制胶工人，可大量节约开支；④因地制宜，制订技术规程，按规程办事，保证作业质量；⑤培训职工队伍，提高从业人员的素质；⑥资金、物资统筹预先安排，切忌因资金不足，物资短缺而影响工作。我国的橡胶农场就是根据上述精神建设经营的。

(2) 小胶园：是一家一户农民或小业主经营的胶园。他们以种粮食为主，把种胶作为副业。泰国、印度尼西亚、马来西亚的小胶园分别占各自国家胶园总面积的96%、80%和75%。小胶园零星分散，平均面积只有2～5hm²，资金短缺，无能力引用先进的工艺技术和设备，产量低，质量也差。因此，各植胶国家多采取措施，以改进小胶园的落后状况如：①政府设立专门机构或指定单位，负责小胶园有关事宜；②给予资金补助和生产资料支持；③制定适宜政策，保证先进技术得以贯彻落实；④鼓励和扶助合作经营；⑤对小胶园主进行业务培训和技术辅导等。

马来西亚政府设小胶园管理局，负责农民植胶的审批，土地规划，资金补助，技术指导和检查督促等。把橡胶生产全过程按作业分成几个阶段，制定各作业阶段的技术标准和补助金额，每完成一项作业，经业务辅导队检验，符合标准者才发给签证，凭证去银行领取补助金。种植材料由政府指定单位或委托个人在适当地点设圃育苗，保证小胶农能得到良种壮苗，及时种植。产品由马来西亚橡胶发展公司（Mardec）设点收购，集中统一加工，以提高产品质量。按政府公布价格，定期结算。政府设立小胶园主培训学校，免费进行业务培训。另有联邦土地开发局（Felda）利用政府投资或国际贷款开发新区，作好整体规划，招标承包开发土地，修通公路，建设新村，种上橡胶，然后在人口稠密地区及城镇招收已婚青年工人，每户作价分给一幢木构住宅，4～5hm^2 橡胶林地，进行抚管，发给工资维持生活，待橡胶投产，由 Felda 设立制胶工厂，统一加工。由所得收入中分期抽还住宅费用和林地建设投资后，住宅和胶林归每户移民所有，非常成功。

科特迪瓦政府把资助农民发展橡胶生产的资金，通过大植胶公司组织投放，规定每个植胶公司四周 20km 范围内的农民种胶，由该公司负责，为此公司组成专业辅导队，培育良种壮苗，选择和规划植胶土地，指导农民橡胶抚育和割胶技术，每个辅导人员负责 30～40 户，约 100hm^2 土地，巡回辅导，遇到问题，及时就地解决。农民割胶生产不收集胶乳，任留胶杯自然凝固，收集杯凝胶团，堆放胶林边交通方便处的置胶台上，公司定期派车收运，统一加工销售，只收取适当加工费，其余全部返回植胶农户。20km 以外、公司管不到的地方，由橡胶研究所下设专门机构负责指导。该国小胶园的产量和大植胶公司的单产不相上下[7]。

近年来我国的民营小胶园发展很快，植胶面积近 20 万 hm^2，约占全国总面积的 1/3。其中有些经营较好，但多数与国营橡胶农场差距较大，应加强扶持，改进提高。国外的经验，值得参考。

2　产胶组织和橡胶生物合成

2.1　巴西橡胶树

巴西橡胶树的各器官都含胶，生产上只从树皮割取胶乳。胶乳的生成靠胶树根、茎、叶的共同作用结果。

（1）根：是巴西橡胶树的固着、吸收和贮藏器官。胶树的根系发达，有主根和侧根，主根深扎土层，生长快速。一年生胶苗的主根可扎入土层约 1.4m 深，成龄胶树的主根可深入地下 3m 左右。侧根主要分布在 0～40cm 土层中，30cm 以上土层中尤为密集。根分布幅度约为冠幅的 1.5～2.5 倍，密集分布在树冠投影的范围内，胶树根的生命力很强，复生能力也强，受损伤或被切断的胶根，能很快复生。常见施肥穴中，生成密集的吸收根团。高温高湿季节，胶根每天伸长生长约 0.5cm。相互接触的胶根，能自然嫁接，融合在一起。胶根的分布和生长，明显受环境条件和农业措施的影响[50]。

（2）茎：是胶树的输导、支撑和贮藏器官，茎皮是割胶和产胶部位。巴西胶树的茎高生长表现出节奏性，即伸长一次，接着相对静止一段时间，然后再伸长，再静止。1～2 年生胶苗为单茎生长，每年伸长 5～7 次，长高 2～3m。胶苗分枝后，成多头生长，随树龄增大，分枝越多，每枝年伸长次数减少，伸长量减短。在我国 20 龄胶树，视生境条件不同，一般高15～20m，每年枝伸长 2～3 次。胶树的茎粗生长与气候密切相关，我国植胶区 5～10 月高温高湿，粗生长快，每月增粗约 0.4cm。一般 4 龄胶树的茎粗生长速度达到高峰。在现今种植密度下（490 株/hm^2），5 龄胶林树冠郁闭，粗生长减慢。在最适宜植胶类型区，正常抚管下，胶树种植后 7～8 年胸高茎围可达 50cm 开割投产标准[1,51]。

(3) 叶：是胶树的光合和蒸腾作用的主要器官，也进行旺盛呼吸。叶为三出复叶，具长的总叶柄。茎枝每次伸长生长，新生枝基部有 6～7 枚叶退化成鳞片，靠中上部形成 20 枚左右复叶，中部的叶大，向枝端逐渐变小，呈半球形叶蓬，镶嵌排列。每蓬叶的生育，表现出抽生、展开、变色、成熟几个阶段。古铜色期以前，叶小、折叠、无光合能力；由淡绿色至成熟，光合能力逐渐加强，而呼吸强度则相反。每年 2～3 月抽生每一蓬叶，5～6 月和 8 月前后各再抽一蓬，年底至次年初脱落。第一蓬叶约占全年叶量的 60%～70%，寿命最长，对胶树当年的生长和产胶至关重要。一株壮龄芽接橡胶树，全年抽生的叶面积约 130～150m^2[1]，当然环境、品种、农业措施不同，对胶叶生长会有明显的影响。

2.2 橡胶树的树皮结构和产胶组织

人们通常把胶树茎干木质部以外的部分称为树皮。严格说，由形成层到木栓形成层的部分，则为皮层，木栓形成层以外的部分则为栓皮层。树皮的结构成分有韧皮薄壁组织细胞、筛管、乳管、髓射线和石细胞。树皮的厚度随树龄增大和树干增粗而增加，7～8 龄胶树，胸高茎围达 50cm，开割投产时，树皮厚约 7mm。皮层含有乳管，栓皮层不含乳管。割胶时切掉离形成层约 1mm 以外的树皮。割掉的树皮的恢复，则靠形成层和髓射线的分生和分化。

Bryce 等 (1917) 把胶树的树皮分为内层软皮和外层硬皮。我国割胶工人根据长期的割胶实践，把胶树的树皮由外向内依次分为粗皮、砂皮、黄皮、水囊皮和形成层，真实地反映胶树树皮的结构情况，对指导割胶生产，具有重要的实际意义（如图 29-1)。

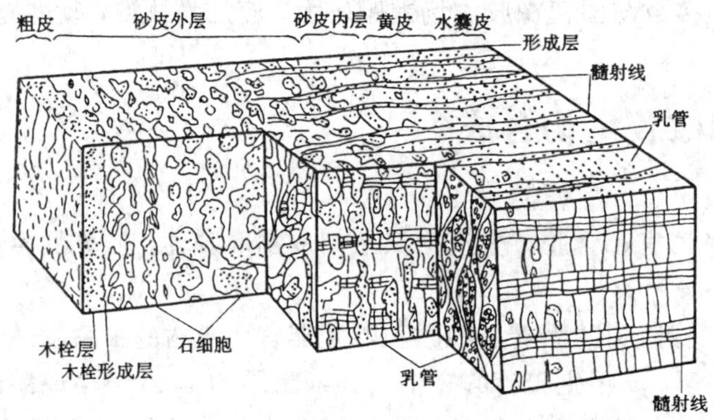

图 29-1 巴西橡胶树树皮结构示意图

(1) 粗皮：由木栓层构成，为已栓化、排列紧密的死细胞，不透水，不透气，不导热，起保护树皮内部结构的作用。再生皮中周皮的恢复，是靠割断的髓射线端面细胞分裂膨大，横向间隙延伸，形成一连续的组织层，位于表皮内侧，紧靠表皮，此即新生的木栓形成层[46]，它向内、外分生，形成新周皮。胶树茎干的原生皮中，栓内层很薄，含叶绿素，呈绿色；再生皮中，栓内层较厚，含花青苷，呈红褐色。

(2) 砂皮层：很厚，约占树皮总厚度的 70%，分外砂皮和内砂皮，外砂皮和粗皮一起称为硬皮，含石细胞特多，较坚硬，聚集成堆，触之有砂粒感，胶工割胶切皮时，铮铮作响。该层中的乳管已衰老，被石细胞挤压得支离破碎，失去了产胶能力，被称为无效乳管。内砂皮含石细胞较少，含乳管较多，乳管列数约占皮层中乳管总列数的 30%，能正常产胶，称为有效乳管。

(3) 黄皮：该层约占树皮厚度的 1/5，呈淡黄色，通常不含石细胞或含量极少，含乳管特多，约占树皮中乳管总列数的一半，分布密集，排列整齐，发育成熟，是产胶机能最旺盛的乳管，为主要产胶部位。该皮层中的筛管几乎完全丧失功能。

（4）水囊皮：呈淡黄白色，细胞幼嫩，充满汁液，破裂时，排出大量水液，因而得名。该层厚，约占树皮厚度的10%，通常<1mm，品种不同，彼此差异较大。含乳管列数约为总乳管列的20%，都是发育未成熟的幼嫩乳管，产胶能力差，含非胶组分高。该层和黄皮及砂皮内层一起，合称为软皮。该皮层中筛管密集，发育成熟，功能最高，是有机营养分运输补给线。

（5）形成层：由一层排列整齐的长方形细胞组成，介于木质部与树皮层间，分生活跃，次生乳管的产生全靠形成层。割胶时伤害了它，会产生一系列不良后果。

（6）乳管：是胶乳形成和产胶组织。成熟的胶树种子，其胚的下胚轴和子叶即有乳管。乳管原细胞随原生韧皮部的产生而分化，有些乳管细胞纵向排列，端壁完整，为无节乳管，有的端壁破裂，形成有节乳管[52]。由形成层分生的乳管，通常每分生一层乳管母细胞，接着分生几层薄壁细胞，形成分层的同心圆，每层乳管环称为乳管列。乳管侧壁产生突起，与邻近的乳管突连接，胞壁穿孔或溶失，形成网状（如图29-2）。不同列的乳管互不连接。割胶时，必须适当深割，才能切断更多乳管，排泌胶乳。胶树乳管的列数和个数，随树龄长大和树皮增厚不断增多，7龄胶树的乳管列数和个数比3龄树的增多2.5～9.8倍。RRIM501和RRIM623芽接橡胶树，15龄内的乳管数与树龄成直线相关[53]，此外，胶树的乳管还随品种、环境条件不同而改变。Bobilioff（1920年）、Bryce（1923年）、Sanderson（1967年）等先后研究了未经选择的割胶实生胶树的乳管，其平均列数为11～13列，少的只有8列，最多的为27列。Gomez（1972年）研究了112个8.5龄芽接橡胶树的乳管，平均列数为25.6列，比一般实生树乳管多1倍，与最多的一组相接近。

图29-2 同列乳管的网状连接

无性系PR107和GT1约有50%的乳管分布在离形成层约1mm的树皮内层，离形成层5.8mm以外就没有乳管了。乳管的口径很小，一般为22～26μm，最大也只有29μm[23]。乳管在树皮内不是上下笔直分布的，而是与茎干轴线成3°～7°夹角向右上方倾斜分布。个别品种为BD5约有一半的乳管是顺时针方向螺旋上升的[51]。

胶树茎干上不同高度树皮中的乳管数不同，实生树的差异尤为明显，因实生树的茎干圆锥度大，随高度上升，树围变小，树皮变薄，乳管也减少。在离地面12cm、50cm、100cm茎干高处测定树皮的乳管列数，以12cm处的为100%，其余两处分别为74%和40%。芽接橡胶树的茎干为圆柱体，上下茎围差异不大，上列3个高处的乳管列数，也以低处的作100%，其余两点的分别为95%和90%[46,53]。

2.3 橡胶生物合成

2.3.1 橡胶的前体

（1）乙酸和丙酮酸：Teas等证实，巴西橡胶树的鲜胶乳能把乙酸掺入橡胶，并证明胶乳含有把^{14}C-乙酸盐生成标记的橡胶所需要的全部酶系和辅因子[54,55]，但掺入率低，仅1%；丙酮酸掺入率更低，原因是：①排胶时线粒体滞留在乳管壁，排出的胶乳中缺乏线粒体；②乙酸转化为乙酰CoA或较后的步骤中存在代谢障碍[56,57]；③离体胶乳中，乙酸很快转化为乙醇和乳酸，而不转化为橡胶。

(2) 乙酰 CoA：巴西橡胶树的胶乳能把乙酰 CoA 掺入橡胶，并具有转化乙酰 CoA 为乙酰 CoA 和 3-羟基-3-甲基戊二酰 CoA 所需要的酶系[58]。

(3) 3-羟基-3-甲基戊二酰 CoA (HMG-CoA)：Hepper 等观察到 HMG-CoA-3-^{14}C 的 50% ^{14}C 掺入橡胶，并指出 HMG-CoA 不降解为低分子，直接用于橡胶合成[59]。Lynen 研究结果表明 HMG-CoA 还原酶活性远小于其他酶（见表 29-2），从而认为此还原步骤是橡胶合成的限速步骤[58]。

表 29-2 参与由乙酸合成橡胶的酶活性 (nmol 底物 · min^{-1} · ml^{-1}胶乳)

酶	活 性	酶	活 性	酶	活 性
乙酰 CoA 合成酶	57	HMG-CoA 还原酶	0.078	焦磷酸甲羟戊酸脱羧酶	103
硫解酶	3.92	甲羟戊酸激酶	149	异戊烯焦磷酸异构酶	—
HMG-CoA 合酶	232	磷酸甲羟戊酸激酶	44	橡胶转移酶	22.3

(4) 甲羟戊酸：巴西橡胶树的胶乳能转化甲羟戊酸为高分子橡胶[60,61]，胶乳中存在甲羟戊酸经 5-磷酸甲羟戊酸和 5-焦磷酸甲羟戊酸转化为异戊烯焦磷酸所需要的酶[62~64]。

(5) 异戊烯焦磷酸 (IPP)：Lynen 等报道，巴西橡胶树的胶乳能把 IPP 生物合成为橡胶，并观察到 IPP 掺入橡胶的速度比甲羟戊酸迅速[65,66]，IPP 的掺入率高达 97%[67]。胶乳乳清中存在 IPP 异构酶活性[68]，此酶催化 IPP 转化为二甲基烯丙基焦磷酸 (DMAPP)。IPP 的双键具亲核反应性和亲电子性，在 IPP 异构酶作用下，IPP 变换双键转化为 DMAPP，DMAPP 的碳—氧键电离，产生一阳离子中心，袭击 IPP 的外甲叉基中可得到的电子。质子的消除，导致一个含 C_{10}的烯丙基焦磷酸的形成（如图 29-3）。此产物在橡胶转移酶的催化下，同另一 IPP 缩合，形成含 C_{15}的产物。如此反复进行，最后形成多聚异戊二烯—橡胶。橡胶生物合成中，靠 IPP 异构酶发动碳链伸长反应，橡胶转移酶控制碳链长度。

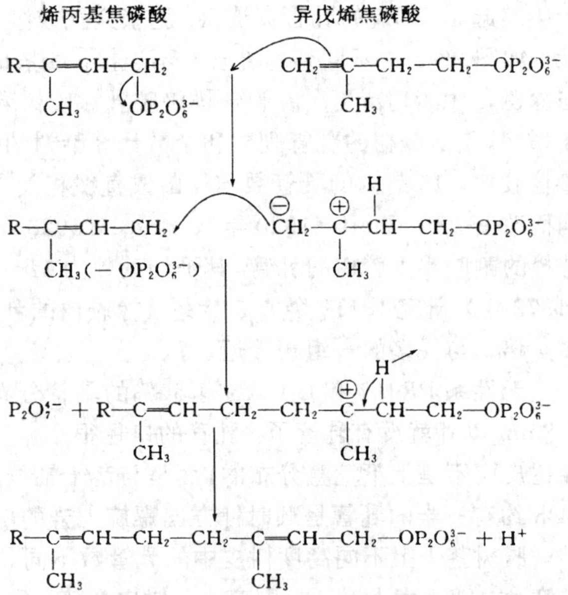

烯丙基焦磷酸　　异戊烯焦磷酸

R—C(CH$_3$)═CH—CH$_2$—OP$_2$O$_6^{3-}$　　CH$_2$═C(CH$_3$)—CH$_2$—CH$_2$—OP$_2$O$_6^{3-}$

R—C(CH$_3$)═CH—CH$_2$ (—OP$_2$O$_6^{3-}$)　　⊖CH$_2$—⊕C(CH$_3$)—CH(H)—CH$_2$—OP$_2$O$_6^{3-}$

P$_2$O$_7^{4-}$ + R—C(CH$_3$)═CH—CH$_2$—CH$_2$—⊕C(CH$_3$)—CH(H)—CH$_2$—OP$_2$O$_6^{3-}$

R—C(CH$_3$)═CH—CH$_2$—CH$_2$—C(CH$_3$)═CH—CH$_2$—OP$_2$O$_6^{3-}$ + H$^+$

图 29-3 C_{10}-烯丙基焦磷酸的形成

2.3.2 橡胶生物合成的能量和还原剂

橡胶生物合成过程中需支出能量。由 3 分子乙酰 CoA 生成 1 分子 HMG-CoA，所需能量来自乙酰 CoA 的 3 个硫酯键。由甲羟戊酸生成活性异戊二烯的 IPP，需要 3 个 ATP，推动反应进行，ATP 来自糖酵解——三羧酸循环和戊糖磷酸途径（如图 29-4）。HMG-CoA 还原为甲羟戊酸，需要还原剂 NADPH。NADPH 来自糖降解的戊糖磷酸途径[58]。巴西橡胶树胶乳的 HMG-CoA 还原酶能在 NADP 存在下利用 HMG-CoA 合成橡胶[54,69]，这种利用 NADPH 和

NADP 两者的能力，似乎是巴西橡胶树所独有。

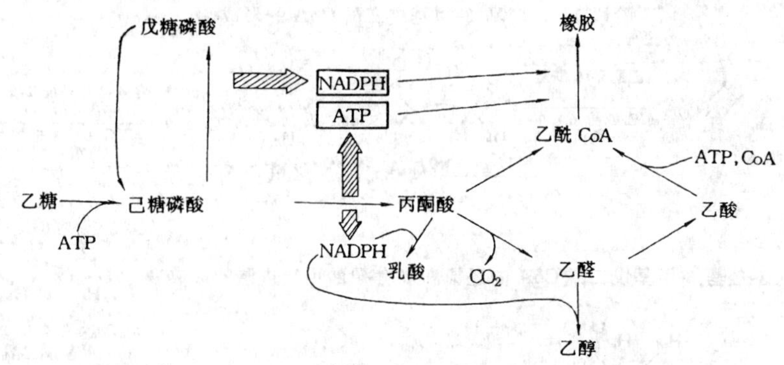

图 29-4 戊糖磷酸途径产生 ATP 和 NADPH 与橡胶合成

2.3.3 橡胶生物合成的途径

由乙酰 CoA 生物合成橡胶的立体化学过程，如图 29-5。

一般认为天然橡胶是顺式构型的异戊二烯多聚体，最近研究表明，橡胶链中双键不全是顺式构型[70]，反式烯丙基焦磷酸也是生物合成橡胶的起始物。Tanaka 等证实巴西橡胶树低分子量橡胶中有 3 个反式异戊二烯单位同顺式长链在一起[71]。Kekwick 也持橡胶分子中含有若干个反式异戊二烯单位的见解。

2.3.4 橡胶合成的场所

IPP 通过同每个橡胶分子链的末端（烯丙基）焦磷酸基团起反应，在胶乳中橡胶粒子的表面掺入橡胶[72,73]。Lynen 研究结果表明，^{14}C-IPP 在橡胶粒子上掺入橡胶，因而支持 Archer 等提出的橡胶合成发生在橡胶粒子上的意见[58]。Archer 等进一步研究表明，所形成的橡胶 90% 以上是新分子，而不是链延长的分子。橡胶分子是在胶粒表面上形成，并束缚在橡胶粒子上[70]。

Frey-wyssling 粒子，是巴西橡胶树胶乳中的一种双膜细胞器，结构复杂，其内邻近膜向内折叠的位置上，有由膜包裹的多数橡胶粒子[74]。此细胞器不能把甲羟戊酸转化为橡胶，也未证实它是橡胶合成的场所。

2.3.5 橡胶生物合成的调节

巴西橡胶树的橡胶生物合成，有自身调节作用，调节因子有：

(1) 酶：最近研究两个橡胶无性系的结果表明，胶乳的 HMG-CoA 还原酶活性，在一日内有昼夜变化，日落时的酶活性约为白天的 2 倍，胶乳中橡胶含量也有类似变化，两者有着密切的平行变化[75]，表明该酶确是橡胶生物合成中的限速酶。

(2) 辅因子：HMG-CoA 还原酶催化反应的速率与还原剂 NADPH 的水平密切相关。巴西橡胶树的胶乳中 $NADP^+$ 含量很低，且对 2'-核苷酸酶很敏感[76]。胶乳中加入 NADPH 确可刺激乙酸转化为橡胶[77]。橡胶转移酶的活性受 Mg^{2+} 浓度的影响，Mg^{2+} 为 2×10^{-3}mol・L^{-1} 时，IPP 掺入橡胶的值最高，Mg^{2+} 过多会抑制橡胶生物合成。胶乳中的黄色体有吸收累积 Mg^{2+} 等离子的机能，黄色体内 Mg^{2+} 浓度为胶乳中的 8 倍[78]，有利于橡胶转移酶活性和橡胶生物合成。

(3) 植物生长激素和生长调节剂：乙烯，不论是外施、内源或诱导的，是巴西橡胶树的有效刺激增产剂，能显著提高胶乳的排泌量。橡胶树排胶后，其产胶组织合成和再生流失的

阶段1 3-羟基-3-甲基戊二酰 CoA 的形成

2×乙酰 CoA + 乙酰 CoA 酰基转移酶（E.C. 2.3.1.9，乳清）→ 乙酰乙酰 CoA

乙酰乙酰 CoA + 乙酰 CoA → 3-羟基-3-甲基戊二酰 CoA 合酶（E.C. 4.1.3.5，乳清）→ 3-S-3-羟基-3-甲基戊二酰 CoA

阶段2 3-羟基-3-甲基戊二酰 CoA 的还原和5-焦磷酸甲羟戊酸的形成

3-S-3-羟基-3-甲基戊二酰 CoA + 2×NADPH+2H⁺ → 3-羟基-3-甲基戊二酰 CoA 还原酶（E.C. 1.1.1.34，'底层部分'内质网？）→ 甲羟戊酸

甲羟戊酸 + 2ATP → 1. 甲羟戊酸激酶 2. 磷酸甲羟戊酸激酶（1. E.C. 2.7.1.36 2. E.C. 2.7.4.2，乳清）→ 5-焦磷酸甲羟戊酸

阶段3 类异戊二烯单体异戊烯焦磷酸和引物二甲基烯丙基焦磷酸的形成

5-焦磷酸甲羟戊酸 → 5-焦磷酸甲羟戊酸脱羧酶（E.C. 4.1.1.33，乳清）→ 异戊烯焦磷酸 + CO_2 + H_2O

异戊烯焦磷酸 ⇌ 异戊烯焦磷酸异构酶（E.C. 5.3.3.2，乳清）⇌ 二甲基烯丙基焦磷酸

阶段4 全反式多聚异戊二烯醇焦磷酸引物的形成

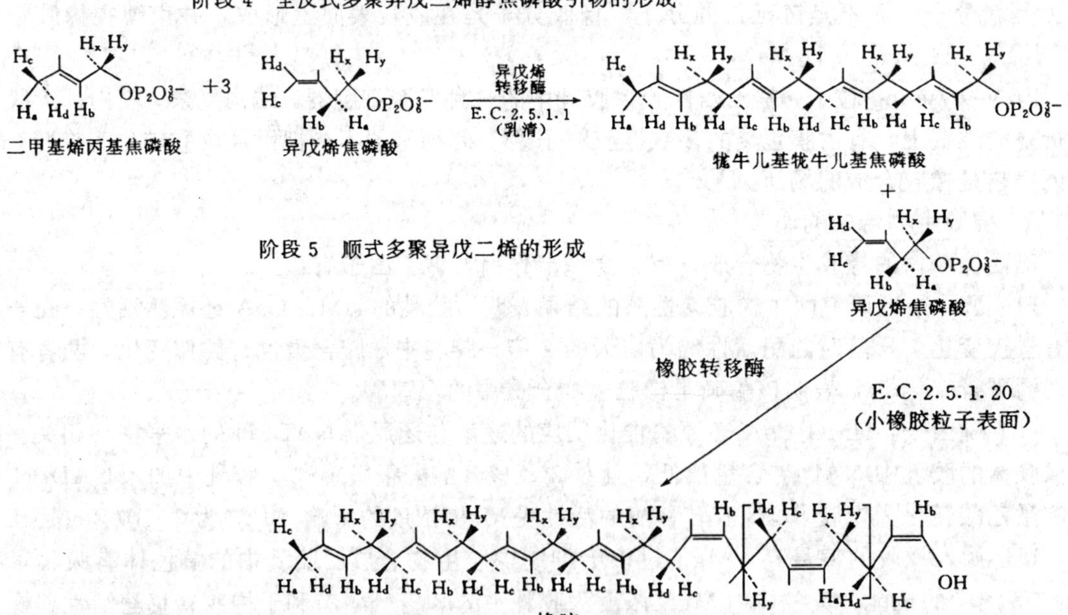

图 29-5 乙酰 CoA 合成橡胶的立体化学过程

胶乳和橡胶。乙烯利刺激能调节橡胶的生物合成。

(4) 橡胶合成抑制剂：最近发现巴西橡胶树的胶乳乳清中，有橡胶合成抑制剂，它是一种分子量约为 5×10^4 的热变性蛋白质，等电点约 4.7，此抑制剂通过阻断聚合起作用。

(5) 胶乳的 pH 值、硫醇和抗坏血酸：胶乳的 pH 值具有生物化学的和生物物理的“自动稳定器”作用。橡胶合成过程中，许多关键酶在起作用，它们对 pH 值变化非常敏感，介质稍有偏酸或偏碱变化，都会不同程度地影响酶活性，从而影响橡胶合成。生理浓度的硫醇能激活胶乳代谢中的关键酶酶促反应，有利异戊二烯的聚合。硫醇和抗坏血酸能保护乳管细胞正常和有效代谢活动。

3 巴西橡胶树的产胶和排胶

3.1 橡胶树的产胶潜力和产胶量

(1) 橡胶树的光合产物：产胶所需的有机原料，靠胶树叶的光合作用形成。7 龄实生橡胶树一年生长复叶约 6 170 枚，有小叶片约 1.85 万张，叶面积约 $132m^2$。根据树冠不同部位的光合强度，测定其光合量。全树冠平均光合强度为 $1.13gCO_2/(m^2\cdot h)$。按下列公式计算：

$$\text{每日光合量}=(\text{不同叶层时均光合强度}\times\text{总叶面积})\times\text{每日光合时数} \tag{29-1}$$

计算每株胶树每日同化 CO_2 量为 1 788g，相当葡萄糖 1 220g。天气情况不同，光合强度和光合量有变化，须根据当地天气类型分别测定。海南省那大地区 7 龄实生橡胶树一年的光合产物约为 288kg；另由树体内呼吸提供的 CO_2 约相当空气中供应 CO_2 量的 10%，这样一株 7 龄橡胶树年光合产物约为 317kg[51]。

橡胶树的呼吸作用很强，各器官中叶的呼吸作用最强，根次之，栓化的茎、枝最低。按叶、茎枝、根所占比例，计算一株胶树每日由呼吸消耗的葡萄糖约 670g，年消耗光合产物 245kg 左右，占其同化物量的 77%，仅剩 23%同化物用于各器官的生育和橡胶合成[51]。

不同橡胶树品种，同化能力不同。测定第 2～4 割龄的 RRIM600 芽接树的净光合量约为 45kg，GT1 约为 24kg，PR107 为 31.2kg。胡耀华等用其建立的数学模式估算那大地区 17 龄 RRIM600 芽接树的净光合量为 61.9kg[79]。

净光合量用于产胶的分配率　橡胶是一种高能物质，橡胶的热能相当同重量木柴的 2～2.5 倍。橡胶树的净光合产物用于产胶的比例，一般按下列公式计算：

$$\text{分配率}=\frac{\text{年产干胶量}\times2.5}{\text{地上部年干重增长量}+(\text{年产干胶量}\times2.5)} \tag{29-2}$$

未经选择的实生橡胶树，净光合产物用于产胶的比例很少，仅 5%左右。选育的现代高产无性系橡胶树，其净光合产物用于产胶的比例高达 25%～30%。对 18 个无性系橡胶树测定结果，净光合产物用于产胶部分占 10%～20%的有 3 个品种，占 20%～30%的有 7 个品种，>30%的有 8 个品种[51]。

(2) 巴西橡胶树的产胶潜力和产胶量：20 世纪 70 年代以来，通过选育种工作，已选育出一批乳管列数多，净光合产物分配给产胶的比例高的优良品种，把橡胶树的产量提高 5～6 倍。现代优良品种商业性胶园的产量，一般约为 2 000kg/hm²。Sekhar（1972 年）称，根据理论推算，最高产的胶树品种，年产干胶量应为 9 000kg/hm² 左右[13]。植胶国家都有年产胶 20kg 以上的有性单株。我国组配的 PB86×PR107 杂交后代中，第 8 割年有产胶 25kg 的单株。遗憾的是迄今还没有找到有效办法，把这类胶树繁殖开来，作商业性种植。苗期产量预测的准确性有待研究提高。

橡胶树一旦开割投产，可以连续收获，经济寿命期 20 年以上。每年收获 100～150 次（采用 S/2、d/2 100%割制）。收获是通过割伤树皮取得的，因此每割次、当月、当年的产量，对以后的产量都有影响，妥善处理当前与长远产量、高产和稳产的关系，非常重要。橡胶树的产量构成，受多种因素影响，研究各种因素和它们间的相互关系对橡胶树的影响，采取相应措施，提高胶树产量。

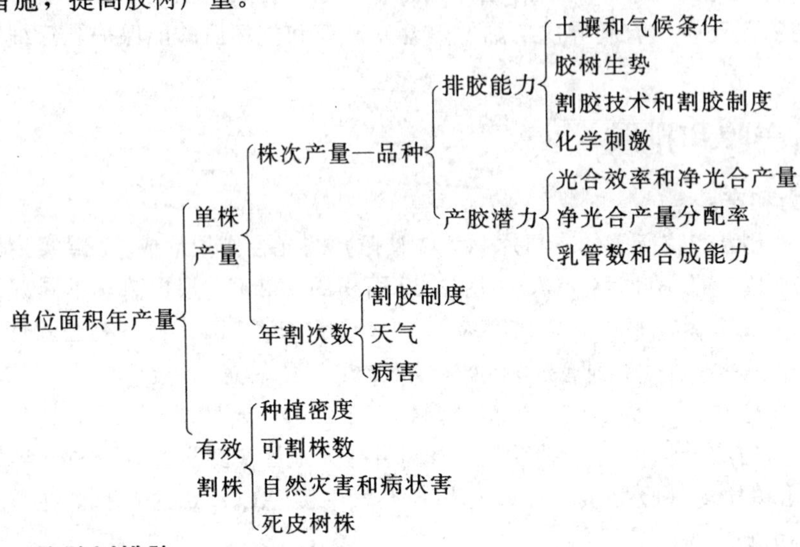

3.2 橡胶树排胶

（1）排胶：橡胶树的胶乳在乳管里形成，并贮藏在乳管内。一旦割断乳管或刺穿乳管壁，胶乳就涌流出来。胶乳从乳管流出的现象叫排胶。割胶时割掉部分树皮，切断其中的乳管，胶乳外流，汇集在割线上，通过导胶“鸭舌”，导入胶杯。割后头 5～10min 内，胶乳外流很快，含胶量也高，随时间推移，胶乳排出的速度减慢，含胶量下降，最后停止排胶（见表 29-3），胶乳在割线上凝固，形成一条窄带，称为胶线，覆盖在割线上，保护割口内皮层的各种组织成分。整个排胶过程，一般历时 2～3h，但受多种因素影响，会使排胶时间延长或缩短。

表 29-3 割胶后不同时段的排胶量及干胶含量

项 目	排胶时段（min）				
	0～15	15～30	30～60	60～90	90 以上
排胶量占当天排胶总量（%）	41～52	20～24	16～26	6～8	极少
干胶含量（%）	34～32	31～29	27～26	25～23	

乳管中胶乳含有多种物质，浓度较高，因而就从邻近的细胞中不断吸水膨胀，乳管膨压升高，压向乳管壁。乳管壁有一定伸缩性，扩张后产生壁压，以相反方向向回压；乳管周围的细胞具有挤压力，使乳管不能无限制的扩大，致使膨压力升高，使胶乳停止从周围邻近细胞中继续吸水，乳管与其周围细胞处于相对平衡状态。这时乳管充满胶乳，浓度稳定，压力为 1013.3～1418.6kPa。割胶时切断乳管或割掉乳管口的胶塞，割口的壁压消失，胶乳从割口流出，膨压下降，排胶不到 10min，膨压降至约 202.7kPa。离割口越远，胶乳排出越少，膨压下降越小，在乳管中形成膨压梯度差，使胶乳从膨压高处向低处位移。随着胶乳排出或移动，膨压下降，乳管壁收缩，向内挤压，有助于推动胶乳排出或位移。当乳管壁收缩到原有

的状态时，就不再收缩，壁压推动胶乳移动的力量便消失。胶乳具有一定粘滞性，在乳管中流动时，与乳管壁发生摩擦，阻滞胶乳流动。离割口越远，膨压下降和乳管壁收缩越少，两者推动胶乳流动的力量也越小，当其与胶乳的滞性和摩擦力相等时，胶乳就不再位移。

割胶后，胶乳排出和位移，膨压下降，打破了割胶前乳管与其邻近细胞的水分平衡，乳管从其周围细胞中吸水，使胶乳稀释，浓度下降，称为“稀释效应”。排胶时期内，乳管从周围吸收的水分约为排出胶乳量的 20%。由于吸水，可维持乳管一定的膨压，有利排胶。乳管吸水，胶乳稀释，渗透值下降，乳管的吸水力逐渐降至与邻近细胞的相等时，稀释作用终止，胶乳浓度又趋稳定。

(2) 排胶影响面：割胶时，割线的上下左右树皮受到排胶影响的范围，称排胶影响面。自 30 年代以来，曾用多种方法研究排胶影响面。Pakianathan (1975 年) 用压力计测压法研究橡胶树割胶时胶乳位移面，把排胶影响面分为 3 个区：①排胶区，割胶后树皮膨压下降 40% 以上的区域，分布在割线中部的下方 70cm 和上方 15cm，割线两端下方 60cm 和上方 10cm 范围内，该区的胶乳很快向乳管割口位移，最先流出乳管；②转移区，割胶后树皮膨压下降 10%～40%的区域，分布在排胶区外围，割线下方自 70～120cm 和割线上方自 15～100cm 范围内，胶乳向乳管割口移动的速度较慢；③回复平衡区，割胶后 10～12min 内，难测出树皮膨压的变化，膨压下降<10%，分布于转移区外围，此区的胶乳位移极慢（如图 29-6）。

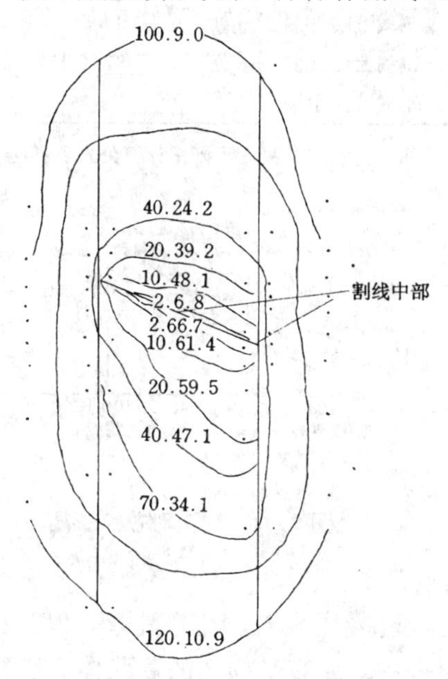

图 29-6　RRIM600 芽接树的排胶影响面

小数点前为距割线的距离（cm）；
小数点后为膨压降低（%）

排胶不仅影响割线的上方和下方，也影响未割树皮的侧面和背面，只是影响的范围大小和程度轻重不同而已。为了更清楚了解这一问题，列举对 9 个无性系橡胶树的排胶影响面测定结果见表 29-4。

排胶影响面的大小与胶乳产量呈线性相关，与主要排胶影响面更为显著，相关系数 $r=0.731$，回归方程 $y=0.616x+25.83$。排胶不仅在茎干皮形成影响面，对芽接胶树结合区以下的根皮也有影响。在靠近芽接结合区上方割胶，则影响主根和侧根皮部的胶乳向割口位移。施用刺激剂割胶，会明显扩大排胶影响面，在割线下方 40～120cm 和上方 20～100cm 范围内，膨压降低更为明显，如图 29-7。胶树品种不同，割胶措施不同，对排胶影响面的影响大小也不同。

(3) 反常排胶：有些橡胶树排胶反常，常见的有：①胶乳早凝，割胶后排胶不到半小时，甚至短到几分钟，胶乳就停止排流而凝固，产胶量很少，原因是营养元素比例失调，特别是 Ca、Mg 过多，P、K 不足，Mg/P 比值>1.5～2.2，Ca/K 比值>1～1.5 范围。有经验的胶工施用草木灰或牛、猪骨粉，有矫正效果。根据胶树营养诊断结果，对症施肥，是科学矫正办法；品种特性；胶树开花、座果、抽生新叶时，胶乳易早凝；割胶不注意清洁卫生，引起细菌大量繁殖、产酸，导致早凝；干旱、高温、大风天气引起早凝。②胶乳长流，割胶后排胶时间比一般的长几倍。长流胶会造成营养损失，干胶含量很低，不便生产管理等，原因有

表 29-4 割胶后不同部位树皮膨压的变化[80]

以割线为准的测点位置	不同测点膨压下降（%）										
	割线上方测点位置（cm）					割线下方测点位置（cm）					
	2	10	20	40	100	2	10	20	40	70	120
割线的中央	61.9	46.0	35.7	28.7	15.6	70.2	62.5	62.5	51.2	40.6	15.9
割线下端内侧 5cm 处	60.5	44.0	34.9	29.3	17.4	71.1	64.5	54.3	48.3	35.8	12.8
割线上端内侧 5cm 处	53.0	40.1	32.9	29.4	11.3	67.7	62.2	53.0	46.9	38.4	13.5
割线下端外侧 5cm 处	30.8	29.9	29.9	25.9	12.7	31.6	34.0	34.5	30.7	36.5	9.7
割线上端外侧 5cm 处	31.4	29.5	27.1	23.8	8.5	35.9	34.7	34.6	32.9	27.1	14.3
割线背面中央	16.7	19.3	15.3	14.6	5.4	16.6	18.3	19.2	17.5	16.5	8.1

注：各测点的膨压下降率计算公式：膨压下降率＝$\frac{\text{割胶前膨压－割胶后 10～12min 时的膨压}}{\text{割胶前膨压}}$×100%。

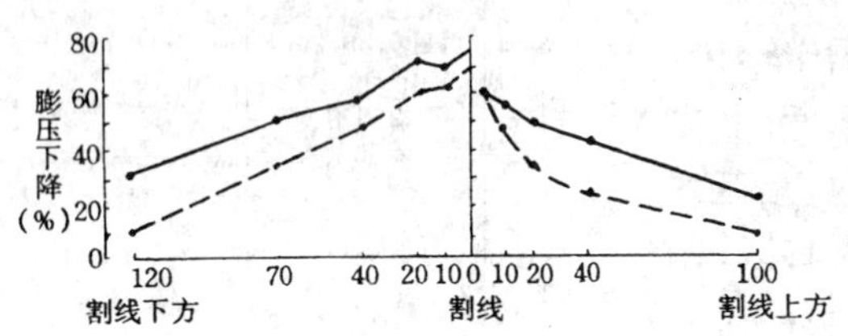

图 29-7 刺激对各点膨压下降的影响

——刺激；---未刺激

品种特性；化学刺激割胶；低温影响；营养元素比例失调，如缺 Mg，Mg/P 比值过低，或 K 过多，胶乳不易凝固，宜对症采取措施，进行矫正。

（4）停止排胶：Boatman 等（1966 年）及以后的研究者提出停止排胶机制的新概念，即割胶后，排胶和胶乳稀释，造成黄色体畸变或破裂，释放出致凝因子，使胶乳絮凝，在乳管割口形成胶塞，割线上胶乳凝成胶盖，堵塞乳管，停止排胶。Southorn 报道，乳管切口内的胶塞和割线上的胶盖凝胶中，都有受损伤的黄色体。胶乳中的黄色体含有酸性β-乳清，大量 Mg^{2+}、Ca^{2+} 和水解酶等。黄色体在胶乳内处于静止态或激发态，在排胶过程中，由于受渗透震动和排胶剪切力影响，在排出的胶乳中呈受伤态和严重受伤态，膜发生畸变和破裂，释放出内含物，破坏胶乳的稳定性，造成胶粒在乳管割口处絮凝。1969 年他用电镜检验，证明在割开的乳管口有含破坏的黄色体的絮凝胶，形成堵塞，降低排胶速度，缩短排胶时间。他认为有两种机制，即乳管口的胶塞和割线上的胶盖，造成停止排胶，而胶塞则是主要因素。胶乳的水分蒸发，细菌活动产酸破坏，酶的作用以及树皮汁液的化学影响，对形成胶盖具有一定作用。

巴西橡胶树的乳管堵塞是品种特性，为了比较不同品种的乳管堵塞程度，Milford 等（1969 年）提出堵塞指数概念，用下式表示：

$$\text{堵塞指数}=\frac{\text{割胶后头 5min 的平均排胶量（ml/min）}}{\text{排胶总量（ml/株·割次）}}\times 100\% \qquad (29\text{-}3)$$

据此测定了 13 个无性系橡胶树的堵塞指数，其中 RRIM501 的堵塞指数为 1.74，最小，而 Tjir1 的为 6.3，最大[81]。一般情况下，胶树的堵塞指数与其产胶量成反相关，与施用刺激剂的效果成正相关（见表 29-5），但也有例外。

表 29-5 20 龄实生树的堵塞指数与刺激效应

测定树株号	37	17	1	155	80	2	75	138
堵塞指数	1.10	2.50	2.66	3.45	4.22	4.34	7.50	8.00
刺激割胶增产（%）	−4.1	59.2	60.3	127.7	106.9	400.0	320.0	178.6

3.3 提高胶树产胶和排胶的途径

(1) 选种优良品种：胶树品种是影响产胶和排胶的最主要因素之一。有些品种适应广，如 GT1、PR107、RRIM600 和 PR255 等，适宜在多数植胶国家种植且都高产；有些品种生长很快，如 PB235、RRIM701、AV2037、RRIC102 等，比其他品种至少可提高一年开割投产；有些品种产胶量较高，如 RRIM600、RRIM712、PR255 和 RRII105 等，开割头 10～15 年平均产量>2000kg/hm^2；有些品种早熟，一开割就高产，如 PB235、PB255、PB260 等；有的品种高产和抗病，如 RRIC102、RRIM729、IAN873 等；有的品种耐寒和高产，如 IAN873、GT1、云研 1 号实生树等。有些品种抗风，有些品种耐旱，有的对刺激割胶增产效果明显，有些适合作三合树的茎干或树冠。不少品种兼有多项优良性状，供各地生产选用。

(2) 选择适宜植胶环境：生长环境是胶树赖以生育的场所和影响产胶、排胶的因素，主要包括气候和土壤条件。我国植胶区位于热带北缘，既有冬季低温威胁，又有强风为害。纯热带植胶国家，有些地区病害严重，有的地区有阵性气旋影响。根据风、寒情况，病害轻重，土壤肥瘠等，把植胶环境分为大区、中区、小区不同类型。根据类型选配适宜品种，使胶树生长健壮，有较高的产胶潜力，发挥良种的高产特性，减少各种自然灾害，保证单位面积上有足够的有效割胶树株，有利排胶，增加胶乳产量。

(3) 采取相应的生产措施：包括合理密植，园艺式抚管、科学割胶。我国大面积植胶 40 多年来，针对地区特点，研究总结出一套行之有效的生产技术措施，如“四化三提前”建设胶园①，“一早二料三专管”速生管胶②，“环境、品种、措施三对口”经验，“管理、割胶、养树”相结合的割胶措施，以及其他经验等，保证了我国在环境条件较差的地区，能大面积植胶成功。

4 割 胶

割胶是有计划、有控制地割掉适当部分树皮，切断其中乳管，使胶乳排流出来，获得产量的作业，技术性很强，涉及面也广。

4.1 开割标准

橡胶树种植后，正常抚育管理下，经 6～8 年生长，茎围粗，芽接树在离地面 130cm 高处、实生树在 50cm 高处（割线下端）达 50cm，为可割标准。一个林段内的树株≥50%达可割标准时，该林段可开割投产。开割后 3 年内，同一林段内开割株已达 80%以上，未达可割标准的树也可开割。不同植胶国家胶树的开割标准不尽一样。如柬埔寨规定，6～7 年生橡胶树，茎干 1m 高处茎围达 50cm，树皮厚≥0.6cm，可割株达 70%或 70%±5%时，可开割投产[82]。为了缩短大田非生产期以及自然灾害频繁的地方，近年主张茎围达 45cm 左右时，提前用针刺采胶。不论芽接胶树或实生胶树，茎围粗，树皮厚，乳管列数多，发育好，产胶量多。反之，开割时茎围越小，产胶量越少（见表 29-6），割胶时易伤树，胶乳易从割线上外流，再生皮恢复也差，会影响以后的割胶和产量。割胶会抑制橡胶树生长，开割时茎围越小，受抑制越严重。茎围 50cm 的橡胶树合成有机营养物质的能力比茎围 40cm 的胶树高 29%，割胶 1 年后两者树

① 胶园营造防护林网、修筑梯田、选种优良品种、种植绿肥覆盖植物，称为胶园四化；提前育苗，提前开垦和提早定植，称三提前，合称胶园建设“四化三提前”。

② 胶苗在春季适时早定植，采用良种壮苗种植材料和施用充足肥料（优质有机肥和化肥），定植后即固定专人进行抚管，简称为“一早二料三专管”。

皮中的糖含量分别下降6%和24%[51]。Vollema报道，割胶显著抑制胶树生长，割胶强度越大，抑制生长越严重（如图29-8）[83]。5个无性系橡胶树用100%割胶强度连割第一割面3年，平均抑制生长70.7%～26.5%（见表29-7）。割胶对某些品种茎围增长的抑制特别厉害，如RRIM513和我国选育的海垦1，这类品种的可割标准宜提高到茎围达55cm。

表29-6 不同树围开割对产胶量的影响

开割时离地60cm高处平均茎围（cm）	51.1	46.0	41.8	37.4	32.5
3年累计产干胶量（g）	3050.3	2191.0	1843.8	1687.5	1444.4
产量比较（%）	100	85.6	60.0	55.1	47.2

表29-7 不同割胶制度对不同胶树品种的生长影响[83]

割胶制度	割胶3年茎围累计增长量										备 注
	RRIM600		RRIM623		RRIM513		PB5/51		PB5/63		
	cm	(%)	cm	(%)	cm	(%)	cm	(%)	cm	(%)	
S/2·d/2 100%	14.3	73.5	9.8	56.3	7.0	42.7	7.7	53.5	7.5	55.6	在芽接结合点上方151cm高处测定
S/1·d/4 100%	11.4	58.2	5.8	33.3	4.8	29.3	6.0	41.7	5.3	39.3	
不割胶（CK）	19.6	100	17.4	100	16.4	100	14.4	100	13.5	100	

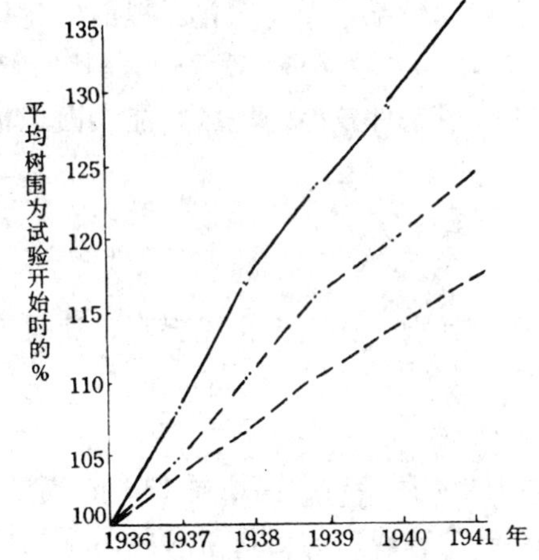

图29-8 割胶强度对茎围生长的影响

—·—CK；—··—S/2·d/3 67%；———2S/2·d/3 143%

一个林段或一块林地，达到可割标准的株数少就开割，胶工割胶“跑空”时间多，单位时间内割树少，会降低劳动生产率，加大生产成本。胶树达到开割标准推迟不割，即意味着产量的损失。总之，该开割时要及时割胶，提早或推迟开割，都不相宜。

4.2 割胶制度

割胶制度是从割胶生产实践中逐步发展起来的割胶方法，由割线、割胶频率和割胶强度组成。好的割胶制度应是产量高、花费少、茎围增长快、再生皮恢复好，死皮、割面病害少、劳动生产率高。Guest（1939年）倡议用符号表达割胶制度，简单明了，便于国际交流，得到各植胶国家赞同和应用。随着割胶工作的发展，特别是化学刺激和针刺采胶的兴起，原有符号和表达方式不能满足需要，Luckman提出修改方案，经国际橡胶研究和发展委员会多次研讨，1982年修订公布[84,85]。常用的符号如下：

割线符号、长度和数目，用相应的英文字第一个字母大写表示，如S表示全树围螺旋割线；S/R表示全树围减15cm螺旋割线，M表示全树围割线。字母前加阿拉伯数字表示割线数，加分数表示割线长度。用↑表示向上割阴刀。

割胶频率，为相邻两次割胶的间隔期，用相应的英文字第一个字母小写表示，如d/2表示隔天割胶，d/1为每天割胶。

割胶周期也称周期割胶，如3w/4和8m/12中的w和m分别是周（week）和月

(month) 的英文第一个字母小写，表示 1 年中有 8 个月连续割胶，4 个月休息；4 周中有 3 周连续割胶，1 周休割。

轮换割线，在一个割线上割胶后转到另一割线上割胶，用 (t，t) 置于割胶频率后表示，如“d/2 (5t，2w) 6m/9”，表示两条割线隔日割，在一条割线上割 5 次，转到另一割线上割两周，9 个月中连割 6 个月，休割 3 个月。

割线变换我国称改变割线，用“→”表示，如$\frac{1}{2}$S→$\frac{1}{4}$S↑，表示由半树围螺旋割线改为 1/4 树围螺旋割线割阴刀。

混合割制，即两种或两种以上割制同日割胶时，用“＋”连起，不同日割胶，用“,”分开。

割胶强度，以 S/2、d/2 100%割制为标准割制，其强度作为 100%，以之与其他割制的强度相比较，示明某种割制强度的大小或强弱。计算方法为割线数×割胶频率×400%，如标准割制的强度为$\frac{1}{2}\times\frac{1}{2}\times 400\% = 100\%$。

世界各植胶国家设计和使用多种割胶制度，可大致为 2 类：一类是以马来西亚为代表，包括斯里兰卡、泰国、印度、印度尼西亚和中国使用的割制，常见的有 10 多种，多年来变动不大[2,46,51]；另一类是柬埔寨、越南以及科特迪瓦等西非讲法语国家使用的割制，常用的也有 10 多种[82]。自高效刺激剂用于胶树割胶后，有些割制逐步被淘汰。

(1) S/2 · d/2 100%割制：是东南亚各植胶国家和我国普遍采用的一种割胶制度，称为“标准割胶制度”。每个胶工负担割 2 个树位，产胶量较高，影响生长不严重，树皮消耗与再生皮恢复基本平衡，有足够的树皮可供长期割胶，干胶含量正常，劳动生产率一般，适合大多数橡胶树品种原生皮割胶，但对一些不耐割品种，一开割就用这一割胶制度，强度似嫌过大[2,46,51]。

(2) S/2 · d/3 67%割制：与上一割制比较，割胶频率由隔日割 (d/2) 改为隔 2 日割 (d/3)，强度相应减小 1/3，适合不耐割胶树品种如 WR101、PB28/59、海垦 1、高产实生树和易死皮的高产无性系开割头 2 年割胶。割胶成本约可节约 15%，干胶含量提高 2%左右，每割次耗皮量稍多，单位面积产量约低 15%～20%，每胶工可负担割 3 个树位。

(3) S/1 · d/4 100%割制：是一种长割线 (S/1)、低频率 (d/4) 的割制，与“标准割制”比较，相对强度虽都是 100%，但该割制的强度在生理上要大些，头 2 割年的产量稍高，胶工跑路时间较少，割胶时间较多。因割线长，割株约需减少 1/3，每胶工可负担割 4 个树位，所需胶工数约可减少 25%，劳动生产率高，生产成本较低，是该割制的突出特点；割面病害也较少，但对胶树生长抑制严重，影响树皮恢复，长流胶比例大，杂胶多。

(4) 2S/2 · d/4 100%割制：在同一株胶树上相反两割面高低不同位置上开两条割线，割线相隔至少 50cm，每隔 3 天两条割线同时割胶。这是斯里兰卡发展起来的割制。与割制 (3) 比较，把一条全树围螺旋割线改为 2 条半树围螺旋割线，分在两个高低不同位置的割面上，避免或减少了排胶影响面重叠，产胶量稍高，对胶树的不良影响较小。

(5) C/2 · d/2 6m/9 67%割制：为半树围 (C/2) 隔日割 (d/2)、9 个月中连续割胶 6 个月，休割 3 个月的周期割胶制，即把胶林分为甲、乙、丙 3 片，同时割甲、乙两片 3 个月，丙片休息 3 个月，再割乙、丙两片 3 个月，甲片休息 3 个月，最后割丙、甲两片 3 个月。完成 9 个月的割胶期后，再开始轮流割。这样胶树可得到连续的休息，对低产胶树有好处，头一割年比标准割制产量稍低，但以后高产。连割3年的累计产量，与标准割制的不相上下[46]。

(6) S/2 · d/1 m/2 (或14d/28) 100%割制：为印度尼西亚苏门答腊普遍采用的割胶制度。在一条半树围螺旋割线上每天割胶，连割1个月或14天，休息1个月或14天。头5～10割年，产量比较高。该割制对AV152、AV256、Tjir1等无性系胶树，比用标准割制割胶增产21%～25%，但对胶树 生长抑制较大，死皮树较多。

(7) S/R · d/3d/4 11m/12割制：为了降低新开割胶树的割胶强度，全树围保留15cm宽的树皮（S/R）不割，割2～3年后改为C-10cm，5～6年后改为全树围螺旋线（S/1）。每周割两刀，星期日休息，一年中有11个月连续割胶。这对生长慢的胶树品种有利，产胶量不算低，比用全螺旋割线较稳妥。

(8) S/1 · d/3d/4 11m/12割制：为柬埔寨最通用的割胶制度。每年连续割胶11个月，休割1个月，割胶期间全螺旋割线，每隔2天和3天割1刀，每周割2刀，星期日休息，每个胶工负担割3个树位。

(9) S/1 · d/3d/4 10m/12＋S/2 · d/3d/4 3m/12割制和S/2↑↓ · d/3d/4 10m/12＋S/2 · d/3d/4 3m/12割制[82]：为柬埔寨采用的割制之一，一年中连割10个月，低产期休割2个月，但在高产期加开1条半螺旋割线，连割3个月，每周割2刀，以挖掘胶树的产胶潜力，多产橡胶，强度比第（8）种割制的稍大，产量也较高。

每一橡胶树品种对不同的割胶制度反应不同，应根据胶树品种特性、割制的特点、自然和社会条件，选用适宜的割胶制度。为了便于分析问题，列举试验结果见表29-8（根据Ahmad Earin材料整理）。

表29-8 不同胶树品种对不同割胶制度的反应

品种	观测项目	第一割面原生皮对不同割胶制度的反应					备注
		S/2 · d/2 100%	S/2 · d/3 67%	S/2 · d/4 50%	S/R · d/4 75%	S/1 · d/4 100%	
RRIM600	累计产量% (kg)	100 (7454)	85	70	87	100	5年资料
	树围累计增长 (cm)	20.5	21.0	22.0	18.0	16.5	5年平均
	再生皮平均厚(mm)	7.4	7.9	8.3	8.4	—	4～5年资料
	平均干胶含量 (%)	35.5	37.3	39.2	36.3	33.9	4年平均
	长流胶比例 (%)	5.5	8.4	9.3	11.8	17.0	5年平均
	死皮 (%)	13.9	4.6	2.6	2.8	5.6	5年后数据
GT1	累计产量% (kg)	100 (4871)	84	68	105	118	5年资料
	树围累计增长 (cm)	19.5	20.5	21.5	13.5	11.0	5年平均
	再生皮平均厚(mm)	5.8	5.9	6.1	5.9	6.4	4～5年资料
	平均干胶含量 (%)	35.7	38.9	39.9	34.7	30.6	4年平均
	长流胶比例 (%)	0.7	1.2	3.6	9.8	15.6	5年平均
	死皮 (%)	21.3 (2.1)	0	0	0	4.2 (2.1)	5年后，括号内为全线死皮
PR107	累计产量% (kg)	100 (5162)	71	61	—	100	4年资料
	树围累计增长 (cm)	16.4	15.6	16.0	—	12.8	4年平均
	再生皮平均厚(mm)	7.5	7.6	7.4	—	7.9	4～5年资料
	平均干胶含量 (%)	40.9	43.5	46.0	—	36.1	3年平均
	长流胶比例 (%)	0.3	0.7	1.2	—	9.2	4年平均
	死皮 (%)	2.1 (2.1)	0	2.1	0	18.8 (4.2)	4年后，括号内为全线死皮

分析表 29-8 可以看出：①割线长度相等，频率越低，强度越小，产胶量越少，但树围增长较大，再生皮恢复好，干胶含量高，死皮轻，长流胶占比例较大；②割胶频率相同，割线越长，产胶量越多，但树围增长少，死皮多，长流胶占比例大，干胶含量低；③全螺旋割线每 4 天割 1 刀，第 1 割面原生皮的产量与标准割制比并不差，但抑制树围增长，RRIM600 第 3 割年减产，而 GT1 表现较好；④综合考虑，RRIM600 芽接树用标准割制头 5 割年的产量与用 S/1・d/4 100%割制割胶的产量相等，但前者导致死皮多，表明强度过大，后者的死皮率虽较低，但显著抑制茎围增长，长流胶也多。S/2・d/3 67%和 S/R・d/4 75%两种割制的产量差不多（差 2%），前者的死皮比后者稍高，但茎围增长和长流胶比例均优于后者，采用前种割制，每胶工可负担割 3 个树位，采用后种割制，每胶工可负担割 4 个树位，但割线长，须减少割树株数，两种割制所需胶工相差不多；前种割制必要时较易改为他种割制，而后者改制则较难，因而开割初期（头 2 年）采用 S/2・d/3 67%割制较好，而 GT1 开始割胶采用长割线、低频率割制较宜，PR107 采用 S/2・d/2 100%割制为好。

随着橡胶树年龄增长，树围增粗，产胶潜力增加，承受割胶的能力增强，应根据橡胶树的具体情况，适时改换割制。印度尼西亚对高产芽接橡胶树开割头 2 年，一般采用 S/2・d/3 67%割制割胶，第 3 割年起改用 S/2・d/2 100%割制割胶，直到割完第 1 和第 2 割面的原生皮，然后改用 S/2・d/2＋刺激剂割制割胶。柬埔寨更为灵活，在产胶潜力高的季节，增开一条割线，以增加产量[82]。

4.3　割面规划

为了经济利用橡胶树的树皮，在整个经济寿命期有足够的符合标准的树皮割胶，对胶树割面必须作出妥善规划。对割面规划的基本要求[2,82]：①安排割面要使割胶耗皮量与树皮恢复相适应，即保证再生皮有足够的恢复时间，达到规定标准厚度；②尽量避免或减少“吊颈皮”，使排胶影响面不重叠或少重叠；③第 1 次再生皮恢复时间至少要有 8 年；④根据不同品种产胶组织的特性，来安排树皮规划；⑤割面规划要方便胶工割胶和收胶，有利提高工效，降低成本。

4.3.1　树皮消耗

每次割胶后乳管割口形成约 0.8mm 长胶塞堵塞乳管，须把此胶塞完全割除，才能再次流畅排胶。采用 S/2・d/2 100%割制割胶，每割次切皮厚 0.12cm，足可使排胶流畅，过薄不利排胶，过厚排胶量不会增加，白白浪费宝贵的树皮。如相邻两次割胶间隔期较长，割线干燥，或雨水冲胶后，切皮宜稍厚。据此按月、年割胶刀次数并保持留有余地的作法，月耗皮量1.5～2cm，年割胶 9 个月耗皮量≤20cm。各地年割胶期长短不同，采用的割制不同，耗皮量多少也有差异，但需严格控制，避免浪费树皮。

4.3.2　割面规划

实生橡胶树与芽接树的植物学特性不同，须分别进行割面规划。

（1）实生橡胶树茎干的圆锥度大，越靠近茎基，树围越粗，树皮越厚，乳管越多，割线也长，因而产胶量多。由茎基向上每升高 30cm，产胶量约减少 15%[46]，因此规定第 1 割面原生皮在离地 50cm 高处（割线下端）开割线，割胶 2.5 年后，转到第 2 割面 80cm 高处开割线割胶，连割 4 年转到第 3 割面 120cm 高处开割线割胶，割 3.5 年原生皮后，接着割已恢复 9 年的原第 1 割面再生皮。第 4 割面也在 120cm 高处开线割胶，除非割高割面或阴刀割胶外，割面位置不再升高（如图 29-9）。如此安排割面，在两个相对割面上，各有一次吊颈皮。对吊颈皮施用乙烯利刺激割胶，可避免显著减产[2,51]。

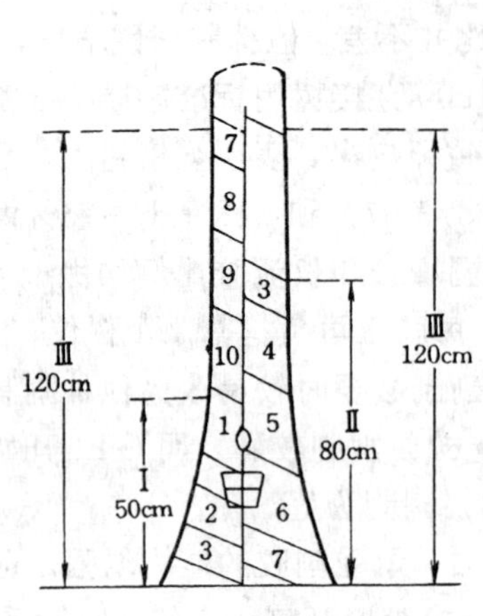

图 29-9 实生树割面规划

拉伯字表示割年；罗马字表示割面序号

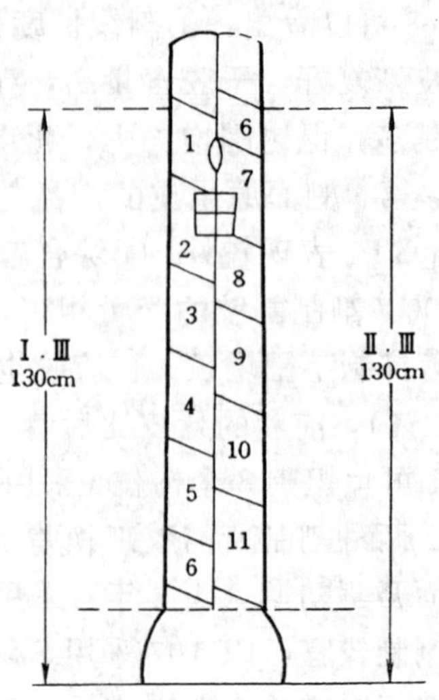

图 29-10 芽接树割面规划

罗马字表示割面序号，

阿拉伯字表示割年

(2) 芽接橡胶树的干茎为圆柱形，茎干 100cm 高处树围比茎基小 10%，树皮厚度和乳管列数约少 15%，因此规定在离地 130cm 高处茎干上开线割胶，第 2 割面和再生皮割面均不再提高。不论采用 S/2・d/2 100%割制还是采用 S/2・d/3 67%割制割胶，再生皮部有 12 年的恢复时期（如图 29-10）。

4.3.3 割线方向和斜度

乳管通常是从左下方以 2.1°～7.2°角向右上方螺旋分布，割线应从左上方向右下方倾斜，同长的割线切断的乳管数比相反方向割线切断的多，产胶量约高 8%～14%，因此规定割线从左上方向右下方倾斜，实生树的割线倾斜 25°，芽接树的倾斜 30°[46]。如倾斜过小，割线太平，胶乳在割线上排流不畅，易造成外流；倾斜过大，割线上保留胶乳太少，不能形成适当厚的胶线，不利保护割线内部的组织，割线易干，会增加耗皮量。

4.3.4 割面方向

一般割面总是朝向种植行行间方向，这样方便胶工割胶和收胶，只有在特殊情况下，才强调割面朝某一特定方向，如为避免冬季寒潮冻害，割面不应朝向东北寒风吹来的方向，等等。

4.4 开割前的准备

(1) 可割树调查和划分树位：凡准备下年开割的橡胶树，须在当年冬季进行树株调查，测定 130cm（实生树为 50cm）高处茎围，以了解胶树的实存株数，增粗情况和径级分布。达到可割标准的胶树，用油墨在茎干同一高度和方向上作出标记，以便标画割线和开模。树位是每个胶工 1 天工作 7.5h 的实际割胶株数。合理划分割胶树位，关系到橡胶园主和胶工的利益。树位大小根据橡胶树开割率高低、树龄大小、割线数目和长度、林地地形、路途远近、只割不管还是割胶和抚管统包等因素而定。割胶与管理统包的，每个树位一般为 250～400 株。对此 Bedaux 氏在柬埔寨胶园作过深入全面测定，制定出较科学的割胶定额，新开割胶树，采用 S/R・d/3d/4 割制，每树位为 500 株，中、老龄大胶树，采用全螺旋线割胶，每树位为200～250 株[82]。

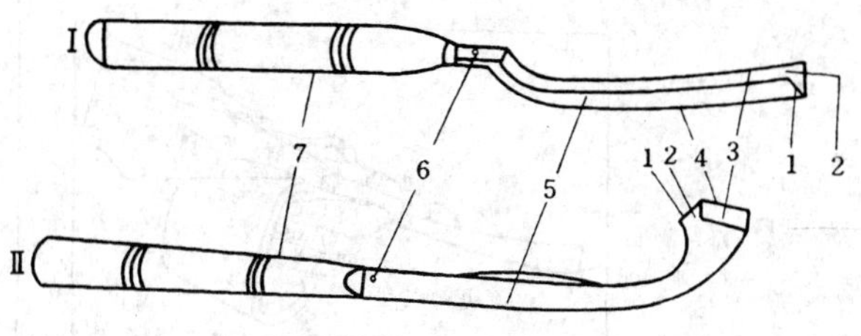

图 29-11　常用割胶刀

Ⅰ. 推刀；Ⅱ. 拉刀

1. 刀口；2. 凿口；3. 刀翼；4. 刀胸；
5. 刀身；6. 弯胶杯架铁丝孔；7. 刀柄

(2) 割胶工具和用具：割胶刀有推刀和拉刀两类（如图 29-11），每胶工配备两把胶刀。近年马来西亚与日本一公司合作，研制一种 Motory Mark Ⅱ 型电动割胶刀，在马来西亚推广试用[86]。磨刀石，有钢石、粗石和细石 3 种成套，每胶工配备 1 套。胶灯，割早胶时照明用，有电池灯和电石灯，每胶工配备 1 盏。胶杯，盛集胶乳用，根据每割次胶乳产量，配备大小合适的胶杯，通常每株胶树配 1 个，另配若干个备用。胶杯架和鸭舌，前者用以放置胶杯，后者引导胶乳流入胶杯。一般每株胶树各配备 1 个。胶刮，用硫化橡胶或塑料制成，用以刮净胶杯中的胶乳，其形状、大小须与胶杯相匹配，每胶工配备 1 个。胶桶，有大小两种，小桶容积约 10kg，用来收集胶乳，大桶容积 20kg，用来挑运胶乳，每胶工配备大小胶桶各 1 个，或 2 个大桶、1 个小桶和扁担 1 根。胶篓，用来盛装收集的胶线、杯凝块、胶泥等杂胶，及一些割胶的工具和用具。每名胶工配 1 个。氨水瓶，装配好的氨水用以收胶时加入胶桶或割胶时加入胶杯，预防胶乳腐败变质。

(3) 开模：由割胶辅导员组织有经验的胶工，对已达可割标准的胶树，在规定高度，按割面方向和割线倾斜度，开割线和前后垂线，称为开模。各条线深度应控制以不排出胶乳为准，作为正式割胶的起始标准。

(4) 安装鸭舌、胶杯架和配放胶杯：开始割胶前 2～3 天，对已进行开模的胶树，在割线下方约 10cm 的下垂线上，把鸭舌下倾成 30°～45°角轻轻打入树皮，切忌伤及形成层，然后把胶杯架牢固安装在鸭舌下方约 10cm 的树身上，再把胶杯口斜朝下放在胶杯架上，避免雨水、树叶或尘埃落入胶杯（如图 29-12）。

4.5　割胶技术

割胶是一项细致、轻巧、技术性很强的手工操作劳动。胶工的割胶技术每差 1 级，产胶量约差 10%。割胶技术好，不仅高产稳产，而且胶树增长快，再生皮恢复好，不伤树，死皮少，有利以后高产。要割好胶必须练好手、眼、脚、身巧妙配合，以身带刀，掌握拿刀稳，接刀准，行刀轻，割得快（如图 29-13、图 29-14），防止摇手、顿刀、漏刀、重刀、压刀和差半步收刀。下、收刀要整齐，割线顺直，切片深浅、厚薄均匀。割胶操作技术，可参阅有关橡胶栽培书刊[51,87]。

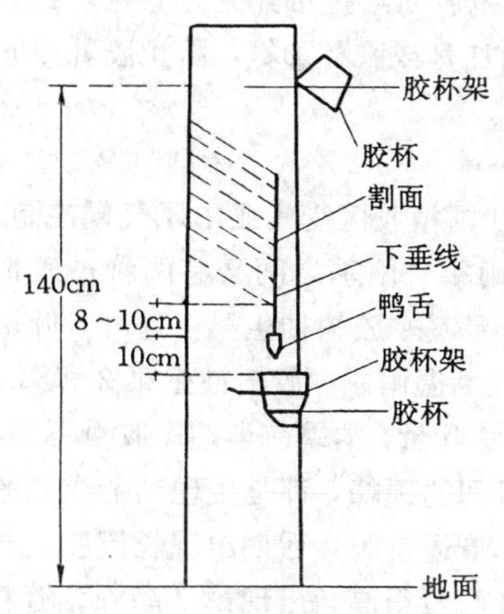

图 29-12　安装鸭舌、胶杯架和放置胶杯

4.6　高部位割胶

橡胶树茎干高部位的树皮，特别是芽接树高部位的树皮，是潜力很大的产胶组织，应进行割胶利用。以往借助梯子正刀割胶，胶工爬上爬下，多有不便[46,82]。近年来改用特制的专用胶刀（如图 29-15），站在地面进行阴刀割胶，比过去方便很多[88]。高效刺激剂应用以来，多在高部位涂施乙烯利开短割线阴刀割胶，或用针刺采胶。

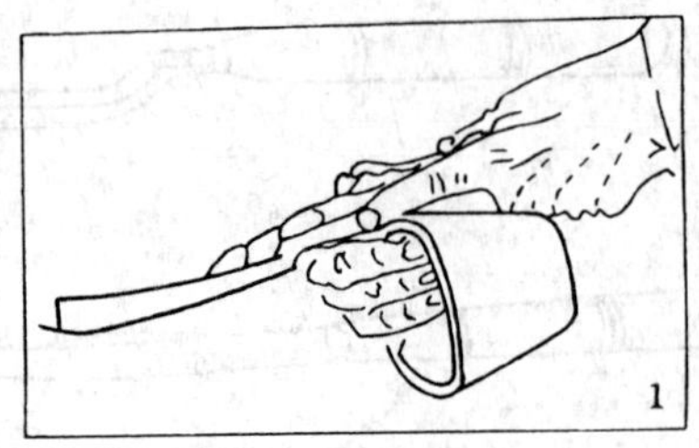
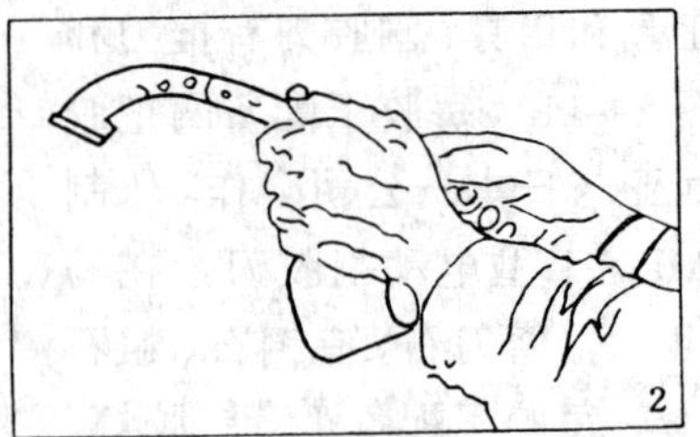

图 29-13 拿刀法

1. 推刀；2. 拉刀

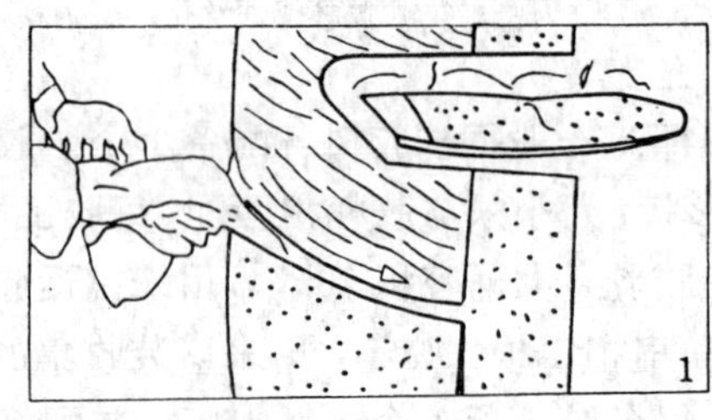
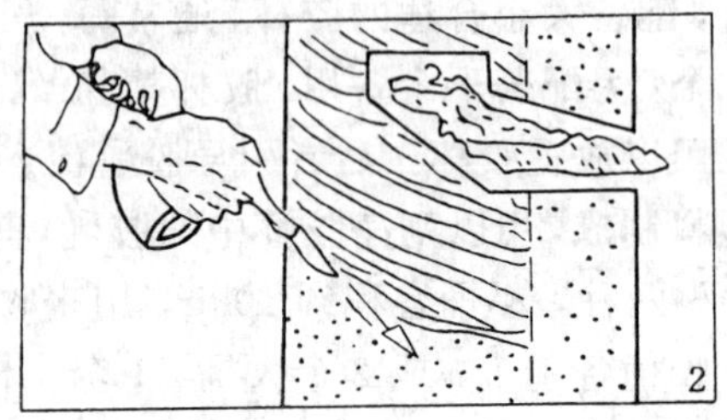

图 29-14 行刀法

1. 切皮近长方形；2. 切皮近三角形

4.7 收胶和胶乳田间保存

（1）收胶：割胶后绝大多数胶树停止排胶时，即开始收胶。施用刺激剂或低温期排胶时间特长时，割完树位后隔 0.5h，不论排胶停止与否，即进行收胶，隔适当时间再进行第 2 次收胶。胶线、外流胶胶线、泥胶、杯凝胶和胶杯杂胶等，约占产胶量的 15%，有时高达 30%，各种杂胶应分类收回，以便按质按量分别加工成不同等级的颗粒胶或皱胶片。

（2）胶乳田间保存：胶乳一经排出树体外，即被细菌沾污。细菌种类多，繁殖快，破坏胶粒保护层，产生酸，再加上凝固酶和破坏的黄色体的作用，使胶乳絮凝、结块，发臭、变质。除平常搞好胶树、胶头、割线、鸭舌、胶杯、胶桶、胶刮等清洁，减少污染源外，胶工割胶时要携带配兑好的氨水到树位，根据割胶时的具体情况，进行胶桶加氨或胶杯加氨，防止胶乳田间变质腐败。

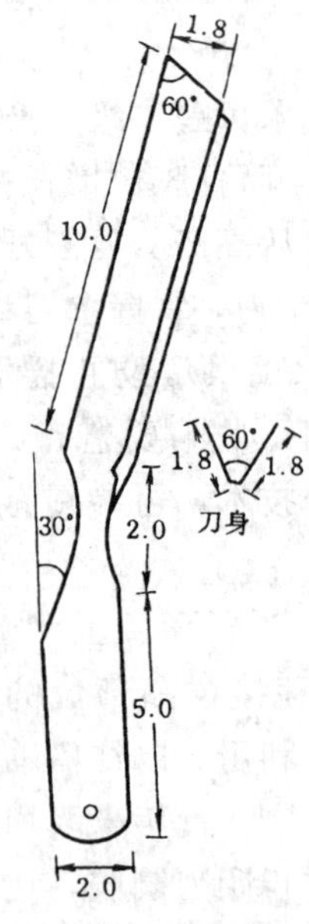

图 29-15 阴刀割胶胶刀（单位：cm）

4.8 科学割胶

（1）根据季节和橡胶树物候割胶：我国植胶区受东亚季风气候控制，一年中明显分为低温干旱季和高温多雨季，两季之间又有两种过渡情况，即秋末的润凉季和春天的旱暖季。旱暖季胶树抽生第 1 蓬叶，叶量大，4～5 月产胶量出现第 1 高峰。进入高温雨季，胶树抽生第 2 和第 3 蓬叶，加上第 1 蓬叶，几乎构成全年的总叶量，本季前半期产胶量不高，后半期高产。润凉季胶树的叶量达一年间的顶峰，都是生理功能成熟的叶，再加上早晚气温渐凉，有利积累，最适排胶，后期出现长流胶；本季的前半期加上高温雨季的后半期，产胶量很高，出现第 2 高峰。随着时间推移，进入低温干旱期，橡胶树的叶片逐渐衰老黄落，产胶量降低，称为越冬期，停止割胶。橡胶树在一年间的产胶能力，可概括为“弱→

较强→较弱→强→弱”，应据此制定相应的割胶策略。我国普遍采用S/2・d/2 100%割制割胶，强度是通过割胶深度来调节的，割胶应采取“浅→较深→较浅→深→浅”的割法。整个割胶过程都要注意养树，培养更大产胶潜力，不断提高产胶量。

(2) 根据天气情况割胶：最适合排胶的温度是19～24℃，高温季节天亮前后气温较低，应照明割早胶，并适当深割。低温季，出现长流胶，应在天亮后割胶，并适当浅割，减轻长流胶。刮风天不利排胶，宜按高产树片→中产树片→低产树片顺序割胶，以增加胶乳产量。大雾天胶叶可能滴水入胶杯，引起胶乳变质，宜先割中、低产树片，雾散后再割高产树片。割胶时雨云密布，很可能降雨时，为减少雨水冲胶，以先割中、低产树片为宜。雨季割胶，云南植胶区采用防雨帽[89]，广东植胶区采用测雨雷达预报降雨[90,91]，国外用防雨檐[92]，对防雨割胶有明显效果。

(3) 根据橡胶树本身情况割胶：对高产、长流胶的橡胶树品种，如RRIM600、PB28/59等，要适当浅割，并根据排胶情况，适当降低割胶的频率。乳管分布靠近形成层的品种，如PR107、GT1等，要适当深割，才能切断较多乳管，获得较高产量。无性系海垦1，胶乳长流，干胶含量也低，应适当降低割胶强度。树皮薄、排胶急的橡胶树，割线倾斜度要适当大些，或先割割线下半段，再割割线上段，进行分段割胶，可避免或减少胶乳外流。病残胶树割胶，要降低割胶强度。排胶异常，出现死皮征兆的胶树，要浅割，或停停割割，使其恢复或减缓扩展。冬季气温低，出现长流胶，割线不易干，条溃疡病容易发生和流行，加之不久即越冬，新割面遇寒流易受冻害，割胶时切皮要浅，离形成层不能少于2mm；停割低割线，转高割面割胶；条溃疡病病斑>1cm，未经处理的病树不割胶，加紧处理；雨后树身不干不割胶；上午8时气温仍低于15℃，当天停割。这些措施概括为“一浅四不割”，是防止冬季割面病害流行和减轻割面冻害，行之有效的冬季安全割胶措施[93]。

5 化学刺激割胶

5.1 主要刺激剂

20世纪初已知氨水滴在胶树的割线上，能延长排胶时间，增加产胶量。以后用牛粪加黄泥的混合物、植物油等刺激胶树增产。40年代和50年代用$CuSO_4$、2-4-D等刺激胶树增产。彭光钦试用草酸钾加三黄汤——黄芪、黄柏、黄连综合剂防治胶乳早凝和增产。60年代Abraham等试用89种化合物刺激胶树，其中23种表现有显著活性[80]。70年代Dickenson等试用5类刺激剂处理胶树增产[83,94]，Gregory（1971年）合成系列有机硅类刺激化合物，试用于胶树刺激增产。目前橡胶树常用的刺激剂有：①乙烯利和乙烯附；②电石（CaC_2）；③硅烷灵和硅烷普（2-氯乙基-三烷氧基硅烷类），遇水分解释放乙烯和氯化氢[94]；④2，4-二氯-5-氟苯氧乙酸，效果比乙烯利还好，但成本高。

5.2 橡胶树刺激增产的作用机制

乙烯利（有效成分为2-氯乙基磷酸）进入胶树体内后，在pH值>4的条件下，分解释放乙烯。

$$\mathrm{Cl{-}CH_2{-}CH_2{-}\overset{\overset{\displaystyle O}{\|}}{\underset{\underset{\displaystyle O^-}{|}}{P}}{-}O^- + OH^- \longrightarrow CH_2{=}CH_2 + HO{-}\overset{\overset{\displaystyle O}{\|}}{\underset{\underset{\displaystyle O^-}{|}}{P}}{-}O^- + Cl^-}$$

乙烯具有以下作用：

(1) 提高胶乳中黄色体的稳定性：Ribeilier（1968，1970）观察到，经乙烯利处理的胶树，胶乳中黄色体的破裂指数比未处理的减少55%。离心乙烯利处理前后的胶乳，未经刺激的胶乳的黄色体大部分沉积在底层，已破坏和絮凝，经刺激的胶乳的黄色体大部分集中在离心管的中层，破坏指数小，稳定性好，释放出的致凝因子少，胶乳不易凝固，有利排胶，从而增加产胶量。

(2) 扩大排胶影响面，降低胶树的堵塞指数：实验证明，施用乙烯利的胶树，排胶影响面明显扩大，堵塞指数降低，从而使产胶量增加（见表29-9）。

表29-9 刺激对胶树排胶影响面的影响[80]

项 目	胶乳位移面面积（cm^2）		堵塞指数		胶乳产量（ml）	
	不刺激（CK）	刺 激	不刺激（CK）	刺 激	不刺激（CK）	刺 激
6个测定合计	43 230	54 480	—	—	829	1 562
平 均	7 205	9 080	3.97	1.73	136.8	260
百分比（%）	100	126.9	100	43.60	100	190.3

(3) 降低胶树树皮汁液的絮凝活性：乙烯利刺激可降低树皮汁液对胶粒的絮凝能力，减弱胶乳在割线上凝固成胶盖[53]，有利排胶。

(4) 调节胶树某些生理生化反应：法国一些学者研究表明，乙烯利刺激胶树，可以激活胶树一些代谢过程中关链酶活性；调节胶乳pH值趋于碱化，增强酶活性，有利橡胶合成；提高一些活性剂与抑制剂的浓度，有利产胶；加强糖和水分运输，流向乳管；提高乳管膜透性，影响膜对物质的传递；调节核酸合成，RNA增加，核糖体聚合指数增高等。肖敬平认为，刺激既增强胶乳再生，也促进排胶[95]。

5.3 橡胶树刺激增产效果

橡胶树施用刺激剂，特别是施乙烯利后割胶，在一定时期内总是增产的，见表29-10。

表29-10 乙烯利刺激橡胶树增产效果[96]

处 理	刺激前1年的产量	刺激后各年的产胶量（kg/hm^2）								刺激后第3～6年树围累计增长（cm）
		1	2	3	4	5	6	7	平均	
不施乙烯利CK	1 641	1 521	1 665	1 593	1 665	2 007	2 118	2 153	1 818	5.60
施5%乙烯利	1 442	1 682	1 971	2 070	2 550	2 843	2 501	2 567	2 315	3.14
刺激增产（%）	—	10.6	18.4	29.9	53.2	41.7	18.1	19.2	27.3	—

影响橡胶树刺激增产的因素，主要有：

(1) 胶树品种不同，刺激效果有明显差别。同在第2割面上用完全相同的刺激处理，比不刺激的平均年增产干胶GT1为501kg/hm^2，RRIM623为669kg/hm^2，RRIM612为940 kg/hm^2，品种间差异达24.4%～87.6%。

(2) 割胶制度不同，刺激效果各异。同为10%乙烯利和隔天割胶，割线长分别为S/2、S/3、S/4时，RRIM623第2割面的年产干胶量分别为3 986kg/hm^2、4 039kg/hm^2和3 175kg/hm^2。割线长度（S/2）和刺激剂浓度（10%）相同，割胶频率为d/2、d/3、d/4时，年产干胶量分别为3 968kg/hm^2、2 878kg/hm^2和2 102kg/hm^2，彼此间差异非常显著。

(3) 刺激处理时期长短不同，效果也不同。用S/2·d/2+Et10%，6/y（1～2m）割制割胶，第1、2、3年的干胶产量分别为3 968kg/hm^2、3 308kg/hm^2和2 494kg/hm^2，即刺激时期越久，增产效果越差。

(4) 在一定浓度范围内和一定时期间，同一割胶制度下，刺激效果随刺激剂浓度提高和施药周期缩短而增加，见表 29-11[97]。

表 29-11　RRIM600 施用不同浓度乙烯利的效果

割面	不刺激		2.5%乙烯利				5%乙烯利			
			2 个月施 1 次		3 个月施 1 次		2 个月施 1 次		3 个月施 1 次	
	第 1 年	第 2 年	第 1 年	第 2 年	第 1 年	第 2 年	第 1 年	第 2 年	第 1 年	第 2 年
1	1 264	1 499	1 484	1 746	1 415	1 653	1 621	2 030	1 599	1 763
2	2 418	2 944	3 277	2 749	3 497	2 532	3 618	3 149	3 440	2 428

(5) 施药方法不同，效果不同。分别在无性系 PB86 第 3 割面的割线上、割线上方再生皮上和割线下方刮皮带上施药，每月施药 1 次，采用 S/2 · d/2 割制割胶 18 个月，三者的增产效果依次为 49%、55%和 60%。此外，胶树生势好坏、树皮厚薄、胶叶物候期、季节和气温、乙烯利剂型等，都会不同程度地影响刺激效果[2,51]。

5.4　刺激剂施用方法

(1) 常用剂型：市售乙烯利为浅棕色液体，含有效成分 40%，相对密度 1.25g/ml，溶于水，具腐蚀性，LD_{50}为 4g/kg 体重。在割胶生产中使用，常配成乳剂、糊剂、油剂和水剂。乳剂附着力强，药效期较长（大约 35 天），增产效果好，但产量波动大，胶乳易外流，长期施用，易出现不正常排胶。糊剂具一定粘性，容易涂施，不流失，刺激效果好，副作用较乳剂轻。油剂能保持处理部位不易干燥，增产效果好，为大多数植胶国家所采用。水剂配制简便、经济，但附着力差，易流失，药效期较短。

(2) 施药方法：有刮皮施药、割线施药和再生皮施药。刮皮施药是在紧靠割线下方，用专制的刮皮刀轻轻刮去胶树的外皮，原生皮刮去栓皮层，见青绿色，再生皮刮深见红褐色，以不渗出胶乳微粒为准。刮皮带宽以在本施药周期内能把涂药带全部割去为度，这需根据施药周期长短和割胶频率而定。刮皮后立即涂药，一般不宜涂水剂。割线涂药是把配好的乙烯利涂在割线上，如割线的凝胶线厚，需拔去胶线，揩去渗出的胶乳，然后涂药；如胶线很薄，粘在割线上不易拔掉，可直接涂药，以涂施水剂或油剂为宜。有些在割线上方的新割面再生皮上施药，马来西亚对这种作法，持怀疑态度[80,83]。

施用浓度和剂量，实验结果表明，施用低浓度乙烯利比高浓度稳妥。通常水剂配成 2.5%，乳剂配成 8%，糊剂和油剂可配成 2.5%～5%。施药量水剂为 1～2ml/株，乳剂为 1～2g/株，每树位给药量 350～600ml（或 g），严格控制施药量，不能过多。施药周期，视配药浓度、剂型、施药方法、树龄大小不同而定。马来西亚橡胶研究院推荐，在第 2 割面原生皮上最后 2 割年可开始施用刺激剂，每年在高产季节施药 1 次，割第 3 割面的头 3 年，每年可施药 2 次，以后每年施药 3 次；第 4 割面的再生皮，每年可施药 4 次。年施药 2 次的施药周期为 2～3 个月，年施药 2 次以上施药周期为 2 个月[85]。我国的成龄胶树，一般每半个月在割线上施 2.5%水剂 1 次，年施药 10～12 次。施药时间，橡胶树每次抽叶后，叶片充分硬化成熟时，就可施药。施药后 4h 内遭大雨冲刷的，雨过天晴需重施，施药 12h 后，即能发挥刺激增产效果。

我国有些植胶区，利用电石刺激胶树割胶，增加产量，即在离胶树茎干基部 20cm 左右处，割面相对两侧，用 3cm 粗钢钎打洞深约 40cm，把预先打成适当大小的电石块塞入洞内，每次每洞放电石约 10g，用石块或瓦片盖紧洞口，不使漏气。两洞交替使用，每半月施放电石 1 次。也有在洞口地面上放电石，用胶杯扣盖，使气体扩散至洞内发挥刺激作用的，这种作法比较简便省工[98]，适于低割面刺激增产。

5.5 刺激割胶制度

刺激割胶制度是由一般的割胶制度和刺激割胶的表达式，用“+”号连结起来的割胶方法。刺激表达式是按刺激割胶设计，由刺激剂、浓度、施药方法、株次施药量、年施药次数等的符号组成的。常见的刺激割胶符号有：

刺激剂，Et代表乙烯利，ED代表乙烯附，CaC_2为碳化钙（电石）。

刺激剂浓度，用%表示，紧接刺激剂符号后，为Et5%，表5%乙烯利。

施药方法，Pa表示割面施药，Ba表示树皮施药，La表示不拔胶线割线施药，Ga表示拔掉胶线割线施药，Sa表示土壤施药。每株每次施药量，用重量g或容量ml表示。施药带宽用cm计，在实际刺激割胶中，仅写数字，不写符号，如Pa1.5 (2) 表示割面施药，每株每次施药1.5g，施药带宽为2cm。年施药次数，用“阿拉伯数/y”表示，施药周期（或频率）用w（周），m（月）表示，如“12/y (2w)”表示每2周施药1次，全年施药12次。完整的刺激割胶表达式各组分间用顿号（、）分开，如Et5%、Pa2 (1.5)、6/y (m)，表示用5%乙烯利，割面施药，施药带宽1.5cm，每株每次施药2g，每月施药1次，年施6次。

主要的化学刺激割胶制度，有以下几种：

(1) S/2·d/3（或d/4）+Et5%、Ba1.5 (1.5)、6/y (m) 制：用5%乙烯利（乳剂或糊剂），在1.5cm宽刮皮带上施药，每株一次施药1.5g，每月施药1次，年施6次，半树围螺旋割线，隔2d（或隔3d）割胶制，每胶工负担割3个（或4个）树位。适用于再生皮割胶，产胶量较高。

(2) S/2·d/2+Et2.5%、La1－1.5 (—)、3/y (m) 制：用2.5%乙烯利水剂或油剂，不拔胶线在割线上施药，每株树1次施药1～1.5ml，每月施药1次，全年施药3次，半树围螺旋割线隔日割胶制，适于第2割面原生皮最后2割年的胶树割胶。在产胶潜力高的7、8、9月，用来挖潜割胶，遇雨停割，雨后不补割。

(3) S/2·d/3 d/4+Et2.5%、Pa1－2 (—)、4/y (1－2m) 制：用2.5%乙烯利油剂，在新近割的再生皮割面上施药，每株每次施药1～2ml，每1～2m施药1次，年施药4次，半树围螺旋割线，隔2日和隔3日割胶，每周割2次，星期日休息。每胶工负担割3个树位，产胶量较高，节约胶工，但抑制胶树生长。

(4) S/4·d/3+CaC_2、Sa10 (—)、12/y (m/2) 制：在离胶树茎干基部15～20cm地方，用钢钎打洞施电石，每株每次施10g，半月施1次，年施12次，1/4树围螺旋割线，隔2日割胶，遇雨停割，雨后不补割。是我国大陆冬季有低温寒害的植胶区，割低割面采用的刺激割胶制度，节约树皮，有利防寒，产胶量不算低，但打洞费工，容易损伤橡胶树根部。

(5) (S/2，S/2↑)·d/3 (m，m) +Et2.5－5%·Ga1－1.5 (—) ·6/y (m) 制：用2.5%～5%乙烯利油剂或水剂，拔去胶线在割线上施药，每次每株施药1～1.5ml，每月施1次，年施6次，2条半螺旋割线一条割正刀，1条割阴刀，两条割线轮换割，每月轮换1次，隔2日割1刀。每胶工负担割3个树位，适于再生皮割面割胶。

5.6 化学刺激割胶的副作用

用乙烯利刺激割胶的橡胶树，其副作用是：在增产的同时，额外消耗大量能量，因乙烯利处理可诱发磷酸化效率低的抗氰呼吸，消耗大量呼吸基质，而没有获得相应的能量，再加上由排胶流失大量高能物质、糖类和生物活性物质[99,100]，这对橡胶树是很不利的；使树皮利用蔗糖合成橡胶的效率低，因蔗糖分解的产物偏离橡胶合成途径[101]；会诱发产生内源乙烯，外施和内源乙烯对胶树都起作用[100]；会导致橡胶树生理和结构上的异常，使组织衰老[102]，因此，经乙烯利等刺激的胶树，常见的异常现象有：

（1）排胶线内缩：即树皮组织靠外层的乳管逐渐衰老，失去排胶能力，仅靠树皮内层的乳管排胶，在割线上呈现一条狭窄的排胶线，轻者影响产量，严重时会导致全割线干涸。经连续刺激3年的胶树，排胶线内缩率比不刺激的高1～2倍。

（2）树皮组织结构成分劣变：经刺激剂刺激的橡胶树，水囊皮变薄，厚度仅为不刺激的44.1%～49.3%，其中出现的石细胞比不刺激的多4倍[102]，乳管局部中空，有部分核膜解体，影响筛管运输和乳管产胶，柔软细胞壁中沉积木质素，变硬[103]。

（3）胶乳长流，排胶异常：经刺激剂处理的胶树长流胶树株增多20%～65%，长流胶比例增大20%～30%，并随刺激时期加长、施药量和施药次数增多而加重，低温期和深割胶树尤为突出。经刺激的胶树，割线下方膨压降低，排胶初速下降，胶乳离心处理，底层部分不稳定。

（4）干胶含量下降：经刺激的橡胶树胶乳的干胶含量，一般比不刺激的降低2%～6%。

（5）抑制茎围增粗：刺激割胶对中龄以下芽接树的茎围增长，有明显抑制作用，刺激增产量越大，抑制程度越严重。

（6）伤口不易愈合：经刺激处理的胶树，割胶时如割伤形成层，伤口比不刺激的难愈合。

5.7 化学刺激割胶应注意事项

（1）生势不良的橡胶树，长流胶的橡胶树，天天割胶的橡胶树不进行刺激。以往经刺激处理过的树皮和已施过刺激剂没有割完的树皮，不再进行刺激。新开割的幼龄高产芽接树，一般不搞刺激割胶[41]。

（2）严格控制施药量。0.5%乙烯利就有刺激增产效果，浓度超过6%，增产不与浓度加大成比例。一般施用浓度应控在2.5%～5%[2,51]。剂量也须严加控制，稍有放松，即会施药过多。规定每株橡胶树每次施药1～2g（或ml），浓度大时，施药周期应延长。

（3）适当限制增产幅度。用乙烯利初次刺激橡胶树，会大量增产，不加控制，产量会很快下降。为了能长期增产，年增产幅度应控制在15%上下，超过这一幅度，要即时适当减少施药次数，降低浓度，减少剂量，或降低割胶强度等。

（4）减少割胶刀次数。刺激处理会延长排胶时间，停止排胶后，乳管恢复膨压和胶乳再生，需要一定时间，因此，刀次之间要有较长的间隔期。每年开始割胶要等第1蓬叶生理成熟，入冬降温，胶乳长流，要适时提早停割，让胶树休养生息，为下年积累更多贮备。实验表明，刺激割胶每年割胶刀次数应比标准割制的刀次数减少1/3左右，每年实割60～70刀即可。

（5）适当浅割。经乙烯利刺激的胶树，深割会加重各种副作用，一般割深到离形成层0.2cm左右，低温期更要浅些。

（6）增施肥料。实验结果表明，刺激割胶增产26%，随胶乳排出的N、P、K、Mg等营养元素量比不刺激的分别增加63%、120%、88%和46%。测定RRIM600、PR107等8个无性系橡胶树，都表现类似情况[104]。因此对刺激割胶树必须增施肥料，补充营养。补足因刺激流失的营养元素量，可增加胶乳产量12.4%[104]。

6 针刺采胶

针刺采胶是在施用高效刺激剂的基础上，用特制钢针刺伤橡胶树树皮中的乳管，排出胶乳，进行采收的一种方法。1906 年 Wright 曾报道刺伤胶树树皮采胶，因当时没有高效刺激剂，产量低，未引起重视。Tupy（1973）报道针刺采胶，具有较高产量，对胶树影响比刀割轻，又不需要熟练胶工等多种优点，引起各植胶国家重视，先后开展试验研究[105]。

6.1 针刺采胶的解剖——生理学

（1）针刺采胶与树皮结构：橡胶树的树皮厚薄不一，针刺采胶时钢针刺入树皮，会刺伤部分薄壁细胞、乳管、筛管、形成层，甚至外层木质部，致使：①针刺孔及邻近的筛管受破坏，施刺激剂的部位及其邻近的筛管层明显变薄，厚度减少 1/4～1/2。胶树根部施放电石刺激，进行盘状针采的，茎干基部的筛管层厚度都减少；②深刺会把所有乳管层都刺穿，邻近的乳管受挤压变形，伤害原生质体，受伤乳管由凝胶堵塞后坏死，停止排胶；③刺伤的外层木质部伤口，扩展成黑色条纹，影响木材色泽，冬季刺伤的伤口还会溃烂。

针刺伤口的恢复，由新形成的周皮把坏死组织和生活组织分隔开来，最终把坏死部分挤脱，树皮上形成多数凹痕。新生木质部包围木质部伤口。约经 1 年时间，伤口才能完全愈合，具有 1～2 列乳管和相当数量的筛管，但质量较差，中间夹杂有石细胞，经 2.5 年新生组织内的乳管数只有周围健康组织中的 34%～36.5%，而筛管层厚度约为健康组织中的 81%～100%。针刺后 3 年，针刺孔新生组织的乳管列数和筛管层厚度，比常规刀割的同龄再生皮中的分别少 56.8%～27.5%和 49%～54.4%。针刺采胶对树皮组织的伤害范围比刀割的要小、而且分散，但其性质却很严重[106]，宜适当浅刺，避免或减少伤害木质部、形成层和筛管。Tonneilier 等也报道针刺采胶出现的类似情况[107]。

（2）针刺采胶的生理学：用刺激剂乙烯利处理胶树，乙烯利在胶树体内向上扩展是主要的，向上扩展的速度远大于向下扩展；乙烯利在树体内释放的乙烯分布也是不均匀的，一般是离施药点越近，乙烯量越多（见表 29-12）[108]。

胶树针刺采胶的排胶影响面，呈向右倾的微斜纺锤形或菱形，影响针孔上下方的范围基本相等，长 100～120cm，宽 10～20cm，盘状针刺比垂直带针刺的排胶影响面大，如同刺 6 针、针孔距 10cm，前者的排胶影响面为 9 950cm^2，后者为 7 457cm^2，相差约 1/4，产胶量约差 12.3%[2]。测定 12 龄 RRIM600 芽接橡胶树的两组试验中，针刺的胶乳蔗糖含量均少于正常刀割的，蔗糖与葡萄糖合计，针刺的小于刀割的。当第 1 轮针刺采胶结束后，再在两条针刺带间进行第 2 轮针刺时，胶乳含蔗糖量降低[109]。许闻献等对针刺采胶的橡胶树，也测定过一些生理参数[2]。

表 29-12 距施药点不同部位胶乳中的乙烯量 [ml/（ml 胶乳·h)]

树号	处理后 17h						处理后 41h						处理后 65h					
	施药点下方距施药点距离 cm			施药点上方距施药点 cm			施药点下方距施药点 cm			施药点上方距施药点 cm			施药点下方距施药点 cm			施药点上方距施药点 cm		
	80	40	5	40	80	120	80	40	5	40	80	120	80	40	5	40	80	120
1	0	0	17.2	17.2	0.86	0	0	0.65	51.9	2.50	0.96	0.50	0.46	1.05	19.2	2.64	1.36	0.82
2	0	0	74.8	1.12	0.86	258	0	2.00	38.9	4.94	1.50	1.90	0.46	0.92	46.8	2.05	0.68	0

6.2 常见的针刺采胶制度

针刺采胶制度是根据针刺采胶设计，用针刺符号组装起来的采胶方法表达式[88]。常用的针刺采胶符号有：P，表示针刺孔；L，表示在胶树树干上不同高处的垂直采胶带；I，表示在胶树树干上同一高处的垂直采胶带；G，表示采胶槽沟；g，表示采胶带开槽沟。

主要的针刺采胶制度如下：

(1) 3P3I (33cm)、d/2+Et5%制：在橡胶树茎干上同一高度，开3条垂直的采胶带，带长各为33cm，涂施5%乙烯利，隔日进行针采，每次每条带上刺1针，共刺3针。适于树围>45cm的幼龄胶树采胶。

(2) 3PS、d/2+Et5%制：在胶树茎干上开1条全螺旋线浅槽，涂施5%乙烯利，隔日针采，每次刺3针，各针孔间的距离相等。每次针采产胶量较高。

(3) 3PG (S/2)、d/2 (9：3) +Et5%制：在胶树茎干上开1条半树围螺旋线，施用5%乙烯利，隔日进行针采，每次刺3针，针采9次后，正常刀割3次，把针采过的树皮割掉，称为刺割结合制 (Micro-x)。此制在马来西亚受到推崇[110]。

(4) 5PI (100cm) d/2+Et5%制：在胶树茎干上开1条100cm长的垂直刮皮采胶带，涂施5%乙烯利，隔日进行针刺采胶，每次刺5针。

(5) 5P3I (33cm×3) d/2 (3×2d/6) +Et5%制：在胶树茎干上相同高度，开3条各为33cm长的垂直针刺采胶带，施用5%乙烯利，3条带轮流刺采，每次每条带刺5针[88]。每条带6天中只有2天针采 (3×2d/6)，比不施刺激剂的刀割增产9%。

6.3 针刺采胶的效应

6.3.1 产量效应

胶树茎围没有达到可割标准时，可提前1~2年涂施刺激剂进行针刺采胶，缩短非生产期，较早获得收益，在一定年限内，比不施用刺激剂常规刀割产胶量高。海南省红光农场对茎围45cm的6龄海垦1芽接树进行针刺采胶，连刺4年后改为刀割，6年的累计产胶量比茎围达55cm时常规刀割的高5.33kg/株 (见表29-13)[11]。

表29-13 提早针刺采胶与常规刀割的产量比较

处理	不同刺、割年度平均单株产胶量 (kg)						合计
	1	2	3	4	5	6	
针刺采胶	1.47	1.64	2.40	2.35	4.04	3.41	15.31
常规刀割	—	—	1.89	2.24	2.43	3.33	9.98

Hashim报道，幼龄橡胶树低割面原生皮针刺采胶的产量，比刀割的低，RRIM703约低30%，PB5/51低20%左右，但成龄胶树高割面原生皮针刺采胶的产量，比常规刀割的高，如GT1芽接树的第3、4割面高部位原生皮连刺2年，平均产量高31%~54%。针刺采胶转为刀割，初期高产，但随时间推移，产量逐渐下降[88,112]。影响针刺采胶效果的因素，主要有以下几点：

(1) 橡胶树品种：PB252芽接树用6PG (72cm) d/2+Et2.5%制，连续针刺采胶2年，比用S/2·d/2割制刀割减产46%，而RRIM600却增产5%。Hashim推荐对GT1、RRIM600、PR255等品种用针刺采胶，产量效应较好，而RRIM701、PR107、PB235和无性系的实生树等，针刺采胶效果与常规刀割的产量持平或减产[88]。Saleb等推荐RRIM600、BPPB6710和PPM2049等品种，适于针刺采胶[112]。

(2) 针刺采胶制度：GT1第3割面高部位原生皮，用3PG (S/4↑) d/2 (3：1) +Et5%制针刺采胶2年，产干胶为4 991kg/hm^2，用3P3L (30cm×3) d/2+Et5%制针采，产量为6 380kg/hm^2，后者比前者高产27.8%[88]。

(3) 针刺带长短、针刺孔数和针孔间距离：针刺带长，涂施的刺激剂多、排胶影响面大，产胶量高，如无性系 AV2037 用 6P（30cm）d/2+Et2.5%制和用 6P（90cm）d/2+Et2.5%制进行针采比较，后者比前者针刺带长 60cm，年产胶量多 652kg/hm²（105.7%）。针刺带等长时，增加针刺孔数，增产量有限，甚至不增产[113]。

6.3.2 对产量以外的效应

针刺采胶除影响产量外，还影响：①胶树树围增长，但不如刀割影响的严重；②针采生产的胶乳，干胶含量较高；③针采不象刀割割掉树皮，即使刺割结合制，消耗树皮量至少比刀割的减少一半以上；④针采面和针采树的第一分枝附近，冬季低温时，会出现爆皮流胶。

6.4 针刺采胶措施

橡胶树茎干离地 50～100cm 高处，茎围达 45cm（风、寒等自然灾害频繁地区达 40cm）时，可以进行针刺采胶。树围＜40cm 针采，会严重抑制树围增长。树围 40～45cm 的胶树，开 2 条垂直针刺带，＞45cm 的胶树，开 3 条针刺带，带间距离 20～15cm，带长 30～100cm，一般以较短的带为宜。使用电石刺激时，在茎干上 80cm 以下开带，以提高刺激效果，改为刀割后，针孔有较长恢复时间。用乙烯利刺激时，把配好的药均匀地涂施在浅铲皮的针刺带上，隔 1～2 天进行针刺采胶，可获最佳增产效果。刺针粗 0.8mm 左右，其把柄前端有螺旋帽，可根据胶树树皮厚薄，旋动螺帽，调节针的长短。马来西亚有 4 种专用针采工具，另外还有 3 种用于刺割结合的采胶器，供应市场[88]。用油毡纸剪成 3～3.5cm 宽、约 30cm 长的弧形窄条，固着在离地面 15～20cm 胶树茎干上，成 45°倾斜，用来盛集胶乳，导入胶杯。针刺时，每带每次刺 1 孔，由下方向上，针孔距相隔 1cm。如采用盘式横刺，针孔水平距离≥10cm，下次针刺时，把针刺位置向前（或向右）移动 1cm。不论垂直带针刺或在割线上针刺，事先都要标定好针刺点距离，避免重刺。一般在傍晚 6 时进行针采，次日上午 7～8 时收胶；越冬前改为早晨针刺，当天中午收胶。

橡胶树经连续针刺采胶 2 年后的产量，低于常规刀割的产量；对伤口敏感的胶树品种，树皮反应不良，因此在整个经济产胶期内，不可能一直采用针刺采胶。但针刺采胶不像刀割采胶需要熟练的割胶工人。在树围未达可割标准，可提早 1～2 年进行针刺，获得一定产量，待树围达到刀割标准时，再改为常规刀割制，以缩短非生产期，特别是在自然灾害频繁地区，是可行的。针刺比刀割快，可扩大树位，节省胶工；刺割结合制更具吸引力，因而 Luckman 倡议把“标准割胶制”改为刺割结合制，可以大大节省树皮[113]。

7 橡胶树死皮及其防治

早在 1909 年 Gallagher 曾报道胶树死皮。死皮是胶树割线的局部或全线丧失排胶能力的病变，严重时树皮产生褐色斑点、斑纹、爆裂，割面变形，甚至全株树的树皮都不排胶。世界各植胶国家都有发生，程度轻重有所不同[114,115]。

7.1 死皮类型和特征

7.1.1 死皮预兆

胶树发生死皮前，一般出现排胶异常，产量骤升陡降，胶乳长流，干胶含量持续下降，水和胶分离，似豆腐花状，或胶乳变色，排胶线内缩，排胶无力，流速缓慢等，但这些征兆并不典型。国内外诱发胶树死皮的试验结果，彼此差异很大，问题还没有弄清，仍是当今研究胶树死皮的 3 大课题之一。

7.1.2 死皮类型

目前有些人根据病害表征，把胶树死皮分为 2 类 3 种，另一些人认为这是胶树死皮的 3 个不同发展阶段。

- 橡胶树死皮
  - 割线干涸
  - 褐皮病
    - 内褐型
    - 外褐型

(1) 割线干涸：割线的一处、几处或全线停止排胶，但树皮颜色正常，没有褐色斑点或斑块，这类死皮约占死皮树的 20%，如能及早降低割胶强度或适期休割，并加强施肥管理，多数病树可逐渐恢复排胶。

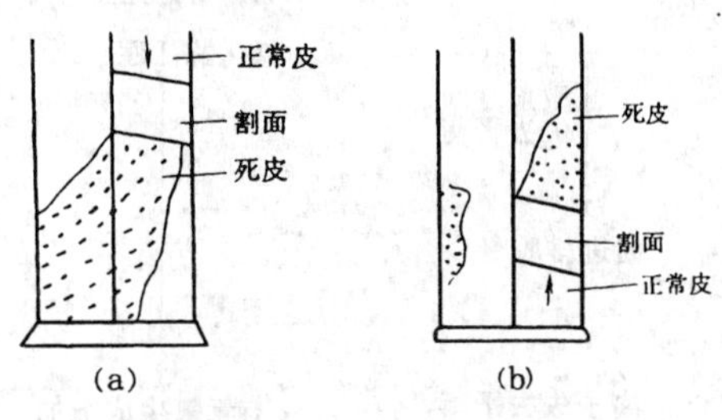

图 29-16　死皮的扩展

(a) 正刀割；(b) 阴刀割

(2) 褐皮病：占死皮树的 80%左右，分外褐型死皮和内褐型死皮。外褐型占绝大多数，即割线的外层（沙皮和黄皮）不排胶，出现褐色病变，扩展较慢；其中约有 10%的树新分生的皮层没有褐斑，能产胶，待外皮干裂脱落后，能自然恢复产胶能力。该类褐皮病的扩展，初期：①沿着乳管在树皮中的走向扩展，即正刀割胶树，病变向左下方扩展，阴刀割胶树，病变向右上方扩展，如图 29-16；②纵向扩展较快，横向扩展慢，前者约为后者的 3 倍；向下扩展可达根部，向上扩展可达分枝，在 2～5 个月内可扩展整个割面；③不同年龄的树皮，由于外层乳管不相连接，彼此不能相互扩展，即原生皮的病变不能扩展到紧接的再生皮上，不同割龄的再生皮病变，也不能互相扩展。但在发病约半年后，病变扩展不受限制；④病变也向皮层深处扩展，直达形成层，只是速度稍慢而已[115]。内褐型褐皮病由水囊皮先出现病变，呈现暗灰色水渍状，向四方迅速扩展，形成层也出现病变；皮层坏死，细胞出现褐色填充体，含单宁的细胞增多，内皮层出现石细胞，髓射线紊乱，胶乳不稳定，橡胶粒子互相凝聚，聚集黄色体周围和乳管内壁。

7.2　死皮发病机制

有些学者认为胶树死皮是病理造成的，虽然还没有接种验证成功的证据，但有些难培养菌类，靠接种是难复现病症的，不能因此否定胶树死皮的病理原因。多数学者认为橡胶树不割胶，从不死皮，浅割和低强度割胶，也不易死皮，死皮是不合理割胶引起的一种生理病变。广大胶工也常说，胶树死皮是割出来的，超强度割胶是造成死皮的主要原因。割胶刀次过多，超深割胶，增加割线，过量施用刺激剂等，都会导致死皮树增多，例证俯拾皆是。对死皮机制，众说纷云。Rands（1919 年，1921 年）、Steinmann（1925 年）和 Rhads（1930 年）认为，胶树死皮是频繁过度割胶所引起的一种创伤反应；Sharples 和 Lamborne（1924 年）、Frey-wyssling（1932 年）认为，胶乳水分不正常波动和极度稀释反应，造成胶树死皮；Schweizer（1949 年）、Wollema（1948 年）认为，产胶把贮藏物质消耗殆尽，营养亏缺所致；Chua（1967 年）则认为代谢失调，导致乳管衰老所致；Bealing 和 Chua（1972 年）认为由于乳管壁透性降低造成；Paranjothy（1980 年）提出强度割胶易造成离子不平衡和低的渗透压，从而破坏黄色体，使胶乳在乳管中凝固而死皮：d'Auzac（1982 年）、Chrestin（1984 年）认为有毒氧的过氧化活性与清除有毒氧之间失去平衡，造成死皮等等。总之，由于过深、高强度割胶和过量刺激，或几种因素综合作用，使产胶与排胶出现紊乱，黄色体破裂，释放出致凝因子，使胶乳在乳管凝固，发生死皮。范思伟等（1988年）根据自己的研究，综合各家意见，把可能的胶树死皮机制，归纳成如下图式：

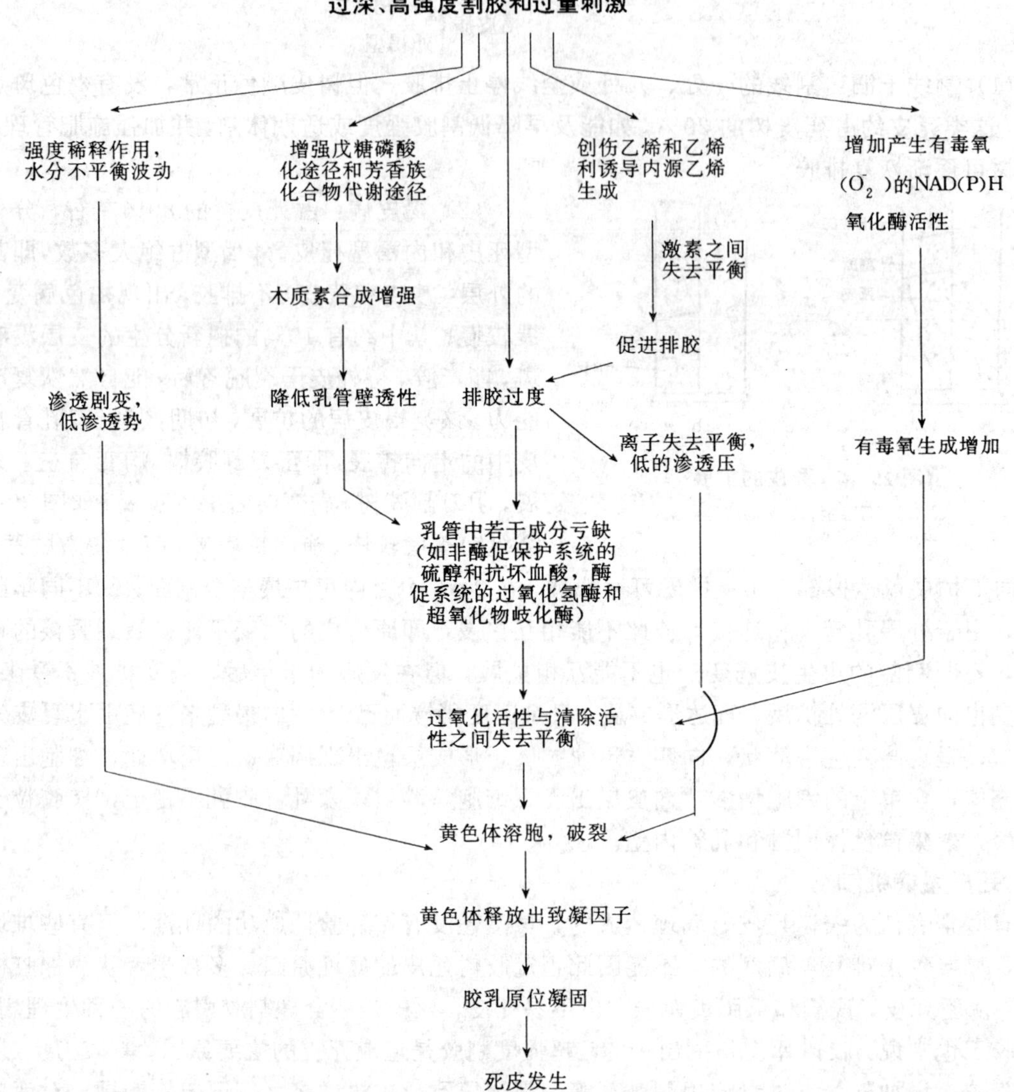

一般说来，死皮首先在割线中段或中段以下部位出现。无性系的杂交后代实生树比亲本易死皮，因为无性系或实生树、高产树、长流胶树、堵塞指数小的树，均较易死皮；生势好的林段比生势差的林段胶树易死皮；一年中秋末、冬初易死皮；低割线比高割线易死皮。

7.3 死皮的防治

贯彻以防为主，防治结合原则。预防死皮，极为重要。

死皮的治理视病情不同，对症施治。

7.3.1 割线干涸树治理

及早降低割胶频率，实行停停割割；改用对面高低部位两条割线，轮换割胶；适当浅割，停止施用刺激剂；增施肥料，加强管理。初步试验表明，在后垂线上离地约100cm高处，用木工钻斜向下方钻小洞，施钼酸铵和硼砂各半的混合剂 2g，前垂线 10cm 高处钻洞施 2g 硫酸锌，用油泥封洞口，半年后洞口愈合，2 年后 70%的病树病情减轻，15%的树病情恶化，而不加处理的对照树，有 75%病情恶化。每年冬季停止割胶后涂封割面时，涂封剂中加入 1%钼酸铵，有利割线干涸树的恢复[116]。

7.3.2 褐皮病树治理

发生褐皮病的胶树，停割 1 年后，只有 14.5%的病树可以恢复割胶；休割 3 年后，仅有 23%的病树可以复割；这些复割树有 1/3 以上在复割 3 年内重新发病，说明休割对褐皮病树的恢复作用不大，应及早治理。

(1) 外褐型褐皮病的治理：发病早期，病害未向树皮深层组织扩展，再生皮尚未出现病变，利用木工弯刀、鸟刨，浅刨病部树皮，暴露砂皮内层病灶，用等量钼酸铵、硫酸锌、硼砂加少量淀粉，调制成 1%的稀糊剂，涂于刨开病皮的表面，然后按治理割线干涸病的方法，打洞施混合微量元素。处理 1 星期后，即可在胶树高部位健康树皮上，用 3PI(25～30cm)d/3+Et5%制针刺采胶，连刺 6 次后，休采 1 星期，再开新的针刺带采胶。全年施刺激剂 6～7 次，针刺采胶 30～35 次，年产干胶约 1.6kg/株[116]。

(2) 对严重病树开沟隔离：用刺针探明病区范围，并用刀割检查，准确标出病区，在病区外缘健康皮上，按原割线的方向，在四周开成隔离沟，深达形成层，但不要割伤形成层，把病部隔离开来，防止向四周扩展，如图 29-17。开沟部位的暴露皮部很快呈现绿色，这时可涂施含钼的复方微量元素稀糊剂。开隔离沟应在无风晴天进行。处理后的胶树，如原割线还有部分排胶，可继续割胶，如隔离区下方排胶，可开新割线割胶，如整个割面死皮，可转到另一割面开割线，进行周期性割胶，或在高部位原生皮上开割线割阴刀，也可进行针刺采胶，但要适当降低割胶强度[115]。

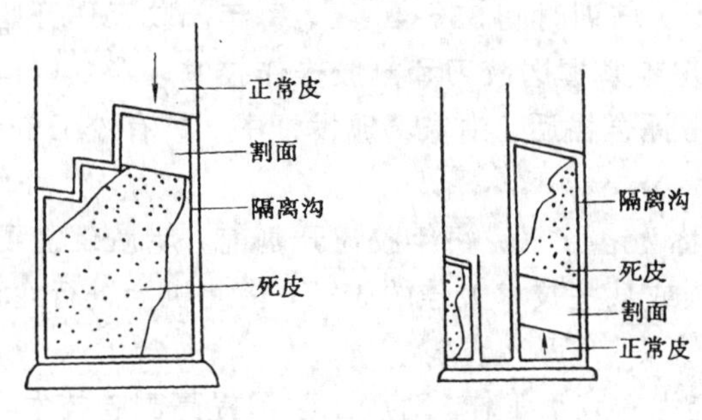

图 29-17　死皮区隔离

8　割胶生产技术管理

8.1　割胶技术辅导制

胶工队伍庞大，割胶工作分散，胶工技术需要辅导提高，割胶技术管理应该加强，只靠农场、生产队少数干部，无法胜任，为此需配备割胶辅导员，逐步形成割胶技术辅导制[87,117]。割胶辅导员协助橡胶农场各级领导抓培训胶工，对胶工进行割胶技术辅导，宣传贯彻割胶生产技术规程，组织检查割胶质量，提出胶树开割和停割时间建议，参与割胶试验，推广先进割胶技术和割胶工具，组织胶工技术比赛和先进胶工评选，抵制违反割胶技术规程的一切干扰。割胶辅导员的待遇，同他管理范围的割胶生产技术好坏挂钩。

割胶辅导员须具备：①热爱橡胶事业和割胶工作；②割胶操作技术优秀；③懂得胶树的产胶组织和胶树管割养基本知识；④工作认真负责，有组织能力，善于团结胶工；⑤身体健康，具有一定文化程度。选拔割胶辅导员，农场发动胶工自愿报名，生产队推荐，农场组织考核、测试，择优录聘。

一般每 30～50 名胶工，配备一名辅导员。新开始割胶的单位，一下开割胶树不多，胶工不足30人，也应配一名辅导员，负担一个树位，一天割胶，另一天进行辅导。一个单位辅导员有三名或以上者，可成立辅导小组，选出组长，统筹辅导工作。辅导组要明确分工，密切协作，避免各行其是。辅导员对自己负责辅导的每一胶工对象，要心中有数，相处融洽，随时交流发现的新经验，遇到的新问题。辅导工作要有计划和重点，讲究方法，着重实效。每次辅导，解决一个问题。对胶工共同存在的问题，需进行集中统一辅导。

海南省（汉区）橡胶农场1985年有割胶辅导员1541人，平均每43名胶工配备1名辅导员，30年来胶工队伍不断壮大，割胶技术和割胶质量不断提高，保证了橡胶树健康，大幅度增加产胶量。

8.2 胶工技术培训

胶工的割胶技术每相差一级，产胶量约差10%，并影响树皮消耗和再生，树围增长，伤树、死皮和割面病害，因而对胶工的割胶技术培训，历来受到重视。

根据每年新增开割胶树株数，老胶工退役人数，25%的后备胶工数，确定当年的胶工培训计划。每个割胶生产单位，以割胶辅导员为主组成培训小组，统筹胶工培训工作和所需物资供应。学员从工人队伍中挑选青年男女工人进行培训，内容包括磨好割胶刀和割胶操作技术，胶树的树皮结构和“管、割、养”基本知识。培训时间35～40天，每年割胶工作开始前进行。通过培训，使学员热爱割胶工作，较熟练地掌握磨胶刀和割胶操作技术，能上树位割胶，初步懂得胶树产胶和排胶基本知识。通过考评合格后，由农场颁发证书，具有胶工资格，可以分配树位，正式担任割胶工作。

已承担树位正式割过一段时期胶的胶工，称为老胶工。每年胶树开割前，老胶工需要进行复训一周左右，以熟练割胶操作技术，某一项或某些技术欠佳的胶工，借此机会进行纠正、提高。

此外，割胶辅导员对胶工的树位辅导，评选优秀胶工工作，对胶工学习提高割胶技术，起很大推动作用。

8.3 割胶质量检查

割胶质量检查的目的，在于及时了解割胶生产技术情况，总结经验，发现问题，及早纠正交流，以推动割胶生产技术正确发展，不断提高，同时也是考核胶工和辅导员的技术档案。

检查工作由割胶单位领导、割胶辅导员和胶工代表共同进行，有的省区，统计员和植保员也参加检查。每月检查一次，随机抽查每个胶工负担割胶树位的25株胶树，内容包括：①割胶深度；②割面均匀度；③耗皮量；④伤树情况；⑤下刀、收刀好坏；⑥割胶六清洁；⑦割胶刀和产胶量。检查结果，经统计分析后，张榜公布，使每个胶工知道自己割胶技术的优点和不足，好在下个月的割胶实践中，发扬长处，改进缺点；使辅导员明确应加强辅导的对象和项目。

8.4 建立割胶档案

每一割胶生产单位，都要建立割胶档案（我国称为割胶台帐），积累资料。台帐内容、格式，由省级橡胶生产管理部门统一设计、印制，发给基层割胶单位，由收胶站收胶员负责每天填写。生产队可根据每天填报资料，及早发现问题，查明原因，采取适当措施加以解决；作为编制旬、月生产进度报表的基础；把近3～5年的产量资料，加以分析整理，绘制月、年的产胶量曲线，并考虑胶树品种、割龄、割制和刺激情况，予以调整，用来研究年际间的产胶量变化，估测下年产量（如图29-18、图29-19）。

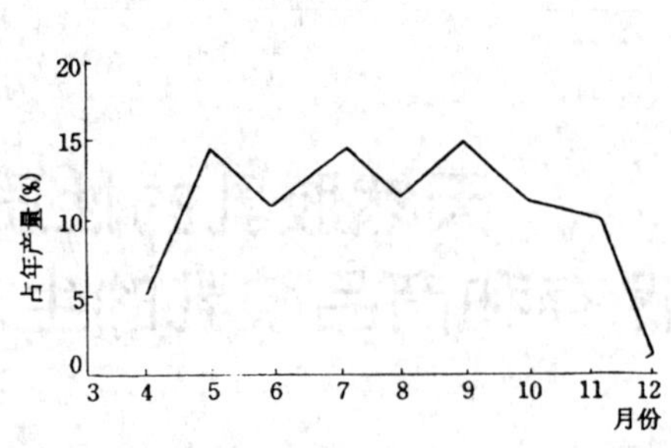

图 29-18　多年平均月产胶占年产胶量的比例

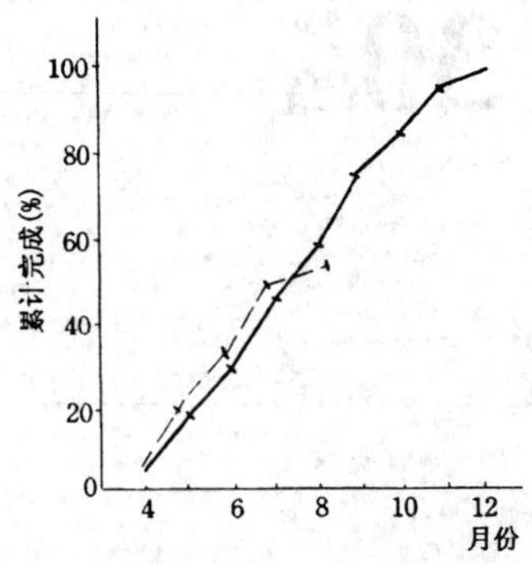

图 29-19　逐月累计产胶量曲线

—多年平均数；--- 当年完成数

8.5　树位估产

树位估产或定产是制订一个割胶生产单位产量计划的基础，胶工承包树位割胶的必要条件。把每个割胶树位的产量定得比较准确、合理，能调动胶工搞好胶树“管理、割胶、养树”的积极性。预测树位产量，须根据树位的胶树品种、有效割株、割龄和割制、刺激情况，近几年的产量档案，生境条件和抚管水平等因素来进行。柬埔寨的各大植胶公司就是依据上列因素预测下年产量的，误差一般＜5%[82]。李作森推荐用“平滑技术预测法”估定树位产量，计算简便快捷，结果比较可靠[118]。钱光明等提出的“橡胶产量预测模式”[119]，用来估测胶树的产量，值得参考。由割胶生产单位领导、割胶辅导员和胶工代表组成树位估产小组，进行现场查田，充分利用档案统计资料，议定每个树位的初步产量，张榜公布，征求广大胶工意见，考虑自然因素，并留有适当余地，作为胶工承包树位产量的基数。

8.6　胶树越冬停割后的管理

（1）割面涂封。用松香、蜂蜡、胶籽油 4∶1∶10 份额煮融，混匀，调制成糊作涂封剂，胶树越冬停割后，立即涂封当年新割面的再生皮，有明显防寒效果[51]。如增加 1%铜酸铵，对树皮干涸树有疗效。

（2）搞好割胶胶园清洁。把胶树茎干上的外流凝胶和树头的泥胶，收拾干净，胶杯、鸭舌和胶杯架收集起来，运回住地，清除粘胶，或把胶杯集中，就地挖坑埋入胶园地下，下年开割前挖出，容易揩净粘胶，水洗后再用。

（3）搞好胶园卫生，防止割面病害发生、流行。

（4）抓紧胶树施肥，维修水土保持工程，注意胶园防火等。

第30章 天然胶乳的性质、早期保存和商品胶乳的生产

许成文

1 天然胶乳的性质

从巴西橡胶树采集的胶乳是一种乳白色液体，其外观与牛奶相似，它是橡胶树生物合成的产物，其结构、成分十分复杂。将鲜胶乳以 59 000 倍重力加速度的超速离心机离心后，可在离心管中看到界限鲜明的四层[120]：最上层为乳酪状的橡胶粒子，约占总体积的 60%；第二层为橙黄色的弗莱威斯林（FW）粒子，其量极少；第三层为清沏的浆液（C 乳清），约占总体积的 15%；最下层主要由凝胶状黄色体构成的黄色底层，约占总体积的 25%。Moir 采用冷冻离心机和染色技术，在超速离心下将鲜胶乳分成了肉眼能分辨的 11 层[121]。这说明鲜胶乳结构非常复杂，其分散相除了橡胶粒子外，还存在着其他类型的非橡胶粒子。

鲜胶乳除含橡胶烃和水外，还有少量的非橡胶物质。这些物质部分溶于水成为乳清；部分吸附在橡胶粒子上，形成保护层；另一部分构成悬浮于乳清中的非橡胶粒子。

1.1 胶乳的胶体性质

1.1.1 一般胶体性质

天然胶乳是组分复杂的多分散体系。其分散相是橡胶粒子、非橡胶粒子，分散介质是乳清。主要分散相橡胶粒子虽不能通过羊皮纸类的半透膜，但能通过滤纸。天然胶乳具有下列典型胶体的一般特性。

（1）电学性质：如将直流电通过胶乳并用显微镜检视时，可以看到一般胶乳的分散相粒子均向阳极移动，并沉积于此电极上，说明这种胶乳的粒子带有阴电荷。分散相粒子在电场中向着带异电电极运动的这种现象，叫做“电泳”。

由于分散相粒子带有一定符号的电荷，而同性电荷间互相排斥的结果，阻止了粒子的聚结，提高了胶乳的热力学稳定性或聚结稳定性。

（2）动力学性质：用 1 000 倍左右的普通显微镜观察稀释胶乳，便可看到其中的分散相粒子呈连续的不规则的运动。这是胶体体系所特有的“布朗运动”（如图 30-1）。产生这种运动的原因是分散相粒子被周围作热运动的水分子撞击的结果。由于在单位时间内从各方面撞击粒子的水分子数不同，则这些个别冲力的合力将指向某一方向，粒子便向此合力的方向偏离。在第二个时间间隔内，从各方面来的产生撞击作用的水分子对比的改变，合力势必具有新的方向，这样一来，粒子运动的方向发生改变。可以设想，分散相粒子越小，其布朗运动越剧烈。

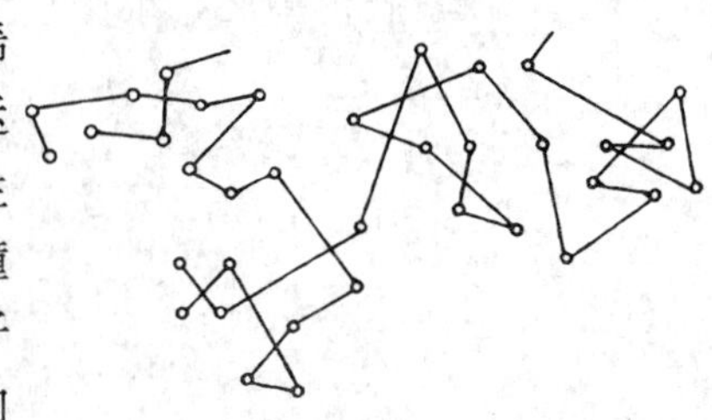

图 30-1 布朗运动示意图

分散相粒子由于本身的布朗运动克服了重力对它的影响，故能均匀地扩散于分散介质之

中，提高了胶乳的动力学稳定性。与此同时，分散相粒子之间的碰撞机会增加，又有降低其热力学稳定性的趋势。当布朗运动所具有的动能超过粒子间互相排斥的势能时，分散相粒子便会丧失聚结稳定性而互相聚结。

(3)光学性质：将一束会聚的光线透过用水稀释的胶乳时，在光束垂直的方向进行观察，可在光的前进途径上看到一个发光的圆锥体，这圆锥体叫做丁道尔圆锥。显现的这种明显乳光的现象即丁道尔效应(如图 30-2)。这是由于分散相粒子比入射光的波长小，产生了光散射的结果。

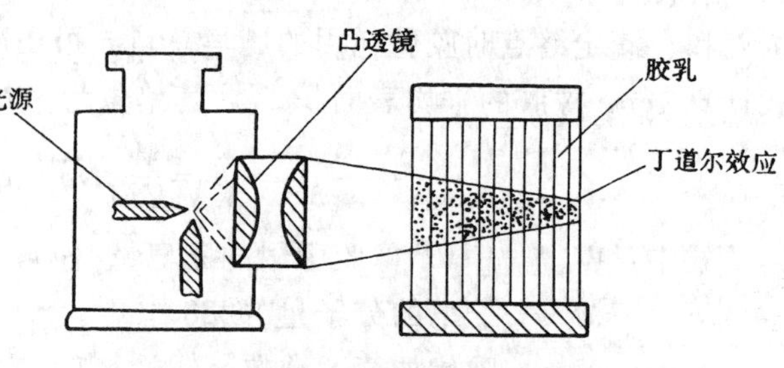

图 30-2　丁道尔效应示意图

利用光散射现象制造的超显微镜，曾用来推测胶乳粒子的数目和测定粒子的大小，对胶体科学的发展曾起过推动的作用。

1.1.2　橡胶粒子

橡胶粒子的大小及其与乳清界面的成分和结构，对胶乳的胶体稳定性有着重要的影响。因为界面自由能的高低，标志胶乳热力学稳定性的高低，胶粒的布朗运动、表面吸附作用、扩散性质以及附聚倾向等都与胶粒的大小和界面层的性质有密切关系。

(1) 橡胶粒子的形状、大小和数量：巴西胶乳的橡胶粒子一般都呈球形，但老胶树胶乳的大胶粒也有呈梨形，甚至还有带着尾巴的。用电子显微镜研究结果认为，梨形和具有尾巴的胶粒，也是由大小不同的球形胶粒聚集而成[122]。梨形粒子的长度一般为 2～4μm，宽度约为长度的一半；带尾巴的粒子有的长达 10μm。

测定胶粒大小最常用的方法是显微镜观测法。最早使用普通光学显微镜，继而使用紫外光显微镜等，但都由于分辨率太低，观察不到为数甚多的较小粒子，故早期文献发表的胶粒大小的数据，出入颇大，也不可靠。当有效放大倍数大幅度提高的电子显微镜问世之后，才找到了研究胶粒大小的可靠工具。采用电子显微镜技术时，必须先用溴化法或四氧化锇处理胶乳，使胶粒硬化，以免胶乳干燥过程中胶粒变形，造成观测误差。用电镜测定结果，鲜胶乳胶粒大小为 0.02～2μm。将粒子大小的数据进行统计分析表明：约有10%的粒子大于 0.2μm，平均粒径约 0.1μm。这说明绝大多数橡胶粒子都很小，且大小很不均匀。过去用光学显微镜或紫外光显微镜不可能看到它们。如图30-3，是典型的鲜胶乳粒子大小累积分布曲线[123]。

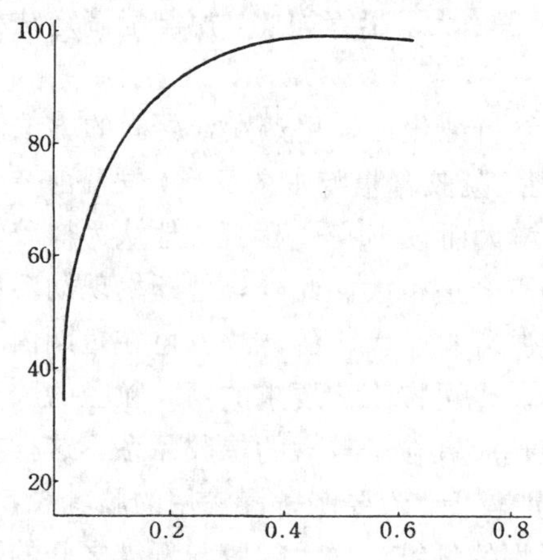

图 30-3　鲜胶乳粒子大小累积分布曲线

用电镜测定鲜胶乳及其离心浓缩胶乳和胶清胶粒大小的结果，发现胶清的胶粒没有大于 0.45μm 的[124]，离心时仅从鲜胶乳去除了大部分直径在 0.05～0.15μm 的粒子。

其他测定胶粒大小的方法还有肥皂滴定法、沉降分析法和光散射法等，但都要以电镜测定的数据进行校正。其中，肥皂滴定法所需仪器设备比较简单，现扼要介绍如下：此法是将表面活性度较高的肥皂（十二烷基硫酸钠）加入胶乳，在其高活性的 pH 值条件下，使之对胶粒原吸附的物质（蛋白质等）进行取代吸附，因而胶粒被覆盖一层外加肥皂的单分子层。当肥皂把胶粒表面盖满并进入乳清中开始形成胶团（即临界胶团浓度）时，原加入的吸附指示剂（溴化抃哪氰醇）开始由红变紫，再到蓝色，此时即为终点。根据对胶乳乳清的临界胶团浓度和在滴定终点时胶乳耗用的肥皂总量，可用减差法求出吸附在胶粒表面的肥皂量。用下式计算 $1cm^3$ 橡胶的平均表面积 S_0，其单位为 cm^{-1}。

$$S_0=\frac{S}{V}=\frac{W}{VM}N\sigma=1.25\times10^7\times\frac{W}{V} \tag{30-1}$$

式中：W——Vcm^3 橡胶吸附的肥皂量（g）；

M——肥皂的分子量（288）；

N——阿伏加德罗常数（6.02×10^{23}）；

σ——每个肥皂分子所占的吸附面积（$60\times10^{-10}cm^2$）；

S——胶粒的总面积（cm^2）。

用肥皂滴定法测定9种不同加氨胶乳粒子大小的结果见表30-1[125]。其中，1～5号胶样是浓缩胶乳；6～8号胶样为鲜胶乳；9号胶样是胶清。

表30-1 氨保存胶乳的粒子大小

胶样	吸附于 $1cm^3$ 橡胶的肥皂 (mg)	1g 橡胶的表面积 ($\times10^4$ cm^2)	胶样	吸附于 $1cm^3$ 橡胶的肥皂 (mg)	1g 橡胶的表面积 ($\times10^4$ cm^2)
1	6.6	8.3	6	15.0	18.9
2	9.5	11.9	7	10.2	12.9
3	8.9	11.2	8	16.1	20.4
4	6.4	8.0	9	42.2	52.0
5	11.1	13.9			

一般来说，用肥皂滴定法测得的粒子大小顺序是符合这3类胶样规律的。但将测得的结果同电镜直接测定的数据比较，则表30-1所得的比表面积稍大。尽管如此，用肥皂滴定法相对地比较各种胶乳粒子大小，仍具有一定的意义。

J. H. E. Hessels 曾将不同粒子大小的胶乳分别进行渗析纯化后，用蒸发或凝固的方法制成生胶，而后分别测定了这些生胶的比浓粘度、德弗弹性、凝胶含量与永久变形，发现前3个项目的数值均随粒子的加大而升高；永久变形则随粒径增大而减小[126]。因此，他认为橡胶分子的聚合度与胶粒大小有关，胶粒大的，其橡胶分子的聚合度也大。此外，他还发现幼龄树和强度割胶的胶乳，其粒子较小。因此，利用定期测定胶乳粒子大小的方法，可在短期内了解割胶强度是否过大，以作为鉴定割胶制度的根据之一。也可按工艺要求的不同粒径的胶乳选择种植材料。例如，要生产离心或膏化浓缩胶乳，应选胶乳粒子较大的橡胶品系，这样在胶清或膏清中损失的橡胶则较少，所得浓乳的粘度也可能较低。若要制备浸渗用的胶乳胶料，则须选用粒子小的胶乳。这种胶乳的胶粒较易渗入纺织物的纤维，增大橡胶与纤维之间的附着力。由于胶粒表面积随着其粒径的减小而大幅度增加，因而吸附在胶粒表面的非橡胶物质也相应增多，故要制备纯化胶乳或耐电生胶时，最好选用粒子大的胶乳。

橡胶粒子大小对胶乳稳定性影响颇大。一般来说，胶粒大者，胶乳稳定性较高；反之，则较低。这是因为胶粒大小关系到分散程度和表面能的高低，也关系到胶粒表面非橡胶物质的吸附量。

胶乳所含橡胶粒子的多少，都是将稀释的胶乳，利用显微镜实际计数所得粒子数目推算出来的。Langland 测得 1g 含干胶 35%的胶乳的平均粒子数为 6.4×10^{12}个，而 Lucas 测得 1g 含 40%橡胶的胶乳中却含有 47×10^{12}个粒子[127]。由于它们采用的显微镜都是分辨率较小的光学显微镜或超显微镜，还有不少极小的粒子没有看到。故数出的粒子数目比实有的数目要少。但从他们所得的数据可明显看出，少量的胶乳却含有大量的橡胶粒子。

(2) 橡胶粒子的结构：胶粒的结构可分为 3 层（如图 30-4)[128]，其最内层和中间层都是由橡胶烃分子的聚集体组成，但最内层的橡胶分子聚合度较小，呈粘稠的液状，能溶于乙醚，称为溶胶；中间层的橡胶分子聚合度较大，可能还有支链或交联结构，为具有弹性的固体，不溶于乙醚，叫做凝胶。在一定条件下，溶胶和凝胶可互相转化。最外一层叫做保护层，主要由蛋白质和类脂物组成。这两类物质可能以复合状态存在。已确定蛋白质的一部分是磷蛋白；类脂物的一部分是磷脂。此外，还有甾醇酯与橡胶粒子结合，由于发现这类物质的每克橡胶含量不随胶粒表面积而显著变化，有人认为甾醇酯分布在胶粒内部，而不在表面。

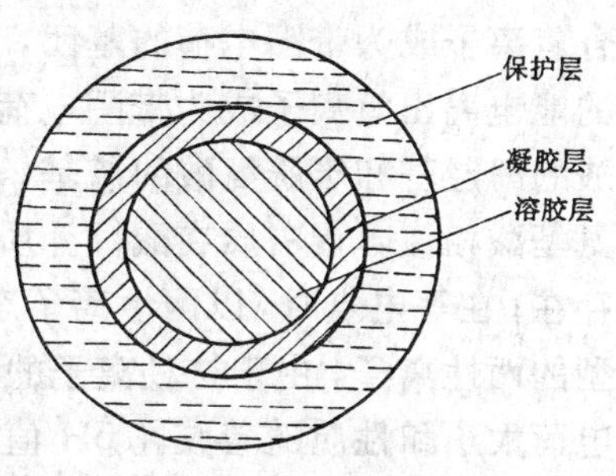

图 30-4　橡胶粒子结构示意图

胶乳加氨后，界面层的蛋白质缓慢水解，生成多肽和氨基酸进入乳清中；磷脂很快水解，其产生的高级脂肪酸与氨反应而生成铵皂，并多半被吸附在界面层上。因此，胶乳贮存时间不同，胶粒界面层的组成，即肥皂与蛋白质的混合比也不同。由类脂物水解生成的肥皂，不是全部留于界面上，其中部分也进入乳清，故乳清和界面上的肥皂建立起一种动态平衡。另一方面，胶粒上吸附的可溶蛋白质，往往会经历结构改变（变性作用)，导致溶解度显著降低。因此，蛋白质在界面上的吸附作用与肥皂不同，大部分是不可逆的。但这并不意味着界面蛋白质在没有水解时就不能从橡胶与乳清的界面上除去，比蛋白质表面活性度较大的很多肥皂或合成去垢剂，可从界面上将蛋白质取代出来，而使其进入乳清。仅用稀释或提高胶乳 pH 值的方法，也能使胶粒界面上的蛋白质发生一些解吸附作用。部分界面蛋白质的吸附作用也是可逆的。

离心浓缩胶乳的胶粒平均表面积虽因样品不同而有些差异，但根据胶粒表面积和蛋白质含量测定结果，发现每克橡胶胶粒的表面积约 $1\times10^5cm^2$，相当于 $1m^2$ 界面约有 1mg 蛋白质。而在空气/油或油/水界面上的单分子蛋白质层，在其多钛链紧密排列时，表面浓度约 2 mg/m^2。对比以上两个数据可见，在橡胶/水界面上的浓度较低，说明界面上还存在其他吸附物质。按空气/水界面的蛋白质单分子层类推，可假定蛋白质的多钛链具有伸展的构型，其大多数极性侧链转向乳清，而大多数非极性侧链向着橡胶。在肥皂存在下，可形成蛋白质-肥皂的混合单分子层，其中，肥皂的极性基指向水相。故加氨胶乳的胶粒表面结构如图 30-5[129]。

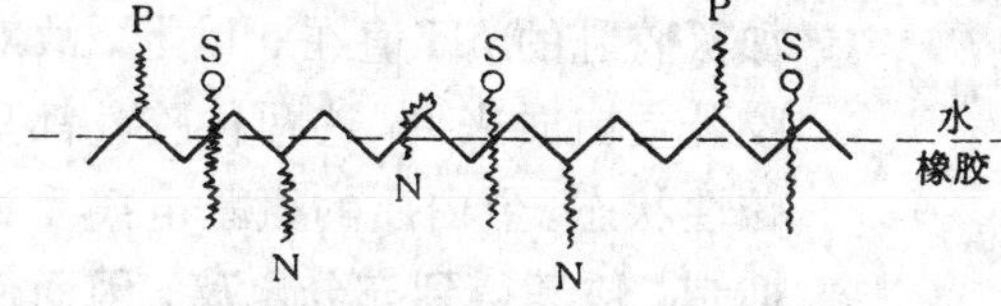

图 30-5　加氨胶乳中围绕胶粒肥皂/蛋白质层

P=蛋白质的极性侧链；

N=蛋白质的非极性侧链；S=肥皂分子

正是由于蛋白质是构成胶粒保护层的主要物质，对胶乳稳定性起着重要作用。现以蛋白质为基础，讨论胶乳的稳定性。

首先讨论吸附剂（橡胶分子）与吸附物质（蛋白质分子）之间的吸附作用。由于橡胶烃是非极性物质，蛋白质是极性物质，它们之间的吸附作用肯定不是由永久偶极引起，而是由瞬间偶极和诱导偶极引力引起的。在橡胶分子中的电子云虽然是对称的，即电子出现在分子核四周的几率是相等的，但多数电子在一瞬间的分布不是均匀的，因而分子在这一瞬间具有一种偶极，称为瞬间偶极。这种偶极在范德华引力中起着主要作用，是橡胶烃吸附蛋白质引力的一个来源。

另一方面，橡胶烃分子虽然没有极性，但它同样带有阴、阳电荷，只是这两种电荷中心相互重合而已，所以没有极性表现出来。当它与蛋白质极性分子接近时，特别是它的不饱和键易受蛋白质的极性影响（同电荷相排斥，异电荷相吸引）而引起极化，形成诱导偶极。由此诱导偶极引力而产生吸附作用。从界面化学来看，橡胶粒子由于表面上吸附了蛋白质分子，界面自由能降低，热力学稳定性升高，本身趋向于稳定状态。

其次讨论橡胶粒子带阴电的原因。主要是胶粒吸附蛋白质后引起的。众所周知，蛋白质是典型的两性电解质，它在水溶液中的两性，是来自分子中的羧基（COOH）和氨基（NH_2）。对于蛋白质的一条多钛链来说，虽然只含有一个游离羧基末端和一个游离氨基末端，然而构成蛋白质的氨基酸除了已构成钛键的羧基和氨基外，还有许多可离子化的基团，其中有能结合氢离子成为带阳电荷的基团，例如赖氨酸的ε-氨基，精氨酸的胍基和组氨酸的咪唑基；有的能电离出氢离子成为带阴电荷的基团，例如天门冬氨酸的β-羧基，谷氨酸的γ-羧基，酪氨酸的酚羟基和半胱氨酸的巯基，等等。所有这些基团都影响着蛋白质分子的电化学性质。与氨基酸相似，蛋白质在酸性介质中以复杂的阳离子态存在；在碱性介质中以复杂的阴离子态存在；在等电点时，以两性离子态存在。胶乳中的蛋白质分子大部分电离为NH_3^+—P—COO^-型的两性离子，由于这种离子的NH_3^+和COO^-电离程度不同，电荷状态也不同。胶粒表面的电荷大小和性质随着胶乳 pH 值变化而变化，现定性地说明如下：

在酸性条件下，蛋白质作碱式电离，而使胶粒带阳电荷：

$$P\langle^{COO^-}_{NH_3^+} + H^+ \longrightarrow P\langle^{COOH}_{NH_3^+}$$

在碱性条件下，蛋白质作酸式电离，而使胶粒带阴电荷：

$$P\langle^{COO^-}_{NH_3^+} + OH^- \longrightarrow P\langle^{COO^-}_{NH_2} + H_2O$$

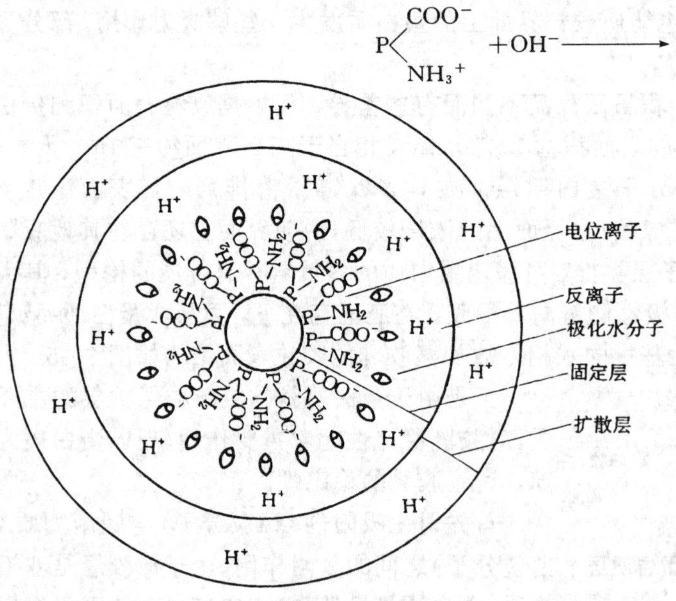

图 30-6 氨胶乳的橡胶粒子双电层结构示意图

在某一 pH 值下，蛋白质分子的酸式电离和碱式电离相同，即呈等离子电离状态，此时蛋白质分子不显电性，呈等电状态。此 pH 值就是蛋白质的等电点。因胶乳蛋白质的等电点一般都在 pH 值为 5 以下，而鲜胶乳 pH 值在 7 左右，加氨胶乳的 pH 值在 9 以上，故对胶乳蛋白质来说，这两种胶乳都呈碱性状态，蛋白质的氨基电离受到抑制，羧基得到充分电离，因而使橡胶粒子带上阴电荷，也是胶乳保持稳定状态的主要因素。因此，加氨天然胶乳橡胶粒子的双电层表示如图30-6。

1.1.3　非橡胶粒子

天然胶乳中的非橡胶粒子主要有以下3种，对它们的结构、性质等的研究相对较少。

（1）FW粒子：这种粒子的外观呈球形，颜色有黄、橙、棕等，折射率和相对密度都比橡胶粒子的大。平均直径1～3μm。它主要由脂肪和其他类脂物组成。其所带颜色来自存在于其中的脂溶性类胡萝卜素。由色层分析和吸收光谱鉴定的结果表明，类胡萝卜素的主要组分是β-胡萝卜素，也有α与γ-胡萝卜素。由于类胡萝卜素易受氧化酶的作用而被氧化，加上它的组分因胶乳不同而有所不同，故FW粒子的颜色往往不完全一样。一般来说，在较黄的胶乳中，FW粒子较多。类胡萝卜素氧化后会变成褐色、灰色以至黑色的物质。

（2）黄色体：将未加保存剂和未加水稀释的鲜胶乳置光学显微镜下，放大1 000倍观察时，除了看到橡胶粒子和FW粒子外，还可看到另一种形状不规则的粘性胶状物体（如图30-7）。这种物体体积比胶粒大，直径2～10μm，数量却比胶粒少，因多少带有黄色，故称为黄色体。加氨时，大部分黄色体溶解；加水时，黄色体膨胀而凝聚；加入0.1mol/L的氯化钠溶液时，黄色体的外观几乎不发生变化，既不溶解，也不凝聚[130]。

将未稀释的鲜胶乳用2 000r/min的普通离心机离心时，可将相对密度较大的黄色体聚集于离心管的底部，形成一层界限鲜明的分离层，称为“乳黄”。上面一层颜色洁白，称为“乳白”。由于黄色体在分离过程中粘杂一些胶粒和FW粒子，故“乳黄”不完全是黄色体。一组“乳白”、“乳黄”及其原胶乳的分析数据见表30-2[131]。见表30-2，乳黄的特性是：含水多，粘度大，非橡胶物质含量多，稳定性低。因此，黄色体对胶乳的物理化学性质必然产生很大的影响。胶乳研究工作者发现，黄色不是黄色体的内在性质，而是由于它粘附的FW粒子所含的类胡萝卜素而来。所以有人认为黄色体这个名词不恰当，粘度大才是这种物体真正的内在性质，故建议改称“粘性体”。据研究黄色体的化学结构证明，它主要是蛋白质与类脂物的复合体，其外部裹着一层半透明的极薄而复杂的膜，内部为一种无色的胶体，含有钙、镁等阳离子和苹果酸、柠檬酸以及等电点高的蛋白质。其连续相称为“B乳清”，相对密度比“C乳清”稍大。分散相为直径小于1μm的带阳电荷的粒子。这些粒子在黄色体内呈现布朗运动，当它们因粘附在薄膜的壁上而停止布朗运动后，薄膜破裂，“B乳清”泄入“C乳清”，因而使胶乳发生絮凝。黄色体静置时因pH值迅速下降，可见它具有酶的活性。在割胶后最初几小时内，胶乳pH值的降低，大体上也可认为是黄色体发生变化所致。事实证明，黄色体中存在着多酚氧化酶和酯酶。

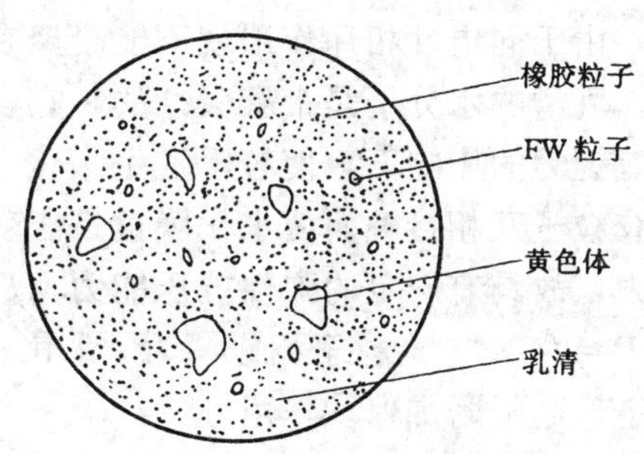

图30-7　鲜胶乳组成示意图

表30-2　乳黄、乳白及其原胶乳的性质比较

项　目	原胶乳	乳　白	乳　黄	项　目	原胶乳	乳　白	乳　黄
重量比	100	76.3	23.7	非橡胶固体（%）	2.6	2.1	5.3
粘度（mPa·s）	11.7	9.2	极大	氮（%）	0.24	0.22	0.33
干胶含量（%）	34.8	43.7	9.0	灰分（%）	0.60	0.47	1.11
总固体含量（%）	37.4	45.8	14.3	自然凝固时间（h）	8	48	2

从制胶工艺来看，将黄色体分离后的鲜胶乳，由于干胶含量和纯度相对提高，颜色改善，

粘度降低，用来制造离心浓缩胶乳不仅可使分离效率获得提高，而且产品质量也可得到改善；用制白皱胶片，产品颜色更加洁白；用制纯化胶乳，产品绝缘性能更好。

（3）含纤维状物质的粒子：取自幼龄胶树乳管的胶乳，往往含有由双层薄膜包围的直径1～3μm的特殊球粒[132]。这种粒子含有排列成一组、两组、偶尔还有三组定向的纤维物质的悬浮体，而这些纤维又是由成束的微纤维组成的。由研究这些微纤维的超微结构表明，它们差不多全是由蛋白质组成的。每根微纤维围绕一空心轴紧密地圈成连续的螺旋线。螺旋的直径为12.5nm，螺距为10nm，空心轴直径为3nm，因而螺旋壁的厚度大约5nm左右。从成龄胶树胶乳看到的这种类型粒子，其所含微纤维不呈现螺旋形而是锯齿形，数量也少，而且大多数粒子没有这种内含物，都是空心的。这意味着含纤维状物质的粒子的内含物随乳管年龄增大而逐渐退化。锯齿形的结构可能是部分退化后显示出的结果。含纤维状物质的粒子的功能和性质，现在还不清楚。

1.1.4 胶乳的稳定性

与橡胶粒子的双电层和势能有关。

（1）橡胶粒子的双电层：如前所述，橡胶粒子都带有阴电荷，当因布朗运动而互相碰撞时，由于同电性相斥作用就不能凝聚在一起，这是橡胶粒子保持胶态稳定性的主要因素。此外，乳清的水分子是带有极性的，它在橡胶粒子静电场和粒子表面某些极性基的偶极引力以及氢键力的影响下，使粒子发生水化作用，即水分子在胶粒表面形成定向排列的水化膜，当橡胶粒子互相接触而使水化膜被挤压变形时，而水化膜具有力图恢复原定向排列结构的一定能力，故具有一定的弹性抗压能力（P），此能力与水化膜厚度（h）有关，h越厚，P越强，即$P=f(h)$。当粒子相碰撞时，水化膜起着隔离和缓冲的机械阻力的作用。这对粒子的胶态稳定性起了附加保护作用。

橡胶粒子带有阴电，而胶乳本身又呈电中性，因此可以设想，粒子周围必定分布着电性相反、电荷相等的阳离子。由于静电引力的作用，一部分阳离子被橡胶粒子的阴离子吸引，与水化膜一起构成结构牢固的吸附层；另一部分阳离子由于热运动的扩散作用，分布在离粒子较远的周围。随着离粒子界面的距离增加，阳离子分布就由多到少，到粒子阴离子的电力所不能及的距离，即均匀的乳清相为止。由吸附层表面至此形成了阳离子的可动扩散层。吸附层与扩散层带有电量相等，符号相反的电荷，构成了橡胶粒子的双电层（如图30-8）。当橡胶粒子对乳清作相对运动时，在不动的吸附层和其外面可动的乳清之间就产生电位差。在不动（对橡胶粒子而言）的吸附层和可动的均匀乳清相（即扩散层）之间的电位突跃，称为电动电位或ζ电位。

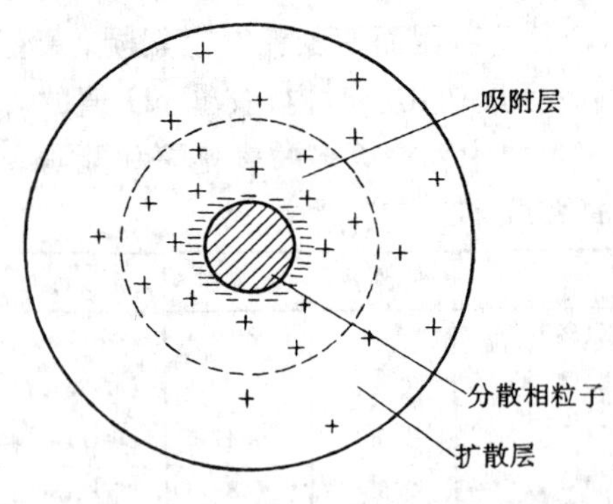

图30-8 橡胶粒子的双电层结构示意图

除了电动电位外，还有一种热力学电位，可把这种电位理解为橡胶粒子表面与均匀乳清相之间的界面上的电位突跃。热力学电位和电动电位之间的关系可由图30-9看出。在橡胶粒子表面OA上有一定量的阴离子，称为电位离子，与此等量的阳离子称为反离子被这表面吸引。一部分阳离子包含在吸附层中，其余部分形成扩散层。热力学电位的值取决于电位离子总数，而电动电位则取决于这个数目和包含在吸附层中异号离子数目之差。虚线表示吸附层和扩散层之间的分界面。在虚线左边具有过量的阴电荷，在此虚线右边，即扩散层中，含有和这个数目相等的阳电荷。如图 30-9，电动电位小于热力学电位。图中曲线表明，离开粒子表面而到乳清内的程度愈深，电位愈益下降，横坐标描绘着离开表面的距离，纵坐标描绘电位的数值。正在表面上的电位具有最大值 e，即热力学电位。在吸附层与扩散层之间的界面上的电位值 ζ，即电动电位。在 C 点双电层结束，电位为零。

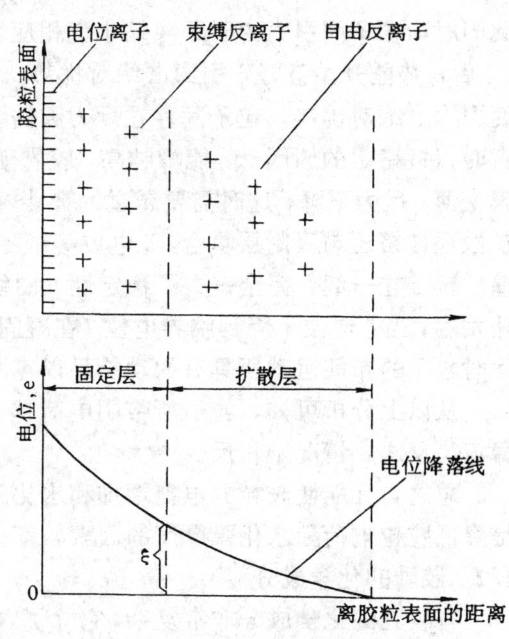

图 30-9　双电层的结构和电位下降曲线

吸附层中的反离子越少，扩散层中的反离子必越多，反离子会扩散得离胶粒越远，胶粒所带的阴电荷也就越多，双电层越厚，ζ 电位越高，粒子间的斥力必然越大，胶乳也就越稳定。

球形粒子的 ζ 电位可利用下式计算：

$$\zeta=\frac{\delta\pi\eta u}{DE} \tag{30-2}$$

式中：η——胶乳的粘度；

u——橡胶粒子的电泳速度；

D——胶乳的介电常数；

E——单位长度的电位差。

将电解质加入胶乳时，电解质电离出阳离子和阴离子，其中的阳离子与扩散层原有的阳离子之间因带相同电荷而存在一定的斥力，与胶粒界面的电荷相反而存在一定的吸引力，故有向着胶粒方向运动的趋势，结果就将扩散层中的阳离子排挤入吸附层。随着加入电解质的增多，被挤入吸附层中的离子也越多，扩散层减薄，ζ 电位降低，胶粒的阴电荷逐渐被中和，当加入的电解质达到某一定量时，胶粒所带电荷完全被中和，扩散层厚度和 ζ 电位为零，胶粒间的斥力消失，互相碰撞时便结成大粒子而引起胶乳凝固。实际上，当胶粒的电荷被中和到某种程度，胶粒间的斥力小于它们之间的引力时，就可能产生凝固，这是一方面；另一方面，因胶乳中的橡胶粒子大小很不一致，它们的 ζ 电位都呈同样的变化是很困难的。因此，胶乳往往不是一下子全部凝固，而是逐渐凝固完全的。还应指出，在胶粒电荷减少和消失的同时，水化膜也受到破坏。

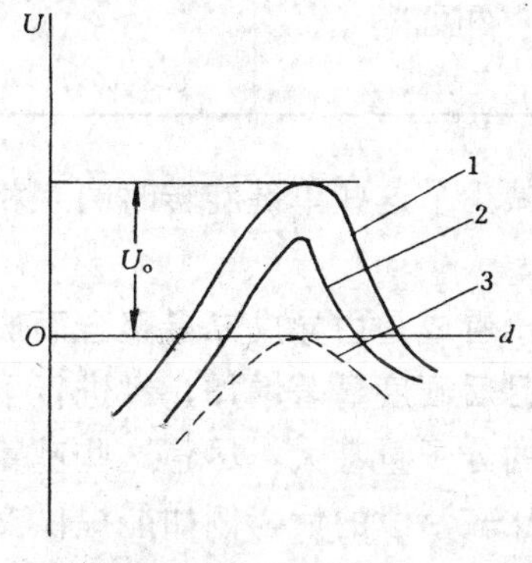

图 30-10　粒子间相互作用的势能曲线

(2) 橡胶粒子的势能：胶粒稳定还是不稳定，主要决定于斥力和引力互相作用的综合结果。这是互相矛盾的两个方面。根据斥力和引力来研究粒子间相互作用的能量与距离的关系。图 30-10 的纵坐标 U 代表粒子相互作用的势能，相斥势能增加，相吸势能减少；U_0 代表势能峰。横坐标 d 代表粒子间的距离。如图 30-10 曲线，粒子的距离较大时，由于扩散层还未相互重迭，粒子间无斥力存在，只有引力占微弱优势，这时曲线在横坐标的下面。随着粒子相互接近，进入扩散层重迭区，这时斥力开始占优势，随着重迭区扩大，势能也逐渐上升，阻止粒子进一步接近。与此同时，粒子间引力由于距离缩小也相应增大，于是在距离缩小到一定程度，当超过势能峰U_0后，势能开始下降，引力占绝对优势。因此，橡胶粒子要互相聚结，必须通过势能峰U_0，使引力占绝对优势。粒子间存在斥力和需要越过一定的势能峰，这就是胶乳能在一定时间内暂时保持稳定的原因。势能峰越高，胶乳就越稳定。当加入电解质时，由于ζ电位下降，水化膜变薄，斥力下降，这时需要越过的势能峰也相应降低（见曲线2）。当电解质加入量足够时，扩散层被挤压与吸附层重合，ζ电位等于零，水化膜消失，粒子间引力占绝对优势，使粒子碰撞后聚结在一起，完全丧失了稳定性（曲线3）。实际上粒子的聚结不必等到ζ电位等于零时才发生，当ζ电位下降到临界电位（在凝固作用开始时的ζ电位最大值）时就开始凝固。因为此时粒子的布朗运动所具有的动能足以克服粒子间斥力的势能。

从以上分析可知，粒子所带阴电荷越多，水化膜越厚，则粒子间的势能峰越高，胶乳越稳定。反之，情况则相反。

总之，凡能使胶粒的电荷增加和水化膜增厚的因素，都能提高胶乳的稳定性；反之，凡是降低胶粒电荷和水化膜厚度的因素，都会使胶乳稳定性降低，甚至凝固。

1.2 胶乳的化学成分

鲜胶乳的化学成分非常复杂，它除了含有橡胶烃和水外，还含有种类繁多的其他物质，这些物质统称为非橡胶物质。非橡胶物质的数量一般虽较少，但对胶乳的性质、商品胶乳和生胶的工艺性能和应用性质却影响很大。组成胶乳的物质和它们在胶乳中的含量不是固定不变的，往往随着胶树品种、树龄、气候、土壤施肥、割胶制度、季节、化学刺激等的不同而变化。这也是天然胶乳变异性大的原因。鲜胶乳主要成分含量的变化范围见表30-3。

1.2.1 橡胶烃

橡胶烃是指纯的橡胶，系异戊二烯（C_5H_8）的线型顺式聚合物。其分子式为$\left(CH_2-\overset{\overset{CH_3}{|}}{C}=\overset{\overset{H}{|}}{C}-CH_2 \right)_n$，重均分子量范围是$3.4\times10^6$～$10.17\times10^6$。由于构成此聚合物的主链上含有很多σ电子组成的C—C单键，其两个C原子可绕单键自由旋转，故使橡胶具有良好的弹性。此主链又含有一定的由σ键与π键共同组成的C═C双键，因此双键容易极化，极化后使邻近的基团（特别是α-位的次甲基）变得非常活泼，故容易硫化和改性。但由于π键键能较小，容易断裂，造成双键不稳定，化学活性大，故又使天然胶不太耐热和不耐氧化。尽管在双键中的π电子云是无轴对称性的，不能旋转，但由于它隔开了邻近的单键，又减少了这些单键旋转时的互相干扰，故天然橡胶仍不失为弹性优良的橡胶。

表30-3 鲜胶乳的主要成分

成 分	含 量（%）
橡胶烃	20～40
水	52～75
非橡胶物质：	
蛋白质	1～2
类脂物	1左右
水溶物	1～2
丙酮溶物	1～2
无机盐	0.3～0.7

（1）橡胶分子的次要基团：如前所述，历来都把橡胶分子看成是由异戊二烯聚合而成的碳氢化合物。但发现由天然胶乳制成的烟胶片，在贮存两三月后硬度显著增加，经进行了许多研究之后，认为橡胶分子还存在某些次要基团。由于橡胶的分子量甚大，尽管这些基团含量很少，但在每个分子链中有可能出现多次，如果这些基团比较活泼的话，例如能提供交联位置，或者成为分子链上非常薄弱而且容易断裂的点，则其影响将大大超过其存在量所占的

份量。到目前为止，在天然橡胶分子中至少已鉴定出一种羰基（ $-\underset{\underset{O}{\|}}{C}-$ ）官能团。B. C. Sekhar 将各种含有活性基团的醛类试剂加入胶乳，经过一定时间反应后，在相同条件下制成烟胶片，再将这些胶片置于含有五氧化二磷、温度为 62℃的真空容器中，处理 48h，使之加速贮存硬化。在处理前后测定这些胶样的门尼粘度，所得结果见表 30-4。

表 30-4　各种醛类试剂对天然胶门尼粘度的影响

处理用试剂（用量均为干胶的 5%）	门尼粘度		门尼粘度增加（%）	
	加速贮存硬化前 (a)	加速贮存硬化后 (b)	对处理 $\left(\frac{a_n-a_0}{a_0}\right)$	对处理后加速贮存 $\left(\frac{b-a}{a}\right)$
无（对照）	38	83	—	118
邻苯二胺	40	42	5	5
对苯二胺	72	88	90	22
联苯胺	70	85	84	21
二氨基己烷	50	84	31	68
乙醇胺	40	44	5	10
环己胺	40	45	5	12
二苯甲基胺	40	43	5	8
羟胺	38	39	0	3
氨基脲	38	40	0	5
双甲酮	38	40	0	5

见表 30-4，含单官能团的伯胺能抑制贮存硬化，而含双官能团的胺类则不能抑制硬化，甚至还能促进这种硬化效应。因此 B. C. Sekhar 认为，橡胶分子中的羰基实为醛基，贮存硬化可能是橡胶分子上的醛基与其邻近橡胶分子的甲基或α-次甲基上的一个不稳定氢原子之间，发生缩合反应后而引起了交联所致。单官能团胺类与橡胶分子的醛基反应，阻止了交联；而双官能团胺类则可能由于两阶段反应而引起了进一步交联：第一阶段是胺与一个橡胶分子中的醛基反应；第二阶段是剩下的一个氨基与另一个橡胶分子的醛基产生缩合作用。

假如实际情况确实如上所述，则过量的双官能团胺类也能阻止交联。因为这时的胺量很充分，所有的醛基在第一阶段都与胺起了反应。将两种官能团（二氨基乙烷和二氨基己烷）加入胶乳时，所得橡胶加速贮存的门尼粘度变化如图 30-11 情况确实如此。

还检验了橡胶和两种熟知的醛试剂（盐酸羟胺与双甲酮）之间的反应。将这不同量的两种试剂加入胶乳，测定其有效抑制橡胶在贮存时发生交联反应所需试剂的临界浓度如图 30-12。图中的曲线转折点所对应的醛基试剂浓度，就是它们的临界浓度。由于 1mol 羟胺或 2mol 双甲酮与 1 个醛基发生反应，所以这两种试剂的临界浓度的比率应是 69.5∶280 或1∶4。实际上用 3 种不同的胶样所得试验结果，确实与此值非常接近，它们分别为 1∶4.3、1∶4.0 和 1∶4.4。

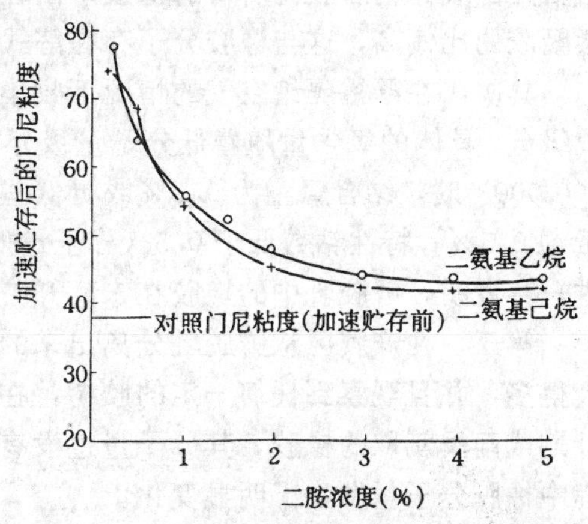

图 30-11　二胺浓度增加对贮存硬化的影响

测定了 14 个品系橡胶的醛反应基数目。其法

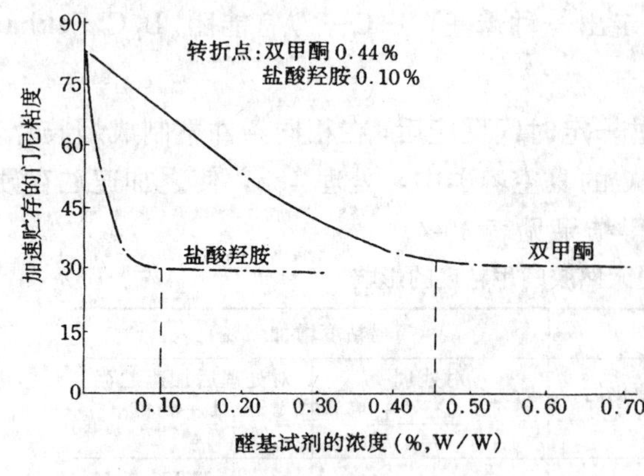

图 30-12 醛基试剂对橡胶贮存硬化的影响

是先以粘度法测定橡胶的平均分子量，再根据抑制醛反应基活性所需要的羟胺量计算出醛反应基的数目。计算结果是1mol橡胶具有9～12个醛活性基[134]，相当于每500～1500个异戊二烯单元具有一个醛反应基。而合成的顺式聚异戊二烯却不与双官能团胺类发生交联反应，在加速贮存时也不会硬化。这些事实说明，天然橡胶不是单纯的烃化合物，在其分子侧链上还存在着具有醛基特性的反应基。有人认为这种反应基是橡胶合成之后受某些特殊酶氧化而生成。

(2) 鲜胶乳中的橡胶烃：将鲜胶乳与大量的苯一起摇动，几分钟内便可获得均一的溶液。但在避免任何搅动的情况下用纯石油醚抽提时，发现在溶液中悬浮着分得很细、仅由胶体大小的粒子组成的凝胶组分。这个组分叫做微凝胶。将其轻轻搅动时便分散成一特性粘数较抽提出来的可溶成分的特性粘数低得多的溶液。这种性质与抽提大量橡胶所得的不溶性大凝胶差别很大。大凝胶很难溶解。

在鲜胶乳橡胶烃的苯溶液中虽然人眼见不到凝胶，而且这种凝胶还可过滤，但通过光散射法仍可看到微凝胶的存在。

如果将一些休割几年的无性系胶树从新开割的鲜胶乳直接溶于苯中，立即可以看到这种胶乳与一般胶乳不同，它的溶液有些浑浊，特性粘数也很低。由此溶液沉淀的橡胶，坚韧而不能再溶解。渗透压也小到不能测定。可见其分散的分子是巨大的。由这种胶乳制得的橡胶很坚韧，一般不能溶解，且非常硬，在苯中只能作有限度的膨胀，表明其交联度很大。它是一种含有交联结构的胶态粒子的微凝胶胶乳。同样，当未开割的胶树开始割胶时，所得橡胶的性质也与正常胶乳的不同，其微凝胶含量可达70%，大约割胶10次（半螺旋形隔月割制）后，才从微凝胶胶乳转变成正常胶乳。在此时期中，胶乳溶液的特性粘数由小变大，橡胶硬度由大变小[135]。

鲜胶乳存在微凝胶的事实说明，橡胶烃在生物合成或在胶树内贮存时便发生了交联反应。由新开割或休割后胶树所得的橡胶，因在胶树中贮存的时间长，发生交联反应的机会多，故微凝胶的比例高，这与橡胶分子存在醛式反应基的观点正好相符。

其次，在严格隔绝空气的情况下收集鲜胶乳，发现其中仍含有氧的分子量很低的少量橡胶级分。具体的氧含量随着低分子量级分特性粘数的升高而降低。当特性粘数大于1（分子量100 000）时，结合氧量为0.3%或更低些；特性粘数为0.75（分子量约50 000）时，结合氧量约0.5%；特性粘数低于0.5（分子量低于30 000）时，则结合氧量比1%还多。这种情况进一步说明，鲜胶乳中的橡胶在未离开胶树前，至少有一部分不是单纯的碳氢化合物了。

第三，在产胶区从鲜胶乳分离出来的橡胶烃所测得的分子量，通常都比消费区所测得者大得多，并且观察到任何一定的胶树，在连续割胶所得橡胶的分子量都变化不大，即使在长叶期或雨季割取的橡胶，其分子量也没有什么变化。这只能说明在制胶过程以及橡胶贮运过程中橡胶分子量发生了明显变化。

1.2.2　水

水在鲜胶乳中含量最多，约占胶乳重的 52%～75%。一部分水分布在胶粒与乳清界面，形成一层水化膜，使胶粒不易聚结，起着保护胶粒的作用；另一部分水与非橡胶粒子结合，构成它们（特别是黄色体）的一些内含物；其余大部分水则成为非橡胶物质均匀分布的介质，构成乳清。因此，水是胶乳分散体系中整个分散介质的主要成分。

胶乳含水量的多少，对胶乳性质特别是稳定性有一定的影响。在其他条件相同的情况下，胶乳含水越多，意味着胶粒之间的距离越大，互相碰撞的频率越低，稳定性越高。

鲜胶乳本身的含水量对制胶生产也有较大影响。用含水多的鲜胶乳生产离心浓缩胶乳，不仅干胶制成率低、劳动工效也低，用来生产生胶，则所得产品的纯度往往较低。

为了有利于制胶产品的贮存、运输和进一步加工，在制胶过程中要尽量除去鲜胶乳所含的水分。

1.2.3　非橡胶物质

鲜胶乳中除了橡胶烃和水外，还含有约 5%的非橡胶物质。这些物质虽数量不多，但种类繁杂，对胶乳工艺性能和产品性能均有不同程度的影响。根据它们的化学性质，大体上可分为以下几类。

1.2.3.1　蛋白质

它是含氮的有机高分子化合物。尽管其结构很复杂，种类也多，但元素组成却较近似，除氮以外，主要有碳、氢、氧，有的还含有硫、磷等其他元素。由于蛋白质一般含氮量在15%～17.5%，平均 16%，加上胶乳的含氮物质绝大部分是蛋白质，故一般都将测得胶乳的氮含量乘上 6.25，作为胶乳的蛋白质含量。

鲜胶乳的蛋白质含量占胶乳重的 1%～2%，其中约有 20%分布在胶粒表面，是胶粒保护层的重要组成物质；66%溶于乳清；其余的则与胶乳底层部分相联。

1942 年以前，已用硫酸铵沉淀法从胶乳乳清分离出并定名为 A、B、C 的三种蛋白质[136]。因为其中的每一种都是由未知比例的一些蛋白质混合而成，故文献上发表的有关材料，参考价值不大。现在利用较精密的技术，已将胶乳的多种蛋白质进行了检定，对其中的一些已分离出来并作了性质上的探讨。

以鲜胶乳高速离心分得的乳清，用电泳法检定的结果，得出电泳性能不同的 7 种蛋白质[137]。它们的一个显著特点是，等电点范围较宽，从 pH 值为 3～9。后来应用淀粉凝胶电泳法证明，这种乳清至少含有 15 种蛋白质组分[138]。其中很多蛋白质的等电点之间仅有微小差异。采用同样的技术研究了鲜胶乳底层部分的可溶性蛋白质，发现未经洗涤的底层部分含有 2 种主要的和至少 6 种次要的蛋白质组分。这些蛋白质的等电点范围同样也较宽，其中有些与乳清蛋白质的相同。

吸附在胶粒表面的蛋白质，由于很难使它一点不变地从胶粒表面移下来，故尚未详细进行研究。鲜胶乳的等电点往往随品系的不同而不同，大约由 pH 值为 4（AVROS 152）到 pH 值为 4～6（War 4）。这个颇大的变异用乳清离子强度的任何差异是不能说明的。更好的解释是，吸附在胶粒的蛋白质不止一种，由于它们的比例不同，因而导致各种品系胶乳的等电点也不同[139]。

下面是从胶乳中单独分离出来的几种蛋白质。

(1) α-球蛋白：这种蛋白质是鲜胶乳乳清中含量最多的一种。它是将冻干乳清的渗析溶液在pH值为4.5和0℃下，用离子强度0.04的柠檬酸钠缓冲溶液反复沉淀而得[140]。它的等电点为4.55，易被吸附在“水-气”或“油-水”的界面，使界面张力降低。用电泳法研究胶乳中橡胶粒子的等电点同α-球蛋白的等电点发现，两者非常接近。鲜胶乳在α-球蛋白最不易溶解的pH条件下也最易凝固。因此，α-球蛋白可能是包围鲜胶乳胶粒的蛋白质之一，并且是决定胶粒胶体稳定性的主要因子。后来发现加氨会增加胶粒在任何pH值下的迁移率，同样也会增加α-球蛋白的迁移率，而对胶乳其他蛋白质则没有这种效应。因而进一步证明了上述观点。刚制备出来的α-球蛋白，含硫量低（0.06%），磷极少，易溶解在中性盐溶液、碱性溶液以及pH值低于3的酸性溶液中，但不溶于蒸馏水。加热甚至在干燥状态下贮存，都能使它变性。α-球蛋白含有17种氨基酸。

(2) 橡胶蛋白：这种蛋白质是将底层部分的冻干固体的冷水抽出物，用硫酸铵分级沉淀法分离出来，经过再沉淀和用电渗析法除去盐类后进行冻干，然后在冷水中结晶而得[141]。它的等电点为4.7，是一种特殊蛋白质，其含硫量高达5%。所有的硫都以胱氨酸的形式存在。这种蛋白质还含有其他14种氨基酸。含量较多的氨基酸有：胱氨酸、天门冬氨酸、谷氨酸、色氨酸和丝氨酸。橡胶蛋白除了含硫多以外，分子量异乎寻常的低（10 000±500）。它在任何pH值下都能溶于蒸馏水，煮沸时不会从溶液中沉淀出来。由于它的表面活性极低，似乎对鲜胶乳的胶体性质不会发生显著影响。只有更深入地了解底层部分的功能后才能明确橡胶蛋白在胶乳中的重要意义。

(3) 微纤丝蛋白：在幼嫩乳管的胶乳中，存在着含纤维状物质的粒子。对此粒子内的微纤丝蛋白迄今尚未进行详细的分析，但获得了一些初步的数据。将鲜胶乳慢速地离心时，可把一些含纤维状物质的粒子不受损伤地沉淀出来，然后用适当pH值和离子强度的水溶液洗涤。将对渗透敏感的包围粒子的薄膜破坏，可得到微纤丝蛋白的悬浮液。此时，微纤丝蛋白还保留典型的螺旋形结构；之后，微纤丝蛋白在水介质中破裂成小碎片，在pH值8.6电泳时，其速度大于橡胶蛋白，获得一条单一的谱带。用分光镜分析法对微纤丝蛋白进行分析时，未发现它含有核酸。用标准比色测定法也没检定出它含有碳水化合物。因在边心橡胶胶乳中未发现这种蛋白，故一般公认此蛋白与橡胶生物合成无关。

(4) 碱性蛋白质：除了胶乳乳清的碱性蛋白质外，已从鲜胶乳底层部分中检定出几种等电点大于pH值8.6的碱性蛋白质。其中主要的碱性成分已用淀粉柱电泳法分离出来，它的等电点为pH值10，在宽广的pH值范围内都能溶于水或稀的盐溶液。用纸电泳法和超速离心法的分析表明，在纯品中仅有一种成分。其沉降常数为2.6×10^{-3}cm·g·s单位。因此，这种成分的分子量可能较低。虽然这种蛋白质具有高的等电点，但迄今还未看到它与胶乳分离出的阴离子蛋白质一起沉淀出来。

(5) 糖蛋白：用鲜胶乳的冷冻乳清制取。按9∶1（v/v）在冷冻乳清中加入10%高氯酸，搅拌片刻，静置30min；然后用双层滤纸滤去沉淀物；将滤液放入火棉胶制造的透析袋中，置于长流水中透析至中性。如透析液产生少量沉淀，可再用滤纸滤去。加入透析液容积4倍的无水乙醇，放入普通冰箱静置过夜，则有絮状沉淀物产生。离心取出此沉淀物，用原透析液容积1/5的蒸馏水将沉淀溶解，再用无水乙醇按上述步骤将糖蛋白沉淀出来，置干燥器内干燥，产品为浅褐色的无定形固体[67]。

用气相色谱法测定此糖蛋白的糖基，证明其为氨基半乳糖。用高速氨基酸分析仪测定结果，此糖蛋白由17种氨基酸组成。其中，酸性氨基酸（天门冬氨酸、谷氨酸）含量占32.5%；

碱性氨基酸（精氨酸、赖氨酸、组氨酸）含量占 14.02%。在各种氨基酸中，谷氨酸含量特别高，达 27.36%。这种糖蛋白与橡胶蛋白有如下相似之处：①热稳定性好。糖蛋白水溶液在 100℃加热 10min 也没有沉淀产生，而冷却后用 5%磷钨酸进行糖蛋白检验时，又有白色絮凝物出现，说明糖蛋白未受到破坏；②电泳图谱表明，在碱性缓冲液体系中，糖蛋白也是向阳极移动，说明它的酸性很强；③分子量也小于 10 000。但橡胶蛋白含胱氨酸特别多，而糖蛋白的胱氨酸含量却不多。

据用比色法定量测定鲜胶乳糖蛋白含量的初步结果表明，不同品系胶乳的乳清中，糖蛋白含量有所不同，抗寒品系的糖蛋白含量较高。

根据文献记载，从胶乳蛋白质所得的氨基酸已有 19 种[142]，它们是甘氨酸、丙氨酸、缬氨酸、亮氨酸、异亮氨酸、苯基丙氨酸、酪氨酸、天门冬氨酸、谷氨酸、精氨酸、组氨酸、赖氨酸、脯氨酸、色氨酸、胱氨酸、乌氨酸、苏氨酸、丝氨酸和甲硫氨酸。

蛋白质除对胶乳稳定性有显著影响外，对橡胶性能也有较大影响。一方面，它的分解产物可以促进橡胶硫化（如碱性氨基酸），提高橡胶的定伸应力，延缓橡胶老化（如氨基乙酸能与铜生成极稳定的内络合物氨基乙酸铜，消除铜对橡胶的氧化强化作用），改善制品的耐用性；另一方面，它又具有较强的亲水性，能增加橡胶及橡胶制品的吸水性和导电性，使之容易长霉，不利于制作绝缘性的电工器材。此外，蛋白质还有增高橡胶生热性能和影响贮存硬化的趋势。装入铁桶的浓缩胶乳，有时产生颜色变灰的现象，乃是由于胶乳含硫蛋白质引起的。这种蛋白质分解产生的硫，与铁发生化学反应，生成胶状硫化铁，此种黑色产物分散在白色胶乳中，使之呈棕色。如前所述，蛋白质是胶粒保护层的组成物质之一，浓缩胶乳在贮存过程中由于蛋白质缓慢水解，将使乳清离子强度增加，并使胶粒失去其保护作用，从这个意义上来说，蛋白质又将降低浓缩胶乳的稳定性。

1.2.3.2　类脂物

鲜胶乳中的类脂物由脂肪、蜡、甾醇、甾醇酯和磷脂组成。这些化合物都不溶于水，主要分布在橡胶相，少量存在于底层部分和 FW 粒子中。胶乳含类脂物总量约 0.9%。其中，大部分（0.6%）是磷脂。磷脂是甘油磷酸的长链脂肪酸酯，其磷酸根可与胆碱、胆胺酯化，或与金属磷脂酸盐的一个金属原子相结合。磷脂的结构式如下：

```
                      O
                      ‖
CH2—O—O—C—R
 |        O
 |        ‖
CH—C—R′
 |             O
 |             ‖
CH2—O—P—O—R″
               |
              OH
```

式中，R 和 R′是长链烃基。R″是胆碱［$—CH_2—CH_2—N(OH)—(CH_3)$］时，此磷脂为卵磷脂；如果 R″是胆胺基（$—CH_2—CH_2—NH_2$），则磷脂为脑磷脂。R″也可以是金属磷脂酸盐的金属离子。

鲜胶乳中因存在磷脂分解酶，如不采取钝化这种酶的措施，则割胶后胶乳磷脂迅速被酶分解。若将胶乳倾入煮沸的酒精使之凝固，便能得到没有降解的磷脂[143]。分析这种磷脂发现，大部分（79%）为卵磷脂，还有4.5%的脑磷脂和16.5%的金属磷脂酸盐。

鲜胶乳一般没有游离的长链脂肪酸，但加氨后类脂物分解而产生硬脂酸、软脂酸、花生酸、油酸和亚油酸的混合物。这些酸的总量可高达胶乳重的0.4%～0.9%。

尽管鲜胶乳的类脂物含量由于胶树品系不同而不同，但其磷脂含量约为干胶重的1%，基本上没有无性系变异[144]。发现极性脂（磷脂）绝大部分分布在橡胶相。甘油三酸酯是橡胶相的中性类脂的主要成分，β-谷甾醇及其异构体分布也较多。而游离脂肪酸和β-谷甾醇异构体则是底层部分的中性类脂主要成分。

胶乳磷脂的表面活性度很高，它是类脂物中与蛋白质形成胶粒保护层的主要物质，对保持鲜胶乳稳定性起着重要作用。氨胶乳在贮存过程中机械稳定性的升高，就是由于类脂物释放出的高级脂肪酸生成了铵皂，在胶粒表面起着保护胶体作用的结果。

已经证明，游离高级脂肪酸是硫磺硫化橡胶的促进剂。由磷脂水解生成的胆碱和胆胺也能加速橡胶硫化。胆碱对生胶老化还有抑制作用[145]。研究结果表明，胶乳磷脂的降解程度同橡胶硫化速率有关，未分解的磷脂含量愈多，橡胶硫化越快。这可能是加热硫化橡胶时，磷脂分解产生的胆碱、胆胺、高级脂肪酸较多所致。

1.2.3.3 丙酮溶物

胶乳里能溶于丙酮的物质，统称丙酮溶物。FW粒子所含的类胡萝卜素易溶于丙酮，属丙酮溶物；上面所述的类脂物中，除磷脂外，几乎都溶于丙酮，也属于丙酮溶物。胶乳的丙酮溶物含量占1%～2%。其主要成分有油酸、亚油酸、硬脂酸、甾醇和甾醇酯。在研究胶乳丙酮溶物时，曾分离出两种具有防止橡胶老化的液体甾醇，其分子式分别为：$C_{17}H_{42}O_{11}$和$C_{20}H_{30}O$。胶乳丙酮溶物中还有少量的α-生育酚和γ、α与σ-三烯生育酚。这些化合物都是橡胶的天然防老剂[146]。其中，游离的三烯生育酚是天然橡胶最重要的天然防老剂[147]。就三烯生育酚来说，防老效力以σ型的最好，γ型的次之，α型的较小。因此，一般认为丙酮溶物对橡胶有防老化作用。此外，因丙酮溶物含大量（50%）以上脂肪酸，故对橡胶能起物理软化作用，使橡胶塑炼时容易获得可塑性。

1.2.3.4 水溶物

胶乳中能溶于水的一切物质，统称水溶物。鲜胶乳的水溶物以白坚木皮醇（甲基环已六醇）含量最多，还有少量环已六醇异构体、蔗糖、葡萄糖、半乳糖、果糖和两种已检定出的五碳糖。此外，还有一些可溶性无机盐、蛋白质等。水溶物含量占胶乳的1%～2%，主要分布在乳清相。

从胶树流出的胶乳，不含挥发脂肪酸，但它所含的糖类受微需氧细菌的代谢作用后会产生乙酸为主，同时还有少量甲酸、丙酸的挥发脂肪酸。这些酸含量的多少，标志着胶乳受细菌降解程度的高低，也在一定程度上标志胶乳稳定性的高低。因此，可以说水溶物是间接影响胶乳稳定性的成分。

水溶物同蛋白质一样，具有较强的吸水性，能促使橡胶和橡胶制品吸潮、发霉，降低绝缘性。所以橡胶水溶物含量不宜过多。

1.2.3.5 无机盐

鲜胶乳的无机盐占胶乳重的0.3%～0.7%。其主要成分含量如下：

主要成分	占胶乳重的%
钾	0.12～0.25
镁	0.01～0.12
铁	0.001～0.012
钠	0.001～0.10
钙	0.001～0.03
铜	0.0002～0.0005
磷酸根	0.25

此外，有时还含有少量的硫酸根、盐酸根、铝、锰、镍、锡、铷等离子。无机盐大部分分布在乳清中，少量铜、钙、钾，可能还有铁与橡胶粒子缔合。大量的镁则存在于底层部分。在高温下灼烧胶乳时，无机盐都变成灰而遗留下来，称为胶乳的灰分。其他物质则变成二氧化碳、水蒸气等气态物质而挥发掉。因此，测定胶乳的灰分含量就可大体知道胶乳的无机盐含量。

无机盐对胶乳稳定性和橡胶性能都有一定的影响。例如，镁和钙含量相对高时，会降低胶乳的稳定性。镁离子与磷酸根含量之比特别大时，胶乳稳定性往往很低。在这种情况下，如制造浓缩胶乳，除在鲜胶乳中加氨外需再加入适量可溶性磷酸盐，使过量的镁离子生成溶解度极小的磷酸镁铵沉淀而除去。铜、锰、铁都是橡胶的氧化强化剂，如含量过多，势必促进橡胶老化。无机盐含量多时，不但吸水性大，还会使硫化胶的蠕变和应力松弛增大。

1.2.3.6　酶

本身是具有特殊催化作用的蛋白质。鲜胶乳中的酶，有些是固有的；有些则是从外界感染的细菌所分泌的。现在已知的胶乳酶有凝固酶、氧化酶、过氧化酶、还原酶、蛋白分解酶、尿素酶、磷脂酶等。凝固酶能促使胶乳凝固；氧化酶能使类胡萝卜素氧化而颜色加深；蛋白酶能使蛋白质分解而成氨基酸等等。

胶树割胶后，有些胶线特别容易变黑，凝固槽中的凝块表面有时也很快变黑，这都是由于氧化酶（例如酪氨酸酶）对某些非橡胶物质（如酪氨酸）作用，最先生成红色的蠕虫色质，然后变为不溶解的黑色素的结果。

在鲜胶乳中加入少量尿素，不久后便可从胶乳闻到明显的氨味。这是由于胶乳固有的尿素酶使尿素分解为氨和二氧化碳所致。利用此反应，可将固体尿素直接加入胶乳作保存剂而不使胶乳浓度降低。

钙、镁之类的金属离子是酶的活化剂，能增强酶的活动能力。有些胶树特别在开花、抽叶的季节，胶乳从割线流到胶杯后很快就凝固了。后来发现在此时期胶乳的钙、镁等金属元素含量较高，提高了凝固酶等的活性所致。

酶既然是一种蛋白质，所以凡能使蛋白质变性的因素，如热、浓酸、浓碱、紫外光等都可使其变性而失去活力。据此对胶乳酶可以进行控制和利用。

1.2.3.7　细菌

胶乳中的细菌不是胶乳本身固有的，而是从周围环境感染而来。胶树开割后由于胶刀的污染，细菌可从割口进入乳管。因此，从胶树刚收集的胶乳往往也含有细菌。细菌污染较严重的胶树，不仅所产胶乳含菌量多，割胶后排胶时间较短，一般产量也低。如将杀菌剂的水溶液或悬浮液由割线部位注射入胶树组织中，都可使胶树增产，所得胶乳的细菌含量减少，颜色增白，干胶含量也提高。

胶乳中的细菌主要有好气性和嫌气性两类。前者在有空气的情况下受到活化，主要引起蛋白质的分解；后者在无空气或氧气很少时占优势，使胶乳的糖类发酵而产生各种的酸。因此，细菌对胶乳稳定性有很大的影响。

对化学刺激有增产效应的胶树，所产胶乳的乳清含磷（尤其是无机磷）和糖较多，因而导致胶乳的细菌感染度增大。

1.3 胶乳的物理性质

1.3.1 浓度

胶乳浓度通常用胶乳中的干胶含量或总固体含量表示。干胶含量是指胶乳中被乙酸凝固出来的干物质百分率，而总固体含量是指胶乳除去水分和挥发物后的干物质百分率。两者的主要成分都是橡胶，还含有少量非橡胶物质，但总固体含非橡胶物质较多。在鲜胶乳中，干胶含量约占总固体的90%。因此，从同一胶乳测得的总固体含量必定比测得的干胶含量高。这两者的含量高，表示胶乳的浓度大。

鲜胶乳的干胶含量随着胶树的品种、树龄、季节、割胶强度、化学刺激等的不同而不同。一般来说，由幼龄树、雨季、强度割胶、乙烯利刺激、接近停割时所得的胶乳，其浓度较低。胶树长期休割后重新开割时，胶乳干胶含量高，一般可达45%左右，割胶2～3周后才逐渐降到正常浓度。

测定胶乳浓度对控制生产具有重要意义。在制造生胶时，要测知原胶乳浓度后才能控制胶乳凝固浓度，以获得软硬适中的凝块，便于压片、造粒和干燥等操作；在生产浓缩胶乳时必须测定胶乳浓缩前后的浓度才好控制生产，使产品质量符合规定指标；在胶乳制品生产过程中也要检测和控制胶乳浓度，才能保证半成品和成品的质量。

测定胶乳干胶含量的方法较多，最准确的方法是加酸凝固的标准法，但此法操作繁杂，历时甚长。制胶和评定胶工干胶含量时，为了迅速得知胶乳浓度，生产上广泛采用准确度比标准法差，但基本上符合要求的快速总固体法或相对密度法。前者是根据胶乳干胶含量（R）与总固体含量（T）之比接近于一个常数，并事先求得此常数的数值（K）。然后只要把欲测胶样用酒精灯或置煤油炉上快速烘干，得出总固体含量的数值，由 $K=R/T$ 的关系式便可很快算出干胶含量。相对密度法是预先求出胶乳相对密度与干胶含量的关系，届时用相对密度计测定胶样的相对密度，即可得知胶乳的干胶含量。最近出现了微波法。此法是根据胶乳中的橡胶、水和非橡胶物质的介电常数差别较大，对微波通过胶乳时衰减量（即吸收量）不同的原理，以非橡胶物质含量不多，对测试结果影响不大为依据所设计的微波胶乳测试仪测定胶乳干胶含量的。它具有测定速度快（每人1h可测100～150个胶样），准确度高（最大绝对误差不超过0.5%），操作简便，不受人为掺假等外来因素的影响。

1.3.2 相对密度

物质的相对密度是指该物质的质量与相同体积水的质量的比值，或两者密度之比。胶乳是由许多物质组成的，组成胶乳的各种物质都有自己的相对密度，所以胶乳的相对密度实质上是组成胶乳各种物质的相对密度的加权平均值。如把胶乳看成为橡胶和乳清两部分组成，则以橡胶的平均相对密度（0.914）和乳清的平均相对密度（1.02）为依据，便可由下式的胶乳相对密度（ρ）推求胶乳的干胶含量（P）：

$$P=\frac{879.5}{\rho}-862.3 \tag{30-3}$$

由上式可知，胶乳的相对密度越大，干胶含量越低，或干胶含量越高，相对密度越小。

测定胶乳相对密度，通常使用变沉式胶乳相对密度计（如图 30-13）。它与一般相对密度计的主要区别是：①重端为锥形，放入胶乳时阻力较小，使相对密度计很快达到平衡，读数比较准确；②直接将胶乳干胶含量刻在杆部的相对密度的对应位置上，以免测知相对密度后再去换算干胶含量。

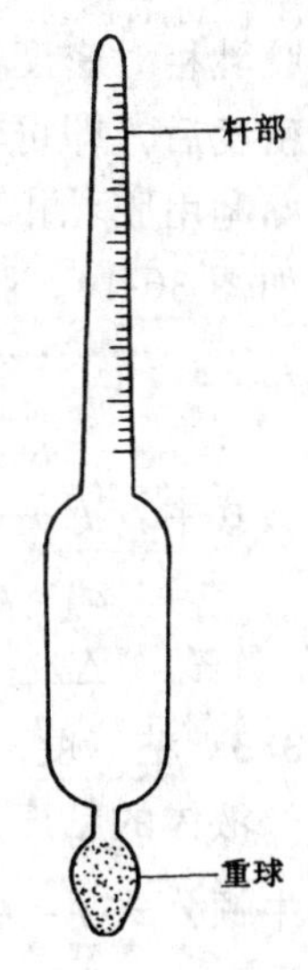

图 30-13　胶乳相对密度计

应用上式求干胶含量主要有两种误差：①胶乳的乳清成分因受胶树自然环境和管理条件的影响而不同，故乳清相对密度不是固定不变的。因此，干胶含量相同的胶乳，其相对密度不一定相同；②乳清与水的相对密度差异较大，胶乳因掺入雨水或其他外来水后，由上式胶乳相对密度推得的干胶含量将很不准确。

如把胶乳看成总固体和水两部分组成，则可克服上述缺点。先由下式推求总固体的表观相对密度：

$$\rho_L=\frac{100}{\dfrac{P_{TS}}{\rho_{TS}}+\dfrac{100-P_{TS}}{\rho_{H_2O}}}$$

即

$$\rho_{TS}=\frac{P_{TS}}{\dfrac{100}{\rho_L}-\dfrac{100-P_{TS}}{\rho_{H_2O}}} \qquad (30\text{-}4)$$

式中：ρ_L——胶乳对 4℃水的相对密度；

ρ_{TS}——胶乳总固体对 4℃水的表观相对密度；

ρ_{H_2O}——纯水在测定胶乳相对密度时胶温下的相对密度；

P_{TS}——胶乳总固体含量的重量%。

上式根据混合定律推出，而胶乳水溶物溶于乳清时体积将有所改变，应用混合定律显然会有误差。但水溶物含量不多，而且这里推算的不是总固体的真正相对密度，根据胶乳相对密度计算总固体的表观相对密度时已将此误差校正在内。总固体由橡胶和非橡胶物质组成，虽然后者的含量和成分随情况不同而有所变化，但因其在总固体中所占比例很少，故总固体的表观相对密度以及橡胶含量（P_R）与总固体含量之比（K）基本上是一个常数。即：

$$\frac{P_R}{P_{TS}}=K$$

或

$$P_{TS}=P_R/K \qquad (30\text{-}5)$$

整理后得：

$$\frac{1}{\rho_L}=\frac{\rho_{H_2O}-\rho_{TS}}{100K\cdot\rho_{H_2O}\cdot\rho_{TS}}\cdot P_R+\frac{1}{\rho_{H_2O}} \qquad (30\text{-}6)$$

若预先测定某一胶乳的总固体含量（P_{TS}）和相对密度（ρ_L），因纯水的相对密度（ρ_{H_2O}）可从物理化学手册查出，由上式可算出总固体的表观相对密度（ρ_{TS}）。再根据同一胶乳测得的干胶含量（P_R）算出 K 值，便可得

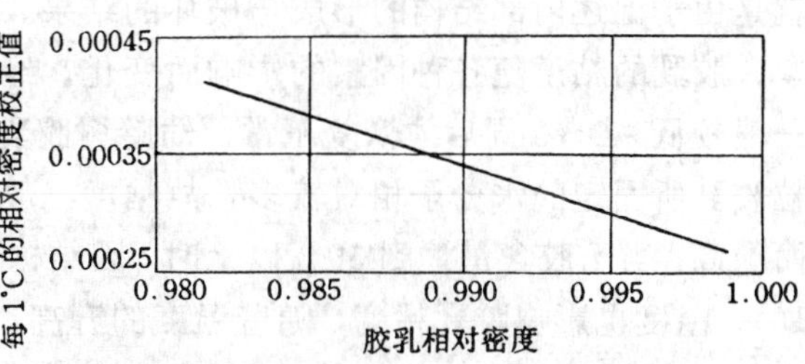

图 30-14　胶乳相对密度的温度校正值

到胶乳相对密度与干胶含量的关系式。此式不管胶乳从外界掺入水量多少，只要测得胶乳相对密度后，即可较准确地求出该胶乳的干胶含量。

利用胶乳相对密度测干胶含量时，要注意温度的校正。胶温变更1℃的胶乳相对密度校正值如图30-14。胶乳在任何温度t℃的相对密度可由下式换算成某基准温度T℃的相对密度值。

$$d_4^T = d_4^t + (t-T)\Delta d \tag{30-7}$$

式中：d_4^T——胶乳在T℃对4℃水的相对密度；

d_4^t——胶乳在t℃对4℃水的相对密度；

Δd——温度变化1℃的相对密度校正值。

1.3.3 粘 度

液体的粘度是一液层相对于另一液层移动时的阻力，是液体流动时阻力大小的量度。根据牛顿公式$f=\eta\frac{dv}{dx}$，式中的f为施加于液面使液体保持运动的剪切应力；$\frac{dv}{dx}$为速度梯度；η为内摩擦系数或粘度。对于某些液体来说，在一很宽应力范围内所得的粘度都不变，f与$\frac{dv}{dx}$呈直线关系，如图30-15的OX所示。这种液体称为牛顿液体或正常液体，它们的粘度称为牛顿粘度或正常粘度。真溶液和不形成内部结构的胶体溶液，都具有牛顿粘度。如果液体不遵从牛顿公式，f对$\frac{dv}{dx}$作出的图不是直线，而有一段弯曲的部分，如图30-15中的曲线OAQ所示，其粘度随剪切应力不同而改变，只有当剪切应力增大到一定数值后，f与$\frac{dv}{dx}$才呈正比，如图30-15的AQ部分。这种液体称为非牛顿液体，它们的粘度叫做反常粘度。

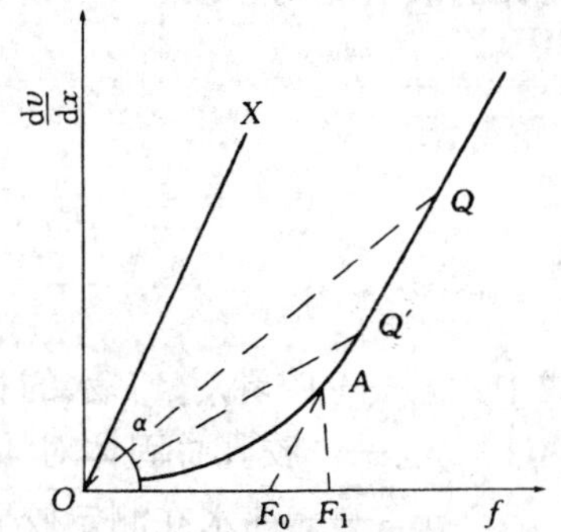

图30-15 牛顿液体与非牛顿液体的$f-\frac{dv}{dx}$图

天然胶乳是非牛顿液体，原因是许多水分子围绕其胶粒定向排列而形成水化膜，致这些水分子失去了运动的自由。当胶乳静置时，这样固定下来的水分子增多，故胶乳粘度增大(增大部分叫做结构粘度)。此外，体积较大和易于变形的黄色体，在流动力学影响下的定向作用，也有助于结构粘度的形成。因此，必须增大剪切应力，将有关结构破坏到一定程度后，剩下的粘度才是正常粘度。

胶乳在静置时往往显得比较粘滞，但搅拌后粘滞性变小，这种现象称为胶乳的触变性。它就是由于上述内部结构的形成与破坏的结果。

胶乳的粘度随各种因素的影响而变化。经长期休割后重新开割胶树所得的胶乳，其粘度一般较低，2～3周后才恢复正常。幼龄树胶乳因胶粒一般较小，就水化程度来说，它比大胶粒胶乳所固定的水分子相对较多，故粘度一般较大。胶乳浓度愈高，内部阻力愈大，粘度因而愈高，当干胶含量达到50%以上时，因结构形成的影响特别厉害，粘度急剧增加(如图30-16)。温度也影响胶乳粘度，随着温度的升高，胶乳粘度明显降低，而且胶乳浓度愈高，受温度的影响愈大(如图30-17)。这是由于温度升高时，部分或完全破坏了结构粘度。加氨能使胶乳粘度降低，主要由于黄色体分解，改变了胶乳结构所致。当氨含量达到0.05%后再增多氨量时，胶乳粘度仅略微降低；加氨达 0.1%左右后，胶乳粘度几乎不再随氨量增加而改变。

测定胶乳粘度一般有 3 种方法：①毛细管法。它是将一定容积的胶乳，在一定压差下通过长度和直径一定的毛细管，测定所需的时间。时间越长，粘度越大；②落球式粘度计法。它是利用大小和密度均为已知的圆球，从装有胶乳的倾斜透明玻管中落下，由落经两标线之间的时间计算胶乳粘度；③转子粘度计法。它是以转速和大小一定的转子置于胶乳中转动，根据转动所需力距表示胶乳粘度的大小。实践证明，同一胶乳用不同粘度计测定的结果，数据往往不同。因此，表达胶乳粘度时还要注明是用何种粘度计测定的。

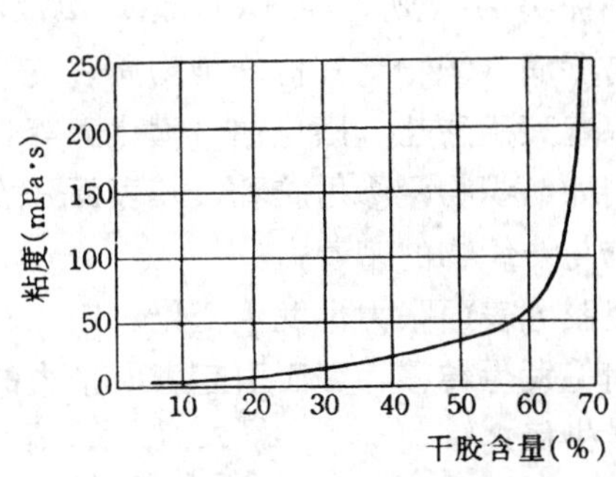

图 30-16 胶乳干胶含量与粘度的关系

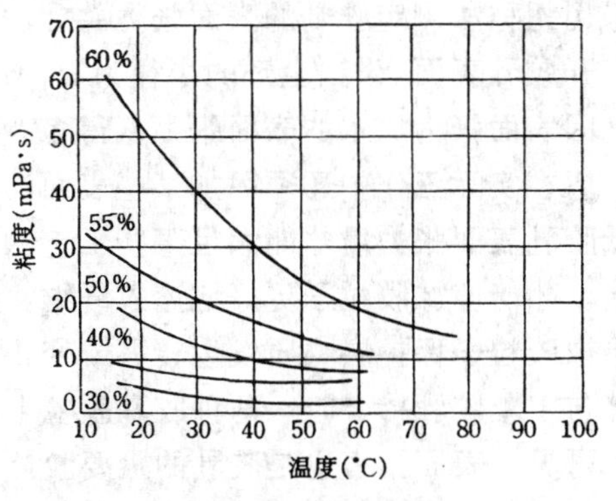

图 30-17 温度对不同浓度胶乳粘度的影响

胶乳粘度对制胶和胶乳制品工艺都有一定的影响。例如，胶乳粘度低，就容易过滤，杂质沉降快，离心分离效率也高。生产浸渍制品特别是采用直浸法时，胶乳粘度会直接影响产品的厚度和均匀程度。就海绵制品来说，粘度太大，则胶乳流动困难，难于注模和均匀充模；粘度太低，又会影响泡沫稳定性，因而都会影响产品质量。刮胶用的胶乳，最好粘度高些，以便减少刮胶次数。

1.3.4 表面张力

液体表面的分子因受周围不平衡分子的吸引力作用，有被液体内部分子牵引向内的趋势，因而使液体表面尽可能收缩至最小值。这种使液面收缩，并沿着液面的力，叫做液体表面张力。表面张力的方向总是跟液面相切的，如果液面是弯曲的，表面张力就在这个曲面的切面上。

分散介质表面张力的降低，使它容易湿润悬浮的粒子，从而使之保持较好的稳定分散状态。天然胶乳含有较多能降低水表面张力的物质，即所谓表面活性物质，如蛋白质、磷脂、脂肪酸等。它们部分溶于乳清中，使胶乳表面张力大大低于水的表面张力。

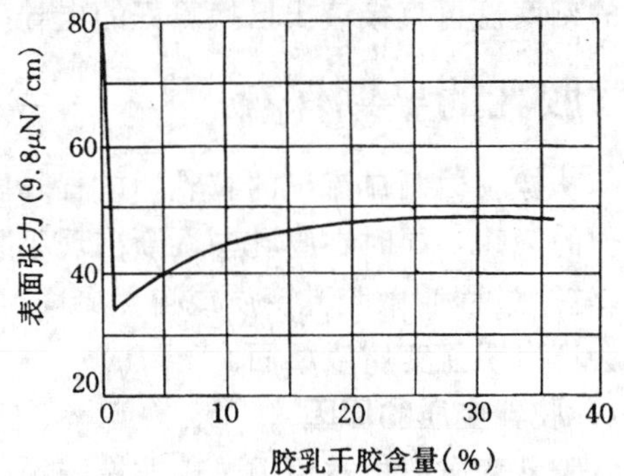

图 30-18 胶乳的浓度与表面张力的关系

胶乳表面张力受温度、干胶含量和外加物质等因素的影响。温度升高时，表面张力降低。原因是胶乳液面上的蒸汽密度随温度上升而增大，胶乳液面分子被上拉的引力也加大，因而抵消了一部分下拉的引力。更主要的是温度上升时，分子运动能增大，有碍于表面分子的整齐及紧密排列，因而内聚力减低，表面张力减小。据实验，胶乳被稀释时，其表面张力随浓度减小而下降，至干胶含量为 0.55%

时，达到最小值（如图30-18）。随后则跟着干胶含量下降而直线升高，但达干胶含量0.0045%时，其表面张力还较水的表面张力低。鲜胶乳加氨之后，表面张力亦显著降低，这可能是促进了非橡胶物质分解，释放出表面活性物质之故。

测定表面张力一般有毛细管法、落滴法和扭称法3种。因胶乳容易堵塞毛细管管口，故通常都采用扭称法测定胶乳的表面张力。此法是以铂金环与胶乳接触，然后以最小的扭力 F 使此环离开胶乳表面。设铂金环的半径为R，胶乳的表面张力为 σ，则 $F=2\pi R\sigma$，或 $\sigma=F/2\pi R$。

胶乳因表面张力比水的表面张力低得多，所以较易湿润棉织物、其他纤维物质、皮革等的表面。但在实际工作中还须另加某些表面活性剂如烷基萘磺酸盐、磺化油、磺化醇等，进一步降低胶乳表面张力后才能满足某些工艺的要求。例如纺织物浸渗用胶乳，其表面张力应尽量低些，才能使橡胶粒子更好地渗入纤维，增大橡胶与纺织物的密着力。

如果橡胶粒子保护层物质发生转移或变化，往往使胶乳表面张力也发生变化。例如，当天然胶乳与丁苯胶乳掺合时，两种胶乳胶粒上的稳定剂将发生转移，因而引起表面张力的变化。由此可见，表面张力也是胶乳的重要胶体化学性能指标之一。

1.3.5 电导率

溶液的电导是其电阻的倒数，即它的电阻越大，导电能力就越小。溶液的电导率，也叫做比电导，是单位体积内所含溶液的电导。其单位是S/m（西［门子］/米）。

胶乳的电导率主要与其橡胶含量、乳清离子强度和温度有关。橡胶含量越高，带电荷的胶粒往往越多；乳清离子强度越大，即非橡胶物质离解出的离子数量和价数越多，故导电能力越强，因而导电率相应越大。温度升高时，因胶乳粘度减小，胶粒和离子的运动速度加快，则电导率也增加。

鲜胶乳在室温下的电导率一般为0.4～0.5S/m。由于它非橡胶物质分解程度很小，故电导率的大小主要决定于胶乳的浓度。为此，利用鲜胶乳在一定温度下的电导率可粗略估计其干胶含量。

胶乳加氨后因有铵盐生成，故电导率升高；经透析后因去掉了电解质，导电率又会减小。保存不良的胶乳，因非橡胶物质受细菌作用的分解程度较大，电导率显著增加。因此，也可以电导率作为鉴定胶乳质量的一种手段。

胶乳的电导率用电导仪测定。这种仪器的基本原理是将胶乳置于两个铂金电极之间，接上电源。然后利用已知的电阻来比较测定胶乳的电阻。此电阻的倒数便是欲测的电导。从仪器的刻度盘可直接读出已换算好的电导率。

2 胶乳的早期保存

从橡胶树割口流出的胶乳，放置一段时间后慢慢变稠，粘度增加，逐渐散发出一种臭鸡蛋似的气味，同时在胶乳中逐渐出现小凝粒，继而变成豆腐花状，最后凝固成豆腐一样的凝块。这个过程叫做胶乳变质或自然凝固。胶乳从胶树流出后如不作适当处理，一般经过6～12h就会产生明显变质或凝固。

2.1 胶乳变质的原因

胶乳变质的根本原因是其非橡胶物质发生了变化。

（1）细菌：从各种天然胶乳分出的菌株已达1000个以上，经鉴定后分为13科94种。其中，有65种来自鲜胶乳。这些细菌都不是胶乳本身固有的，而是割胶、收胶过程中受到外界感染而来的。胶乳的糖类被细菌吸收利用后，转化而成各种酸类，主要是挥发脂肪酸，也有乳酸、琥珀酸等。刚从胶树流出的胶乳，其 pH 值在 6.8 左右。由于细菌不断产酸生成的 H^+ 的影响，使橡胶粒子双电层减薄，ζ 电位降低，稳定性下降，胶乳 pH 值也不断减小，直到接近其等电点时，互相碰撞的胶粒便连接在一起，胶乳就产生凝固的现象。

细菌的另一作用，可能是分解组成胶粒保护层的蛋白质。例如，存在于胶乳中的枯草芽孢杆菌是一种相当强的蛋白分解菌，它能使蛋白质分解、破坏，减小胶粒的水化程度或增加胶粒直接接触的作用，因而也使胶乳稳定性降低。

（2）酶：胶乳中的酶有些是本身固有的，有的则是由于细菌活动而产生的。例如，对胶乳自然凝固影响较大的蛋白质分解酶就是来源于细菌，而凝固酶则是割胶前已存在于胶乳的。前者将胶粒保护层的蛋白质分解；后者使蛋白质变性，导致其亲水性大大降低。这些作用均可引起胶乳凝固。

为什么变质胶乳会发臭呢?因为胶乳中的某些细菌和酶可使胶乳的蛋白质氨基酸、磷脂等分解，产生各种恶臭物质。例如胱氨酸、半胱氨酸等含硫氨基酸分解后产生的硫化氢、硫醇，具臭鸡蛋味;色氨酸分解后产生的吲哚、甲基吲哚具大粪味;磷脂分解产生的三甲胺，带鱼腥味。

有时胶乳已经凝固，但还闻不到臭味，这又是什么原因？如果胶乳含糖量比含蛋白质相对较多，或能利用胶乳白坚木皮醇的细菌含量或活度大，开始时一方面由于细菌具有保氮特性，在一定程度上可抑制蛋白分解菌的活性，因而蛋白质的分解速率或分解量极小；另一方面，白坚木皮醇一类的糖被细菌吸收利用，使大量的碳源很快转化为大量的酸，致胶乳发生凝固。即胶乳来不及产生明显臭味便已凝固。

（3）不溶性肥皂：当胶乳离开胶树后，由于酶的作用，其类脂物会释放出高级脂肪酸。这些酸因表面活性度较大，会取代部分蛋白质而被吸附在橡胶粒子上。胶乳中如存在钙、镁之类的离子时，便与脂肪酸反应而生成钙皂或镁皂。这类皂因不溶于水，故使胶粒脱水而引起胶乳凝固。

综上所述，胶乳自然凝固的主要原因是细菌和酶引起了非橡胶物质产生变化的结果。此外，加速胶乳变质还有如下几个因素：①雨冲。如在林段收胶之前下雨，胶乳被冲入了流经树干的雨水，因树皮含有的可溶性单宁和钙、镁之类的金属盐随之导入胶乳，单宁将与胶粒保护层蛋白质反应，使胶乳稳定性降低；钙、镁之类的离子一方面活化胶乳中的酶，提高酶对胶乳稳定性的破坏作用；另一方面，它们也可与胶粒上的脂肪酸、蛋白质反应，生成不溶性的盐类，促进胶乳凝固；②高温。胶乳中的微生物主要来自土壤和人体，而这两方面的细菌多半属于中温性的细菌。在 25～37℃，一般温度越高，细菌活度越大。因此，在高温季节胶乳较易变质；③抽叶、开花期。当胶树抽叶、开花时，胶乳酶的数量和活性往往较大，胶乳较易自然凝固；④强度割胶。特别是杀树割胶所得的胶乳，糖含量多，染菌量也多，细菌在其中繁殖快，产酸多，胶乳容易变质；⑤化学刺激。由化学刺激后割胶所得胶乳，干胶含量一般较低，细菌在其中生长较快，加上刺激使贮存于胶树中的淀粉水解而成糖类，因而所得胶乳的糖含量也相应增多，进一步提高了胶乳产酸的趋势。⑥特殊品系。例如 Gl1 品系，它所产胶乳的镁含量特别高，与含无机磷的比例失调，易导致胶乳自然凝固。

2.2　保存胶乳的方法

根据胶乳变质的原因，曾试用多种化学和物理的方法来保存胶乳。经过多年生产实践证明，以氨作保存剂的化学保存法仍然是目前保存效果较好、经济可靠、使用最广泛的胶乳保存法。原因是氨对胶乳的稳定起着“多面手”的作用：第一，它是杀菌剂，能抑制细菌的生长和酶的活性，从而可去掉或减轻菌、酶对胶乳的腐败作用；第二，它具碱性，可中和胶乳中由于细菌作用所产生的酸，并增加橡胶粒子表面的阴电荷，从而提高胶乳的稳定性；第三，氨能与胶乳中固有的磷酸根、镁离子反应，生成电离度极小的磷酸镁铵，因而起着金属离子隔离剂的作用；第四，氨可与胶乳类脂物分解所产生的高级脂肪酸反应，生成高脂酸铵皂，因而增加胶粒的阴电荷和水合度，起着胶体稳定剂的作用；第五，能使胶乳中的糖生成醛氨或酮氨络合物，而不再被细菌分解利用，从而抑制了挥发酸的生成或降低了挥发酸的生成速率。

目前，国内外生产生胶和商品胶乳所采用的鲜胶乳保存体系主要有如下几种：

(1) 氨：单用氨保存鲜胶乳，加氨量应恰如其分。太少，达不到保存胶乳的目的；过多，不仅浪费，而且将增加胶乳或胶清凝固的用酸量，从而增高生产成本。不仅如此，胶乳氨含量过高，往往还会影响胶乳凝固、胶片干燥和橡胶质量；由于加乙酸凝固时产生同离子效应，除中和氨用酸量相应增加外，凝固用酸量也大大增加。如割胶当天生产离心浓缩胶乳，鲜胶乳适宜加氨量为0.15%～0.25%；次日浓缩的，则氨用量应控制在0.25%～0.35%。要是生产烟胶片、颗粒橡胶等生胶，氨用量一般为鲜胶乳重的0.05%～0.08%。此外，还须注意几点：①加氨时间。由于细菌和酶对胶乳的作用在割胶后便立即开始，故加氨越早，保存效果越好。在割胶时即把氨水滴到胶杯里，固然效果较好，但花工多，氨的损失大，一般损失率高达50%。现在一般采用胶桶加氨法。即收胶时先在桶里倒入部分氨水，既使胶桶消毒，又能达到较早加氨要求。收完胶后再把剩下的氨水加入胶乳并混合均匀；②氨水浓度。以10%左右为宜。如果浓度太低，意味着加入胶乳的水多，不仅增加胶乳运输量，而且还会降低胶乳离心分离效率。反之，氨水浓度太高，氨的挥发损失大，也不利胶乳和氨的混合均匀。③注意安全。氨对皮肤有腐蚀性，对眼睛有刺激作用，使用时不要与人体直接接触。

(2) 甲醛：具有高度的化学活性，杀菌抑酶的作用较强，还可能与蛋白质反应，提高其对化学药剂和酶的抗力，因而对胶乳具有良好保存效果。生产生胶可单用甲醛作胶乳早期保存剂。其用量一般为胶乳重的0.03%，雨天或潮湿天气用量可增至0.06%。使用甲醛的主要优点除了保存效果较好外，凝固胶乳用酸量比氨胶乳少，胶片干燥时间比不加甲醛的减少1/8～1/4。缺点是所制胶片颜色较深；用量超过0.05%时还会降低橡胶拉伸强度；更重要的是保存胶乳的粘度较高，因而过滤、澄清较困难，甚至还会影响胶乳离心分离效率。这是由于甲醛与蛋白质的反应产物比蛋白质的支链程度大，同时还引起胶乳pH值降低的结果：

$$\underset{\displaystyle NH_3^+}{R-\underset{|}{CH}-COO^-} + 2HCHO \longrightarrow \underset{\displaystyle N(CH_2OH)_2}{R-\underset{|}{CH}-COO^-} + H^+$$

为了克服以上缺点和顺利应用于离心浓缩胶乳的生产，可将甲醛与氨并用。其法是在胶桶仅加入胶乳重0.06%～0.08%的氨，30min至1h后在收胶站加入胶乳重0.03%的甲醛。如果次日离心，可适当增加胶乳的加氨量。此法与单氨保存法生产离心浓缩胶乳相比，其优点是：①改善了浓缩胶乳厂的卫生条件，在澄清、离心车间无明显氨味；②可省去离心车间的排氨设备和胶清除氨工序；③鲜胶乳的挥发脂肪酸值较低，澄清罐内的胶乳残渣可经久不臭；④胶乳中的黄色体分离除去较多，不仅所得浓乳颜色较白，而且非橡胶固体含量较小；⑤所得浓乳的机械稳定性较高，积聚罐里的泡沫凝块较少。

将甲醛与氨并用作胶乳保存体系时应注意几点：①工业用甲醛不仅贮存过程中会被氧化

而生成甲酸，而且装在铁桶内的甲醛，日久后还会因铁锈污染而带棕黄色。故使用前要进行碱化与脱色处理，以防止胶乳局部凝固和变色。最好的处理方法是以溴百里酚蓝作指示剂，将粉状碳酸钠逐渐加入甲醛水溶液中，至溶液颜色变为浅绿色止，此时pH值已达7.6以上，并有$Fe(OH)_3$胶状沉淀物生成，溶液慢慢变为清沏。除去下面沉淀物便可使用；②甲醛溶液与氨水必须分别盛装，不能混合使用，否则，它们会发生化学反应，生成六次甲基四胺而失去保存胶乳的作用；加甲醛入胶乳时，一定要边加边搅拌，否则容易引起胶乳局部凝固。

(3) 亚硫酸钠：该药品是一种弱碱，对胶乳中生成的酸能起中和作用，还能抑制细菌生长和防止胶乳的氧化，故对胶乳具有一定的保存作用，对含氧化酶多的胶乳或黑线胶（如PR107胶乳）效果更好。

这种保存剂对胶乳有效保存时间较短，一般比不加保存剂的延长2～4h，通常仅用于制造白皱胶片的鲜胶乳保存，同时减少防止胶片变色的亚硫酸钠用量。亚硫酸钠在此情况下的用量一般为胶乳重的0.05%～0.15%。应当注意：①亚硫酸钠用量与胶乳保存时间不呈正比，即使用量大大增加，也不能使胶乳保存到次日；②由于亚硫酸钠易被氧化而成硫酸钠，失去对胶乳的保存作用，故其贮备溶液不能配置过多，并尽可能在使用前配制。

(4) 羟胺与氨并用：这种保存体系用于生产恒粘胶和低粘胶的胶乳保存。常用的羟胺为盐酸羟胺或中性硫酸羟胺。羟胺属杀菌剂，因本身呈酸性，故不能单独用来保存胶乳，但与氨并用时可获得满意的保存效果。羟胺又是橡胶硬化抑制剂，当其含量为干胶的0.15%，氨用量为胶乳重的0.05%时，既对橡胶贮存硬化具有良好的抑制作用，又能显著延长胶乳保存时间。羟胺与氨用量的3种组合见表30-5，可供不同情况下参考选用。

表30-5　不同情况下使用的保存体系

保存剂		需要保存时间（h）	
中性硫酸羟胺（对干胶重的%）	氨（对胶乳重的%）	大胶园胶乳	小胶园胶乳
0.15	0.03	11	5
0.15	0.05	11～19	5～11
0.15	0.07	19～30	11～20

(5) 硼酸与氨并用：硼酸具有抑菌作用，与氨并用时适合生产浅色橡胶的胶乳保存。据试验，硼酸用量为胶乳重的0.2%以下时，即使氨含量增加，但保存效果没有明显提高。生产浅色标准橡胶时推荐的用量组合见表30-6。

表30-6　生产浅色标准胶用胶乳的保存体系

保存剂（对胶乳重的%）		需要保存时间（h）	
硼　酸	氨	大胶园胶乳	小胶园胶乳
0.2	0.03	16	11～15
0.3	0.07	32～60	29～40
0.5	0.03	34～44	20～27

(6) TT/ZnO与氨并用：TT（二硫化四甲基秋兰姆）是杀菌剂，它主要借破坏细胞的氧化还原系统以及螯环化反应来杀灭或抑制细菌的作用。ZnO是一种良好毒酶剂，其一部分被TT螯环化而成的二硫代氨基甲酸锌又是良好的杀菌剂。因此，这种保存体系适用于浓缩胶乳的生产，可使鲜胶乳的挥发脂肪酸值长期稳定不变，特别适合于鲜胶乳产量大幅度增加，加工机械、设备发生故障等鲜胶乳不能及时加工的场合。因TT、ZnO都不溶于水，事先需按下

列配方制成胶状分散体：

TT	16.5
ZnO	16.5
分散剂 NF	1
NaOH	0.01
软水	65.99
合计	100.00

使用时取需要量的分散体与一定量胶乳混合均匀，制成母液，然后再加入整批胶乳中并混合均匀。通常用量为TT/ZnO 0.02%（根据胶乳加工前需要保存时间，可适当减少），氨0.2%～0.3%。这样的用量可使鲜胶乳有效保存期至少达7天。

生产实践表明，采用上述保存体系，不仅可解决鲜胶乳不能及时加工的困难，满足连续化生产浓乳的要求，所得浓乳质量可全面达到国家标准，而且只要生产控制得当，即使鲜胶乳不作其他特殊处理，每班离心机运转时间一般可延长20%，离心机和澄清罐较易清洗，积聚罐泡沫胶可减少1/3～1/2，澄清和离心车间氨味大大减小，胶清不易腐败，回收胶清橡胶的用酸量也相应减少，生产成本明显降低。

3 商品胶乳的生产

天然胶乳因在工艺上成膜性能好，凝胶强度高，易于预硫化，所得制品又具有优良弹性，较高的拉伸强度，较大的扯断伸长率等物理机械性能，即综合性能甚好，故应用范围非常广泛。尤其在浸渍制品方面，合成胶乳难于与其匹敌；在压出胶丝方面，它仍然是最理想的原料；在海绵制品、模铸制品以及非纯胶制品方面，也被广泛应用。

从橡胶树流出的鲜胶乳，含水量及非橡胶物质较多，既不易保存，又不利久贮、运输，还不能适应多种胶乳制品的工艺要求。为此，一般都需经过防腐和浓缩处理，制成商品胶乳后再用作制品工业原料。

近年来，世界商品胶乳年产量约50万t(按干胶计)[148]。其中，大部分产于马来西亚。所有商品胶乳，一般都是浓度比鲜胶乳高的浓缩胶乳，大体上可分为通用胶乳与特种胶乳两大类。

3.1 通用胶乳

用常规方法浓缩而得的商品胶乳，应用领域较广，称为通用胶乳。现在生产的通用浓缩胶乳，按制备和保存方法有三种浓缩法和六种保存体系（见表30-7）。

表30-7 各种通用浓缩胶乳的类型和保存体系

浓缩方法	干胶含量（%）	类型	保存体系
离心	60	高氨	0.7%氨
离心	60	低氨-五氯酚钠	0.2%氨+0.2%五氯酚钠
离心	60	低氨-硼酸	0.2%氨+0.2%硼酸+0.05%月桂酸
离心	60	低氨-ZDC	0.2%氨+0.1%二乙基二硫代氨基甲酸锌+0.05%月桂酸
离心	60	低氨-TZ	0.2%氨+0.013%二硫化四甲基秋兰姆+0.013%氧化锌+0.05%月桂酸
膏化	60～66	高氨	0.7%氨
蒸发	60～70	固定碱	0.05%KOH+2%肥皂

3.1.1 离心浓缩胶乳

用高速离心机使保存鲜胶乳浓缩而得的胶乳。其基本生产工艺流程如下：

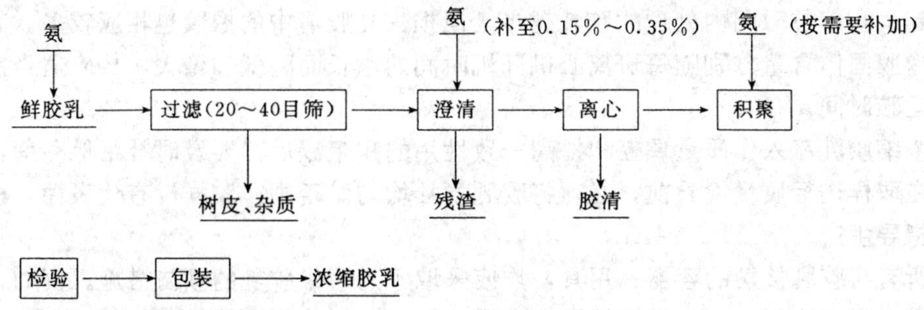

3.1.1.1　胶乳离心浓缩原理

胶乳中的橡胶粒子，其相对密度（约 0.91）小于乳清的相对密度（1.02），故胶乳静置时胶粒会上浮，乳清则相对下沉，它们分离的速度（U），决定于乳清的粘度（η）、乳清密度（D）与胶粒密度（d）之差、胶粒半径（r）以及地心引力加速度（g）。它们之间的关系由斯笃克定律决定之：

$$U=\frac{2}{9}g\ (D-d)\ \frac{r^2}{\eta} \tag{30-8}$$

在自然静置条件下，因胶粒与乳清密度相差不大，胶粒半径很小，且在乳清中受水分子热运动的撞击，胶粒还作着不规则的布朗运动，不能毫无干扰地往上浮，加上胶粒保护层具有的亲水性和阴电荷，更阻碍着胶粒的分离。因此，胶粒与乳清分离的速度极慢，1 天不到 1cm。离心浓缩法是利用高速离心机产生的，比地心引力加速度大很多倍的离心加速度作用于胶乳，大大加快胶粒与乳清分离的方法。

从物理学知道，作圆周运动的粒子，其离心加速度（a）与它旋转的角速度（ω）和半径（R）的关系为：

$$a=\omega^2 R \tag{30-9}$$

而　　$\omega=2\pi n$（n 是粒子每分钟转数）

故　　$a=\ (2\pi n)^2 R=39.44n^2 R$

根据斯笃克定律，胶乳在高速离心机作用下的分离速度为：

$$U=\frac{2}{9}a\ (D-d)\ \frac{r^2}{\eta}=\frac{2}{9}\ (39.44n^2R)\ (D-d)\ \frac{r^2}{\eta} \tag{30-10}$$

由上式可知，在胶乳本身的条件一定时，胶粒与乳清分离的速度，决定于离心机转鼓的半径和转速。这两者的值愈大，分离速度愈快。现在广泛使用的胶乳浓缩离心机，是通过它产生比重心加速度大 11 018 倍的离心加速度，使胶乳分离浓缩的。

3.1.1.2　生产离心浓缩胶乳应注意的问题

为了保证浓缩胶乳质量，提高生产效率和降低生产成本，生产浓缩胶乳时要注意几点：

(1) 进料鲜胶乳质量要好，对轻微变质者也不再使用，以免增高浓缩胶乳的挥发脂肪酸值。进入离心机浓缩前，鲜胶乳还须经过适当澄清，以除去胶乳不能用过滤筛除去的较重杂质，既可延长离心机每班的运转时间，还可更好地保证浓缩胶乳质量。在保证鲜胶乳质量的前提下，氨的加入量应越低越好。一方面可节约氨，更重要的是，可大大节省回收胶清橡胶的耗酸量。

(2) 离心时要选择好调节螺丝和调节管。前者主要用来控制浓缩胶乳的浓度，调节螺丝越长，所得浓乳的浓度越低，但制成率较高；后者主要用来控制每小时的鲜胶乳处理量。调节管口径越大，单位时间内处理的胶乳越多，但损失在胶清中的橡胶也相应较多。因浓乳的浓度和非橡胶固体含量分别随每班离心机开机时间的增长而降低和增大，故应适当控制每班离心机的运转时间。

(3) 浓缩胶乳流入作质量调控和提高一致性用的积聚罐后，要及时补足保存剂，以免浓乳变质。在取样进行质量检验前，必须将胶乳搅拌均匀。否则，胶样没有代表性，检验结果不能用来指导生产。

(4) 所有与胶乳接触的容器、用具，均应采取不易污染胶乳的预防措施。例如，应在包装桶内壁涂上耐碱涂料，不使用铜筛过滤胶乳等。

3.1.1.3 低氨浓缩胶乳的生产

国际市场出售的低氨胶乳，几乎都是以0.2%氨作主要保存剂的离心浓缩胶乳。因氨含量低，不足以完全杀灭或抑制胶乳中的细菌和酶，为了防止它们破坏胶乳稳定性的作用，故还要另加其他保存剂（辅助保存剂或第2、第3保存剂）和稳定剂以达到长期保存胶乳的目的。现大量生产的低氨胶乳有以下4种：

(1) 硼酸低氨胶乳：硼酸是杀菌剂，因它能使胶乳的氧化还原电势保持氧化态，故可对生成挥发脂肪酸的微需氧细菌起杀害作用；它还与胶乳中的糖类结合，阻碍葡萄糖和氨基酸络合而成的被细菌作用物的生成。但因硼酸对胶乳机械稳定性有不利影响，故用它作第2保存剂的同时，还要再加少量月桂酸之类的稳定剂，以消除其对胶乳的不利作用。

生产上通常是先将硼酸溶于稀氨水中，制成20%的硼酸铵溶液，再将此溶液加入浓缩胶乳。加入的硼酸为浓乳重的0.2%～0.25%。然后再加入0.05%的月桂酸铵（稀释成20%的溶液加入），并将胶乳氨含量调到0.2%即成。

硼酸低氨胶乳的特点是：无毒，胶膜颜色很浅，可用来制作无毒和鲜色的橡胶制品；它的KOH值较高，这是因为测定KOH值时不能将外加的硼酸（相当于0.29的KOH值）与原存在于胶乳的酸区别开来的结果。此外，硼酸低氨胶乳的化学稳定性较低，硫化速率较慢，不耐长期贮存。但这些缺点可通过配方的适当调整来克服。

(2) 五氯酚钠低氨胶乳：五氯酚钠是杀菌能力很强的杀菌剂，将它加入胶乳后会部分被吸附在橡胶粒子表面，使胶乳稳定性明显提高。因此，用它作第2保存剂时，不必另加稳定剂。

生产上是先将五氯酚钠稀释成20%的水溶液，再按胶乳重量加入0.2%～0.3%的五氯酚钠。然后将胶乳氨含量调至0.2%即可。

这种低氨胶乳的特点是稳定性高。因五氯酚钠毒性强，对人的皮肤和呼吸器官的刺激性大，不宜用来制造输血胶管、奶嘴等易使人中毒的橡胶制品。

(3) 二乙基二硫代氨基甲酸锌（ZDC）低氨胶乳：ZDC和许多其他锌化合物一样，具有杀菌性能，但也会降低胶乳的机械稳定性。因此，以它作第2保存剂时，也需另加稳定剂。

一般先将ZDC制成浓度为40%～50%的水分散体，把月桂酸配成20%的水溶液。当浓缩胶乳从离心机流出后，先按干胶重加入0.03%重量份的月桂酸铵，再加0.1%重量份的ZDC。最后将胶乳氨含量调到0.2%。

这种胶乳因所含的ZDC不仅是杀菌剂，而且还是硫化促进剂，故用制橡胶制品时可不加或少加硫化促进剂。

(4)TT/ZnO低氨胶乳：TT是杀菌剂，ZnO是毒酶剂，故对胶乳保存效果极好。但因ZnO会降低胶乳机械稳定性，故以TT、ZnO作辅助保存剂时，也要另加稳定剂。

生产TT/ZnO低氨胶乳时，先将TT、ZnO混合研磨，制成33%的水分散体。在鲜胶乳中加入0.2%～0.25%氨与0.02%的TT/ZnO。当浓缩胶乳从离心机流出后，先加0.05%重量份的月桂酸铵，再加TT/ZnO分散体，使TT、ZnO分别占胶乳重的0.013%。最后将胶乳氨含量调至0.2%。

这种胶乳基本上无菌，VFA值和KOH值均较低，机械稳定性较高。多次泵送对它的性质都无任何影响。用来制造海绵制品时，发泡性能和胶凝性能都较好。

以上各种低氨胶乳同高氨胶乳相比，主要优点是：①在制品厂使用时，可免去除氨工序，相应节约除氨用化工原料、动力、设备和所需劳动力，因而可降低胶乳制品的生产成本，并改善周围环境的卫生条件；②因氨含量低，气味较小，对直接操作工人的身体健康比较有利；③胶乳表面结皮倾向较小，损耗的胶料相应降低；④因第2保存剂都是不挥发的杀菌剂，特别是在未配料的情况下使用低氨胶乳时（例如作胶粘剂），这些杀菌剂还留存制品里，不必另加防腐剂；⑤抗冻性优越；⑥易于同丁苯胶乳掺合，掺合后的增稠效应较小。低氨胶乳的主要缺点是化学稳定性一般较低，配料后再加热时，粘度增加较快，因而不宜用加热法制造硫化胶乳。

3.1.1.4 离心浓缩胶乳的特点及国家标准

离心浓缩胶乳的特点是：生产周期短，生产效率高，浓度易控制，胶乳纯度高，粘度低，质量较稳定，适应性较广。为此，它在各种商品胶乳中约占总产量的90%。

离心浓缩胶乳的质量标准，我国早在1961年就已制订农垦部部颁标准。随着生产水平及使用要求的提高，现还制订出不低于国际标准的GB8289－87国家标准（见表30-8）。

表30-8 离心浓缩胶乳的技术要求

项目	限值		检验方法
	高氨	低氨	
总固体含量①（%，最小）	61.5	61.5	GB8298
干胶含量（%，最小）	60.0	60.0	GB8299
非橡胶固体②（%，最大）	2.0	2.0	—
碱度（氨）（按胶乳计的%）	最小0.6	最大0.29	GB8300
机械稳定度（S，最小）	650	650	GB8301
凝块含量（%，最大）	0.05	0.05	GB8291
锰含量（mg/kg总固体，最大）	8	8	GB8295
铜含量（mg/kg总固体，最大）	8	8	GB8296
残渣含量（%，最大）	0.10	0.10	GB8293
挥发脂肪酸值（最大）	0.2	0.2	GB8292
氢氧化钾值③（最大）	1.0	1.0	GB8297
目测颜色	无显著蓝色或灰色	无显著蓝色或灰色	—
硼酸中和后的气味	无明显腐臭味	无明显腐臭味	—

① 是非强制性项目；② 指总固体与干胶含量之差；③ 如胶乳含有硼酸，则氢氧化钾值可以超过规定值，超出数量相当于按GB8294—87《天然胶乳硼酸含量测定》规定的方法测得的硼酸含量。

3.1.2 膏化浓缩胶乳

用适量膏化剂使保存鲜胶乳浓缩而得的胶乳，叫做膏化浓缩胶乳。其基本工艺流程如下：

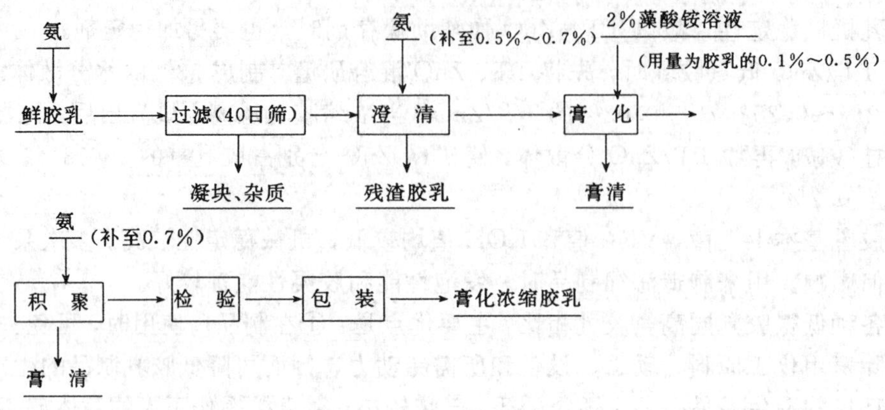

3.1.2.1 胶乳膏化浓缩的原理

如前所述，橡胶粒子的相对密度虽比乳清的小，但由于胶粒很小，因受布朗运动的影响而不易与乳清分离。如果在胶乳中加入一种叫做膏化剂（如藻酸铵）的物质，则会夺去胶粒吸附层的水分，使胶粒保持独立个体的力量降低，因而聚集起来，有效半径增大。当此聚集体达到一定大小时，就不再受水分子撞击力的影响，由于重力的作用而较快地上浮。于是胶粒与乳清比较顺利地分离，在胶乳表面形成干胶含量很高的乳膏（即膏化浓缩胶乳），下层变成含橡胶粒子很少的乳清（即膏清）。排去下层膏清，便得膏化浓缩胶乳。应该指出，胶粒在这种情况下发生的聚集现象是可逆的，当进行搅拌时，乳膏又重新分散至整个胶乳，可逆地回复到原来的状态。它与加酸使胶乳生成絮凝粒的不可逆现象是完全不同的。

膏化剂使胶乳分层浓缩的过程，可分为三个阶段：

(1) 诱导期：即膏化剂加入胶乳至开始分出膏清的阶段。在这段时间里，膏化剂均匀分布于胶乳之中，并对橡胶粒子产生作用，使它们开始聚集起来，有效粒径增加，布朗运动减小而趋于上浮。这段时间约需 3h。

(2) 作用期：这段时间，胶乳中的胶粒与乳清保持的均势已失去了平衡，胶粒开始上浮。由于初时生成的聚集体占有很大体积，所以上升速度快，单位时间内分出的乳清也多。但随着生成的聚集体分布范围逐渐减小，到了一定时间和一定体积后，上层乳膏因浓度增大而粘度增加，胶粒上升速度减慢，分清速度也趋于缓慢。从开始分清到分清速度开始减慢的转折点，叫做作用期。这个阶段从加入膏化剂起，大约经历 24h。

(3) 终止期：由于聚集体所占体积大大减少，上层胶乳浓度大大增加，聚集体向上位移的速度不断减小，直至胶乳不再分清。这段时间实际上是很长的，如不进行特殊处理，甚至在膏化浓缩胶乳运至用户手中时还会继续分清。这种现象称为“后膏化”。

3.1.2.2 生产膏化浓缩胶乳应注意的问题

膏化浓缩胶乳的质量尤其是它的浓度，较难控制，在生产中更要多加注意。

(1) 选择适当膏化剂。在工业上有实用价值的膏化剂，必须膏化效能好，用量低，颜色浅，杂质少，对膏化胶乳的条件要求不严，货源充足，价格适宜。因此，生产上多选用藻酸铵作膏化剂。所用膏化剂应密封和贮存于干燥通风处，以免吸潮发霉，降低使用效果。由于膏化剂属有机高分子化合物，在溶液中易受光、氧的影响而解聚。同时由于酶的水解作用，会加快水解进行，造成膏化效能迅速降低。所以膏化剂溶液应在使用前临时配置，用多少，配多少。膏化剂加入胶乳的量要适宜，过多不仅增加生产成本，而且使浓乳浓度及其他质量达不到规定要求；用量太少，又会使在膏清中的橡胶损失过多，甚至胶乳不发生膏化。一般将 4 天之内浓乳干胶含量达到 58%以上，膏清干胶含量低于 2%作为确定膏化剂适宜用量的依据。

（2）鲜胶乳不宜马上膏化，最好陈放一段时间，让胶粒保护层发生一定变性作用，从而膏化较易和比较完全。膏化剂溶液因比胶乳的密度大，必须充分搅拌，两者才能混合均匀。否则，膏化剂容易下沉，不仅使部分膏化剂浪费，而且降低胶乳膏化效果。因为温度对橡胶相、乳清相的相对密度、胶乳的粘度以及橡胶粒子的粒径都有一定的影响，根据斯笃克定律可知，胶乳的温度高低必然会影响其膏化。一般来说，温度在 60℃以下，温度越高，诱导期越短，膏化速度越快，浓缩胶乳的浓度越高。因此，在冬季或遇寒流时，胶乳膏化困难，可采取加热升温的办法，改善膏化效果。

（3）膏化罐的形式，在容量一定的情况下，以高度减小，直径加大者为好。因为胶乳高度大时，胶粒上升距离大，尽管在一定条件下，胶粒上升速度相同，而膏清在相同时间内的分出率必然较小，即胶乳膏化较慢。

3.1.2.3　膏化浓缩胶乳的特点及国际标准

膏化浓缩胶乳的主要优点是：设备简单，建厂投资少，动力消耗小，损失在乳清中的橡胶比离心法的少。其缺点是：浓缩胶乳的变异性大，杂质含量多，生产周期长，产品质量较难控制。

我国因不再生产膏化浓缩胶乳，故未制订这种胶乳的国家标准。膏化浓缩胶乳的国际标准见表 30-9。

表 30-9　膏化浓缩胶乳的技术要求

项　　目	限值		项　　目	限值	
	高　氨	低　氨		高　氨	低　氨
总固体含量（%，最小）	66.0	66.0	铜含量（mg/kg 总固体，最大）	8	8
干胶含量（%，最小）	64.0	64.0	残渣含量（%，最大）	0.10	0.10
非橡胶固本（%，最大）	2.0	2.0	氢氧化钾值（最大）	1.0	1.0
碱度（氨）（按胶乳计的%）	最小 0.55	最大 0.35	挥发脂肪酸值（最大）	0.2	0.2
机械稳定度（S，最小）	650	650	目测颜色	无显著的蓝或灰色	无显著的蓝或灰色
凝块含量（%，最大）	0.05	0.05	硼酸中和后的气味	无明显腐臭味	无明显的腐臭味
锰含量（mg/kg 总固体，最大）	8	8			

3.1.3　蒸发浓缩胶乳

用加热法除去保存鲜胶乳大部分水分而得的浓缩胶乳，叫做蒸发浓缩胶乳。其基本生产工艺流程如下：

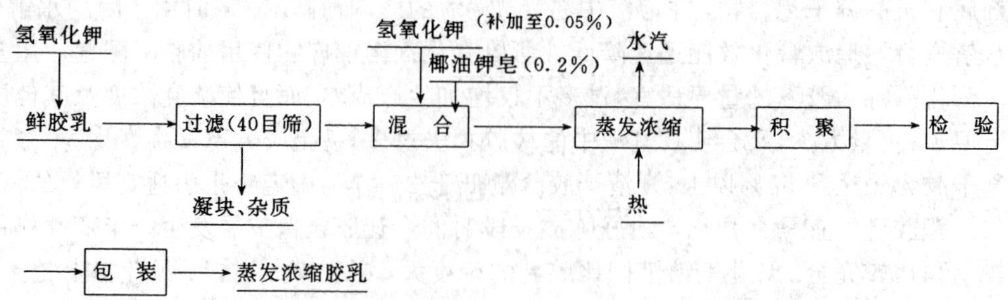

(1) 胶乳蒸发浓缩原理。这种方法的原理非常简单，它是利用间接蒸汽加热含有稳定剂的鲜胶乳，使其所含水分大部分变成水蒸气而挥发除去，剩下的就是浓度很高且稳定的蒸发浓缩胶乳。

(2) 生产蒸发浓缩胶乳应注意的问题。

①加热时，胶乳必须保持稳定而不凝固。为此，在浓缩前应加入适量的非挥发性碱类(一般用 KOH) 和保护胶体 (多用椰油钾皂) 作稳定剂。

②要避免胶乳表面结皮，以便水分顺利蒸发。例如在旋转式蒸发浓缩机 (如图 30-19) 的内筒中放一小型圆筒。内筒中的胶乳表面比该小圆筒顶面略低，当浓缩机运转时，筒中的胶乳液面因不断受搅动而不结皮。又如 Luwa 薄层连续蒸发法，它使稀胶乳在蒸发器内形成一层薄膜，并连续不断地沿器壁往下流动，当流至器底时，这些薄膜已蒸发而成浓缩胶乳。这样也可防止胶乳在蒸发过程中发生结皮现象。

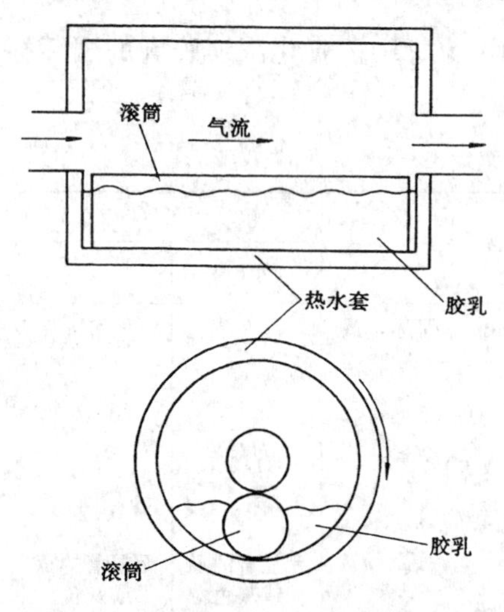

图 30-19 胶乳蒸发浓缩机示意图

③尽量增大胶乳的蒸发面积，或采取减压方法，使水分迅速逸去。例如 Lurgi 喷雾蒸发法，是将蒸发器抽成真空度达 93.3kPa 以上的真空，然后将预热至 60℃以上的稀胶乳通过喷雾器喷入蒸发器。由于胶乳形成雾状后蒸发表面积大大增加，再加上抽真空促进脱水作用，可使胶乳较快地蒸发到所需的浓度。

(3) 蒸发浓缩胶乳的特点及国际标准。蒸发浓缩胶乳具有如下优点：

①浓度高，最高总固体含量可达 72%以上；

②全部大、中、小胶粒都保留在胶乳中，所以粒子大小的范围较宽。正因如此，每单位重量聚合物的表面积大为增加，就一定重量或体积的橡胶粒子来说，因为粘合表面积大，其粘合力将比离心浓缩胶乳的大很多；

③机械稳定性和化学稳定性高而一致。在极端高温和低温下的贮存稳定性也比离心浓缩胶乳的好得多；

④不含氨的蒸发浓缩胶乳，以 KOH 作保存剂，故没有氨臭。所有蒸浓胶乳都不存在废水处理问题；

⑤存在于鲜胶乳的天然防老剂，仍保留在浓乳中，故胶膜耐老化性能较好。

蒸发浓缩胶乳国外根据浓度和保存体系不同，分为三种类型。其国际标准见表 30-10。

表 30-10　蒸发浓缩胶乳的技术要求

项　目	限　值		
	高　氨	标准高浓度	标准低浓度
总固体含量（%，最小）	61.5	72.0	67.0
非橡胶固体（%，最大）	5.5	8.0	7.5
氨含量（对胶乳重的%）	0.6	—	—
KOH 含量（%，最小）	—	0.75	0.80
机械稳定度（S，最小）	540	—	—
凝块含量（%，最大）	0.05	0.05	0.05
锰含量（mg/kg 总固体，最大）	8	8	8
铜含量（mg/kg 总固体，最大）	8	8	8
残渣含量（%，最大）	0.40	0.40	0.40
挥发脂肪酸值（最大）	0.20	0.20	0.20
氢氧化钾值（最大）	1.0	1.0	1.0
目测颜色	无显著蓝或灰色	无显著蓝或灰色	无显著蓝或灰色
硼酸中和后的气味	无明显腐臭味	无明显腐臭味	无明显腐臭味

3.2　特种胶乳

用不同于常规方法浓缩得到的胶乳和经过化学改性的胶乳，均称为特种胶乳。下面介绍已公开出售或可投入生产的特种胶乳。

3.2.1　高浓度胶乳

这是指干胶含量高达 67%以上的浓缩胶乳。过去生产这种胶乳几乎都采用蒸发法，但此法所得的浓乳主要存在非橡胶物质含量高所引起的各种缺点。如采用一步离心法，即以小口径调节管和短调节螺丝离心胶胶乳，也可使获得浓乳干胶含量高达 67%，但单位时间内的鲜胶乳处理量极低，离心分离效率很低，而且往往由于浓乳粘度太高而出现堵机的麻烦。此后采用两步离心法[149]，获得了令人满意的结果。

(1) 制造原理：两步离心法是根据离心机启动后不久，转鼓中污渣还没有显著积聚之前，所得浓缩胶乳的浓度很高的启示发展起来的。先将鲜胶乳进行初步离心，使所得浓乳的浓度不要太高，以获得较大的鲜胶乳处理率和离心分离效率，并除去鲜胶乳所含的污渣和某些较小的橡胶粒子，然后进行第 2 步离心，必然获得高浓度的浓缩胶乳。离心机型号不同，第 1 步最适的浓乳干胶含量亦不同，应先通过试验以求出总分离效率最高的胶乳浓度。通常第 1 步浓缩胶乳的干胶含量在 50%～55%较好。

(2) 制造方法：如采用 410 型胶乳离心机，则先以大调节管和长调节螺丝（胶乳处理量大）离心加氨鲜胶乳，以获得干胶含量 50%～55%的浓缩胶乳。再加入 0.03%左右（按胶乳计）的月桂酸铵（改善稳定性），停放 8～16h。然后以小调节管和短调节螺丝作第 2 步离心，便可获得干胶含量达 67%的浓缩胶乳。其总分离效率约 86%。

这种方法可使用质量不太好的原料胶乳。因为第 2 步离心时，胶乳已较稳定，它不会使最后所得浓乳的干胶含量降低。

也可先在鲜胶乳中加入 0.12%重量份的藻酸铵和 0.02%左右的月桂酸铵，静置约 18h，使之膏化而成干胶含量 50%左右的浓缩胶乳。然后按上述的第 2 步离心条件，将此膏化胶乳离心，同样可得干胶含量达 67%的浓缩胶乳。

(3) 特点及用途：高浓度胶乳可作膏化胶乳和蒸发浓缩胶乳的代用品，还具有 KOH 值低和非橡胶物质含量较少，机械稳定度和粘度较高的特点（见表 30-11）。它的加工性能与正常的离心浓缩胶乳相似，但用来制造模铸海绵时，收缩率较小，这对混合使用天然胶乳和合成胶乳来生产模铸海绵特别有利。因为两种胶乳的使用比率即使有较大变动，也不致使产品尺寸发生显著变化；用来制造浸渍制品，可减少或不用增稠剂，且沉积作用和干燥较快，可加速操作过程；用来生产胶丝，因胶凝初期的湿凝胶强度较高，对操作特别有利；正因为它非橡胶物质含量较少，故所得胶膜吸水性低，颜色较浅。

表 30-11 高浓度胶乳与正常浓度浓缩胶乳的性质比较

胶 样	贮存时间	总固体含量(%)	干胶含量(%)	氨含量(%)	pH 值	挥发脂肪酸值	氢氧化钾值	机械稳定度(S)	布氏粘度(mPa·s)	薄膜颜色(罗维邦单位)
普通离心胶乳	1周	62.08	60.80	0.74	10.55	0.007	0.41	70	115	1.0
	1月				10.58	0.008	0.44	560		1.0
	3月				10.40	0.011	0.50	795		1.5
	6月				10.20	0.020	0.60	880		—
普通两次离心胶乳	1周	61.82	61.50	0.74	10.80	0.005	0.20	60	114	1.0
	1月				10.72	0.008	0.28	1060		1.0
	3月				10.50	0.009	0.34	1 185		1.0
	6月				10.35	0.014	0.48	1 125		—
高浓度两次离心胶乳	1周	68.90	68.43	0.80	10.75	0.004	0.26	380	1 292	1.0
	1月				10.60	0.008	0.34	1 205		1.0
	3月				10.48	0.009	0.44	1 315		1.0
	6月				10.42	0.010	0.45	1 105		—
一次膏化一次离心胶乳	1周	67.57	67.14	0.87	10.75	0.005	0.27	605	872	1.0
	1月				10.62	0.007	0.34	1 520		1.0
	3月				10.50	0.011	0.48	1 520		1.5
	6月				10.46	0.012	0.52	1 330		—

3.2.2 耐寒胶乳

在摄氏零度以下低温冰冻和在较高温度熔化时，胶乳性质基本上不改变的胶乳，叫做耐寒胶乳。

(1) 制造原理：一般胶乳经过冷冻后再融解，都会发生一定程度的去稳定作用。如果冻融条件苛刻，例如胶温很低，冰冻时间甚长，胶乳还会完全凝固。为什么胶乳在低温时胶体稳定性会降低呢？主要原因有二：①由于胶粒保护层的水化膜（结合水）形成冰晶而被除去，使胶粒发生不可逆的脱水；②由于冰晶的形成，会迫使胶粒聚集在一起。

众所周知，如在水中加入可溶性物质，可使水的冰点降低。水溶液在低温下开始冰冻时，大多数溶质会被冰相弃去，剩余溶液的浓度增高，因而冰点进一步降低。如果继续冷却，更多的冰晶析出，剩余溶液的冰点再度下降，直至剩余水相的溶质浓度达到饱和状态为止。此时的温度称为共溶点温度。再继续降温，则溶质沉淀，剩余的水也全部冰冻。

就某一特定的冷冻温度来说，在达到共溶点温度以前，残留在溶液中的水量应与原溶液中所含的溶质浓度成正比。因此，在胶乳中加入任何能溶于其中的物质，都能提高其抗冻融性。据实验，在胶乳中加入山梨糖醇、白坚木皮醇、葡萄糖，用量为胶乳重的2%以上时，对胶乳抗冻融性都有明显的改善作用。这是由于加入的溶质在冷冻时保持足量的水来阻止胶粒脱水的结果。如在胶乳中加入脂肪酸皂一类的表面活性剂，在用量很低的情况下（0.1%以下）便可大大改善胶乳的抗冻融性。这是因为此类物质不仅能起一般溶质的抗冻融作用，而且由于它们具有强烈的水化基和被吸附在胶粒表面，因而使胶粒更易保持水化状态。此外，发现水杨酸钠改善胶乳抗冻融性特别明显。由于这种物质没有显著的表面活性，似乎是对胶粒保护层蛋白质具有特殊作用——改变蛋白质链的结构，阻碍蛋白质脱水或使其脱水程度减小所致。

(2) 制备方法：先将水杨酸钠和月桂酸铵分别配成 4%和 20%的水溶液。然后在高氨离心浓缩胶乳中按其重量加入 0.2%的水杨酸钠和 0.025%的月桂酸铵即成[150]。

(3) 特性及用途：同一鲜胶乳制出的普通浓缩胶乳与耐寒胶乳性质的比较见表 30-12，如图 30-20。由这些图、表可以看到，耐寒胶乳的特点是：耐寒性能优异。其他性质包括未具体列出的工艺性质和干胶膜的硫化速率、拉伸强度、扯断伸长率、定伸应力、老化性能以及所制海绵的性质均与普通浓缩胶乳的性能均无明显差异。因此，耐寒胶乳主要提供寒冷地区使用，用来代替普通浓缩胶乳制造各种橡胶制品。

表 30-12　普通浓缩胶乳与耐寒胶乳主要性质的比较

性　质	普通浓缩胶乳	耐寒胶乳	性　质	普通浓缩胶乳	耐寒胶乳
总固体含量（%）	61.90	61.38	VFA No.	0.013	0.013
干胶含量（%）	59.54	59.73	布氏粘度（mPa·s）	79.0	80.0
氨含量（%）	0.70	0.70	机械稳定度（s）	1910	3125
pH 值	10.45	10.45	表面张力（mN/m）	41.0	40.6
KOH No.	0.62	0.62			

值得注意的是，耐寒胶乳虽可耐受低达零下 26℃的温度，但稳定效用不是永久性的。如冷冻时间过长，即使胶乳所处温度高过－26℃，胶乳融化后也会明显增稠，甚至在冷冻时发生凝固。这可能是稳定剂自胶粒之间慢慢移去所致。

3.2.3　天甲胶乳

在橡胶分子主链上接上甲基丙烯酸甲酯聚合物作为支链的特种胶乳，叫做天甲胶乳。

胶乳接枝的方法很多，有化学法、机械法以及超声波、紫外光、γ 射线等物理法，但现在工业规模生产的，主要是化学接枝法。

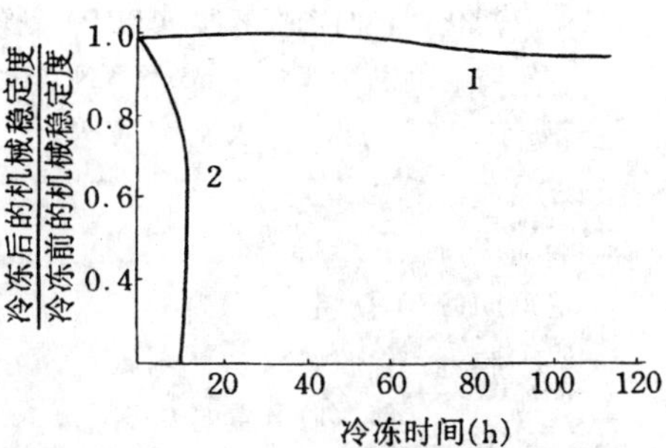

图 30-20　在－26 ℃冷冻对两种胶乳机械稳定度的影响

1. 耐寒胶乳；2. 普通浓缩胶乳

3.2.3.1　胶乳接枝机理

将胶乳、引发剂 K（有机过氧化物，如过氧化异丙苯等）和甲基丙烯酸甲酯 $\left[CH_2{=}C(CH_3)\overset{\overset{O}{\|}}{C}OCH_3\right]$ 单体混合在一起，引发剂先分解产生游离基：

$$K \longrightarrow R\cdot$$

游离基与橡胶烃起反应，发生游离基转移：

$$\cdots\!\left(CH_2-\overset{\overset{CH_3}{|}}{C}=CH-CH_2\right)_n\!\cdots \xrightarrow{R\cdot} \cdots\!\left(CH_2-\overset{\overset{CH_3}{|}}{C}=CH-\dot{C}H\right)_n\!\cdots + RH$$

生成的橡胶烃游离基引发甲基丙烯酸甲酯的接枝聚合：

$$\cdots\!\left(CH_2-\overset{\displaystyle CH_3}{\overset{|}{C}}=CH-CH\right)_n\!\cdots + X\,CH_2=\overset{\displaystyle CH_3}{\overset{|}{C}}-\overset{\displaystyle O}{\overset{\|}{C}}-OCH_3 \longrightarrow$$

$$\cdots\!\left(CH_2-\overset{\displaystyle CH_3}{\overset{|}{C}}=CH-\underset{\left[\begin{array}{c} | \\ CH_2 \\ | \\ CH_3-C-\cdots \\ | \\ C \\ CH_3O \quad \| \; O \end{array}\right]_X}{CH}\right)_n\!\cdots$$

（甲基丙烯酸甲酯接枝橡胶）

3.2.3.2 生产方法

大量生产的天甲胶乳主要有两种：一种是橡胶含甲基丙烯酸甲酯（MMA）49%的胶乳，称为MG49胶乳；另一种是橡胶含MMA30%的胶乳，叫做MG30胶乳[151]。这两种胶乳所需的原材料及其比例如下：

（1）MG49胶乳。

原材料	用量
胶乳：橡胶	500
氨（胶乳重的0.5%）	7.5
单体乳浊液：MMA	500
过氧化氢异丙苯（CHP）	1.8
水	250
油酸（占单体重的1%）	5
氨（水重的0.8%）	2
活化剂：四乙撑五胺（TEP）（橡胶重的0.3%）	1.5
防老剂悬浮液：Nonox EXN（橡胶重的1%）	5
水	7.5
油酸	0.075
氨	0.075

（2）MG30胶乳。

原材料	用量
胶乳：橡胶	700
氨（胶乳重的0.5%）	10.4
单体乳化液：MMA	300
CHP	2.5
水（水：单体=1：2）	150
油酸（单体重的0.1%）	3
氨（水重的0.8%）	1.2
活化剂：TEP（橡胶重的0.3%）	2.1
防老剂悬浮液：Nonox EXN（橡胶重的1%）	7
水	10.5
油酸	0.11
氨	0.11

先按上述配方制备单体乳浊液。其次，将必需的含氨 0.5%的鲜胶乳放入反应罐。再把单体乳浊液在不断搅拌下加入胶乳，继续搅拌 25min。目的是使胶粒饱吸单体，以便在加入引发反应活化剂之前，橡胶、单体、CHP 三者已密切缔合。否则，因天然存在于胶乳的胺类可起引发反应的作用，使 MMA 本身聚合的速度大过它渗入胶粒的速度而使接上橡胶分子的 MMA 为数太少。搅拌可使反应减慢，故必须不断搅拌胶乳与乳浊液的混合物，以阻碍这种反应过早生成。

随后加入 10%容量份的 TEP 溶液，并充分搅混 2～3min。大约在 15min 时间内温度不行上升。MG49 胶乳在 1h 内，温度将上升到 55～65℃；MG30 胶乳在 0.5h 内会升温到 42～46℃。然后静置过夜。

最后将防老剂水分散体搅入反应的胶乳即成。

根据使用要求，也可采用氨保存的浓缩胶乳作原料，但在这种情况下需另加酪素之类的稳定剂，一方面防止胶乳发生凝固；一方面使胶乳表面张力降低，以便胶乳与被引发单体混合均匀，更好地进行接枝聚合。

3.2.3.3　特性及用途

天甲胶乳的特点是具有橡胶和塑料的双重特性。MMA 加得多者，橡胶性能显得较少。MMA 同橡胶接枝后，能赋予天然胶乳薄膜优良的韧性和硬度，但不损害其拉伸强度。其耐磨、耐烃类溶剂、耐光、耐老化等性能均比一般天然胶乳的优越。因 MMA 接枝橡胶分子中含有极性的 MMA 和非极性的橡胶烃成分，故天甲胶乳主要用作粘合不同性质表面的良好材料，可将天然橡胶或合成橡胶与聚氯乙烯、合成纤维、皮革、金属和其他橡胶粘合起来。例如，在制鞋工业方面，可将橡胶鞋底直接硫化结合于皮革或塑料鞋帮；生产摩托车垫子时，可将相当价廉的底层硫化粘合于带色的塑料层；生产地板时，将耐油的丁腈胶或聚氯乙烯硫化结合于低价的橡胶底层。

据试验，MG 胶乳可能用作轮胎帘布的粘合剂。这种粘合剂通常由天然胶乳、合成胶乳（乙烯基吡啶、苯乙烯、丁二烯的三元共聚物）和间苯二酚树脂的共混物制成。试验结果表明，三元共聚物胶乳可用价廉的 MG 胶乳取代。不仅如此，MG 体系对温度不敏感，而三元共聚物体系却较敏感；接枝聚合物的分子链还比三元共聚物体系的动态性能好。

天甲胶乳还可用作补强剂。对 MG49 胶乳、聚乙酸乙烯酯胶乳和苯乙烯胶乳作补强剂时进行了比较见表 30-13。从此表可以看到，在补强剂均为 10%的情况下，采用 MG49 时的拉伸强度最高，即使用量高达 20%，拉伸强度仍很优良。

表 30-13　三种胶乳对一般天然胶乳的补强性能

胶乳名称和用量（%）	拉伸强度（MPa）	300%定伸应力（MPa）	扯断伸长率（%）	松弛模数（MPa）
无（对照）	32.6	1.2	904	0.63
MG49：10	36.3	2.1	821	0.78
20	30.0	3.1	761	1.04
聚乙酸乙烯酯：10	31.6	2.4	766	1.82
20	23.1	4.2	576	1.18
聚苯乙烯：10	33.5	1.9	804	0.71
20	30.6	2.4	751	0.79

此外，采用MG49胶乳时还可减小硫化胶在烃类溶剂中的膨胀度，改善生胶和硫化胶制品的撕裂强度。

MG49胶乳的缺点是成膜性能不良。如果用甲基丙烯酸的高级烷基（例如丁基）酯同天然胶乳接枝聚合，则所得接枝胶乳的成膜性能可大为改善。但这种产品的成本比用甲酯时高很多。

3.2.4 阳电荷胶乳

天然胶乳的胶粒，一般都带阴电荷。如果采取适当措施，将胶粒所带电荷转换为阳电荷后，则这种胶乳称为阳电荷胶乳。

3.2.4.1 制造原理

胶乳中的橡胶粒子，主要由于吸附的蛋白质电离而带阴电荷。采取下述的方法都可使胶粒转换为阳电荷。

(1) 加入电解质。胶粒会吸附溶于乳清的，与其所带电荷符号相反的离子。吸附的难易和吸附量的多少，决定于：①离子的符号。阴离子极易吸附阳离子；②离子的价数。越高价的离子被吸附得越牢；③离子的原子量。同价的离子，原子量越小，越易被吸附。因此，将具有高价阳离子的盐类加入胶乳时，可使胶粒的阴电荷显著减少，当盐量达到一定浓度后，胶粒的电荷便转换为阳电荷。但由于高价阳离子为重金属，对橡胶老化有较大的不利影响，故生产上一般都不用这种盐类制备阳电荷胶乳。

(2) 改变胶乳pH值。当pH值低于胶粒的等电点后，带阴电荷的胶乳便转变而成带阳电荷的胶乳。在转换电荷过程中，于胶乳等电点附近的临界电荷区域内，往往发生一定程度的凝固。而凝固量的多少决定于：①通过临界区域的速率。加酸愈快，凝固量愈少；②存在于胶乳中的电解质。此电解质往往将胶乳pH值缓冲于等电点周围，因而增长通过临界区域的时间；③胶乳浓度。浓度愈高，凝固量愈多；④胶乳含有的天然稳定剂。例如，在保存胶乳中，由于天然稳定剂蛋白质受到水解，通过临界区域时，凝固量就比鲜胶乳的多。因此，采取改变pH值的方法生产阳电荷胶乳时，需另加一定数量的稳定剂来防止或减少胶乳的凝固。

(3) 加入阳离子肥皂。这种肥皂电离所生成的活性阳离子，被吸附在胶粒上，当达到一定数量时，胶粒的阴电荷便转换成阳电荷[152]。在这种情况下，胶乳的pH值不改变，但胶乳的等电点向碱性方面升高。

(4) 加入非离子型表面活性剂。例如平平加“O”之类的非离子表面活性剂，其表面活性强，可取代胶粒保护层的蛋白质，能在酸性条件下与酸作用，生成鎓盐而带阳电荷[153]。其作用历程是：平平加“O”为聚氧乙烯脂肪醇 $R—O\!\leftarrow\!CH_2CH_2O\!\rightarrow_n\!OH$（其中，$n=15\sim16$，$R=C_{12}\sim C_{18}$），由于其氧的负电性很强，先与水以氢键的形式结合而呈弱碱性，然后与酸作用生成鎓盐而带阳电荷。

$$R—O\!\leftarrow\!CH_2CH_2O\!\rightarrow_n\!OH + R'COOH \longrightarrow \underset{\substack{\vdots \\ H^+ \text{（电位离子）} \\ R'COO^- \text{— 反离子}}}{R—O\!\leftarrow\!CH_2CH_2O\!\rightarrow_n\!OH} + H_2O$$

3.2.4.2 制造方法

(1) 酸化法：在氨保存胶乳中，先加2%（按干胶计）的酪素之类的稳定剂，然后用充气法或甲醛中和法将胶乳所含的氨基本去掉，使胶乳pH值达7～8。不能采取加酸法除氨，因这种作法会生成起缓冲溶液作用的铵盐，既妨碍胶乳pH值的降低，又会增多转换电荷时产生的凝块。最后在快速搅拌下迅速加入大量的甲酸，使胶乳 pH 值达 3 以下，便可制出凝粒很少的阳电荷胶乳。

最好采用不加氨的鲜胶乳作原料，则转换电荷更为方便和有利。

(2) 阳离子肥皂法：先加 1～2 倍水稀释胶乳，再加入干胶重 5%的阳离子肥皂，例如溴化十六烷基三甲胺、氯化十二烷基氮杂苯等，充分搅拌即成。这样制出的阳电荷胶乳与酸化法所得者不同，呈碱性而不是酸性。

若将以上两法结合进行，即在酸化胶乳中加入阳离子肥皂，或酸化阳离子皂制备的阳电荷胶乳，则所得产品更为稳定。

(3) 非离子表面活性剂法：先将平平加“O”配成 25%溶液，按干胶重加 2%平平加“O”入胶乳并搅拌均匀。然后用浓甲酸将胶乳 pH 值调到 3～4 即成。用这种方法制备阳电荷胶乳，操作非常安全，不会生成凝块或凝粒；转换电荷时，电荷转换剂用量低；所制阳电荷胶乳，冲水不易絮凝，而且不易膏化，泡沫较少，有效浓度也较高。

3.2.4.3　特点及用途

阳电荷胶乳的主要特点是，胶粒带阳电荷，浓度较低，干胶含量一般不超过 50%。主要用来处理带阴电荷的纺织物，由于异电相吸的作用，胶粒较易渗入织物纤维，增加橡胶与纤维之间的附着力。例如棉布、麻布等经阳电荷胶乳浸渗后，织物强度大大增加，可防止表面纤维脱落，提高布料的耐用性。羊毛经阳电荷胶乳处理后，其纤维更加紧密，不会再松散和结粒，品质明显改善。毛毡用这种胶乳处理，收缩率可减至最小，硬度也可任意改变。

此外，阳电荷胶乳可与其他阳性乳浊液如沥青、水泥混合，用于铺路等，避免使用普通胶乳容易产生凝固的困难。

3.2.5　纯化胶乳

所谓纯化胶乳就是非橡胶物质特别是蛋白质含量很低的浓缩胶乳。两次离心胶乳、三次离心胶乳等都属于这一类。

(1) 制造原理：胶乳中的非橡胶物质，绝大多数分布在乳清相。就橡胶相来说，由于小胶粒的表面积较大，其保护层的非橡胶物质必然比大胶粒的多。将胶乳进行离心浓缩时，相当数量的非橡胶物质通过胶清的小胶粒和乳清而排去，故所得浓乳的纯度大大提高。如果再用清水稀释浓乳和离心，反复进行，则每离心一次，非橡胶物质将除去一些，直到所需纯度为止。据实验，第 1 次离心胶乳时，除去非橡胶物质的效率最高，随着离心次数的增加，效率逐渐降低，一般经过 3 次离心后虽再次离心，胶乳非橡胶物质含量不再明显降低。

(2) 制造方法：先用氨保存鲜胶乳离心一次，获得普通浓缩胶乳。再加约一倍清水稀释此胶乳并作第 2 次离心，进一步除去非橡胶物质。这样所得的浓缩胶乳，补氨至 0.7%，称为两次离心胶乳。如果需要更高的纯度，可将此胶乳再稀释一倍，并停放 3 天，让其稳定性提高后进行第 3 次离心。这样获得的胶乳，含氨量补足后便是三次离心胶乳或纯化胶乳。

(3) 特性及用途：这种胶乳的主要特点是纯度高，非橡胶物质含量少，由它制成的胶膜，颜色洁白，吸水性低，具有良好的绝缘性。常用来制造透水性小，耐电性好，生物惰性强的浸渍制品，如电工手套、外科手术用品、避孕套等。

3.2.6　羟胺改性胶乳

羟胺改性胶乳又称恒粘胶乳。它是胶乳经羟胺处理后，其橡胶门尼粘度基本上不再随胶乳贮存时间而改变的改性胶乳。

(1) 胶乳改性机理：胶乳的橡胶分子链上存在着醛基和醛缩合基团，在胶乳贮存过程中，一个橡胶分子链的醛基会与另一橡胶分子链上的醛缩合基发生反应，使橡胶分子间产生交联。因此，随着贮存时间的增长，橡胶门尼粘度增大。如果先加羟胺之类的醛基试剂入胶乳，使之堵塞橡胶分子的醛基，当羟胺用量足够多时，橡胶分子的醛基全部被作用完毕，则橡胶分子不再交联，橡胶粘度便不会随贮存时间增长而改变。

(2) 生产方法：在刚离心出来的浓缩胶乳中加入干胶重的0.15%的中性硫酸羟胺或盐酸羟胺，搅拌均匀，补足氨量即成。也可在离心前，按鲜乳重加入0.15%的羟胺，然后浓缩而得羟胺改性胶乳。

(3) 特性及用途：这种胶乳的主要特点是其橡胶粘度低而较恒定（如图30-21）。

由于羟胺胶乳的橡胶粘度较低，故对生胶性能具有明显影响，对硫化胶性能也有一定的改变作用。例如，用羟胺胶乳模制的海绵，比普通浓乳海绵胶的压缩模数显著较低，但与丁苯胶乳混用后，则不再出现这种差异。此外，羟胺胶乳海绵胶的收缩率也较小，可能与低粘橡胶的应力松弛有关。这些效应见表30-14。

羟胺胶乳硫化胶的定伸应力低，这对手套、气球之类的浸渍制品有利。这种胶乳的主要用途是作粘合剂[154]。由于其橡胶粘度低，可使粘合剂配方中的增粘剂用量大为减少。用羟胺处理的高浓度胶乳，简称“HRF”，已正式生产并应用于需要快速粘合的场合。

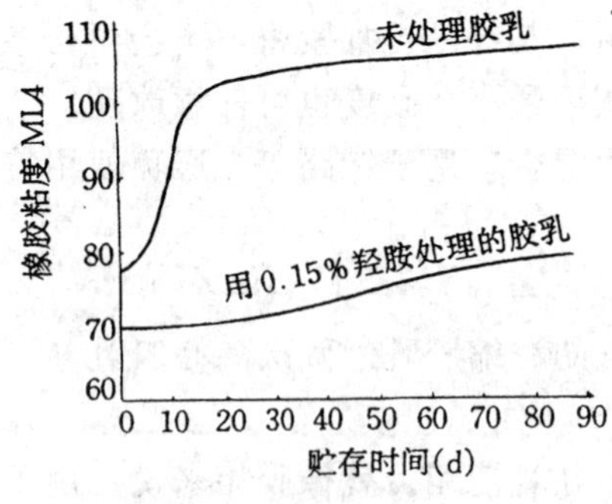

图 30-21 羟胺处理对离心胶乳橡胶粘度的影响

表 30-14 羟胺胶乳与一般浓乳模制海绵胶的性能比较

胶 乳	体积收缩（%）	压缩模数（MPa）
天然胶乳	20	4.3
羟胺胶乳	16	3.2
天然胶乳与丁苯胶乳掺合物	12	4.5
羟胺胶乳与丁苯胶乳掺合物	11	4.3

3.2.7 硫化胶乳

它是胶粒内部的橡胶分子已发生交联的胶乳。

(1) 胶乳硫化的机理：当硫化助剂加入胶乳后，助剂先吸附于胶粒表面，然后向内部扩散。当助剂扩散至橡胶相时，在温度的作用下，很快发生硫化反应。这样生成的交联结构，由于交联密度不大，主要含硫原子数较多的多硫键，故运动水平较高，将逐渐从表面层向胶粒中心部位移动。当另一组硫化助剂扩散进橡胶相时，将在新的橡胶分子链段产生新的交联结构，再由表面层逐步分布于胶粒中心部位。随着硫化时间的增长，在硫化助剂足够的情况下，胶乳硫化程度逐渐增大，直至一定的交联度。

(2) 生产方法：将生胶乳加入带搅拌浆的夹套硫化罐中。在不断搅拌下按配方（见表30-15）加入稳定剂及各种硫化助剂的溶液或分散体。在夹套中通入热水，使胶料升温，一般在45～60min内升温到规定的硫化温度，并将该温度保持一定时间，使胶乳达到一定的硫化程度。在整个硫化过程中要不停地搅拌，以便胶乳受热均匀，减少结皮和防止配合剂沉降。而后通冷水入夹套，使胶温降至室温。最后采用离心法除去多余的硫化助剂即成。

表 30-15　定伸应力不同的硫化胶乳参考配方（湿基）

成　　分	低定伸	中定伸	高定伸	成　　分	低定伸	中定伸	高定伸
60%天然胶乳	167.0	167.0	167.0	50%硫黄分散体	0.4	2.0	4.0
20%月桂酸钾或辛酸钾溶液	1.3	1.3	1.3	40%ZDC 分散体	0.4	1.0	1.0
10%氢氧化钾溶液	2.5	2.5	2.5	50%氧化锌分散体	0.4	0.4	0.4

(3) 特性及用途：商品硫化胶乳有四种类型[155]，其典型性能见表 30-16。

表 30-16　各种商品硫化胶乳的典型性能

项　　目	低定伸 (LR)	中定伸 (MR)	高定伸 (HR)	低氨 (LA)
总固体含量（%）	60.5	60.5	60.5	60.5
氨含量（%）	0.6	0.6	0.6	0.3
pH 值	10.5	10.5	10.5	10.0
粘度（3 号 Metrovick 杯）(mPa·s)	55	65	80	65
机械稳定度（S）	900	700	800	700
未老化的胶膜				
700%定伸应力（MPa）	8.5	12.0	15.0	11.5
拉伸强度（MPa）	30.5	30.0	29.5	27.0
扯断伸长率（%）	1000	900	850	950
在 70℃，14d 老化后的胶膜				
700%定伸应力保持率（%）	60	75	80	75
拉伸强度保持率（%）	65	75	95	75

各种类型硫化胶乳的主要差别是硫化程度不同，具体反映在胶膜的定伸应力的差异。其中的低氨型是中定伸硫化胶乳的变种，采取低氨保存，专门用于胶乳氨含量不能太高的场合。

见表 30-16，硫化胶乳的特点是：稳定性高，拉伸强度大，老化性能优越。使用时基本上不需另加配合剂，成型后仅需干燥便可获得硫化制品。主要用于浸渍制品，例如医用手套、导尿管、家用手套、避孕套、气球、检查手套、玩具等。也可用于地毯背衬、模铸制品和胶粘剂。

3.2.8　肼-甲醛胶乳

又称树脂补强胶乳。它是含有高度分散的肼和甲醛缩合树脂的胶乳。

(1) 肼和甲醛在胶乳中缩合、分散的原理：在适当的催化剂存在与一定的 pH 值条件下，肼和甲醛很快发生缩合反应，生成树脂。由于两个缩合组分原来都分散在同一胶乳这个介质中，故生成的树脂，粒度很小，即以很高的分散度存在于胶乳中。

(2) 制造方法：先在加氨保存胶乳中加入固定碱，通过充气除氨法将胶乳氨含量降至 0.1%～0.2%。再加入足量甲醛，一方面去掉残余的氨，一方面具有将与肼反应所必需的量。然后在慢速搅拌下加入水合肼。胶乳温度上升，大约 15～20min 后，肼和甲醛便缩合成分散度很高的缩合物，因而获得改性的肼-甲醛胶乳。

(3) 特性及用途：这种胶乳的特点是，显示很好的补强性，生胶膜具有较高的粘度，硫化胶膜硬度较大，定伸应力、拉伸强度、抗撕裂强度和抗溶剂性能都较好，适合于天然胶乳的一般用途，包括海绵制品、胶粘剂、地毯背衬、胶乳浸渍等。

第31章 生胶的生产

范思伟

1 生胶生产的基本工艺过程

生胶的种类颇多，主要有烟胶片、皱胶片、风干胶片、颗粒橡胶、特种橡胶等。其生产的基本工艺过程如下所示：

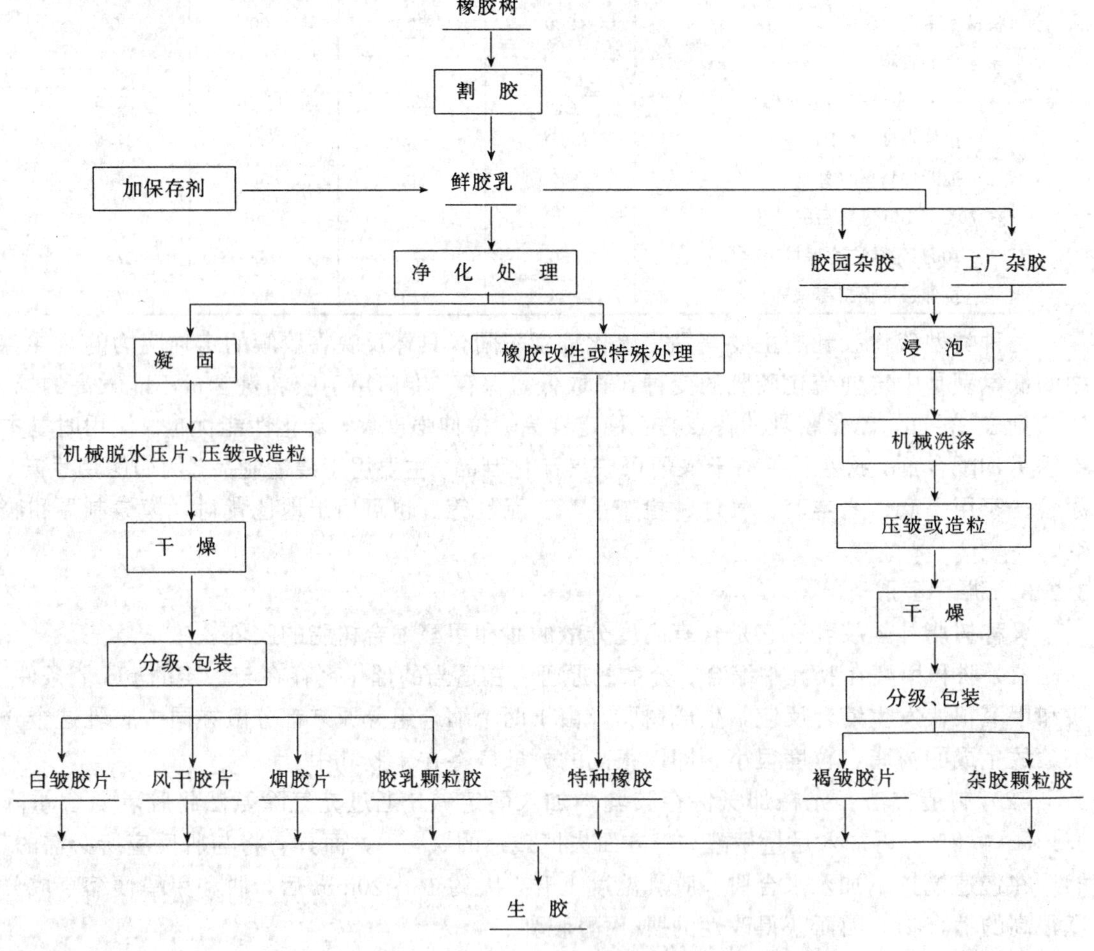

1.1 鲜胶乳的处理

鲜胶乳的处理包括净化、混合、稀释等三个工序。

(1) 胶乳的净化：净化的目的是除去胶乳中的杂质，保证产品具有较好的清洁度。这些杂质是指割胶、收胶、运输过程中由外界混入的机械杂质，包括泥沙、虫蚁、树皮、树叶等。

胶乳的净化处理一般是在收胶站收胶时先用 40 号过滤筛粗滤，然后在胶乳凝固前再用 60 号细筛或通过离心沉降器进一步净化。

(2) 胶乳的混合：即将来源不同的胶乳混在一起，目的是提高产品的一致性。一致性好的橡胶，用户能按规定的工艺条件生产质量好的制品，如果各批橡胶的操作性能变异大，则会导致用户增加操作费用，增高废次品率。

为了达到最大限度的混合，同一天的胶乳最好能一次混合完毕。如因设备限制或各批胶乳进厂的先后时间相差很大，需要分批处理时，应尽量减少混合次数。

制胶厂一般设 2～3 个混合池使胶乳混合，每个池的容量除按日产量和每天处理的批次计算外，还需考虑稀释水的容量。为了便于清洗，混合池的内表面须用瓷砖衬垫。池底沿胶乳出口方向要有 8～10cm 高差的倾斜度，以便胶乳排尽。混合池最好设上下两个排放口，上出口供排清洁胶乳用，下出口供排沉渣和清洗水用。上出口位置必须高出凝固槽面 30～40cm，以便利用高差把胶乳排入凝固槽。

(3) 胶乳的稀释：胶乳混合后一般需加入一定量的水稀释至预先确定的浓度，然后取样测定氨含量。胶乳稀释浓度和氨含量是确定胶乳凝固时用酸量的主要依据。

胶乳稀释的目的是调控胶乳的凝固浓度，从而调节胶乳的凝固速度和凝块的硬度。就生产烟胶片来说，凝固浓度太高，生成的凝块硬，则难于压成完整的胶片，而且每片含胶量多，片厚，干燥困难；浓度太低，凝块软，压片时同样容易破裂，且压出的胶片在干燥过程中会拉长甚至断裂。在生产颗粒胶时，凝块的软硬度也会影响脱水、造粒、胶粒的干燥等。因此，各种产品对胶乳凝固浓度都有相应的要求。生产片状生胶的适宜凝固浓度一般为 14%～18%；颗粒橡胶为 20%～25%。

稀释浓度是根据凝固浓度确定的。所谓凝固浓度，是指凝固时加入酸水以后胶乳的最终浓度。在确定了凝固浓度和加入酸水重量后，可根据下式计算稀释浓度：

$$\text{稀释浓度}=\text{凝固浓度}\times\left(1+\frac{\text{酸水重量}}{\text{稀释胶乳重量}}\right) \tag{31-1}$$

稀释用水的水质对胶乳稳定性和制得橡胶的质量均有影响。例如加入胶乳的水混浊不清，则会增加生胶的杂质含量；水呈强酸性就会降低胶乳的稳定性；水含铜、锰、铁等有害金属多，则使制得的生胶不耐老化。制胶用水的水质标准[156]见表 31-1。

表 31-1 制胶用水的质量要求

项　目	最高限量	项　目	最高限量	项　目	最高限量
pH 值	5.8～8	钙含量 (mg/L)	<50	铜含量 (mg/L)	<0.5
高锰酸钾值 (mg/L)	<20	硬　度	<6	锰含量 (mg/L)	<0.5
碳酸氢盐 (mg/L)	<300	浮渣 (mg/L)	<10	铁含量 (mg/L)	<3

1.2 胶乳的凝固

胶乳的凝固是生产生胶的重要环节之一。要掌握好胶乳凝固，必须了解胶乳凝固的机理和影响因素，正确选择和使用凝固剂，以及严格控制凝固条件。

1.2.1 胶乳凝固机理

胶乳的凝固，是在一定条件下胶乳的稳定性受到彻底破坏的过程。破坏胶乳稳定性有 3 种方法：①化学法——加入酸、盐或脱水剂，使胶乳凝固；②物理法——利用加热、冷冻或强烈机械搅拌使胶乳凝固；③生物法——藉胶乳原有的或外加的细菌或酶的作用使胶乳凝固。其中，加酸凝固是国内外生产中普遍采用的方法。

(1) 酸的作用：主要是增加胶乳中的 H^+，使 pH 值降低。当 pH 值降到某一临界值，橡胶粒子便达到等电状态，表面电荷为零，即电动电位为零，粒子间的电斥力消失。与此同时，橡胶粒子的水化膜亦受到破坏。因此，胶粒在热运动的水分子撞击下很易粘结而凝聚起来。胶乳的凝固 pH 值一般为 4.5～5.0，浓度高的，凝固 pH 值稍高。

实际上，胶乳的凝固不是一下子就完成，而有一定的发展过程。这是因为胶乳中的橡胶粒子大小不一，因而其稳定性也不一致。在接近等电点时，凝聚首先发生在最不稳定的胶粒之间，再逐步扩展到全部胶粒。若胶乳 pH 值仅接近而不完全达到等电点，便会出现"出白水"的凝固不完全的现象。要是将大量酸很快地加入胶乳，使其 pH 值迅速越过等电点，则由于胶粒从原来带阴电荷而改带阳电荷，具有与原来相反符号的电动电位，同样处于稳定状态而不凝固或仅在转换电荷过程中产生局部凝固现象。

(2) 盐的作用：盐类电解质在水溶液中将离解为金属阳离子和酸根阴离子。将盐溶液加入胶乳时，胶乳的离子浓度增加，橡胶粒子双电层外围的离子密度将随之增大。在胶粒表面阴电荷的静电引力作用下，外围的阳离子有向胶粒表面靠近的倾向。结果使胶粒扩散层受到压缩，其中的部分自由反离子（如氨保存胶乳的 NH_4^+）将被挤进固定层而变为束缚反离子，因而束缚离子的数目增加，胶粒电动电位降低。这就是所谓压缩双电层的作用。如果加入的盐量足够多，电动电位可降至零，可供胶乳凝固完全。

此外，某些金属离子，特别是二、三价阳离子还能与胶粒的保护层物质反应，生成不溶性化合物，破坏胶粒的稳定性。例如 Ca^{2+}，它既可与保护层蛋白质阴离子结合，生成不溶性钙盐，又能与高级脂肪酸根反应生成不溶性钙皂。结果既使胶粒的电荷被中和，又使其水化膜受破坏。

```
      COO⁻                  COO—Ca—OOC
     /                     /          \
  2R        +Ca²⁺ ——→   R              R   ↓
     \                     \          /
      NH₂                   NH₂    H₂N

  2RCOO⁻ +Ca²⁺ ——→ RCOO—Ca—OOCR ↓
```

这样的反应如发生在不同胶粒之间，钙离子还能起桥梁作用将胶粒联结起来，加速凝胶团的形成，并使其结构更加紧密。

```
          COO—Ca—OOC
         /          \
        R            R
       / \          / \
      /   NH₂    H₂N   ⊘—R—COO—Ca—……
     ⊘                     \
      \   NH₂               NH₂
       \ /
        R          H₂N
         \           \
          COO—Ca—OOC—R      COO—Ca—……
                       \   /
                        ⊘—R
                           \
                            NH₂
```

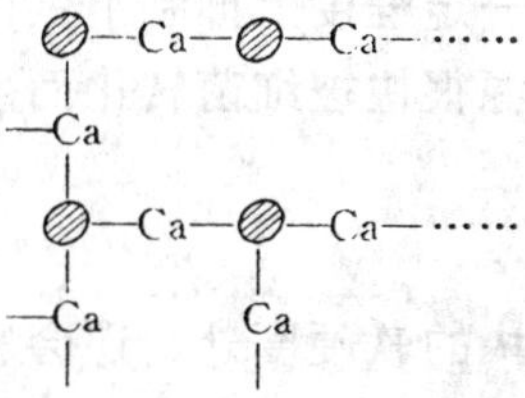

```
⊘—Ca—⊘—Ca—……
|
—Ca
|
⊘—Ca—⊘—Ca—……
|        |
—Ca      Ca
|        |
```

加酸凝固加有盐类的胶乳时，所需的酸减少，且凝固 pH 值升高，即凝固 pH 值移向碱性区[157]。

生产上常利用盐类促进胶乳凝固，提高凝固速度，缩短凝固时间。现举例如下：①加速凝固：以酸为主要凝固剂，另加干胶重 0.1%左右的氯化钙，可使胶乳凝固的时间由单加酸时的 30～40min 缩短到 15～20min，形成的凝块脱水收缩较快，因而可提前进行机械处理。此法常用于凝固设备不足时，由单班凝固改为两班凝固。②快速凝固：盐类与阴离子表面活性剂并用，例如按干胶重计，以 0.3%的 $CaCl_2$ 与 0.3%的二辛基磺基琥珀酸钠，或 0.2%的 $CaCl_2$ 与 0.4%的肥皂和适量酸并用，可使胶乳在几分钟内凝固完全[158]。采取这种方法可使胶乳连续凝固。其反应机制如下：以普通肥皂高级脂肪酸钠盐（RCOONa）为例，它在水溶液中离解，产生 $RCOO^-$，此种基团由于表面活性度较大，容易被胶粒吸附，因而使胶粒稳定性提高，但加入 $CaCl_2$ 或酸后，则迅速生成不溶性的钙皂或高级脂肪酸，使胶粒失去电荷和脱水，很快导致胶乳凝固。

$$RCOONa \rightleftharpoons RCOO^- + Na^+$$

$$2RCOO^- + Ca^{2+} \longrightarrow (RCOO)_2Ca \downarrow$$

$$RCOO^- + H^+ \longrightarrow RCOOH \downarrow$$

值得注意的是，在制备贮备溶液时不能将阴离子表面活性剂和酸或盐混在一起，否则它们将互相反应而失效；加入胶乳时应先加表面活性剂溶液，待混合均匀后再加盐或酸溶液。

(3) 加热的作用：加热能增大分子动能，既促使胶乳胶粒的运动加剧，又使胶粒互相碰撞的几率增多。不仅如此，橡胶粒子保护层的蛋白质会由于加热而变性，从而失去亲水性。因此，加热也会破坏胶乳稳定性而使之凝固。

(4) 冷冻的作用：胶乳冷冻时主要由于胶粒周围的水化膜结冰而被除去，使胶粒产生不可逆的脱水作用，加上冰的体积比水大，冰晶形成后又对胶粒产生挤压作用，从而使胶粒聚结在一起而发生凝固。

(5) 搅拌的作用：对胶乳进行强烈搅拌时，一方面由于机械力的作用可使胶粒水化膜破坏；另一方面由于增加了橡胶粒子互相碰撞的几率和使胶粒增加的动能克服了它们之间的斥力，胶粒会在碰撞时凝聚。

(6) 生物凝固作用：从胶树流出的胶乳，因含有外界污染的细菌及大量的糖类、蛋白质、磷酸盐等细菌需要的养料，因而细菌繁殖很快。其中，糖类被细菌吸收利用，转化为各种酸；蛋白质也会被细菌分泌的酶分解为氨基酸后吸收利用或发生变性。因而胶乳的 pH 值不断降低，胶粒保护层的蛋白质被破坏，胶乳会发生自然凝固。这样的生物凝固需时甚长，而且在凝固过程中容易发臭，凝固也不完全[159]。如采取下列的辅助生物凝固法便可在很大程度上克服这些缺点：①在胶乳中接入适当的菌种，例如乳酸链球菌，能使胶乳迅速而强烈地产酸，并具有蛋白酶的活力[160]，因而 pH 值很快降低，胶粒保护层受到破坏，胶乳在短时间内即凝固完全；②加入足量的碳水化合物[161]，例如废糖蜜或菠萝汁使胶乳含糖量比蛋白质相对地多，一方面由于细菌具有保氮的特性，在一定程度上抑制了蛋白分解菌的活性，从而使蛋白质分解慢或分解量很少；另一方面大量碳源很快被细菌转化而生成大量的酸，故胶乳既不大产生臭味，又很快发生凝固。

1.2.2 影响胶乳凝固的因素

下列因素除影响凝固速度、凝块的软硬度外，还会影响产品的性能。

（1）凝固剂种类：如前所述，酸类是生产上用得最多的凝固剂。酸性强的酸如硫酸，对胶乳凝固快，腐蚀性大，用量稍多便会对橡胶干燥和产品性能造成不良影响[162]，故较少使用。乙酸和甲酸离解度不太大，凝固力适中，具挥发性，即使用量过多，对凝固过程和产品性能的影响也小，故生产上采用较多。盐类因会增加所制橡胶的灰分，一般仅用于胶乳的加速凝固。

（2）凝固剂用量：各种凝固剂均有其适宜用量。在此用量时胶乳凝固完全，乳清“清而不澈，浑而不白”，产品质量较好。如凝固剂用量不足，胶乳凝固不完全，乳清浑浊，未凝固的橡胶粒子将随乳清排走，造成橡胶损失，而且凝块容易发酵，如生产片状生胶还会导致针头气泡等外观缺陷；若凝固剂用量过多，既浪费凝固剂、增加制胶成本，还会损害橡胶性能。由于使同量的胶乳凝固完全，胶乳含干胶多的所需酸量较少，故生产上按胶乳干胶含量计算适宜用酸量的方法不尽合理。如能以胶乳 pH 值控制凝固，不仅凝固剂用量较准确，而且产品性能的变异也较小[163]。

（3）凝固浓度：又称胶乳最终浓度，是指加入凝固剂后胶乳的干胶含量。若浓度高，橡胶粒子间的距离小，相互碰撞的频率高，因而凝固快，形成的凝块较硬。胶种不同所需凝固浓度亦不同。生产片状生胶时，为了获得较薄的胶片以缩短干燥时间，一般采用较稀的胶乳，凝固浓度为14%～18%；而生产颗粒橡胶时因对凝块软硬度的要求不甚严格，为了提高凝固效率，一般采用原胶乳或稍加稀释的胶乳凝固。凝固浓度高，不仅干胶制成率较高，而且制得的橡胶因含非橡胶物质较多，强伸性能、耐老化性能较好，硫化速率也较快。相反，凝固浓度过低，由于较多非橡胶物质随乳清排去，对橡胶性能不利。凝固浓度不加控制也是导致产品一致性不好的原因。

（4）熟化时间：凝块停放的过程称为熟化。熟化时间一般是指胶乳加酸凝固至凝块机械脱水所经历的时间。熟化过程的显著特点是凝块逐渐脱水收缩、硬度不断增大。熟化时间对后续工艺和产品质量均有影响。对生产片状生胶而言，熟化时间过短时，凝块过软，难于压片，而且压出的胶片在干燥过程中容易断裂，因而一般要求熟化至少 4h；若熟化时间过长，则凝块过硬，压出的胶片厚或容易破裂，影响挂片和干燥。生产上普遍采取当天凝固隔天压片的工艺，熟化时间达 12h 左右，既保证了必要的熟化时间，又便于制胶劳动力的安排。生产颗粒橡胶时，凝块不能熟化过久，否则凝块过硬，容易造成脱水和造粒机械负荷过大，造出的胶粒较粗。若熟化时间超过 8h，制得橡胶的塑性保持指数有降低的倾向。

（5）气温：胶乳凝固速度受环境温度的影响甚大，一般来说，温度升高，凝固加快，生成的凝块较硬。出现这种现象的原因，一方面是化学反应速度随温度的增高而加快；另一方面则是胶乳稳定性产生了变化，在气温高的夏季，胶乳中细菌繁殖快，酶的活性也较大，因而胶乳的稳定性较低，加酸后凝固较快。而在气温低的冬季则相反。在冬季，特别是生产片状生胶时，需要提高胶乳凝固浓度，适当增加凝固用酸量并延长熟化时间来解决胶乳凝固慢、凝块软的矛盾。

(6) 胶乳保存条件：胶乳保存所使用保存剂的性质和用量也会在一定程度上影响胶乳的凝固。以普遍使用的氨为例，当用量较低（0.08%以下）时，胶乳凝固正常，凝固用酸量为干胶重的0.5%～0.8%，当氨用量超过0.1%，即所谓高氨胶乳时，会使凝固时间延长，生成的凝块软，而且除增加中和用酸外，凝固用酸量要增高到1%以上才能使胶乳凝固完全。这是由于在高氨条件下，加入乙酸之类的弱酸后，使胶乳具有类似缓冲溶液的性质，pH值难于降低。长时间高氨保存的胶乳，由于形成的铵皂改变了胶粒以蛋白质为主要成分的保护层结构，在加酸时往往产生局部凝固，难于形成连续的凝块。高氨随之而来的高酸凝固还将影响橡胶的干燥并损害橡胶的性能。

1.2.3　凝固方法

1.2.3.1　间歇式酸凝固

间歇式酸凝固是指以酸作凝固剂、用凝固槽间歇凝固胶乳的方法，也是用于生产最早，迄今仍在普遍使用的方法。此法的优点是收集的胶乳不需大量积聚，保存剂可适当节省，而且凝块有充分的熟化时间以满足机械处理所要求的软硬度。缺点是设备占地面积大，用工多。常用的酸主要是乙酸或甲酸，偶尔采用硫酸，它们对胶乳的凝固适宜用酸量分别为干胶重的0.5%～0.8%、0.3%～0.54%和0.25%～0.4%。

(1) 凝固总用酸量的确定：有两种方法确定凝固胶乳的总用酸量。一种是计算法，把总用酸量分两部分计算，一部分是中和胶乳的氨所需的酸，叫中和酸；另一部分是使橡胶粒子互相凝聚，起着凝固作用的酸，叫凝固酸。这两种酸虽分别计算，但它们对胶乳的作用实际上不能截然分开。中和酸的用量是根据某种酸和氨产生中和反应的当量比计算的。凝固酸用量则根据胶乳的稀释度、气温和氨含量的高低、凝块熟化时间的长短等并结合经验确定的凝固适宜用酸量，以对干胶重的百分数表示。根据所确定的凝固适宜用酸量以及胶乳的干胶含量和总重便可计算出凝固酸用量。计算式如下：

$$\text{凝固酸用量}=\text{胶乳重量}\times\text{干胶含量}\times\text{凝固适宜用酸量} \tag{31-2}$$

$$\text{凝固总用酸量}=\text{中和酸用量}+\text{凝固酸用量} \tag{31-3}$$

另一种确定凝固总用酸量的方法是控制pH值凝固法。此法是先根据胶乳的干胶含量选定合适的凝固pH值。一般干胶含量为25%～30%时，凝固pH值可控制在4.9～5.2；干胶含量为16%～18%时，凝固pH值较低，可控制在4.5～4.8。其次是取一定量的胶乳，分批加入浓度已知的定量酸液，并用酸度计测定混匀后的胶乳pH值，直至达到选定的合适凝固pH值为止。最后根据胶乳样品量和达到凝固pH值所加酸液的总量便可算出凝固总用酸量。此法比上述计算法更为合理，制得橡胶的一致性也较好。但由于需要使用酸度计，因而受到仪器供应和仪器准确度的限制，故目前未在生产上普遍使用。

(2) 用酸量的检查：为了使用酸量准确，当凝固一批胶乳在第一槽胶乳加酸后，可用甲基红或溴甲酚绿指示剂进行检查。如用甲基红，先将它配成0.1%的酒精溶液。再在凝固槽不同部位吹开胶乳表面的泡沫，分别滴入一滴甲基红溶液。如果溶液散开后立即收缩成直径2～3cm的圆圈，圈中无白点，颜色呈橘红色，则用酸量适当；如溶液散开范围小，收缩快，圈中无白点，颜色呈深红色，则用酸量过多；如甲基红散开范围大，收缩慢，圈中有白点，颜色呈粉红色，则用酸量不足。

若用溴甲酚绿指示剂，先将它配成0.2%的酒精溶液。检查方法与使用甲基红的相同。溶液滴入胶乳后，若呈蓝绿色，则用酸量适当；呈黄绿色，则用酸量过多；呈蓝色，则用酸量不足。也可将剪成条状的滤纸浸入溴甲酚绿溶液，待其干燥后成为溴甲酚绿试纸。将此试纸掠过胶乳表面，使试纸一面涂上胶乳，从另一面呈现的颜色判断加酸量是否准确。不同加酸量的颜色反应，与滴试法的相同。

(3)凝固槽的形式和结构：生产片状生胶的凝固槽，槽内均用隔板分割凝块，槽深为45cm左右，隔板间距离约3cm，槽的宽度和长度则根据每槽干胶产量来确定。主要形式有四种：第一种是活动短槽。其槽体用铝板焊接而成，安装在钢结构的框架上，框架装有轮子，可在铁轨上移动。隔板有逐块插入，也有使用隔板组的。凝块形式为独立短片。这种槽的优点是凝块厚薄较一致，凝块间不粘连，压出的胶片整齐划一。缺点是需要大量钢材、铝材，造价高，操作费工。第二种是固定短槽。槽身一般用砖结构或混凝土浇灌，内壁用瓷砖或厚玻板衬垫。槽及隔板规格与第一种同。其特点是造价较低，但占地面积大。第三种是连续长片凝固槽。槽宽约1m，结构与第二种相同，通过隔板一端紧贴长边槽壁，第一端与对面槽壁有一定距离的交错排列，使整槽胶乳凝固而成一条连续的凝块。如槽长3m，凝块将长达100m。压片时由附在压片机的转刀将长片切成短片。隔板固定在框架上，用吊车起落。这种槽的优点是操作省工、速度快，凝块输送方便，压片效率高；缺点是隔板容易变形或移位，造成凝块厚薄不均，从而影响压片和干燥。第四种是多条长片凝固槽。槽的结构与第三种相同。槽窄而长，一般宽45～50cm，长8～20m。隔板组沿槽的长方向插入，因而将凝块分隔成多条长片。该槽的优点比固定短槽占地面积较少，压片效率较高，操作用工较少。缺点主要是隔板组连接处不易对准，造成凝块粘连和厚薄不均，压出的胶片破碎。其次是隔板组用吊车起落困难，通常用人工操作，劳动强度较大。

现生产颗粒橡胶的大厂，多采用深层凝固槽。这种槽的主要特点是不要隔板分隔凝块，深度特别大，凝固深度可达40cm，因而凝固设备和厂房占地小、投资少，操作方便，花工较少。

(4) 雨冲胶和变质胶乳的凝固：雨冲胶的特点是浓度低，杂质多，氨含量高（有的高达0.1%以上）。雨水冲得不太多的胶乳，稳定性往往较低。因此，凝固时应根据具体情况适当增加用酸量和提高酸液浓度。氨含量很高的雨冲胶，在设备许可情况下，可将其放置过夜，尽量使氨挥发，待氨含量降至0.1%以下再加酸凝固。这样，既可减少酸耗，又使凝固比较顺利。

变质胶乳的特点是稳定性差。在凝固时首先要快，以免继续变质。凝固前应选用适当的筛网过滤，除去杂质。变质胶乳加酸时极易出现局部凝固，为减慢凝固速度，便于排除气体，应降低凝固浓度。此外，还应适当缩短凝固时间，提早压片，以防止细菌繁殖引起的凝块发酵。

1.2.3.2 连续凝固

此法的优点是能使生产连续化，设备占地面积少，总凝固费用也比一般酸凝固低。其主要问题是必须贮存胶乳，而胶乳贮存时间越长，需加的保存剂越多。如用氨作保存剂，氨多后将对快速凝固起明显的阻碍作用。采用TT/ZnO低氨保存体系虽在一定程度上解决了胶乳贮存问题，但产品质量因塑性保持指数偏低而得不到保证，有待进一步研究。国内外已初获成功的连续凝固工艺有如下几种：

(1) 带式连续凝固：此法是将胶乳与凝固剂混合后注入槽形凝固带上凝固，凝固带用硫化橡胶制作，可以不同线速度运行，从另一端剥离凝块。使用的凝固剂有两种：一种是乙酸、氯化钙和肥皂，其用量分别为干胶的0.8%～1.6%、0.1%～0.3%和0.2%～0.4%。先将胶乳与肥皂混匀，再使之与乙酸、氯化钙混合液分别通过流量稳定罐，在混合罐内搅拌混合，然后流入运行的凝固带上。当凝固带转至末端时，凝块脱离凝固带而落入水槽浸洗。此法遇到干胶含量 7%～12%的雨冲胶时，必须大大降低凝固带的运转速度或采用间歇运转才能使胶乳凝固完全；干胶含量低于 7%时，此法难于凝固，需另作处理。另一种凝固剂是表面活性剂二辛基磺基琥珀酸钠和氯化钙。用量分别为干胶的 0.2%和 0.3%。先用甲酸或氨将胶乳的 pH 值调节至 6.5～8.0，再使此胶乳按一定流量与连续流入的表面活性剂在混合器内混合，然后流出混合器与氯化钙溶液混合。最后流入 45cm 宽的槽形凝固带逐渐凝固。带的线速度为 2.4 m/min，胶乳在带上停留 4min。用此法制得的橡胶，由于胶乳是在 pH 值 7 左右凝固的，乳清中的蛋白质没有沉淀，其氮含量约低 30%，定伸应力较低，生热性能也较低，但硫化速率较低，灰分含量较高。

(2) 转筒式连续凝固[164]：此法所用的连续凝固器是一个由混合室、凝结室和卸料段组成的回转圆筒（如图 31-1）。凝固剂采用硫酸，其用量以相对密度 1.84 的酸对干胶重计，为 1.7%～2.6%（胶乳含氨 0.05%～0.08%），比常规凝固稍高。胶乳先与酸液混合后进入转筒的混合室，藉酸和转筒转动的机械化学作用在凝结室内形成凝块，此凝块最后从转筒卸料段的出料端排出。转筒的转速是影响本法成败的重要因素。转速不够，胶乳凝固不完全；转速太高，若超过临界转速时，筒壁的小胶块保持相对静止而不落下。设转筒直径为 D (m)，最优转速为 n (r/min)，则 $n=\frac{32}{\sqrt{D}}$。

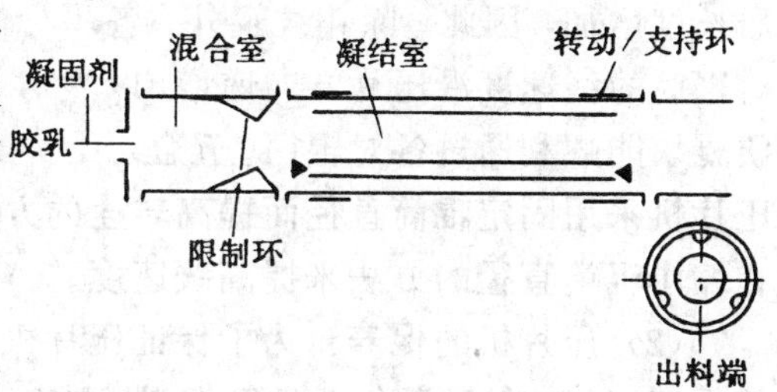

图 31-1　转筒凝固器

在常规凝固中，硫酸用量稍多对产品质量便有明显影响。据报道，此法制得的产品经广泛检验，质量完全能够保持高水平。这也许是连续凝固的时间仅几分钟，比常规凝固的 10h 以上短很多所致。

(3) 加热连续凝固[165]：此法所用的凝固器是以高温油为热介质的热交换器。用泵将加有 0.1%氨、0.2%（按干胶计）聚丙二醇（热敏剂）和 0.7%（按干胶计）具逆溶性的非离子表面活性剂（稳定剂）的胶乳输送到热交换器内的一系列不锈钢管中，当管内胶乳的温度达70～80℃时即胶凝，形成的凝块从管的另一端挤出。此法需要改进的是提高热的传递效率和降低凝块与热交换管间的粘附作用。

1.3　凝块的机械脱水

胶乳凝块的含水量随凝固浓度不同而差异极大。如采用稀释胶乳凝固制烟胶片时，凝块含水量高达 500%，而用原胶乳（或稍加稀释）凝固所得的凝块，仅含水250%～300%（均对干胶计）。这样多的水分如直接加热干燥不但非常困难，而且费用很高。机械脱水设备简单，效率高，费用低，但不能彻底排除橡胶所含水分，只能为加热干燥创造有利的条件。

制胶工业使用的脱水机械主要有压片机和绉片机两种类型。它们除了使橡胶脱水外，还兼有压片作用。

1.3.1　压片机

烟胶片和风干胶片的生产均用压片机将厚度约 3cm 的胶乳凝块脱水并压成厚 3～4mm，表面具菱形花纹的胶片。

(1) 压片机的结构：主要由机座、电动机和传动装置、滚压装置、喷水管等组成。用于长凝块的压片机还附有旋转切刀。我国生产的压片机有5-650型和4-600型两种。前者有5对辊筒，称为五合一压片机（如图31-2），后者有4对辊筒，称为四合一压片机。

压片机辊筒的外形，除最后一对外均加工成梅花形，目的是增加对凝块的抓着力，减少滚压时的打滑现象。最后一对辊筒的表面刻有菱形花纹，称为花纹辊筒，可将胶片表面压花，以增大其表面积，提高干燥速率。每对辊筒上下辊的直径和转速相同，而各对辊筒的间隙沿压片方向递减。压片的强度主要取决于辊筒的间隙，间隙愈小，压片强度愈大，压出的胶片愈薄。由于凝块经滚压后厚度减少而长度增加，因此，除花纹辊外，各对辊筒的线速度沿压片方向递增，以便凝块能顺利通过各对辊筒。五合一压片机采用固定辊筒直径而提高转速的方法使线速度递增，而四合一压片机则采用固定转速和缩小辊筒直径的方法来提高线速度。

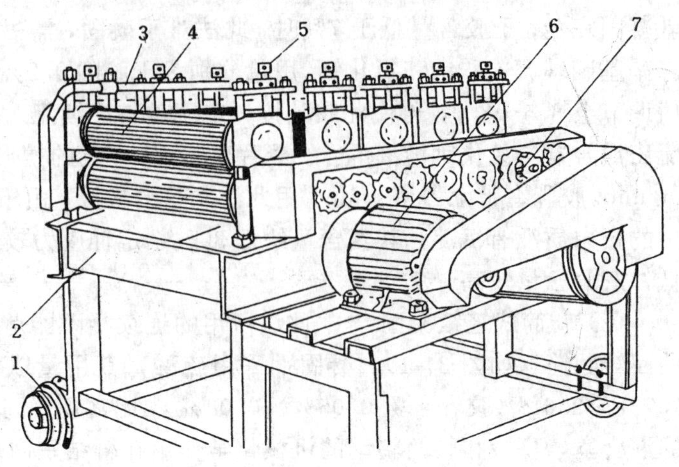

图31-2 五合一压片机

1. 移动轮；2. 机架；3. 喷水装置；4. 辊筒；5. 辊筒间隙调整螺丝；6. 电动机；7. 传动齿轮

（2）压片机的保养：为了保证压片机的质量和延长压片机的使用寿命，必须作好压片机的保养工作。转动部件要注意润滑：减速箱使用30号机油，每工作400～500h换油一次；辊筒轴承和叉轴承均使用黄油，前者每工作1000h换油一次，后者每次操作前加一次油。

须定期检查皮带轮的松紧度。皮带太松容易打滑，使辊筒转速降低；太紧会损害轴承。每年冬季停产期间应进行一次全面的检查和维修，辊筒和切刀应涂抹黄油以防止生锈。

1.3.2 皱片机

这种机除起脱水作用外，还有脱除橡胶所含杂质和使胶料混合均匀的作用。早期仅用于白皱胶片和褐皱胶片的生产，现已广泛应用于皱片——锤磨法的颗粒橡胶生产。我国使用的皱片机多为∅200mm×600mm型胶圆皱片机（如图31-3），也有采用∅300mm×650mm的，其基本结构相同。

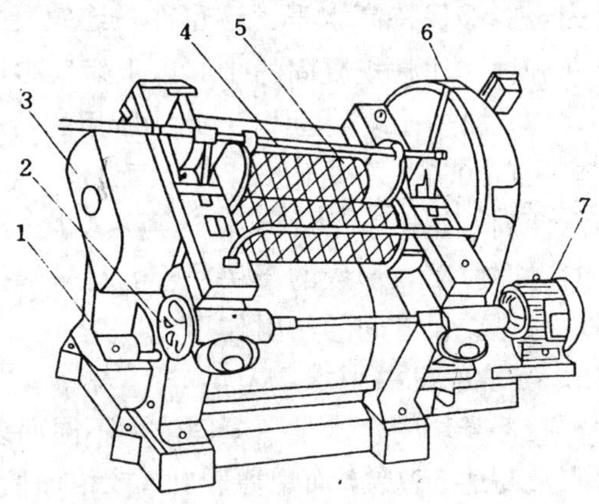

图31-3 ∅200mm×600mm型皱片机

1. 机架；2. 调节系统；3、6. 变速齿轮；4. 喷水管；5. 辊筒；7. 电动机

（1）皱片机的结构：主要由以下5部分组成。

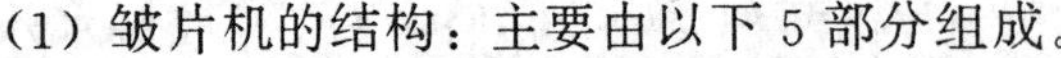

①底座和机架：底座供安装机架、减速箱和电动机用，由4枚地脚螺钉固定在基础上。机架是皱片机的支撑部件，辊压装置就安装在机架上。

②动力及传动系统：皱片机多用电动机带动，仅在无电力供应地区才采用柴油机。这是因为使用电动机在起动、停机时操作简便、快捷。传动系统包括一个二级齿轮减速箱、一对减速齿轮和一对速比齿轮。

③辊筒：每台皱片机有一对转速不同的辊筒，其速比由于用途不同为 1.04～1.90。用于凝块脱水的皱片机，一般选用的速比为 1.50。辊筒表面通常刻有菱形花纹，其作用一是增加辊筒抓着力，减少胶料的相对打滑；二是增加辊筒对胶料的撕裂和搓和作用，有利杂质的脱除和胶料混合均匀。不同用途的皱片机，其辊筒花纹的大小、深浅略有不同。

④喷水装置：由喷水管和阀门组成，用于压炼时冲洗胶料，除去乳清、残酸或杂质。

⑤安全装置：包括传动系统安装的防护罩、安全栏杆，和发生事故时需要的紧急刹车装置以及太厚、太大、太硬或杂有金属物件的胶料强行通过皱片机辊筒间隙时自动停机的超负荷安全装置。

(2) 皱片机的保养：在正常情况下，皱片机每年拆洗保养一次。减速齿轮箱的润滑采用机油，油面高度须达到标线。当机油变质失去粘性而出现凝粒时，应即更换。通常每更换一次可使用 400～500h。滚珠轴承和低速齿轮的润滑用黄油，当黄油发白产生泡沫变质时，便须更换。通常滚珠轴承内的黄油可使用 1 000h 以上，齿轮的黄油仅可使用 1 个月左右。

1.4　橡胶的干燥

橡胶经机械脱水后还含有 20%～60%的水分，这些水分必须除去后才能适应贮存、运输和生产橡胶制品的需要。橡胶干燥就是借助热源排除橡胶水分的过程。由于橡胶是一种对热相当敏感的高分子材料，在加热时会加速交联或降解，因而干燥器的设计和干燥条件的选择和控制，不仅影响干燥效果和燃料消耗，而且直接影响橡胶的性能。

1.4.1　橡胶干燥的基本原理

1.4.1.1　橡胶含水量的计算方法

橡胶含水量是评价脱水机械的脱水效果、进行干燥过程的分析以及确定干燥终点等的重要依据，也是产品分级的主要指标。橡胶含水量有两种表示方法，一种是湿基含水量（以 W 表示），以湿胶为计算基准，即水分重量对湿胶重量的百分数；另一种是干基含水量（以 C 表示），以干胶为计算基准，即水分重量对干胶重量的百分数。W 和 C 之间可应用下面公式换算：

$$W\% = \frac{100 \times C}{100 + C} \tag{31-4}$$

$$C\% = \frac{100 \times W}{100 - W} \tag{31-5}$$

橡胶含水量通常用湿基含水量表示，但进行干燥过程的有关计算时，由于湿胶重量随干燥过程不断变化，而且可将达到干燥终点的橡胶当成绝干橡胶，故采用干基含水量较为方便。为了避免混淆，应在指出含水量时说明其计算基准。

1.4.1.2　干燥机理和干燥阶段的划分

橡胶的干燥过程与其他固体物料的干燥过程基本相同，按照干燥曲线的变化特点，可划分为 4 个阶段。

(1) 预热阶段：这一阶段的特征是橡胶吸收热量，温度升高至空气的湿球温度，干燥速率很快增大到某一最大值并大量滴水（如图 31-4 曲线 AD 段的 B 点）。就强制通风条件下进行干燥的颗粒橡胶来说，预热时间一般很短；而在自然通风条件下干燥的烟胶片之类的橡胶来说，则预热时间稍长。

(2) 恒速干燥阶段：其特征是橡胶排出的水量或橡胶含水量与干燥时间呈直线关系（如图 31-5 曲线的 BC 段），干燥速率达到最大值并保持恒定。由于此时橡胶的含水量较高，内部

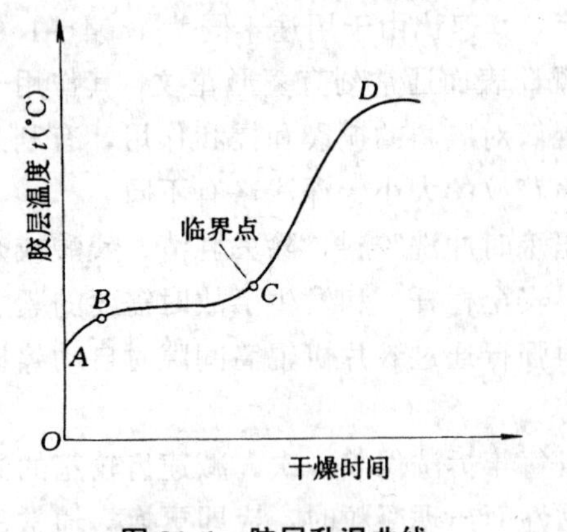

图 31-4 胶层升温曲线

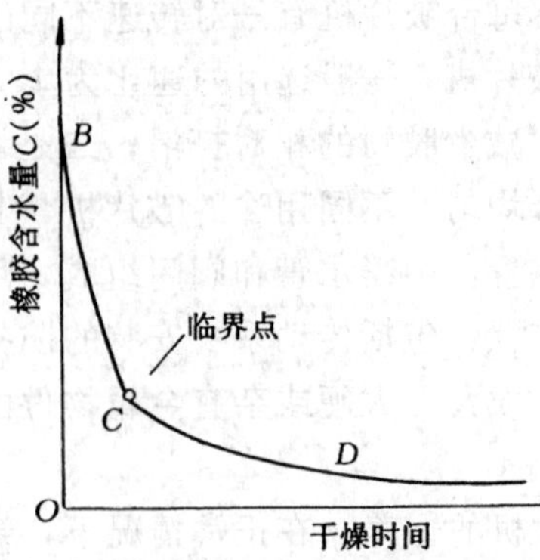

图 31-5 干燥曲线

水分能迅速向表面移动，足以使表面保持饱和状态。橡胶表面水分的汽化速度相当于在相同条件下自由水面的汽化速度。橡胶温度保持在热风的湿球温度；橡胶表面的蒸汽压力等于饱和空气的水蒸气分压。恒速阶段是干燥过程的主要阶段。由此阶段向降速阶段转变时橡胶的临界含水量一般在 10%左右，即恒速阶段排除了约 70%的水分，经历时间则仅为总干燥时间的 20%～30%。

（3）降速阶段：橡胶排出的水量或橡胶含水量在此阶段与干燥时间呈曲线关系（如图 31-5 曲线的 CD 段），干燥速度逐渐减慢，直至接近于零。此时，橡胶内部水分的扩散速率较表面的汽化速率小，故成为干燥速率的控制因素。因受扩散速率的限制，水分不能及时扩散到表面，从而干燥速率下降。这一阶段又可分为两个小阶段，其分界处含水量约 1.5%。在降速第一阶段，橡胶表面出现逐渐扩大的干渍，此时粗的毛细管已不向表面送水，水分的蒸发仅在细毛细管的表面进行，因而蒸发面积小于胶片或胶粒的几何表面；在降速第二阶段，橡胶表面的一切毛细管包括小直径的毛细管已经没有水，橡胶表面已完全干燥。此时，蒸发面移入橡胶内部，蒸发不再在橡胶几何表面进行。橡胶内部生成的水蒸气必须克服橡胶的边界气体层的阻力后才能进入气体主流，因而随着干皮的增厚，水分由内部向表面扩散的阻力不断增大，干燥速率迅速下降。在降速阶段，随着干燥速率的降低，用以蒸发水分的热消耗逐渐减少，因而有多余的热量加热橡胶，故橡胶温度将逐渐升高，直至接近气流的干球温度。

（4）平衡阶段：在此阶段橡胶与气流的传质和传热过程达到了动平衡。橡胶含水量保持一定值，干燥速率等于零，橡胶温度达到气流的干球温度并保持恒定。在橡胶升温曲线上出现与横轴（干燥时间）平行的直线；而干燥曲线则与横轴重合或平行，取决于平衡水分的含量。平衡水分含量的高低与热空气的温度和湿度有关，当空气干球温度在 100℃以上时，平衡水分为零；若干球温度低于 100℃，平衡水分随空气相对湿度升高而增加。

在达到平衡阶段后，不应继续加热橡胶，否则将导致橡胶分子降解，使橡胶塑性增大，塑性保持指数降低，而且还会降低干燥器的利用率，增多燃料的消耗。

1.4.2 干燥方法和热源

生产上采用干燥方法和热源较多，而且每种生胶大都拥有自己的干燥方法及相应的热源。

（1）自然风干：此法是利用空气自然对流来排除橡胶的水分。皱胶片基本上都采用之。其主要优点是不消耗燃料。但由于空气的温度低，湿度一般较大，因而橡胶干燥时间长，所需干燥房的容积大，在干燥过程中容易长霉。

（2）烟干：此法是利用木柴燃烧所产生的热和烟来熏烤橡胶，使之达到干燥的目的。多用于烟胶片的生产。由于烟分含有杂酚油之类的防腐剂，橡胶在干燥过程中吸收烟分的结果，产品不易长霉，有利保存。其主要缺点是木柴消耗量大，每吨干胶所耗木柴需 0.5～1t，而且热利用效率较低。

（3）烘干：此法一般用煤作燃料，采用间接加热方式，即利用煤燃烧所产生的烟道气加热钢板，通过对流与辐射作用加热空气，使橡胶干燥。在有廉价水电供应的地区，也可采用电热烘干。生产风干胶片多采用这种方法。其主要优点是橡胶不受烟气污染，因而颜色浅淡。

（4）热风干燥：此法一般用燃料油（重油或柴油）或沼气为热源，以 100℃左右的烟道气直接穿透橡胶层，使之脱水干燥。现广泛应用于颗粒橡胶的生产。由于橡胶为颗粒状，表面积大，且采用强制通风使胶粒与热风充分接触，故橡胶干燥时间短，燃料的热利用效率高。燃油热风干燥的方式已逐渐发展为橡胶干燥的主要方式。

1.5　分级和包装

1.5.1　生胶的分级方法

合理的分级制度不仅可为橡胶制品工业选用原材料提供重要依据，做到物尽其用，而且还可帮助制胶厂发现存在问题以便及时解决，促进生产的发展和产品质量的提高。为了获得良好的分级制度，人们进行了大量工作，现已取得重大进展。

（1）外观分级：此法是按生胶外观质量，如气泡、疵点、颜色等划分等级。各等级的质量标准除有文字说明外，还附有相应的实物样本供检验分级时作对照使用[166]。其主要缺点是不能充分反映橡胶的内在质量以及等级过于繁杂。尽管如此，国内外对一些传统生胶仍沿用这种分级制度和方法。

（2）技术分级：此法是根据生胶的工艺或使用性能进行分级。最初的技术分级方案是在外观分级的基础上，加上反映橡胶塑炼特性的门尼粘度和橡胶硫化特性的定伸应力等两项工艺性能[167]。其中根据门尼粘度的大小，把橡胶分为硬、中、软 3 类；按照定伸应力的大小，将生胶分为快、中、慢 3 类。以这两项工艺性能组合便将橡胶分成了 9 类。这种分级方法对橡胶用户用好橡胶有一定的参考价值，但实行不久发现，在生胶贮存、运输过程中由于本身结晶、交联的影响，门尼粘度会自然增大，以橡胶的硬、中、软分级便失去了意义，因而取消了这一分级项目。另一方面，随着磺胺类促进剂的问世和使用，原以硫醇基苯并噻唑作促进剂时橡胶硫化速率的那种差异，即定伸应力的差异也不那么显著了，因而按硫化性能的分类也就没有实用价值。随后有人提出了以杂质含量和动态疲劳性能划分橡胶等级的方法[168]，但未被正式采纳为分级标准。1964 年由于颗粒胶生产新工艺的出现和促进，马来西亚橡胶研究院提出了《马来西亚标准橡胶方案》。此方案以杂质、塑性保持指数等技术性质作为质量指标以划分橡胶等级，并于 1970 年[169]和 1979 年[170]先后进行了两次修订，现在很大程度上满足了消费者的基本要求。

1.5.2　橡胶的包装

包装的主要目的是保持橡胶的清洁、干燥，防止外来杂质的污染，并缩小橡胶容积，使之具有一定的外形，有利于贮存和运输。各种生胶的包装一般都是先用油压打包机将橡胶压成坚实的方形胶块，然后按不同要求进行包装。

1.5.2.1　油压打色机

按油缸所产生的最大压力分为 30t、60t 和 100t 3 种。前两种打包机主要由缸体、油箱、电动泵、手摇泵、螺杆、压板和电动机等组成，结构虽较简单，但打包速度较慢，且由于压力不足，压出的胶包往往不够结实，压包后还须在包装箱两端插入插销保压一段时间，以保证胶包达到规定的尺寸，因而需要的包装箱较多。100t 打包机由于压力大，压出的胶包回弹小，不易变形。这种打包机仅设两个包装箱，供装料和压包操作轮换进行。压好的胶包由顶包机构顶出，生产效率较高。

1.5.2.2 包装箱

包装箱用厚钢板制成。30t 和 60t 打包机配用的包装箱，其箱底装有 4 个轮子，可在轨道上移动。为了使加压时不致损坏包装箱底板或轮子，通常都在穿过打包机的两段铁轨下面装上弹簧。当加压时包装箱连同轨道一起下沉，包装箱底即落在承压板上，由承接板代替轮子承受负荷，从而避免轮子受力过大而损坏。压力消除后，轨道连同包装箱弹回原位，与车间原连接的轨道重新接上。

1.5.2.3 包装的基本要求

(1) 胶包规格符合有关规定。每个胶包的净重，长、宽、高的尺寸，胶包标志以及包皮材料等必须符合有关胶种的具体要求。

(2) 包装必须及时。已干的橡胶推出干燥器，待胶温降至 60℃后应及时包装。如停放时间过长，橡胶容易吸潮发粘，甚至长霉，不利长期贮存。

(3) 操作正确无误。要求称重准确，叠包平整，压包结实，包皮严密，涂料均匀，标志清楚。为了防止胶包在堆放时互相粘结和外来杂质污染，裸包包皮的外面须涂上滑石粉的煤油胶浆。其原料配比为橡胶：煤油：滑石粉＝1：50：20。黑色标志采用炭黑的煤油胶浆。其配合比为炭黑：橡胶：煤油＝7.5：1：40。在包装过程中要防止将剪刀、刺锥、錾子、插销等工具、用具混入胶包内，以免制品厂使用橡胶时发生生产事故。

包好的橡胶应堆放在离地面 30cm 以上的木板上，不受阳光直射。存贮胶包的仓库要通风好，不漏雨，严禁烟火，周围不得存放易燃物品、油类或其他化学药品。

装运胶包的车辆、车箱应清洁、干燥，不要混运其他物资，运输过程中要用篷布遮盖，防止日晒雨淋。

2 胶乳颗粒橡胶的生产

第二次世界大战后，合成橡胶迅速发展。到 1965 年，美国、联邦德国、英国和日本许多工厂转为只使用合成橡胶或仅使用少量天然橡胶生产橡胶制品。于是天然橡胶生产国尽量吸取合成橡胶一致性好、采用技术分级、包装优良、适用等优点，以最大地努力进行制胶技术革新，为的是加强对合成橡胶的竞争地位。现生产的颗粒橡胶就是这种努力的结果。由于颗粒橡胶生产周期短，工效高，劳动强度低，产品的一致性、外观、形态和包装等方面均与合成橡胶相似，故深受橡胶生产单位和用户欢迎。现颗粒橡胶的年产量已占全世界天然橡胶总产量的 50%左右，在我国甚至约占总产量的 80%[171]。

在我国很多人将颗粒橡胶称为标准橡胶。实际上，标准橡胶是指质量符合“标准橡胶规格”的各种生胶。造成上述现象的原因可能是我国目前仅有颗粒胶采用“标准橡胶规格”分级，其他生胶如烟胶片、风干胶片、皱胶片等尚未按标准橡胶规格分级。我国颗粒胶生产工艺和设备与国外比较，具有如下特色：①使用离心沉降器净化胶乳代替传统的不锈钢筛网过滤胶乳，不但大量节约不锈钢筛网，而且大大提高过滤效率，减轻工人劳动强度；②普遍使用胶乳并流加酸和超厚凝块凝固、两级压薄的配套工艺、设备，操作方便，提高了凝固槽的空间利用率，减少了凝固工段的厂房面积；③我国首创用重油燃烧直接火加热空气来干燥橡胶，比国外用柴油做燃料的成本低，耗油量小；④在国内外首次研制成功从压片至打包的连续化生产工艺和设备，取得了较好的经济效益和社会效益。

锤磨法造粒具有生产效率高、设备维修方便、胶乳和杂胶都可加工等优点，现已发展成颗粒胶生产的主要方法；而挤压法和剪切法造粒在生产上已很少使用。

锤磨法胶乳颗粒胶生产的工艺流程如下：

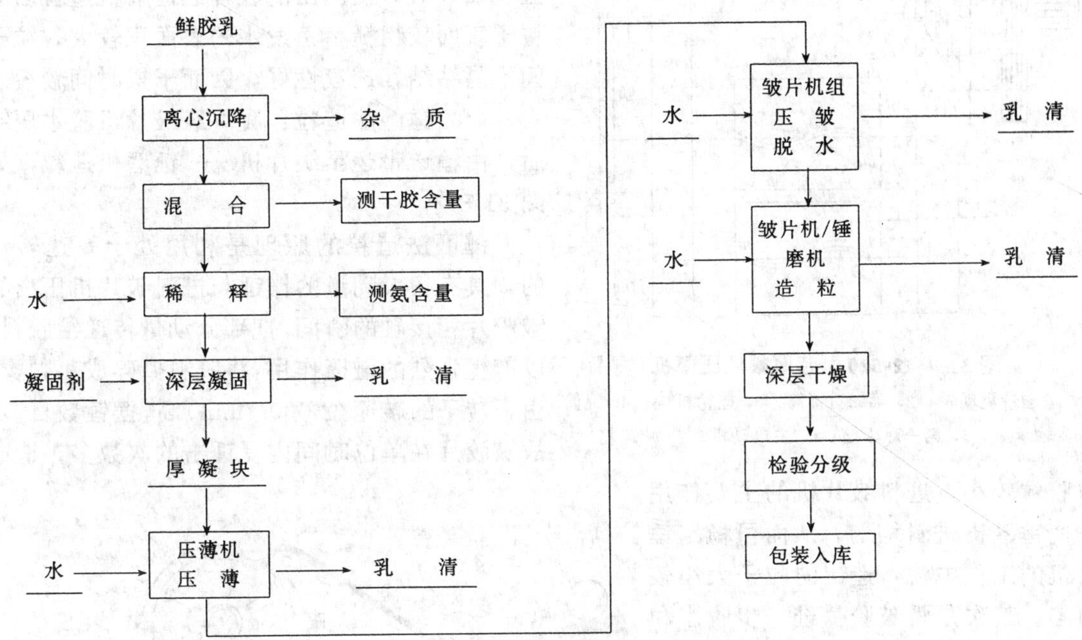

2.1　造粒的工艺和设备

(1) 胶乳凝固工艺：胶乳凝固浓度一般控制在 23%～25%。当采用并流加酸，酸池容积为混合池的 1/10 时，则混合池中胶乳的稀释浓度应等于凝固浓度乘上系数 1.1。例如确定凝固浓度为 24%，则稀释浓度＝24%×1.1＝26.4%。胶乳凝固的乙酸适用量为干胶的 0.5%～0.8%；凝固 pH 值为 4.8～5.0。凝固方法一般采用深层凝固，其凝固深度可高达 45cm。此法的优点是生产效率高，劳动强度低和厂房占地面积小。

(2) 凝块的压薄：如将厚凝块直接送入皱片机，会因打滑造成进料不均匀，使压出的皱胶片不连续从而降低生产效率。因此，厚凝块必须先经压薄机减薄到 6～8cm 后再送皱片机压皱、脱水。

压薄机有单对辊筒的普通压薄机（如图 31-6）和两对辊筒的超厚凝块压薄机（如图 31-7）两种。前者加工凝块厚度在 25cm 以下；后者加工凝块厚可达 45cm。超厚凝块压薄机虽比普通压薄机多一对

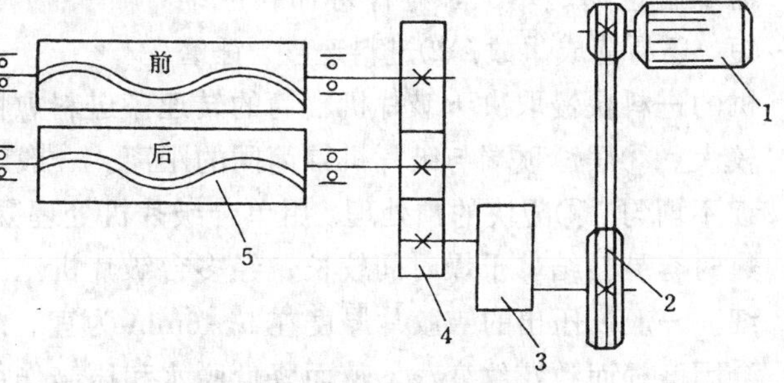

图 31-6　Y450-630 型压薄机

1. 电动机；2. 三角皮带；3. 减速箱；4. 传动齿轮；5. 辊筒

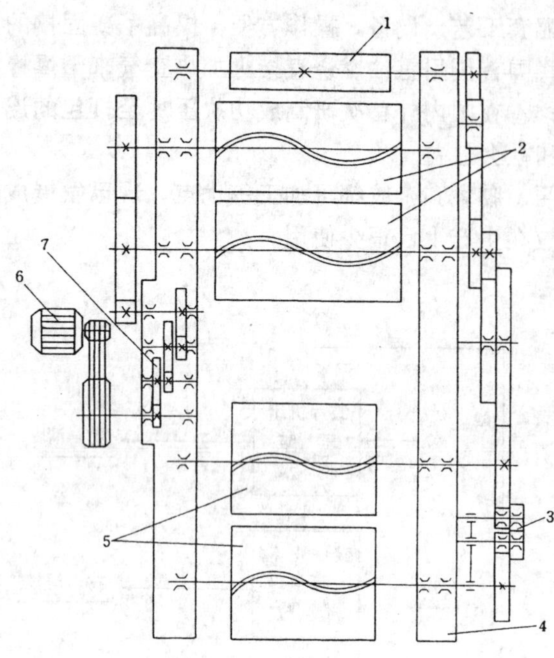

图 31-7 2-520型超厚凝块压薄机

1. 输送带驱动轮；2. 第二对辊筒；3. 挂轮机构；4. 辊筒轴承座；5. 第一对辊筒；6. 主电动机；7. 减速箱

辊筒，造价稍高，但它可使胶乳凝固深度大大增加。在不增加凝固车间面积的情况下，只须将凝固槽深度加大便能使胶乳加工能力成倍提高，因而采用也很合算。

（3）凝块的压皱和脱水：一般采用3台皱片机的皱片机组。当凝块通过皱片机时，因受到强烈的滚压和剪切作用，不但大量脱水，而且表面起皱，使压出的胶片经锤磨机造粒后的粒子表面较粗糙，蒸发水的表面积较大，粒子间不易粘结，透气性好，因而干燥时间较短。

（4）锤磨法造粒：凝块经皱片机脱水压皱后，由输送带运至皱片机——锤磨机造粒（如图31-8）。

锤磨法造粒的原理是利用处于高速转动的，具有很大动量的摆锤与进料皱片机压出的皱胶片相接触的瞬间，把部分动量传递给胶料，以产生强烈的碰撞作用，将胶料撕碎成小颗粒。由于转子的转速（2 000r/min）高，摆锤数目多，故皱胶片在单位时间内受锤击的次数多，造成的胶粒较小。进料皱片机的主要作用是使锤磨机进料均匀，从而可稳定锤磨机的工作电流，造出的粒子大小较均匀。其次是将皱胶片进一步脱水和压薄、起皱，有利橡胶干燥。为了使造粒效果较好，应注意如下影响因素：①转子的转速。在摆锤数目固定的条件下，转子转速愈高，则单位时间内胶料被锤击的次数愈多，粒子愈细。但转速提高后，离心力增大，电动机负荷、机器噪音也随之增大，零件寿命相应缩短，还易造成事故。②进料速度。锤磨机的进料快慢取决于皱片机辊筒的转速。进料愈快，造出的粒子愈粗，但单位时间内加工量较大。③摆锤顶端与皱片机辊筒间的距离。一般以5～6mm为宜。过大时将造成粒子粗或粗细不均匀。④凝块的预处理。用单台皱片机处理凝块，虽设备投资较少，但胶粒含水量高，受热时容易粘结，干燥时间较长；经多台皱片机压出的胶片，厚度小，含水量低，造出的粒子细。一般以压出的皱胶片厚度在5～6mm为宜。此外，还应注意，皱片机经长期使用后辊筒会因磨损而致花纹变浅，从而降低脱水和压皱作用，使锤磨机造出的粒子粗，含水量高。

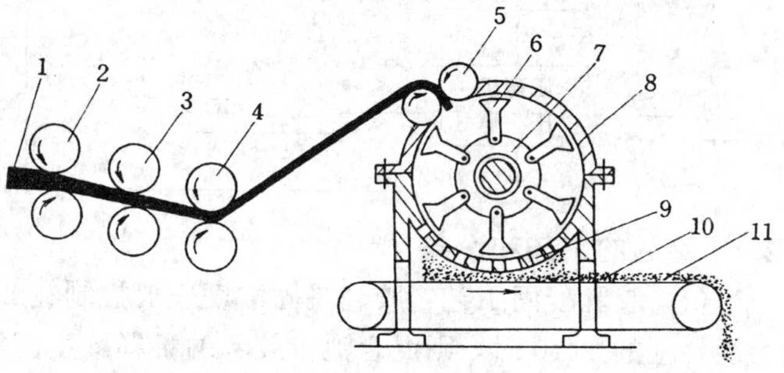

图 31-8 皱片机——锤磨机造粒

1. 凝块；2. 1号皱片机；3. 2号皱片机；4. 3号皱片机；5. 进料皱片机；6. 锤磨；7. 转子；8. 锤磨机壳体；9. 筛网；10. 胶粒；11. 输送带

在法国非洲植胶公司的胶园加工厂中，不用压薄机而是用圆盘锯将厚凝块锯成薄胶片，然后只用一台皱片机压片一次，即可造粒[172]。这种加工方法虽设备投资额降低，但胶粒含水量高（达 50%或更高）。

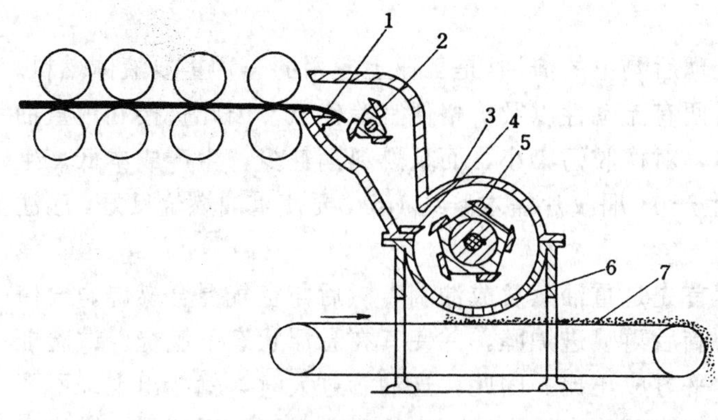

图 31-9　剪切法造粒机

1. 切条固定刀；2. 切条转刀；3. 壳体；4. 切粒固定刀；5. 切粒转刀；6. 筛网；7. 输送带

(5) 剪切法造粒：此法是将凝块经压片机或皱片机压成胶片后，用切粒机切成胶粒。切粒机由机架、切条机构、切粒机构、筛网、输送带和挡板组成（如图 31-9）。其工作原理是：高速旋转的转刀具有很大的剪切力，胶片在切条转刀与固定刀的剪切作用下被切成条状，然后跌入切粒机构，经切粒转刀与固定刀的剪切而成胶粒。在气流的作用下，胶粒从筛网吹出。若胶粒大，不能通过筛孔，则被气流带回，重新剪切。剪切法要求胶乳凝固浓度一般控制在 21%～23%。凝固浓度高时凝块较硬，切粒顺利，切出的胶粒均匀，干燥效果好。但浓度过高（超过 25%）则凝块过硬，切粒机的负荷及噪音增大，易出现故障；凝固浓度太低，凝块软，切出的粒子松软，容易堵塞筛网，粒子含水量高，干燥较困难。据非洲橡胶研究所资料：在鲜胶乳中加酵母凝固，凝块具有良好的海绵结构，膨胀率可达 80%，用剪切法造粒后，胶粒干燥时间减少 1/5，可大量节约能源，并取消了能量消耗极大的压薄机、皱片机、锤磨机等，同时还能使夹生胶大为减少，产品颜色明显好转[173]。

(6) 挤压法造粒：此法是将凝块的脱水和造粒在一台挤压机内完成。优点是设备结构紧凑、体积小，因而投资少，耗电少。但存在某些零部件易磨损，使造出的粒子不均匀，以及减速箱容易进水，损坏轴承，生产效率较低等缺点。挤压机主要由电动机、减速箱、机筒、螺杆、飞刀等组成（如图 31-10）。其工作原理是胶乳凝块从进料口进入机筒后，随螺杆的转动被逐步向前推移，同时在挤压和剪切作用下大量脱水，当胶料运动到螺杆锥形段时，所受压力大大增加。在此压力作用下由出料圈成条状排出，胶条即被高速旋转的飞刀切成胶粒。挤压法要求胶乳凝固浓度控制在18%～23%，凝块大小适应于进料口的尺寸即可。

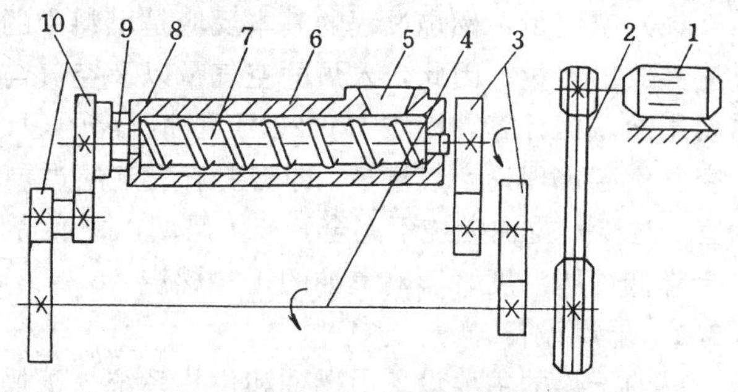

图 31-10　挤压造粒机

1. 电动机；2. 三角皮带；3. 减速齿轮；4. 传动轴；5. 进料口；6. 机筒；7. 螺杆；8. 阻尼圈；9. 飞刀；10. 增速齿轮

2.2　颗粒橡胶的干燥

颗粒橡胶的干燥主要采用热风深层穿透干燥法。此法以重油或柴油（也可用电热或沼气）为燃料，用 90～125℃的烟道气（热风）直接穿透胶层使橡胶加热干燥。湿胶层厚度一般为 60～70cm（连续干燥法为 20～30cm）。与片状橡胶的干燥相比，颗粒橡胶因造粒改变了物料的形式，不仅脱水较充分，胶粒含水量比湿胶片少，且蒸发水分的表面积大大增加，故干燥速度快，燃料消耗少。燃油干燥还由于提高了干燥温度，采用强制通风方法及利用部分废气循环，因而干燥周期大大缩短（一般仅2.5～8h），热利用率更高。

2.2.1 重油的性质和燃烧

重油是原油经直接分馏或经裂解处理后剩下的渣油，是工业上应用的一种重要液体燃料。它具有发热量大、灰分含量低、加热后便有流动性以及价格便宜等优点。因此直接利用重油产生的烟道气干燥橡胶，不仅设备简单，对橡胶污染小，而且燃料消耗少，生产成本低。生产1t颗粒橡胶仅需重油30～40kg，而生产1t烟胶片需木柴约1m³。要使重油燃烧良好，应注意如下3个方面：

（1）重油的雾化：重油燃烧的过程首先是重油蒸发成油滴，然后与空气混合燃烧。要使重油迅速燃烧，须将重油雾化成细微油滴后再喷进炉膛，并使其在悬浮状态下燃烧。试验证明，油滴烧完所需的时间与它的直径的平方成正比。因此，当油滴过大时，就会出现来不及完全燃烧即被气流带走或因气流托不住油滴而从火焰中掉下来的现象。可见要使重油燃烧完全，务必使重油雾化良好。

生产上都是采用压缩空气将重油喷入炉膛燃烧。影响重油雾化的主要因素是重油的粘度，其次是压缩空气的压力。重油的粘度与其温度成反比，将重油加热可降低其粘度。实践证明，在喷入炉膛前只要将重油加热到100～120℃，并使用压力（表压）为294～392kPa的压缩空气，便能使重油雾化良好。

（2）炉膛温度：最好控制在1 000℃左右，如低于重油的自燃点温度（500～600℃），重油则难于继续燃烧。为此，在点火初期应适当减小抽风量，争取在30～60min内使炉膛升温到600℃以上，然后再调节进口热风温度，使之达到要求的干燥温度。

（3）空气量：燃烧过程的基本反应是燃料中的可燃性物质与空气中的氧产生激烈的氧化反应并放出热量。因此，入炉的空气量以及空气与油雾的混合、湍动的程度对重油燃烧均有重要影响。据计算，燃烧1kg 20号重油所需的理论空气量为1.1标准m³左右，但实际入炉的空气量应比理论空气量多，即需要有一定的过剩空气量。此量以理论空气量的25%～40%为宜。过少，重油燃烧不完全，产生黑烟，既浪费燃料，还会使橡胶有受污染的危险；太多，又会降低炉膛温度，影响重油的正常燃烧。

2.2.2 干燥设备

燃油干燥的主要设备由燃油和供热系统、干燥车和及干燥柜3部分组成。

2.2.2.1 燃油和供热系统

（1）燃油炉：详细结构如图31-11。其壳体用厚8mm的钢板卷制而成。炉壁自里向外为耐火砖层、机红砖层和20mm厚的水泥石棉保温层。炉内空间由两道耐火砖隔壁分隔成炉膛和两个辅助燃烧室。辅助燃烧室的作用是使重油充分燃烧并防止火焰直接进入热风管道。炉顶设有安全管，前端装有喷火筒和油烧嘴。

燃油炉的尺寸主要取决于炉膛的大小，而炉膛的大小则根据每小时燃油的重量和选取的炉膛容积热流量来计算。所谓炉膛容积热流量是指燃烧时炉膛内每立方米容积每秒钟所输出的热量。其单位为W/m³或kW/m³。热流量愈大，则炉膛内燃烧速度愈快，温度愈高。若超过一定限度时，炉内的耐火材料会损坏，将缩短燃油炉的寿命。因此，对于不同的燃料，燃烧炉的容积热流量都有相应的标准。以重油作燃料时，推荐的容积热流量为350～400kW/m³。如以V代表炉膛容积（m³），W为每小时燃料消耗量（kg/h），H为燃料发热量（MJ/kg），q_v为炉膛容积热流量（kW/m³），则它们之间可用下式互相换算：

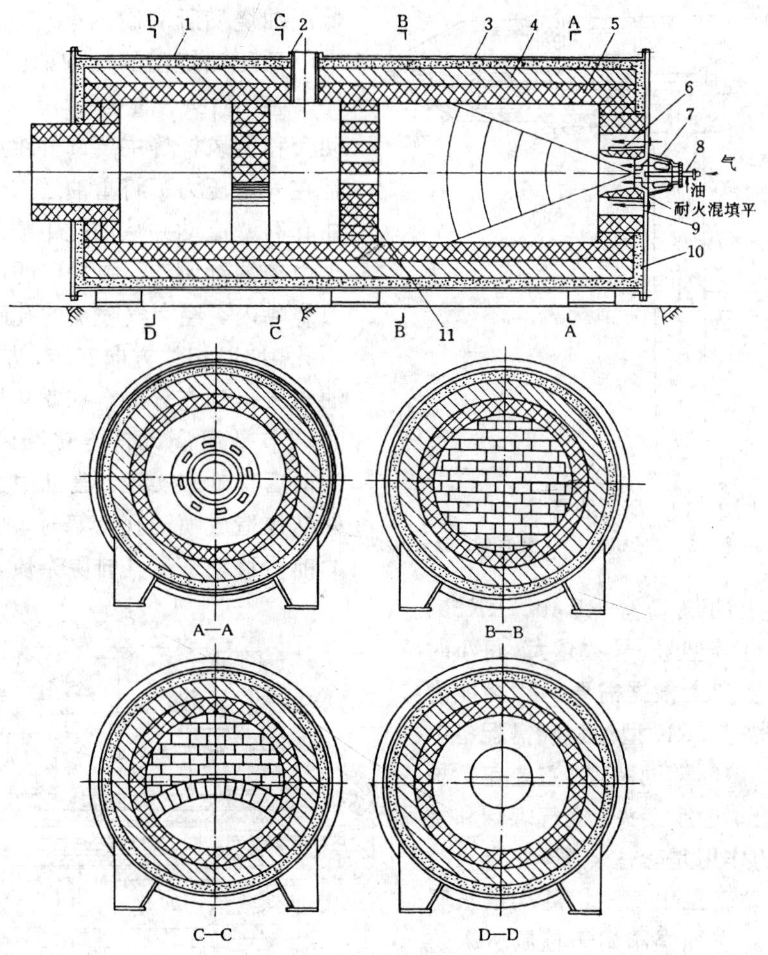

图 31-11 重油燃烧炉

1. 炉壳；2. 安全阀；3. 弧形保温砖；4. 机红砖；5. 楔形耐火砖；6. 烧嘴筒；7. 一次调风器；8. 喷油枪；9. 二次调风板；10. 直形保温砖；11. 直形耐火砖

$$V = 0.278 \times \frac{WH}{q_v} \tag{31-6}$$

(2) 燃油烧嘴及辅助设备：制胶厂使用的燃油烧嘴有高压油烧嘴和低压油烧嘴两种。高压油烧嘴（如图 31-12）的工作原理是利用压缩空气从喷嘴高速喷出，在吸油套内产生负压，此负压把燃料油吸引过来，使油与空气混合并受到剧烈撞击作用而成油雾喷出。喷油量大小可通过油管阀门或吸油套间隙来调节，当两者固定时，压缩空气的压力愈大，则喷油量愈多。压缩空气的工作压力为 294～392kPa，消耗量约为理论空气量的 10%～20%。压缩空气在使用前应预热至 100℃以上。用于燃烧柴油和重油的烧嘴除喷油孔的孔径前者为 2mm，后者为 3.5～3.8mm 外，其他结构均相同。高压油烧嘴的优点是结构简单、成本低，喷嘴不易堵塞，对低粘度的燃料油（柴油或预热至 140℃以上的重油）雾化良好。主要缺点是重油必须预热至 120℃以上，否则雾化效果差，燃烧不完全；其次是重油含水量应低，不然水分会在负压油管中汽化膨胀，造成供油不畅，使燃烧不稳定甚至熄灭，或产生黑烟污染橡胶。要除去重油中的水分，需增加相应的设备和操作。由于这些缺点的存在，高压油烧嘴将逐步为性能更好的

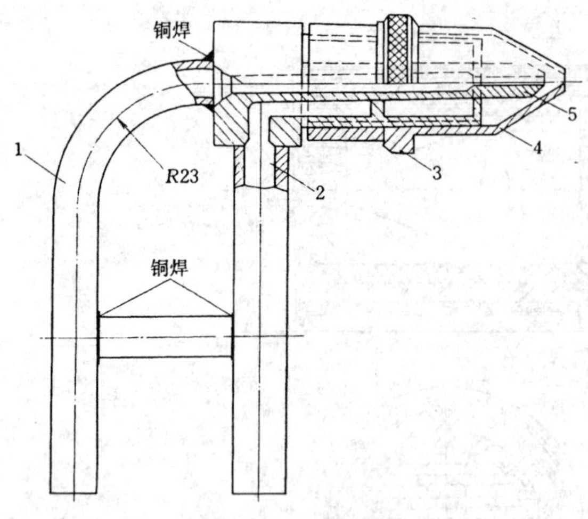

图 31-12 高压油烧嘴

1. 压缩空气；2. 油管；3. 锁紧螺母；4. 吸油套；5. 喷嘴芯

低压油烧嘴所取代。

低压油烧嘴的结构如图 31-13。它由壳体、空气喷头、油喷头、控油针、油套筒、转动套和调风杆等主要部件组成。其工作原理是在一定压力下将重油送入烧嘴内，油沿着油套筒壁流动并从油孔中喷出，出油量的大小由控油针调节。在一定的风压下将热风送入烧嘴内，经空气喷头的孔眼以及油喷头的小孔，均以切线方向旋转，进行三级雾化，使油与风得到充分混合和雾化燃烧。风量大小的调节是用调风轮旋转调风杆带动空气喷头前后移动来实现。当油中的杂质或燃烧过程结焦造成喷油孔堵塞时，也可利用控油针的前后移动来通孔排除杂质，使烧嘴正常工作。RK 型低压油烧嘴有 RK40、RK50、RK80 和 RK100 等型号，号数越大，每小时烧油量越多。生产上根据需要的燃烧能力选择适当的油烧嘴。RK 型油烧嘴需配备以下附属设备：①炉门辅助装置。主要包括炉门固定板、风套、过渡接头、空气蝶阀和烧嘴砖等。风套的作用是套住烧嘴，在点火时可将其中的活动套拉出使火把的火焰被吸入而点燃油雾。空气蝶阀用于控制进入烧嘴的风量。空气蝶阀与烧嘴的进风口通过过渡接头连接。烧嘴砖是张开一定角度的耐火砖，对油雾起辅助燃烧的作用；②缓冲油罐。由钢板制成，可容重油 18kg，装有温度计、油压表、进出油和排水、排气阀门，罐内还装有供预热重油的功率 2kW 的电热管。缓冲罐的作用是在点火前预热重油，使油温达 90℃左右，以便用柴油点火后能尽快转烧重油。此外，还可通过进油阀调节油压（一般为 0.1MPa），以保证对烧嘴连续稳定地供油。若不用输油泵而使用高位油箱时，为保证一定油压，缓冲罐的安装位置应使排油口与烧嘴之间的高差达 1m 以上；③高压离心风机和空气加热器。用高压离心风机提供雾化和燃烧重油所需的空气，要求风压为 5.88～6.86kPa。风机提供的空气需经过空气加热器预热。加热器采用列管式，安装在燃油炉后面的热风道上，热烟气从列管中通过，风机提供的空气从列管间的空隙穿过。空气经加热器加热后再穿过燃油炉炉壁红砖层的一条无缝钢管，使之进一步加热至 200℃左右，然后进入烧嘴供重油雾化和燃烧；④油泵供油和调压装置。由油泵、回流管及调压开关、压力表等组成。油泵可采用东方红 54 型齿轮油泵，其压力为 0～784kPa。回流管为油泵进出油管之间的连接管，装有调节开关。当开大调压开关时，回流量大而进入缓冲罐的油量减少，油压降低，反之则油压升高。

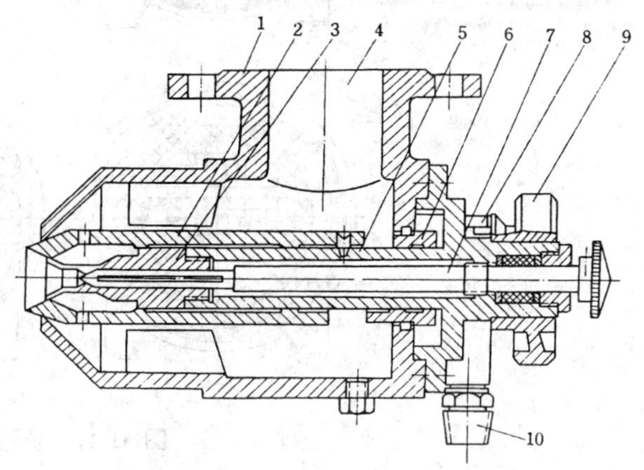

图 31-13 RK 型低压油烧嘴结构

1. 壳体；2. 空气喷头；3. 油喷头；4. 进风口；5. 油套筒；6. 转动轴套；7. 控油针；8. 调风杆；9. 调风轮；10. 进油管

(3) 重油预热箱：用钢板制作，箱内有滤网、排油和排渣（水）阀门。油箱容积不宜过大，一般约 $1m^3$，否则重油升温时间过长。为利用烟道气预热重油，油箱大都安装在热风道上面，或用直径 30cm 钢管纵贯油箱，作为热烟气的通道。高压油烧嘴因要求预热的油温较高，还需将排油管道从热风道或燃油炉炉壁穿过。从油箱输出的重油须用 80 目筛网过滤，以免残渣堵塞油管或喷嘴。由于重油含有一定量的水分，在加热至 90～100℃时会冒泡溢出油箱，故油箱装油不要超过容积的一半；或采用密闭式油箱，在其顶盖上设排气管，将废气引到车间外面，以减少车间污染。

(4) 风机：一般采用中压离心式风机，全压范围为 0.98～1.96kPa。风机选用的依据主要是干燥器每小时所需提供的风量。在半连续干燥柜中，由于热风在二次穿透胶层后，部分作为废气排除，部分回收再循环利用，因而采用的风机有排湿风机和循环风机两种。所需提供的风量 L（kg 干空气/h）可由所属干燥段每小时需排除的水量 G（kg/h）、热风进入和离开干燥段时的湿含量 X_1 和 X_2（kg 水汽/kg 干空气）计算出来，即：

$$L=\frac{G}{X_2-X_1} \tag{31-7}$$

(5) 热风道：原为厚 3～4mm 钢板卷制的圆形管道。虽然烟气在其中流动的阻力损失较小，但耗用钢材较多，现多改用砖砌。为减少阻力损失，在风道布置时应力求短、直、避免急转弯和截面的突然扩大或缩小，且风道内不应存在死角，以免可燃性气体积聚。风道截面积 A（m^2）的大小可根据每小时烟气的流量 L（m^3/h）和流速 V（m/s）计算，即：

$$A=\frac{L}{V\times 3\ 600} \tag{31-8}$$

风道中烟气的流量等于风机的总风量，适宜流速一般推荐为 8～15m/s。热风道通常设两个冷风口，当预热油箱安装在风道上面时，此两冷风口分别设在油箱的前后，这样既能控制重油的预热温度，又能调节干燥器进风温度。冷风口的总面积应等于或略小于风道的横截面积，并设置蝶阀或闸门，以便调节进风量。

进厂的重油，大都先卸入容量较大的贮油池，进行初步加热及排水。需要时再用齿轮泵或压缩空气经压力罐输送至重油预热箱。

2.2.2.2　干燥车

其结构单元是干燥箱。干燥箱的尺寸是根据每个胶包的重量、长度、宽度及湿胶粒的堆积密度约 270kg 干胶/m^3 来确定的。干燥箱通常采用厚 2mm 的铝板制作，底为多孔筛板，筛板的开孔率（即筛孔面积占筛板总面积的百分数）约 35%。如开孔率过小，穿过筛板的风量减少，将导致橡胶的干燥时间延长；开孔率过大，则会明显降低筛板强度，缩短使用寿命。孔洞的排列最好采用品字形，使相邻两排中三个孔的中心分布在等边三角形的三个顶点上。筛板钻出孔洞后，需除去毛刺再进行装配。

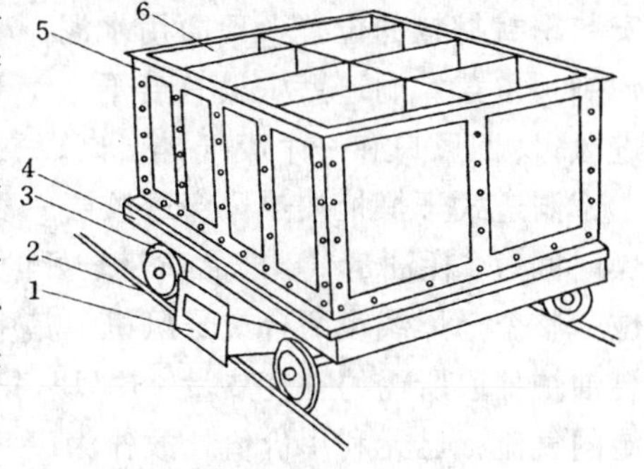

图 31-14　轮式 8 箱干燥车

1. 热风罩；2. 铁轨；3. 轮子；4. 分风室；5. 车架；6. 装胶箱

每部干燥车（如图 31-14）由若干个干燥箱组成，现有 28 箱、15 箱、14 箱、8 箱和 4 箱等多种形式，干胶容量分别为 1 000kg、550kg、500kg、300kg 和 150kg 左右。

驱动形式有轮式和链传动两种。轮式干燥车可在轨道上移动，当主车间、干燥柜和包装间之间的距离较远时，适合用这种车，但干燥柜内密封较困难，且须使用推进器使之进入干燥柜；链传动干燥车容易密封，但不宜远距离输送。

2.2.2.3 干燥柜

干燥柜有单元式、洞道式（半连续式）和连续式3种。

(1)单元式干燥柜。每个干燥柜仅容纳一部干燥车。每套干燥设备由1个燃油炉、2台风机和4个干燥柜组成（如图31-15)。进风方式是热风由胶层半干的车位进风，由下而上穿过该车胶层后，再由上而下穿过另一车的湿胶层成为废气排出。当进风车位的胶层干透后移出干燥柜，重新进一车湿胶并转移进风车位，如此循环操作，每两个车位为一组，热风总是由接近干燥的车位进风，由湿车位排出废气。单元式干燥柜操作费工，干燥时间较长，热能消耗大，现仅为干胶产量小的工厂采用。

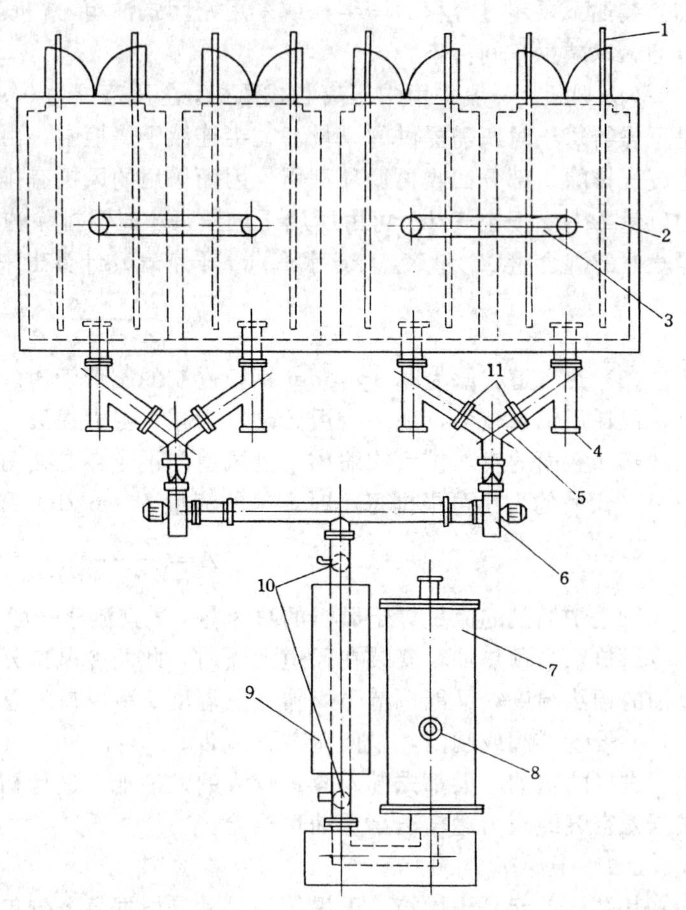

图31-15 单元式干燥系统

1. 铁轨；2. 保温干燥房；3. 风管；4. 废气出口；5. 热风管；6. 鼓风机；7. 燃烧炉；8. 安全管；9. 重油预热箱；10. 蝶阀（冷风口）；11. 蝶阀

(2)洞道式干燥柜。又称半连续干燥器，在一个干燥柜内设有若干个干燥车位，装载湿胶的胶车从柜的一端进入后，每隔一定时间向前移动一个车位，橡胶干燥后从柜的另一端推出。这种干燥柜一般采用砖结构，仅在需要密封的位置上设有钢结构的框架以加固洞道并提供安装密封材料的位置，顶面用水泥预制板覆盖。洞道壁中设有若干个进风口、回风口和一个废气排出口。

洞道式干燥柜按热风穿透胶层一次为一段，现有4段、6段和3段干燥柜等3种。一种干燥时间短、耗油量低、产品质量较好的干燥柜如图31-16。它设有6个工作车位和1个冷却车位。整个干燥线设两台7号风机，其中Ⅰ号风机（转速2 000r/min）抽取第2段的回风并从燃油炉抽取所需的补充热量，热风从第1段自上而下穿过1、2车位的湿胶层后成为低温、高湿的气流，已无利用价值，故作为废气由烟囱排出；Ⅱ号风机（转速1 900r/min）直接从燃油炉抽取热量，热风从第3段的5、6车位自下而上，再从第2段的3、4号车位自上而下两次穿过胶层后，温度还较高，湿度也较低，由Ⅰ号风机回收再利用。已干燥的橡胶进入第7号车位时，由一台4号风机抽风冷却，使胶层温度达60℃以下，抽出的热风可由Ⅱ号风机回收利用。进风温度一般控制在 120℃以下，冷却端则在 90℃左右。在正常情况下进出一车的时间为 35～40min。总干燥时间 210～240min，产量 800～900kg 干胶。每吨干胶耗油量 32kg 左右（其中柴油最多 3.2kg）。

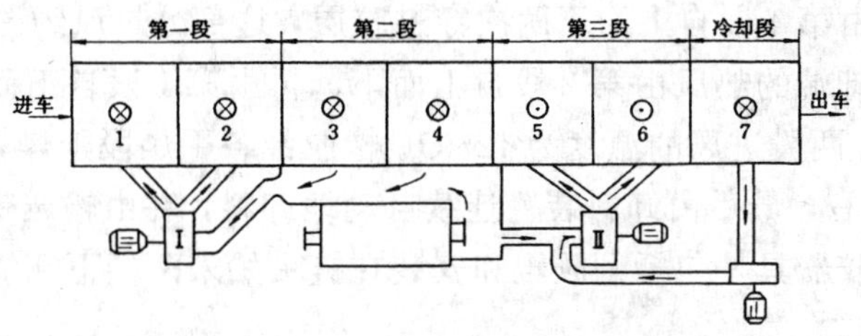

图 31-16　三段六车位干燥柜

⊗表示热风自上而下穿透；⊙表示热风自下而上穿透

半连续深层干燥的优点是操作省工、劳动强度小，可利用部分废气循环，燃料消耗较少。缺点是容易产生“夹生”现象。这是由于胶层厚，橡胶受热软化后易粘结，加上重力作用使胶层压实，因而对热风的流动产生很大的阻力；其次是干燥箱中各部位的橡胶干燥快慢不一，靠近上下层的干燥后，还要经受长时间加热，因而容易发粘；再就是深层干燥所得的产品都是大胶块，给卸料、称重和搬运操作带来困难，不利于机械化操作。

（3）带式连续干燥器[174]。主要由干燥柜、干燥链带、供热和通风系统、进料及卸料装置组成（如图 31-17）。干燥柜采用洞道式，以钢结构为骨架，外镶玻璃纤维保温板，内部划分为 4 个干燥段和 1 个冷却段。干燥链带由多块铝板和链条组装而成。每块铝板上钻有孔洞，其开孔率为 34%。供热通风系统包括燃油炉、热风管道和两台风机，其中一台作冷却已干的橡胶用。进料装置为一台振动筛，用来承接由输送带运来的湿胶粒并将其均匀地铺在干燥链带

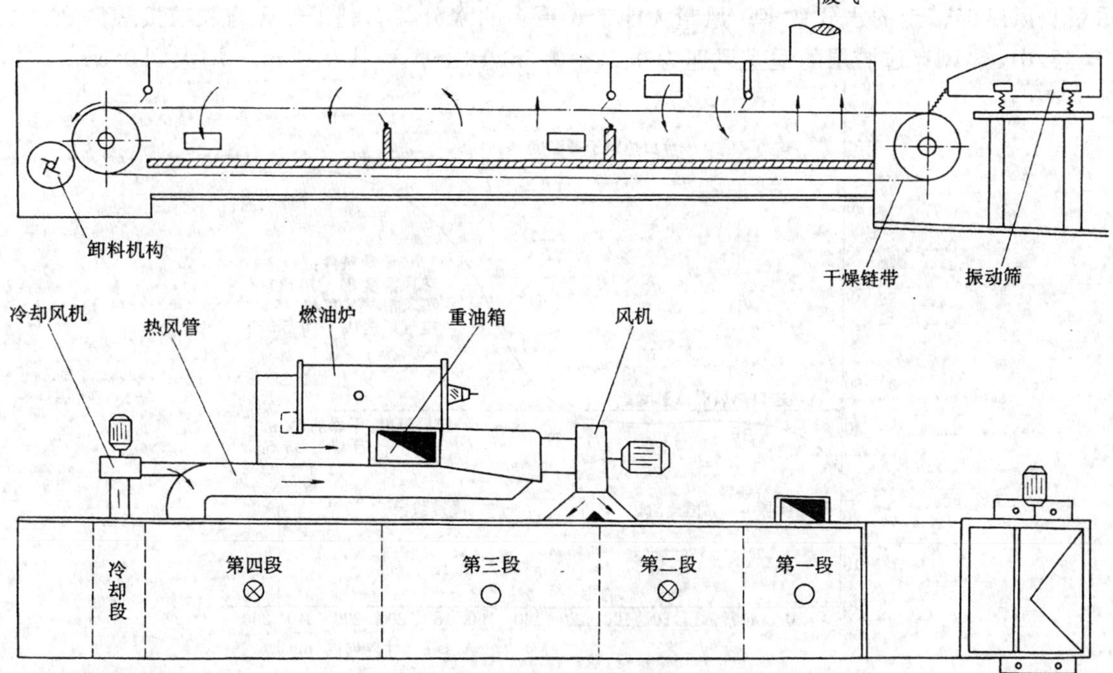

图 31-17　带式连续干燥器

上。卸料装置包括剥胶辊、刮胶辊、碎料辊和输送带。干燥器的工作过程如下：由造粒机造出的胶粒，经输送带送入振动筛，由此筛均匀地铺在干燥链带上。胶层厚度25～28cm。链带连续将湿胶粒徐徐带入干燥柜。主风机提供的热风分两股进入干燥柜，向热端的一股热风由第3段自下而上、再由第4段自上而下两次穿过胶层，这部分热风约占总风量的60%，可循环利用；另一股向冷却端的热风由第2段自上而下、再由第1段自下而上两次穿过胶层后成为废气，由烟囱排出。两股进风的温度为125℃。橡胶经各干燥段干燥完毕后进入冷却段，通过抽风冷却至60℃左右，最后由卸料装置连续自动地卸料，并由输送带运至打包机打包。卸料装置还设有清理余胶器具，包括刮胶辊和安装在链带始末两端下侧的刷子，可将粘附在链带的残留胶粒清除掉。

带式连续干燥器的优点是：干燥周期短，总干燥时间仅需150min；生产效率高，每小时产量1.1～1.2t干胶；机械化和连续化程度高，能与后续工序的自动打包机并用；容易检查和剔除“夹生”胶，保证产品质量；燃油和动力消耗低，经济效益较好。但对生产和设备维护的技术水平较高，一个环节发生故障将影响整条生产线的正常运转。

2.2.3 颗粒橡胶热风干燥特征及影响干燥的因素

如图31-18，是颗粒橡胶在干燥过程中温度变化的典型曲线。从图中看到AB、BC和CD三个明显不同的阶段。在鼓入热风后，胶层受热升温，由A点升至B点后，温度保持恒定、越过C点再逐渐升温直到干燥终点D。AB为预热段，BC为恒速干燥段，CD为降速干燥段。C点是恒速阶段转变为降速阶段的临界点，橡胶在此点的相应含水量为10%左右[175]。在恒速阶段中，由于胶粒表面始终保持着湿润状态，干燥速度是由热量传递至胶粒表面的速度控制，即干燥速度仅与热风的条件（风量、温度和湿度）有关，而与胶粒的性质无关。热风的温度愈高，传递给胶粒的热量愈多，水分的蒸发速度愈快；热风的湿度愈低，吸湿能力愈强，单位重量热风所能带走的水分愈多；风量大能带走更多的水分并有利于热风与胶粒接触良好。生产实践中，热风穿过胶层的适宜风速为0.25～0.5m/s，当风速从0.25m/s增大到0.5 m/s时，

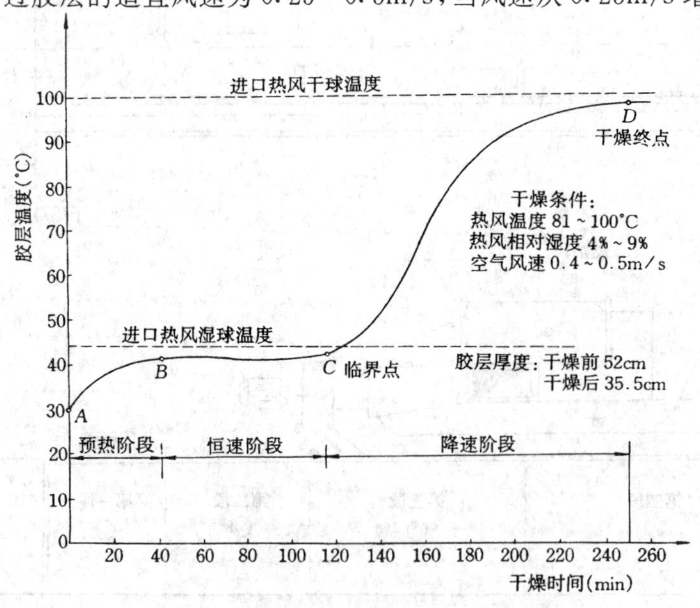

图31-18 颗粒胶干燥时的胶层升温曲线

干燥速度约增加 50%。此外，在恒速阶段，当热风温度和风量都固定时，胶层厚度与干燥速度成反比，胶层愈厚，恒速阶段的时间越长。当橡胶进入降速阶段后，胶粒表面出现干膜，随着干膜的增厚，水分由内部向表面扩散的阻力逐渐加大，因而干燥速度迅速下降。同时胶层的温度逐渐上升，直至最后达到进口热风的干球温度，此时可认为是干燥终点。在降速阶段，水分自胶粒内部向表面扩散的速度变为干燥速度的决定因素。因此，凡与这一因素有关的热风条件和胶粒性质都影响干燥速度。首先是胶粒的大小，粒子大意味着水分从内部扩散至表面的路程长。已知烟胶片在降速阶段的干燥速率与胶片厚度的平方成正比。颗粒橡胶也有同样的规律，只是其有效厚度大大减小，表面积大大增加而已。热风温度对这一阶段的干燥速率有重大影响，例如干燥温度为 80℃时，所需干燥时间为 318min；温度提高到 100℃时，干燥时间仅需 124min，干燥速率提高了 156%，而温度再升到 120℃，干燥时间为 98min，仅比 100℃的干燥速率提高 21%[176]。由于温度过高既不经济，又容易引起橡胶氧化发粘，使塑性保持指数降低，因此通常将干燥温度控制在 100～105℃。风速对降速阶段的干燥速率几乎没有影响，而胶层厚度的影响却甚为显著，尤其是胶粒的最初含水量高时更加明显。这是因为胶粒在受热软化后会互相粘结，当胶层厚度增加时，底层在重力作用下受压缩而板结的程度增大，从而阻碍了热风的穿透。为此，在干燥箱中间增置一块筛板，将胶粒分隔成两层，可提高干燥速率，缩短干燥时间。

除热风的温度、湿度、风量等对不同阶段的干燥有不同程度的影响外，下面的制胶工艺条件也会影响干燥效果：

(1) 胶乳氨含量：由高氨胶乳制得的胶粒，在干燥受热时更易粘结，因而干燥时间较长，且制得橡胶的颜色较深。

(2) 胶乳凝固浓度：浓度过高或过低对干燥都不利。在每年胶树开始割胶初期特别不宜用过高的凝固浓度。如遇雨冲胶时，需加强凝块脱水，否则干燥将很困难。

(3) 胶粒的含水量和大小均匀程度：胶粒含水量少，不仅需要排除的水分少，而且在干燥过程中粒子不易粘结，干燥时间短。胶粒的大小如不均匀，则小粒子过早干燥后，继续受热等待大粒子干燥，势必造成部分橡胶分子解聚，性能降低以及干燥时间的延长。

(4) 装料：若装料不均匀，特别是在干燥箱四角严重缺胶时，会使大量热风从那些空隙处通过而不穿透胶层，出现所谓“偏流”现象，从而产生不熟胶。在造粒过程中产生的大块胶团不宜装入干燥箱，不然也会产生不熟胶。若装胶时用筛板和支架分成两层，由于热风穿透较好，不熟胶可相对减少，只是操作比较麻烦。

(5) 滴水时间：在加热干燥前让胶层适当滴水以排除部分水分，对干燥有利。但滴水时间不宜太长，否则由于胶层下沉、压实，妨碍热风穿透，反而延长干燥时间。滴水时间不应超过 4h。

2.2.4 燃油操作技术要点

设备启动前须检查电源、电压和风机是否正常，空压机应加足机油，装上冷却水。先启动空压机，再启动风机。如管路上有两台风机并联，在启动一台风机前应将另一台风机的进风阀门关闭，待两台风机都已启动并运转正常后，再打开关闭的阀门，以免后启动的风机由于抽风作用而反转，导致启动电流剧增，严重时烧坏电动机。点火时要打开安全管并适当开大冷风口，以减少炉膛的抽风，然后将油烧嘴连同插座一起移出，打开压缩空气阀门，点燃火把，在打开油门的同时将火把从下方移近油烧嘴点火。当油雾着火燃烧后，移开火把并迅速将油烧嘴连同插座推回原位，用薄钢板将安全管盖上。如压缩空气量或炉膛抽风过大，油或压缩空气中混入较多水分，以及操作不当等均会使点火失败。若炉膛和烟道内的油雾和可燃性气体在点火前不通风排除，则点火时易着火爆燃，使火焰突然喷向炉外，危及操作人员，严重时还会产生爆炸，损坏干燥设备。操作人员点火时不应正对炉门，以防备爆燃时受到伤害。热风温度主要通过油门和冷风口来调节。油门开大，则单位时间燃烧的油量大，产生的热量多，热风温度高。但油门过大不仅浪费燃料，还会产生黑烟使胶层受到污染。不仅如此，往往还有油滴积聚在喷火筒底部，受热结焦堵塞喷火筒孔洞。调节冷风口可在一定范围内准确控制热风温度。但冷风口不要突然打开或关闭，以免造成熄火。因此，调好后应将蝶阀把柄或闸门固定。在燃烧中若出现突然熄火时，应立即关闭油门，打开安全管排除烟气。间歇生产的干燥器，在最后一车湿胶进入后，即可停火。停火时，应先关闭油门，再关压缩空气阀门并拔出油烧嘴。继续抽风 0.5～1h，使炉膛温度逐渐降低。停止抽风后应打开安全管。

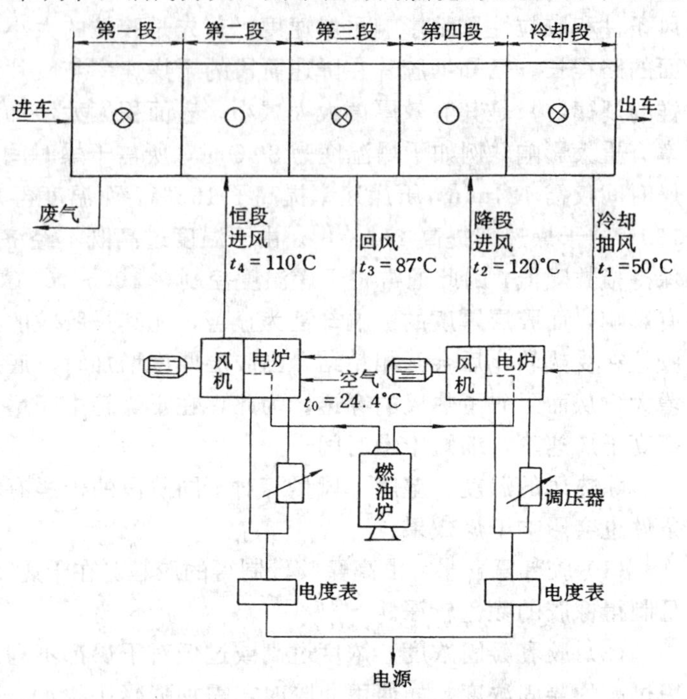

图 31-19 电热风半连续干燥装置

2.2.5 电热风干燥

有丰富水电资源的地区，可以电代油干燥橡胶，这不仅发挥当地资源优势，而且电热干燥具有设备简单、操作方便、对环境污染较小，产品颜色较浅等优点。以电炉代替燃油炉产生热风，电热干燥的干燥车、干燥柜、风机等设备及干燥原理均与燃油干燥相同[177]。如图 31-19，是干胶产量 800～900kg/h的电热风半连续干燥装置示意图。该装置设两台电炉分别与两台风机相联接。每台电炉的总功率由固定功率和可控功率两部分组成，其中每组固定功率为 90kW，每组可控功率为 60kW。恒速阶段电炉由两组固定组和两组可控组组成，总功率 300kW。降速阶段电炉则由一组固定组和两组可控组组成，总功率为 210kW。电炉的结构如图 31-20。选用 OCr25A15 线材作为电热元件，为提高冷却效果并防止产生短路，确定发热体元件的绕组与气流走向相垂直；炉芯的绝缘材料选用半刚玉耐火材料（耐高温 1300℃，高温下的绝缘电阻大于 0.5MΩ），在发热体绕组的圈与圈之间设计凸形半刚玉耐火材料管隔开。发热体与炉芯架上下底之间用空气夹层和一层普通耐火材料板隔开。炉壳采用钢结构内填珍珠岩粉保温。控制进风温度

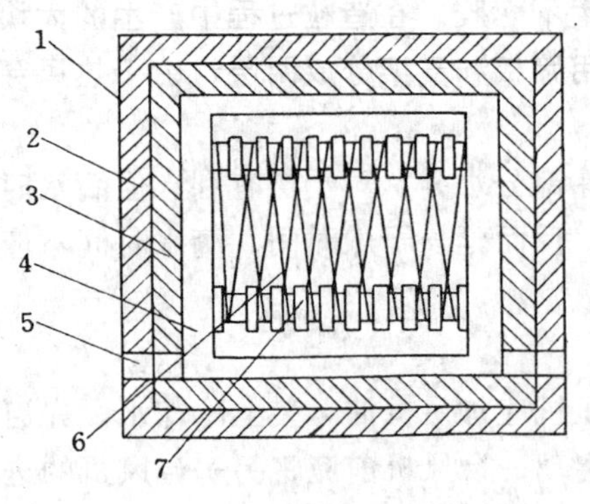

图 31-20 电炉结构

1. 外壳（钢板）；2. 保温层（珍珠岩粉）；3. 耐火材料层；4. 空气夹层；5. 通气孔；6. 绕组（OCr25A15）；7. 绝缘材料（半刚玉）

宜选用 KWD-202 型温度自动控制屏进行。为保证供电不足情况下，正常生产，还需安装一台燃油炉与电炉并联，以便必要时改用燃油供热。采用上述的电热风干燥装置，每吨干胶耗电量（不计风机用电）为 1.08～1.15GJ，热利用效率约 65%～70%。

2.3　标准橡胶的规格和质量检验

如前所述，我国目前的标准橡胶即颗粒橡胶，除胶乳颗粒胶外，还包括以杂胶为原料所制成的杂胶颗粒胶。所有标准橡胶均按“标准橡胶规格”规定的标准进行分级和质量检验，而且不应含有胶清橡胶。

2.3.1　标准橡胶的规格

我国标准橡胶的规格 GB8081—87 系参照国际标准 ISO2000—1978 制定的。在确定标准橡胶级别时，应按 GB8083—87 的方法取样，GB8084—87 的方法制备样品，按表 31-2 所列的全部质量项目进行检验。

表 31-2　标准橡胶的规格

质量项目	级别的极限值				检验方法
	5 号	10 号	20 号	50 号	
杂质含量（%）(m/m)，最大值	0.05	0.10	0.20	0.50	GB8086—87
塑性初值（P_0），最小值	30	30	30	30	GB3510—83
塑性保持指数（PRI），最小值	60	50	40	30	GB3517—83
氮含量（%）(m/m)，最大值	0.6	0.6	0.6	0.6	GB8088—87
挥发物含量（%）(m/m)，最大值	1.0	1.0	1.0	1.0	GB8087—87
灰分含量（%）(m/m)，最大值	0.6	0.75	1.0	1.5	GB8085—87

2.3.2　标准橡胶各项指标的意义和调控

(1) 杂质含量：指橡胶样品经溶剂溶解后，用孔径 44μm 的筛网过滤，筛余物烘干后的重量占样品重量的百分数。

橡胶中的杂质主要来自割胶、加工、贮存、运输过程中的外界污染。这些外来的杂质会使橡胶制品的性能降低，如不耐撕裂、不耐屈挠、不耐磨耗、生热高、使轮胎脱层等，对内胎及薄制品危害更大，常引起漏气或爆破。

减少橡胶杂质含量的主要措施是，做好林段的“六清洁”，加强胶乳的过滤、沉降，注意厂房、制胶用水以及与橡胶接触的设备、用具的洁净。

(2) 塑性初值（P_0）：将一定厚度的橡胶试片置华莱士塑性计中，用一定负荷并在给定条件下加压一定时间，当负荷释放后读得试片的厚度，即为华莱士塑性值或 P_0 值。此值与橡胶的分子量呈正相关，与可塑性呈负相关。

标准橡胶的塑性初值在 30 以上时，生胶的数均分子量约在 25 万以上，一般说明生胶没有氧化降解，在加工过程中没有混入有害的金属离子，未受过度的机械处理、干燥温度过高、干燥时间过长以及曝晒等因素影响，质量较好。值得注意的是，生胶在运输和贮存过程中，由于分子间的自然交联，P_0 值会增高，但这并不表明生胶质量变好，只表明加工性能有所变化。

要保证生胶的 P_0 值较高，可适当提高胶乳凝固 pH 值和凝固浓度，增长凝块或湿胶粒熟化时间，凝块不能浸水过度，干燥温度不要太高，干燥时间不应过长，橡胶不能在潮湿环境中贮存。

(3) 塑性保持指数（PRI）：用华莱士塑性计分别测定试样的 P_0 值和经 140℃老化 30min

后的塑性值 P_{30}。P_{30}/P_0 的百分数即为橡胶的 PRI 值。

PRI 表示橡胶的耐老化性能，其值高说明橡胶抗氧化断链的性能好。这一指标对于橡胶由于各种原因，包括加工过程控制不当、污染有害金属等所引起的氧化降解，都具有一定的敏感性。此外，PRI 还与生胶的塑炼特性和硫化胶的主要物理机械性能之间存在良好的相关性，即 PRI 高的橡胶，这些性能往往也较好[178]。据纯胶配合胶料试验表明，具有相同 P_0 的橡胶，其 PRI 愈高，则混炼胶的粘度也愈高；在高温炼胶时的抗氧化降解性能也较好。

要使生胶的 PRI 高，胶乳凝固浓度要高，凝固 pH 值应低于 5，尽量缩短凝块或湿胶粒熟化时间和避免凝块浸洗过度，已干的橡胶应尽快推出干燥柜。

(4) 灰分含量：指橡胶经高温灼烧后留下的灰烬重量占样品重量的百分数。

灰分是存在于橡胶本身的无机盐（钾、钠、钙、镁、铝、铜、锰、铁等金属元素的磷酸盐或硫酸盐）和外来杂质（主要是泥沙、铁锈）的燃烧残留物。其中，铜、锰、铁是橡胶的氧化强化剂，对橡胶的耐老化性能有较大的危害。无机盐在标准橡胶中含量不高，只要在割胶、收胶和制胶过程中注意胶乳、用水、厂房、设备的清洁即可，一般都不会使灰分含量超过指标。若是有意掺假，如在胶乳中混入水溶性的盐类、滑石粉、泥浆等，则会导致灰分含量过高。因此，测定灰分含量可在一定程度上鉴定橡胶是否掺假，还可为改进制胶工艺操作和提高橡胶质量提供必要的依据。

(5) 氮含量：橡胶中的氮主要来自其所含的蛋白质。氮的含量约占蛋白质重量的 16%。因此，一般将氮含量乘以 6.25 作为蛋白质含量。

氮含量即蛋白质含量高的橡胶容易吸潮发霉，不利于制造绝缘性好的电工器材，生热性高，动态性能不好。胶清橡胶因蛋白质含量特别高（通常在 10%以上），故不许掺入标准胶中。标准橡胶的氮含量一般不超过规定指标，列出氮指标，主要是防止掺入胶清橡胶。

胶乳标准胶的氮含量一般是开割时最低，随后逐月升高，至停割时达到最高值。从第 4 季度开始，由于气温降低，胶乳长流，浓度降低，使制得的标准胶氮含量大大增高。在此情况下，为了防止氮含量超过指标，可适当降低胶乳凝固浓度。

(6) 挥发物含量：指橡胶样品在一定条件加热后所损失的重量占胶样重量的百分数。

橡胶中的挥发物主要是水分，水分含量高，在贮存中容易长霉发臭；塑炼时容易打滑；在混炼时配合剂易结团而分散不匀；硫化过程可能产生气泡增加废次品率。因此，标准橡胶应充分干燥，及时包装，胶包密封良好，贮存胶包的仓库要干燥、通风。

2.4 浅色、恒粘、低粘标准橡胶的制造

在标准马来西亚橡胶方案中还列有浅色、恒粘、低粘标准橡胶的级别，其技术规格见表 31-3。

下面扼要介绍其生产方法及主要特点。

(1) 浅色标准橡胶：具有天然的淡琥珀色，颜色浅淡是这种橡胶的主要特点，一般用来制造白色或鲜色的高级橡胶制品，如运动鞋、防毒面具、切割法胶丝、外科和医药制品等。在生产过程中，尽量排除使橡胶颜色变深的因素。原料胶乳要选择黄色物质（主要是类胡萝卜素）含量少的胶乳。如采用氨作保存剂，其用量要尽量低，若胶乳须保存较长时间时，推荐使用硼酸和氨并用的复合保存体系，当用 0.03%氨和 0.5%硼酸时，胶乳可保存 20h。为了防止酶致黑，必须在胶乳混合后尽快加入对干胶重 0.05%的焦亚硫酸钠（$Na_2S_2O_5$）。胶乳凝固浓度应适当低些，凝固 pH 值适当高些（最好是 pH 值在 5.2 左右）。在压皱和造粒过程中，应

表 31-3　三种标准马来西亚橡胶的规格

项　　目	恒粘胶			低粘胶	浅色胶
	CV50	CV	CV70	LV	
杂质含量（%）（m/m），最大值	0.03	0.03	0.03	0.03	0.03
灰分含量（%）（m/m），最大值	0.50	0.50	0.50	0.50	0.50
氮含量（%）（m/m），最大值	0.60	0.60	0.60	0.60	0.60
挥发物含量（%）（m/m），最大值	0.80	0.80	0.80	0.80	0.80
塑性初值（P_0），最小值	—	—	—	—	30
塑性保持指数（PRI），最小值	60	60	60	60	60
颜色指数，罗维邦单位，最大值	—	—	—	—	6.0
门尼粘度（ML1+4，100℃）	45～55	55～65	65～75	45～55	—

对凝块和胶粒充分冲洗，以除去乳清物质。凝块和胶粒熟化时应浸在水里，不应长期暴露空气中。干燥温度宜适当降低，一般以 100℃较合适。

(2) 恒粘和低粘标准橡胶：这两种橡胶的特点是粘度固定，在长期贮存中粘度基本不变，这保证了制品厂加工的一致性。低粘标准胶和 CV50 恒粘胶由于粘度低，还能缩短塑炼时间，甚至完全免去塑炼操作，给用户节省加工费用。恒粘胶和低粘胶广泛用于优质工程制品，包括桥梁承垫、发动机。座和车辆的橡胶弹簧装置等。恒粘胶和低粘胶的制造方法基本上与一般标准橡胶相同，只是增多粘度稳定的处理，低粘胶还按每 100 份橡胶另加 4 份非污染性的轻质矿物油（环烷油）。粘度稳定的方法是在胶乳中加入对干胶重的 0.15%的盐酸羟胺或中性硫酸羟胺，使之堵塞橡胶分子的醛基，从而抑制它与醛缩合基反应所导致的橡胶分子间的交联。若要保持橡胶硫化快的特性，可改用氨基脲化氢氯作粘度稳定剂[179]。由于羟胺是杀菌剂，虽因它呈酸性而不能单独用作胶乳保存剂，但与氨并用则可获得良好保存效果[180]。如果以 0.05%氨与 0.15%中性硫酸羟胺并用，可使胶乳保存 11～19h，羟胺既是保存剂，又是橡胶粘度稳定剂，在达到一定保存效果的前提下，既可减少氨的用量，又可节省胶乳凝固用酸量。

不同品系胶树所产的橡胶，粘度往往不同，因而经过稳定粘度处理的橡胶，其粘度取决于胶树的品系。为了保证所生产的粘度稳定橡胶能经常保持所要求的粘度，必须对所有胶乳来源的橡胶定期检验门尼粘度，然后有选择地掺合鲜胶乳来达到需要的粘度。由掺合胶乳制得橡胶的粘度可用下式估算：

$$V_R = \sum V_i \cdot X_i \tag{31-9}$$

式中的 V_R 为混合胶乳制得橡胶的门尼粘度；V_i 为 i 品系胶乳制得橡胶的门尼粘度；X_i 为 i 品系橡胶的重量份数。

要检验恒粘胶和低粘胶的粘度是否稳定，用匀化试样进行加速贮存硬化试验。其法是在 60℃和用五氧化二磷干燥的空气中将试样处理 24h。以处理前后试样华莱士塑性值的差数表示硬化值。此值必须小于或不大于 8 个单位，才算合格。

低粘胶的加油量用丙酮抽提法检验。由于天然胶本身含有 2%～4%的丙酮溶物，因此要求低粘胶的丙酮溶物含量为 6%～8%。

3　片状生胶的生产

传统的片状生胶主要有烟胶片、风干胶片、白皱胶片和褐皱胶片 4 种。生产这类生胶因存在效率低，周期长，劳动强度大等缺点，有逐渐被颗粒橡胶取代之势。以下仅简要介绍它们生产的有关情况。

3.1 烟胶片的生产

烟胶片是将胶乳凝固、压片、熏烟干燥而制成的棕黄色胶片。其生产工艺流程如下：

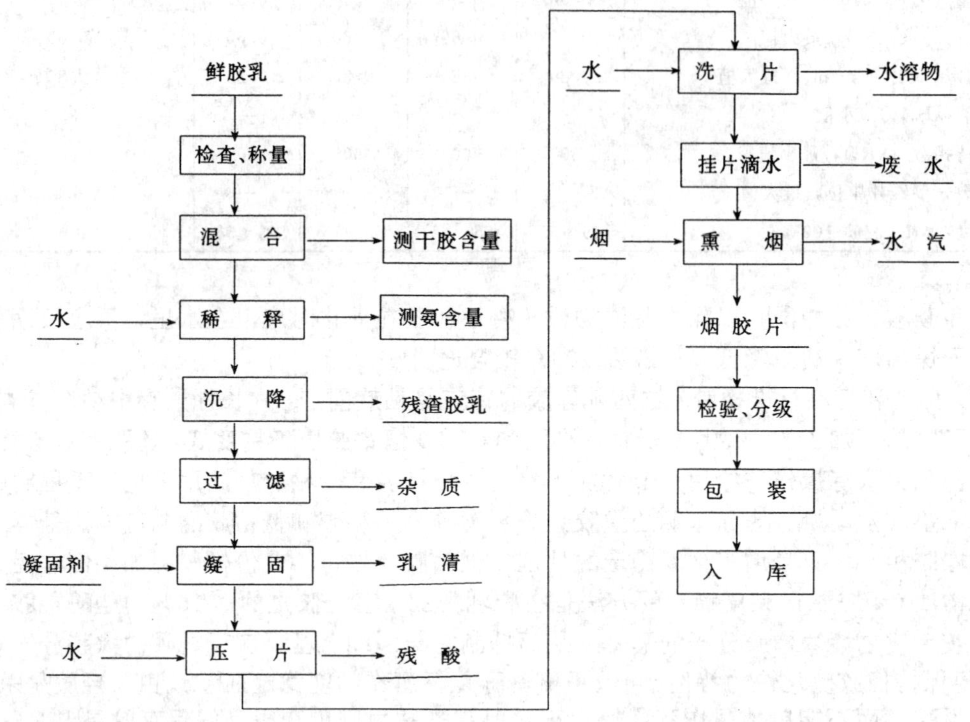

3.1.1 鲜胶乳处理

主要在混合池进行。将进厂的胶乳在池中混合、稀释、沉降，以获得澄清胶乳。再将澄清胶乳通过80目筛网细滤，进一步除去细小杂质。

3.1.2 凝固工艺

有稀释胶乳凝固和原胶乳凝固两种，前者采用较普遍。稀释胶乳凝固法一般以各种形式凝固槽凝固，用隔板分隔凝块，凝固块经一定时间熟化后再压片。其凝固浓度为14%～18%，适宜凝固用酸量为乙酸0.5%～0.8%，甲酸0.3%～0.5%。中和用酸根据胶乳的氨含量另外计算。如以pH值控制凝固，则控制pH值在4.5～4.8。

原胶乳凝固法一般采用圆柱形凝固桶，加少许酸以进行发酵凝固。将制得的圆柱形凝块用锯片机切割成连续的薄片，再经压片机滚压和切割而成短片。

3.1.3 压片和挂片

凝块通过压片机压片的目的是除去大量水分，增加胶片强度以便挂片和干燥，减少厚度，增大表面积有利于缩短干燥时间。在正式压片前要调整好压片机，应使胶片能顺利通过各种辊筒，不走边、不重压、不堆片、不拉片，转刀切片顺利，且最后压出的胶片厚度为3～4mm。压片结束后让压片机空转2～3min，并喷水洗去残酸。为使压片效果较好，应注意以下3点：①凝块的软硬度要适中。凝块过硬时，不易压薄，且容易压破，胶片的干燥时间较长；凝块过软，又往往使胶片卷曲或在过渡板上不易滑动，从而不能顺利通过各对辊筒，且压出的胶片软，在干燥过程中容易拉长以致断裂。凝块的软硬度可通过凝固浓度和凝块熟化时间的调整来控制；②采用较大的压片强度。压片强度不仅影响胶片厚度，而且也影响湿胶片的滴水速率。压片强度愈大，压出的胶片愈薄，同时湿胶片的滴水和加热干燥初期的滴水速率都较快；③表面压花良好。压片机最后一对辊筒的花纹要完整无缺，以便压出的胶片具有整齐的菱形花纹，表面积相对增大、干燥时间缩短。

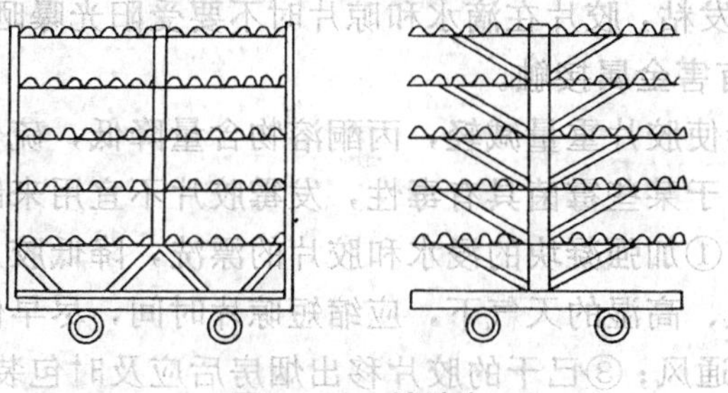

图 31-21　挂胶车

由压片机压出的胶片，稍经漂洗后便逐片挂到挂胶车的竹竿上。挂胶车由底盘、车轮和挂胶架等组成（如图 31-21）。挂胶架共分 5 层，用角钢焊接而成，供承放挂胶竹竿用。挂片时，从胶车顶层开始，逐层挂满全车。要求胶片不重叠、不粘连、整齐稳当。由于烟房内上层温度比下层温度高 5～7℃，挂片时一般应上层稍密，下层稍疏。变质胶乳和雨冲胶乳制得的胶片应尽量挂在胶车下层。

刚压出的胶片由于所受机械力的消除，会出现收缩脱水的所谓“滴水”现象。故刚挂满胶片的胶车应放在阴蔽通风处滴水 2～4h，然后再推入烟房，以减小烟房的湿度和燃料消耗。

3.1.4　干　燥

其过程与颗粒胶的基本相同。刚压出的胶片，其干基含水量约 60%，经室温滴水后降至 40%左右。进入烟房受热后，重新滴水 4～8h，含水量降至 15%～20%。此时胶片脱水进入以表面水分的汽化为主的阶段。待含水量降到 10%左右后，进入降速干燥阶段，一般还需2～3 天才能将胶片含水量从 10%降至 0.75%以下。影响胶片干燥的因素包括空气的流速、温度、湿度，胶片的厚度和表面花纹等，其规律大体上与颗粒橡胶的相同。

胶片的干燥在烟房中进行。烟房形式有单层固定架式、楼房式和洞道式 3 类。其中，洞道式烟房因具有结构简单、操作方便、木柴消耗较少等优点，是生产上普遍采用的形式。其房内温度由冷端 48～50℃逐步升高到热端 70℃左右，湿胶片从冷端进入，最后由热端推出。

为了节省木柴，可采取晾、烟结合的干燥方法。此法是将胶片滴水后移入烟房，在 50℃左右熏烟 3～4h。此时因胶片的结构比较疏松，容易吸收烟分，晾干过程不易长霉。然后移到晾棚晾干 1.5～2 天，最后在烟房用 70℃以上温度熏烟 1～2 天，使胶片充分干燥。这种方法因熏烟时间较短，比单纯熏烟的可节省木柴 25%。在木柴缺乏而有廉价水电的地区也可采取熏烟与电烘干相结合的方法。此法是湿胶片先以 45～50℃的温度熏烟 1 天，使胶片吸收木柴烟分以防霉。然后移入电烘干房，在 60℃的电热下干燥 2 天即成。

3.1.5　烟胶片的外观缺点及其改善方法

烟胶片质量的好坏，一般根据外观的状况进行判别。因此，对烟胶片外观缺点应有全面的了解。

（1）不熟胶：是指未干透的胶片。其透明度差，切开时断面中间呈白色。这种胶片在贮存过程中容易长霉，甚至出虫、腐烂；在制品厂炼胶时，胶料易打滑，加入配合剂难于分散均匀，产品会产生气泡。在检查分级时可把不熟胶部分剪下，重新干燥。

（2）杂质：是指胶片中含有的泥沙、树皮等外来杂物。胶片如含杂质多，会使制品质量低劣。泥沙造成的“砂眼”，容易引起制品破裂等。只要在制胶过程中加强胶乳的过滤和沉降，注意制胶设备和厂房的清洁，都可减少外来杂质的污染。

(3) 脆弱胶片：是指拉伸时容易断裂的胶片。据试验，这种胶片的工艺性能和使用性能都不差。一般认为防止胶乳的非橡胶物质含量和氨含量高，凝固时间短，熏烟温度高或胶片受阳光曝晒，便可避免脆弱胶片的生成。

(4) 氧化发粘：这是由胶片受氧化而出现粘手、熔化之类的现象。在这种情况下，橡胶分子降解，橡胶使用性能显著降低。要防止氧化发粘，胶片在滴水和晾片时不要受阳光曝晒，干燥温度不应超过75℃，胶乳不要与铜、锰等有害金属接触。

(5) 发霉：是胶片变质的表现。严重时还会使胶片重量减轻，丙酮溶物含量降低，硫化速率减慢，对制品工艺性能造成一定的影响。由于某些霉菌具有毒性，发霉胶片不宜用来制造医用橡胶制品。防止胶片发霉的主要措施是：①加强凝块的浸水和胶片的漂洗，降低胶片中水溶物的含量；②晾片房要通风良好。在低温、高湿的天气下，应缩短晾片时间，尽早使胶片熏烟。烟房温度应不低于40℃，并注意适当通风；③已干的胶片移出烟房后应及时包装，以防胶片吸水返潮。包装间和堆放胶包的仓库要保持干燥、通风；④胶包要压实。最好采用两层包皮，以防胶包内部长霉。

(6) 油光面：是由于湿度大引起的一种缺点。如遇阴雨天，胶片不应晾干，需及时推入烟房加热干燥；当湿、干胶片置同一烟房干燥时，要注意排湿和通风，避免烟房湿度过大。

(7) 胶锈：是指覆盖在胶片表面的一层棕色或淡黄色的透明树脂状物质。有时要在拉伸或搔刮胶片，使薄膜破裂后才能看到。一般认为胶锈对橡胶使用性能没有不良影响[181]，只是未干的胶片在产生胶锈之后，由于它覆盖了胶片表面，使这部分橡胶很难干燥。胶锈是酵母菌和其他微生物在湿胶片表面繁殖过程中的分泌产物。防止胶锈的办法是加强胶片的浸洗，尽量除去微生物繁殖所需的非橡胶物质。

(8) 气泡：按泡的大小可分为火泡、丛集的小气泡和分散的针头状气泡等数种。胶乳由于种种原因，本身含有一定的二氧化碳和空气，在适宜工艺条件下，这些气体不致使胶片产生气泡。但如果胶乳凝固太快，其中的气体来不及排除就被固定在凝块中，在干燥过程中又因胶片太厚或胶片表面过早生成不易透气的皮膜，内部气体难于排出便产生小的气泡。当干燥温度过高，胶片内部的水分迅速汽化膨胀，则使胶片形成大气泡，即火泡。一般认为小气泡对胶片使用性能无不良影响，火泡对橡胶质量损害极大。防止气泡的主要措施是[182]：①做好胶乳的早期保存，保证胶乳质量良好。已变质的胶乳另作处理；②胶乳凝固浓度和用酸量适中，避免胶乳凝固过快；③压片薄而均匀，厚度不超过3.5mm；④烟房最低温度在48℃左右，最高不超过75℃；⑤凝固槽、隔板等每次用后应及时洗净，以减少细菌对凝块污染；⑥制胶用水的质量应符合要求。

(9) 氧化变色：是指胶片表面出现形状不规则的黑斑和黑色条痕。这种缺点是胶片中的胡萝卜素、酪氨酸等非橡胶物质在氧化酶和空气存在下氧化而成[183]，除在比较严重的情况下，对浅色橡胶制品颜色有些影响外，对其他使用性能没有不良影响。必要时，可及时在凝块表面喷洒1%的亚硫酸氢钠溶液，防止胶片变色。

(10) 油污：这是在压片过程中胶片沾染了轴承上的机油，或烟房设计不好，使凝结在天花板或烟囱上混有烟油或铁锈的水滴落胶片上所致。只要在压片时防止胶片走边，改善烟房设计便可避免油污。

3.1.6 分级、检验和包装

烟胶片按外观分级，其分级的技术要求、检验规则、包装、涂色和标志等均按国家标准

《天然生胶——烟胶片》GB 8089—87 的规定执行。

3.2 风干胶片的生产

风干胶片是鲜胶乳经凝固、压片、自然风干或热烘干而制成的浅色胶片。我国生产的风干胶片，一般在胶乳凝固前加入氯化亚锡作催干剂，颜色淡黄，除可与烟胶片通用外，还可部分代替白皱胶片制造淡色或彩色橡胶制品。生产风干胶片的工艺过程除干燥采用自然风干与热烘干相结合的方法外，其余与生产烟胶片的基本相同。其生产工艺流程如下：

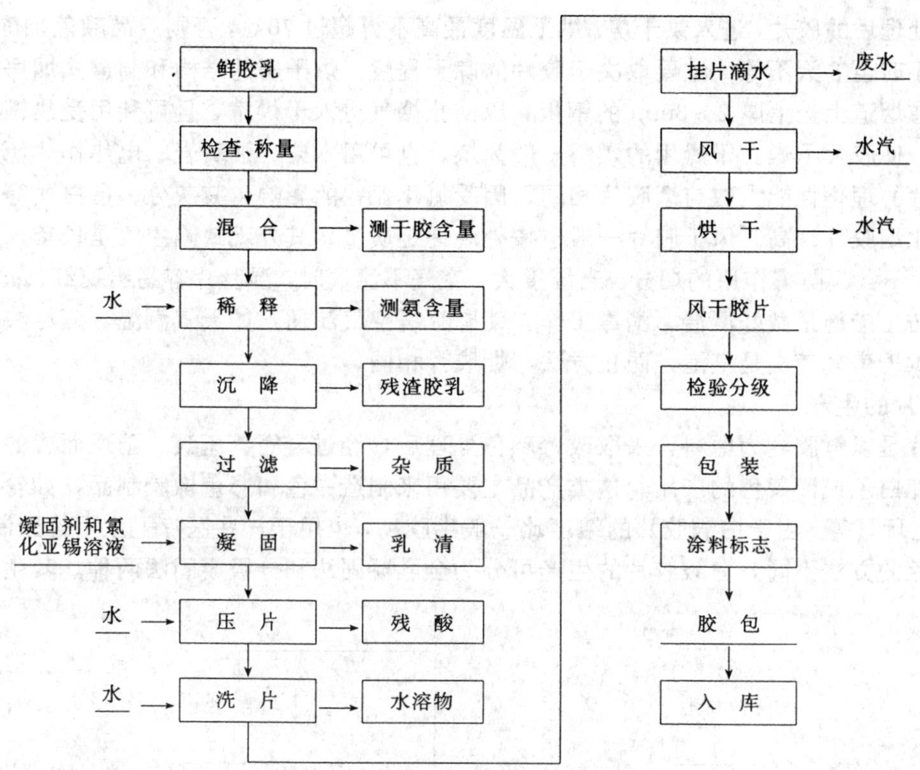

(1) 氯化亚锡的作用和使用方法：氯化亚锡又称二氯化锡 ($SnCl_2$)。由于其二价锡离子易失去电子而被氧化成四价锡离子，故能防止橡胶由于氧化酶引起的氧化变色；因为锡离子与蛋白质的羧基反应，能生成不溶性的蛋白质盐，同时打开蛋白质的球形结构，将疏水基露出表面，使亲水性蛋白质变成疏水性物质，加上生成的锡盐使橡胶结构较为疏松，有利于水分的扩散，故氯化亚锡又具有加速橡胶干燥的作用。二价锡离子与其他二价阳离子一样，还具有加速胶乳凝固的作用。

氯化亚锡在中性或碱性溶液中容易水解并生成碱式盐 [Sn(OH)Cl] 沉淀而失效，故配制贮备溶液时须加少量酸保持酸性，以抑制其水解。正因为氯化亚锡易被氧化，其贮备溶液（一般浓度为 15%～20%）的贮存期最好不超过 7～10 天。通常氯化亚锡的适宜用量为干胶重的 0.15%～0.20%。量太少，催干作用不明显，胶片色深；量过多，虽胶片颜色浅，但催干作用并不随用量而加大，且胶乳凝固太快，给操作带来困难。

(2)胶乳凝固条件：加有氯化亚锡的胶乳因凝固较快，在正常情况下，胶乳的适宜凝固浓度为 13%～17%，比制烟胶片的稍低。在胶树初开割及接近停割时所制的胶片较难干燥，凝固浓度可适当降低。凝固 pH 值一般控制在 4.8～5.0，凝固用酸量控制在 0.5%～0.65%较好。

(3) 风干胶片的干燥和质量：压片机压出的胶片经滴水后，先移至晾片房自然风干。在晴天或高温季节，胶片干燥快，一般经2～3天，3.5mm厚的胶片的含水量便可降至3%左右。但在低温、潮湿季节，尤其是相对湿度达80%以上时，胶片晾干速率很慢，容易长霉，产生胶锈，出现表面滑腻等现象，使胶片烘干后呈现褐色。在这种情况下，不宜留在晾片房，应尽快送入烘干房干燥。晾片房应建在地势高、通风、干燥并靠近凝固车间和烘干房的地方，以利于胶片干燥和有关操作。房内要求通风良好，所挂胶片不被雨淋和阳光直射。

经晾干处理后的胶片，进入烘干房。烘干温度最高不得超过70℃，否则产品颜色加深。烘干时间由几小时至3天不等，主要取决于胶片的晾干程度。烘干房的结构和洞道式烟房基本相同，但须在烟道上盖上厚2～3mm的钢板，以防止烟气进入干燥室，且可利用受热钢板加热室内空气，使胶片干燥。干燥用的燃料一般为煤，也可用木柴、油页岩、电热作热源。

风干胶片的理化性能大致与烟胶片相同，因受氯化亚锡的影响，其灰分、蛋白质等非橡胶物质含量比烟胶片稍高。风干胶片一般也按外观评定质量。其外观缺陷主要是长霉，原因是未经熏烟，不含起防霉作用的烟分。当湿度大、空气不流通时，湿胶片容易出现红、黄、黑色的霉斑。防止措施是做好清洁、消毒工作，使晾片房空气流通，如天气潮湿，应尽快将未干胶片推入烘干房。其次是气泡，防止方法与烟胶片相同。

3.3 白皱胶片的生产

白皱胶片是以鲜胶乳为原料，采取改善颜色处理后，经过凝固、压皱、干燥而成的表面带有皱纹的纯白色或浅黄色的产品。这类产品主要用来制造白色和彩色橡胶制品，如轮胎的白胎侧、彩色玩具等。由于白皱胶片的纯度比一般生胶高，也用于一些医疗卫生用橡胶制品。根据改善颜色的方法不同，白皱胶片的生产可分为全乳凝固法和分级凝固法两种。其生产工艺流程如下：

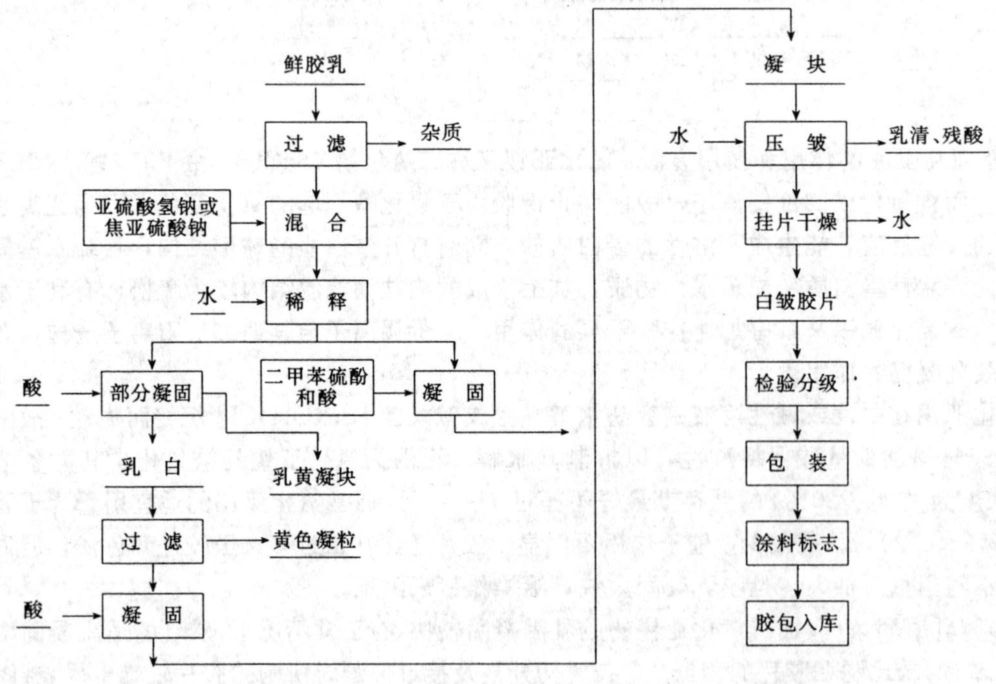

（1）全乳凝固法：此法是将全部胶乳制成白皱胶片，制成率高，但往往产品颜色较分级凝固的差。现扼要介绍其生产特点如下：

鲜胶乳的保存一般采用亚硫酸钠作保存剂，用量为胶乳重的 0.05%～0.15%。如用量过多，不仅对增长胶乳的有效保存时间不明显，而且会延缓皱片的干燥。氨因易使胶片颜色加深，如果必须使用时，用量最多不能超过 0.05%。由于亚硫酸钠易受空气氧化而失效，其贮备溶液（浓度一般为 3%）最好在临用前 1 天晚上配制。

胶乳进入混合池后，立即加入 5%的亚硫酸氢钠或焦亚硫酸钠溶液，用量为干胶重的 0.5%～0.7%。加入目的是防止橡胶因酶引起的氧化变色。这两种药品都不能除去胶乳中类胡萝卜素显示的黄色。为了更好地改善皱胶片的颜色或对原料胶乳本身的颜色要求适当放宽，可再加二甲苯基硫酚将黄色物质漂白[184]。这种药品的用量一般为干胶重的 1.25%～2.5%，有些黄色胶乳则用量需高达 2.5%～3.75%才能达到漂白的目的。使用二甲苯基硫酚时需注意以下几点：①它不溶于水，一般配成 5%的乳浊液后再加入胶乳；②用来配制乳浊液的水，不能含有铁质，否则会降低漂白效果；③乳浊液需在使用的当天配制；④二甲苯基硫酚具有软化橡胶的作用，用量不宜过多；⑤二甲苯基硫酚需贮存于密闭的容器和阴凉的地方。因它具有腐蚀性，使用时避免与皮肤接触。

胶乳的凝固浓度一般控制在 20%。稀释胶乳用的水质要求每升水的铁含量不超过 1mg，高锰酸盐值不超过 20mg，否则会加深白皱胶片的颜色。对凝块形状、大小的要求没有生产烟胶片那样严格，可在长方形的无沟缝大槽中，待胶乳加酸并开始凝固后再插入隔板。也可在制烟胶片用的短片凝固槽中，每隔两个沟缝插入一块隔板，使胶乳加酸后形成较大凝块，便于压片。凝固剂一般使用甲酸，用量为干胶的 0.25%～0.35%。也可使用草酸，用量为干胶的 0.5%～0.75%。后者虽价格较贵，但能避免白皱胶片在贮存过程中因胺类物质引起的变色。

凝块的压炼以形成紧密坚实、皱纹均匀为原则，如压炼次数太多，易使产品颜色变暗。干燥最好采用人工加热法，以减少皱胶片变色和发霉的机会。干燥温度不宜超过 35℃，否则所得产品颜色加深。

（2）分级凝固法：此法是将胶乳分两级凝固[185]，仅有一部分胶乳制成白皱胶片，故制成率较低，但由于有效地去掉了黄色物质，产品颜色一般较白，纯度较高，但花工较多。方法是先加少量的乙酸（约为干胶的 0.1%）入胶乳，使一部分胶乳凝固（约总量的 15%）并取出凝块。这部分胶乳含有胶乳中的全部或绝大部分黄色物质，称为乳黄。用 40 目筛将剩下的胶乳（颜色较白、称为乳白）过滤，以除去黄色小凝块。再加足够的酸使之凝固，然后制成纯白色的皱胶片。

（3）分级和包装：白皱胶片采用外观分级，其技术要求、检验规则以及包装、标志等均按国家标准《天然生胶、白皱胶片和浅色皱胶片》GB 8090—87 的规定进行。

3.4　褐皱胶片的生产

褐皱胶片是用各类杂胶为原料，经过浸洗、压皱、干燥而成的表面起皱的褐色片状生胶。其生产工艺流程如下：

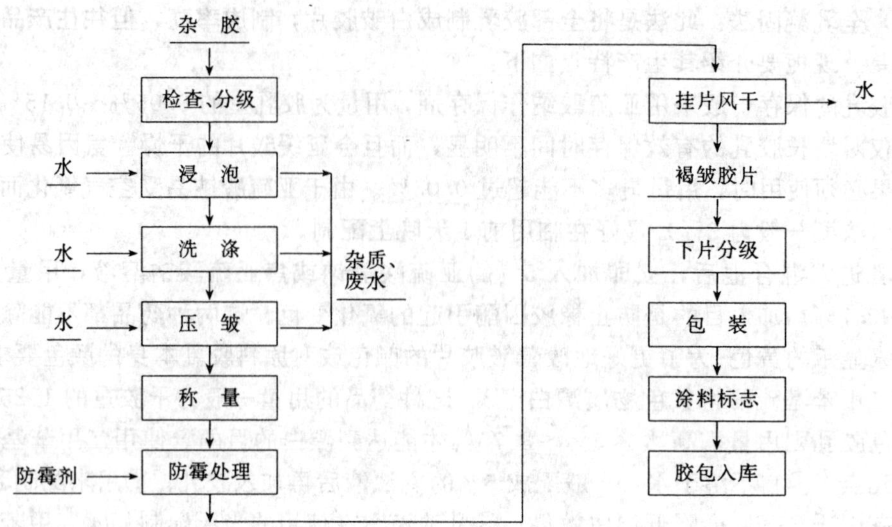

(1) 杂胶的分类和收集：杂胶是指采胶过程形成的杯凝胶、胶团、胶线、泥胶等胶园凝胶以及胶乳加工过程产生的碎胶屑、泡沫胶、洗桶水胶等胶块。其数量一般占干胶总产量的10%～20%。其中，杯凝胶、胶团较制胶过程产生的泡沫胶、洗桶水胶、碎胶屑的质量好。胶线和皮屑胶由于沾染树皮中的锰较多，加上与阳光、空气接触的面积大，时间长，容易受到氧化，故质量较差。泥胶因泥沙含量高，在林段里停留时间一般较长，经日晒雨淋后橡胶氧化变质严重，故质量极差。

收集杂胶的最好办法是发动割胶工人将每天收回的杂胶捡去树皮、树叶、胶舌等杂物，分类交给收胶站验收。这样，人人动手，既能及时避免杂胶受杂质的污染，又能将杂胶按质分类，为生产优质褐皱胶片创造有利条件。

收胶站收集的杂胶原则上应尽快运回工厂及时加工，如必须贮存时，应放置于阴凉通风之处，避免阳光曝晒；或浸于水中，每2～3天换水一次，但胶料在水中贮存时间不宜过长，最多不要超过2周；杂胶干后放在干燥的地方贮存。这后一方法可保持杂胶性能长期无大的变化，但在加工前需浸泡较长时间，而且压炼时杂质的脱除比前两种方法为难。

(2) 浸泡和洗涤：浸泡对于新鲜杂胶主要起防止氧化变色和除去泥沙等杂质的作用；对于干杂胶主要使其软化，以便压炼，同时也使杂质在压炼过程中较易脱除。常用的浸泡液有3种：①1%的亚硫酸钠或焦亚硫酸钠溶液。具有防止胶料变色的作用，主要用在新鲜杂胶隔天压炼的浸泡；②新鲜乳清。具有凝固新鲜杂胶中未凝胶乳，减少杂胶中的铜、锰、铁等氧化强化剂的作用，但容易发臭，必须天天更换；③水。用于干杂胶的软化，简便有效；又能除去大部分泥沙和水溶性盐类；杂胶中的部分金属离子也能与蛋白质分解产生的氨基酸形成络合物而除去。浸泡时间取决于杂胶的种类、软硬程度、气温高低等，以适合于压炼需要的软硬度为准。在通常情况下，杂胶浸泡时间为：干胶线1～3天；干杯凝胶3～7天；干胶团5～7天；干泥胶5～8天。

杂胶的洗涤是提高产品质量的重要环节。通常用波浪型双辊洗涤机边滚压、边冲水进行。这种洗涤机由于辊筒速比较大，杂胶受到的剪切力大，在反复撕裂、揉搓过程中，杂胶的表面不断更新，因而所含杂质脱落被水冲去。波浪形花纹的主要作用是增加对杂胶的抓着力，减少杂胶在滚压时的打滑，提高洗涤效果。经洗涤后的杂胶，初步混合成松散的团块，更适合皱片机压炼。

(3) 压皱：一般用花纹深浅不同的多台皱片机对杂胶进行多次的喷水压炼，一方面使残存的杂质被喷射的水流冲去，杂胶进一步净化；另一方面在强烈压炼作用下，可使原来质地不均匀的杂胶充分混合均匀，最后得到质量和颜色比较一致，表面起皱，厚度 2～3mm 的薄皱胶片。

(4) 浸片防霉：褐皱胶片在干燥过程中，甚至在干燥后较易长霉，通常将初压出的皱胶片置于 1%的亚硫酸氢钠溶液或 0.2%～0.3%的五氯酚钠溶液或 0.1%的对硝基酚溶液中浸泡一定时间，然后送入干燥房挂片干燥。亚硫酸氢钠无毒，但防霉效果较差；五氯酚钠和对硝基酚，特别是前者的毒性较强，防霉效果显著，但使用时应注意安全，并要防止废水污染水源。

(5) 干燥：褐皱胶片的干燥大都采用自然风干法。其优点是设备简单、造价低、管理方便、不消耗燃料；缺点是干燥时间受气候变化的影响较大，在低温潮湿季节，干燥很慢并容易长霉。除泥胶及已氧化发粘的杂胶皱片外，杯凝胶、胶团、泡沫胶等质量好的杂胶制成的皱胶片以及胶线制成的皱胶片均可采用加热干燥，只是后一种皱胶片的铜、锰含量较高，容易氧化降解，最高加热温度不能超过 40℃。

(6) 分级和包装：褐皱胶片采用外观分级，各级的技术条件如下：①特级褐皱胶片。用优良杂胶作原料，及时加工而成的干燥、洁净、浅色的产品。厚薄一致，起皱细致紧密，不允许有氧化发粘、杂质、长霉、变黑缺点和不熟胶存在；②一级褐皱胶片。用良好杂胶为原料制成的干燥、洁净、浅色的产品。厚薄一致，起皱均匀。不允许有氧化发粘、杂质、长霉、变黑缺点和不熟胶存在；③二级褐皱胶片。用较好杂胶为原料制成的干燥洁净、褐色的产品。允许皱纹和颜色稍不一致和少量霉迹。不允许有杂质、发粘缺点和不熟胶存在；④三级褐皱胶片。用质量较差的杂胶为原料制成的干燥、深褐色产品。允许有少量杂质、长霉和发粘现象存在。但不允许严重发粘和不熟胶存在；⑤等外褐皱胶片。用严重长霉、发粘、变黑、杂质多的杂胶和泥胶制成的皱胶片或等级不符合等级要求的皱胶片，必须是干燥的。

褐皱胶片的包装，基本上与烟胶片相同，不同是：①皱胶片较硬，要求使用压力大的打包机，而且加压时间较长。特别在低温季节，不容易压紧；压紧后除去压力时，又会自动松开。遇此情况时，可将皱胶片移入加热干燥房用 40℃以下的温度加热，然后趁热打包。②皱片较长，首尾往往宽窄不一。为了提高打包工效，在称重后先选出比较整齐、无孔洞的皱胶片作包皮，其余的按照包装箱的长宽尺寸先在箱外逐片堆叠，然后放入箱内加压。

4　特种生胶的制造

天然橡胶一直是综合性能最好的通用橡胶。随着合成技术和工艺的不断发展，具有某些天然胶所没有或远远赶不上的特殊性能的合成橡胶，陆续出现。为了扩大天然橡胶的应用领域，并在生产成本上战胜合成橡胶，已先后研制成功了不少特种天然生胶。所谓特种生胶是指采用不同于常规加工方法，或经过化学改性所制成的、具有某些特殊操作性能或理化性能的生胶。

4.1　散粒橡胶

粒径小于 1mm 的橡胶粉或粒子不大于 10mm 的胶粒，不互相粘结，能够自由流动的，均称为散粒橡胶。

4.1.1 制造方法

(1) 机械磨碎法：先用机械将块状生胶加工成粒状胶，再在碾磨室中将胶粒研细过筛，并按橡胶重加入10%～30%的二氧化硅、硬脂酸钙或滑石粉作隔离剂，以防胶粒互相粘结[186]。此法的主要优点是不需进行干燥，因而消耗能量较少，而且任何类型的生胶几乎都可造粒。此外，能比较精确地加隔离剂和使隔离剂均匀地分散于橡胶中，从而能较好地控制所得橡胶的应用性能。但这种制造方法较适宜在制品厂采用。

(2) 喷雾干燥法：先用藻酸钠将鲜胶乳浓缩至干胶含量55%，以提高胶乳纯度和减少水分含量。将所得浓乳输入喷雾干燥塔顶部，与含有二氧化硅的热空气一起通过喷雾器成细雾落下。塔上部温度为180℃，下部100℃。隔离剂二氧化硅的用量为干胶重的6%。从干燥塔底排出的橡胶呈块状，再送入粉碎机粉碎成粒径小于1mm的胶粉。在所得胶粉中另加1%～2%的硬脂酸钙作隔离剂即成。由于橡胶本来就以胶体粒子存在于天然胶乳中，只需除去其水分便可得到产品，因此用喷雾法生产散粒天然胶是可行的。此法缺点是不能用廉价的杂胶作原料；其次是必须使用大量隔离剂才能防止粒子互相粘结；第三需要大量热能来除去胶乳中的水分[187]。

(3)表面氯化法[188]：先在胶乳中加入占干胶重0.7%的蓖麻油和0.08%的焦亚硫酸钠，再加酸凝固，用挤压造粒机造粒。由于胶粒表面包有薄层蓖麻油，从而可防止未经表面处理前的胶粒产生附聚。将胶粒置于含有次氯酸钠和盐酸的水中，使胶粒表面进行氯化。氯的用量为干胶重的2%。最后将氯化的胶粒置100℃干燥器中干燥。这种方法的氯化效率较低，在上述氯用量的情况下，干胶粒的氯含量仅0.35%。氯含量高时，所得橡胶的塑性保持指数将降至60以下，门尼粘度也比未氯化的橡胶低。但只要控制好工艺条件，所得散粒胶的生胶性能完全符合胶乳标准橡胶的规格，硫化胶的物理机械性能也无明显差别。

4.1.2 使用散粒橡胶的优点

散粒像胶虽存在价格较高、贮存时结块等问题，但具有较强生命力，如能大规模生产，可能引起制品工业又一次重大革新。其主要优点如下：①可减少切割胶包的工序，并能实现混炼前的自动称量；②缩短混炼周期，使动力消耗明显减少；③配合剂分散较好，可相对提高胶料质量；④混炼胶排胶温度低，可减小环境污染，工人劳动条件也相应得到改善；⑤容易实现橡胶制品生产过程的连续化和自动化；⑥加工过程中，橡胶吸热少，焦烧倾向相应较小；⑦如将散粒胶与连续混炼挤出机械联合操作，可比单纯混炼降低设备成本27%，劳动成本60%，能量成本11%[189]。

4.2 液体橡胶

液体橡胶是外观像蜂蜜的不含水的低分子量弹性体，分子量通常为1万～2万。虽早在1923年液体天然橡胶已经问世，但由于技术经济条件的限制，迄今尚未进行大规模的生产。

4.2.1 制造方法

近年来研制液体天然橡胶成功的方法有两种。

(1) 氧化还原降解法[190]：本法以空气的氧为氧化剂，苯肼为还原剂，将胶乳加热至65～70℃，使橡胶发生降解。其反应过程是：苯肼在氧和升温的作用下，生成重氮化合物。接着以其游离基攻击聚异戊二烯链上的次甲基和双键，生成大分子游离基的氢过氧化物和桥过氧化物。这些物质接着分解，因而引起链的开裂并生成具有羰基为端基的低聚物。有过量苯肼存在的情况下，羰基被转化为苯腙，从而保证了所得解聚橡胶的稳定性。苯腙基在解聚橡胶链末端生成的机制可图示如下：

$$\xrightarrow[\triangle]{C_6H_5-NH-NH_2 \quad O_2(空气)}$$

$$C_6H_5-NH-N=\underset{R}{C}-(\ldots)-\underset{R}{C}=N-NH-C_6H \xleftarrow{C_6H_5-NH-NH_2} R-\underset{O}{C}-\ldots-\underset{O}{C}-R$$

$$(R=H,\ CH_3)$$

影响以上反应的主要参数是：①胶乳稳定剂。为了避免用有机溶剂从反应介质分离液体橡胶，最好使用对干胶重1%的油酰基对甲氧基苯胺磺酸钠作稳定剂。在这种情况下，只用甲酸或乙酸便可使解聚橡胶从胶乳中沉淀出来。最后在低度真空中干燥即可。②苯肼用量。苯肼用量越多，橡胶解聚越剧烈，应根据产品要求的分子量选定苯肼用量。③反应时间。橡胶解聚速率在最初几小时内很快，8～10h 后变慢。在 70℃和适宜苯肼用量下，一般选定 20h。

用以上方法制备液体橡胶，因是在水介质和相当低的温度下进行。经红外光谱分析表明，其分子结构和化学成分基本上与解聚前相同，只是由于导入了苯腙基，氮含量较高。

(2) 光敏化降解法[191]：将普通天然橡胶与其重 1%的硝基苯（光敏剂）置炼胶机混合均匀，制成薄片。再置日光中曝晒约 1.5h。此时光敏剂吸收日光中紫外线而激发至高能状态，它的分子与空气中的氧分子碰撞，产生新生态［O］，因而使橡胶氧化降解。活化的光敏剂也可从橡胶分子链夺取氢原子，使之生成游离基，接着与氧反应，产生过氧化氢物，然后再发生裂解，生成分子量低的液体橡胶。

4.2.2　使用液体橡胶的优点

使用液体橡胶能免除切胶、热烘、塑炼等工艺操作，简化橡胶制品的生产工序；配合剂与橡胶混合时不必使用炼胶机，仅用搅拌器搅匀即可，从而减少动力消耗；可直接采用注压成型便于自动化生产，减少使用设备；还可进行低温硫化，便于某些情况下现场使用。根据液体橡胶的性能特点，已有多种特殊应用和在普通用途中显示特殊的价值。例如用制火箭的固体燃料，硬度极低但物理性能较好的橡胶制品，溶剂从橡胶制品中抽提不出的增塑剂，使用时不必进行干燥的粘合剂，增加实用价值的橡胶配合剂、杀菌剂、肥料等的覆盖层，工业和艺术上使用的弹性模具，印刷行业用的弹性衬垫等。虽然天然液体橡胶还存在物理机械性能较低、生产成本较高等一些需要研究解决的问题，但已被公认是具有广阔发展前景并将导致橡胶制品工艺起革命性变化的新型弹性材料。

4.3　热塑橡胶

热塑橡胶是在常温下显示橡胶弹性，高温下又能塑化成型，集橡胶、塑料于一体的材料。

4.3.1　制造方法

制造热塑天然橡胶的方法主要有两种。

(1) 共混法[192]：此法是将橡胶（软相）与聚烯烃（硬相）共混。由于热塑橡胶在高于其硬相软化点或熔点时会失去弹性，因此一般选用熔点高达 170℃的聚丙烯来制备在较高温度时仍具有刚性的热塑天然胶。制备方法是将粉状或粒状的等规聚丙烯和天然橡胶加入密闭式炼胶机中，此时机温应超过聚丙烯的熔点。3～4min 后加入橡胶重 0.4%～0.6%的过氧化二异丙苯作交联剂，利用密炼机的高剪切力使之掺合均匀。6.5～7.5min 后排料。趁此混合胶料处于高温时通过压片机，压成厚度 4～8mm 的胶片，再通过切割机或造粒机切成胶条或造粒。如有必要时，还可加入炭黑、防老剂等。炭黑应在开始掺合时最先加入密炼机；防老剂则在加过氧化二异丙苯后 6～7min 加入。影响共混物性能的因素有：①橡胶与聚丙烯的比例。一般来说，共混物的拉伸强度和弯曲模数随聚丙烯含量的增加而增大；但用共混物注模时，由于流动和切向刚性的差异随聚丙烯含量的增加而减少。②交联剂的用量。用过氧化二异丙苯使橡胶相部分交联，可增加共混物的硬度。这种效应对橡胶含量高的共混物更加明显。天然胶/聚丙烯为 85/15 的共混物中，过氧化物对橡胶相的用量在 0.4%以下时，模压胶片柔软并稍呈粘性，而且由于模压收缩不均匀而变形。过氧化物用量增至 0.6%～0.8%时，模制品性能大大改善；天然胶/聚丙烯为 65/35 的共混物，由于硬相增加，过氧化物用量减至 0.2%，也可防止变形。但用量在 0.4%～0.6%时，可使模压制品的表面光洁度得到改进。用量超过 0.6%～0.8%时，由于凝胶含量过高，混合物在混炼中易成碎片，而且模压胶片出现汇流纹，表明熔体流动不良。③温度。天然胶与聚丙烯的共混物虽在加热时软化，但在 150℃以下不会由于内应力的消除而发生变形[193]。这些共混物在零下低温时的刚性比室温时大得多，而－30℃和 70℃是汽车的塑料部件和橡胶部件正常使用的两个极限温度。④填充剂。过氧化物用量低时，加有通用炭黑的共混物的拉伸强度比无填料的共混物的高，即有一定的补强作用；但过氧化物用量达橡胶相的 0.4%～0.5%时，其拉伸强度与不加炭黑的相似。⑤抗静电性。使用导电炭黑可使共混物具有抗静电性，但必须在混合周期开始，剪切力高的时候加入，炭黑才能分散良好。

(2) 梳形接枝法[194]：此法是利用活性聚合物技术，使硬链段单体在橡胶主链引发位置上聚合而成。由于天然橡胶含有的某些非橡胶物质具有终止离子聚合过程的化学基团，必须采用反应预聚物与天然橡胶主链接枝的方法。具体作法是首先单独制备偶氮羧酸酯作端基的聚苯乙烯预聚物。将光气（$COCl_2$）与肼基甲酸乙酯（$NH_2 \cdot NH \cdot COOC_2H_5$）反应生成氯化 2-乙酯基羧基肼（$Cl \cdot CO \cdot NH \cdot NH \cdot COOC_2H_5$），再在吡啶存在下用溴水使之氧化，生成中间产物酸性偶氮氯化物（$Cl \cdot CO \cdot N{=}N \cdot COOC_2H_5$）。另外在苯乙烯单体中加丁基铝作引发剂，使单体进行阴离子聚合，加环氧乙烷和酸终止聚合反应，并生成每个链的一个末端带一羟基的聚合物。最后加入制好的酸性偶氮氯化物与它反应，生成末端基为偶氮羧酸酯基的聚苯乙烯。此反应预聚物为稳定的黄色粉末，在室温下贮存 18 个月还保持其化学性质和接枝活力不变。其制备过程图示如下：

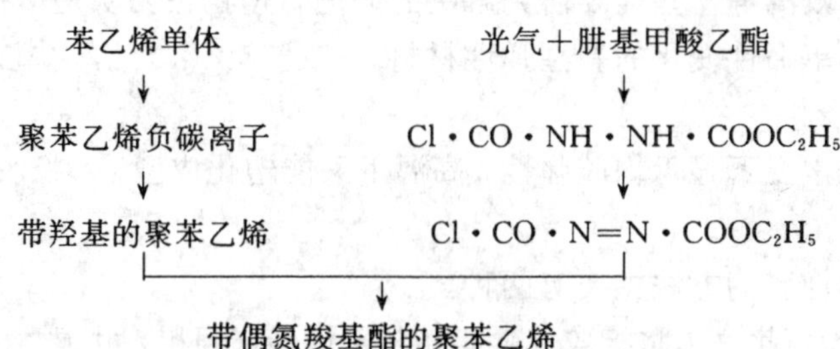

将天然胶与反应预聚物置密炼机中，在温度超过聚苯乙烯软化点和高剪切力的情况下充

分混合，结果两种分子产生化学反应，生成梳形接枝聚合物。此反应是偶氮羧酸酯基在烯丙双键体系的烯类加成作用，聚异戊二烯链上的每个双键都是潜在的反应位置。这个反应可表示如下：

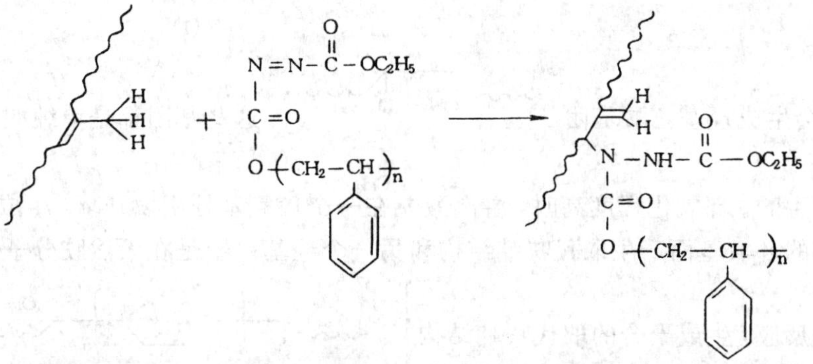

天然橡胶中的非橡胶物质会影响接枝效率。接枝前如用丙酮抽提天然橡胶，则接枝效率可显著提高。丙酮溶物中的不饱和脂肪酸或其氧化产物至少是降低接枝效率的一种因素。为了抵消非橡胶物质对接枝效率的影响，最好加入少量氧化钙的矿物油分散体。当氧化钙用量为橡胶重的 1%时，接枝效率可显著提高。

4.3.2　使用热塑橡胶的优点

由于热塑橡胶可直接用热塑机械加工和成型，而且无需配料和硫化工序，因而减少了添加剂用量，简化了橡胶制品的生产过程，从而缩短了生产周期，节省了能源消耗。此外，由于不合格产品和边角料可以重复利用，因而还能降低原材料消耗[195]。现在不仅橡胶工业已在多方面利用热塑橡胶，如制造挠性耐冲击的汽车零部件，提高强度的胶粘剂，玩具轮胎之类的工业制品等，而且由于热塑橡胶具有较高的冲击强度，塑料工业也很感兴趣，已用来作为改性材料。

4.4　环氧化橡胶

环氧化天然橡胶是橡胶分子链的双键被氧化而形成了环氧基的天然橡胶。

（1）制造原理：天然橡胶为不饱和橡胶，其分子链上的双键，活性较强，在芳香族或脂肪族过氧酸的作用下，产生如下反应：

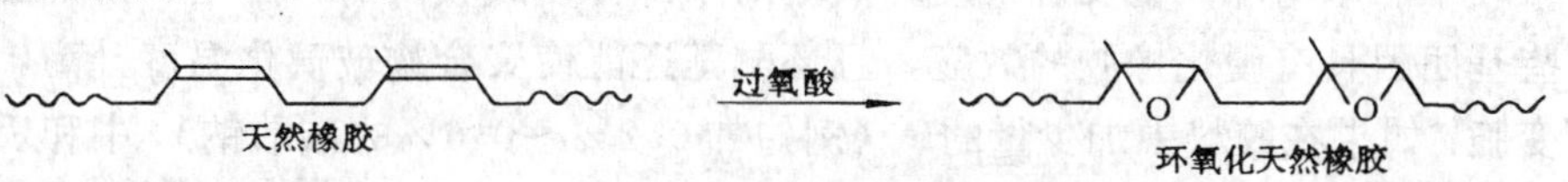

天然橡胶　过氧酸　环氧化天然橡胶

常用的环氧化剂为过乙酸（CH_3COO_2H）和过甲酸（$HCOO_2H$）。过甲酸成本低，且发生副反应的趋势较小。用橡胶溶液制备和提取环氧化橡胶经济上不合算，现已改用胶乳直接环氧化。

（2）制造方法：先将胶乳稀释到 20%的干胶含量，然后加入对干胶重约 3%的非离子表面活性剂（如平平加“O”）稳定胶乳。再加入过甲酸或过乙酸，在 60℃下反应 24h。将反应后的胶乳加热至 90℃左右使凝固。用皱片机将所得凝块压皱，并用水充分洗涤以除去游离酸。最后在 50～60℃温度下干燥。

在制备环氧化橡胶过程中，必须注意以下几点[196]：①所用的过氧酸应不含无机酸；②胶乳中的酸浓度不能高。当制备环氧化程度高的橡胶而必需多加酸时，也应提高胶乳稀释度来调节；③整个反应过程必须控制好温度；④干燥前，应将橡胶所含的酸完全洗去。如果不严格控制环氧化条件，将因反应体系内游离酸的数量和类型不同，生成不同性质的副产物。在环氧化程度低，有强无机酸存在时，会生成二醇基团 OH OH (1)；或有高浓度乙酸存在时，则会生成羟基乙酸基团 OH O—C=O—CH_3 (2)。这些基团都是单纯酸催化环氧化的开环反应而产生的。环氧化程度高时，游离酸能在一个环氧基处引发开环，生成一个羟基，此羟基攻击相邻的环氧基而产生取代呋喃结构和另一个羟基。于是在天然胶分子链上连续的环氧基继续这种反应，生成聚合的取代呋喃结构 [OH [O]n OH (3)]。这种聚合呋喃衍生物是一种硬而易碎的塑料。

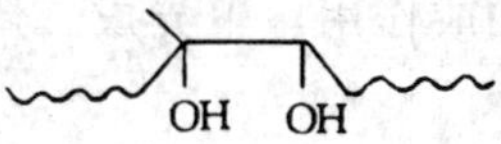

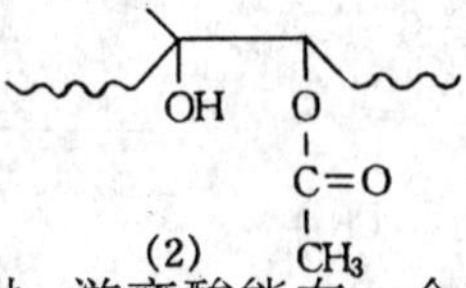

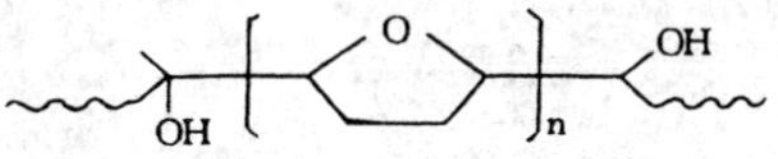

(3) 性能特点：环氧化天然胶最引人注目的特点是：①耐油性强。当环氧化程度达 50% 时，由于存在的环氧基大大提高了橡胶分子的极性，故烃类油的耐溶胀性可与耐油性好的丁腈合成胶媲美[197]。因此，环氧化天然胶可用来制造油管、油箱等与油类介质接触的制品；②气密性好。当环氧化程度达到 75%后，橡胶分子的旋转速率大大降低，橡胶密度明显增加，因而气体通过橡胶的速率急速下降，其气密性可达到气密性最好的合成胶丁基胶的水平。故环氧化天然胶可应用于内胎、无内胎轮胎的气密层等要求透气性低的制品；③抗湿滑性好。根据轮胎外胎的试验表明，环氧化度为 25%的天然胶，其抗湿滑性显著高于未环氧化的天然胶和油充丁苯胶，而且滚动阻力较对比的两种橡胶都低[198]；④可用二氧化硅补强。在不加偶联剂的情况下，二氧化硅对环氧化橡胶的补强效果与高补强炭黑相当[199]。因此可将环氧化天然胶用于白色或彩色的橡胶制品。值得注意的是，用普通硫磺硫化体系或半有效硫化体系硫化的环氧化天然胶，经热空气老化后产生强烈硬化和拉伸强度降低的现象。现已查明，在橡胶氧化过程所生成的氢过氧化物会攻击硫交联键，并使之转变成各种含硫酸，这种酸能催化正常存在于橡胶中的水与环氧基反应，使环氧基的一部分变成较大的环醚基；一部分变成醚交联键。这些基团因具有硬化橡胶的效应，且环醚基还能使聚合物玻璃化温度升高，并使其失去弹性而变脆。如果在胶料中加少量的碱（例如加 0.2%～0.6%的碳酸钠），中和反应过程所生成的酸，便可防止橡胶的氧化变硬。也可采用有效硫化体系硫化环氧化天然胶。在此情况下，因生成的交联键基本上都是单硫交联键，由单硫交联键生成含硫酸的速率很慢，或由于橡胶所含结合硫很少，能生成含硫酸的量也极少，环氧化橡胶也不会氧化硬化。

4.5 油充橡胶

油充橡胶是指橡胶中含有一定比例矿物油的天然橡胶。

(1) 制造原理：橡胶的充油是基于低分子的油类能渗透到橡胶长分子链间，油分子的某些基团包围了橡胶分子的活性基团，从而削弱了橡胶分子链之间的作用力，增加了分子链的热运动和分子链间的相对移动性，故使橡胶的硬度降低，柔性提高，对各种配合剂有较好的浸润能力，容易使混炼胶的质量均匀。由于充油量适当时，对橡胶物理性能没有明显影响，故可以富化橡胶。

(2) 制造方法：有湿法和干法两种[200]。湿法是将乳化好的矿物油加入胶乳中并充分搅匀后，加酸凝固，然后造粒和干燥；干法是把凝块或胶团切成粒状烘干，取一定量的矿物油加热至90℃，然后注入颗粒胶中，用Z字形桨叶拌和机混合均匀，放置2～12h，使橡胶充分吸油，再用双辊炼胶机混合均匀，即可包装。制备油充橡胶所用的油，大多数是价格较低的带污染性的芳烃油；制备浅色橡胶时才用非污染性的环烷油。不同的油对硫化胶性能没有很大的影响。天然胶充油的比例有3种：即胶与油的重量比为75∶25、70∶30和60∶40。

(3) 性能特点：油充橡胶的最大特点是抗湿滑性能好，特别适合制造在冰雪路面行驶的轮胎。另一特点是耐磨性能好和耐机械损伤力强，可减少胎面花纹的崩裂。此外，加有大量油的橡胶较柔软，塑性大，可提高配合剂的分散性和混匀性，降低炼胶温度。

4.6 易操作橡胶

易操作橡胶是指在压延、压出时，纵收缩和侧膨胀均很小的操作性能优良的天然橡胶。

(1) 制造原理：由线型长链分子构成的天然橡胶，兼有粘性液体和弹性固体的双重性质。当混炼胶压延或压出时，由于受粘性阻力的作用，分子链沿力作用的方向流动缓慢而处于强迫形变状态，在外力消除后，由于弹性的作用，胶料出现纵向收缩和横向膨胀，从而不能保持压出口型的尺寸和压延胶片的厚度。如能在橡胶长分子链上接上一些短支链，或在生胶中掺入部分再生胶，便可降低分子链间的作用力，增加分子链的流动性，从而能使胶料具有较好的操作性能，在压出和压延后能保持相对稳定的尺寸。

(2) 制造方法[201]：先将硫磺、氧化锌、二乙基二硫化氨基甲酸锌等硫化助剂制成水分散体。将此分散体加入氨含量0.3%的鲜胶乳中，慢慢加热和搅拌，使其温度达到80℃左右，并在此温度下保持2h，让胶乳充分硫化。然后冷却并取样测定总固体含量。如要制造易操作烟胶片，则将硫化胶乳总固体含量稀释至12.5%；如制易操作皱胶片或PA 80，则稀释至20%。将鲜胶乳作同样的稀释。然后取1重量份的稀释硫化胶乳与4重量份的稀释鲜胶乳混合，按常法加酸凝固制成烟片或皱片。PA 80是硫化胶占橡胶总重量80%的易操作母炼胶。制备时取总固体含量均为20%的硫化胶乳和鲜胶乳，按重量比4∶1进行混合，用硫酸凝固，再经压皱和干燥而成。在制造橡胶制品时，可用20份的PA 80与80份普通天然橡胶或合成橡胶掺合使用。

用杂胶制造易操作橡胶时，先将杂胶制成皱胶片，然后取上述的易操作皱胶片1重量份与杂胶皱片3重量份，用皱片机混炼而成。

(3) 性能特点：这种橡胶显著特点是胶料的压出膨胀和收缩性小，特别适用于形状复杂和尺寸要求精密的压出制品。压出的胶料不但表面光滑，而且能较好的保持压出机口型的大小和形状，用来制造压延制品时，易从衬布上剥离，并使制品具有较好的表面。这种胶料的焦烧时间短，硫化速率快，强韧性低，也适合用于硬度低和停放时要求变形小的制品。

4.7 接枝橡胶

接枝橡胶是橡胶分子主链上接上了其他单体聚合物作枝链的改性橡胶。

(1) 接枝原理：天然橡胶分子链的每个链节都有一个双键，靠近此双键两端的碳原子上的氢原子，由于受双键的影响而非常活泼，容易脱出而使橡胶分子产生游离基。因此，具有双键、三键或共轭双键不饱和分子结构的单体，可在这些游离基部位发生接枝聚合反应，生成具有一定特性的接枝聚合物。例如选用的单体为丙烯腈，所得橡胶将具有很好的耐油性；采用顺丁烯二酸酐单体，则所得产品的耐屈挠性较好。虽然天然橡胶能与多种乙烯系单体产生接枝聚合，但现正式生产的仅为甲基丙烯酸甲酯接枝橡胶，商品名为 MG。根据甲基丙烯酸甲酯在接枝橡胶中的含量，主要有含 30%的 MG 30 和含 49%的 MG 49 两种。

(2) 制造方法：天然胶乳与甲基丙烯酸甲酯接枝的具体方法见《天甲胶乳的制造》。制造 MG 30 时，在室温下用 10%的硫酸溶液凝固接枝胶乳；制造 MG 49 时，则在 100℃，用 2%的甲液溶液使接枝胶乳凝固[202]。将产生的小凝块滤出，在皱片机上压炼成皱胶片，置室温干燥而成。

(3) 性能特点：MG 橡胶抗冲击性能好，伸长率大，硬度高，耐屈挠龟裂和动态疲劳、粘合性能特强。主要用来制造具有良好冲击性能的坚硬制品，如无内胎轮胎中不透气的内贴层和轮胎帘线浸胶用的胶浆等。

4.8 环化橡胶

环化橡胶是分子链呈环状，饱和度较小的天然橡胶。

(1) 制造原理：天然胶乳或用芳香烃溶剂溶解的橡胶，在加热条件下与硫酸或磺酸等环化剂反应，一部分顺式 1，4 结构的橡胶分子形成环状结构：

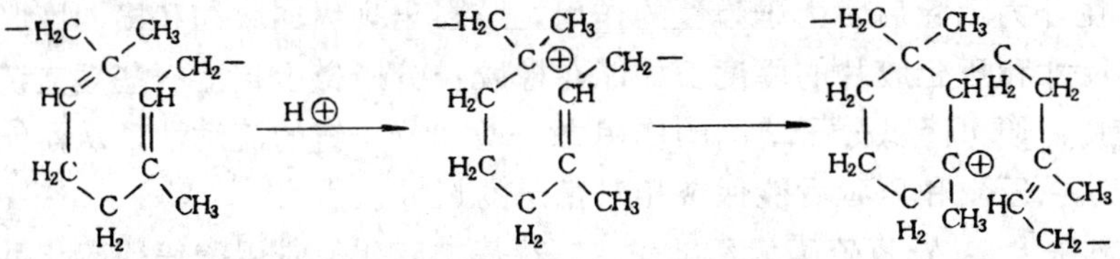

以上反应继续进行的结果，可生成具有双环或三环结构的环化橡胶。典型的环化天然橡胶的结构，如下所示：

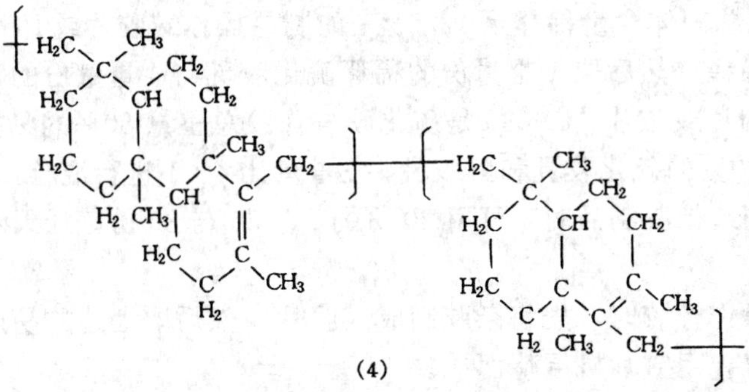

(4)

在顺式 1，4 结构部分转化为环状结构的同时，并有一部分转化为反式结构，橡胶不饱和度降低到原来的 50%左右。

(2) 制造方法：过去制造环化橡胶是将生胶溶于有机溶剂后进行，或将生胶与环化剂一起加热混炼。后来发现直接用胶乳环化，可大大方便操作和降低成本[203]。其具体方法是先加非离子型稳定剂（如平平加“O”）或阳离子稳定剂使胶乳稳定，然后加入浓度为 70%以上的硫酸，在 100℃下作用 2h，让橡胶完全环化。这个反应在最初阶段进行得很剧烈，并大量放热，如不注意冷却，橡胶有被硫酸炭化的危险。待反应完毕后，如采用非离子型稳定剂者，则直接倾入沸水中便可使环化胶乳凝固；若加阳离子型稳定剂者，则用酒精凝固。用氢氧化钠洗涤凝块以除去残酸，然后再用清水洗涤和干燥。

(3) 性能特点：环化天然橡胶由于分子链形成环状结构的结果，饱和度增加，密度加大，软化温度提高，折光率增大等。环化橡胶的最好用途是作普通橡胶的补强剂，加各种填料使橡胶达到同一硬度的胶料时，以环化橡胶作填料的拉伸强度和定伸应力最高，密度最小。一般用来制造鞋底和坚硬的模制品，也可用作机械的衬里、薄壁压出制品以及加入油漆中增加涂料的耐酸、耐碱和抗湿性能，对金属、木材及混凝土等具有良好的附着力。

4.9　耐电生胶

耐电生胶是蛋白质含量极低，电绝缘性能很好的生胶。

(1) 制造原理：天然橡胶本身是一种电绝缘性能良好的材料，但由于含有非橡胶物质特别是蛋白质和水溶物的影响，其绝缘性能往往不能满足某些对电绝缘性能要求高的制品需要。因此，要制备耐电性能好，即纯度高胶，必须尽量除去橡胶中的蛋白质和水溶物。

胶乳中的蛋白质除了一部分吸附在橡胶粒子表面，构成胶粒保护层的主要物质外，其余的和水溶物一样，存在于乳清中。采取反复稀释和浓缩（离心或膏化）的方法可将这些物质的大部分从乳清中除去。若要制造绝缘度特别高的橡胶，还须在胶乳中加入蛋白酶，使尽量多的蛋白质分解成溶于乳清的小分子和氨基酸，再加水稀释和加凝固剂凝固。

(2) 制造方法：先将鲜胶乳制成纯化胶乳，再用凝固剂进行凝固。由于这种胶乳除去大量蛋白质后对酸非常敏感，极易产生局部凝固而导致干燥困难。因此，将胶乳先稀释至干胶含量 5%左右，然后加入干胶重 1.2%～1.5%的硅氟化钠使之胶凝。这样可在 30min 内获得较满意的凝块。如要制造纯度更高的橡胶，可用普通离心胶乳作原料。先将其氨含量降低至 0.2%，加入干胶重 0.4%的环烷酸铵作稳定剂，再加干胶重 0.25%的商品名为 Suparase 的蛋白酶，静置消化 20h，然后加水稀释至总固体含量 3%。用 2%磷酸溶液使胶乳 pH 值达到 4 而凝固。让凝块熟化 4h，再压成薄皱胶片，用造粒机造粒。然后用 0.2%的聚胺——D 溶液处理此小胶块，以提高橡胶的塑性保持指数和硫化速率。最后可用风干或烘干的方法进行干燥[157]。必要时可在胶乳凝固前加入适量防老剂以提高生胶耐老化性能。

(3) 性能特点：耐电生胶的最大特点是其氮含量低，最低可达 0.03%。适宜用来制造电绝缘性能要求很高和生物活性要求极低的产品。

4.10　粘土胶

粘土胶是胶乳与粘土混合后加酸共沉而制成的含有粘土的橡胶。

(1) 制造原理：细粒子粘土对橡胶有较好的补强作用，可代替部分炭黑作橡胶补强剂。这种粘土藉分散剂之助，可制成分散度较高的水悬浮液，并能与胶乳混合均匀。在加酸时橡胶粒子和粘土粒子会共同沉淀而出，形成质地均匀的凝块，最后获得性质类似含补强剂的母炼胶。

(2) 制造方法[204]：先加水使粘土通过搅拌分散和沉降过程除去其所含的砂子和粒径较大的粒子。将分离出来的细粒水悬浮体按与橡胶需要的配比加入胶乳，再加入干胶重 1%的防老剂 D 以抑制粘土带入铜、锰等有害金属促进老化的作用。待混合均匀后加入乙酸溶液，使其 pH 值达 6.2 而凝固。然后压皱、造粒，在 100℃下经 3～3.5h 便可完全干燥。

(3) 性能特点：根据粘土胶制造的自行车外胎、胶管、输送带、鞋底以及翻修轮胎等制品的性能来看，粘土对橡胶的补强作用相当于炉法炭黑的作用，可代替半补强、高耐磨和通用炉黑作橡胶补强剂。橡胶制品工业应用粘土胶的好处是：①减少车间污染。可防止使用炭黑时的粉尘飞扬，因而改善卫生条件；②混炼时间缩短。可节省动力，提高工效；③节省补强剂费用，降低生产成本。

5 制胶废水的利用和处理

鲜胶乳加工成商品胶乳和生胶的同时，要排出大量制胶废水，每加工1kg干胶，约产生23L废水[205]。这些废水由乳清、凝固、稀释、洗涤和清洁等用水组成，含有能吸收氧的有机和无机物，具有较高的生化需氧量（BOD）和化学需氧量（COD），如不加处理直接排入水体，不仅导致各种水致传染病的蔓延，危及人体健康，且严重威胁水中生物的生存。其中的污染物主要来自乳清。乳清约含1%蛋白质，1%白坚木皮醇（2-甲基肌醇）、类脂物、生物素及无机离子（磷、钾、钙）等。废水的数量及污染程度因加工方法、外加化工原料（氨、酸等）、制胶厂技术管理等差异而不同。不同类型制胶厂的废水测试数据见表31-4。

表31-4 制胶厂未稀释废水的分析结果（mg/L）

项　目	浓乳废水	颗粒胶废水	烟胶片废水
pH值	6.3	5.6	4.9
悬浮固体	2 030	540	165
化学需氧量	13 660	2 140	3 280
生化需氧量	11 830	1 130	2 615
总固体	7 990	1 410	2 650
氨态氮	540	60	10
蛋白氮	110	30	100
总　氮	750	100	115

国内外对制胶废水的利用和处理，曾研究和试用过多种方法，如利用废水作肥料，培养酵母菌，回收其中的蛋白质作饲料，使用生物转盘及生物滤池净化处理废水等，但现在生产上大规模应用的方法主要是生物降解法，即利用厌氧和需氧微生物或辅以人工充氧、水生植物光合作用放出的氧对废水中的有机物进行厌氧降解和需氧降解，使废水达到排放标准。其中，在厌氧降解过程中产生的甲烷（沼气）还可作热源加以利用。

5.1 利用制胶废水生产沼气

我国根据世界开发、利用、推广和研究沼气的经验，结合制胶废水的特点，研究、提出了制胶废水先经厌氧发酵，制取沼气，以去除大部分有机污染物，而后进行需氧处理以达到排放标准的方法[206]，并已在生产上推广应用。此法制备的沼气（每吨颗粒胶废水可产含甲烷60%的沼气约29.2m^3）可直接用于橡胶的干燥，节省部分能源（每吨干胶可节电3.8kW·h，燃料油10.5kg），有一定经济效益，可回收全部设备的投资。

颗粒胶生产过程产生的废水可分为浓废水和稀废水两部分。浓废水来自鲜胶乳凝固自然排出和压薄机、皱片机挤压出来的乳清。稀废水来自锤磨机和杂胶加工及清洁卫生用水。据测定，浓废水占总量的1/3左右，稀废水约占2/3，然而浓废水以化学需氧量计却占总负荷的80%以上。因此，颗粒胶加工废水对环境造成的污染主要来自浓废水。为了减少浓废水的数量和厌氧处理设备的容积，可用潜水泵循环使用凝固槽的乳清，控制凝块压薄过程中为浮动凝块加入的大量清水。这样作的结果，还可提高废水浓度和减少制胶用水。

采用浓废水先厌氧发酵再与稀废水混合进行需氧处理的工艺流程如下所示：

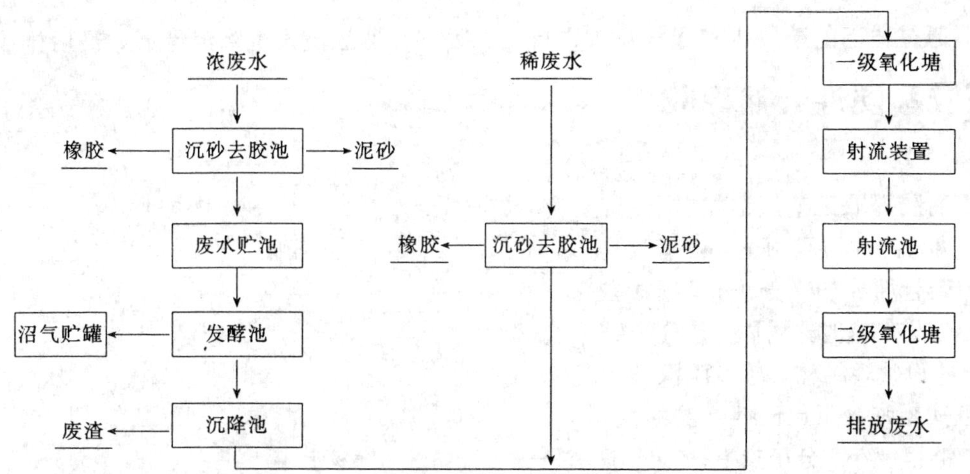

浓废水先经沉砂去胶池，除去其中的泥砂和胶粒后，流入废水贮池。再用离心泵将废水泵入含有活性污泥的发酵池进行厌氧发酵，所产生的沼气导入钟罩式气罐贮存，发酵后的废水排入沉降池。由此池得到的废渣可用作肥料，清液与经沉砂去胶池处理的稀废水一起排入一级氧化塘进行自然曝气处理。为了缩短处理周期，减小氧化塘容积，将一级氧化塘处理的废水通过射流装置进行机械强制曝气。此射流装置是用离心泵作动力，废水经过喷嘴时产生负压吸进空气，使气液充分混合；在活性污泥的作用下，有机污染物加速降解。废水经射流曝气后由射流池流入二级氧化塘，通过澄清和自然曝气作用，最后排放。排放废水的各项指标可达到国家二类工业废水的排放标准。

5.2　制胶废水的处理

单纯使用氧化塘处理制胶废水，投资少，操作管理方便，几乎不需运转费用，效果也稳定可靠，但氧化塘占地面积大，不少制胶厂由于所处环境的限制不能采用，而且对低浓度废水的处理效果差，COD 去除到一定程度后，很难继续去除。根据长期研究结果表明，制胶废水在氧化塘处理到一定程度后再辅以活性污泥法进一步处理，除可保持氧化塘处理废水原有的优点外，占地面积大大减少。日产颗粒橡胶 8～12t 的工厂，处理废水的占地面积只需2 333～3 000m^2，且 BOD 和 COD 的去除率分别可达 98.6%与 97%，各项污染指标均低于二类工业废水排放标准。氧化塘——活性污泥法处理制胶废水的平面布置如图 31-22。

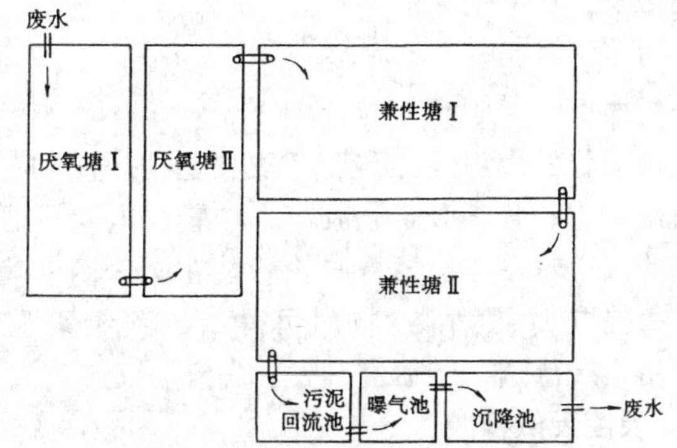

图 31-22　氧化塘——活性污泥处理制胶废水的平面布置

氧化塘分为厌氧塘和兼性塘各 2 个，4 个塘全部串联。每两塘之间的过水口采用 H 形溢流管。这种管的进出口低于水面 0.15m，其作用是防止悬浮物流入下一级氧化塘，同时可防止过水口堵塞。厌氧塘表面有自然形成的浮渣覆盖，能形成良好的厌氧环境，减少臭气。兼性塘中可放养水葫芦，利用它发达的根部吸收废水中的有机物。当水葫芦在水面长密之后，应及时清除其中衰老的植株，以免在塘中腐烂后又增多污染。经过氧化塘处理的废水，在活性污泥作用下通过适当的鼓风机和曝气喷头进行人工曝气、然后流入沉降池澄清，最后排放。

6 银菊胶和硬性天然橡胶

6.1 银菊胶

(1) 银菊胶提取工艺流程如右所示：

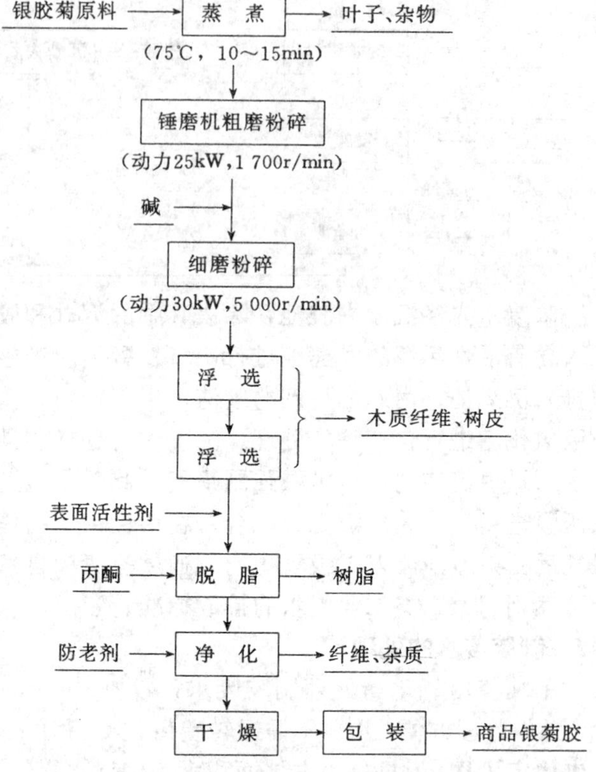

(2) 银菊胶的性质和用途：银菊胶是由异戊二烯聚合而成的高分子，呈顺式立体化学结构，没有其他异构体。其分子链长度、分子量和微观结构，与巴西橡胶的相同[26]，但其凝胶含量比巴西橡胶的低，分子链中支链程度小，分子交联较少。不含天然抗氧剂，塑性保持指数低，抗老化性能较差。银菊胶细胞一旦暴露于空气中，所含橡胶就发生降解。加工时须添加抗氧剂，提高其抗老化性能。含灰分较多，含氮较低。

银菊胶的物理机械性能和硫化特性，与巴西橡胶很接近[26]，因其非胶组分中缺少促进橡胶硫化的蛋白质，故采用标准的橡胶硫化配方时，其硫化速度比巴西橡胶慢得多，但改变硫化配方，就可克服这一缺点。分子链由于交联少，塑炼时易断裂，耗能低。

银菊胶的应用性能与巴西橡胶基本一样，应用范围广，制品种类多，除制各种轮胎外，也可用来制造胶管、胶带、胶布、胶鞋、电缆电器、体育、卫生和日常生活用品等。用银菊胶制造的汽车轮胎与巴西橡胶轮胎装在同一辆卡车上进行里程试验，两者没有多大差别。

每提取1t银菊胶，同时可得2.5t纤维素渣，0.5t树脂和约0.5t叶子，这些副产品的综合利用，有待进一步研究开发。

6.2 硬性天然橡胶

(1) 硬性天然橡胶的制取工艺：

离心分离法制取流程：

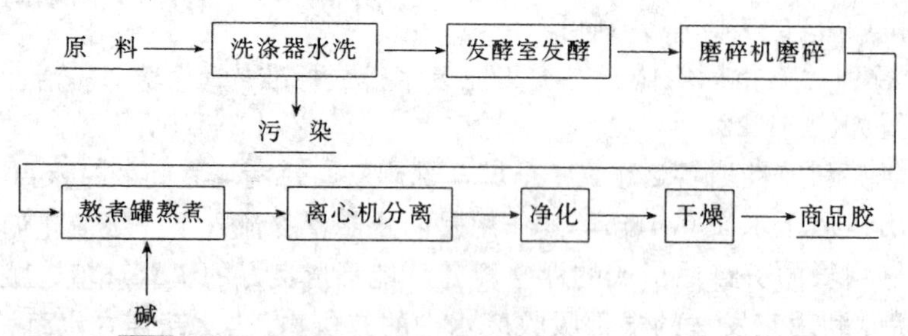

溶剂浸提法制取流程：

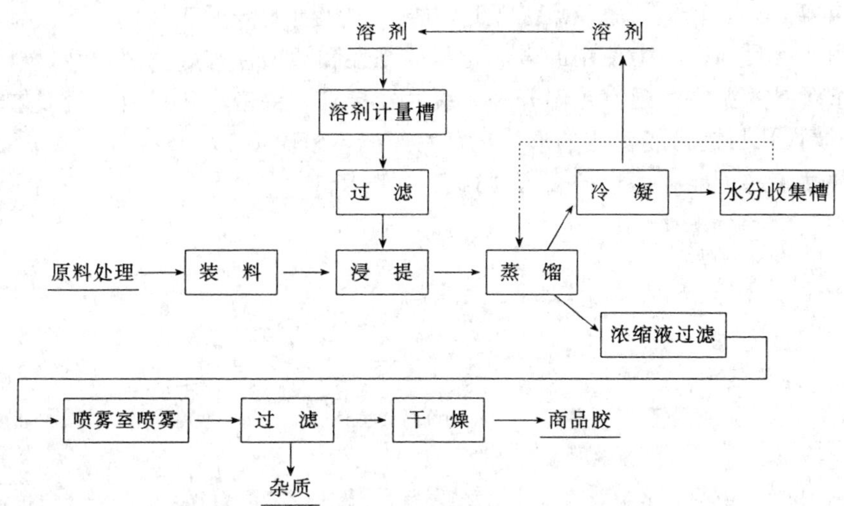

(2) 性质与用途：硬性天然橡胶是一种反式聚异戊二烯天然高分子，与巴西橡胶为同分异构体，其分子链较为规整，更易结晶；聚合程度较低，平均分子量卫矛胶约为46 000，杜仲胶为160 000[26]。加热条件下，溶于大多数芳香族烃和所有氯化烷烃溶剂中，但丙酮和酒精对其溶解甚微。对氧敏感，在光、热或臭氧影响下，会加速氧化，逐渐变硬、变脆，弹性和强力下降。制取时加入防老剂，可提高其防老化性能。抗氟氢酸，浓盐酸和碱对它几乎不起作用，但硝酸和加热浓硫酸对其有破坏作用。遇氯可起加成反应，氯化后的硬性胶不易氧化，相对密度增大。可与塑料，巴西橡胶共混、塑炼，生成热塑橡胶等材料。硫化可显著改善其性能。加硫醇酸和二氧化硫，可改变其立体化学结构，在室温下成为一种天然橡胶状物质[171]。含蛋白质少，吸水性能低，是最耐水的材料之一。杜仲胶的威廉姆可塑性为0.01～0.04，卫矛胶为0.02～0.05。压延可使分子链断裂解聚，能显著提高其可塑性。常温时或加压下，纯硬性天然胶不相互粘着，塑炼后的薄片，常温下坚硬似皮革，35～50℃时开始发软，50～60℃变软，60～90℃下塑性大，能任意造型，冷却至常温，很快变硬，能保持所赋予的形状。升温和冷却使其软化和变硬，能反复多次而不损害其性质。130℃以上熔解。硬性天然胶的电性能见表31-5[33]。硬性天然胶胶浆的粘着力，与其含树脂量成负相关，与粘合面单位面积上的胶量成正相关。杜仲胶含树脂4%～6%时，其剥离应力为34kPa。

表31-5　卫矛硬性胶的电性能

含树脂量 (%)	单位电阻（电压1000V）		击破电压（kV） 试材厚0.48～0.49	电介质强度 (kV/mm)
	表面电阻 (Ω/cm^2)	容积电阻 (Ω/cm^3)		
2.9	1.55×10^{15}	7.55×10^{14}	17.12	40.00
12.6	1.55×10^{15}	8.48×10^{14}	17.00	25.40
23.8	1.55×10^{15}	9.67×10^{13}	14.60	30.40
26.5	1.66×10^{15}	1.66×10^{14}	21.50	43.90

硬性天然橡胶具有多种优良性能，广泛用于海底电缆，潮湿地下电线包皮，电气、电讯工业的其他部门，化工厂和化学试验室的器物和零配件、贮运氟氢酸容器、医用器械、牙科补料等。近年来对杜仲胶的研究有新进展[11]，为控制其交联度，可得性质迥异的三类材料——热塑性硬质材料，热迴弹性材料和橡胶型材料。热塑性硬质材料的软点为63℃，在热水中即

软化而具塑性，可作人体各部位的矫型材料，残肢患者的假肢套，体育运动员在高竞技状态下的安全护具等，具质轻、干净、操作方便，透X-光性能好，手工捏制一次成型，并能多次反复捏制使用，比目前国际上使用的合成材料的刚性和塑型性都好。热弹性材料可作功能材料。用作儿童玩具，温浴、温室控温开关，缓冲器接管、保密形状材料，机载雷达天线，全天候用密封材料，比目前市场供应的形状记忆材料的恢复温度低40～50℃，易于加工操作。严瑞芳把杜仲硬性胶的可能利用途径[207]，归纳为如下所示：

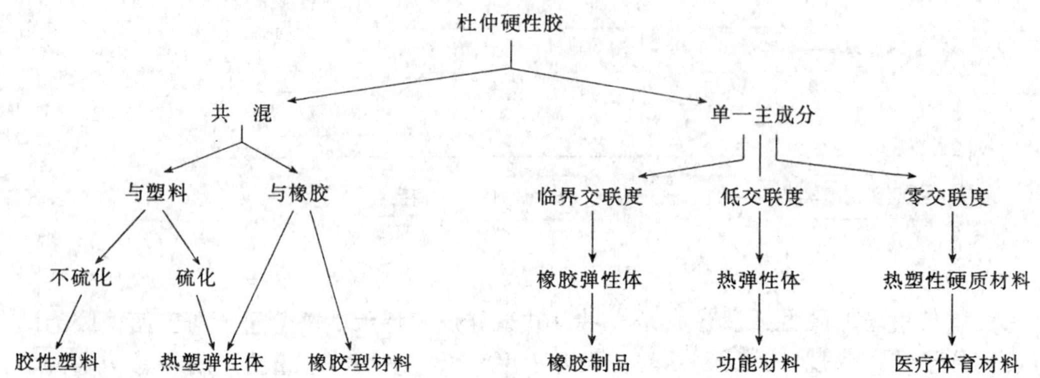

制造硬性天然橡胶的残渣、废液，可进一步开发利用。如制作树脂层压板和装饰板，已初获成功。

参 考 文 献

1. 华南热带作物研究院，华南热带作物学院．中国橡胶栽培学．北京：农业出版社，1961，32～65，351～411，429～457，472～474
2. 何康等．热带北缘橡胶树栽培．广州：广东科技出版社，1987，1～7，388～478
3. 北京橡胶工业研究院．橡胶制品工业．北京：燃料化学工业出版社，1974，1～22
4. 橡胶手册编写组．橡胶工业手册．北京：燃料化学工业出版社，第一分册，1974，1～27，第九分册，1973，12～83
5. Schidrowitz P，Dawson T R．History of the Rubber Industry．Cambridge，1952
6. 华南热带作物研究院情报研究所．橡胶统计资料，1979
7. 黄循精．非洲橡胶栽培的历史、现状及未来．华南热带作物研究院情报研究所，1987
8. 尤承霖．印度尼西亚的天然橡胶业．华南热带作物研究院情报研究所，1982
9. 毛根海．泰国的天然橡胶业．华南热带作物研究院情报研究所，1980
10. IRSG，Rubber Statistical Bulletin，1989，(42)：11
11. 严瑞芳．高分子通报，1989，(2)：39～44
12. Dijkman M J．三叶橡胶研究三十年．热带作物杂志社，1956
13. Sekhar B C．马来西亚天然橡胶之主要特色．马来西亚橡胶研究院，第一部分 1～12
14. Lim Sow Ching．热带作物译丛，1988，(5)：6～8
15. Ishak A F N S M．热带作物译丛，1989，(3)：3～6
16. 李益光等．马来西亚天然橡胶之主要特色．马来西亚橡胶研究院，第三至十四部分
17. 许成文．热带作物科技，1978，(1)：39～41
18. 胡奇．热带作物研究，1987，(4)：10～13
19. 农业部南亚热带作物办公室．全国热带南亚热带作物生产情况统计，1989
20. 农业部农垦局．中国农垦科技 40 年．北京：农业出版社，1989
21. Ang B B．热带作物译丛．1981，(6)：1～10
22. RRIM Planters' Bulletin，1989，(190)：3
23. Gomez J B．巴西橡胶树的割胶、割制和产量刺激．华南热带作物研究院情报研究所，1981，5～8
24. George P J et al．Handbook of Natural Rubber Production in India，I．R．B．，1980，15～24
25. 商业部，中国科学院植物研究所．中国经济植物志（下册）．北京：科学出版社，1961
26. 美国银胶菊专门小组．银胶菊——天然胶的另一资源．华南热带作物研究院情报研究所，1980
27. Ali Esfilai 等．热带作物译丛．1989，(4)：45～47
28. Mills Daurd et al，Agri．and Appl．Biol．，Israel Inst．，1987，4～33
29. Kramer P T 等．木本植物生理学．北京：中国林业出版社，1985
30. 农垦部生产科教局．国外橡胶和热带作物考察报告汇编．1979：1～6，18～67
31. 周政贤等．杜仲．贵阳：贵州人民出版社，1980：29～33，94～101
32. 中国树木志编委会．中国主要树种造林技术．北京：中国林业出版社，1981
33. Войновский А Б．马来树胶．北京：商务印书馆，1955
34. Ho Chai Yee．热带作物译丛．1982，(1)：1～10
35. 吴仕荣等．热带作物科技．1982，(6)：10～17
36. 江宝兰．热带作物科技．1983，(2)：24～29
37. 云南省热带作物研究所．云南热作科技，1982，(2)：37～39

38. 胡东琼．热带作物科技，1982，(3)：55～58
39. 吴运通．热带作物科技．1983，(5)：61～65
40. 华南热带作物研究院橡胶研究所．热带作物研究，1987，(2)：9～11
41. Sutochanamma S. *et al.*, Handbook of Natural Rubber Production in India, I. R. B. 1980, 237～248
42. Fernando D M 等．云南热作科技，1983，(2)：62～65
43. Fernando D M 等．热带作物译丛，1980，(3)：1～4
44. Jayasekera N E M. 热带作物译丛，1984，(3)：10～12
45. 危刚等．热带作物研究，1986，(4)：14～23
46. Edgar A T. 马来西亚橡胶栽培手册．北京：农业出版社，1964
47. 云南省热带作物研究所．云南热作科技，1982，(1)：15～24，1984，(2)：9～11
48. 林天明．云南热作科技，1987，(1)：18～19
49. 方佳．热带作物研究．1987，(3)：74～79
50. 许成文等．橡胶树的根系研究．华南热带作物研究院，1964
51. 华南热带作物学院．橡胶栽培学．北京：中国林业出版社，1981
52. 杨兴平等．云南热作科技，1984，(3)：7～14
53. Gomez J W. 热带作物译丛，1986，(4)：23～26，(6)：6～10，1987，(1)：8～15
54. Bandurshi R., Teas H J Pl. Physiol., 1957, 32 (6): 643
55. H J Teas, R. Bondurski, J. Ame. Chem. Soc., 1956, 78, 3519
56. Archer B L, Audley B G. Adv. Enzyml., 1967, 29, 229
57. Bealing F J Proc. Intern. Rub. Conf. 1975, Kuala Lumpur, 2, 543
58. Lynen F. J. of RRIM 1969, 20: 389
59. Mepper C M, Audley B G. Biochem. J., 1969, 114, 397
60. Kekwick R G O *et al.*, Nature, 1959, 184, 268
61. Park R B, Bonner J. J. Biochem., 1958, 233, 340
62. Skilleter D N *et al.*, Proc. Biochem. Soc., 1968, 11
63. Skilleter D N *et al.*, Biochem. J., 1966, 98, 27
64. Williamson I P, Kekwick R G O. Biochem. J., 1968, 96, 862
65. Henning U. *et al.*, Biochem. J., 1961, 337, 534
66. Lynen F, Henning U. Angew. Chem., 1960, 72, 820
67. 潘苏华等．热带作物学报，1981，2 (2)：93
68. Archer B L *et al.*, Nature, 1961, 189, 663
69. Kekwick R G O. Proc. Nat. Rub. Prod. Res. Assoc., Cambridge, 1964, 80
70. Archer B L and Audley B G. Bat. J. Lin. Soc., 1987, 84, 181
71. Y. Tanoka, Proc. Intern. Rub. Conf., Kyota, 1985
72. Archer B L. Proc. Nat. Rub. Prod. Res. Assoc., Cambridge, 1964, 101
73. Mcmullen A I, Mcsweeney G P. Biochem. J., 1966, 101, 42
74. Dickenson P B. Proc. Nat. Rub. Prod. Res. Assoc. Jubiler Conf., Cambridge, 1964, 52
75. Wititsuwanakul R. Experimentia, 1986, 42, 44
76. Jacob J L, Santog N. Eur. J. Biochem., 1973, 40, 207
77. Ribaillier D *et al.*, C. R. Acad. Sci. Paris, 1964, 258 (7), 2218
78. Auzac J d'*et al.*, Physiol. Veg., 1982, 20, 311
79. 胡耀华等．热带作物学报，1982，3 (1)：41～48；1983，4 (2)：83～90

80. Pakianathan S W. 橡胶栽培译丛 . 北京：农业出版社，1981
81. Milford G F J et al. J. of RRIM，1969，23（1）：274
82. 潘衍庆等 . 柬埔寨胶园实习考察报告 . 华南热带作物研究院情报研究所，1981
83. Sivakumaran S. 巴西橡胶树的割胶、割制和产量刺激 . 1981，50～62，95～101
84. Lukman. 热带作物译丛，1985，（6）：1～6
85. Othman Hashim. 巴西橡胶树的割胶、割制和产量刺激 . 1981，13～19，39～45
86. RRIM. 热带作物译丛，1987，（1）：16～18
87. 华南热带作物学院 . 橡胶树管割养基本知识 . 1974，71～80
88. Ismail Haji Hashim. 巴西橡胶树的割胶、割制和产量刺激 . 1981，30～38，62～68
89. 殷世新 . 云南热作科技，1986，（1）：17～19
90. 钱蓓蕾 . 热带作物科技，1987，（6）：62～65
91. 梁文钦 . 粤西农垦科技，1989，（3）：13～17
92. Gan Lian Tiong. 云南热作科技，1986，（2）：45～47
93. 华南热带作物学院，华南热带作物研究院 . 热带作物病虫害防治 . 北京：农业出版社，1980，48～49
94. Dickenson P B. 等，橡胶栽培译丛 . 北京：农业出版社，1981，109～121
95. 肖敬平 . 热带作物科技，1981，（5）：1～8
96. 黄宗道等 . 热带作物学报，1982，3（1）：1～14
97. Abraham P D. 橡胶栽培译丛 . 北京：农业出版社，1981：122～143
98. 符衍裘 . 海南农垦科技，1984，（2）：23～29
99. 范思伟等 . 热带作物学报，1985，6（1）：13～20
100. 范思伟等 . 热带作物研究，1986，（1）：12～18
101. Tupy J，Primot L. Biol. Plan.，1976：373～384
102. 郝秉忠等 . 热带作物学报，1980，1（1）：61～65
103. 郝秉忠等 . 热带作物学报，1981，2（1）：53～56
104. Harnidas G 等 . 橡胶栽培译丛 . 北京：农业出版社，1981
105. 许闻献等 . 热带作物学报，1981，2（1）：21～32
106. 吴继林等 . 热带作物学报，1983，4（1）：67～74
107. Tonneilier M 等. 热带作物译丛，1980，（5）：11～15
108. 范思伟等 . 巴西橡胶树的乙烯生理学 . 华南热带作物学院，1986
109. Low F C. 热带作物译丛，1985，（4）：13～18
110. Sivakumaran S. 热带作物译丛，1985，（6）：6～9
111. 海南农垦局科技处 . 海南农垦科技，1985，（2）：7～13
112. Saleb Moh. 热带作物译丛，1986，（5）：11～13
113. Lukman. 热带作物译丛，1984，（4）：16～18
114. 海南通什农垦局 . 橡胶树死皮资料汇编 . 1984
115. RRIM Planters' Bulletin，1981，（167）：37
116. 黎仕聪等 . 热带作物研究，1981，（3）：40～48
119. 钱光明等 . 热带作物科技，1988，（3）：29～32
120. Cook A S，Sekhar B C.，J. of RRIM，1953，14，163
121. Moir G F J. Nature，Lond.，1959，184，1626
122. Blackley B C. High Polymer Latices，1，Fundamental Principles，London，Palmerton Publishing Co. Inc.，1964，214

123. Bateman L. The Chemistry and Physics of Rubber-Like Substances，1st ed.，London，Maclaren and Sons Ltd.，1963，77
124. M. Van Den Tempel. Rub. Chem. and Techn.，1953，26，441
125. Cockbain E G. Rub. Chem. and Techn.，1953，26，481
126. Hessels J H E，Rub. Chem. and Techn.，1947，20，409
127. Noble R J. Latex in Industry，1st ed.，London，Palmerton Publishing Company Inc.，1953，76
128. Б A 多加德金 · 橡胶化学与物理，北京：高等教育出版社，1957
129. Bateman L. The Chemistry and Physics of Rubber-Like Substances，1st ed.，London，Maclaren and Sons Ltd.，1963，82
130. Homans L N S，Van Gils G E. Proc. of the Second Rub. Techn. Conf.，London，1948，292
131. G 维哈尔 · 天然橡胶加工 · 北京：中国对外翻译出版公司，1983，24
132. Bateman L. The Chemistry and Technology of Rubber-Like Substances，1st ed.，London：Maclaren and Sons Ltd.，1963，47
133. 华南热带作物学院 · 天然橡胶的性质与加工工艺 · 北京：农业出版社，1989，5
134. Sekhar B C. Proc. Nat. Rub. Conf. 1960，Kuala Lumpur，512
135. Bloomfield G F. Rub. Chem. and Techn.，1954，27，1061
136. Kemp，A R，Straitiff W G. Rub. Chem. and Techn.，1940，13，705
137. Roe C P，Ewart R H. J. Am. Chem. Soc.，1942，64，2628
138. Karunakaran A，Moir G F I，Tata S J. Proceedings of Natural Rubber Research Conference 1960，798
139. Bowl W W. Ind. Eng. Chem.，1953，45，1790
140. Archer B L，Cockbain E G. Biochem. J.，1955，61，508
141. Archer B L. Biochem. J.，1960，75，236
142. W. M. Yong，Sigh M M. Proc. Intern. Rub. Conf. 1975
143. Smith R H. J. of RRIM，1953，14，169
144. Subramaniam C. C. Ho，A.，W. M. Yong，Proc. Intern. Rub. Conf. 1975
145. Altman R F A. Rub. Chem. and Techn.，1948，21，752
146. Blackley B G. High Polymer Latices，1，Fundamental Principles，Palmerton Publishing Co. Inc.，1966，214
147. Sekaran Nair. Rubber World. 1988，198（4）：27
148. Pendle D. 胶乳工业 · 1989年译文专辑
149. Zachariassen B. Proc. of RRIM Planters' Conf. 1972，287
150. Cockbain E G，Gregory. J. of RRIM，1969，22，409
151. Muthurajah R N. RRIM Planters' Bulletin，1964，（74）：131
152. Jean Sarrut，Rub. Chem. and techn.，1947，20，63
153. 袁子成等 · 热带作物学报，1982，3（1）：55
154. Pendle T D，N R Techn.，1974，5（3），50
155. K. C. Shum. 热带作物译丛，1982，（5）：28
156. Heinisch K F. J. of RRIC. 1959，35，32
157. 华南热带作物学院 · 天然橡胶的性质与加工工艺 · 北京：农业出版社，1989
158. John C K，Newsam A. RRIM Planters' Bulletin，1969，（105）：289
159. Satchuthanthavale R. J. of RRIC，1971，48，182
160. 胡光烈等 · 热作科技通讯，1977，（1）：1

161. RRIM Planters' Bulletin, 1967, 89; 82
162. Heinisch K F, J. C. de Neef, Arch. of Rub. Cult., 1956, 33, 217
163. Auzac J D. Rev. Gen. du Caout., 1957, 34, 613
164. Mcintosh J B, Wilkinson B C. Proc. Intern. Rub. Conf. 1975, Kuala Lumpur, Preprint
165. Cheong Sai Fan, Lim Fong Peng. Proc. Intern. Rub. Conf. 1975, Kuala Lumpur, preprint
166. IRQC, International Standards of Quality and Packing for Natural Rubber Grades (The Green Book), 1969
167. RRIM Planters' Bulletin, 1958, (35): 28
168. Heal C J A. Trans. I. R. I., 1963, 39, T 262
169. Morris J E. RRIM Planters' Bulletin, 1970, (110), 249
170. RRIM, SMR Bulletin, 1978, (9)
171. 韦玉山．热带作物加工，1989，(2)：1
172. 韦玉山等．热带作物加工，1988，(3～4)：77
173. Roudeix H. Proc. Intern. Rub. Conf. 1985, Kuala Lumpur, Preprint 344
174. 韦玉山等．热带作物学报，1981，2 (2)：57
175. RRIM Planters' Bulletin, 1958, (37): 74
176. Sethu S. J. of RRIM, 1967, 20, 65
177. 云南省标准胶电热风半连续干燥课题研究组．热带作物加工，1987，(4)：15
178. Bateman L, Sekhar B C. J. of RRIM, 1966, 19, 133
179. Ong Chong Ooh, RRIM Course on Natural Rubber Processing, 1st ed., Kuala Lumpur: RRIM, 1977, 36
180. Cheong Sai Fah, RRIM Course on Natural Rubber Processing, 1st ed., Kuala Lumpur: RRIM, 1977, 7
181. RRIM Planters' Bulletin, 1962, (60): 57
182. RRIM Planters' Bulletin, 1962, (59); 32
183. RRIM Planters' Bulletin, 1962, (63): 163
184. C. M. Lau, RRIM Planters' Bulletin, 1960, (49): 80
185. RRIM Planters' Bulletin, 1954, (10): 7
186. Karunaratne S W. J. of RRIM, 1977, 54, 605
187. C. M. Lau, RRIM Planters' Bulletin, 1979, (160): 125
188. Tan Ah Seng. 热带作物译丛，1982，(1)：35
189. 龚克诚．广东橡胶，1982，(2)：75
190. Pautrat R. Leveque J. Proc. of a Symposium Sponsored by The UNIDO in Association with International Rubber Research and Development Board 1981, 207
191. Tillekeratne L M K, Perera P V A G. J. of RRIS, 1977, 54, 501
192. Elliott, D F. NR Technology, 1981, 12, 59
193. D. S. Campbell, 天然ゴム, 1980, 12 (1): 57
194. M. E. C., Rubber Developments, 1988, 33, 82
195. Mullins, L. 热带作物译丛，1980，(1)：26
196. Campbell D S. 热带作物译丛，1984，(5)：24
197. 黎志平．热带作物加工，1988，(2)：34
198. Baker C S L. Proc. Intern. Rub. Conf. 1985
199. Forty-fifth Annual Report of MRDRA, 1983, 16

200. Chang Wai Pong, RRIM Course on Natural Rubber Processing, 1st ed., Kuala Lumpur, RRIM, 1977, 140
201. Drade G W. Proc. Nat. Rub. Res. Conf., 1960, 611
202. R. N. Muthurajah, RRIM Planters' Bulletin. 1964, 74, 131
203. G. J. Van Veersen, Rub. Chem. and Techn., 1951, 24, 195
204. 孟庆岩等．热带作物加工，1989，(3)：15
205. 臧向莹等．热带作物研究，1985，(2)：19
206. 方日明等．热带作物研究，1985，(4)：25
207. 朱荣耀．银胶菊．华南热带作物研究院情报研究所，1988

第10篇

生　漆

第32章 中国漆树资源

张继明

1 漆树在中国的分布[1]

漆树 *Rhus verniciflua* Stocks. 原产于中国。中国是漆树资源最多的国家。世界上除中国外，日本、朝鲜、越南、柬埔寨、老挝、泰国、缅甸、印度也有少量的分布。

漆树喜光喜热，在分布上是一个比较典型的东亚热带分布式种群，基本上符合中国植被区划中的暖温带落叶阔叶林到中亚热带常绿阔叶林区。我国漆树的水平分布大体上在北纬25°31′～41°46′，东经95°41′～125°30′，南北横跨南亚热带，中亚热带，北亚热带，暖温带，温带5个气候带，按行政区划遍及23个省（区、市）的500多个县，其中以陕西、四川、湖北、贵州、云南、甘肃6省最多；其次是河南、湖南、江西、安徽、浙江、江苏、福建、河北、山东、山西等省；广西、广东、辽宁、宁夏、西藏、北京、台湾等省（区、市）也有分布。

漆树的具体分布界线是：东界北端起自辽宁省桓仁，经宽甸、丹东、岫岩，然后沿辽东湾、渤海沿海一直到山东胶东半岛的威海，再从黄海东海海岸向南直达福建东南的莆田、惠安。

南界东端自福建省惠安，南靖到江西的龙南；经湖南的道县、广西的龙胜，向西南过九万大山经南丹、田林进入云南省西畴、文山、个旧、新平、保山和泸水。

西界南端起于云南泸水，然后沿中缅边界线经贡山直到西藏的察隅，继向西北达波密，通麦，又东入四川经稻城到九龙，向东北从大渡河的西侧沿大雪山东麓经康定，丹巴、金川到马尔康，继向东北过黑水、松潘进入甘肃省到白水江上游的南坪，再北上经舟曲到宕昌，转向东北经天水、陇山沿陕甘分界线向北到达陕西的志丹。

北界西端自陕西的志丹，向东经延安进入山西省到永和，复向北沿吕梁山西麓经中阳，方山至岚县，再向东北过云中山经五台到河北省的阜平，然后沿太行山东麓向东北经涞源、浦洼到昌平，再向东经怀柔沿燕山南麓到青龙；复继向东北直到辽宁的抚顺，再向东南达桓仁。

我国漆树最集中区在秦岭，大巴山，武当山，巫山，武陵山，大娄山和乌蒙山，形成一个“半月形”的分布中心区，共包括86个县，其漆树资源和生漆产量均占全国的80%以上，从中心区向外，漆树资源逐渐减少。

漆树的垂直分布一般在海拔200～3 000m，以400～2 500m最多。由于漆树的品种，类型和地理位置不同，垂直分布的海拔高度也不一样。西部和南部分布在1 500～2 500m，最高可达3 000m，而东部和北部通常在1 800m以下。野生或半野生漆树的垂直分布，一般在1 200m以上，时常以建群种、优势种或伴生种出现。人工栽培或半栽培漆树，一般在1 200m以下，多为单优群落，集约化程度较高。大乔木型漆树一般在400～2 800m，小乔木型漆树分布在 1 200m 以下。

2　中国的漆树资源

漆树是一个古老的树种。我国人民栽培漆树和利用生漆已有 7000 余年的历史。中华人民共和国建立后，政府制定了一系列恢复、保护和发展生漆生产的政策，采取了许多有力的措施，投入大量人力、物力和财力，开展多方面的科学研究，使漆树资源和生漆生产获得了显著的成效。全国漆树在 20 世纪 50 年代末只有 1 亿株，70 年代初达 1.7 亿株，而 80 年代初就发展到 5 亿株，同时在陕西、湖北、四川、贵州、云南、甘肃、湖南、河南、江西、安徽 10 省建立了 86 个年产生漆 500 担以上的基地县。在现有资源中，陕西有 1.5 亿株，四川有 1.02 亿株，湖北有 0.96 亿株，云南有 0.21 亿株，贵州有 0.54 亿株，甘肃有 2 096 万株，江西有 2 268 万株，湖南有 1 715 万株，河南有 1 500 万株，浙江有 2 300 万株，福建有 180 万株，安徽省 100 万株，其中 60%是 70 年代中后期栽培的，80%栽培在漆树的中心分布区。目前正逐渐进入投产期，林龄结构趋向合理。

在现有漆树资源中，优良品种群体有 1.67 亿株，占漆树总资源的 33%，已投产的约 400 万株，占良种群体的 24%，预计今后生漆产量将逐年稳步提高。

3　中国主要优良漆树品种及其特性

漆树属木兰植物纲、蔷薇亚纲，无患子目、漆树科、漆树属植物，是一种落叶阔叶乔木或小乔木，奇数羽状复叶，小叶互生，圆锥花序腋生，单性花，雌雄异株，核果。

漆树品种仅指栽培漆树而言（对野生漆树来讲，应用概念则是“亚种”“变种”“生态型”等，这里没有品种的概念），是人们在经济活动中所产生的概念，它反映着该种植物的经济意义和价值。每一个漆树品种在生漆生产上都占有一定的地位，并能够满足社会上某一方面的需要。漆树品种有其适应的自然条件和经济条件，具有相对的稳定性（在良好的培育条件下，漆树品种向好的方向发展，保存其优良品质）和变异性（在不良的培育条件下，漆树品种向坏的方向发展，丧失其优良品质），在外部形态上区别于其他漆树品种。

总之，所谓漆树品种，从经济方面来看是一种生产资料；从社会历史方面来看是社会劳动产物，即人们对漆树生物学特性影响的结果；从生物学方面来看是漆树的栽培类型，即在良好的培育条件下，使漆树品种在繁殖后代中更完善地保存其优良特性。

中国是漆树之乡，不仅有丰富的资源，还有众多的漆树种类和品种。根据漆树品种在一定的立地条件和栽培条件下形成的形态特征，生物学特性和经济性状等综合性指标，由商业部组织，全国 22 个省区参加，于 1986 年 3 月在四川省广汉县对全国漆树品种进行鉴定。根据漆树优良品种的要求：即在一定的自然条件和栽培状况下，具有速生、丰产、优质的特性，对全国 116 个漆树品种进行选优，全国共评选出 46 个优良品种，最佳品种 14 个。现将 14 个最佳优良品种的特性分别叙述如下：

3.1　大红袍 *Rhus verniciflua* Stokes. cv. Dahongpao.

乔木，树高 8～12m，枝下高 2m，树冠钟形，枝条轮生，每轮 4～7 枝，小枝粗壮。新梢、芽，嫩叶均紫红色（大红袍由此得名），奇数羽状复叶，长 37～52cm，宽 20～29cm，小叶数 9～13 片，小叶阔椭圆形，大而肥厚，长 8～12cm，宽 8～11cm，基部楔形，顶端急尖，顶小叶长 9～15cm，宽 6.5～11cm，叶柄深红色，叶背密被棕色茸毛。

腋生圆锥花序，长30cm左右，雌花发育不良，结果极少，籽无胚核。

树皮灰褐色，布满红色皮孔，6年生后树皮呈纵向开裂，随着树龄增大树皮裂纹增大加深，裂纹增多。活树皮厚0.7～0.8cm，漆汁道条数5～6个，漆汁道直径0.116～0.217mm，每mm^2漆汁道面积0.163 2mm^2，石细胞4～5层。

该品种生长快，种植后8～9年即可开割，割漆寿命15年左右。平均单株产漆440g。漆酚含量72.45%，含氮物3.24%，含树胶质5.55%，其他18.96%，干燥时间145min。

大红袍抗性强，适生于北亚热带，海拔300～800m低山丘陵地区，集中分布在陕西省平利，岚皋等县。

3.2 高八尺 *Rhus verniciflua* Stokes cv. Gaobachi

大乔木，高10～15m，枝下高2.5～3m，总状分枝，侧枝细，灰绿色，呈楼梯状排列。芽小而尖瘦，密被茸毛。初展叶为浅黄色，复叶长30～61cm，宽16～34cm，复叶柄紫红色，带绿色条纹。小叶椭圆形，9～17片，叶片较小，绿色或黄绿色，叶背脉有褐色茸毛，顶小叶长8～16cm，宽5～9cm。

花序大而密集，果实黄色圆形或扁圆形，结籽量大。

物候期：4月上旬芽萌动，中旬展叶，5月中旬开花，9月中旬果实成熟，10月上旬开始落叶。

幼龄树皮为灰红色，6～7年后树皮呈纵向开裂，裂纹红色。活树皮厚0.6～0.7cm，漆汁道条数5～6个，漆汁道直径0.101～0.217mm，每平方毫米漆汁道面积0.109 1mm^2，石细胞4～5层。

该品种生长快，种植后8～10年即可开割，割漆寿命20～25年。平均单株产量495g，漆酚含量67.34%，含氮物4.02%，含树胶质6.42%，其他22.22%。干燥时间120min。

高八尺生长快，抗性强，适宜在海拔300～1 500m的低山丘陵地区生长。主要分布在陕西省的平利、岚皋、镇坪等25个县。

3.3 大毛叶 *Rhus verniciflua* Stokes. cv. Damaoye

中乔木或大乔木，高8～13m，树冠钟形，广卵形或伞形，复叶长44～65cm，小叶片数为5～13片，以11片的居多数，小叶的长宽比为2.1∶1，大侧枝分枝角度小于45°。

树皮灰白色或灰褐色，平滑有光泽，活树皮厚0.5cm，漆汁道的条数4～7个，漆汁道的直径0.071～0.231mm，每平方毫米漆汁道面积0.066 4mm^2，石细胞6～7层。

该品种适于海拔800～1 200m的山地，种植后9年即可开割，割漆寿命25～30年，平均单株产量385g，产籽量12.5kg，漆酚含量74.05%，含氮物2.91%，含树胶质4.77%，其他18.27%，干燥时间240min。

大毛叶集中分布在湖北省的竹溪县。漆品质佳，漆膜的柔韧性，光泽性极好，硬度大，附着力强，具有漆、材、蜡、油兼收的综合利用价值。遗传性稳定，属无性系品种。

3.4 阳岗大木 *Rhus verniciflua* Stokes. cv. Yanggangdamu

中乔木，高7～9m，树冠开阔伞形或椭圆伞形，大枝着生状态多分层轮生，少互生对生，大侧枝分枝角度大于45°。小叶着生状态为水平着生，色浓绿，组成复叶的小叶片数为7～15片，以11片和13片的居多数。

物候期：3月中下旬芽萌动，4月上旬展叶，5月中下旬开花，10月上中旬落叶。

树皮白灰色或暗灰色，树皮厚0.71cm，活树皮厚0.46cm，漆汁道条数3～5个，漆汁道直径0.086～0.185mm，每平方毫米漆汁道面积0.047 5mm²，石细胞4～5层。

该品种适生于海拔700～1 000m的山区，种植后9～12年即可开割，割漆寿命35年。平均单株产量365g，漆酚含量75.20%，含氮物2.34%，树胶质5.42%，其他16.94%，干燥时间85min。

阳岗大木，集中分布在湖北省利川等县，它是一个生长快，投产早，产量高的一个优良品种。生漆的特点是汁浓，味香，色泽光亮，含水量少，抓木力强，堪称漆中佳品，名冠全球。

3.5 岺子小木 *Rhus verniciflua* Stokes. cv. Lingzixiaomu

乔木，高7～13m，树冠钟形，主干明显，单轴分枝，四轮枝对生，新梢紫红色，密被黄棕色毛。奇数羽状复叶，长27.5～60cm，宽19～30cm，小叶9～13片，卵形，小叶长8～18cm，宽4～9cm，复叶深绿色，各部密被黄棕色茸毛，叶背密被棕色毛。

花淡黄色，萼5裂，花瓣5片，圆锥花序长23～27cm，花序轴密被黄色茸毛。果实稀少，横椭圆形、扁平，长8cm，宽6～7cm，种仁极少，可萌芽。

物候期：3月下旬萌芽，4月中旬展叶，5月下旬开花，10月下旬落叶。

树皮灰色，厚而松软，粗糙易割，皮孔椭圆形。树皮纵裂较深，裂纹棕红色，活树皮厚0.7～0.8cm，漆汁道条数5～8个，漆汁道直径0.154～0.259mm，每平方毫米漆汁道面积0.0933mm²，石细胞4～6层。

该品种生长快，种植后7～9年即可开割，割漆寿命13～15年，平均单株产量1 020g，漆酚含量74.44%，含氮物3.55%，含树胶质3.55%，其他18.48%，干燥时间430min。

岺子小木抗病虫能力较强，适生于低山，中半山地区，在海拔900～1 200m地区造林均能很好生长发育。主要分布在四川省的平武等地。

3.6 白粉皮 *Rhus verniciflua* Stokes. cv. Baifenpi

大乔木，高可达15m，胸径20.5cm，侧枝轮生，新梢黄绿色无毛，新梢、树干、复叶柄、叶轴和花序轴皆被白粉，为该品种最明显的特征。叶背主侧脉上皆被灰黄色或黄色毛，网脉被同色疏毛。

物候期：4月萌芽，5月上旬展叶，5月下旬至6月上旬开花，8月下旬果熟，9月中旬落叶。

树皮粉白，浅纵裂，皮薄而松软，皮孔近圆形，遍布枝干和新梢。活树皮厚0.5cm，漆汁道条数4～7个，漆汁道直径0.202～0.283mm，每平方毫米漆汁道面积0.128 1mm²，石细胞4～8层。

该品种耐寒、耐旱，抗病虫害较强，生长快，投产早，种植后7～8年即可开割，割漆寿命为75年。平均单株产量250g，产籽量6.5kg，漆酚含量60%，含氮物4.38%，含树胶质5.01%，其他30.61%，干燥时间395min。

白粉皮生长于海拔1 000～1 800m的山地。主要分布在重庆市城口县，是一个漆、籽兼用的品种。

3.7 小大木 *Rhus verniciflua* Stokes. cv. Xiaodamu

小乔木，高5～8m，枝互生，小枝细长，有棱脊，密生红色皮孔和褐色柔毛。小叶7～13片，阔卵形至卵状椭圆形，先端渐尖，基部近圆形，厚纸质，长4～11cm，宽3～5cm，叶轴及背面沿脉上密被黄褐色毛。顶芽圆锥形，芽鳞外被黄褐色茸毛。

花序长8～25cm，序轴、果柄被褐色毛，核果长宽近相等，约6mm，色黄褐，形扁圆，蜡层松，种子扁圆且近肾形，多不饱满，空籽率达30%～50%，发芽率低。可两性繁殖。

物候期：3月中旬至4月上旬初萌芽，4月上中旬展叶，5月上旬开花，下旬结果，10月中旬果熟，并开始落叶，11月中旬落完。

树皮褐色，裂纹宽，活树皮厚0.5～0.7cm，漆汁道条数5～10个，漆汁道直径0.085～0.428mm，每平方毫米漆汁道面积0.164 3mm^2，石细胞4～6层。

该品种生长较快，种植后7～9年即可开割，割漆寿命20年，平均单株产量445g，产籽量1.5kg。漆酚含量59.79%，含氮物5.83%，含树胶质6.86%，其他27.52%。干燥时间为645min。

小大木品种生长快，产量高，质量好，抗病虫能力较强，主要分布于贵州省余庆县，海拔800～1 000m的中低山丘陵地区。

3.8 肤烟皮 *Rhus verniciflua* Stokes. cv. Fuyanpi

大乔木，高8～13m，枝下高2～3m，树冠卵形浓郁，枝条轮生，每轮2～5枝不等。复叶长29～52cm，宽19～27cm，叶柄紫色或紫红色，顶小叶椭圆，顶端渐尖，长13～17cm，宽6～9cm，小叶数11～15片，叶面少毛或无毛。新梢灰绿，有灰色茸毛。

花序密集，长25cm，结籽饱满且多，果实中等，扁圆形，长6.2mm，宽6.6mm，中果皮厚，含蜡量高，种子长4.4mm，宽5.1mm，千粒重42g。有性繁殖。

物候期：3月下旬到4月中旬萌芽，4月底至5月初展叶，5月底至6月初开花，10月下旬开始落叶，11月下旬叶落完。

树皮褐灰至褐色，裂纹纵向为主，龟裂，呈棕色或土红色，皮孔横缄状。活树皮厚0.5～1.3cm，漆汁道条数5～10个，漆汁道直径0.045～0.458mm，每平方毫米漆汁道面积0.163 2mm^2，石细胞3～6层。

该品种生长快，种植后9～10年即可开割，割漆寿命40～50年。平均单株产量295g，产籽量9.5kg，漆酚含量64.3%，含氮物为5.87%，含树胶质5.39%，其他24.44%，干燥时间60min。

肤烟皮抗性强，主要分布在云南省滇东北和滇西北的20个县区，及贵州省黔西北和黔中的13个县区，海拔1 300～2 000m的山区。

3.9 薄叶漆树 *Rhus verniciflua* Stokes. cv. Baoyeqishdu

大乔木，高8～15m，复叶长40～80cm，宽23～39cm，叶柄暗红色，叶片初展时呈淡紫红色，后变绿黑色，叶片质地较厚，叶呈长卵形，小叶数9～15片为常见，个别植株复叶的小叶片达17～21片，顶小叶呈长卵形，长13～15cm，宽6～9cm。芽初呈紫红色，茸毛密集，叶背有短的茸毛。

花序长椭圆形，长21～30cm。以有性繁殖为主。

物候期：3月下旬至4月中旬萌芽，4月中旬至5月上旬展叶，4月下旬至5月下旬开花，9月上中旬果实成熟，10月下旬落叶。

树皮灰色，裂纹呈红棕色，随树龄增长，裂纹也随之增大而加深。活树皮厚0.6～0.9cm，漆汁道个数4～7个，漆汁道直径0.068～0.158mm，每平方毫米漆汁道面积0.099 6mm^2，石细胞3～4层。

该品种种植后10～12年即可开割，割漆寿命30～43年。平均单株产量595g，产籽量

28kg，漆酚含量 69.54%，含氮物 4.82%，含树胶质 3.66%，其他 22.98%。干燥时间 80min。

薄叶漆树具有速生、高产和抗逆性强的特点，适生于海拔 1 600～2 400m 的中低山台地，主要分布在云南省丽江县。

3.10　天水大叶 *Rhus verniciflua* Stokes. cv. Tianshuidaye

大乔木，高 10m 以上，枝下高 2～3m，树冠圆形，分枝性强。芽饱满肥大，密被黄色茸毛。复叶长 40～45cm，宽 25～35cm，叶柄长 12～17cm，叶轴正面脊部淡红色，小叶 9～13 片，单叶圆形，长 12～15cm，宽 6～7cm，先端渐尖，主脉密被淡黄色茸毛，小叶柄长 0.5～0.8cm，顶小叶长 10～12cm，宽 5～6cm。

花序长 25～30cm，果实近圆形，种子肾形，表面黄绿色。

物候期：4 月上旬萌芽，5 月中旬展叶，6 月中旬开花，11 月中旬落叶。

树皮灰色或灰白色，皮孔较大，随树龄增长，自皮孔处出现纵向裂纹，裂纹棕红色。活树皮厚 0.6cm，漆汁道条数 6～7 个，漆汁道直径 0.11～0.12mm，每 mm^2 漆汁道面积 0.081mm^2，石细胞 3～5 层。

该品种适应于土壤 pH 值 7～8 的非石灰质或石灰质土壤，幼树具有明显的生长优势，种植后 10～12 年即可开割，割漆寿命 30 年，平均单株产量 310g，漆酚含量 67.32%，含氮物 5.42%，含树胶质 2.64%，其他 24.62%，干燥时间 606min。

天水大叶主要分布在甘肃省陇东黄土高原边缘地带及陇南区，海拔 800～1 800m 的山地。

3.11　红壳大木 *Rhus verniciflua* Stokes. cv. Hongkedamu

大乔木，高可达 12m 以上，枝下高 1～1.7m，胸径 20～30cm。树冠倒卵形，分枝近轮生，新梢灰白色，密被绒毛。奇数羽状复叶，小叶 9～15 片，小叶长椭圆形，先端尖，长 6～13cm，宽 3～5cm，复叶柄，小叶背的主侧脉被黄色茸毛。

物候期：4 月下旬萌芽，5 月上旬展叶，5 月中旬抽枝，5 月下旬开花，9 月下旬果实成熟，10 月下旬开始落叶。

树皮灰色，活树皮厚 0.5cm，漆汁道条数为 5～9 个，漆汁道直径 0.171mm，每平方毫米漆汁道面积 0.136 3mm^2，石细胞 3～4 层。

该品种种植 6～7 年即可开割，割漆寿命 15～25 年，平均单株产量 400g，产籽量为250～500g，漆酚含量 55.86%，含氮物 7.78%，含树胶质 4.61%，其他 26.29%，干燥时间为 80min。

红壳大木投产早，受益长，能开花结实，繁殖快，抗性强，适应于高山区发展。主要分布在湖南省西部武陵山脉西面，海拔 800～1 200m 的中山地区。

3.12　毛叶漆树 *Rhus verniciflua* Stokes. cv. Maoyeqishu

大乔木，高 10～13m，枝下高 2m 以上，主干明显侧枝不发达，树冠伞形，奇数羽状复叶，长 25～40cm，小叶片 9～13 片，小叶卵形，长 4～8cm，宽 3～5cm，顶小叶椭圆形，叶轴、小叶柄及叶脉密被褐色茸毛。

腋生圆锥花序，果序下垂，果肾形、鼓圆，长 0.7cm，宽 0.8cm，淡黄色，外果皮近膜质。

树皮灰褐色，活树皮厚 0.55cm，漆汁道条数 6～11 个，漆汁道直径 0.086～0.197mm，每平方毫米漆汁道面积 0.112 8mm^2，石细胞 3～5 层。

该品种种植 8 年后即可开割，割漆寿命 10～15 年，平均单株产量 335g，漆酚含量为 69.35%，含氮物和树胶质含量 9.95%，其他 20.7%，干燥时间 110min。

毛叶漆树投产早，产量高，品质佳，抗性强，收益快。主要分布在河南省，海拔800m以下的低山丘陵地区。

3.13 白冬瓜 *Rhus verniciflua* Stokes. cv. Baidonggua

小乔木，树高3.5～5m，树径7～14cm，枝下高0.6～1m，分枝低近轮生，树冠宽广，常为伞形，冬芽拳形，主芽和侧芽均为明显，密被黄色茸毛。复叶长24～50cm，宽15～28cm，叶柄长4～12cm，叶柄、叶轴、小叶背面脉上密被茸毛，小叶长9～25cm，宽5～10cm，小叶数7～13片，顶小叶椭圆形，先端渐尖，基部圆形或宽楔形，侧小叶卵圆形或稍偏斜。

花乙型雄花，不结实。

物候期：3月下旬萌芽，5月中旬开花，11月上旬开始落叶。

树皮灰白色，纵裂，裂纹棕色，皮孔棱形明显。活树皮厚0.41cm，漆汁道条数7个，漆汁道直径0.090mm，每平方毫米漆汁道面积0.047 5mm^2，石细胞1～2层。

该品种生长快，种植后4～5年即可开割，割漆寿命10～15年。平均单株产漆290g。漆酚含量73.31%，含氮物7.05%，含树胶质3.29%，其他16.35%。干燥时间375min。

白冬瓜适应强，在10～30°坡地，pH值5.7～7.5的土壤均能生长。主要分布在安徽省金寨县各区，尤以双河区为最多。

3.14 水柳子 *Rhus verniciflua* Stokes. cv. Shuiliuzi

小乔木，树高5～8m，树冠椭圆形或塔形，分枝较高，不规则轮生，每轮2～4枝，一年生枝条稀疏的黄棕色茸毛，顶芽圆锥形，密被黄棕色茸毛。复叶长33～55cm，宽14～24cm，叶柄长6～13cm，小叶9～15片，小叶柄长2～4cm，顶小叶宽披针形到椭圆形，长9～14cm，宽3.5～6cm，先端渐尖，基部稍斜或偏斜。

花蕾乙型，雄花发育较好，雌花少见，开花不结果。

树皮灰白色，皮孔椭圆形不明显，树皮纵裂，裂纹较宽，土赭色，活树皮厚0.4～0.6cm，漆汁道条数6～7个，漆汁道直径0.0106mm，每平方毫米漆汁道面积0.0579mm^2。石细胞3～7层。

该品种遗传性稳定，具有明显的生长优势，种植后4～5年即可开割，割漆寿命20年。平均单株产漆300g。漆酚含量72.7%，含氮物2.56%，含树胶质4.48%，其他20.26%。干燥时间250～300min。

水柳子是一个较理想的漆树优良品种，它具有抗性强，生长快，投产早，耐割，寿命长，产量高，漆质佳等优良特点。主要分布在江西省宜春市的竹亭，辽市，西村等乡，海拔高度200～800m的低山缓坡和丘陵开阔地。

上述14个最佳漆树品种见表32-1。

表32-1 14个最佳漆树品种简况

树种	开割年龄（年）	割漆寿命（年）	单株产量（g）	生漆质量	
				漆酚含量（%）	干燥时间（min）
1. 大红袍	8～9	45	440	72.45	145
2. 高八尺	8～10	20～25	495	67.34	120
3. 大毛叶	9	25～30	385	74.05	240
4. 阳岗大木	9～12	35	365	75.20	85

（续）

树　种	开割年龄（年）	割漆寿命（年）	单株产量（g）	生　漆　质　量	
				漆酚含量（%）	干燥时间（min）
5. 岑子小木	7～9	13～15	1 020	74.44	430
6. 白粉皮	7～8	75	2 509	60.00	395
7. 小大木	7～9	20	445	59.79	645
8. 肤烟皮	9～10	40～50	295	64.30	60
9. 薄叶漆树	10～12	30～43	595	69.54	80
10. 天水大叶	10～12	30	310	67.32	606
11. 红壳大木	6～7	15～25	400	55.86	80
12. 毛叶漆树	8	10～15	335	69.35	110
13. 白冬瓜	4～5	10～15	290	73.31	375
14. 水柳子	4～5	20	300	72.7	250～300

第33章 生漆采割

魏朔南

采收生漆，是漆树栽培最主要的经济目的，通常称割漆。即在漆树主干上割口，让漆液流出以取得生漆。割漆在中国有着悠久的历史。《古今注》记载："漆树。以刚斧斫其皮开以竹管承之。汁滴管中。即成漆也。"《越南志》记载："……刻漆尝上树端。鸡鸣日出之始便刻之则有所得。过此时。阴气沦阳气升则无所获也。"[1]在长期的割漆实践中，我国漆农积累了丰富的经验。建国后，广大科技工作者与漆农结合，改进了割漆技术，并应用于生产。在此基础上，陕西、贵州两省先后制定了割漆技术规程并颁布实施，这对保护漆树资源，提高生漆产量与质量都起到积极作用。

1 割漆树龄的确定

割漆必须待漆树成龄后才能进行，因为漆树在苗期和幼龄期，漆汁道发育不全，若于此时割漆，不但产量少质量差，而且会影响甚至破坏漆树的正常生长。漆树成龄后，各种营养器官发育成熟，树干围径大，其次生韧皮部中漆汁道分布完好，分泌细胞分泌漆液多，同时腔道贮藏的漆液也多，所以这时是割漆的黄金时期。以后漆树开始衰老，各种器官功能逐渐退化，树茎死皮增厚，产漆能力降低，割漆次数也应随之减少，最后淘汰更新。

生漆产量与漆树径级大小关系密切。但漆树能否投产割漆，不仅要看树径大小，还要看漆树生长发育程度，而后者是多种内外因素综合造成的。千百年来的割漆经验，以及近10多年来的研究表明，树皮裂纹（花子）程度可作为漆树投产开割的依据。凡主干分枝以下树皮，全部呈现裂纹而且比较明显，有的裂口四周外表开始出现死皮层并反翘或脱落者，就可投产开割了。这时野生漆树胸径已达0.45m左右，而大乔木和中乔木人工漆树约为8～10龄，其中能开花结籽者一般已开花结籽3～5年，它们的种子繁殖进入了稳定阶段。小乔木人工漆树开割时一般为5～7龄。总之，正常情况下树皮裂纹程度与树龄关系密切。全国各地部分漆树品种开割树龄见表33-1、表33-2。

表33-1 小乔木型漆树品种开割树龄情况表

品　种	分布地区	海　拔（m）	开割树龄（年）	品　种	分布地区	海　拔（m）	开割树龄（年）
乐林小树	四川	900～1 200	7～9	火焰子	陕西、河南	≤800	5～6
绿灰小木	四川	950～1 200	7～9	蒲城小木	福建	200～800	≥5
白冬瓜	安徽	100～600	4～5	水　子	江西	200～800	4～5
灯台小木	四川	340～900	4～6	黄荆柴	江西	100～800	4～5

（续）

品　种	分布地区	海　拔 (m)	开割树龄 (年)	品　种	分布地区	海　拔 (m)	开割树龄 (年)
红尖小木	贵州	500～800	5～6	麻皮小木	四川	800～1 500	7～8
小大木	贵州	800～1 000	7～9	大籽漆	云南	100～1 400	≥8
核桃小木	湖南	300～500	≥5	太湖小木	浙江	≥300	5～6
白叶小木	四川	800～1 400	7～8	浙魄小木	浙江	≥300	4～5
粉红皮	贵州	700～1 000	5～7				

注：开割树龄为定植后漆树生长年数。

表 33-2　大乔木型品种漆树开割树龄情况表

品　种	分布地区	海　拔 (m)	开割树龄 (年)	品　种	分布地区	海　拔 (m)	开割树龄 (年)
花叶大木	四川	800～1 400	7～9	油叶漆树	四川	1 100～1 400	12
岭子小木	四川	900～1 200	7～9	薄叶漆树	云南	970～280	7～14
多层楼大木	湖北	800～1 200	8～10	阳岗大木	湖北	700～1 000	≥7
大毛叶	湖北	600～1 200	10～12	灯台大木	四川	800～1 000	8
秦佛漆树	陕西	560～1 000	7～8	大红袍	陕西	300～800	8～9
天水大叶	甘肃	800～1 500	10～12	陇南红	甘肃	600～1 500	8～10
毛椿小木	四川	1 000～1 500	6～7	白粉皮	四川	1 800～2 000	7～8
官大木	贵州	800～1 200	6～7	反早	湖南	≥1 000	≥7
金州红	陕西	≤1 200	8～9	红壳大木	湖南	≥800	≥7
高明大木	湖南	≤800	≥6	肤盐皮	贵州、云南	1 200～2 000	9～12
红尖大木	贵州	1 000～1 400	≥7	红漆大木	贵州	1 200	≥10
黄茸高八尺	陕西、四川	700～1 500	8～12	复叶长	湖北	1 000	10
红皮高八尺	陕西	300～1 500	8～10	白扬皮	贵州	1 200～1 500	≥10

2　割漆季节

漆树是阔叶落叶树种。冬季落叶，3 月下旬萌动，4 月中下旬展叶，5 月中下旬复叶生长定型并开花结实，到 6 月初开始亮籽，说明果实雏形已成。到霜降前后，漆树开始落叶，一般到 12 月初树叶基本脱尽，生长自然停止而处于休眠状态。在整个生长季节，漆树分泌生漆，而在落叶期间，其生存是靠树体积蓄的养分维持，分泌活动已停止。漆液在漆树体内产生时，需要适宜的阳光、水分和温度，缺乏合适的条件，必然影响生漆的产生。因此，每年的割漆季节通常在夏秋两季。我国漆树资源水平分布范围广，纬度差异大，海拔垂直分布差异也很大，加之栽培割漆技术及习惯的不同，割漆季节也有一定差别。但是，割漆最早不应在芒种前开刀放水（即 6 月初），收刀不能迟于霜降后一周（即 10 月底），前后约 140 天。多数地区割漆在夏至（6 月下旬）到寒露（10 月初）期间，前后约 120 天。在纬度偏北、海拔较高地区，因适宜割漆的高温时间较短，故将割漆时间掌握在 90 天左右。

3　采割方式的划分

漆树原产于中国，后传入日本、朝鲜等国。由于这些国家自然条件和生产水平的不同，其所用的采漆方法与我国不同。实践表明，中国的割漆方法明显优于日本的搔漆法和朝鲜的火炙法。

中国的割漆方式因割漆工具、口形、割口部位、割口数量、开割的大、小和周期等而有不同。依工具不同分为划割和切割。以割口形状及数量不同分为斜口和水平口、单路口和多路口采割。以割漆时间间隔不同分为歇年采割和连年采割。按割漆强度和对漆树资源影响程度的不同分为养生采割和强化采割。

目前中国漆区采用较普遍的是划割、切割工具，实行歇年的养生采割方式。少数地方同时施用化学物质（主要是植物激素和生长调节剂）刺激，但还是属于养生采割范围。只有在漆树资源衰老或遭到严重病虫害而需要淘汰更新时，才采用强化采割。

3.1 划割与切割采割

这是按割漆工具不同而划分的两种采割方式。所谓划割就是在割漆树时，割刀划动切开树皮成一定口形使漆液流出而达到采漆目的的方法。切割就是在割漆树时，割刀直接切下树皮成一定口形，使漆液流出的方法。这两种采割方式除割刀不同外，其余采漆工具基本相同。这是中国传统的采割方式，其生漆的产量与质量取决于采割者的技术高低及熟练程度。

3.2 养生采割与强化采割

这是按采割强度及对漆树资源生长影响的程度而划分的两种方式。其中养生采割是以保护和有利于漆树生长恢复而采用适宜强度，并辅以必要的管护、抚育措施，以达到割养结合的目的。这种采割方式是对中国漆农多年经验进行科学总结提高，并加以制度化的结果。对于那些采割茬数多，无法再开新口，病虫害严重，衰老枯萎以及其他原因必须砍伐的漆树，则采用多开口子，加大割口长度和宽度，缩短刀次间隔时间等办法，争取一次取尽漆液，这种方式就是强化采割。

3.3 歇年采割和连年采割

是以采割各茬之间的间隔期（以年度计的大周期）来划分的，这两种均属养生采割。

漆树经过一茬采割，树皮受到一定的创伤，应停割一段时间让其恢复，这叫歇年。歇年时间的长短因漆树的立地条件好坏，品种类型优劣、长势强弱而异。当漆树长势得到恢复，树冠枝叶浓绿，割口愈合或基本愈合，即可再次开割。一般歇年时间，长者3年甚至更多，短者1～2年。漆区群众将其概括为“5年两头割”（歇3年）、“3年两头割”（歇1年）和“3年两不割”（歇2年）。

对于产地条件特别好，长势非常旺盛，生机恢复快，流漆量大的漆树，可以连年采割，不需歇年。连年采割的漆树多属优良品种（类型），栽培措施科学合理，且采割时多用低强度（少开口），从而可以连续采割几茬。但是到一定树龄后，漆树生长减弱，长势恢复减慢，或因自然灾害、管抚较差等原因使林分长势下降，就应停止连年采割而改为歇年采割。

3.4 按割口口形划分的采割方式

按割口口形和排列形式有以下几种采割方式：

斜口形和水平口形，这是以割口中线与树干垂直线之间的夹角划分的两种口型。在全国大多数产区，采用的是45°左右夹角的斜口形，这种口形的上下口边多呈弧形，割口面酷似柳叶或动物的眼睛（剪刀口除外）。在贵州西北部，云南省东北部和四川省南部，却流传着一种割口中线与树干相垂直，而与地面（水平面）平行的割口，这就是水平口型。这种口形割口两长边一般呈水平直线，所以也称“一”字口。

单路排列和多路排列，一个割季仅在树干一面开口，使割口呈单路纵向排列的为单路排列；一个割季在树干两面开两路割口，或开三路割口的为多路排列。一般多采用两路割口排列。但是，采用单路割口排列，也并不是始终在树干一面采割，而只是一茬内割口安排在同一割面，使割口呈一路纵列，在下一割茬则换在另一面安排割口，如此反复，以便充分合理利用漆树的可割部位，提高单株产漆量。

3.5　溶剂萃取漆酚

漆树经几年割漆后就趋于衰老，无法再割。但实际树皮内还含有较多生漆应给予充分利用。日本曾采用“枝漆”、“滩漆”等方法收集生漆，但仍做不到吃干榨尽。我国近年来采用了乙醇直接从衰老漆树皮中提取漆酚的方法。基本做法是将漆树皮剥下后粉碎，放入乙醇中浸泡，然后取上清液蒸除乙醇，剩余物则为粗漆酚。此法经 1981 年小试和 1982 年中试，证明提取方法简便，漆酚得率高（8.25%），成本低，工艺条件易于控制，便于推广使用。提取的漆酚可直接作为原料合成各种漆酚涂料，应用效果良好。

用树皮中漆酚合成的漆酚缩甲醛苹果酸清漆与生漆中漆酚合成的漆酚缩甲醛苹果酸清漆物理化学性能测试结果见表 33-3、表 33-4。

表 33-3　常规物理机械性能

序号	项目名称	树皮中的漆酚缩甲醛苹果酸清漆	生漆中的漆酚缩甲醛苹果酸清漆
1	外　观	透明清液	透明清液
2	颜　色	浅褐色	褐　色
3	粘　度（s）	—	27/25℃
4	表　干（min）	15/25℃	20/25℃
5	实　干（h）	24/25℃	24/25℃
6	光　泽（%）	99	107
7	挠　性（mm）	1	1
8	硬　度	0.4 以上	0.8
9	冲　击（kg·mm）	40	50
10	附着力（级）	2	2

表 33-4　漆膜耐化学腐蚀试验

序号	项目名称	漆树皮中的漆酚缩甲醛苹果酸清漆	生漆中漆酚缩甲醛苹果酸清漆
1	H_2SO_4 3%	48h 耐	48h 耐
2	浓 HCl	48h 耐	48h 耐
3	NaOH 20% 40%	48h 耐	48h 耐
4	$Ca(OH)_2$	48h 耐	48h 耐
5	沸　水	煮沸 15min 合格	煮沸 15min 合格
6	耐汽油	合　格	合　格

3.6　化学采割

化学采割是指在传统采割方式的基础上，配以乙烯利、电石、R_2-8159 增产素、三十烷醇和腐植酸钠等化学物质刺激割漆以提高产量。20 世纪 70 年代中期，陕西、湖北、贵州、四川等省开展了将植物生长调节剂和其他化学物质用于生漆采割，并取得了较好的效果。

（1）乙烯利的使用方法有涂抹、洞注和根灌3种，其中以涂抹法副作用小，使用方便且应用较为广泛。

涂抹法是在树干胸高处的割口一面，先用刮刀轻轻刮一条长约1/3～1/2树围，宽约0.03m的涂药带，然后用棕刷或刷瓶将乙烯利油剂或水剂均匀涂抹于该药带上。

洞注法是在树干基部的割口一面用扒钉斜向打深约0.03m、径约0.01m的小洞，将乙烯利水剂用吸管注入洞内。若两次注药仍用原洞，不要再打新洞，以减少对漆树的损伤。

根灌法是在割口一面距树基约0.5m处挖一半圆井，深约0.2m，将乙烯利水剂灌入，再覆土踏实。

水剂是以水为载体，将乙烯利用水稀释成所需浓度。乳剂是以松香和油脂（漆蜡和木油均可）熬成乳化物为载体，将乙烯利按一定比例与乳化物混合均匀，配制成所需浓度。施用浓度高低和剂量大小与施用方法关系极为密切，也与剂型有一定关系。一般涂抹法浓度稍高，通常采用5%～8%，最高不能超过15%。洞注法的浓度宜低，剂量较小，一般为4%～8%用2～3ml，其中乳剂用量和浓度可略小，水剂略大。根灌一般用水剂，浓度要低，剂量可适当大些。

乙烯利的施用浓度和剂量还要根据树势和树龄。对生长特别健旺的壮龄树，浓度和剂量可适当提高，反之应适当减低，以达到既增产副作用又小的目的。

乙烯利施用的时间应该符合漆树本身的产漆规律，才能获得既高产又保树的效果。一般应在初伏前几天（7月中旬）到白露以前（9月初）进行。因为初伏时，漆树生长进入旺盛期，漆液多，割漆进入洪潮期，这时施用效果最好。白露以后气温降低，如再施用乙烯利其作用难以发挥。施用次数和时间还要依品种类型、立地条件、漆树长势以及施用浓度和剂量而定。一般说来，高山地区大木漆树割漆时间较短，每茬施一次即可，通常在第2轮刀后施用；低山地区漆树和小木漆树割漆期较长，可施2次。一般在第3～4轮刀时施一次，第9～10轮刀时施第二次。

（2）电石施用一般用穴埋。埋穴挖在采割面距树基约0.5m处，刨成深约0.5m的小坑（最好离侧根近些，以便根毛吸收），将小块电石或用有洞的塑料膜裹好放入，然后覆土踩紧。电石的用量一般每株每次0.015～0.02kg，对于树势特别旺盛的漆树，剂量可适当增加。电石的有效时间一般为1个月左右，故施用次数与乙烯利大体相同，每株年施量宜控制在0.05kg以内为宜。

施用乙烯利和电石后，生漆质量经有关部门鉴定，除漆酚含量稍有降低和漆液干燥结膜时间略有延长外，其他方面均与对照漆无异，漆膜的物理性能和耐腐蚀能力也与对照漆相同，说明漆液质量正常。列出了陕西小木漆乙烯利处理后生漆质量情况和陕西省电石处理漆树漆液质量情况见表33-5、表33-6。

表33-5 陕西小木漆乙烯利处理后生漆质量情况表

测试项目		对照漆	处理树生漆	备 注
主要成分含量	漆 酚	82.00%	80.25%	二甲法
	胶 质	3.75%	4.25%	二甲法
	含氮物	1.75%	1.50%	二甲法
	固体总量	87.50%	86.00%	15℃恒温烘烤1h

（续）

测试项目		对照漆	处理树生漆	备 注
漆膜物理性能	干燥时间	1.5～2h	3.5～4h	23℃相对湿度 80%条件下
	冲击强度	<20	<20	单位：cm·kg
	弯曲度	3	3	单位：mm
	附着力	3 级	3 级	划图法
	硬　度	>0.56	>0.56	漆膜值/玻璃值
	加工应用	良	良	指一般对生漆的精制混合用
漆膜耐腐蚀性能	硝酸 31%	耐	耐	涂漆二道样板、室浸、浸 60d
	盐酸 37%	耐	耐	涂漆二道样板、室浸、浸 60d
	硫酸 47%	耐	耐	涂漆二道样板、室浸、浸 60d
	硫酸 66%	耐	耐	涂漆二道样板、室浸、浸 60d
	氨水 25%	耐	耐	涂漆二道样板、室浸、浸 60d
	二甲 50%	耐	耐	涂漆二道样板、室浸、浸 60d
	乙醇 50%	耐	耐	涂漆二道样板、室浸、浸 60d

表 33-6　陕西省电石处理漆树漆液质量情况表

项目	煎盘分数	颜色	转色	浓度	丝　路	干燥时间	干后宽度
对照	75%	土黄	中等	中等	较细长、回缩力较强	100min	中等
处理	82%	米黄	快	稀	较细长、回缩力较强	100min	亮

施用乙烯利和电石最后都会产生乙烯，在施用适度时均无明显副作用。但连续施用对树皮结构有一定影响。主要是石细胞群增多，面积加大并且发生区内移靠近形成层。小木类漆树比大木类漆树变化显著。所以复割时有树皮变硬的感觉。其次是漆树的漆汁道由于乙烯的作用而加快发育，提早成熟，分泌细胞过早破毁。再就是对漆树树干的加粗生长产生抑制，树围生长量减少。

（3）利用 R_2-8159 增产素刺激割漆，也获得了生漆增产、树势生长好的效果。该增产素的配方是甘遂、元花、二丑、大戟、巴豆、大枣按 5∶4∶4∶3∶4 的重量比例配剂。除大枣外，其他各成分混匀捣破，再加入 12 倍的水置入铝锅熬制 2～3h，然后过滤，再连续加热煮沸2～3 次，最后浓缩成片剂，包好隔绝空气待用。也可熬成 2～3°Be′时即灌瓶封好备用。在割漆前 20 天（小满至夏至）在树干基部老割口处，用 0.012m 粗的木工钻钻一个 45°向下斜的孔（深因树干粗细而异，一般约 0.1m 左右），立即放入 2g 片剂，并注入清水搅拌使其溶解，然后用木塞将孔口封闭。以后每隔 3～5 天向孔内注水一次，整个割漆期注 4～5 次水即可。当用水剂时，则需一根塑料管或胶管，将一头插入瓶中，另一头插入木塞细管中做成一灌注瓶，将水剂慢慢灌入孔中，每株用量 20ml 左右。

（4）喷施腐殖酸钠，也可使生漆增产 20%～60%，并且漆树生长旺盛，叶色浓绿。施用方法是将腐殖酸钠配制成 0.01%～0.02%的水溶液，从开刀前 5 天开始，每隔半月喷洒一次，喷到树冠叶面基本全湿为止，每次应在晴天无风的下午进行，喷后如遇雨应重喷。

4　采割工具

采割生漆，必须根据所采用的采割方式准备好工具。“工欲善其事，必先利其器”，要提高割漆工效，备好工具十分重要。采割工具可分为割前清除路障工具、割漆工具和收漆工具三类。

割前准备所用的工具主要是弯刀或镰刀，用来清除路障和配制割漆脚蹬。

割漆工具主要是刮刀和割刀。刮刀又名刨刀，它有两种基本形式，一种是刨猪毛的刨刀，一种形状像锄地的铲刀，长约0.2m，安有刀把。

割刀因地区不同，形状有很大差别。但按刃口可分为弧形和线形两种，最有代表性的是切刀形（如陕西割刀）、镰刀形（四川割刀）、凿形（陕西关中割刀、甘肃割刀和一字口形割刀）和斧头形（倒“人”字口形割刀）。

收漆工具主要有盛漆器、刮片和漆桶。

盛漆器也称漆茧，多为蚌壳做成。为增加蚌壳强度和韧性，可用盐水将蚌壳煮沸20min。有的地方蚌壳难以筹集，可采用强度较高的塑料器皿。盛漆器易损坏，所以需多准备一些，最少也要多于一天割漆使用量的30%。

刮片用于收漆时刮净盛漆器内的漆液，长约0.2m，宽0.03m左右。可用梨树皮或杉树皮压平阴干后裁制，并将一头削成略带弧形的刀口，以便刮漆时与盛漆器的底面相吻合，刮尽漆液。刮片在不使用时，应将有刀口的一头插入水中使其保持柔软。

收漆刷一般在采用水平一字口形的地区使用，而不用盛漆器，也不用刮片。收漆刷多采用鱼竹劈成0.02m宽，0.17～0.2m长的竹片，将一端锤成刷状制成。鱼竹的纤维长、韧性和强度好，不起毛（纤维不脱落），可以用来在割口上直接将漆液刷收。有条件的地方，也可用牛尾巴制成，这种收漆刷质量更好。

漆桶有收漆桶和盛漆桶两种。为了方便上下树和穿行于漆林之中，一般每个漆农应准备可容2kg左右的收漆桶2～3个，一个可用来盛水放置刮片或收漆刷。在楠竹产区，也可用楠竹截成可容2kg左右的竹筒作漆筒。盛漆桶较大，有容量为25kg和50kg的两种，一般放在漆农起居处，不带进漆林。

此外，还有背兜和漆篮，用来盛装割漆和收漆工具，便于携带进出漆林，一般用竹篾编制而成。

5 采割的具体程序

5.1 采割前的准备

（1）采割前首先要做的工作是勘察落实资源。现在各地可供采割的漆树资源由野生和人工栽培两部分组成。野生漆树资源密度大小、生长状况有很大差异。投产的人工栽培漆林，个体间也有所不同，致使采割程度、歇年期也不一样。因此，在采割前必须进入漆林勘察落实资源，以便做到有计划地安排割漆劳力，合理划分作业区，确定巡回采割路径。对于远山野生成片资源，更须由熟悉漆林情况，懂得割漆的人员深入漆林，进行详细调查，制订出当年割漆计划和措施，认真实施。

勘察漆林的主要目的是落实当年可割漆树的数量和刀口数，并根据漆农的体力强弱、技术高低、路途远近、资源分布和生长状况划分作业区。作业区应以一个漆农一天能够采割一轮刀的作业量为度，漆农通常称作业区为“路”或“朝”，割漆每轮刀（也叫刀次）之间有数天至十余天的间歇（小周期），一般中、低山家种漆树间歇4～7天，中、高山漆树间歇7～10天或更长。因此，每个漆农必须安排4～8个作业区，以便轮回采割。

（2）野生漆树多与其他林、竹混交，漆树纯林中也长有较多的藤蔓、荆棘和杂草，人工栽培漆树纯林，成林后由于中耕次数减少，杂灌木也会生长蔓延。为了方便作业，漆农必须用弯刀或镰刀将作业路上的杂灌木清除，便于通行无阻。这个清除路障的过程就叫“砍路”。砍路要选择好路线，既要避免陡上陡下，又要防止不必要的迂回，使作业路线尽量缩短。最好能使路线首尾相连，当天作业开始和结束在同一地点，这样能提高工效。

(3) 采割生漆开始在树干的下部进行，以后逐渐上升直到树的粗枝。在多口割漆的情况下，漆树投产开割，也要在超过人站立着能割到的树干部位。为了安全生产和提高工效，须在树干上按一定距离（一般 0.8m 左右）捆绑脚蹬，这就是漆农所说的“绑架”。绑架可根据漆树个体所在位置确定形式：单株树绑单架，两株树接近可以绑台架。

漆树多为大乔木，漆农割漆要到 6m 以上的地方，无疑是种高空作业，因此要求脚蹬必须牢固，绑架所用材料也要扎实。虽是就地取材，但是，木棒应选用质坚耐腐的杂木，一般粗不少于 0.05m。绑架用的竹篾要在前一年准备好，使之充分干燥，如能经烟熏火炕，既可使之干燥，又能防腐防虫。交叉捆绑后不会再发生干缩滑脱。没有竹蔑的地方可采用老藤作捆绑材料。个别地方的漆农，图方便省事，仍然沿用在树上钉楔子的办法攀登上树，这对漆树资源生长极为不利，必须制止和纠正。

(4) 选择割漆部位是一项非常重要的工作。采割部位合理与否，对漆树生长，生漆产量和质量都关系极大。这是因为漆树的漆汁道与输送营养物质的筛管都生长在次生韧皮部内，割断漆汁道也势必割断筛管，影响其营养输导。因此，不论采用何种口型，都应合理选择和适当控制采割面（不超过树围的 2/3），沿树干纵向给漆树保留 1 至数条，其总宽不少于树围1/3的营养带，即通常所说的留“筋路”。绝不能在树上乱开口子甚至环割树枝，这样会割断漆树所有的筛管，使漆树因营养不良而枯萎甚至死亡。

在选择漆树采割面，留好筋路时，还要注意漆树枝叶的长势。一般说来，树干凸出的两个侧面，其树冠发达，枝粗叶茂，是漆树营养输导的主要侧面，为保持漆树营养的输导畅通，宜于留作筋路，另外较扁平的两面作采割面。扁平面不仅流漆正常，且因输导组织较凸面少，为输送养分的水分也少，生漆质量也会提高，且有处于漆树生长。当然，有些漆树干无明显凸凹面，这就应根据枝叶生长情况和方便割漆来确定。

采割面选定后，就要安排好割口位置。通常第一个割口（最低位置的割口）距树干基部至少要有 0.3m，向上每个割口间的距离视口型大小而定，使之既能充分利用漆树资源，又要保护漆树生机。具体地说，本纵列间口距不应少于 0.8m，三路纵列时本纵列割口距离不应少于 1m。割口除宽窄适度，排列有序外，在下列情况下不得开口割漆：一是直径小于 0.1m 的树梢和树枝；二是枝椏下 0.25m 以内的树干上；三是凸起和有病虫害和机械损伤的部位。

(5) 漆树树龄较大时树皮比较粗糙甚至翻卷，死皮厚而硬，不便于采割，这就要用刨刀刮去粗皮，即刮皮。刮皮用力要轻重适度，使之仅将粗皮刮除而不损伤韧皮部，以免损伤漆汁道引起漆液渗流。影响以后割漆。对于树皮较薄或比较光滑的漆树就不必刮皮。

(6) 在漆树采割部位开第一遍刀时，因渗流出的漆液中含水量大，有效成分少，利用价值低，一般废弃不收，称其为“放水”。其实“放水”漆也含有一定量的有效成分，收起来可作糊桶调灰原料。“放水”这遍刀，要奠定生漆割口的雏形和基础，应该非常注意，力求做到形状准确、深浅适当、大小合适，切勿太宽太长，通常宽约 0.002m，长为树围的 1/6。

5.2 割　漆

在做好“放水”后一周，即可进行生漆采割，其主要作业程序有切皮扩口、收漆、倒口等。

(1) 常规采割生漆，就是用割漆刀在放水口的两边将树皮切割下来，让口子逐轮加宽加长，漆液在切割处渗流出来，这就是切皮扩口。

我国漆农在长期的生产实践中，根据各地漆树资源的实际和传统习惯，创造了不同的割漆口型和与之相适应的操刀切割方法，概括起来有曲线切割和直线切割两大类。曲线切割流行于四川、湖北、湖南等省和华东地区，范围较广。割出的口型有“柳叶”形，“画眉眼”形；直线切割流行于陕西、云南、贵州等主产省，割出的口型有一字形、剪刀形或V字形、鱼尾形、牛鼻形、倒八字形等。

画眉眼头刀放水口长0.05～0.07m，割成一条45°的斜线，以后逐次加宽加长，到最末一轮刀（末刀）口长不能超过0.13～0.17m（按水平口长计算不超过树围的1/3），宽不超过0.05m，形成两头小，中间大的“画眉眼”状割口。这种割口在树干上一般为两路纵列，在两个采割面交替上升，两侧留两个营养带。若树干胸高直径在0.15m以下，宜于在一侧开口，割口单路排列。这种口型的割口小，可适当多开割口，愈合比较快。割口下端0.03m横插盛漆器，让割出的漆液渗流入内。

柳叶口酷似柳树叶形状，其特点和画眉眼口形基本相同，只是它比画眉眼略长，需要很好掌握。一般放水口长0.06～0.09m，割成一条45°左右的斜线，以后在割漆时逐次加宽加大，但到收刀时的最大长度不超过0.2m（水平口长不超过树围2/5），宽度不超过0.05m。一般情况下是两路纵列，割口在两个采割面交替上升，同一割面两口距离不少于0.8m。胸高直径在0.15m以上的漆树，只能在一侧开口，割口单路排列。

一字形口放水时口长不超过树围的1/6，割成一条水平线。以后在割口的两边平行切割，逐步加宽加长，在收刀时割口长度不超过树围的1/3，宽度不超过0.04m，最后割口形状仍似个一字，故称一字形。这种口型在贵州省西北部、云南省东北部、四川省南部的生漆产区采用。其原因是这些地方所产的大木漆漆液比较粘，燥性强，流速快，采用这种口型，漆液可储于割口两边（主要是下边里侧），不需盛漆器，而直接用刷子收漆。这种口型的割口窄，单口创面较小，所以愈合也比较快。立地条件好，生长健旺的漆树，隔一、两年就可复割。但是这种口型呈水平状，较斜口的愈合速率慢，更应注意割口的大小，防止割成牛鼓眼，收漆也比较费工，这是它的缺点。

剪刀形也称V字形口是由两边下刀割成V字，形似剪刀状。放水时每侧小口长0.04m，均切成与树干中垂线为45°夹角的斜线（实际上两侧小口中线相垂直）。以后沿每侧上下边切割，逐渐加宽加长。按照割四留六“筋路”的要求，即收刀时一侧最长不超过0.15m，两侧最长口端水平距离不超过树围2/5，口宽不超过0.08m。头茬以开一个口子为宜，第二茬可视树的粗细开2～3个割口，这种割口既宽又长，割断的漆汁道多，因而流漆量大，但因创伤面大，难以完全愈合，一般要隔3年才能复割，同时因单个割口大，个数少，比较省工，每茬割口单路排列，操作也较方便。

鱼尾形口形与剪刀形相似，由两个小口组成一个V字，只是在割每轮刀时，两侧小口的下边割线较短，并在两端略向上翘，下端仍紧紧相连，最后形成像鱼尾巴的割口，故名“鱼尾形”。这种割口基本要领和特点与剪刀形相同，但因其创伤面较剪刀形小，所以口子较易愈合，复割时间可适当缩短，立地条件好或壮龄树间歇2年左右即可再割。

牛鼻形口形是在鱼尾形两个小口中间留一条营养带，形似牛鼻，故名牛鼻形。这种口型每个割口由两个小口组成，中间要留上宽0.02m，下宽0.01m的营养带，这就要求每个口比剪刀形的小口略短，整个割口割面也要小一些，因此，可根据树围的大小，实行纵向的二路排列或三路排列。三路排列的割口收刀时，每口实际采割水平最长距离不超过1/3（包括中间的营养带），两路排列收刀时，割口实际采割水平线长不超过40%。并要求本路割口及其中间的营养带对齐，以保证营养输导畅通。插盛漆器的刀缝也不要切的太深，否则割透了韧皮部，使割口中的营养带失去作用。这种口型与剪刀型相比，除保持了高产省工的特点外，还因口中筋路畅通，利于两侧的细胞分裂，可加快愈合速度，缩短了间隔年限，增加了采割茬数，提高了漆树在整个生命期中的生漆产量。但是这种口型采割难度较大，如果角度掌握不好，上切口的漆液会溢出口外而造成浪费。

倒八字形口形由两个小斜一字割口组成，形似倒写的八字。放水时每侧口长0.02m，切割成与树干中垂线45°的夹角的斜线（两小口中线夹角为90°），两小口下端不连接，留一条不小于0.01m宽的营养带。收刀时一侧最长不超过树围的1/6（水平线长），口宽不超过0.06m，割口可视树干的粗细实行二路或三路排列，但以二路排列为好。这种口型的原理与牛鼻形相同。但它是由两个斜一字形割口中间夹一条营养带组成，除产漆量高，割口易愈合，歇年时间短，可提高漆树产漆量外，还有操作技术不复杂，易于推广的特点。

上述各种口型各有优点，并有一定的流传地区，但也有不足，有待研究改进，以使割口朝着伤树轻、愈合快、割口少、产量高的方向发展。

（2）使用割刀切割树皮，其操作方法非常重要，必须掌握要领，加强训练，才能使用得法。切皮的顺序是，两个先上后下：一是从树干的上部割口开始，依次向下直到下部；二是每个割口，也应先割割口的上边沿，后割割口的下边沿，以免上部割口时皮渣掉入下部割口；同一割口的上边皮渣落入下边内，影响生漆质量。所用割刀必须锋利，操作时应下刀迅速、提刀利落、刀取皮掉、口齐无渣，不能拖泥带水，力避补助。

切割树皮深度是常规采割中的技术关键，比较难以掌握。其要求是透过韧皮部保留形成层。因漆树品种类型、立地条件、树龄和生长势不同，树皮厚度不一，肉眼又看不透，故难以切割适度。如果割的过浅，切断的漆汁道少，漆液流量就小；如果切割的太深，破坏了形成层，影响了漆树生长发育；如果深达木质部，还会使水分渗出，影响生漆质量。而切割深浅以毫米计，用力稍轻或稍重都会使切割深度欠准。所以漆农说："割皮深浅在用力，稍轻稍重差分厘"，对切割树皮的深度必须重视。

丝条宽度就是每次割去树皮的宽度，一般为0.002m，最宽不超过0.003m。丝条愈窄，割口的面积愈小，伤口易于愈合；反之，使割口面积增大而难以愈合。所以，切割树皮越窄越好。

切割角度指各切口内边与树（或树皮横切面）的角度，一般应是45°，使上切口边缘形成坡面，下边缘成外高内低的槽沟，以保证漆液顺刀口畅通地流入盛漆器。其切割要领是将刀柄略向上翘，从而使刀锋面与树干成45°角，割成的树皮边缘也自然形成45°夹角。实践证明，上边缘夹角不当，漆液就会从上边漫过割面流入下切口；而下切口边无沟槽，或沟槽太浅，漆液还会从下切口溢出造成浪费，漆农把这种情况生动形象地比喻为"过河"或"洗脸"，这种现象应该避免。

（3）每割一遍漆都要进行收漆。收漆的顺序与切割树皮顺序相反，应是先下后上，自下而上，即先收树干最下端割口的生漆，逐渐依次向上，以免树皮、杂物和脚上的泥土落入，从而使生漆质量得到保证。根据口型的不同，收漆有插茧和刷子两种方法。刷子收漆用于水平一字形割口，主要工具是收漆刷。在刷收时应顺着同一个方向，一次刷不尽时再将刷提起从头刷，不能来回刷，以免造成漆汁道堵塞而影响产量，同时也有利于保持生漆各化学组分不受影响。插茧收漆主要用于斜口型各种割口，其方法是，在割口下方0.05～0.07m处割一条宽0.02m，深0.005m的缝，将盛漆器（俗称茧子，多为蚌壳做成）插入缝内，切缝不可过深，以免影响漆树生长，但也不能太浅，以盛漆器插稳为度。无论是哪种收漆方法，都应以每刀次所流出漆液收净为好。如果收后仍在流漆，可将盛漆器再次插入，或隔段时间用刷子再收，流漆多的漆树有时收漆可达3遍。

割漆收刀时，应对漆树林分别进行清理，以利于漆林生长。清理内容为倒沟和除架。割口下沿有沟，割漆收刀时应用割刀将下边缘削成外低里高的坡，以免割口积水，感染腐烂，有利于割口愈合，这项工作就是倒沟。

在进行倒沟的同时，应将配制的脚蹬撤除，给漆树松绑，这有利于漆树生长。如将绑架材料收拣妥当，还可用于下次割漆时用。

6 影响割漆产漆的因素

影响割漆产漆量的因素十分复杂。它受漆树本身结构、生理作用、生长状况等内部因素的影响；也受外界环境、人为作用等各种外界因素的影响；此外还与漆树品种及经营管理的措施有关。

近几年来，由于漆树解剖工作深入发展，我们已经知道漆液产生在漆汁道内。当漆汁道被切断后，漆液就流出。要想多割漆，就要尽可能多地切断漆汁道，在一棵漆树上多开刀口，每一个刀口有尽可能长的割线。同时还应保证漆树的正常生长发育。

影响割漆产漆量的因素主要包括以下3个方面：一是环境，二是漆树品种，三是采割方法，以及正确合理的割漆制度。

6.1 环　境

环境包括气候环境、立地环境和病虫害。

(1) 选择合适的气候割漆。这对生漆产量有着显著的影响，如选择时间不当则滴漆无收，而且还严重影响漆树生长。在本章前面已述及割漆季节，一年四季气候的变化直接影响漆树的生长。春夏气温回升，雨量充沛，漆树生长旺盛，特别是夏季三伏时节，漆树生长达到高峰，此时割漆量也达到高峰。这个时节割漆一定会丰产、丰收。秋冬季节气温逐渐下降，漆树生长渐趋停止，并要积累养料为第二年生长做准备。如果我们将采割高峰选在这个季节，那将严重影响漆树养料的积蓄，使来年生长不良，甚至死亡。

此外，天气对割漆产量也有明显影响。一天当中，相对湿度的日变化与温度的日变化相反。相对湿度随温度上升而减小，随温度降低而增大。一天中相对湿度的最大值一般出现在清晨最低温度时，最低值出现在午后最高温度时。

风在一天当中也有明显变化，风的日变化特征和乱流混合的日变化有关。日出后，乱流交换作用逐渐发展，上下层空气的混合作用增强，使下层风速增大，而上层风速减小；午后对流和乱流作用达到最强，低层风速达到最大，而上层风速达到最小。此后，随着乱流作用的逐渐减弱，上下层空气间的乱流交换作用减小，因而低层风速也减小。夜间，乱流交换几乎停止，这时低层风速达到最小，甚至出现静风，而高层风速达到最大。这就是日出前清晨风小，而午后风大的原因[3]。

根据以上气象因子分析，在夏季割漆旺季，清晨最有利于割漆，而到了上午，空气相对湿度减少风也增大，流漆量明显减少，下午更少。所以有经验的漆农都是赶早割漆，中午以前就收刀下山。此外，在雷雨之前也是割漆的好时机。雷雨是由于暖季空气湿度大，且在地面剧烈受热后对流形成积雨云而引起的。因此雷雨之前空气湿度大，气温高，有利于漆液的外流。如果碰到这种天气，不妨晚收一会漆，让其多流一些是值得的。

干旱之后突然降雨也会使产漆量猛增，俗称“冒朝”。如 1976 年 9 月 1 日出现一次冒朝，产漆 0.009 4kg，比前一朝 0.006 3kg 多产 49%。在 1978 年 8 月 10 日，也出现过一次冒朝，产漆 0.012 9kg，比前一朝 0.009 1kg 多产 41%。这些现象都说明水份对产漆量的巨大影响。

由此可见，环境气候对割漆有着重要的影响，漆农在这方面积累了丰富经验，他们常是夏至开刀放水，寒露收刀下山，割漆的高峰正是选在三伏时节。而且他们把每天要割的一路漆树称为“朝”,“朝”就是早的意思。所以，这些实践经验是有科学依据的。

(2) 漆树生长的地方称为立地环境。漆树的立地环境不同，其割漆流量也不一样。概括地说，生长在土质好的、向阳的、水分含量高的沟里的漆树流漆量多，而生长在山脊上的、阴坡的、干旱地方的漆树则差。但是，漆树生长的山地是十分复杂的，大环境里有小环境，小环境里可能还有个别现象。所以要具体问题具体分析。割漆选树的时候应注意这些问题。

(3) 当漆树遭病害、虫害严重时，生长也会受严重影响。危及根部的病虫害使根部严重受损，影响水分和有机、无机养分的吸收，使树株生长不良。一些食叶害虫，将漆树叶子吃光，使树木不能进行正常的光合作用，导致漆树流漆量下降。因此，遇到有病虫害的漆树时，首先要消灭病虫，使树株健壮生长。其次是割漆时要比正常树少割些口子。让受害漆树休养生息，使之不影响第二年的生长。

6.2　漆树品种

漆树的品种不同也影响到割漆量。采用同样的方法割漆优良的品种流漆量大，而劣质品种则相反。陕西省平利县胜利乡胜利村（二队）从 1975 年开始，连续四年进行了四个漆树品种产漆量测定，各年的平均单株产量大红袍是 0.298 54kg，红皮高八尺是 0.194 75kg，椿树头高八尺是 0.168 45kg。以产漆量最低的黄茸高八尺为 100%，红皮高八尺产量为 115%，椿树头高八尺为 132%，大红袍为 177%，以大红袍漆树产漆量最高见表 33-7。

表 33-7　几个漆树品种连年割漆平均单株产漆量

割漆年产漆量(kg)	1975 年	1976 年	1977 年	1978 年
大红袍漆树	0.206 4	0.276 9	0.447 9	0.263 0
红皮高八尺	0.115 5	0.171 7	0.290 8	0.199 0
椿树头高八尺	0.108 3	0.196 2	0.329 0	0.258 2
黄茸高八尺	0.090 7	0.124 9	0.261 7	0.196 5

注:1977 年每株为两割口,其余年为单口。

因此要想多割漆,割好漆,就要选择优良的漆树品种加以繁殖。目前我国已选出 46 个优良品种,在陕西、四川、湖北、贵州、云南、甘肃等主产省均有分布。如果在现有良种的基础上,再经过育种,培育出更高产的品种,我国生漆的年产量将会有新的突破。

6.3　采割方法

采割方法是影响割漆产漆量的最直接、最重要的因素。各种采割方法各有所长,而且在不断发展、完善。因此不能绝对地说哪种方法最好,哪种方法最差。其依据应是产量高,速度快,并较有利于树的生长。

采割方法包括:采割工具、采割口型、割口位置、割法等。

(1)生漆的采割工具有各种样式,总起来说有划割刀和切割刀两大类。不论采用哪种刀,首先要求刀刃锋利,割出的割面光滑,这样有利于漆汁道中的汁液外流。如果刀不锋利,割口粗糙,漆液不易外流,即使流出也不易收集。可见采割工具对割漆的影响。

(2)割口位置选得是否合理也影响其产漆量。这里所提的割漆产漆量是指漆树一生的产漆量。漆树一生的产漆量为漆树每年的产漆量之和。漆树每年的产漆量又取决于每年割口的数量、大小和割口的位置。选择割口数量、大小和位置的原则,就是既要能最大限度的多割漆,又不会影响漆树的生长。违背了这个原则,就可能出现过多开割口,割"狠心漆",致使漆树早衰,甚至死亡;或者开口太少,不能物尽其用。

由此可见,割口位置的选择与割口的数量和大小有着密切的关系,同时与树皮本身的结构也有关系。在割漆试验中,曾有一棵红皮高八尺漆树 1975 年产漆 0.11235kg,1976 年产漆 0.1245kg,1977 年双口产漆 0.2397kg,1978 年产漆量本应进一步提高,但因刀口上方和下方不远处有一大伤疤,而使产漆量减小,排漆时间缩短,到八月中旬就排不出漆来,不得不终止割漆。1978 年这一刀口只产漆 0.037kg,还不到常年的 1/3。这就说明在一棵树上要想得到较多的产量,必须注意选择好刀口位置。

(3)割口的口形对割漆产量也有影响,不同的口形流漆量不同,对漆树的伤害不同。有些口型有利于漆树皮的愈合,对漆树伤害小,就可在一株树上多开口;而有些伤害大,就不能多开。割漆口形有一字形、V 字形、牛鼻形、倒八字形、柳叶形等。现在一般认为牛鼻形和倒八字形刀口较好,流漆量高,伤口愈合快,对漆树影响小。

(4)割法指的是割漆周期。在一个割漆季节内,一个割口被割的次数称为割漆频率,两次刻割之间相隔的天数称之为小周期。在漆树一生中,这一年割漆与下一年割漆之间相隔的年数称之为大周期。

目前,各地区因漆树品种不同,割漆频率差异很大。高山地区割大木漆,一年只割 6～7 遍刀,割小木漆一年能割 20 多遍刀,有些多达 30 遍刀。其小周期有长有短,割大木漆小周期长达 7～8 天;割小木漆小周期可以短到 3 天。小周期的长短要根据实际情况来定。有时有意延长周期,可以使下一次割漆的漆液流溢量增大。例如 1977 年红皮高八尺漆树割漆中曾明显看到这种现象。红皮高八尺一般是 4 天一个割漆小周期。在 8 月 15 日即第 8 个小周期达到割漆高峰,平均单株产漆量是 0.022 5kg,以后的 4 个小周期都还是 4 天,其产漆量下降,分别为 0.0215kg、0.022kg、0.019kg。第 13 个小周期为 5 天,按照割漆量出现的下降趋势还应低落,但因为周期长了一天,产漆量不仅没有下降,还比前一个周期产量高出 0.001kg 而达到 0.02kg。第 14 个小周期为 5 天,产漆量又下降为 0.017 5kg。第 15 个小周期长达 7 天,产漆量又上升为 0.02kg。第 16 个小周期为 4 天,产漆量下降为 0.013kg。第 17 个小周期为 7 天,产漆量又上升为 0.018kg。第 18 个小周期长达 10 天,产量上升到 0.022kg。接近产漆量最高峰。

1977 年 9 月,水分条件很好,但由于大气温度下降,漆汁道形成漆液的能力降低,使产漆量出现了明显的下降趋势。但延长了割漆小周期,又使产漆量上升,上升的幅度虽不能同周期延长成正比例增加,但却非常明显。

根据以上所述,在割漆季节内,当产漆量下降,可以采用延长割漆小周期的办法保持产漆量。

割漆的大周期各地区也不相同。有的地区 3 年两头割,即中间休息 1 年,有的地区 5 年两头割,即中间休息 3 年。选择哪一种割漆大周期,要根据漆树的品种、生长状况、立地条件、气候环境和工作现场与住地的距离等因素来定。除了上述的割漆 6 周期以外，还进行了连年割漆的试验。陕西省平利县从 1974 年起，对于 8 年生漆树进行了连年割漆。5 年来，发现各年产漆量不仅没有明显下降，而且逐年上升，有些品种上升的更显著。这说明漆树每年都产生新的漆液，而且逐年有所增加(见表 33-7)。

从连续 5 年割漆的结果分析，说明漆树合成漆液的能力较强。所以在今后的漆树育种、漆树经营及制订割漆制度等项工作中都应考虑，使每一株树能生产出足够的有效割漆树皮。有了这一基本条件，实行连年割漆完全有可能。

除了以上所述，割漆技术的熟练与否，对产漆量和质量有着很大的影响。

1972 年在岚皋县原漳河公社调查，技术熟练的老漆农和新学割漆的学徒工割漆量和质量差别很大，见表 33-8。

表 33-8　割漆技术熟练程度不同产漆量和质量的差别

项　目 / 姓　名	从事割漆时间(年)	刀口数(个)	年割漆量(kg)	生漆验收等级(%)
袁××	新学徒	3 000	22.75	59
李××	新学徒	3 600	33.50	62
李××	新学徒	3 600	22.75	57
方××	新学徒	4 000	51.85	55
陈××	新学徒	3 300	20.00	60
陈××	新学徒	3 100	48.40	65
周××	3	3 800	82.00	62
周××	5	4 800	102.75	64
陈××	8	3 700	71.10	66
丁××	6	3 700	71.00	66
胡××	11	4 000	62.50	65
张××	11	4 000	69.50	67

表 33-8 所列，每个漆农割的均是野漆树。同是一种树，又在同一山地割漆，割漆技术熟练程度不同，产量和质量就有明显差别。6 个刚学割漆的新漆农，全年共割漆 199.25kg，平均单产仅 33.21kg。经基层供销社验收，只有一人漆质量达到国家规定标准等级，煎盘分数为 65%。而 6 个割漆技术熟练的老漆农，共割漆 458.85kg，平均单产 76.48kg，是新漆农割漆量的 225.7%，漆质量也高，6 人中有 4 人漆的质量达到或超过国家规定的等级标准，其余 2 人也接近标准等级。由此可见，积极培养新漆农，刻苦学习割漆技术，是提高生漆生产水平的重要环节。

6.4　建立正确合理的割漆制度

为了多割漆、割好漆，稳产高产，合理利用资源，必须注意影响割漆产漆量的因素，根据当地的实际情况，建立一套完整的合理的割漆制度，并用于实践真正做到保护资源、利用资源、长期高产。建立合理的割漆制度应该遵守以下几点：

(1)首先应建立起爱护漆树的观念经常检查漆树病虫害的情况，一旦发现，尽早消灭。不要人为地破坏漆树，有条件的地方，还应给漆树施肥，以利于漆树生长，有利于多产漆。

(2)应该把割口数、口间距离(割口位置)和割漆频率三者紧密联系起来，综合考虑，制定一个最佳方案。实践证明，必须按照一定的割漆制度进行割漆，否则就会给生漆生产造成严重的不良后果。根据不同漆树种类和割漆经验(主要指 V 形口割漆地区)，见表 33-9，供割漆生产中参考。

表 33-9 不同漆树品种的割漆制度

项目 / 漆树名称	分布海拔高度 (m)	每把刀的朝数 (朝)	割刀轮数 (轮)	每朝刀口数 (刀口)	口间距离 (m)	间隔天数 (d)	割面占树围比例 (树围)
野漆树	1 500 以上	7	8	600	0.8	6	2/5
山混子	500～1 000	4	18	500	0.8	3	2/5
贵州树	600～1 000	7	10	400	0.8	6	2/5
高八尺	600～1 200	7	10	400	0.8	6	2/5
火焰子	400～800	3	20	350	0.8	2	2/5
大红袍	400～1 000	4	18	350	0.8	3	2/5

按表 33-9 的各项指标，以野漆树为例，每年在海拔 1 500m 以上深山老林作业，一个漆农应当做到割 7 朝树，每朝树要割够 600 刀口，刀口与刀口之间的距离不得少于 0.8m，每个刀口要割够 7 轮刀，隔 6 天割一次，V 字刀口两顶端距离不得超过树围的 2/5，即割 4 留 6。这样就为生漆的稳产高产打下了较坚实的技术基础。漆农割漆如同工人在工厂做工一样，要按工艺流程、技术操作规程进行，形成一种制度，才能达到漆树资源割养结合的目的。

对单株漆树来说，刀口的多少，位置的选择，要依树的情况而定。一般来说，树经 0.5～0.9m，枝下高 3m 左右，开割的前 3 年每年只能割一个刀口，后 3 年也不能超过两个刀口，再往后可以开三个刀口。

在一棵漆树上选择刀口位置时，要计划好开割后各年的刀口安排，以减少树皮消耗。既要争取各年高产，又要保护树的生长优势，延长树的寿命，提高树的总产量。如果单从当年产量高低来考虑，就要选择最好的割口位置，此处活树皮应最厚，在上下 0.5m 内不应有伤疤、虫洞、死皮等外观现象，尽可能估计到要割断的漆汁道都是完好无损的，能流出大量生漆的。单口产漆量是单刀产量的基础，在各种割漆制度中都很重要。

第34章 生漆化学

郭明高

生漆含有漆酚、水、糖类物（以树胶质或多糖为主，还有麦芽糖、乳糖、L-鼠李糖、D-木糖、D-半乳糖）、含氮物（糖蛋白）、挥发性有机化合物（溴乙烷、丙烯醛、甲酸、乙酸、丙烯酸、丁醇、漆敏内酯）、氨基酸（亮氨酸、色氨酸、组氨酸）、油和漆酶等。

生漆中漆酚占40%～80%，它的主要成分是3-十五烃基邻苯二酚，依漆酚侧链上双键数目的不同，又分为饱和漆酚、单烯漆酚、二烯漆酚和三烯漆酚等，漆酚是其总称。漆酚的物理性质似植物油，遇水不溶，但它有一对亲水的羟基，因而可同水混合成乳液。

1 漆 酚

1.1 漆酚的分子结构

为了确定漆酚结构，真岛等测得漆酚及其衍生物的物理性质见表34-1、表34-2。

表34-1 漆酚及漆酚二甲醚的物理性质

化合物	分子式	状 态	相对密度（$d_4^{21.5℃}$）	折光率（$n_D^{21.5℃}$）	沸 点（℃）
漆 酚	$C_{21}H_{32}O_2$	无色油状液体	0.968 7	1.523 4	210～220（53～67Pa）；175～180（1.3Pa）
漆酚二甲醚	$C_{23}H_{36}O_2$	无色油状液体	0.941 9	1.514 0	190～195（707～880Pa）

表34-2 饱和漆酚及其衍生物的物理性质

化 合 物	状 态	熔点（℃）	化 合 物	状 态	熔点（℃）
饱和漆酚	白色针晶	58～59	硝基饱和漆酚二甲醚	白色针晶	72～73
二溴饱和漆酚	棕色粉末	60～66	饱和漆酚二苯甲醚	白色针晶	59～60
二硝基饱和漆酚	黄色针晶	122～122.5	饱和漆酚二乙酸酯	白色片晶	50～51
饱和漆酚二甲醚	白色针晶	36～37	二硝基饱和漆酚二乙酸酯	针晶	69～70

1.1.1 漆酚结构特征

1907～1922年真岛等为漆酚结构奠定了基础[4]。他们取日本漆作实验，发现漆酚具有邻苯二酚型特征反应：①与乙酸铅生成白色沉淀。②遇氯化铁呈变色反应，先绿后黑。其次与邻和对苯二酚还有共同的反应。③使氨性硝酸银溶液还原。④在碱性溶液中它们的摩尔吸氧量相近。但间苯二酚概不发生上述反应。

邻苯二酚的发现（1839年）比漆酚早半个世纪，它的结构被鉴定为 OH OH（邻苯二酚结构式），其工业

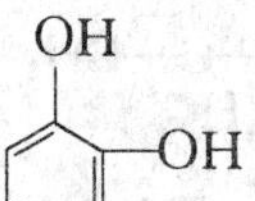

产品由邻-氯苯酚水解而得。这也证明上述结构式是正确的。

但是跟邻苯二酚比较，漆酚的物理性质不同：不溶于水，分子量大，常温为液态，沸点很高等。至于某些化学性质则更悬殊。漆酚干馏时除得到邻苯二酚外，还有C_1、C_6、C_7、C_8和C_{14}的烃类挥发出来，表明漆酚结构是邻苯二酚核上带有C_{14}以上的烃基侧链。

真岛用铂黑催化漆酚加氢，发现漆酚侧链的平均双键数为2，所得饱和漆酚熔点明确(58～59℃)。真岛还制备了漆酚二甲醚。它能加成两摩尔溴，也说明侧链带两个双键。由漆酚二甲醚加氢得到的饱和漆酚二甲醚也具有明确的熔点36～37℃，可见漆酚侧链的碳架相同，唯有饱和度不同。

漆酚二甲醚经$KMnO_4$氧化得2，3-二甲氧基苯甲酸（OCH_3，OCH_3，$COOH$），而并未得到常见的藜芦酸（OCH_3，OCH_3，$COOH$），可见漆酚侧链连在苯核羟基的邻位上。

表34-3 3-烷基与4-烷基邻苯二酚的对比试验

对比试验 \ 化合物	OH, OH, CH_3；OH, OH, C_3H_7；OH, OH, $C_{15}H_{31}$	OH, OH, CH_3；OH, OH, C_3H_7；OH, OH, $C_{15}H_{31}$
醇溶液中与$FeCl_3$起反应	绿　色	由绿变暗，最后黑色沉淀
醇溶液中与NaOH起反应	先蓝后红	先绿后棕红
二甲醚和硝酸起反应	一硝基衍生物	一硝基及二硝基衍生物

见表34-3，烷基侧链的位置影响邻苯二酚核的反应性能。3-烷基邻苯二酚性质较活泼，在$FeCl_3$醇溶液中先绿后黑，而不像4-烷基邻苯二酚那样长久停留在绿色上。3-烷基邻苯二酚二甲醚用硝酸处理时还可得到二硝基衍生物，也不像4-烷基邻苯二酚那样只能得到一硝基衍生物。所以漆酚属于3-烃基邻苯二酚结构。真岛等还用合成方法证实了饱和漆酚的结构。他们首先用2,3-二甲氧苯基丙酰氯（OCH_3，OCH_3，CH_2CH_2COCl）加十二炔钠 $NaC{\equiv}C(CH_2)_9CH_3$ 反应脱去NaCl，使两碳链相连。第2步催化加氢使炔键饱和。第3步用锌加盐酸使羰基还原成亚甲基。结果合成了饱和漆酚。它的熔点也是58～59℃，而4-十五烷基邻苯二酚的熔点为91℃。这就证明了漆酚的侧链确实为3-十五烃基。

真岛等用臭氧化法测定了漆酚侧链双键的位置。他们先将漆酚制成稳定性较高的漆酚二甲醚或二乙酰漆酚等，再以臭氧或高锰酸钾处理，使双键裂解成相应的醛或酸，如：

$$(OCH_3)(O{-}\overset{O}{\overset{\|}{C}}{-}CH_3)C_6H_3{-}C_{15}H_{27} + O_3 \longrightarrow (OCH_3)(O{-}\overset{O}{\overset{\|}{C}}{-}CH_3)C_6H_3{-}(CH_2)_7CHO + (OCH_3)(O{-}\overset{O}{\overset{\|}{C}}{-}CH_3)C_6H_3{-}(CH_2)_7COOH +$$

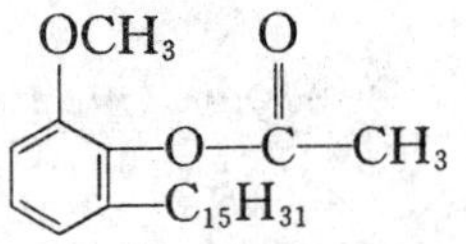

$$\text{(2-OCH}_3\text{-6-C}_{15}\text{H}_{31}\text{-C}_6\text{H}_3\text{-O-CO-CH}_3\text{)} + CH_3(CH_2)_5CHO + CH_3(CH_2)_5COOH$$

显然，反应式右方的两种醛或两种酸都是由单烯漆酚裂解而来，由此说明其双键位置在第 8、9 碳之间。反之，饱和漆酚乙酰基甲醚在臭氧作用下并没有降解而醛化或酸化。这表明它的侧链本来不含双键，从而证明它来源于漆酚的固有组分之一——饱和漆酚。

1954 年 Sunthankar 等用氧化铝柱层析漆酚二甲醚[5]。对分离开的 4 个馏分都进行：①测定熔点或折光率、红外和紫外光谱。②常压加氢测定双键数。③臭氧分析双键位置。得结果见表 34-4。

表 34-4 漆酚侧链的结构鉴定

馏份	熔点或折光率（$n_D^{25℃}$）	双键数目	红外或紫外光谱		臭氧化等综合确定的漆酚侧链结构
			吸收波长	结构特征	
1	35～36℃	0			$(CH_2)_{14}CH_3$
2	1.494 0	1	10.3μ 无吸收峰	顺式烯	$(CH_2)_7CH{=}CH(CH_2)_5CH_3$
3	1.503 0～1.505 0	2	10.3μ 有很小吸收峰，6.05 及 11.0μ 无吸收峰	主要顺式，少量反式烯；无末端亚甲基	$(CH_2)_7CH{=}CHCH_2CH{=}CH(CH_2)_2CH_3$
4	1.522 5～1.523 0	3	10.3μ 有很小吸收峰，6.05 及 11.0μ 无吸收峰。λ_{max}227nm（ε2.35×10⁴）	主要顺式，少量反式烯；无末端亚甲基。含共轭双键	$(CH_2)_7CH{=}CHCH_2(CH{=}CH)_2CH_3$

1958 年刘国智等采集了我国 9 种有代表性的生漆样品，制备了它们的饱和漆酚二甲醚，并测得其熔点都在 34～37℃，从而证明了我国的漆酚也是 3-十五烃基邻苯二酚结构[6]。

1981 年熊野等臭氧化漆酚二甲醚，还原成醛后与 2，4-二硝基苯腙反应形成衍生物，再用高效液相色谱分离，发现了新的漆酚成分，其 3-位侧基为 [skeletal formula] 或 [skeletal formula][7]。

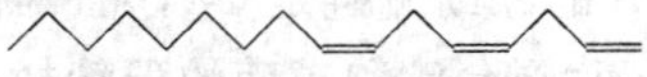

林乔源等将漆酚二甲醚通过薄层色谱展层，再用核磁分析也找出了上述两种漆酚，同时，还发现了双共轭三烯漆酚[8]：

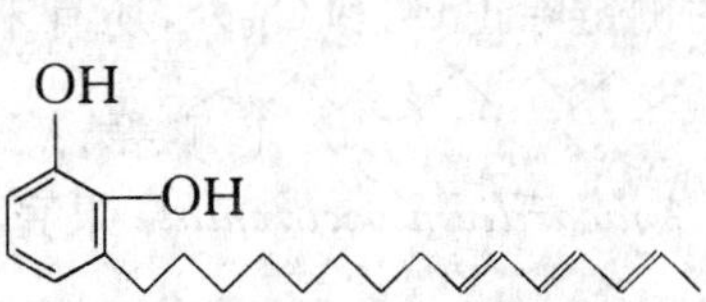

[structure: OH, OH on benzene ring with triene side chain]

杜予民等用反相液体色谱法将漆样中漆酚直接分离出 10 余个组分[9]，他提供了一组亚洲漆酚的具体分析数据如图 34-1[10]。

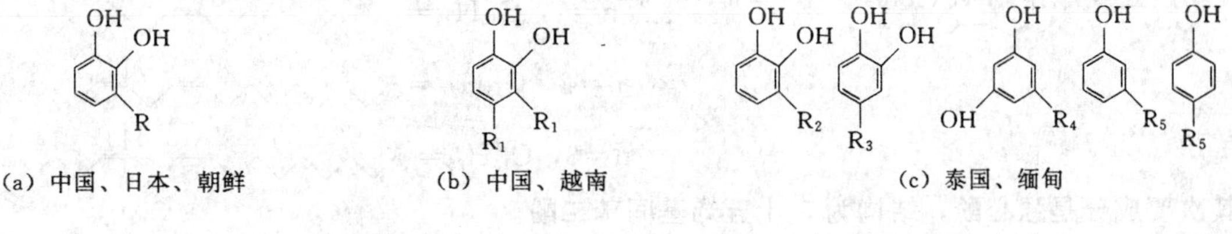

[structures: OH, OH, R; OH, OH, R_1, R_1; OH, OH, R_2; OH, OH, R_3; OH, OH, R_4; OH, R_5; OH, R_5]

(a) 中国、日本、朝鲜　(b) 中国、越南　(c) 泰国、缅甸

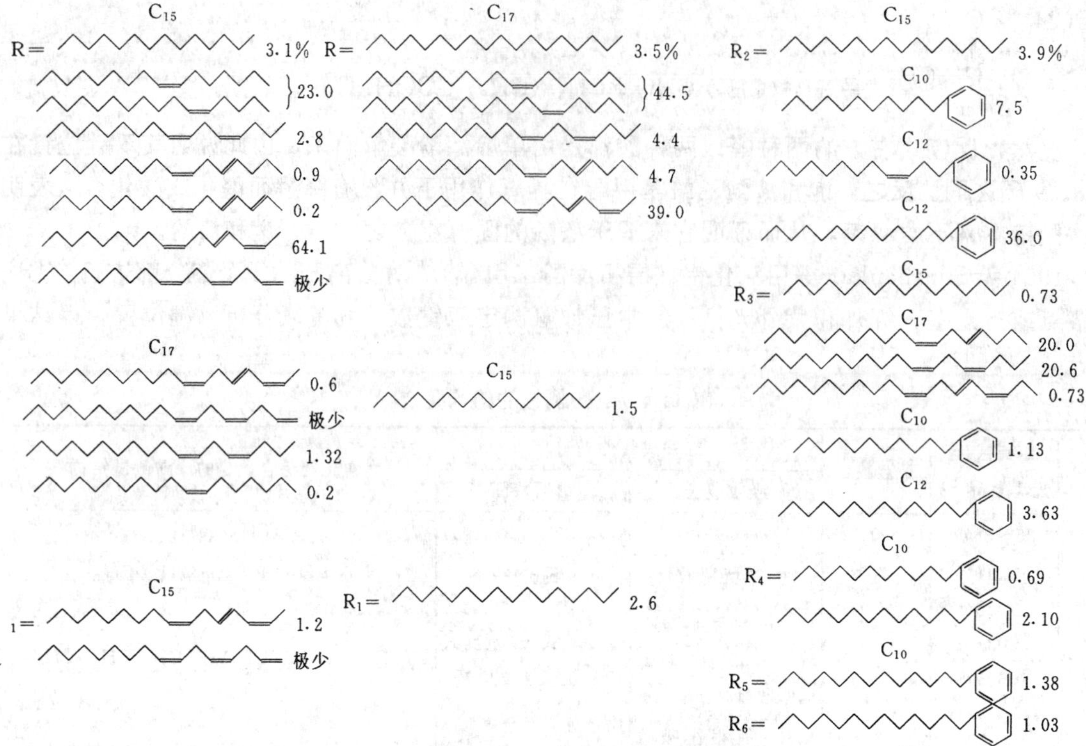

图 34-1 亚洲漆酚的成分（百分数为其中一例）

温远影等发现陕西“牛王”生漆中存在新成分3-十五碳三烯（8，11，13）基苯酚，占漆酚含量的6.7%，由红外光谱推断其中3个双键都是反式结构[11]。

1.1.2 各地漆酚的异同

中国、日本、朝鲜的漆树 *Rhus verniciflua*，其漆酚是3-正烃基邻苯二酚。它的烃基或侧链为 C_{15}（主）和 C_{17}。美国漆树科植物的漆酚也是这种结构。不过其中毒常春藤（Poison Ivy）的漆酚侧链是 C_{15}，而毒橡树（Poison Oak）漆酚侧链是 C_{17}。

我国台湾和越南的野漆树 *Rhus succedance*，其虫漆酚也是3-正烃基邻苯二酚，但它的侧链是 C_{17}（主）和 C_{15}。

缅甸、泰国、柬埔寨和老挝的漆树 *Melanorrhoea Usitate*，其缅漆酚是3-或4-烃基邻苯二酚，也有5-烃基间苯二酚。它们的侧链除正 C_{17} 和 C_{15} 外，还有末端含苯基的混合烃基 C_{16} 和 C_{18}，如 、 等。

巴西、印度，非洲的昉如树 *Anacardium occidentale* 果壳液的主要成分是昉如酸，属于水杨酸的衍生物：

OH
COOH
$C_{15}H_{31-2n}$

n=0，$C_{15}H_{31}$=

n=1，$C_{15}H_{29}$=　8′

n=2，$C_{15}H_{27}$=　8′　11′

n=3，$C_{15}H_{25}$=　8′　11′　14′

其次要成分是强心酚，结构为5-十五烯基间苯二酚。

阿富汗漆树科植物 *Ozoroa reticulate* 也含槚如酸的成分：(结构式：OH、COOH、$C_{15}H_{31}$ 取代苯环)

亚洲漆酚的特点是三烯漆酚的侧链中含有共轭双键，而美洲漆酚及槚如酸中无此结构。

1.2 漆酚的化学性质

1.2.1 漆酚的醚化

漆酚羟基呈弱酸性，但遇氢氧化钠水溶液即氧化破坏，所以只能在无水时与金属钠、乙醇钠、碳酸钾等反应生成酚盐，再与烷基化试剂作用。举例如下：

$$\text{(OH, OH, R 苯环)} + 2Na \longrightarrow \text{(ONa, ONa, R 苯环)} \xrightarrow{+\ (CH_3)_2SO_4} \text{(OCH}_3\text{, OCH}_3\text{, R 苯环)}$$

漆酚丙酮溶液中加金属钠片，搅拌下滴入硫酸二甲酯，升温 60℃回流反应。再加 40% NaOH 和甲醇回流以分解残余的硫酸二甲酯和金属钠.加乙醚萃取得漆酚二甲醚。操作时准备氨水作 $(CH_3)_2SO_4$ 的解毒剂并洒些氨水在地上。

无水的漆酚丙酮溶液，在碳酸钾存在下与硫酸二甲酯于 60℃反应 5h 而完成醚化。

$$\text{(OH, OH, R 苯环)} + 2CH_3I \xrightarrow{C_2H_5ONa} \text{(OCH}_3\text{, OCH}_3\text{, R 苯环)}$$

漆酚溶于乙醇钠（醇：钠＝175：1）中，加碘甲烷稍过量，氮气下回流至三氯化铁不显色为止。减压蒸去溶剂，水洗后加苯溶解，蒸去苯和水而得。本反应不能定量完成，收率较低。

粗漆酚 29.1g，溴化苄 25ml，碳酸钾 30g，丙酮 50ml，通氮回流 15h，过滤蒸去溶剂。产物吸附于氧化铝柱上，无水乙醚萃取得黄色漆酚二苄基醚，n_D^{25}1.5460。

醚化漆酚较难氧化，常用于保护羟基。事后加碘化氢得到游离漆酚。无水 $AlCl_3$、BCl_3 或 $NaNH_2$ 在甲苯等惰性溶剂中也能使醚化漆酚还原成漆酚。漆酚苄醚可加氢还原成饱和漆酚，也可用金属钠加乙醇还原成漆酚而不影响侧链上的非共轭双键。

漆酚和氯乙酸、氯乙烯等脂肪族卤化物在碱性介质中易生成相应的醚。

$$\text{(OH, OH, R 苯环)} + ClCH_2COOH \xrightarrow{NaOH} \text{(OCH}_2\text{COOH, OCH}_2\text{COOH, R 苯环)}$$

$$\text{(OH, OH, R 苯环)} + CH_2{=}CH{-}Cl + \text{(CH}_2-\text{Cl 苯)} \longrightarrow \text{(OCH}_2\text{-苯基, OCH}=\text{CH}_2\text{, R 苯环)}$$

漆酚和环氧、氯丙烷在乙醇钠存在下生成漆酚二环氧基醚：

$$\text{(R 苯环，两个 } -O-CH_2-CH(-O-)CH_2 \text{ 环氧丙基醚取代基)}$$

这是制备浅色生漆的基础反应。

漆酚可作环氧树脂的固化剂。等摩尔比时生成线型聚合物。

$$n\ \text{(漆酚, 3-R-邻苯二酚)} + n\ \underset{\diagdown O \diagup}{CH_2—CH}—Ar—\underset{\diagdown O \diagup}{CH—CH_2} \longrightarrow \left[\text{—O—}C_6H_3\text{—O—}CH_2—\underset{OH}{CH}—Ar—\underset{OH}{CH}—CH_2— \right]_n$$

摩尔比 1∶2 时则得到新的环氧树脂：

$$\underset{\diagdown O \diagup}{CH_2—CH}—Ar—\underset{OH}{CH}—CH_2—O—C_6H_3(R)—O—CH_2—\underset{OH}{CH}—Ar—\underset{\diagdown O \diagup}{CH—CH_2}$$

饱和漆酚和双（氯乙基）醚在碱存在下缩合成一种冠醚——双（十五烷基，二苯骈）18冠-6，作相转移催化剂。

$$C_6H_3(OH)_2C_{15}H_{31} + ClCH_2CH_2OCH_2CH_2Cl \xrightarrow{NaOH} \text{双}(C_{15}H_{31}\text{二苯骈})18\text{冠-6（两种异构体）}$$

漆酚和二甲基乙氧基氯硅烷反应后水解成硅醇，于170℃加热固化成性能优良的耐高温绝缘漆。

$$C_6H_3(OH)_2R + C_2H_5O—\underset{CH_3}{\overset{CH_3}{Si}}—Cl \longrightarrow R(OH)C_6H_3—O—\underset{CH_3}{\overset{CH_3}{Si}}—OC_2H_5 \xrightarrow{H_2O} R(OH)C_6H_3—O—\underset{CH_3}{\overset{CH_3}{Si}}—OH$$

1.2.2 漆酚的酯化

漆酚和酸酐、酰氯容易进行定量反应，生成单酯或双酯。

漆酚丙酮溶液和乙酐、吡啶于85℃回流45min完成酯化反应。加水使酸酐水解。用KOH滴定残余乙酸以计算漆酚含量[12]。其中吡啶是催化剂，它和产物乙酸形成乙酸吡啶，使反应完全，并避免生成的酯水解。

$$\text{3-R-C}_6\text{H}_3(\text{OH})_2 + 2\ (\text{CH}_3\text{CO})_2\text{O} + 2\text{C}_5\text{H}_5\text{N} \longrightarrow \text{3-R-C}_6\text{H}_3(\text{OCOCH}_3)_2 + 2\text{C}_5\text{H}_5\text{N}\cdot\text{HOOCCH}_3$$

漆酚和二异氰酸酯反应生成聚氨酯，等摩尔比时得长链聚合物。

$$n\ \text{3-R-C}_6\text{H}_3(\text{OH})_2 + n\ \text{CH}_3\text{C}_6\text{H}_3(\text{NCO})_2 \longrightarrow \left[-\text{O}-\text{C}_6\text{H}_4-\text{O}-\overset{\text{O}}{\overset{\|}{\text{C}}}-\text{NH}-\text{C}_6\text{H}_3(\text{CH}_3)-\text{NH}-\overset{\text{O}}{\overset{\|}{\text{C}}}- \right]_n$$

改变两者比例，再引入蓖麻油，可得性能优良的涂料。

1.2.3　漆酚双羟基和金属配位反应

在二甲苯溶液中漆酚和四氯化钛反应，放出氯化氢气体，同时生成不溶不熔的黑褐色沉淀，即漆酚-钛螯合物。

$$2\ \text{3-R-C}_6\text{H}_3(\text{OH})_2 + \text{TiCl}_4 \xrightarrow{\text{催化剂}} (\text{3-R-C}_6\text{H}_3\text{O}_2)_2\text{Ti}\downarrow + 4\text{HCl}\uparrow$$

漆酚和乙酸铁反应生成可溶的三价铁盐。

$$3\ \text{3-R-C}_6\text{H}_3(\text{OH})_2 + \text{Fe}\ (\text{CH}_3\text{COO})_3 \longrightarrow \text{Fe}(\text{O}-\text{C}_6\text{H}_3(\text{OH})\text{R})_3 + 3\text{CH}_3\text{COOH}$$

在 $FeCl_3$ 和漆酚的乙醇溶液中，Fe（Ⅲ）氧化漆酚成漆酚醌。所生成的 Fe（Ⅱ）和漆酚醌再形成黑色的漆酚醌铁（Ⅱ）螯白物。

$FeSO_4 \cdot 7H_2O$ 的甲醇溶液为浅绿色，即 Fe $(H_2O)_6^{2+}$ 的颜色，由于酚羟基的富电性和亲核性，漆酚易取代其中 H_2O 分子而成黑绿色的漆酚铁（Ⅱ）螯合物。

在黑推光漆中添加黑料 Fe $(OH)_3$ 时，也是由于漆酚羟基易取代 Fe $(OH)_3$ 中的 OH 而形成漆酚铁（Ⅲ）配合物，再经氧化还原而成空间结构更加稳定的漆酚醌铁（Ⅱ）螯合物。这就是黑推光漆永不褪色的原因[13]。

在乙酸缓冲的三氯化铁溶液中加入漆酚可使 H_2O_2 氧化苯成苯酚的产率提高 10 倍。当漆酚和铁的摩尔比为 2∶1 时催化效果最佳。表明 $(\text{R-C}_6\text{H}_3\text{O}_2)\text{Fe}(\text{O}_2\text{C}_6\text{H}_3\text{-R})$ 是该催化剂的活性中心[14]，这时催化剂中含铁 8.36%。

1.2.4 漆酚苯环上氢的反应

与苯酚和腰果酚相比，漆酚苯环上具有较多的供电子基团——酚羟基、烃基，因而漆酚苯环上的氢比较活泼，容易和醛类缩合。等摩尔漆酚和甲醛在氨水催化下先发生羟甲基反应，该羟基再和另一个漆酚苯核上的氢缩合脱水，如此反复多次，终于形成以次甲基桥连接漆酚苯环的线型高分子。

$$n\ \text{(OH, HO, R 取代苯)} + nHCHO \xrightarrow{NH_4OH} n\ \text{(OH, HO, R, } CH_2OH \text{ 取代苯)}$$

$$\longrightarrow \text{(OH, HO, R 苯环)}\text{—}CH_2\text{—}\left[\text{(OH, HO, R 苯环)}\text{—}CH_2\right]_{n-2}\text{—(OH, HO, R, } CH_2OH \text{ 苯环)}$$

这个反应常用于制备改性生漆的中间体。漆酚和糠醛也能进行类似的缩聚反应而得糠醛树脂，它能耐 250℃[15]。

氨水是常用的水溶性缩合催化剂，其活性不如氯化铵。油溶性催化剂是六次甲基四胺，高于 100℃也能使用。

漆酚和腰果酚与甲醛共缩聚时，漆酚的反应活性远大于腰果酚，其共聚产物是物理性能优良的清漆[16]。

漆酚苯环上的氢可以溴代，但这时侧链双键可能发生加成副反应，故溴代只适用于饱和漆酚，如加 2 倍的溴以制备三溴饱和漆酚。

漆酚苯环上的氢还可以次氯甲基化，但也限于饱和漆酚。

$$\text{(OH, OH, } C_{15}H_{31}\text{ 苯)} \longrightarrow \text{(}OCH_3\text{, }OCH_3\text{, } C_{15}H_{31}\text{ 苯)} \xrightarrow[(HCHO)_n]{HCl\ (气)} \text{(}OCH_3\text{, }OCH_3\text{, } C_{15}H_{31}\text{, } CH_2Cl\text{ 苯)}$$

次甲基上的氯很活泼，是用途广泛的中间体，如制备漆酚的胺类衍生物。

$$\text{(}OCH_3\text{, }OCH_3\text{, R, } CH_2Cl\text{ 苯)} + (CH_3)_2NH \longrightarrow \text{(}OCH_3\text{, }OCH_3\text{, R, } CH_2N(CH_3)_2\text{ 苯)} + HCl$$

饱和漆酚二甲醚和硝酸反应生成二硝基化合物。后者在乙酸—乙醚中可被锌粉还原成 6-氨基化合物。

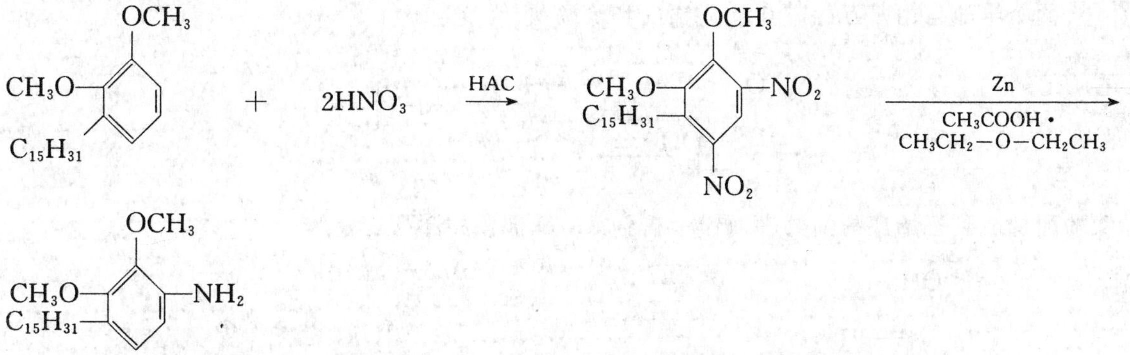

总之，漆酚苯核氢易进行取代反应，但要防止酚羟基和侧链双键上的副反应。

1.2.5　漆酚环的氧化反应

漆酚环易氧化的情况和邻苯二酚相似。后者可还原斐林试剂和发生银镜反应——醛类典型反应。邻苯二酚温和氧化时生成四羟基联苯。若遇无水氧化银则得邻苯醌。

饱和漆酚在无水硫酸钠、氧化银和乙醚存在下也得到相应的产物。

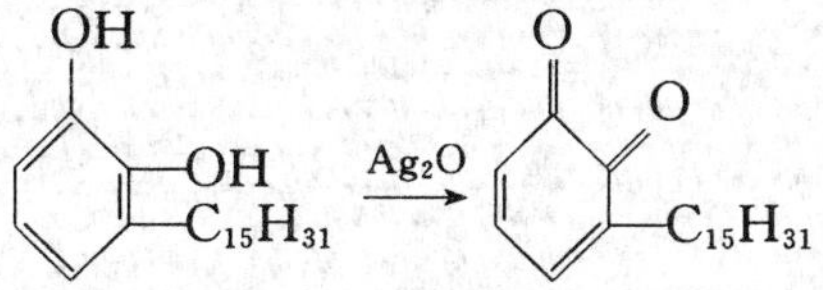

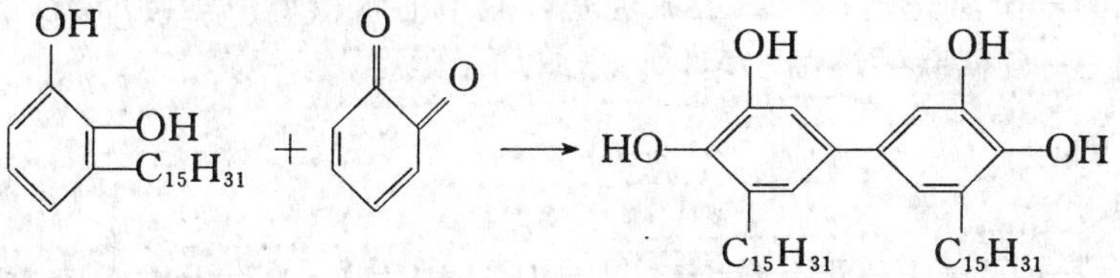

漆酚和硝酸银也发生银镜反应，最初生成棕色物，加热时析出金属银附于器壁，反应产物和漆酚与三氯化铁反应相同，即生成黑色沉淀。

漆酚的天然催化剂是漆酶。pH 值为 6～8 时漆酶的 Cu^{2+} 夺走漆酚羟基上的 1 个氢，使之变成半醌自由基。

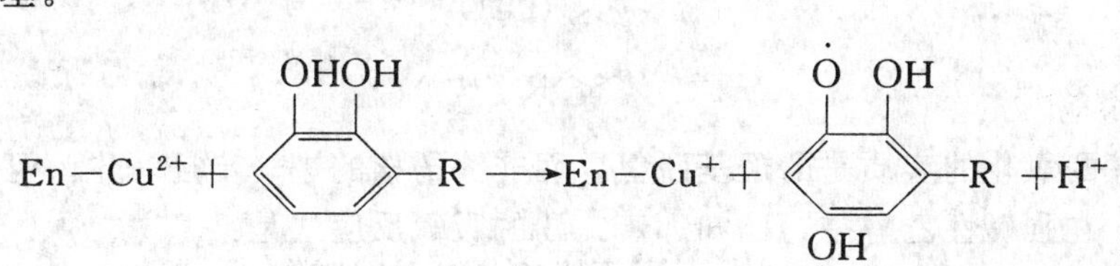

半醌自由基可以和苯核上的氢换位而成 3 种异构体：或 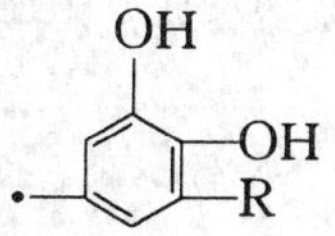　或者

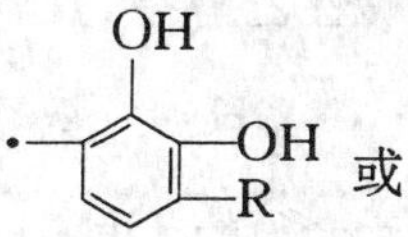

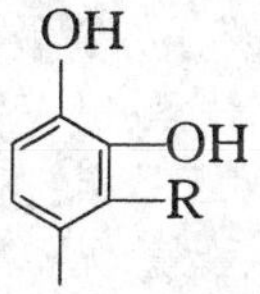

其中任意两种半醌异构体可偶联成漆酚联苯型二聚体：

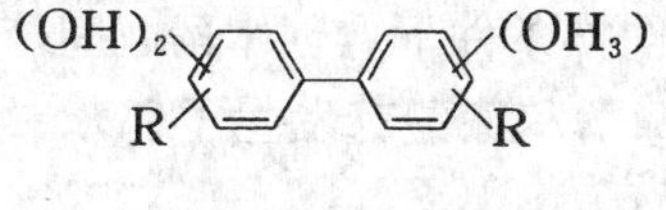

两个半醌自由基互相歧化而成漆酚和漆酚醌。

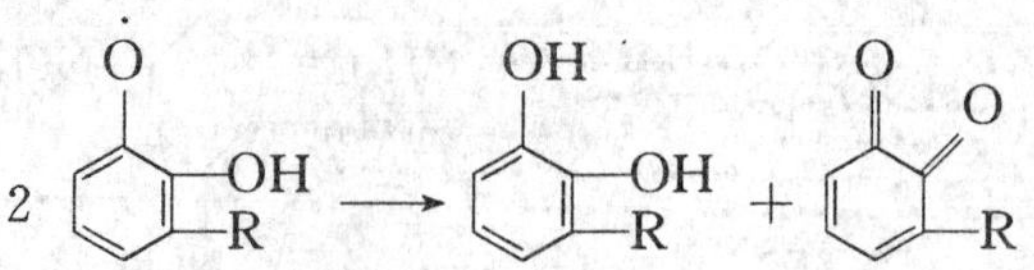

$$2\ \text{(O}^{\cdot}\text{, OH, R 取代苯环)} \longrightarrow \text{(OH, OH, R 取代苯环)} + \text{(O, O, R 取代环己二烯二酮)}$$

漆酚醌加成到三烯漆酚的共轭双键上得到 C—O 偶联的漆酚二聚体。

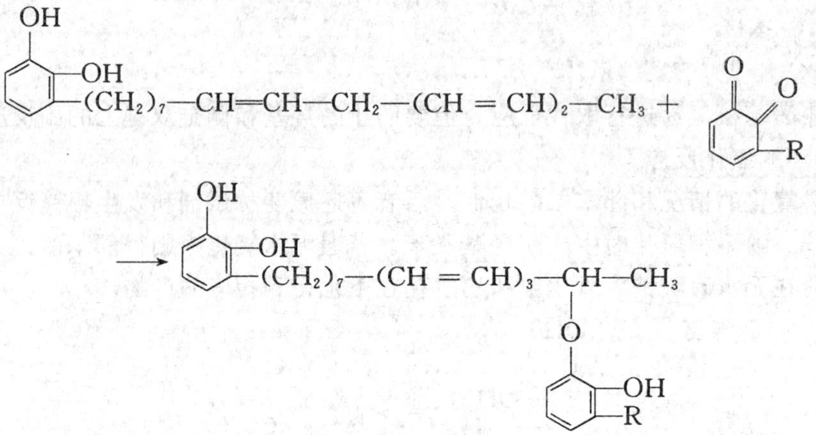

$$\text{(OH, OH 苯环)}-(CH_2)_7-CH{=}CH-CH_2-(CH=CH)_2-CH_3 + \text{(O, O, R 环)}$$

$$\longrightarrow \text{(OH, OH 苯环)}-(CH_2)_7-(CH=CH)_3-\underset{\underset{\text{(OH, R 苯环)}}{|}}{\underset{O}{|}}{CH}-CH_3$$

若漆酚醌苯核上的一个氢先转移至氧上成羟基，剩下的苯核自由基再加成到三烯漆酚的孤立双键上，又得到 C—C 偶联的漆酚二聚体。

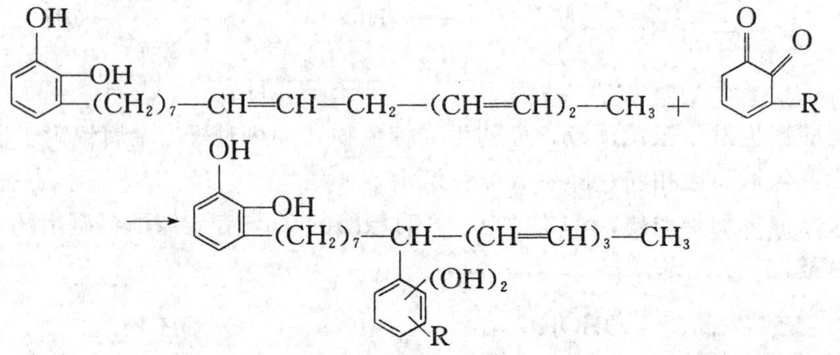

$$\text{(OH, OH 苯环)}-(CH_2)_7-CH{=}CH-CH_2-(CH{=}CH)_2-CH_3 + \text{(O, O, R 环)}$$

$$\longrightarrow \text{(OH, OH 苯环)}-(CH_2)_7-\underset{\text{(苯环, (OH)}_2\text{, R)}}{\underset{|}{CH}}-(CH{=}CH)_3-CH_3$$

漆酶催化漆酚氧化的实质是酚羟基脱氢，而非漆酚核的进一步羟基化。但后者在强碱催化下可以发生。在强碱性乙醇中，已知邻苯二酚的吸氧反应式是：

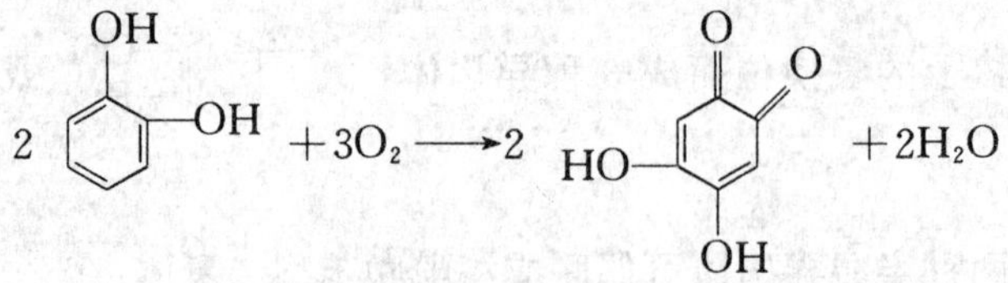

$$2\ \text{(OH, OH 苯环)} + 3O_2 \longrightarrow 2\ \text{(O, O, HO, OH 取代环己二烯二酮)} + 2H_2O$$

该式的吸氧摩尔比为 1.50。

2%NaOH 水溶液催化下测得饱和漆酚和生漆中漆酚的吸氧摩尔比分别为 1.66 和 1.69，这两个数值都接近 1.50，而且在同样条件下愈创木酚、间苯二酚、漆酚二甲醚、腰果酚和β-萘酚等俱不吸氧。由此推想饱和漆酚和漆酚都发生了邻苯二酚式的吸氧反应：

$$2\ \text{(OH, OH, R 取代苯环)} + 3O_2 \longrightarrow 2\ \text{(O, O, R, HO, OH 取代环)} + 2H_2O$$

其中 R 为 $C_{15}H_{31}$或 $C_{15}H_{27}$。利用这个吸氧反应可快速测定生漆中漆酚含量[17]。

高锰酸钾不能氧化饱和漆酚二甲醚，但可以氧化破坏饱和漆酚的苯环，残留的侧链转化为软脂酸。

$$\text{(OH, OH, }C_{15}H_{31}\text{ 取代苯环)} \xrightarrow{KMnO_4} \underset{\text{软脂酸}}{C_{15}H_{31}COOH} + \underset{\text{乙二酸}}{(-COOH)_2} + CO_2$$

同理，硝酸对漆酚的作用不是硝化，也是氧化破坏苯环，同时氧化裂解侧链双键成多种二元酸。

1.2.6　漆酚催化加氢

漆酚侧链双键催化加氢可制备饱和漆酚及其衍生物，也能测定其不饱和度[18]。如果利用孤立双键和共轭双键加氢速度的不同，还能测定它们的相对含量[19]（生漆加氢装置如图 34-2）。臭氧裂解漆酚侧链双键时也要用到催化加氢。此外，催化氢解漆酚苄醚易游离出饱和漆酚。

早期用昂贵的氧化铂为漆酚加氢催化剂，后来改用钯/碳和便宜的拉尼镍（Raney Ni）。钯/碳制法：将 1.7g 氯化钯溶于 14ml 10%盐酸中，加水 30ml 稀释，再加入事先用 10%硝酸煮沸、洗净、烘干了的活性碳 20g，混匀烘干而成。钯/碳是氢化烯类和炔类最好的催化剂，加氢速度快，又不易中毒。

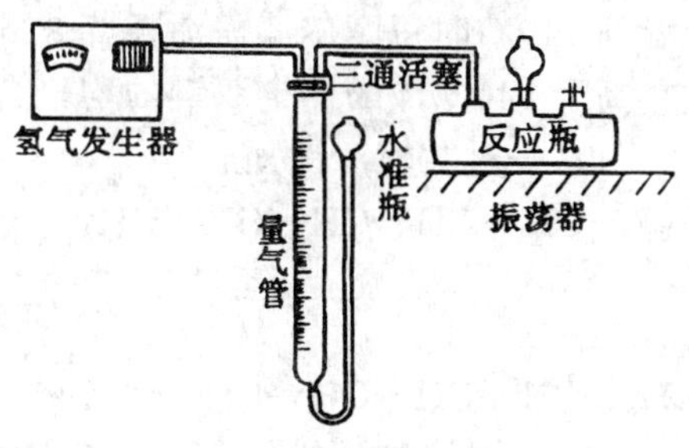

图 34-2　生漆加氢装置

将含镍 50%的镍铝合金粉末分批撒入 10 倍重量的 35%NaOH 水溶液中，铝置换水中氢气而溶解。控温 15℃边搅边撒，必要时滴入乙醇消泡。加完后于 20℃搅拌 30min，置于沸水浴上再搅 30min，更换碱液，重复操作 1～2 次，直到多孔镍呈海绵状为止。室温静置 1 月，其催化活性不变。临用前按 10%用量将镍取出，蒸馏水洗至中性，再用乙醇洗两遍脱水，趁湿投入加氢瓶中，通氢活化。同时留少许粉末置滤纸上观察，干后自燃者催化活性较好。

催化加氢在常温常压下生漆无水乙醇溶液中通氢进行。氢气发生器比钢瓶安全。电动振荡机优于电磁搅拌器。每克生漆吸收氢气约 115mL，尾气排出户外。凭量气管观察加氢速度，防止加氢系统出现负压时漏入空气。安全的要害是氢气泄漏至空气中形成爆炸性混合物，所以加氢不宜在普通化学实验室进行，最好有专用氢化室，并需通风和严禁烟火。

将氢化后的溶液过滤，减压蒸出无水乙醇得褐色固体即饱和漆酚粗产品，再通过硅胶吸附柱层析，用苯淋洗分级，可得纯饱和漆酚，收率 57%[20]。

1.2.7　漆酚侧链双键的加成反应

除少量末端双键外，漆酚侧链双键属于 1，2-二元取代基型 CHR=CHR′，这类双键空间位阻大，100℃以下很难均聚合，但靠近末端的双键位阻较小，可以和活泼单体苯乙烯共聚合，例如三烯漆酚的第3个双键将优先与苯乙烯共聚合，不过此时需要吸电子性强的四氯化锡作引发剂，结果得到交替共聚物：

$$\left[-\underset{R}{CH}-\overset{CH_3}{CH}-CH_2-\underset{C_6H_5}{CH}- \right]_n ,\ R= -CH{=}CH-CH_2-CH{=}CH(CH_2)_7-C_6H_3(OH)_2$$

单体的双键间极性相反有利于共聚合。漆酚侧链双键因连供电子基呈负极性。反之，顺丁烯二酸酐的C=C双键因连吸电子基而带正极性。所以有引发剂时，位阻较小的漆酚侧链双键和顺丁烯二酸酐发生交替共聚合。

70℃下即使无引发剂，每摩尔漆酚可消耗0.60mol顺丁烯二酸酐，可能的产物是：

$$C_6H_3(OH)_2-(CH_2)_7-CH{=}CH-CH_2-\text{[环：}CH-CH{=}CH-CH(CH_3)-CH(CO)-CH(CO)\text{，二羧基以 O 成酐]}$$

升温到140℃时每摩尔漆酚消耗0.82mol顺丁烯二酸酐[21]。

高于140℃漆酚侧链双键的均聚合也开始进行，主要反应有：

(1) 一对共轭双键加成：

$$-CH{=}CH-CH{=}CH-CH_3 + CH_3-CH{=}CH-CH{=}CH- \longrightarrow \text{环}(-CH-CH{=}CH-CH(CH_3)-CH(-)-CH(CH{=}CH-CH_3)-)$$

(2) 一对双键加成：

$$-CH{=}CH- + -CH{=}CH- \longrightarrow \begin{array}{c} -CH-CH- \\ | \quad\ \ | \\ -CH-CH- \end{array}$$

此外，四个漆酚羟基脱水醚化成环：

$$4\ C_6H_3(OH)_2R \longrightarrow \text{四个 }R\text{-苯环经四个 O 桥连接成的大环}$$

这些反应导致漆酚形成网状结构。

200℃时硫加成于漆酚侧链双键形成硫桥，结果使漆酚硫化成块状固体。

$$2-CH{=}CH-+S_2 \longrightarrow \begin{array}{c} -CH-CH- \\ | \qquad | \\ S \qquad S \\ | \qquad | \\ -CH-CH- \end{array}$$

漆酚和硫反应后配合氯化橡胶作耐热耐酸涂料。聚硫橡胶也能和漆酚侧链双键加成而改进性能。

1.2.8　漆酚的均聚合

酸类可催化漆酚均聚合。浓硫酸可使漆酚聚合成一种皮膜物质，不溶于苯及乙醇混合溶剂中，曾用作漆酚定量的分析方法。以后改进为：漆酚 0.2g，加 1ml 硫酸乙醇溶液（每 1000ml 乙醇含浓硫酸 3ml），置于水浴上加热 2h，生成多孔粉末，不溶于有机溶剂。

漆酚和盐酸煮沸得柔软的固体。若漆酚和过量浓盐酸加热 3 天，开始时呈海绵状，接着变橡胶状，最后成块，无粘性。产物洗净后的分析值与原料漆酚相等，也不含氯。所以盐酸是催化剂，并未参加反应。

漆酚乙醇溶液，若添加液态四氯化锡，即聚合成柔软的固体。

漆酚在 85%H_3PO_4 催化下，室温或 50℃聚合成灰白色粘稠物质，不溶于石油醚，但它遇空气易氧化变黑，可溶于苯。

雷福厚等用催化漆酚均聚合的方法制备了漆酚氧化还原树脂[22]。它在苯、甲苯、石油醚、乙醚、丙酮和 CCl_4 中都不溶解，略溶于乙醇；部分溶解于吡啶或 5%NaOH 水溶液中，同时颜色变深。这种树脂的 C、H 含量跟漆酚很接近。红外光谱也差不多。但紫外光谱表明漆酚树脂中共轭双键已消失，可见是通过共轭双键漆酚均聚成树脂，氧没有参加反应。这种树脂的氧化还原容量 5.4meq/g，氧化还原电位 0.29V。漆酚氧化还原树脂可作 H_2O_2 氧化苯成苯酚的催化剂，并能重复使用和再活化[23]。

1.3　漆酚组成与漆膜性能[24]

根据熊野等主张的漆酚氧化聚合机理[25]，聚合时线型高分子的活性末端是$-CH=CH-CH_2-CH=CH-CH=CH-CH_3$。此链端只有添加三烯漆酚醌（三烯漆酚氧化而成）时才能继续聚合，若遇其他漆酚醌则导致聚合终止。由此推想，若漆酚中三烯漆酚相对含量（以下简称三烯漆酚含量）越高，则线型聚合物的分子量越大，从而制得的漆膜性能可能更好。总之，三烯漆酚含量应与漆膜的某些性能发生联系。

赵慧香等用气相色谱法分析了 1981～1982 年竹溪县约 60 个单株生漆样品的漆酚组成，同时用涂料标准方法测试了这些漆膜的表面干燥时间（简称表干时间，30℃和 86%相对湿度下）、光泽值、冲击强度、附着力、柔韧性和厚度等。在所测漆样中，三烯漆酚含量天然的变动范围是 56.72%～73.96%；二烯漆酚天然的变动范围是 7.75%～32.84%；单烯漆酚变动的范围是 7.58%～28.42%；饱和漆酚变动范围是 0.66%～1.79%。可见其中二烯漆酚变化最大，而饱和漆酚变化幅度最小。

由于饱和漆酚含量平均只占漆酚的 1.03%～1.18%，而且它的变化又小，因而近似地可看作固定值。令饱和漆酚含量≑1.1%……… (1)；由漆酚定义得出：100%=三烯漆酚%+二烯漆酚%+单烯漆酚%+饱和漆酚%……… (2)。将 (1) 式代入 (2) 式后，可得：

二烯漆酚%=98.9%－（三烯漆酚%+单烯漆酚%）……… (3)

所得实验结果与理论预测相反，在上述天然变动范围内的三烯漆酚和漆膜性能主要指标之间不存在任何规律性的联系。然而，在同一天然变动范围内，却找到了 (3) 式与漆膜性能指标之间的联系如图 34-3 至图 34-6。

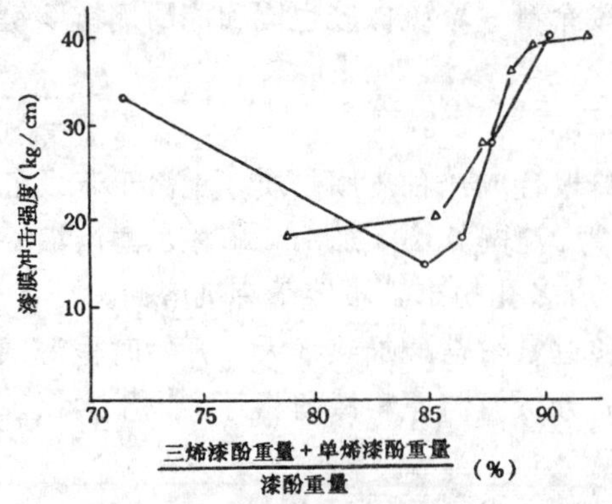

图 34-3 漆膜冲击强度与漆酚中三烯漆酚加单烯漆酚含量之和的关系

—○— 1981 年竹溪单株生漆样品；—△— 1982 年竹溪单株生漆样品

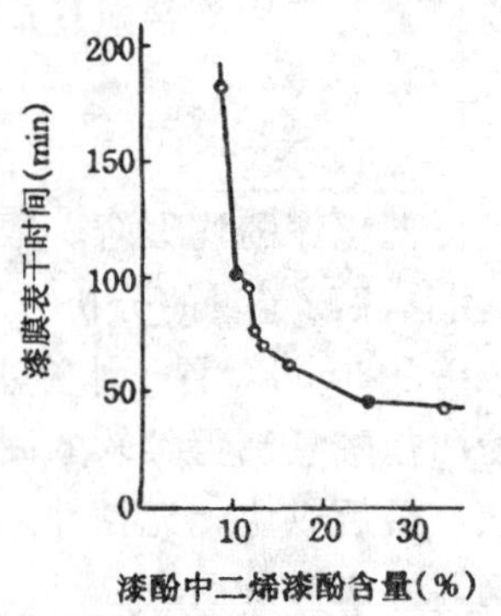

图 34-4 漆膜表干时间与漆酚中二烯漆酚含量的关系

—○— 1981 年竹溪单株生漆样品

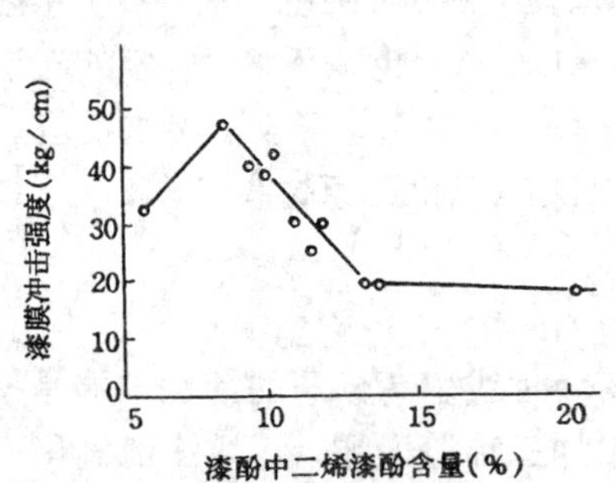

图 34-5 漆膜冲击强度与漆酚中二烯漆酚含量的关系

—○— 1982 年竹溪单株生漆样品

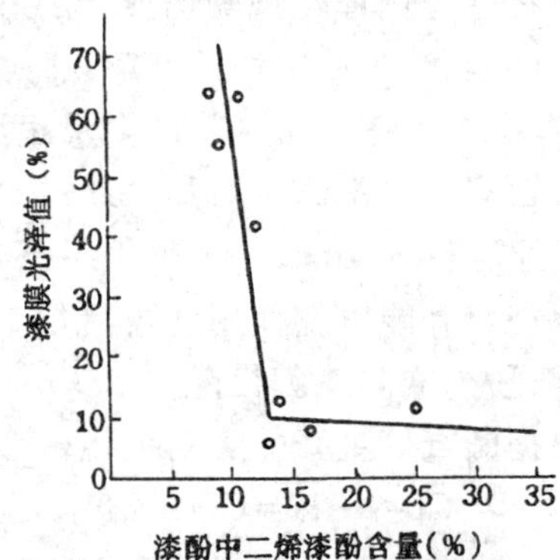

图 34-6 漆膜光泽值与漆酚中二烯漆酚含量的关系

—○— 1981 年竹溪单株生漆样品

最后 3 个图中的三条曲线，尽管代表的物理意义各不相同，但都在二烯漆酚%≤12%……（4）时出现拐点，即满足（4）式时，漆膜的冲击强度和光泽值立即变好。将（4）代入（3）式中，可得三烯漆酚%+单烯漆酚%≧86.9%…………（5）。实际上（5）式的物理意义之一就体现在图 34-4 中，即当三烯漆酚%+单烯漆酚%之和大于 86.9%时，漆膜冲击强度陡然增大，如图 34-7，漆酚中二烯漆酚含量随生漆中漆酚含量的增加而减少，二者基本上是线性关系。再利用（3）式则得到性质与此相反而相成的另一条规律，即漆酚中三烯漆酚与单烯漆酚之和随生漆中漆酚的增加而增加。所以生漆质量的主要指标是漆酚含量以高为好，因为只有在高浓度漆酚中二烯漆酚低于 12%，而三烯漆酚与单烯漆酚之和大于 86.9%等条件越容易得到满足。

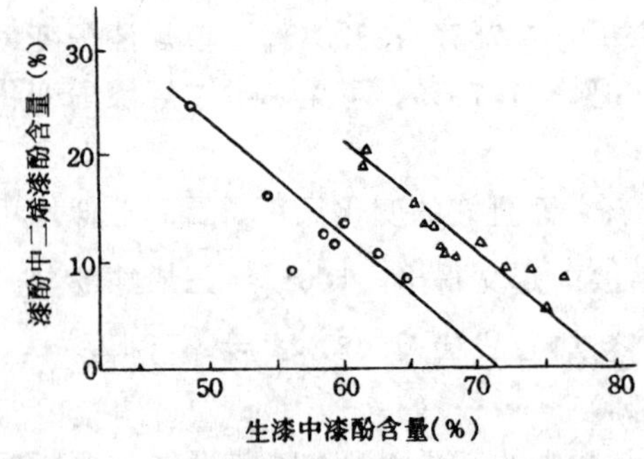

图 34-7 漆酚膜中二烯漆酚含量与漆酚含量的关系

—○— 1981 年竹溪单株生漆样品；

—△— 1982 年竹溪单株生漆样品

此外，梁涵瑶等研究了生漆中漆酚、共轭三烯漆酚、水的百分含量和漆酶活性与漆膜耐热性及物理性能的关系[26]，用热重分析（TGA）和差热分析（DTA）测试漆膜耐热性。结果表明，共轭三烯漆酚含量不是决定生漆质量的主要因素。

1.4　漆酚组成与产漆条件[27]

本节探讨 1981～1982 年竹溪县单株漆样的漆酚组成与产漆条件的关系。见表 34-5，大毛叶的二烯漆酚远小于 12%，而其单烯漆酚与三烯漆酚之和为 93.01%，远大于 86.9%，是其中最好的品种。黄毛漆的三烯漆酚含量最高，但它的单烯漆酚却很低，结果两者之和 88.30%，仍不失为良种。

表 34-5　同一产地（龙王垭大队）不同品种的漆酚异构体的比较

编号	品　种	树龄(a)	海拔(m)	坡　向	饱和漆酚(%)	单烯漆酚(%)	二烯漆酚(%)	三烯漆酚(%)
20	大毛叶	12	950	北	1.30	22.57	5.69	70.44
21	红皮高八尺	12	920	东	0.79	19.99	11.90	67.32
22	红皮高八尺	13	920	东	1.06	18.22	10.42	70.59
23	黄毛漆	14	920	东	1.07	12.76	10.64	75.54

表 34-6　同一产地不同树龄的大毛叶漆酚异构体比较

漆树号	树龄（a）	饱和漆酚（%）		单烯漆酚（%）		二烯漆酚（%）		三烯漆酚（%）	
		个别值	平均值	个别值	平均值	个别值	平均值	个别值	平均值
5	8	0.76	0.92	17.75	18.83	9.25	9.24	72.24	71.01
6	8	0.89		19.60		10.96		68.55	
11	8	0.91		18.60		7.96		72.53	
14	8	1.14		19.35		8.77		70.73	
7	9	0.81	1.02	17.99	19.58	9.76	9.93	71.45	69.47
10	9	1.30		20.23		10.08		68.39	
12	9	0.94		20.53		9.94		68.56	
9	10	1.21	1.26	20.51	20.48	11.36	10.47	65.92	67.80
13	10	1.30		19.44		9.58		69.68	

见表 34-6，同一产地的大毛叶漆随着树龄的增长，饱和漆酚、单烯漆酚和二烯漆酚的含量均有增加的趋势，而三烯漆酚含量则趋于下降。但 8～10 龄生漆都还是合格的。

表 34-7　不同产地同一品种漆酚异构体含量比较

漆树号	产　地	品　种	饱和漆酚（%）		单烯漆酚（%）		二烯漆酚（%）		三烯漆酚（%）	
			个别值	平均值	个别值	平均值	个别值	平均值	个别值	平均值
21	龙王垭	红皮高八尺	0.79	0.93	19.99	19.11	11.90	11.01	67.32	68.96
22	龙王垭	红皮高八尺	1.06		18.22		10.12		70.59	
30	泉　溪	红皮高八尺	0.86	0.76	18.19	19.20	13.53	14.01	67.42	66.03
31	泉　溪	红皮高八尺	0.66		20.21		14.49		64.64	
28	泉　溪	毛漆树	1.00	0.86	13.97	15.78	20.46	16.43	64.57	67.25
29	泉　溪	毛漆树	0.71		17.58		11.79		69.92	
2	花　桥	毛漆树	0.95	0.85	22.08	19.26	11.41	10.93	65.56	68.97
3	花　桥	毛漆树	0.75		16.43		10.44		72.37	
3＊	花　桥	山大木	1.33	1.27	18.00	22.36	12.62	11.71	68.05	64.66
4＊	花　桥	山大木	1.71		20.65		9.13		68.51	
20＊	花　桥	山大木	0.78		28.42		13.37		57.43	

（续）

漆树号	产 地	品 种	饱和漆酚（%）		单烯漆酚（%）		二烯漆酚（%）		三烯漆酚（%）	
			个别值	平均值	个别值	平均值	个别值	平均值	个别值	平均值
7＊	龙王垭	山大木	1.46		23.91		11.06		63.58	
9＊	龙王垭	山大木	1.03	1.13	13.48	14.99	25.98	20.30	59.51	63.59
10＊	龙王垭	山大木	0.89		7.58		23.86		67.68	
29＊	杨家机	山大木	1.18	1.13	12.66	11.02	16.19	24.52	69.98	63.35
30＊	杨家机	山大木	1.08		9.37		32.84		56.72	

注：带“＊”号的是1981年单株漆样。

见表34-7，同一品种，由于生长的地点不同，其异构体的含量大不一样，以山大木为例，单烯漆酚的变化范围是7.58%～28.42%，二烯漆酚的变化范围是9.13%～32.84%。

表34-8 花桥乡大毛叶漆中漆酚异构体含量与生长坡向的关系

树号	树龄（a）	海拔（m）	坡向	饱和漆酚（%）	单烯漆酚（%）	二烯漆酚（%）	三烯漆酚（%）
7	9	640	北	0.81	17.99	9.76	71.45
10	9	640	东北	1.30	20.23	10.08	68.39
12	9	630	东南	0.94	20.53	9.94	68.56

见表34-8，大毛叶漆酚异构体含量与漆树生长的坡向关系不大。但大红袍则相反（表34-9），南坡的二烯漆酚仅7.75%，其单烯漆酚与三烯漆酚之和达91.58%；而东北坡的二烯漆酚竟高达22.70%，它的单烯漆酚与三烯漆酚之和却只有76.08%。所以各品种漆树对坡向的应变性不同。

表34-9 花桥乡大红袍漆酚异构体含量与漆树生长坡向的关系

树号	树龄（a）	海拔（m）	坡向	饱和漆酚（%）	单烯漆酚（%）	二烯漆酚（%）	三烯漆酚（%）
13	11	700	南	0.83	21.78	7.75	69.80
19	11	700	东北	1.14	16.94	22.70	59.12
20	11	700	西	0.93	14.43	13.62	70.01

表34-10 不同品种单株漆样中漆酚异构体含量与海拔高度的关系

树 号	海拔（m）	饱和漆酚（%）	单烯漆酚（%）	二烯漆酚（%）	三烯漆酚（%）
1，2，11，12	680	1.17	19.99	9.82	69.13
3，13，19，22，21，20，4	703	1.10	19.68	14.23	65.01
7	800	1.46	23.91	11.06	63.58
5，6，15，16，18	920	1.37	22.94	12.82	62.88
8，9，10，29，30	1 208	1.01	10.83	26.25	61.93

见表34-10，三烯漆酚%随着海拔的升高而逐渐下降。当海拔达1 208m时单烯漆酚突然下降到10.83%，而双烯漆酚竟陡然上升到26.25%。这与680～920m的情况大不相同。

1.5 腰果酚的化学性质

天然槚如酸加热脱羧得腰果酚——3-十五烃基苯酚（苯环上带 OH 及 $—C_{15}H_{27}$），其碳架与漆酚相同。

由于 2-位少一个酚羟基，侧链双键又不共轭，所以腰果酚的反应活性不如漆酚，但苯环不易氧化反而成了它的优点。

1.5.1 酯化和醚化反应

腰果酚的酚羟基呈弱酸性，与苯酚相似，和碱反应生成稳定的酚盐，加酸时又变成腰果酚，而不像漆酚那样遇碱即氧化变质。腰果酚容易和酸、酸酐或酯、卤代烃及环氧化合物进行反应，生成相应的酯或醚。

（1）和酸（如苯甲酸）反应：

$$\text{OH-C}_6\text{H}_4\text{-C}_{15}\text{H}_{27} + \text{C}_6\text{H}_5\text{COOH} \longrightarrow \text{C}_6\text{H}_5\text{-C(=O)-O-C}_6\text{H}_4\text{-C}_{15}\text{H}_{27}$$

（2）和酯（如硫酸甲酯）反应：

$$\text{OH-C}_6\text{H}_4\text{-C}_{15}\text{H}_{27} + (\text{CH}_3)_2\text{SO}_4 \longrightarrow \text{OCH}_3\text{-C}_6\text{H}_4\text{-C}_{15}\text{H}_{27}$$

（3）和卤代烃（如丙烯基氯）反应：

$$\text{OH-C}_6\text{H}_4\text{-C}_{15}\text{H}_{27} + \text{CH}_2\text{=CH-CH}_2\text{Cl} \longrightarrow \text{OCH}_2\text{CH=CH}_2\text{-C}_6\text{H}_4\text{-C}_{15}\text{H}_{27}$$

（4）和环氧氯丙烷反应：

$$\text{OH-C}_6\text{H}_4\text{-C}_{15}\text{H}_{27} + \text{CH}_2\text{-CH-CH}_2\text{Cl}\ (\text{环氧, O}) \longrightarrow \text{OCH}_2\text{CH-CH}_2\ (\text{环氧, O})\text{-C}_6\text{H}_4\text{-C}_{15}\text{H}_{27}$$

（5）和钛酸异丙酯反应[28]：

$$\text{Ti}\,[\text{OCH}(\text{CH}_3)_2]_4 + 3\,\text{OH-C}_6\text{H}_4\text{-C}_{15}\text{H}_{27} \longrightarrow (\text{CH}_3)_2\text{CH-O-Ti(-O-C}_6\text{H}_4\text{-C}_{15}\text{H}_{27})_3$$

1.5.2 和醛（如甲醛）的缩聚反应

$$n\ \text{OH-C}_6\text{H}_4\text{-R} + 2n\text{HCHO} \longrightarrow n\ \text{OH-C}_6\text{H}_2(\text{CH}_2\text{OH})_2\text{-R} \longrightarrow \left[\text{-C}_6\text{H}(\text{OH})(\text{R})(\text{CH}_2\text{OH})\text{-CH}_2\text{-}\right]_n$$

盐酸、氢氧化钠和氯化铵都能作催化剂。缩聚产物为烘干清漆；若添加环烷酸钴，即成室温自干清漆[29]。

当甲醛与腰果酚的摩尔比为 3∶2 时，用氯化铵催化缩聚反应可得二聚体：

$$\text{(R-},\ \text{OH},\ CH_2OH\text{ 取代苯环)}-CH_2-\text{(R-},\ \text{OH},\ CH_2OH\text{ 取代苯环)}$$

后者有一对羟甲基，可与 2，4-甲苯二异氰酸酯进行聚合[30]。

1.5.3 腰果酚侧链双键的反应

(1) 氢化[31]：在一定温度和压力下，铜、镍、钯黑、铂黑等可催化腰果酚加氢成饱和腰果酚。但拉尼镍催化加氢的产品优于常用的镍或铜催化剂。腰果酚常温常压下的加氢在乙醇中进行用氧化钯为催化剂。腰果壳液充当加氢原料时要用硫酸或硫酸二乙酯预处理，以除去能使催化剂中毒的物质。

(2) 环氧化：$30\%H_2O_2$ 可使腰果酚侧链双键环氧乙基化而得产物：

$$HO-C_6H_4-C_7H_{14}-CH{=}CH-CH_2-\overset{O}{\widehat{CH-CH}}-C_3H_7$$

$$HO-C_6H_4-C_7H_{14}-\overset{O}{\widehat{CH-CH}}-CH_2-\overset{O}{\widehat{CH-CH}}-C_3H_7$$

这种环氧化合物可作增塑剂。$C_6H_5\overset{NH}{\underset{}{C}}OOH$ 和腰果酚甲醚反应，也能得到类似的环氧产物。

(3) 有引发剂时和苯乙烯进行共聚合得产物：

$$\left[\begin{array}{c} -\underset{\substack{|\\ C_7H_{15}\\ |\\ C_6H_4OH}}{CH}-\overset{\substack{C_6H_{13}\\ |}}{CH}-CH_2-\underset{\substack{|\\ C_6H_5}}{CH}- \end{array}\right]_n$$

它与环氧树脂配制，可得性能优良的清漆。

2 漆 酶

漆酶（EC1·10·3·1）仅占生漆重量的 0.074%，但它是室温下生漆干燥成膜必不可少的催化剂。

2.1 漆酶的提纯

古代中国人发明“阴室”，利用了水助漆酶使生漆快干的性质，但他们没有分离提纯漆酚和漆酶，因而不能将生漆知识提升为科学。

1883 年吉田从生漆中发现漆酶是对热敏感，并能促使生漆变色和硬化的物质。稍后，Bertrand 加以纯化并起名为漆酶。1934 年 Fleurg 建立了用硫酸铵沉淀分离漆酶的方法。随后

Keilin 确定了漆酶的本质是含铜蛋白质。所以提纯蛋白质的方法原则上可以应用于漆酶。

2.1.1　丙酮沉淀漆酶

丙酮能溶解漆酚而不溶漆酶，可用于分离生漆。将 3L 冷冻丙酮于 0℃搅拌下加到 1kg 粗漆液中，30min 后经布氏漏斗过滤。用冷丙酮洗涤到滤液无色为止。银白色滤渣置冰箱中用 500ml 冷水萃取过滤，然后于 25℃加固体硫酸铵达饱和使蛋白质沉淀。

乙醇萃取漆酚比丙酮更有效，但对漆酶活性有损害，而丙酮的影响较小。为了尽量减少漆酶的活性损失，故采用冷冻丙酮。此外，在精制漆酶过程中有时也加冷丙酮从水溶液中沉淀漆酶，但须迅速离心分离沉淀，再溶入缓冲溶液中，最后用透析法除去残余丙酮。

透析时将混杂着丙酮的漆酶溶液注入管状半透膜中，再封住两端而成透析袋，将它浸入大量的缓冲溶液中进行透析。这样，袋内丙酮将通过半透膜孔隙渗漏到袋外溶液中而疏散。于是袋内丙酮浓度越降越低。

半透膜允许通过分子量 15 000 以下的分子。所以透析法可以改变蛋白质溶液的溶剂组成、pH 值和离子强度等，在漆酶研究中应用较多。

2.1.2　硫酸铵分级沉淀漆酶

蛋白质是一种带电荷的胶体或聚电解质。它在离子强度高的溶液中因电解质凝聚而沉淀。室温下硫酸铵在水中溶解度为 43%。它的离子强度大，而且对酶活性无持久性影响，故选为沉淀剂以分离杂蛋白。低浓度硫酸铵对蛋白质有“盐溶”作用，较高浓度时才产生“盐析”作用。要选择好硫酸铵浓度使一些蛋白质沉淀出来，而另一些蛋白质仍留在溶液中，以达到分离的目的。

生漆中有一种蓝色朊，无漆酶活性，分子量约 20 000，即使在饱和硫酸铵溶液中，它也不能沉淀完全。所以提取蓝色朊时要用丙酮为沉淀剂，然后溶入蒸馏水中透析，以除去残余的丙酮。

生漆经丙酮、水萃取及饱和硫酸铵溶液沉淀后，溶入 150ml 水中，添加固体硫酸铵达 0.65 饱和度，然后离心分离并弃去棕色沉淀物。再加硫酸铵使上清液达饱和。取其沉淀溶入 50ml 0.01mol/L 磷酸盐缓冲溶液（pH 值 6.5）中。在 0℃下加入体积 0.8 倍的冷丙酮使酶再沉淀，然后进行层析提纯。

2.1.3　层析提纯

可溶性蛋白质的分离常用层析法。其中按分子尺寸分级的叫凝胶层析。凝胶是聚糖，不溶于水。常用交联葡聚糖凝胶（商品名 Sephadex）和琼脂糖（商品名 Sepharose），制成直径约 0.1mm 的颗粒，内部是多孔网状结构，孔隙度选择以部分通过试样分子为准。

凝胶颗粒经溶剂浸泡胀大后，装入层析柱中。从柱顶加试样，用同一溶剂洗脱，不能进入凝胶网孔的大分子，沿颗粒间隙顺流而下，最先排出柱外。反之，进入网孔的小分子，沿曲径而后流出。所以随洗脱液流出的先后，与试样分子从大到小排列的顺序是一致的，依次分别接收，就达到了分级或分离的目的。

通过凝胶层析，除掉了分子量与漆酶不同的蛋白，但对分子量与它相近的杂质却无能为力，所以效果不够理想。

较好的方法是离子交换层析，可利用漆酶电荷与柱内离子相吸。早期用于分离漆酶的 Amberlite XE-64，是聚苯乙烯季胺型的强碱性阴离子交换剂。后来成功地引用了两种取代的纤维素。一种是羧甲基—纤维素（CM—C，带羧甲基：-OCH_2COOH）。另一种是二乙基胺基乙基一纤维素（DEAE—C，带$-OC_2H_4N(C_2H_5)_2$基）。它们适用的原因大概是具有开放的结构，可以让其中较多的带电基团与外来的朊分子作用，同时结合点的密度又不过高，不致产生不可逆的吸附作用，从而避免了叔型结构的破坏和朊变性。

1970年Reinhammar[32]用葡聚糖代替纤维素为交换剂基质，同时保持功能基不变，得到了更好的分离效果。这就是目前常用的层析方法。他采用CM-Sephadex C-50和DEAE-Sephadex A-50柱层析，凝胶电泳试验表明，此法得到了纯漆酶。该法提纯各步中均用磷酸钾缓冲液（pH值6.0），步骤如下：

（1）萃取：用丙酮萃取2kg生漆得不溶物——丙酮粉末165g，投入3.5L 0.01mol/L缓冲液中并用均化器处理2min。悬浮液搅拌过夜，用布氏漏斗过滤。滤液混浊，呈浅绿色。

（2）阳离子交换层析：滤液加入CM-Sephadex C-50层析柱（25cm×8cm）上，该柱事先已与0.01mol/L缓冲液保持平衡。收集级分18ml，这时在塔顶出现一条宽5cm的蓝色带，随后有大量黄色和混浊的级分洗脱下来。用0.05mol/L缓冲液（通常1～2L）淋洗层析柱直到洗脱液不再吸收250nm光波为止。此后缓冲液浓度增加到0.1mol/L，原来位于柱顶静止不动的蓝色带，现在分开了。其中一部分仍留于柱顶，另一部分被洗脱下来，该洗脱液约1.5L。在漆酶蓝色带的前头，常出现黄色和浅灰而混浊的级分。有时黄色级分紧跟漆酶之后。继续加0.1mol/L缓冲液淋洗层析柱直到洗脱液对250nm的吸收为0。

然后提高缓冲液浓度到0.15mol/L。这时常出现黄色级分，有时洗脱出小量浅绿色物质，后者具有催化活性，其EPR谱也与先前洗脱的漆酶主要部分相同。

当洗脱液不再吸收250nm光时将缓冲液进一步提高到0.2mol/L，结果原先沿柱已下移几厘米的蓝色带，现在开始洗脱下来，它的前面常有黄色级分先行，有时还有少量浅绿色级分先行，后者无漆酶活性，但其EPR谱与跟在后面的蓝色带相同。根据EPR谱这条蓝色带代表蓝色朊，它没有漆酶活性。CM-Sephadex C-50柱层析漆酶的分离情况如图34-8。

2.1.4 阴离子交换层析

漆酶的主要级分按下列程序进一步提纯。它首先对0.01mol/L缓冲液透析，然后加到已与0.01mol/L缓冲液平衡的DEAE-Sephadex A-50柱（15cm×2.5cm）上，漆酶可通行无阻地洗脱下来，而黄色带仍留于柱顶。凝胶电泳测试表明，在大多数情况下得到了纯漆酶。如果漆酶不纯，可按（2）步操作再层析1次。

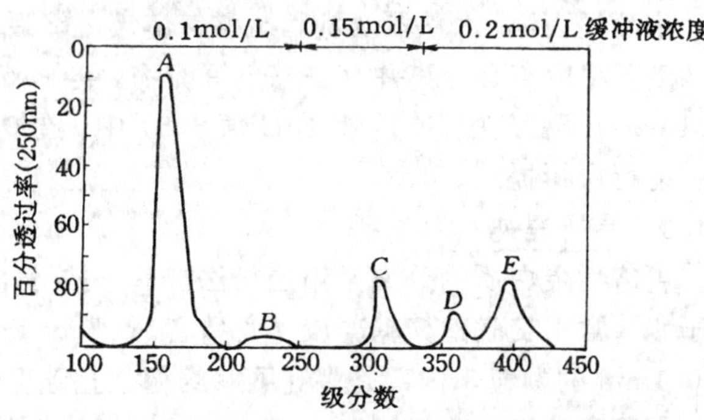

图34-8 阳离子交换柱层析漆酶图

漆酶洗脱液约1～2 L，可加到已与0.01mol/L缓冲液平衡的CM-Sephadex C-50柱（5cm×5cm）上浓缩，漆酶在柱顶形成一条窄带。随后用0.2mol/L缓冲液洗脱得浓溶液，透析脱盐后贮存于－30℃待用。

这种提纯漆酶的层析法容易实行，重复性好，操作时间约3天，精制收率高于使用硫酸铵的方法，可得高纯度漆酶，这表现在A280 nm/A250nm比值高，因为这时已除净了色素杂质的干扰。

2.2 漆酶的组成

用CM-Sephadex C-50柱层析漆酶得到5个组分。图34-8 A峰是纯漆酶，至少占总氧化酶的 90%。B 峰是含色素的绿黄部分。C 峰含黄色素（无漆酶活性)。D 峰是黄色素。E 峰主要是蓝蛋白或蓝色朊，它含 1 个铜原子，含糖 40%，分子量 20 000，但没有催化活性。

A 峰分析结果表明，它是一种含铜的糖蛋白氧化酶，其中铜约 0.24%，相当于 4 个铜原子，分子量 11 万，蛋白质约 55%，糖 45%。糖主要分布于漆酶分子结构表面，糖的成分是氨基己糖、果糖、甘露糖、半乳糖、葡萄糖和阿拉伯糖。蛋白质的氨基酸组成是天冬氨酸、苏氨酸、丝氨酸、谷氨酸、脯氨酸、甘氨酸、丙氨酸、缬氨酸、半胱氨酸、蛋氨酸、亮氨酸、酪氨酸、苯丙氨酸、异亮氨酸、赖氨酸、组氨酸、精氨酸、色氨酸。生物界主要氨基酸总共不过 20 种，漆酶拥有 18 种，所缺唯天冬酰胺和谷氨酰胺。但目前还不知道它们的连接顺序如何？所以漆酶的分子结构仍是未解之迷。

氨基酸分析表明，漆酶分子中，精氨酸＋组氨酸＋赖氨酸＝56 个。其中组氨酸占 17 个。谷氨酸＋天冬氨酸－氨＝18 个。即碱性氨基酸较多，而酸性氨基酸偏少。由此不难理解，漆酶的等电点（pH 值 8.55）何以较一般蛋白质的（pH 值 6～7）高得多，这绝不是偶然！有人推测，漆酶分子中与 4 个活性铜（Ⅱ）配位的组氨基竟有 11 个之多。

2.3　漆酶的性质

漆酶能溶于水，常用水溶性底物来研究它的性质，也可在生漆或有机溶剂中进行研究。

2.3.1　米氏公式

如图 34-9，漆酶催化对苯二胺氧化成对苯醌时，对苯二胺浓度对氧化速率的影响，遵从米氏公式：

$$V = V_{max}\frac{[S]}{K_m + [S]} \tag{34-1}$$

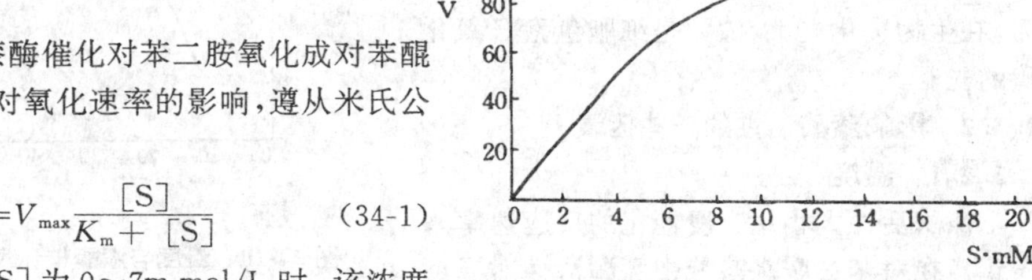

图 34-9　底物浓度与漆酶催化反应速度的关系

当对苯二胺浓度 [S] 为 0～7m mol/L 时，该浓度与氧化速率 V 成正比，但当浓度进一步增大时，速率增加的份额却越来越少，终至趋于与横轴平行。

酶催化反应的第一步生成酶——底物络合物 ES。ES 既能可逆分解为底物 S 和酶 E，又能进一步反应再分解成产物 P 和 E。

$$E + S \underset{k_2}{\overset{k_1}{\rightleftharpoons}} ES \xrightarrow{k_3} E + P \tag{34-2}$$

其中 k_1、k_2、k_3 为相应的速率常数。[ES] 等于酶的初始浓度 E_0 减去其瞬时浓度 E，这些都是未知的或难以准确测量的。当 [ES] 达到稳定值时，可导出反应速率

$$V = k_3\,[E_0]\,\frac{[S]}{\frac{k_2 + k_3}{k_1} + [S]} \tag{34-3}$$

其中 $\frac{k_2 + k_3}{k_1}$ 是络合物 ES 的离解常数，令

$$K_m = \frac{k_2 + k_3}{k_1} \tag{34-4}$$

考虑到 V 达到最大值 V_{max} 时，所有的 E_0 都已与底物结合成 $[E_0S]$，即

$$V_{max} = k_3\,[E_0S] = k_3\,[E_0] \tag{34-5}$$

而 V_{max}值可由实验测出，于是将（4）、（5）代入（3），便得到式（34-1）。把式（34-1）倒立变形为：

$$\frac{1}{V}=\frac{1}{V_{max}}+\frac{K_m}{V_{max}}\frac{1}{[S]} \tag{34-6}$$

$\frac{1}{V}$对$\frac{1}{[S]}$作图，由截距和斜率可求出式（34-1）中两个常数值。

K_m 表示中间络合物ES的稳定度，K_m 值小表示酶与底物的亲和力较大，易形成稳定的络合物，因而暗示它进一步反应成产物有较大的可能性。K_m 值还与温度、pH值、离子强度等环境因素有关。漆酶催化对苯二胺的 K_m 为 $2.8\sim5.9\times10^{-2}$。

由式（34-5）变形，$k_3=V_{max}/[E_0]$，k_3 按定义就是转换数，当酶的活性中心被底物饱和时，即单位时间内每个酚分子转换多少个分子底物成为产物。一般酶的转换数 $1\sim10^4S^{-1}$。漆酶的转换数是每秒 560 个电子或 280 个底物。这和细胞色素 C 氧化酶的电子转换数（$400S^{-1}$）差不多。

细胞色素 C 氧化酶是细胞呼吸的催化剂，它参与生物界 90%的耗氧活动，可惜它不溶于水，难于纯化和检测，于是漆酶成了它的理想模拟物，备受科学界的青睐。有人认为，在生物进化史上，漆酶是细胞色素C 氧化酶的先驱。

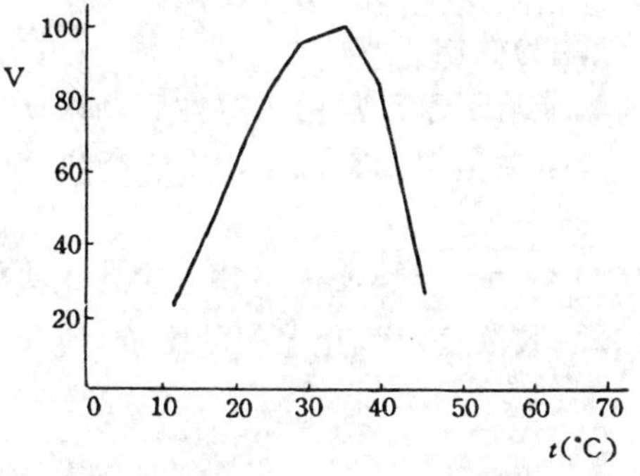

图 34-10 温度与漆酶催化反应速度的关系

2.3.2 影响漆酶活性的一些因素

2.3.2.1 温度

漆酶活性大小用它所催化的反应速率来表示。在对苯二胺水溶液中漆酶活性对温度的曲线大致如图 34-10 的峰形[33]，不过峰的坡度和峰尖所对应的温度——漆酶最适温度，依漆树品种而有不同。下列几种漆酶的最适温度是：安康大木 52℃，城口大木 48℃，毕节大木 47℃，竹溪大木 44℃，安康小木 44℃，而图 34-10 的肤盐皮仅 35℃。低于最适温度时漆酶活性随温度而上升，图 34-10 中 12～35℃的平均活化能为 19.86kJ·mol^{-1}，即温度每升高 10℃漆酶活性增加 1.73 倍。当温度超过最适温度时漆酶迅速失活，这是它的三维结构受热破坏所致。

漆酶的温度耐受性高于其他酶类，只有温度超过 90℃时才完全变性失活，在 30～60℃活化能和温度系数分别为 23.77kJ·mol^{-1}和 1.33[34]。

1g 生漆加 3ml 正辛烷的溶液中，漆酶催化漆酚氧化颇快，根据溶液折光率的变化可测定其中漆酶活性，单位是$\frac{\mu mol\ 漆酚}{g\ 生漆\cdot min}$，即每克生漆每分钟消失的漆酚微摩尔数。如图 34-11[35]，利川白皮阳岗大木漆酶最适温度 73℃，赫章大木漆酶最适温度 43℃。此外，下列几种漆酶的最适温度是：岚皋黄茸大木 65℃，毕节大木 55℃，神农架大木 55℃，大方长石大木 45℃。看来，在正辛烷中漆酶的热稳定性较高。

2.3.2.2 pH 值（酸碱度）

在对苯二胺磷酸盐缓冲液中，漆酶活性与 pH 值关系通常如图 34-12[36]。另一个建始大木的漆酶活性与 pH 值数据见表 34-11[37]，其最适 pH 值也是 7.5。

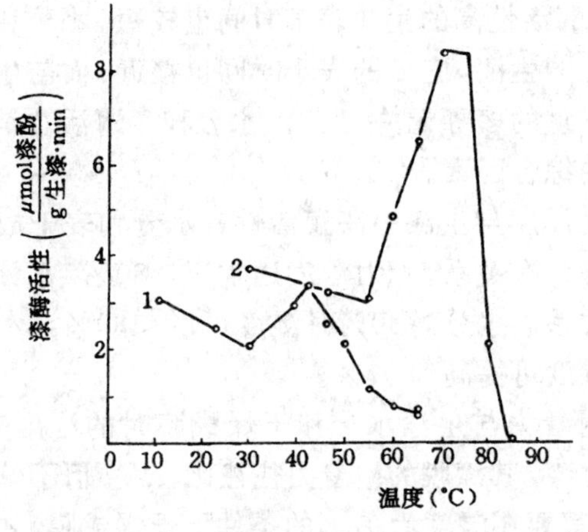

图 34-11　生漆中漆酶活性与温度的关系
—○— 赫章大木漆（1979 年三刀漆）；
—●— 利川白皮阳岗大木漆（1980 年）

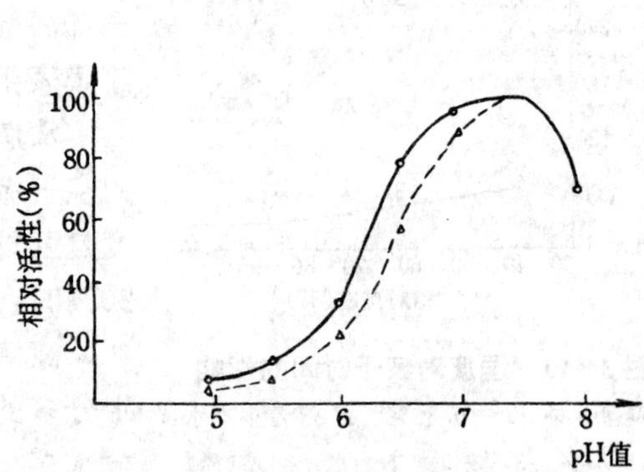

图 34-12　活性与 pH 关系的曲线
—○— 磁化漆酶；
—▲— 天然漆酶

表 34-11　建始大木漆漆酶与 pH 值

pH	5.5	5.7	5.9	6.1	6.3	6.5	6.7	6.9	7.1	7.3	7.5	7.7	7.9	8.1
漆酶活性 [Δ光密度/（min·μ）]	0.31	0.41	0.74	1.0	1.6	2.0	2.4	3.2	4.1	4.5	4.9	4.0	3.9	3.8

注：实验条件为：对苯二胺浓度 4.0×10^{-4}mol/L，温度 30.5±0.5℃。

见表 34-12，不同产地和品种的漆酶，其最适 pH 值为 7.2～7.6。

表 34-12　不同产地和品种漆酶的最适 pH 值

漆样	毛坝大木	毛坝小木	毕节大木	安康小木	建始大木
最适 pH 值	7.6	7.6	7.2	7.4	7.5

见表 34-13，生漆本身的 pH 值位于 3.8～5.2。

表 34-13　各产地生漆的 pH 值

漆样	城口大木	安康大木	毛坝小木	竹溪大木	酉阳小木	合丰大木	金沙大木	建始大木	毕节大木	毛坝大木
pH 值	3.8	4.1	4.3	4.3	4.8	5.1	5.1	5.1	5.2	5.2

表 34-14　五种漆酶的最佳 pH 值

样　品	毕节大木漆	城口大木漆	安康大木漆	竹溪小木漆	安康小木漆
漆样本身 pH 值	5.05	4.51	4.17	4.40	5.01
漆酶最佳 pH 值（1）	6.7	6.0	6.3	6.3	6.7
漆酶最佳 pH 值（2）	6.5	6.0	6.0	6.0	6.5

注：漆样（2）比（1）多存放 33 天。

见表 34-14，漆酶的最适 pH 值总是高于漆样本身的 pH 值，但两者间有近似平行的关系。此外，贮存漆样可使漆酶最适 pH 值降低。

2.3.2.3　生漆水分与成膜湿度[38]

如图 34-13，在 23～30℃，含水 36％的生漆，表面干燥时间与空气湿度关系不大。反之，水分越少的生漆受湿度的影响越大。

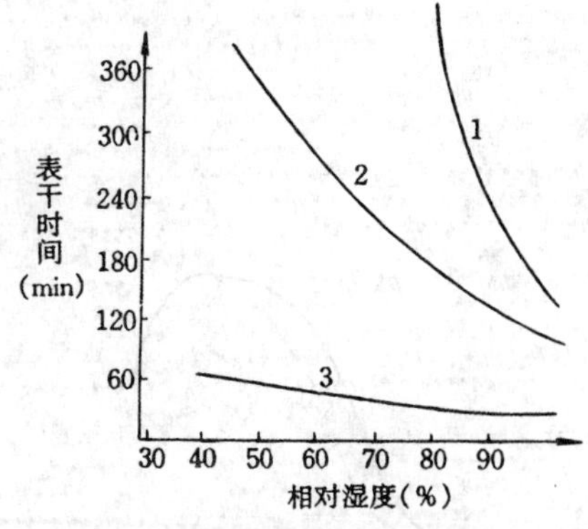

图 34-13 湿度对表干时间的影响

1. 普新小木水：10.32% 2. 灯台小木水：15.54% 3. 城口大木(1)水：36.31%

漆酶活性相近时，水分多的生漆表干时间较短。水分相近时，漆酶活性高的生漆表干时间也较短。水分和漆酶活性都接近的生漆，它们的表干时间也接近，而与生漆中三烯漆酚含量的多寡无关。所以，水分和漆酶活性是影响漆膜表干的综合因素。

漆膜光泽度与生漆中漆酶活性、水分和表干成膜时的空气湿度都有关系。相对湿度通常应≥80%。水分和湿度是互补关系。水分>30%时湿度可以<80%，水分<20%时，湿度可提高到97%。

漆膜附着力与生漆水分和干燥成膜时的湿度有关。水分多的生漆，其漆膜的附着力往往比较大。但不管生漆含水多少，都要在湿度为97%的条件下干燥成膜，才能达到与其水分相称的附着力。至于漆膜的硬度则与之相反，都以97%湿度下干燥成膜的为最低。不过生漆膜的最终硬度都相当大，所以对此不必担心。

见表34-15，小木漆的表干时间（均在湿度97%）、光泽（各自最佳值）、附着力均不如大木漆，即使两者组成相近时也是如此。

表 34-15 大木漆和小木漆的比较

样 品	水分(%)	漆酶活性 [ΔA/(min·0.1g)]	表干时间(min)	光泽(%)	附着力
火焰子小木(1)	30.70	0.40×50	90	47	3
肤烟皮大木	30.52	0.42×50	40	103.7	1
灯台小木	15.54	0.14×50	103	24	3
普新小木	10.32	0.095×50	150	30.7	5
火焰子小木(2)	15.67	0.175×50	100	62.7	2
城口大木(1)	36.31	0.98×50	28	91.3	1
混合大木(2)	28.39	0.7×50	51	84.7	1

2.3.2.4 生漆品种和等级

见表34-16[39]，列出了42个典型的传统漆样的漆酶活性。这些生漆代表着14个品种×三个等级。按品种毕节大木漆漆酶活性名列前茅，龚滩大木的为倒数第二，酉阳小木的最差。再按同一品种的三个等级来看，长江以北产的大木漆（汉中、安康、城口、竹溪），在同一品种中漆酶活性以甲级为最高，特级次之，乙级最差。长江以南的大木漆（龚滩、建始、毛坝、毕节），在同一品种中漆酶活性以特级为最高，甲级次之，乙级最差。

漆酶和含氮物都是糖蛋白，不过水溶性不同。凡长江以北产的大木漆，其中含氮物均少于1.7%，漆液轻漂，颜色浅，可以作浅色漆的基料，而长江以南的大木漆，含氮物都超过2%，漆液粘度大，颜色较深。含氮物最多的（4.49%）就是“名冠全球”的毛坝大木漆。可见含氮物对生漆质量起着举足轻重的作用。

以漆酚为底物（吸氧法）时金沙大木品种的漆酶活性最好，但以对苯二胺为底物（比色法）测得的活性只是中等。反之，以漆酚为底物时建始大木品种的漆酶活性属于劣等，而在对苯二胺中的漆酶活性却是最高的。显然，漆酶活性随底物而异。

表 34-16 吸氧法测定漆酶活性值* 与其他方法比较

生漆品种名称	传统鉴定法划分的漆样等级	吸氧法测漆酶活性 $\left(\frac{\mu molO_2}{g \cdot min}\right)$				比色法测漆酶活性 $\left(\frac{光密度变化值}{mg 酶 \cdot min}\right)$				30℃和 86%湿度马口铁上漆膜表面干燥时间（min）		含氮物在生漆中含量(%)
		测定值	测定值大小排列序号	品种平均值	品种平均值变化趋势	测定值	测定值大小排列序号	品种平均值	品种平均值变化趋势	测定值	品种平均值	品种平均值
城口大木	特级	4.08	2	3.85		3.71	2	3.19		71	82	1.25
	甲级	5.31	1		小	3.87	1		小	59		
	乙级	2.15	3		↓	1.98	3		↓	115		
安康大木	特级	3.80	2	3.90		4.17	2	3.75		45	58	1.15
	甲级	5.53	1			4.18	1			48		
	乙级	2.38	3			2.90	3			80		
汉中大木	特级	5.01	2	5.25		4.70	2	4.42		53	94	1.61
	甲级	6.27	1			5.40	1			113		
	乙级	4.47	3			3.17	3			116		
龚滩大木	特级	3.83	1	2.58	大 小	2.00	1	1.43	大 小	56	90	2.42
	甲级	2.74	2			1.33	2			98		
	乙级	1.17	3			0.95	3			117		
安康小木	特级	1.90	3	3.00		2.72	2	2.89		76	79	1.23
	甲级	4.48	1			4.78	1			79		
	乙级	2.63	2			1.18	3			82		
酉阳小木	特级	1.43	3	1.64	大 小	1.02	1	0.87	大 小	80	100	1.77
	甲级	1.83	1			0.82	2			103		
	乙级	1.64	2			0.77	3			117		
建始小木	特级	0.74	3	3.12		3.15	1	2.79		106	139	1.37
	甲级	5.42	1			2.23	3			166		
	乙级	3.20	2			2.91	2			175		
巫溪大木	特级	4.91	2	4.50	↓	3.59	1	2.91	大	43	66	1.34
	甲级	5.28	1			3.40	2			66		
	乙级	3.30	3			0.85	3			89		
涪陵大木	特级	18.3	1	12.5		2.82	2	2.66		15	35	2.67
	甲级	15.4	2			3.27	1			39		
	乙级	3.71	3			1.87	3			50		
金沙大木	特级	17.1	2	16.2		3.49	1	2.83		50	55	2.99
	甲级	11.1	3			3.15	2			54		
	乙级	20.4	1			2.01	3			60		

（续）

生漆品种名称	传统鉴定法划分的漆样等级	吸氧法测漆酶活性 $\left(\frac{\mu molO_2}{g \cdot min}\right)$				比色法测漆酶活性 $\left(\frac{光密度变化值}{mg\ 酶 \cdot min}\right)$				30℃和86%湿度马口铁上漆膜表面干燥时间（min）		含氮物在生漆中含量（%）
		测定值	测定值大小排列序号	品种平均值	品种平均值变化趋势	测定值	测定值大小排列序号	品种平均值	品种平均值变化趋势	测定值	品种平均值	品种平均值
建始大木	特级	3.23	1		↓	5.41	1			44		1.54
	甲级	3.08	2	2.33		5.26	2	4.54		48	50	
	乙级	0.61	3			2.96	3			59		2.32
毛坝大木	特级	7.79	1			5.02	1			55		
	甲级	7.38	2	5.93	大	4.21	2	4.13		79	76	4.49
	乙级	2.62	3		小	3.16	3			94		
毕节大木	特级	32.8	1			4.05	2			16		
	甲级	9.93	2	15.6		5.43	1	4.43		15	32	2.98
	乙级	4.02	3		↓	3.82	3			65		
竹溪大木	特级	8.56	2		大	4.59	2			63		
	甲级	15.9	1	8.80		5.56	1	4.50		51	51	1.20
	乙级	1.94	3			4.23	3			38		

注：测定条件：漆样0.15～0.30g，甲苯7ml，31～35℃，搅速200r/min。

见表34-17，晚期收割（9～12刀）的生漆漆酶活性显著升高，但漆酶含量并无差别[40]。

表34-17 不同割漆时间漆样的比较

割漆刀数	总漆酚（%）	三烯漆酚（%）	水分（%）	乙醇不溶物（%）	漆酶活性 ΔD/min/mg	漆酶含量（%）	表干时间（min）
2～5	65.4	65.2	20.2	9.0	2.01	0.08	65
6～8	74.1	69.8	18.2	6.9	2.37	0.07	102
9～12	42.5	63.3	42.5	15.1	4.89	0.07	25

2.3.2.5 磁 场

室温下将生漆静置于磁天平磁极间，若磁场强度为0.5T，20min后漆酶活性可提高约20%[36]。这种磁化漆酶的米氏常数（$K_m=1.3\times10^{-2}$）略小于天然漆酶（$K_m=2.8\times10^{-2}$），它的干粉末于5℃贮存时失活较慢。磁场对漆酶水溶液的作用较复杂。在磁场作用下缓冲溶液中漆酶活性有所下降，而水溶液中漆酶活性略有升高。

2.4 有机溶剂对漆酶活性的影响

从生漆中分离漆酶或研究疏水性底物的氧化都要用到有机溶剂。然而，漆酶是亲水的，漆酶失水即失去催化活性，所用有机溶剂不可引起漆酶脱水。

郭明高等曾用甲苯测定漆酶活性并研究了漆酶在甲苯中的氧化聚合[39,41]，后来用正辛烷测定漆酶活性[42]，又用石油醚（沸程90～120℃）为溶剂研究固定化漆酶催化漆酚氧化聚合[43]。他们还使用过正庚烷、环已烷、松节油、乙酸丁酯、二氧六环、无水乙醇、1，3-丙二醇、氯仿等。其中漆酶活性最高的溶剂是正庚烷和正辛烷，其次为甲苯，在氯仿和乙酸丁酯中还有一定活性，但在无水乙醇和二氧六环中几乎失活，因为最后这两种溶剂是嗜水性的，能吸走漆酶中原有水分而使之失活和变性。

反之，若使用乙醇和水的混合溶剂，则不致发生漆酶脱水失活之忧。邹承鲁等用蘑菇多酚氧化酶催化邻苯二酚时，发现其氧化速率随乙醇在水中浓度而增加[44]，在 50%乙醇中该酶活性升高 1 倍，在 60%乙醇中才开始失活。

表 34-18　有机溶剂对邻苯二酚氧化的影响

实验号	有机溶剂	浓度（%，容积比）	酶活性（$\mu l\ O_2/5min$）	相对活性
1	—	—	25.3	1
2	乙　醇	50	56.3	2.23
3	甲　醇	50	41.9	1.66
4	异丙醇	50	54.0	2.14
5	叔丁醇	50	51.8	2.05
6	丙酮	50	73.5	2.91
7	乙二醇	50	13.1	0.52
8	—	—	93.0	1
9	丙三醇	25	47.1	0.51
10	—	—	53.3	1
11	二氧六环	10	50.3	0.94
12	二氧六环	25	36.1	0.68
13	二氧六环	50	21.4	0.40

他们的研究结果（表 34-18）表明，所有一元醇和丙酮都能提高多酚氧化酶对邻苯二酚的催化活性。反之，乙二醇、丙三醇和二氧六环却只有抑制作用。此外，在催化 3-甲基邻苯二酚时，连 50%乙醇水溶液对多酚氧化酶活性也起抑制作用。可见，有机溶剂对酶的作用是复杂的。

Lugaro 等研究了多酚氧化酶在水/有机溶剂乳化液中的活性变化规律，结果为：该酶在两相溶液中可以催化含有自由酚类基团的甾类激素发生氧化，最适有机溶剂为乙酸乙酯、乙醚、乙酸丁酯和丁酮。极性较小的溶剂中甾类激素的溶解量太小，而溶剂极性过大则抑制酶活性。酶促反应的最适 pH 值与在水溶液中反应的最适 pH 值一致。几乎全部氧化产物都溶解在有机相中[45]。

在表面活性剂/水/有机溶剂如辛烷等三元体系中，多酚氧化酶活性可比水溶液中高出 10～50 倍[46]。表面活性剂可能是通过改变酶内部亲水微环境中的构象和流动性来调节酶的活性。

2.5　漆酶的催化活性与底物

2.5.1　漆酶的底物专一性

酶催化的特点之一是底物专一性。诚然，漆酶对氧化剂 O_2 的专一性很强，例如它不能催化 H_2O_2 氧化。但对还原剂却不太专一。见表 34-19，茶叶、甘薯和烟叶中的酚氧化酶专门氧化邻苯二酚，可谓专一性强。而漆树漆酶却能氧化邻苯二酚、对苯二酚和抗坏血酸，就不太专一了。至于真菌漆酶，除作用于上述三个底物之外，还能催化间苯二酚和对甲酚，其专一性更差，可是用途变广泛了。

表 34-19 含铜氧化酶的特异性

含铜氧化酶		一元酚类		二元酚类				抗坏血酸
		羟基化	脱氢	邻位	间位	对位		
						羟基化	脱氢	
抗坏血酸氧化酶		−	−	−	−	−	−	+
酚氧化酶	茶 叶	−	−	+	−	−	−	−
	甘 薯	−	−	+	−	−	−	−
	烟叶（绿原氧化酶）	−	−	+	−	−	−	−
	马铃薯	+	−	+	−	−	−	−
	菰	+	−	+	−	+	−	−
	漆树漆酶	−	?	+	−	−	+	+
	真菌漆酶	−	+	+	+	−	+	+
	脑胞质素	−	−	+	?	−	+	+

按国际酶委员会最新命名，酚类氧化酶分为两类，①邻苯二酚氧化酶 EC1・10・3・1，漆树漆酶和担子菌漆酶（Basidio-laccase）都属此类。②单酚单氧酶 EC1・14・18・1，如酪氨酸酶。这两种酶催化某些底物的活性不同，可资判别见表 34-20，事实上，漆树漆酶和变色多孔菌（*Polyporus versicolor*，真菌的一种）漆酶都能催化对甲酚氧化成 Pummerer 酮

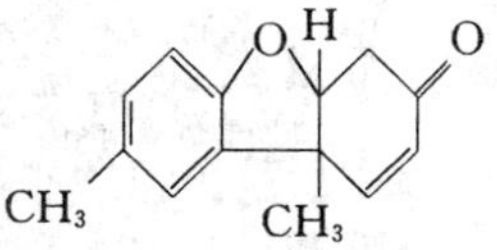

O H O CH_3 CH_3

，但不是像酪氨酸酶那样将对甲酚羟基化成 4-甲基邻苯二酚

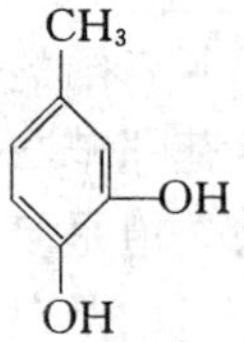

CH_3 OH OH

，所以它们都属于邻苯二酚氧化酶 EC1・10・3・1 类。

表 34-20 鉴别酪氨酸酶与漆酶的常规方法

	酪氨酸	对甲酚	对苯二胺	对苯二酚
酪氨酸酶	+	+	−	−
漆 酶	−	−	+	+

2.5.2 漆酶的底物与反应

Benfield 等[47]利用漆酶催化时酚类化合物生成游离基的特点，按反应（1）～（6）式进行了合成。其中（5）、（6）两反应只有真菌漆酶才能催化。

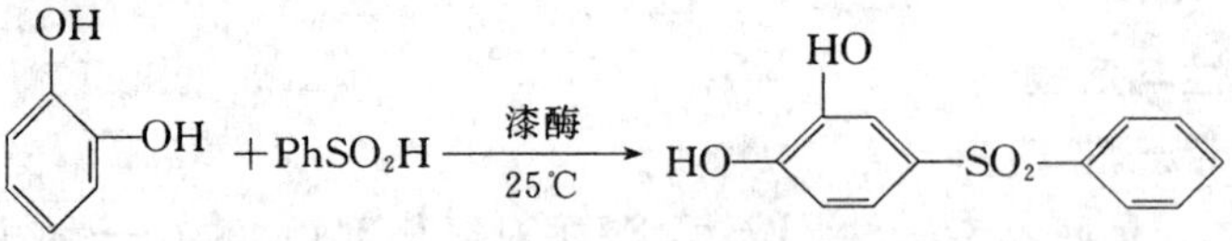

OH OH $+PhSO_2H$ 漆酶 25℃ HO HO SO_2 (1)

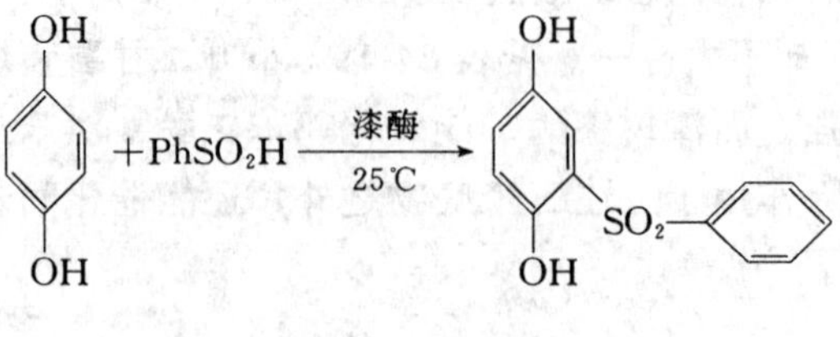

OH OH $+PhSO_2H$ 漆酶 25℃ OH SO_2 OH (2)

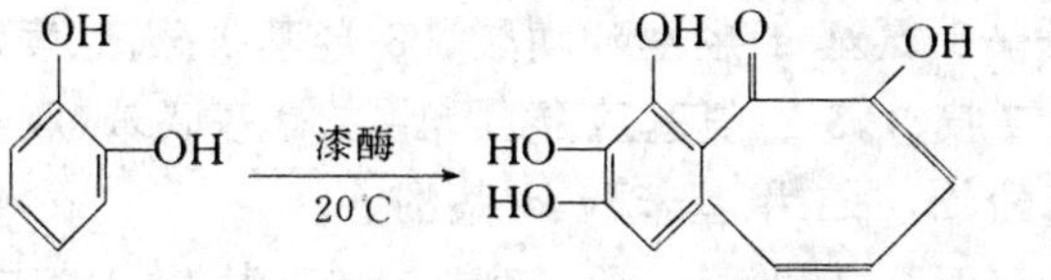

(3)

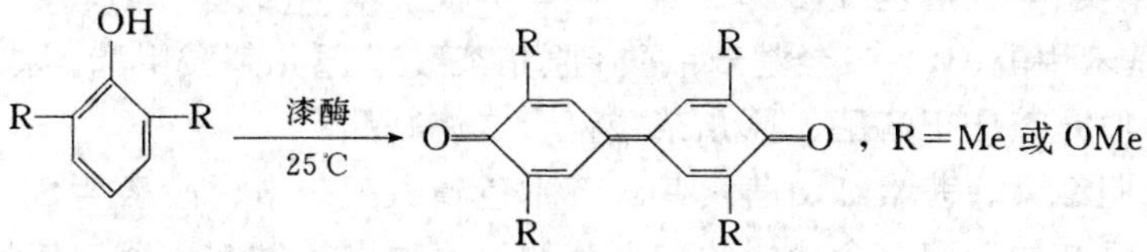

(4)

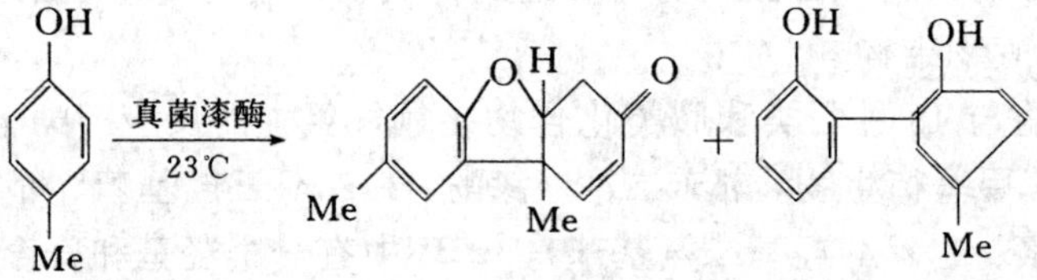

(5)

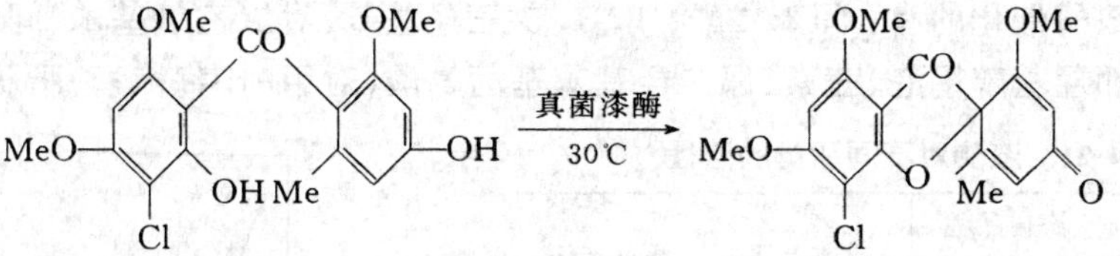

(6)

真菌漆酶还可催化（7）式反应[48]：

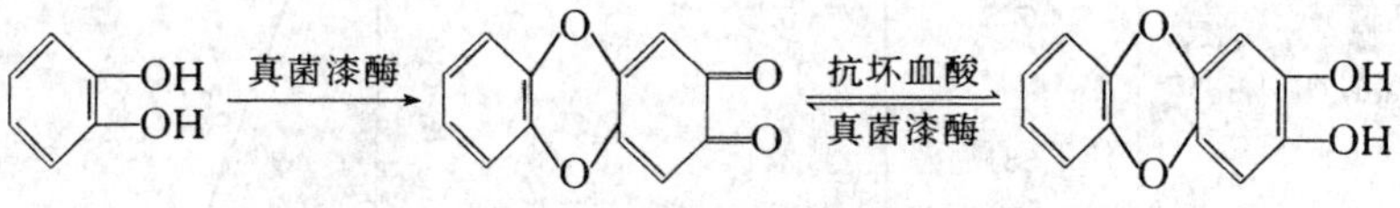

(7)

以邻苯二胺为底物，在漆酶催化下得到 2，3-二氨基吩嗪[49]：

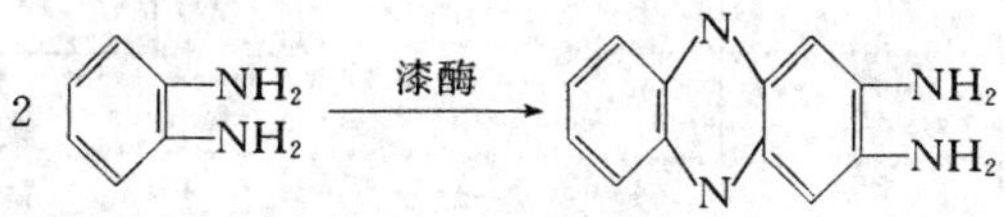

(8)

丝核菌漆酶可催化氯苯酚和丁香酸得到共聚物[50]：

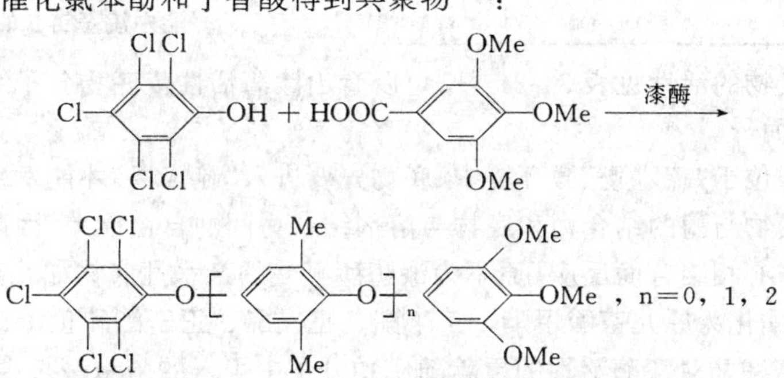

(9)

Iwahara[51]发现醇氧化酶催化芳香族 α，β-不饱和醇成 α，β-不饱和醛时，愈创木酚和漆酶的存在可以使醇氧化酶的活力提高 1 倍。

王光辉等[52]通过实验确认下列化合物是漆树漆酶的底物，其中有 19 个底物尚未见文献报道，它们分属 6 类。

(1) 多元酚：间苯二酚、间苯三酚。

(2) 氨基酚：邻氨基苯酚、间氨基苯酚、对氨基苯酚、邻-羟基乙酰苯胺、对-羟基乙酰苯胺、2-氨基-4-硝基苯酚、3-氨基-4-羟基苯磺酸、3-羟基-4-氨基萘磺酸。

（3）芳胺：1,5-萘二胺、1,5-二氨基蒽醌、4,4′-二氨基联苯(联苯胺)。

(4)一元酚:对甲苯酚、2,6-二甲基苯酚、α-萘酚。

(5)邻苯二酚类:4-叔丁基-1,2-苯二酚、3-溴-5-叔丁基-1,2-苯二酚、3,5-二叔丁基-1,2-苯二酚、3,4-二羟基苯甲醛、3,4-二羟基苯甲酸(原儿茶酸)、原儿茶酸甲酯、原儿茶酸正丁酯、原儿茶酸正戊酯、原儿茶酸正辛酯、原儿茶酸正十二烷基酯。

（6）其他：胆红素、茜素红、茜素紫、苏木色精、醌茜素、茜素兰S。

总之，迄今已知的漆酶（含漆树的和真菌的）底物已超过200个，其中规律尚待发掘。

2.5.3 漆酶活性与底物结构

有人研究了漆酶与48种酚类和胺类化合物在氧气氛中的反应[53]，按氧化易难顺序排列如下：对苯二胺及其甲基衍生物，邻苯二酚（漆酚、1,2,4-三羟基苯、邻苯二酚、邻苯二胺与其衍生物、肾上腺素、1,2,4-羟基二氨基苯），苯环中有一个羟基和一个甲氧基的衍生物。

其余不受漆酶催化的有：间苯二酚、1，3，5-三羟基苯、对二乙氧基苯、间苯二胺、酪氨酸、酪氨、百里酚、邻羟基苯甲醛、茜素、邻二羟基苯基丙氨酸、对甲酚、黄樟素、脂肪二胺等。

表 34-21 漆酶对不同酚类的活性

漆树品种 / 吸氧量	日本产漆	缅甸产漆
漆酶的最适pH值	6.5	6.5
漆酶的吸氧量[ml/(h·mg)]		
邻苯二酚	581	341
对苯二酚	622	227
对甲酚	0	0
邻苯二胺	300	384
间苯二胺	0	75
对苯二胺	864	408
漆　酚	114	53
异构漆酚	84	36

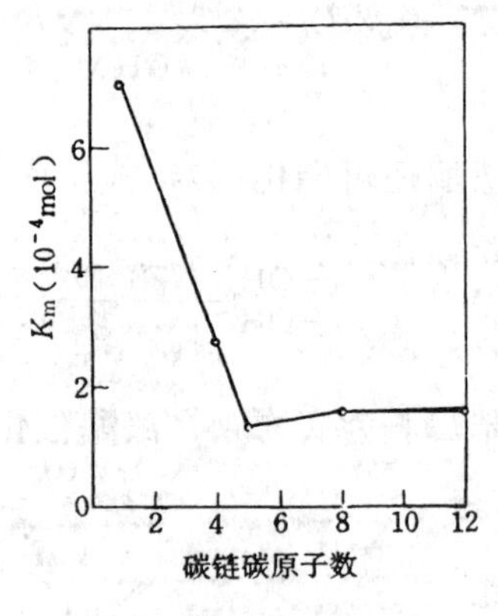

图 34-14 原儿茶酸酯的 K_m 值与酯中烷基链长的关系

漆酶对一些底物的活性见表34-21[54]。可以看出漆酶活性依底物分子结构而异,对同一底物来说,则随漆酶而异。

酶的活性中心位于"疏水场"微环境中,底物先要进入"疏水场"才能发生反应。酶包结底物的驱动力取决于底物与酶的结合力和底物与溶剂结合力间的自由能差。因此在水中,疏水性底物优先与酶活性中心相结合而反应。原不为漆酶所喜爱的亲水性底物如儿茶酸(3,4-二羟基苯甲酸)，将它分别酯化为原儿茶酸甲酯、正丁酯、正戊酯、正辛酯和正十二烷基酯。如图34-14[55]，这些原儿茶酸酯对漆酶活性的贡献随底物分子中引入的疏水基长度而变。底物为原儿茶酸戊酯时米氏常数 K_m 最小,即漆酶的催化活性最大。由此可知,底物的疏水性及尺寸对漆酶活性关系极大。

2.6 漆酶的活性中心

2.6.1 漆酶的抑制与重建

许多物质可以减弱、抑制或破坏酶的催化作用，它们叫抑制剂，常见类型是：①重金属离子：Cu^{2+}、Hg^{2+}、Ag^{+}等。②某些无机物：一氧化碳、氢氰酸、硫化氢、氟化物等。③某些有机物：染料、碘代乙酸、乙二胺四乙酸（EDTA）、表面活性剂等。

有的抑制剂结合在酶的活性中心上，因而减少了酶与底物结合的机会，这叫竞争抑制。反之，另一种非竞争性抑制剂结合在酶的非活性区，却能影响酶的结构和性质，从而降低底物的转换常数 k_3。

Tissieres 研究了氰化钾对漆酶的抑制作用[56]。在氮气氛和 pH 值 7.0，他加邻苯二酚和抗坏血酸于漆酶溶液中，使漆酶的 Cu^{2+} 还原成 Cu^{+}。再加 KCN-KOH 溶液以除去漆酶的铜。然后加固体硫酸铵沉淀和透析而得酶制品。这种酶制品基本不含铜，对邻苯二酚或氢醌几乎丧失了催化活性，加入氯化锰或硫酸铁仍无活性。可是当加入少量硫酸铜之后，其活性突然大增，终于能基本复原。后来中村又做了类似的实验，结果见表 34-22[57]。

表 34-22　漆酶的重建与含铜量的关系

品　种	比活性 Q_{O_2}	含铜量（%）
天然漆酶	7.55×10^3	0.250
天然漆酶 $+Cu^{2+}$	8.40×10^3	0.249
天然漆酶 $+Cu^{+}$	8.10×10^3	0.265
氰化物处理的酶蛋白质	0.19×10^3	0.003
氰化物处理的蛋白质 $+Cu^{2+}$	0.24×10^3	0.135
氰化物处理的蛋白质 $+Cu^{+}$	2.38×10^3	0.182

由此可见，铜离子是漆酶的催化中心，氰化物对漆酶的抑制是以络合脱铜方式除去了漆酶的活性中心。此外，还暗示漆酶与铜离子的结合力较弱，很可能是配位键。

2.6.2　底物氧化机理

如上所述，铜离子是漆酶的活性中心，它吸收 615nm 可见光，其光密度与 Cu^{2+} 含量成正比，吸光系数 $\epsilon=1.1\times10^3/cm/molCu^{2+}/L$。即使抽空充氮也不影响光密度。但当加入底物或还原剂如连二亚硫酸盐时该吸收峰即消失，再通入氧气又重现了。根据这些性质 Nakamura 研究了氢醌在漆酶催化下的氧化机理[58]。

他先用 Warburg 量压法测量氢醌的吸氧量，再用碘定量法测定氧化产物的当量，结果表明 1 个氢醌分子氧化成 1 分子对苯醌。其次，在无氧状态下研究底物与漆酶中铜离子的定量关系，用分光光度法测量 615nm 的光密度变化。结果为，1 分子氢醌或抗坏血酸还原两个铜离子，反应式：

$$2En-Cu^{2+}+\text{HO}-C_6H_4-\text{OH}\longrightarrow 2En-Cu^{+}+\text{O}=C_6H_4=\text{O}+2H^{+}\quad(1)$$

后来的 EPR 研究表明，（1）式的中间产物是氢醌自由基[59]，反应过程是：

$$En-Cu^{2+}+\text{HO}-C_6H_4-\text{OH}\longrightarrow En-Cu^{+}+\dot{\text{O}}-C_6H_4-\text{OH}+H^{+}$$

$$2\,\dot{\text{O}}-C_6H_4-\text{OH}\longrightarrow \text{HO}-C_6H_4-\text{OH}+\text{O}=C_6H_4=\text{O}$$

往下再研究氧气与漆酶亚铜离子的定量关系。反应仍在音调计型玻璃室中进行，先抽空充氮，注入还原酶溶液（由加入少许连二亚硫酸盐制成），再注入定量氧气，振荡10min，测量615nm的光密度。结果说明，1分子氧能氧化4个亚铜离子，反应式是：

$$2En-Cu^{+}+\frac{1}{2}O_2+2H^{+}\longrightarrow 2En-Cu^{2+}+H_2O \quad (2)$$

在反应（1）中由氢醌分子转移两个电子给酶的铜离子，而在反应（2）中则由酶的两个亚铜离子转移两个电子给1个氧原子。这两种反应是彼此独立地分别进行的，这就是漆酶催化的特点所在。

2.6.3　漆酶的三种铜离子

由漆酶的分子量11万和含铜量0.24%推知，每个漆酶分子含有4个铜原子。依据其光学性质和EPR参数的差别，可以把它们分为3种类型——Ⅰ型Cu（Ⅱ）1个、Ⅱ型Cu（Ⅱ）1个和Ⅲ型Cu（Ⅱ）2个。

（1）Ⅰ型Cu（Ⅱ）离子。它在615nm有强吸收峰（$\varepsilon=4\ 000\sim6\ 000cm^{-1}$），因而呈蓝色，又叫“蓝铜”。当氢醌、亚铁氰化物等还原剂作用于漆酶时，该吸收峰即消失，待氧化以后又重新出现。用赤血盐测定其氧化还原电位为415mV（25℃，pH值7）。当漆酶的蛋白质变性时会使酶失去蓝色和活性，例如加盐酸胍可使真菌漆酶发生变性，同时Ⅰ型Cu（Ⅱ）吸收峰也随之消失。

Ⅰ型Cu（Ⅱ）是顺磁性的，其EPR的超精细分裂常数（A_{11}）$<100\times10^{-4}cm^{-1}$。从g值与特低的超精细结构可知，Cu（Ⅱ）的未配对电子具有高度的去定域化（delocalization）。Ⅰ型Cu（Ⅱ）的配位体可能由组氨酸、半胱氨酸和蛋氨酸等残基组成。

Ⅰ型Cu（Ⅱ）不易与抑制剂CN^-、N_3^-等作用，可能是因为它潜伏于漆酶分子内的疏水区。但对50mMCN^-的溶液（pH值7.2）透析时可完全除去漆酶的Ⅰ型Cu（Ⅱ），此后加Cu^+重建的漆酶，再暴露于O_2中可以产生蓝色并恢复其原有的活性。如果在重建时先加Hg^{2+}处理，接着再加Cu^+处理并暴露于O_2中，这时漆酶就不再发出蓝色，并且漆酶活性也不会恢复，尽管这时已有4个金属离子（1个Hg^{2+}和3个Cu^+）与1个漆酶分子结合。可见Hg^{2+}在重建的漆酶中占据了Ⅰ型的位点而导致漆酶失活。

（2）Ⅱ型Cu（Ⅱ）离子。Ⅱ型Cu（Ⅱ）为无色铜，在可见和紫外光区无吸收。它也是顺磁性的，其超精细分裂常数（A_{11}）$>140\times10^{-4}cm^{-1}$，即Ⅱ型Cu（Ⅱ）的A_{11}与一般低分子的Cu（Ⅱ）配价物（A_{11}在120～220cm^{-1}）相近，因而认为漆酶中Ⅱ型Cu（Ⅱ）为正常键合配位的Cu（Ⅱ）。由此不难理解，跟Ⅰ型Cu（Ⅱ）相比，为什么Ⅱ型Cu（Ⅱ）与N_3^-、F^-、CN^-等负离子有很强的亲和力。所以在保留Ⅰ型Cu（Ⅱ）的前提下可以把Ⅱ型Cu（Ⅱ）除去。如用二甲基丁二醛肟，Fe $(CN)_6^{3-}$和漆酶一起在缓冲液中透析，即得到除去Ⅱ型Cu（Ⅱ）的漆酶（T_2D漆酶）。

Ⅱ型Cu（Ⅱ）失去后漆酶即失活，同时使Ⅰ型Cu（Ⅱ）的摩尔消光系数减少约20%，并使其超精细分裂常数A_{11}略有降低。这些变化可能与除去Ⅱ型Cu（Ⅱ）后引起的构象变化有关。然而，Ⅱ型Cu（Ⅱ）的除去对Ⅰ型Cu（Ⅱ）的EPR线宽并无影响，这说明Ⅰ、Ⅱ型Cu（Ⅱ）之间的距离至少有1nm。Ⅱ型Cu（Ⅱ）的失去既不影响Ⅰ型Cu（Ⅱ）的位置，也不影响Ⅰ型Cu（Ⅱ）的还原速率，所以Ⅰ型Cu（Ⅱ）是第1电子受体，它的还原不依赖于其他电子受体。

反之，Ⅱ型Cu（Ⅱ）的失去却明显地减慢了Ⅲ型Cu（Ⅱ）的还原速率。

(3) Ⅲ型Cu（Ⅱ）离子。跟Ⅰ型或Ⅱ型Cu（Ⅱ）的形单影只相反，每个漆酶分子含有1对Ⅲ型Cu（Ⅱ）离子。只有在高活性漆酶中Ⅲ型Cu（Ⅱ）才具有330nm特征吸收带，目前认为是从配体到Ⅲ型Cu（Ⅱ）的电何迁移峰。Ⅲ型Cu（Ⅱ）是反磁性的，大多数情况下用EPR检测不出来，所以长期以来被人们误认为Cu（Ⅰ）。直到1976年Solomon等通过漆酶磁化率与温度关系的研究[60]，才发现漆酶中EPR测不出来的铜离子是抗铁磁性的Ⅲ型Cu（Ⅱ）—Cu（Ⅱ）离子对。当Ⅲ型Cu（Ⅱ）有EPR信号出现时，Ⅰ型Cu（Ⅱ）的信号并未明显加宽，表明这两种铜离子间的距离至少有1nm。此外，Ⅲ型和Ⅱ型Cu（Ⅱ）之间可以搭成桥键。

77K下用330nm光波（即Ⅲ型Cu（Ⅱ）特征吸收波长）对漆酶进行辐照，结果导致615nm的发色基脱色和Ⅰ型Cu（Ⅱ）的还原，同时Ⅰ型Cu（Ⅱ）的EPR特征信号也随之减弱。但此刻EPR谱上却出现1个新的游离基信号。样品解冻时Ⅰ型Cu（Ⅰ）氧化到Cu（Ⅱ），而游离基信号也消失。上述变化说明漆酶中Ⅰ型和Ⅲ型Cu（Ⅱ）间存在着直接的能量传递。

(4)铜离子的配位结构。由于漆酶含糖量较高，难以得到用于x射线分析的单晶，至今漆酶的三维空间结构还不清楚。人们只能根据漆酶的光学、磁学性质和催化反应等实验事实，推测漆酶中铜的位置和配位结构。Reinhammar等提出漆酶中铜的配位模型如图34-15[61]。Ⅰ型Cu（Ⅱ）是4配位的，配位原子可能是半胱氨酸和蛋氨酸上的2个硫，两个组氨酸的2个氮，排列成一个畸变的4面体。Ⅱ型Cu（Ⅱ）是4方配位环境。它与CN^-形成络合物的EPR超精细结构表明，Ⅱ型Cu（Ⅱ）是与3个氮原子配位。在氧化型漆酶中，1个含氧配体可能是H_2O或OH^-。Ⅰ型Cu（Ⅱ）和Ⅱ型Cu（Ⅱ）的顺磁性说明它们没有磁性的或偶极—偶极相互作用，它们之间的距离一定超过1nm。但它们仍有构象相互作用。反磁性的Ⅲ型Cu（Ⅱ）—Cu（Ⅱ）之间有很强的磁偶合作用，它们分别与3个组氨酸上的氮配位，又同时与作为氧桥的酪氨酸上的氧配位。

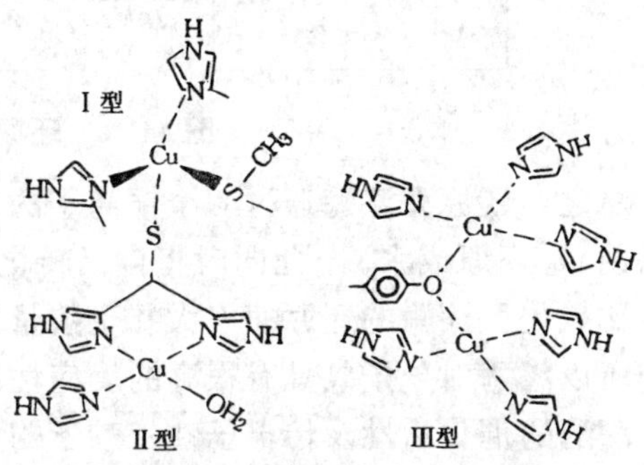

图34-15　漆酶中铜的配位模型

2.7　漆酶的催化机理

2.7.1　漆酶从底物接收电子

还原滴定表明，Ⅰ型Cu（Ⅱ）和Ⅱ型Cu（Ⅱ）是单子受体，偶合的Ⅲ型Cu（Ⅱ）是双电子受体。漆酶催化底物氧化时，底物首先将电子传递给Ⅰ型Cu（Ⅱ）或Ⅱ型Cu（Ⅱ），然后通过分子内的电子转移再传递给Ⅲ型Cu（Ⅱ），在Ⅲ型Cu（Ⅱ）上氧被还原成水。

Andreasson等认为Ⅰ型Cu（Ⅱ）首先接受底物氢醌的电子[62]，因为Ⅰ型Cu（Ⅱ）最初还原速率与酶及底物浓度成比例。Ⅰ型Cu（Ⅰ）不能还原Ⅱ型Cu（Ⅱ），但可以通过公用配体构象的变化引起Ⅱ型Cu（Ⅱ）被第2个底物分子还原。此后Ⅰ型Cu（Ⅰ）和Ⅱ型Cu（Ⅰ）都同时向Ⅲ型Cu（Ⅱ）离子对传递1个电子。当pH值7.5时，漆树漆酶中Ⅰ型Cu（Ⅱ）的还原速率比pH值6.5时快10倍，而Ⅱ型Cu（Ⅱ）却慢得多。以氢醌为底物时可能只有氢醌负离子能给出电子。

2.7.2　漆酶催化氧还原成水

Farver等确证Ⅲ型Cu（Ⅱ）与氧分子结合并通过与Ⅱ型Cu（Ⅱ）的协作使O_2还原成

水[63]。Reinhammar 等将还原型漆树漆酶与 O_2 反应用图 34-16 表示，其中方框内左上方为Ⅰ型Cu（Ⅰ）或Cu（Ⅱ），左下方为Ⅱ型Cu（Ⅰ）或Cu（Ⅱ），右边为Ⅲ型Cu（Ⅰ）或Cu（Ⅱ）。首先，在反应快步骤中消耗两个质子，包括Ⅰ型Cu（Ⅰ）的氧化和EPR检测到的氧中间体的形成，随后第3个电子向氧中间体的转移导致O—O键的断裂，产生1分子 H_2O 和负氧自由基 $\dot{O}^-$ 与Ⅲ型Cu（Ⅱ）形成的中间体。然后，在反应慢步骤中也吸收两个质子，包括氧中间体的衰减和Ⅱ型Cu（Ⅰ）的氧化。

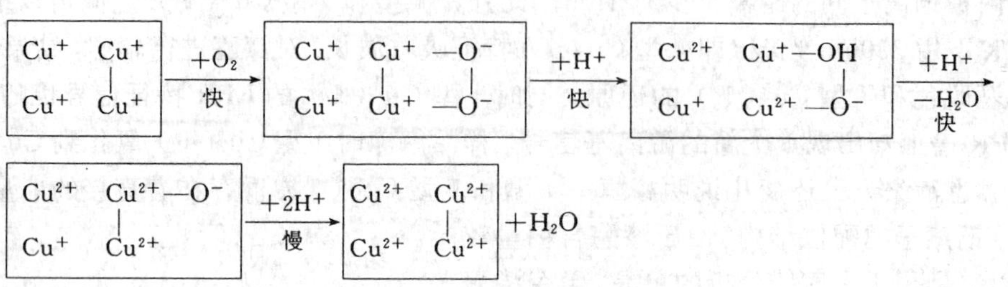

图 34-16 还原型的漆树酶与 O_2 的反应

总之，还原型漆酶通过4个铜离子的协同作用，捕获1个氧分子，又从水中吸收4个质子而使 O_2 还原成水。与此同时将自己转化为氧化型漆酶。还原型漆酶被分子氧氧化的速率很大，比氧化型漆酶的还原速率大几个数量级。但还原型漆酶被其他氧化剂氧化的速率都相当低。所以漆酶对分子氧具有很高的反应性和专一性。

漆酶的催化活性及传电子性依赖于构象的变化，而构象主要取决于蛋白质侧链之间、侧链与水分子之间的相互作用，同时依赖于漆酶分子的溶剂环境：水分、pH值、离子强度、温度等因素的综合作用，有关规律前已述及。

2.8 固定化漆酶

酶是生物体内的催化剂，多是水溶性的，应用于工业生产时不便于回收和重复使用。通过吸附或化学键联等方法将酶分子连接或束缚到某些固体上，使它既能发挥催化作用，又不致随反应液流失，这就是固定化酶。酶的固定方法如图 34-17 可分为3类。

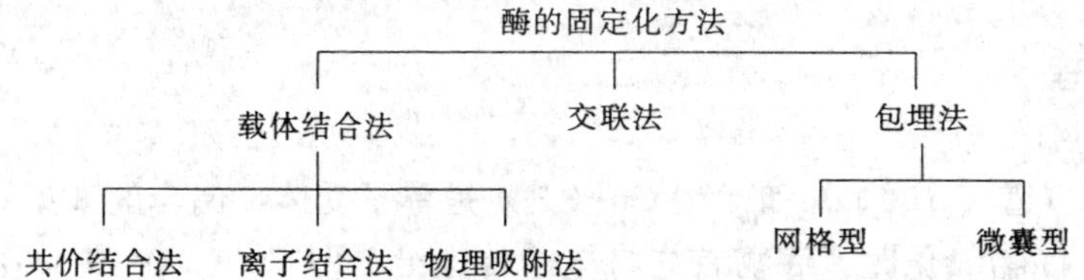

图 34-17 酶固定化方法的分类

其中酶与载体联结最牢固的是共价结合法，举溴化氰法为例，常用多糖类载体 R<(OH)(OH)，在碱性条件下用BrCN活化，得亚氨碳酸酯衍生物 R<(O)(O)>C═NH，后者可在温和条件下与酶蛋白的氨基反应，主产物为异脲型 R<(O—C(═NH)—NH—[酶])(OH)。

1975 年 Frocher 等[65]制备了两种固定化漆酶(来自脉孢菌中)。一种吸附于伴刀豆球蛋白 A-琼脂糖凝胶 (ConA-Sepharose)，另一种共价偶联于溴化氰活化的琼脂糖 (BrCN-activated Sepharose 4B)。这两种固定化漆酶的活性收率分别达 100%和 60%，而且贮存数月并不影响其活性。它们的热稳定性、化学稳定性、底物专一性和适用 pH 值范围等都与天然漆酶相似，仅米氏常数有些变化。

Сухомлин[66]将漆酶固定在导电载体碳黑上拟作导电酶电极。先用牛血清蛋白处理碳黑，在 Woodwords 试剂 (N-乙基-5-苯异噁唑-3′-磺酸) 存在下将漆酶与载体结合。这种固定化漆酶的活性较高，为制备漆酶的生化电池提供了条件。

Я рополов 等[67]制备了固定化漆酶电极，用于分析多元酚和多氨基苯，底物浓度的线性响应范围是$2\times10^{-5}\sim7\times10^{-4}$mol/L。曾用琼脂、聚丙烯酰胺和聚甲基丙烯酸盐三种载体包埋漆酶 (来自变色多孔菌)，其中以聚丙烯酰胺固定的漆酶活力最高。

高阪彰等[68]采用溴化氰活化的琼脂糖 (BrCN-activated Sepharose 4B)、环氧树脂活化的琼脂糖 (Epoxy-activated Sepharose 4B) 和戊二醛处理的氨基多孔玻璃等固定化的漆酶，活性收率7%～12%。将这些固定化漆酶处理生物体液样品，预先除去其中的胆红素，以免它干扰后面的分析。

和佐保等[69]用浸泡过环氧树脂的 RVC (reticulated Vitrious Carbon) 电极作载体，用牛血清蛋白通过戊二醛与载体上的氨基交联漆酶，制得漆酶电极膜。电极响应对底物浓度的线性范围在$10^{-7}\sim10^{-4}$mol/L。漆酶电极可测定药物中的肾上腺素，使用两月后还保留活性65%。

李勇富等[70]用聚丙烯酰胺包埋法和 ABSE-交联琼脂共价偶联法固定了漆树漆酶。这两种固定化漆酶催化茶多酚氧化的转化率高于天然漆酶，它们催化漆酚氧化聚合时得到了物理性能优异的“超级生漆膜”。

2.9　模拟漆酶

鉴于漆酶的催化中心为 Cu (Ⅱ) 与 N、O 等原子的配位结构，黄婷等首次进行了模拟漆酶的尝试。他们用铜和弱碱性苯乙烯系阴离子交换树脂的复合物 Cu-D370催化漆酚氧化聚合成膜。漆膜性能见表34-23，跟固定化漆酶所催化的“超级生漆膜”相近，漆膜的耐热性和耐化学品性则和普通生漆膜差不多。红外光谱分析表明，Cu-D370的催化机理与固定化漆酶相似[71]。

Cu-D370含铜5.2%～12.5%时具有催化活性，反应在漆酚二甲苯溶液中进行，温度45～

表 34-23　漆膜物理性能的比较

检测项目	Cu-D370催干的漆膜	“超级生漆膜”	普通生漆膜
表干时间 (min)	＜20	＜30	30～120
实干时间 (天)	1	3	30～90
光泽值 (%)	120～130	120～140	57
外　观	紫铜色	紫铜色	棕黑色
冲击强度 (kg·cm)	正面＞50 反面＞50	正面＞50 反面＞50	＜30
附着力 (级)	1	1～2	4
柔韧性 (mm)	0.5	0.5	1.6
硬度 (与玻璃比值)	0.78	0.82	0.78～0.89

89℃，当溶液可以抽丝时停止反应，粗产物Mn3420，提纯后Mn3670，分子量分布很窄。

根据IR和XPS分析，他们推测Cu-D370的催化中心结构为：

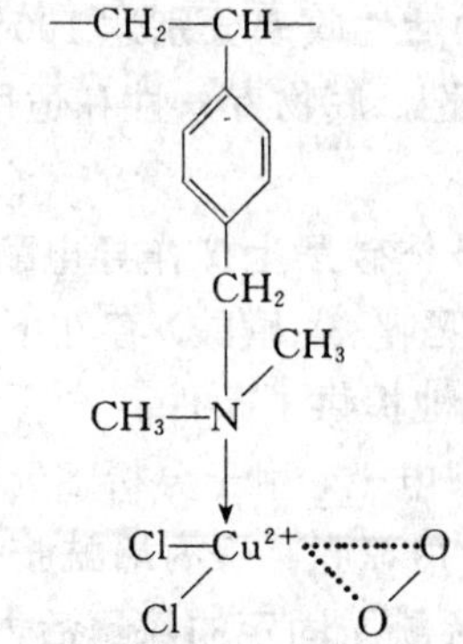

—CH_2—CH—

CH_2

CH_3

CH_3—N

Cl—Cu^{2+}⋯O

Cl O

反应前后铜的价态有变化，在水溶液中无催化活性。

铜-吡啶络合物在二氧六环中催化漆酚氧化聚合时反应较二甲苯中慢得多，但漆膜的物理性能好，实干快[72]。铜与聚4-乙烯基吡啶络合的催化剂可以重复使用[73]。

铜与氯化苄部分季铵盐化的聚4-乙烯基吡啶络合物（Cu-QPVP）是一种聚电解质，溶于水后呈蓝色。其水溶液和漆酚的调合物是油包水珠型乳液，外观和性质跟原生漆相似。涂刷成薄层后室温能自干，环境湿度越高，表干时间越短。漆膜物理性能也跟原生漆膜相似，其附着力、冲击强度和柔韧性都远不如Cu-D370所催化的漆膜。原因何在？①是涂膜前无预聚合过程，可能因线型聚合物分子量太小而导致漆膜发脆。②是水分多，这有利于多羟基联苯结构的生成，也会损害漆膜的韧性。然而，Cu-QPVP催干的漆膜却有个意料不到的优点——耐40%NaOH水溶液的腐蚀[74]。一般地，普通生漆膜所能忍耐的NaOH浓度还不到1%。

3 生漆的其他组分

3.1 水 分

在显微镜下观察，生漆中水分以小水珠的形式均匀分布于漆酚中。如果加入苏丹Ⅲ，可使漆酚染成红色，但水珠仍然无色，可见生漆是漆酚包水型乳液结构。生漆含水量与漆树品种、生长环境、割漆时间和技术有关，一般为15%～40%。

漆酶溶解在水珠中，它能吸收空气中氧气并催化漆酚干燥固化成膜。漆酶的催化活性与生漆含水量和空气湿度有关。含水少的生漆干燥成膜慢，而且对空气湿度要求高，但漆膜质量好；含水多的生漆干燥快，但漆膜发脆光泽差，因为水多时漆膜内外层干燥不均匀而且易形成联苯型聚合物。所以通常将生漆精制脱水到含水6%左右，再在高湿度下髹涂成膜。

3.2 生漆多糖（树胶质）

取新鲜生漆，经丙酮萃取除去漆酚，沸水浴提取，三氯乙酸-正丁醇除去杂蛋白，活性炭脱色，乙醇沉淀得多糖半精品，收率5.2%。再用2%CTAB络合剂（溴化十六烷基三甲基铵）沉淀、溶解、透析而得精品，含糖93.5%[75]。

生漆多糖精品为白色粉末，不溶于乙醇、乙醚、丙酮等有机溶剂中，易溶于水成粘稠状。在浓硫酸存在下与α-萘酚作用显紫色环，并出现490nm特征吸收峰。将样品点于滤纸上，用Schiff试剂染成玫瑰红色，用甲苯胺蓝染为蓝色。其水溶液可被2%CTAB络合沉淀。用1mol/L H_2SO_4回流水解后凭R_f值初步确定产物为阿拉伯糖、鼠李糖、葡萄糖、半乳糖和己糖醛酸。水解前后与斐林试剂分别呈阴、阳性反应。

另一文献从树胶质水解物只分析到 L-鼠李糖、D-木糖、D-阿拉伯糖和 D-半乳糖[76]。

漆液中有单糖（主要为半乳糖）、酸性和中性低聚糖（分子量<1 000）以及酸性多糖。酸性多糖在漆液中以 Ca^{2+}、Mg^{2+}、Na^{+}离子羧酸盐（比例为80∶55∶30）存在。由光散射仪测得其重均分子量为1.09×10^{5}。其主要组分为 D-半乳糖（65%～67%）、4-OCH_3-D-葡萄糖醛酸（24%～25%）、还有 D-葡萄糖醛酸、L-鼠李糖以及 L-阿拉伯糖。酸性多糖的构造如图34-18所示。其中半乳糖β（1-3）连结为主链，于β（1-6）处串连着几个半乳糖成支链。

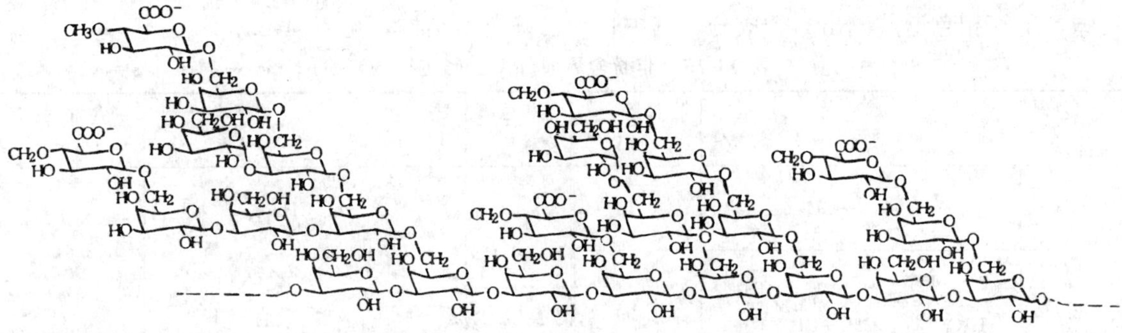

图 34-18　生漆中酸性多糖的构造

3.3　糖蛋白（含氮物）

在漆液糖蛋白构成中，单糖约占10%，其中半乳糖含量较多，还有呋喃糖、阿拉伯糖、葡萄糖、甘露糖以及含有氨基葡萄糖的甘露糖等。含量占90%的蛋白质，主要由亲油性氨基酸构成，结果使糖蛋白不溶于水。如果将它用 SDS-二巯基乙醇处理后，90%以上可变成水溶性，分子量为8×10^{3}～4.7×10^{4}。糖蛋白可作为漆液中乳浊液的稳定分散剂，通常大木漆中含量较多，约1%～5%。

3.4　油　分

(1) 烃类[77]：陕西生漆加5倍丙酮稀释，滤去沉淀后浓缩，分液漏斗除去水层，经碱性氧化铝柱层析，石油醚（60～90℃）洗脱，收集漆酚前洗脱部分，因三氯化铁试验不显色，故为非酚成分，再经硅胶柱（100～200目）层析，纯石油醚洗脱得烃类。然后用含5%乙酸乙酯的石油醚洗脱者，则为非酚含氧成分。

烃类部分依次用5%硝酸银的硅胶柱层析，己烷洗脱。10%硝酸银的硅胶 G 铺成制备薄层板，石油醚展开得纯品。再用气相色谱鉴定各馏分。

薄层析出10个斑点，喷1%香夹兰素的浓硫酸于105℃显色。经气色、红外、核磁和质谱鉴定，除4-甲基十七烷外，其余7个成分均为已知倍半萜，见表34-24。

表 34-24　生漆的烃类成分

气相色谱峰号	薄层序号	名　　称	鉴定方法	含量（%）	备注
1	2	α-依兰烯	IR	33.56	
2	8	菖蒲二烯	IR	3.3	
3	3	β-姜烯	IR	11.47	
4	9	β-石竹烯	IR. RT	3.3	
5	5	未知	—	2.3	
6	10	β-葎草烯	IR、MS、NMR	14.64	

（续）

气相色谱峰号	薄层序号	名　　称	鉴定方法	含量（%）	备注
7	4	α-雪烯	IR	14.59	
8	7	δ-杜松油烯	IR	10.25	
9	6	未知	—	6.59	
	1	4-甲基十七烷	IR、MS	—	气谱未出峰

（2）非酚含氧成分[78,79]：此部分约占漆样重的0.26%，为橙黄色液体，具有强烈的特殊气味，用气相色谱共测出34个成分，其中17个已确定了结构，见表34-25。

表 34-25　非酚含氧成分（已确定结构）

气相色谱峰号	结　　构	含量①（%）	气相色谱峰号	结　　构	含量①（%）
1	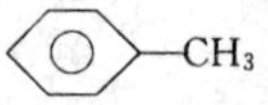 $C_6H_5-CH_3$	0.16	21	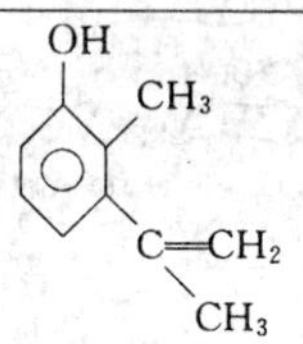 OH, CH_3, $C(=CH_2)CH_3$（苯环）	12.64
2	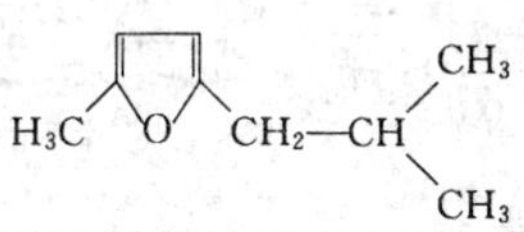 H_3C-呋喃环(O)-$CH_2-CH(CH_3)_2$	0.09	24	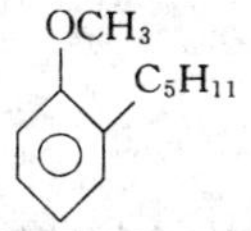 OCH_3, C_5H_{11}（苯环）	4.58
3	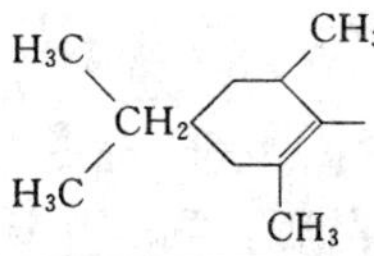 $(H_3C)_2CH$-环己烯(CH_3, CH_3)	0.03	25	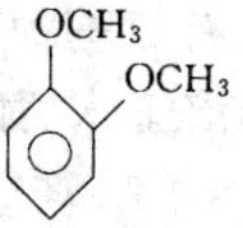 OCH_3, OCH_3（苯环）	6.95
4	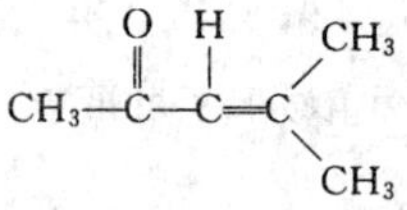 $CH_3-C(=O)-CH=C(CH_3)_2$	4.19	26	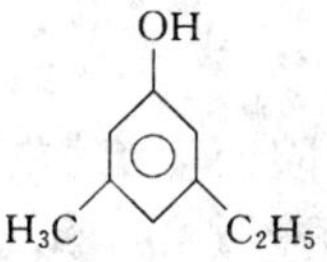 OH, H_3C, C_2H_5（苯环）	0.86
6	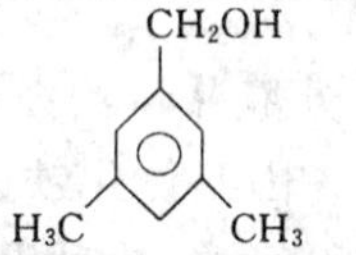 CH_2OH, H_3C, CH_3（苯环）	0.01	27	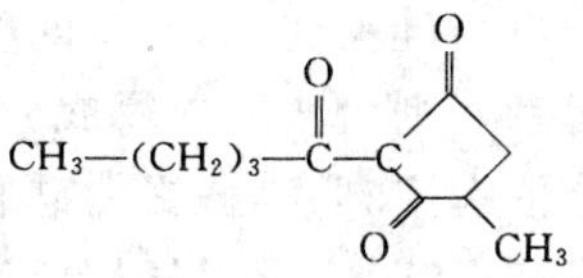 $CH_3-(CH_2)_3-C(=O)-C$（环，O, O, CH_3）	3.61
7	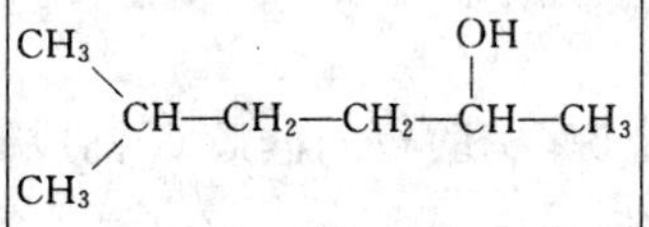 $(CH_3)_2CH-CH_2-CH_2-CH(OH)-CH_3$	0.13	29	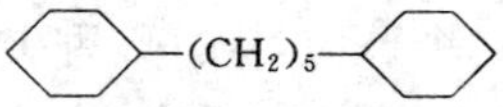 环己基$-(CH_2)_5-$环己基	14.78
9	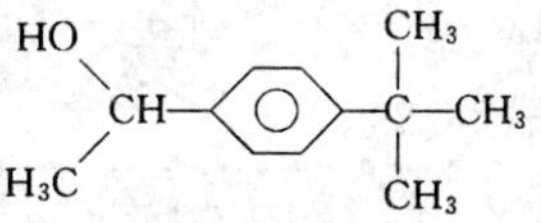 $HO(H_3C)CH-C_6H_4-C(CH_3)_3$	0.18	32	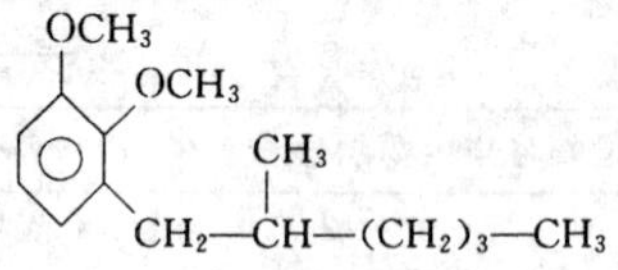 OCH_3, OCH_3, $CH_2-CH(CH_3)-(CH_2)_3-CH_3$（苯环）	2.78
13	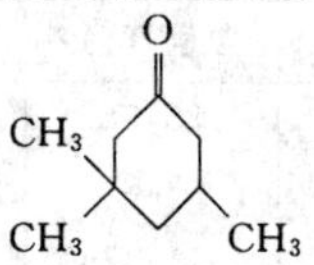 O, CH_3, CH_3, CH_3（环己酮）	13.01	33	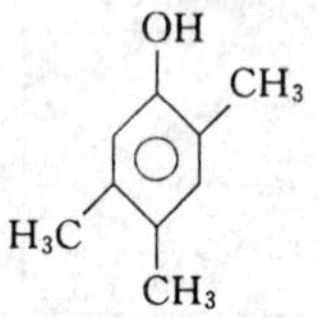 OH, CH_3, H_3C, CH_3（苯环）	1.94
14	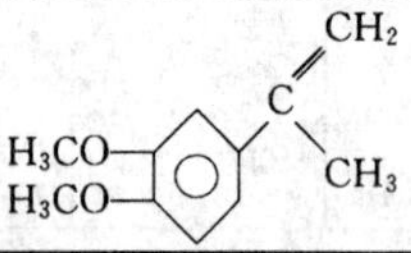 H_3CO, H_3CO, $C(=CH_2)CH_3$（苯环）	2.65			

① 占全部含氧部分的百分比。

见表34-25，根据官能团划分为6类：①烃类化合物有3个（1、3、29号）；②一元醇也有3个（6、7、9号）；③多取代烃基苯酚3个（21、26、33号）；④儿茶酚二甲醚3个（14、25、32号）；⑤一至三元酮3个（4、13、27号）；⑥呋喃型醚（2号）、2-戊基苯甲醚（24号）各1个。

这些化合物的分子量均小于漆酚，主碳链上多数带支链，最长的直链烃基只有5个碳。其中含苯环的化合物有10个，含脂环的化合物有5个，无环化合物仅2个（4、7号），没有纯直链型化合物。

4　生漆组成与产漆条件[80,81]

1981～1982年竹溪县单株漆样组成在高海拔（920～950m）条件下，见表35-26，红皮高八尺的漆酚含量高，漆酶活性好。大毛叶漆酚更高，但漆酶活性差。黄毛漆在这两方面都不如红皮高八尺，是漆质较差的品种。

表 34-26　同一产地（龙王垭大队漆场）不同品种的漆样比较

漆树号	漆树品种	树龄 (a)	海拔 (m)	坡向	漆酚含量（%）（比色法）	漆酚含量（%）（折光法）	水分（%）	油分（%）	漆酶活性
20	大毛叶	12	950	北	68.8	72.4	10.4	1.2	0.88
21	红皮高	12	920	东	68.0	66.8	17.2	2.0	1.94
22	红皮高八尺	13	920	东	67.3	62.4	19.5	0.6	4.93
23	黄毛漆	14	920	东	54.9	58.9	26.0	0.6	1.33

在树龄、海拔和坡向基本相同下，同一品种的红皮高八尺生长在不同地点，漆酚含量相差约10%；不同地点的毛漆树，漆酚也相差约10%，所以产地对生漆质量有重要影响。

从实地调查中知道，漆质常随坡向作规律性的变化，1982年单株漆样中，东南坡平均漆酚含量（71.4%）最高，而其水分（16.6%）最低。反之，西坡漆样平均漆酚（61.2%）最低，而其水分（25.5%）最高。1981年漆样中，产于南坡的漆酚含量（70.0%）最高，水分（8.5%）最低。反之，产于北坡的漆酚（50.9%）最低，而水分（25.4%）最高。

漆酶活性也随坡向作规律性的升降，但东北坡的漆酶活性总是名列前茅。

从海拔高度来看，在680～900m，生漆组成基本相同。但1 000～1 500m 的漆酚含量下降约4%。而树龄在11～32年，生漆组成没有明显的变化。

5　漆树的其他有用组成

5.1　漆脂和漆油

每棵漆树平均产漆籽约5kg。漆籽的果皮含漆脂，核内含漆油。漆脂和漆油约占漆籽重量的30%。土法压榨或机榨可制取漆脂和漆油的混合物，产率<20%。如果机榨后的残粕，加120号溶剂油浸提，产率可达23%。利用皮、核分开，先榨后浸的原理，目前已改进其流程如下[82]：

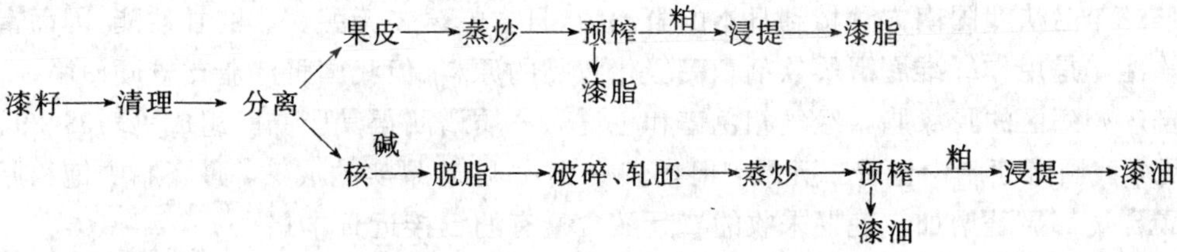

漆籽——→清理——→分离
分离——→果皮——→蒸炒——→预榨——粕——→浸提——→漆脂
预榨——→漆脂
分离——→核——碱——→脱脂——→破碎、轧胚——→蒸炒——→预榨——粕——→浸提——→漆油
预榨——→漆油

此法产漆脂24.12%，同时还产不少漆油，提高了经济效益。

漆油属半干性植物油，相对密度（d_4^{15}）0.925 8，折光率（n_D^{20}）1.476 0，酸值5.73，碘值136.7，皂化值190.5，不皂化物2.14%。

漆脂为熔点高、碘值低的油脂，其性质和日本蜡对照见表34-27[83]。

表 34-27 漆脂与日本脂性质对照

	主成分	颜色	相对密度	熔点（℃）	酸值	碘值	皂化值
漆 脂	棕榈酸甘油酯	淡黄	0.975～1.00（15.5℃）	50～54	6～13	4～17	209～238
日本蜡	棕榈酸甘油酯	淡黄	0.98（25℃）	52.8	18	5～12	217

漆脂的脂肪酸组成经气相色谱法测得见表34-28[84]。

表 34-28 两个漆树品种的脂肪酸组成（%）

脂肪酸名称	野生漆脂	栽培漆脂（黄茸高八尺）	脂肪酸名称	野生漆脂	栽培漆脂（黄茸高八尺）
月桂酸	0.2	0.1	亚油酸	1.6	0.1
肉豆蔻酸	0.9	0.3	亚麻酸	1.2	微量
棕榈酸	70.2	73.8	花生酸	1.1	1.5
硬脂酸	8.0	6.6	廿碳二元酸	1.0	0.1
油酸	15.4	16.9	廿二碳二元酸	0.4	微量

漆脂的甘油三酯组成（%），经液相色谱法测定，按出峰先后顺序如下[85]：①甘油油酸二亚油酸酯（LLO）0.3；②甘油棕榈酸二亚油酸酯（PLL）0.7；③甘油亚油酸二油酸酯（LOO）微量；④甘油亚油酸-油酸-棕榈酸酯（PLO）2.2；⑤甘油亚油酸二棕榈酸酯（PLP）1.8；⑥甘油油酸-肉豆蔻酸-棕榈酸酯（POM）微量；⑦甘油油酸二棕榈酸酯（POP）40.0；⑧甘油三棕榈酸酯（PPP）38.9；⑨甘油油酸-棕榈酸-硬脂酸酯（POS）5.9；⑩甘油硬脂酸二棕榈酸酯（PPS）7.5；⑪甘油油酸二硬脂酸酯（SOS）0.9；⑫甘油棕榈酸二硬脂酸酯（SSP）1.8（注：上述仅表示某甘油三酯的脂肪酰基，不表示它所在的酯键位置）。

近年来国内已研究用漆脂制脂肪酸[86]、蔗糖酯[87]和高级化妆品等。

仿照从蜂蜡中提取三十烷醇的工艺，李润兰等将漆脂萃取、皂化后，也分离、提纯出三十烷醇，为白色鳞状晶体物，熔点84.5℃（纯品85.5～86.5℃），产率0.5%～1.5%，红外光谱图跟标准样品三十烷醇的一致[88]。三十烷醇是一种植物激素，能调节农作物的生长，蜂蜡中含量达30%。

5.2 野漆脂[89]

野漆树是普遍分布于长江以南各省的野生油脂植物。野漆籽含油脂18.5%。日本蜡原料植物就是1558年后从我国南方移植到日本的野漆树。日本蜡含二元酸交联的甘油酯，因而富有弹性和柔软性，是用作纤维润滑柔软剂和高级化妆品的原料。但我国野漆脂比较硬而脆。

采自广州郊区的野漆脂，经气相色谱和色谱——质谱测得其脂肪酸组成见表34-29。

可见，我国野漆脂中也有二元酸，但量较少。不过随着果实的成熟，野漆脂中饱和脂肪酸和二元酸含量都显著增加，晚期采收的二元酸含量有的已接近日本蜡[90]。

表 34-29　野漆脂与日本蜡的脂肪酸组成（%）

脂肪酸名称	野漆蜡	日本蜡	脂肪酸名称	野漆蜡	日本蜡
月桂酸	微量	0.3	油酸	15.1	15.1
肉豆蔻酸	0.3	0.3	亚油酸	1.2	微量
棕榈酸	66.9	68.8	亚麻酸	1.4	0.3
硬脂酸	9.6	6.1	廿碳二元酸	1.7	2.0
花生酸	1.6	3.2	廿二碳二元酸	1.1	2.5
山萮酸	0.5	0.5	未鉴定酸	(1)0.4;(2)0.2	(1)0.5;(2)0.1
十四碳烯酸	微量	0.3			

5.3　漆花中氨基酸[91]

取陕西三种漆花经氨基酸自动分析等测定氨基酸种类及含量见表34-30。

表 34-30　红皮高八尺、大红袍、火焰子漆树花氨基酸种类及含量（干漆花）

氨基酸种类＼氨基酸含量＼品种	红皮高八尺（%）	大红袍（%）	火焰子（%）	氨基酸种类＼氨基酸含量＼品种	红皮高八尺（%）	大红袍（%）	火焰子（%）
天冬氨酸（ASP）	2.553	1.920	1.924	亮氨酸（Leu）	1.404	1.309	1.094
苏氨酸（Thr）	0.696	0.617	0.581	酪氨酸（Tyr）	0.631	0.567	0.474
丝氨酸（Ser）	0.683	0.712	0.563	苯丙氨酸（Phe）	1.052	0.945	0.854
谷氨酸（Glu）	3.378	2.880	2.342	赖氨酸（Lys）	0.836	0.736	0.682
甘氨酸（Gly）	0.929	0.855	0.782	组氨酸（His）	0.310	0.294	0.249
丙氨酸（Ala）	1.074	1.006	0.806	精氨酸（Arg）	0.872	0.761	0.666
缬氨酸（Val）	1.469	1.336	0.309	脯氨酸（Pro）	1.187	1.041	0.704
蛋氨酸（Met）	0.132	0.157	0.051	色氨酸（Trp）	0.431	0.393	0.532
异亮氨酸（Ile）	0.693	0.693	0.544	总氨基酸含量	18.330	16.222	13.157

可见，漆花含有17种氨基酸，包括人体必需的8种氨基酸在内。此外，漆花中还有香料、糖、维生素等物质，可供综合利用。

5.4　漆树皮中漆酚[92]

按正常采割，一株火罐子漆树一生累计割生漆0.6kg。但割不出漆的衰老漆树皮中仍含有一些生漆。将树皮剥下加乙醇浸泡，平均可产粗漆酚6.1%。每株火罐子漆树平均可浸提粗漆酚0.61kg，这与漆树一生累计的割漆产量相近。提出的漆酚可直接用于合成漆酚甲醛苹果酸清漆。

中间试验以失去采割价值的火罐子漆树的全树皮570.5kg为原料，加乙醇1 183kg浸提，得粗漆酚47.2kg，测得其中纯漆酚含量为69.2%，所以漆树皮提取漆酚的产率是5.7%。乙醇回收率88.7%。从衰老树皮提取1kg漆酚，所耗原材料，如树皮、乙醇、煤炭、水电及运费，按当时价格共计10.16元，与生漆批发价20元/kg相比，便宜近50%。在生漆供不应求时可以采用这种方法提取衰老漆树皮中漆酚。

第35章 生漆性质

郭明高

1 生漆的致敏性质

1.1 漆酚的接触致敏

生漆的致敏性很强，1μg 足以引起皮炎或漆疮。陕西省新产漆区生漆生产人员有70%～80%患漆性皮炎，老漆区也有20%～30%的发病率。人体柔软和裸露的皮肤如手背、脸部较易生漆疮——局部皮肤发生红疹，奇痒难受。严重时皮肤起水泡，易抓破感染而溃烂，有时伴有头痛、头昏、低热、便秘或腹泻等全身症状。病情数天后达顶点，2周内痊愈。

生漆过敏反应表现为接触性皮炎，属于迟发型变态反应(细胞免疫)。Byers 等采用淋巴细胞转化试验，认为漆酚的过敏毒性是漆酚作为半抗原进入体内细胞膜上，经过1～3周潜伏期，产生淋巴细胞样反应，参与这个反应的是一种 T 细胞 (一种巨噬细胞)[93]。

生漆一次经口，小鼠 LD_{50} (半数致死量) 为1.80mL/kg，属低毒物质。中毒主要表现为消化道症状。大鼠经口 LD_{50}为1 765.7mg/kg。无亚急性毒性。新鲜生漆蓄积作用强烈，而生漆膜对大鼠无蓄积作用。

生漆对豚鼠有亚急经皮毒性，其肝细胞发生退行性变化。但生漆不对豚鼠引起遗传变化，是非致突变物。生漆对大白鼠孕鼠没有致畸胎作用。对孕鼠的体重、胎鼠体重和胚胎都没有影响。

生漆的致敏物是什么?若加丙酮萃取生漆，其滤渣的水溶液 (漆酶) 并无致敏性。同时于丙酮萃取液中添加乙酸铅，可得到漆酚铅沉淀，分离后再加冰乙酸还原成漆酚。这种漆酚，即使稀释成1%的丙酮溶液，也有强烈的致敏性。可见生漆的主要致敏源是漆酚[94]。

漆酚类似物致敏强弱与结构的关系如下：

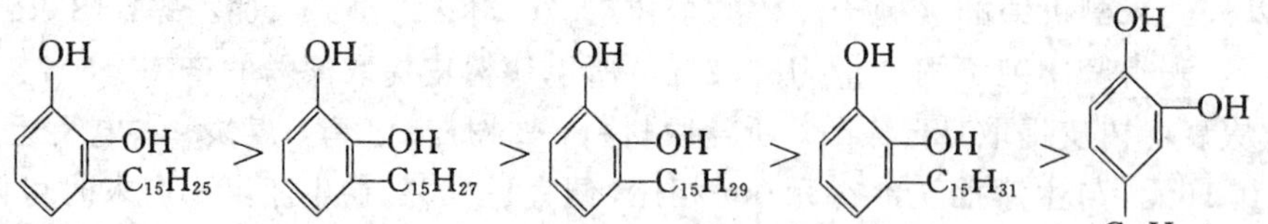

三烯漆酚 (OH, OH, $C_{15}H_{25}$) > 二烯漆酚 (OH, OH, $C_{15}H_{27}$) > 单烯漆酚 (OH, OH, $C_{15}H_{29}$) > 饱和漆酚 (OH, OH, $C_{15}H_{31}$) > 4-十五烷基邻苯二酚 (OH, OH, $C_{15}H_{31}$)

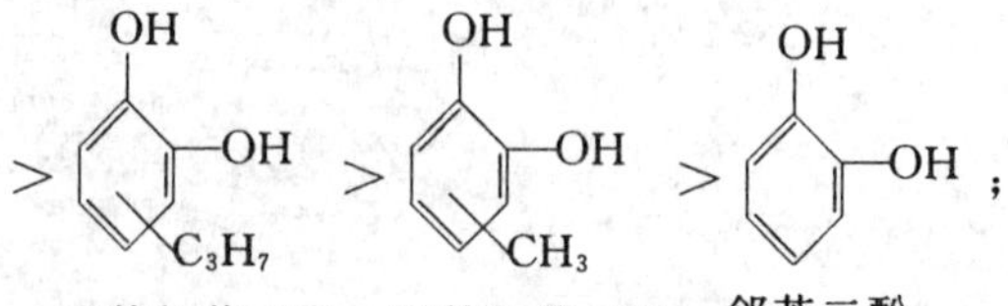

> 丙基邻苯二酚 (OH, OH, C_3H_7) > 甲基邻苯二酚 (OH, OH, CH_3) > 邻苯二酚 (OH, OH)；

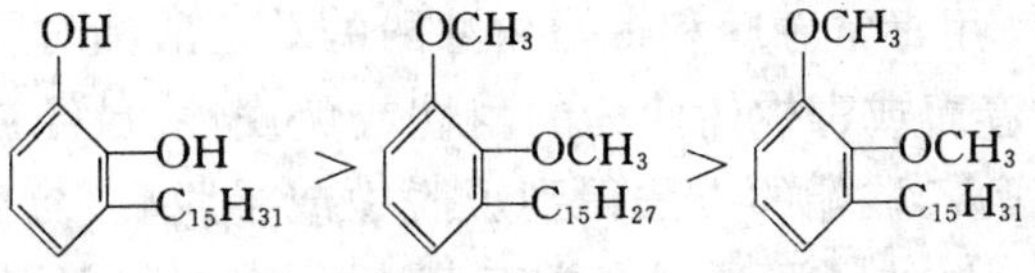

饱和漆酚 > 漆酚二甲醚 > 饱和漆酚二甲醚

可见，邻苯二酚母体结构加长烃基是致敏的根源。酚羟基醚化后毒性变小。烃基上双键越多越易致敏。

关于致敏的机理，尾藤认为漆酚的羟基与皮肤蛋白质的氨基发生反应而引起炎症[95]。Liberata 等[96]证明，3-十五烃基邻苯二酚的侧链用氚标记后，将它与人血清蛋白共同培育时，就会生成邻苯二酚与蛋白质的共价型化合物（HO、OH、$C_{15}H_{31}$、x-蛋白质），同时在空气存在下十五烃基邻苯二酚与蛋白质的溶液会变为红色（λ_{max}480nm），可能是形成了氨基醌（O、O、$C_{15}H_{31}$、NR_2）。为了弄清蛋白质进攻漆酚苯环的具体部位，Dunn 等[97]研究了下列3种漆酚类似物

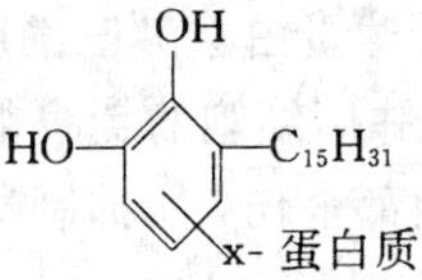

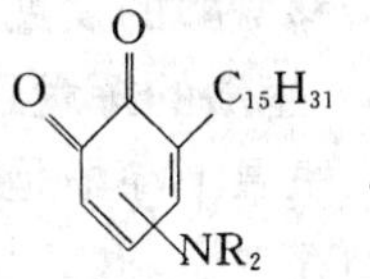

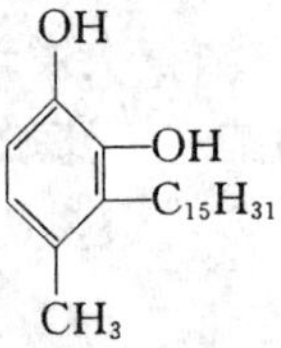

4-Me-PDC　4-甲基饱和漆酚

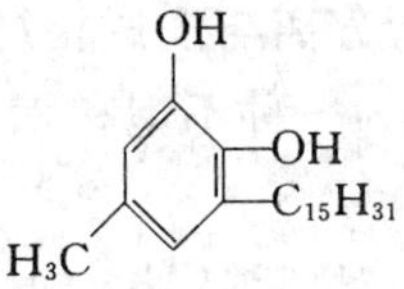

5-Me-PDC　5-甲基饱和漆酚

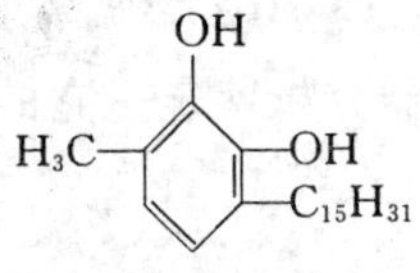

6-Me-PDC　6-甲基饱和漆酚

对小白鼠的致敏作用。当用这些类似物单独涂布于小白鼠皮肤表面时，其中只有5-Me-PDC 是一种无效的致敏剂，其余两种都有致敏作用。由此表明蛋白质通过苯环的5-位与漆酚结合。

1.2　漆酚类似物的免疫学研究

Dunn 等还分别用上述3种化合物预处理鼠类皮肤，研究了它们对饱和漆酚（PDC）和3-十七烯基邻苯二酚所引起的鼠类接触致敏的抑制（免疫）作用。结果是4-Me-PDC 对上述致敏无抑制活性，6-Me-PDC 抑制效应较弱，惟独5-Me-PDC 的抑制效果显著，第一次用5-Me-PDC 涂刷鼠类皮肤后最多15天就可以证明其抑制活性。

Stampf 等[98]在豚鼠皮肤上施用5-Me-PDC 两次之后就使这些豚鼠对毒常春藤漆酚获得了特异性免疫耐性，这种耐性至少可以保持6星期。Watson 等[99]研究了致敏的豚鼠对气根毒藤和太平洋漆树漆酚的口服脱敏作用，得到了肯定的结果。酯化衍生物比相应的游离漆酚呈更强的脱敏作用，其抑制时间也较长。

Murpy 等[100]比较了太平洋漆树漆酚与其酯化衍生物在大白鼠和豚鼠口服后的毒性，未发现有血液学或病理学的变化。对小白鼠和兔子的研究说明，乙酰化漆酚的毒性比游离漆酚低。游离漆酚对皮肤的刺激远大于漆酚乙酸酯。

把氚标记的 PDC 和它的双乙酸酯喂饲大鼠[101]，所用溶剂不同。当溶剂为乙醇时，饲入的放射性约有30%发现于尿中。当溶剂用玉米油时，饲入放射性只有14%由尿中排出。可见，油类是胃肠吸收漆酚类似物的不良载体。

在同源致敏的潜伏期，用毒常春藤和毒橡树漆酚的双乙酸酯对豚鼠静脉注射[102]，有80%的豚鼠由此产生了对毒常春藤或毒橡树漆酚的耐性或免疫性。已经被漆酚致敏的豚鼠用连续增加剂量进行静脉注射漆酚乙酸酯的方法得到了脱敏或半脱敏。与自体血细胞结合的3-十五烯邻苯二酚用于静脉注射，防止了豚鼠对毒常春藤漆酚接触敏感的发展[103]。单独注射十五烯邻苯二酚结合的红细胞所获得的免疫耐受性具有很长的生存期和漆酚特异性。用氚标记的十五烯邻苯二酚的结合试验证明，渗入红细胞的放射有81%结合在膜上，19%结合在细胞液中。

鉴于漆酚具有亲油性和致敏性，Byers[104]等将用氚标记的十五烯邻苯二酚和十七烯邻苯二酚引入肿瘤细胞的油脂相中，它们大量被红细胞膜以及正常的和赘生性细胞所吸收，结果影响了膜的流动性，导致β_2-小球蛋白在淋巴细胞上重新分布的改变。烃基邻苯二酚加强了弱致免疫大鼠肝癌诱导抗移植的肿瘤细胞的免疫能力。将十五烯邻苯二酚注射到敏感性豚鼠的系-10肝癌皮内移植物中进行内部杀伤，能抑制局部肿瘤的生长，并明显地限制了区域性淋巴结转移氨酶的发展。

1.3 生漆的挥发致敏

室温下漆酚是不挥发的。但有人路过漆林就生漆疮，可见除漆酚外，生漆中还有挥发性致敏物存在。

根据加热生漆或蒸馏生漆酒精溶液时未发现挥发致敏的事实，有些人曾长期否认生漆中存在挥发性致敏源。温远影等[105]采用层析分离与皮试相结合的方法首次发现了生漆的挥发致敏成分，并通过仪器分析鉴定了它的结构为一种不饱和六元环内酯——漆敏内酯，$C_{14}H_{18}O$，其结构式为：

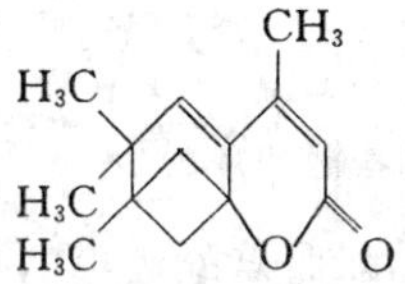

CH_3
H_3C
H_3C
H_3C O O

从生漆中分离鉴定漆敏内酯的试验程序如下。用5倍丙酮溶解净制过的生漆。搅拌吸滤后，在100℃水浴上浓缩脱水，得脂溶性部分。再经碱性氧化铝柱层析，石油醚洗脱。收集酚前洗脱液即非酚部分，其皮试能致敏，但三氯化铁检测表明，其中并无漆酚存在。

用四氯化碳/乙醚（19:1）为展开剂，非酚部分在硅胶G铺的制备薄层板上层析出9个斑点。皮试表明仅比移值为0.70～0.83者能致敏。

在同样的层析板上将致敏部分再单独层析1次，但此次改用石油醚/乙酸乙酯（19:1）为展开剂。结果也得到9个斑点，其中只有比移值为0.47者能使皮肤致敏。同时高压液相色谱检测指出，0.47的斑点中有a和b两个成分。将它们进行第3次制备层析后得纯b。

把b配成5%的乙醇溶液作皮试，分别采用斑点试验和熏蒸试验，平均阳性率依次为69.5%和76.8%，证实b为生漆中挥发性致敏成分。其结构由红外、紫外、核磁和质谱分析以及异羟酸铁反应综合确定，得结构式如前所示。

生漆40℃的挥发物还有溴乙烷、丙烯醛、丙烯酸、甲酸、乙酸、丁醇等[106]。丙烯醛属高毒物，致毒浓度很小，0.009μg/g对人眼有刺激作用，0.62μg/g对呼吸道有刺激作用，可引起眼灼痛、流泪和眼睑水肿，损伤视力，甚至还能引起喉炎和支气管炎。溴乙烷具有脂溶性，易侵犯中枢神经系统及皮下组织，接触皮肤时会起水疱。甲酸、乙酸和丙烯酸，能损坏人体粘膜，导致气管炎及角膜炎。这些挥发性毒物综合在一起，可损害健康，降低人体的抵抗力，对生漆致敏起了推波助澜的作用。

1.4　漆性皮炎的预防

漆酚免疫学的研究正处在试验阶段。但饱和漆酚作为抗过敏剂早已用于临床研究[107]，结果表明个别对毒常春藤过敏的人可以免疫。若每年注射2～4次，便能使过敏维持在最低限度。我国漆农也曾发现，取干漆渣10g 研成细末或漆树割口水10g，用温开水冲服，可以预防漆疮。也有取干漆渣6g 烧灰用温开水冲服的。作豆腐时用漆树枝搅豆腐泡沫，再吃这种豆腐，也有预防作用。这些作法可能是符合免疫学原理的。

我国民间预防漆疮的处方还收集到19个[108]，但没有作过临床试验，录在下面仅供参考。①板子莲60g 煎服3日。②核桃树枝煮鸡蛋。③稻田内秧母子、核桃树叶熬水洗患处。④雄黄七30g 和七里香30g 擦皮肤。⑤童便0.5kg、冰片6g、食盐4.5g 捣碎，清凉油一盒调匀涂患处。⑥顺江柳根30g 煎服。⑦土疮花汁擦皮肤。⑧黄柏、黄连、火麻仁捣碎用菜油浸泡擦皮肤。⑨抗过敏凡内服。⑩香油擦鼻孔及皮肤。⑪扒树（鬼箭羽）熬水浴或洗皮肤。⑫扒树枝或根、杉树果熬水擦洗皮肤。⑬花椒面用棉花包入塞鼻孔。⑭螃蟹粉用菜油浸泡擦暴露的皮肤。⑮螃蟹25g 或干螃蟹15g 焙干研细，温开水冲服。⑯韭菜根、螃蟹捣烂用菜油泡擦皮肤。⑰韭菜地里的蚯蚓化水内服。⑱芭蕉茎、叶汁擦皮肤。⑲开水溶化食盐待凉冷擦皮肤。

生漆工作者上班前，可内服或外用硫代硫酸钠溶液[109]，外用时添加 HCl 使 SH 游离。这是因为①漆酚的 OH 和皮肤蛋白的 NH_2反应，②具有解毒作用的 SH 比漆酚的 OH 反应速度大（SH≫NH_2≫OH），因此有很好的预防作用。

在刷制漆器时生漆中加入0.6%的高锰酸钾可使漆工皮炎的发病率降低到原来的9.1%，同时不影响漆器的质量[110]。这说明氧化破坏了漆酚的致敏性，却未改变生漆成膜机理。

变色多孔菌漆酶，在接触毒常春藤漆酚的前后敷于皮肤上，可以防止皮炎[111]。这可能是催化氧化漆酚成了无毒物。另一专利[112]指出，氯化铝水合物可以防治漆酚皮炎。这显然是两者形成络合物所致。综上可知，预防漆性皮炎的潜力很大，尚待探索和研究。

目前预防漆性皮炎的主要方法是尽量减少与生漆的直接接触，并及时清除沾在身上的致敏物。具体做法是：

施工现场要保持通风和凉爽，闷热时易于过敏。

穿戴好工作服、围巾、袖套、手套、口罩和风镜等防护品，尽量减少皮肤裸露。

施工前在裸露的皮肤上搽防护膜剂。近年来出现多种防护涂剂，涂布在皮肤表面形成一层隔离膜，有水剂、乳剂和油剂3种。若于其中加入少量防护药物，效果更好。常用配方有：

①聚乙烯醇薄膜[113]，一次性广涂于皮肤裸露面，避免反复涂抹或干后重涂，否则易裂口。该膜2～4h 内可保持完好，能显著降低发病率。处方：聚乙烯醇5.0（以下未标明单位者，均以 g 计），苯海拉明0.3，甘油5.0，淀粉1.0，水加到100.0ml 外用。

②防护油膏，可用于带水作业。配方：滑石粉21，淀粉14，硼酸2，凡士林12，甘油14。

③防护膜[114]，可降低发病率72%～89%。配方：玉米朊40，樟脑5，邻苯二甲酸二丁酯5，甘油50ml，95%酒精加到500ml。

④乳液薄膜的配方[115]：乳液40ml，甘油10ml，水40ml，明胶5。乳液系乙酸乙烯和聚乙烯醇共聚物。先将明胶隔水溶化，再加入其他成分搅拌均匀成胶冻状，涂于皮上干燥而成薄膜。可降低皮炎发病率到原来的8.3%，但不适于雨水作业。

皮肤沾上漆液后，可立即采取下面任一措施。

①用菜油搓洗皮肤表面的漆液（最好不用酒精、汽油，因漆酚溶于这些溶剂，易从毛孔进入皮下组织，且易挥发干燥而加速过敏），然后用汽油清洗，再用韭菜汁与菜油擦沾过生漆的部位。

②用植物油擦拭干净，然后用冷水肥皂洗净。也可将皮肤浸在贝尔兹水溶液（苛性钾0.05，乙醇20，甘油20，水60）中。如果生漆留在皮肤细纹内，可用1%硝酸酒精溶液擦掉。

③用布头、棉花或棉纸蘸植物油擦拭干净（不可扩大沾染面积），然后用冷水肥皂洗净。残留黑痕时可涂抹沉清的石灰水。

④用煤油或柴油擦拭，再用肥皂或洗衣粉加木屑擦洗。也可用中性皂糊洗涤。其配方：高岭土55%，中性肥皂25%，糠麸10%，乙酸丁酯10%。

⑤用1%硝酸酒精拭擦[116]，然后再用肥皂水冲洗干净。

施工后，用氧化剂配制的水溶液[117]，先洗涤双手及面部等裸露处或浸入其中半分钟。在此之前，切勿用未洗过的脏手触及别的皮肤。用氧化剂浸泡和洗涤是防止数天后发病的重要措施。

1.5 漆性皮炎的治疗

为便于诊断治疗，按发病面积和症状轻重程度制定了症状分类标准[118]，将漆性皮炎分为轻型（<20%）、中型（20%<x<50%）和重型病三种。又按治疗效果确定了显效、有效和无效三种疗效判断标准。

江西广丰和玉山县曾试用上海制药学院、上海第九制药厂提供的几种药剂。两县1982年253病例，总疗效率为96.8%。轻型病状使用漆敏止痒水与抗敏消炎霜效果较好。重型病例合并使用抗敏止痒霜、抗敏消炎霜、抗漆敏胶丸效果较好。但后者有嗜睡作用不宜用于轻型病。对比较严重的漆性皮炎，上述药物与激素药物配合使用时疗效较好。总之，使用薄膜、氧化剂预防和药物治疗基本上能控制漆性皮炎。

陕西省土产公司曾收集防治漆性皮炎的民间处方242个（其中221个用于治疗），采集中草药标本110种，从中筛选出46种药方。1976～1979年又研制和试用了6种治疗漆性皮炎的药物，结果见表35-1、表35-2，表中药名叫“片”者为口服药，叫“膏”的是外用药。经1951名漆性皮炎患者使用，证明这些药的有效率为77%～100%[119]。

如果买不到上述专用药物也可用简易治疗方法。皮未抓破时轻型皮炎的擦拭止痒可分别用：①香油。②韭菜捣成泥状加少许冰片。③韭菜汁调芝麻油。④3%～5%氨水。⑤10%碳酸钾水溶液。⑥浓绿矾水。⑦5%硫代硫酸钠蒸馏水溶液。

表 35-1　6种漆性皮炎防治药物临床使用疗效统计

药　名	用药人数	症状类型			疗　效			有效率(%)
		轻	中	重	显效	有效	无效	
拔毒生肌膏	223	32	143	48	49	147	27	88.0
消疹止痒膏	460	102	280	78	46	265	149	68.0
溃烂收敛膏	541	58	367	116	111	360	70	87.1
芫花解毒片	174	15	106	53	26	107	41	76.5
消肿止痛片	214	33	128	58	37	130	47	78.1
龙　兰　片	282	67	103	112	58	163	61	78.4

表 35-2　综合疗法临床疗效统计

药　名	用药人数	症状类型			疗　效			有效率(%)
		轻	中	重	显效	有效	无效	
溃烂收敛膏 芪花解毒片	17	7	7	3	6	9	2	88.2
溃烂收敛膏 龙　兰　片	32	8	13	11	1	15	6	91.3
拔毒生肌膏 消肿止痛片	8	1	4	3	3	3	5	100

皮破了时可用：①河蟹捣碎，取其津液涂抹患处，若溃烂已久添菜油调敷。②韭菜捣成泥状频繁拭擦。③明矾水擦洗。④异极石洗剂勤洗。

轻型皮炎洗涤可用：①杀鸡用过的烫毛水。②卫矛（八树）的叶、皮、栓翅与白果树叶煎汁和盐水。

患中、重型皮炎时，可先用生柳树叶或干荷叶或杉木锯屑煎汤擦洗，再用野漆树根皮炙灰研末，掺菜油及韭菜汁外敷。或用熟石灰调水，涂在患处，把漆渗出来。同时，用野漆树（山漆树、木蜡树）的根皮及嫩叶加热水泡后，煎鸡蛋吃。

新针疗法：用于面部止痒，取穴阳白、合谷，中等刺激。

西医疗法：①内服可的松、扑尔敏、安基敏、苯海拉明等药片。②外敷可的松、强的松类、乙酸地塞米松、新糠溜油软膏等。③静脉注射5%氯化钙溶液或0.64%硫代硫酸钠或10%葡萄糖酸钙和0.25%普鲁卡因溶液。

漆疮期间勿用指甲抓破皮肤，忌食辛辣、浓茶、烟酒等刺激性食物。应多吃水果、蔬菜和维生素 C 丰富的食物，因后者有脱敏作用。

2　生漆的干燥机理

2.1　生漆室温下干燥成膜

如图35-1[120]，氧化型漆酶 $En-Cu^{2+}$ 将漆酚（1）氧化成漆酚醌（2）。后者在445nm 和1657cm^{-1}有吸收峰，引起生漆“转艳”。同时还原型漆酶 $En-Cu^{+}$ 在充足水分和高湿度帮助下，从空气中吸氧再转化成氧化型漆酶。

漆酚醌具有较高的氧化电势，可夺取漆酚环上的活性氢原子而成联苯型二聚体（3），也可夺取共轭三烯漆酚侧链上的活性氢原子而成 C—O 偶合型二聚体（4）和 C—C 偶合型二聚体（5）。

这些二聚漆酚中的邻苯二酚核，还可以被漆酶催化氧化成醌类，随后再与漆酚或者二聚体漆酚进行类似的 C—O 或 C—C 偶合反应，进一步形成三聚体或四聚体漆酚。如此继续往下反应，到生漆干燥成膜时线型聚合漆酚的 Mn 可达2万～3万，然后就进入聚合漆酚侧链双键自动氧化交联形成网状结构并表现为漆膜实干的时期，干燥机理跟干性油的干燥机理相似。

生漆乳液中含水越多时漆液的粘度越大，这将严重阻碍漆酚偶合链的增长，以致到漆膜表干时线型聚合漆酚的分子量仍很小。这种低分子量的漆膜实干慢，有时要经历半年硬度才达0.8，而且它的流平性、光泽度和力学性能也难以合格。所以粘度太大的纯生漆或加了填料的生漆，涂刷时需添加一些汽油稀释，以提高漆膜的弹性和冲击强度。

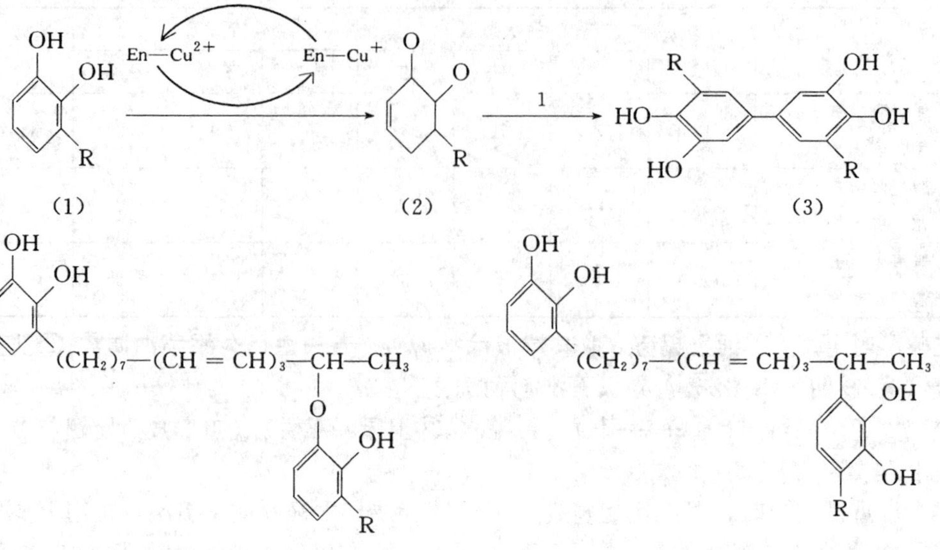

(1) (2) (3)

(4) (5)

图 35-1 漆酚的漆酶催化聚合机理

其次，上述3种偶合结构对漆膜性能的影响各不相同。四羟基联苯（3）分子中偶合生成的C—C键，由于苯基的位阻大和羟基的极性大，其自由旋转困难，宏观效果是增加漆膜的刚性。反之，（4）中偶合的C—O是醚键，旋转最自由，将增加漆膜的挠性。至于（5）中偶合的C—C键，旋转难度适中，可能有利于漆膜的韧性。总之，由于单一结构对应的性能往往不全面，需要控制这三种偶合结构达到最佳比例。问题是怎样控制？

（5）式偶合是一种烷基化反应，可能与水的关系不大。（4）式偶合是离子反应，容易被水或极性溶剂所促进。例如，三烯漆酚和4-特丁基邻苯醌，通过C—O偶合的反应速率常数值随溶剂而变的顺序为：乙醇＞四氯化碳＞二氧六环。又如，油酸甲酯和4-特丁基邻苯醌的C—O偶合反应被湿气加速[121]。

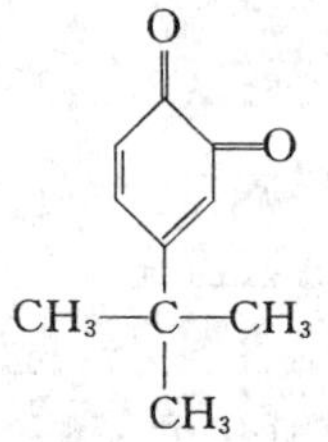

（3）式偶合与溶剂极性关系很大，如饱和漆酚或饱和漆酚醌在无水乙醇中，主要产物是多羟基联苯型。如果改用环己烷为溶剂，则色层谱上就只剩饱和漆酚及醌了。漆酚醌和漆酚在水介质中也是偶合成四羟基联苯型，从紫外光谱（λ_{max}^{EtOH}256nm，ε2.15×10^4）和色层分离产物得到证实[122]。

由此看来，通过生漆中水分含量可以控制漆膜中三种偶合结构的比例，即精制脱水是提高漆膜质量的关键，由此一举三得：①降低漆液粘度，提高线型聚合漆酚分子量。②控制漆酶活性以防暴聚使聚合物分子量分布过宽和平均分子量偏低。③降低多羟基联苯型结构所占的比例以防漆膜发脆。

2.2 固定化漆酶催化漆酚成膜

用红外光谱研究生漆成膜机理比较方便。将生漆涂布于聚乙烯薄膜上，通过红外光谱分析反应基团在漆膜干燥过程中的变化，发现了一些规律[123,124]。但因生漆成分复杂，加以聚合阶段和交联阶段分不开，难以得出可靠的结论。后来采用固定化漆树酶（固酶）研究漆酚成膜机理，避开了这些因素的干扰。

漆酚的主要红外吸收峰及其归属见表35-3。

表 35-3　漆酚的主要吸收峰及其归属

吸收峰（cm^{-1}）	归　属	吸收峰（cm^{-1}）	归　属
3 600～3 200（s）①	γOH	982，945（m）	γ—CH=CH（共轭双键）
3 008（m）	γ-CH=CH—	830，765，730（m）	$γ_3H$（ ）
2 920～2 850（s）	$γCH_2$，$μCH_3$	975	γCH（反式双键）
1 620，1 592（m）	γC=C（ ）	992，910（w）	$γ=CH_2$
1 430～1 470（s）	$δCH_2$，CH	992～993（c）	γ—CH = CH—CH = CH—CH=CH—
1 350～1 100（一组峰 A）	βOH，μC—O		

① s，m，w，c 表示吸收峰强度为强、中、弱和“变化的”。

2.2.1　漆酚氧化聚合阶段的红外光谱

1份生漆80℃加热2h 使漆酶失活后，添3份石油醚（90～120℃沸程）萃取过滤，得漆酚石油醚溶液，加聚丙烯酰胺包埋固定的漆树酶主要变化特点如下。

(1) 酚羟基伸缩振动 γOH 由3 500向3 400cm^{-1}移动，表明一些漆酚的分子内氢键变成分子间氢键，即由单一漆酚羟基转化为多聚漆酚羟基。

(2) 漆酚聚合过程中，初期存在的共轭双烯特征吸收峰945和982cm^{-1}都在变化，945cm^{-1}峰不断缩小，而982cm^{-1}峰却向左拓宽，结果变形为代表共轭三烯的992～3cm^{-1}吸收峰，并且逐渐加强，这表明形成了漆酚侧链参与偶合的二聚体。

(3) 3 008cm^{-1}作为孤立双键特征吸收峰，变化不明显。可见在此阶段中，漆酚侧链双键的氧化聚合还没有正式开始。

(4) 1 657cm^{-1}是漆酚醌的特征吸收峰。它在0.1份泡入其中，室温下静置。过一段时间取样涂在聚乙烯薄膜上，测得红外光谱如图35-2[125]，原料漆酚中本来是个小峰，但随着反应的进行，此峰却在增长，数天后达到极大，以后又逐渐缩小而趋于消失。可见部分漆酚首先被固酶催化氧化成漆酚醌，然后漆酚醌又和剩余的漆酚继续反应，生成二聚体和多聚体。已知漆酚醌生成速率服从米氏公式。由该式推知，当漆酚醌消失时漆酚也已消耗殆尽。这时就意味着聚合阶段的结束，实际上漆酚聚合物早已凝聚成粘液层脱离了石油醚。

2.2.2　漆酚聚合物交联阶段的红外光谱

当漆酚石油醚溶液的折光率下降到1.40时，取出下层粘液，如二氧六环溶解，再滴加石油醚沉淀。如此反复操作3次以除净低聚物和被吸附的漆酚，测得其 Mn=4 157。然后加二氧六环溶解，涂布于聚乙烯膜上，这种漆膜室温自干，它所经历的红外光谱变化如图35-3[125]，主要特点是：

(1) 孤立双键特征吸收峰3 008cm^{-1}迅速减弱并消失，表明它参加了氧化交联。

(2) 共轭三烯特征吸收峰992～3cm^{-1}缩小，表明它也参加了氧化交联。

(3) 两种羰基吸收峰逐渐增加。1 655～70cm^{-1}对应于α，β-不饱和酮，1 725cm^{-1}对应于α，β-二酮和醛基，它们都是漆酚侧链自动氧化的结果。例如：

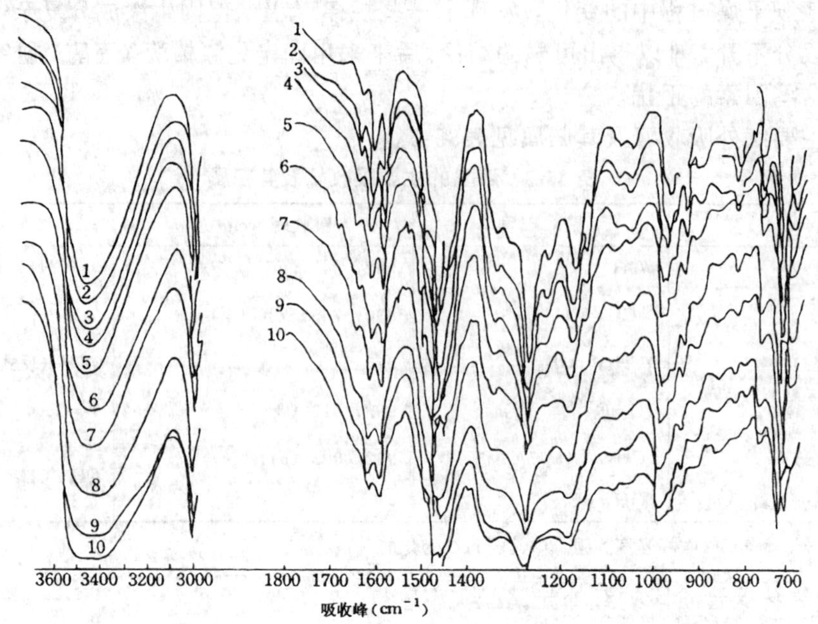

图 35-2 固定化漆树酶催化下漆酚氧化聚合的红外光谱

氧化聚合时间：1. 1d；2. 2d；3. 5d；4. 10d；5. 15d；6. 17d；7. 19d；8. 21d；9. 23d；10. 29d

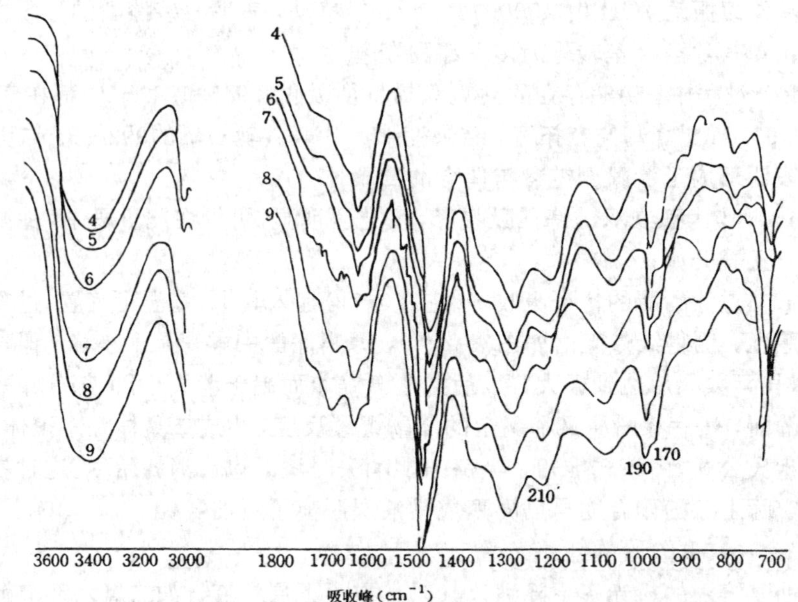

图 35-3 固定化漆树酶催化的漆酚聚合物交联阶段的红外光谱

放置时间：4. 1d；5. 3d；6. 6d；7. 21d；8. 40d；9. 100d

$$-CH=CH-CH_2-CH_2- + O_2 \longrightarrow -CH=CH-\underset{}{\overset{OOH}{\overset{|}{CH}}}-CH_2- \xrightarrow{-H_2O} -CH=CH-\overset{O}{\overset{\|}{C}}-CH_2-$$

α，β-不饱和酮结构

2.2.3 超级生漆膜[43]

将上述Mn＝4 157的漆酚聚合物溶于二甲苯，涂在标准玻璃板、马口铁和碳钢板上，于

30℃静置3天后，按涂料标准测试漆膜性能，见表35-4，同时和Cu-D370催干的漆膜及普通生漆膜性能并列以资比较。

对比数据表明，固酶催化的漆膜在实干速率、光泽值、冲击强度、附着力、柔韧性等方面都显著优于普通生漆膜，因名为“超级生漆膜”，其成因可能是：线型聚合物Mn较高；而且聚合在油相进行，不利于多羟基联苯型结构的生成。

表 35-4

检测项目＼漆膜	Cu-D370催干的漆膜	固（定化漆）酶催干的漆膜	普通生漆膜
表干时间（min）	＜20	＜30	30～120
实干时间（天）	1	3	30～90
光　泽（%）	120～130	120～140	57
外　观	紫铜色	紫铜色	棕黑色
冲击强度（kg·cm）	正＞50，反＞50	正＞50，反＞50	＜30
附着力（级）	1	1～2	4
柔韧性（mm）	0.5	0.5	1.6
硬　度	0.78	0.82	0.78～0.89

2.3　空气中漆酚溶液的热聚合

根据叶立新等的研究，20%漆酚二甲苯溶液于70℃空气中搅拌15天后，无凝胶，而且反应液涂膜难以表干，说明漆酚自动氧化缓慢。

但是，见表35-5，50%漆酚乙醇溶液或二甲苯溶液于70℃反应10天后涂膜已基本表干，可见漆酚浓度高有利于它的氧化聚合。然而在同样浓度下漆酚在二氧六环中反应仅4.5天即达表干，可见二氧六环在空气中吸氧形成的过氧化物对漆酶的热氧聚合有促进作用。其红外光谱如图35-4。

表 35-5　漆酚在不同溶剂中的热氧聚合

溶　剂	乙　醇	二甲苯	二氧六环
结　果	10d后反应液很稠，涂膜1d后基本表干	10d后反应液很稠，涂膜1d后基本表干	4.5d后反应液极稠，涂膜可于1h内表干

注：反应条件：漆酚浓度50%，70℃，空气中反应。

在反应过程中，漆酚醌吸收峰1 657cm^{-1}有所增大，共轭双烯吸收峰945cm^{-1}、982cm^{-1}由缩小至消失。反之，共轭三烯吸收峰却由无到大。同时1，2，3，5-四羟基联苯吸收峰875cm^{-1}也由无到大。但3008cm^{-1}双键吸收峰并没有明显的变化。总之，漆酚二氧六环溶液在70℃空气中的红外光谱变化，跟固定化漆酶室温下催化漆酚氧化聚合的情况相似，由此看来，它们的反应机理相同。所得漆膜的附着力、柔韧性和冲击强度已赶上“超级生漆膜”，但实干慢，光泽差。

见表35-6，20%漆酚二氧六环溶液在氮气中反应时Mn增长仅15%，而在空气中增长150%，所以漆酚在二氧六环中进行的是热氧聚合。但该溶液涂膜时的Mn为1 005，仅及4 157（制备“超级生漆膜”所用线型聚合物的Mn值）的

表 35-6　空气在漆酚热氧聚合中的作用

反应气氛	14天后产物平均分子量（VPO法）
空　气	1 005
氮　气	468

反应条件：25%漆酚（$\overline{Mn}$=402）二氧六环溶液，70℃。

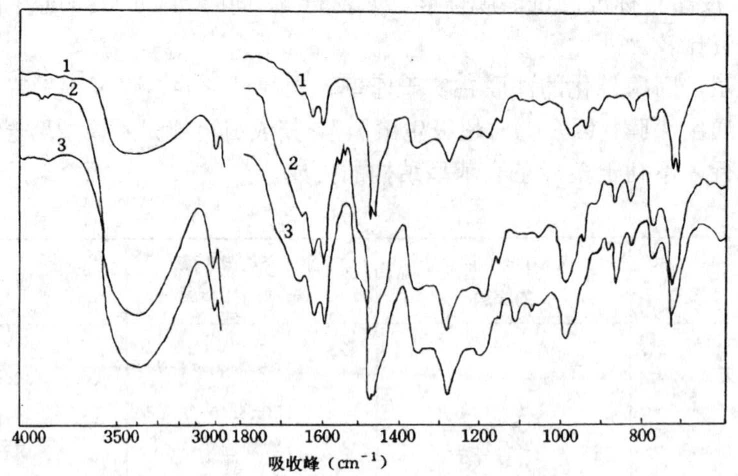

图 35-4 漆酚在二氧六环中热氧聚合时红外光谱变化

1.开始 2. 2.5d 3. 4d 70℃，空气中，漆酚50%

24%，这样低的分子量显然就是该漆膜实干缓慢的原因。

130℃空气中漆酚二甲苯溶液反应至涂膜于室温下可实干为止，其红外光谱变化如下。

酚羟基吸收峰3 400cm^{-1}明显缩小。同时苯环三取代峰830和765cm^{-1}基本消失，但并未出现苯环四取代峰。这可能由于部分漆酚羟基脱水缩合，也可能是苯环被氧化破坏。

双键吸收峰3 008cm^{-1}已消失。共轭双烯吸收峰945、982cm^{-1}基本消失，而共轭三烯吸收峰992cm^{-1}仍较弱小。同时烷基的吸收峰2 850、1 470、730cm^{-1}都明显增强了，而1 700cm^{-1}附近又没有羰基吸收峰。这些都表明漆酚侧链双键和共轭双键发生了加成均聚反应。

总之，130℃空气中漆酚二甲苯溶液反应的机理跟室温下漆酚酶促氧化聚合机理截然不同。

2.4 复合细胞状漆膜组织

用扫描电镜观察，原生漆膜和精制漆膜的表面形态不同。原生漆膜是海——岛状两相结构，其中漆酚聚合物是“海”相，而失水干瘪了的多糖和糖蛋白成了“岛”相。反之，精制漆膜则呈复合细胞状单相组织。

原来，在生漆搅拌脱水过程中，多糖和糖蛋白的极性基团在失水之后无所依附，为了降低表面能它们便借搅拌之助吸附到酚羟基上，从而将漆酚线型聚合物分割包围成复合细胞状，结果给它们裹上了一层多糖和糖蛋白膜。这层多糖膜在潮湿时膨松柔软，允许氧气透入内部使漆酚聚合物交联固化。而多糖膜一旦失水硬化便再也不能通透氧气，于是精制漆膜就成了一种与世隔绝的超耐久结构。

朱骏的研究表明[126]，生漆膜和精制生漆黑推光漆膜的外观丰满。漆酚和甲醛中加苯乙烯、苯酚或环氧氯丙烷、桐油所成的三元和四元共聚物漆膜，其外观丰满度均已劣化。腰果漆膜或腰果漆和酚醛树脂漆膜，它们的外观也不丰满。

生漆及其精制漆膜的高装饰性在于其外观丰满度好。精制漆膜经电离腐蚀后发现，漆膜表面呈“重叠的蛋”形，即精制漆膜具有紧密堆积的粒状或复合“细胞”结构，粒径约0.1μm，属于胶体体系。这种漆膜是由漆酚——树胶质——有机物——糖蛋白——漆酶组成的固——固分散体系，漆膜中还有溶剂、水分挥发后留下的小孔，即固——气分散体系。由于折光率不同，光线经过“细胞”界面时会发生反射、折射和衍射。光在漆膜内部通过多次反射、折射、衍射之后进入人的眼睛，给人以丰满的感觉。漆酚的长侧链增加了丰满的效果。生漆经过精制脱水，胶体粒度变小，增加了漆膜内的“光学表面积”，其折射、反射光的数量必然增加，所以精制漆比同一来源的生漆有更好的丰满度。同理，精制时搭配或混拼生漆可使其中的胶质互补，增加乳化效果；加入猪胆汁是增加乳化剂；加入桐油是增加长链烃基浓度。这些措施对提高漆膜的外观丰满度都有好处。

Kumanotani 从精制漆液中分离出20多种漆酚二聚体[127]，如图35-5。

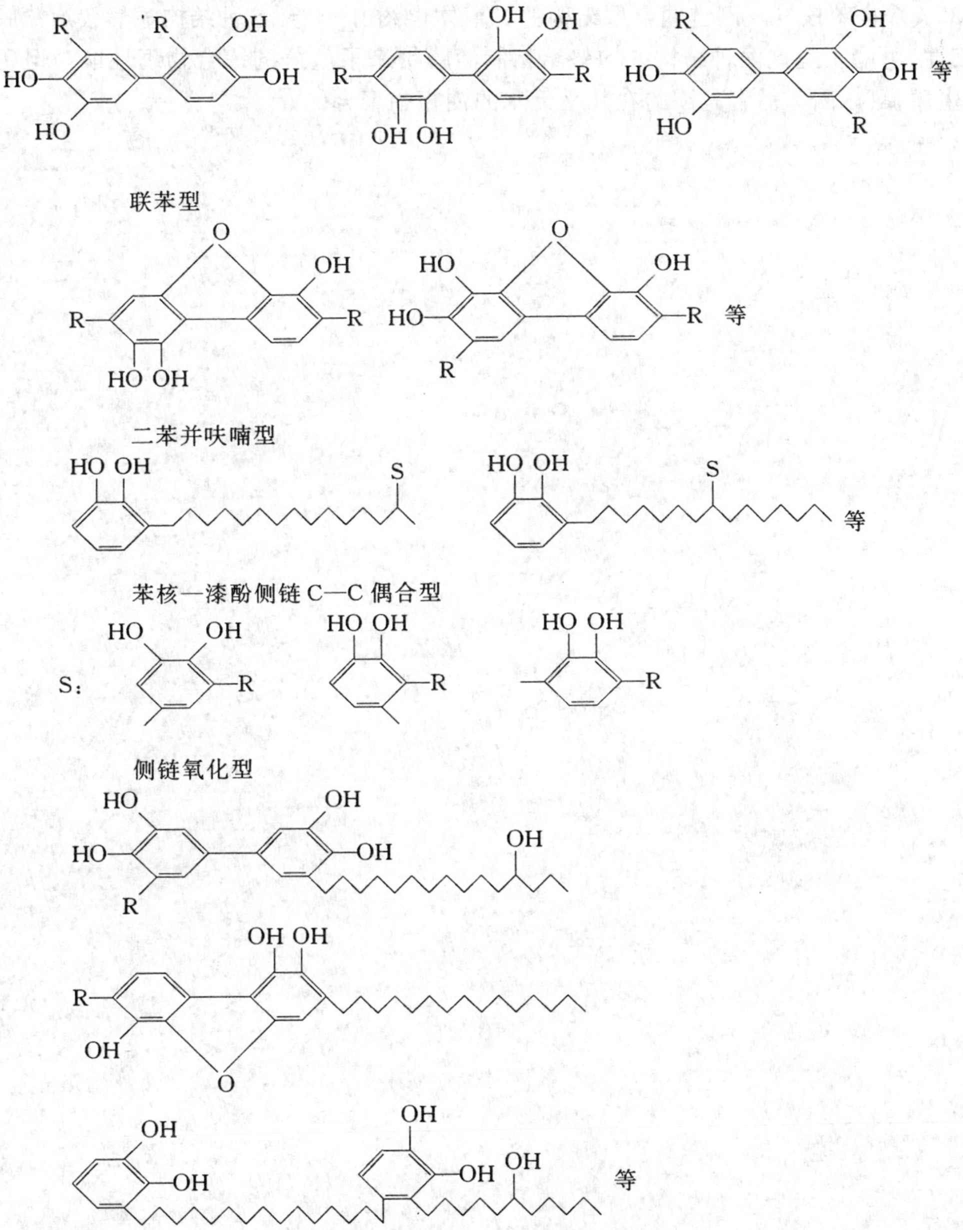

联苯型

二苯并呋喃型

苯核—漆酚侧链 C—C 偶合型

侧链氧化型

图 35-5　四种类型的漆酚二聚体

表 35-7 各种类型漆酚二聚体的产量分布

漆酚二聚体类别		重量（%）
联苯型	26.6	
二苯并呋喃型	10.8	49.9
联苯型或二苯并呋喃型氧化物	12.5	
苯核——侧链偶合二聚体	18.3	51.6
苯核——侧链偶合型氧化物	33.3	

含联苯型和二苯并呋喃型结构的二聚体约占一半，这种结构可给漆膜贡献较大的刚性（见表35-7）。含苯核——侧链偶合型结构的二聚体也约占一半，这种结构显然会给漆膜带来更多的韧性。可能正是这两种结构的均势给精制漆膜带来了较好的综合物理性能，但还是不如“超级生漆膜”，因为后者是漆酚在几乎无水的油相中聚合的。

第36章

生漆的产品和应用

张飞龙

1　生漆涂料产品

1.1　漆酚清漆

将已检测和搭配好的生漆原料经离心过滤后，投入装备有搅拌（80～120r/min）、通气、排风（抽空）、加热、冷却等装置的夹套反应釜中。夹套内通入40～45℃温水，保持漆液为38℃。开动搅拌，从釜底分散通入压缩空气，并从釜顶排风，使大量而分散的空气流强行通过整个生漆层，利用空气带走水分并使漆酚氧化。

当含水量低于10%时，加入少量松节油和二甲苯，使漆酶继续催化漆酚氧化聚合。随空气排出的溶剂，通过冷凝器冷凝，与水分层后，再流回釜中。漆液粘度增大时，减少进气量并继续通气。要求反应达到的指标是：漆液透明，色泽棕黑，漆液拉丝达6～7cm，胶化时间为100～120s/160℃，表干≤25min，实干≤20h。检查合格后，加入二甲苯稀释至不挥发分含量为45%～50%。搅拌均匀，过滤装桶。

漆酚清漆（T09-11）可按普通油漆施工，喷、刷、浸均可，生漆的过敏毒性基本消失，但室温下干燥过程像生漆一样，要求高湿度，主要用于工业防腐。

1.2　工艺漆

1.2.1　硃合漆（T09-2）

工艺美术品对罩漆要求最高。漆酚清漆用作罩漆时有颜色偏深，不够透明，硬度偏大难以打磨，表面平淡，不够丰满光泽等缺点。若于其中加入15%～20%份亚麻仁油低聚物则可弥补上述不足，这就是硃合漆。

为了提高透明度，除严格检测原料避免投入假次劣漆外，硃合漆配料时要选浅色生漆，如油籽漆和小木漆，又因其燥性差还要搭配部分浅色大木漆。长江以北的大木漆颜色较浅，其中最浅的是城口大木漆。其次，生漆贮存时因相对密度不同分3层，表面层受空气氧化较严重，下层含“母水”和机械杂质多，所以选取中上层作硃合漆的原料最合适。

金属离子和漆酚的络合物多数有颜色，为了避免金属污染，加工硃合漆的设备应该是高档的，可用搪瓷或紫铜釜，并要求车间无尘。

水分高的生漆于40℃搅拌反应时易生成联苯型聚合物。此种结构吸收300nm 光线，所表现的颜色深。反之，水分少时生成的聚合物主要是漆酚侧链偶合型，其吸收波长270nm，所反映的颜色浅。为了得到浅色产品，切勿一投料就升温，而应在室温下先搅拌脱水一段时间，直到釜中含水量较低时，才能加热到40℃正式开始氧化聚合反应。

总之，在考虑上述几点的前提下，采用与漆酚清漆大致相同的加工工艺可制得硃合漆的半制品——咖啡色生漆均聚物粘液。将半制品倾入拼料缸内，按比例添加精炼亚麻仁熟油，并加溶剂调节粘度，再于离心甩水机上以100目、160～180目的铜丝布离心过滤两次，或以丝棉袋在绞漆机上绞滤两次，包装即为成品。

1.2.2 有油硃合漆（透明面漆）

硃者大红也。T09-2硃合漆透明中泛着红光，不同于日本的有油硃合漆（透明面漆），后者因含有雌黄而泛黄光，别具一种风格。

雌黄液（也可用雄黄代替）制法：将雌黄研细，110目过筛，包入布内，在温水中浸泡两天，将渣滤去。沉淀后除去清液，下沉浓液备用。使用时加温拼入漆液内[128]。

有油硃合漆配方：透明度好的新漆（煎盘72%）、桐油15、亚麻油5、雌黄4（浓液）、鲜橘汁3、蜂蜜5。

有油硃合漆用木质半自动化搅盆制备，盆高30cm，直径100～150cm，从盆底部中心装置转动轴，通过调速器控制转速。双羽根上翼片角度：冷搅拌50°，热搅拌45°，回水后50°。翼片距盆底1cm，含油时距盆底2～3cm。转速（r/min）：冷搅拌20，热搅拌20，回水后20。

配好的原料生漆经过滤、检测燥性后投入盆中，冷搅拌30min，控制温度在40～45℃搅拌6h，静置1夜，次日再搅炼1h。漆液变浅褐色后分次加入拼料。加回水3%，加油料的漆一般要进行回水。中途停止搅拌1夜，继续于40～45℃连续搅炼直至完成。保留水分6%。产液加絮棉扭滤2次，静置20天，因为新制的漆有微小的汽泡，漆膜干燥后会形成“针空”，影响光泽度。

成品检测：表干4h，实干24h，光泽值98%，附着力1级，透明度合格。

1.2.3 黑推光漆（T09-9）

光学性质跟硃合漆相反的罩漆是黑推光漆。它是成语“漆黑一团”的化身，因其中漆酚与铁离子的络合物是 R—(OH)—O—Fe—O—(OH)—R ，几乎能吸收全部可见光。

制造黑推光漆要加黑料——氢氧化亚铁。按反应式

$$FeSO_4 \cdot 7H_2O + 2NH_4OH \longrightarrow Fe(OH)_2 \downarrow + (NH_4)_2SO_4 + 7H_2O$$

称取硫酸亚铁，加水溶解过滤，边搅边滴加氨水，到不再产生蓝绿色沉淀为止。倾去澄清水分，水洗 pH 值6～7。泡于水中避免因光热氧化变红。

各种生漆都有优缺点，取长补短地配料，可以提高漆膜的综合性能。生漆加入黑料燥性变差。长江以南生漆多数燥性好，颜色深，比较符合配料要求。选料举例见表36-1。

表 36-1 黑推光漆选料举例

产 地	品 种	规 格 （漆酚含量%）	使用量 （%）
贵州漆	大木漆	65	50左右
湖北竹溪或恩施漆	大木漆	70	20
贵州漆	小木漆	70	10
西北漆	大木漆	65	20

取部分生漆原料按硃合漆半制品工艺制备半制品甲。取剩下的生漆原料投入敞口拼料缸内，加入生漆量4%的氢氧化亚铁于常温下连续搅拌至反应液含水6%而且乌黑光亮无浑浊为止，叫它为半制品乙。

精炼亚麻仁熟油5～20份，半制品甲和乙共100份，混合均匀，包在丝棉袋内于绞漆机上连续绞滤2次后，包装即为黑推光漆成品。产品性能由二甲苯和上述三者比例调节。

1.2.4 赛霞漆（T09-1）

顾名思义，赛霞漆像朝霞，鲜艳光亮，比砵合漆更透明，因为其中掺了一半油。赛霞漆又名广漆、金漆、笼罩漆、透纹漆等。

生漆掺油越多，燥性越低，而降低的程度与油本身的干性有关。在干性油中桐油和亚麻（仁）油的碘值均名列前茅。但桐油具有共轭三烯结构，干性最大，亚麻油次之。此外桐油硬度较大。所以赛霞漆中优先掺桐油以尽量减少燥性的损失，而亚麻油则添加于掺油较少的推光漆中，因为亚麻油的柔韧性高于桐油，有利于抛光。

漆酚和熟桐油都有类似的共轭三烯烃链结构，可以共混并进行聚合和交联反应固化成膜。同时借生漆中多糖和糖蛋白的复盖作用，还可形成复合细胞状超耐久结构以防老化。

生漆对熟桐油的容忍度俗称坯力，即在保持生漆原有干燥速率的条件下，能加桐油的最高数值。坯力大小是鉴定生漆质量的指标之一。毛坝大木漆中共轭三烯含量高，而且糖蛋白最多，其坯力为生漆之冠。毛坝大木漆可以单独配制赛霞漆，其他生漆则要互相搭配。选料举例见表36-2。

表 36-2 广漆选料举例

产地	品种	规格（漆酚含量%）	使用量（%）
湖北毛坝	大木漆	70	30
陕西平利	大木漆	70	20
四川巫山	大木漆	<70	20
贵州	小木漆	<70	15
西北漆或湖北漆	小木漆	<70	15

和生漆配套的熟油叫坯油，有紫坯油、（白）坯油和混合坯油之分。坯油或混合坯油的熬炼：经过净化处理的桐油或桐油和亚麻油按7∶3比例配好，注入炼油锅内煎熬，炼至潮花（白色水汽泡）息后再翻油花（金黄色花泡）时逐步降低火力。当温度升到240～260℃后，立即让炼油锅离开火源保温10～15min。再强行快速冷却，如装桶过滤等。冬季粘度要求达1 000s/25±5℃（涂4号杯），夏季为1 500s/25±5℃。熬炼胚油时必须时刻注视油温变化，掌握住火候。温度过高，易发生凝胶甚至火灾。温度未到或保温不够，则粘度偏低影响漆膜的光亮、稠厚和丰满度。

将过滤生漆时的漆渣泡入桐油中，数月后取出漆渣熬炼到270℃，然后再将泡过漆渣的桐油倾入锅中一同熬炼到油丝长3～4cm 为止，冷却后在绞漆架上用布过滤即得紫坯油，实际上是漆酚和桐油的热聚合物。由紫坯油调合的广漆，色泽和燥性都优于白坯油或混合坯油调制的。

选配好的生漆原料，经两次过滤后，调整其固体含量为 65%，再加等重的紫坯油在拼料缸中搅匀，包装即为赛霞漆正品。

如果坯油量超过生漆，如浙江、福建沿海地区的配方是生漆∶坯油＝1∶1.5～2.3，其漆膜色浅，光亮透明，但干燥慢，施工后需长期保养，否则漆膜易损伤。此时也可添加催干剂，如按生漆∶紫坯油∶催干剂＝1∶2∶0.05，可以加快漆膜干燥。但在熬炼坯油时不能加入催干剂，以免金属和漆酚反应变黑。当然广漆中添加的催干剂也要避免生成深色络合物，所以多数选用铵盐，如硫酸铜、亚硝酸铵、草酸铵、乙酸铵、二氧化锰、鸡蛋清等。1份生漆通常加5%～10%份草酸铵和0.5%份二氧化锰作催干剂。它对燥性较差的生漆也有效。

赛霞漆膜半透明，有光泽，韧性高，耐热，耐水，但坚固性差。赛霞漆常用于木器、家具、门窗、工艺美术品等。此外，它还可以配制彩色漆，加入熟油则得浅色漆，成本更低。所以赛霞漆是使用较广泛的一种生漆涂料。

1.2.5 色 漆

生漆中直接加入颜料可调配成色漆。这种色漆基本上保持了原生漆固有的优点，漆膜坚硬，耐腐蚀，又能按颜色区分用途，但色泽较暗，可用于涂刷工业设备、部件、管线等。

配色漆时先精滤原料生漆除去固体杂质，并将颜料研磨，120目过筛。涂刷每平方米面积约需生漆150g、石膏12g，然后按配方（表36-3）加入所需的颜料[129]。

表36-3 配方

色漆名称	加入颜料及数量（g）	色漆名称	加入颜料及数量（g）	色漆名称	加入颜料及数量（g）
1.朱红漆	朱红75	10.深蓝漆	石蓝67.5	19.墨绿漆	石绿15，顺蓝22.5
2.淡朱红漆	朱红52.5，钛白粉22.5	11.浅蓝漆	石蓝45，钛白粉37.5	20.朱紫漆	朱红22.5，顺蓝45
3.深粉红漆	朱红22.5，钛白粉60	12.淡天蓝漆	石蓝45①，钛白粉37.5	21.紫红漆	鲜红22.5，清媒7.5
4.浅粉红漆	朱红15，钛白粉60	13.深绿漆	石绿25.5	22.浅紫红漆	鲜红22.5，清媒3.6
5.鲜红漆	鲜红30	14.浅绿漆	石绿21，钛白粉15	23.橘黄漆	石黄18，朱红22.5
6.白色漆	石蓝15，钛白粉60	15.深湖绿漆	石绿21②，钛白粉15	24.深棕色漆	石黄15，鲜红15，清媒7.5
7.深黄漆	石黄22.5	16.淡湖绿漆	石绿13.5，钛白粉45	25.浅棕色漆	石黄15，鲜红15，清媒4
8.深奶黄漆	石黄15，钛白粉45	17.草绿漆	石绿15，石黄15	26.深绿灰漆	石绿8.25，钛白粉30，清媒7.5
9.浅奶黄漆	石黄13.5，钛白粉45	18.深墨绿漆	石绿22.5，顺蓝30	27.深灰漆	钛白粉60，清媒4.5

①，② 石蓝、石绿有深浅之分，故配方量与上相同。

调配操作和加色加漆要同时进行，用刮刀在板上将颜料和生漆拌合均匀，要领是调制成膏状，提起如挂丝。调制太浓时涂刷费力并留下刷痕，太稀则易流挂而且遮盖力差。调好后收集于容器中，一般是使用者现配现用。

漆膜色调和颜料本身的色泽有差别。颜料常导致漆膜发暗。有时情况更复杂，如氧化铁的相对密度大，加入生漆中会沉降分层，加入量多时漆膜光泽和透明度变差。当漆液水分＞4.6%，氧化铁能加快漆膜表干，结果表面上形成隔氧层，反而妨碍漆膜内部的实干。

透明推光漆、广漆、瓷光釉等浅色加工漆也可调入各种颜料而成各色熟漆，如加红丹或朱砂成红色漆，加石黄或氧化铅成黄色漆，加绀青或铬绿成蓝色漆。这些都是常用的色漆。

日本生漆用无机颜料有银朱（硫化汞）、铁红、石黄、镉黄、松烟、钛白等。其他色料几乎全是有机颜料，它的特点是色调鲜明，着色力强，透明度好，但耐晒坚牢度差，且需用油或溶剂溶解后掺入生漆，妨碍漆膜干燥[130]。

漆膜性能受颜料和填料性能的影响。常用颜料和填料的性能如下。钛白——耐热、碱和稀酸。红丹——耐碱不耐酸。氧化铁——耐碱，但不耐高温、强酸。铁蓝——耐酸不耐碱。群青——耐碱不耐酸。瓷粉——耐酸和稀碱。石墨粉——耐酸、碱，传热，不耐氧化剂。石莹粉——耐酸，耐磨。辉绿岩粉——耐酸、碱，耐磨。

工业上为了改善漆膜性能和施工条件，施工时常加入填料和溶剂。如加入石墨粉或金属粉提高涂层的传热性能，加入氧化铬提高漆膜的耐碱能力，加入朱砂提高其耐硝酸的作用。所用填料要求通过120目，用量相当于生漆的50%～100%。因填料增加漆液的粘度，必须加汽油等溶剂稀释才能施工，同时溶剂通常能改善漆膜性能。

1.3　漆　器

生漆是室温自干、美观耐久的天然涂料，又是粘合剂，因而自古以来就用于制造漆器。器物表面覆盖着漆膜者叫漆器，它由底胎、髹漆和装饰三部分组成。漆器制造是融汇造型、塑造、油漆、嵌填、雕刻、色彩、图案、绘画和书法在一起的综合性艺术和工艺。漆器可作日用品和艺术品，通常是实用和欣赏的巧妙结合，博得古今中外雅俗共赏，但原料生漆较贵，制作费工，应用范围有限，今后要依靠科技，推陈出新。目前已有"生漆民用新工艺"[131]和漆画等异军突起。

(1)制胎。漆器生产从底胎或"骨胎"制作开始，底胎以木胎最多，还有夹纻胎、皮胎、篮篾胎、铜胎和塑料胎等。木胎加工要平滑无沦。为了加固木胎，经常用纸、布、麻筋等加裹或裱糊，再在上面涂一层生漆或柿汁以防止水分渗入木胎。

接着制灰坯，用瓦灰拌和生漆在木胎上做底灰或腻子，这好比骨上长肉，要使皮肤表面光洁无沦。第1次垸粗灰漆，要薄而密，磨平候干。再垸第2次中灰漆，要厚而均，磨平候干。再垸第3次细灰漆，要厚薄适中。若是方器，要在2次灰漆之后加中灰作起棱角，并补平缺损节眼。但灰腻子表层尚留有极微细之针孔，必须在上面先髹一道提庄漆(系推光漆加少许提炼纯净、水分较少之生漆)，然后打磨平滑就成"光底(胚)"半成品。最后抓漆面麭漆，也就是刷"面漆"了。

夹纻胎是以木、泥、或石膏等塑造成胎，糊以生漆把麻布贴于胎表面，待漆干固后，反复再涂多次，要使经纬纤维网纹愈合无塌陷。最后把原胎取出，故有"脱胎"之称。其工艺柔和逼真，而且质地很轻。如扬州雕漆花瓶《江天一览》即以石膏制成胎型，以生漆与瓦灰调成粘剂，贴裱麻布数层，干固后脱去石膏胎，髹漆而成。

(2)推光髹涂。无论髹黑推光漆或各色漆，关键要做到漆面无刷痕、无灰尘颣点粗粒。技术高的艺人刷面漆后，不再进行"磨、擦、退、揩"等工序，就能达到"光泽如镜"，"莹莹照人"的水平，这种过硬的技术叫"硬漆"。"硬漆"后一般只需稍加抛光就能"出亮"，也无需用"揩光"保护光泽。反之，当达不到"硬漆"要求时，就只好用"磨光、擦洗、退光、揩光"工序来补救。

磨光是用江石或细砂纸磨去漆膜表面浮光和颗粒。擦洗，用妇女柔软长发蘸细瓦灰进行，使光地更为平顺光滑，不留任何细微针痕。推光，用手掌蘸细灰及些许生油(花生油)，在漆器上进行摩擦，并在事先备好的麻袋上抹去(掌上)旧灰油杂。然后换蘸新灰及油再推。但摩擦发热时要停歇片刻。如此反复进行直到通体推得发光为止。揩光，系用洁净棉花蘸新提庄漆，薄涂其上，入荫(阴室)候干再推光。一般进行两次揩提庄漆和推光，即达十分光亮。揩光目的：①用提庄漆保护已推光所获之光泽。②揩拭得比以前更加光亮。总之使器物表面光泽持久而能莹滑照人。但揩光操作要适度，不能推得过狠过速，过与不及均不能推出光泽。

(3)厚料髹涂[132]。大量出土的战国、秦、汉漆器都是厚料髹涂，即将厚料漆涂于漆器表面自然干燥成膜，此外不作任何修饰或加工。它要求把漆髹涂得厚薄一致，而且不留刷痕，又不附着尘埃，干燥后表现出漆膜固有的光泽美。为此，必须有绝尘的上涂室设备。

厚料漆，是选稠厚、透明、干后光亮的红推光漆，再加广油调合。红推光漆干得越快，可加入的广油就越多。一般配制比例是：红推光漆25%，广油10%～25%，颜料40%～50%。厚料漆配制完时应试筒，入荫24h 的漆膜要求光亮和不起皱。一般色厚料都要加入钛白粉，但大红、紫红、银朱、正黄、中黄等不加钛白粉。刷子要保持干净，遇色漆较稠时可先用硬刷涂布，再用软刷收。如果色漆稀漂，可用软的长毛刷髹涂。

厚料色漆的配方：朱红——黄磦朱16，德国朱3，红推光漆13，广油10。奶油色——钛白粉16，黄粉0.5，广油8，红推光漆16，樟脑油0.3。蓝色——钛白粉16，蓝粉5，红推光漆20，广油8。绿色——钛白粉16，绿粉2，黄粉0.5，蓝粉0.2，红推光漆20，广油8。玫瑰色——钛白粉2，洋红粉3，红推光漆18，广油8。浅绿色——钛白粉16，绿粉2，蓝粉0.2，红推光漆20，广油8，黄粉0.5。

髹涂时可适当加些樟脑油稀释厚料色漆，以减少涂刷阻力，并能杜绝刷痕。厚料髹涂的一般工序：配色——研料——拌料——过滤——除尘——涂漆——翻转、掉头、去尘、消泡——晕金、飞金。

(4)彩绘。用笔蘸彩漆或彩油在漆面上描画花纹，便得彩绘漆器，这种工艺历史最悠久。彩绘前，用香蕉水或松香水推擦漆面，除尽油污。彩绘有研色、绘制二道工序。

入漆色有：银朱、朱砂、朱磦、立索尔红、酸性大红、镉红、西洋红、钛白、铬黄、镉黄、汉沙黄、联苯胺黄、耐晒黄、酞菁绿、酞菁蓝、片绿、翠绿、群青、青莲、丹麦蓝、入漆淡蓝、赭石、雄黄、藤黄、紫黄、酸性嫩黄、漆绿、石绿、孔雀绿、孔雀蓝、铁蓝、石青、铅白、炭黑等。入漆前细筛过，与少量明油调合成糊状，研细至无粒子后，边搅拌，边徐徐兑入白坯推光漆，至色泽理想，稠淳适度，即成描绘用漆。

描绘用漆也可由颜料与透明漆研磨而成。通常漆与色呈1∶1比例，可略加稀释剂如煤油等，使用在15～25℃和湿度70%～80%为最佳。透明漆由生漆加10%黄栀子汁调成。研磨后的颜色可经久不变。

与漆酚接触发黑的颜料不能入漆。影响漆膜干性和硬度的颜料也要慎用。淡色用油加催干剂而不用漆调合。磁漆可以代用。

绘制是艺术的表现阶段。古彩绘多半在漆面上用色漆描绘花纹，故彩绘又有“描漆”之称。而现代彩绘借鉴国画的工笔手法，染色自然细腻，色调和谐。人兽、山水、花鸟等都可以入画。用羊毫笔渲染，狼毫勾勒，兼毫用于拖线。画毕，用煤油随时将笔洗净，蘸不干油存放。用时，蘸煤油将不干油洗净即可。

描金，指在彩绘的漆面上勾勒金线，一般在黑漆底上使用，其次是朱色和紫色底上。目前使用的金色为青光铜金粉(俗称“假金”)，细度800目，与清漆搅拌呈液状，稍放片刻后使用。根据图案的质感采用兰叶描、铁线描或行云流水描等。金液宜稠厚，以便勾出饱满光亮的金线。

(5)填彩研绘[133]。在漆胎上彩绘装饰完工时，全面麭漆，待其十分干燥后，再经研磨，显出全部花纹，达到纹与质地一样平滑。因为彩漆较稠厚，彩绘的花纹，必然比漆底高出一层，所以还要髹涂一层透明漆把底色漆填平，同时把彩绘的花纹也盖没其中，这是填彩研绘的特点。填彩研绘还有一种做法，是在彩绘前先撒银粉地，待银粉干固后，再在上面彩绘、麭漆、磨显、推光而成，视其背景俨若满天星斗。

填彩研绘有8种，单线平涂为其中之一，其工序分8步，即印稿——调色——描线——填彩——麭漆——研磨——擦抛——揩推。

(6)平磨螺钿[134]。平磨螺钿漆器是以螺钿为材料，以嵌漆为工艺，以平面装饰为特色的漆器。把蚌壳磨成厚薄一致的平片，按图象分块切割后嵌贴于漆坯，刀刻线纹，髹漆磨显，刻槽内留下黑漆线条，再经打磨、推光，便制成黑白分明、清丽素雅、光华照人、一平如镜的平磨螺钿漆器。“螺”指螺蚌壳，“钿”指金银宝石，但现在的螺钿漆器，一般仅指用螺蚌壳镶嵌的漆器。

平磨螺钿工艺的主要工具是一把自制的手弓和一套手锉。将砧齿的弓丝穿在弓形竹条上，即成手弓。《髹饰录》记螺钿工具："模凿并斜头刀、斡刀。五十有五，生成千图。"

从生长3～5年的河蚌壳中，选择色泽纯净、明亮、底面较平、没有脏斑的蚌壳，除去黑褐色的角质层，磨成厚约1mm，长约10cm 左右的蚌片，根据蚌片大小分割画稿，树石按皴纹分割，人物按衣纹分割，贴于蚌片，手工镂出外廓。蚌片反面用彩色瓷漆垫色，于是成品的黑白基调中隐约可见沉伏闪动的色彩变化，又不致映出漆泥的黑色。高档平磨螺钿漆器用云母、鲍鱼贝、亮耳子(河蚌唇边)等五彩螺片，以丰富色彩。

平磨螺钿漆器设计，漆地宜黑不宜朱，追求平面的装饰效果，避开强烈的纵深层次，要求画面琉朗清秀，图象界廓分明。蚌片约占漆面面积的1/3。

扬州平磨螺钿漆器追求工笔画效果，画面疏密对比，注意节奏感，画风写实，选料精当，开纹细致纯熟，不露拼撞痕迹，图象磨显清晰，漆面平整，乌亮如玉。平磨螺钿漆家具触感平整，揩拭方便，欣赏与实用高度结合，床、柜、桌、凳无不相宜。

(7)雕漆[135]。在铜胎或木胎上刷涂数十层罩漆，每涂一层漆必须入阴室干燥到表面不粘手为止，再涂下一层漆。累积到所需厚度时，用刀雕刻出花纹而成雕漆。因罩漆中掺有一半熟桐油，实干很慢，当涂完数十层时漆膜内部为半固化，其质尚软，适宜雕刻。

雕漆的刷涂包括搓漆和刷漆两种操作，特称光漆。光漆完成后，经过修锉整形，在漆胎上用手涂抹一层细石黄粉，便可在上面印图案和描画花纹。然后雕刻高低起伏的图象。雕刻以运刀基本功为第一。刀具有尖刀、弯刀、转刀、凹面刀、双刃刀、勾刀、起刀、铲刀、刮刀、锦纹刀、刻线刀、直刀、片刀、刳磨刀等。雕完后放入32～41℃温室适度烘烤即取出。再经打磨上蜡，擦光而成雕漆漆器。其中最常见的品种为"剔红"，即雕红漆，用红罩漆或油光漆刷涂而成。

红罩漆，由滤净的生漆50%，纯熟桐油50%配制而成。即将生漆加热后注入熟桐油搅拌，经过滤而成雕漆用罩漆。再于其中加入银朱、油红充分搅拌而制成红色罩漆。

剔红操作：在已刷好漆灰的铜胎或木胎上进行光漆。先将丝头沾漆在底胎上搓涂上红罩漆，然后用力刷漆使胎表面层与红罩漆紧紧粘合在一起并反复来回刷涂到厚薄均匀，要防止凹处积漆形成串珠不干。每光1道(次、层)漆入阴室干燥数小时，1天能上2～3道漆。如此经过6～7道漆以后要进行蹲地(即让漆干2～3天)，蹲地前上漆宜薄。每件剔红需光漆数十到200层。雕刻烘烤之后，依次用刀、瓦条、砂纸刮磨，再用竹节草、刷子蘸瓦灰刷、擦，最后用稻草刷蜡推光，得剔红漆器。若将红色换成彩色则为剔彩。

剔彩即雕彩漆，在木胎或铜胎的器物上用不同的色漆依次分层刷涂，如红漆、绿漆、紫漆、黄漆、黑漆各刷数十层。光漆完成后，按设计的纹样剔刻，需要哪种彩漆就可剔去复于其上的其他色漆层，露出所需之彩漆，分别雕刻出花鸟、山石、水纹或亭台楼阁等生动的景物。于是一器之上，五彩缤纷，相映成趣。

1.4　漆　画[136]

古代漆画指色彩单纯、写意的花纹，后加研磨显露其艺术效果，故称"磨漆画"。现代扬州漆画，以生漆、透明漆、浅色腰果漆、螺贝、蛋壳、玻璃、铅皮等为材料，采用刻、填、嵌、堆、彩绘等技法，还借用其他画种的方法。例如漆画挂屏《牡丹》是将画家王道中工笔牡丹图移植于平磨螺钿漆器技法之中，但是传统的黑色螺钿线条已改为白色，传统的黑色基底也改为多层晕染，从而使作品丰富多彩，一跃而成独立的画种。它具有版画的朴素，油画的厚重，重彩的富丽，浮雕的起伏。加以材料质硬耐久，技法多变，又能体现中华民族风格，漆画已打入壁画领域。《今日大运河》、《郑和下西洋》等大型壁画标帜着漆画的异军突起。

扬州漆画制作，主要在木坯上满涂合成灰，根据工艺需要，再髹生漆磨显，用细瓦灰与生油推光成品。

蛋壳漆画：将蛋壳展开压平选用。以生漆粘嵌于木坯制成的漆底上，满涂合成灰(猪血与瓦灰调成亦可)再髹生漆磨显推光而成。碎瓷般的蛋壳裂纹肌理，使作品独树风格。石桥、大堤、人物、花卉等纹饰皆可入画。鸡、鸭、鹅、鹌鹑等禽蛋壳，壳色不同，任凭选用。只要具备一定的绘画知识和漆工基础，便可创作出一幅新颖别致的蛋壳漆画。

2 漆酚类涂料

2.1 漆酚醛树脂漆

按纯物质重量配比：漆酚100，甲醛9.5～10，氨水0.8～1，二甲苯100～150，将全部反应物料一次投入装有搅拌器、温度计、回流冷凝器、油水分离器的夹套反应釜中，在搅拌下缓慢升温，于60～90℃保持0.5h，再逐渐升温至沸腾回流，水分经分离器除去，二甲苯流回反应釜，逐步升温到136℃。当胶化时间达20～30s(150℃)，表干时间10min和实干时间16h时，即为反应终点。冷却到100℃，加入二甲苯调节固体含量为40%，过滤包装成品。

所得漆酚醛树脂漆，室温较难实干，机械性能略优于生漆膜，但经久变脆，用作耐酸涂料[137]。

鉴于漆酚醛树脂中酚羟基和共轭三烯侧链仍具有氧化偶联成键的能力，将漆酚醛树脂加过氧化氢氧化，结果变成了较易干燥和更耐腐蚀的棕红色清漆[138]。

但是缩合和氧化分阶段进行的工艺复杂，江西广昌化工实验厂采用N/Cu络合物为双重催化剂，使漆酚氧化偶联和漆酚与甲醛的缩聚这两种反应同时进行，结果得到"去毒生漆"[139]。

去毒生漆不用二甲苯，而用柿油加活性物质萃取生漆中漆酚。生漆和等重萃取剂混合过夜，次日搅拌升温蒸去水分后，继续升温萃取漆酚，同时破坏生漆的乳化状态，使胶质等沉淀。过滤即得漆酚萃液。缩聚反应的最佳重量配比是漆酚100，甲醛4，催化剂1。原料按配比投入搪瓷釜后，搅拌升温，到一定温度时停止加热并保温反应1h，然后升温，让水分逸出，逐渐加热到140℃，让漆酚侧链双键相互聚合以提高分子量，直到样品150℃下的胶化时间达30s为止。产品可贮存于铁桶中密封。涂膜室温自干，干燥速率与温度成正比。防腐用时不加干性油。如要求漆膜光亮，则和生漆一样，要加入熟桐油及催干剂。

南京化纤厂应用去毒生漆涂于排气塔内壁(介质CS_2、H_2S气体，排气745 900m^3/h)、CS_2贮罐及浆粕漂白池中(介质NaOCl)，经2年使用，情况比较满意。其耐腐蚀性能优于环氧树脂和聚氯乙烯，但粘结性不如环氧树脂。为了取长补短，该厂将去毒生漆和环氧树脂混合涂刷：刷底漆时环氧占60%，去毒生漆占40%，刷到第13层时环氧25%，去毒生漆75%。最后全用去毒生漆接连刷3～4道面漆。

去毒生漆的缺点是附着力和流平性差，实干慢。估计其分子量分布很宽。今后应提高催化剂活性，避免100℃以上的复杂反应。

2.2 漆酚环氧防腐漆[140]

利用漆酚醛树脂与环氧树脂性能上的互补性，即使将它们机械共混，也会带来许多好处，更何况漆酚的羟基可以跟环氧基醚化而成共聚物。但这样的二元嵌段共聚物容易产生凝胶，为了延长贮存期，可加正丁醇将漆酚醛树脂上残存的羟甲基醚化，以增加稳定性。

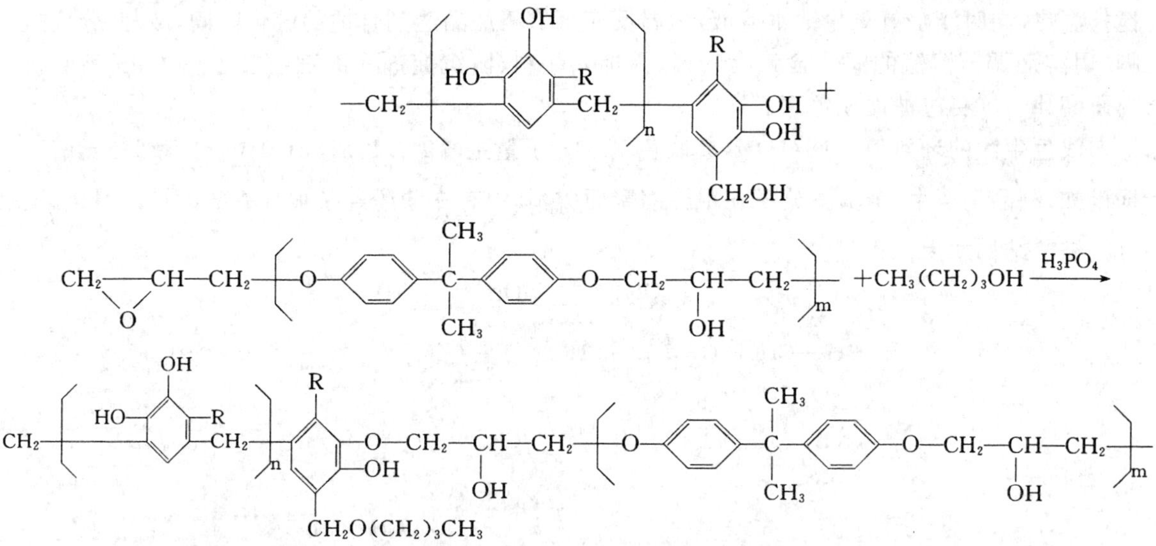

$$-CH_2\left[C_6H(OH)_2(R)-CH_2\right]_n-C_6H(R)(OH)_2(CH_2OH) \;+$$

$$\underset{O}{CH_2-CH}-CH_2\left[O-C_6H_4-C(CH_3)_2-C_6H_4-O-CH_2-CH(OH)-CH_2\right]_m + CH_3(CH_2)_3OH \xrightarrow{H_3PO_4}$$

$$CH_2\left[C_6H(OH)_2(R)-CH_2\right]_n-C_6H(R)(OH)(CH_2O(CH_2)_3CH_3)-O-CH_2-CH(OH)-CH_2\left[O-C_6H_4-C(CH_3)_2-C_6H_4-O-CH_2-CH(OH)-CH_2\right]_m$$

总之，环氧树脂改善了漆酚醛树脂的耐碱性、柔韧性和附着力。磷酸是丁醇与羟甲基醚化的催化剂，又可中和残余的氨以延长贮存期。所用环氧树脂为 E-20或 E-42型(分子量分别为950和240)。漆酚∶甲醛＝1∶0.7(摩尔比)。漆酚醛树脂∶E-20环氧树脂＝1∶1(重量比)。丁醇∶二甲苯＝1∶2.7(重量比)。磷酸为成品重量的0.5%。

漆酚与等重二甲苯投入反应釜中，加热共沸脱水，上层二甲苯回流入釜。待釜中水排净后放料，让其冷却并沉淀。上层溶液经圆椎形高速离心机(10 000r/min)去渣，得纯漆酚二甲苯溶液，测定不挥发分含量。

离心清液投入反应釜，边搅拌边加甲醛，再加少量氨水，加热至90℃保温反应1h 以上，升温排水，二甲苯回流入釜。水排净后继续升温到120℃保温反应至溶液拉丝到20cm，再投入 E-20及丁醇，加热到120℃保温反应，待其粘度合格时加入部分二甲苯及磷酸再反应1h 后放料，过滤包装为成品，固体含量40%。

与生漆相比，漆酚环氧防腐漆无致敏性，坚韧、耐碱，对金属、塑料、橡胶、水泥制品、纸、竹、木材等附着力强。可喷、刷、浸、淋，室温自干，或在室温到300℃之间的任意温度下烘烤成膜，多道涂装后1次烘烤成膜。它是一种理想的防腐涂料，应用于农药喷雾器上代替搪铅，还可作内燃机表面耐温涂层、脱硫设备防腐涂层等。

2.3　浅色生漆[141]

漆酚氧化聚合时生成邻苯醌式发色基团，是生漆膜色深不宜作浅色漆的主要原因。反之，若漆酚聚合时不经过氧化阶段，如漆酚和甲醛在温和条件下缩聚而成的漆酚醛树脂涂料，其性能与生漆膜相近，但颜色却浅得多，就可用作浅色生漆了。不过漆酚醛树脂上的漆酚双羟基仍具有氧化成醌显色的可能性，只有将它醚化才能予以防止。但常用的甲醚化不利于漆膜的干燥，陈文和等采用多官能团醚化试剂——环氧氯丙烷，既达到钝化酚羟基的目的，同时又将它转换成活泼的环氧基，可加快漆膜的干燥，也附带提高了附着力和柔韧性。

浅色生漆制备分为漆酚浸提和缩合醚化两阶段，都用不锈钢釜以防生成黑色漆酚铁。粗滤生漆加二甲苯于浸提釜中，搅拌，夹套通入热水升温脱水，除去滤渣得到50%漆酚二甲苯溶液，计量投入缩合醚化反应釜。按漆酚∶甲醛＝1∶0.8摩尔加入甲醛水和适量氨水，加热搅拌到漆酚醛树脂的分子量接近2 000时停止反应。冷却到60℃按摩尔比投入2.7倍于漆酚的环氧氯丙烷，搅拌温热，同时滴加氢氧化钠水溶液，恒温反应至清漆产品达到合适的胶化时间，冷却，分离盐脚，用溶剂调节清漆的固体含量为50%，再加入颜料、防沉淀剂和助剂，在2 500r/min 砂磨机内研磨4h，200目过滤而成色漆。

浅色生漆的环氧值0.18/100g，凝胶色谱法分子量主峰2 071，肩峰1 070，再借红外光谱数据推知，制品主要由6个漆酚分子和甲醛缩聚而成，其中有$\frac{1}{3}$漆酚羟基被环氧氯丙烷所醚化，聚合物链节结构式为：

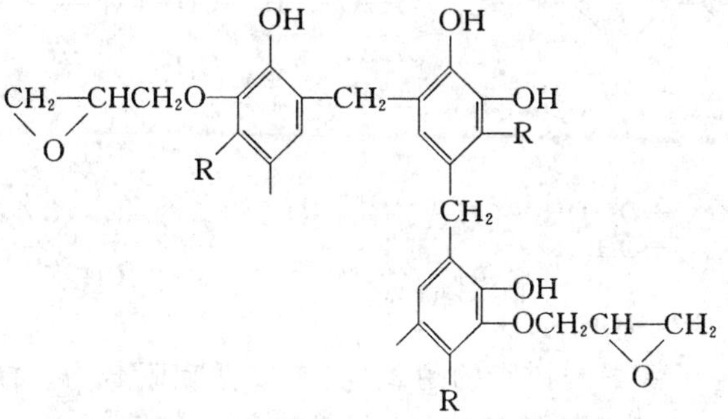

其中R是十五碳烃基。

浅色生漆膜为菜花黄色，透明光亮，可用于罩光。浅色生漆可和钛白、氧化铁红、5203大红粉、甲苯胺紫红、耐晒黄、酞菁绿、群菁、酞菁蓝、炭黑、氧化铁黑等调合成彩色漆，室温自干，可作漆器、漆画和家具。缺点是表干嫌快，实干嫌慢，还达不到完全无色，施工时有气味，价格比生漆略贵。

2.4 氨基大漆[142]

在上述浅色生漆中，是低分子醚化试剂和高分子上的漆酚羟基反应。这种高、低位置如果颠倒过来，即令高分子醚化试剂与单体漆酚反应，也能制得浅色生漆。

在粗过滤的生漆中添加0.5%～1%的抑制剂使漆酶不起催化作用。同时用传统的精制漆盆脱水，当含水量降到5%～10%时，用丝棉绞滤，加入醚化三聚氰胺——甲醛树脂和催化剂，经充分搅拌至均匀即得浅色氨基大漆。

这种制品的涂膜硬化24h 后，加丙酮萃取分离成两部分，各测定红外光谱。结果表明，漆酚的苯环和不饱和侧链都没有发生明显的变化，但1 090cm^{-1}脂肪醚吸收峰被1 280cm^{-1}和1 020 cm^{-1}芳烷基醚吸收峰所代替，初步推测两者之间发生了醚化脱水和醚交换脱醇反应。

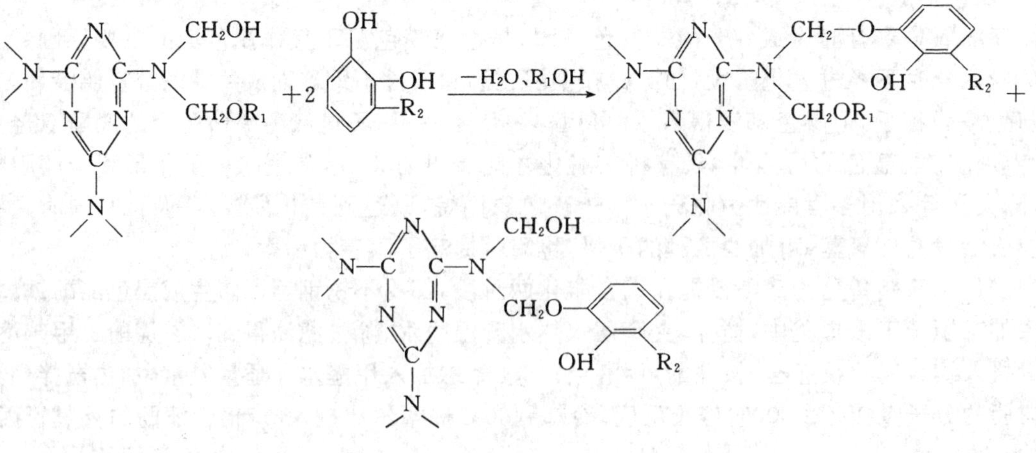

$$+2 \xrightarrow{-H_2O、R_1OH} +$$

浅色氨基大漆可与金红石型二氧化钛、立索尔红、甲苯胺红、汉沙黄 G、酞菁蓝 B 等调合成彩色漆，涂刷施工方法跟传统法基本相同，而固化成膜受湿度影响较小，适合湿度低的地区使用。在陕西天然湿度和25～30℃下，表干4～6h，实干12～24h。漆膜硬度适中，易抛光，柔韧性和附着力好。

2.5　U-7、U-8黑推光漆[143,144]

这两种黑推光漆的制造都以漆酚醛树脂为基础，因其质硬宜于推光，而且原有的漆酚羟基依然存在，可以和黑料络合显色。还有它难干的缺点，由添加苯乙烯来克服，因为具有刚性的苯乙烯很活泼，易和漆酚侧链双键发生热聚合，既可提高聚合物分子量并起交联干燥作用，又不致降低其硬度，如果加干性油就得不到这样好的结果。其次，添加环氧树脂共混，借以提高推光漆的附着力和耐碱性。最后加些苯酚和漆酚共缩合还能降低成本。

中试原料都是工业级。反应釜、框式搅拌器、冷凝器均为不锈钢制。真空过滤器系陶瓷。

(1)U-7黑推光漆的制备。用减压法将计算量的漆酚二甲苯溶液、苯乙烯、苯酚、甲醛水溶液和少量催化剂共66kg 吸入反应釜中，用油浴在90±5℃加热回流1h，然后利用二甲苯共沸脱水1～3h，再升到140±5℃恒温聚合反应。间歇取样测定漆液的粘度和干燥性能，合格后，放入冷却罐冷却，再吸入高位槽过滤，得到棕黄色溶液，即为 U-7A 清漆。按比例加入 E-20型环氧树脂，搅拌均匀，再逐渐加黑料，继续搅匀，调节漆液的粘度和固体含量为40%±5%，即是 U-7黑推光漆。

(2)U-8黑推光漆的制备。在反应釜内加入漆酚二甲苯溶液、苯乙烯、甲醛水溶液，再加氨水作催化剂，共40kg。搅拌加热，于90±5℃回流1h。升温脱水，控制140±5℃进行聚合反应。间歇取样观察、测定。合格后放料至冷却罐，然后吸入高位槽过滤，为 U-8A 清漆。加入适量 E-20型环氧树脂和催化黑料，搅拌均匀，便是 U-8黑推光漆，固体含量40%±5%。

GPC 法测得主要成分分子量为，黑推光漆：880，U-7A：2 760，U-7：2 940，U-8A：2 690，U-8：2 690。

工艺适应性试验表明，U-7、U-8黑推光漆室温下表干＜30min，实干＜24h，不必进阴室。漆膜乌黑光亮，打磨、抛光简便。喷涂后的产品，不经打磨就已合格，因而缩短了生产周期。不过，漆膜的外观丰满度都不如传统黑推光漆。

2.6　漆酚——钛螯合高聚物[146]

漆酚和四氯化钛室温反应，生成黑褐色沉淀。红外光谱表明其中含有 [结构式：R取代苯环邻位两个O与Ti成环] 基团。钛含量测定和质谱进一步肯定其结构为漆酚——钛螯合物：[结构式：两个R取代儿茶酚环经O与Ti螯合] 它对强酸、强碱和有机溶剂很稳定，甚至加热也难破坏。所以这种漆酚钛化合物具有极强的抗腐蚀性能，可惜它不溶不熔，无法加工利用。

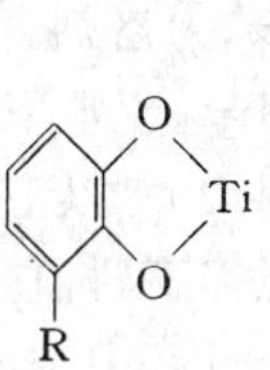

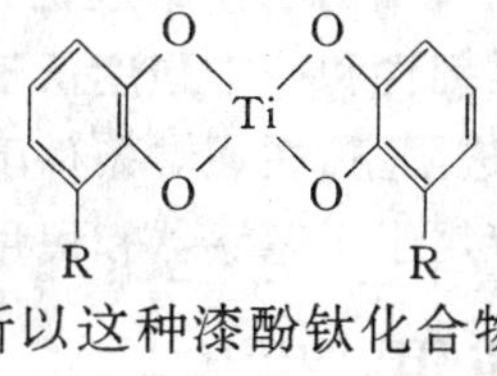

福建师范大学高分子研究所经过多年奋斗，研制成 UTJ-1、UTJ-2两种防腐蚀涂料。它们在钢铁、铜、铝、水泥制品和木材上涂复，均有良好的附着力，其漆膜在320℃熔融 NaOH 中耐蚀5h，在80℃50%NaOH 溶液或70%H_2SO_4溶液中耐蚀8 000h，在120号汽油中已耐泡5年多，在各种盐类、海洋化学介质中，无论常温或受热下均能长期耐腐蚀。

此外，利用漆酚容易和铁螯合的性质，已有人研制成漆酚类带锈涂料，可以在未经除锈的露天设备上施工。可见，漆酚——金属螯合高聚物具有特种性能，值得开发。

2.7 漆酚醛不饱和聚酯[21]

生漆膜在阳光照射下易老化。可是蔡奋等制备的漆酚不饱和聚酯漆膜在武汉经过了一整年的自然暴晒试验，除了颜色变浅外，并无老化现象。这种树脂的制备程序分3步。

(1)间二甲苯和甲醛在酸催化下缩合成粘稠的二甲苯缩甲醛树脂(简称XR)，结构式是：

$HOCH_2-C_6H_2(CH_3)_2-(CH_2O)_n-CH_2-C_6H_2(CH_3)_2-CH_2OH$ 其首尾有羟基，它在醇酸缩合中相当于二元醇。这种树脂具有耐水、耐化学药品和电绝缘等性能。

(2)将XR和二元醇、邻苯二甲酸酐、顺丁烯二酸酐按普通不饱和聚酯的制造方法，在200～210℃反应生成一种含XR的不饱和聚酯。

(3)漆酚二甲苯溶液(25%)400g，甲醛(36%)28g，氨水(25%)4g在装有搅拌器、温度计、油水分离器和回馏冷凝器的三口烧瓶中，先在60℃搅拌反应30min，再缓慢升温到沸腾，共沸脱水过程中温度逐渐升高，最后在136℃反应至无水析出。冷却到100℃加入含XR的不饱和聚酯100g，再沸腾回馏直到样品在常温下能够自干。冷却后用二甲苯调节固体含量30%，即成漆酚不饱和聚酯漆。

如果用普通的不饱和聚酯，则产物耐腐蚀能力不如漆酚醛树脂。如果用顺丁烯二酸和XR的反应产物则很耐腐蚀，并且具有良好的耐老化性能。红外光谱表明，不饱和聚酯中由顺丁烯二酸所提供的孤立双键和漆酚侧链的共轭双键发生了1,4-加成反应。由此推想，共轭不饱和键的存在可能就是生漆膜不耐光氧老化的根源。

2.8 腰果水乳底漆[146]

为了降低漆器成本，选用分子结构跟漆酚相似的腰果壳液，和甲醛等制备腰果水乳漆作漆器底漆。在附有回馏器、搅拌装置的2L三口烧瓶中，按比例加腰果壳液和甲醛，以氨水为催化剂，二甲苯为溶剂，空气浴上加热，控温80～100℃回流1h，然后加酚醛树脂，继续加热脱水并蒸出二甲苯。脱水毕，迅速升温至160℃使腰果酚侧链上的不饱和键在高温下加成聚合。然后急速降温到120℃以下以免漆液粘度过大不宜涂刷。加入催干剂及适量溶剂，搅匀即成腰果清漆。在快速搅拌下，将它加入含有双组分乳化剂的水溶液中，便获得腰果水乳底漆。

缩合过程中排出的水量跟理论计算值基本相同，亚硫酸钠法测得其中含甲醛约1%。腰果水乳底漆膜的柔韧性和冲击强度低于生漆膜，其余物理机械性能等于或高于生漆膜。它的表干比生漆快，不必进阴室，在通常条件下干燥15～24h即可打磨，质量符合漆器产品要求。腰果水乳底漆已广泛应用于工艺漆器和民用家具生产。

3 生漆的应用[147～166]

3.1 中国古代生漆的应用

1978年，在浙江余姚县河姆渡村发掘出一只涂漆木碗，经C^{14}测定距今6970年。仪器分析断定其涂料为中国生漆，漆膜色泽的主成分为氧化铁。总之，由考古实物推断，中国漆器的历史已有1万年。

《韩非子·十过》记载：舜“作为食器，斩山木而财之，……流漆墨其上”。禹“作为祭器，墨染其外而朱画其内”。可见当时已有色漆。《考工记》有“漆也者，以为受霜露也”，即应用漆膜防腐蚀。西周到战国时期，用漆彩的车辆、兵器把柄、日用几案、盘、奁、乐器、棺椁等物都有大量出土，有木胎、皮胎、夹纻（用麻布）等胎型。漆器上有各种彩绘花纹及人物活动场面。有人推测楚国漆器中已使用植物油（荏油），这样可提高漆膜亮度，又能降低成本。

《史记·滑稽列传》记载“漆城荡荡”，但却“难为阴室”。可见当时中国已发明“阴室”，以加速漆膜干燥。

中国古代制造的漆器绚丽多彩，深为世人喜爱，主要有以下几种。

金漆漆器：金漆即广漆或明漆，因其能涂饰成透明鲜艳的金黄色而得名。漆膜丰满光亮，价格适宜，普遍用于民间装饰家具、器具、嫁妆等。

推光漆器：是另一种常用的生漆制品，特别是黑推光漆器。

脱胎漆器：也就是无胚成型漆器，素以薄、轻、巧取胜。

雕漆漆器：常见品种有剔红、剔绿、剔黄等。其特点是以刀代笔，以线造型，情景逼真，有丰富的表现力。可做屏风陈列欣赏，又能装饰桌几、橱柜，以供实用。

镶嵌漆器：利用生漆的粘结力和底漆功能，在漆膜上镶嵌贝壳、象牙、宝石、蛋壳等构成图案，多用于生产屏风、床、柜等。

漆画：综合彩绘、雕填、镶嵌和绘画艺术在一起的特殊画种，为浮雕式，层次丰富，表现手法多样，可作壁画。

生漆用于造宣纸：书画少不了宣纸。宣纸生产要用纸帘捞纸。纸帘由苦竹丝和丝线织成，涂上生漆防腐。即使这样，一张纸帘也只能用20天。制造宣纸年耗纸帘千余吨，所需生漆甚多。

3.2　生漆在工业中的应用

生漆有着优异的装饰效果，良好的保护性能，可在各种苛刻条件下使用，除少数介质外（如浓氢氧化钠）生漆的漆膜耐腐蚀性能为其他涂料所不及，因而生漆及其改性产品被广泛用于各种工业或其设备上。见表36-4，列有生漆漆膜在各种物质中耐腐蚀的情况。

表 36-4　生漆漆膜耐腐蚀性能

介质名称	浓度（%）	温度（℃）	耐腐蚀性能	介质名称	浓度（%）	温度（℃）	耐腐蚀性能
盐酸	任何	沸点	+	硝酸铵	饱和	室温	+
硫酸	<80	室温	+	氯化钙	饱和	室温	+
硫酸	<70	<100	+	硝酸镁	任意	室温	+
硝酸	<20	室温	+	氯化铵	任意	室温	+
磷酸	<40	沸点	+	湿氯气	浓	室温	+
磷酸	<70	80	+	硫化氢	混合水气	室温	+
氟硅酸	9	80	+	二氧化硫	浓	室温	+
甲酸	80	室温	+	氧化氮		室温	+
氢氧化钠	<1	室温	+	乙醇	工业	室温	+
氢氧化铵	<28	室温	+	汽油		室温	+
氯化钠	饱和	室温	+	苯	工业	室温	+
漂白粉溶液	饱和	室温	+				

漆酚系生漆聚合成膜的主要物质。通过化学手段，漆酚可合成多种衍生物，制出不同类型的系列涂料产品。这些产品不仅保留了生漆涂料既有的优异性能，且给施工带来便利；还能进

一步增强抗腐蚀性和对有机溶剂的溶解力，大大开拓了生漆的应用领域。

（1）用于工业设备的防腐涂料。生漆改性衍生物涂料具有耐水，抗油，抗有机溶剂，防腐蚀和原子辐射等性能。是油船、油罐、油井管道、输油管线和食品罐内壁的理想防护涂料，亦是化工设备、采矿机械、纺织印染机械的防腐蚀涂料。同时还可用作炮弹、雷管的透明漆，飞机推进器与潜水艇的涂料。

（2）作为电子部件保护材料。长期使用的电子部件必须涂抹防湿性能优良的保护涂料，以增强其可靠性。生漆漆膜的绝缘电阻值高，绝缘电阻的温度特性比环氧树脂等优异。在生漆中充填二氧化钛、碳黑有着良好的耐湿性。因此，常被用来涂布无电镀电阻元件和硅二极管，获得满意的效果。

（3）用于制备离子选择性电极。离子选择性电极是一种新的分析器具，它具有设备简单，操作方便，适合于现场测定及连续自动化分析等特点，近年来得到广泛应用。制备离子选择性电极常选用生漆作为电极膜的骨架。如用生漆与三辛基甲基硫氰酸铵离子交换剂制备。硫氰酸根离子选择电极的隔膜。还有用于制备高氯酸根、硝酸根、钾、碘等离子的选择性电极隔膜。这类固态膜电极的生漆隔膜坚固、光亮、平滑、性能良好。

（4）抗沸水的改性生漆涂料。用多元醇、二异氰酸酯对生漆改性制备出的生漆涂料，具有良好的涂装效率和长期稳定性，且其漆膜有良好的抗沸水性能。多元醇采用油改性的含羟基树脂，二异氰酸脂采用2,4-甲苯二异氰酸酯，2,6-甲苯二异氰酸酯。二异氰酸酯与多元醇反应生成聚氨酯，用油改性的含羟基树脂可以改善聚氨酯与生漆的相互溶解性能。

（5）ABS塑料制品用生漆涂料。随着塑料应用领域的不断开拓，应提高塑料的某些表面性能。日本村正嗣研制了ABS等塑料用的改性生漆涂料。

（6）印刷电路板用导电生漆涂料。导电涂料是一种新型涂料，在电子工业等方面的应用日益增大，它主要由导电材料和粘合剂（成膜剂）构成。生漆用于成膜剂是将铜粉分散在生漆基树脂中作成导电涂料，再用筛网印刷或凹板的方法在酚醛树脂或环氧树脂层上印刷成电路图形。涂膜厚度为10～50μm，然后在140～150℃温度下加热处理30～60min，制成印刷电路板。该板具有优良的焊锡耐热性，耐湿贮存性，耐负荷及耐高温特性。其中添加少量的有机脂肪酸，这样即使不用银粉也可改善生漆涂料的耐湿性。

（7）漆酚分散液的电沉积法涂膜。用生漆为原料，加入水和甲醇混合物的极性溶剂，形成均匀的分散液，用电沉积法在钢板表面成膜，在室温或加热条件下固化，可形成光亮、平滑的漆膜。漆酚分散液的重量百分比为：甲醇73，水25，漆酚2，电沉积条件为温度25℃，电压200V，电流密度1.25mA/cm^2，时间2min，所得漆膜厚度为45～50μm，在150℃温度下加热固化30min。

（8）自来水笔用漆酚清漆。笔杆、笔套采用生漆涂料描金髹饰成的自来水笔是精致的特种工艺品。从漆液中提取出的酚，制成烘漆，同时将金属底材表面采用化学方法处理使其粗糙化，经脱脂、涂上漆酚烘漆，在恒温干燥器中烘干。漆膜在150℃温度下放置2h，待完全固化后，再进行生漆的涂饰工艺和研磨加工。金属底材可先采用漆酚烘漆涂装的方法解决生漆和金属底材之间附着力差的问题。

（9）生漆在其他工业上的应用。用漆酚树脂为原料，用碳黑和天然石墨填充改性，在乙二醇（丁基溶纤维）中研磨，涂在电位器上，再在温度150℃下烘干30min，可得到4μm厚的表面涂层。该涂层具有良好的耐磨性和耐湿性。改性漆酚树酯还可作为层压材料的浸渍树脂，用于浸渍绵纤维板或制造牛皮浸纸。固化的漆酚树脂粉用作磨擦材料，以生漆作为粘接剂，常用于木材、陶瓷器具的粘结。

3.3　生漆在医药上的应用

生漆药用在我国有着悠久历史，远在1300年前唐《甄药性本草》即有干漆可“杀三虫，治女人经脉不通”的记载。宋《大明诸家本草》也论及干漆可治“传皡、除风”。干漆为漆树分泌的液态树脂，干涸后色黑褐呈块状。药用干漆多为漆筒底部漆渣晒干品。干漆配合群药的应用，在《千金方》、《伤寒杂病类》、《济总方》、《呈济总录》古方中均有记载并得到验证。60年代初期，中药工作者把干漆引入抗癌中成药平消片中，对平消片抗肿瘤的疗效，起到重要作用。该药在治疗萎缩性胃炎，乳腺增生，卵巢囊肿，效果更为明显。经药理实验证明该药抑制EAC瘤株生长显著，还能促进致癌动物免疫功能的增强。

漆树其他部位亦可入药，治疗多种疾病。如漆根可治打伤久积（尤宜胸部伤）。漆木木心功能行气，镇痛，用于治疗心、胃气痛。皮可接骨。漆叶据《本草纲目》记载：主治五尸劳疾，杀虫。叶洗净烘干研末可治外伤出血，疮疡溃烂，并治漆中毒。花主治小儿腹胀，交胫不行。漆树籽、果实可治下血，吐泻腹痛。

漆液还有抗癌作用。1997年韩国山林厅林木育种研究所成功地从漆液的主要成分漆酚中提炼出含有强力抗癌成分的 MU_2物质。其抗癌绩效较目前惯用的抗癌剂 Tetraplatin 更为卓越，在抑制动物血液癌细胞，人体肺癌细胞及胃癌细胞的生长方面具有极优越的功能，它不仅不会产生生漆的过敏反应，且无任何毒性。

3.4　漆酶的应用

漆酶是一种含铜蛋白质，它所特有的催化机制，是使生漆成膜具有较大的交联度和超耐久性成为可能。催化生漆聚合成膜是其用途之一，在生物体内漆酶具有重要的生理功能，并可用于化学、化工、医药、电子工业等领域。这为开发利用生漆资源提供了更为广阔的前景。

(1)毛发染色剂。漆酶是一种多酚氧化酶，其功能是催化多酚及多胺类发生氧化反应。1965年，Revlou，Inc. 等人利用这一特性生产出一种染发剂。据文献报道，染色剂中的多酚或芳香胺类化合物可经漆酶催化在头发上直接氧化成金黄色的醌类化合物，其色调和深度可由加入的酶量和介质的pH 值控制。在染色液中，漆酶的使用浓度为0.05～100μg/g，反应时间为10～20min。

(2) 抗癌制剂。漆膜在催化反应中可形成对癌细胞有杀伤作用的自由基。1978年，日本人 Merisochi Shigeru 利用漆酶制成一种抗癌药物，其方法是：用酒精萃取漆液，通入氯气使漆酚沉淀，待上层清液（酒精溶液）蒸发后再溶入水中作为甲组分，将另一部分漆用酒精萃取，除去漆酚，留下漆酶，再将这部分与麦芽糖、发酵的大豆和大蒜及红萝卜汁混合成为乙组分。甲组分与乙组分混合后作为口服药液可以用来抗癌。

(3) 漆酶电极。漆酶具有特异的催化功能及底物专一性。据分析，它含有不同取代基团的酚类或苯胺类衍生物。原苏联学者曾用琼脂，聚丙酰胺和聚甲基丙烯盐包埋来自多孔变色菌中的漆酶，制备出固定化漆酶电极，用来测定多酚类和多胺类化合物。固定在聚丙烯酰胺凝胶上或共价结合在烃基胺玻璃表面的漆酶，又与 Clark 氧电极构成一个用于废水中酚类化合物测定的灵敏分析装置。漆酶还能催化苯甲酸与 ABTS 试剂偶联生成紫色染料，据此用来测定多种微量苯甲酸衍生物的浓度。

(4) 漆酶在体液分析中的应用。利用酶法分析测定体液中的组分，其结果往往受某些氢供体（如胆红素、抗坏血酸等）的干扰。在分析体液时，样品经过漆酶处理，可以有效地排除这种干扰作用。利用漆酶催化的氧化反应去除胆红素和抗坏血酸等干扰物质，再加入含有脂蛋白脂肪酶、甘油激酶、过氧化物酶和ATP等物质的试剂，即可通过分光光度法准确地测定血浆中中性脂肪或其他组分的含量。如果将所分析的体液预先通过固定化漆酶柱亦可获得相当的抗干扰效果。将用于测定的指示酶和用于排除干扰的消除酶同时固定在电极上则更加灵敏、方便、有效。如将葡萄糖氧化酶和漆酶同时固定在明胶上并与氧电极结合，可以在抗坏血酸等干扰物质存在的条件下，准确地测定混合液中的葡萄糖含量。此外，测定药物中的去甲肾上腺素时，利用漆酶排除抗坏血酸的干扰，可以得到满意的结果。

(5) 漆酶作为分析其他酶活性的辅助试剂。1985年，Marao等人用漆酶设计了快速测定分析α-糖苷酶及α-淀粉酶的方法。葡萄糖苷酶催化苯基α-糖苷水解并释放出酚，漆酶催化酚与偶联试剂α，6-二溴-4-胺基酚氧化偶联，生成蓝色或红色化合物，利用这一反应可以通过分光光度法测定酚的含量进而间接地推算出葡萄糖苷酶的活性。基于同一原理，并换用对应于不同待测酶的含酚底物或其他偶联试剂，漆酶亦可用于α-淀粉酶，氨肽酶，γ-谷氨酸转氨酶，γ-谷氨酰转移酶以及血管紧张肽Ⅰ转移酶的活性。

(6) 漆酶用作助染剂。漆酶可以使1-表儿茶酚，1-焦揎酚或1-表焦揎酚揎酸盐氧化成为黄色或橘红色产物；使鞣酸氧化成黑棕色产物；使茶叶或茶萃取物成为黑色产物。在蓝靛打底的配合下可染成灰蓝色。

(7) 果实催熟剂。一些果实，如香蕉中含有3,4-二羟基苯基乙胺，会受漆酶一类酶的作用催熟发黄，其作用较其他方法为好。

(8) 漆酶用于纤维板的改造。1978年，苏联科学家根据漆酶的降解特性，用于处理木质素——纤维素材料，经打浆后可改造纤维板材质。漆酶与亚硫酸盐溶液反应可生成高分子量的化合物，这种化合物被用作纸板的粘合剂。

(9) 漆酶在饮料工业中的应用。啤酒贮存期间会逐渐变得混蚀，通过漆酶预先处理大麦芽汁中的酚类物质，可以有效地防止啤酒变混蚀的现象。Dubouridien等人用丁香醛联氮快速测定漆酶活性的方法检测葡萄酒被Botrgct真菌感染的程度，效果很好。

(10) 漆酶在环保中的应用。酚类是一种有毒物质，在培养介质中加入漆酶能够有效地减少酚类物质对微生物的毒性。游离态或结合在硅藻土上的漆酶对于氯代苯酚和甲氧基苯酚具有不同程度的解毒作用，漆酶还能催化二甲苯酚或氯代苯酚与丁香酸共聚。在反应体系中加入丁香酸可以提高漆酶去除2,6-二甲氧基酚的效能。2,6-二甲氧基酚的去除量是加入丁香酸浓度的函数，这说明漆酶的解毒机制在于催化酚类物质与丁香酸偶联，生成毒性较小的聚合物。在漆酶的作用下，4-氯代苯胺能够偶联成为含4个单体的低聚物。放射性标记示踪实验以及层析分析的结果表明，以淤泥沉积处的土壤、粘土、高岭土，为支持物的固定化漆酶，用于催化农药分解的中间产物2,4-二氯代酚，形成不可溶的、易于去除的低聚物。固定化漆酶不易被蛋白水解酶水解，其活性甚至高于游离态漆酶。

(11) 漆酶用于生物转化。1973年，Laguro根据漆酶的催化能力，将其用于水和有机溶剂系统中甾醇类激素的生物转化。1988年，苏联科学家进行了漆酶在有机溶剂中的应用研究。

3.5 漆籽和漆树其他器官中组分的应用

漆树除了漆酚、漆酶、蓝铜蛋白成分外，还含其他组分，并有着不同的性质和用途。

(1) 漆籽的应用。漆籽含有一定的营养成分，如十四烷醇、漆酯等，经加工后与其他物料混合，可以充作饲料。日本工籐曾进行过漆籽的消化试验证明在体外消化模拟试验时，漆实蛋白质的消化率达到18.56%，用糖化酶试剂试验其中的多糖时，消化率可达6.35%。有些学者还进行了有关漆实表面无机盐类的研究，据分析，其盐分主要是苹果酸氢钾，此外还有一些苹果酸、酒石酸等酸式盐及铝、钙、镁和铁盐。据有关报道，我国台湾省高山族后代曾用漆实外部的“盐分”作食盐的代用品。

从漆籽中提取的漆脂、漆油可用于制造肥皂、鞋油、蜡纸、发蜡。漆脂与矿物蜡相比，具有无毒，不污染优点，它还用于制取精细化工产品。与其他动植物脂肪酸油相比，漆油凝固点高、碘价低。见表36-5。

由于漆油的亚油酸含量多达60%以上，有着较高的营养和药用价值，我国云南省少数民族地区自古就有食用漆油的习惯。用漆油制取药物对降低胆固醇、防治冠心病、抑制肿瘤生长、抗菌消炎等均有良好疗效。在产漆地区漆油还被用作产妇和绝育手术者的营养补助品。将漆蜡溶化后与烧热的白酒混饮，可治胃病。

(2) 鞣质及多醣的利用。漆树各个植物器官中含有一定数量的鞣质，我国劳动人民用它作染料使用，以媒染法着染棉毛织物。鞣质成分经过加工还可用于制革。

表 36-5　漆油与其他脂肪酸油比较

项　目	漆　油	木　油	牛羊油	猪　油	进口硬化鱼油
水分及杂质含量（%）	3	3	2	2	0.1
月桂酸含量（%）	—	1	—	—	—
豆寇酸含量（%）	14	2	4.6	3.5	8.59
棕榈酸含量（%）	72.3	3.5	27.5	26.0	76.29
硬脂酸含量（%）	7.2	2	20.5	16.5	16.07
皂　化　值	206～210	202～208	183～210	187～193	191～193
碘　　价	7～9	80～100	47～49	38～40	40～60
脂肪酸凝固点（℃）	53～57	40	32～45	36～42	45～47

生漆中还含有丰富的多糖物质。据分析：主要由α-半乳糖，I -阿拉伯糖，d-木糖，d-半乳糖醛酸，d-古罗糖及L-鼠李糖组成。漆多糖在生漆成膜过程中起着一定的作用；此外，还常用于医药卫生工业。

总之，漆树浑身是宝。随着现代科学技术的发展，漆树及其生漆各组合的结构、组成、性能的特点和其相互关系的不断被揭示，生漆的应用领域必将随之拓展，新领域的开发又有助于提高生漆自身的使用价值，使其应用前景更加广阔。

第37章 生漆的分析与检测

郭明高

1 挥发物含量

王忠华等[106]用毛细管色谱法发现生漆40℃的挥发物有溴乙烷（沸点38℃）、丙烯醛（52.5℃）、甲酸（100.7℃）、丁醇（117.7℃）、乙酸（118.1℃）和丙烯酸（141.9℃），此外还有两个尚未定性的挥发物。

按生漆国家标准GB4384—84，加热减量（%）是1g生漆于105～110℃烘烤1h后的失重。在该温度下上述低沸点组分几乎全部挥发，故所测结果代表生漆中水和其余低沸点组分含量之和。

生漆中水分和过量碳化钙（电石）作用可产生定量的乙炔气体，反应式：

$$CaC_2 + 2H_2O \longrightarrow C_2H_2\uparrow + Ca(OH)_2$$

用排水法测量乙炔气的体积，换算出生漆含水量[167]。赵文宽测得13个生漆样品的平均值是，乙炔法含水15.84%，加热减重18.53%，平均相差2.69%。显然，这个差值就是生漆中挥发物的平均含量。

检验煎盘分数时，盘中生漆在酒精灯火上煎熬，其温度比105～110℃高得多，这时中等沸点的杂质也会挥发，甚至连漆酚也受损失，为了避免温度过高和局部过热，应该文火加热，同时旋转煎盘。否则将使煎盘分数偏低。

2 油分分析

掺假生漆中经常掺有油，看闻煎试都解决不了。生漆国标中有12处提到掺油问题，但没有提供实用的检测方法，所以问题依然存在。下面列举4种测油方法。

2.1 溶解法

取1g生漆加2～3ml冰乙酸，搅动使其溶解。冰乙酸可溶解漆酚，但基本不溶解油，若生漆有油，就会浮出溶液表面。也可加生漆和冰乙酸各5ml于量杯中[168]，搅溶后沉淀3～5min，溶液表面会浮起油层，在杯壁上也会沾附油珠或油斑。若将打字纸条伸入溶液中，可沾上油迹。若用吸管取表层液汁3～5滴，滴入开水碗内，如果水面形成油膜时，掺油量约为3%～5%。

2.2 薄层分析[169]

硅胶（Kieselgel 60G）加水调成糊状在玻璃板（10cm×12cm）上敷涂一层厚0.25mm，105～110℃烘干。用微量注射器吸生漆乙醇溶液（20μg/μl）2μl，注入硅胶板上离下端约1cm处的某点。立硅胶板于层析筒中，筒内事先加石油醚和丙酮（体积2∶1），深约0.5cm。溶剂沿硅胶板向上移动8cm后取出板风干，喷以1%三氯化铁乙醇溶液，板上的漆酚斑点显褐色。再置该板于有碘存在的干燥器中，油斑点显黄色。

掺油漆中漆酚的比移值 R_f 跟生漆中漆酚的差不多。掺油漆中油的 R_f 值也跟纯油的接近。矿物油的 R_f 值大于植物油。

2.3　纸层分析[169]

在新华快速定量滤纸(10cm×12cm)上进行层析。定性时用体积比石油醚∶氯仿＝2∶1为展开剂。定量时用石油醚∶二氧六环∶松节油＝40∶6∶5为展开剂。展开时间5～7min。其余操作同上述薄层分析。

用饱和漆酚作工作曲线。漆酚斑点面积通过复写纸绘于方格坐标纸上。按下式计算未知生漆样品中漆酚含量。

$$\text{漆酚}\% = \frac{W}{W_0} \times 100 \tag{37-1}$$

式中：W_0——点入层析纸上的生漆样品重；

W——由查工作曲线得到的漆酚斑点重。

此法相对误差约10%。

廖恒等用层析法能测出3%以上的掺油量及其他杂质[170]。

2.4　折光法定性[171]

各种纯液体都有固定的折光率。纯漆酚的折光率（$n_D^{30℃}$）为1.5202。除桐油外常见植物油的折光率（1.45～1.48）都比漆酚低得多。矿物油也是如此。利用这种差别可鉴别掺油漆。由于"好漆清如油"，许多生漆，尤其小木漆、油籽漆或掺油漆的表面常浮着一层油。用细勺蘸取生漆表面油层1～2滴置于阿贝折光仪上测量折光率，从取样到出结果只需1～2min。根据折光率大小即可区分生漆真伪。

但此法限于检测表面有油层的生漆。无油层的生漆须加正辛烷溶解后方能用折光法测定其中油含量。

3　折光法测定漆酚、油、矿物油[172]

生漆中漆酚和油（含掺入的植物油、矿物油）均可溶解于正辛烷等疏水溶剂中，它们的折光率具有加和性[173]。在正辛烷溶液中漆酶可以催化漆酚吸氧聚合并沉淀出溶液之外，反应前后溶液折光率之差与漆酚含量成正比，据此可测定漆酚含量。再根据折光率加和性原理便可测定油分含量。总之，以比色法测定的漆酚含量作标准，加上两种试剂就能用阿贝折光仪快速测定生漆中漆酚、油和矿物油含量（%）。

表 37-1　一些生漆样品的分析数值①

生漆样品号	煎盘分数	加热剩量	漆酚		油	含氮物与树胶质
			比色法	折光法	折光法	
1	74.0	74.9	60.1	61.4	0.8	12.7
2	69.4	70.2	52.8	54.1	0	16.1
3	70.0	70.5	51.6	51.9	4.0	14.6
4	45.5	47.0	20.2	23.1	19.0	4.9

①　为计算值，含量均用%表示。

见表37-1，折光法测得的漆酚含量跟比色法所测数值相近，可见，折光法可代替比色法使用。其次，折光法测出其中有3个样品含油，最多的含油19.0%，而其中漆酚仅23.1%。这一对数据表明4号生漆是个典型的掺油漆。

鉴于生漆本身含油和人为掺油的情况，可将生漆的化学成分划分为4类：漆酚、水（加热减量或煎盘减量）、油、含氮物与树胶质。于是可导出公式：

含氮物与树胶质含量（%）＝加热剩量含量（或煎盘分数）－漆酚含量－油含量

利用此式可推算出含氮物与树胶质之和见表37-1末行所示。由于生漆国标规定的指标为6%～14%，所以表37-1中2、4两号漆样的含氮物与树胶质%，都不合格。这些例子说明，用含氮物与树胶质的计算值代替实际测定，既能快速鉴别生漆真伪，又能节省时间和经费。

最后，掺入生漆的矿物油，多数是柴油或机油，对生漆的危害极大，但其分子中无特殊官能团，普通化学方法不能测定，惟有折光法解决了这个难题。

4 漆酶活性的测定

生漆中漆酶含量都差不多，但生漆膜表干时间却相差很大，也就是说，生漆的漆酶活性相差很大。漆酶活性可以用反应物吸氧速率或底物氧化成产物的速率来表示。

郭明高建立了吸氧法测定生漆中漆酶活性[39]。取0.15g 生漆，加甲苯10mL 稀释，置于吸氧测量装置中，在快速磁搅拌下，测定了我国42种代表性漆样的漆酶活性，并与漆膜表干时间和比色法测定的漆酶活性进行了比较，三种方法测定的结果基本平行，其中以吸氧法最灵敏。吸氧法的特点是不必分离提纯漆酶，反应时漆酶接近天然状态，而且底物照旧是漆酚。

黄葆同等曾用检压法测定漆酶活性[174]，该法是根据定容系统吸氧反应时其压力减少而设计的，早期在生物化学中广泛使用，后来改进为利用氧电极测量耗氧量，如以愈创木酚为底物测定了漆酶催化反应过程中的耗氧量[175]，也可以醌醇作底物，利用氧电极测定漆酶活性[176]。

漆酶的某些底物本身无色而酶促氧化产物发色，利用分光光度计监测产物颜色的变化，即可推算出漆酶活性。唐瑞兰等用对苯二胺为底物，在漆酶催化下氧化为棕红色的对苯醌，监测490nm 光密度的变化，读取3、5、8、10和13min 时对应的光密度值，可得

$$\text{漆酶活性}=\frac{13\text{min 光密度}-3\text{min 光密度}}{t_{13}-t_3}/\text{mg 酶}$$

$$=\Delta\text{光密度变化值/min/mg 酶} \tag{37-2}$$

所用漆酶是从生漆中提取的，加福林-酚试剂显色后，比色测定粗漆酶溶液的蛋白质浓度[37]。

考虑到比色反应的溶液是静止的，可能供氧不足，周易勇等的通气比色法缩短了测试时间，提高了灵敏度[177]。鉴于苯醌性质很活泼，可能引起次级反应干扰漆酶活性测定的准确性，他们加入酚试剂与生成的苯醌缩合成稳定的红色化合物，利用比色计监测红色的变化而得漆酶活性，结果提高了测定的灵敏度[178]。

漆酶催化氧化反应中存在自由基，可能引起副反应干扰活性测定。为此 Badiani 等采用高压液相色谱法测定漆酶活性[179]，以愈创木酚为底物，在无氧溶液中加入漆酶，3min 后，用三氯乙酸中止反应，并冷冻到－40℃停止非酶反应，再用高压液相色谱分离愈创木酚，并用分光光度法测定其浓度而得漆酶活性。

邓南圣等发现，精制漆在漆酶作用下，其反应产物在450nm 有吸收峰。将精制漆于载片上快速涂布成20～60μm 厚的薄膜，立即放入30℃和湿度32%的光路中，通过 UV-300型分光光

度计测定450nm 光密度随时间的变化，求出线性回归方程的斜率 $a=\frac{\Delta C/C_0}{\Delta t}$ 即为漆酶活性（C_0 为开始测定时反应产物的浓度，ΔC 为反应产物的浓度增量，Δt 为测量时间[180]）。

5　漆酚异构体的测定

刘国智等以 Pd/C 为催化剂，乙醇为溶剂，在半微量装置中使漆酚二甲醚加氢，测得我国漆酚吸氢摩尔比为2.4～3.1，而越南虫漆酚吸氢摩尔比为2.0[6]。陈泽民等以拉尼镍为催化剂，无水乙醇为溶剂，将8种生漆样品直接加氢饱和，测得漆酚侧链不饱和度为2.32～2.49，样品的漆酚含量由比色法测出[18]。

鉴于三烯漆酚是漆酚侧链偶合的有效成分，余仲元等利用共轭双键加氢速度快于孤立双键的特点，测定了生漆中三烯漆酚含量[19]，又用紫外光谱法测量206nm 光密度得生漆的漆酚含量，同时测量227nm 光密度计算其中三烯漆酚含量[40]。赵文宽等用丙酮萃取生漆中漆酚，加乙酸酐及三乙胺于85℃乙酰化，再转换成95％乙醇溶液，用 UV-300型双波长光度计在 $\lambda_1=240$nm，$\lambda_2=250$nm，倍增因数 $\frac{b}{a}=2.4$ 时测定三烯漆酚[181]。李干甫等用薄层法分离，硫酸碳化显色，薄层扫描仪定量生漆中三烯漆酚，其结果与双波长光度法相近，三烯漆酚标样由制备层析中得到[182]。吴采樱等用色—质联用方法分离测定生漆的漆酚组成[183]。林乔源等做了漆酚的核磁共振分析，根据质子化学位移的不同可以鉴别各种漆酚异构体[8]。

达世禄等用丙酮萃取生漆中漆酚，加入乙酸酐和吡啶于80～90℃乙酰化，减压去溶剂，加入邻苯二甲酸二正辛酯为内标，注入100型气相层析仪分析。层析柱为 DMCS 玻璃柱，填充 PEGS/101（40～60目）DMCS（自制硅烷化担体）2∶100，柱温210℃，H_2为载气，氢火焰离子化检测器。这样可以测出生漆中饱和、单烯、二烯和三烯漆酚4种异构体含量，结果较为满意[184]。

1984年杜予民等用反相液体色谱法直接分离和鉴定了10余个漆酚异构体[185]。生漆加丙酮溶解、过滤、挥发后得到粗漆酚，将它在制备凝胶色谱柱上分级。取单体漆酚为试样，通过 ODS 硅胶柱进行反相液体色谱分离或分析，用乙腈-水-乙酸（80∶20∶2）为洗脱液。所得组分用质谱、红外、核磁共振鉴定了结构。

在上述工作的基础上杜予民等又用熔硅毛细管气-液色谱法直接分析了漆酚异构体[186]。毛细管内壁涂甲基硅酮 OV-1。生漆样品仍按上法加丙酮萃取得粗漆酚。取几 mg 溶于0.1ml 氯仿中作 GPC 分级使单体漆酚从聚合物中分离出来，然后注入气-液毛细管柱分析，柱温以5℃/min 从230升到290℃，氦气为载气。结果鉴定出13种漆酚异构体，它们都是3-或4-烃基邻苯二酚。

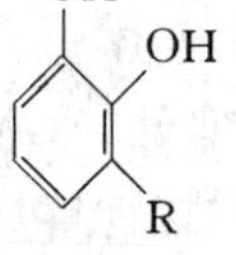

①R＝8′Z，11′E，13′Z-十五碳三烯基

②R＝8′Z，11′Z，14′-十五碳三烯基

③R＝8′Z，11′E，13′E-十五碳三烯基

④R＝8′Z，11′Z-十五碳二烯基

⑤R＝8Z，11E-十五碳二烯基

⑥R＝8′Z-十五碳烯基

⑦R＝十五烷基

⑧R＝10′Z，13′E，15′Z-十七碳三烯基

⑨R＝10′Z，13′Z，16′-十七碳三烯基

⑩R＝10′Z，13′Z-十七碳二烯基

⑪R＝10′Z-十七碳烯基

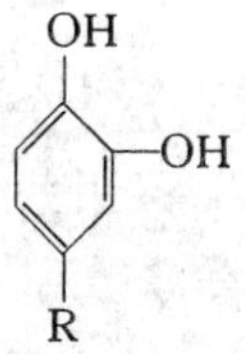

OH
OH
R

⑫R＝8′Z，11′E，13′Z-十五碳三烯基

⑬R＝8′Z，11′Z，14′-十五碳三烯基

（Z 表示顺式烯结构，E 表示反式烯结构）

6 掺假生漆的特征与感官检验

6.1 漆酚包水型结构与掺假

树胶质中众多的侧基-羟基和羧基及其盐都亲水，所以树胶质能溶于热水，它是促进漆酚与水相溶的乳化剂，使生漆成为天然的“油包水珠”型乳浊液。

这种“油包水”型乳液不太稳定，在静置贮存过程中，有一些水珠会聚集在一起，下沉为“粉底”——因其中析出的树胶质色白如粉而得名。同时失去了水珠的漆酚因相对密度较小，上浮为“油面”。残存的生漆乳浊液处于中层，俗称“腰黄”。一般漆酚含量高的生漆都有这种贮存分层的现象，所以要从漆桶的中部开口取样，才具有代表性。

这种“油包水”漆液中，物理性质似油的漆酚是连续相，水珠是分散相。当生漆中漆酚数倍于水时，漆液的流动性近似于漆酚。而当生漆中水量增加到接近漆酚时，漆液的粘度会不断增加，终至粘结成“鸡屎堆”，因为随着水珠总数目的剧增，众水珠之间势必挨紧挤压，进而堵塞漆酚流动的通路，最后水、油都泄漏不通，结果成了粘块状态。这种掺水过多的生漆，肉眼不难识别，不过掺水较少时就只能靠煎盘检验。

但是掺油的情况就不同了。油和漆酚，外观相似，完全互溶，都难挥发，而且掺油漆的粘度变化不大，肉眼难辨真伪，煎盘也分不开。所以生漆中经常掺有油或油水俱掺，甚至还掺类似漆酚的有机化合物。生漆掺假渠道甚多，经常鱼目混珠，千百年来一直是生漆行业之大敌。

归纳生漆掺假的基本特征有：①漆酚偏低；②油分高于3%；③含氮物与树胶质之和不合格，在掺水和油类的场合将低于6%，而在掺糖等难挥发物时将超过14%。

6.2 感官法检验掺假生漆

为了评定生漆质量和鉴别掺假漆，一直沿用感官检验的方法。解放后又推广了煎盘。主要凭看、闻、煎、试，综合判断生漆等级和质量。

(1) 看皮膜结构：皮膜是漆酶催化液面漆酚吸氧聚合而成的漆膜。质量不同的生漆结成形

状色泽不同的皮膜，因而可作为判断生漆好坏的依据。

好漆表面一般就是“油面”，由于含水量少，干燥慢，在装桶1～2天后，表面仍似清油状，不结或微结皮膜；以后逐渐结成鸡皮状皮膜，深黑、柔软、细致，用手按皮膜表面时全桶弹动，久之变成黑亮坚实、弹性大、韧性好的漆膜。有漂渣的漆液，则结成蜂窝状凹凸不平的粗皮膜，久之成硬壳。

掺假漆由于水分多，结皮很快，皮面光滑硬脆，无皱纹，呈现水渍印。兹举10例于下：

例1　掺有废机油10%～15%——皮膜黑色，有韧性，皱纹稀少，排列不规则。

例2　掺有熟菜油5%～10%——皮膜黑色，反光，无皱纹，平板一块。

例3　掺有桐油10%～15%——皮膜黄黑色，平整光滑，皱纹不明显。

例4　掺有麻糖——皮膜：①灰黑色，皱纹，不规则；②黑色，皱纹不规则。

例5　掺有磁漆——皮膜深黑色，皱纹不规则，平块多，裂纹少。

例6　掺有机油——皮膜：①黑色，皱纹大，规则，鸭脚板状；②黑色，皱纹不规则。

例7　掺有植物水——皮膜黑色，皱纹不规则，凹凸不平。

例8　掺有煤油和菜油——皮膜乌黑色，无皱纹，暗无光，漆膜硬脆。

例9　掺有柴油和煤油——皮膜墨黑色，皱纹不规则，起鸡爪花。

例10　掺有柴油——皮膜黑色，皱纹不规则，平板一块。

(2) 闻气味：漆酚羟基呈微酸性，因而有酸香味，其味越浓者，表明漆质新鲜和漆酚含量高。因假料本身有气味，掺入假料后又会引起生漆变质，故掺假生漆含有异味。凭原漆及煎盘漆的气味可以鉴别漆质真假优劣。

上述10例的气味如下：例1浓酸味，味不正常，发臭；例2油味严重，无酸香味；例3略有酸味，无香味，有油味；例4①微有酸味，②有酸臭味；例5油味浓；例6酸臭味；例7微酸味；例8酸臭，有油味；例9酸臭味浓；例10微酸香味。

(3) 看颜色和转艳：生漆乳液为不透明体，只能看到它表面的颜色或色泽，但分层的生漆 就不同了，往往能看见“油层”内部的色泽。油层中溶有漆酚醌，为棕色半透明体，“油层”越厚，色泽越深。在相同容器中“油层”越厚，表明生漆中漆酚含量越高。所以利用“油层”色泽的深浅或“油层”的有无，可以判断漆酚含量高低。

正规观察色泽时，应将漆液上下左右搅匀直观。生漆色泽以黄、棕、褐为正色。棕褐色的煎盘分数约75%，黄色约70%，淡黄色约60%。

转艳就是通过搅动使漆酚加速氧化为漆酚醌并进一步聚合。这时生漆由本色转变为谷黄、棕黄、赤黄、赤褐、深褐乃至黑色和结膜干固，全过程一般约30min 完成。大木漆的燥性好而且本色浅，一般转色较快；小木漆和油籽漆转色较慢；好漆的转色由浅而深，循序渐变，不跳色。而掺假漆一般跳色很快，且色泽不正常，如转色为桃红、血红、乌红等。

上举10例的颜色和转艳如下：例1浅酱色，转色慢，由酱色转为本色，无虎斑色表现；例2乌黑色，转色慢，由乌黑色转为本色；例3深黄色，转色慢，转为黑红色；例4①酱色，转色慢，转为灰黑色。②棕黄色，转色快，先转猪肝色，后转为黑色；例5赭色，转色慢，先转蓝绿色，后转深黑色；例6①乌灰色，转色慢，先转酱色，后转黑色。②灰黑色，转色慢，转黑色；例7灰褐色，转色快，先转红色，后转黑色；例8铁青色，转色慢，转为乌黑色；例9灰色，转色慢，转墨黑色；例10灰黄色，转色快，先转黄色，后转黑色。

(4) 看丝头弹性：漆酚分子有一对相邻的酚羟基，除分子内氢键外，还有分子间氢键，所以漆酚的表面张力较大。漆液下滴时，丝条断处，由于表面张力的收缩作用，使丝头向上回弹，卷成球状，这一点与水相似；另一方面，由于漆酚分子量大，还拥有一条长侧链，液态漆酚具有一定的粘度，以致漆液下流时，容易拉成细丝状，这一点与植物油相似。总之，漆液既有类似于油的成丝性，又有类似于水的回弹性，二者兼而有之。

生漆掺油的结果，增加了漆液的成丝性，却削弱了它的回弹性。生漆掺水后，使乳液粘度剧增，不但破坏其成丝性，而且损害它的流动性，效应都很明显。因此漆液的丝头弹性可用于目测煎盘分数和鉴别掺假漆。通过丝条特征，定量判断生漆分厘的口诀如下：现丝点滴六分一(厘)，有丝无力六分七，细丝无力七分一，细丝有力七分七，倒挂金钩八分一。

上举10例丝头回弹的情况如下：例1有丝头，流淌不均匀，回力差；例2无丝头弹性，流淌快；例3丝头细长无钩，流淌不均匀，有滚团现象；例4无丝头弹性，浆糊形状；例5无丝头弹性，流淌慢；例6①无丝头弹性，流淌不均匀。②无丝头弹性，流淌不均匀，快；例7无丝头弹性，流淌缓慢成鸡屎堆；例8无丝头弹性；例9无丝头弹性，流淌不均匀；例10有丝头弹性，流淌均匀。

(5) 看米星沙路：生漆乳液结构半破坏过程中析出的树胶质呈碎米状，叫米星。沙颗可能是析出的含氮物，因它吸附漆酚聚合物而呈褐色。大木漆中树胶质和含氮物较多，结晶析出的米星沙颗细而且多，小木漆米星大而少。米星沙路多而且明显的，表明是新鲜的原生漆。因为生漆掺假时要搅拌，米星常被搅拌所破坏。但掺油时搅拌较少，掺水时可以只搅拌一部分生漆，所以这些掺假漆中仍然保留着一部分米星。此外，还有用石膏等伪造的米星。鉴别时不可马虎。

上举10例的米星沙路情况如下：例1无米星，有沙颗，但不明显；例2无米星沙颗；例3无米星沙颗，漆液细致；例4①无米星沙颗。②无米星沙颗；例5米星沙颗不明显；例6①米星沙颗不明显。②无米星沙颗；例7无米星沙颗；例8无米星沙颗；例9无米星，沙颗稀少；例10米星沙颗不明显。

(6) 看漆渣：正常漆渣主要是木屑或漆皮，一般漂浮在表面层，或均匀散布在漆液中，特征是漂渣亮底，渣汁分明。作伪渣大部分沉于容器底部，一般是渣汁不清，严重裹渣。可将底渣捞出少量，加乙醇等溶解后过滤，即显杂物原形。

上举10例的漆渣情况如下：例1裹油严重，层次不清；例2从底到面，裹渣；例3裹油；例4①裹渣，久存后于底部打针放出了糖汁。②裹渣；例5～6都是裹渣；例7严重裹渣；例8～10都是裹渣。

(7) 烧试：将漆滴于纸上，点火烧，凡易燃又无爆炸声的是纯生漆，难燃烧并有爆炸声的，一般为掺假漆。烧时有浓烟的多半掺了矿物油。烧时易燃且有油味的大概掺了植物油。掺水或糖者不易燃。

上举10例的燃烧情况如下：例1易燃，浓烟大，旋涡上升；例2易燃，烟小直升；例3易燃，起黑烟，旋涡上升，有桐油味；例4①不易燃，有甜味。②不易燃；例5易燃起黑烟；例6①易燃，烟大旋转上升。②易燃，黑烟大，旋转成涡形上升；例7不易燃；例8易燃，烟大，油味浓；例9易燃，烟大；例10易燃，浓烟大，有油味。

(8) 煎：通过煎漆除去水分及挥发物，得到生漆的固体含量，叫煎盘分数（%）。煎盘是带紫铜盘的专用杆称。于盘内准确称取无渣漆样5g，在酒精灯上文火煎熬，盘内相继冒起大泡、小泡、絮绒花，待出现油窝时，迅速旋转煎盘，直到烟起泡息。离火称重。清盘亮底者一般为纯生漆，分厘低的是掺水漆。

掺油漆煎时有油味，并冒浓烟，泡花不息。掺糖漆有糖味。糖和淀粉还会糊盘四周，甚至胶化。混有杂物者常有异味。

上举10例煎的情况如下：例1翻大花，絮绒花不明显，断泡力差；例2翻大花，无米汤色泡，絮绒花不断；例3翻大花不变色，絮绒花不散，不断泡；例4①黄色小泡到底糊膜出现，板结一次，巴盘不掉。②翻小花，结盖顶，不易散；例5翻小花不散，有松香味；例6①能清烟断泡。②怪味浓，断泡差。例7翻絮绒花，气正常，有持续炸声，能清盘亮底；例8无大花，絮绒花不断，有油味；例9絮绒花起糊膜，无炸声，断泡差；例10翻大花，有米汤色，清盘亮底。

参考文献

1. 肖育檀.我国漆树的分布中心和可能起源地.中国生漆第一卷增刊，1982，10
2. 王性炎.中国漆史话（第1版）.西安：陕西科学技术出版社，1981，70
3. 云南林学院编.气象学，北京：农业出版社，1979
4. Majima R Ber.1922，55B，172
5. Sunthankar S V. Dawson C R. J Amer Chem Soc，1954，76：5070
6. 刘国智，黄葆同.科学通报，1958，(10)：312
7. Yamauchi Y et al. J Chromatogr，1981，214（3）：343
8. 林乔源，许奎钫等.科学通报，1983，28（5）：274
9. Du Y，Oshima R. J Chromatogr，1984，295：179
10. 杜予民.化学通报，1986，(1)：1
11. 温远影，王蜀秀等.中国生漆，1984，(4)：15
12. 达世禄，曾昭睿等.中国生漆，1984，3（4）：17
13. 林金火.中国生漆，1990，9（4）：1
14. 雷福厚，郭明高等.林产化学与工业，1992，12（1）
15. 蔡奋.生漆化学，第1版.贵阳：贵州人民出版社，1987，266
16. 胡应模，郭明高等.中国生漆，1990，9（1）：6
17. 郭明高.分析化学，1979，7（4）：279
18. 陈泽民，郭明高.分析化学，1980，8（6）：509
19. 余仲元，邓美文.中国生漆，1983，2（1）：11
20. 喻宗源，黄载福.中国生漆，1982，1（3）：21
21. 蔡奋，朱虹.中国生漆，1986，5（4）：10
22. 雷福厚，郭明高等.林产化学与工业，1991，11（4）
23. 雷福厚，郭明高等.林产化学与工业（待发表）
24. 赵慧香，郭明高等.林产化学与工业，1985，5（2）：24
25. 杜予民.中国生漆科技，1981，(2)：44
26. 梁涵瑶，夏函兰等.中国生漆，1982，1（4）：1
27. 赵慧香，郭明高.中国生漆，1986，5（2）：1
28. 陈田安.林产化学与工业，1986，6（3）：19
29. 胡应模，郭明高.林产化学与工业，1990，10（2）：93
30. 胡应模，郭明高.林产化学与工业，1989，9（3）：43
31. Gedam P H et al. Progress in Organic Coatings，1986，14：115
32. Reinhammar B. Biochim. Biophys. Acta.，1970，205：35
33. 张飞龙.中国生漆，1990，9（1）：11
34. 张飞龙.中国生漆，1987，6（3）：30
35. 郭明高，柳丽娅.中国生漆，1985，4（3）：19
36. 成凤桂，欧知义等.林产化学与工业，1991，11（1）：53
37. 唐瑞兰，何其荣.武大科技，1978，(1)：70
38. 赵文宽，张文漫等.中国生漆，1988，7（3）：7
39. 郭明高.林产化学与工业，1981，1（3）：24

40. 余仲元，唐瑞兰. 中国生漆科技，1980，(2)：27
41. 郭明高，柳丽娅等. 武汉化工，1984，2 (1)：1
42. 郭明高，郭庆宇. 中南民族学院学报（自然科学版），1989，(1)：50
43. 李勇富，郭明高等. 林产化学与工业，1988，8 (4)：39
44. 邹承鲁，李文杰. Scientia Sinica，1958，7 (4)：439
45. Lugaro G et al. Arch Biochem Biophys，1973，159 (1)：1
46. Pshezhetskii A V. Biokhimiya (Moscow)，1988，53 (6)：1013
47. Benfield G et al. Phytochemistry，3：79
48. Forsyth W G C et al. Biochim. Biophys. Acta.，1989，37：322
49. 詹东风，杜予民等. 林产化学与工业，1991，11 (1)：13
50. Bollag J M et al. Pesticide Biochem. Physiol.，1985，23：261
51. Iwahara S. Agri Biol Chem，1984，48：225
52. 王光辉等. 武汉大学学报（自然科学版）（待发表）
53. CA24：5317；CA30：6016
54. 松井悦造. 漆化学，日刊工业新闻社，1963
55. 王光辉，蔡乾德等. 武汉大学学报（自然科学版），1991，(1)：77
56. Tissieres A. Nature，1948，162：340
57. 甘景镐. 生漆的化学，第1版，北京：科学出版社，1984，109
58. Nakamura T. Biochim Biophys Acta. 1958，30：538
59. Nakamura T. Free Redical in Biological Systems，Academic Press New York，1961，169
60. Solomon E I. J Am Chem Soc，1976，98：1029
61. Reinhammar B et al. in Copper Protein，Metal Ions in Biology，Spiro T G Ed，Vol. 3，Weley，New York，1981，107
62. Andreasson L E et al. Biochim. Biophys. Acta.，1976，445：579
63. Faver O et al. Biochem. Biophys. Res. Commun.，1976，73 (2)：494
64. Reinhammar B. Chem Sci，1985，25：172
65. Frochner S C et al. Acta Chemica Scandinavia，1975，B29，691
66. Sukhomlin T K et al. U. S. S. R.，SU883，172 (Cl. C12N9/02)，1981，23
67. Ярополов АИ，Маловик В. Жур Анап Хим，1983，38 (3)：503
68. Amano. Jpn Kokai Tokkyo Koho JP59，156，300 [84，156，300] (Cl. C12Q1/26)，05，1984，9
69. 和佐保等. 日本化学会志，1984，9：1398
70. 李勇富，郭明高. 林产化学与工业，1988，8 (2)：34～47；8 (4)：33～44
71. 黄婷，郭明高等. 林产化学与工业，1989，9 (4)：31；1990，10 (1)：21
72. 叶立新，郭明高等. 中国生漆，1991，10 (1)：8
73. 叶立新，郭明高等. 中国生漆，1991，10 (2)：1
74. 叶立新，郭明高等. 林产化学与工业（待发表）
75. 韦建学，田顺利. 中国生漆，1989，8 (2)：9
76. 温远影，王蜀秀等. 中国生漆，1983，2 (1)：8
77. 胡昌序，温远影等. 中国生漆，1982，1 (1)：1
78. 温远影，胡昌序等. 中国生漆，1982，1 (2)：1
79. 温远影，王蜀秀等. 中国生漆，1982，1 (3)：1
80. 郭明高，向家宁等. 中国生漆，1984，3 (1)：20
81. 郭明高，柳丽娅等. 中国生漆，1985，4 (2)：12

82. 彭华昌.中国生漆，1991，10（1）：4
83. 邵万明，中国生漆，1987，6（4）：30
84. 郭慧然，廖学焜等.中国生漆.1987，6（4）：1
85. 彭秦南.中国生漆，1989，8（4）：12
86. 彭秦南，郭玉孝.中国生漆，1988，7（2）：11
87. 余若海，赵慧香等.中国生漆，1990，9（1）：10
88. 李润兰.中国生漆，1987，6（3）：1
89. 郭慧然，廖学焜等.中国生漆，1987，6（3）：3
90. 郭慧然，廖学焜.中国生漆，1988，7（2）：15
91. 林炎兴，张武桥等.中国生漆，1987，6（3）：6
92. 魏朔南.中国生漆，1982，1（2）：18
93. Byers V S et al. Clin invest，1979，64（5）：1449
94. 北京市朝阳医院皮肤科等.中国生漆，1980，（1）：27
95. 尾藤忠旦.科学，1958，28：579
96. Liberata D J et al. Med. Chem.，1981，24，28
97. Dunn I S et al. Cell Zmmonol，1982，74（2）：220
98. Stampf J I et al. J. Invest. Dermatol，1986，86（5）：535
99. Watson E S et al. J. Invest. Dermatol.，1983，80（3）：149
100. Murpy J C et al. Toxicology，1983，26（2）：135
101. Skierkowski P et al. J. Pharm. Sci.，1981，70（7）：829
102. Watson E S et al. J. Invest Dermatol，1981，76（3）：164
103. Watson E S et al. J. Pharm Sci，1981，70（7）：785
104. Byers V S et al. Symp Mol Cell Biol ICN－UCLA，1979，16
105. 温远影，胡昌序等.植物学报，1984，26（5）：523
106. 王忠华，吴采樱.林产化学与工业，1990，10（1）：39
107. Dawson C R. J. Org. Chem.，1965，30：1610
108. 陕西省土产公司科研室.陕西生漆，1979，（3）：90
109. 尾藤忠旦.科学，1958，28：579
110. 蔡有令.中国生漆科技，1981，（3）：28
111. Duhe N V et al. US 4，259，318（Cl424－94；A61K73/48），1981，31
112. Waali E E. US4，663，151（Cl424－45；A61K33/06），1987，5
113. 上海皮肤病防治所，中国生漆科技，1981，（2）：23
114. 魏克庄，朱新民等.中国生漆科技，1981，（3）：31
115. 蔡有令.中国生漆科技，1981，（3）：28
116. 张庆耀.中国生漆，1983，2（2）：48
117. 上海市皮肤病防治所等.中国生漆，1982，1（增刊）：34
118. 赖以言.中国生漆，1983，2（2）：46
119. 李树栋，张继明.陕西生漆，1979，（3）：70
120. 熊野谿從.中国生漆，1986，5（1）：39
121. 蔡奋.生漆化学，第1版.贵阳：贵州人民出版社，1987，198
122. 蔡奋.生漆化学，第1版.贵阳：贵州人民出版社，1987，200～205
123. 见城敏子.色材协会志，1973，46：420
124. 金章岩，陈天佑.中国生漆，1985，4（1）：1

125. 黄婷，郭明高等. 林产化学与工业，1989，9（4）：31
126. 朱骏. 中国生漆，1991，10（1）：14
127. Kumanotani J. J Org Chem，1985，50：2613
128. 邵春贤. 中国生漆，1989，8（4）：16
129. 龚厚杰. 生漆工艺，第1版. 北京：中国林业出版社，1984：50
130. 山内明，阿佐见徹. 中国生漆，1986，5（4）：41
131. 曾瑞龙，丁细梅. 中国生漆，1991，10（2）：41
132. 何豪亮. 中国生漆，1987，6（2）：38
133. 何豪亮. 中国生漆，1985，4（2）：26
134. 张燕. 中国生漆，1989，8（3）：20
135. 张臣杰. 中国生漆，1986，5（4）：29
136. 李志倩. 中国生漆，1990，9（4）：36
137. 蔡奋. 生漆化学，第1版. 贵阳：贵州人民出版社，1987，265
138. 蔡奋. 生漆化学，第1版. 贵阳：贵州人民出版社，1987，277
139. 江西省广昌纺织器材厂试验室. 纺织器材，1981，（41）：12
140. 姜家珮. 中国生漆，1982，1（4）：25
141. 陈文和，吴伟忠等. 林产化学与工业，1985，5（4）：24
142. 陈业昆，祁利民. 中国生漆，1987，6（2）：8
143. 甘景镐，金章岩等. 中国生漆，1983，2（1）：1
144. 胡炳环，金章岩等. 中国生漆，1986，5（3）：1
145. 胡炳环. 中国生漆，1987，6（4）：43
146. 陈立朝，陈国耀. 涂料工业，1987，（5）：12
147. 甘景镐. 生漆化学. 北京：科学出版社，1984
148. 张飞龙. 中国生漆，1987，6（3）：30～35
149. 吴伟忠. 中国生漆，1986，5（1）：28～32
150. 张飞龙. 中国生漆，1991，10（1）：20～27
151. 张飞龙. 中国生漆，1991，10（3）：31～38
152. 谷野克已等. 电气学会论文志（A），1983，103，7，379
153. 日色和夫等. 分析化学，1984，33，10，556
154. 为雄重雄等. 金属表面技术，1966，17，9，351
155. 车鸿钧. 中国生漆，1984，3（3）：45～48
156. Zeffren Sulliuan et al. Ger. Offen. 1972，2，155
157. Lugaro，Giuseppe et al. Arch. Biochem.，Biophys.，1973，159（1）：1～6
158. Sukhay T V et al. U. S. S. R. 1978，311
159. Horinouchi et al. Jpn. Kokai Tokyo Koho 78/133，620 21/11/1978
160. Gampbell，Janet C et al. Proc. Lnd. Waste Conf；1983，(Pub. 1984，38th，67～73)
161. Amano Pharmaceutial C；Ltd. Jpn. Kokai. Tokyo JP 59，156，300，05，1984，9
162. Wasa，Tamotsu，et al. Nippon Kagakau Kaishi，1984，9：1398～1403
163. Dobourdieu D et al. Connuiss Vigne. Vin. 1984，18（4）：237～252
164. Murao，Sawao et al. Agrc. Biol. Chem；1985，49（4）：981～985
165. Cantarell，C. et al. Food Biotedzmd（N. Y.），1989，3（2）：202～204
166. Khmel et al.；Bioorg，Khim，1989，15（12）：1611～1617
167. 赵文宽. 中国生漆，1983，2（3）：12

168. 徐本文，雷胜珍等. 中国生漆，1984，3（3）：8
169. 张志伟，郭明高. 中国生漆，1984，3（3）：5
170. 邓惠群. 中国生漆，1990，9（3）：40
171. 郭明高，柳丽娅等. 林化科技通讯，1987，（8）：16
172. 郭明高. 全国漆器信息，1986，（10）：6
173. 郭明高，柳丽娅. 林化科技通讯，1987，（10）：17
174. 黄葆同，宋秀峰等. 中国科学院应用化学研究所集刊，第四集. 北京：科学出版社，1960：23
175. Froehner S C et al. J Bacteriology，1974，120（1）：459
176. Dubernet M et al. Phytochemistry，1977，16（2）：191
177. 周易勇，郭明高. 中国生漆，1985，4（1）：10
178. 周易勇，郭明高. 林产化学与工业，1987，4（4）：41
179. Badiani M et al. Anal Biochem，1983，133（1）：275
180. 邓南圣. 武汉大学学报（自然科学版），1986，（1）：73
181. 赵文宽，冯勇跃等. 林产化学与工业，1982，2（2）：30
182. 李干甫，曾汉和等. 中国生漆，1985，4（3）：12
183. 吴采樱，曾昭睿等. 涂料工业，1981，（4）：49
184. 武汉大学化学系有机分析组. 武大科技，1978，（1）：25
185. Du Yumin et al. J Chromatogr，1984，284，463
186. Du Yumin et al. J Chromatogr，1984，295，179

汉英林产化学工业名词索引
(按汉语拼音字母顺序排列)

严文瑛　蔡之权　姚文章　谭红梅　王体科　佘允怡

D

E

F

G

H

J

K

L

M

N

R

S

T

Z